Les Ovibovini, Caprini et Ovini (Mammalia, Artiodactyla, Bovidae, Caprinae) du Plio-Pléistocène d'Europe

Systématique, évolution et biochronologie

Volume I

Evelyne Crégut-Bonnoure

BAR INTERNATIONAL SERIES 2975 (I) | 2020

BAR
PUBLISHING

Published in 2020 by
BAR Publishing, Oxford

BAR International Series 2975 (I)

Les Ovibovini, Caprini et Ovini (Mammalia, Artiodactyla, Bovidae, Caprinae) du Plio-Pléistocène d'Europe, Volume I

ISBN 978 1 4073 5708 9 (Volume I) paperback
ISBN 978 1 4073 5709 6 (Volume II) paperback
ISBN 978 1 4073 5424 8 (Set of both volumes) paperback
ISBN 978 1 4073 5601 3 (Set of both volumes) e-format

DOI https://doi.org/10.30861/9781407354248

COVER IMAGE *Ovibos moschatus. Crédit photo : Georges et Benjamin Bruny.*

BAR
PUBLISHING

BAR titles are available from:

BAR Publishing
122 Banbury Rd, Oxford, OX2 7BP, UK
EMAIL info@barpublishing.com
PHONE +44 (0)1865 310431
FAX +44 (0)1865 316916
www.barpublishing.com

Of Related Interest

Das Tierknochenmaterial aus der mittelneolithischen Kreisgrabenanlage Friebritz-Süd (Niederösterreich)
Eine Fallstudie zur Trennung von Ur- und Hausrinderknochen
Erich Pucher

Oxford, BAR Publishing, 2019 BAR International Series **2960**

The Origin of Cattle in China from the Neolithic to the Early Bronze Age
Chong Yu

Oxford, BAR Publishing, 2019 BAR International Series **2959**
Sub-series: Archaeology of East Asia, 2

A Zooarchaeological Study of the Haimenkou Site, Yunnan Province, China
Juan Wang

Oxford, BAR Publishing, 2018 BAR International Series **2902**
Sub-series: Archaeology of East Asia, 1

Étude archéozoologique des grands mammifères du gisement Paléolithique moyen d'Érd (Hongrie)
Éva J. Daschek

Oxford, BAR Publishing, 2014 BAR International Series **2694**

Les petits bovidés (Caprini et Rupicaprini) pléistocènes dans le bassin méditerranéen et le Caucase
Etude paléontologique, biostratigraphique, archéozoologique et paléoécologique
Florent Rivals

Oxford, BAR Publishing, 2004 BAR International Series **1327**

Avant propos

Depuis plusieurs années, de nombreux pays se sont engagés dans une politique de préservation de leurs richesses naturelles. L'évaluation des habitats et de leur biodiversité est élaborée par le biais d'inventaires, le but de ce recensement étant de pouvoir définir les milieux particulièrement remarquables qu'il conviendrait de conserver. Cette richesse naturelle résulte d'influences multiples : climat planétaire, latitude, altitude, substrats, barrières géographiques. Aujourd'hui, le facteur humain constitue un nouveau paramètre qui modifie l'impact de ces données : augmentation considérable des populations, urbanisation, déforestation et pollution sont autant d'agents qui dégradent l'environnement et perturbent l'équilibre des communautés animales et végétales.

L'influence de l'Homme sur l'environnement est sensible dès le début des temps postglaciaires, très précisément lors de la "révolution néolithique" au cours de laquelle on assiste à une brutale augmentation démographique et à l'apparition d'une économie de production : c'est le début de l'uniformisation des espèces et de la mise en place de paysages nouveaux et peu diversifiés. Auparavant, le comportement de l'Homme était celui d'un prédateur et les variations ainsi que les modifications subies par la faune pléistocène étaient imputables aux seuls facteurs naturels. Or, la compréhension des réactions des communautés animales aux changements environnementaux est fondamentale pour tenter de prévoir et de modéliser celles des biocénoses actuelles face aux modifications présentes et futures de leurs milieux de vie. Une discipline comme la paléontologie fournit des éléments de réflexion non seulement sur les potentialités adaptatives des espèces animales et de leurs associations, ainsi que sur les facteurs limitatifs de leur durée de vie, mais aussi sur le rôle joué par l'Homme dans leur évolution et dans celle de leur environnement.

Une partie de ce mémoire a été réalisée dans le cadre d'un programme d'action communautaire franco-espagnol lié à la "Restauration de la faune pyrénéenne" et qui concernait le gypaète barbu, l'ours brun et le bouquetin ibérique. Dans le cas précis de cette dernière espèce, disparue du versant français des Pyrénées au cours du XIXème Siècle, les données paléontologiques ont servi de base pour réaliser un bilan historique de l'évolution de l'espèce et préparer sa restauration dans le massif pyrénéen. Par ailleurs, une action conjointe a été menée au niveau génétique et au niveau ostéologique en vue de clarifier la position taxonomique du bouquetin ibérique dans le genre *Capra*. Le retour de cet ongulé, inscrit comme prioritaire sur la directive 92/43 de la CEE, constitue un élément important de la reconstitution de la diversité biologique du patrimoine naturel pyrénéen détruit par l'Homme.

Ce texte est celui qui correspond à une thèse de Doctorat d'État ès Sciences qui a été soutenue le 12 décembre 2002 à l'Université Claude Bernard-Lyon I. Depuis cette date, l'essentiel du travail est resté inédit. Aujourd'hui, de nombreuses études et découvertes ont eu lieu, permettant des avancées substantielles sur nos connaissances de la famille des Caprinae. Bien que certaines opinions développées dans cette thèse aient été remises en question, les données brutes restent un référentiel utilisable pour la communauté scientifique. Je préciserai que les seules modifications apportées au texte initial concernent quelques références bibliographiques à l'époque sous-presse. J'indiquerai aussi que la chronologie utilisée est celle qui prévalait en 2002. Elle n'est donc pas en accord avec la dernière proposition de l'ICS (International Commission on Stratigraphy) qui place la base du Quaternaire au stratotype du Gélasien, au Monte San Nicola en Sicile. Cette base, qui correspond au stade isotopique 103, est datée de 2.58 Ma (Philip L. Gibbard et Martin J. Head, 2009 « IUGS ratification of the Quaternary System/Period and the Pleistocene Series/ Epoch with a base at 2.58 Ma », *Quaternaire* 20 (4) : 411-412.)

Remerciements

Cette étude n'aurait pas été possible sans l'aide de nombreux collègues paléontologues, archéologues et zoologues ni sans l'appui des responsables des institutions garants des collections paléontologiques et zoologiques que j'ai consultées. C'est avec plaisir et sincérité que je remercie ceux et celles qui m'ont accompagnée et aidée. La liste est longue et que les personnes que j'aurais pu oublier me pardonnent.

En premier lieu, je tiens à exprimer ma plus profonde gratitude à Claude Guérin de l'Université Claude Bernard - Lyon I, récemment disparu. Grâce à lui j'ai pu acquérir toutes les notions nécessaires et toute l'expérience requise pour mes analyses paléontologiques. Ses conseils dans la conduite de ce travail ont été essentiels pour son achèvement. Il m'a honorée non seulement en acceptant de diriger ma thèse d'État, qui fait l'objet de cette publication, et ce en dépit de ses nombreuses charges, mais aussi en m'accordant sa précieuse amitié.

Je ne saurais oublier Jacky Granier, qui fût Conservateur du Muséum Requien jusqu'en 1991, date de sa douloureuse disparition. Dès mon arrivée au Musée, en 1979, il me permit d'effectuer des travaux paléontologiques en marge de mes activités muséologiques. Sans la compréhension de cet homme de cœur, je n'aurais jamais pu mener à bien ce projet. Je lui en suis éternellement redevable.

J'ai pu bénéficier des conseils du Professeur Alan Gentry du Muséum d'Histoire naturelle de Londres. Il m'a toujours procuré les publications dont j'avais besoin et lors de mon séjour à Londres m'a guidée avec compétence dans les collections du Musée. Ses conseils m'ont été précieux pour la rédaction finale de mon mémoire de thèse et sa présence à sa soutenance en tant que rapporteur m'a honorée.

Je suis profondément reconnaissante à Cécile Mourer-Chauviré de l'Université Claude Bernard - Lyon I d'avoir accepté de participer à ce même jury de thèse et d'en avoir été l'un des rapporteurs. Dès 1975, c'est avec bienveillance qu'elle m'a toujours reçue lors de mes nombreux séjours à Lyon. Je la remercie pour le temps qu'elle m'a consacré et pour toute l'attention qu'elle a porté à mon travail.

J'ai eu le privilège de rencontrer Véra Eisenmann du Muséum national d'Histoire naturelle. Grâce à nos nombreuses conversations, j'ai pu mieux saisir la complexité des phénomènes évolutifs. J'ai pu profiter de sa vision critique et de ses nombreuses suggestions. J'ai été particulièrement sensible à sa présence dans mon jury de thèse.

Pendant de nombreuses années, Serge Legendre de l'Université Claude Bernard - Lyon I a su m'apporter toute l'aide dont j'avais besoin. Ce mémoire lui doit beaucoup puisque l'analyse de distance des espèces actuelles a été réalisée sous sa direction. Je tiens à lui exprimer ma gratitude non seulement pour ses conseils critiques et suggestions mais aussi pour sa disponibilité d'écoute et sa présence dans mon jury de thèse.

En 1979, Emile Heintz, Directeur de Recherche au C.N.R.S., participait au jury de ma thèse de 3° cycle. Sa présence en tant qu'examinateur de ma thèse d'État m'a à nouveau honorée. Ses travaux sur les Cervidae et les Bovidae ont toujours été d'un grand secours dans le cadre de mes analyses.

Que le Professeur Michel Tranier du Muséum national d'Histoire naturelle de Paris, qui m'a aidé dans mon enquête sur les espèces actuelles et qui avait accepté d'examiner ce mémoire et de participer au jury de soutenance, trouve ici l'expression de mes remerciements sincères.

J'ai souvent fait appel à Herbert Thomas du Collège de France de Paris. Ses conseils m'ont été précieux et son aide pour démêler l'écheveau de la phylogénie des Bovidae du Mésozoïque a été essentielle.

Je suis redevable à Jean-Paul Crampe du Parc national des Pyrénées d'avoir pu être associée au Programme d'action communautaire franco-espagnol lié à la "Restauration de la faune pyrénéenne". Il m'a fait partager avec enthousiasme ses connaissances et son expérience sur les bouquetins actuels.

Je tiens à remercier aussi Philippe Pauwels de la Division nature de la D.I.R.E.N. Midi-Pyrénées (Toulouse) qui, dans le cadre du programme LIFE, m'a soutenue et dirigée dans les nombreuses démarches administratives auprès de l'Espagne. Que les divers membres des autorités espagnoles qui m'ont permis d'accéder aux collections de leur pays soient aussi assurés de ma gratitude : Fernando Estirado de l'Institut National pour la Conservation de la Nature (Madrid), Jordi Ruiz Olmo du Service de Protection et Gestion de la Faune de la région de Catalogne (Barcelone), Javier Perez Tous de la Réserve naturelle de Tortosa et Beceite (Tarragone), Alberto Orenga et Vicente Ibanez de la Réserve de Tortosa et Beceite, Basilio Jada et Juan Pintado du Parc National d'Ordesa et du Mont-Perdu (Huesca), Paolino Fandos de l'Aménagement de l'Environnement à Madrid.

Que Valérie Manceau, qui a effectué son Doctorat au Laboratoire de Génétique des Populations de Haute Altitude de l'Université Joseph-Fourier de Grenoble et qui a travaillé en parallèle avec moi sur les problèmes de la phylogénie des bouquetins, soit particulièrement remerciée pour les nombreux échanges d'idées que nous avons eus.

Je suis aussi redevable à Catherine Hänni, du Centre de génétique moléculaire et cellulaire de l'Université de Lyon I, qui m'a fourni toutes les informations nécessaires à une meilleure compréhension de la génétique et de ses problématiques.

Parmi mes nombreux collègues, je remercie particulièrement Nikolaï Spassov du Muséum national d'Histoire naturelle de Sofia qui m'a permis de collaborer à l'étude des Bovidés bulgares et d'enrichir ainsi mes connaissances sur les espèces d'Europe Orientale.

Mes remerciements vont aussi à Evangelia Tsoukala de la Faculté des Sciences de l'Université de Salonique grâce à qui j'ai pu avoir accès aux Bouquetins du site de Petralona. Sa disponibilité et son amitié m'ont toujours été précieuses.

Je ne saurais oublier le Professeur Costin Rădulescu de l'Institut Emil Racoviţă à Bucarest, trop tôt disparu, pour l'intérêt qu'il avait bien voulu témoigner pour mes recherches. L'aide paléontologique qu'il m'a apportée et la documentation bibliographique qu'il m'a procurée m'ont été précieuses, tout comme son amitié.

Lors de mes visites dans les diverses institutions de France, j'ai bénéficié de l'aide et des conseils de nombreux paléontologues : Marie-Françoise Bonifay, Jean Philip Brugal, Philippe Fosse du Laboratoire méditerranéen de Préhistoire Europe Afrique d'Aix-en Provence, Léonard Ginsburg, François Poplin, Jean-Denis Vigne, Anne-Marie Moigne du Muséum national d'Histoire naturelle de Paris, Roland Ballesio et Pierre Mein de l'Université Claude Bernard - Lyon I, ainsi qu'Alain Argant, Philippe Fernandez, Andrea Valli qui y ont effectué leur Doctorat et René Soave, Martine Faure de l'Université Lumière - Lyon II, Marylène Patou-Mathis, Lucien Jourdan de l'Institut de Paléontologie Humaine de Paris. La qualité de leur accueil m'a toujours émue et je les en remercie.

Des archéologues, des paléontologues et spéléologues ont largement contribué à l'élaboration de cette synthèse qui doit beaucoup aux matériels qu'ils m'ont confiés pour étude : Michel Allard, Pierre Ayrolles, Frédéric Bazile, Jean Combier, Alban Defleur, Armelle Gardeisen,Gérard Onoratini, Dominique Sacchi, Catherine Sauveur, Jean Sciau, Jean Vézian. Je ne saurais oublier ceux qui ont aujourd'hui disparus : Jean-Pierre Besson, André Bonnet, André Clot, Sylvain Gagnière, Max Escalon de Fonton, René Gilles, Pierre Huchard, Gilbert Lhomme, René Madelain, Maurice Paccard, Pierre Payen, François Rouzaud, André Tavoso.

Mon enquête m'a amenée à consulter les collections de nombreux Musées, instituts, dépôts de fouilles et parcs naturels en France et à l'étranger. J'y ai toujours été accueillie avec chaleur et j'ai pu bénéficier de toute l'aide nécessaire. Je tiens à remercier : Pascal Tassy, Daniel Gouget, Hervé Lelièvre, Daniel Robineau, Francis Renoult, Christiane Denys, Jacques Cuisin, Alain Bens du Muséum national d'Histoire naturelle de Paris, Michel Philippe du Muséum d'Histoire naturelle de Lyon, Abel Prieur du Centre commun des Collections de Géologie de l'Université Claude Bernard - Lyon I, René Jeantet, Jacqueline Jeantet du Muséum d'Histoire naturelle de Nîmes, Armand Fayard du Muséum d'Histoire naturelle de Grenoble, Claudine Sudre, Francis Duranthon du Muséum d'Histoire naturelle de Toulouse, Anne-Marie Vivat, Pierre Pénicaud du Musée Lecoq d'Histoire naturelle de Clermont-Ferrand, François-Xavier Amprimoz, Emmanuel Magne, Jean-Baptiste Outin, du Musée Crozatier du Puy-en-Velay, Nathalie Mémoire du Muséum d'Histoire naturelle de Bordeaux, Jacques Pernaud-Orliac du Musée de Préhistoire de Tautavel, Monique Goudet du Musée de Terra Amata (Nice), Suzanne Simone, Jean-François Bussière du Musée d'Anthropologie Préhistorique de Monaco, Laurence Ogel, Lydia Gamberi, Françoise Prudhomme de la Cité de la Préhistoire d'Orgnac l'Aven, Monique Fouray du Muséum d'Histoire naturelle de Rouen, Catherine Cuenca-Boulat, Luc Rémy, Marie-Laure Guérin du Muséum d'Histoire naturelle de Nantes, Annette Pales-Gobilliard, exécutrice testamentaire de l'ancien Laboratoire de Préhistoire de Soulabé, Gérard Dal Pra du Musée de Préhistoire de Soyons, Gérard Sauzade de la D.R.A.C. de la région P.A.C.A., Bernard Gely, Laurence Brangier de la D.R.A.C. de la région Rhône-Alpes, Christian Nappé du Parc naturel des Cévennes, Hans-Dietrich Kahlke, Ralf-Dietrich Kahlke, Lutz Maul de l'Institut de Recherche Senckenberg, Centre de Recherche paléontologique du Quaternaire de Weimar (Allemagne), R. Mentzel du Musée de Wiesbaden (Allemagne), V. Stottrop du Musée du pays de la Ruhr à Essen (Allemagne), Barbara Herzig, Kurt Bauer, Erich Pucher, Alexander Bibl, Roland Mayer du Département de Zoologie du Muséum d'Histoire naturelle de Vienne (Autriche), Erich Thenius, Gernot Rabeder, Karl Raucher, Gunther Kunst de l'Institut Paléontologique de Vienne (Autriche), Louis Chaix du Muséum d'Histoire naturelle de Genève (Suisse), Peter Lüps du Muséum d'Histoire naturelle de Bern (Suisse), Burghart Engesser, Clemens Mödden, Daniel Oppliger du Muséum d'Histoire naturelle de Bâle (Suisse), Karl Alban Hünermann de l'Institut et du Musée paléontologique de l'Université de Zürich (Suisse), Andy Currant, Daphne Hills du Muséum d'Histoire naturelle de Londres (Angleterre), Augusto Azzaroli, Danilo Torre de l'Institut Géologique de Florence (Italie), Elisabetta Cioppi du Musée Paléontologique de Florence (Italie), Federico Masini de l'Université de Palerme (Italie), Georges Koufos, Dimitris Kostopoulos de la Faculté des Sciences de l'Université de Salonique (Grèce), Josep Gibert, Jorge Agusti, Salvador Moyá-Solá de l'Institut de Paléontologie Miguel-Crusafont de Sabadell (Espagne), Antonio Ruiz Bustos de l'Institut andalou des Sciences de la Terre de l'Université de Grenade (Espagne), Josephina Barreira du Muséum national d'Histoire naturelle de Madrid (Espagne), Gennady Barychnikov, Alexander

Tikhonov de l'Institut de Zoologie de Saint Pétersbourg (Russie).

Je souhaite aussi remercier le Professeur Henry de Lumley pour la confiance qu'il m'a accordée en m'accueillant en 1975 au Laboratoire de Paléontologie humaine et de Préhistoire de Marseille Saint Charles et en me confiant l'étude de la faune de grands mammifères de la Caune de l'Arago alors qu'à l'époque je n'avais aucune notion de paléontologie des Vertébrés.

Dans ma recherche bibliographique, j'ai été aidée par plusieurs collègues français et étrangers. Outre ceux que j'ai déjà cités, je tiens à remercier aussi : Emmanuel Desclaux, Patricia Valensi et Eleni Psathi du laboratoire départemental de Préhistoire du Lazaret (Nice), Florent Rivals du Centre européen de Recherches préhistoriques de Tautavel, Jacques Michallet de l'Office national de la Chasse, Shevket Sen du Muséum national d'Histoire naturelle de Paris, Thijs van Kolfschoten de la Faculté d'Archéologie de l'Université de Leiden (Pays Bas), Brigit Kramer et Jordi Serangeli de l'Institut archéologique de Tübingen (Allemagne), Oldřich Fejfar de la Faculté des Sciences de Prague (République Tchèque), Rudolf Musil de l'Institut de Géologie et de Paléontologie de Brno (République Tchèque), Adrian Lister du Département de Biologie de Collège universitaire de Londres (Angleterre), Adam Nadachowski de l'Académie polonaise des Sciences de Cracovie (Pologne), Maria-Rita Palombo de l'Université de Rome (Italie), Abesalom Vekua de l'Académie nationale des Sciences de Tbilissi (Géorgie) ainsi que par Maryse Tavoso du Laboratoire d'Anthropologie (Marseille) et Patrick Pollet de l'Institut de Paléontologie Humaine (Paris).

J'ai bénéficié de l'aide de Véra Eisenmann ainsi que de celle de Jadwiga Krzepkovska du Musée Calvet (Avignon) pour la traduction des textes en russe. La traduction des textes en allemand a été assurée par Claude Guérin et Margreth Baillet.

Jean Sudre de l'Université de Montpellier 2 avait accepté de lire le premier jet de ce travail. Sa vision critique m'a été des plus utiles et je lui en suis reconnaissante.

La mise au propre des dessins, croquis et relevés crâniens a été prise en charge par Martine Buisson-Catil. Jean-Claude Ledoux en a assuré le scannage et leur mise en forme. Jocelyn Tabourdeau a pris en charge la mise aux normes de l'ensemble des figures pour cette publication. L'illustration photographique a été réalisée par André Guerrand, du Musée Calvet, Robert Lovera et Cédric Triat du Muséum Requien, Lisa Necke de l'Institut Senckenberg, Noël Podevigne de l'Université Claude Bernard - Lyon I, Denis Dainat du Centre de Recherche Préhistorique de Tautavel. Le résumé en anglais a été revu par Louise Byrne. J'ai aussi reçu une aide efficace pour une partie de la saisie des mesures de : Jean-François Bez, Sandrine Bonnoure, Sandrine Chemin, Josette Chiaudano, Annie Imbert-Fanton, Ada Morghadi, Corinne Pastorino, Patricia Séva. Que tous et toutes soient assurés de ma profonde gratitude pour leur dévouement dans ces tâches ingrates mais aussi pour leur infinie patience à mon égard !

Je terminerai par une pensée d'amour pour mes parents, ma fille Sandrine, Christian et les proches qui me sont chers. Le soutien de leur affection et leurs encouragements m'ont donné la force nécessaire pour persévérer dans cette voie de recherche.

Table des matières

VOLUME II

The Tableaux are available to download from: **www.barpublishing.com/additional-downloads.html**

Liste des figures

Résumé

Une analyse des caractères morphologiques et biométriques des Caprinae actuels (tribus des *Ovibovini* et des *Caprini*) et du Plio-Pléistocène d'Europe occidentale débouche sur de nouvelles interprétations et propositions taxonomiques et phylogénétiques.

Pour les Ovibovini actuels, qui comprennent dans la plupart des classifications zoologiques les genres *Ovibos* et *Budorcas*, l'analyse des caractères permet d'exclure ce dernier de la tribu. Des analogies sont relevées entre les deux genres et *Ovis*, ce qui suggère une origine commune pour ces trois taxons. Le regroupement de *Budorcas* et d'*Ovis* dans la nouvelle tribu des *Ovini* est proposé.

Pour *Ammotragus* et les *Caprini* actuels représentés par les genres *Hemitragus*, *Pseudois* et *Capra*, les caractères morphologiques et biométriques montrent que les trois derniers sont apparentés, *Ammotragus* étant toutefois plus à part. De nombreuses similitudes entre *Hemitragus* et *Capra* sont aussi décelables. Chez ce dernier, la quasi-identité de proportions et le peu de différences anatomiques entre *C. nubiana* et *C. walie* indiquent que le bouquetin d'Abyssinie ne constitue qu'une sous-espèce de celui de Nubie, et qu'il convient donc de la nommer *C. nubiana walie*. La monophylie de *C. pyrenaica* et de *C. ibex*, suggérée récemment par des analyses moléculaires, n'est confirmée ni par l'anatomie externe et interne, ni par la parasitologie qui distinguent à un niveau spécifique les deux taxons et montrent une certaine proximité entre *C. pyrenaica* et *C. caucasica*.

La révision et l'étude des *Ovibovini*, *Caprini* et *Ovini* provenant d'environ 200 gisements compris entre la fin du Pliocène et le début de l'Holocène permettent de préciser les modalités de leur mise en place, leur origine et leur évolution. Sept genres (*Megalovis*, *Soergelia*, *Praeovibos*, *Ovibos*, *Ovis*, *Hemitragus*, *Capra*) et seize espèces sont reconnues (*M. latifrons, S. minor, S. brigittae, S. elisabethae, P. mediterraneus*, *P. priscus*, *O. pallantis*, *Ovis* sp., *O. ammon*, *H. orientalis*, *H. albus*, *H. bonali*, *H. cedrensis*, *C. ibex*, *C. caucasica, C. pyrenaica*). Des néodiagnoses sont proposées et des rectifications de déterminations sont apportées, notamment pour les taxons du Pliocène et du Pléistocène inférieur attribués jusqu'ici à *Capra*. De nouvelles formes sont définies (*P. priscus delumleyi*, *C. caucasica praepyrenaica*) ainsi qu'un nouveau genre (*Pseudocapra*). Pour *Capra*, en France, le rôle de barrière filtrante joué au Pléistocène par le Rhône et la Durance est clairement démontré. La présence de *C. caucasica* est aussi confirmée, ainsi que sa nature d'ancêtre de *C. pyrenaica*. L'influence de la loi de Bergmann chez *Praeovibos* et *Hemitragus* est visible, comme le sont les modifications engendrées par les isolats géographiques chez *Capra*.

Deux phases principales d'immigration des Caprinae sont mises en évidence au début du Pliocène final et au début du Pléistocène moyen, ainsi qu'un appauvrissement progressif de la diversité des taxons. La durée de vie de chaque espèce peut être précisée et une nouvelle répartition chronologique et géographique en découle.

Abstract

This book presents morphological and biometric analyses of recent Caprinae (*Ovibovini* and *Caprini* tribes) and Plio-Pleistocene Caprinae from Western Europe and proposes new taxonomic and phylogenetical interpretations.

The most common zoological classifications of recent *Ovibovini* include the genera *Ovibos* and *Budorcas*. However, this analysis of the morphological characters excludes the latter from the tribe. Analogies are made between the two genera and *Ovis,* which seem to indicate a common origin for these three taxa. The *Ovini* tribe is distinguished.

The morphological and biometric characteristics of the recent *Ammotragus* and *Caprini* genera, *Hemitragus*, *Pseudois* and *Capra*, indicate that the three preceding taxa are related, although *Ammotragus* is further apart. Numerous resemblances between *Hemitragus* and *Capra* are perceptible. For the latter genus, the almost identical proportions and the slight differences between *C. nubiana* and *C. walie* indicate that the Abyssinian ibex is no more than a subspecies of the Nubian species, and should consequently be named *C. nubiana walie*. The monophyly of *C. ibex* and *C. pyrenaica*, recently suggested as a result of molecular analysis, is not confirmed, neither with regard to the external and internal anatomy, or parasitological data. Each species is clearly distinguished and some proximity emerges between *C. pyrenaica* and *C. caucasica*.

The revision and the study of the *Ovibovini*, *Caprini* and *Ovini* from about 200 sites, dated from the end of the Pliocene to the beginning of the Holocene, provides new data on their migration in Western Europe, their origin and evolution. Seven genera (*Megalovis*, *Soergelia*, *Praeovibos*, *Ovibos*, *Ovis*, *Hemitragus*, *Capra*) and sixteen species are identified (*M. latifrons, S. minor*, *S. brigittae*, *S. elisabethae*, *P. mediterraneus*, *P. priscus*, *O. pallantis*, *Ovis* sp., *O. ammon*, *H. orientalis*, *H. albus*, *H. bonali*, *H. cedrensis*, *C. ibex*, *C. caucasica, C. pyrenaica*). Neodiagnoses are proposed for most of them and some determinations are modified, particularly for Pliocene and Lower Pleistocene taxa, attributed up until now to *Capra*. Two new subspecies are described (*P. priscus delumleyi*, *C. caucasica praepyrenaica*), as well as a new genus (*Pseudocapra*). In France, the filter role constituted by the Rhône and Durance rivers is clearly observed for *Capra*. The existence of *C. caucasica* is confirmed, as is its status as the ancestor of *C. pyrenaica*. In the *Praeovibos* and *Hemitragus* lineages, the influence of the Bergmann rule is perceptible, as are the modifications resulting from the isolation of *Capra* populations.

Two major phases of migration are indicated, the first at the beginning of the Upper Pliocene and another at the beginning of the Middle Pleistocene. From the Upper Pliocene to the end of the Pleistocene, there is a progressive diminution in the number of taxa. A precise duration for the life of each species is established, resulting in a new chronological and geographical chart.

Introduction

C'est au cours d'une conversation avec Claude Guérin, en 1980, que j'ai décidé de m'intéresser aux Bovidae du Plio-Pléistocène d'Europe occidentale. D'abord parce que lors de ma première étude paléontologique, qui a eu trait au site pléistocène moyen de la Caune de l'Arago, j'ai abordé l'analyse de taxons mal connus de cette famille, ce qui a aiguisé ma curiosité et provoqué le désir de mieux connaître leur histoire évolutive. Ensuite parce que l'absence de synthèse pour l'Europe me parut être un créneau intéressant à exploiter. Compte tenu de mes activités professionnelles, le travail n'a pu être constant et malgré la publication de plusieurs résultats, les données sont restées pendant longtemps insuffisantes pour une synthèse.

Très rapidement j'ai constaté que l'anatomie osseuse de certains taxons actuels n'était pas précisée et que leur position systématique variait d'un auteur à l'autre. J'ai estimé que l'interprétation des espèces fossiles ne pourrait se faire sans au préalable une étude exhaustive de leurs représentants actuels. La première partie de ce travail est donc consacrée à la systématique, à la morphologie osseuse et à la biométrie des Caprinae actuels. Ce travail m'a permis de préciser les caractéristiques ostéologiques des genres *Capra*, *Hemitragus*, *Pseudois*, *Ammotragus*, *Ovis*, *Ovibos* et *Budorcas* et de proposer quelques changements en systématique.

La deuxième partie de l'étude est consacrée aux espèces fossiles. Une analyse détaillée des caractéristiques morphologiques a été effectuée. J'ai essayé, dans la mesure du possible, de réviser les types et plusieurs néodiagnoses sont proposées. J'ai aussi été amenée à créer des taxons nouveaux et à interpréter différemment certaines espèces.

Grâce à l'ensemble de ces analyses, j'ai tenté de dégager les tendances évolutives des lignées ainsi que les moments d'apparition, de disparition ou bien de transformation des espèces qui les composent.

Chapitre 1

Présentation des Caprini, Ovini et Ovibovini actuels

I. CLASSIFICATION

Appartenant au Super-ordre des Paraxonia Marsh, 1884, à l'Ordre des Artiodactyla Owen, 1848 et au Sous-ordre des Ruminantia Scopoli, 1777, la famille des Bovidae Gray, 1821 constitue un groupe abondant et très diversifié. Parmi les nombreuses classifications proposées depuis 1872, celle de G.G. Simpson (1945) est la plus couramment utilisée. Cet auteur divise les Bovidae actuels en cinq sous-familles (Bovinae Gill, 1872 ; Cephalophinae Gray, 1871 ; Hippotraginae Sundevall, 1845 ; Antilopinae Gray, 1821 ; Caprinae Gill, 1872) et 12 tribus. Pour les Caprinae qui nous intéressent dans cette étude, quatre tribus et 13 genres actuels sont distingués :

- *Saigini* Simpson, 1945 : *Pantholops* Hodgson, 1834 et *Saiga* Gray, 1843,
- *Rupicaprini* Simpson, 1945 : genres *Nemorhaedus* Smith, 1827 ; *Capricornis* Ogilby, 1837 ; *Oreamnos* Rafinesque, 1817 ; *Rupicapra* Blainville, 1816,
- *Ovibovini* Gray, 1872 : genres *Ovibos* de Blainville, 1816 et *Budorcas* Hodgson, 1850,
- *Caprini* Gray, 1821 : genres *Hemitragus* Hodgson, 1841 ; *Capra* Linné, 1758 ; *Pseudois* Hodgson, 1846 ; *Ammotragus* Blyth, 1840 ; *Ovis* Linné, 1758.

J. Viret (1961), comme la majorité des auteurs, garde les subdivisions de G. G. Simpson tout en y ajoutant deux nouvelles tribus (*Eotragini* et *Menelikini*). S. Freshkop (1955) ne reconnaît au sein des Bovidae que des sous-familles qui correspondent presque toutes au découpage de G. G. Simpson.

Par le biais d'analyses cladistiques et phénétiques, A.W. Gentry (1992) met en évidence uniquement trois tribus chez les Caprinae :

- Ovibovini avec les genres *Ovibos* et *Budorcas*,
- Caprini avec les genres *Hemitragus*, *Capra*, *Pseudois* et *Ovis*,
- Tribu indéterminée regroupant les genres *Pantholops*, *Oreamnos*, *Capricornis*, *Nemorhaedus* et *Rupicapra*.

Dans ces analyses, le genre *Saiga* se trouve rattaché aux Antilopinae, tribu des *Antilopini* Simpson, 1945.

La monophylie des *Ovibovini* a été aussi mise en avant lors d'une analyse de parcimonie réalisée par H. Thomas (1994). Ultérieurement, le rattachement de *Budorcas* aux *Ovibovini* s'est révélé douteux (Gentry 1996).

Avec l'essor des analyses moléculaires de nouvelles classifications sont proposées. Seulement deux sous-familles sont identifiées :

- les Bovinae comprenant les *Bovini*, les *Boselaphini* et les *Tragelaphini*
- les Antilopinae incluant les *Caprini* sensu lato, *Antilopini*, *Hippotragini*, *Alcelaphini* et *Reduncini* (Hassanin et Douzery 1999).

Les analyses moléculaires de C.P. Groves et G. Shields (1996) mettent en cause la monophylie des *Ovibovini*, *Budorcas* se montrant proche des *Ovis* d'Amérique du Nord et *Ovibos* d'*Oreamnos* et de *Nemorhaedus*. A. Hassanin (1999) ainsi que J. Gatesy et P. Arctander (2000) obtiennent des résultats similaires. Par ailleurs, en ce qui concerne les genres *Saiga* et *Pantholops*, les études du cytochrome b, tantôt concluent à leur position problématique (Hassanin 1999), tantôt incluent *Saiga* parmi les Antilopini (Hassanin et Douzery 1999). C'est donc la monophylie de toutes les tribus des Caprinae qui est remise en question par les analyses moléculaires, trois clades étant reconnus :

- *Capra*, *Hemitragus* et *Pseudoryx* Dung, Gio, Tuoc, Arctander et MacKinnon, 1993,
- *Ovis* et *Budorcas*,
- *Capricornis*, *Nemorhaedus* et *Ovibos*.

La classification présentée ci-dessous est calquée sur le consensus morphologique, et non moléculaire, à savoir le modèle d'A.W. Gentry (1992). Pour des raisons de commodités de présentation, le genre *Ammotragus*, qui n'a pas été inclus dans les analyses de l'auteur, est placé dans le paragraphe consacré aux *Caprini*.

I.1. *Les Caprini* Gray, 1821

A. Genre Capra Linné, 1758

Le genre *Capra* comporte, selon les auteurs, de une à neuf espèces de bouquetins sauvages et une espèce domestique : la chèvre, *C. hircus* Linné, 1758. Elles sont présentes sur tous les hauts reliefs de l'Eurasie et de l'Afrique orientale (Éthiopie) (Figure 1.1). La formule chromosomique est à 2n=60. Le mufle n'est jamais nu. Il existe une barbiche chez les mâles et des cornes chez les deux sexes, ces dernières étant plus développées chez les mâles. Implantées verticalement, elles se situent immédiatement en arrière des orbites. Il n'y a pas de larmiers ni de glandes interdigitales.

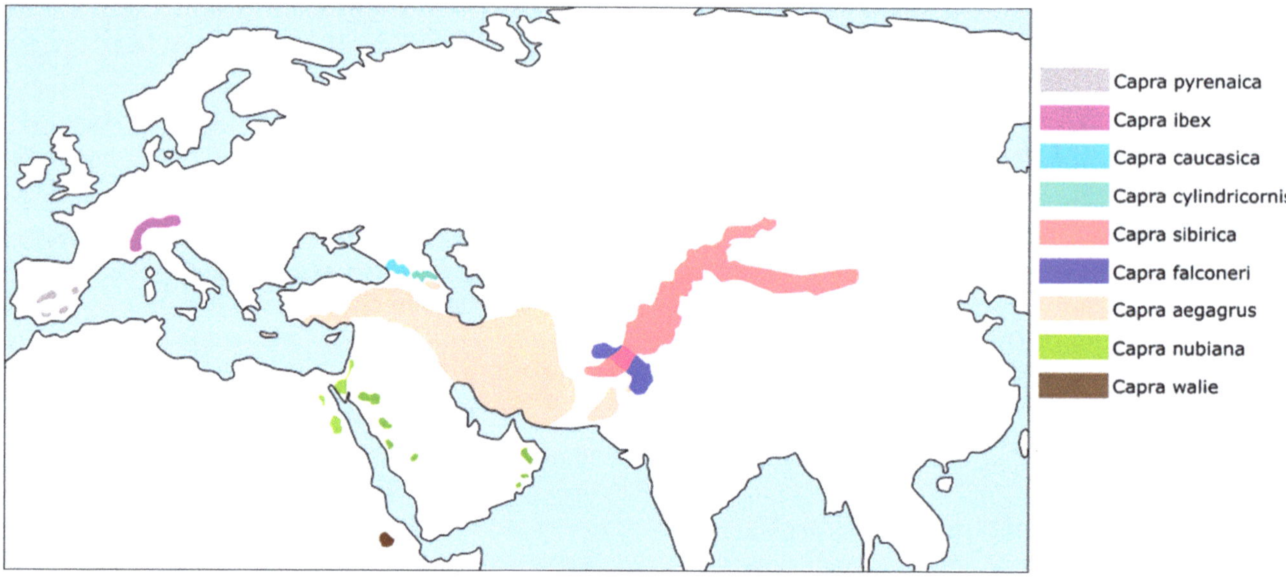

Figure 1.1. Répartition géographique approximative des espèces du genre *Capra* selon M. Couturier (1962) et G.B. Corbet (1978). Modifié d'après V. Manceau *et al.* 1999.

Des sous-genres sont parfois reconnus (Tableau 1.1). S. Freshkop (1955) et M. Couturier (1962) en distinguent quatre :

- *Capra* Linné, 1758 regroupant *C. hircus*, *C. aegagrus* Erxleben, 1777 et *C. falconeri* (Wagner, 1839),
- *Turus* Hilzeimer, 1916 regroupant *C. caucasica* (Güldenstädt et Pallas, 1783) et *C. pyrenaica* Schinz, 1838,
- *Ibex* Frisch, 1775 pour *C. ibex* Linné, 1758,
- *Aegoceros* Pallas, 1811 pour *C. sibirica* (Pallas, 1766).

L. Camerano (1916) en différencie deux :

- *Euibex* pour *C. ibex*, *C. nubiana* (Cuvier, 1825), *C. walie* (Rüppel, 1835), *C. pyrenaica* et *C. hispanica*,
- *Eucapra* pour *C. sibirica*, *C. caucasica*, *C. aegagrus*, *C. hircus*, *C. falconeri* et *C. severtzowi* (Menzbier, 1887).

En 1904, le sous-genre *Orthaegoceros* est créé par E. Trouessard pour *C. falconeri*, point de vue adopté par J.R. Ellerman et T.C.S. Morrison-Scott (1966).

Pour O. de Beaux (1949), *C. pyrenaica* doit être inclus dans le sous-genre *Turocapra*.

Du fait de l'hybridation en captivité de quelques espèces avec la chèvre domestique, nombre d'auteurs regroupent l'ensemble des bouquetins sous le nom *C. hircus* (Kesper 1953 ; Herre et Röhrs 1955 ; Van den Brink et Barruel 1971). Pour M. Couturier (1962), les bouquetins doivent être rattachés à l'espèce *C. aegagrus*. G.B. Schaller (1977) distingue six espèces, point de vue retenu par de nombreux zoologues tel J.-P. Choisy (1990). J. Niethammer et F. Krapp (1986) considèrent trois espèces (*C. pyrenaica*, *C. aegagrus*, *C. ibex*) et dix sous-espèces alors que J.R. Ellerman et T.C.S. Morrison-Scott (1966) en reconnaissent cinq (*C. caucasica*, *C. falconeri*, *C. pyrenaica*, *C. hircus* et *C. ibex*) et que J. Meester et W. Setzer (1971) ainsi que G.B. Corbet (1978) en distinguent huit : *C. aegagrus*, *C. hircus*, *C. ibex*, *C. walie*, *C. caucasica*, *C. cylindricornis*, *C. pyrenaica* et *C. falconeri*. Quant à V. Heptner, A. Nasimovic et A. Bannikov (1966), ils inventorient neuf espèces : *C. hircus* (*C. aegagrus* étant l'un de ses synonymes), *C. caucasica*, *C. cylindricornis*, *C. falconeri*, *C. ibex*, *C. nubiana*, *C. pyrenaica*, *C. sibirica* et *C. walie*.

C. aegagrus, *C. ibex*, *C. sibirica*, *C. nubiana* et *C. walie* possèdent des cornes recourbées vers l'arrière dans un seul plan tandis que celles de *C. caucasica*, *C. cylindricornis* et *C. pyrenaica* ont une inclinaison latérale. Chez ces deux dernières espèces, il existe une torsion des pointes vers l'intérieur.

a. *Capra aegagrus* Erxleben, 1777

C'est la chèvre égagre ou chèvre à bézoard. Ses cornes ont « d'abord une courbure à grand rayon, puis à petit rayon » et le bord rostro-dorsal est tranchant, « en forme de véritable carène » (Couturier 1962 : 630). Elles sont ornées de crans espacés. Chez les mâles elles peuvent atteindre 1,35 m et chez les femelles 40 cm. L'espèce vit en Asie Mineure, de l'Afghanistan au Pakistan, ainsi que sur certaines Îles méditerranéennes (Crète, Îles de la Mer Egée).

Plusieurs sous-espèces ont été distinguées (Tableau 1.2) :

- *C. aegagrus aegagrus* Erxleben, 1758 : la chèvre égagre de Perse ou du Daghestan, que l'on trouve de la Turquie jusqu'en Iran,
- *C. aegagrus blythi* (Hume, 1874) : la chèvre égagre de l'Inde dont l'aire de distribution s'étend du Turkménistan au Pakistan et l'Iran,
- *C. aegagrus cretensis* (Brisson, 1756) : la chèvre égagre de Crète,
- *C. aegagrus pictus* (Erhard, 1858) : la chèvre égagre des Cyclades,

- *C. aegagrus dorcas* (Reichenow, 1888) : la chèvre égagre des Sporades.

D'après G.B. Schaller (1977), *C. aegagrus pictus* est une chèvre domestique et la chèvre égagre de Crète, à l'exception de l'Île de Theodorou, est croisée avec des chèvres domestiques. Pour cet auteur, les différences entre *C. aegagrus aegagrus* et *C. aegagrus blythi* sont minimes et ne justifient pas une distinction subspécifique (Tableau 1.2). D.M. Shackleton (1997) reconnaît la chèvre égagre de Perse, de l'Inde et de Crète ainsi que *C. aegagrus chialtanensis* (Lydekker, 1913) : la chèvre égagre du Chialtan.

R. Lydekker (1913), J.R. Ellerman et T.C.S. Morrison-Scott (1966), P. Grubb (1993, 2000) ainsi que G. de Germiny et C. Lorgnier du Mesnil (1998) placent *C. aegagrus* dans le groupe de la chèvre domestique tandis que d'autres auteurs, tel B. Grzimek (1975), font de cette dernière une sous-espèce de la chèvre égagre. G.H. Lowery (1974) et G.B. Schaller (1977) considèrent la chèvre domestique comme une espèce distincte de la chèvre égagre (Tableau 1.2).

b. *Capra ibex* Linné, 1758

C'est le bouquetin des Alpes. Ses cornes ont une face rostrale plane, munie de tubérosités ou bosses chez les mâles, et leur courbure dessine une lame de sabre.

De l'Europe à la Russie, l'espèce est classiquement subdivisée en trois sous-espèces (Tableau 1.2) :

- *C. ibex ibex* Linné, 1758 : le bouquetin des Alpes. Les cornes, implantées verticalement, sont recourbées régulièrement vers l'arrière. Elles dépassent rarement le mètre chez les mâles et n'excèdent pas 30 cm chez les femelles.
- *C. ibex sibirica* (Pallas, 1776) : le bouquetin de Sibérie ou bouquetin d'Asie centrale qui occupe une aire s'étendant du lac Baïkal à l'Afghanistan. Les cornes sont proches de celles de *C. ibex* mais plus étroites et plus longues elles peuvent parfois s'enrouler vers le bas, formant un cercle presque parfait : la longueur maximale est de 1,50 m chez les mâles et 30 cm chez les femelles. Les nodosités sont plus nombreuses que celles du bouquetin des Alpes mais aussi plus saillantes sur le côté ventral que sur la face rostrale.
- *C. ibex caucasica* (Güldenstädt et Pallas, 1783) : le bouquetin du Caucase occidental ou tour (tur des anglo-saxons), synonyme de *C. ibex severtzowi* Menzbier, 1887, qui est présent de la Svanétie jusqu'à l'Abkhazie (centre et ouest du Caucase). Les cornes sont divergentes dès leur base et se courbent dans un même plan de telle sorte que leur apex est dirigé en arrière et horizontalement (cornes homonymes). La divergence varie de l'est au centre du Caucase. La plus grande longueur est de 1 m chez les mâles et de 25 cm chez les femelles. Les tubérosités, plus ou moins apparentes, occupent la partie rostro-dorsale de la moitié inférieure des cornes.

Pour V. Heptner, A. Nasimovic et A. Bannikov (1966), P. Grubb (1993) ainsi que pour D.N. Shackleton (1997), ces bouquetins sont autant d'espèces distinctes. C'est aussi le point de vue de R. Lydekker (1913) qui fait état de 13 sous-espèces pour *C. sibirica* et de deux pour *C. caucasica* et *C. severtzowi* (Tableau 1.2) :

- *C. sibirica sibirica* (Pallas, 1776) : le bouquetin de Sibérie (montagnes de Sayansk),
- *C. sibirica fasciata* (Noack, 1902) : le bouquetin du Telezko (nord-ouest de l'Altaï),
- *C. sibirica altaica* Noack (ex Schinz, 1845), 1902 : le bouquetin de l'Altaï (haute vallée de l'Irtych),
- *C. sibirica lydekkeri* Rothschild, 1900 : le bouquetin de Lydekker (district Katutay, Altaï Irtych),
- *C. sibirica hagenbecki* Noack, 1903 : le bouquetin du Gobi ou bouquetin de Hagenbeck (Mongolie),
- *C. sibirica almasyi* Lorenz, 1906 : le bouquetin d'Almasy (Tian Chan),
- *C. sibirica merzbacheri* (Leisewitz, 1906) : le bouquetin de Merzbacher (centre du Tian Chan),
- *C. sibirica alaiana* (Noack, 1903) : le bouquetin de l'Alaï (Tachkent),
- *C. sibirica wardi* Lydekker, 1900 : le bouquetin de Ward (Baltistan, Karakorum),
- *C. sibirica sakeen* (Blyth, 1840) : le bouquetin de l'Himalaya (nord-est et est du Cachemire),
- *C. sibirica dauvergnei* (Sterndale, 1886) : le bouquetin de Dauvergne (ouest du Cachemire),
- *C. sibirica pedri* Lorenz, 1906 : le bouquetin de Dom Pedro (nord du Cachemire, Karakorum),
- *C. sibirica filippii* Camerano, 1911 : le bouquetin de De Filippi (Hindoustan),
- *C. caucasica cylindricornis* (Blyth, 1840) : le bouquetin du Kazbek (Caucase oriental),
- *C. caucasica caucasica* Güldenstädt et Pallas, 1783 : le bouquetin de l'Elbrouz (Caucase occidental),
- *C. severtzowi severtzowi* Menzbier, 1887 : le bouquetin de Mingrélie (extrême ouest du Caucase),
- *C. severtzowi dinniki* (Satunin, 1905) : le bouquetin du Kouban (Abkhazie).

M. Couturier (1962) ajoute pour *C. sibirica* les sous-espèces créées en 1949 par V.I. Zalkin : *formosovi* et *dementjevi* (Tableau 1.2). En effet, cet auteur classe le bouquetin de Sibérie en cinq sous-espèces (*sibirica*, *hagenbecki*, *alaiana*, *formosovi* et *dementjevi*). Quant à L. Camerano (1917), il isole deux espèces : *C. sibirica* comprenant deux sous-espèces (*sibirica* et *hagenbecki*) et *C. sakeen* avec aussi deux sous-espèces (*sakeen* et *wardi*) (Tableau 1.2).

En Afrique et au Moyen-Orient, deux sous-espèces de *C. ibex* sont classiquement indiquées (Corbet 1978 ; Grzimek 1975 ; Kingdon 1997 ; Schaller 1977 ; Yalden *et al.* 1984 ; Weber 1994 ; Catusse *et al.* 1996) (Tableau 1.2) :

- *C. ibex nubiana* (Cuvier, 1825) : le bouquetin de Nubie ou bédén, présent au Moyen-Orient et en Afrique orientale, aux cornes implantées verticalement et

courbées régulièrement vers l'arrière. La longueur atteint près de 1,40 m chez les mâles et 40 cm chez certaines femelles. L'espèce est localisée en Israël, au Sinaï, dans la péninsule arabique, en Égypte, au Soudan et au nord-ouest de l'Éthiopie.
- *C. ibex walie* (Rüppel, 1835) : le bouquetin d'Abyssinie dont les cornes ont une courbure plus modérée que celle du bouquetin de Nubie et qui sont plus courtes : jusqu'à 1,15 m chez les mâles et 35 cm chez les femelles. Il occupe les montagnes du centre de l'Éthiopie (massif du Simien).

Chez ces deux taxons, les cornes sont munies de tubérosités rapprochées comme celles de *C. sibirica*.

R. Lydekker (1913) distingue trois sous-espèces de bouquetin de Nubie (Tableau 1.2) :

- *C. nubiana nubiana* Cuvier, 1825 : le bouquetin de Nubie,
- *C. nubiana sinaitica* (Hemprich et Ehrenberg, 1828) : le bouquetin du Sinaï,
- *C. nubiana mengesi* (Noack, 1896) : le bouquetin d'Arabie.

P. Grubb (1993) ne reconnaît aucune de ces sous-espèces.

c. *Capra cylindricornis* (Blyth, 1841)

C'est le bouquetin du Caucase oriental, encore nommé tour du Kazbek, dont le statut est très contesté (Tableau 1.2). Ainsi B. Grzimek (1975) le considère comme une sous-espèce de *C. ibex* tandis que G.B. Schaller (1977), G.B. Corbet (1978), R.N. Nowak (1991), P. Grubb (1993) et D.M. Shackleton (1997) en font une espèce à part entière. R. Lydekker (1913), M. Couturier (1962) ainsi que G. de Germiny et C. Lorgnier du Mesnil (1998) le rattachent à *C. caucasica*.

La forme des cornes est similaire à celle de *C. caucasica* mais s'en distingue par une torsion hétéronyme sur leur axe, leur section cylindrique et l'absence de tubérosités. La longueur maximale est de 1,20 m chez les mâles et de 30 cm chez les femelles. Le taxon est présent au Daghestan, en Azerbaïdjan et en Géorgie.

d. *Capra pyrenaica* Schinz, 1838

Il s'agit du bouquetin des Pyrénées appelé aussi bouquetin d'Espagne ou bouquetin ibérique. Les cornes verticales sont serrées à la base puis s'écartent l'une de l'autre en se courbant vers l'extérieur et l'arrière. À "leur maximum d'écartement, (elles) se dirigent franchement en arrière sur un court trajet au cours duquel elles sont presque horizontales. Enfin, elles convergent plus ou moins, se relèvent... de sorte que leurs apex sont le plus souvent orientés vers le haut" (Couturier 1962 : 742). Des bourrelets transversaux partant du bord dorsal ornent la face rostrale évoquant les nodosités du bouquetin du Caucase occidental (Couturier 1962). La longueur dépasse rarement 1 m chez les mâles et 30 cm chez les femelles.

En se fondant sur la forme des chevilles osseuses et le dessin du pelage, A. Cabrera (1911) définit une seule espèce et quatre sous-espèces (Tableau 1.2) :

- *C. pyrenaica pyrenaica* (Schinz, 1838) : le bouquetin des Pyrénées,
- *C. pyrenaica lusitanica* (Schlegel, 1872) : le bouquetin du Portugal,
- *C. pyrenaica hispanica* (Schimper, 1848) : le bouquetin d'Andalousie (Sierras du Sud),
- *C. pyrenaica victoriae* Cabrera, 1911 : le bouquetin de Castille (Centre de l'Espagne).

Une autre sous-espèce a aussi été décrite par L. Camerano (1916) : *C. pyrenaica cabrerae*.

Cette classification est rarement suivie (Rodriguez de la Zubia 1960). En effet, ces distinctions ont été remises en question du fait notamment de l'extrême variabilité des cornages au sein des groupes de A. Cabrera (Couturier 1962 ; Cerda et Peña Payá 1971 ; Clouet 1978, 1979 ; Clouet et Pfeffer 1979 ; Almendral 1979 ; Fandos 1991 ; Crampe 1991, 1994 ; Grubb 1993 ; Catusse *et al.* 1996).

e. *Capra falconeri* (Wagner, 1839)

C'est la chèvre ou bouquetin de Falconer plus couramment appelé markhor. Les cornes, étroites, très rapprochées à leur base, se dressent verticalement, formant un "V" plus ou moins ouvert. Elles s'enroulent autour de leur grand axe de l'intérieur vers l'extérieur (hétéronymie) formant un pas de vis plus ou moins large, en tire-bouchon, de un tour et demi à quatre tours complets. Leur surface est lisse. Elles atteignent un mètre de long chez les grands mâles. Elles ne dépassent pas 30 cm chez les femelles où elles sont à peine spiralées. L'espèce occupe le sud-est de l'Ouzbékistan, le Tadjikistan, l'Afghanistan, le nord et le centre du Pakistan et le Cachemire.

Le nombre des sous-espèces varie selon les auteurs : aucune pour P. Grubb (1993), trois pour D.M. Shackleton (1997), six pour R. Lydekker (1913) et G. de Germiny et C. Lorgnier du Mesnil (1998), sept pour M. Couturier (1962), J.R. Ellerman et T.C.S. Morrison-Scott (1966) ainsi que pour T. Haltenorth et W. Trense (1956) (Tableau 1.2) :

- *C. falconeri falconeri* (Wagner, 1839) : le markhor de l'Astor ou de l'Inde,
- *C. falconeri chialtanensis* Lydekker, 1913 : le markhor du Béloutchistan (Monts Chialtan),
- *C. falconeri jerdoni* (Hume, 1874) : le markhor du Pendjab (Monts Suleyman, Pakistan),
- *C. falconeri cashmiriensis* Lydekker, 1898 : le markhor du Pir-Panjal (Cachemire),
- *C. falconeri megaceros* (Hutton, 1842) : le markhor d'Afghanistan ou markhor du Kaboulistan,
- *C. falconeri heptneri* Zalkin, 1945 : le markhor du Boukhara oriental ou markhor du Tadjik,
- *C. falconeri ognevi* Zalkin, 1945 : le markhor du Turkménistan.

Pour G.B. Schaller (1977), les deux derniers taxons correspondent à une même forme, le markhor du Béloutchistan serait une sous-espèce de *C. aegagrus*, le markhor du Pendjab serait synonyme du markhor d'Afghanistan et le markhor du Cachemire serait synonyme du markhor de l'Astor.

f. Données moléculaires

Une analyse de séquences partielles de l'ADN mitochondrial a été effectuée par V. Manceau (1993, 1997 ; Manceau, Després *et al.*, 1999) sur la totalité des espèces du genre *Capra* (à l'exclusion toutefois du bouquetin d'Abyssinie, *C. walie*). Ce travail s'appuie sur l'étude de la région codant pour le cytochrome b et de la région de contrôle de l'ADN mitochondrial. La monophylie des "*ibex*" (bouquetin des Alpes, de Sibérie et de Nubie) et du groupe de la chaîne caucasienne (type *caucasica* et type *cylindricornis*) est remise en question, chaque population formant un clade bien différencié. Le bouquetin de Sibérie se place à la base de l'arbre phylogénétique et sa parenté avec le tahr de l'Himalaya, *Hemitragus jemlahicus*, est aussi évoquée. *C. cylindricornis* se groupe avec l'égagre du Turkménistan. Le groupement de *C. caucasica* avec *C. ibex* et *C. pyrenaica* est aussi suggéré mais les résultats les plus nets tendent à montrer que bouquetin des Alpes et les bouquetins ibériques forment un groupe monophylétique. Chez *C. pyrenaica*, la population des Pyrénées s'isole des populations de la péninsule ibérique. La parenté de l'égagre de Crète avec la chèvre domestique envisagée par G.B. Schaller (1977) est reconnue. En revanche, le rattachement du markhor du Béloutchistan à *C. aegagrus* n'est pas confirmé.

Sept espèces de bouquetins (*C. ibex*, *C. sibirica*, *C. nubiana*, *C. caucasica*, *C. cylindricornis*, *C. falconeri*, *C. aegagrus*) ainsi que la chèvre domestique ont été intégrées dans une autre analyse moléculaire ayant pour but de clarifier la systématique des Bovidae et plus particulièrement des Caprinae (Hassanin 1999 ; Hassanin *et al.* 1998 ; Hassanin et Douzery 1999). L'étude débouche sur la parenté de *C. caucasica*, *C. cylindricornis* et *C. aegagrus* qui en conséquence sont regroupés dans un même clade. La monophylie de *C. sibirica* est à nouveau mise en évidence, ainsi que sa parenté avec *H. jemlahicus* et sa position ancestrale au sein des *Capra*.

Les relations unissant les divers membres du genre *Capra* sont donc loin d'être élucidées au niveau moléculaire et j'approuve le point de vue de A. Hassanin qui conseille de tester la monophylie du genre *Capra* "avec plus de représentants" (1999 : Figure 25).

B. Genre Hemitragus Hodgson, 1841

Le tahr est représenté par trois espèces à répartition exclusivement asiatique et discontinue (Ellerman et Morrison-Scott 1966 ; Schaller 1977) (Figure 1.2) :

- *H. jemlahicus* (H. Smith, 1826) : le tahr de l'Himalaya, présent du Cachemire au Sikkim,

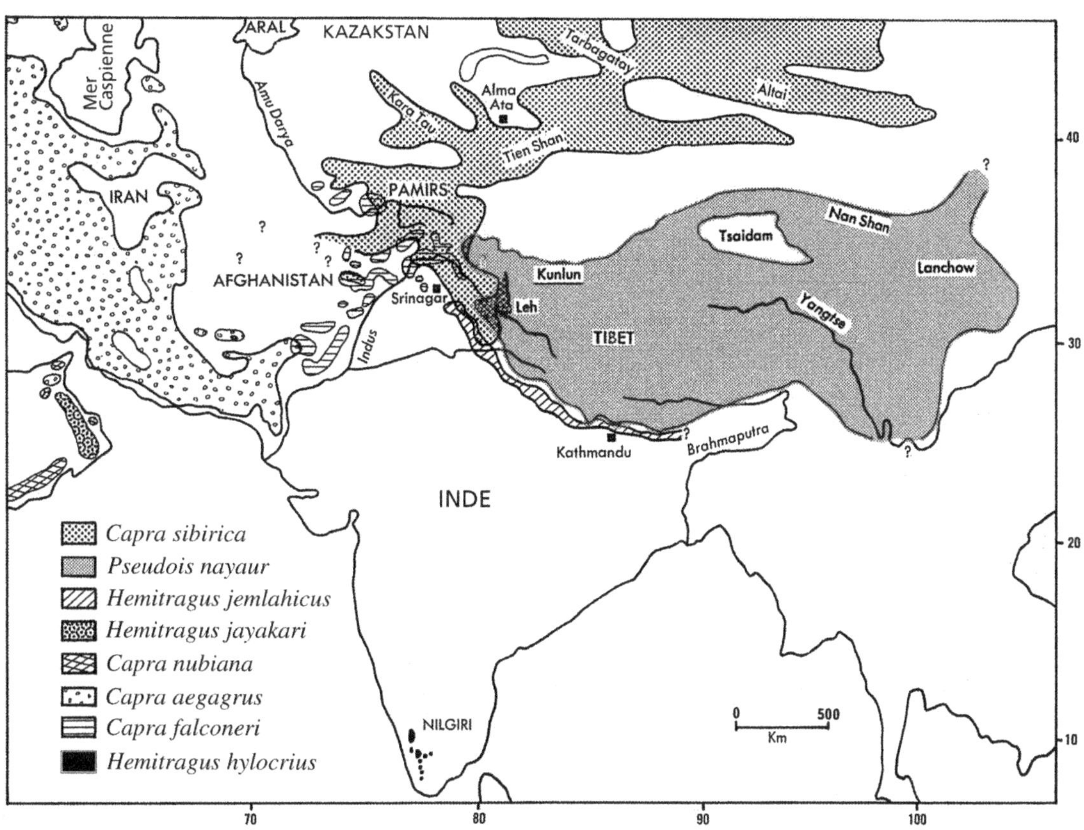

Figure 1.2. Répartition géographique approximative des espèces des genres *Capra, Hemitragus* et *Pseudois*. Modifié d'après G.B. Schaller 1977.

- *H. hylocrius* Ogilby, 1838 : le tahr de l'Inde ou warryato (Monts Nilgiri, sud-est de l'Inde),
- *H. jayakari* Thomas, 1894 : le tahr d'Arabie ou tahr d'Iman (bords de la mer d'Oman).

Elles se caractérisent par un museau nu, l'absence de barbiche chez les mâles et des glandes aux pieds. Il n'y a pas de larmiers. Les femelles d'*H. jemlahicus* se distinguent de celles d'*H. jayakari* et d'*H. hylocrius* par la présence de quatre tétines au lieu de deux. La formule chromosomique est variable : 2n=48 chez le tahr de l'Himalaya, 2n=58 chez le tahr de l'Inde et d'Arabie (*in* G. de Germiny et C. Lorgnier du Mesnil, 1998). Les chevilles osseuses, courtes et falciformes (45 cm de longueur en moyenne), à surface lisse, sont identiques dans les deux sexes mais un peu plus longues chez le mâle. Elles sont légèrement divergentes vers l'extérieur, comprimées dorso-ventralement avec une carène frontale chez *H. jemlahicus* et *H. jayakari*. Chez *H. hylocrius* elles ont une surface dorsale (ou médiale) plane, une surface ventrale (=latérale) convexe, possèdent une légère carène rostro-dorsale et demeurent dans le plan sagittal du crâne.

D. Heinemann (1972) ne reconnaît qu'une espèce (*H. jemlahicus*) et quatre sous-espèces dont le tahr de Sikkim défini par H. Pohle (1944) : *H. jemlahicus schaeferi*. Pour G. Caughley (1969), G.B. Schaller (1977) et P. Grubb (1993), il n'y a pas lieu de distinguer ce taxon.

D'après l'analyse du cytochrome b, la parenté d'*Hemitragus* avec *Capra* est grande (Groves et Shield 1996 ; Gatesy *et al.* 1997) ainsi qu'avec *Pseudois* (Hassanin 1999 ; Hassanin *et al.* 1998).

C. Genre Pseudois Hodgson, 1846

Le bharal ou mouflon bleu est considéré comme intermédiaire entre *Capra* et *Ovis* ou bien comme un *Capra* aberrant avec des caractères d'*Ovis*. Son aire de répartition s'étend de l'Himalaya à la Chine (Figure I.2). Il se caractérise par des chevilles osseuses très rapprochées à leur base qui s'écartent rapidement l'une de l'autre vers l'extérieur et l'arrière, l'apex s'orientant vers le haut. Leur surface est lisse. La longueur est en moyenne de 80 cm chez le mâle et de 20 cm chez la femelle. Il n'y a pas de larmiers et il existe des glandes interdigitales rudimentaires.

Le nombre d'espèces et de sous-espèces varie selon les auteurs. Ainsi P. Grubb (1993) ne reconnaît que l'espèce *Pseudois nayaur*. Pour J.R. Ellerman et T.C.S. Morrison-Scott (1966), D. Heinemann (1972) et G.B. Schaller (1977), le genre est monospécifique avec deux ou trois formes :

- *P. nayaur nayaur* (Hodgson, 1833) : le bharal de l'Himalaya,
- *P. nayaur szechuanensis* Rothschild, 1922 : le bharal de Chine,
- *P. nayaur schaeferi* Pohle, 1944 : le bharal nain ou bharal du Tibet.

G. de Germiny et C. Lorgnier du Mesnil (1998) font état du bharal du Kan-Sou (*P. nahoor caesia* Howell, 1928 [*sic*]).

G.B. Corbet (1978) et C.P. Groves (1978) distinguent deux espèces : le bharal de l'Himalaya (*P. nayaur*) et le bharal du sud-est du Tibet (*P. schaeferi*). Pour G.B. Schaller (1977) ce dernier taxon n'est pas valide, sa distinction étant fondée sur la taille, critère en étroite dépendance avec les facteurs environnementaux.

D'après les analyses moléculaires les plus récentes et comme indiqué dans le paragraphe précédent, le genre serait fortement apparenté à *Capra* et *Hemitragus* (Gatesy *et al.* 1997 ; Ludwig et Fischer 1998 ; Hassanin 1999 ; Hassanin *et al.* 1998).

D. Genre Ammotragus Blyth, 1840

Le mouflon à manchettes, encore appelé aoudad ou aroui, présente un mélange de caractères de *Capra* et d'*Ovis*. L'espèce est strictement africaine (Figure 1.3). Les mâles possèdent des cornes à section arrondie, "régulièrement incurvées vers le haut, vers l'arrière et vers l'extérieur, puis vers le bas et vers l'intérieur, formant un demi-cercle au-dessus du cou" (Dorst et Dandelot, 1976 : 276). La tête est dépourvue de barbiche et de glandes lacrymales. Le poitrail est orné de longues franges ainsi que les pattes avant. Il n'y a pas de glandes interdigitales.

Quelques auteurs l'incluent dans le genre *Capra* (Meester et Setzer 1971 ; Van Gelder 1977 ; Corbet 1978) tandis que d'autres maintiennent son classement dans un groupe à part (Dorst et Dandelot 1976 ; Schaller 1977 ; Gray et Simpson 1980 ; Kingdon 1997). Les analyses de séquences des acides aminés et celles des réactions immunologiques de sérums protéiques placent le genre tantôt dans celui des chèvres, tantôt dans le groupe du mouton (Schmitt 1963 ; Curtain et Fudenberg 1973 ; Manwell et Baker 1975). L'électrophorèse des protéines du sang fournit aussi des résultats contradictoires mais indique qu'il s'agit d'une forme primitive (Manwell et Baker 1977), ce qui va dans le sens du point de vue de V. Geist (1971). Les analyses d'allozymes aboutissent à un rapprochement avec *Capra* (Hartl, Burger *et al.* 1990 ; Hartl, Willing *et al.* 1990 ; Hartl, Meneguez *et al.* 1992). C'est aussi le cas pour les séquences d'ADN ribosomique (Ludwig et Fischer 1998). Quant aux analyses moléculaires basées sur le cytochrome b, elles indiquent un rapprochement avec *Rupicapra* (Hassanin 1999 ; Hassanin *et al.* 1998).

Le genre est monospécifique. P. Grubb (1993) invalide les sous-espèces tandis que R. Lydekker (1913) et G.B. Schaller (1977) en reconnaissent quatre :

- *A. lervia lervia* (Pallas, 1777) : le mouflon à manchettes de l'Atlas ou de Mauritanie,
- *A. lervia ornata* (Geoffroy Saint-Hilaire, 1833) : le mouflon à manchettes d'Égypte,
- *A. lervia blainei* (Rothschild, 1913) : le mouflon à manchettes du Soudan,

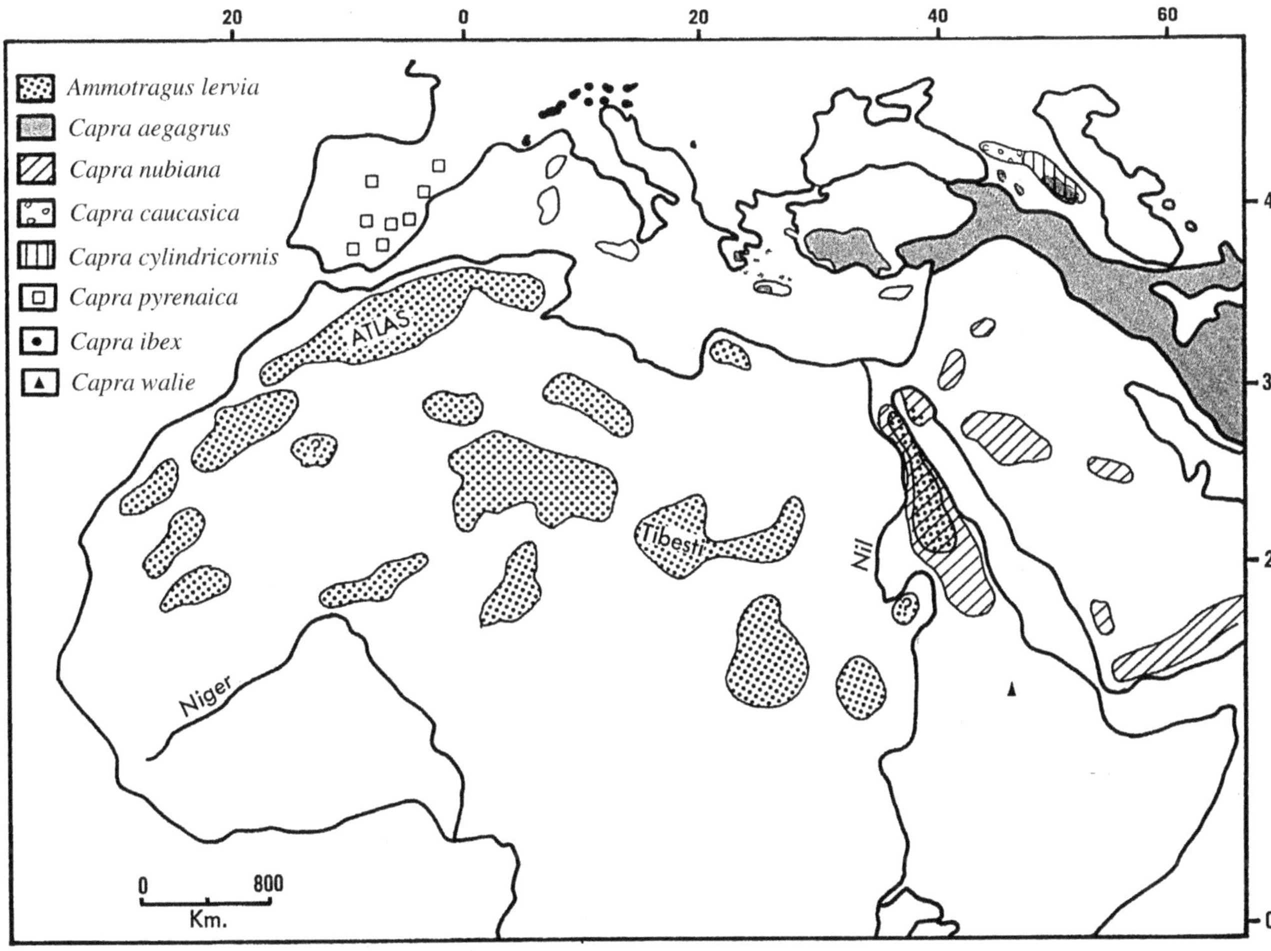

Figure 1.3. Répartition géographique approximative des espèces des genres *Ammotragus* et *Capra*. Modifié d'après G.B. Schaller 1977.

- *A. lervia sahariensis* (Rothschild, 1913) : le mouflon à manchettes du Sahara.

D. Heinemann (1972) en rajoute deux :

- *A. lervia fassini* Lepri, 1930 : le mouflon à manchettes de Tripoli ou de Cyrénaïque,
- *A. lervia angusi* (Rothschild, 1921) : le mouflon à manchettes de l'Aïr ou du Nigeria.

E. Genre *Ovis* Linné, 1758

Le genre *Ovis* est présent dans l'Ancien (Figure 1.4) et le Nouveau Monde. La formule chromosomique est variable : de 2n=54 à 2n=58 (Nadler *et al.* 1971, 1973). Les différentes espèces et sous-espèces ont en commun des glandes pré-orbitales et interdigitales. La barbe est absente. Les cornes, plus ou moins allongées, sont enroulées et sillonnées, toujours plus développées chez les mâles. Elles sont divergentes latéralement selon trois types : hétéronyme ou convergent, plan ou neutre, homonyme ou divergent (Pfeffer 1967).

La classification de ce genre est fortement controversée et confuse. Si l'on excepte le mouton domestique (*O. aries* Linné, 1758) et le mouflon de Corse (*O. musimon* Schreber, 1782) dont l'origine par marronnage a été récemment démontrée (Poplin 1979 ; Poplin et Vigne 1983 ; Hassanin *et al.* 1998 ; Hassanin 1999), le nombre d'espèces eurasiatiques varie selon les auteurs de un à quatre avec un nombre de sous-espèces oscillant entre 7 et 32 (Lydekker 1913 ; Ellerman et Morrison-Scott 1966 ; Haltenorth et Trense 1956 ; Pfeffer 1967).

Des sous-genres sont parfois distingués (*In* Nowak et Paradiso 1983) :

- *Ovis* pour l'Eurasie avec l'urial (*O. vignei* Blyth, 1840), l'argali (*O. ammon* (Linné, 1758), le mouflon asiatique (*O. orientalis* Gmelin, 1774), le mouflon de Corse (*O. musimon*) et le mouton (*O. aries*) ;
- *Pachyceros* pour l'Amérique et le nord-est de la Sibérie avec le bighorn (*O. canadensis* Shaw, 1804), le mouflon de Dall (*O. dalli* Nelson, 1884) et le mouflon des neiges (*O. nivicola* Eschsholtz, 1829).

P. Pfeffer (1967) distingue en fonction de la morphologie crânienne deux espèces dont la répartition correspond à celle des sous-genres précédents :

- *O. ammon* Linné, 1758 qui regroupe d'ouest en est sept sous-espèces :

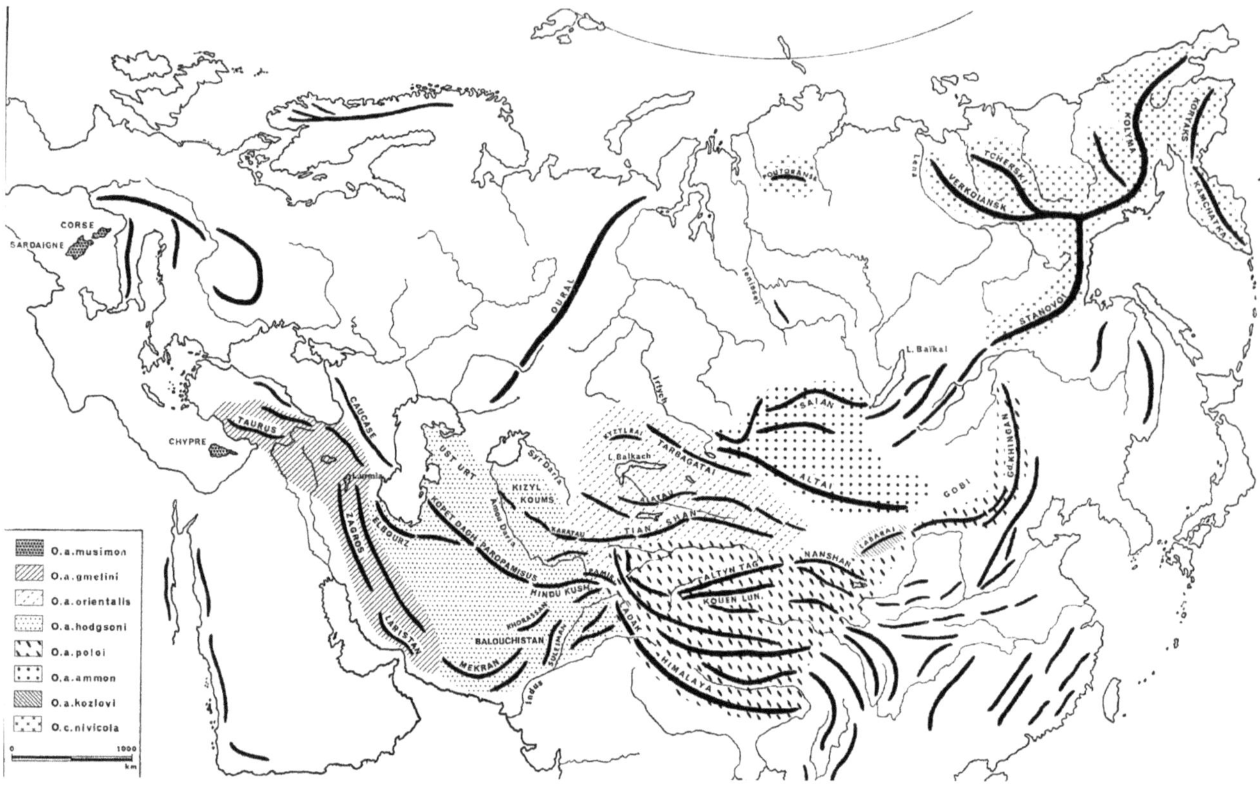

Figure 1.4. Répartition géographique approximative des espèces paléarctiques du genre *Ovis*. Modifié d'après P. Pfeffer 1967.

- *O. a. musimon* Schreber, 1782 : le mouflon de Corse, ou mouflon européen, présent sur cette Île, en Sardaigne et à Chypre,
- *O. a. gmelini* (Blyth, 1840) : le mouflon d'Asie mineure réunissant les formes *anatolica*, *erskinei*, *gmelini*, *isphaganica*, *laristanica* et *urmiana*,
- *O. a. orientalis* (Gmelin, 1774) : le mouflon d'Afghanistan ou urial regroupant les formes *arcal*, *blanfordi*, *bochariensis*, *cycloceros*, *dolgopolovi*, *orientalis*, *pundjabiensis*, *severtzovi*, *vignei*,
- *O. a. poloi* (Blyth, 1840) : le mouflon du Pamir ou argali de Marco Polo comprenant les formes *collium*, *heinsii*, *humei*, *karelini*, *poli* (= *poloi*), *littledali*, *nigrimontana* et *sairensis*,
- *O. a. ammon* Linné, 1758 : le mouflon ou argali de l'Altaï,
- *O. a. koslovi* Nassonov, 1913 : le mouflon ou argali du Gobi méridional,
- *O. a. hodgsoni* (Blyth, 1840) : le mouflon ou argali du Tibet qui inclut les formes *comosa*, *dalai-lamae*, *hodgsoni* et *jubata* (= *darwini*),
- *O. canadensis* Schaw, 1804 : le mouflon ou bighorn des Montagnes Rocheuses dont l'aire de répartition s'étend de la Sibérie à l'Amérique du Nord.

G.B. Schaller (1977) éclate l'ensemble eurasiatique en deux espèces : urial (*O. orientalis*) et argali (*O. ammon*).

Il reconnaît chez la première neuf sous-espèces :

- *O. o. musimon* (Schreber, 1782) : l'urial de Corse,
- *O. o. ophion* (Blyth, 1840) : l'urial de Chypre,
- *O. o.gmelini* (Blyth, 1840) : l'urial d'Asie-Mineure regroupant les formes *urmiana*, *anatolica*, *armenia*,
- *O. o. laristanica* (Nasonov, 1909) : l'urial du Laristan,
- *O. o. isphahanica* (Nasonov, 1910) : l'urial d'Ispahan,
- *O. o. arkal* (Eversmann, 1850) : l'urial du Turkestan ou urial de Kopet dagh avec la forme *dolgopolovi*,
- *O. o. cycloceros* (Hulton, 1890) : l'urial d'Afghanistan avec la forme *blanfordi*,
- *O. o. punjabiensis* (Lydekker, 1913) : l'urial du Pendjab,
- *O. o. vignei* (Blyth, 1840) : l'urial du Ladakh avec la forme *bochariensis*.

Chez *O. ammon* sont distinguées sept sous-espèces :

- *O. a. severtzovi* Nasonov, 1914 : l'argali de Severtzov ou du Nura Tau,
- *O. a. nigrimontana* Severtzow, 1873 : l'argali de Kara Tau,
- *O. a. karelini* Severtzow, 1873 : l'argali du Tian Chan regroupant les formes *heinsii*, *collium*, *airensis*,
- *O. a. polii* (Blyth, 1840) : l'argali de Marco Polo avec les formes *huemi* et *littledalei*,
- *O. a. ammon* (Linné, 1758) : l'argali de l'Altaï, inclus la forme *przevalskii*,
- *O. a. hodgsoni* (Blyth, 1840) : l'argali du Tibet, inclus la forme *dalai-lamae*,
- *O. a. darvini* (Przewalski, 1883) : l'argali de Mongolie regroupant les formes *mongolica* et *koslovi*.

Le mouflon de Severtzov a fait l'objet d'analyses récentes qui concluent à son appartenance à *O. ammon* (Bunch *et al.* 1998, 2000).

P. Grubb (1993) reconnaît aussi deux espèces sauvages : *O. vignei* Blyth, 1840 et *O. ammon* (Linné, 1758). Il place en synonymie pour la première d'entre elle les formes : *arabica, arkar, blanfordi, bochariensis, cycloceros, dolgopolovi, punjabiensis, severtzovi* et *varentsowi* et pour la seconde les formes : *adametzi, altaica, ammonoides, argali, asiaticus, bambhera, blythi, brookei, collium, comosa, dalailamae, darwini, dauricus, heinsii, hodgsoni, humei, intermedia, jubata* Peters, 1876, *karelini, kozlovi, littledalei, mongolica* Severtzov, 1873, *nigrimontana, polii, przevaslskii* et *sairensis*. Il inclut dans l'espèce domestique *O. aries* Linné, 1758 les formes : *anatolica, armeniana, corsicosardinensis, cyprius, erskinei, gmelini, laristanica, isphahanica, jubata* Kerr, 1792, *matschiei, mongolica* Fitzinger, 1860, *musimon, occidentalis, occidentosardinensis, ophion, orientalis, sinesella* et *urmiana*.

D.M. Shackleton (1997) considère trois espèces :

- *O. vignei* avec :
  O. v. arkal (Eversmann, 1850) : l'urial du Turkestan,
  O. v. bocharensis (Nasonov, 1914) : l'urial de Boukharie ou de Boukhara,
  O. v. cycloceros (Hutton, 1842): l'urial d'Afghanistan,
  O. v. orientalis (Gmelin, 1774) : l'urial de l'Elbrouz,
  O. v. punjabiensis (Lydekker, 1913) : l'urial du Pendjab,
  O. v. severtzovi (Nasonov, 1914) : l'urial de Severtzov,
  O. v. vignei (Blyth, 1941) : l'urial du Cachemire.
- *O. gmelini* avec :
  O. g. gmelini (Blyth, 1841): le mouflon d'Arménie,
  O. g. anatolica (Valenciennes, 1856) : le mouflon de Turquie,
  O. g. isphahanica Nasonov, 1910 : le mouflon d'Ispahan,
  O. g. laristanica Nasonov, 1909 : le mouflon du Laristan,
  O. g. musimon (Schreber, 1782) : le mouflon d'Europe,
  O. g. ophion (Blyth, 1841) : le mouflon de Chypre.
- *O. ammon* avec :
  O. a. ammon (Linné, 1766): l'argali de l'Altaï,
  O. a. hodgsoni (Blyth, 1840) : le mouflon du Tibet,
  O. a. jubata (Peters, 1876) : l'argali de Mandchourie ou argali du Shanxi,
  O. a. karelini Severtzow, 1873 : l'argali du Tian Chan,
  O. a. nigrimontana Severtzow, 1873 : l'argali de Kara Tau,
  O. a. polii (Blyth, 1840) : l'argali de Marco Polo.

Le statut du mouflon nord-américain est tout aussi controversé et confus. Si pour R. Lydekker (1913), V. Heptner, A. Nasimovic et A. Bannikov (1966) et P. Pfeffer (1967) une seule espèce existe (cf. *supra*), I. Cowan (1940) et à sa suite nombre d'auteurs américains tel V. Geist (1971), P. Grubb (1993, 2000) et D.M. Shackleton (1997) considèrent trois espèces :

- *O. nivicola* Eschsholtz, 1829 : le mouflon des neiges chez qui sont reconnues trois sous-espèces :
  O. n. nivicola Eschsholtz, 1829 : le mouflon du Kamtchatka,
  O. n. borealis Severtzov, 1873 : le mouflon boréal,
  O. n. lydekkeri Kowarzik, 1913 : le mouflon à bandeau.
- *O. dalli* (Nelson, 1884) : le mouflon de Dall qui comprend trois sous-espèces :
  O. dalli dalli (Nelson, 1884) : le mouflon de Dall,
  O. dalli kenaiensis Allen, 1902 : le mouflon de la péninsule de Kenai,
  O. dalli stonei (Allen, 1897) : le mouflon noir ou de la Stikine.

Pour P. Grubb (1993), ces deux dernières formes ainsi que les taxons *cowani, fannini, liardensis* et *niger* sont des synonymes de l'espèce tandis que D.M. Shackleton (1997) ne retient que les deux premières.

- *O. canadensis* Shaw, 1804 : le mouflon ou bighorn des Montagnes Rocheuses regroupant huit sous-espèces :
  O. c. canadensis (Lydekker, 1898) : le bighorn des Montagnes Rocheuses,
  O. c. californiana (Douglas, 1829) : le bighorn de Haute-Californie,
  O. c. nelsoni (Merriam, 1897) : le bighorn de Nelson, ou bighorn des Vignes ou bighorn du désert,
  O. c. mexicana (Merriam, 1901) : le bighorn du Mexique,
  O. c. texiana Bailey, 1912 : le bighorn du Texas,
  O. c. cremnobates (Elliot, 1904) : le bighorn de Basse-Californie,
  O. c. weemsi Goldman, 1937: le bighorn de Weems,
  O. c. auduboni Merriam, 1901 : le bighorn d'Audubon ou du Dakota (aujourd'hui éteint).

G. de Germiny et C. Lorgnier du Mesnil (1998) ajoutent le bighorn de la Sierra Nevada *O. c. sierrae* Grinnel, 1912 et le bighorn de Sonora *O. c. gaillardi* Mearns, 1907.

Ces formes ne sont pas validées par P. Grubb (1993). Pour E.R. Hall et K.R. Kelson (1958) *O. c. gaillardi* et *O. c. texiana* sont des synonymes de *O. c. mexicana*. Des analyses réalisées par R.R. Ramey (1995) sur l'ADN mitochondrial concluent que quatre de ces sous-espèces (*O. c. nelsoni, O. c. mexicana, O. c. cremnobates, O. c. weemsii*) correspondent à une même espèce. Plus récemment par le biais d'analyses statistiques univariée et multivariée, J.D. Wehausen et R.R. Ramey (2000) mettent en synonymie *O. c. auduboni* avec *O. c. canadensis* et réduisent l'aire de distribution d'*O. c. californiana* au centre et au sud de la Sierra Nevada. Quant à D. N. Shackleton (1997), il ne retient que trois taxons : *O. c. canadensis, O. c. nelsoni* et *O. c. mexicana*.

L'analyse moléculaire de A. Hassanin, E. Pasquet et J.-D. Vigne (1998) confirme l'existence de deux clades : celui de "l'ancien monde" groupant *O. ammon, O. vignei* et *O. aries*, celui du "Nouveau Monde" avec *O. dalli* et *O. canadensis*. D'après les analyses concernant le polymorphisme des protéines, *Capra* et *Ovis* sont distincts. Les études du cytochrome b, comme nous allons le voir, mettent en avant une parenté entre ce dernier et *Budorcas*.

I.2. Les Ovibovini Gray, 1872

A. Genre Ovibos de Blainville, 1816

Le bœuf musqué est représenté par une seule espèce, *Ovibos moschatus* (Zimmermann, 1780), dont l'aire de répartition naturelle s'étend de la Baie d'Hudson au nord-est du Canada ainsi que sur une grande partie des Îles canadiennes et du Groenland.

La formule chromosomique est 2n=48. Les cornes, présentes dans les deux sexes, ont une base très élargie chez les mâles où elles sont jointives, formant une plaque épaisse. Elles s'incurvent fortement vers le bas et l'avant, les pointes se redressant vers le haut et l'arrière. Le corps est couvert de poils pouvant atteindre 90 cm de long sur le cou, la poitrine et le train arrière. Les proportions du corps sont de type Bovinae (McDonald et Freeman 1984) alors que la structure dentaire et osseuse est proche du type *Ovis* (Lamendin *et al.* 1979 ; Vanlerberghe 1979). La taille varie de 1,10 m à 1,45 m au garrot.

Trois sous-espèces sont classiquement reconnues :

- *O. moschatus moschatus* (Ward, 1910) : le bœuf musqué de l'Alaska,
- *O. moschatus niphoecus* Elliot, 1905 : le bœuf musqué de la Baie d'Hudson ou bœuf musqué de Wager,
- *O. moschatus wardi* Lydekker, 1900 : le bœuf musqué du Groenland.

R. Lydekker (1913) ajoute deux autres sous-espèces : *O. moschatus melvillensis* Kowarzik, 1908 et *O. moschatus mackenzianus* Kowarzik, 1908. G.B. Schaller (1977) et P. Grubb (1993) ne font état que de l'espèce.

Les résultats récents des analyses moléculaires placent le bœuf musqué dans le groupe des saros (*Capricornis*) et du goral (*Nemorhaedus*) (Groves et Shields 1996 ; Gatesy *et al.* 1997 ; Hassanin *et al.* 1998).

B. Genre Budorcas Hodgson, 1850

Le takin ou takang vit du sud-est de l'Himalaya au Centre de la Chine où il occupe les forêts des pentes abruptes entre 2.000 et 4.500 mètres d'altitude. Il présente des cornes dans les deux sexes. Jointes à la base mais peu étendues de l'avant vers l'arrière, elles sont courtes, dirigées transversalement sur la moitié de leur développement puis vers l'arrière et le haut. On observe une crête caudale qui passe sur la face rostrale à mi-parcours. La femelle a quatre tétines. La taille varie de 0,76 m à 1,30 m au garrot. Il n'y a pas de glandes lacrymales, ni de glandes rétrocornales et interdigitales.

R. Lydekker (1913) fait état de trois espèces :

- *B. taxicolor* Hodgson, 1850 avec deux sous-espèces : le takin des monts Mishmi, encore nommé takin de l'Assam, *B. taxicolor taxicolor* (Hodgson, 1850) et le takin du Bhoutan, *B. taxicolor whitei* Lydekker, 1907,
- *B. tibetana* (Milne Edwards, 1874) : le takin de Chine ou takin du Sseu-Tch'ouan,
- *B. bedfordi* Thomas, 1911 : le takin doré ou takin du Chen-si.

R.M. Nowak et J.L. Paradiso (1983) ainsi que P. Grubb (1993) ne reconnaissent qu'une seule espèce (*B. taxicolor*).

En 1898, P. Matschie a rapproché le takin du bœuf musqué, point de vue critiqué par E. Lönnberg qui juge "The resemblance between *Budorcas* and *Ovibos*... only superficial" (1900 : 717) et place le taxon près de la "branche ovine". Pour R. Lydekker (1913), il s'agit d'un Rupicaprinae et pour G. Pilgrim (1939) d'un *Rupicaprini* tandis que G.B. Schaller (1977), suivant en cela J.R Ellerman et T.C.S. Morrison-Scott (1966), le considère comme un *Ovibovini*.

Les travaux d'A. Tikhonov (1992) montrent que les membres d'*Ovibos* et de *Budorcas* ont des proportions communes qui découlent d'une même adaptation fonctionnelle alors que le reste de la morphologie les distingue. L'analyse de parcimonie de H. Thomas (1994) et les analyses cladistiques et phénétiques d'A.W. Gentry situent le takin au sein des *Ovibovini* (1992). Ce dernier auteur a remis en question cette appartenance du fait de l'absence de facettes supplémentaires sur l'arrière des tubérosités du basioccipital (Gentry 1996) et d'une éventuelle parenté avec le genre fossile *Palaeoryx* Gaudry, 1861 (Gentry et Heizmann 1996). G. Bouvrain et L. de Bonis doutent aussi de l'appartenance du genre aux *Ovibovini* (1984). D'un point de vue moléculaire, le takin formerait un clade avec *Ovis* (Groves et Shields 1996 ; Hassanin *et al.* 1998 ; Hassanin 1999 ; Gatesy et Arctander 2000).

Chapitre 2

Les Caprini, Ovini et Ovibovini actuels

I. DONNÉES MORPHOMÉTRIQUES DISPONIBLES

La lecture du premier chapitre montre combien la systématique des Caprinae actuels est confuse et sujette à polémiques. La classification basée sur le consensus morphologique est variable selon les auteurs et n'est pas toujours en accord avec les résultats des analyses moléculaires les plus récentes.

Les classifications zoologiques classiques définissent les espèces sur la base de leur isolement reproductif, de leur morphologie externe et de leur écologie. Aujourd'hui leurs caractéristiques chromosomiques, moléculaires et protéiniques sont aussi prises en compte. Dans le cas des *Caprini*, l'aspect des cornes des mâles, c'est à dire de l'étui kératineux qui couvre la cheville osseuse, est largement utilisé. Or la plupart de ces critères ne sont pas applicables en paléontologie qui définit des "espèces morphologiques" à partir de critères anatomiques du squelette. Dès lors l'interprétation des matériaux fossiles se révèle d'autant plus difficile que la morphologie osseuse des espèces sauvages actuelle est imparfaitement définie.

Si les caractères crâniens et du squelette post-crânien d'*Ovis* ont été présentés respectivement par Ch. Cornevin et X. Lesbre (1891), V. Gromova (1953), J. Boessneck, H.S. Müller et M. Teichert (1964) et P. Pfeffer (1967) puis complétés d'une manière plus ou moins exhaustive par quelques auteurs notamment dans le cadre de la distinction *Capra-Ovis* (Buitenhuis 1995 ; Gabler 1995 ; Helmer 2000 ; Helmer et Rocheteau 1994 ; Payne 1969, 1985 ; Prummel et Frisch 1986 ; Rowley-Conwy 1998 ; Fernandez 2001), il n'en va pas de même pour les autres membres de la tribu des *Caprini* : les analyses morphologiques concernant *Ammotragus* sont peu nombreuses (Bourdelle 1926 ; Gabler 1985 ; Pomel 1898 ; Rode 1943) et celles concernant *Hemitragus* et *Pseudois* sont à ma connaissance inexistantes. Le constat est identique pour *Budorcas* et *Ovibos*. Des données sur le crâne du takin figurent dans les articles de A. Milne Edwards (1868–1874), P. Matschie (1898), E. Lönnberg (1900) et dans l'analyse cladistique de A.W. Gentry (1992). À ma connaissance, le squelette post-crânien de l'espèce n'est connu que par l'étude de A. Milne Edwards (1868–1874) de laquelle les carpiens, tarsiens et phalanges sont exclus. Pour *Ovibos*, les travaux de E. Lönnberg (1900) et J.A. Allen (1901, 1912) ne concernent que le crâne. L'analyse de L. Vanlerberghe (1979) fournit les principaux caractères diagnosiques du genre par rapport à *Bos* mais la diffusion de ce mémoire est limitée. Des données éparses se trouvent entre autres dans les études d'A.W. Dawkins (1872) et F.E. Koby (1954).

Dans le cas de *Capra*, beaucoup d'études ont porté sur des spécimens isolés et ainsi ne tiennent pas compte de la variabilité individuelle (Busk 1877 ; Forsyth Major 1879 ; Koby 1958 ; Pales 1977 ; Gromova 1929). Le travail de F. Prat (1966) traite des principaux critères anatomiques permettant de distinguer le genre par rapport aux autres Caprinae mais les données biométriques sont absentes. Des études récentes sont consacrées aux éruptions et aux usures dentaires (Delpech et Villa 1993; Fandos, Orveta *et al.* 1993 ; Pérez Ripoll 1988 ; Vigal et Machordom 1985), d'autres concernent la saisonnalité des habitats préhistoriques par le biais de l'analyse des stades d'éruption dentaire des bouquetins ou des anneaux de cément des dents (Griggo et Pubert 1999 ; Pailhaugue 1993, 1995), mais aucune n'aborde la question de la morphologie. La monographie de M. Couturier (1958, 1962) est une référence pour les bouquetins cependant les données métriques ne sont pas exploitées. En effet, peu d'analyses biométriques ont été menées à bien. K. Bosold (1968) s'est intéressé au dimorphisme sexuel des métapodes et des phalanges uniquement pour *C. ibex*, J. Boessneck et U. Meyer-Lempennau (1966) sur celui du bassin. L. Chaix et J. Desse (1983) et J. Desse et L. Chaix (1985, 1991) ont aussi abordé la question du dimorphisme sexuel chez le bouquetin alpin à des fins comparatives avec les fossiles tandis que P. Fandos et C. R. Vigal (1993) ont étudié celui de *C. pyrenaica*. Récemment, l'analyse de H. Fernandez (2001) permet de préciser les caractères morphologiques et le dimorphisme sexuel du squelette appendiculaire de la chèvre et du bouquetin alpin en comparaison du mouton, du chamois et du chevreuil. On peut aussi citer les travaux de J. Altuna (1978) et de F. Delpech (1983). R. Garcia Gonzales (1991) traite des crânes du bouquetin ibérique et du bouquetin alpin mais sur des séries restreintes. Seuls P. Fandos, Y. Aranzada, J.F. Orveta et É. Crégut-Bonnoure (1993) ont réalisé une analyse multivariée des dimensions crâniennes des différentes espèces de bouquetin. Récemment, P. Grubb (2000) a analysé l'évolution de la massivité des chevilles osseuses mais seulement pour quelques *Capra* et *Ovis* ce qui a permis d'observer des morphoclines.

Ainsi que je l'ai indiqué en introduction, il m'a paru important de reprendre l'analyse des caractères anatomiques des taxons actuels afin de déceler d'éventuelles affinités et de possibles rapports avec les formes supposées ancestrales. Une étude morphométrique exhaustive du crâne, des dents jugales définitives et du squelette post-crânien (vertèbres, sternèbres, côtes et sésamoïdes exclus) des genres *Capra*, *Hemitragus*, *Ammotragus*, *Pseudois*, *Ovibos* et *Budorcas* a donc été faite. Dans le cas d'*Ovis*, les analyses ont été restreintes à quatre populations.

Les résultats qui suivent résultent de l'analyse de 505 crânes appartenant à 23 taxons (335 mâles, 170 femelles), et de 164 squelettes (79 mâles, 85 femelles).

II. MÉTHODOLOGIE

Le travail d'A. Von den Driesh (1976) a servi de base à l'élaboration d'un système de mesure adapté aux espèces étudiées. Un plus grand nombre de paramètres crâniens et post-crâniens a été pris en compte afin d'obtenir un corpus de données pouvant servir de comparaison aux fossiles, rarement complets. Ainsi des mesures concernant les facettes articulaires ont été ajoutées pour le squelette. Souvent négligées, elles peuvent varier non seulement entre genres mais aussi entre espèces. Pour dents jugales, l'appréciation de la dilatation des cônes et des conides a fait l'objet de mesures appropriées. La hauteur de la couronne, présentée dans les tableaux de mesures, n'est pas indiquée sur les figures. En ce qui concerne les jugales supérieures ce paramètre a été pris du point de divergence des racines au sommet du style médian pour les prémolaires et à celui du mésostyle pour les molaires. Pour les jugales inférieures, il a été pris du point de divergence des racines au sommet du protoconide pour p2 et p3 et à celui du sillon interlobaire lingual pour les molaires.

Espèces actuelles et espèces fossiles ont été mesurées selon le même modèle (Figure 2.1 à Figure 2.17). Le nombre de paramètres par catégories osseuses est le suivant :

- Crâne : 68 variables (Figure 2.1, Figure 2.2),
- Mandibule : 20 variables (Figure 2.3),
- P2, P3 et P4 : 5 variables (Figure 2.4),
- M1 et M2 : 7 variables (Figure 2.4),
- M3 : 12 variables (Figure 2.4),
- p2 : 2 variables,
- p3 : 4 variables,
- p4, m1 et m2 : 5 variables (Figure 2.4),
- m3 : 6 variables (Figure 2.4),
- Scapula : 11 variables (Figure 2.5),
- Humérus, radius, semi-lunaire, os canon antérieur : 24 variables (Figure 2.6, Figure 2.7, Figure 2.9, Figure 2.10),
- Ulna : 12 variables (Figure 2.8),
- Scaphoïde et pyramidal : 10 variables (Figure 2.9),
- Pisiforme : 5 variables (Figure 2.9),
- Capitato-trapézoïde : 12 variables (Figure 2.9),
- Onciforme : 16 variables (Figure 2.9),
- Os coxal : 20 variables (Figure 2.12)
- Tibia : 18 variables (Figure 2.15),
- Fémur : 21 variables (Figure 2.13),
- Os malléolaire : 6 variables (Figure 2.14),
- Talus : 23 variables (Figure 2.16),
- Calcaneus : 17 variables (Figure 2.16),
- Os canon postérieur : 30 variables (Figure 2.17),
- Rotule : 5 variables (Figure 2.14),
- Cubonaviculaire : 23 variables (Figure 2.16),
- Première phalange antérieure et postérieure: 26 variables (Figure 2.11),
- Deuxième phalange antérieure et postérieure : 18 variables (Figure 2.11),
- Troisième phalange antérieure et postérieure: 12 variables (Figure 2. 11).

Pour le crâne de *Capra*, la longueur et la largeur du *Foramen ovale* ont aussi été prises mais ces deux paramètres n'ont pas été numérotés.

Seuls les individus dont les incisives, les canines définitives et les M3 sont entièrement sorties ont été pris en compte, ce qui correspond à des animaux dont l'âge est supérieur à quatre ans au moins (Allen 1912 ; Couturier 1962 ; Gauthier 1986 ; Michallet 1989). Les mesures ont été prises à l'aide d'un pied à coulisse relié à une imprimante. Les résultats métriques sont fournis dans les Tableaux 2.1 à 2.92.

Afin d'apprécier la variabilité spécifique et individuelle des crânes et des chevilles osseuses mais aussi afin de quantifier la divergence des chevilles osseuses, des relevés de section ont été effectués à l'aide de fil en étain : profil sagittal du crâne de la pointe du nasal à la suture rostrale du basioccipital, section des chevilles de 5 en 5 cm, relevé du contour du bord médial des chevilles de la base au sommet. Dans la mesure du possible des photographies des spécimens les plus caractéristiques ont été prises.

La terminologie utilisée pour la description du squelette est celle qui est préconisée par R. Barone (1976), exception faite des phalanges. Celle des dents jugales est celle qui est utilisée par E. Heintz (1970) et A.W. Gentry (1992) (Figure 2.18).

III. ANALYSE MORPHOLOGIQUE

L'ensemble des Caprinae examinés a un foramen infra-orbitaire à la verticale de P4, un tubercule facial à l'aplomb de M1-M2, un bord rostral de l'orbite au niveau du bord postérieur de M3. Les genres *Capra*, *Hemitragus* et *Pseudois*, que tous les auteurs classent dans la tribu des *Caprini*, diffèrent des genres *Ammotragus*, *Ovis*, *Ovibos* et *Budorcas* par le contact du nasal et du prémaxillaire.

III.1 Genres Capra, Hemitragus, Pseudois et Ammotragus

Les coupes sagittales permettent de regrouper les crânes en deux ensembles distincts selon le rapport de la longueur du museau et de celle du neurocrâne :

- Le premier comporte *H. hylocrius*, *H. jayakari* et toutes les espèces du genre *Capra* : l'arrière crâne est plus ou moins allongé en arrière des chevilles, non coudé ;
- Le deuxième concerne *H. jemlahicus*, *A. lervia* et *P. nayaur* : le neurocrâne est coudé. L'arrière crâne est plus ou moins vertical et le *foramen magnum* est disposé vers l'avant, en dessous des chevilles osseuses.

Ces différences ont déjà été notées par W.M. Schaffer et C.A. Reed (1972) qui considèrent la structure du premier

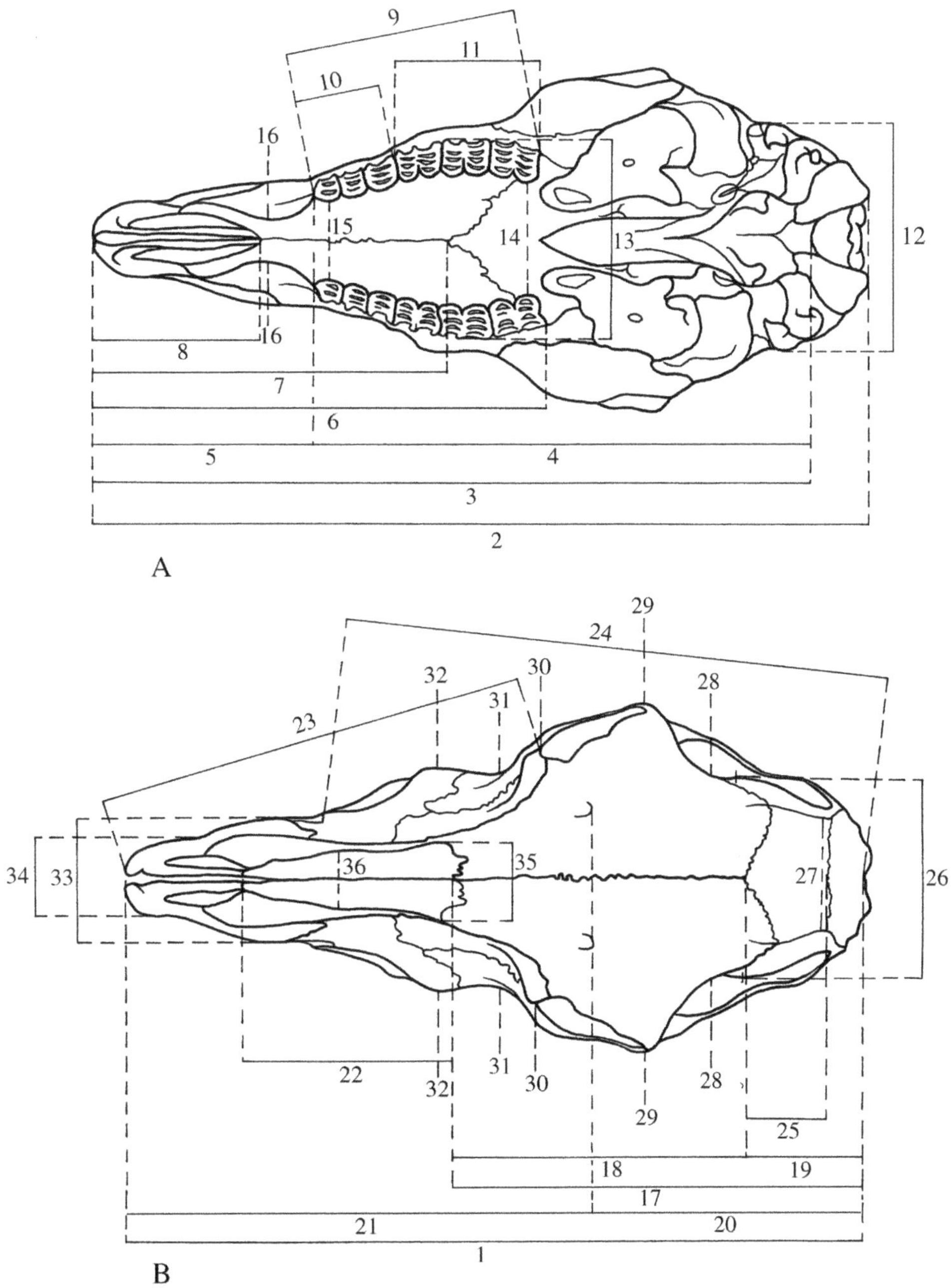

Figure 2.1. Mensurations du crâne. Modifié d'après A. von den Driesch 1976 ; mise au propre par M. Buisson-Catil. **A** : *norma basalis*. **B** : *norma verticalis*.
1 : longueur du toit crânien prise de l'acrocranion au prosthion. 2 : longueur condylo-basale prise du bord postérieur des condyles occipitaux au prosthion. 3 : longueur basale prise du basion au prosthion. 4 : longueur prise du basion au milieu de la ligne réunissant les bords mésiaux des P2. 5 : longueur prise du milieu de la ligne réunissant les bords mésiaux des P2 au prosthion. 6 : longueur prise du milieu de la ligne réunissant les faces distales des M3 au prosthion. 7 : longueur prise du milieu de la suture palatine transverse au prosthion. 8 : longueur prise du bord postérieur du processus palatin de l'os incisif (prémaxillaire) au prosthion. 9 : longueur de la rangée dentaire prise de la face antérieure de P2 à la face postérieure de M3. 10 : longueur du segment prémolaire prise de la face antérieure de P2 à la face postérieure de P4. 11 : longueur du segment molaire prise de la face antérieure de M1 à la face postérieure de M3. 12 : largeur au niveau des processus mastoïdes (otion-otion). 13 : largeur externe des maxillaires prise au niveau de la face labiale des molaires. 14 : écartement des M3 pris sur la face linguale des lobes postérieurs. 15 : écartement des P2 pris sur le milieu de la face linguale. 16 : largeur minimale entre les bords interalvéolaires. 17 : longueur prise de l'acrocranion au nasion. 18 : longueur du frontal prise du bregma au nasion. 19 : longueur prise de l'acrocranion au bregma. 20 : longueur prise de l'acrocranion aux bords postérieurs des foramens supra-orbitaires. 21 : longueur prise des bords postérieurs des foramens supra-orbitaires au prosthion. 22 : longueur du nasal prise du nasion au rhinion. 23 : longueur prise de l'entorbital au prosthion. 24 : longueur prise de l'acrocranion au bord postérieur du foramen infra-orbitaire. 25 : longueur du pariétal. 26 : largeur maximale des pariétaux. 27 : largeur minimale entre les lignes temporales. 28 : largeur post-orbitaire. 29 : largeur orbitaire caudale (ectorbital-ectorbital). 30 : largeur orbitaire rostrale (entorbital-entorbital). 31 : largeur de la face prise entre les orbites et les tubercules faciaux. 32 : largeur de la face prise au niveau des tubercules faciaux. 33 : largeur maximale de l'os incisif. 34 : largeur rostrale de l'os incisif. 35 : largeur caudale du nasal. 36 : largeur rostrale du nasal.

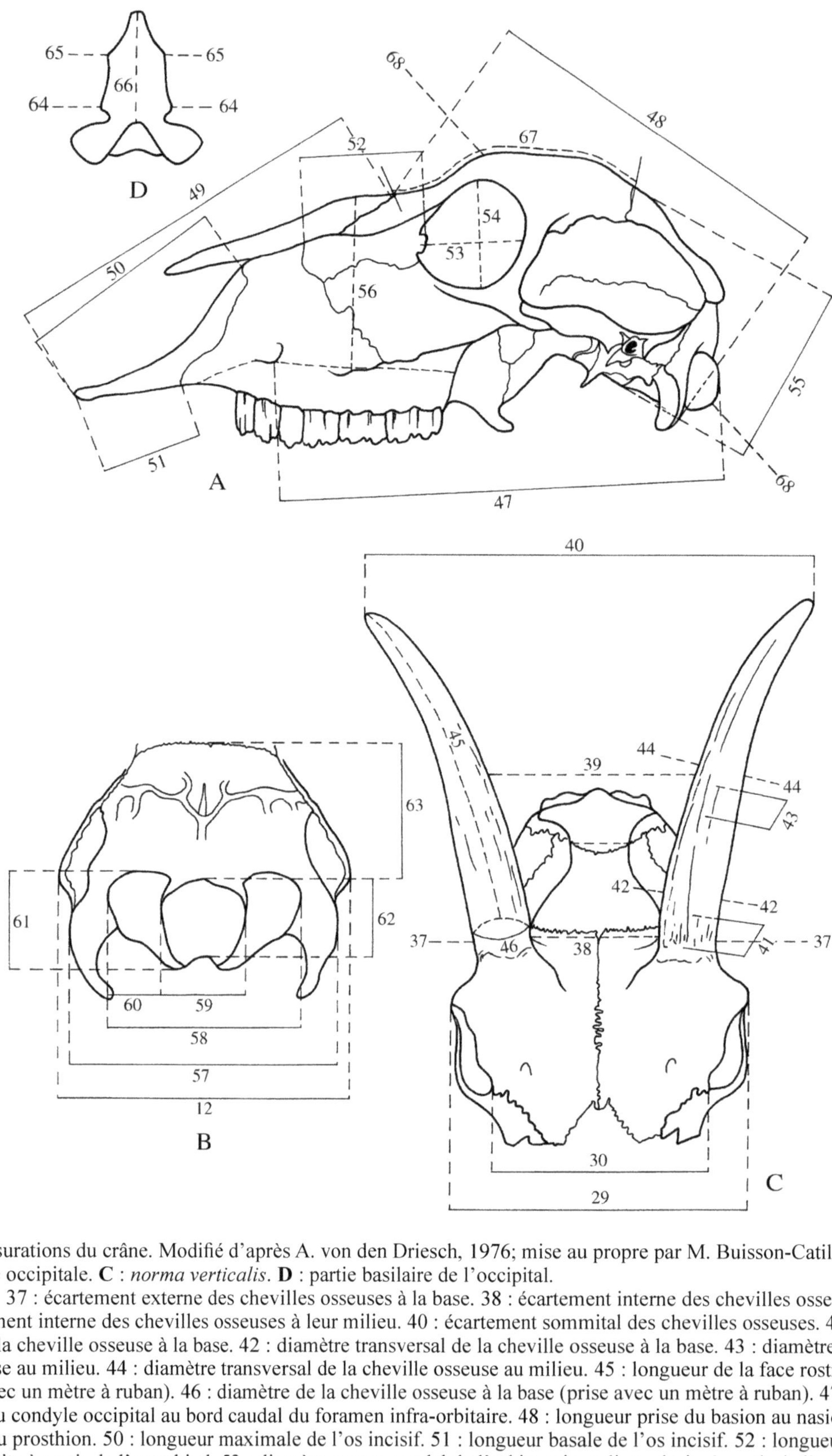

Figure 2.2. Mensurations du crâne. Modifié d'après A. von den Driesch, 1976; mise au propre par M. Buisson-Catil. **A** : *norma lateralis*. **B** : face occipitale. **C** : *norma verticalis*. **D** : partie basilaire de l'occipital.
12 : voir fig. 2.1. 37 : écartement externe des chevilles osseuses à la base. 38 : écartement interne des chevilles osseuses à la base. 39 : écartement interne des chevilles osseuses à leur milieu. 40 : écartement sommital des chevilles osseuses. 41 : diamètre rostro-caudal de la cheville osseuse à la base. 42 : diamètre transversal de la cheville osseuse à la base. 43 : diamètre rostro-caudal de la cheville osseuse au milieu. 44 : diamètre transversal de la cheville osseuse au milieu. 45 : longueur de la face rostrale de la cheville osseuse (prise avec un mètre à ruban). 46 : diamètre de la cheville osseuse à la base (prise avec un mètre à ruban). 47 : longueur prise du bord caudal du condyle occipital au bord caudal du foramen infra-orbitaire. 48 : longueur prise du basion au nasion. 49 : longueur prise du nasion au prosthion. 50 : longueur maximale de l'os incisif. 51 : longueur basale de l'os incisif. 52 : longueur du lacrymal prise en ligne droite à partir de l'entorbital. 53 : diamètre rostro-caudal de l'orbite pris en ligne droite à partir de l'entorbital. 54 : hauteur de l'orbite prise perpendiculairement à la mesure précédente. 55 : hauteur de l'arrière-crâne prise de la partie basilaire de l'occipital au point le plus saillant du pariétal. 56 : hauteur de la face prise du milieu de la suture palatine transverse à la surface du nasal. 57 : largeur au niveau des processus jugulaires. 58 : largeur entre l'extérieur des condyles occipitaux. 59 : largeur du foramen magnum. 60 : largeur du condyle occipital. 61 : hauteur du condyle occipital. 62 : hauteur du foramen magnum prise du basion à l'opisthion. 63 : hauteur de l'occipital prise de l'opisthion à la suture pariéto-occipitale. 64 : largeur au niveau des tubercules postérieurs de la partie basilaire de l'occipital. 65 : largeur au niveau des tubercules antérieurs de la partie basilaire de l'occipital. 66 : longueur de la partie basilaire de l'occipital prise du basion à la suture avec le basisphénoïde. 67 : longueur du frontal suivant la courbure de la suture médiane (prise avec un mètre à ruban). 68. hauteur maximale prise du sommet des frontaux à la pointe des condyles occipitaux.

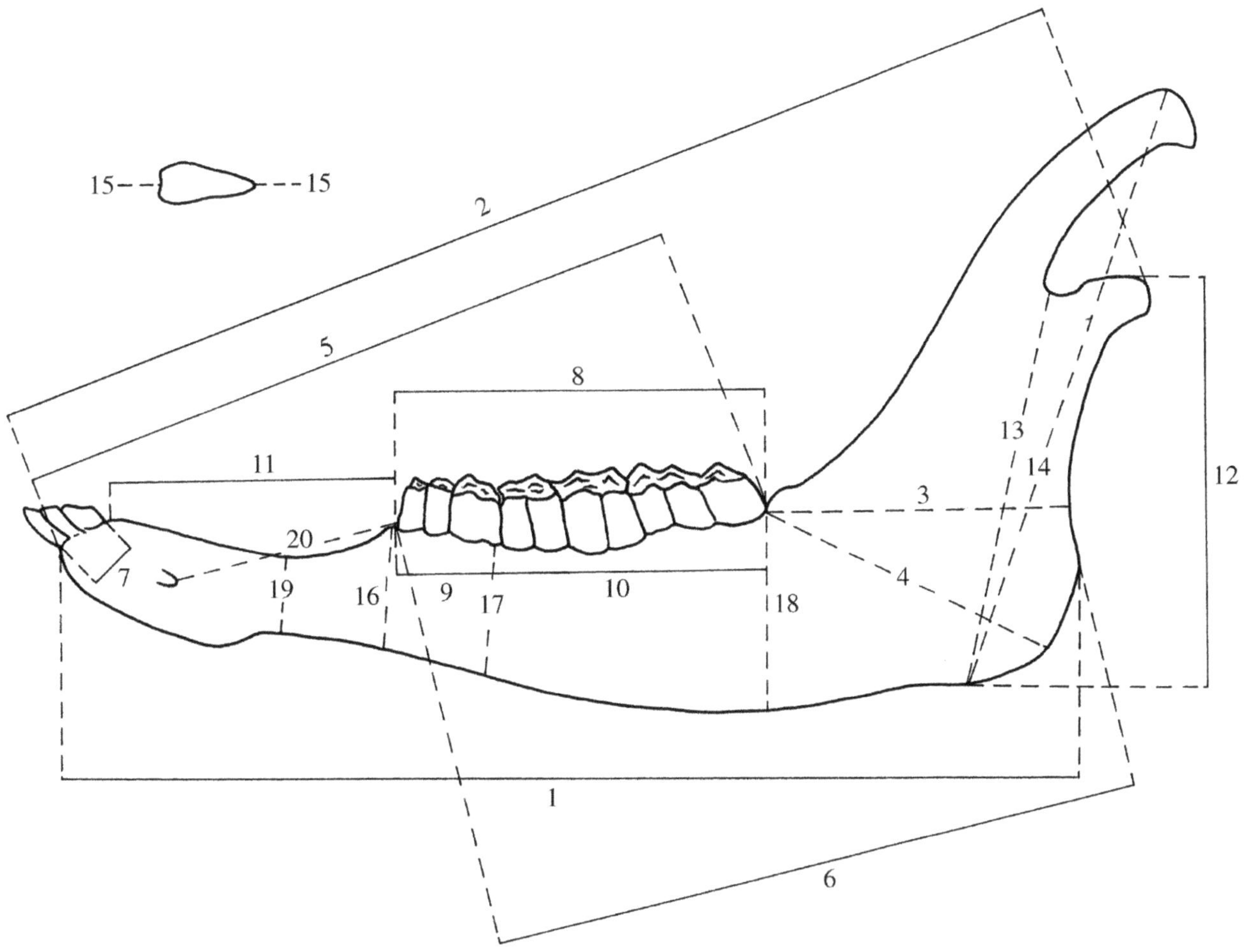

Figure 2.3. Mensurations de la mandibule. Modifié d'après A. van den Driesch, 1976 ; mise au propre par M. Buisson-Catil.
1 : longueur de la mandibule prise de l'infradental au gonion. 2 : longueur de la mandibule prise de l'infradental au bord caudal du processus condylaire de la mandibule. 3 : longueur prise en ligne droite de la face postérieure de m3 au bord caudal de la branche verticale. 4 : longueur prise de la face postérieure de m3 au milieu du point d'inflexion de l'angle de la mandibule. 5 : longueur prise de l'infradental à la face postérieure de m3. 6 : longueur prise de la face antérieure de p2 au gonion. 7 : longueur prise de la face antérieure de i1 à la face postérieure de la canine. 8 : longueur de la rangée dentaire prise de la face antérieure de p2 à la face postérieure de m3. 9 : longueur du segment prémolaire prise de la face antérieure de p2 à la face postérieure de p4. 10 : longueur du segment molaire prise de la face antérieure de m1 à la face postérieure de m3. 11 : longueur du diastème prise de la face postérieure de la canine à la face antérieure de p2. 12 : hauteur de la branche verticale prise du bord inférieur de la branche horizontale au sommet du processus condylaire de la mandibule. 13 : hauteur de la branche verticale prise du bord inférieur de la branche horizontale à l'incisure mandibulaire. 14 : hauteur de la branche verticale prise de la base de la branche horizontale au sommet du processus coronoïde. 15 : largeur du processus condylaire. 16 : hauteur de la branche horizontale prise au niveau de la face antérieure de p2. 17 : hauteur de la branche horizontale prise entre p4 et m1. 18 : hauteur de la branche horizontale prise au niveau de la face postérieure de m3. 19 : hauteur de la branche horizontale prise au niveau du milieu du diastème. 20 : longueur prise du bord caudal du foramen mentonnier à la face antérieure de p2.

groupe comme primitive. C'est effectivement celle que l'on observe chez le *Caprini* du Miocène *Pachytragus crassicornis* Schlosser, 1904 (Gentry 2000 a).

A. Genre Capra Linné, 1758

Toutes les espèces de *Capra* sont caractérisées par l'absence de fosse larmière. Les chevilles osseuses sont implantées au-dessus des orbites. La partie rostrale des choanes, large et arrondie, se trouve au niveau de celle des fosses ptérygo-palatines, à l'exception de *C. falconeri*. Le tubercule facial est proéminent. La surface du pariétal des mâles est latéralement plane à l'exception de *C. aegagrus*. La fusion du vomer et du palatin est rostrale.

Dans les collections étudiées, la grande majorité des spécimens est édentée ou bien a des dents jugales usées et enchâssées dans leurs alvéoles ce qui a limité les observations. Toutes les espèces possèdent des P2 et des P3 à métacône bien dilaté et des molaires supérieures à styles plutôt étroits, sans colonnette interlobaire et sans épaississement cingulaire. La p4 est molarisée et il existe un pli caprin aux molaires inférieures. Seules la M3 et la p3 se sont révélées variables entre taxons.

Compte tenu des nombreux désaccords de classification concernant le bouquetin, dans la présentation qui suit j'ai volontairement considéré les populations isolées géographiquement et ne pouvant donc pas se reproduire

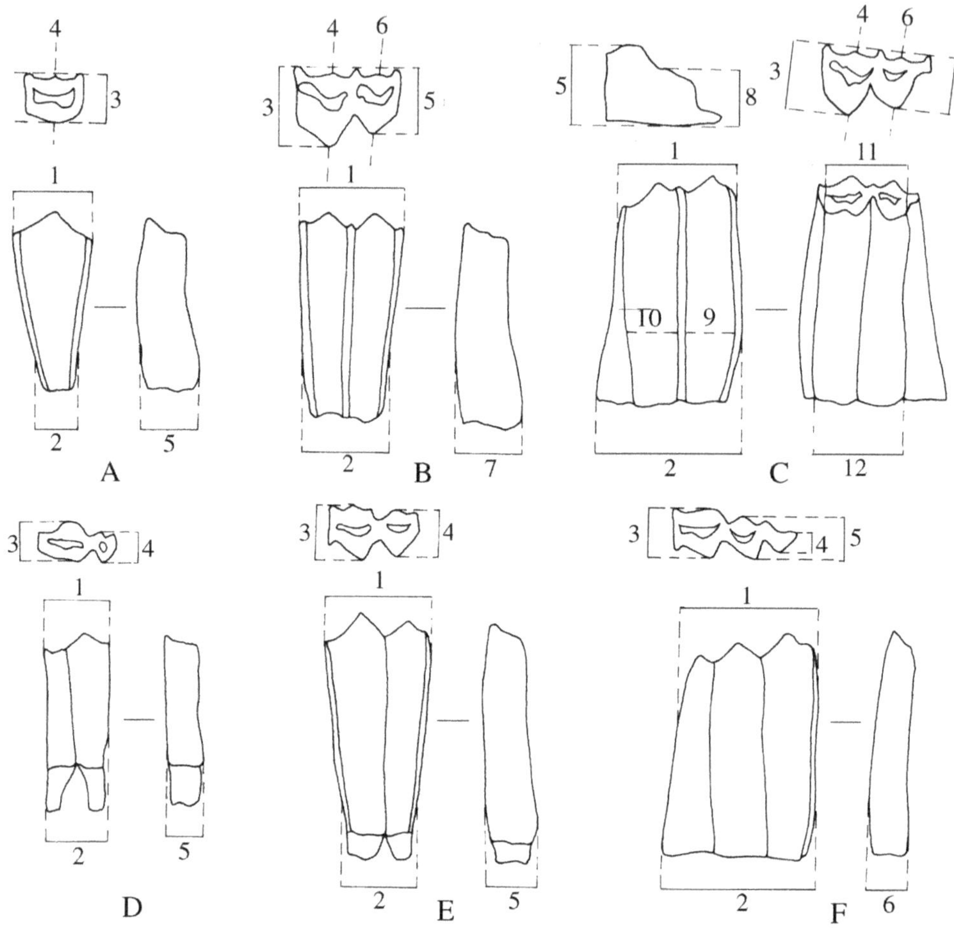

Figure 2.4. Mensurations des dents jugales supérieures (**A** à **C**) et inférieures (**D** à **F**). D'après E. Crégut-Bonnoure 1995.

A : P4, en vue occlusale (haut), labiale (gauche) et mésiale (droite). 1 : diamètre antéro-postérieur occlusal. 2 : diamètre antéro-postérieur basal. 3 : diamètre labio-lingual occlusal total. 4 : diamètre labio-lingual occlusal médian. 5 : diamètre labio-lingual basal.

B : M1 et M2, en vue occlusale (haut), labiale (gauche) et mésiale (droite).1 : diamètre antéro-postérieur occlusal. 2 : diamètre antéro-postérieur basal. 3 : diamètre labio-lingual occlusal total du lobe antérieur. 4 : diamètre labio-lingual occlusal médian du lobe antérieur. 5 : diamètre labio-lingual occlusal total du lobe postérieur. 6 : diamètre labio-lingual occlusal médian du lobe postérieur. 7 : diamètre labio-lingual basal.

C : M3, en vue occlusale (haut, à gauche), basale (haut, à droite), labiale (gauche) et linguale (droite). 1 : diamètre antéro-postérieur occlusal. 2 : diamètre antéro-postérieur basal. 3 : diamètre labio-lingual occlusal total du lobe antérieur. 4 : diamètre labio-lingual occlusal médian du lobe antérieur. 5 : diamètre labio-lingual basal du lobe antérieur. 6 : diamètre labio-lingual occlusal total du lobe postérieur. 7 : diamètre labio-lingual occlusal médian du lobe postérieur. 8 : diamètre labio-lingual basal du lobe postérieur. 9 : diamètre antéro-postérieur de la surface interstylaire antérieure pris au niveau du point d'inflexion du parastyle. 10 : diamètre antéro-postérieur de la surface interstylaire postérieure pris dans l'alignement de la mesure précédente. 11 : diamètre antéro-postérieur occlusal des lobes, pris au niveau lingual. 12 : diamètre antéro-postérieur basal des lobes, pris au niveau basal.

D (p4) et **E** (m1 et m2), en vue occlusale (haut), linguale (gauche) et mésiale (droite) : 1 : diamètre antéro-postérieur occlusal. 2 : diamètre antéro-postérieur basal. 3 : diamètre labio-lingual occlusal total du lobe antérieur. 4 : diamètre labio-lingual occlusal total du lobe postérieur. 5 : diamètre labio-lingual basal total.

F : m3, en vue occlusale (haut), linguale (gauche) et mésiale (droite) 1 : diamètre antéro-postérieur occlusal. 2 : diamètre antéro-postérieur basal. 3 : diamètre labio-lingual occlusal du lobe antérieur. 4 : diamètre labio-lingual occlusal du lobe médian. 5 : diamètre labio-lingual occlusal du lobe postérieur. 6 : diamètre labio-lingual basal total.

entre elles, comme des entités taxonomiques (ou OTU de R.R. Sokal et P.H.A. Sneath 1963).

La synthèse des observations figure dans les Tableaux 2.95 à 2.99.

a. Morphologie crânienne et dentaire de *Capra aegagrus* Erxleben, 1777

Chez les mâles (n=10), les chevilles osseuses sont implantées verticalement et sont faiblement mais régulièrement divergentes vers l'extérieur (Figure 2.19). Elles sont plus rapprochées à la base sur les spécimens provenant de Crète que sur les individus provenant de l'Altaï. Elles s'infléchissent vers l'arrière en formant un arc de cercle à grand rayon. La section à la base est elliptique, le bord rostro-dorsal étroit présentant une forte carène (Figure 2.20). La face dorsale, plane à plan-convexe, est parfois creusée par un sillon chez certains mâles âgés.

Le frontal est particulier : il dessine une boursouflure à la base de chaque cheville osseuse, qui se prolonge jusqu'aux foramens supra-orbitaires (forme générale en "V" à pointe

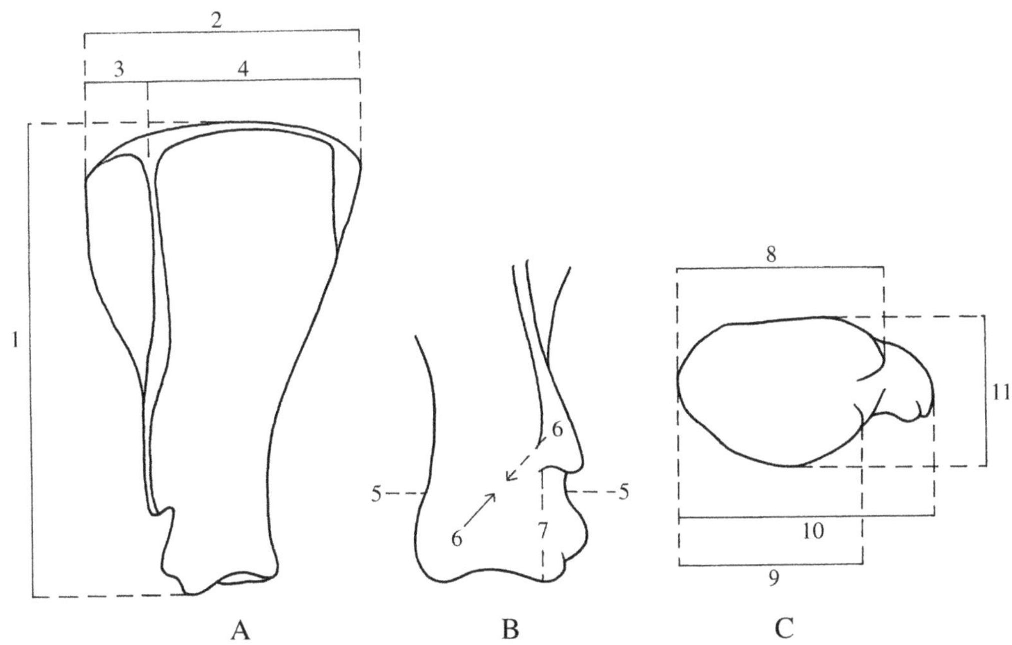

Figure 2.5. Mensurations de la scapula (gauche : A, droite : B et C). Dessins de l'auteur ; mise au propre par M. Buisson-Catil. **A** et **B**, vue latérale. **C**, vue ventrale. 1 : longueur totale. 2 : largeur dorsale totale. 3 : largeur de la fosse supra-épineuse. 4 : largeur de la fosse infra-épineuse. 5 : largeur minimale du col. 6 : épaisseur du col, prise perpendiculairement à la mesure précédente. 7 : distance entre la base de l'acromion et le bord latéral de la cavité glénoïdale. 8 : largeur du bord articulaire latéral de la cavité glénoïdale. 9 : largeur du bord articulaire médial de la cavité glénoïdale. 10 : largeur totale de l'extrémité ventrale. 11 : épaisseur de la cavité glénoïdale.

rostrale). En *norma lateralis*, le frontal est abrupt dans sa partie avant. La saillie de la protubérance occipitale externe est variable. Le pariétal est convexe (Figure 2.19, Figure 2.21).

Le foramen infra-orbitaire est toujours précédé par un foramen accessoire de petites dimensions, parfois dédoublé. La suture nasale atteint le niveau de la ligne réunissant les extrémités de la suture fronto-lacrymale. Le foramen supra-orbitaire est soit simple soit double. Le *foramen ovale*, qui permet le passage du nerf mandibulaire, est de petite taille.

Il existe une importante fontanelle naso-lacrymale (ou fontanelle fronto-naso-lacrymo-maxillo-intermaxillaire ou fissure ethmoïdale). La suture maxillo-palatine est légèrement en « V » à pointe rostrale et porte les foramens palatins.

Aucun crâne de femelle n'a pu être examiné. D'après la figuration d'un spécimen (Forsyth Major 1879 : Figure 3 pl. VI ; Figure 4 pl. VII), on peut indiquer que la fontanelle naso-lacrymale est importante, les frontaux gonflés comme ceux des individus mâles et que les chevilles sont droites et relativement longues.

L'usure dentaire des spécimens étant importante, les observations ne concernent que la M3 dont l'aile métastylaire est verticale et épaisse en vue occlusale.

b. Morphologie crânienne et dentaire de *Capra ibex* Linné, 1758

Le bouquetin alpin mâle (n=34) se caractérise par un crâne aux chevilles osseuses verticales, régulièrement divergentes vers l'extérieur et l'arrière. Leur section à la base est sub-triangulaire avec une face rostrale plane à plan-convexe dont le bord dorsal peut présenter dans de rares cas une arête (Figure 2.22, Figure 2.23). La section devient plus quadrangulaire vers l'extrémité apicale. À quelques rares exceptions, la face rostrale de la cheville est dans l'alignement du plan du frontal. En *norma verticalis*, les pointes s'incurvent vers le plan sagittal du crâne.

Le nasal est plan à plan-convexe, l'enfoncement glabellaire est important et le frontal est convexe (Figure 2.24, Figure 2.25). La suture nasale dépasse rarement la ligne réunissant les extrémités de la suture fronto-lacrymale. En *norma lateralis*, la protubérance occipitale externe est rarement saillante.

Le foramen infra-orbitaire est allongé et se prolonge en avant de la P2 par une importante dépression. Le foramen supra-orbitaire est de petite taille, rarement dédoublé. Dans ce dernier cas, le dédoublement est souvent unilatéral. Le *foramen ovale* est de petite taille.

La fontanelle naso-lacrymale est toujours ouverte. La suture maxillo-palatine est perpendiculaire plan sagittal du crâne et les foramens palatins s'ouvrent sur le palatin, en arrière de la suture.

Les femelles (n=35) ont un nasal plan et un enfoncement glabellaire net (Figure 2.26, Figure 2.27). Les chevilles osseuses, de section ovalaire, sont rectilignes et régulièrement divergentes vers l'extérieur. Le pariétal est convexe.

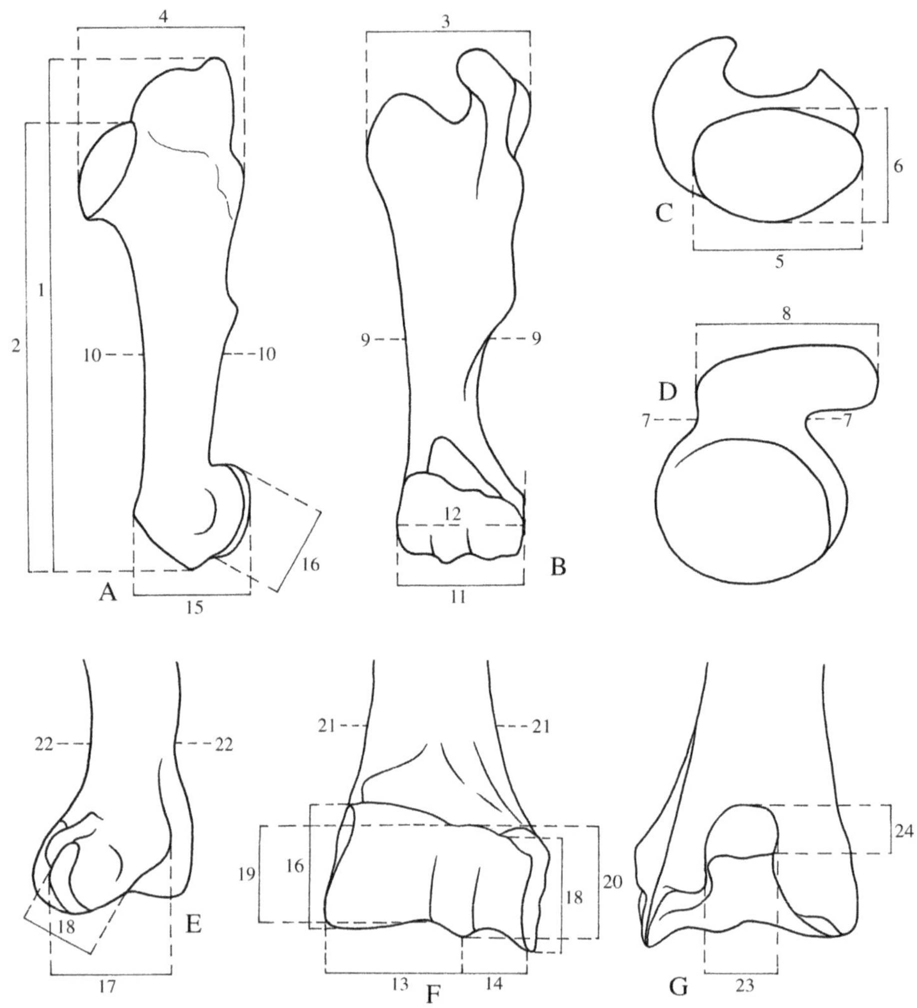

Figure 2.6. Mensurations de l'humérus (gauche). Dessins de l'auteur ; mise au propre par M. Buisson-Catil. **A**, vue médiale. **B** et **F**, vues crâniales. **C** et **D**, vues proximales. **E**, vue latérale. **G**, vue caudale. 1 : longueur totale. 2 : longueur prise du sommet de la tête articulaire proximale à la base de l'épicondyle médial. 3 : diamètre transversal de l'extrémité proximale. 4 : diamètre crânio-caudal de l'extrémité proximale. 5 : diamètre transversal de la tête articulaire proximale. 6 : diamètre crânio-caudal de la tête articulaire proximale, pris perpendiculairement au précédent. 7 : diamètre transversal minimum de l'extrémité proximale, pris au niveau du sillon intertuberculaire. 8 : diamètre transversal du tubercule majeur. 9 : diamètre transversal au milieu de la diaphyse. 10 : diamètre crânio-caudal au milieu de la diaphyse. 11 : diamètre transversal total de l'extrémité distale. 12 : diamètre transversal de l'articulation distale. 13 : diamètre transversal de la trochlée, pris du bord médial de l'articulation au milieu de la lèvre latérale. 14 : diamètre transversal du capitulum, pris du milieu de la lèvre latérale de la trochlée au bord externe de l'articulation. 15 : diamètre crânio-caudal médial de l'extrémité distale. 16 : hauteur de la trochlée. 17 : diamètre crânio-caudal latéral de l'extrémité distale. 18 : hauteur du capitulum. 19 : hauteur minimale de la trochlée. 20 : hauteur de la lèvre latérale de la trochlée. 21 : diamètre transversal minimal de la diaphyse au-dessus de l'extrémité distale. 22 : diamètre crânio-caudal perpendiculaire au précédent. 23 : diamètre transversal de la fosse olécrânienne. 24 : hauteur de la fosse olécrânienne.

La P2 est biradiculée. La surface interstylaire postérieure de la M3 est toujours plus longue que la surface antérieure et il existe une aile métastylaire développée. Le métaconide de la p3 est le plus souvent dilaté, formant une boucle occlusale. Sur quelques mandibules, la dilatation est unilatérale. Le paraconide est faible et ouvert vers l'avant, ce qui confère à la dent une section triangulaire. Très exceptionnellement la p2 peut manquer.

c. Morphologie crânienne et dentaire de *Capra sibirica* (Pallas, 1766)

Parmi les spécimens examinés (n=31) figurent le type (NMW n° 2286 ; Figure 2.28) et l'holotype (NMW n° 2289) conservés au Muséum d'Histoire naturelle de Vienne (Autriche).

Les chevilles osseuses des mâles (n=26) sont assez semblables à celles de *C. ibex*. Elles s'en distinguent toutefois par leur allure plus élancée et leur courbure vers l'arrière et vers l'extérieur plus accentuée (Figure 2.28). La section à la base est aussi plus triangulaire et la face rostrale, plane, est encadrée par deux carènes (Figure 2.29, Figure 2.30). En *norma verticalis*, les pointes ne s'incurvent pas vers le plan sagittal du crâne.

Le nasal est plutôt convexe. L'enfoncement glabellaire est le plus souvent assez semblable à celui de *C. ibex* mais peut être parfois plus accusé (Figure 2.29). Le frontal, plus aplati que celui du bouquetin alpin, est transversalement plan. Sur les spécimens du Tian Shan, il est plus aplati (Figure 2.29 : A et B ; Figure 2.31 : A). La suture nasale

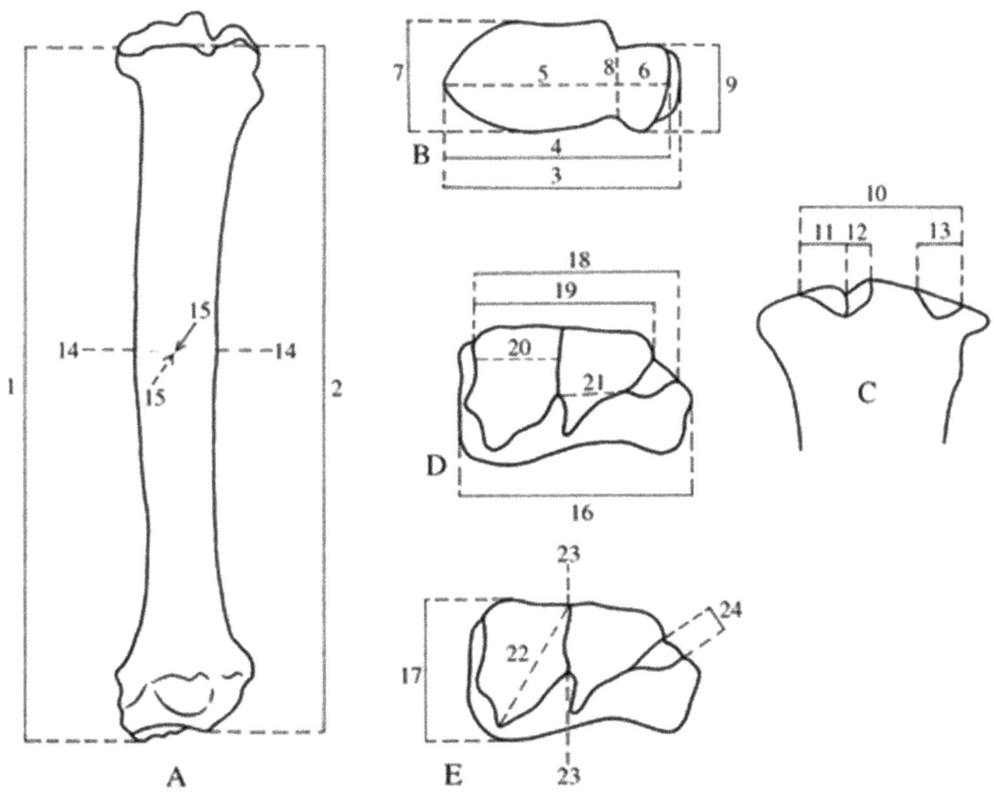

Figure 2.7. Mensurations du radius (gauche). Dessins de l'auteur ; mise au propre par M. Buisson-Catil. **A**, vue dorsale. **B**, vue proximale. C, vue palmaire. **D** et **E**, vues distales. 1 : longueur médiale prise du bord médial de l'articulation proximale à la base du processus styloïde radial. 2 : longueur médiane prise du sommet du processus coronoïde au milieu de l'articulation distale. 3 : diamètre transversal de l'extrémité proximale. 4 : diamètre transversal de l'articulation proximale. 5 : diamètre transversal de l'articulation pour la trochlée. 6 : diamètre transversal de l'articulation pour le capitulum. 7 : diamètre dorso-palmaire de l'articulation proximale pour la trochlée. 8 : diamètre dorso-palmaire minimum de l'articulation proximale. 9 : diamètre dorso-palmaire de l'articulation proximale pour le capitulum. 10 : diamètre transversal total de l'articulation pour l'ulna. 11 : diamètre transversal de la facette articulaire latéro-palmaire pour l'ulna. 12 : diamètre transversal de la facette articulaire jouxtant la précédente. 13 : diamètre transversal de la facette articulaire médio-palmaire pour l'ulna. 14 : diamètre transversal au milieu de la diaphyse. 15 : diamètre dorso-palmaire au milieu de la diaphyse. 16 : diamètre transversal total de l'extrémité distale. 17 : diamètre dorso-palmaire total de l'extrémité distale. 18 : diamètre transversal de l'articulation distale. 19 : diamètre transversal total des facettes pour le scaphoïde et le semi-lunaire. 20 : diamètre transversal de la facette pour le scaphoïde. 21 : diamètre transversal palmaire de la facette pour le semi-lunaire. 22 : plus grande longueur de la facette pour le scaphoïde. 23 : longueur de la crête séparant les facettes pour le scaphoïde et le semi-lunaire. 24 : diamètre transversal dorsal de la facette pour le pyramidal.

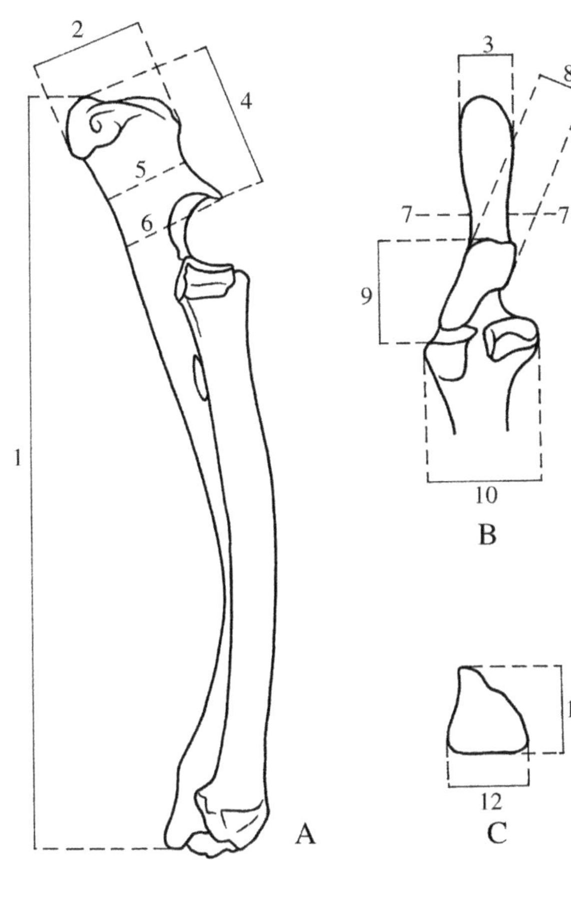

Figure 2.8. Mensurations de l'ulna (gauche). Dessins de l'auteur ; mise au propre par M. Buisson-Catil. **A**, vue médiale. **B**, vue dorsale, **C**, vue distale. 1 : longueur totale. 2 : diamètre dorso-palmaire de la tubérosité de l'olécrâne. 3 : diamètre transversal de la tubérosité de l'olécrâne. 4 : distance du sommet de l'olécrâne à la pointe du processus anconé. 5 : diamètre dorso-palmaire minimal entre le sommet de l'olécrâne et la pointe du processus anconé. 6 : diamètre dorso-palmaire au niveau du processus anconé. 7 : diamètre transversal minimal perpendiculaire à la mesure 5. 8 : diamètre transversal maximal de l'incisure trochléaire. 9 : hauteur de l'incisure trochléaire. 10 : diamètre transversal de l'articulation pour le radius. 11 : diamètre dorso-palmaire de l'articulation distale. 12 : diamètre transversal de l'articulation distale.

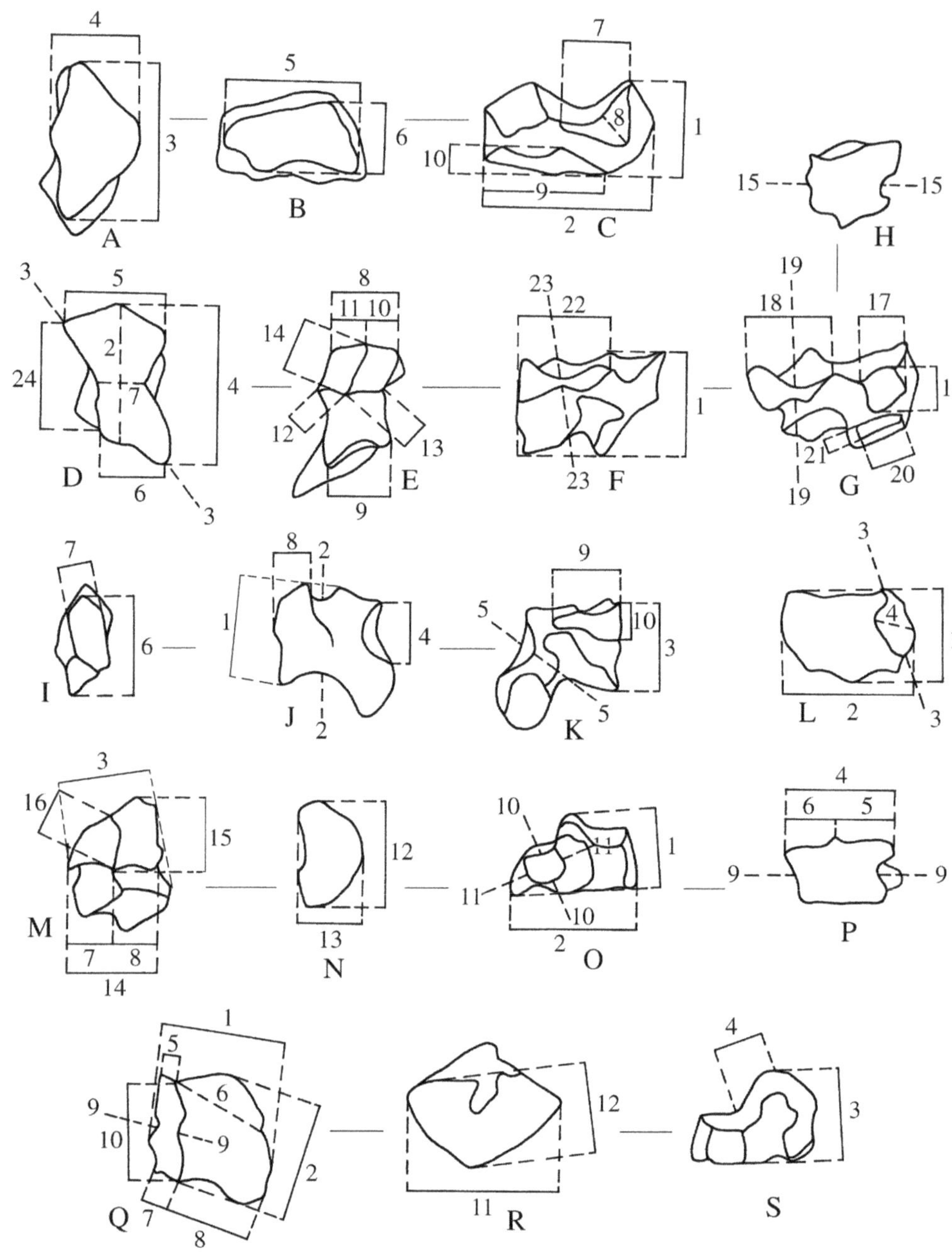

Figure 2.9. Mensurations des carpiens (série gauche). Dessins de l'auteur (Crégut-Bonnoure 1987) ; mise au propre par M. Buisson-Catil. De **A** à **C** : scaphoïde. De **D** à **H** : semi-lunaire. De **I** à **K** : pyramidal. **L** : pisiforme. De **M** à **P** : onciforme. De **Q** à **S** : capitato-trapézoïde. **A, D, M, Q** : vues proximales. **B, E, I, N, R** : vues distales. **C, F, S** : vues latérales. **G, K, L, O** : vues médiales. **H, J, P** : vues dorsales.

Scaphoïde. – 1 : hauteur totale. 2 : diamètre dorso-palmaire total. 3 : diamètre dorso-palmaire de l'articulation proximale. 4 : diamètre transversal de l'articulation proximale. 5 : diamètre dorso-palmaire de l'articulation distale. 6 : diamètre transversal de l'articulation distale. 7 : diamètre dorso-palmaire de la facette articulaire proximo-palmaire. 8 : hauteur de la facette articulaire proximo-palmaire. 9 : diamètre dorso-palmaire de la facette articulaire disto-dorsale. 10 : hauteur de la facette articulaire disto-dorsale.

Semi-lunaire. – 1 : hauteur totale. 2 : diamètre dorso-palmaire médian de l'articulation proximale. 3 : diamètre dorso-palmaire maximal de la surface articulaire proximale. 4 : diamètre dorso-palmaire en position anatomique de l'articulation proximale (pied à coulisse parallèle au bord médial). 5 : diamètre transversal dorsal de l'articulation proximale. 6 : diamètre transversal palmaire de l'articulation proximale. 7 : diamètre transversal minimal de l'articulation proximale. 8 : diamètre transversal dorsal de l'articulation distale. 9 : diamètre transversal palmaire de l'articulation distale. 10 : diamètre transversal de la facette articulaire distale dorso-latérale. 11 : diamètre transversal de la facette articulaire distale dorso-médiale. 12 : diamètre transversal palmaire de la facette articulaire distale dorso-médiale. 13 : diamètre transversal palmaire de la facette articulaire distale dorso-latérale. 14 : diamètre dorso-palmaire de la crête médiane entre les facettes articulaires dorso-distales. 15 : diamètre transversal minimum de la face dorsale. 16 : hauteur de la facette articulaire médiale dorso-proximale. 17 : diamètre dorso-palmaire de la facette articulaire médiale dorso-proximale. 18 : diamètre dorso-palmaire de la facette articulaire médiale palmo-proximale. 19 : hauteur de la facette articulaire médiale palmo-proximale. 20 : diamètre dorso-palmaire de la facette articulaire médiale dorso-distale. 21 : hauteur de la facette articulaire médiale dorso-distale. 22 : diamètre dorso-palmaire de la facette articulaire latérale dorso-proximale. 23 : hauteur médiane de la facette articulaire latérale dorso-proximale. 24 : diamètre dorso-palmaire du bord latéral de l'articulation proximale.

Pyramidal. – 1 : hauteur totale de la face dorsale. 2 : hauteur minimale de la face dorsale. 3 : hauteur médiale de la face dorsale. 4 :

atteint le niveau de la ligne réunissant les extrémités de la suture fronto-lacrymale. On remarque sur les spécimens du Tian Shan la présence d'une protubérance frontale à la base des chevilles, au-dessus des foramens supra-orbitaires, formant une visière. Un autre gonflement s'observe parfois dans la zone de la suture fronto-pariétale. En *norma lateralis*, la protubérance occipitale externe est nettement saillante (Figure 2.29, Figure 2.30).

Le foramen infra-orbitaire est arrondi. Il peut se dédoubler, comme cela s'observe sur le type (NMW 2286) ou bien être précédé par un foramen de très petite dimension. Le foramen supra-orbitaire est important, quelquefois dédoublé et dans ce cas le dédoublement est unilatéral. Le *foramen ovale* est de petite taille.

L'ouverture de la fontanelle naso-lacrymale est variable et de développement plus réduit que chez le bouquetin alpin. La suture maxillo-palatine est en "V" à pointe rostrale et les foramens palatins s'ouvrent sur celle-ci.

Les crânes des femelles de *C. sibirica* (n=5) et de *C. ibex* sont peu différents (Figure 2.32).

Je n'ai pu apprécier le développement du métastyle de la M3, les dents étant trop usées ou tombées *post-mortem*. La dilatation du métaconide de p3 est exceptionnelle ; la face linguale est verticale, l'épaisseur de la dent à ce niveau est importante et le paraconide est fort, perpendiculaire à l'axe antéro-postérieur de la dent ; la section occlusale est donc grossièrement rectangulaire.

d. Morphologie crânienne et dentaire de *Capra caucasica* Güldenstädt et Pallas, 1783

Chez les mâles du Caucase central (bouquetin de l'Elbrouz : *C. caucasica caucasica* ; n=21), les chevilles osseuses, massives, sont fortement divergentes vers l'extérieur et nettement courbées vers l'arrière (Figure 2.33, Figure 2.34). Les spécimens du Caucase occidental (bouquetin du Kouban : *C. caucasica denniki* ; n=2) diffèrent par la divergence plus modérée de leurs chevilles osseuses. La section à la base va de sub-ovalaire, avec un angle rostro-dorsal marqué, à sub-triangulaire (Figure 2.35, Figure 2.36).

Le nasal est bombé et s'épaissit avec l'âge. L'enfoncement glabellaire est faible (Figure 2.37). Le frontal, plat transversalement, est élevé entre les chevilles qui sont très étendues vers l'arrière. Sa surface est concave un peu en avant de la suture fronto-pariétale. Le pariétal est plan-convexe. La suture nasale atteint le niveau de la ligne réunissant les extrémités rostrales de la suture fronto-lacrymale.

La morphologie du foramen infra-orbitaire est variable. Il peut être unique et fermé ou bien ouvert rostralement, et dans ce cas déprimé en avant de P2, ou encore multiple avec crânialement un à trois foramens accessoires. Le foramen supra-orbitaire est le plus souvent multiple. La protubérance occipitale externe est saillante. Le *foramen ovale* est large.

La fontanelle naso-lacrymale est peu ouverte. La suture maxillo-palatine est en "V" à pointe rostrale et les foramens palatins s'ouvrent sur celle-ci.

Chez les femelles (n=11), les chevilles osseuses, à section sub-ovalaire, sont courbées latéralement et régulièrement divergentes vers l'extérieur. Le nasal est plat et l'enfoncement glabellaire est presque absent : frontal et nasal sont pratiquement dans le même alignement. La rupture de pente du frontal se situe à l'aplomb du départ des chevilles. Le pariétal est convexe (Figure 2.38).

La P2 est triradiculée. Le métastyle de la M3 est épais, de section occlusale quadrangulaire, et l'aile métastylaire verticale. Les surfaces interstylaires sont symétriques. Le métaconide de p3 est très exceptionnellement dilaté. Généralement, la face linguale est oblique vers le milieu de la couronne et le paraconide est perpendiculaire à l'axe antéro-postérieur.

Figure 2.9. *suite*
hauteur de la facette articulaire pour le pisiforme. 5 : diamètre transversal de la facette articulaire pour le pisiforme. 6 : diamètre dorso-palmaire de la facette articulaire distale. 7 : diamètre transversal de la facette articulaire distale. 8 : largeur proximale de la face dorso-latérale. 9 : diamètre dorso-palmaire de la facette articulaire médiale dorso-proximale. 10 : hauteur de la facette articulaire médiale dorso-proximale.

Pisiforme. – 1 : hauteur totale. 2 : diamètre dorso-palmaire. 3 : diamètre proximo-distal de la facette articulaire pour le pyramidal. 4 : diamètre transversal de la facette articulaire pour le pyramidal. 5 : (non représenté) diamètre latéro-médial.

Onciforme. – 1 : hauteur totale. 2 : diamètre dorso-palmaire. 3 : diamètre transversal total. 4 : diamètre transversal dorsal de l'articulation proximale. 5 : diamètre transversal de la facette articulaire latéro-proximale dorsale. 6 : diamètre transversal de la facette articulaire médio-proximale dorsale. 7 : diamètre transversal de la facette articulaire latéro-proximale palmaire. 8 : diamètre transversal de la facette articulaire médio-proximale palmaire. 9 : diamètre transversal minimal de la face dorsale. 10 : hauteur de la facette articulaire de la face médiale. 11 : diamètre transversal de la facette articulaire de la face médiale. 12 : diamètre dorso-palmaire de l'articulation distale. 13 : diamètre transversal de l'articulation distale. 14 : diamètre transversal palmaire de l'articulation proximale. 15 : diamètre dorso-palmaire de l'articulation proximale. 16 : diamètre dorso-palmaire de la crête proximale.

Capitato-trapézoïde. – 1 : diamètre transversal en position anatomique (pied à coulisse parallèle au bord latéral). 2 : diamètre dorso-palmaire en position anatomique (pied à coulisse parallèle au bord palmaire). 3 : hauteur totale. 4 : hauteur du bourrelet palmaire. 5 : diamètre transversal dorsal de la facette articulaire latéro-proximale. 6 : diamètre transversal dorsal de la facette articulaire médio-proximale. 7 : diamètre transversal palmaire de la facette articulaire latéro-proximale. 8 : diamètre transversal palmaire de la facette articulaire médio-proximale. 9 : largeur minimale de la facette articulaire latéro-proximale (à la base du bourrelet). 10 : diamètre dorso-palmaire de la crête proximale. 11 : diamètre transversal maximal de la surface articulaire distale. 12 : diamètre dorso-palmaire maximal de la surface articulaire distale.

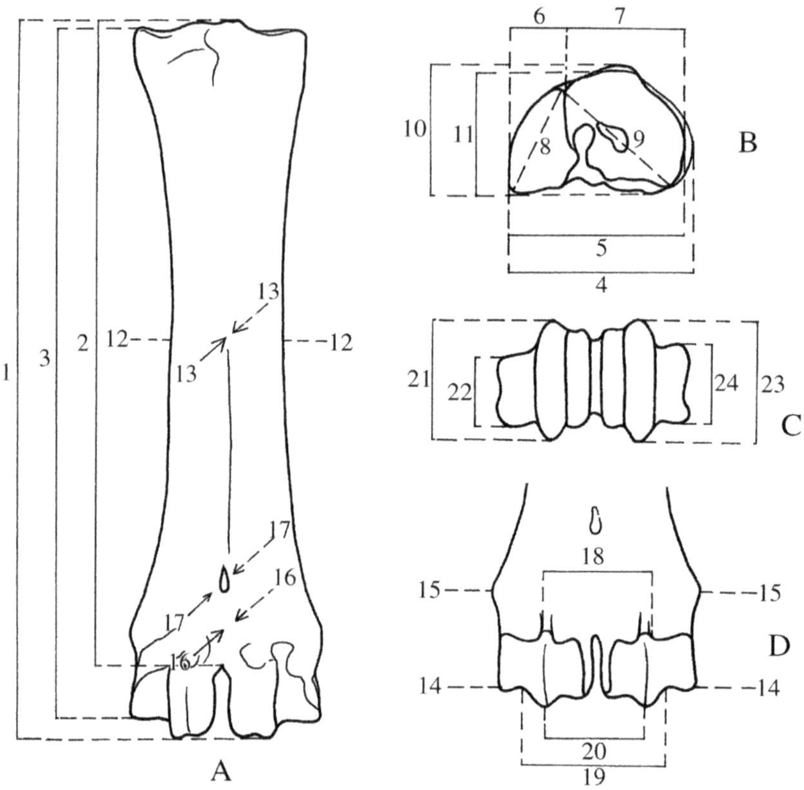

Figure 2.10. Mensurations de l'os canon antérieur (gauche). Dessins de l'auteur ; mise au propre par M. Buisson-Catil. **A** : vue dorsale. **B** : vue proximale. **C** : vue distale. **D** : vue palmaire. 1 : longueur totale. 2 : longueur médiane. 3 : longueur médiale. 4 : diamètre transversal de l'extrémité proximale. 5 : diamètre transversal de l'articulation proximale. 6 : diamètre transversal de la facette pour l'onciforme. 7 : diamètre transversal de la facette pour le capitato-trapézoïde. 8 : longueur de la facette pour l'onciforme, prise du point dorsal de la crête de séparation des facettes à l'angle latéro-palmaire. 9 : longueur de la facette pour le capitato-trapézoïde, prise du point dorsal de la crête de séparation des facettes à l'angle médio-palmaire. 10 : diamètre dorso-palmaire total de l'extrémité proximale. 11 : diamètre dorso-palmaire de l'articulation proximale. 12 : diamètre transversal au milieu de la diaphyse. 13 : diamètre dorso-palmaire au milieu de la diaphyse. 14 : diamètre transversal de l'articulation distale. 15 : diamètre transversal sus-articulaire distal. 16 : diamètre dorso-palmaire sus-articulaire distal. 17 : diamètre dorso-palmaire au niveau du foramen nourricier. 18 : distance entre les bords latéraux des quilles, prise à leur sommet palmaire. 19 : distance entre les bords latéraux des quilles, prise à leur base palmaire. 20 : distance entre le milieu des quilles à la base. 21 : diamètre dorso-palmaire de la quille médiale. 22 : diamètre dorso-palmaire du tenon médial. 23 : diamètre dorso-palmaire de la quille latérale. 24 : diamètre dorso-palmaire du tenon latéral.

e. Morphologie crânienne et dentaire de Capra cylindricornis (Blyth, 1841)

Dès la base, les chevilles osseuses des mâles (n=13) sont fortement divergentes vers l'extérieur (Figure 2.39, Figure 2.40). Elles sont obliques vers l'arrière dans leur premier tiers puis s'écartent ensuite fortement l'une de l'autre, subissant "une forte rotation sur leur axe" (Couturier 1962 : 685) et s'infléchissent vers l'arrière et le bas. Cette dernière flexion apparaît dès l'âge de cinq ans. La surface est creusée par de profondes cannelures, surtout chez les individus âgés. La section à la base est globuleuse avec une face rostrale arrondie, une face dorsale saillante qui se pince vers l'extrémité apicale (Figure 2.41).

Le nasal est plus convexe que celui de *C. caucasica* mais il n'y a pas d'enfoncement glabellaire : le frontal est donc en continuité avec le nasal (Figure 2.42). La convexité du frontal entre les chevilles osseuses est de type "pain de sucre" comme celui d'*O. ammon* et la concavité du pariétal est accusée. La saillie de la protubérance occipitale externe se situe à l'aplomb du bord postérieur des condyles occipitaux. La partie basilaire de l'occipital est fortement coudée d'avant en arrière.

La suture nasale atteint le niveau de la ligne réunissant les extrémités de la suture fronto-lacrymale pour huit spécimens (44,4 %), elle est en avant pour six autres (33,3 %) et la dépasse pour quatre.

Le foramen infra-orbitaire est précédé par un ou deux foramens accessoires. Le foramen supra-orbitaire est tantôt simple tantôt multiple. Le *foramen ovale* est très large.

L'ouverture de la fontanelle naso-lacrymale est réduite. La suture maxillo-palatine est en "V" à pointe rostrale et les foramens palatins la perforent.

Les crânes des femelles (n=8) sont identiques à ceux de *C. caucasica* à l'exception du nasal qui est plus convexe, du foramen supra-orbitaire qui est plus gros et du pariétal qui est moins convexe (Figure 2.43).

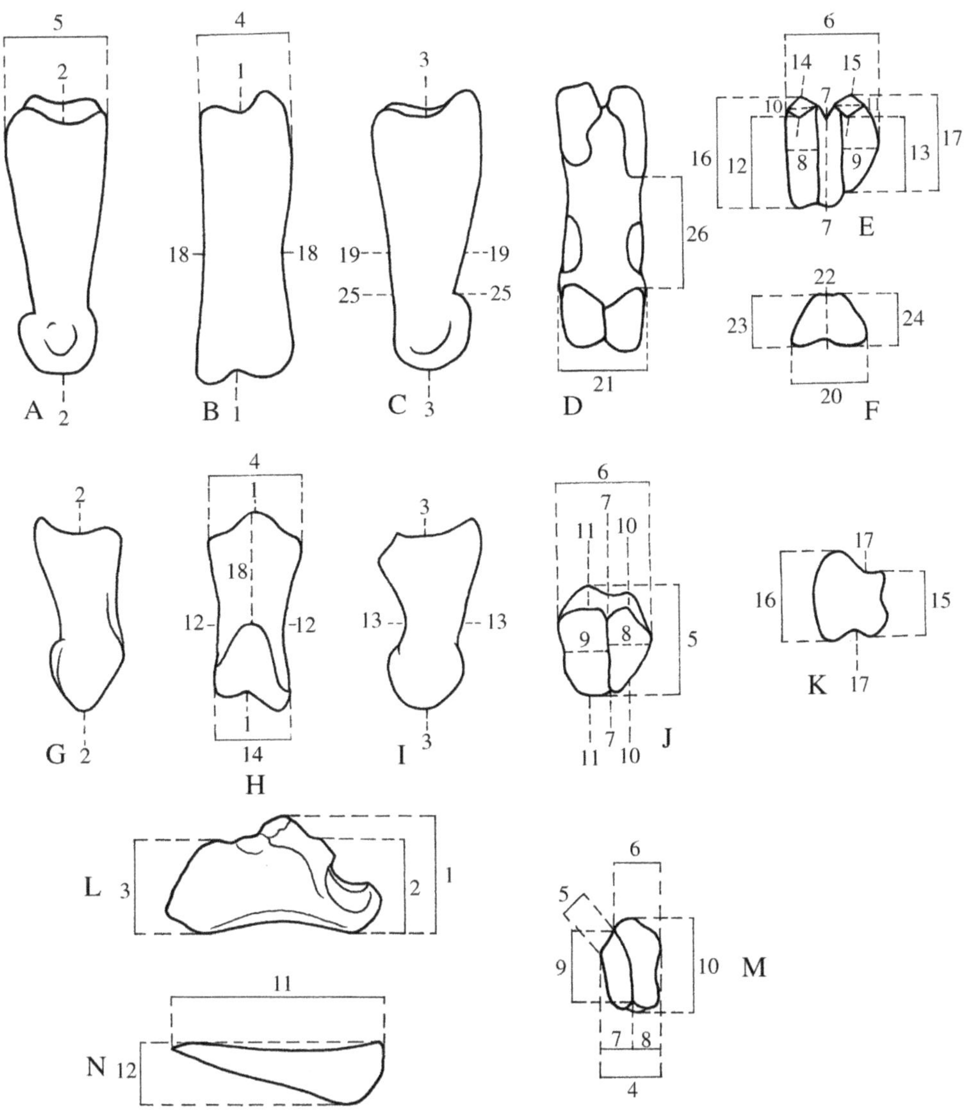

Figure 2.11. Mensurations des phalanges. D'après E. Crégut-Bonnoure 1995. De **A** à **F**, première phalange. De **G** à **K**, deuxième phalange. De **L** à **N**, troisième phalange. **A**, **G** et **L** : vues axiales. **B** et **H**, vues dorsales. **C** et **I** : vues abaxiales. **D**, vue palmaire (pour une phalange antérieure) ou plantaire (pour une phalange postérieure). **E**, **J** et **M** : vues proximales. **F**, **K** et **N** : vues distales.

Première et deuxième phalange. – 1 : longueur médiane. 2 : longueur axiale. 3 : longueur abaxiale. 4 : diamètre transversal de l'extrémité proximale. 5 : diamètre dorso-palmaire (ou plantaire) de l'extrémité proximale.6 : diamètre transversal de l'articulation proximale. 7 : diamètre dorso-palmaire (ou plantaire) médian de l'extrémité proximale. 8 : diamètre transversal de la facette articulaire proximo-axiale. 9 : diamètre transversal de la facette articulaire proximo-abaxiale.

Première phalange. – 10 : diamètre transversal de la facette articulaire axiale pour le grand sésamoïde. 11 : diamètre transversal de la facette articulaire abaxiale pour le grand sésamoïde. 12 : diamètre dorso-palmaire (ou plantaire) de la facette articulaire proximo-axiale. 13 : diamètre dorso-palmaire (ou plantaire) de la facette articulaire proximo-abaxiale. 14 : diamètre dorso-palmaire (ou plantaire) de la facette axiale pour le grand sésamoïde. 15 : diamètre dorso-palmaire (ou plantaire) de la facette abaxiale pour le grand sésamoïde. 16 : diamètre dorso-palmaire (ou plantaire) de l'articulation proximo-axiale. 17 : diamètre dorso-palmaire (ou plantaire) de l'articulation proximo-abaxiale. 18 : diamètre transversal au milieu de la diaphyse. 19 : diamètre dorso-palmaire (ou plantaire) au milieu de la diaphyse. 20 : diamètre transversal de l'articulation distale. 21 : diamètre transversal de l'extrémité distale. 22 : diamètre dorso-palmaire (ou plantaire) minimum de l'articulation distale. 23 : diamètre dorso-palmaire (ou plantaire) du condyle disto-axial. 24 : diamètre dorso-palmaire (ou plantaire) du condyle disto-abaxial. 25 : diamètre dorso-palmaire (ou plantaire) sus-articulaire distal. 26 : hauteur prise du point le plus bas du tubercule proximo-axial au sommet du condyle disto-axial sur la face palmaire (ou plantaire).

Deuxième phalange. – 10 : diamètre dorso-palmaire (ou plantaire) de la facette articulaire proximo-axiale. 11 : diamètre dorso-palmaire (ou plantaire) de la facette articulaire proximo-abaxiale. 12 : diamètre transversal au milieu de la diaphyse. 13 : diamètre dorso-palmaire (ou plantaire) au milieu de la diaphyse. 14 : diamètre transversal de l'articulation distale. 15 : diamètre dorso-palmaire (ou plantaire) du condyle disto-axial. 16 : diamètre dorso-palmaire (ou plantaire) du condyle disto-abaxial. 17 : diamètre dorso-palmaire (ou plantaire) minimum de l'articulation distale. 18 : hauteur prise du sommet médian au bord proximal de l'articulation distale, sur la face dorsale.

Troisième phalange. – 1 : hauteur totale. 2 : hauteur prise au-dessus de l'articulation proximale. 3 : hauteur de la pointe distale (sans le tubercule). 4 : diamètre transversal de l'articulation proximale. 5 : diamètre transversal dorsal de la facette articulaire axiale. 6 : diamètre transversal dorsal de la facette articulaire abaxiale. 7 : diamètre transversal palmaire (ou plantaire) de la facette articulaire axiale. 8 : diamètre transversal palmaire (ou plantaire) de la facette articulaire abaxiale. 9 : diamètre dorso-palmaire (ou plantaire) de la crête séparant les facettes articulaires. 10 : diamètre dorso-palmaire (ou plantaire) de la surface articulaire abaxiale. 11 : longueur de la sole palmaire (ou plantaire). 12 : largeur de la sole (palmaire ou plantaire).

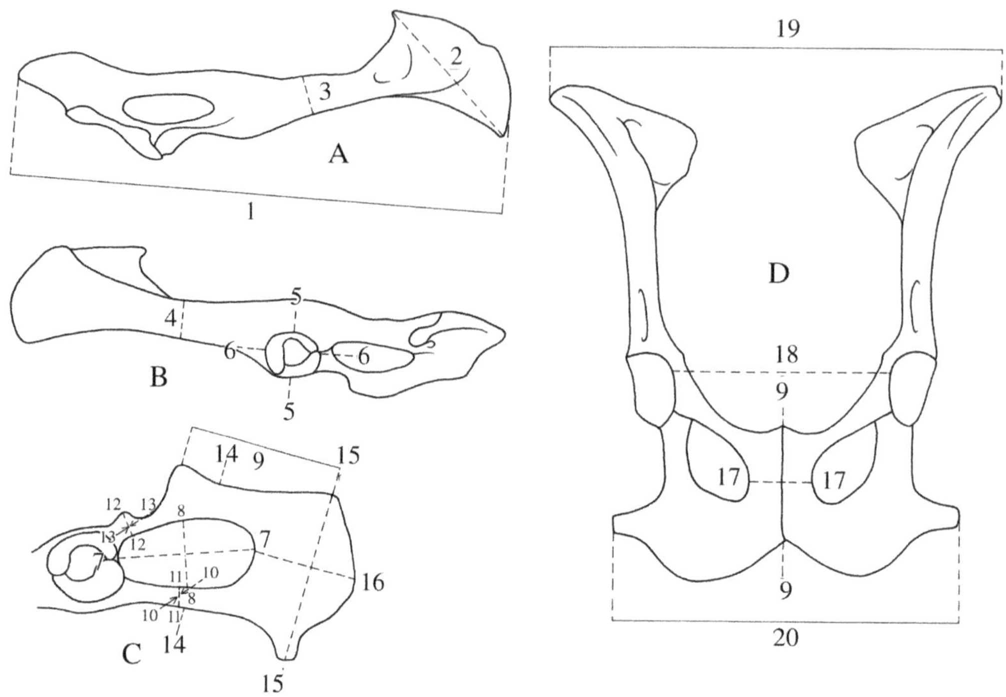

Figure 2.12. Mensurations de l'os coxal (**A** et **B**, gauche ; **C**, droit) et bassin (**D**). Dessins de l'auteur ; mise au propre par M. Buisson-Catil. **A**, vue médiale. **B** et **C**, vue latérale. **D**, vue ventrale. 1 : longueur totale, prise du sommet de la tubérosité ischiatique au sommet de l'ilium. 2 : diamètre transversal de l'aile de l'ilium. 3 : diamètre transversal du col de l'ilium. 4 : épaisseur du col de l'ilium. 5 : diamètre latéro-médial de l'acétabulum (pris extérieurement). 6 : diamètre crânio-caudal de l'acétabulum (pris extérieurement). 7 : diamètre crânio-caudal du foramen obturé (pris au milieu). 8 : diamètre latéro-médial du foramen obturé (pris au milieu). 9 : diamètre crânio-dorsal de la symphyse pubienne. 10 : diamètre latéro-médial du corps de l'ischium. 11 : diamètre dorso-ventral du corps de l'ischium. 12 : diamètre dorso-ventral de la branche crâniale du pubis. 13 : diamètre latéro-médial de la branche latérale du pubis. 14 : diamètre latéro-médial du pubis et de l'ischium. 15 : diamètre transversal de la tubérosité ischiatique. 16 : diamètre crânio-caudal de la tubérosité ischiatique. 17 : écartement minimal entre les foramens obturés. 18 : écartement des acétabulums pris médialement. 19 : écartement des épines iliaques. 20 : écartement des tubérosités ischiatiques.

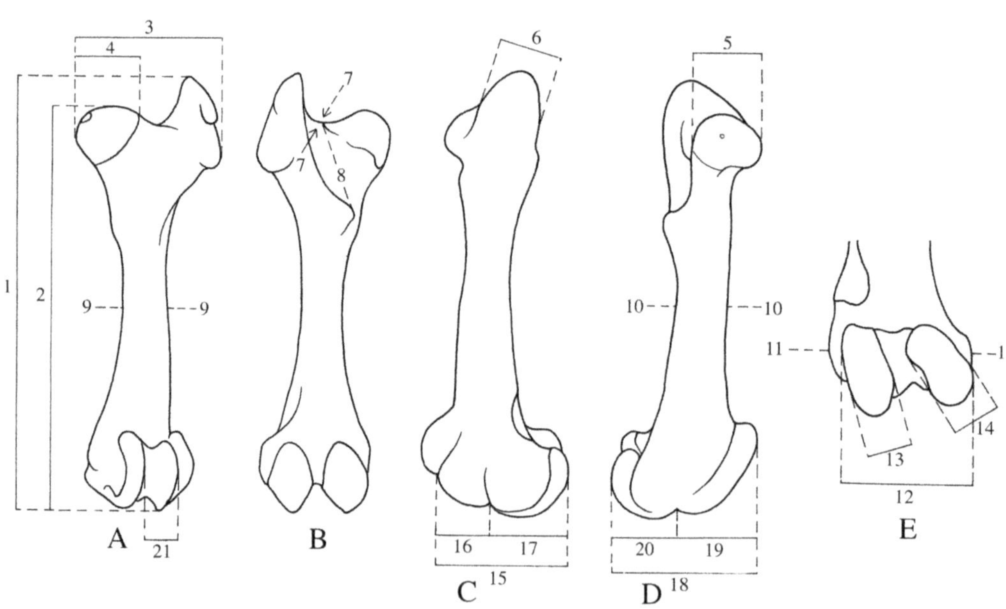

Figure 2.13. Mensurations du fémur (gauche). Dessins de l'auteur ; mise au propre par M. Buisson-Catil. **A**, vue crâniale. **B** et **E**, vue caudale. **C**, vue latérale. **D**, vue médiale. 1 : longueur totale. 2 : longueur médiale. 3 : diamètre transversal de l'articulation proximale. 4 : diamètre transversal de la tête fémorale. 5 : diamètre crânio-caudal de la tête fémorale. 6 : diamètre crânio-caudal du grand trochanter. 7 : épaisseur minimale de l'extrémité proximale au niveau du col du fémur. 8 : distance entre le fond du col du fémur et le sommet du petit trochanter. 9 : diamètre transversal au milieu de la diaphyse. 10 : diamètre crânio-caudal au milieu de la diaphyse. 11 : diamètre transversal de l'extrémité distale. 12 : diamètre transversal de l'articulation distale. 13 : diamètre transversal du condyle latéral. 14 : diamètre transversal du condyle médial. 15 : diamètre crânio-caudal du bord latéral de l'extrémité distale. 16 : diamètre crânio-caudal de la lèvre latérale de la trochlée. 17 : diamètre crânio-caudal du condyle latéral. 18 : diamètre crânio-caudal du bord médial de l'extrémité distale. 19 : diamètre crânio-caudal de la lèvre médiale de la trochlée. 20 : diamètre crânio-caudal du condyle médial. 21 : diamètre transversal maximum de la trochlée.

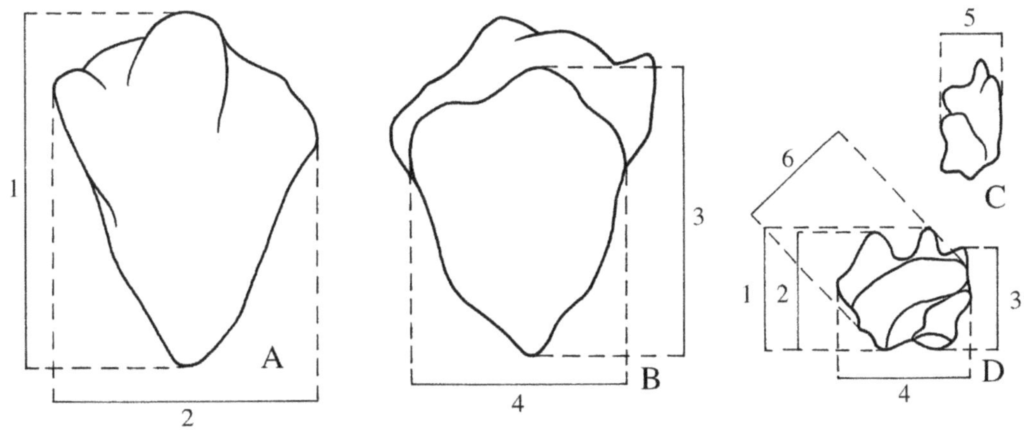

Figure 2.14. Mensurations de la rotule (gauche, **A** et **B**) et de l'os malléolaire (droit, **C** et **D**). Dessins de l'auteur ; mise au propre de M. Buisson-Catil. **A** et **C**, vues crâniales. **B**, vue caudale. **D**, vue médiale.

Rotule. – 1 : longueur totale. 2 : diamètre transversal total. 3 : longueur articulaire. 4 : diamètre transversal articulaire. 5 : (non figuré) diamètre crânio-caudal.

Os malléolaire. – 1 : hauteur totale. 2 : hauteur de la face crâniale. 3 : hauteur de la face caudale. 4 : diamètre crânio-caudal. 5 : diamètre transversal. 6 : longueur de la surface articulaire médiale.

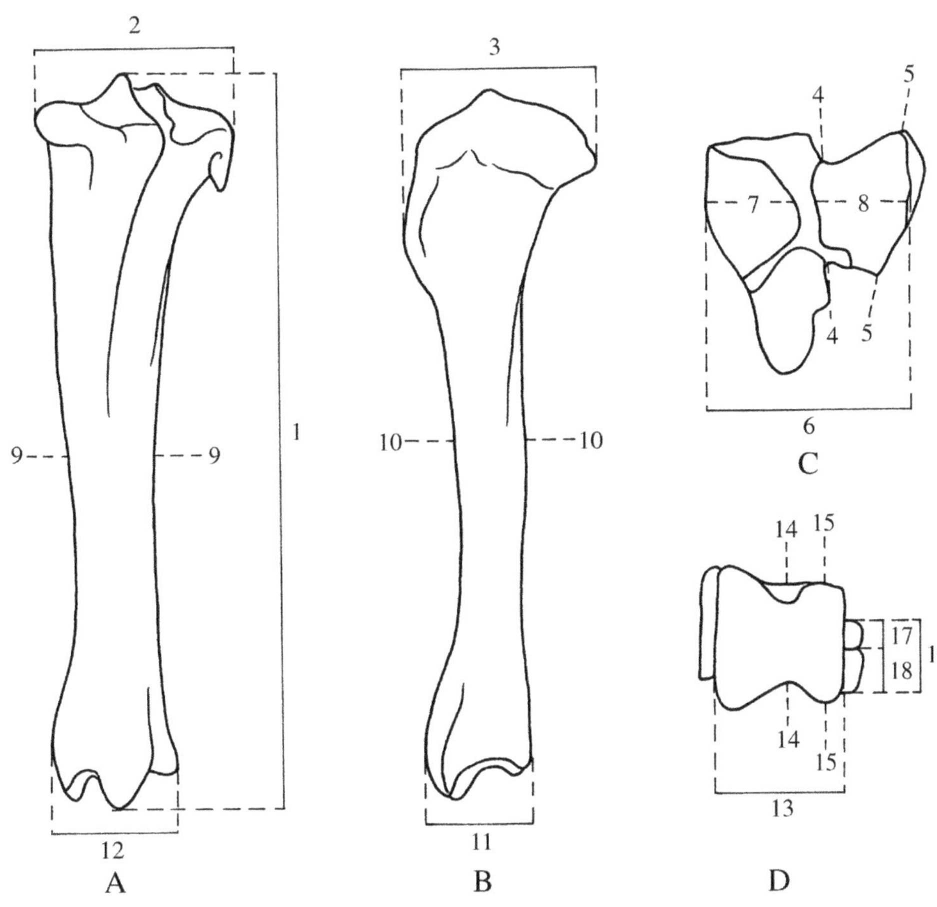

Figure 2.15. Mensurations du tibia (gauche). Dessins de l'auteur ; mise au propre par M. Buisson-Catil. **A**, vue crâniale. **B**, vue latérale. **C**, vue proximale. **D**, vue distale. 1 : longueur totale. 2 : diamètre transversal de l'extrémité proximale. 3 : diamètre crânio-caudal de l'extrémité proximale. 4 : diamètre crânio-caudal médian de l'extrémité proximale. 5 : diamètre crânio-caudal du bord latéral de l'extrémité proximale. 6 : diamètre transversal de l'articulation proximale. 7 : diamètre transversal de la facette articulaire médiale du plateau. 8 : diamètre transversal de la facette articulaire latérale du plateau. 9 : diamètre transversal au milieu de la diaphyse. 10 : diamètre cranio-caudal au milieu de la diaphyse. 11 : diamètre crânio-caudal de l'extrémité distale. 12 : diamètre transversal de l'extrémité distale. 13 : diamètre transversal de la surface articulaire distale pour le talus. 14 : diamètre crânio-caudal médian de l'extrémité distale. 15 : diamètre crânio-caudal latéral de l'extrémité distale. 16 : diamètre crânio-caudal de l'articulation pour l'os malléolaire. 17 : diamètre crânio-caudal de la facette articulaire crâniale de l'articulation pour l'os malléolaire. 18 : diamètre crânio-caudal de la facette articulaire caudale de l'articulation pour l'os malléolaire.

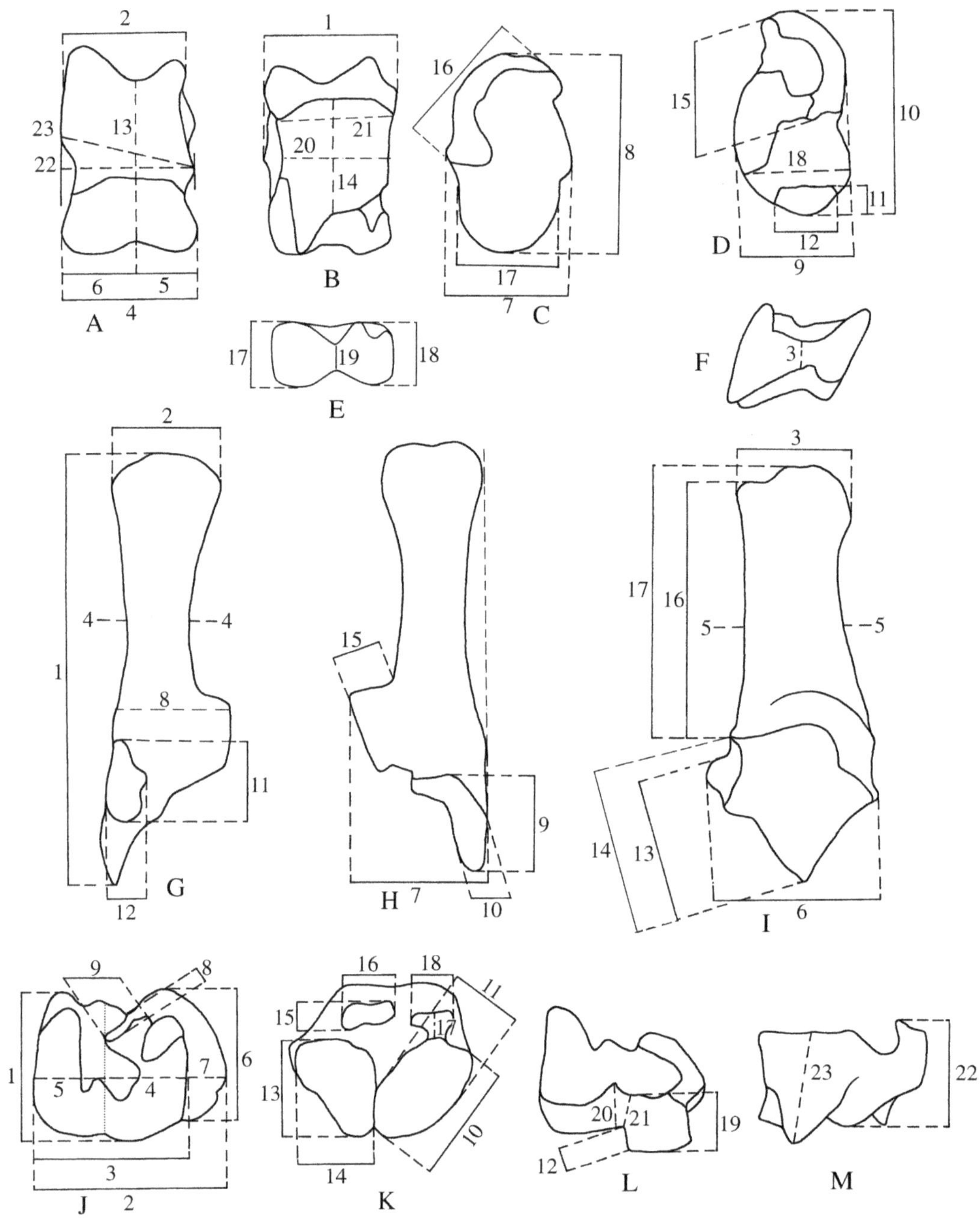

Figure 2.16. Mensurations du tarse. D'après E. Crégut-Bonnoure 1987. **A** à **F**, talus droit. **G** à **I**, calcaneus droit. **J** à **M**, cubonaviculaire gauche. **A, G** et **L** : vues dorsales. **B, H** et **M** : vues plantaires. **C** et **I** : vues médiales. **D** : vue latérale. **E** et **J** : vues proximales. **F** et **K** : vues distales.

Talus. – 1 : diamètre transversal total. 2 : diamètre transversal de la trochlée proximale. 3 : diamètre dorso-plantaire minimal de la trochlée proximale. 4 : diamètre transversal de la trochlée distale. 5 : diamètre transversal du condyle médial de la trochlée distale. 6 : diamètre transversal du condyle latéral de la trochlée distale. 7 : diamètre dorso-plantaire du bord médial. 8 : hauteur du bord médial. 9 : diamètre dorso-plantaire du bord latéral. 10 : hauteur du bord latéral. 11 : hauteur de la facette articulaire latéro-distale pour le calcaneus. 12 : diamètre dorso-plantaire de la facette articulaire latéro-distale pour le calcaneus. 13 : hauteur médiane. 14 : hauteur de la trochlée plantaire pour le calcaneus. 15 : hauteur de la lèvre trochléenne proximo-latérale. 16 : hauteur de la lèvre latérale proximo-médiale. 17 : diamètre dorso-plantaire du condyle médial de la trochlée distale. 18 : diamètre dorso-plantaire du condyle latéral de la trochlée distale. 19 : diamètre dorso-plantaire médian de la trochlée distale. 20 : diamètre transversal médian de la trochlée plantaire pour le calcaneus. 21 : diamètre transversal proximal de la trochlée plantaire pour le calcaneus. 22 : diamètre transversal de la face dorsale. 23 : diamètre transversal de la base de la trochlée proximale sur la face dorsale.

Calcaneus. – 1 : longueur totale. 2 : diamètre transversal du *tuber calcanei.* 3 : diamètre dorso-plantaire du *tuber calcanei.* 4 : diamètre transversal minimal du corps proximal. 5 : diamètre dorso-plantaire du corps proximal. 6 : diamètre dorso-plantaire maximal. 7 : diamètre transversal total. 8 : diamètre transversal du sustentaculum tali. 9 : longueur de la facette articulaire distale. 10 : diamètre transversal de la facette articulaire distale. 11 : longueur de la trochlée fibulaire. 12 : diamètre transversal de la trochlée fibulaire. 13 : longueur du corps inférieur, prise du bourrelet de la trochlée fibulaire à la pointe distale. 14 : longueur du corps inférieur, prise du bord proximal de la trochlée fibulaire à la pointe distale. 15 : largeur du sillon tendineux du *sustentaculum tali.* 16 : longueur du corps proximal prise du sommet dorsal du *tuber calcanei* à la pointe du processus coracoïde. 17 : longueur du corps proximal prise du sommet plantaire du *tuber calcanei* à la pointe du processus coracoïde.

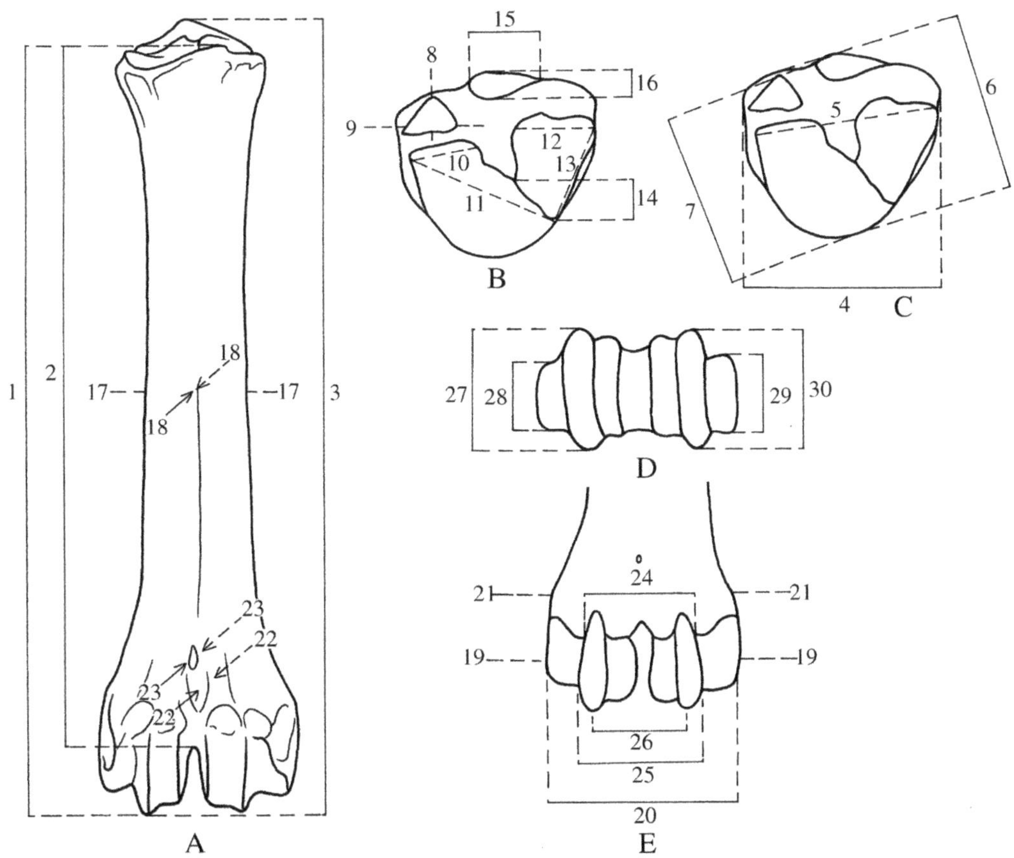

Figure 2.17. Mensurations de l'os canon postérieur (gauche). Dessins de l'auteur ; mise au propre par M. Buisson-Catil. **A** : vue dorsale. **B** et **C** : vue proximale. **D** : vue distale. **E** : vue plantaire. 1 : longueur totale de la face dorsale. 2 : longueur minimale de la face dorsale. 3 : longueur totale de la face plantaire. 4 : diamètre transversal de l'extrémité proximale. 5 : diamètre transversal de l'articulation proximale. 6 : diamètre dorso-plantaire de l'extrémité proximale (une des branches du pied à coulisse étant posée sur la face plantaire). 7 : diamètre dorso-plantaire de l'articulation proximale (une des branches du pied à coulisse étant posée sur le bord plantaire des facettes plantaires). 8 : diamètre dorso-plantaire de la facette pour le petit cunéiforme. 9 : diamètre transversal de la facette pour le petit cunéiforme. 10 : diamètre transversal de la facette pour le grand cunéiforme. 11 : diamètre dorso-plantaire de la facette pour le grand cunéiforme. 12 : diamètre transversal de la facette dorsale pour le cubonaviculaire. 13 : diamètre dorso-plantaire de la facette dorsale pour le cubonaviculaire. 14 : longueur du contact dorsal entre les facettes dorsales. 15 : diamètre transversal de la facette plantaire pour le cubonaviculaire. 16 : diamètre dorso-plantaire de la facette plantaire pour le cubonaviculaire. 17 : diamètre transversal au milieu de la diaphyse. 18 : diamètre dorso-plantaire au milieu de la diaphyse. 19 : diamètre transversal maximal de l'articulation distale. 20 : diamètre transversal minimal de l'articulation distale. 21 : diamètre transversal sus-articulaire. 22 : diamètre dorso-plantaire sus-articulaire. 23 : diamètre dorso-plantaire au niveau du foramen nourricier. 24 : distance entre les bords latéraux des quilles, prise à leur sommet plantaire. 25 : distance entre les bords latéraux des quilles, prise à leur base plantaire. 26 : distance entre le milieu des quilles à leur base. 27 : diamètre dorso-plantaire de la quille médiale. 28 : diamètre dorso-plantaire du tenon médial. 29 : diamètre dorso-plantaire de la quille latérale. 30 : diamètre dorso-plantaire du tenon latéral.

Figure 2.16. *suite*

Cubonaviculaire. – 1 : diamètre dorso-plantaire total. 2 : diamètre transversal total. 3 : diamètre transversal de la surface articulaire proximale pour le talus. 4 : largeur de la partie latérale de la surface articulaire proximale pour le talus. 5 : largeur de la partie médiale de la surface articulaire proximale pour le talus. 6 : diamètre dorso-plantaire de la facette articulaire pour le calcaneus. 7 : diamètre transversal de la facette articulaire pour le calcaneus. 8 : largeur de la facette articulaire dorso-médiale se logeant sous le ressaut distal de la trochlée plantaire du talus. 9 : longueur de la facette articulaire dorso-médiale se logeant sous le ressaut distal de la trochlée plantaire du talus. 10 : diamètre dorso-plantaire de la facette articulaire distale pour le grand cunéiforme. 11 : diamètre transversal de la facette articulaire distale pour le grand cunéiforme. 12 : hauteur du ressaut médian de la face dorsale. 13 : diamètre dorso-plantaire de la facette articulaire dorso-distale pour l'os canon. 14 : diamètre transversal de la facette articulaire dorso-distale pour l'os canon. 15 : diamètre dorso-plantaire de la facette articulaire plantaire distale pour l'os canon. 16 : diamètre transversal de la facette articulaire distale pour l'os canon. 17 : diamètre dorso-plantaire de la facette articulaire pour le petit cunéiforme. 18 : diamètre transversal de la facette articulaire pour le petit cunéiforme. 19 : hauteur latérale maximale de la face dorsale. 20 : hauteur médiale maximale de la face dorsale. 21 : hauteur médiane minimale de la face dorsale. 22 : hauteur médiale maximale de la face plantaire. 23 : hauteur latérale maximale de la face plantaire.

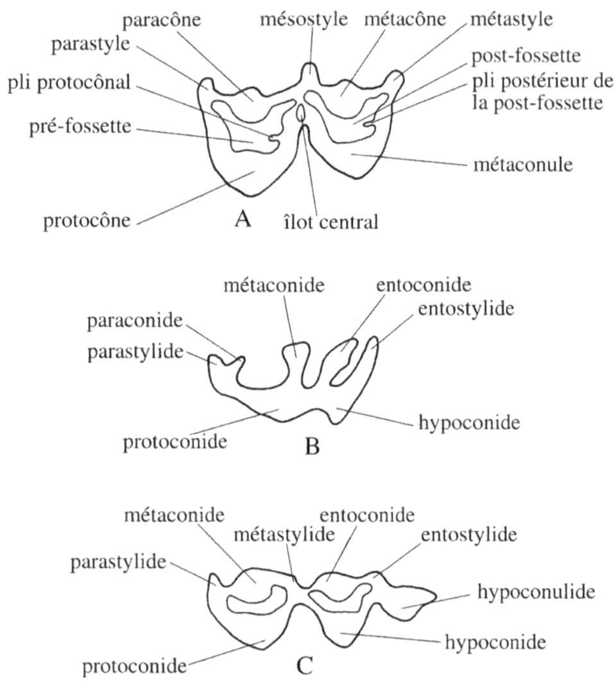

Figure 2.18. Nomenclature des dents jugales. Modifié d'après E. Heintz, 1970 et A.W. Gentry, 1992 et 1999. **A** : molaire supérieure gauche, vue occlusale. **B** : P3 et P4 inférieures gauches, vue occlusale. **C** : M3 inférieure gauche, vue occlusale.

La morphologie de la M3 et de la p3 est similaire à celle de *C. caucasica*.

f. Morphologie crânienne et dentaire de *Capra nubiana* Cuvier, 1825

Les chevilles des mâles (n=15), implantées verticalement, sont très allongées, beaucoup plus que chez *C. ibex*. Rapprochées à leur base, elles divergent peu vers l'extérieur et dessinent vers l'arrière un grand segment de cercle. Leur section à la base est plus étroite que chez *C. ibex* et *C. sibirica*, mais cependant plus comparable à ce dernier bouquetin (Figure 2.44). La face rostrale est plane à plan-convexe et il existe parfois une carène sur le bord dorsal. Latéralement, une autre arête peut exister à la moitié supérieure de la cheville.

Le nasal est étroit et long. L'enfoncement glabellaire est important. Le frontal est convexe transversalement. La suture nasale atteint rarement le niveau de la ligne réunissant les extrémités de la suture fronto-lacrymale. L'occipital est transversalement plan. La protubérance occipitale externe est saillante (Figure 2.44).

Le foramen infra-orbitaire est arrondi. Il peut se dédoubler ou bien être précédé par un minuscule foramen supplémentaire. Le foramen supra-orbitaire est unique. Le *foramen ovale* est de petite taille.

Les foramens palatins se trouvent sur la suture maxillo-palatine qui est transversale.

Les femelles (n=3) ont une importante fontanelle naso-lacrymale et un enfoncement glabellaire relativement fort. Les chevilles osseuses sont plus graciles que celles de *C. ibex*.

Il n'y a pas d'aile métastylaire à la M3 et les surfaces interstylaires ont la même longueur. Le métaconide de la p3 est rarement dilaté, la face linguale étant plutôt oblique vers le milieu et l'extérieur de la dent.

g. Morphologie crânienne et dentaire de *Capra walie* Rüppel, 1835

L'analyse repose uniquement sur deux mâles des collections du Muséum d'Histoire naturelle de Genève, ceux de Berne n'ayant pas été accessibles du fait d'un réaménagement des collections. Deux autres crânes des collections du Muséum d'Histoire naturelle de Vienne, étiquetés *C. walie* et considérés comme tels par P. Fandos *et al.* (1993), se sont révélés être des crânes de chèvre domestique sur lesquels ont été placées des chevilles osseuses de bouquetin de Nubie (B. Herzig *in litteris*).

Chez les mâles, les chevilles sont assez proches de celles de *C. nubiana*. Elles s'en distinguent par leur courbure vers l'arrière plus forte (Figure 2.45). La section est sub-quadrangulaire (Figure 2.46).

Le frontal est plan transversalement et l'enfoncement glabellaire est important. La suture nasale n'atteint pas le niveau de la ligne réunissant les extrémités de la suture fronto-lacrymale. Une importante protubérance frontale est présente à la base des chevilles, au-dessus des foramens supra-orbitaires. En *norma lateralis*, la protubérance occipitale externe est saillante (Figure 2.45, figure 2.46).

Le foramen infra-orbitaire est arrondi, à l'aplomb de la P2 et sur l'un des deux exemplaires est précédé par un petit foramen supplémentaire. Le foramen supra-orbitaire est de grande taille, soit simple soit double. Le *foramen ovale* est de petite taille.

Les foramens palatins se trouvent sur la suture maxillo-palatine qui est transversale.

Aucun crâne de femelle n'a pu être étudié. Un individu est figuré par M. Couturier (1962 : Planche LXXXVIII p. 865). On note une fontanelle naso-lacrymale assez ouverte, un museau étroit et un enfoncement glabellaire net.

La M3 est caractérisée par des surfaces interstylaires plutôt symétriques et un métastyle peu développé. Le métaconide de la p3 n'est pas dilaté.

h. Morphologie crânienne et dentaire de *Capra falconeri* (Wagner, 1839)

Parmi les individus mâles examinés (n=5), figure le type de *C. falconeri falconeri* qui est conservé au Muséum d'Histoire naturelle de Vienne (NMW n° 2920 ; Figure 2.47).

Celui-ci possède des chevilles osseuses dont la divergence extérieure est assez semblable à celle de *C. cylindricornis*. Sur environ leur moitié, elles sont obliques vers l'arrière

Figure 2.19. *Capra aegagrus* Erxleben. Dessins de M. Buisson-Catil d'après les photographies de l'auteur. **A** : *norma lateralis* d'un crâne de mâle sectionné selon le plan sagittal. **B** : *norma frontalis*, crâne de mâle, n° 1552. Musée d'Histoire naturelle de Vienne.

mais demeurent rectilignes et dans l'alignement du frontal. Elles se courbent ensuite en subissant une rotation et s'infléchissent brutalement vers le bas, les pointes étant dirigées vers l'arrière. La section de la cheville est semi-elliptique à la base, les faces rostrale et caudale étant étroites (Figure 2.49 : A). Cette dernière forme une carène qui devient rostrale vers l'apex. Sur un autre spécimen provenant du Cachemire et correspondant à *C. falconeri cashmiriensis* (NMW n° 7263 ; Figure 2.48 ; Figure 2.49 : B), la partie supérieure de la cheville osseuse ne s'infléchit pas vers le bas mais se dirige vers l'arrière tout en restant horizontale. La section est piriforme, la face caudale étant différenciée en carène. Enfin, sur des spécimens du zoo de Schönbrunn (Autriche), de position sub-spécifique non précisée, les chevilles osseuses sont verticales, inclinées obliquement vers l'arrière et s'enroulent autour de leur grand axe de l'intérieur vers l'extérieur. La section basale est semi-elliptique (Figure 2.49 : C).

Le frontal des deux spécimens du Cachemire est plus ou moins en continuité avec le nasal du fait de l'absence d'enfoncement glabellaire (Figure 2.50 : A et B). Par ailleurs, sa surface est en position haute, dépassant le bord supérieur des orbites. Sur les spécimens du zoo de Schönbrunn, le frontal est sagittalement plus convexe et l'enfoncement glabellaire est plus important.

Le foramen infra-orbitaire est précédé de un à deux petits foramens accessoires. Le foramen supra-orbitaire est simple. Le *foramen ovale* est soit gros, soit petit.

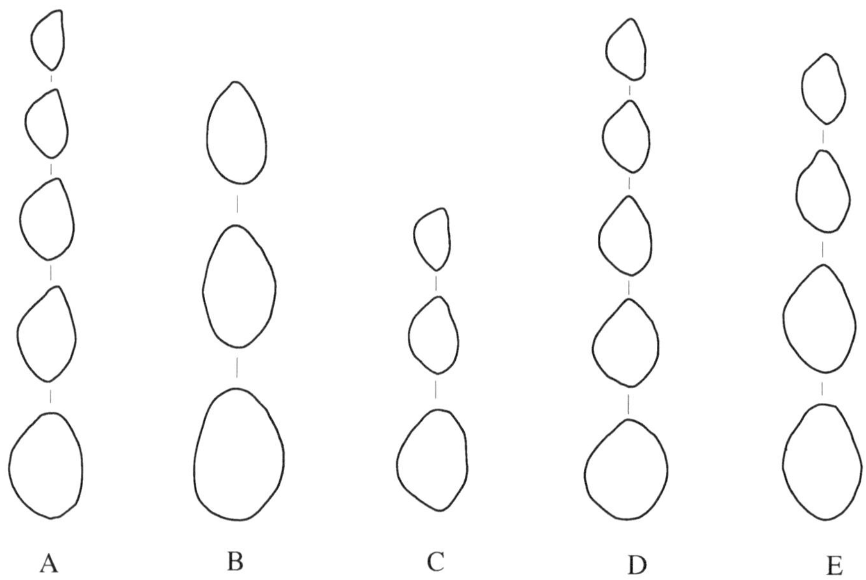

Figure 2.20. *Capra aegagrus* Exlerben. Chevilles osseuses gauches (sauf B), mâles, sections de 5 en 5 cm ; face rostrale vers le haut, base au bas des colonnes. Réduction : 1/4. Relevés et dessins de l'auteur ; mise au propre par M. Buisson-Catil. **A**, n° 3929 (Altaï). **B**, 3930 (Altaï). **C**, n° 170 b (zoo de Schönbrunn). **D**, n° 624 b (zoo de Schönbrunn). **E**, n° 1552 (Crète). Musée d'Histoire naturelle de Vienne.

La fontanelle naso-lacrymale est importante sauf sur l'un des individus du Cachemire qui est un individu âgé (NMW n° 7263). La suture maxillo-palatine est en "V" à pointe rostrale et porte les foramens palatins. La partie rostrale des choanes se trouve en avant de celle des fosses ptérygo-palatines tandis que chez les autres *Capra* elles se situent au même niveau.

Chez les femelles (n=7) qui proviennent toutes de zoo (Schönbrunn en Autriche, Jardin des Plantes à Paris), les chevilles, verticales, présentent une torsion lâche et sont plus ou moins divergentes vers l'extérieur. La section est sub-triangulaire, à face rostrale aiguë (Figure 2.49 : D et E). Le frontal est légèrement convexe et l'enfoncement glabellaire est faible (Figure 2.50 : E à H). Le bord supérieur des orbites est plus bas que le plan du frontal. La pointe rostrale du nasal est échancrée. Le foramen infra-orbitaire est de grande taille et peut se continuer vers l'avant par une zone déprimée. Le pariétal est convexe.

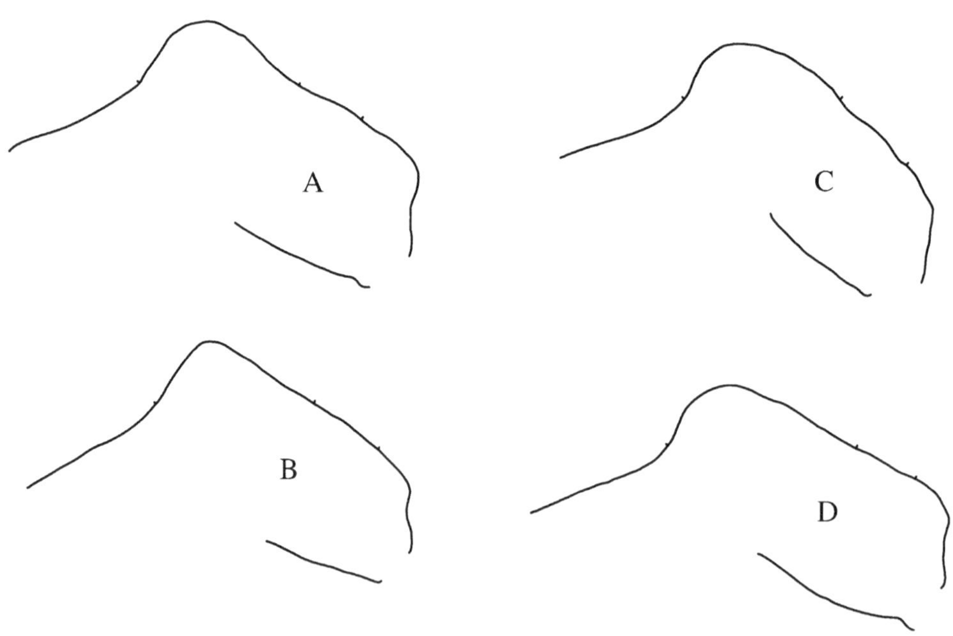

Figure 2.21. *Capra aegagrus* Exlerben. Crânes, mâles, sections sagittales du nasal à la partie basilaire de l'occipital. Réduction : 1/4. Relevés et dessins de l'auteur ; mise au propre par M. Buisson-Catil. **A**, n° 3929 (Altaï). **B**, n° 170b (zoo de Schönbrunn). **C**, n° 624b (zoo de Schönbrunn), **D**, n° 1552 (Crète). Musée d'Histoire naturelle de Vienne.

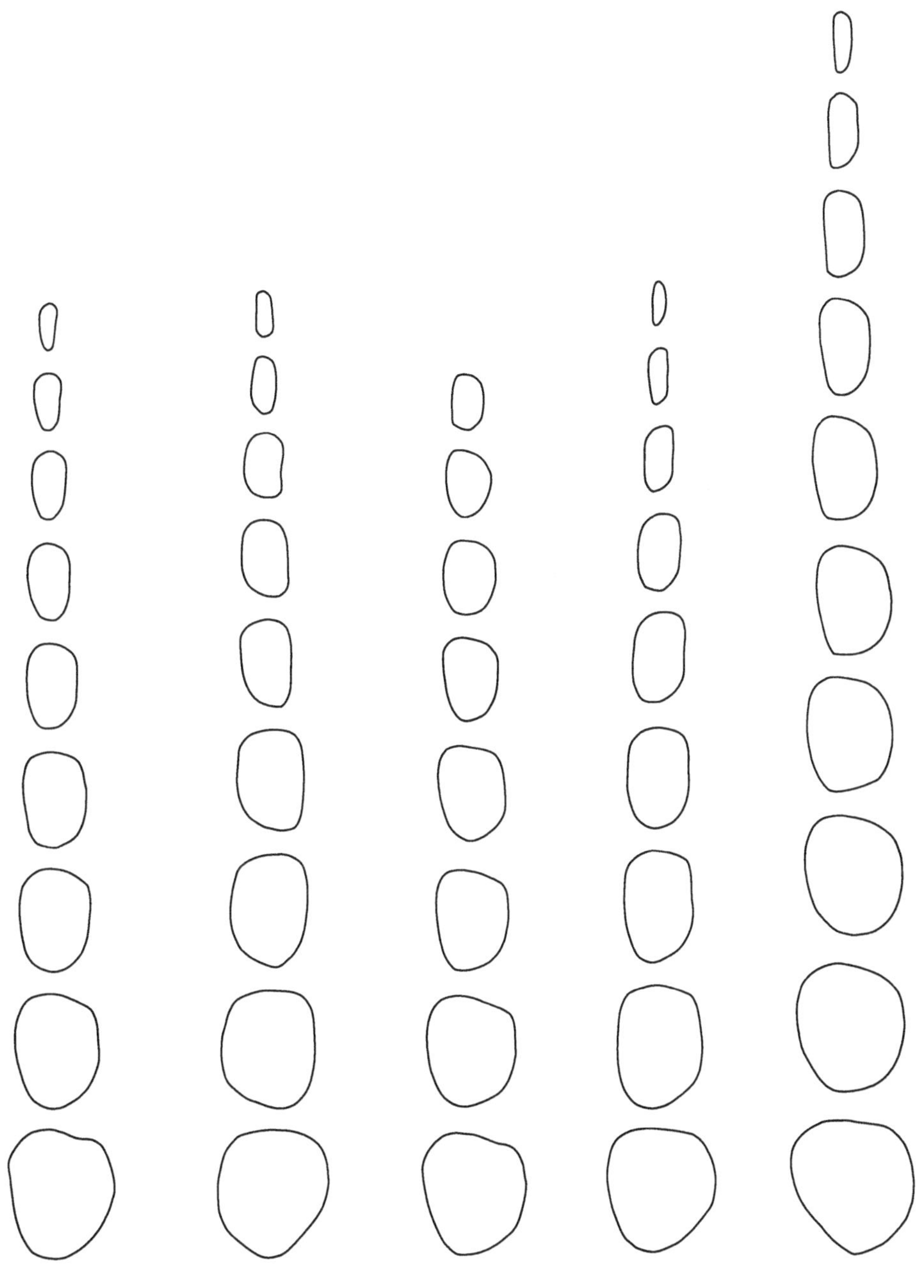

Figure 2.22. *Capra ibex* Linné. Chevilles osseuses gauches (**A, C, D, E**) et droite (**B**), mâles, sections de 5 en 5 cm ; face rostrale vers le haut, base au bas des colonnes. Réduction : 1/4. Relevés et dessins de l'auteur ; mise au propre par M. Buisson-Catil. **A**, n° 1104 (Musée d'Histoire naturelle de Berne). **B**, n° 1036 (Musée d'Histoire naturelle de Berne). **C**, n° 1040 (Musée d'Histoire naturelle de Berne). **D**, n° 1032 (Musée d'Histoire naturelle de Berne). **E**, 14 ans, (Musée d'Histoire naturelle de Grenoble, collection M. Couturier).

Les M3 n'ont pas d'aile métastylaire et les surfaces interstylaires sont symétriques. L'unique p3 non usée montre un métaconide dilaté en une minuscule colonnette. Sur les autres spécimens, il ne l'est pas et la face linguale est oblique vers le milieu de la dent. Dans tous les cas, le paraconide est fort et perpendiculaire à l'axe antéro-postérieur de la couronne.

i. Morphologie crânienne et dentaire de *Capra pyrenaica* Schinz, 1838

Alors que chez les espèces précédentes la variabilité des étuis cornés est en général peu accusée, elle est très importante chez le bouquetin ibérique, ce qui a déjà été notifié par plusieurs auteurs. Ceci remet bien évidemment en cause la classification proposée par A. Cabrera en 1911, les différents morphotypes du cornage qu'il définit pouvant être observés dans une même unité géographique (Planche 1). En revanche, les étuis enlevés, la variabilité des chevilles osseuses dans une même population est faible.

Toutes populations confondues, les chevilles osseuses des mâles de *C. pyrenaica* sont verticales et leur divergence vers l'extérieur est modérée sur leur premier tiers environ. Elles

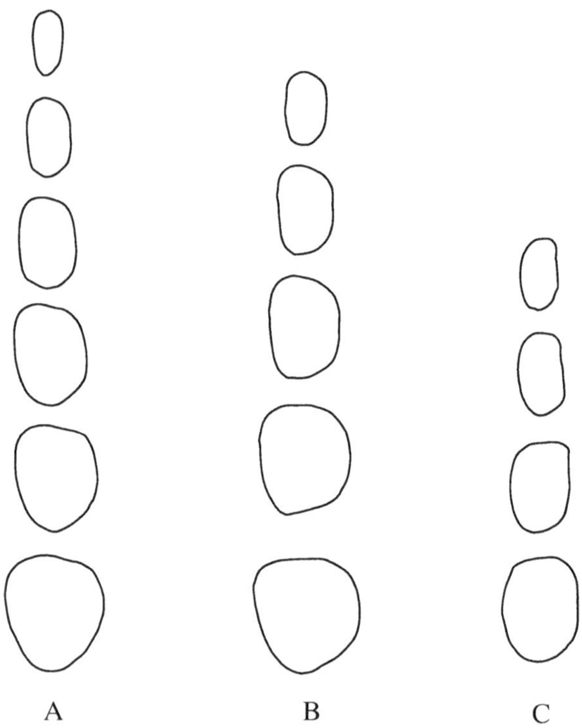

Figure 2.23. *Capra ibex* Linné. Chevilles osseuses gauches, mâles, sections de 5 en 5 cm ; face rostrale vers le haut, base au bas des colonnes. Réduction : 1/4. Relevés et dessins de l'auteur ; mise au propre par M. Buisson-Catil. **A**, n° 9604 (Musée d'Histoire naturelle de Bâle). **B**, n° 9631 (Musée d'Histoire naturelle de Bâle). **C**, n° 2692 (Musée d'Histoire naturelle de Bâle ; hybride *C. ibex* / *C. aegagrus*).

divergent ensuite plus fortement vers l'extérieur. À la base, leur grand axe est oblique par rapport au plan sagittal crânien. La face rostrale n'est donc pas dans le plan du frontal, le bord ventral occupant une position plus antérieure que le bord dorsal. Le bord dorso-caudal forme une carène. Chez les femelles, les chevilles sont courbées et divergentes vers l'extérieur, comme chez *C. caucasica* et *C. cylindricornis* et leur section basale est sub-ovalaire. Dans tous les cas, la fontanelle naso-lacrymale est réduite, le *foramen ovale* est très large et les foramens palatins s'ouvrent en arrière de la suture palatine. Enfin l'aile métastylaire de la M3 est verticale et les surfaces interstylaires ne montrent pas de différence de longueur importante.

La morphologie crânienne est extrêmement variable d'une population à l'autre. Ainsi, les mâles des Sierras de Tortosa-Beceite et ceux de Cazorla, rapportées par A. Cabrera (1911) à la sous-espèce *C. pyrenaica hispanica*, se distinguent aisément.

Les mâles de Tortosa (n=42) ont une constriction des bords interalvéolaires forte, un nasal tronqué à l'avant (Planche 2 : 1B), très exceptionnellement en pointe (3,1 %) et échancré latéralement (Planche 2 : 1A). L'écartement apical des chevilles osseuses est important. Elles sont dirigées vers l'arrière sans torsion (Figure 2.51 : B). Sur quelques rares spécimens (4 %), les pointes peuvent s'incurver légèrement vers l'arrière (Figure 2.52 : A). Les chevilles sont très allongées et le frontal montre souvent un aplatissement entre elles (Figure 2.53 : B à D). Leur section est en ellipse (Figure 2.54). La suture nasale est pratiquement au niveau de la ligne réunissant les extrémités de la suture fronto-lacrymale (77,3 %), rarement en avant. Le foramen infra-orbitaire est plutôt petit et dans la majorité des cas peu étendu vers l'avant (52,1 %) étant précédé par un foramen accessoire. Le nombre des foramens supra-orbitaires est très variable : le plus souvent deux à gauche et un à droite (35 %) ou bien deux à gauche et deux à droite (23,25 %), exceptionnellement simples. La deuxième prémolaire inférieure est le plus souvent réduite, mais peut occasionnellement manquer (Planche 2 : 4). Le métaconide de la troisième prémolaire inférieure constitue une forte colonnette. Le métastyle de la troisième molaire supérieure est très élargi transversalement (quadrangulaire en section occlusale ; Planche 2 : 2), tandis que le mésostyle est faible, beaucoup plus que celui des M1 et M2.

À Cazorla (n=22), la constriction des bords interalvéolaires est faible, le nasal, échancré latéralement, se termine toujours en pointe et les chevilles sont régulièrement convexes vers l'arrière (Figure 2.55 : A). Celles-ci sont aussi plus courtes et moins écartées qu'à Tortosa. Il n'y a pas d'aplatissement du frontal (Figure 2.56, Figure 2.57). La section de la cheville est elliptique mais plus arrondie qu'à Tortosa. Il y a une forte carène sur le bord dorso-caudal (Figure 2.58, Figure 2.59). Le foramen infra-orbitaire est plutôt gros et étendu vers l'avant (70 %). Le foramen supra-orbitaire est dans la majorité des cas multiple (50 %) ou bien double (45 %), exceptionnellement simple. La p2 a tendance à manquer, dans de rares cas la dp2 persiste à l'état adulte, la dilatation du métaconide de la p3 est faible. Le métastyle de la M3 est transversalement court et le mésostyle comparable à celui des M1 et M2.

Pour les femelles les différences sont aussi nettes :

À Tortosa (n=16), le nasal est en pointe, échancré latéralement, et sa surface est plane. Un enfoncement glabellaire existe (Figure 2.52 : B ; Figure 2.60). La suture nasale n'atteint pas le niveau de la ligne réunissant les extrémités de la suture fronto-lacrymale. Le foramen infra-orbitaire est très étendu vers l'avant.

À Cazorla (n=23), la surface du nasal est convexe et l'enfoncement glabellaire plus important (Figure 2.61 : A ; Figure 2.62). Les chevilles osseuses sont plus longues.

De plus, il n'y a aucune ressemblance morphologique entre la population de Tortosa-Beceite et celle de Gredos, pourtant génétiquement proches d'après les analyses de V. Manceau sur l'ADN mitochondrial (1997 ; Manceau, Crampe *et al.* 1999).

Les mâles de Gredos (n=21) diffèrent de ceux de Tortosa par la constriction des bords interalvéolaires qui est moins importante, le nasal sans échancrure latérale, la convexité régulière du frontal (Figure 2.63 à Figure 2.65) et les chevilles osseuses plus massives (Figure 2.65). Le

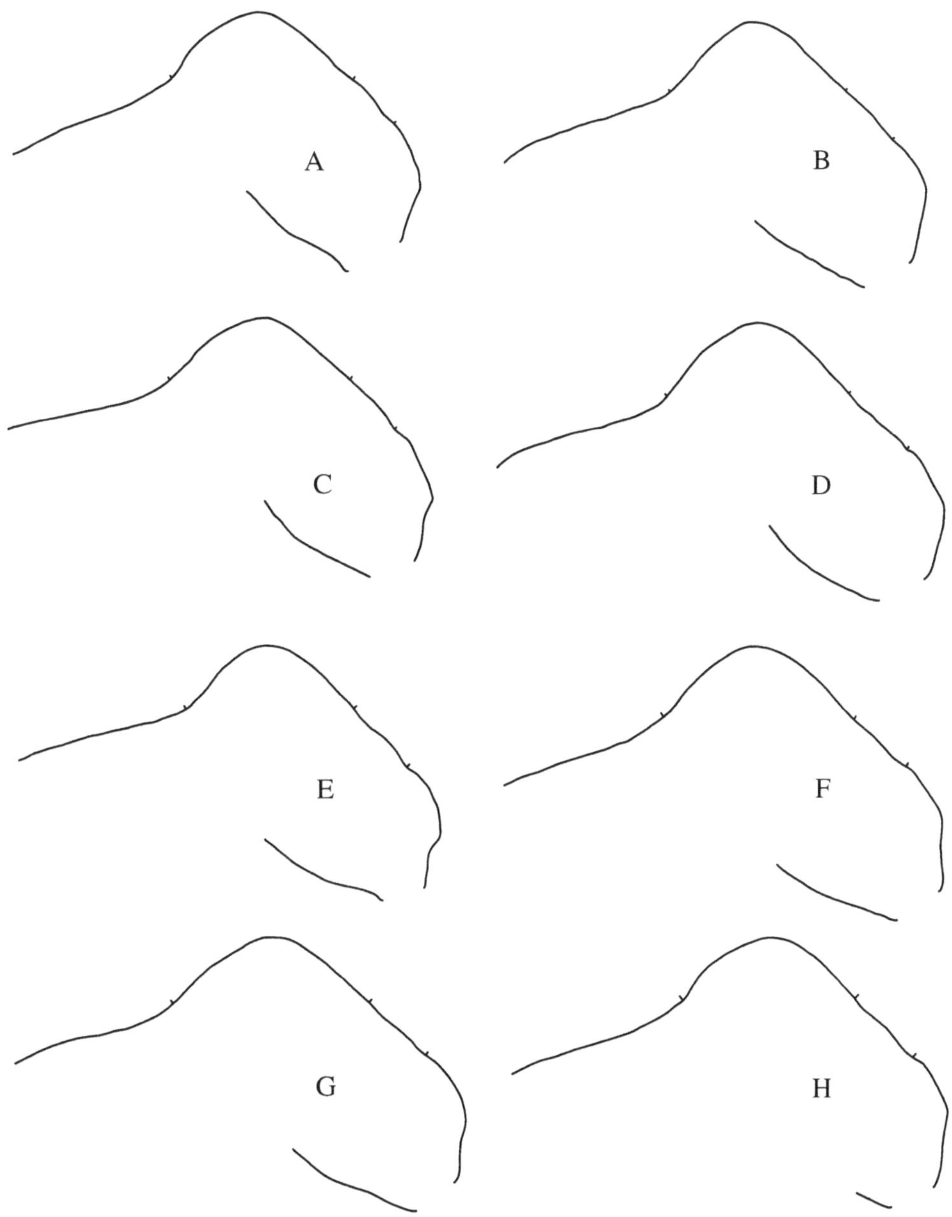

Figure 2.24. *Capra ibex* Linné. Crânes, mâles, sections sagittales du nasal à la partie basilaire de l'occipital. Réduction : 1/4. Relevés et dessins de l'auteur ; mise au propre par M. Buisson-Catil. **A**, n° 9604 (Musée d'Histoire naturelle de Bâle). **B**, n° 3893 (Musée d'Histoire naturelle de Bâle). **C**, n° 9631 (Musée d'Histoire naturelle de Bâle). **D**, n° 10916 (Musée d'Histoire naturelle de Bâle). **E**, n° 2 (11 ans) (Musée d'Histoire naturelle de Berne). **F**, n° 1032 (Musée d'Histoire naturelle de Berne), **G**, 14 ans (Musée d'Histoire naturelle de Grenoble, collection M. Couturier). **H**, 17 ans (Musée d'Histoire naturelle de Grenoble, collection M. Couturier).

seul point commun concerne l'obliquité vers l'arrière des chevilles et l'absence de torsion, exception faite toutefois des pointes qui s'inclinent vers l'arrière et l'intérieur comme chez les individus des Pyrénées (Figure 2.65). La section de la cheville est similaire à celle de Cazorla tout en étant plus comprimée latéralement (Figure 2.66). La suture nasale atteint le plus souvent le niveau de la ligne réunissant les extrémités de la suture fronto-lacrymale (59,1 %) ou bien se trouve en dessous. Le foramen infra-orbitaire est soit gros et étendu vers l'avant (60%), soit réduit. Le foramen supra-orbitaire est le plus souvent double (35 %), plus exceptionnellement double à gauche et simple à droite (15 %). Comme à Cazorla la p2 manque souvent, mais la dilatation du métaconide de la p3 est faible et le métastyle de la M3 est, en vue occlusale, court transversalement (Planche 2 : 3).

Les femelles de Gredos (n=27) diffèrent de celles de Tortosa par l'absence d'échancrure latérale du nasal, les frontaux moins convexes et les chevilles osseuses plus longues (Figure 2.61 : B ; Figure 2.67).

Les spécimens mâles provenant des Pyrénées (11 crânes dont le paralectotype du Muséum d'Histoire naturelle de Vienne, NMW n° 2314), se distinguent des précédents par leur enfoncement glabellaire plus accentué, la plus forte convexité du frontal, la saillie de la protubérance occipitale externe et la section plus circulaire de la cheville osseuse

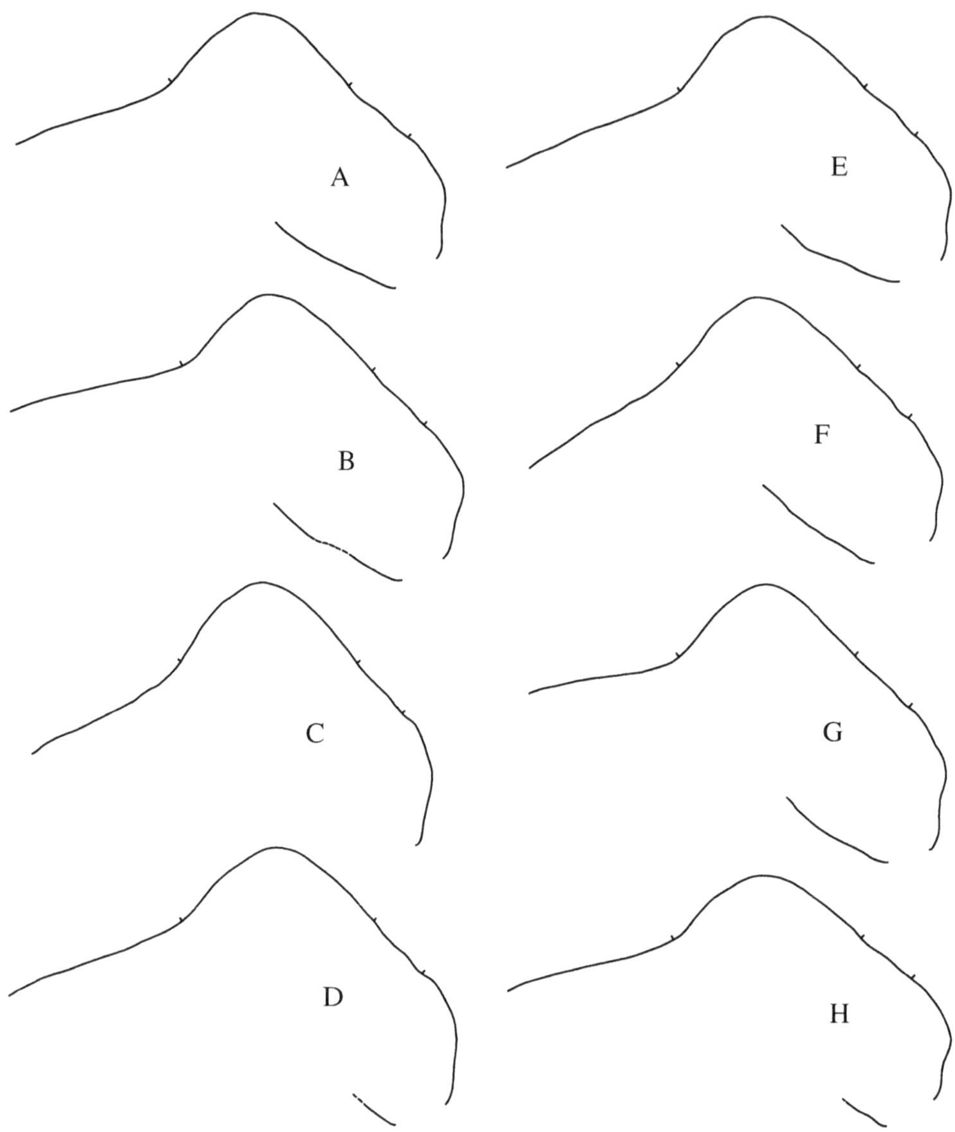

Figure 2.25. *Capra ibex* Linné, crânes, mâles, sections sagittales du nasal à la partie basilaire de l'occipital. Réduction : 1/4. Relevés et dessins de l'auteur ; mise au propre par M. Buisson-Catil. **A**, n° 1104 (Musée d'Histoire naturelle de Berne). **B**, 9 ans (Musée d'Histoire naturelle de Grenoble, collection M. Couturier). **C**, n° 3 (Musée d'Histoire naturelle de Berne). **D**, 10 ans (Musée d'Histoire naturelle de Grenoble, collection M. Couturier). **E**, n° 1036 (Musée d'Histoire naturelle de Berne). **F**, n° 1040 (Musée d'Histoire naturelle de Berne). **G**, n° 1, 14 ans (Musée d'Histoire naturelle de Berne). **H**, 11 ans (Musée d'Histoire naturelle de Grenoble, collection M. Couturier).

(Figure 2.68 à Figure 2.71) dont le bord caudal de la face dorsale est rarement caréné. En revanche, l'inclinaison de la cheville osseuse est similaire à celle des individus de Gredos, avec toutefois une courbure postérieure plus modérée. De même, le nasal n'est pas échancré latéralement. La suture nasale atteint le niveau de la ligne réunissant les extrémités de la suture fronto-lacrymale dans 60 % des cas étant en dessous pour les autres. Le foramen infra-orbitaire ne s'étend pas sur l'avant. La moitié des individus possède un foramen supra-orbitaire simple. La suture maxillo-palatine est en "V" à pointe rostrale tandis que sur les autres bouquetins ibériques elle est transversale.

j. Morphologie du squelette post-crânien de *Capra*

Il est aisé de reconnaître le genre *Capra* à partir de la morphologie de son squelette (Prat 1966 ; Crégut-Bonnoure 1987, 1995). L'observation des bouquetins actuels montre qu'ils forment un groupe homogène. Cependant, je tiens à signaler qu'à l'exception de *C. ibex* et des populations ibériques de Cazorla et Gredos, je n'ai pas pu disposer de séries importantes et donc apprécier la variabilité intra-spécifique. Une description comparée avec *H. jemlahicus* est donnée plus loin. Elle est résumée dans les tableaux 2.97 à tableau 2.99.

Les différences que j'ai pu observer concernent les facettes articulaires proximales de l'onciforme du bouquetin alpin qui sont toujours écrasées tandis qu'elles le sont peu pour les autres taxons.

Le markhor et la chèvre égagre se distinguent des autres bouquetins par la tubérosité deltoïdienne de l'humérus qui est plus étroite. Le tubercule postérieur jouxtant le condyle

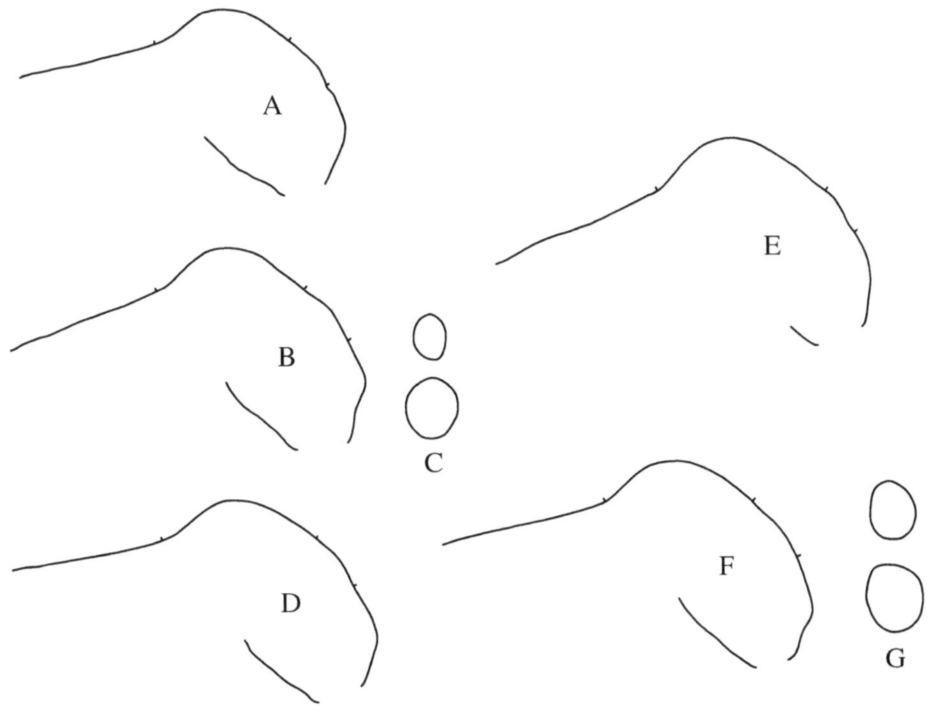

Figure 2.26. *Capra ibex* Linné. Crânes, femelles, sections sagittales du nasal à la partie basilaire de l'occipital. **C** et **G** : chevilles osseuses gauches, section à la base (bas) et au milieu (haut) ; face rostrale vers le haut. Réduction : 1/4. Relevés et dessins de l'auteur ; mise au propre par M. Buisson-Catil. **A**, 4 ans (Institut de Paléontologie de Vienne). **B**, 6 ans (Musée d'Histoire naturelle de Grenoble). **C**, même individu, cheville osseuse gauche. **D**, n°1951, 8 ans (Musée d'Histoire naturelle de Grenoble, collection M. Couturier). **E**, 8 ans (Musée d'Histoire naturelle de Grenoble). **F**, 10 ans (Musée d'Histoire naturelle de Grenoble, collection M. Couturier). **G**, même individu, cheville osseuse gauche.

Figure 2.27. *Capra ibex* Linné. Crânes, femelles, sections sagittales du nasal à la partie basilaire de l'occipital. Réduction : 1/4. Relevés et dessins de l'auteur ; mise au propre par M. Buisson-Catil. **A**, 11 ans (Musée d'Histoire naturelle de Grenoble, collection M. Couturier). **B**, 15 ans (Institut de Paléontologie de Vienne). **C**, 19 ans (Musée d'Histoire naturelle de Grenoble, collection M. Couturier). **D**, Musée d'Histoire naturelle de Toulouse. **E**, même exemplaire, cheville osseuse, section à la base (bas) et au milieu (haut). **F**, n° 2816 (Musée d'Histoire naturelle de Vienne).

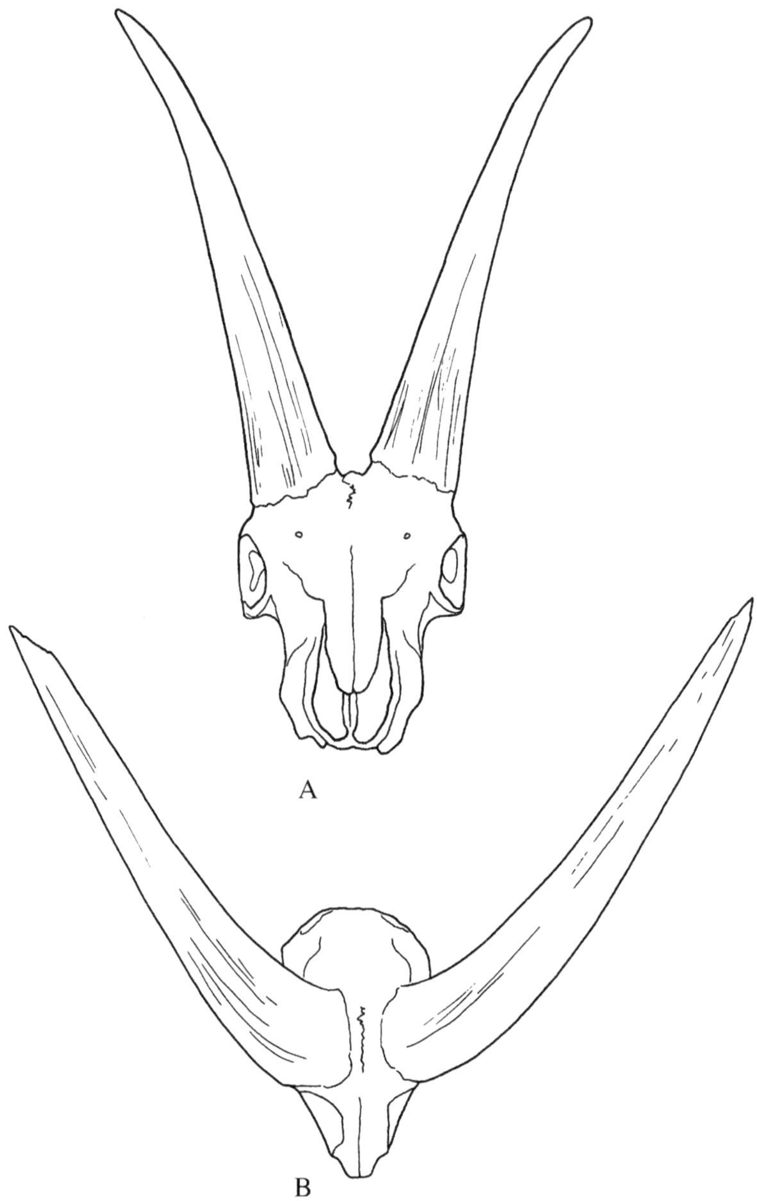

Figure 2.28. *Capra sibirica* (Pallas). Dessins de M. Buisson-Catil d'après les photographies de l'auteur. **A** : *norma frontalis*, **B** : *norma verticalis*. Crâne du mâle type, n° 2286. Musée d'Histoire naturelle de Vienne.

médial de l'articulation proximale du tibia du markhor est très développé et en position plus caudale que chez les autres bouquetins. Le bord caudal du condyle latéral forme une pointe que l'on retrouve aussi chez la chèvre égagre. Les facettes proximales du canon antérieur de *C. falconeri* sont plus étendues vers la face palmaire que chez les autres bouquetins et que chez la chèvre égagre : leur section est donc plus quadrangulaire. Pour le canon postérieur, la facette proximale répondant au grand cunéiforme est aussi beaucoup plus quadrangulaire. Pour les carpiens, la saillie proximo-interne du scaphoïde de *C. falconeri* est en position plus dorsale. La surface articulaire proximale de l'onciforme possède des crêtes bien dégagées qui bordent des surfaces bien concaves, ce qui est aussi le cas chez *C. aegagrus*. Chez ces deux mêmes espèces, ce carpien présente une facette supplémentaire à la base du bourrelet palmaire de la facette proximo-interne qui fait défaut chez les autres bouquetins. Par ailleurs, le bord interne et le bord latéral du capitato-trapézoïde sont moins anguleux chez ces deux taxons. Le talus présente une fossette synoviale latérale très importante ; en vue latérale on observe une fosse arrondie à la base de la trochlée proximale. Sur le cubonaviculaire, les facettes proximales recevant la poulie astragalienne sont fortement dissymétriques. La facette distale pour le grand cunéiforme est longue et étroite ce qui est aussi le cas chez l'égagre. Enfin, les premières phalanges postérieures ont un tubercule proximo-plantaire différencié en lame, un peu comme chez *H. bonali* (Crégut-Bonnoure 1995). Il convient cependant de rappeler que ces observations ont été effectuées sur un effectif restreint de spécimens.

k. Résumé des données

La courbure du frontal des mâles est très variable d'une espèce à l'autre. Celui-ci est très convexe chez *C. caucasica* et *C. cylindricornis*. Il demeure élevé chez *C. ibex* et *C. sibirica* mais moins que dans le groupe précédent. Il est

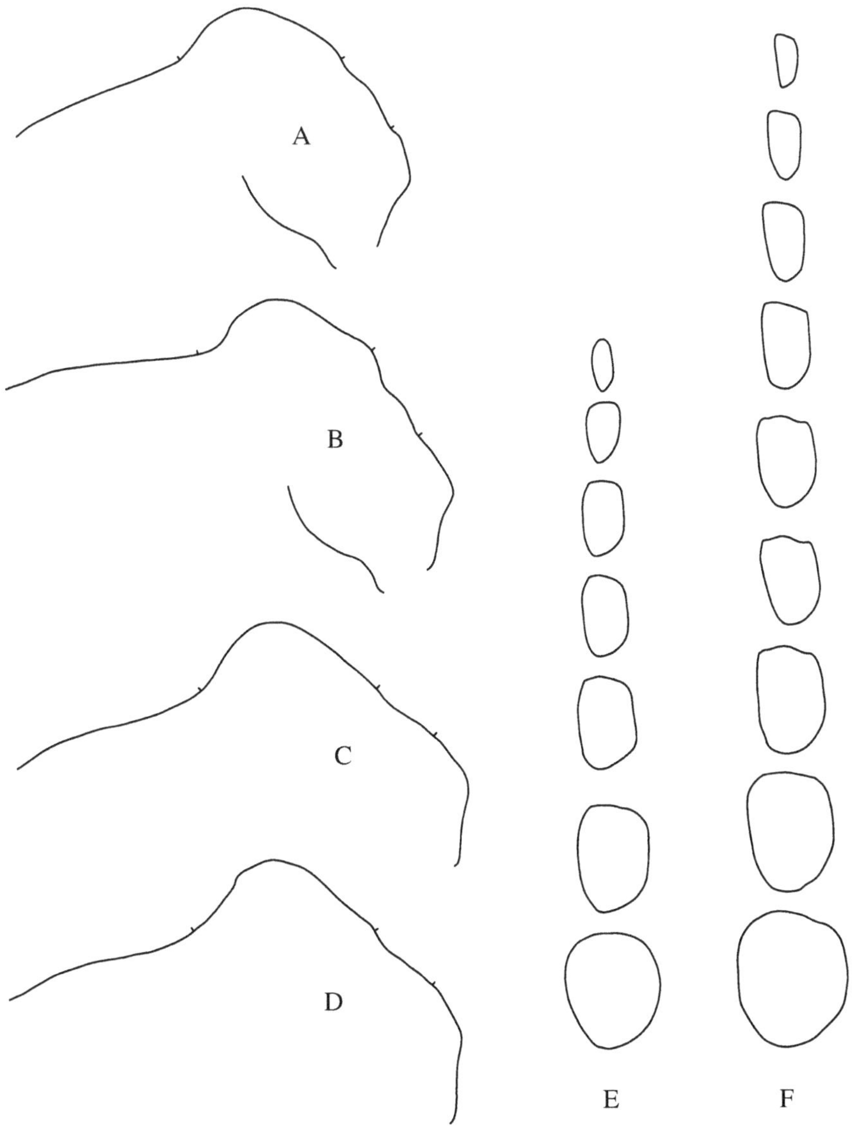

Figure 2.29. *Capra sibirica* (Pallas). Colonne de gauche : crânes, mâles, sections sagittales du nasal à la partie basilaire de l'occipital. Colonnes de droite : chevilles osseuses gauches, mâles, sections de 5 en 5 cm ; face rostrale vers le haut, base au bas des colonnes. Réduction : 1/4. Relevés et dessins de l'auteur ; mise au propre par M. Buisson-Catil. **A** et **E**, n° 764-55 (Tian-Shan, Musée d'Histoire naturelle de Genève). **B** et **F**, n° 764-54 (Tian Shan, Musée d'Histoire naturelle de Genève). **C**, n° 863-41 (Cachemire, Musée d'Histoire naturelle de Genève). **D**, n° 863-40 (Musée d'Histoire naturelle de Genève).

encore plus bas chez *C. nubiana*. C'est toutefois chez *C. pyrenaica* que le profil est le plus écrasé, surtout dans la population de Cazorla. L'enfoncement glabellaire, la forme du nasal, l'emplacement des foramens palatins ainsi que le nombre des foramens supra-orbitaires sont des paramètres variables entre espèces et, pour *C. pyrenaica*, entre populations (Tableau 2.95).

Les chevilles osseuses des mâles sont toujours longues, ce qui est à corréler avec le mode d'affrontement des mâles (Gentry 1992). Trois entités morphologiques se dessinent en fonction de leur section et direction mais aussi d'après certains autres caractères crâniens.

Premier groupe

C. ibex, *C. sibirica*, *C. nubiana* et *C. walie* ont en commun des chevilles élancées, de divergence latérale modérée (respectivement et en moyenne : 61,3° ; 52,8° ; 41° ; 43,5°; Tableau 2.1), de section plus ou moins triangulaire, et un petit *foramen ovale*, orifice par lequel passe le nerf mandibulaire.

Certains mâles de Sibérie partagent avec le bouquetin d'Abyssinie une visière frontale et une protubérance occipitale saillante, et avec le bouquetin de Nubie des arêtes sur les bords rostraux des chevilles. Les cornes se ressemblent du fait d'un grand rayon de courbure et du nombre important des nodosités de la face rostrale. Les différences morphologiques entre *C. walie* et *C. nubiana* sont minimes. Une filiation entre *C. sibirica*, *C. nubiana* et *C. walie* est donc envisageable. Ces trois unités taxonomiques se distinguent du bouquetin des Alpes par la gracilité de leurs chevilles et l'absence de gouttière en avant du foramen infra-orbitaire.

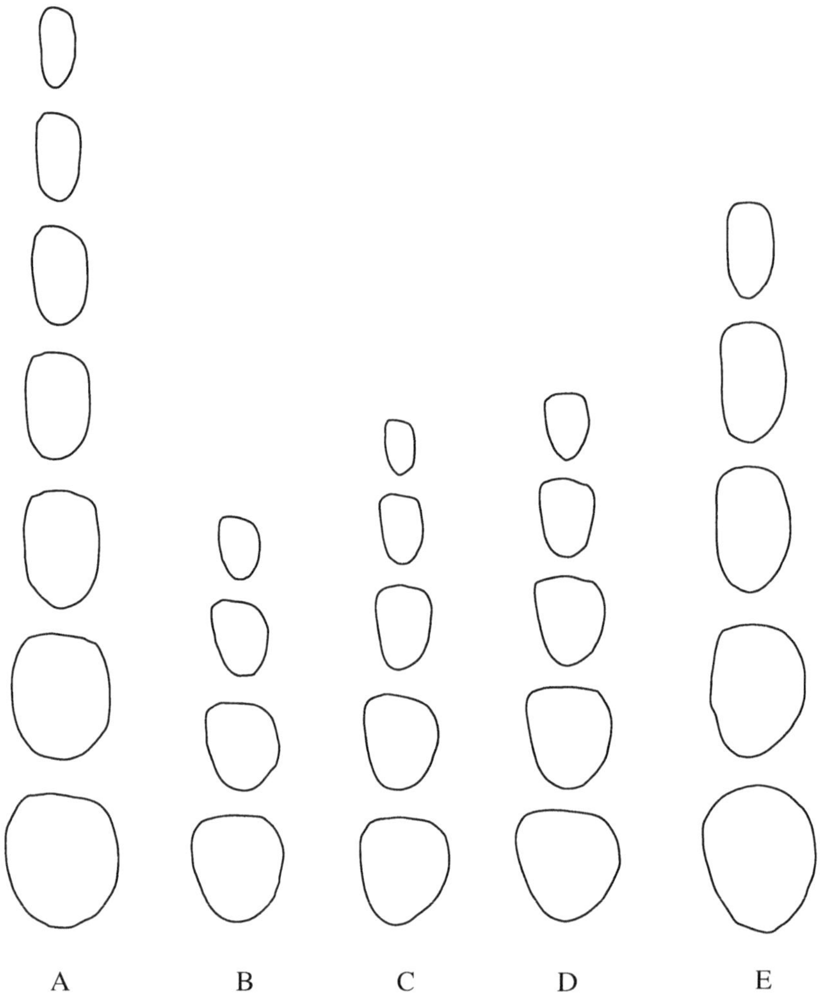

Figure 2.30. *Capra sibirica* (Pallas). Chevilles osseuses gauches, mâles, sections de 5 en 5 cm ; face rostrale vers le haut, base au bas des colonnes. Réduction : 1/4. Relevés et dessins de l'auteur ; mise au propre par M. Buisson-Catil. **A**, n° 2286 (type : Tian Shan ; Musée d'Histoire naturelle de Vienne). **B**, n° 2868 (Musée d'Histoire naturelle de Bâle). **C**, n° 5108 (Musée d'Histoire naturelle de Bâle). **D**, n° 5107 (Musée d'Histoire naturelle de Bâle). **E**, n° 44241 (Pin Valley ; Musée d'Histoire naturelle de Vienne).

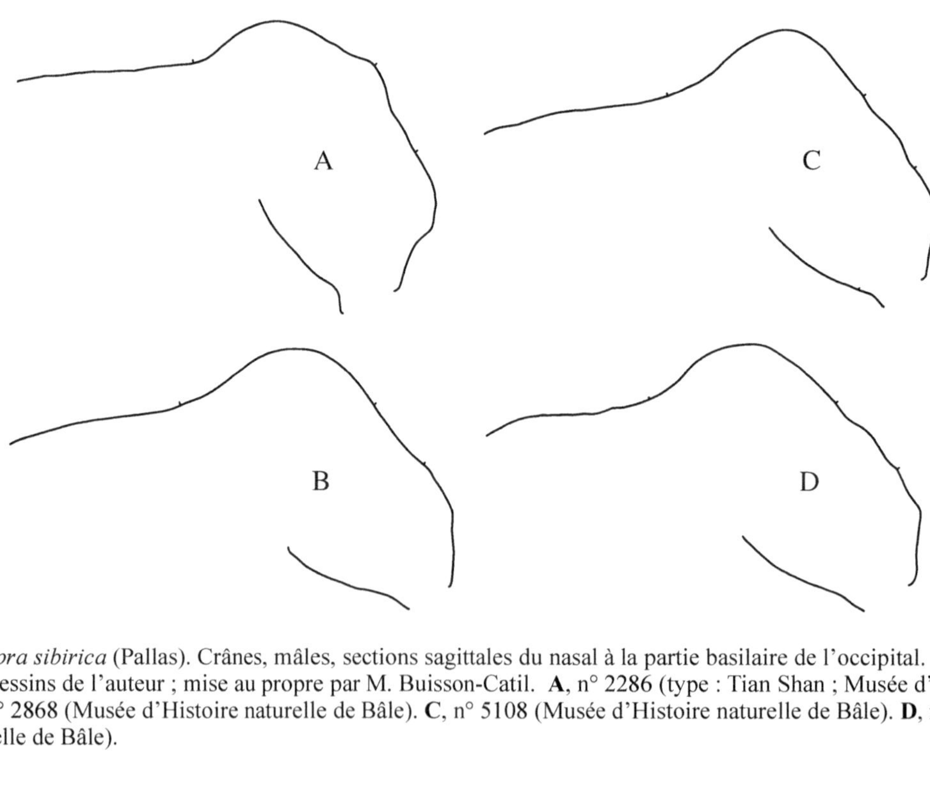

Figure 2.31. *Capra sibirica* (Pallas). Crânes, mâles, sections sagittales du nasal à la partie basilaire de l'occipital. Réduction : 1/4. Relevés et dessins de l'auteur ; mise au propre par M. Buisson-Catil. **A**, n° 2286 (type : Tian Shan ; Musée d'Histoire naturelle de Vienne). **B**, n° 2868 (Musée d'Histoire naturelle de Bâle). **C**, n° 5108 (Musée d'Histoire naturelle de Bâle). **D**, n° 5107 (Musée d'Histoire naturelle de Bâle).

Figure 2.32. *Capra sibirica* (Pallas). A, B, crânes, femelles, sections sagittales du nasal à la partie basilaire de l'occipital ; C, cheville osseuse gauche, section à la base (bas) et au milieu (haut). Réduction : 1/4. Relevés et dessins de l'auteur ; mise au propre par M. Buisson-Catil. **A**, n° 1974-116 (Laboratoire d'Anatomie comparée, Muséum national d'Histoire naturelle de Paris). **B** et **C**, n° 912-96 (Musée d'Histoire naturelle de Genève).

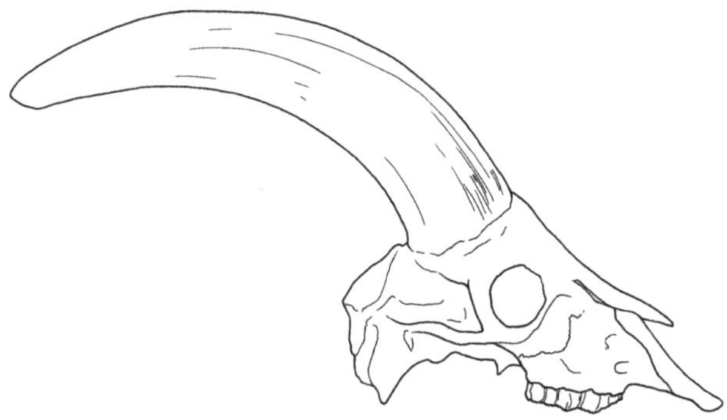

Figure 2.33. *Capra caucasica* Güldenstädt et Pallas. Dessin de M. Buisson-Catil d'après la photographie de l'auteur. *Norma lateralis*, crâne d'un mâle du Caucase central, n° 26751 (Institut Zoologique de Saint-Pétersbourg).

Second groupe

C. caucasica, C. cylindricornis et *C. pyrenaica* (toutes populations confondues) forment un groupe à part du fait de l'arrondissement des chevilles, de leur obliquité par rapport au plan frontal et de la grande taille de leur *foramen ovale*. Les bouquetins du Caucase et la population des Pyrénées ont aussi en commun une suture maxillo-palatine en « V » et une fontanelle naso-lacrymale plutôt petite. L'importante divergence des chevilles de *C. cylindricornis* (89,22° en moyenne) ainsi que la morphologie crânienne qui en découle (frontal de type «pain de sucre», brièveté de l'arrière crâne, notamment du pariétal) distinguent ce taxon de *C. caucasica*.

Un certain nombre d'analogies entre *C. caucasica* et *C. pyrenaica* est mis en évidence ce qui va dans le sens d'une parenté : l'ornementation des cornes est identique (Couturier 1962), le pelage comparable aux formes orientales (étant plus sombre chez *C. ibex* ; Couturier 1962 ; Fandos 1991 ; Guthrie 2000).

C. pyrenaica est l'espèce la plus variable. Force est de constater qu'à chaque massif montagneux correspond un morphotype distinct, ce qui dénote une importante dérive génétique induite par la création d'isolats géographiques ce qui a déjà été souligné par J.-P. Crampe (1991). Le polymorphisme affecte la forme des chevilles (qui gardent toutefois la même base morphologique) et du nasal. Il concerne aussi l'épaississement de l'aile métastylaire de

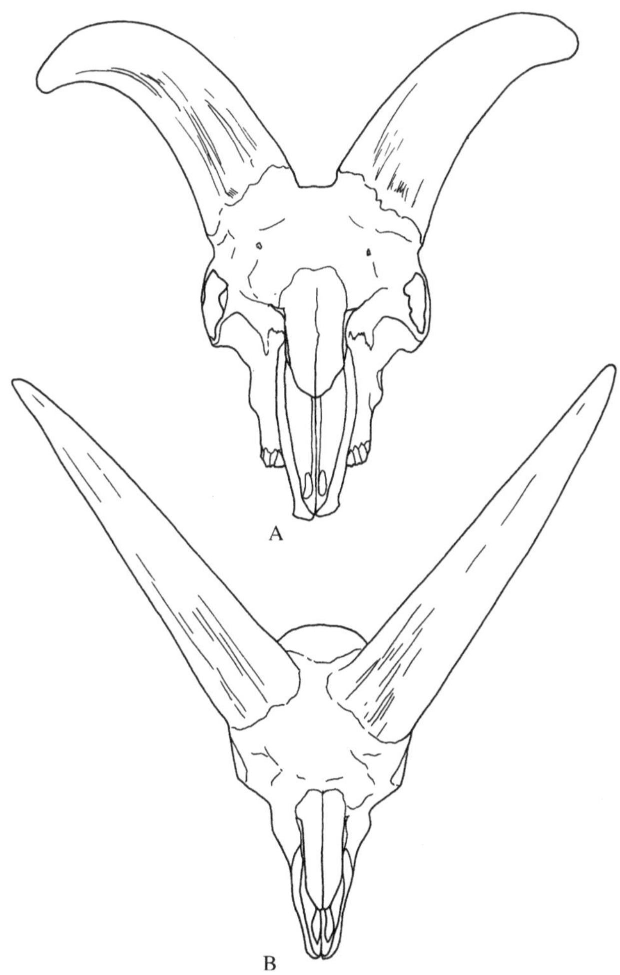

Figure 2.34. *Capra caucasica* Güldenstädt et Pallas. Dessins de M. Buisson-Catil d'après les photographies de l'auteur. **A** : *norma frontalis*. **B** : *norma verticalis*. Crâne d'un mâle, n° 26751 (Institut zoologique de Saint-Pétersbourg).

la M3, et la p2 qui peut subir une réduction de taille voire même disparaître (oligodontie). La dp2 peut aussi persister à l'état adulte. Quoiqu'il en soit les résultats invalident définitivement la classification d'A. Cabrera.

Troisième groupe

C. falconeri et *C. aegagrus* forment un groupe à part du fait de l'aplatissement latéral de leurs chevilles, de la présence de véritables carènes, de la grande ouverture de la fontanelle naso-lacrymale et de l'allure de la

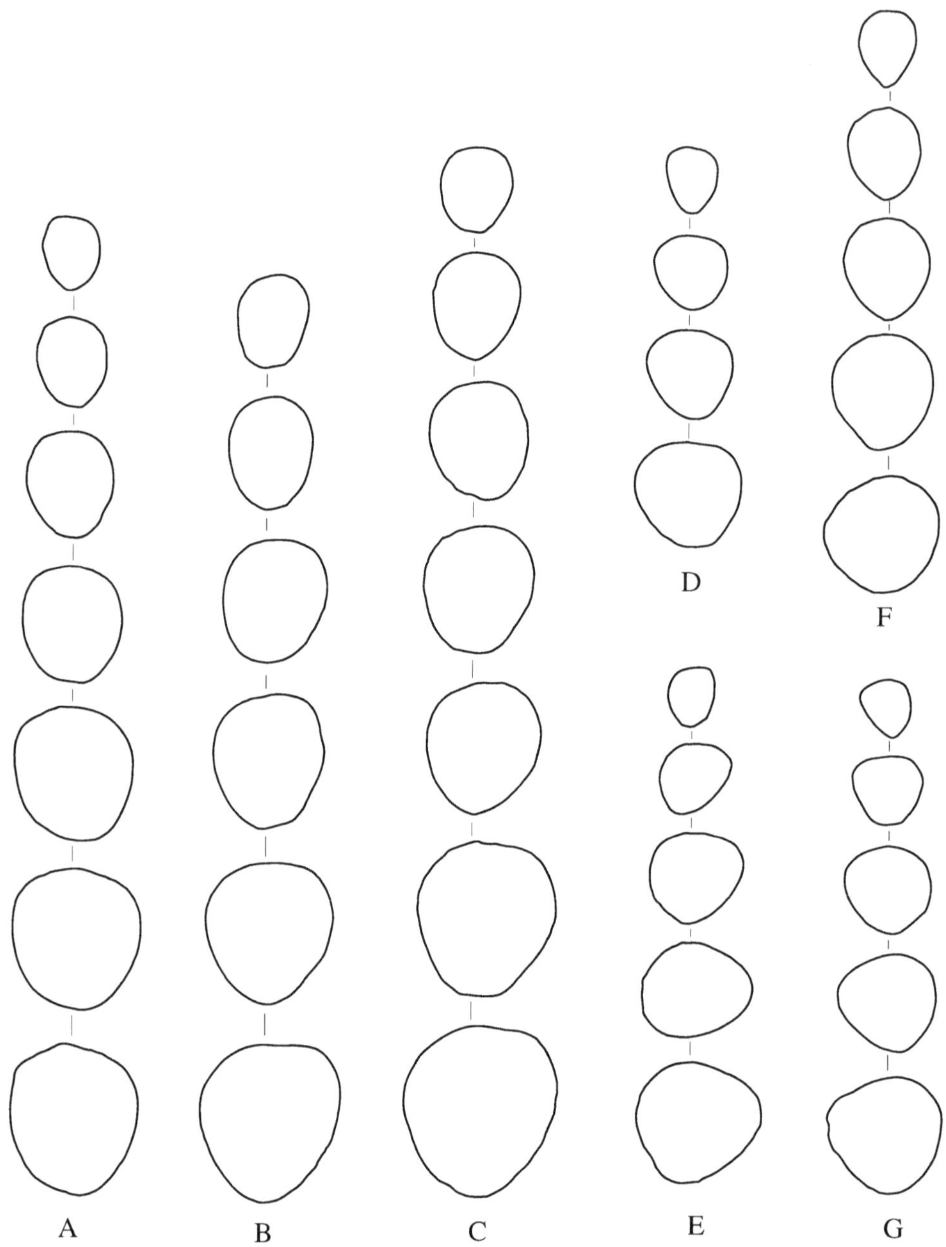

Figure 2.35. *Capra caucasica* Güldenstädt et Pallas. Chevilles osseuses gauches (sauf E et F), mâles, sections de 5 en 5 cm ; face rostrale vers le haut, base au bas des colonnes. Réduction : 1/4. Relevés et dessins de l'auteur ; mise au propre par M. Buisson-Catil. **A**, n° 6 972 (district de Majkop, Russie, 10 ans). **B**, n° 26 731 (monts Kinoexpeditziya, 12 ans). **C**, n° 12 325 (district de la rivière Kuban, Russie, 15-16 ans. **D**, n° 12 307 (monts Kinjhal, 4 ans). **E**, n° 12 305 (district de la rivière Kuban, Russie, 6 ans). **F**, n° 12 302 (monts Alibec, 6 ans). **G**, n° 12 308 (district de la rivière Kuban, Russie, 6 ans). Institut zoologique de Saint-Pétersbourg.

suture maxillo-palatine qui est en « V ». Par ailleurs, la morphologie du squelette post-crânien de *C. falconeri* le distingue des autres *Capra* à l'exception de *C. aegagrus*. Une filiation entre ces deux taxons est donc envisageable.

B. Genre Hemitragus Hodgson, 1841

La face est allongée et étroite. Aucune fosse larmière n'est visible. Les chevilles osseuses, beaucoup plus courtes que celles de *Capra*, sont implantées verticalement bien en arrière des orbites ; elles s'incurvent vers l'arrière et très légèrement vers le bas. Le plan supérieur des orbites se trouve sous le plan du frontal. Le tubercule facial est très proéminent. Le bord rostral des choanes, étroit et en "V", se situe en arrière de celui des fosses ptérygo-palatines. Les foramens palatins s'ouvrent sur la suture maxillo-palatine. La fusion du vomer et du palatin est rostrale.

La P2 possède trois racines. Les molaires supérieures n'ont pas de colonnette interlobaire ni d'épaississement cingulaire. Les surfaces interstylaires sont plus concaves que chez *Capra* et par conséquent les styles sont plus saillants. La p4 est molarisée. Un pli caprin se note aux molaires inférieures.

La morphologie comparée des trois espèces est résumée dans le Tableau 2.96.

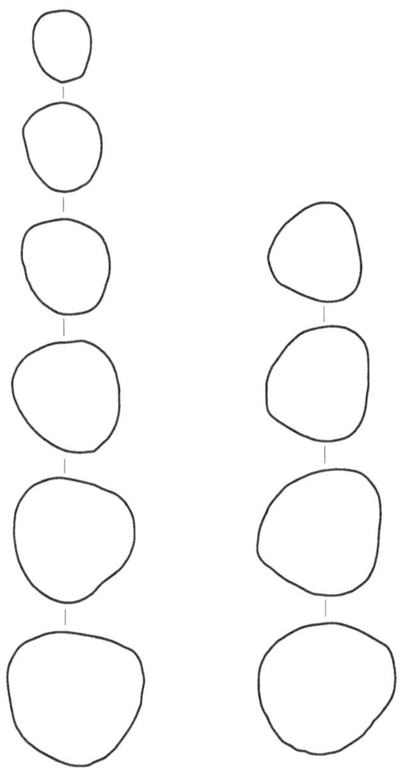

A B

Figure 2.36. *Capra caucasica* Güldenstädt et Pallas. Chevilles osseuses (A, droite, B, gauche), mâles, sections de 5 en 5 cm ; face rostrale vers le haut, base au bas des colonnes. Réduction : 1/4. Relevés et dessins de l'auteur ; mise au propre par M. Buisson-Catil. **A**, n° 12 304 (Mont Alibec, 8 ans). **B**, n° 6 966 (Kabarda, Russie). Institut zoologique de Saint-Pétersbourg.

a. Morphologie crânienne et dentaire d'*Hemitragus jemlahicus* (H. Smith, 1826)

Les orbites sont peu saillantes latéralement et le bord orbitaire du lacrymal se trouve à peu près dans l'axe de la face ventrale des chevilles. Le frontal est transversalement convexe mais de profil longitudinal plan (Figure 2.72 : A à D). Le rétrécissement post-orbitaire est modéré et le frontal est à ce niveau régulièrement divergent vers l'extérieur. Il est pincé à sa base. Le frontal se coude brutalement vers le bas en avant des chevilles et le pariétal, à surface plane, prolonge sa partie caudale. Il n'y a pas de fontanelle fronto-maxillaire. Les chevilles osseuses sont divergentes vers l'extérieur et se rétrécissent régulièrement vers l'apex qui se termine en pointe. Leur section est elliptique, à face rostrale étroite. La face ventrale est plus fortement convexe que la dorsale (Figure 2.72 : E et F). Chez les mâles âgés, la pointe des chevilles s'incurve vers le plan sagittal.

Le foramen infra-orbitaire est double, l'orifice supérieur étant plus gros que l'inférieur. Le nasal est échancré latéralement. La suture maxillo-palatine est en "V" à pointe rostrale aiguë et située au niveau du dernier lobe de M1. La partie basilaire de l'occipital est allongée et de contour à peu près rectangulaire, l'écartement des tubercules rostraux étant légèrement plus faible que celui des caudaux.

La mandibule dispose de deux foramens mentonniers, un gros à proximité de la zone incisivale, un très petit sous p2.

La femelle (n=17) diffère du mâle (n=24) par des dimensions plus faibles, un neurocrâne moins vertical (donc plus saillant en *norma lateralis*) et un pariétal latéralement plus convexe.

La dilatation du paracône des prémolaires supérieures est modérée. Les molaires supérieures ont une médifossette. Le métastyle de la M3 est vertical, épais en vue occlusale et le deuxième lobe est caréné à l'arrière ; la surface de ce dernier est convexe dans sa moitié antérieure puis plane et légèrement oblique vers l'extérieur. Le métaconide de la p3 est dilaté, parfois seulement à l'extrémité supérieure de la couronne, parfois jusqu'à la base, la dilatation étant alors importante.

b. Morphologie crânienne et dentaire d'*Hemitragus hylocrius* (Ogilby, 1838)

Parmi les spécimens examinés (n=21) figure le type conservé au Muséum d'Histoire naturelle de Londres (BM (NH) n° 42-2-24-1). L'espèce ressemble à la précédente sauf pour les points suivants : le profil longitudinal du frontal est concave jusqu'à son point d'inflexion, l'arrière crâne est allongé (Figure 2.73), le nasal est en pointe, les chevilles osseuses sont parallèles et leur base dessine un "U" ; leur section est en demi-cercle à face dorsale plane (Figure 2.74). La suture maxillo-palatine est en "V" largement ouvert, à pointe rostrale située au niveau du dernier lobe de M2. La partie basilaire de l'occipital est allongée mais à la différence d'*H. jemlahicus* l'écartement des tubercules rostraux est plus important que celui des tubercules caudaux.

La mandibule n'a qu'un seul foramen mentonnier, de grande taille, qui est en position très antérieure.

Aucun crâne de femelle n'a été examiné.

Le paracône de la P3 et de la P4 est fortement dilaté, celui de P2 l'étant beaucoup moins, et la face linguale présente vers l'arrière un sillon longitudinal. Le pli du paracône des molaires supérieures est plus dilaté que celui d'*H. jemlahicus*. Il existe une médifossette sur ces mêmes dents. La M3 n'a pas d'aile métastylaire. Le paraconide de la p3 est fort et perpendiculaire à l'axe antéro-postérieur de la dent. Le métaconide peut être dilaté à l'extrémité supérieure de la couronne. Sur les dents usées, il est absent et la face linguale est oblique vers le milieu et l'extérieur. Le métaconide de la p4 est large et bien dilaté, plus que chez le tahr de l'Himalaya.

c. Morphologie crânienne d'*Hemitragus jayakari* Thomas, 1894

Seulement cinq spécimens ont pu être étudiés, conservés au Muséum d'Histoire naturelle de Londres, parmi lesquels

Figure 2.37. *Capra caucasica* Güldenstädt et Pallas. Crânes, mâles, sections sagittales du nasal à la partie basilaire de l'occipital. Réduction : 1/4. Relevés et dessins de l'auteur ; mise au propre par M. Buisson-Catil. **A**, n° 6 972 (district de Majkop, Russie, 10 ans). **B**, n° 26 731 (monts Kinoexpeditziya, 12 ans). **C**, n° 12 325 (district de la rivière Kuban, Russie, 15-16 ans). **D**, n° 12 307 (monts Kinghal, Kabarda, Russie, 4 ans). **E**, n° 12 305 (district de la rivière Kuban, Russie, 6 ans). **F**, n° 12 308 (district de la rivière Kuban, Russie, 6 ans). **G**, n° 12 302 (monts Alibec, 6 ans). Institut zoologique de Saint-Pétersbourg.

le type (BM (NH) n ° 94-3-9-11). Les chevilles osseuses, très rapprochées à leur base, divergent fortement vers l'extérieur. Elles sont aplaties dorso-ventralement et leur face rostrale dispose d'une carène : leur section dessine une ellipse étroite (Figure 2.75 : C et H). Le frontal est légèrement convexe de part et d'autre de la suture sagittale du frontal, puis se creuse au niveau des foramens supra-orbitaires. Il est très fortement rétréci en arrière des orbites qui sont saillantes (Figure 2.75 : B, E, G). Il est convexe près de la base des chevilles (Figure 2.75 : Bd, Ed, Gd), dessinant un "V" à pointe rostrale, un peu comme chez *C. aegagrus* et *C. hircus*. En *norma lateralis*, il est très convexe chez le mâle (Figure II.75 : A et F), modérément chez la femelle (Figure 2.75 : D).

Le nasal est échancré latéralement. Le lacrymal est large et il existe une fontanelle fronto-maxillaire. Le pariétal est convexe transversalement. La suture maxillo-palatine est rectiligne et dans l'axe du bord antérieur de M3. Le tube auditif est en forte saillie.

La mandibule possède deux foramens comme chez *H. jemlahicus*.

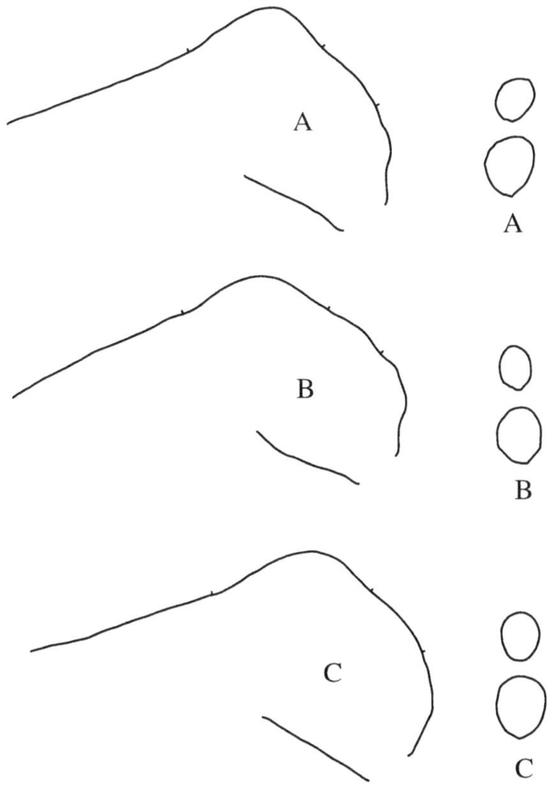

Figure 2.38. *Capra caucasica* Güldenstädt et Pallas. Colonne de gauche, crânes, femelles, sections sagittales du nasal à la partie basilaire de l'occipital. Colonne de droite, chevilles osseuses gauches, femelles, sections à la base (bas) et au milieu (haut). Réduction : 1/4,5. Relevés et dessins de l'auteur ; mise au propre par M. Buisson-Catil. **A**, n° 12 337 (district Karachai, 5 ans). **B**, n° 12 351 (monts Abago, 5 ans). **C**, n° 12 889 (rivière Malka, Kabardino-Balkrskaja Republik, Russie, 7 ans). Institut zoologique de Saint-Pétersbourg.

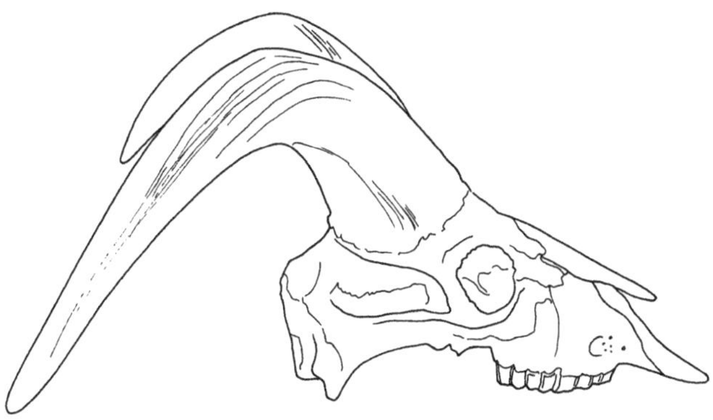

Figure 2.39. *Capra cylindricornis* Blyth. Dessin de M. Buisson-Catil d'après la photographie de l'auteur. *Norma lateralis*, crâne d'un mâle, n° 26959 (Institut Zoologique de Saint-Pétersbourg).

Le crâne des femelles (n=2) est identique à celui du mâle (n=3), à l'exception du frontal moins convexe sagittalement. Il est aussi plus petit.

D'après le spécimen mâle BM (NH) n° 48-42-1, aux dents peu usées, on constate qu'il n'y a pas de médifossette aux molaires supérieures. La dilatation du paracône est modérée, assez semblable à celle d'*H. jemlahicus*.

d. Morphologie du squelette post-crânien

Je n'ai pu examiner que quelques os longs et tarsiens d'un unique *H. hylocrius*. Je n'ai relevé aucune différence marquante par rapport à *H. jemlahicus*. Aucun squelette d'*H. jayakari* n'a pu être étudié.

Le squelette d'*Hemitragus* ressemble beaucoup à celui de *Capra* mais des différences morphologiques sont décelables (Tableau 2.97) :

- À la scapula, la fosse supra-épineuse ne s'élargit que dans le tiers dorsal ; chez *Capra*, l'élargissement débute dans le tiers ventral ;
- L'humérus d'*Hemitragus* présente un tubercule majeur plus élevé que celui de *Capra* ; le bord médial est aussi plus concave. À l'articulation distale, le contour de l'épicondyle latéral est aigu, pas chez le bouquetin ;
- À l'ulna, la tubérosité de l'olécrâne est palmairement en pointe ; chez *Capra* la saillie est faible et le contour de la tubérosité est grossièrement carré ;
- La diaphyse du radius d'*Hemitragus* est plus ou moins rectiligne alors qu'elle est sinueuse chez le bouquetin. La tubérosité du ligament latéral de l'articulation huméro-radiale est positionnée bas ; chez le bouquetin, elle se situe sous l'articulation. À la différence de *Capra*, l'incisure proximo-dorsale, entre le processus coronoïde et la pointe du capitulum, est large et profonde. La surface pour le capitulum est très étendue dorso-palmairement, l'étant beaucoup moins chez le bouquetin ;
- Le scaphoïde du tahr présente une face palmaire à contour proximal plus aigu que chez le bouquetin, et une articulation distale à bord latéral moins coudé ;
- La crête dorsale de l'articulation proximale du semi-lunaire est tantôt perpendiculaire à l'axe dorso-palmaire, tantôt elle converge vers le centre de l'os, dans ce dernier cas comme chez *Capra* ; toutefois la convergence est plus faible chez le tahr ; le creusement dorso-latéral de la surface articulaire proximale est modéré, étant plus accentué chez *Capra* ; à la différence de ce dernier, l'incisure proximo-médiale est pratiquement absente ;
- La surface articulaire dorsale du pyramidal est très concave ainsi que l'articulation distale ; elles le sont très peu chez le bouquetin ;
- Le bord palmaire du pisiforme est en "virgule" ; celui du bouquetin est anguleux. L'articulation pour le pyramidal est anguleuse, étant plus plane chez le bouquetin ;
- Le bord latéral et la crête proximale du capitato-trapézoïde sont légèrement anguleux ainsi que le bord médial antagoniste de l'onciforme ; chez *Capra* l'angulosité est plus accentuée. La surface articulaire proximo-dorsale est plus creusée que celle du bouquetin ;
- L'onciforme présente des reliefs et des concavités plus marqués que ceux du bouquetin ;
- Les bords de la diaphyse des métapodes sont rectilignes ; ils sont légèrement concaves chez le bouquetin dont la diaphyse a une allure « en sablier » mais en moins marquée que chez *Ovibos*. L'incisure inter-condylaire

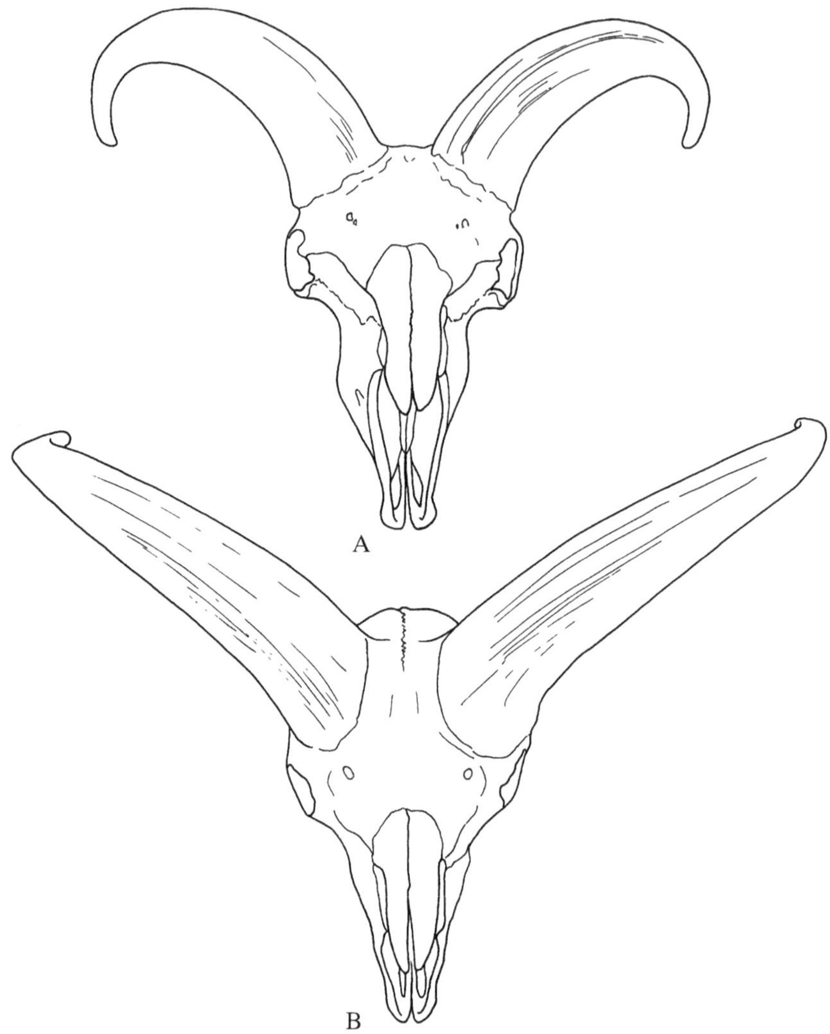

Figure 2.40. *Capra cylindricornis* Blyth. Dessin de M. Buisson-Catil d'après les photographies de l'auteur. **A** : *norma frontalis.* **B** : *norma verticalis*, crâne d'un mâle, n° 26959 (Institut Zoologique de Saint-Pétersbourg).

est plus ouverte vers le haut (forme ogivale) que chez *Capra* ;

- Au canon antérieur, le bord dorsal de la facette pour l'onciforme a un contour curviligne, celui de la facette pour le capitato-trapézoïde est trapézoïdal ; c'est l'inverse chez *Capra.* Les tubercules palmaires sous l'articulation proximale sont plus largement séparés l'un de l'autre que chez *Capra* où s'observe un sillon longitudinal. Il existe un sillon dorsal au niveau du foramen nourricier, pas chez le bouquetin. Les quilles guides de la face palmaire sont parallèles tandis qu'elles sont divergentes chez le bouquetin ;
- Au canon postérieur, le bord dorsal de l'articulation proximale est large, étant plus étroit chez le bouquetin. La facette pour le petit cunéiforme est en position plutôt externe et le contour de la facette dorsale pour le cubonaviculaire est quadrangulaire. Chez *Capra*, la première de ces facettes est en position plutôt interne et la seconde a un contour triangulaire. Les bords du sillon dorsal, situé au niveau du foramen nourricier, sont peu marqués ; chez *Capra*, ils forment une crête. Les quilles guides de la face dorsale sont parallèles alors qu'elles sont divergentes chez le bouquetin ;
- La diaphyse du tibia est moins sinueuse que celle du bouquetin. La crête tibiale est plus courte et plus épaisse. À l'articulation proximale, les bords du sillon pour l'extenseur (ou coulisse tibiale) forment un angle plutôt aigu ; il est droit chez *Capra ;*
- À la différence du bouquetin, les lèvres de la trochlée proximale du talus sont décalées et il n'y a pas de tubercule médian. Le bord médial de la trochlée pour le calcaneus est en position plus externe. La fossette synoviale qui se situe sous le décrochement où se loge la petite facette plantaire du cubonaviculaire est beaucoup plus grande que chez le bouquetin ainsi que la fossette synoviale latérale. En vue médiale, la base de la lèvre trochléenne présente une rupture de sa convexité moins accusée que chez *Capra* ; par ailleurs, la surface articulaire en bordure du centre de l'os est en relief ce qui n'est pas le cas chez le bouquetin ;
- La trochlée fibulaire du calcaneus est plus étroite que celle du bouquetin ;
- Au cubonaviculaire, la fossette synoviale située au centre de l'os, à la jonction du cuboïde et du naviculaire, est toujours visible alors qu'elle peut être absente chez le bouquetin. La fossette synoviale

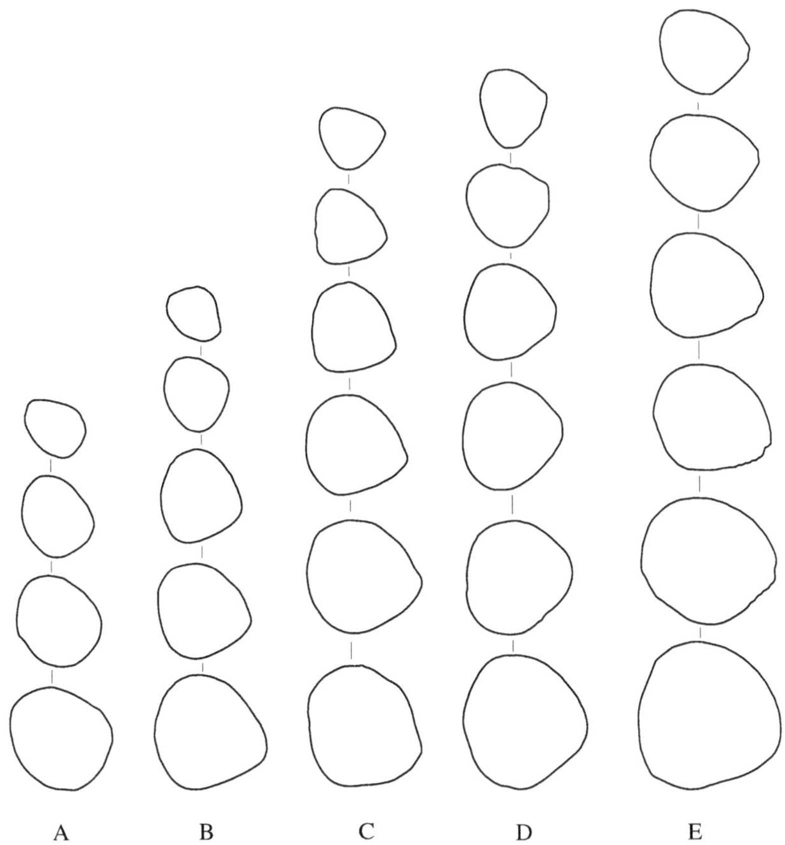

Figure 2.41. *Capra cylindricornis* Blyth. Chevilles osseuses gauches, mâles, sections de 5 en 5 cm ; face rostrale vers le haut, base au bas des colonnes. Réduction : 1/5. Relevés et dessins de l'auteur ; mise au propre par M. Buisson-Catil. **A**, n° 12 297 (Azerbaïdjan, 5 ans). **B**, n° 956 (Transcaucasie, 6-7 ans). **C**, n° 12 295 (Géorgie, 6 ans). **D**, n° 12 296 (monts Bibah, 9 ans). **E**, n° 2225 (monts Schatoï, 12 ans). Institut zoologique de Saint-Pétersbourg.

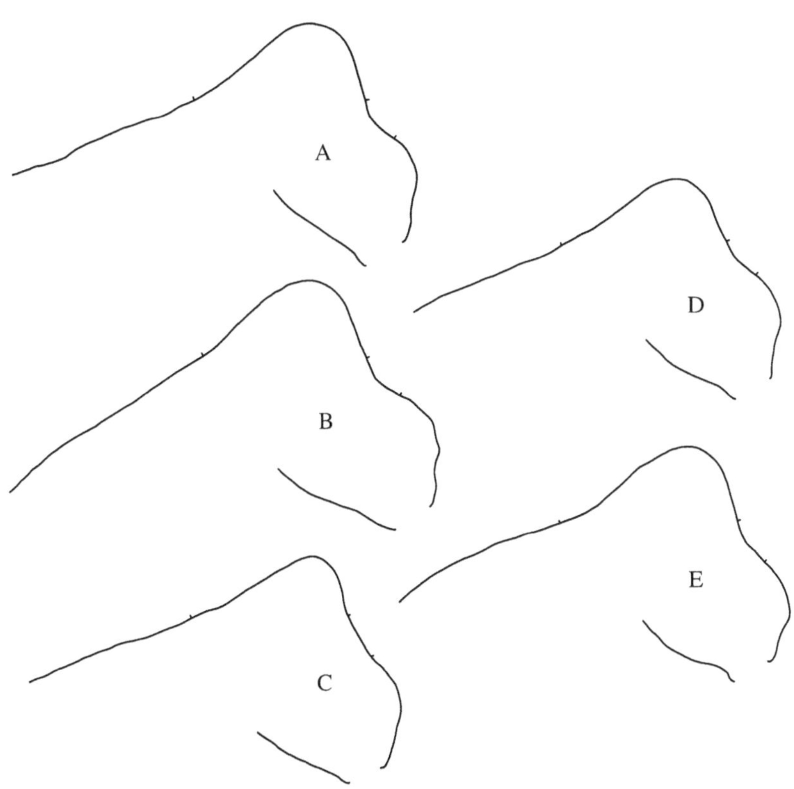

Figure 2.42. *Capra cylindricornis* Blyth. Crânes, mâles, sections sagittales du nasal à la partie basilaire de l'occipital. Réduction : 1/5. Relevés et dessins de l'auteur ; mise au propre par M. Buisson-Catil. **A**, n° 12 296 (monts Bibah, 9 ans). **B**, n° 2225 (mont Schatoï, 12 ans). **C**, n° 12 297 (Azerbaïdjan, 5 ans). **D**, n° 956 (Transcaucasie, 6-7 ans). **E**, n° 12 295 (Géorgie, 6 ans). Institut Zoologique de Saint-Pétersbourg.

située plantairement en bordure de la facette pour le calcaneus empiète largement sur cette dernière, ce qui n'est pas le cas chez le bouquetin. La facette plantaire répondant au décrochement de la base de la trochlée plantaire du talus est plus ou moins verticale ; elle est plus horizontale chez le bouquetin. En vue plantaire, le bord médial est beaucoup plus haut que chez un bouquetin ; on constate le débordement de la facette proximale pour le calcaneus, pas chez le bouquetin ; le bourrelet de la face plantaire est continu, alors qu'il est interrompu par un sillon vertical chez *Capra*. À la face distale, la facette articulaire pour le canon est de contour quadrangulaire ; elle est plus triangulaire chez le bouquetin ;

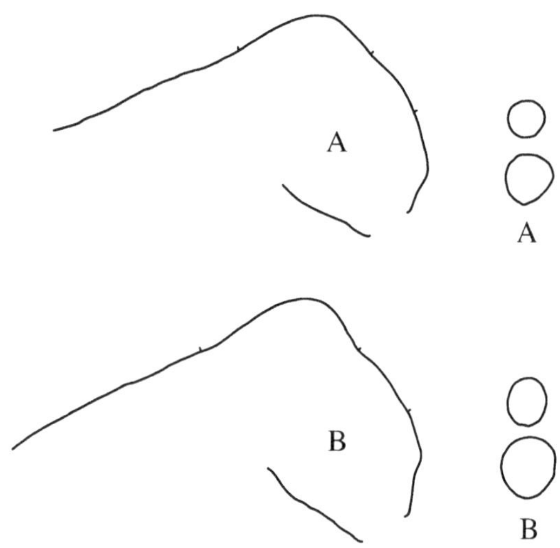

Figure 2.43. *Capra cylindricornis* Blyth. Colonne de gauche : crânes, femelles, sections sagittales du nasal à la partie basilaire de l'occipital. Colonne de droite : chevilles osseuses gauches, femelles, sections à la base (bas) et au milieu (haut) ; face rostrale vers le haut. Réduction : 1/4,5. Relevés et dessins de l'auteur ; mise au propre par M. Buisson-Catil. **A**, n° 12 343 (monts Kamelynk, 4 ans). **B**, n° 12 292 (Lagodechi, Géorgie, 5 ans). Institut Zoologique de Saint-Pétersbourg.

- Les facettes pour les sésamoïdes de la première phalange du tahr sont plus développées que celles du bouquetin et le tubercule palmo-plantaire axial est différencié en lame, pas chez le bouquetin ;
- La troisième phalange présente une sole plantaire plus épaisse que celle du bouquetin. Les bords de l'articulation sont rectilignes tandis qu'ils sont plus évasés chez le bouquetin.

e. Résumé des données

Les caractères crâniens d'*Hemitragus* sont clairement distincts de ceux de *Capra*. En revanche les ossements des membres ont une morphologie très proche, ce qui va dans le sens d'une origine commune.

H. jemlahicus, *H. hylocrius* et *H. jayakari* ont une morphologie crânienne, mandibulaire et dentaire distinctes. Le tahr d'Arabie est le plus différent.

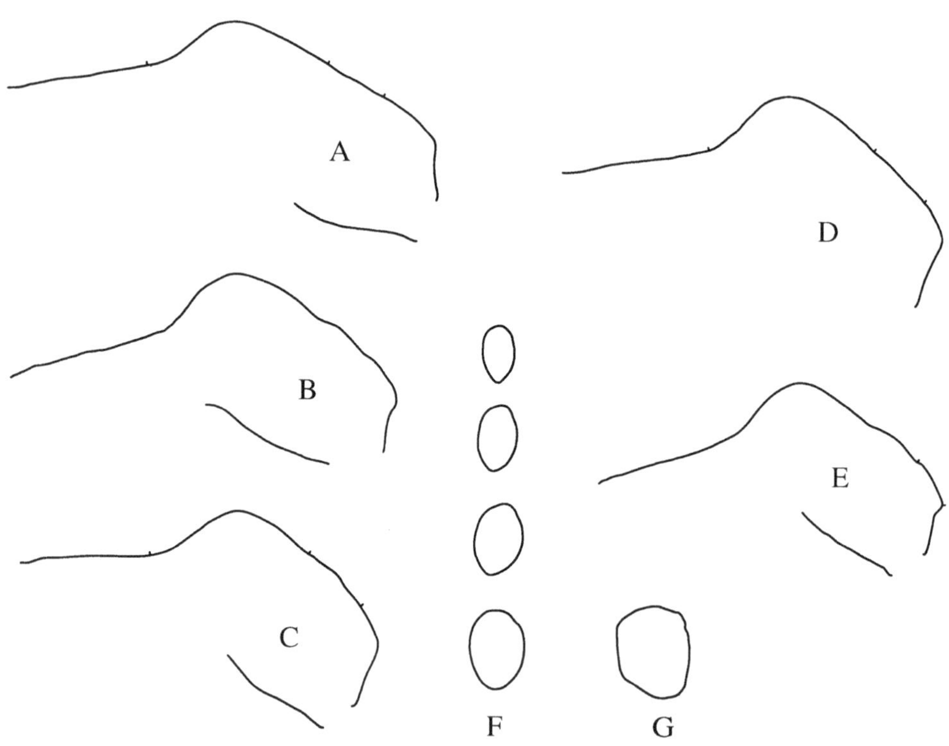

Figure 2.44. *Capra nubiana* Cuvier. **A** à **E**, crânes, mâles, sections sagittales du nasal à la partie basilaire de l'occipital. **F** et **G**, chevilles osseuses (**F**, gauche ; **G**, droite), mâles, sections de 5 en 5 cm ; face rostrale vers le haut, base au bas des colonnes. Réduction : 1/4. Relevés et dessins de l'auteur ; mise au propre par M. Buisson-Catil. **A** : n° 2915 (8 ans ; Musée d'Histoire naturelle de Bâle). **B** : n° 1972-IR 15 (Musée d'Histoire naturelle de Vienne). **C** : n° 606 (Musée d'Histoire naturelle de Vienne). **D** : n° 2274 (Suez ; Musée d'Histoire naturelle de Vienne). **E** : n° 2256-1 (Sinaï ; Institut de Paléontologie de Vienne). **F** : n° 2819 (jeune adulte ; Musée d'Histoire naturelle de Vienne). **G** : n° 1972-IR 15 (Musée d'Histoire naturelle de Vienne).

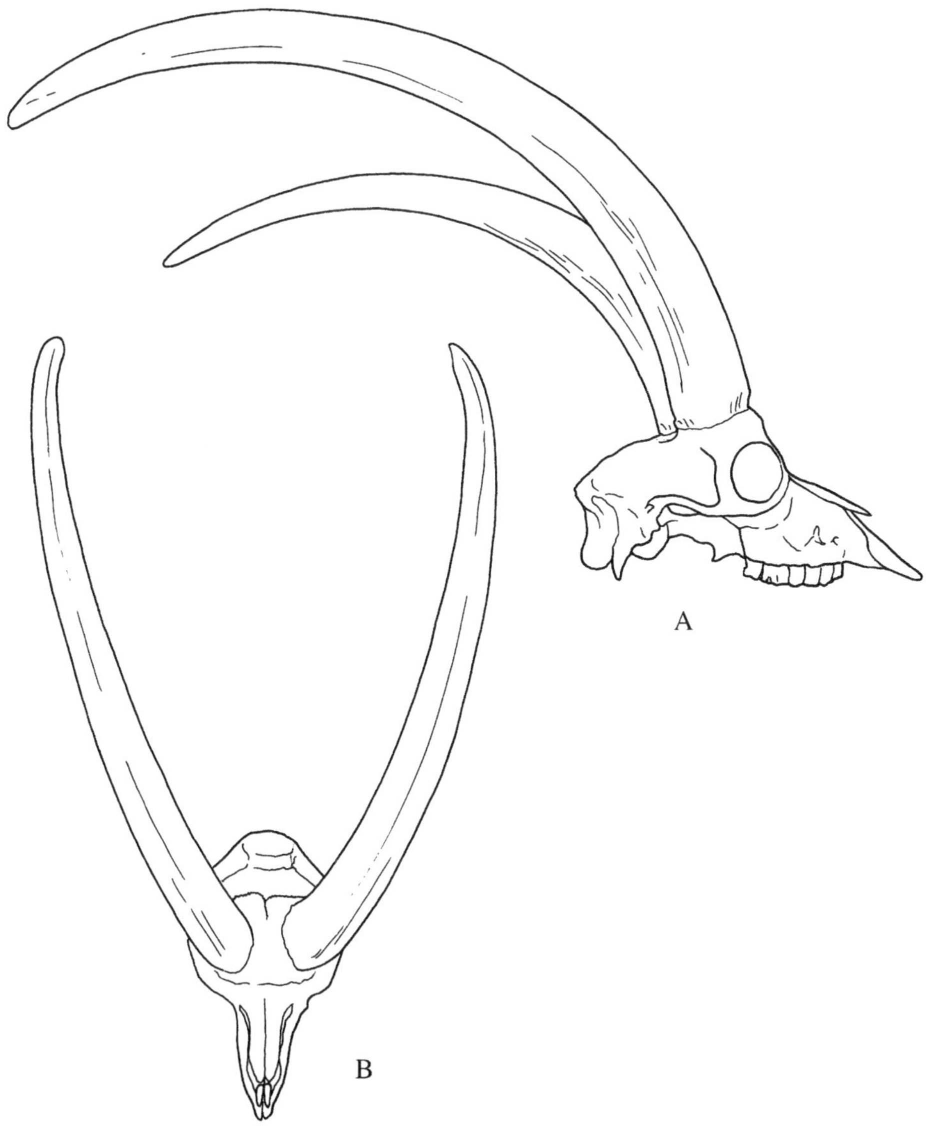

Figure 2.45. *Capra walie* Rüppel. Dessins de M. Buisson-Catil d'après les photographies de l'auteur. **A** : *norma lateralis*. **B** : *norma verticalis*. Crâne d'un mâle, n° 597-43. Musée d'Histoire naturelle de Genève.

C. Genre Pseudois Hodgson, 1843

a. Morphologie crânienne et dentaire

Deux des quatre mâles examinés proviennent du Tibet (coll. NMW). Les chevilles, dont la base se trouve immédiatement en arrière des orbites, sont implantées verticalement. En *norma lateralis*, elles sont inclinées vers l'arrière et le plan de leur face rostrale se trouve dans l'alignement du frontal, environ sur la moitié de la longueur. La pointe subit ensuite une torsion vers l'extérieur. La section à la base des pivots osseux est losangique, les quatre faces étant convexes et la partie médiane de la face rostrale et de la face caudale étant plus saillante que les bords (Figure 2.76 : D). Sur la face dorsale et la face ventrale cette saillie est matérialisée par une véritable carène. La face dorsale est profondément cannelée.

Le frontal, allongé, se coude brutalement vers le bas au niveau du milieu des chevilles (Figure 2.76 : A). Il n'y a pas d'enfoncement glabellaire. Son profil transversal varie selon les individus, étant plus ou moins concave ou convexe entre les foramens supra-orbitaires. Dans tous les cas, la surface du frontal est légèrement plus haute que le plan supérieur des orbites. La suture nasale n'atteint jamais le niveau de la ligne réunissant les extrémités de la suture fronto-lacrymale. Frontal (dans sa partie caudale) et pariétal sont verticaux et les condyles occipitaux sont situés au niveau du bord caudal des chevilles. Le tubercule facial est en très forte saillie.

Il n'y a aucune fosse lacrymale ni fontanelle naso-lacrymale, et la fusion du vomer et du palatin est antérieure.

Le foramen infra-orbitaire est simple, bien délimité. Le foramen supra-orbitaire, simple ou double, est parfois précédé d'une gouttière. Le foramen sphéno-palatin est plus volumineux que celui des autres *Caprini*. Le bord rostral des choanes, plus ou moins étroit et en "V", se situe au niveau de celui des fosses ptérygo-palatines. La suture maxillo-palatine, sur laquelle se trouvent les foramens palatins, est transversale.

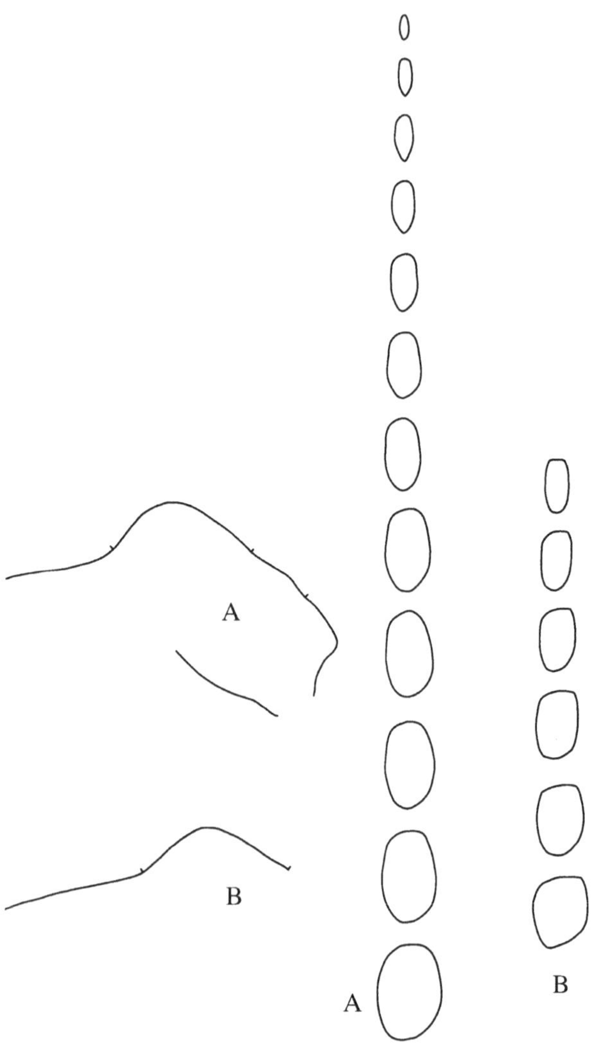

Figure 2.46. *Capra walie* Rüppel. Colonne de gauche : crânes, mâles, sections sagittales du nasal à la partie basilaire de l'occipital. Colonne de droite : chevilles osseuses gauches, mâles, sections de 5 en 5 cm ; face rostrale vers le haut, base au bas des colonnes. Réduction : 1/4,5. Relevés et dessins de l'auteur ; mise au propre par M. Buisson-Catil. **A**, n° 597-43. **B**, n° 753-80. Musée d'Histoire naturelle de Genève.

Chez les femelles (n=3), les chevilles ont une implantation semblable à celle des mâles. Celles du spécimen NMW 32973 sont totalement verticales. La section basale des individus du Zoo de Schönbrunn n'est pas losangique, la face rostrale étant convexe et la zone médiane n'étant pas saillante. Le frontal est plan transversalement et plus bas que le sommet des orbites. La morphologie crânienne d'un spécimen en provenance du Bengale (MN (HN) galerie : A 10791) attribué sur étiquette à une femelle est identique à celle des mâles : il s'agit sûrement d'une erreur d'attribution.

La morphologie dentaire est comparable à celle d'*H. jemlahicus*.

b. Morphologie du squelette post-crânien

Le squelette est très proche de celui d'*H. jemlahicus*. Les différences entre les deux taxons sont les suivantes (Tableau 2.97 à Tableau 2.99) :

- L'épine scapulaire est beaucoup plus haute chez le bharal ;
- Le sommet du tubercule mineur de l'humérus est différencié en une lame plus prononcée que celle du tahr. Le bord médial du tubercule majeur est moins concave ;
- Au radius, l'articulation recevant le capitulum est plus étendue dorso-palmairement ;
- Au scaphoïde, le sommet de la face palmaire est de contour plus aigu que celui du tahr. Les surfaces articulaires sont plus creusées que celles du tahr ;
- Le contact entre le bord latéral du capitato-trapézoïde et le bord interne de l'onciforme est plus rectiligne ;
- La partie médiale du bourrelet proximo-palmaire de l'onciforme est beaucoup plus haute que la partie latérale alors que ces deux zones se trouvent au même niveau chez *Hemitragus* ;
- À l'os canon, l'incisure inter-condylaire est beaucoup plus étroite que celle d'*Hemitragus* mais aussi que celle de *Capra* ; les métapodes vestigiaux sont très souvent présents, ce qui n'est pas le cas chez le tahr et le bouquetin ;
- L'articulation proximale du canon antérieur est plus épaisse que celle du tahr et du bouquetin ; la facette pour le capitato-trapézoïde a ainsi un contour carré ;
- La crête tibiale est plus comparable à celle de *Capra* car étroite et longue. L'angle formé par les bords du sillon pour l'extenseur est beaucoup plus fermé que celui d'*Hemitragus*. La facette articulaire médiale est très développée caudalement ainsi que la facette latérale sous l'angle caudal de laquelle la diaphyse est pincée en crête, ce qui n'est pas le cas chez le tahr et le bouquetin ; de la sorte la diaphyse est creusée en son centre, sous le plateau tibial. La fibula forme un stylet proximal qui est absent chez *Hemitragus* et *Capra* ;
- Au talus, le décrochement situé habituellement sous la surface articulaire calcanéenne n'existe pas et la fossette synoviale située à son niveau est très petite ainsi que la fossette synoviale latérale ;
- La coulisse tendineuse du calcaneus est beaucoup plus creusée que chez le tahr et la trochlée fibulaire est plus large ;
- Pour le cubonaviculaire, en vue plantaire, le bord médial est vertical étant plus oblique chez le tahr ;
- Les tubercules de la première phalange sont compacts comme chez le bouquetin ;
- Les troisièmes phalanges sont beaucoup plus courtes que celles d'*Hemitragus* et de *Capra* ; le bord supérieur est curviligne, alors qu'il est tronqué chez ces deux genres.

c. Résumé des données

La longueur du museau et sa relative étroitesse ainsi que la verticalité de l'arrière crâne du bharal se retrouvent chez le tahr de l'Himalaya. Toutefois, la courbure du crâne ne se situe pas au même niveau. Les chevilles sont aussi distinctes. Les analogies sont importantes au niveau du squelette post-crânien, mais il y a aussi des différences nettes. Notamment, la présence de métapodes vestigiaux et de la partie proximale de la

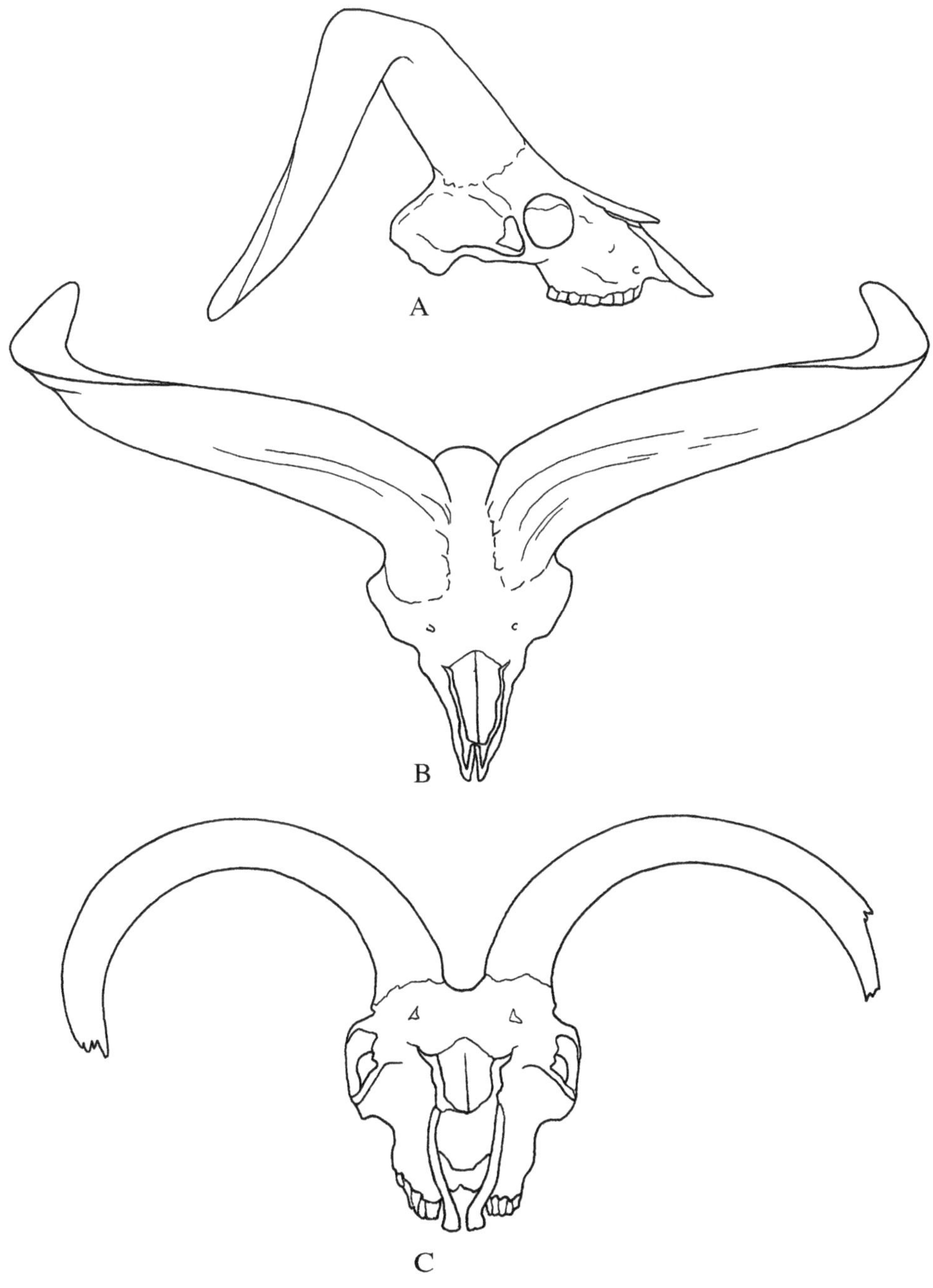

Figure 2.47. *Capra falconeri* Wagner. Dessins de M. Buisson-Catil d'après les photographies de l'auteur. **A** : *norma lateralis*. **B** : *norma verticalis*. **C** : *norma frontalis*. Crâne type de *Capra falconeri falconeri*, n° 2920. Musée d'Histoire naturelle de Vienne.

fibula montrent que le bharal est plus archaïque que le tahr de l'Himalaya.

D. Genre Ammotragus Blyth, 1840

a. Morphologie crânienne et dentaire

Le nasal et le frontal sont allongés et l'arrière de ce dernier se coude brutalement vers le bas à peu près au milieu des chevilles. La partie caudale du frontal est verticale ainsi que la partie rostrale du pariétal. À l'arrière ce dernier est horizontal. Par rapport à *Hemitragus* et *Pseudois*, l'arrière crâne est plus saillant. Le frontal et le pariétal se creusent au niveau de leur suture et en *norma lateralis* le frontal est de type «pain de sucre» (Figure 2.77). La suture fronto-pariétale est transversale et la suture pariéto-occipitale est anguleuse en avant.

Les chevilles osseuses, implantées verticalement au-dessus des orbites, sont régulièrement divergentes vers l'extérieur, le bas et l'arrière. Leur section à la base est plus ou moins triangulaire à quadrangulaire, la face rostrale et la face caudale étant les plus larges et la dorsale la plus étroite (Figure 2.78).

Il n'y a aucune fosse lacrymale ni fontanelle naso-lacrymale. La fusion du vomer et du palatin est rostrale.

Le nasal, plan, est dans l'alignement du frontal. Ce dernier est légèrement concave entre les foramens supra-orbitaires.

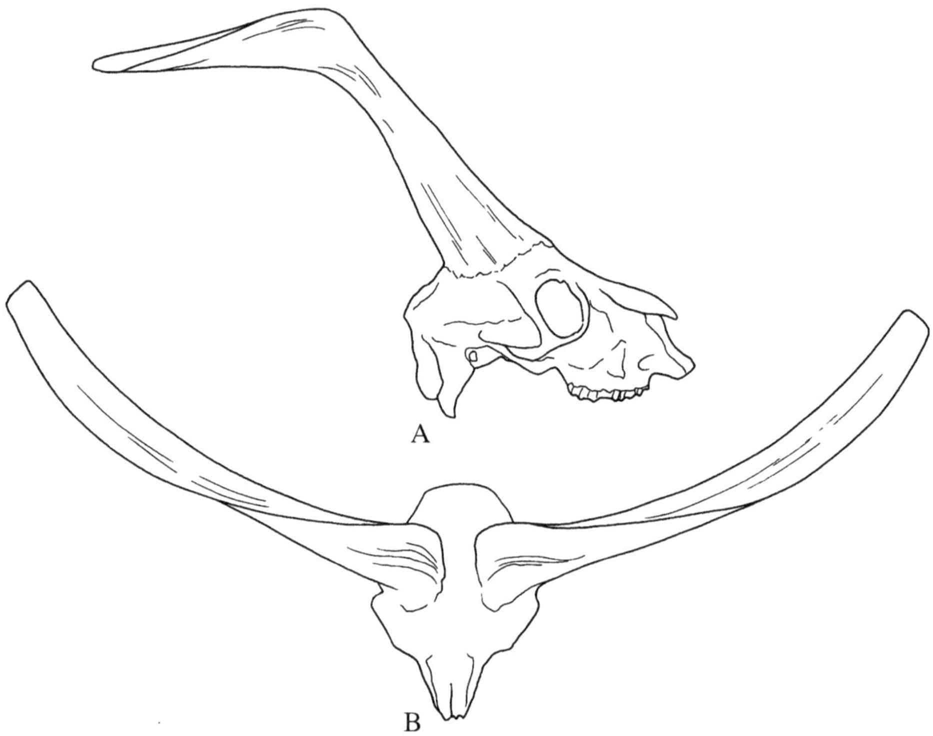

Figure 2.48. *Capra falconeri* Wagner. Dessins de M. Buisson-Catil d'après les photographies de l'auteur. **A** : *norma lateralis.* **B** : *norma verticalis.* Crâne d'un mâle de *C. falconeri cashmiriensis*, n° 7263. Musée d'Histoire naturelle de Vienne.

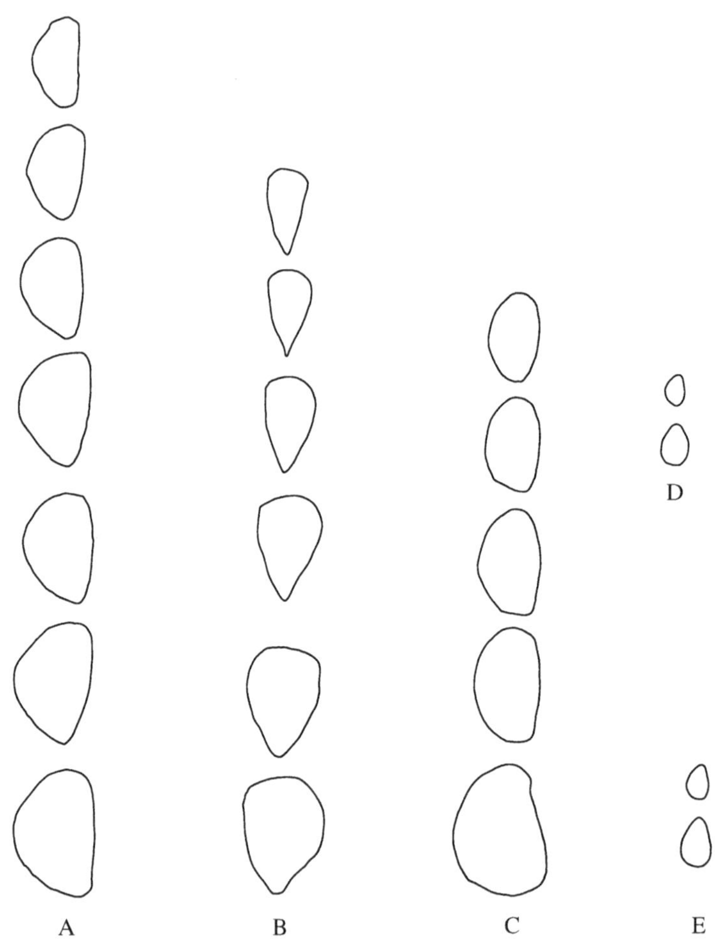

Figure 2.49. *Capra falconeri* Wagner. Chevilles osseuses gauches (sauf **B**), mâles (**A** à **C**) et femelles (**D** et **E**) ; mâles : sections de 5 en 5 cm ; face rostrale vers le haut, base au bas des colonnes ; femelles : sections à la base (bas) et au milieu (haut). Réduction : 1/5. Relevés et dessins de l'auteur ; mise au propre par M. Buisson-Catil. **A**, n° 2920 (type, Cachemire). **B**, n° 7263 (Cachemire). **C**, n° 40 540 (zoo de Schönbrunn). **D**, n° 38 402. **E**, n° 33274 (zoo de Schönbrunn). Musée d'Histoire naturelle de Vienne.

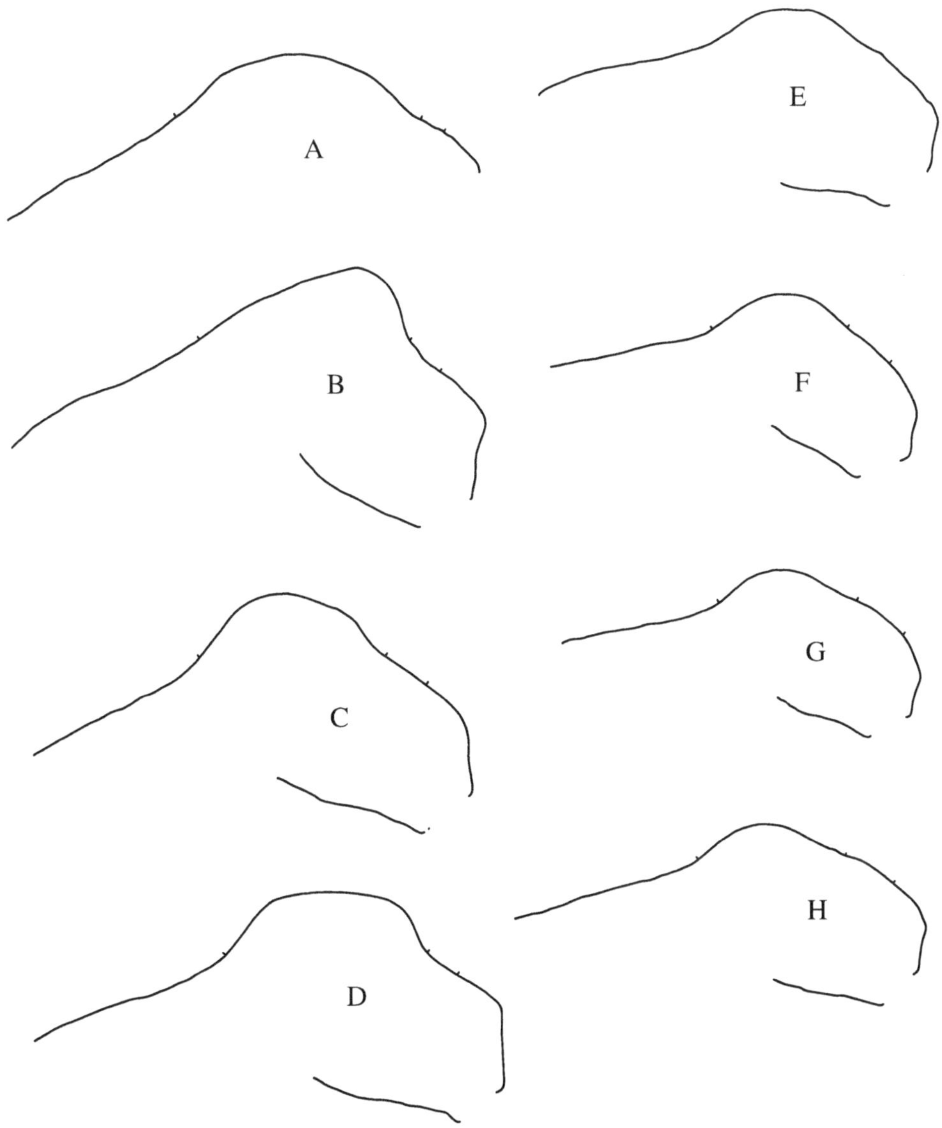

Figure 2.50. *Capra falconeri* Wagner. Crânes, **A** à **D** : mâles, **E** à **H** : femelles ; sections sagittales du nasal à la partie basilaire de l'occipital. Réduction : 1/4. Relevés et dessins de l'auteur ; mise au propre par M. Buisson-Catil. **A**, n° 2920 (type, Cachemire ; Musée d'Histoire naturelle de Vienne). **B**, n° 7263 (Cachemire ; Musée d'Histoire naturelle de Vienne). **C**, n° 22 708 (zoo de Schönbrunn ; Musée d'Histoire naturelle de Vienne). **D**, n° 40 540 (zoo de Schönbrunn ; Musée d'Histoire naturelle de Vienne). **E**, n° 1971-147 (zoo du Jardin des Plantes ; Laboratoire d'Anatomie comparée du Muséum national d'Histoire naturelle de Paris). **F**, n° 40 930 (Musée d'Histoire naturelle de Vienne). **G**, n° 38 40 (Musée d'Histoire naturelle de Vienne). **H**, n° 33 274 (Musée d'Histoire naturelle de Vienne).

La suture nasale n'atteint jamais le niveau de la ligne réunissant les extrémités de la suture fronto-lacrymale.

Le foramen infra-orbitaire est simple et petit. Le foramen supra-orbitaire est le plus souvent double ou multiple. Le tubercule facial est peu saillant. La partie rostrale des choanes, large et arrondie, est placée en avant de celle des fosses ptérygo-palatines. La suture maxillo-palatine, qui porte les foramens palatins, est transversale.

Les femelles (n=10) sont semblables aux mâles (n=7) mais plus petites.

Les dents jugales sont plus grosses que celles des genres précédents. Il faut noter la présence constante d'une médifossette sur la surface occlusale des molaires supérieures et la verticalité du métastyle de la M3. La p3 possède un métaconide dilaté en colonnette.

b. Morphologie du squelette post-crânien

Je n'ai pu étudier que quelques os longs d'une femelle. Les observations que l'on peut faire sur cet effectif, qui est on ne peut plus restreint, sont comparables avec celles qui ont été faites par E. Bourdelle (1926) et K. Gabler (1985).

c. Résumé des données

L'allongement du frontal et celui du nasal rapprochent l'aoudad de *Pseudois* et d'*H. jemlahicus*. Une filiation entre ces taxons est possible. Toutefois, l'absence de contact entre prémaxillaire et nasal, le faible développement du tubercule facial, la morphologie des chevilles osseuses,

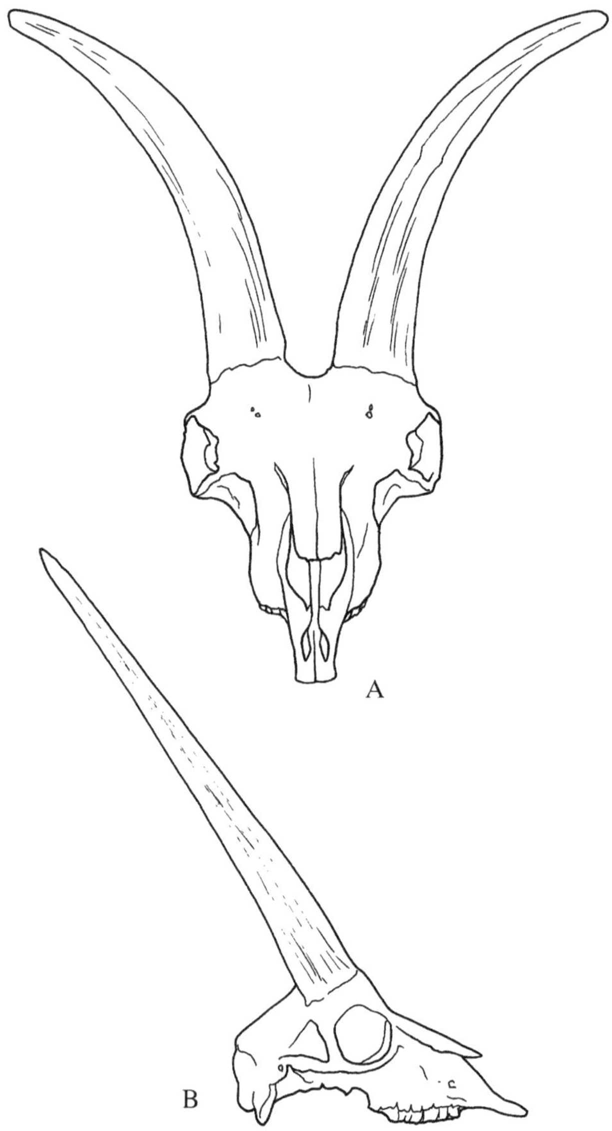

Figure 2.51. *Capra pyrenaica* Schinz, population de Tortosa. Dessins de M. Buisson-Catil d'après les photographies de l'auteur. **A** : *norma frontalis*. **B** : *norma lateralis*. Crânes, mâles. Parc Naturel de Tortosa et Beceite.

des dents et celle des quelques ossements disponibles dénotent d'un taxon bien différent (Tableau 2.96).

III.2. Genre Ovis

Je n'ai pu analyser la totalité des diverses espèces de mouflons européens, mais seulement quatre de ses populations et uniquement le crâne mâle.

Le genre *Ovis* se caractérise par la présence d'une fosse larmière. Les chevilles prennent naissance au-dessus des orbites. Il n'y a pas d'enfoncement glabellaire ni de fontanelle naso-lacrymale, ni de contact entre le nasal et le prémaxillaire. Le tubercule facial, localisé à l'avant de la M2, est peu proéminent. Le foramen infra-orbitaire se trouve à l'aplomb du bord distal de la P3. La fusion du vomer et du palatin est rostrale. Le prémaxillaire est large.

Deux morphotypes crâniens sont discernables en fonction de l'allongement de l'arrière crâne (Pfeffer 1967) : l'un concerne les mouflons occidentaux et du Moyen-Orient : l'arrière crâne est allongé ; l'autre les mouflons orientaux : l'arrière crâne est plus ou moins vertical.

Le cône des deux premières prémolaires supérieures est particulièrement dilaté, notamment celui de la P3 qui est aussi saillant et parfois même plus que les styles. Les racines de la P2 sont coalescentes. Les molaires supérieures ont des styles plus épais que ceux de *Capra*, *Hemitragus*, *Pseudois* et *Ammotragus*. Elles sont aussi plus grosses. Il n'y a ni médifossette, ni colonnette interlobaire, ni épaississement cingulaire. Il n'y a pas d'aile métastylaire à la M3 et les surfaces interstylaires sont symétriques.

La morphologie comparée de ces taxons est fournie dans les Tableaux 2.96 à 2.99.

a. Morphologie crânienne et dentaire d'*Ovis ammon poloi* (Blyth, 1840)

Les chevilles (n=13) s'inclinent régulièrement dès la base vers le bas, l'extérieur et l'arrière ; dans leur dernier tiers, elles se dirigent vers l'avant (Planche 3 : a, b). Leur écartement à la base est faible ; il s'accentue rapidement jusqu'aux pointes. Larges à la base, elles se rétrécissent vite. Leur section est sub-triangulaire, la face rostrale étant large et plus ou moins plane, la face caudale étroite et convexe. La face dorsale est concave dès la base et la ventrale est plan-concave. Il peut exister deux carènes de part et d'autre de la face rostrale, parfois une seule carène, la dorsale.

Le frontal est fortement convexe entre les chevilles, de type « pain de sucre » (Planche 3 : b). Sa partie caudale, sub-verticale, est en continuité avec le pariétal qui est court. Sur ce dernier, à proximité de sa jonction avec le frontal, parfois deux fosses arrondies ne notent de part et d'autre du plan sagittal. En *norma verticalis*, les bords latéraux du pariétal sont concaves. La surface de l'occipital en avant de la crête nucale est réduite.

Le nasal est plan et se termine en pointe. La fosse larmière, peu profonde, a des contours diffus. Les foramens supra-orbitaires sont généralement très gros (environ 1,5 cm de long sur 1 cm de large dans la partie la plus caudale) et très profonds. Les choanes sont larges, le bord rostral se situant à peu près au niveau de celui de la M3 et en avant des fosses ptérygo-palatines qui se situent dans l'axe du dernier lobe de cette même molaire. La suture maxillo-palatine est transversale et perforée par les foramens palatins. Le maxillaire est sagittalement concave entre les prémolaires. Le foramen infra-orbitaire est le plus souvent divisé en deux par un septum transversal.

Les tubercules rostraux de la partie basilaire de l'occipital sont peu marqués.

Le métastyle de la M3 est épais en vue occlusale. La surface distale du lobe postérieur est oblique vers l'arrière.

Figure 2.52. *Capra pyrenaica* Schinz, population de Tortosa. Dessins de M. Buisson-Catil d'après les photographies de l'auteur. **A** et **B** : *norma lateralis.* A, crâne de mâle, B, crâne de femelle. Parc Naturel de Tortosa et Beceite.

b. Morphologie crânienne et dentaire d'*Ovis ammon ammon* Linné, 1758

Les différences morphologiques avec la forme précédente, observées sur sept spécimens, sont infimes (Planche 4 ; Planche 5).

Les chevilles diffèrent de celles d'*O. a. poloi* par une face rostrale plus convexe, la présence d'une carène ventrale plus marquée et d'une carène dorsale localisée uniquement dans la moitié supérieure. Par ailleurs, la face dorsale, convexe à la base, se creuse seulement dans le dernier tiers. Les chevilles sont aussi plus rapprochées à la base.

Il n'y a pas de fosses sur le pariétal dont les bords en *norma caudalis* sont parfois plus rectilignes. La partie rostrale de l'occipital est pratiquement dans le plan de la partie située en dessous de la protubérance occipitale externe : l'arrière crâne est donc sub-vertical.

Le nasal est légèrement convexe. Le palais est sagittalement concave entre les prémolaires.

Le métastyle de la M3 est épais, quadrangulaire en section occlusale et la surface du dernier lobe est convexe. La face distale est creusée par un sillon longitudinal.

c. Morphologie crânienne d'*Ovis ammon hodgsoni* (Blyth, 1840)

Il ne diffère des mouflons précédents que par la partie basilaire de l'occipital qui est plus concave. Il n'a pas été possible d'apprécier la morphologie des chevilles osseuses, les quatre crânes examinés possédant leurs étuis cornés, ni celle des dents, trop usées et pour certaines absentes.

d. Morphologie crânienne et dentaire d'*Ovis orientalis* Gmelin, 1774

Les crânes (n=13), à partie arrière allongée, sont plus petits que ceux des formes orientales (Planche 6). Les chevilles, moins massives, ont la même inclinaison. Elles sont plus éloignées du bord postérieur des orbites que chez *O. ammon*. La face rostrale est plane et l'angle dorsal est caréné. Il existe une autre carène dans le tiers inférieur de l'angle ventral.

Les foramens supra-orbitaires sont moins développés que ceux d'*O. ammon*. Le frontal est convexe.

La fosse larmière est très profonde et arrondie. Le bord rostral des choanes se trouve dans l'axe de celui des M3 tandis que celui des fosses ptérygo-palatines se situe plus

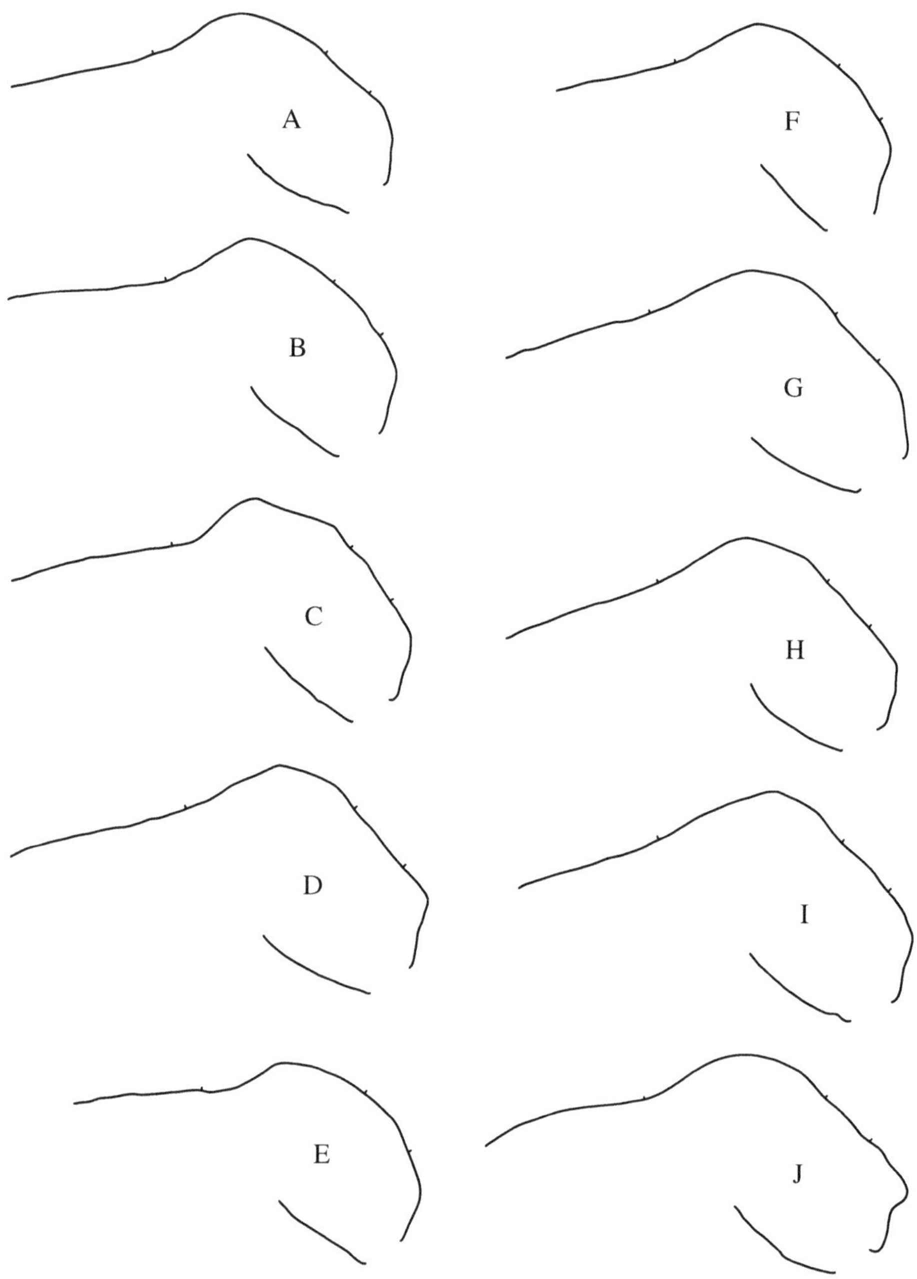

Figure 2.53. *Capra pyrenaica* Schinz, population de Tortosa. Crânes, mâles, sections sagittales du nasal à la partie basilaire de l'occipital. Réduction : 1/4. Relevés et dessins de l'auteur ; mise au propre par M. Buisson-Catil. **A**, n° 15 (11 ans). **B**, n° A (11 ans). **C**, n° 95 (12 ans), **D**, n°3 (12 ans). **E**, n° 4, collection particulière. **F**, sans n° (5 ans). **G**, n° 35 (10 ans). **H**, n° 172 (12 ans). **I**, n° 7 (13 ans). **J**, n° 2 (15 ans). Parc naturel de Tortosa et Beceite (sauf E).

en arrière, au niveau du bord postérieur de ces mêmes molaires (Planche 6 : c). La suture palatine est en « V », la pointe se trouvant dans l'axe du bord antérieur des M2, et les foramens palatins s'ouvrent sur celle-ci. Le maxillaire est sagittalement plan entre les prémolaires.

La protubérance occipitale externe présente des reliefs d'insertion massifs, plus ou moins globuleux.

Sur les spécimens provenant d'Iran, le nasal est dans le prolongement du frontal. Sur un spécimen d'origine géographique non précisée, le frontal est plus redressé ; le crâne est aussi plus court et les chevilles plus graciles (Planche 6 : d).

Il existe un sillon longitudinal net sur la face distale de la M3.

e. Morphologie du squelette post-crânien

Je n'ai eu à ma disposition que l'humérus et le fémur d'un vieux mâle d'*O. a. ammon* (MN (HN) zoothèque : CG 1997–1307) et le squelette incomplet d'une femelle de cette même espèce (MN(HN) anatomie comparée : 1876–524). Il conviendra de vérifier les observations développées ci-après avec un effectif plus important. On remarque (Tableau 2.97 à Tableau 2.99) :

- Une scapula plus étroite que celle de *Capra*, *Hemitragus* et *Pseudois* ;

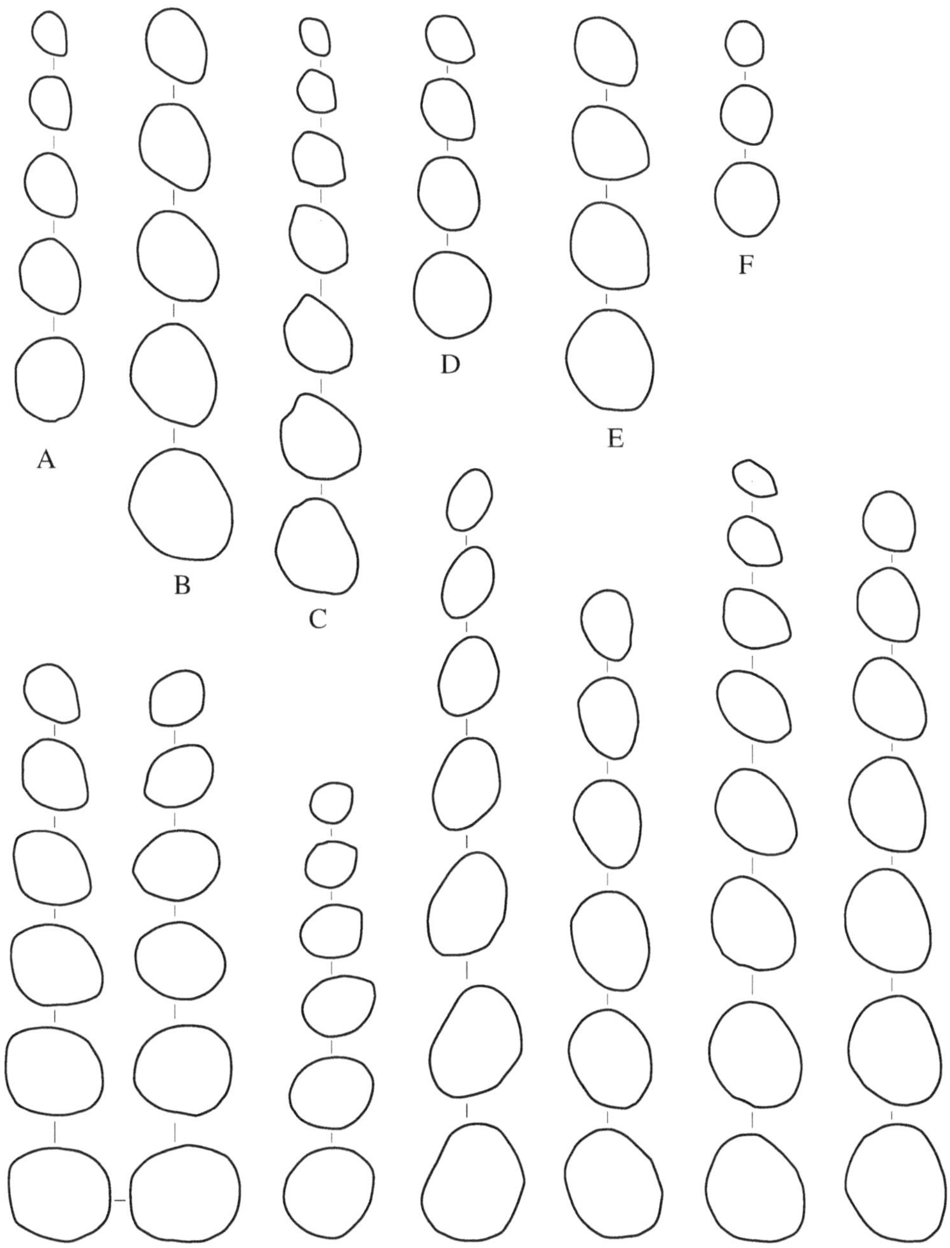

Figure 2.54. *Capra pyrenaica* Schinz. Population de Tortosa. Chevilles osseuses gauches (sauf **H, I** et **J**), mâles, sections de 5 en 5 cm ; face rostrale vers le haut, base au bas des colonnes. Réduction : 1/4. Relevés et dessins de l'auteur ; mise au propre par M. Buisson-Catil. **A**, n° 14 (14 ans). **B**, n° 7 (13 ans). **C**, n° 172 (12 ans). **D**, n° A (11 ans). **E**, n° 4 (10 ans). **F**, sans n° (5 ans). **G**, n° 95 (12 ans), cheville gauche. **H**, n° 95 (12 ans), cheville droite. **I**, n° 15 (11 ans). **J**, n° 3 (12 ans). **K**, n° 10 (10 ans). **L**, n° 35 (10 ans). **M**, n° 2 (15 ans). Parc Naturel de Tortosa et Beceite.

- Un humérus à diaphyse très rectiligne et à tubercule majeur bas comme chez *Capra* ;
- Un radius à diaphyse rectiligne, une tubérosité du ligament latéral de l'articulation huméro-radiale située sous l'articulation, une incisure proximo-dorsale (entre le processus coronoïde et la pointe du capitulum) large et profonde, une articulation pour le capitulum peu développée dorso-palmairement ;
- Une ulna à tubérosité olécrânienne non saillante et à bord dorsal bien concave ;
- Un scaphoïde à articulation distale au bord latéral peu coudé ;
- Un semi-lunaire à crête proximo-dorsale perpendiculaire à l'axe dorso-palmaire, à incisure proximo-latérale absente, à face distale peu creusée ;
- Une jonction capitato-trapézoïde/onciforme rectiligne ;
- Un onciforme présentant un tubercule disto-palmaire proéminent vers le bas, « en crochet », ce qui n'est pas le cas chez le bouquetin, le tahr et le bharal ;
- Un talus à trochlée plantaire à bords divergents vers le haut, à lèvres trochléennes bien décalées ;
- Un calcaneus à bord dorsal pincé et possédant une facette plantaire supplémentaire, en bordure de la facette pour le cubonaviculaire ;

Figure 2.55. *Capra pyrenaica* Schinz, population de Cazorla. Dessins de M. Buisson-Catil d'après les photographies de l'auteur. **A** : *norma lateralis*. **B** : *norma frontalis*. Crâne de mâle n° 1490. Muséum national d'Histoire naturelle de Madrid.

- Un cubonaviculaire sans fossette synoviale à la jonction cuboïde-naviculaire, à éminence du bord médial de la face plantaire vertical et haut.

f. Résumé des données

La morphologie du crâne et celle du squelette n'ont que peu de similarités avec celles des genres *Capra*, *Hemitragus* et *Pseudois*.

Les différences morphologiques entre *O. a. poloi*, *O. a. ammon* et *O. a. hodgsoni* sont minimes. Leur statut de sous-espèces est de ce fait valide. *O. orientalis* est bien différent du fait de l'absence de coudure de son arrière crâne mais aussi d'après la forme particulière de sa fosse larmière, la direction de sa suture maxillo-palatine, la platitude de son maxillaire entre les prémolaires et la position des chevilles ; je pense qu'il s'agit d'une espèce bien distincte.

III.3. Genres Ovibos et Budorcas

Ovibos et *Budorcas* se caractérisent par un lacrymal court et large dans sa partie rostrale, l'absence de fontanelle naso-lacrymale, l'absence de contact entre le nasal et le prémaxillaire, un tubercule facial peu proéminent, la fusion

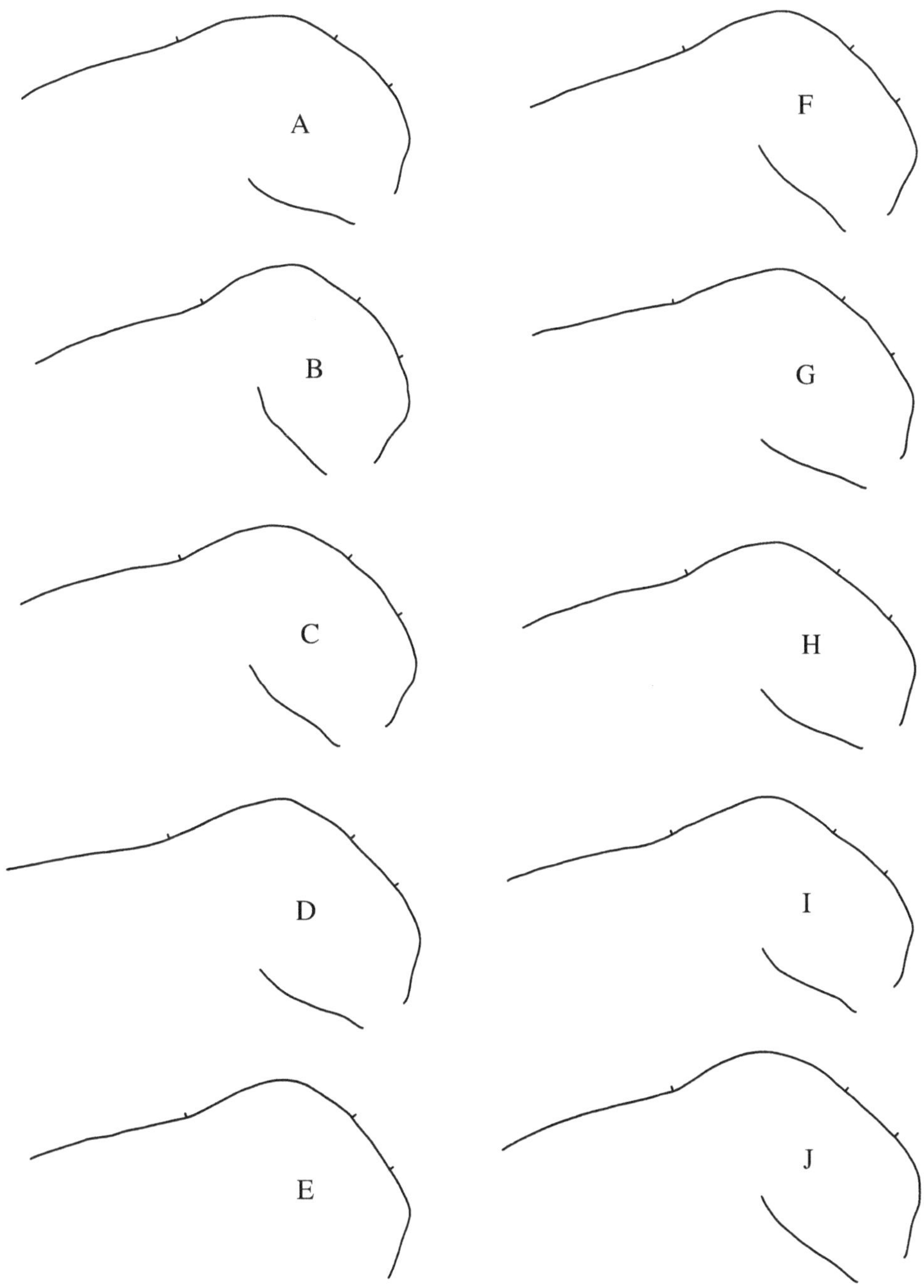

Figure 2.56. *Capra pyrenaica* Schinz, population de Cazorla. Crânes, mâles, sections sagittales du nasal à la partie basilaire de l'occipital. Réduction : 1/4. Relevés et dessins de l'auteur ; mise au propre par M. Buisson-Catil. **A**, n° 1450 (6 ans 1/2). **B**, n° 1435 (7 ans). **C**, n° 1449 (7 ans). **D**, n° 1492 (7 ans). **E**, n° 1458 (7 ans). **F**, n° 1509 (7 ans). **G**, n° 1472 (7 ans). **H**, n° 1444 (8 ans). **I**, n° 1510 (8 ans). **J**, n° 1418 (8 ans). Muséum national d'Histoire naturelle de Madrid.

caudale du vomer et du palatin. Les chevilles osseuses sont éloignées des orbites. Un résumé des caractères énoncés ci-après est donné dans le Tableau 2.96.

A. Genre Ovibos de Blainville, 1816

a. Morphologie crânienne et dentaire d'*Ovibos* de Blainville, 1816

En *norma lateralis*, le sommet du crâne est plan.

Les chevilles osseuses du bœuf musqué se dirigent dès la base vers le bas et l'avant. Chez les mâles (n=11), elles s'insèrent au niveau des foramens supra-orbitaires et couvrent le reste du frontal ainsi que le pariétal. Comprimées dorso-ventralement, leur développement s'inscrit dans un triangle grossièrement équilatéral. Leur pointe, arrondie, ne dépasse pas le plan baso-crânial. Leur surface est concave à la base.

La surface du lacrymal est très légèrement concave. Le nasal est large et fortement convexe, plus ou moins dans le prolongement du frontal. Les orbites sont tubulaires et saillantes latéralement : leur bord latéral dépasse celui des chevilles. Leur bord supérieur, en avant des foramens

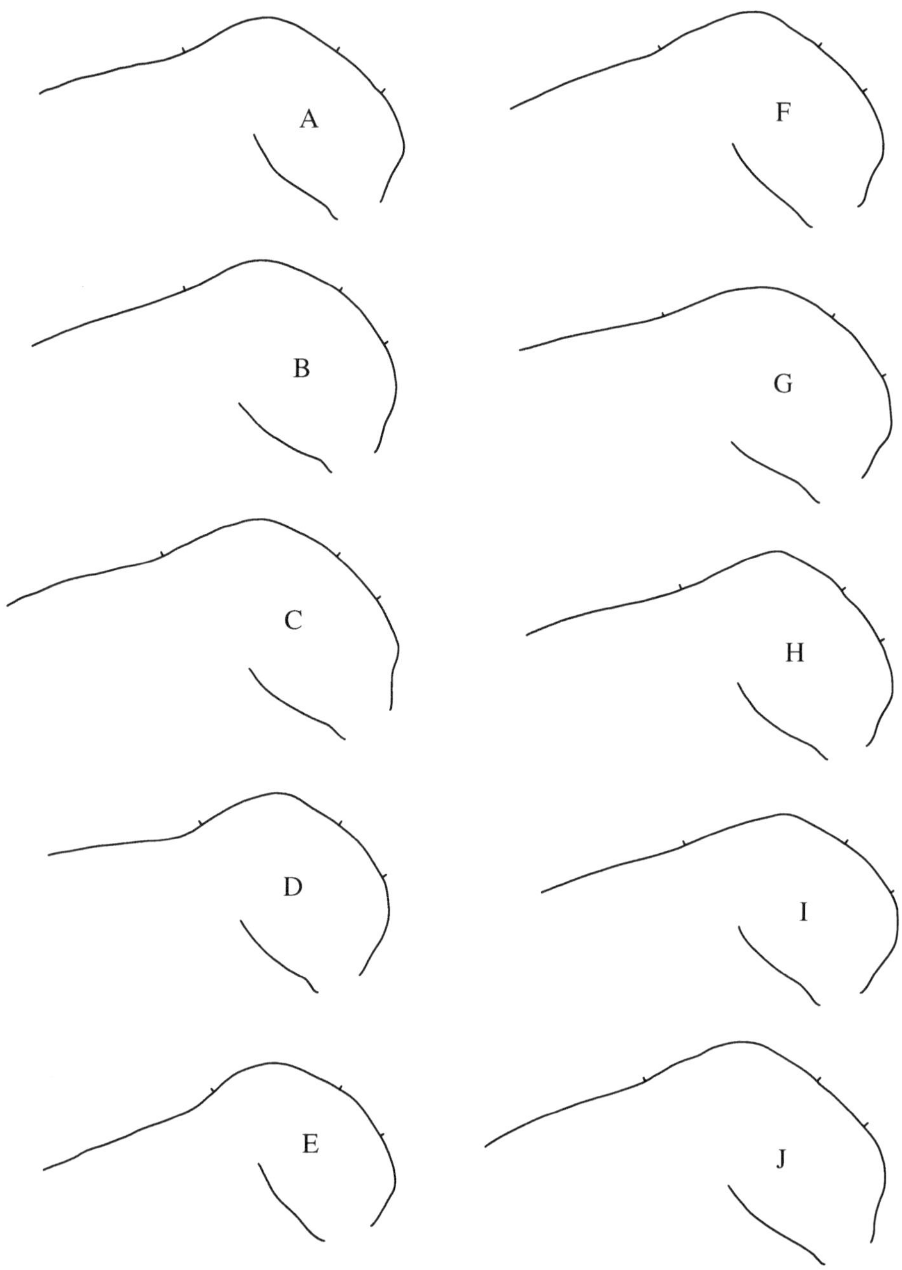

Figure 2.57. *Capra pyrenaica* Schinz, population de Cazorla. Crânes, mâles, sections sagittales du nasal à la partie basilaire de l'occipital. Réduction : 1/4. Relevés et dessins de l'auteur ; mise au propre par M. Buisson-Catil. **A**, n° 1459 (8 ans). **B**, n° 1469 (8 ans). **C**, n° 1429. **D**, n° 1489 (8-9 ans). **E**, n° 1491 (9 ans). **F**, n° 1540 (9 ans). **G**, n° 1539 (9 ans). **H**, n° 1512 (9 ans). **I**, n° 1413 (11 ans). **J**, n° 1490 (13 ans). Muséum national d'Histoire naturelle de Madrid.

supra-orbitaires, est bosselé. Le foramen supra-orbitaire est double. On note une petite crête en dessous de la suture fronto-lacrymale. La surface de l'occipital en avant de la crête nucale est très réduite. Les condyles occipitaux sont précédés par une facette supplémentaire. Les apophyses mastoïdes sont développées. La suture maxillo-palatine est transverse avec sur chacune de ses branches un lobe médian dirigé vers l'avant. Le bord rostral des choanes, en "V", se trouve au niveau de celui des fosses ptérygo-palatines, grosso modo dans l'axe du lobe postérieur de M3.

Le foramen infra-orbitaire est double, parfois triple, et précédé d'un petit foramen supplémentaire localisé à l'aplomb de P2.

La mandibule se caractérise par une région incisivale apparemment large du fait d'un rétrécissement post-incisival net. Le foramen mentonnier est très gros, largement ouvert vers l'avant, prolongé par une gouttière, et en position très antérieure. L'attache du masséter est faiblement développée. Le processus coronoïde est court, effilé, très incurvé vers l'arrière.

Les femelles (n=2) diffèrent des mâles par le plus grand écartement à la base de leurs chevilles qui sont aussi moins étalées dans le sens rostro-caudal, ne couvrant que le frontal, et dont la surface à la base est plan-convexe. Le nasal est aussi moins convexe que celui des mâles.

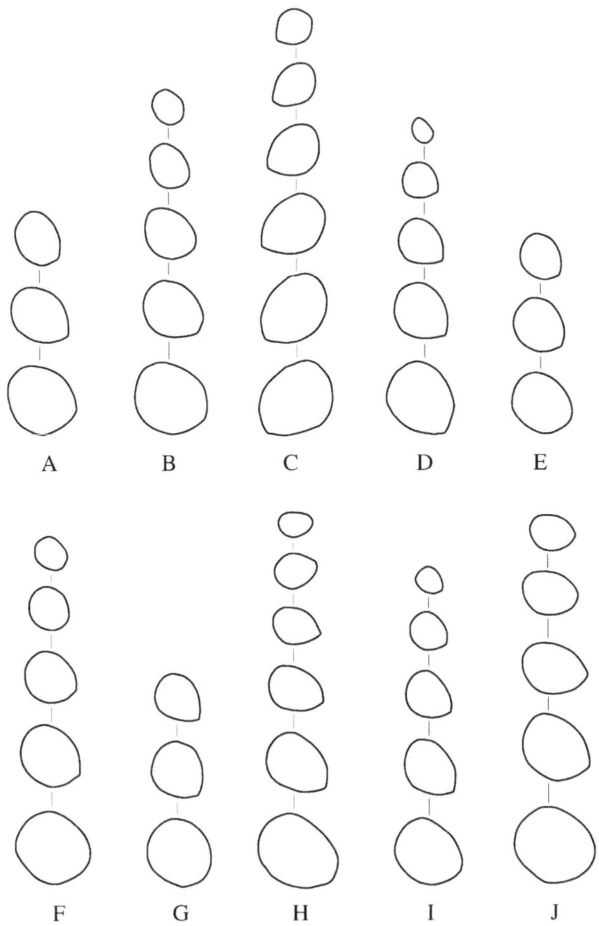

Figure 2.58. *Capra pyrenaica* Schinz, population de Cazorla. Chevilles osseuses gauches (sauf **C**), mâles, sections de 5 en 5 cm ; face rostrale vers le haut, base au bas des colonnes. Réduction : 1/5. Relevés et dessins de l'auteur ; mise au propre par M. Buisson-Catil. **A**, n° 1450 (6 ans 1/2). **B**, n° 1435 (7 ans). **C**, n° 1449 (7 ans). **D**, n° 1492 (7 ans). **E**, n° 1458 (7 ans). **F**, n° 1509 (7 ans). **G**, n° 1472 (7 ans). **H**, n° 1444 (8 ans). **I**, n° 1510 (8 ans). **J**, n° 1418 (8 ans). Muséum national d'Histoire naturelle de Madrid.

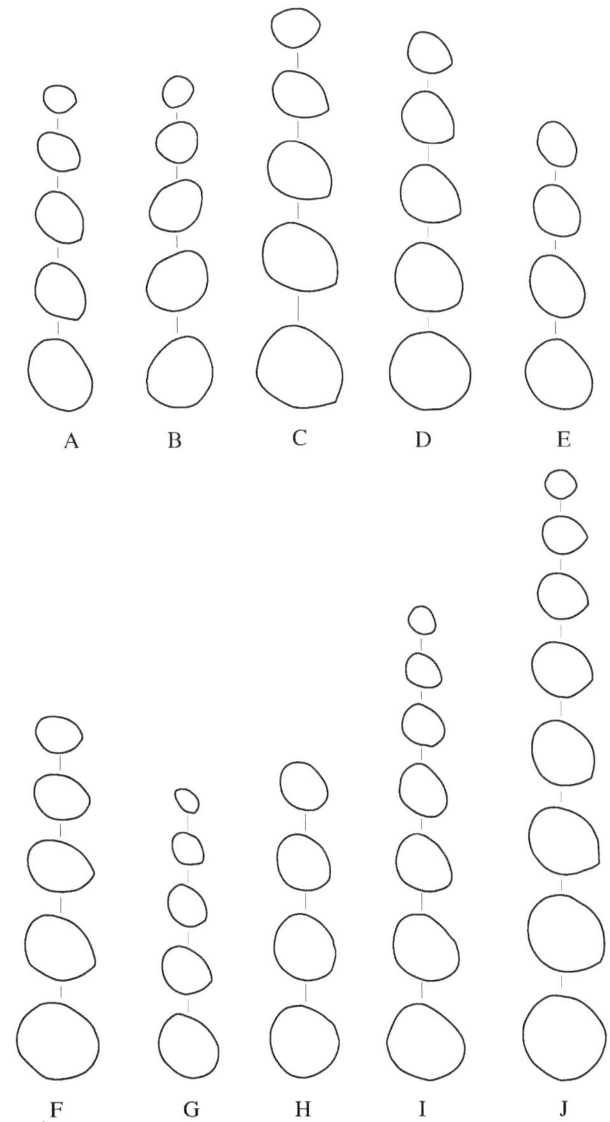

Figure 2.59. *Capra pyrenaica* Schinz, population de Cazorla. Chevilles osseuses gauches (sauf **B**), mâles, sections de 5 en 5 cm ; face rostrale vers le haut, base au bas des colonnes. Réduction : 1/5. Relevés et dessins de l'auteur ; mise au propre par M. Buisson-Catil. **A**, n° 1459 (8 ans). **B**, n° 1469 (8 ans). **C**, n° 1429 (8 ans). **D**, n° 1489 (8-9 ans). **E**, n° 1491 (9 ans). **F**, n° 1540 (9 ans). **G**, n° 1539 (9 ans). **H**, n° 1512 (9 ans). **I**, n° 1413 (11 ans). **J**, n° 1490 (13 ans). Muséum national d'Histoire naturelle de Madrid.

Les prémolaires supérieures sont triradiculées. La face mésiale de P2 est plus ou moins anguleuse et la face linguale est plane. Celle de P3 et de P4 est convexe. Sur les prémolaires non usées, il y a un éperon lingual en position médiane. Les styles sont épais et le cône labial est très dilaté. Les molaires ont des lobes arrondis lingualement et des surfaces interstylaires plutôt concaves. Les styles sont épais et bien saillants. Il existe une importante médifossette. Aucune colonnette ne se voit, ni un quelconque épaississement cingulaire. La M3 n'a pas d'aile métastylaire et la surface linguale du dernier lobe est régulièrement convexe.

Les prémolaires inférieures sont bilobées. Sur p2, le conide lingual est encadré par deux sillons verticaux qui le mettent en relief. Le paraconide de p3 est ouvert vers l'avant. Il est séparé du métaconide par une vallée peu profonde. Le métaconide est réuni à l'entoconide en une paroi plus ou moins verticale, mais parfois la fusion est incomplète au sommet de la couronne. La molarisation de la p4 est totale ; les vallées linguale et labiale sont peu marquées ; le dernier lobe est court. Les molaires, qui présentent un léger pli caprin, ont des lobes aplatis, étirés dans le sens antéro-postérieur, à surface labiale arrondie ; les conides sont étroits ainsi que la vallée linguale.

b. Morphologie du squelette post-crânien

La morphologie comparée du squelette post-crânien est fournie dans le paragraphe suivant qui est consacré au takin, à l'exception des deuxièmes et troisièmes phalanges (absentes du squelette de *Budorcas* étudié) :

- La deuxième phalange ressemble à celle de *Bos* (Koby 1954). Elle s'en distingue par une articulation proximale plus écrasée, le bord dorsal étant moins

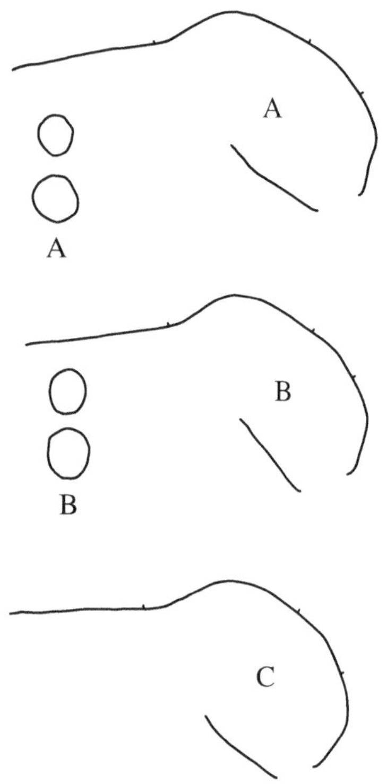

Figure 2.60. *Capra pyrenaica* Schinz, population de Tortosa. À gauche, chevilles osseuses, femelles, sections à la base (bas) et au milieu (haut) ; face rostrale vers le haut. À droite, crânes, femelles, sections sagittales du nasal à la partie basilaire de l'occipital. Réduction : 1/4. Relevés et dessins de l'auteur ; mise au propre par M. Buisson-Catil. **A**, n° 1 (10 ans). **B**, n° 2 (12 ans). **C**, n° 3 (13 ans). Parc Naturel de Tortosa et Beceite.

saillant ; l'angle palmo-plantaire de la facette abaxiale est subhorizontal à légèrement incliné vers le bas (il est dirigé vers le haut chez *Bos*). À l'articulation distale, la fossette d'insertion ligamenteuse abaxiale est peu profonde et peu marquée ;

- La troisième phalange ressemble à celle de *Rangifer* mais est proportionnellement plus courte et plus haute. Posée sur la sole, qui est large, elle est déjetée axialement.

B. Genre Budorcas Hodgson, 1850

Les observations qui suivent concernent les quatre spécimens de la série type de *B. tibetana* (collection MN (HN), Laboratoire des Mammifères et Oiseaux et Laboratoire d'Anatomie Comparée ; Milne Edwards 1868–1874).

a. Morphologie crânienne et dentaire

Les chevilles du takin se dirigent dès la base vers l'extérieur et l'arrière en dessinant une courbe régulière, en demi-lune. Les pointes restent parallèles au plan sagittal du crâne et sont dans le plan horizontal. L'aplatissement crânio-caudal est important dès la base (Figure 2.79 : C, D) et la cheville forme donc une sorte de lame, plus ou moins épaisse, qui domine le frontal. La surface dorsale est plane.

Le museau est long et la pointe du nasal est en position reculée, à la verticale du bord postérieur de P2. Le

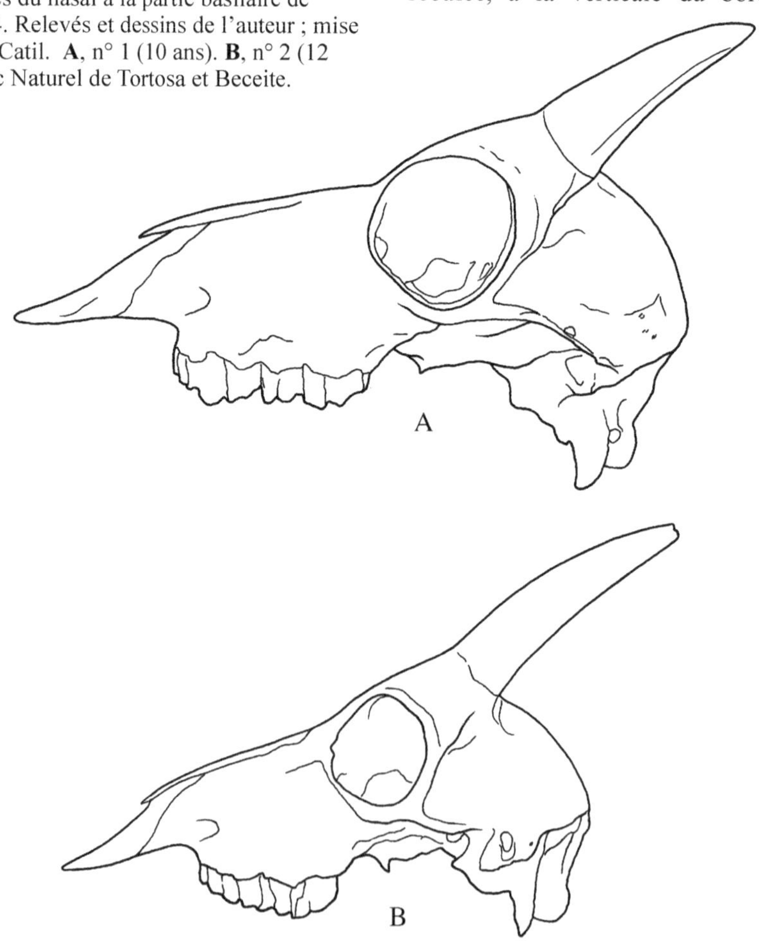

Figure 2.61. *Capra pyrenaica* Schinz, population de Cazorla (**A**) et de Gredos (**B**). Crânes femelles. Dessins de M. Buisson-Catil d'après les photographies de l'auteur. **A** : *norma lateralis*, n° 1430. **B** : *norma lateralis*, n° 2135. Muséum national d'Histoire naturelle de Madrid.

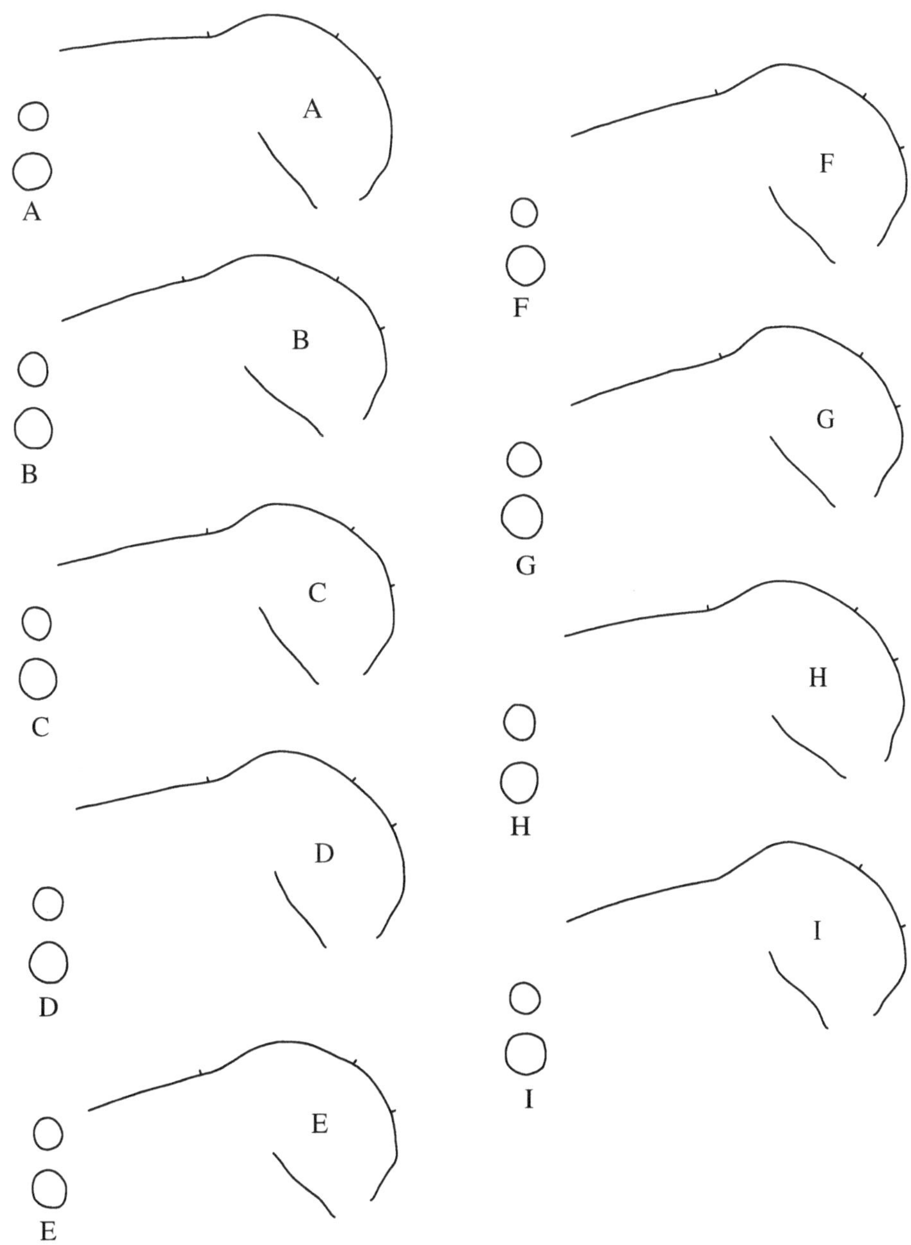

Figure 2.62. *Capra pyrenaica* Schinz, population de Cazorla. À gauche, chevilles osseuses gauches, femelles, sections à la base (bas) et au milieu (haut); face rostrale vers le haut. À droite, crânes, femelles, section sagittale du nasal à la partie basilaire de l'occipital. Réduction : 1/4. Relevés et dessins de l'auteur ; mise au propre par M. Buisson-Catil. **A**, n° 1451 (5 ans). **B**, n° 1499 (5 ans). **C**, n° 1478 (6 ans). **D**, n° 1546 (6 ans). **E**, n° 1479 (6 ans). **F**, n° 1417 (6-7 ans). **G**, n° 1427 (7 ans). **H**, n° 1441 (8 ans). **I**, n° 1467 (9 ans). Muséum national d'Histoire naturelle de Madrid.

prémaxillaire, très allongé, est rectiligne. Sa surface supérieure ainsi que celle du maxillaire sont planes. Le corps du prémaxillaire est large. La suture fronto-nasale est au niveau de la ligne réunissant les extrémités de la suture fronto-lacrymale.

Le nasal est fortement convexe et domine l'avant du frontal (Figure 2.79 : A, B). Celui-ci est transversalement plan entre les foramens supra-orbitaires et sa surface est plus haute que le plan supérieur des orbites. Entre les foramens et le départ des chevilles, il se creuse puis devient convexe entre ces dernières. La partie rostrale du pariétal se trouve dans l'alignement du frontal, l'ensemble formant un plan vertical. En *norma lateralis*, frontal et pariétal forment une protubérance de type "pain de sucre". En arrière le pariétal est horizontal et sa surface est plane.

L'occipital est vertical et la crête nucale faiblement développée. La protubérance occipitale externe est étroite, pincée en lame. À la différence d'*Ovibos*, les condyles occipitaux n'ont aucune facette supplémentaire. La partie basilaire de l'occipital est étroite à l'avant. Par rapport à *Ovibos* elle présente un sillon médian entre les tubercules rostraux qui à l'arrière sont eux-mêmes traversés par une gouttière oblique vers l'extérieur. Les apophyses mastoïdes sont faibles.

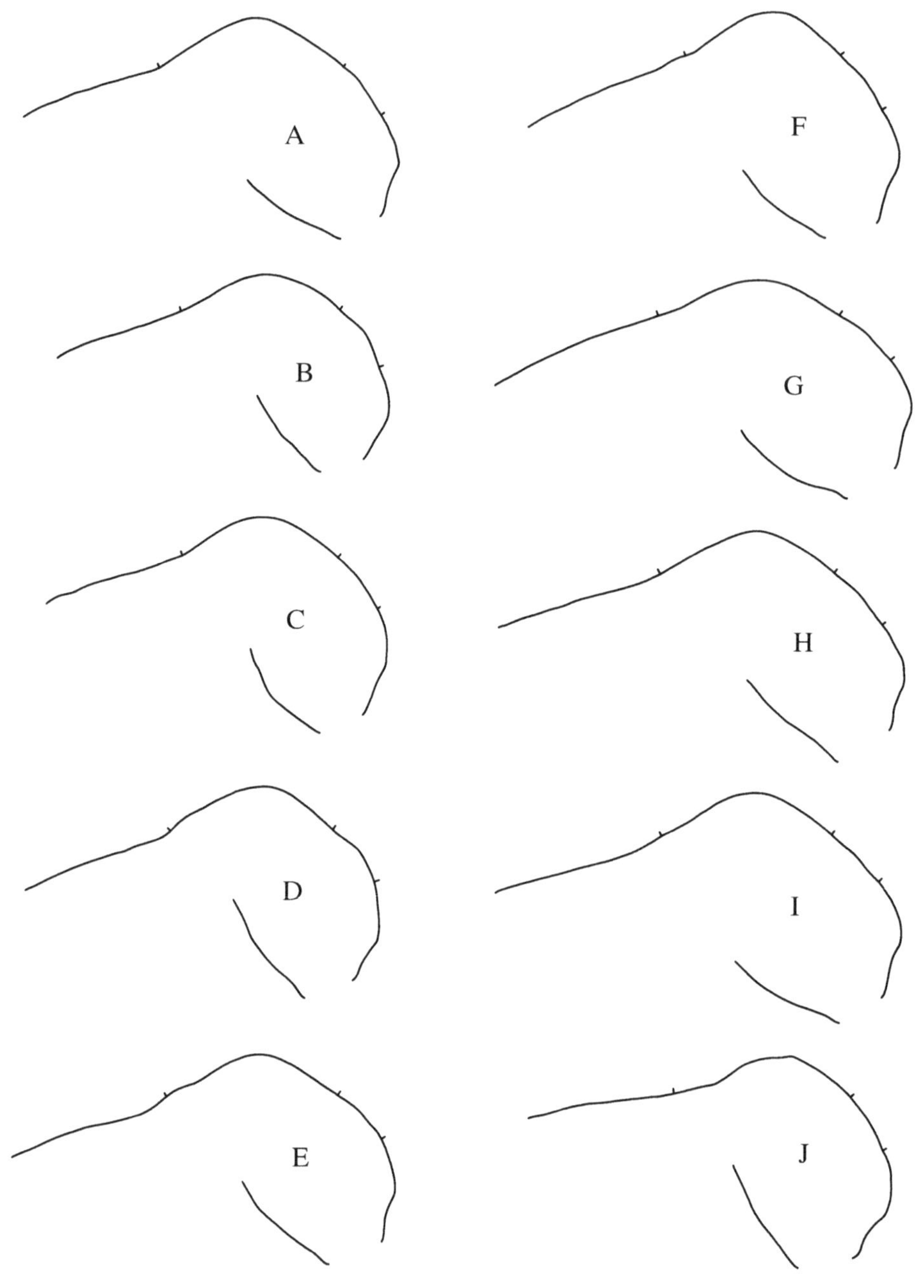

Figure 2.63. *Capra pyrenaica* Schinz, population de Gredos. Crânes, mâles, sections sagittales du nasal à la partie basilaire de l'occipital. Réduction : 1/4. Relevés et dessins de l'auteur ; mise au propre par M. Buisson-Catil. **A**, n° 2224 (5 ans). **B**, n° 2233 (5 ans). **C**, n° 2220 (5-6 ans). **D**, n° 2345 (6 ans). **E**, n° 2217 (6 ans). **F**, n° 2141 (7 ans). **G**, 2344 (7 ans). **H**, n° 2356 (7 ans). **I**, n° 2376 (7 ans 1/2). **J**, n° 2344 (8 ans). Muséum national d'Histoire naturelle de Madrid.

Le foramen supra-orbitaire est multiple : deux à trois orifices alignés de l'avant vers l'arrière accompagnés d'autres petits trous. Sur un spécimen s'observe une gouttière antérieure. Le foramen infra-orbitaire est simple, réduit à une fissure de grande taille. Le foramen sphéno-palatin est gros : environ 15 mm de large et 24 mm de haut. La suture palatine est en "V" à pointe rostrale et le foramen palatin forme une fissure oblique qui lui est perpendiculaire. Le bord rostral des choanes, en "V", est déplacé vers l'arrière par rapport à celui des fosses ptérygo-palatines qui se situent au niveau du lobe postérieur de M3.

Le lacrymal est court et large. Sa surface est plane. En *norma basalis*, le maxillaire en avant de P2 est creusé en gouttière de part et d'autre de la suture, cet approfondissement étant plus important chez *Ovibos* ("en fosse").

La région incisivale mandibulaire est large. Le foramen mentonnier, unique, ressemble à celui d'*Ovibos* mais s'en distingue par l'absence de gouttière rostrale et par sa position plus postérieure. L'attache du masséter est développée. Entre la canine et la p2, la barre est étroite et présente une arête comme chez *Ovibos*. Le processus coronoïde est allongé.

Les prémolaires supérieures sont triradiculées. Les faces antérieure et linguale de P2 sont planes ainsi que la face linguale des deux autres prémolaires. Les styles sont

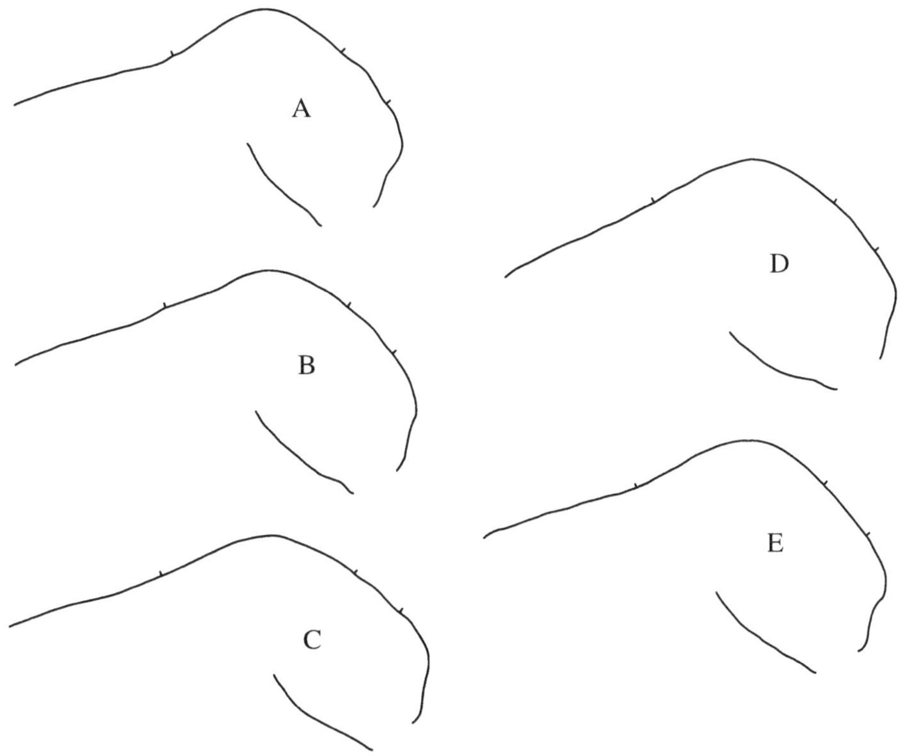

Figure 2.64. *Capra pyrenaica* Schinz, population de Gredos. Crânes, mâles, sections sagittales du nasal à la partie basilaire de l'occipital. Réduction : 1/4. Relevés et dessins de l'auteur ; mise au propre par M. Buisson-Catil. **A**, n° 2355 (8 ans). **B**, n° 2370 (8 ans). **C**, n° 2232 (8 ans). **D**, n° 2380 (8 ans 1/2). **E**, n° 2366 (9 ans). Muséum national d'Histoire naturelle de Madrid.

étroits et le cône labial est bien dilaté. Les molaires ont des lobes aigus lingualement et un éperon postérieur à la post-fossette. Une médifossette, plus petite que celle d'*Ovibos* est présente. La M3 n'a pas d'aile métastylaire et la face distale est plane.

Le parastylide de p2 est en relief du fait de la présence d'un sillon vertical. Le parastylide et le paraconide de p3 sont séparés sauf à la base. La vallée mésiale est courte et le métaconide est réuni à l'entoconide en une paroi verticale. La paroi linguale du deuxième lobe de la p4, molarisée, est oblique vers le milieu de la dent. Les molaires, dépourvues de pli caprin, ont des lobes aigus et des conides étroits.

Les crânes de la série type ne sont pas sexés. Il est possible que le spécimen n°47 aux chevilles plus graciles soit celui d'un individu femelle. Dans cette éventualité, aucune différence morphologique n'est décelable par rapport au mâle.

b. Morphologie du squelette post-crânien

Je n'ai pu examiner que le squelette du jeune adulte des collections d'Anatomie comparée du Muséum national d'Histoire naturelle qui est figuré en partie par A. Milne Edwards (1868–1874 : planche 79).

Le squelette post-crânien présente un mélange de caractères propres au genre et d'autres communs avec *Ovibos* :

- Humérus : comme chez le bœuf musqué la diaphyse est inclinée vers l'avant quand l'os est posé sur l'articulation distale. À la différence de cette espèce, en vue interne l'épicondyle médial est arrondi, en vue latérale la base du capitulum est plane et la fosse du capitulum est beaucoup plus profonde ;
- Radius : en vue crâniale, la vallée séparant le bord crânial de la surface articulaire pour le capitulum de celui répondant à la trochlée est plus étroite et profonde que chez *Ovibos*. Il existe une importante facette supplémentaire sur la diaphyse, à la base de la surface articulaire répondant au capitulum : elle est occasionnelle et réduite chez le bœuf musqué. En vue proximale, l'angle crânial de l'articulation pour le capitulum est aussi plus saillant. Le bord crânial de la facette articulaire distale pour le semi-lunaire est plus allongé ;
- Ulna : la diaphyse est plus rectiligne chez le takin. L'olécrâne est plus épais. En vue latérale, la tubérosité de l'olécrâne est moins saillante tandis que le processus anconé l'est beaucoup plus ;
- Scaphoïde : le bord palmaire de l'articulation proximale est plus large et la concavité dorso-latérale plus accusée. Le bord dorsal de l'articulation distale est plus étroit, en angle aigu, et le bord palmaire est moins large : il n'y a donc pas de saillie disto-latérale ;
- Semi-lunaire : à l'articulation proximale le bord médial est plus concave, le bord dorsal plus rectiligne ; le tubercule palmo-latéral est plus saillant. En vue distale, la concavité médiane est plus forte. Il existe une facette supplémentaire à l'angle palmo-latéral qui déborde sur la face palmaire. Cette face est plus étroite et plus haute chez *Ovibos* ;

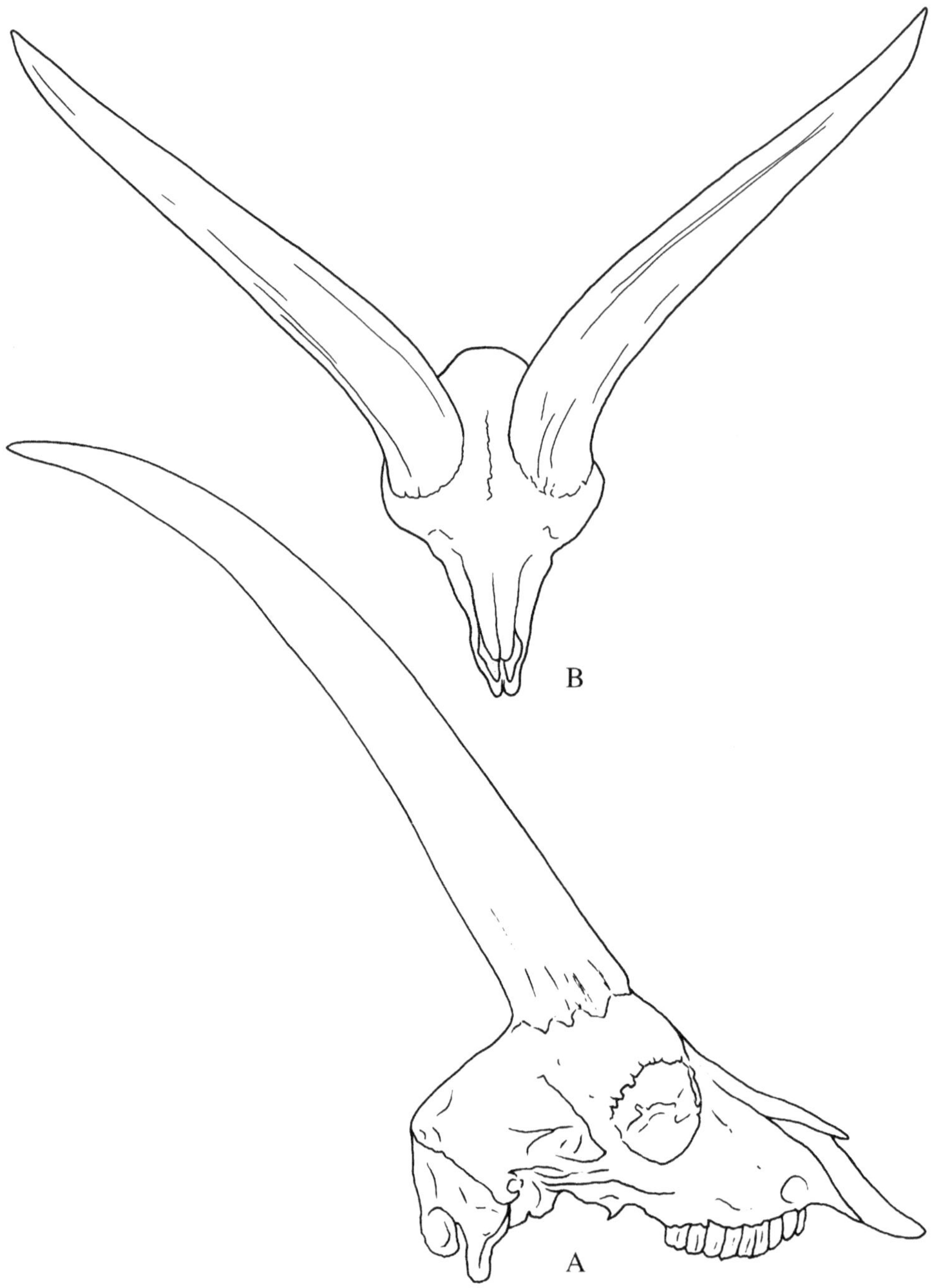

Figure 2.65. *Capra pyrenaica* Schinz, population de Gredos. Dessins de M. Buisson-Catil d'après les photographies de l'auteur. **A** : *norma lateralis*. **B** : *norma verticalis*. Crâne de mâle, n° 2232. Muséum national d'Histoire naturelle de Madrid.

- Pyramidal : en vue latérale, le bord disto-palmaire est plus ramassé et épais chez le takin ;
- Pisiforme : chez cette même espèce, les contours de la facette répondant au pyramidal sont sinueux et l'angle proximal est aigu ;
- Onciforme : en vue proximale, la facette dorso-médiale est plus creusée chez *Budorcas*, la crête médiane est aussi plus sinueuse. Par ailleurs le bord interne est rectiligne alors qu'il est fortement anguleux dans sa partie palmaire chez *Ovibos*. En vue palmaire, la surface articulaire proximo-médiale est concave alors qu'elle forme un bourrelet chez le bœuf musqué. Une facette supplémentaire, répondant au semi-lunaire, jouxte la facette latérale ;
- Capitato-trapézoïde : les reliefs de la face articulaire proximale sont plus accusés chez *Budorcas* ;
- Canon antérieur : il est beaucoup plus court et trapu que celui d'*Ovibos* mais la diaphyse est "en sablier" comme chez cet *Ovibovini*. L'articulation proximale est plus épaisse et plus étroite. La facette articulaire pour l'onciforme est moins triangulaire, le bord dorsal de l'articulation pour le capitato-trapézoïde est moins arrondi. La fusion des métapodes est moins complète que chez *Ovibos* et les métapodes II et V subsistent à l'état vestigial ;
- Fémur : en vue distale l'axe intercondylaire et l'axe de la trochlée sont peu décalés tandis qu'ils forment un angle obtus chez *Ovibos*. En vue distale, entre

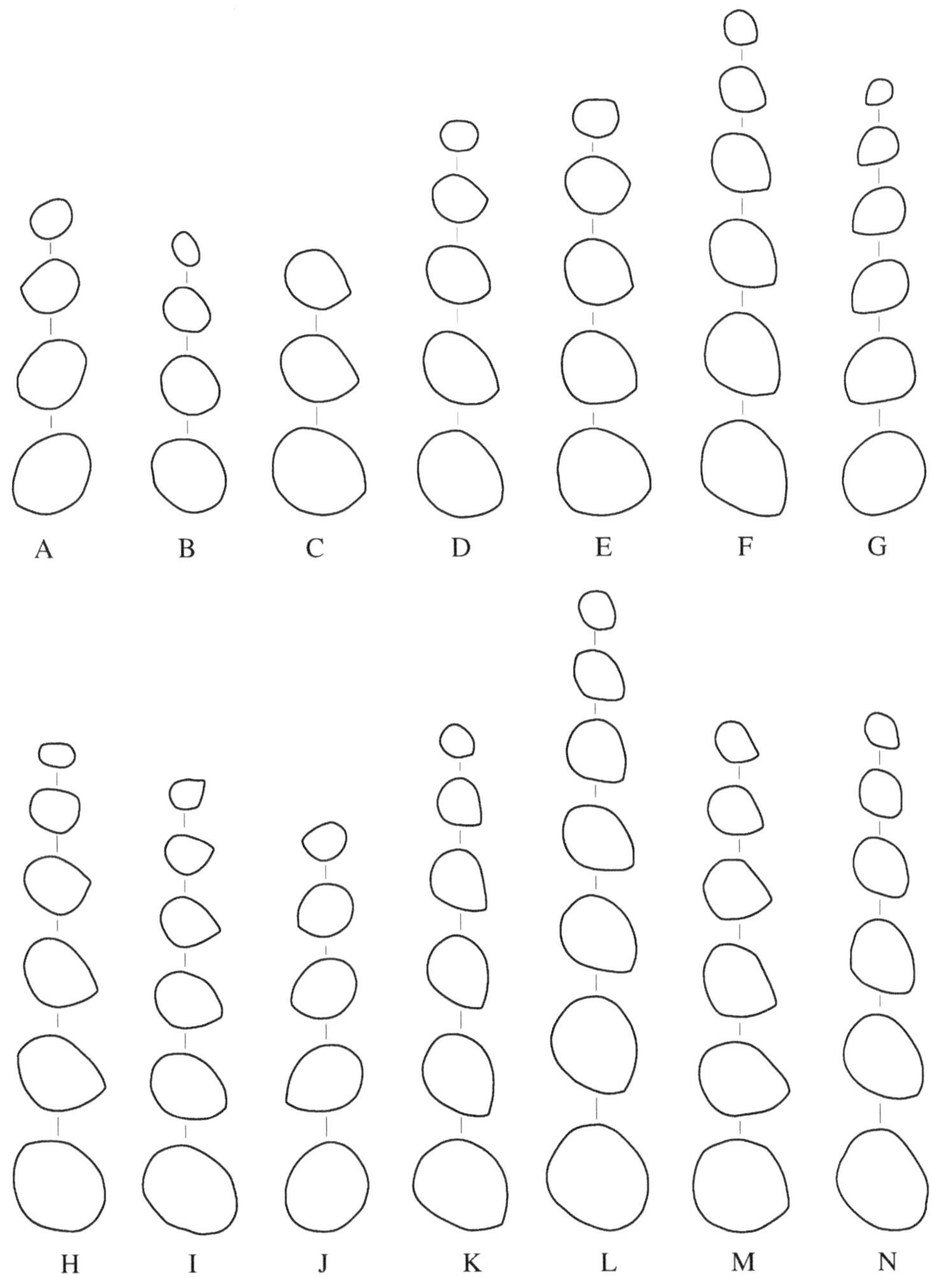

Figure 2.66. *Capra pyrenaica* Schinz, population de Gredos. Chevilles osseuses gauches (sauf **A**, **G** et **J**), mâles, sections de 5 en 5 cm ; face rostrale vers le haut, base au bas des colonnes. Réduction : 1/4. Relevés et dessins de l'auteur ; mise au propre par M. Buisson-Catil. **A**, n° 2224 (5 ans). **B**, n° 2220 (5-6 ans). **C**, n° 2345 (6 ans). **D**, n° 2217 (6 ans). **E**, n° 2141 (7 ans). **F**, n° 2344 (8 ans). **G**, n° 2356 (7 ans). **H**, n° 2376 (7 ans 1/2). **I**, n° 2344 (8 ans). **J**, n° 2355 (8 ans). **K**, n° 2370 (8 ans). **L**, n° 2232 (8 ans). **M**, n° 2380 (8 ans 1/2). **N**, n° 2366 (9 ans). Muséum national d'Histoire naturelle de Madrid.

l'épicondyle médial et la lèvre médiale de la trochlée une fossette d'insertion ligamenteuse est visible, qui est absente chez *Ovibos* ;

- Tibia : à l'articulation distale, la malléole médiane est plus saillante et moins massive chez *Budorcas* et en vue postérieure l'angle disto-médial est plus saillant et aigu ;
- Os malléolaire : la face dorsale est plus haute que celle du bœuf musqué. Sa base distale est en saillie ;
- Calcaneus : la facette malléolaire est plus étroite et sa partie dorsale est plus longue et plus concave. La facette articulaire pour le cubonaviculaire est en croissant plus net ;
- Talus : en vue dorsale et plantaire il est similaire à celui d'*Ovibos*. En vue latérale il y a une fosse arrondie et profonde à la base de la trochlée proximale qui est inexistante chez le bœuf musqué. La facette répondant au bord médio-plantaire du cubonaviculaire est plus courte.
- Cubonaviculaire : sur la face plantaire, l'éminence proximo-médiale est beaucoup plus courte que celle d'*Ovibos*. Cette même face est dépourvue de tubercule en son milieu ;
- Grand cunéiforme : il est relativement plus étroit chez le takin. La face plantaire est rectiligne et non oblique comme chez le bœuf musqué ;

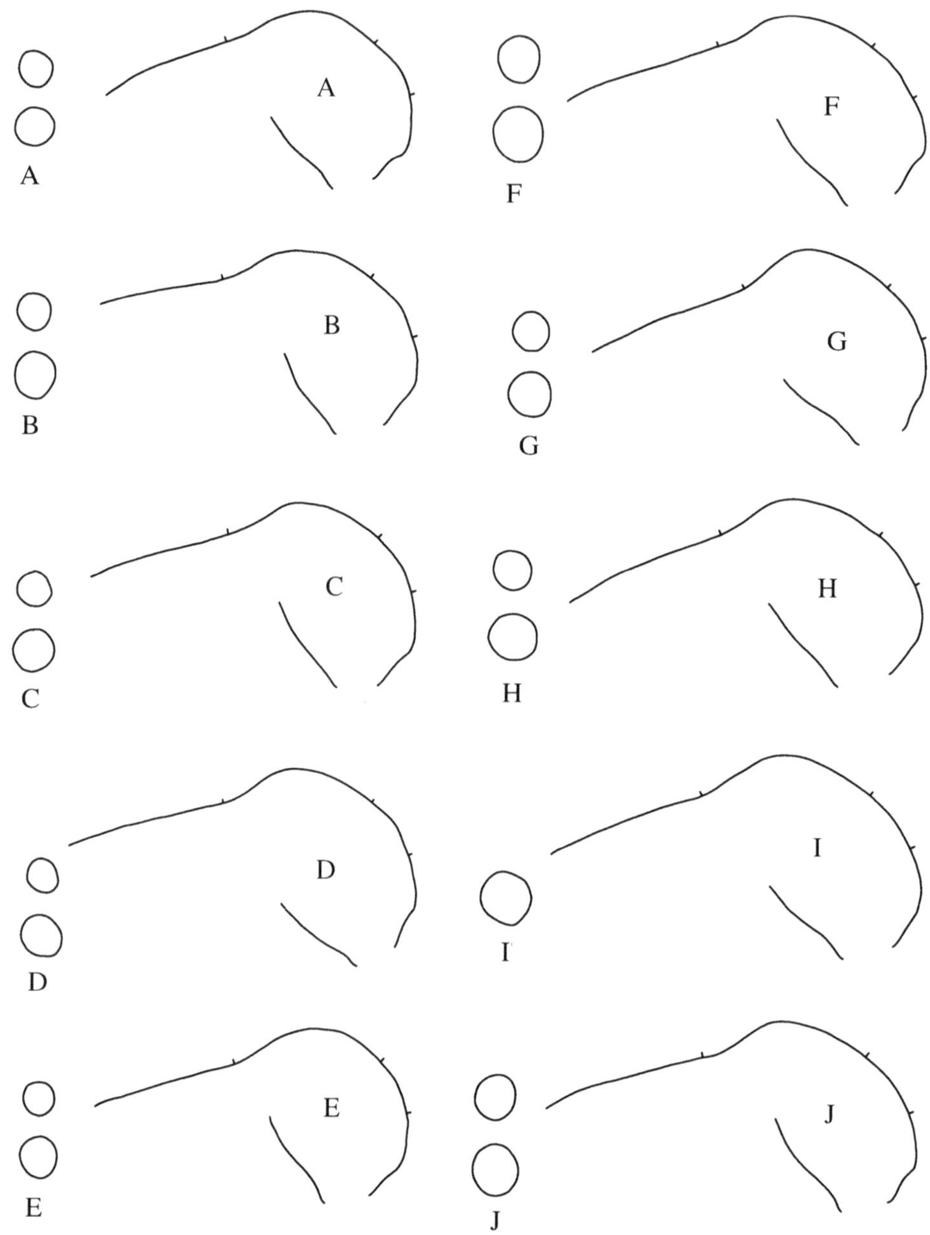

Figure 2.67. *Capra pyrenaica* Schinz, population de Gredos. À gauche, chevilles osseuses gauches, femelles, sections à la base (bas) et au milieu (haut) ; face rostrale vers le haut. À droite, crânes, femelles, sections sagittales du nasal à la partie basilaire de l'occipital. Réduction : 1/4. Relevés et dessins de l'auteur ; mise au propre par M. Buisson-Catil. **A**, n° 2348 (4 ans). **B**, n° 2363 (4 ans). **C**, n° 2379 (5 ans). **D**, n° 2367 (6 ans). **E**, n° 2347 (6 ans). **F**, n° 2142 (9 ans). **G**, n° 2361 (10 ans). **H**, n° 2136 (13 ans). **I**, n° 2343 (13 ans). **J**, n° 2135 (15 ans). Muséum national d'Histoire naturelle de Madrid.

- Canon postérieur : il est beaucoup plus court et trapu que celui d'*Ovibos* mais la diaphyse est "en sablier" comme chez celui-ci. Les facettes répondant au grand cunéiforme et au cubonaviculaire sont plus longues. Comme pour le canon antérieur, la ligne médiane marquant la fusion des métatarsiens III et IV est très marquée. Par ailleurs, les vestiges des métapodes II et V sont visibles ;
- Premières phalanges : seules disponibles, elles sont assez semblables à celles d'*Ovibos* du fait de l'aplatissement de l'articulation distale et de l'arrondissement de l'articulation proximale. Les différences concernent le décalage plus net des faces axiale et abaxiale, la profondeur importante des fosses sus-articulaires axiales, et la plus grande gracilité de la phalange postérieure.

c. Résumé des données pour *Ovibos* et *Budorcas*

Les caractères morphologiques crâniens et post-crâniens distinguent *Ovibos* des *Caprini* et en partie de *Budorcas*. Ce constat corrobore les observations d'E. Lönnberg (1900), en partie le résultat des analyses cladistiques d'A.W. Gentry (1992) et celui de la classification moléculaire (Hassanin *et al.* 1998).

La présence d'une facette supplémentaire à la base du condyle occipital étant au niveau ostéologique le critère diagnosique de la tribu des *Ovibovini*, *Budorcas* ne peut

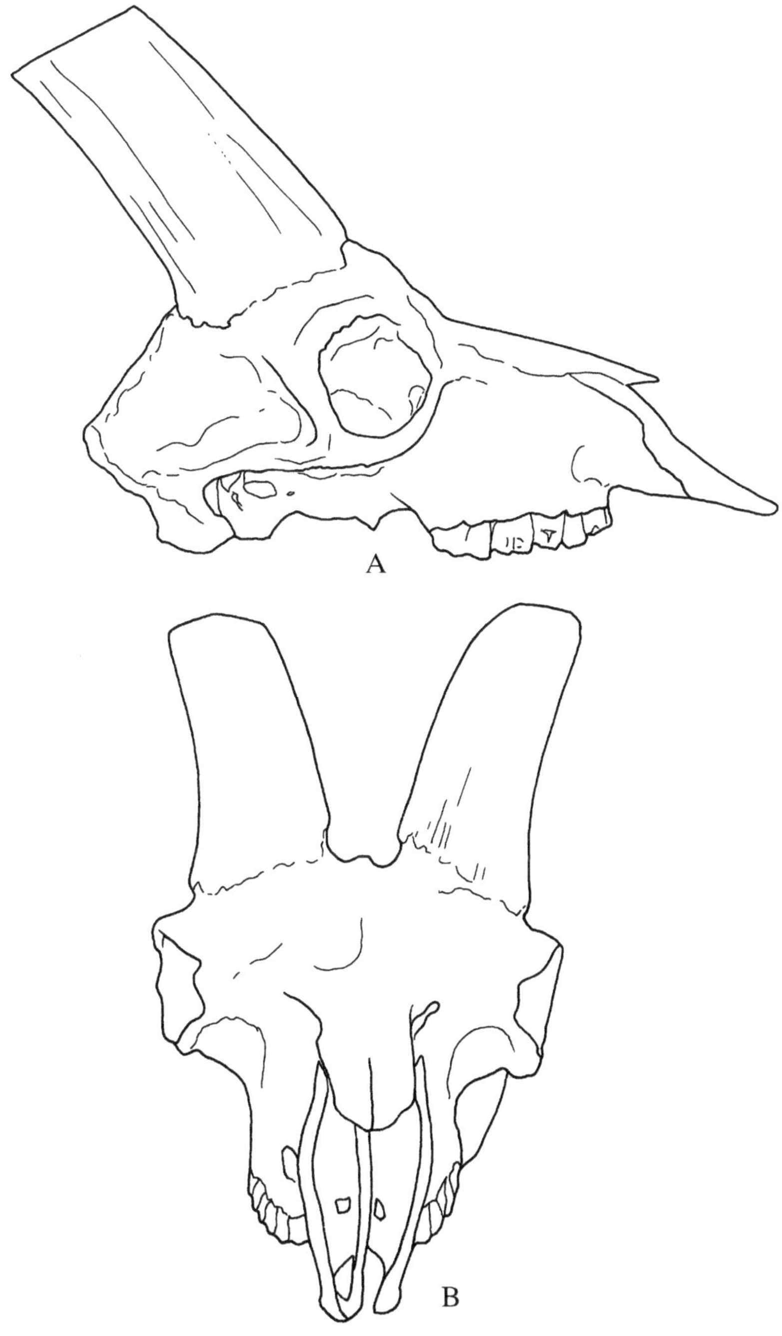

Figure 2.68. *Capra pyrenaica* Schinz, population des Pyrénées. Dessins de M. Buisson-Catil d'après les photographies de l'auteur. **A** : *norma, lateralis*, **B** : *norma frontalis.* Crâne mâle n° 2314. Musée d'Histoire naturelle de Vienne.

y être inclus comme l'indique à juste titre A.W. Gentry (1996). L'auteur signale la position haute du nasal qu'il attribue à une adaptation à des conditions climatiques hivernales froides (1996 : 584). Je pense que c'est plutôt la position reculée de cet os (que l'on retrouve poussée à l'extrême chez *Saiga*) qui correspond à une adaptation en milieu froid et sec, le genre évoluant entre 2.000 m et 3.000 m d'altitude. La hauteur importante du museau, la convexité du nasal, l'absence de contact entre celui-ci et le prémaxillaire étant des traits présents chez *Ovis*, cette morphologie me semble révéler une origine commune.

La proximité de *Budorcas* et d'*Ovis* a déjà été envisagée par E. Lönnberg (1900) d'après l'anatomie crânienne. Elle est mise en évidence par les analyses moléculaires de C.P. Groves et G. Shields (1996), d'A. Hassanin (1999) et de J. Gatesy et P. Arctander (2000). Le particularisme anatomique du genre dénote une histoire évolutive différente de celle d'*Ovis* et les analyses moléculaires ne contredisent pas cette conclusion (Hassanin *et al.* 1998).

Dès lors il convient d'exclure *Budorcas* des *Ovibovini* et d'envisager une convergence liée à une adaptation à un milieu extrême de contraintes voisines (froid, neige), soit un ancêtre commun aux trois genres *Ovis*, *Budorcas* et *Ovibos*. Elle pourrait être aussi la résultante des deux phénomènes.

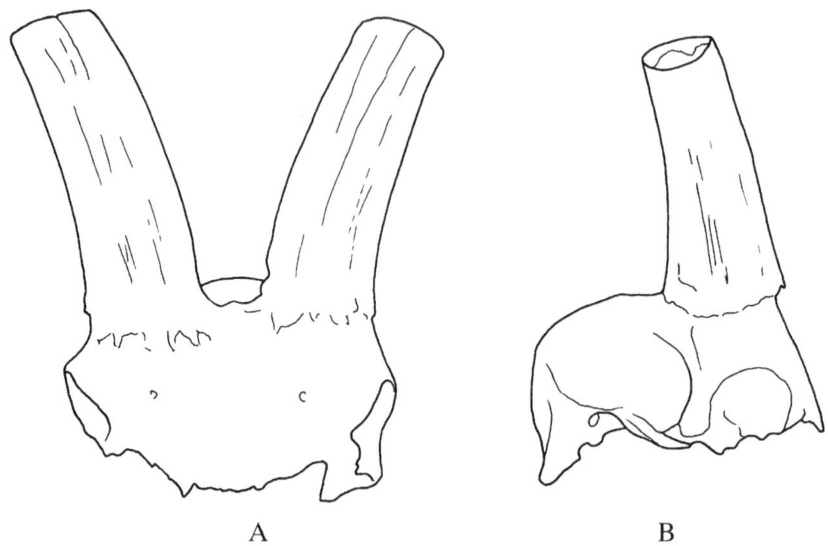

Figure 2.69. *Capra pyrenaica* Schinz, population des Pyrénées. Dessins de M. Buisson-Catil d'après les photographies de l'auteur. **A** : *norma frontalis*, **B** : *norma lateralis.* Crâne mâle, n° 561. Institut Zoologique de Saint-Pétersbourg.

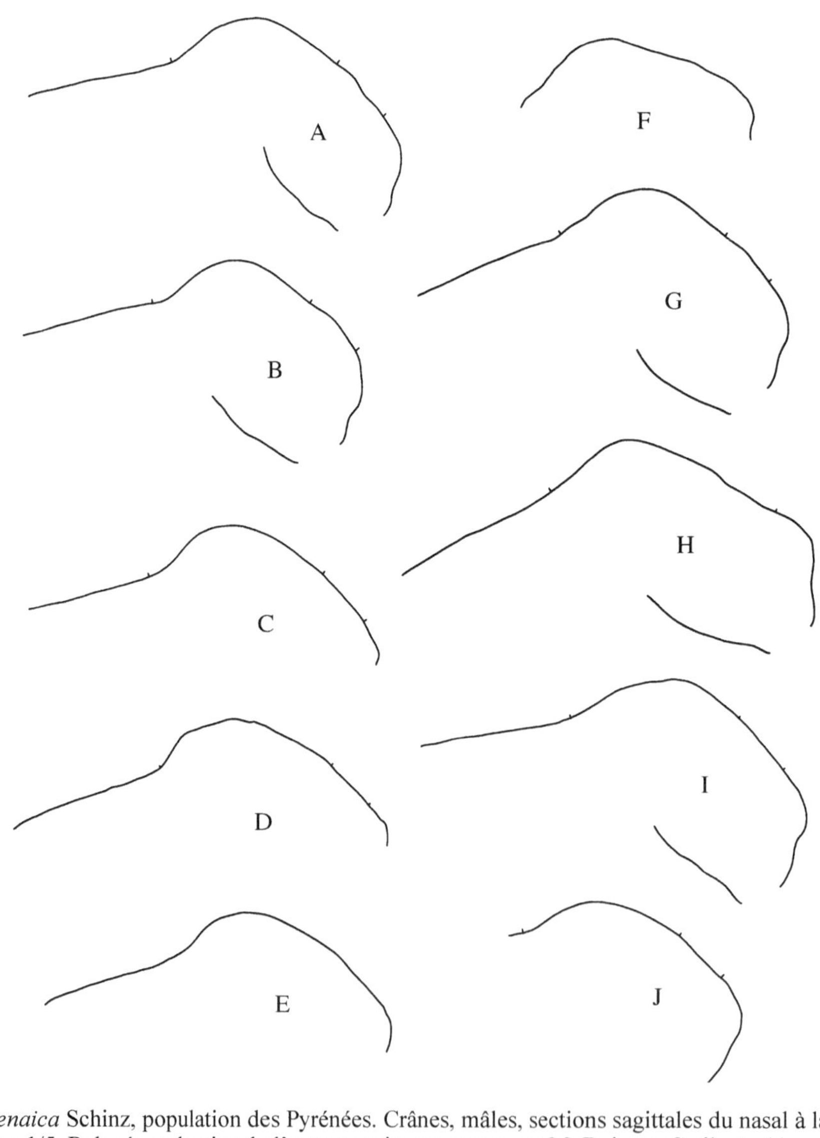

Figure 2.70. *Capra pyrenaica* Schinz, population des Pyrénées. Crânes, mâles, sections sagittales du nasal à la partie basilaire de l'occipital. Réduction : 1/5. Relevés et dessins de l'auteur ; mise au propre par M. Buisson-Catil. **A**, 11 ans (Maison du Parc d'Ordesa et du Mont Perdu). **B**, 7 ans (Maison du Parc d'Ordesa et du Mont Perdu). **C**, 12 ans (Parador de Pineta). **D**, n° 2314 (Musée d'Histoire naturelle de Vienne). **E**, n° 3576 (Musée d'Histoire naturelle de Bâle). **F**, n° 501 (Institut Zoologique de Saint-Pétersbourg). **G** n° 1926-16 (Institut de Paléontologie Humaine). **H**, sans réf. (Musée d'Histoire naturelle de Nantes). **I**, Bagnères de Luchon, 8 ans (Musée d'Histoire naturelle de Toulouse). **J**, 12 ans (collection D. Soullier).

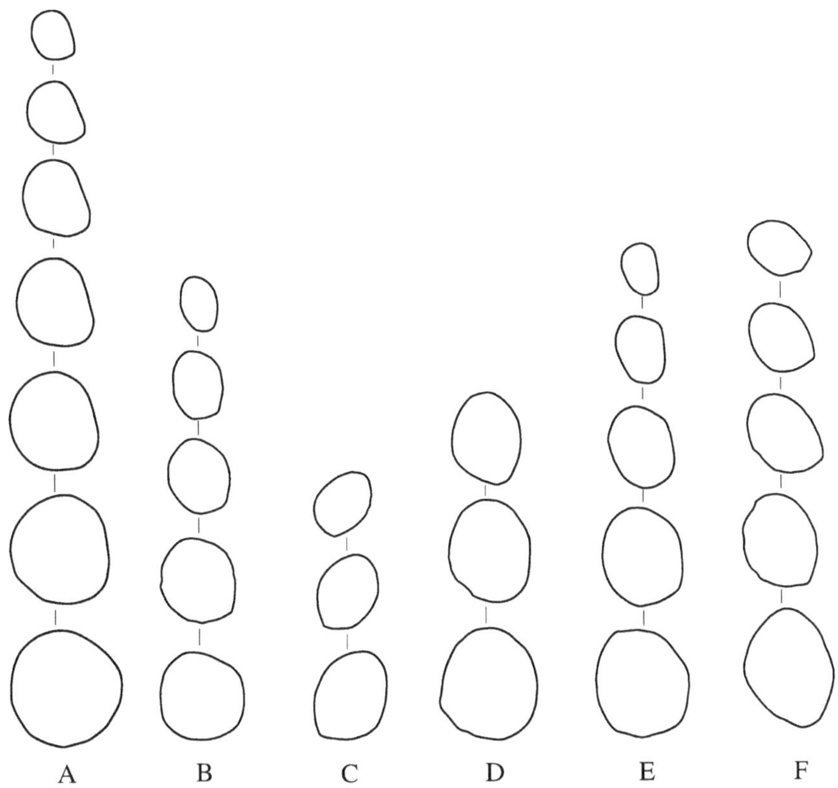

Figure 2.71. *Capra pyrenaica* Schinz, population des Pyrénées. Chevilles osseuses gauches (sauf **B**), mâles, sections de 5 en 5 cm ; face rostrale vers le haut, base au bas des colonnes. Réduction : 1/4,5. Relevés et dessins de l'auteur ; mise au propre par M. Buisson-Catil. **A**, sans réf. (Musée d'Histoire naturelle de Nantes). **B**, n° 3576 (Musée d'Histoire naturelle de Bâle). **C**, n° 561 (Institut Zoologique de Saint-Pétersbourg). **D**, n° 2314 (Musée d'Histoire naturelle de Vienne). **E**, n° 1926-16 (Institut de Paléontologie humaine). **F**, Bagnères de Luchon, 8 ans (Musée d'Histoire naturelle de Toulouse).

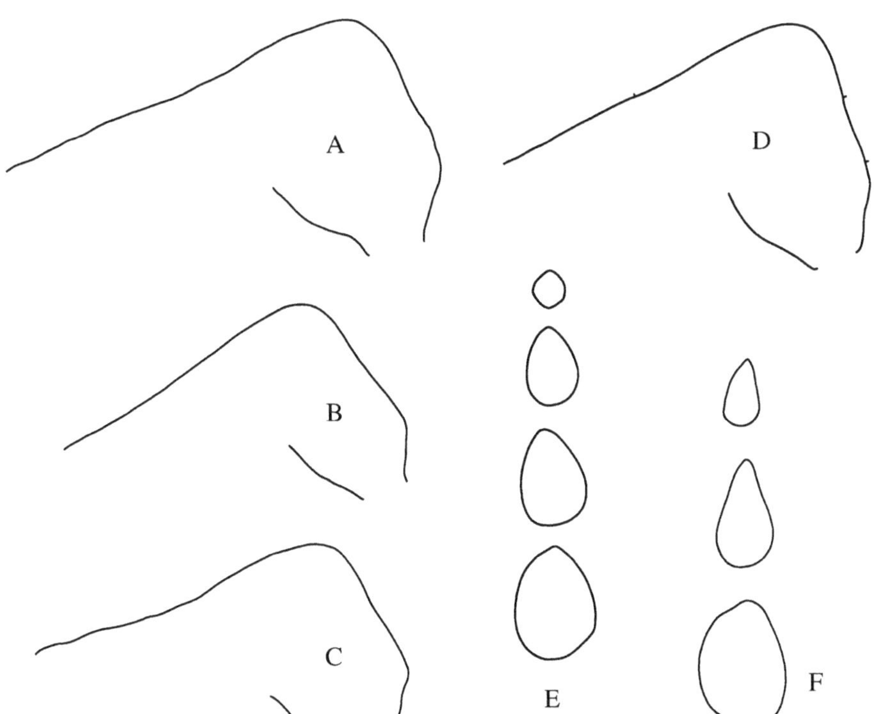

Figure 2.72. *Hemitragus jemlahicus* Smith. **A-D**: crânes, mâles (**A**, **E** et **F**) et femelles (**B** et **C**), sections sagittales du nasal à la partie basilaire de l'occipital. **E-F** : chevilles osseuses gauches, sections de 5 en 5 cm, face rostrale vers le haut, base au bas des colonnes. Réduction : 1/4,5. Relevés et dessins de l'auteur ; mise au propre par M. Buisson-Catil. **A**, n° 1966-110 (Laboratoire d'Anatomie comparée du Muséum national d'Histoire naturelle de Paris). **B**, n° 1903-639 (Laboratoire d'Anatomie comparée du Muséum national d'Histoire naturelle de Paris). **C**, n° 1972-133 (Laboratoire d'Anatomie comparée du Muséum national d'Histoire naturelle de Paris). **D** et **E**, n° 156 (Musée d'Histoire naturelle de Marseille). **F**, n° 1901 (Népal ; Musée d'Histoire naturelle de Bâle).

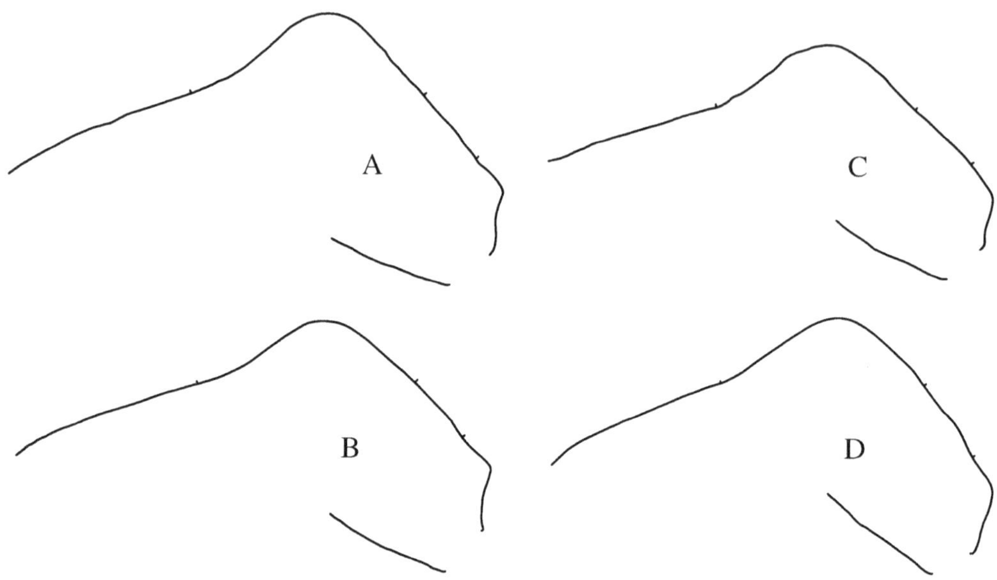

Figure 2.73. *Hemitragus hylocrius* Ogilby. Crânes, mâles, sections sagittales du nasal à la partie basilaire de l'occipital. Réduction : 1/4. Relevés et dessins de l'auteur ; mise au propre par M. Buisson-Catil. **A**, n° 1978-2424 (Musée d'Histoire naturelle de Londres). **B**, n° 59.285 (Musée d'Histoire naturelle de Londres). **C**, n° 36-3.2.1 (Musée d'Histoire naturelle de Londres). **D**, n° C.1909 (Musée d'Histoire naturelle de Bâle).

IV. ANALYSES BIOMÉTRIQUES

Outre l'étude morphologique, une étude biométrique a été engagée toujours en vue de clarifier les relations de parenté des diverses espèces du genre *Capra* mais aussi des différents genres placés au sein des *Caprini* et des *Ovibovini.*

La disparité des effectifs par espèce a posé le problème du choix de la technique la mieux adaptée pour le traitement des données. Le test t de Student-Fischer n'a pas été retenu, car non approprié (Chenorkian 1996 ; Ducos 1991). Une analyse multivariée ayant déjà été appliquée sur une partie des crânes et des mandibules que je présente (Fandos *et al.* 1993), et dont je donne un résumé dans le paragraphe qui suit, il ne m'a pas semblé utile de reprendre cette méthodologie ni, vu les résultats obtenus, de revenir sur la question du dimorphisme sexuel.

J'ai finalement retenu et appliqué :

- Des diagrammes des rapports logarithmiques ou diagrammes de Simpson (« ratio diagrams ») qui permettent de comparer les tailles et les formes des

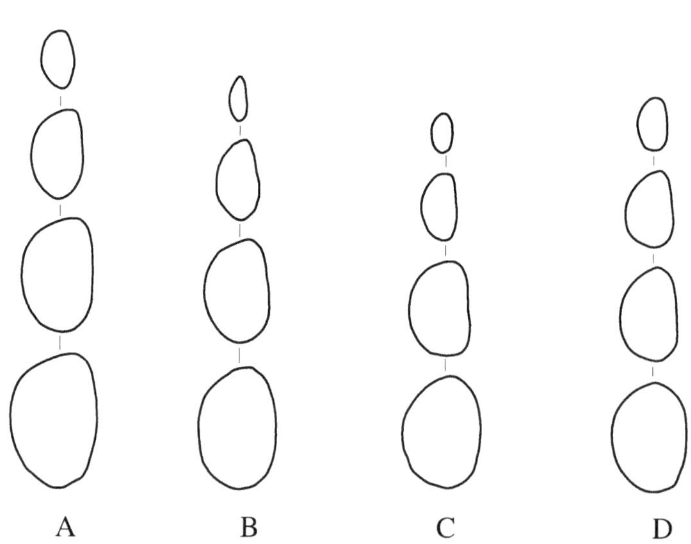

Figure 2.74. *Hemitragus hylocrius* Ogilby. Chevilles osseuses gauches, mâles, sections de 5 en 5 cm, face rostrale vers le haut, base au bas des colonnes. Réduction : 1/4. Relevés et dessins de l'auteur ; mise au propre par M. Buisson-Catil. **A**, n° 1978-2424 (Musée d'Histoire naturelle de Londres). **B**, n° 59.285 (Musée d'Histoire naturelle de Londres). **C**, n° 36-3.2.1 (Musée d'Histoire naturelle de Londres). **D**, n° C.1909 (Musée d'Histoire naturelle de Bâle).

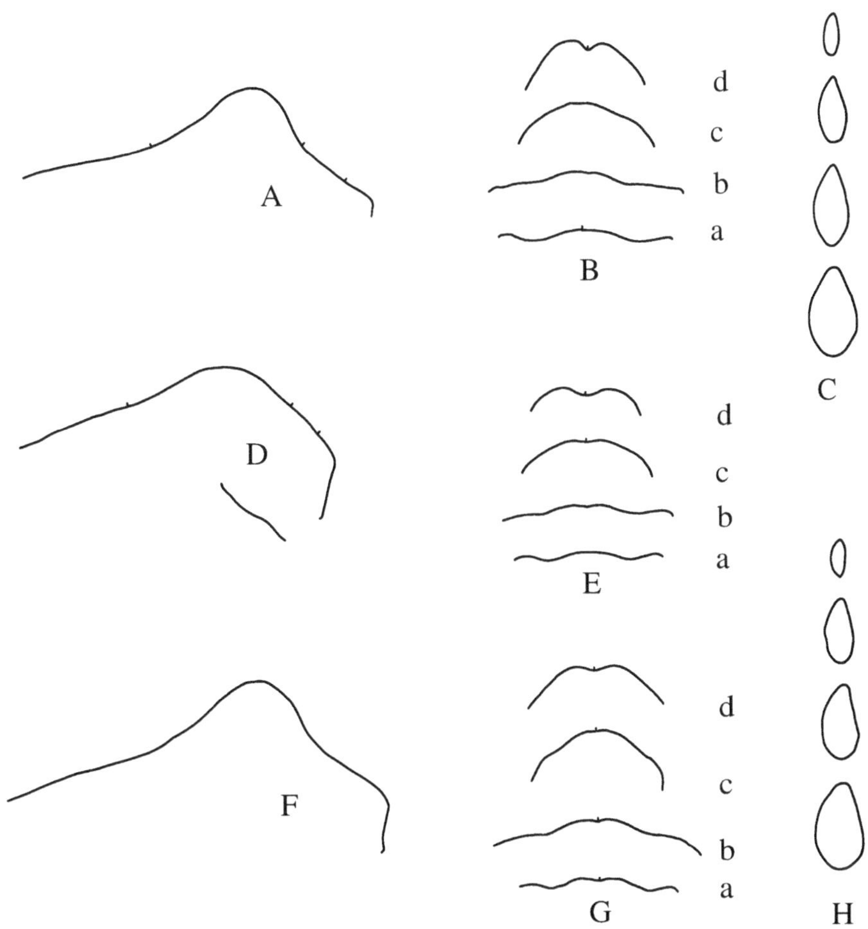

Figure 2.75. *Hemitragus jayakari* Thomas. **A, D, F** : crânes, sections sagittales du nasal à la partie basilaire de l'occipital. **B, E, G** : profil transversal du frontal, a : au niveau des foramens supra-orbitaires ; b : en arrière des foramens supra-orbitaires ; c : en arrière des orbites ; d : en avant des chevilles osseuses. **C** et **H** : chevilles osseuses gauches, sections de 5 en 5 cm ; face rostrale vers le haut, base au bas des colonnes. Réduction : 1/4. Relevés et dessins de l'auteur ; mise au propre par M. Buisson-Catil. **A**, **B**, **C**, mâle n° 94 3.9.12. **D**, **E**, femelle n° 48. 419. **F**, **G**, **H**, mâle n° 48.3.9.12. Musée d'Histoire naturelle de Londres.

spécimens, quel que soit le nombre des individus analysés (Simpson 1941) ; une espèce ayant été choisie comme base de référence (ligne 0 sur les figures), les moyennes des mesures sont converties en logarithmes décimaux. Les différences entre les logarithmes de l'espèce de référence et des taxons à comparer sont ensuite portées sur les graphiques. Plus les mesures diffèrent plus les points qui les représentent sont éloignés. L'obtention de courbes ou parties de courbes parallèles correspond à des proportions similaires.

- Une analyse de distance par la méthode UPGMA (Unweighted pair-group method using average ; Sokal et Sneath 1963) qui permet de construire des arbres de distance et de préciser les similitudes existant entre les différentes unités taxonomiques. Les calculs ont été réalisés par S. Legendre à l'aide du logiciel STATISTICA de chez STATSOFT. Sur les graphiques, la distance entre les différentes unités taxonomiques est exprimée en pourcentage (haut du graphique). Elle est calculée en divisant la distance observée par la distance maximale obtenue et multipliée par 100 (en haut et à gauche des graphiques). Plus la similitude entre taxons est grande, plus la distance qui les sépare est faible.

IV.1. Genres Capra, Hemitragus, Pseudois et Ammotragus

A. Anciens résultats

En 1991, R. Garcia Gonzales a entrepris une analyse biométrique des crânes de bouquetins ibériques en utilisant le test t de Student. L'étude conclut sur l'important dimorphisme sexuel de l'espèce et sur la position intermédiaire du bouquetin des Pyrénées par rapport à celui des Alpes et ceux de la péninsule ibérique. Plusieurs points de ce travail amènent des commentaires. Tout d'abord, l'auteur inclut dans son étude la population du site pyrénéen de Gèdre dont l'âge n'est pas connu ; les bouquetins du Pléistocène étant plus robustes que ceux de l'Holocène, l'inclusion d'individus non datés parmi des spécimens actuels peut fausser les résultats. En outre, R. Garcia Gonzales fait abstraction dans ses conclusions de la loi de Bergmann, selon laquelle les animaux homéothermes possèdent dans un habitat froid une plus grande taille que les individus de la même espèce vivant dans des milieux moins froids. Par ailleurs, il ne tient pas compte des données morphologiques et paléontologiques : il est évident que des espèces distinctes peuvent avoir

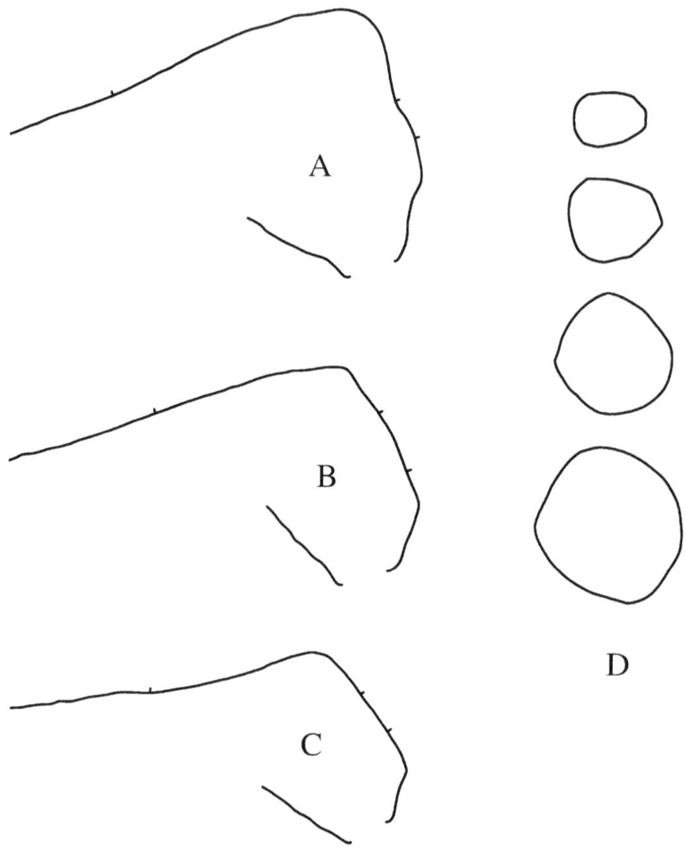

Figure 2.76. *Pseudois nayaur* (Hodgson). À gauche : crânes, mâle (**A**) et femelles (**B** et **C**), sections sagittales du nasal à la partie basilaire de l'occipital. À droite, cheville osseuse gauche, mâle, sections de 5 en 5 cm, face rostrale vers le haut, base au bas des colonnes. Réduction : 1/4. Relevés et dessins de l'auteur ; mise au propre par M. Buisson-Catil. **A** et **D**, n° 32972. **B**, n° 29598. **C**, n° 32973. Musée d'Histoire naturelle de Vienne.

des dimensions moyennes très proches mais une histoire évolutive et une morphologie différente.

Outre cette analyse, les crânes de *C. pyrenaica*, *C. ibex*, *C. nubiana*, *C. walie*, *C. caucasica*, *C. sibirica* et *C. falconeri* ont déjà donné lieu à une étude comparative utilisant une analyse univariée (ANOVA) et multivariée (Fandos *et al.* 1993). Il est important de noter que dans ce travail, qui englobe les données de 112 spécimens mâles et femelles, les matériaux attribués à *C. walie* se sont par la suite révélés être des crânes de *C. aegagrus*. L'analyse a mis en évidence le fort dimorphisme sexuel des bouquetins et plus particulièrement de *C. pyrenaica*. L'importante proximité des taxons est indiquée, notamment celle de *C. sibirica* et de *C. caucasica*. *C. pyrenaica* se révèle l'espèce la plus différente.

B. Nouveaux résultats

Un total de 451 crânes de *Caprini* a été mesuré, soit :

- *Capra* : 224 crânes mâles, 136 crânes femelles,
- *Hemitragus* : 48 crânes mâles, 19 crânes femelles,
- *Pseudois* : 4 crânes mâles, 3 crânes femelles,
- *Ammotragus* : 7 crânes mâles, 10 crânes femelles.

Le nombre de squelettes analysés est plus réduit (155) :

- *Capra* : 63 mâles, 69 femelles,
- *Hemitragus* : 10 mâles, 9 femelles,
- *Pseudois* : 1 mâle, 2 femelles,
- *Ammotragus* : 1 femelle (incomplète).

Les mesures crâniennes par sexe sont fournies dans les tableaux 2.1 et 2.2, celles des mandibules dans les tableaux 2.3 et 2.4, celles des dents jugales dans les tableaux 2.5 à 2.22. Les mesures du post-crânien par sexe sont fournies dans les tableaux 2.23 à 2.70. Pour les diagrammes de Simpson concernant le post-crânien, la ligne 0 a été établie à partir de la moyenne des individus mâles et femelles confondus. Les mesures sont présentées dans les tableaux 2.71 à 2.94.

a. Genre *Capra* Linné, 1758

a.1. Analyse crânienne

En raison de l'importance du corpus de données sur le bouquetin des Alpes, cette espèce a été choisie comme référentiel pour les diagrammes. Les crânes et mandibules ont été comparés par sexe du fait des différences morphologiques liées au dimorphisme sexuel.

Les mesures les plus variables concernent le rétrécissement des bords interalvéolaires (mesure 16 ; Figure 2.1), les largeurs du nez (mesures 33 à 36; Figure 2.1), la hauteur du *Foramen Ovale* (FO) et tous les paramètres liés aux chevilles osseuses (mesures 37 à 46; Figure 2.2). Toutes

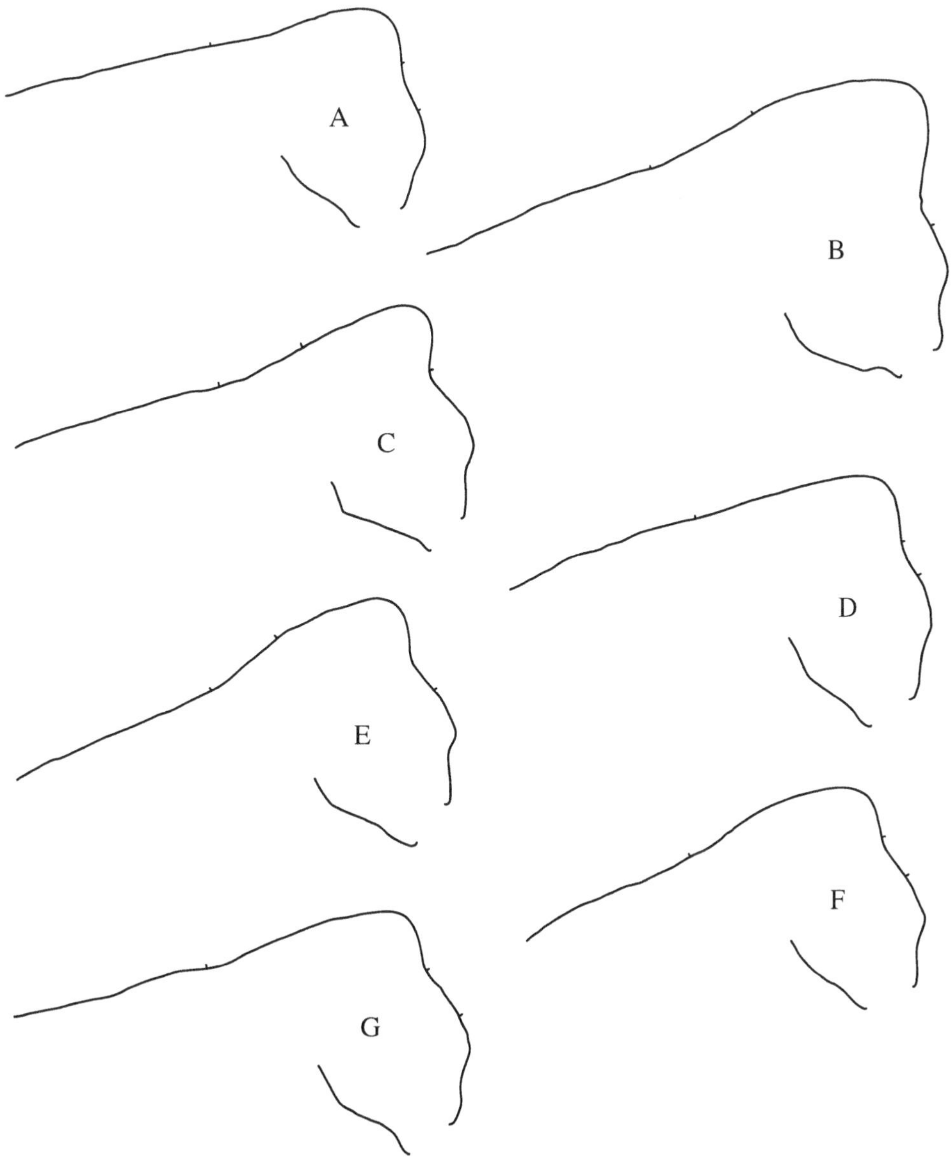

Figure 2.77. *Ammotragus lervia* (Pallas). Crânes, mâles (**A** et **B**) et femelles (**C** à **G**), sections sagittales du nasal à la partie basilaire de l'occipital. Réduction : 1/4. Relevés et dessins de l'auteur ; mise au propre par M. Buisson-Catil. **A** : n° 637. **B** : n° 28561. **C** : n° 28571. **D** : n° 36286. **E** : n° 40890. **F** : n° 22709. **G** : n° 28556. Musée d'Histoire naturelle de Vienne.

les mesures ont été utilisées dans les graphiques, même celles dont le coefficient de variation est trop élevé pour être significatif. Dans les commentaires suivants, un astérisque permet de repérer les valeurs supérieures à 9.

Crâne mâle

Les crânes ayant fait l'objet de 68 mesures. Pour des raisons évidentes de lisibilité, les paramètres ont été répartis en quatre diagrammes distincts. En première lecture, il apparaît qu'aucune des espèces considérées n'est similaire à *C. ibex*. Cependant les différences entre taxons ne sont jamais énormes.

Mesures 1 à 17

Ces mesures permettent d'apprécier essentiellement la longueur du crâne, l'importance du neurocrâne et du museau ainsi que celle de l'arc dentaire. Dans l'ensemble, la longueur totale, les proportions du neurocrâne et du museau ne sont pas foncièrement différentes entre espèces.

On constate que les crânes les plus longs (mesures 1 à 3) correspondent aux populations continentales (*C. sibirica*, *C. cylindricornis*, *C. caucasica*, *C. falconeri*) (Figure 2.80) et au bouquetin des Pyrénées (Figure 2.81). Les bouquetins ibériques se regroupent avec *C. nubiana*, *C. walie* et *C. aegagrus*.

Le rétrécissement des bords interalvéolaires s'accentue des populations continentales aux populations méridionales. Chez *C. pyrenaica*, ce paramètre diminue de la population des Pyrénées à celle de Tortosa (mesure 16*) (Figure 2.82).

La longueur du segment prémolaire et du segment molaire est fortement variable (mesures 10 et 11) : ainsi aucune

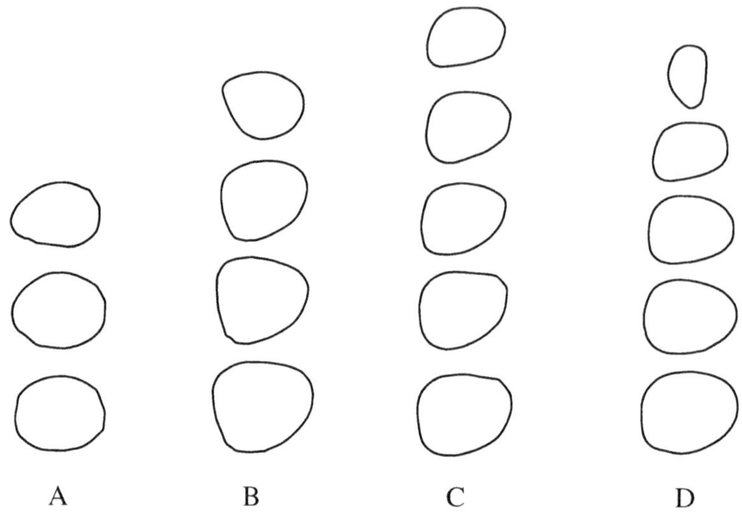

Figure 2.78. *Ammotragus lervia* (Pallas). Chevilles osseuses gauches, mâle (**A**) et femelles (**B** à **D**), sections de 5 en 5 cm ; face rostrale vers le haut, base au bas des colonnes. Réduction : 1/4. Relevés et dessins de l'auteur ; mise au propre par M. Buisson-Catil. **A** : n° 637 (Musée d'Histoire naturelle de Vienne). **B** : n° 28571 (Musée d'Histoire naturelle de Vienne). **C** : n° 36286 (Musée d'Histoire naturelle de Vienne). **D** : sans réf. (Musée d'Histoire naturelle de Toulouse).

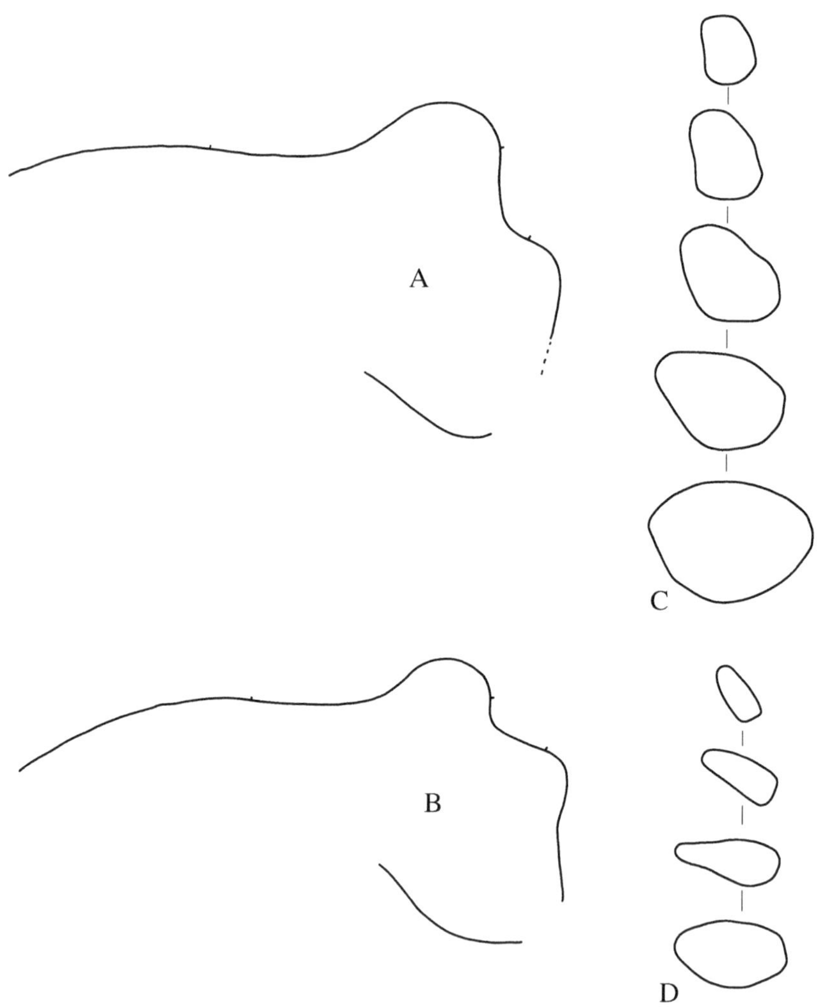

Figure 2.79. *Budorcas tibetana* (Milne-Edwards). Crânes, série type, mâles. À gauche, section sagittale du nasal à la partie basilaire de l'occipital. À droite, chevilles osseuses gauches, sections de 5 en 5 cm ; face rostrale vers le haut, base au bas des colonnes. Réduction : 1/4. Relevés et dessins de l'auteur ; mise au propre par M. Buisson-Catil. **A** et **C** : n° 7. **B** et **D** : n° 147. Laboratoire de Zoologie, Mammifères et Oiseaux du Muséum national d'Histoire naturelle de Paris.

population de *C. pyrenaica* ne présente de segment dentaire identique en proportions (Figure 2.81).

C. caucasica et *C. cylindricornis* évoluent dans des proportions assez semblables pour les longueurs crâniennes et celles des segments prémolaire et molaire (mesures 1 à 14) (Figure 2.80). La longueur du museau est toutefois légèrement plus grande chez *C. caucasica* (mesure 5). Les divergences les plus nettes concernent la forme du palais qui est plus étroite à l'avant (mesure 15*) mais plus large au milieu et à l'arrière (mesure 13 et 14) chez celui-ci.

Chez *C. pyrenaica*, les longueurs du crâne des bouquetins de Cazorla et de Tortosa (mesures 2, 4, 5 et 6) sont similaires, Cazorla ayant cependant une rangée dentaire (mesures 6 et 9) et un processus palatin de l'os incisif plus longs (mesure 8) (Figure 2.81). Les deux autres populations ibériques diffèrent des précédentes mais sont similaires entre elles. Les individus des Pyrénées ont un palais large (mesure 13) mais à l'arrière relativement plus étroit (mesure 14) pour un écartement antérieur relativement plus large (mesure 15*). La population de Tortosa se distingue par la brièveté du processus palatin de l'os incisif (mesure 8) et le fort allongement de son segment prémolaire (mesure 10). Les populations de Gredos et de Cazorla ont un palais à convexité et écartement postérieur similaires (mesures 13 et 14) mais à Gredos il est beaucoup plus rétréci à l'avant (mesure 15*).

C. caucasica, au crâne beaucoup plus long que *C. pyrenaica* des Pyrénées (mesure 2), possède un museau proportionnellement voisin de celui-ci (mesures 5 à 8) (Figure 2.81). Les proportions de son palais se révèlent similaires à celle du bouquetin ibérique de Cazorla (mesures 13 à 15*).

C. nubiana et *C. walie* ne diffèrent que par la longueur prise de l'incisif à l'arrière de M3 (mesure 6) et celle du processus palatin de l'os incisif (mesure 8), respectivement plus long et plus court chez *C. walie* (Figure 2.80). Il faut cependant relativiser cette différence, ces mesures n'ayant pu être prises que sur un seul spécimen de *C. walie*.

C. sibirica, *C. falconeri* et *C. aegagrus* se montrent assez différent les uns des autres et des taxons précédents (Figure 2.80).

Mesures 18 à 36

Ces paramètres concernent l'importance du neurocrâne et du museau, le développement des divers os qui les composent ainsi que la largeur du crâne.

C. caucasica et *C. cylindricornis* diffèrent dans les proportions relatives de la face et de l'arrière crâne : *C. caucasica* possède une face et un frontal relativement plus courts (mesure 21 et 18), un pariétal plus long (mesure 25*) (Figure 2.83). Le raccourcissement du pariétal de *C. cylindricornis* et corrélativement de la partie arrière du crâne (mesure 19*) évoquent *Ovis* et pourraient donc être liés à l'importance du développement et de la divergence des chevilles osseuses. Le nasal est très large à l'arrière chez *C. cylindricornis* (mesure 35*) et l'écartement antérieur des orbites est important (mesure 30).

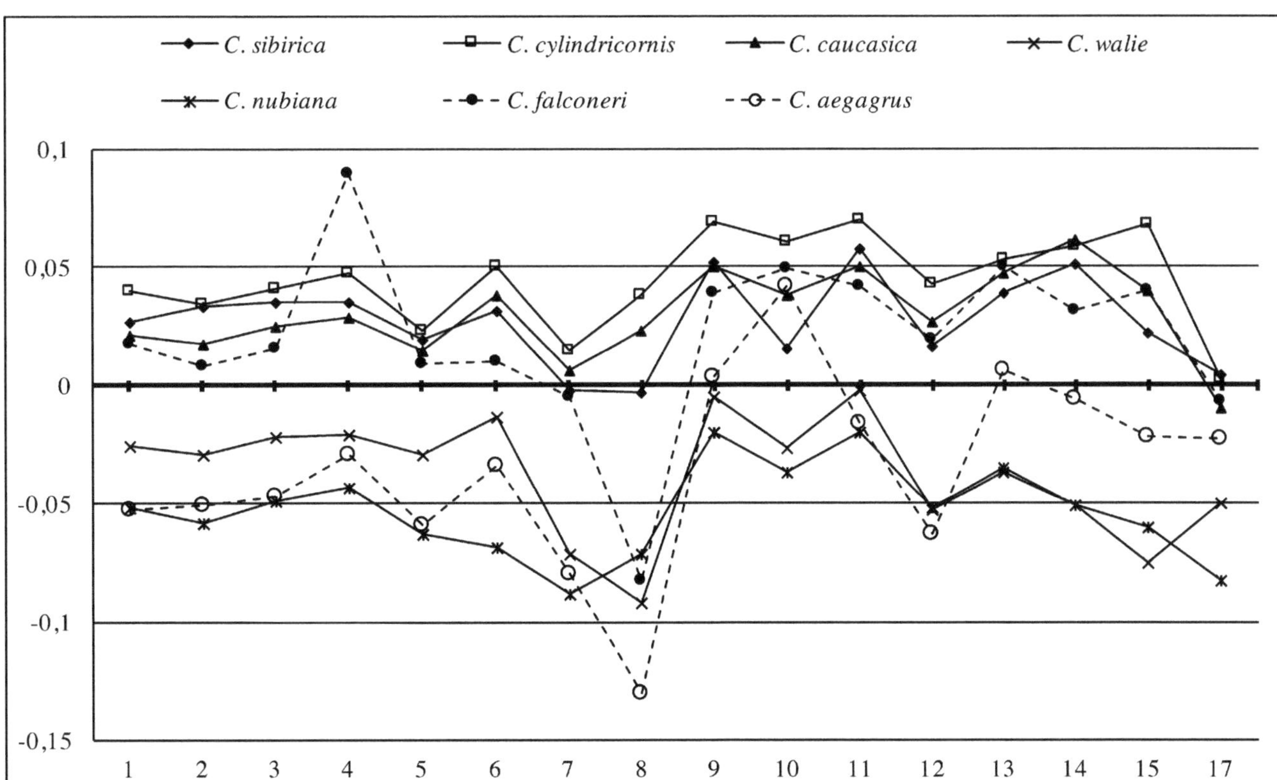

Figure 2.80. *Capra sibirica, C. cylindricornis, C. caucasica, C. pyrenaica* (Pyrénées), *C. nubiana, C. walie, C. falconeri, C. aegagrus* actuels, diagramme de Simpson du crâne mâle (mesures 1 à 15 et 17). Différence par rapport à *C. ibex* mâle actuel.

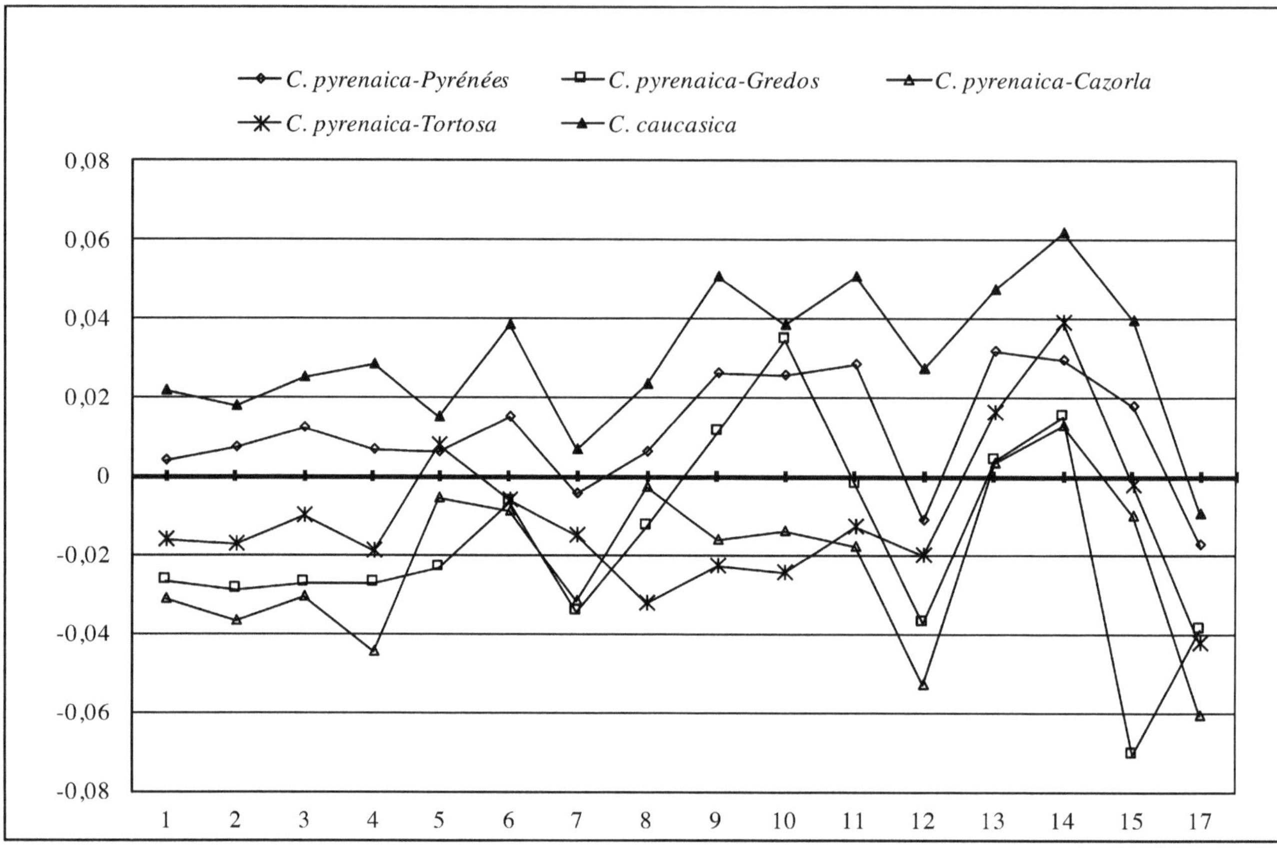

Figure 2.81. *Capra caucasica* et *C. pyrenaica* (populations des Pyrénées, de Tortosa, de Cazorla et de Gredos) actuels, diagramme de Simpson du crâne mâle (mesures 1 à 15 et 17). Différence par rapport à *C. ibex* mâle actuel.

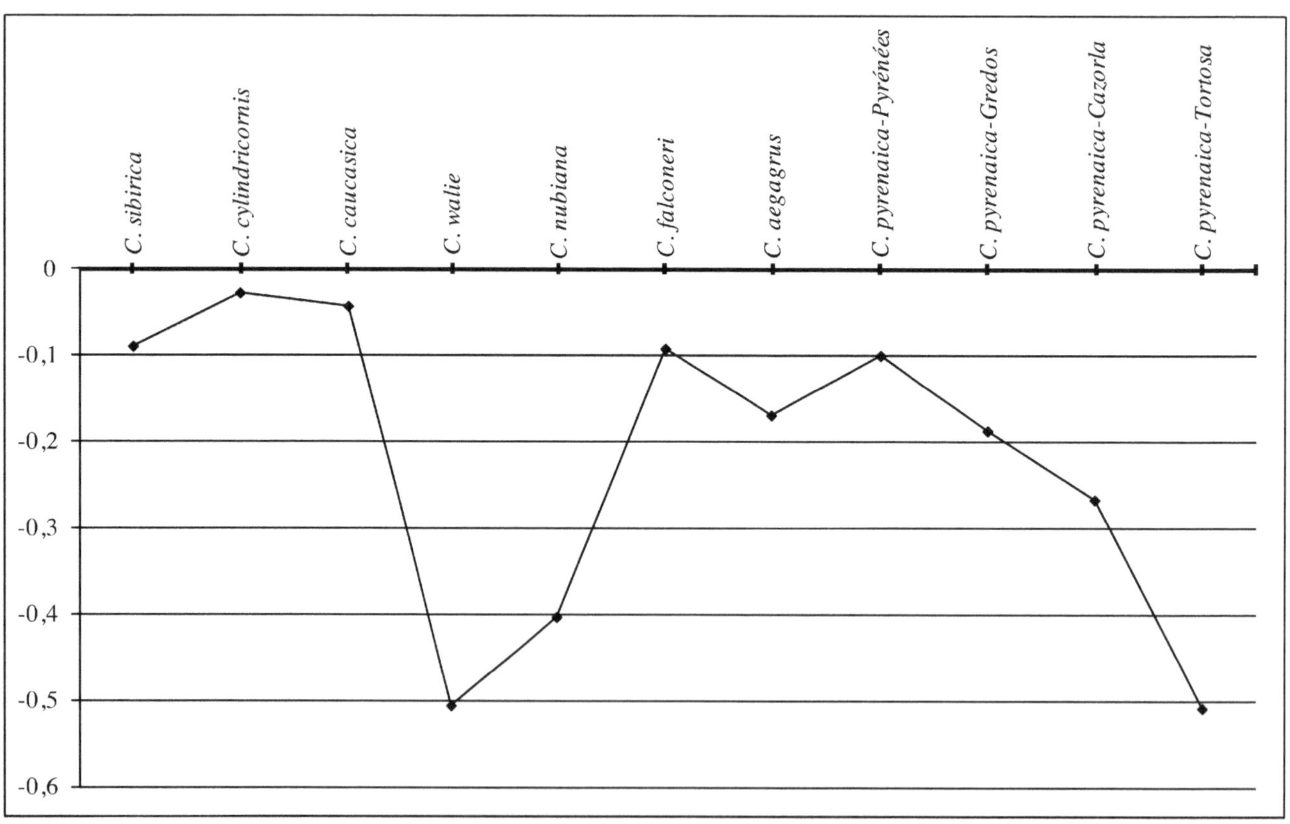

Figure 2.82. *Capra sibirica*, *C. cylindricornis*, *C. caucasica*, *C. pyrenaica* (populations des Pyrénées, de Tortosa, de Cazorla et de Gredos), *C. nubiana*, *C. walie*, *C. falconeri*, *C. aegagrus* actuels, diagramme de Simpson du crâne mâle (mesure 16). Différence par rapport à *C. ibex* mâle actuel.

Toutes les populations de *C. pyrenaica* ont un nasal court (mesure 22), particulièrement large à l'arrière (mesure 35) et étroit à l'avant (mesure 36*) (Figure 2.84). La longueur du frontal diminue des Pyrénées au Sud de l'Espagne (mesure 18). Les populations de Gredos et Tortosa se caractérisent par un rétrécissement post-orbitaire important (mesure 28) comparativement aux populations de Cazorla et des Pyrénées. À Gredos, les orbites sont rapprochées à l'avant (mesure 30*). Cette population et celle de Cazorla ont un massif facial s'amincissant régulièrement (mesure 31 à 34*), tandis qu'à Tortosa et dans les Pyrénées, les prémaxillaires sont plus larges au niveau de leur jonction avec le maxillaire (mesure 33).

C. nubiana et *C. walie* ont une évolution des paramètres crâniens pratiquement parallèle puisque seuls diffèrent la longueur supérieure du neurocrâne (mesure 20), plus courte chez *C. nubiana*, et le museau plus large chez cette même espèce, notamment au niveau du prémaxillaire (mesures 31 à 33) (Figure 2.83).

Les proportions des os du toit crânien de *C. sibirica* (mesures 18 à 26 [25*]) sont plus ou moins similaires à celles du groupe précédent (Figure 2.83). La largeur du museau n'est aussi pas très différente de celle de *C. nubiana* ainsi que de *C. cylindricornis*.

Les proportions du museau de *C. aegagrus* et *C. falconeri* sont identiques (mesures 31 à 33 ; pour *C. aegagrus* : 33*) (Figure 2.83). Les points de divergence marquants concernent le nasal, plus court (mesure 22) et plus étroit à l'avant (mesure 36*) chez *C. aegagrus*, et le pariétal très court chez *C. falconeri* (mesures 19* et 25*).

Mesures 37 à 46

Ces mesures concernent les chevilles osseuses (écartement, gracilité, longueur). Pratiquement toutes ont un coefficient de variation élevé.

La longueur des chevilles de *C. caucasica* et *C. cylindricornis* (mesure 45*) ainsi que leur section et périmètre basal sont proches (mesures 41* à 44* et 46*) (Figure 2.85). *C. cylindricornis* s'isole du fait de l'importante divergence de ses chevilles (mesures 39* et 40*).

Les proportions des chevilles de *C. caucasica* sont aussi proches de celles de C. *pyrenaica* (Figure 2.86). Pour une longueur (mesure 45*) et un écartement basal (mesure 38 [coefficient de variation élevé uniquement pour *C. caucasica*]) voisins, la divergence au milieu est plus faible chez *C. pyrenaica* (mesure 39*).

Chez *C. pyrenaica*, la population de Tortosa se distingue des autres par une forte divergence apicale (mesure 40*) et une longueur plus grande (mesure 45*) (Figure 2.86). Les proportions des chevilles de Gredos et Cazorla, malgré une morphologie différente, sont les plus semblables.

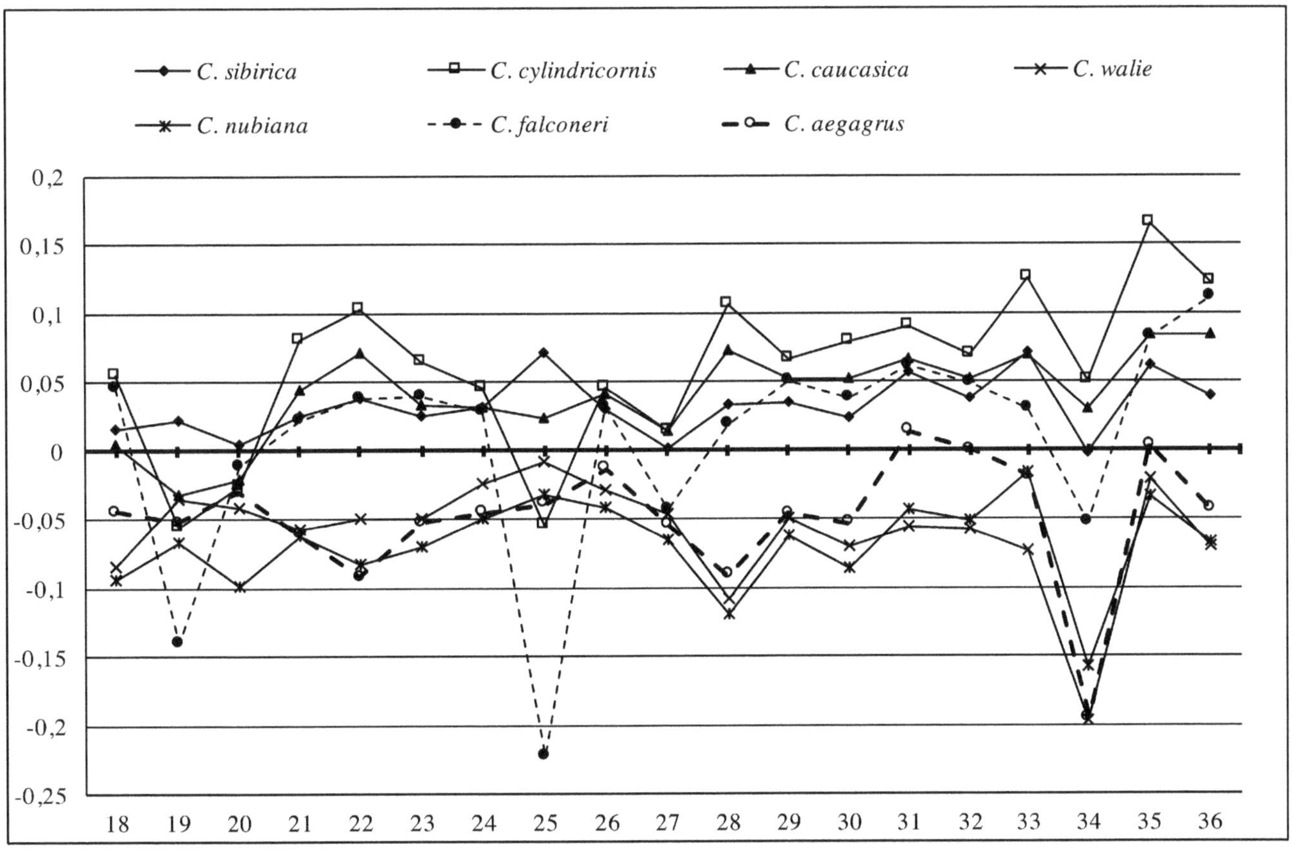

Figure 2.83. *Capra sibirica, C. cylindricornis, C. caucasica, C. nubiana, C. walie, C. falconeri, C. aegagrus* actuels, diagramme de Simpson du crâne mâle (mesures 18 à 36). Différence par rapport à *C. ibex* mâle actuel.

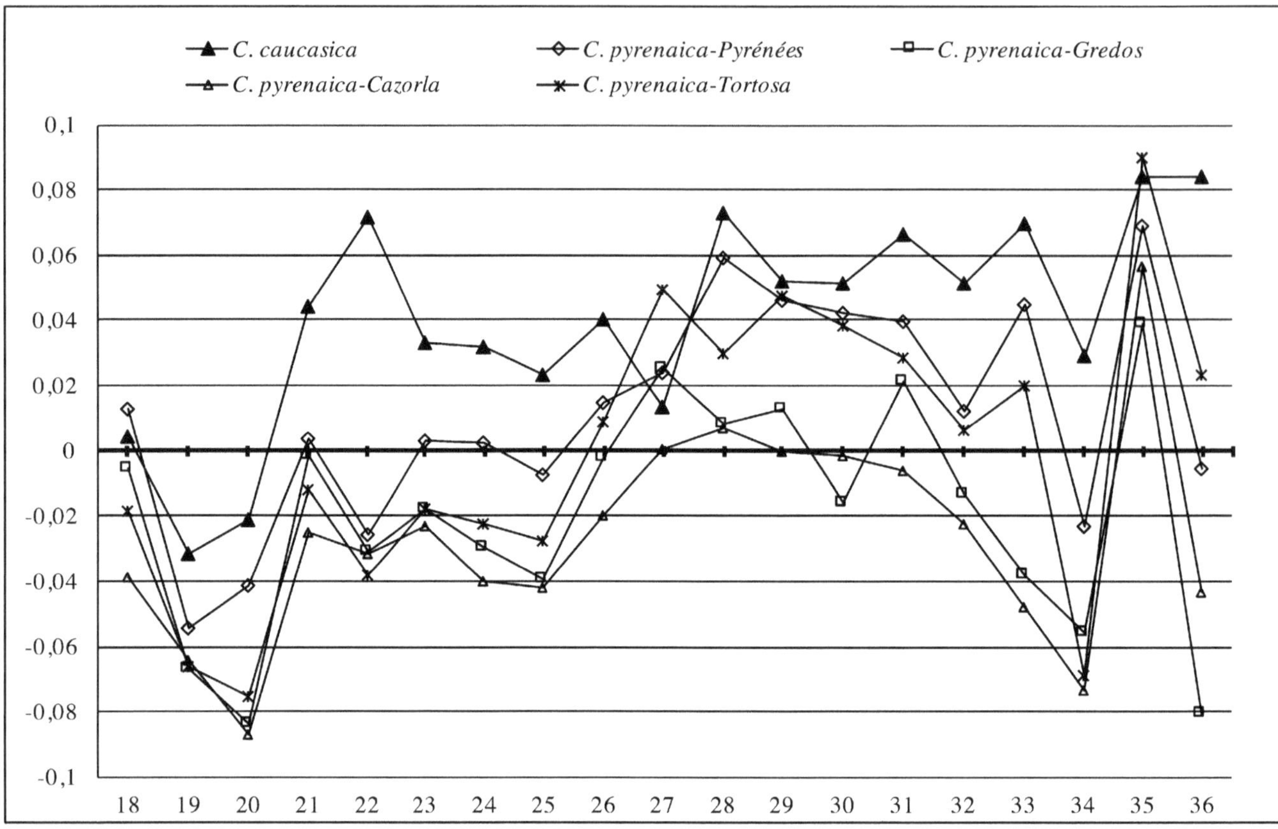

Figure 2.84. *Capra caucasica* et *C. pyrenaica* (populations des Pyrénées, de Tortosa, de Cazorla et de Gredos) actuels, diagramme de Simpson du crâne mâle (mesures 18 à 36). Différence par rapport à *C. ibex* mâle actuel.

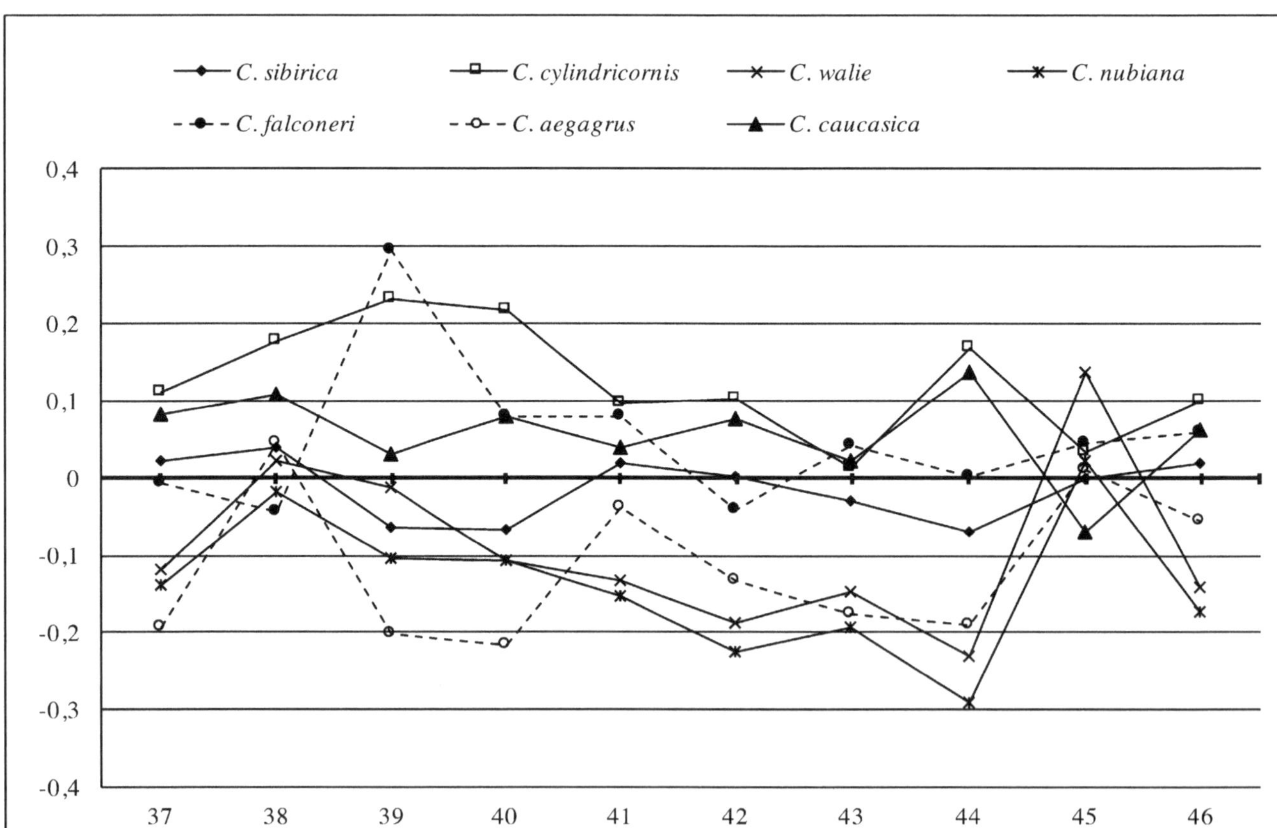

Figure 2.85. *Capra sibirica, C. cylindricornis, C. caucasica, C. nubiana, C. walie, C. falconeri, C. aegagrus* actuels, diagramme de Simpson du crâne mâle (mesures 37 à 46). Différence par rapport à *C. ibex* mâle actuel.

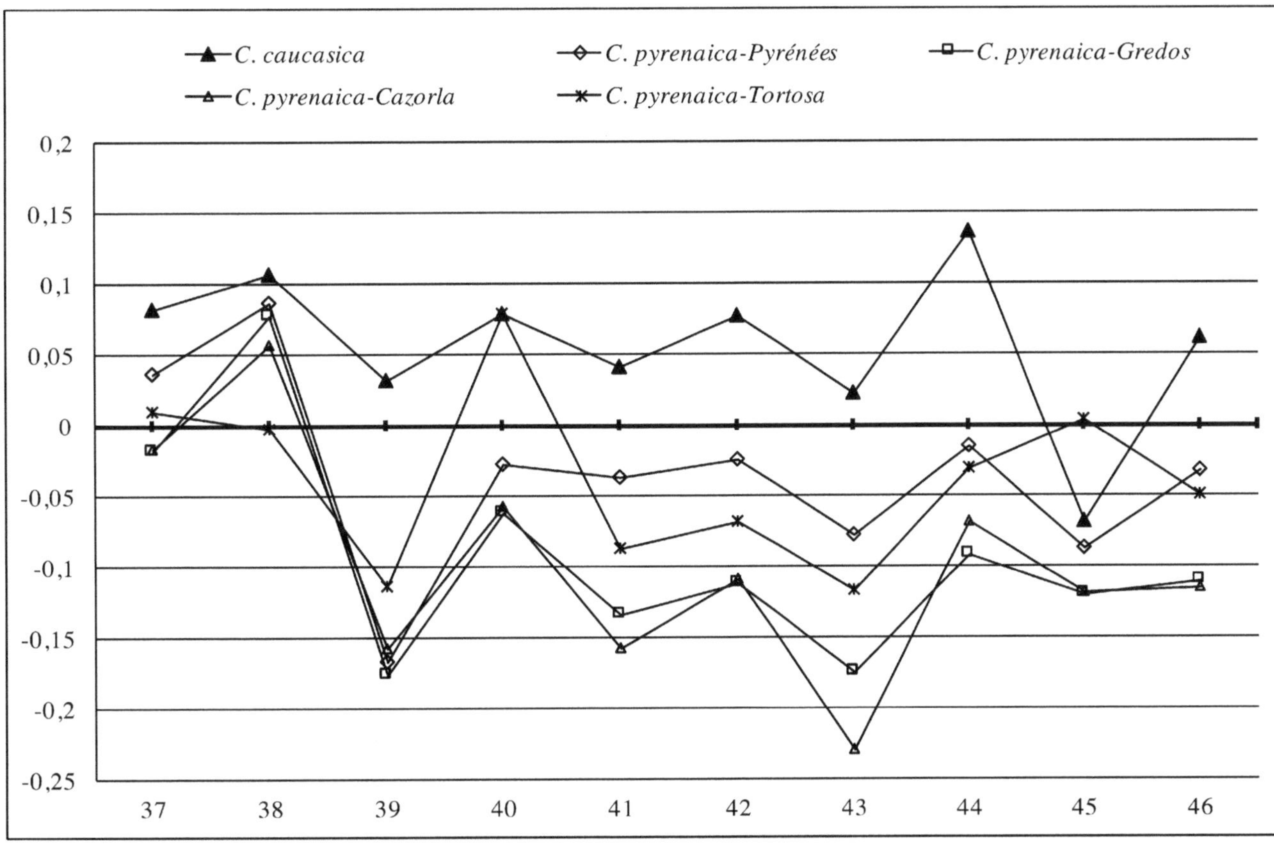

Figure 2.86. *Capra caucasica* et *C. pyrenaica* (populations des Pyrénées, de Tortosa, de Cazorla et de Gredos) actuels, diagramme de Simpson du crâne mâle (mesures 37 à 46). Différence par rapport à *C. ibex* mâle actuel.

C. nubiana et *C. walie* ont des proportions tout à fait identiques, sauf pour l'écartement médian qui est plus fort chez *C. walie* (mesure 39) (Figure 2.85).

L'écartement basal des chevilles de *C. sibirica* (mesures 37 et 38*) est assez proche de celui de *C. ibex*, tout en étant plus fort (Figure 2.85). Il en est de même de l'écartement médian et apical (mesures 39* et 40*), mais qui sont moins importants. Sur ce dernier point, *C. sibirica* et *C. nubiana* sont similaires.

La morphologie des chevilles de *C. aegagrus* et *C. falconeri* est suffisamment différente entre ces deux taxons et les autres *Capra* pour qu'aucune analogie ne s'observe (Figure 2.85).

Mesures 47 à 68

Les mesures 47 à 57 visualisent une autre approche des longueurs du neurocrâne et du museau ainsi que la hauteur du crâne, l'importance du prémaxillaire, du lacrymal et des orbites. Les mesures 58 à 66 concernent la région occipitale. Les mesures 67 et 68 permettent d'apprécier le développement en hauteur du frontal et la distance entre le point d'inflexion du frontal et les condyles.

C. caucasica et *C. cylindricornis* diffèrent par les dimensions du *foramen magnum* (mesures 59 et 62 [59* pour *C. caucasica*]) plus faibles chez *C. caucasica* (Figure 2.87). L'arrière crâne de *C. cylindricornis* est plus court (mesure 48), le lacrymal est plus long (mesure 52) et le museau est plus épais (mesure 56), y compris en comparaison des autres bouquetins. Le frontal de *C. cylindricornis*, comme l'on peut s'y attendre d'après la morphologie de type «pain de sucre», est nettement plus convexe que celui de *C. caucasica* (mesure 67*), et, conformément aux dimensions du pariétal (mesure 25*) et de l'arrière crâne (mesure 48), le point d'inflexion du frontal est plus rapproché des condyles (mesure 68).

C. caucasica ressemble peu à *C. pyrenaica* exception faite des proportions du prémaxillaire (mesures 50 et 51*), du lacrymal (mesure 52), de la hauteur de l'orbite (mesure 54), de celle de l'arrière crâne (mesure 55) ainsi que du supra-occipital (mesure 63) (Figure 2.88).

Chez *C. pyrenaica*, la population des Pyrénées diffère des ibériques par son arrière crâne plus long (mesure 48) et plus épais (mesure 55) (Figure 2.88). La population de Tortosa dispose d'un prémaxillaire et d'une orbite comparables à ceux des individus des Pyrénées (mesures 50 et 51, 53 et 54). Les populations de Gredos et Cazorla s'opposent aux deux précédentes par leur orbite moins longue (mesure 53) et leur lacrymal relativement allongé (mesure 52). Si la hauteur de l'arrière crâne et celle du museau sont identiques pour ces deux mêmes groupes (mesures 55 et 56), des proportions de leur arrière crâne les séparent. La largeur est en effet plus faible à Cazorla (mesure 57 et 58), le condyle occipital est plus court (mesure 60) se rapprochant ainsi

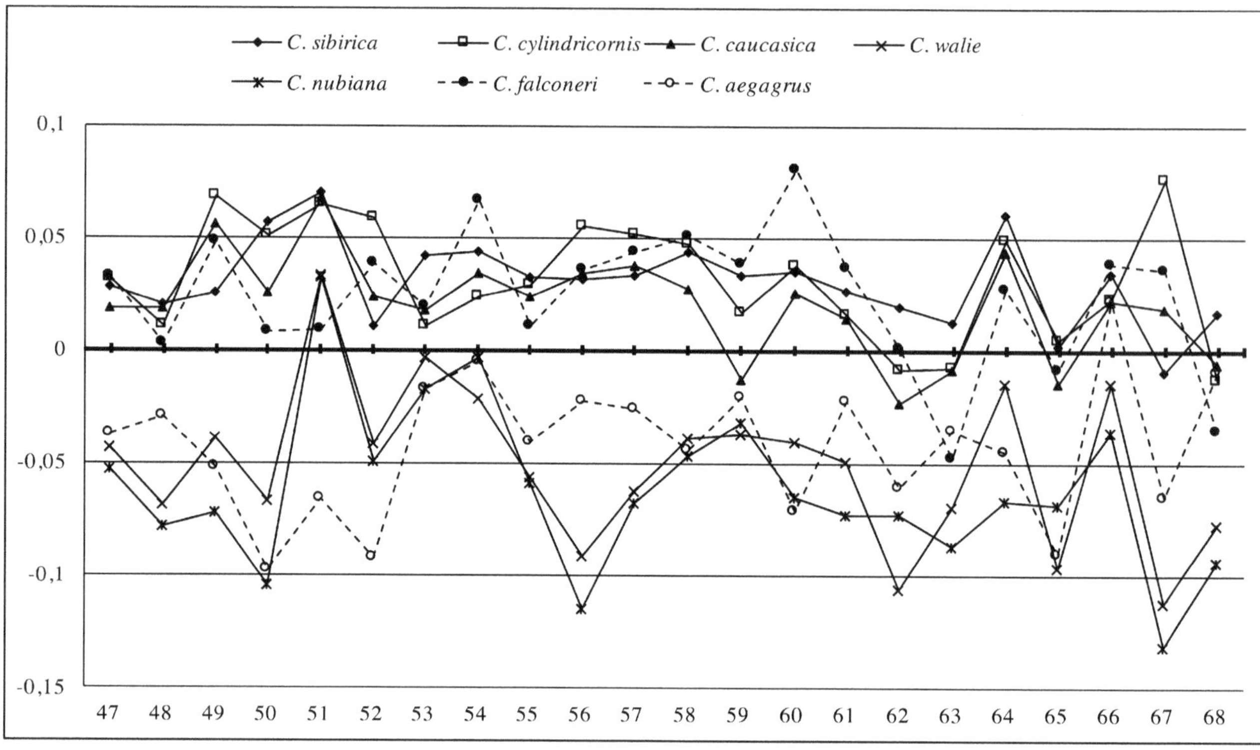

Figure 2.87. *Capra sibirica, C. cylindricornis, C. caucasica, C. nubiana, C. walie, C. falconeri, C. aegagrus* actuels, diagramme de Simpson du crâne mâle (mesures 47 à 68). Différence par rapport à *C. ibex* mâle actuel.

de la population des Pyrénées. La population de Tortosa se singularise par l'étroitesse du *foramen magnum* (mesure 59), son condyle occipital long (mesure 60) et mince (mesure 61) et la largeur importante des tubercules rostraux de la partie basilaire de l'occipital (mesure 65*).

C. nubiana et *C. walie* sont très proches à l'exception du condyle occipital de *C. nubiana* qui est relativement petit (mesures 60* et 61), de la hauteur du *foramen magnum* plus importante (mesure 62*) et du supra-occipital plus court (mesure 63) (Figure 2.87). *C. walie* dispose d'une

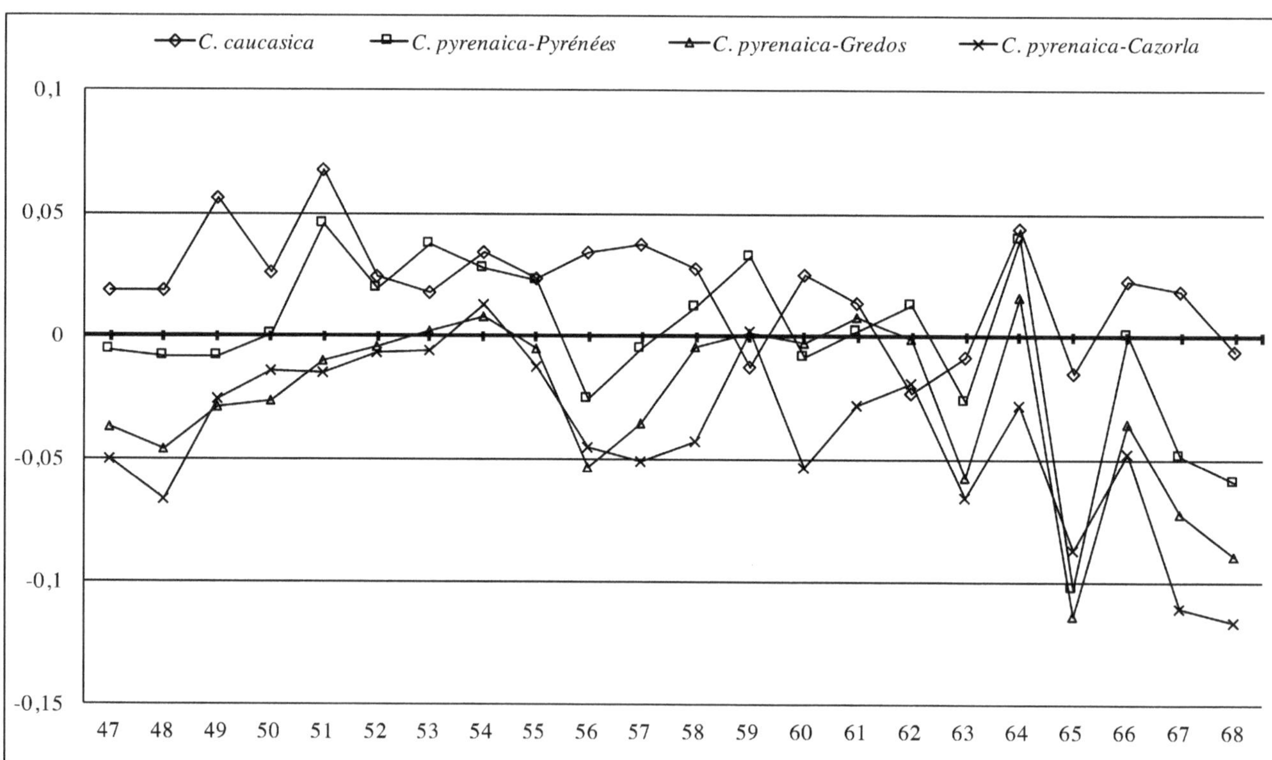

Figure 2.88. *Capra caucasica* et *C. pyrenaica* (populations des Pyrénées, de Tortosa, de Cazorla et de Gredos) actuels, diagramme de Simpson du crâne mâle (mesures 47 à 68). Différence par rapport à *C. ibex* mâle actuel.

partie basilaire de l'occipital aux tubercules rostraux relativement grands pour des tubercules caudaux plus étroits (mesures 64 et 65).

Le prémaxillaire, le lacrymal et l'orbite de *C. sibirica* sont assez semblables au groupe précédent (mesures 50* et 54) (Figure 2.87). La hauteur du neurocrâne (mesure 55), sa largeur (mesures 57 et 58), les proportions du *foramen magnum* et des condyles rapprochent l'espèce de *C. ibex*. L'occipital est analogue à celui de *C. walie* (mesures 63 à 66) ainsi que le développement du frontal et la position du point d'inflexion par rapport aux pointes des condyles (mesures 67 et 68) (Figure 2.87).

La face de *C. aegagrus* est relativement plus courte que celle de *C. falconeri* (mesure 49) et plus épaisse (mesure 56*) alors que l'arrière crâne est plus long (mesure 48*) et moins épais (mesure 55) (Figure 2.87). Les proportions du prémaxillaire, du lacrymal et de l'orbite diffèrent entre les deux taxons.

Crâne femelle

Aucun crâne de *C. aegagrus* et *C. walie* n'ayant pu être mesuré, ces deux espèces font défaut dans l'analyse qui suit. Par ailleurs un seul crâne de *C. pyrenaica* des Pyrénées a pu être étudié, et il s'agit malheureusement d'un spécimen incomplet.

MESURES 1 À 17

Comme pour les crânes mâles, on observe la grande variation des longueurs des segments prémolaire et molaire (mesures 10 et 11) (Figure 2.89) ainsi que l'amplification du rétrécissement des bords interalvéolaires des populations continentales aux populations méridionales (mesure 16*) (Figure 2.90). *C. pyrenaica* des Pyrénées se rapproche en cela de *C. caucasica* et donc du bloc continental tandis que *C. falconeri* est semblable à l'ensemble méridional.

C. caucasica diffère de *C. pyrenaica* essentiellement par la brièveté du museau (mesure 5) et l'allongement du processus palatin de l'os incisif (mesure 8) (Figure 2.91). Parmi les populations ibériques, celle de Cazorla dont le crâne est le plus court (mesure 2), possède le museau le plus long (mesure 5). L'individu des Pyrénées se distingue des populations ibériques par la largeur antérieure de son palais qui est plus forte (mesure 15).

C. sibirica pour un crâne aussi long que celui de *C. cylindricornis* (mesure 2) possède un museau proportionnellement plus long (mesure 5) mais le processus palatin de l'os incisif est plus court (mesure 8) (Figure 2.89). *C. cylindricornis*, *C. nubiana* et *C. falconeri* ont un écartement du palais semblable (mesures 13 à 15 [coefficient de variation élevé chez *C. falconeri*]). Ce dernier ressemble à *C. cylindricornis* dans le rapport des segments dentaires (mesures 9* à 11), alors que *C. nubiana* ressemble à *C. sibirica*.

MESURES 18 À 36

Les largeurs crâniennes de *C. caucasica* et *C. cylindricornis* diffèrent légèrement (mesures 26 à 34 [coefficient de variation élevé pour les mesures 27 et 33 des deux taxons]) (Figure 2.92) : *C. caucasica* dispose d'une crête pariétale (mesure 27*), d'un maxillaire (mesure 32) et d'un prémaxillaire (mesure 33*) plus larges et d'une orbite un peu plus saillante à l'arrière (mesure 29) mais moins à l'avant (mesure 30). On retrouve chez la femelle de *C. cylindricornis* la brièveté du pariétal

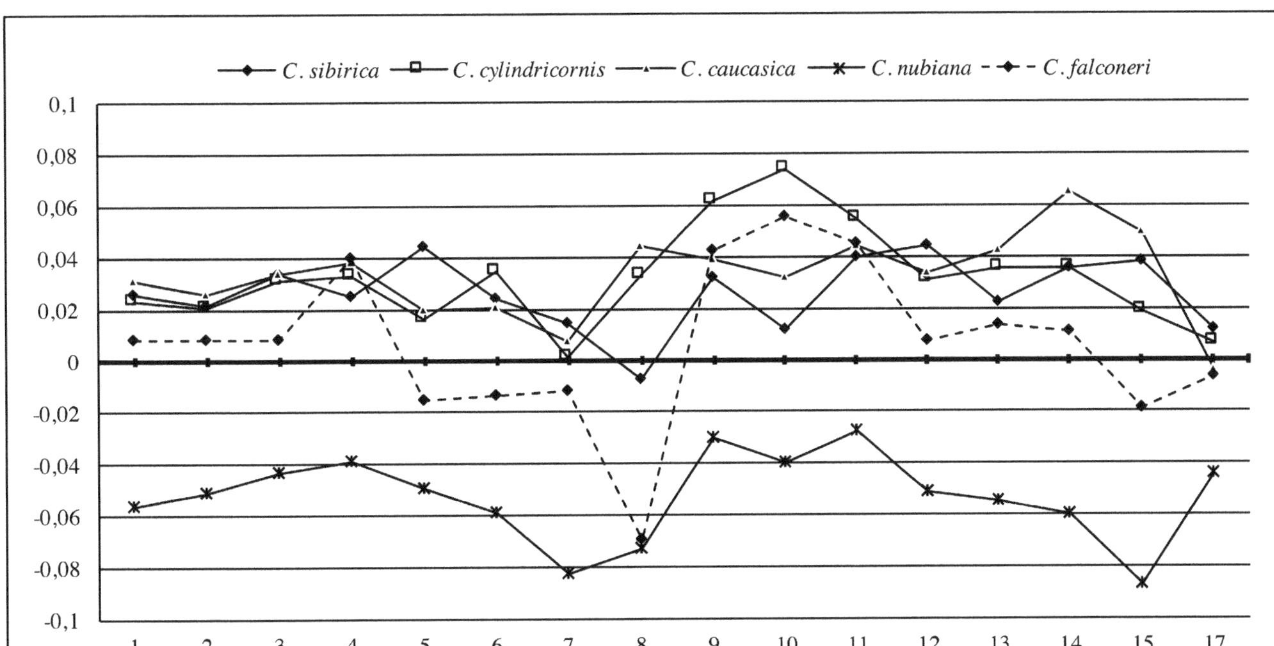

Figure 2.89. *Capra sibirica*, *C. cylindricornis*, *C. caucasica*, C. *nubiana*, *C. falconeri* actuels, diagramme de Simpson du crâne femelle (mesures 1 à 15 et 17). Différence par rapport à *C. ibex* femelle actuel.

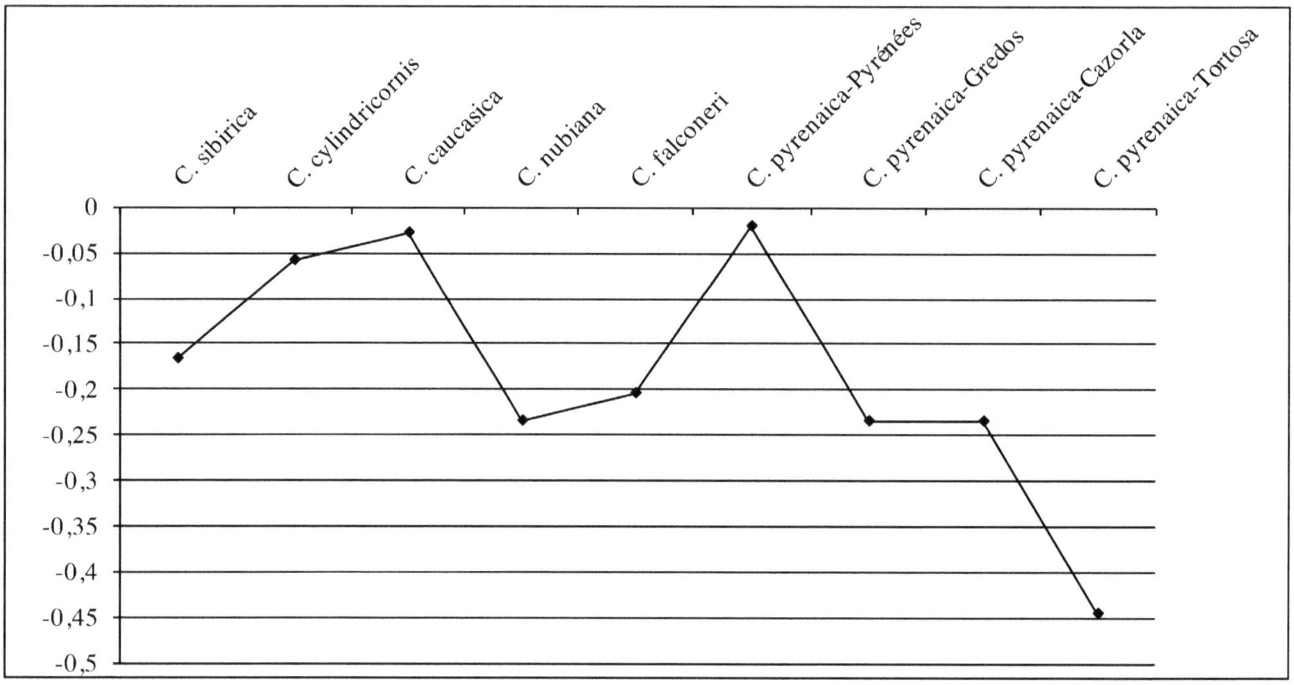

Figure 2.90. *Capra sibirica*, *C. cylindricornis*, *C. caucasica*, *C. pyrenaica* (populations des Pyrénées, de Tortosa, de Cazorla et de Gredos), *C. nubiana*, *C. falconeri* actuels, diagramme de Simpson du crâne femelle (mesure 16). Différence par rapport à *C. ibex* femelle actuel.

observée chez le mâle (mesures 19, 20 et 25) et chez celle de *C. caucasica* la brièveté du frontal (mesure 18) et de la face (mesure 21).

Les largeurs du crâne de *C. pyrenaica* des Pyrénées ne sont pas très éloignées de celles de *C. caucasica* (et donc de *C. cylindricornis*), ce qui distingue cette population des ibériques (mesures 26 à 34 [coefficient de variation élevé pour les mesures 27 et 34 de *C. caucasica*) (Figure 2.93). Les rapports du museau et du neurocrâne sont voisins entre bouquetin des Pyrénées et *C. caucasica* (mesures 20 et 21). Le développement du pariétal (mesures 19, 20 et 25) parallélise bouquetins des Pyrénées et du Caucase. Comme pour les mâles, toutes les populations de *C. pyrenaica* se distinguent de *C. caucasica* par la brièveté du nasal (mesure 22), sa forte largeur postérieure (mesure 35 [coefficient de

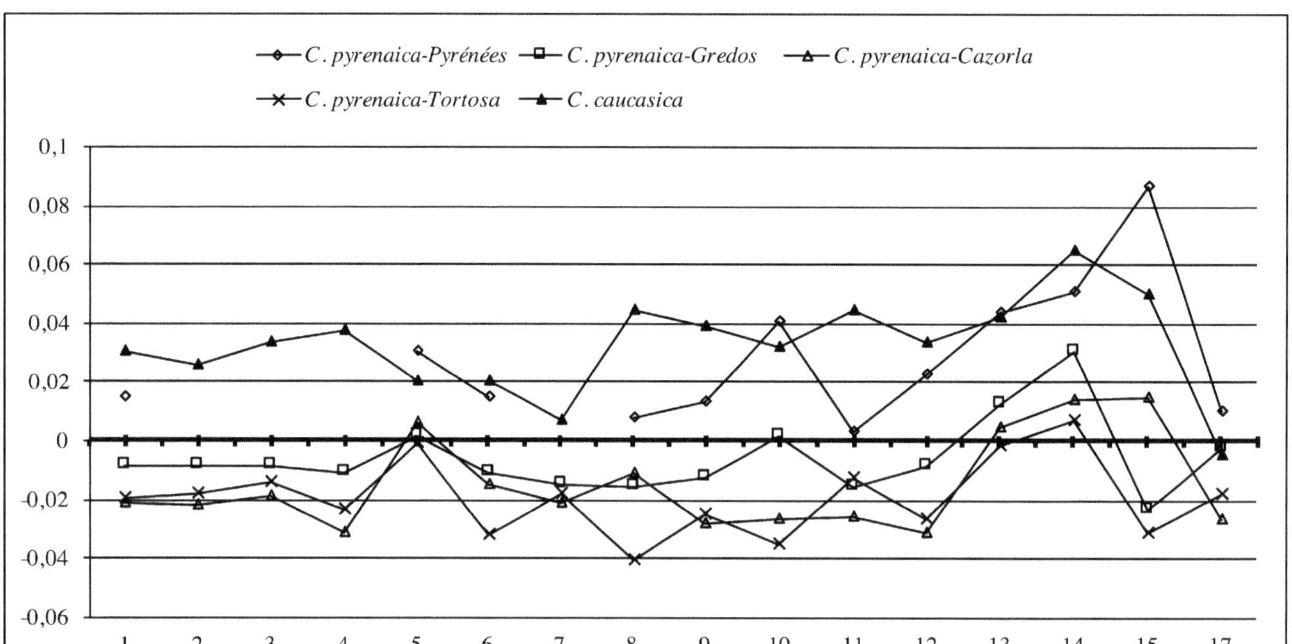

Figure 2.91. *Capra caucasica* et *C. pyrenaica* (populations des Pyrénées, de Tortosa, de Cazorla et de Gredos) actuels, diagramme de Simpson du crâne femelle (mesures 1 à 15 et 17). Différence par rapport à *C. ibex* femelle actuel.

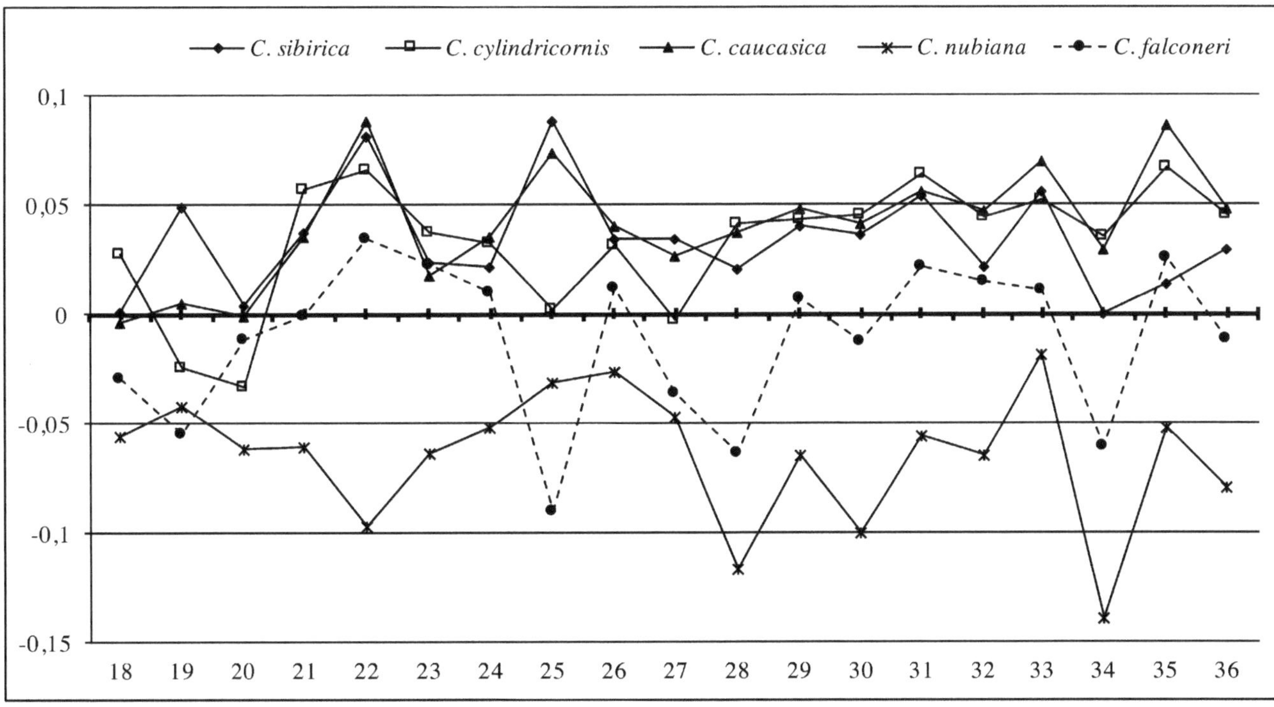

Figure 2.92. *Capra sibirica*, *C. cylindricornis*, *C. caucasica*, C. *nubiana*, *C. falconeri* actuels, diagramme de Simpson du crâne femelle (mesures 18 à 36). Différence par rapport à *C. ibex* femelle actuel.

variation élevé uniquement pour la population de Gredos et *C. caucasica*]) et son étroitesse antérieure (mesure 36 [coefficient de variation élevé uniquement pour la population de Gredos et *C. caucasica*]). Pour ce dernier paramètre, l'individu des Pyrénées fait exception.

Les populations ibériques ont un rétrécissement post-orbitaire plus important que celui des Pyrénées (mesure 28), un pariétal plus court (mesure 25) et une crête pariétale plus élargie (mesure 27) (Figure 2.93). En avant des orbites, le museau est relativement moins large (mesure 31 [coefficient de variation élevé uniquement pour la population de Tortosa]) ainsi que la partie postérieure du prémaxillaire (mesure 33). Les populations de Cazorla et Tortosa sont celles qui présentent le plus de ressemblances.

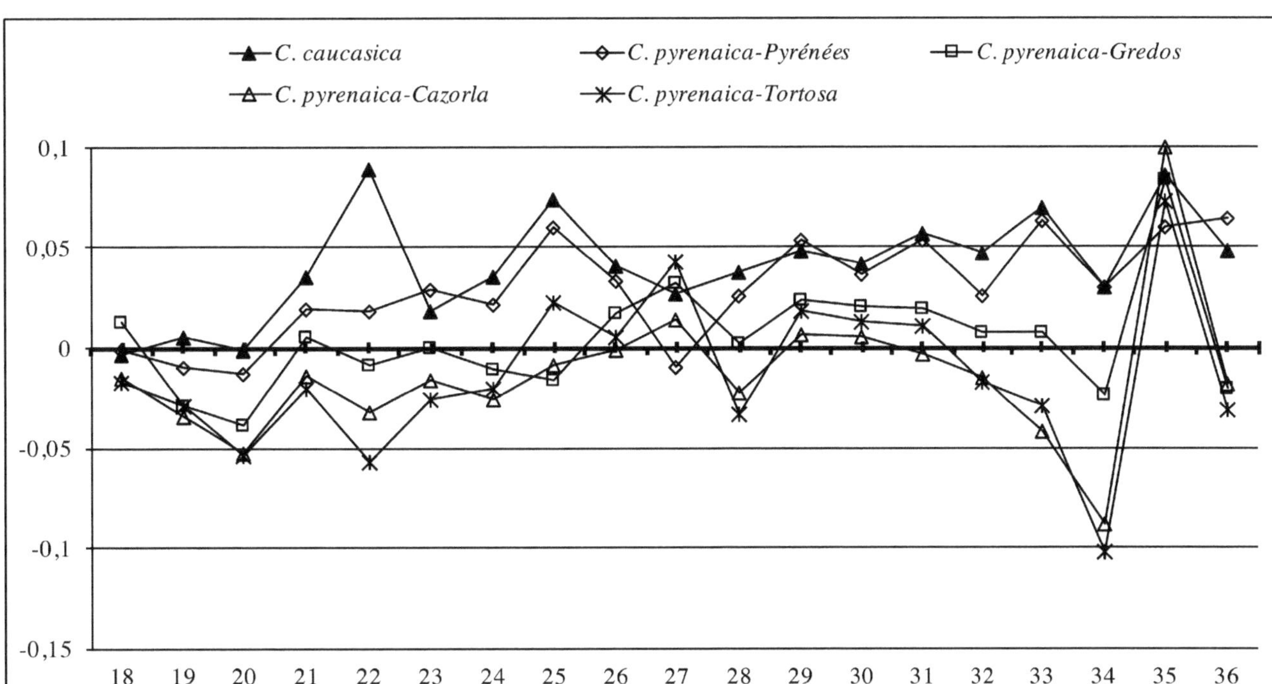

Figure 2.93. *Capra caucasica* et *C. pyrenaica* (populations des Pyrénées, de Tortosa, de Cazorla et de Gredos) actuels, diagramme de Simpson du crâne femelle (mesures 18 à 36). Différence par rapport à *C. ibex* femelle actuel.

L'arrière crâne et la face de *C. nubiana* ne diffèrent guère de *C. ibex* (mesures 20 et 21) (Figure 2.92). Des analogies de proportions existent avec *C. falconeri* pour les largeurs crâniennes (mesures 27 à 34 [coefficient de variation élevé pour la mesure 27 et 34 de *C. nubiana*]). Le nasal du bouquetin de Nubie est particulièrement court (mesure 22).

Mesures 37 à 46

Dans l'ensemble, les coefficients de variation sont moins élevés que chez les mâles.

Les chevilles osseuses de *C. caucasica* et *C. cylindricornis* ont une évolution très proche à l'exception de l'épaisseur médiane de *C. caucasica* qui est relativement plus faible (mesure 43 [coefficient de variation élevé pour *C. cylindricornis*]) (Figure 2.94).

Les populations ibériques ont des chevilles osseuses moins divergentes en leur centre (mesure 39) (Figure 2.95) comparativement à *C. caucasica* et *C. cylindricornis*. C'est la population de Gredos qui a les chevilles les plus longues parmi les ibériques (mesure 45*).

L'écartement des chevilles de *C. nubiana* est assez proche de celui de *C. ibex* (mesures 38 à 40 [coefficient de variation élevé pour les mesures 39 et 40]) (Figure 2.94). L'épaisseur et la largeur, bien que faibles, sont en revanche similaires à celles de *C. sibirica* (mesures 41 à 44 [coefficient de variation élevé pour les mesures 40, 43 et 44 de *C. sibirica* et 41, 42, et 44 du bouquetin de Nubie]) pour une longueur plus grande (mesure 45*).

C. falconeri montre des affinités avec *C. sibirica* et *C. nubiana*, malgré une morphologie différente (Figure 2.94).

Mesures 47 à 68

C. caucasica et *C. cylindricornis* se ressemblent à l'exclusion du rapport du museau et de l'arrière crâne qui est inverse (mesures 48 et 49 [49* pour *C. caucasica*]) (Figure 2.96) : *C. cylindricornis* a un museau relativement plus court pour un arrière crâne relativement plus long. En parallèle, son prémaxillaire est plus court (mesures 50 et 51), mais pas le lacrymal qui est plus long (mesure 52). Son crâne est aussi moins haut (mesures 55 et 56) ainsi que le condyle occipital (mesure 61). Le supra-occipital s'avère été beaucoup plus long (mesure 63*) mais pas le basioccipital (mesure 66).

La longueur du museau et du prémaxillaire (mesures 49 à 51 [coefficient de variation élevé pour les mesures 49 et 51 de *C. caucasica*]) rapprochent *C. caucasica* de *C. pyrenaica* de Gredos et de Tortosa (Figure 2.97). Mais le lacrymal du bouquetin du Caucase occidental est relativement plus court (mesure 52), l'orbite est plus basse (mesure 54) et le crâne plus haut sauf dans la comparaison avec l'individu des Pyrénées (mesures 55 et 56). La population de Tortosa est celle qui a l'arrière crâne le plus proche de *C. caucasica* (mesures 57 à 66 [coefficient de variation élevé pour les mesures 59, 60 et 65 de Tortosa]). Si l'on excepte l'allongement du museau (mesure 49), l'écartement des condyles occipitaux (mesure 58) et la longueur des condyles (mesure 60), Gredos ressemble en partie à Tortosa.

Les proportions de la partie basilaire de l'occipital de *C. cylindricornis* sont identiques à celles de *C. sibirica* ainsi que la courbure du frontal et sa position (mesures 64 à 68 [65* pour *C. cylindricornis*]) (Figure 2.96). Le bouquetin

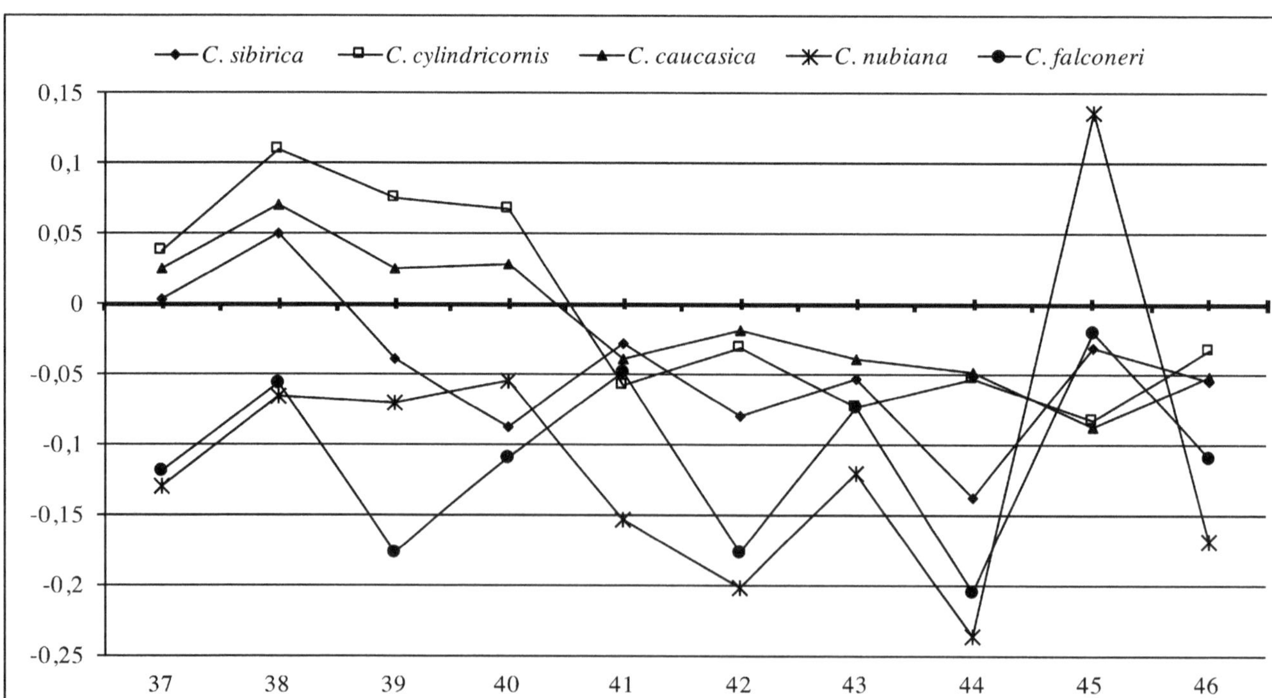

Figure 2.94. *Capra sibirica, C. cylindricornis, C. caucasica, C. nubiana, C. falconeri* actuels, diagramme de Simpson du crâne femelle (mesures 37 à 46). Différence par rapport à *C. ibex* femelle actuel.

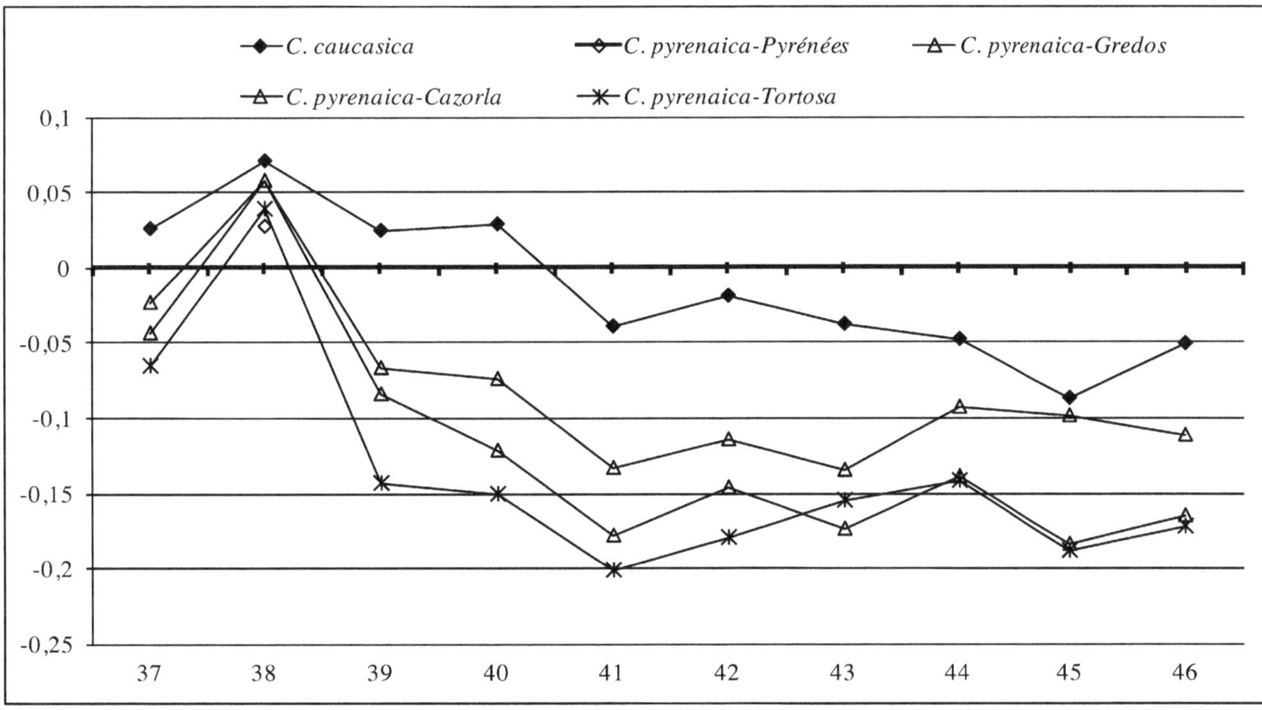

Figure 2.95. *Capra caucasica* et *C. pyrenaica* (populations des Pyrénées, de Tortosa, de Cazorla et de Gredos) actuels, diagramme de Simpson du crâne femelle (mesures 37 à 46). Différence par rapport à *C. ibex* femelle actuel.

de Sibérie se distingue des deux formes caucasiennes par le développement de son prémaxillaire (mesure 50*) et la brièveté de son lacrymal (mesure 52).

C. nubiana ressemble à *C. sibirica* par la brièveté de son lacrymal et la hauteur de son orbite (mesures 52 et 53) (Figure 2.96). Les proportions du supra et du basioccipital sont analogues ainsi que le développement du frontal et la position de son point d'inflexion par rapport aux condyles (mesures 63 à 68 [coefficient de variation élevé pour les mesures 66 et 68 du bouquetin de Nubie]).

Les proportions du museau, de l'arrière crâne, ainsi que le lacrymal, le prémaxillaire et les orbites de *C. falconeri* parallélisent l'espèce avec *C. cylindricornis* (Figure 2.96).

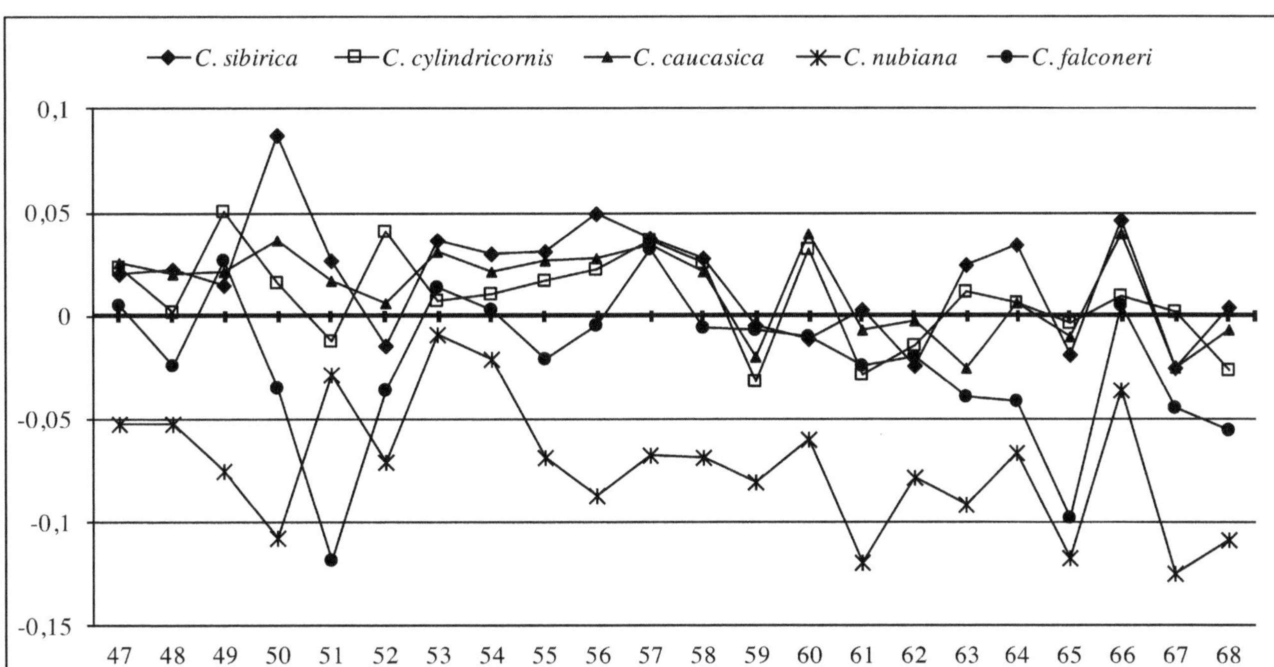

Figure 2.96. *Capra sibirica, C. cylindricornis, C. caucasica, C. nubiana, C. falconeri* actuels, diagramme de Simpson du crâne femelle (mesures 47 à 68). Différence par rapport à *C. ibex* femelle actuel.

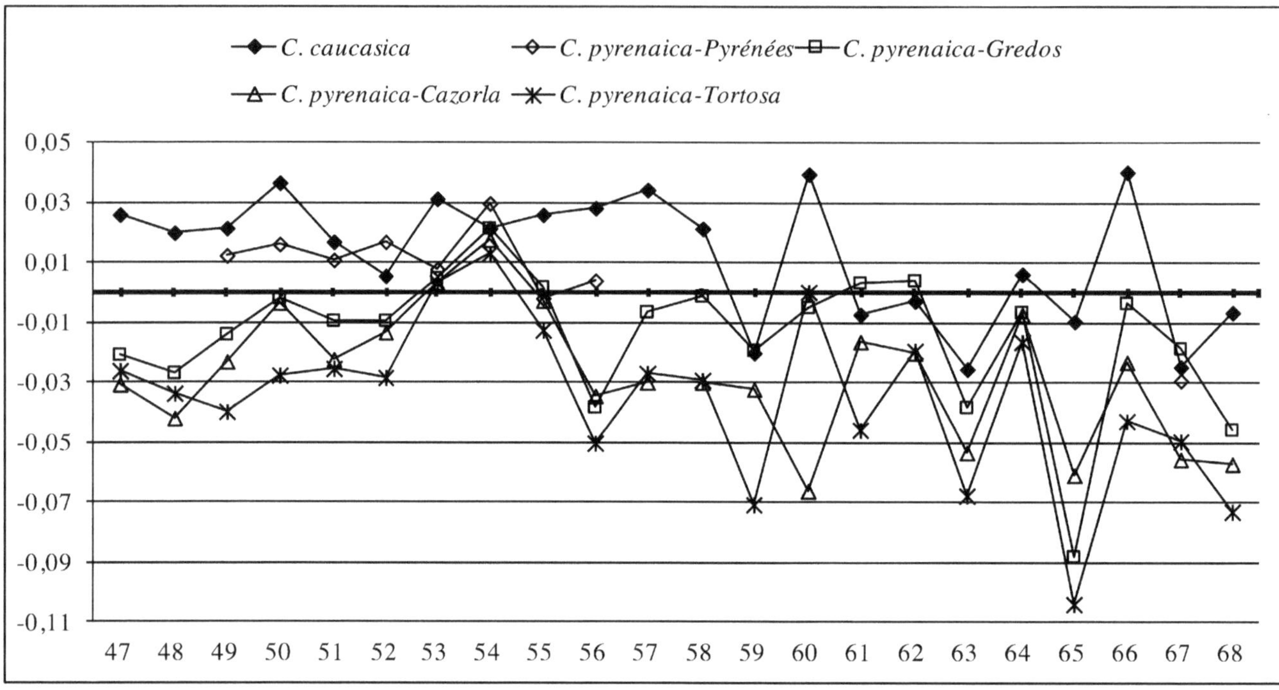

Figure 2.97. *Capra caucasica* et *C. pyrenaica* (populations des Pyrénées, de Tortosa, de Cazorla et de Gredos) actuels, diagramme de Simpson du crâne femelle (mesures 47 à 68). Différence par rapport à *C. ibex* femelle actuel.

Mandibule mâle

Les longueurs (mesures 1 et 2, 5 et 6), les hauteurs du corps de la mandibule (mesures 16* à 19 [coefficient de variation élevé pour la mesure 18 de *C. caucasica*]) et la longueur en arrière de m3 (mesure 3) de *C. caucasica* sont identiques à celles de *C. pyrenaica* des Pyrénées (Figure 2.99). La population des Pyrénées possède une région incisivale particulièrement large (mesure 7*). L'angle mandibulaire postérieur est développé (mesure 4) ce qui la rapproche de l'individu de Gredos dont le segment prémolaire et le segment molaire sont aussi comparables (mesures 9 et 10). La population de Tortosa se distingue des autres

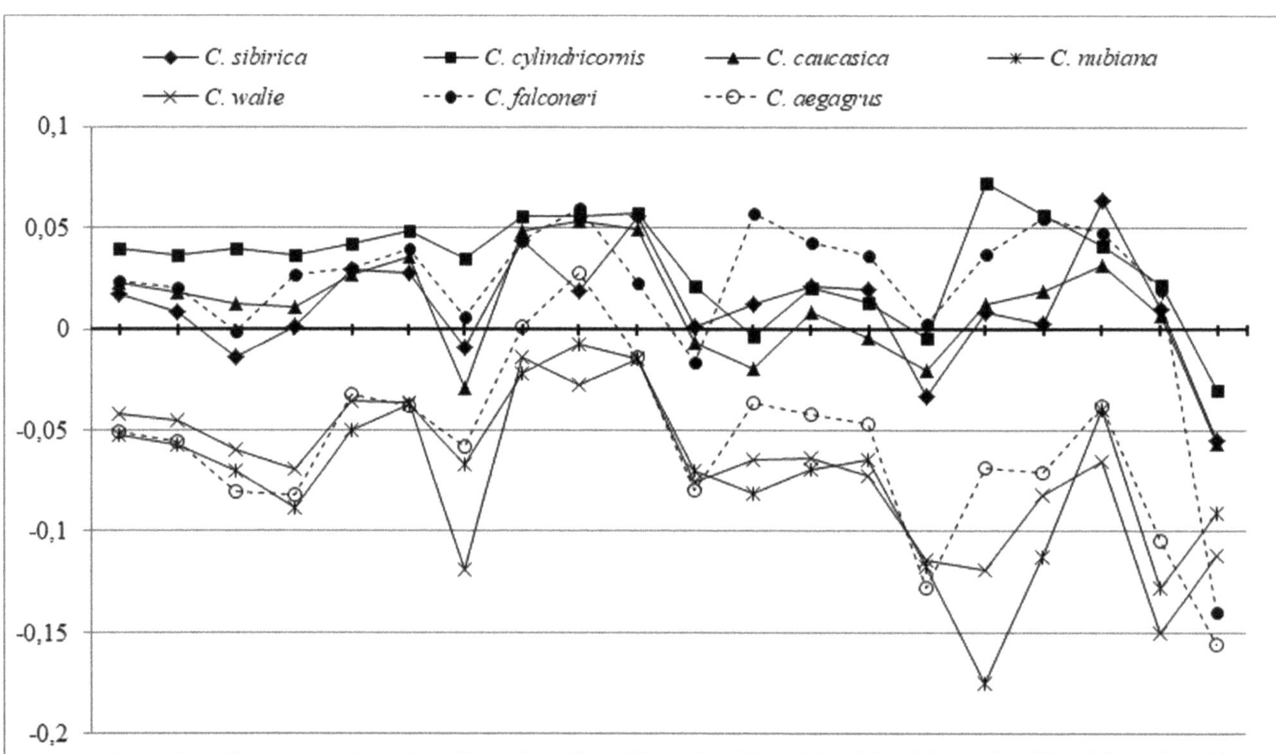

Figure 2.98. *Capra sibirica*, *C. cylindricornis*, *C. caucasica*, *C. nubiana*, *C. walie*, *C. falconeri*, *C. aegagrus* actuels, diagramme de Simpson de la mandibule mâle. Différence par rapport à *C. ibex* mâle actuel.

bouquetins ibériques par l'importance de la longueur en arrière de m3 (mesure 3), la plus grande longueur de la barre (mesure 11) et la position plus antérieure du foramen mandibulaire (mesure 20*) (Figure 2.99). Elle est proche de la population de Cazorla dans le rapport des longueurs du corps de la mandibule (mesures 1 et 2, 5 et 6, 11) et de la rangée dentaire (mesure 8 à 10), ainsi que par les proportions de la branche verticale (mesures 12 à 15) et les hauteurs du corps de la mandibule (mesures 16 à 19 [coefficient de variation élevé pour les mesures 16 à 18 de Cazorla, 16 et 18 de Tortosa]).

Les différences entre *C. nubiana* et *C. walie* sont minimes (Figure 2.98). Elles concernent le segment prémolaire, plus court chez *C. walie* (mesure 9), la hauteur du corps mandibulaire sous p2 et p4-m1 qui est plus importante chez cette espèce (mesure 16 et 17*). *C. sibirica* se rapproche de *C. walie* dans le rapport des segments prémolaire et molaire (mesures 9 et 10), la longueur de la barre mandibulaire (mesure 11). Le bouquetin de Sibérie, comme *C. caucasica* et *C. cylindricornis*, a un foramen mandibulaire plus rapproché de la p2 (mesure 20*).

C. aegagrus et *C. falconeri* sont pratiquement similaires (Figure 2.98). Les écarts concernent le développement de l'angle mandibulaire (mesure 4 [coefficient de variation élevé uniquement chez *C. aegagrus*]) et la longueur du condyle mandibulaire (mesure 15) plus faibles chez l'égagre ainsi que la hauteur de la mandibule entre p4 et m1 (mesure 17) moins importante.

Mandibule femelle

Les hauteurs de la branche verticale (mesures 13 et 14) et celles du corps de la mandibule (mesures 16 à 19) rapprochent *C. caucasica* et *C. pyrenaica* des Pyrénées (Figure 2.101). Ce dernier est similaire à la population de Cazorla pour les longueurs mandibulaires (mesures 1 et 2, 5 à 6), la longueur en arrière de m3 et l'importance de l'angle mandibulaire (mesure 3 et 4). La longueur en arrière de m3 de l'individu de Gredos est plus réduite. Celui-ci et la population de Cazorla se distinguent du spécimen des Pyrénées par la hauteur de la branche verticale au niveau de l'incisure mandibulaire (mesure 13) plus grande et la hauteur totale relativement plus courte (mesure 14), Cazorla étant pour ces paramètres peu différent de *C. ibex*. Les trois populations de bouquetin ibérique et *C. caucasica* ont une barre pratiquement aussi longue (mesure 11), mais chez *C. caucasica* le foramen mentonnier est plus antérieur (mesure 20*).

C. cylindricornis est peu différent de *C. caucasica* pour la longueur mandibulaire, les hauteurs de la branche verticale et celle de la barre (mesure 19) ainsi que pour la position du foramen mentonnier (mesure 20*) (Figure 2.100). *C. sibirica* n'est pas très éloigné de ces deux bouquetins. Il se caractérise cependant par une région incisivale large (mesure 7), un segment prémolaire très court (mesure 9*), une barre longue (mesure 11).

C. nubiana s'isole des autres taxons par l'amincissement de sa mandibule en avant de p2 (mesure 16*) et la position

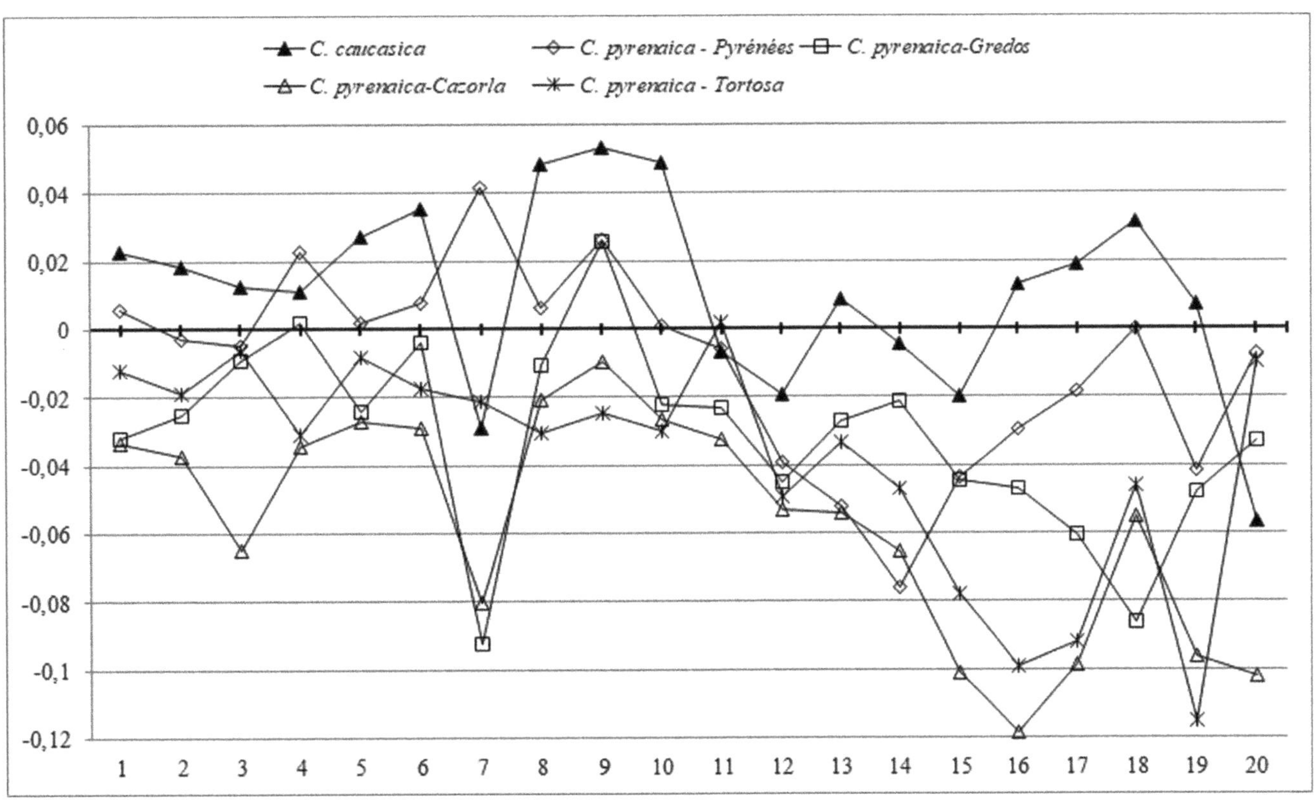

Figure 2.99. *Capra caucasica* et *C. pyrenaica* (populations des Pyrénées, de Tortosa, de Cazorla et de Gredos) actuels, diagramme de Simpson de la mandibule mâle. Différence par rapport à *C. ibex* mâle actuel.

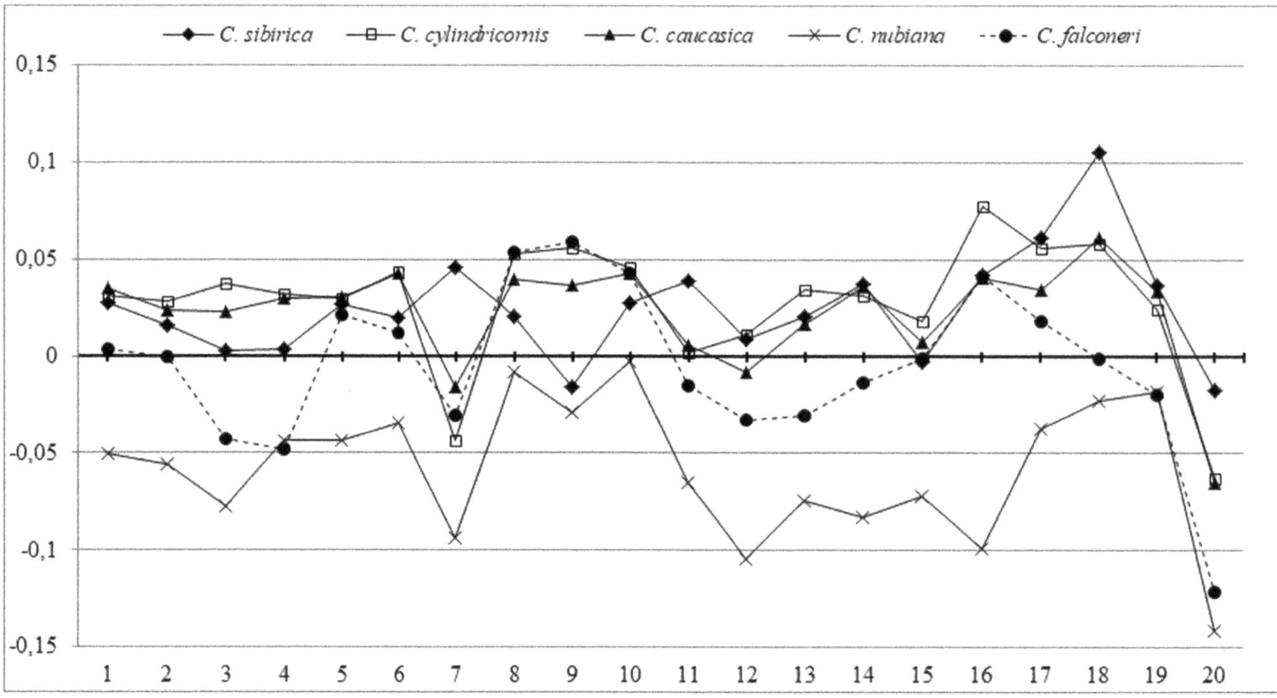

Figure 2.100. *Capra sibirica, C. cylindricornis, C. caucasica, C. nubiana, C. falconeri* actuels, diagramme de Simpson de la mandibule femelle. Différence par rapport à *C. ibex* femelle actuel.

très antérieure de son foramen mentonnier (mesure 20*) (Figure 2.100). Ce résultat ne concerne que deux spécimens et le coefficient de variation est excessivement élevé.

a.2. Analyse du squelette post-crânien

Pour les ossements, comme je l'ai déjà indiqué, les rapports ont été établis à partir de la moyenne des individus mâles et femelles. Il n'y a en effet que très peu de différences de proportions des ossements entre chaque sexe. Le dimorphisme affecte uniquement les longueurs, généralement plus grandes chez les mâles, et la massivité, plus importante chez ces derniers. Les coefficients de variation sont tous élevés du fait du mélange mâle-femelle. La base de référence est toujours *C. ibex*. Il faut noter qu'aucun squelette de *C. pyrenaica* des Pyrénées, de

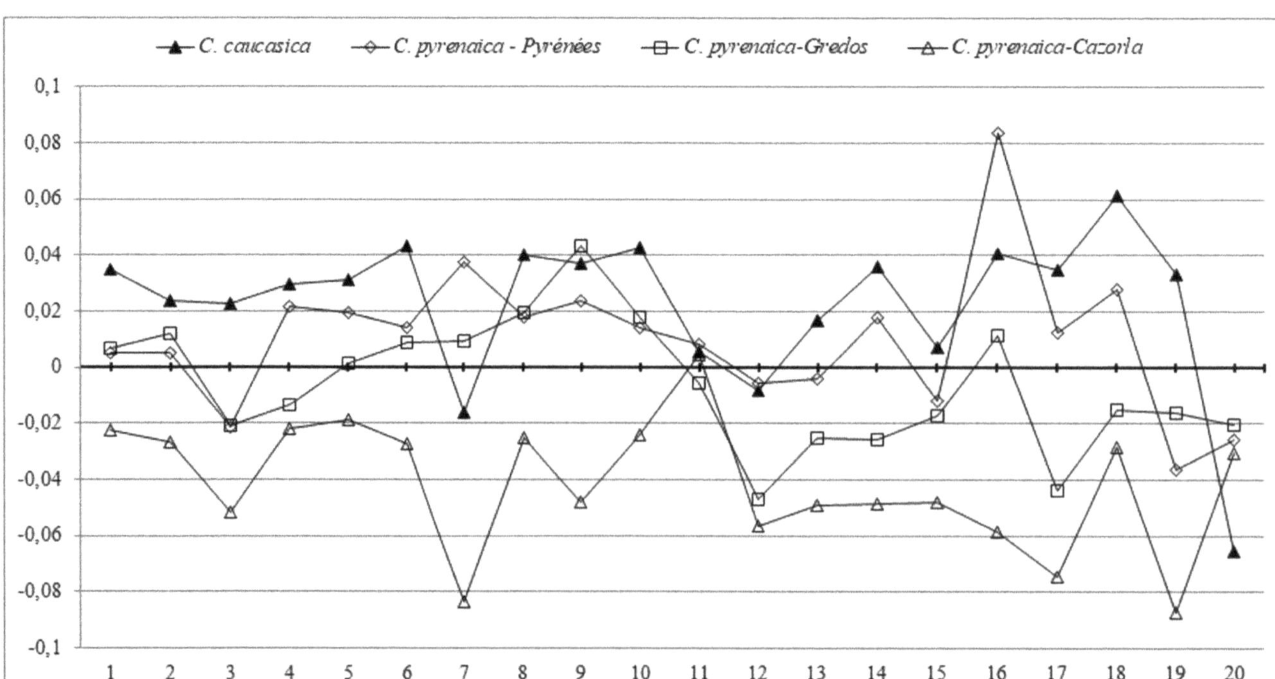

Figure 2.101. *Capra caucasica* et *C. pyrenaica* (populations des Pyrénées, de Tortosa, de Cazorla et de Gredos) actuels, diagramme de Simpson de la mandibule femelle. Différence par rapport à *C. ibex* femelle actuel.

Tortosa et de *C. walie* n'a pu être trouvé ce qui explique l'absence de ces espèces dans les comparaisons.

Scapula

Les proportions sont assez distinctes entre espèces (Figure 2.102).

Chez *C. cylindricornis*, les proportions de l'extrémité ventrale et de la fosse glénoïdale (mesures 7 à 11) sont proches de celles de *C. nubiana* (Figure 2.102). *C. sibirica* possède une articulation ventrale courte (mesure 10), ce qui est aussi le cas à Gredos. *C. falconeri* ressemble à *C. aegagrus* sauf pour la largeur de sa fosse supra-épineuse (mesure 3) et la longueur dorsale de la cavité glénoïdale (mesure 9) qui sont plus petites (Figure 2.102).

Chez *C. pyrenaica*, la scapula des individus de Gredos a la même longueur que dans la population de Cazorla mais une massivité plus forte (mesures 1 à 11), un col plus étroit mais plus épais (mesures 5 et 6) (Figure 2.103), une cavité glénoïdale relativement longue dans sa partie dorsale (mesure 9) et une articulation ventrale moins longue mais plus épaisse (mesure 10 et 11). Cazorla à ce niveau est semblable à *C. caucasica*.

Humérus

C. falconeri, *C. sibirica* et *C. cylindricornis* diffèrent les uns des autres et du reste des bouquetins (Figure 2.104). *C. aegagrus* et *C. nubiana* ont des proportions proximales assez semblables (mesures 4 à 8) (Figure 2.104). Par contre la diaphyse de l'égagre est plus longue (mesure 1 et 2), plus épaisse au milieu (mesure 10) et distalement (mesures 21 et 22). Il en est de même pour la trochlée (mesure 16 et 20) et le capitulum (mesure 18).

C. caucasica a des points communs avec les bouquetins ibériques mais présente aussi de nombreuses divergences, à savoir : les proportions de l'extrémité proximale (mesures 3 à 7) qui sont assez semblables à celles de *C. ibex*, l'épaisseur du capitulum (mesure 18), celle de la lèvre latérale de la trochlée relativement plus faible (mesure 20) (Figure 2.105).

C. pyrenaica de Gredos et de Cazorla ne sont guère différents l'un de l'autre à l'exception de la largeur de la diaphyse au milieu (mesure 9) et au-dessus de l'articulation distale (mesure 22) qui sont plus faibles à Cazorla. Par ailleurs, chez ce dernier, l'articulation proximale et l'articulation distale sont plus graciles.

Radius

Le radius de *C. sibirica* est plutôt élancé, avec une extrémité proximale et une longueur articulaire proches de *C. ibex* (mesures 1 à 4) (Figure 2.106). C'est aussi le cas de *C. aegagrus* dont la diaphyse est cependant plus longue. Chez *C. cylindricornis* et *C. falconeri*, l'os est relativement plus massif et ne présente que peu de similitudes avec les autres taxons. L'articulation distale du markhor est toutefois assez proche de celle de l'égagre (mesures 13 à 18).

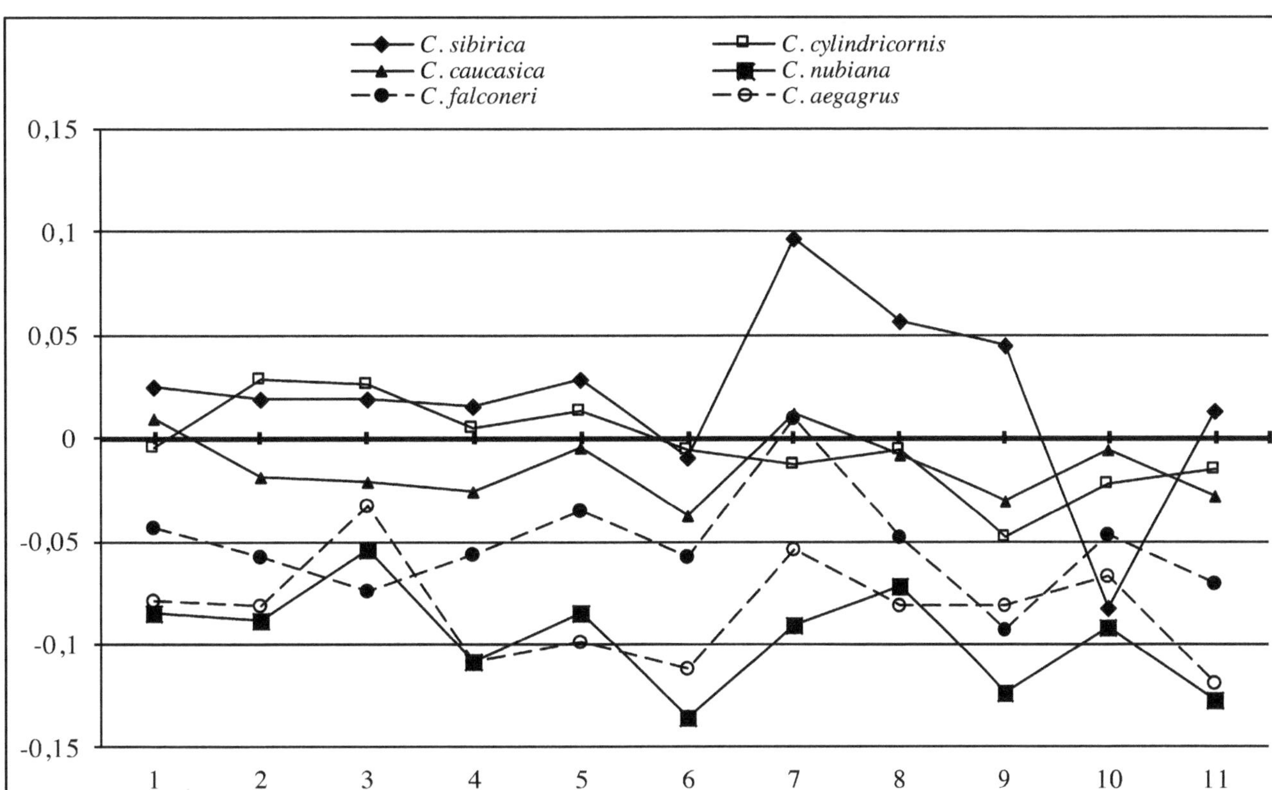

Figure 2.102. *Capra sibirica, C. cylindricornis, C. caucasica, C. nubiana, C. falconeri, C. aegagrus* actuels, diagramme de Simpson de la scapula mâle+femelle. Différence par rapport à *C. ibex* actuel (mâle+femelle).

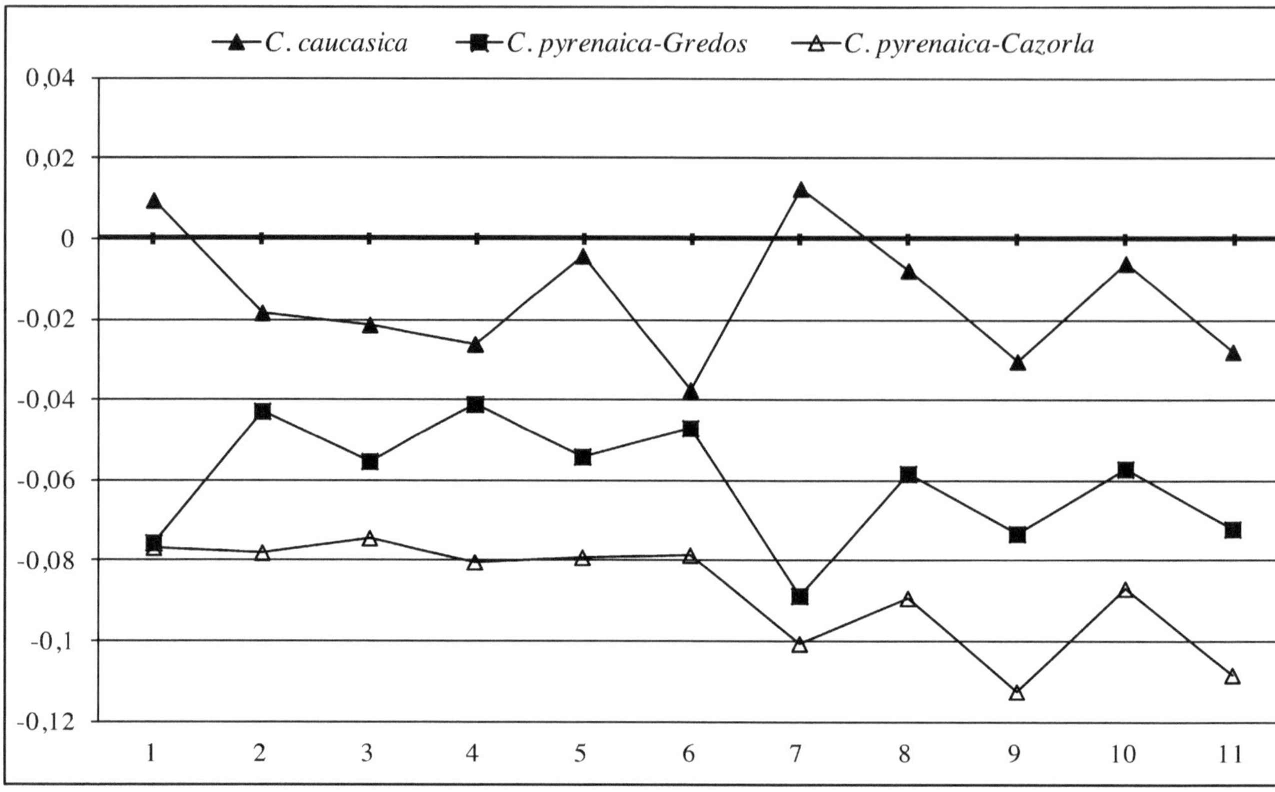

Figure 2.103. *Capra caucasica* et *C. pyrenaica* (populations de Cazorla et de Gredos) actuels, diagramme de Simpson de la scapula mâle+femelle. Différence par rapport à *C. ibex* actuel (mâle+femelle).

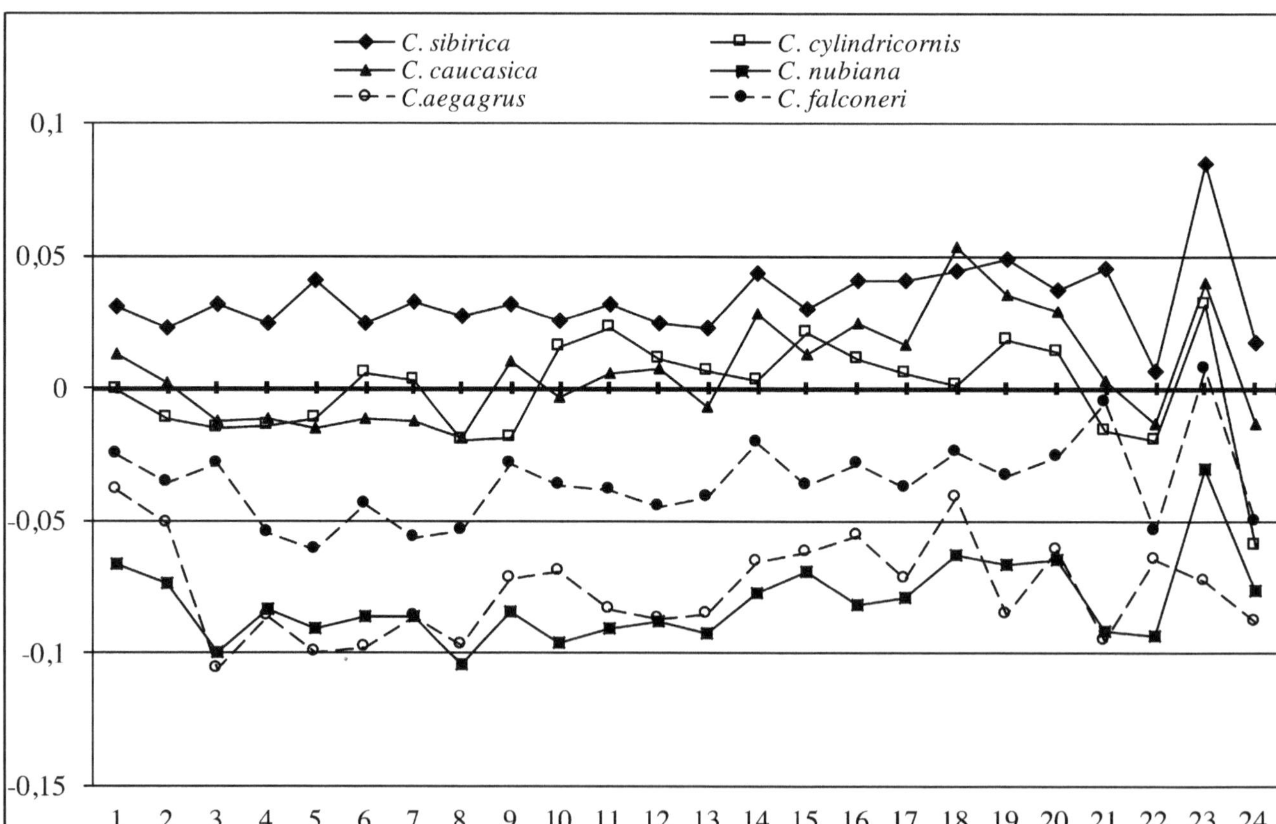

Figure 2.104. *Capra sibirica*, *C. cylindricornis*, *C. caucasica*, *C. nubiana*, *C. falconeri*, *C. aegagrus* actuels, diagramme de Simpson de l'humérus mâle+femelle. Différence par rapport à *C. ibex* actuel (mâle+femelle).

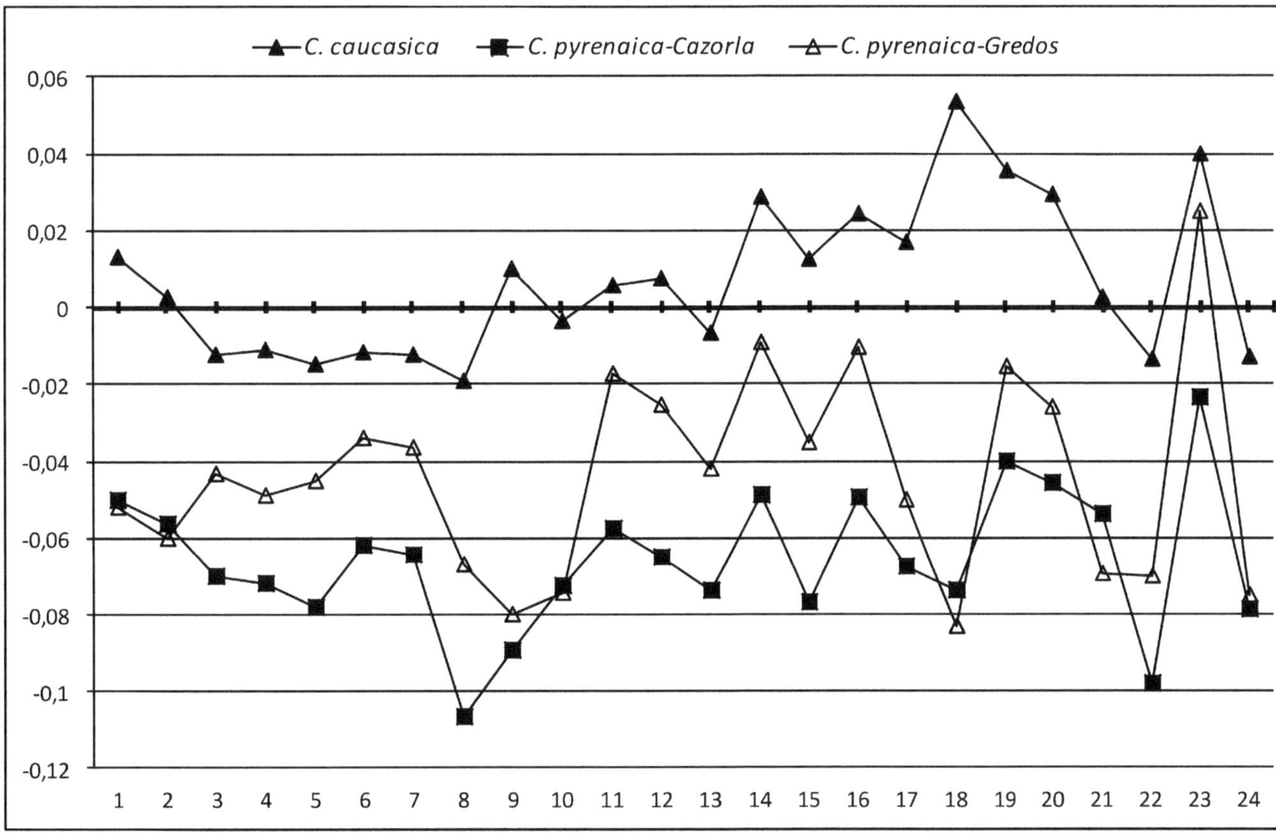

Figure 2.105. *Capra caucasica* et *C. pyrenaica* (populations de Cazorla et de Gredos) actuels, diagramme de Simpson de l'humérus mâle+femelle. Différence par rapport à *C. ibex* actuel (mâle+femelle).

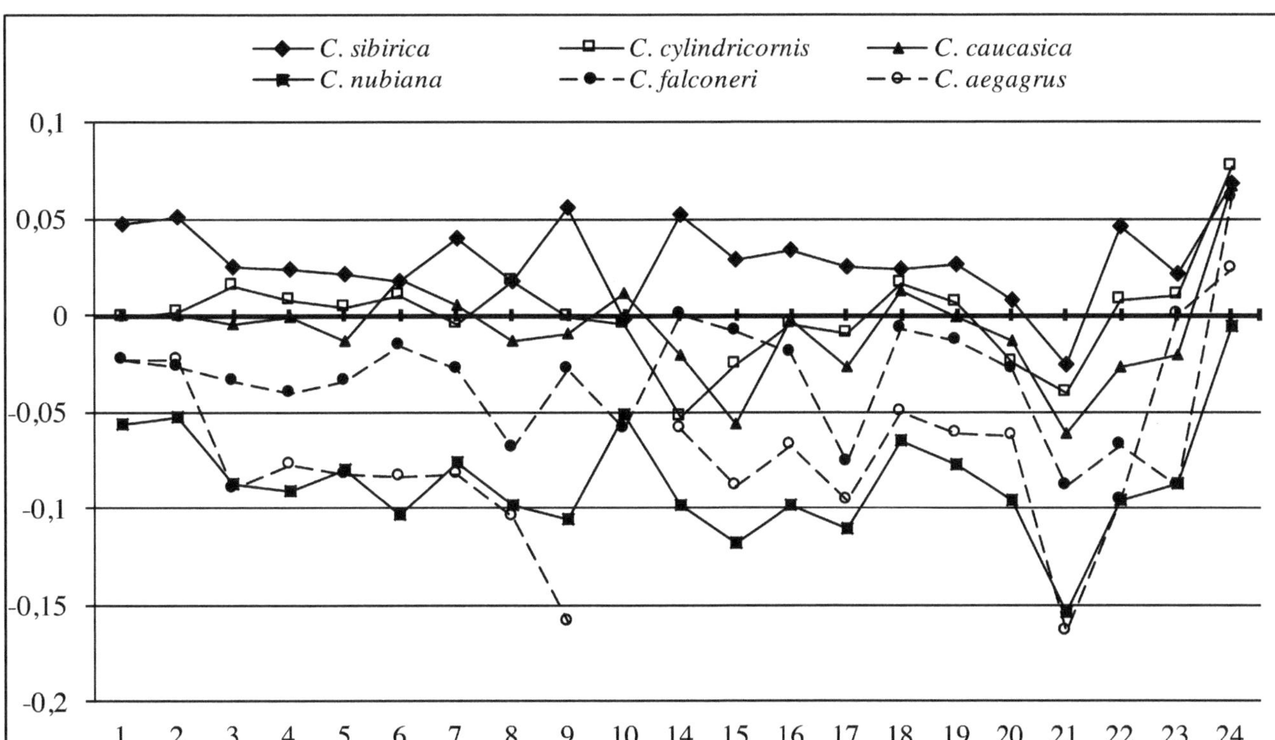

Figure 2.106. *Capra sibirica, C. cylindricornis, C. caucasica, C. nubiana, C. falconeri, C. aegagrus* actuels, diagramme de Simpson du radius mâle+femelle. Différence par rapport à *C. ibex* actuel (mâle+femelle).

Les similitudes du radius de *C. caucasica* et *C. pyrenaica* sont sensibles au niveau de l'extrémité distale, notamment l'articulation (mesures 13 à 21 (Figure 2.107). Les différences affectent l'articulation proximale : la surface répondant à la trochlée (mesure 5) est relativement plus courte pour une surface répondant au capitulum relativement longue (mesure 6). Ce résultat est surprenant, ces écarts de proportions n'étant pas décelables sur l'humérus. L'épaisseur latérale de l'articulation pour le capitulum est importante (mesure 9).

Chez *C. pyrenaica*, le radius de Cazorla est le plus long (mesures 1 et 2) et le plus gracile mais les proportions articulaires et diaphysaires sont en tous points identiques à celles de Gredos. Si l'on excepte la largeur minimale de l'articulation proximale (mesure 8), le radius de *C. nubiana* évolue dans les mêmes proportions que celui des bouquetins ibériques (Figure 2.107).

Ulna

L'ulna de *C. cylindricornis* est distinct de celle de *C. caucasica* pour l'épaisseur de la tubérosité de l'olécrâne, plus forte (mesure 3), et l'incisure trochléaire, plus haute (mesure 9) (Figure 2.108). En revanche, les proportions de l'articulation distale sont similaires (mesures 11 et 12).

C. nubiana ressemble globalement à *C. cylindricornis* sauf pour le développement de l'incisure trochléaire et l'articulation distale.

C. sibirica se rapproche du bouquetin du Caucase en ce qui concerne l'épaisseur de la tubérosité mais le reste des proportions de l'extrémité proximale le parallélise avec *C. ibex*.

C. falconeri et *C. aegagrus* ne diffèrent que par la hauteur prise au niveau de l'anconé (mesure 6) qui est moins importante chez la chèvre égagre et l'épaisseur du corps (mesure 7) qui est plus forte pour cette même espèce.

L'ulna du bouquetin du Caucase ne diffère des bouquetins ibériques que par l'épaisseur de la tubérosité de l'olécrâne et la hauteur de l'incisure trochléaire qui sont moins importantes (Figure 2.109).

Carpe

Ce sont *C. aegagrus* et *C. falconeri* qui possèdent le scaphoïde le plus semblable (Figure 2.110). La parenté des autres bouquetins est difficile à établir. Malgré tout on peut constater que *C. caucasica*, *C. cylindricornis* et *C. sibirica* ont un os court (mesure 2) et qu'il existe des analogies entre *C. sibirica* et *C. cylindricornis*.

Le scaphoïde de *C. caucasica* a des similitudes avec celui de la population de Gredos alors que celui des individus de Cazorla est clairement différent et partage quelques points communs avec *C. ibex* (Figure 2.111).

Pour le semi-lunaire, ce sont *C. aegagrus* et *C. falconeri* qui présentent de multiples points communs (Figure 2.112 ; Figure 2.113).

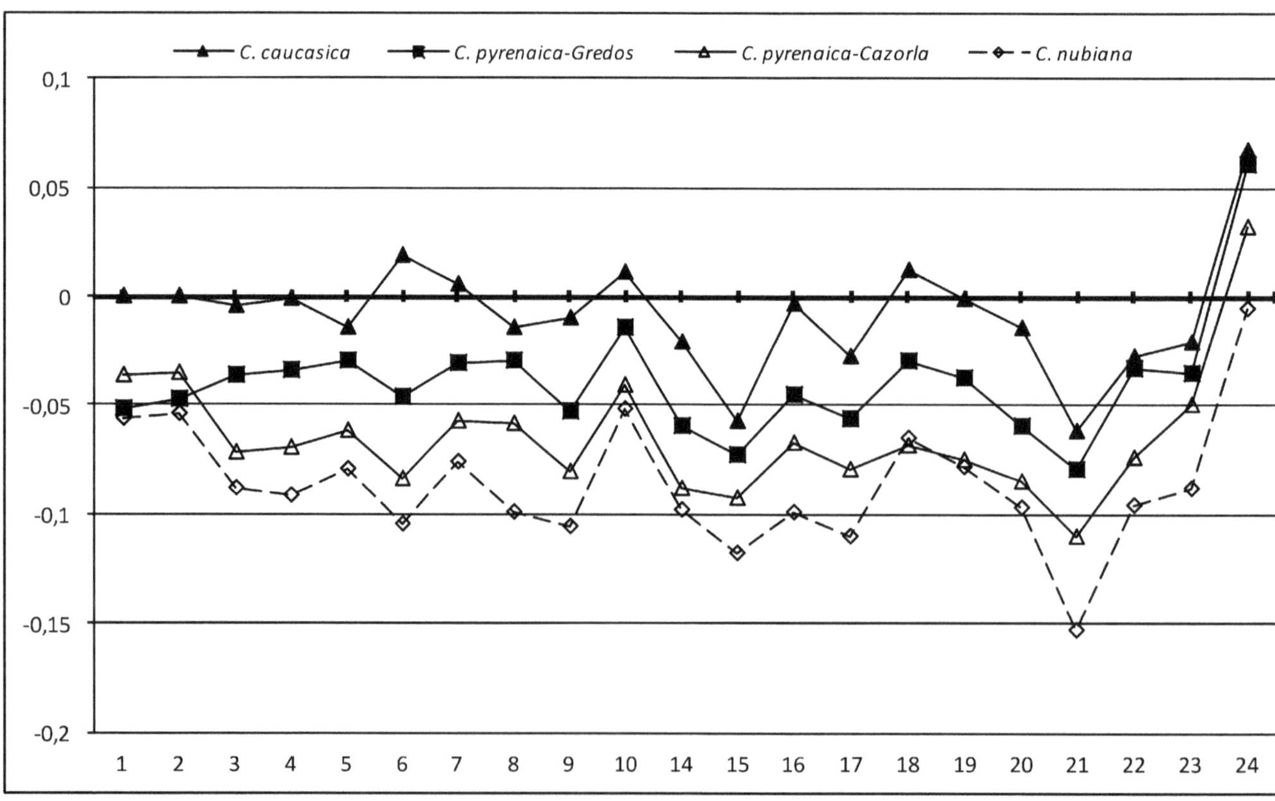

Figure 2.107. *Capra caucasica, C. nubiana* et *C. pyrenaica* (populations de Cazorla et de Gredos) actuels, diagramme de Simpson du radius mâle+femelle. Différence par rapport à *C. ibex* actuel (mâle+femelle).

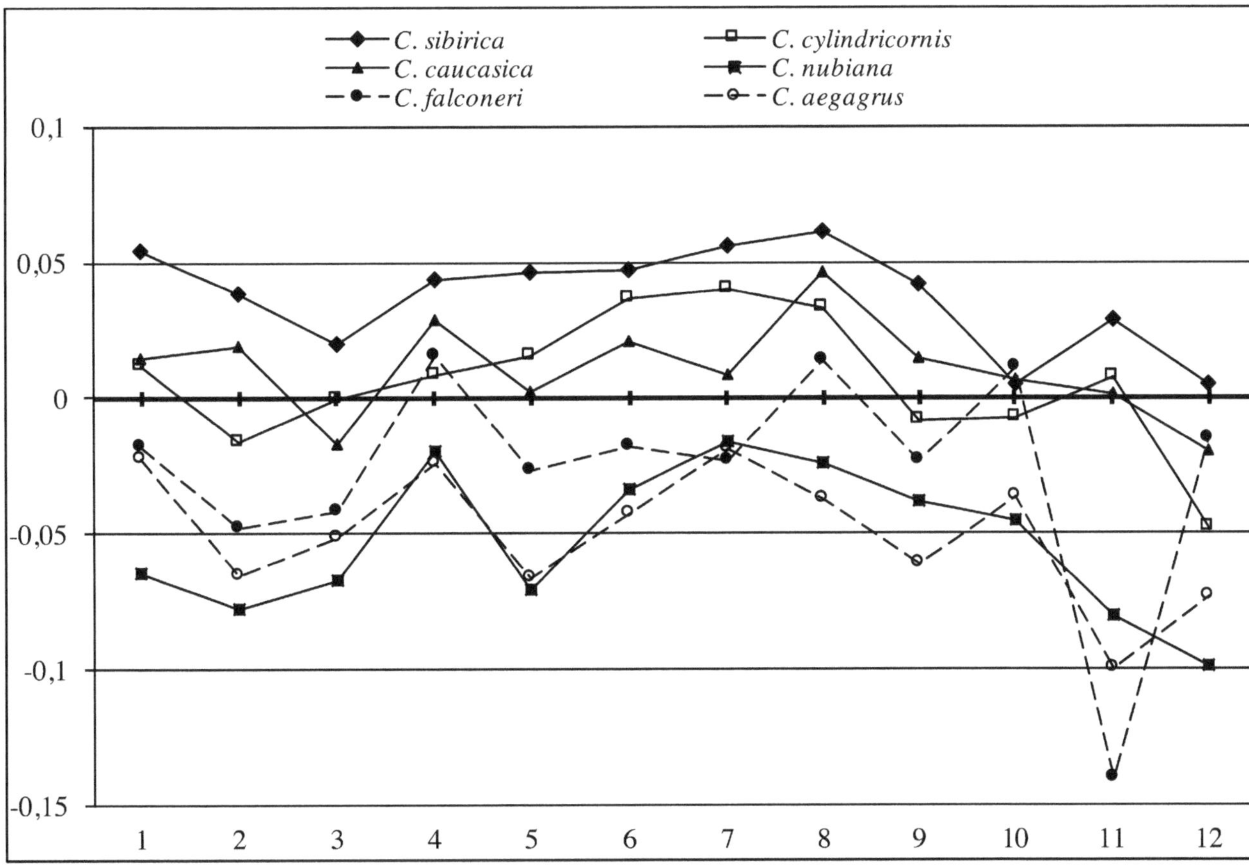

Figure 2.108. *Capra sibirica, C. cylindricornis, C. caucasica, C. nubiana, C. falconeri, C. aegagrus* actuels, diagramme de Simpson de l'ulna mâle+femelle. Différence par rapport à *C. ibex* actuel (mâle+femelle).

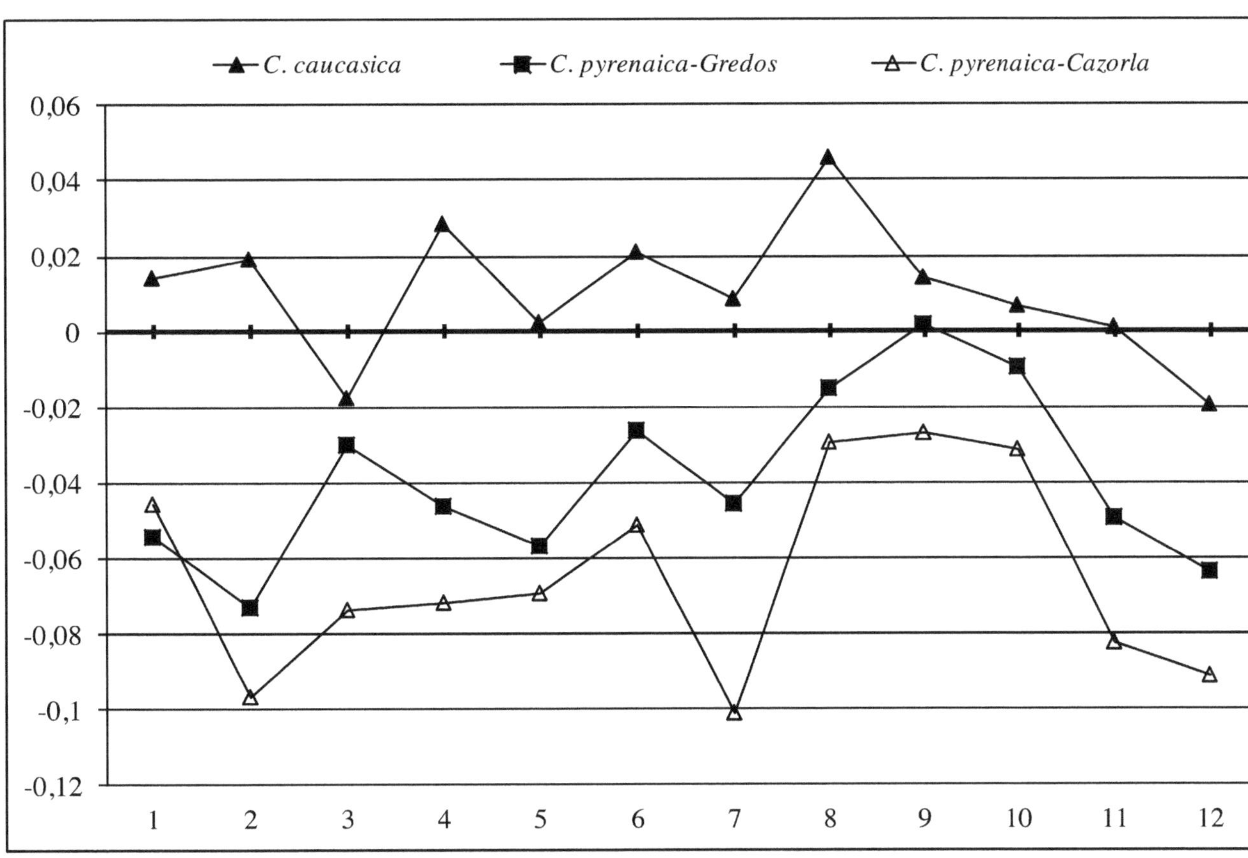

Figure 2.109. *Capra caucasica* et *C. pyrenaica* (populations de Cazorla et de Gredos) actuels, diagramme de Simpson de l'ulna mâle+femelle. Différence par rapport à *C. ibex* actuel (mâle+femelle).

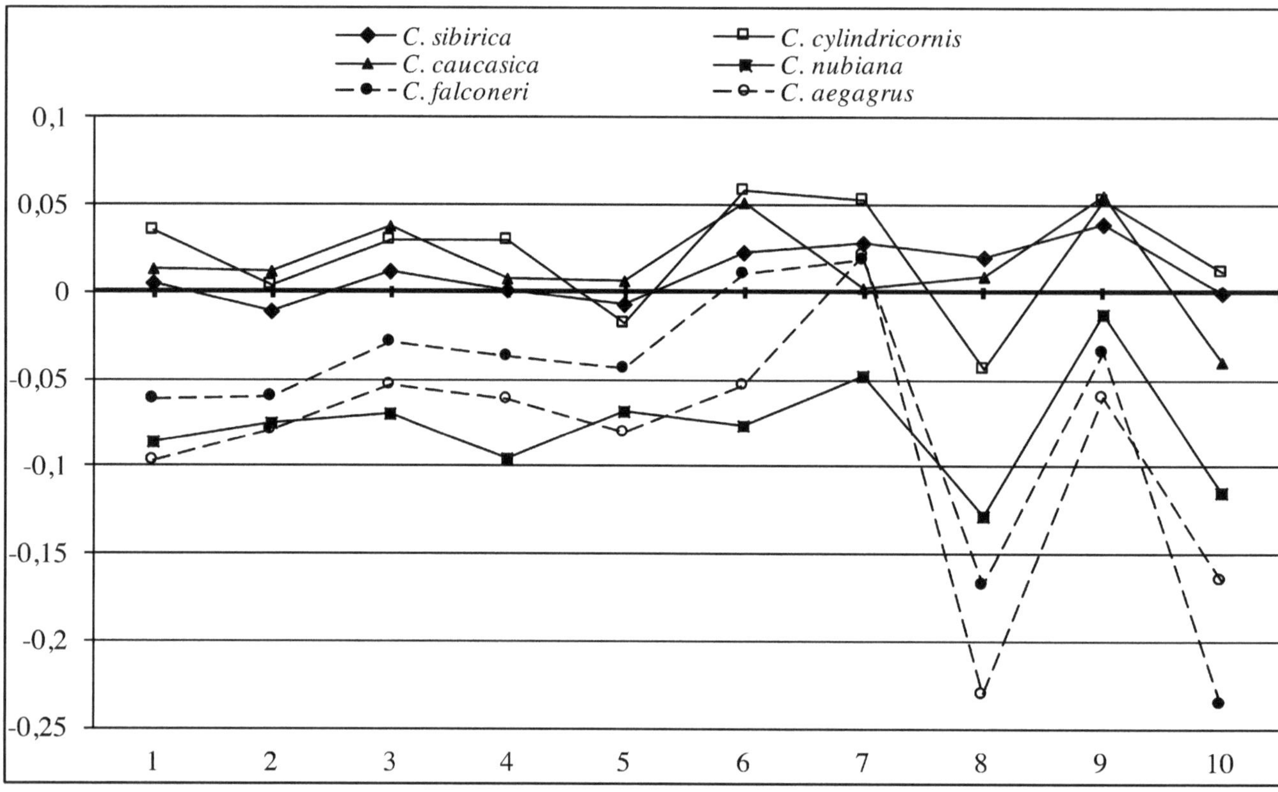

Figure 2.110. *Capra sibirica, C. cylindricornis, C. caucasica, C. nubiana, C. falconeri, C. aegagrus* actuels, diagramme de Simpson du scaphoïde mâle+femelle. Différence par rapport à *C. ibex* actuel (mâle+femelle).

Le pisiforme n'est guère discriminant entre taxons alors que le pyramidal permet de paralléliser les populations ibériques avec *C. sibirica* et *C. nubiana* et de rapprocher, mais à un degré moindre, *C. caucasica* et *C. cylindricornis* (Figure 2.114). Les analogies entre *C. aegagrus* et *C. falconeri* sont moins nettes que précédemment.

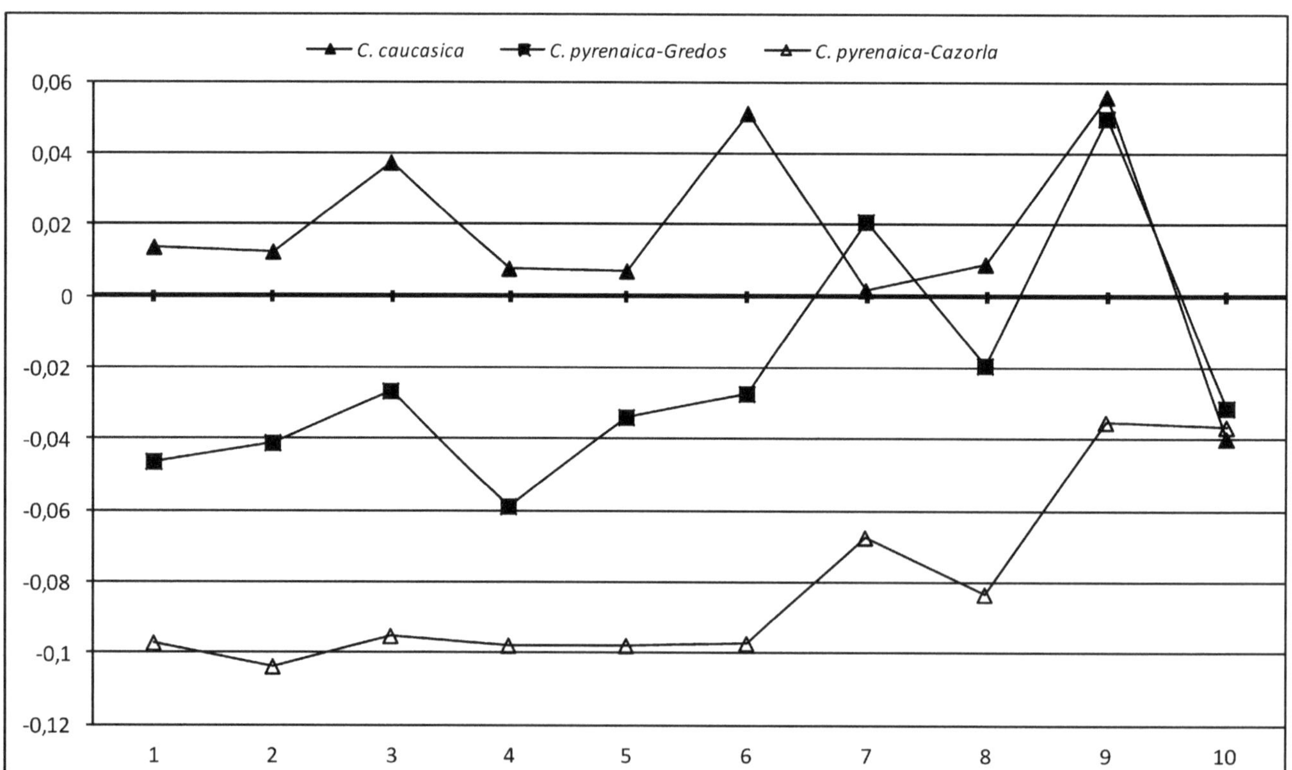

Figure 2.111. *Capra caucasica* et *C. pyrenaica* (populations de Cazorla et de Gredos) actuels, diagramme de Simpson du scaphoïde mâle+femelle. Différence par rapport à *C. ibex* actuel (mâle+femelle).

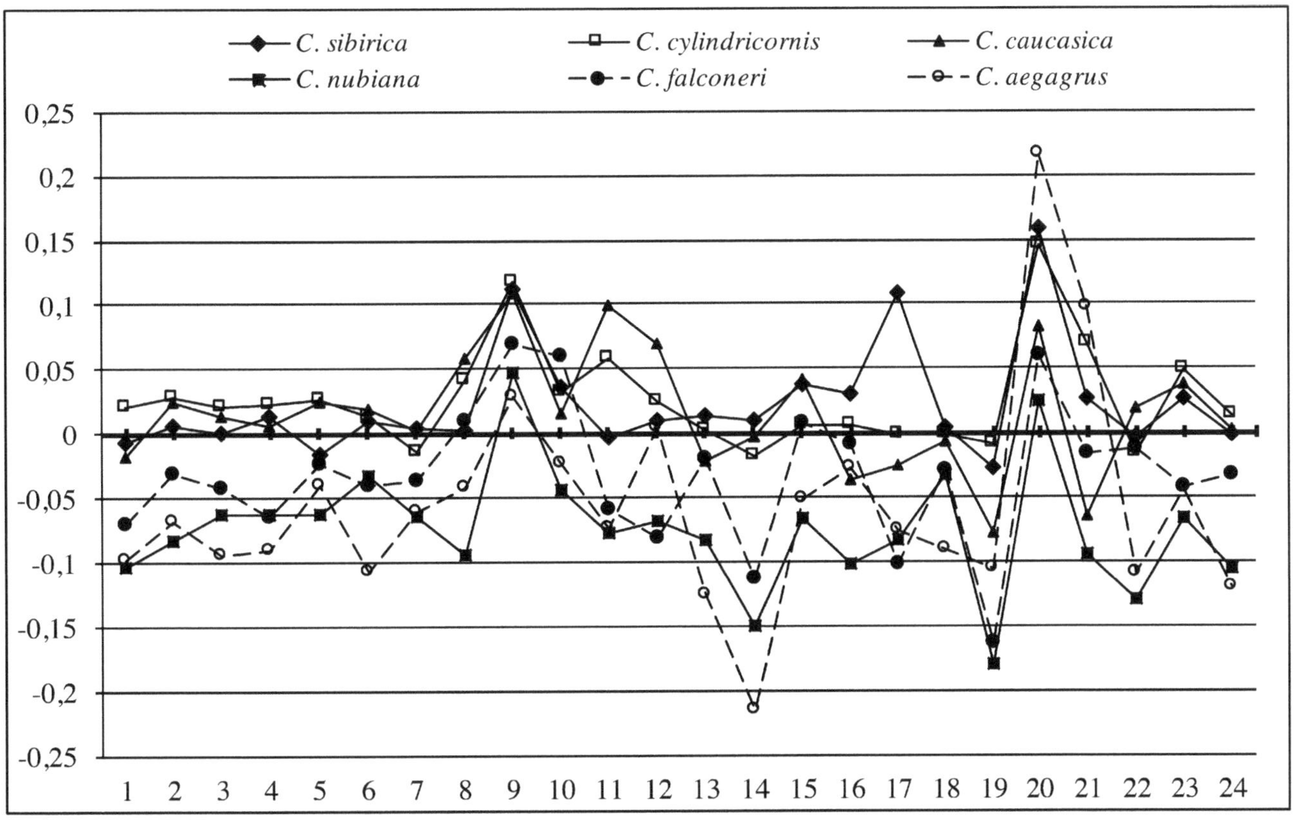

Figure 2.112. *Capra sibirica, C. cylindricornis, C. caucasica, C. nubiana, C. falconeri, C. aegagrus* actuels, diagramme de Simpson du semi-lunaire mâle+femelle. Différence par rapport à *C. ibex* actuel (mâle+femelle).

Chez les bouquetins ibériques, une grande proximité se note entre les populations de Gredos et Cazorla (Figure 2.115).

L'onciforme de *C. falconeri* et de *C. aegagrus* est presque identique en proportions (Figure 2.116). *C. caucasica* et *C. cylindricornis* se ressemblent (mesures 1 à 4, 11 à 16) sans

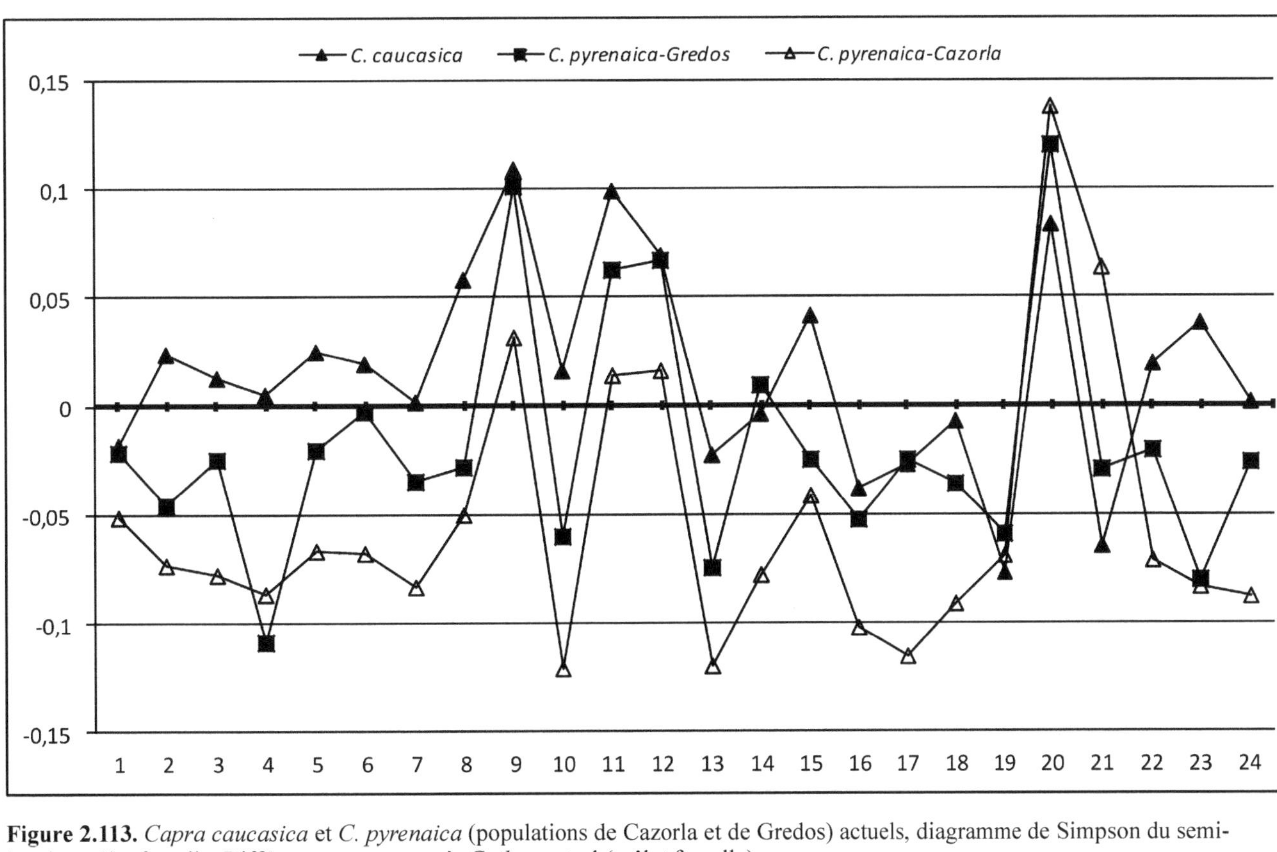

Figure 2.113. *Capra caucasica* et *C. pyrenaica* (populations de Cazorla et de Gredos) actuels, diagramme de Simpson du semi-lunaire mâle+femelle. Différence par rapport à *C. ibex* actuel (mâle+femelle).

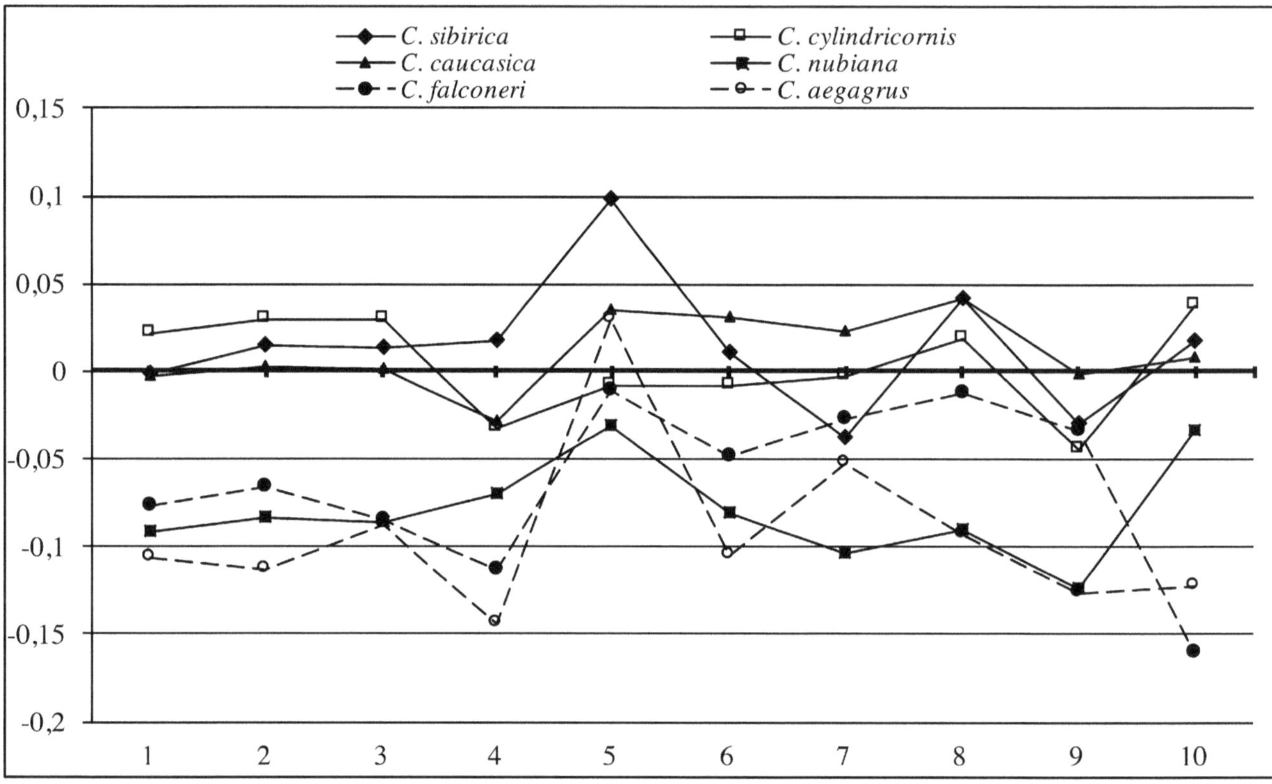

Figure 2.114. *Capra sibirica, C. cylindricornis, C. caucasica, C. nubiana, C. falconeri, C. aegagrus* actuels, diagramme de Simpson du pyramidal mâle+femelle. Différence par rapport à *C. ibex* actuel (mâle+femelle).

toutefois se confondre. C'est aussi le cas des populations ibériques (Figure 2.117). *C. nubiana* ressemble en partie à *C. sibirica* (mesures 1 à 6) (Figure 2.116).

Pour le capitato-trapézoïde, *C. aegagrus* et *C. falconeri* ne se distinguent l'un de l'autre que par la saillie latéro-palmaire de l'articulation proximale (mesure 4), faible chez

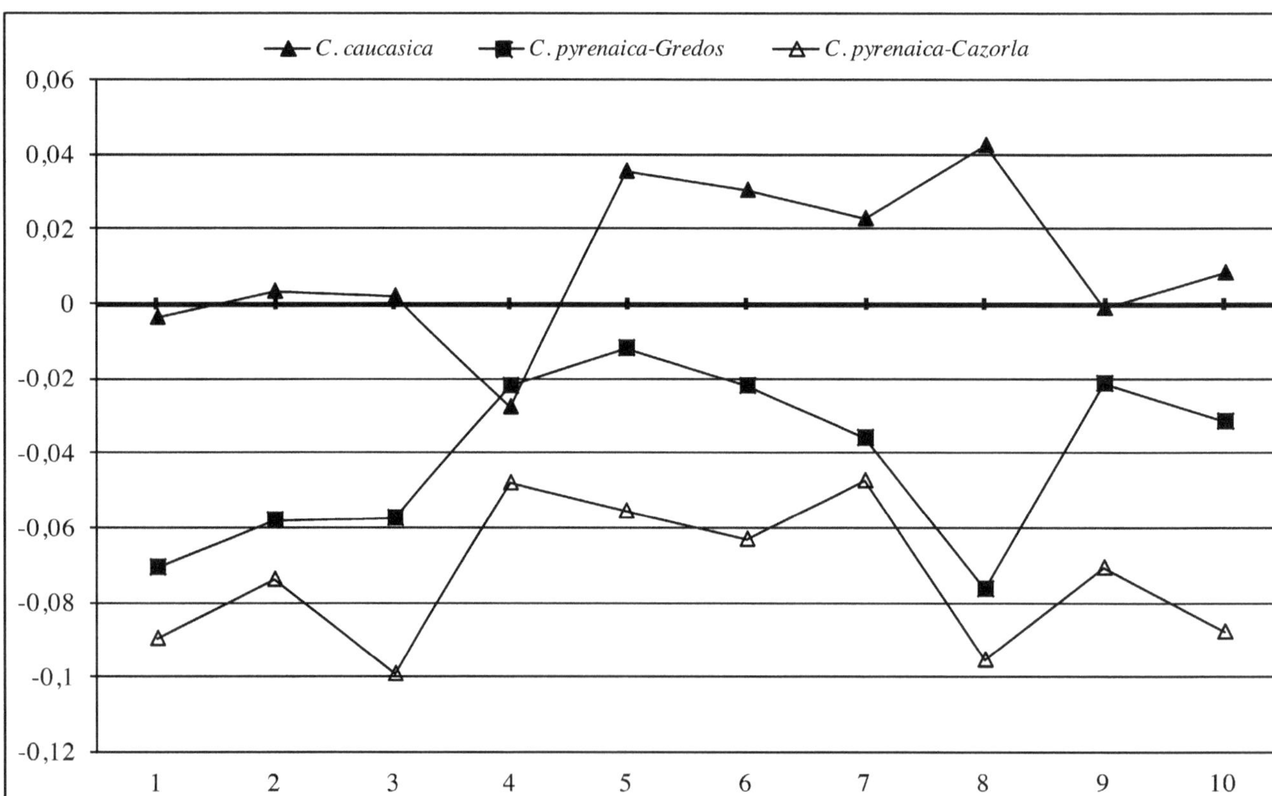

Figure 2.115. *Capra caucasica* et *C. pyrenaica* (populations de Cazorla et de Gredos) actuels, diagramme de Simpson du pyramidal mâle+femelle. Différence par rapport à *C. ibex* actuel (mâle+femelle).

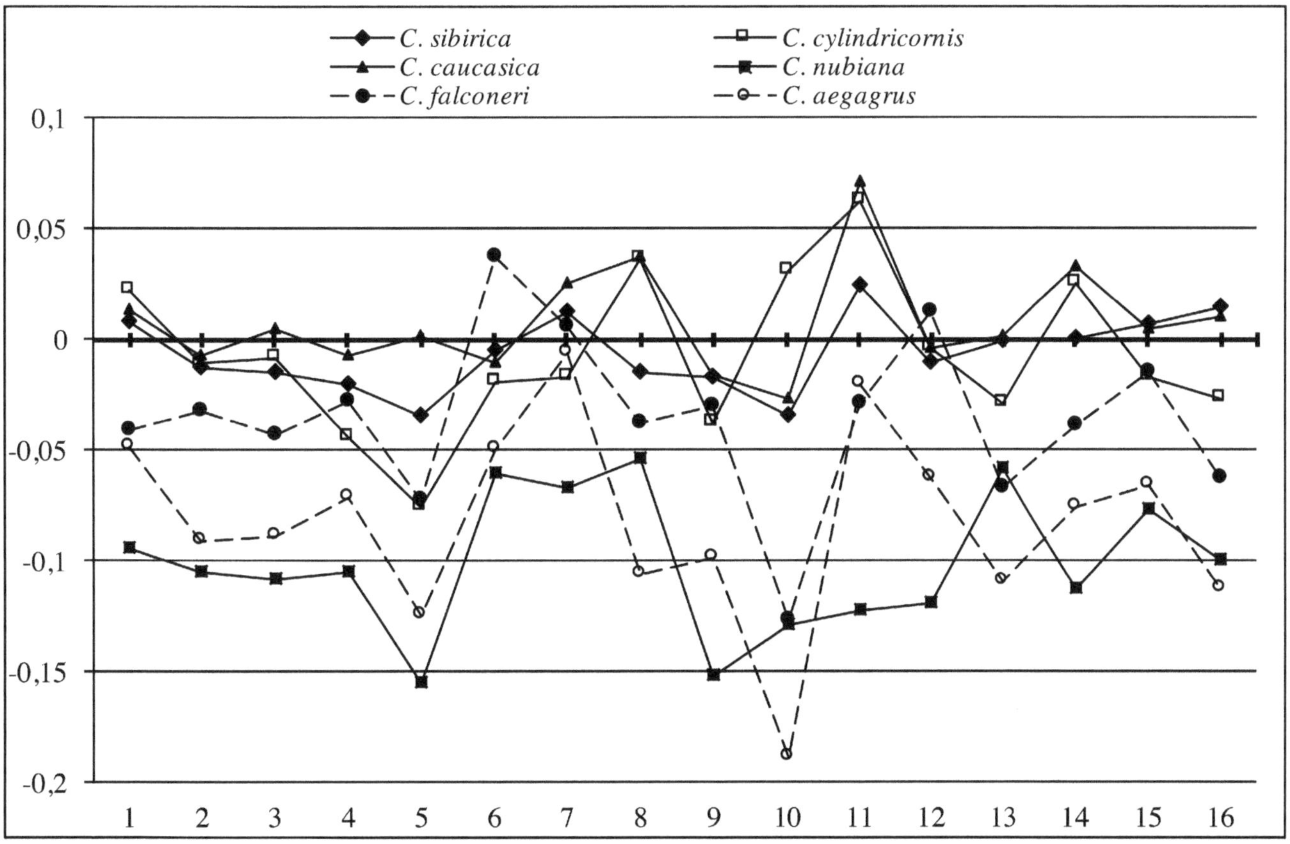

Figure 2.116. *Capra sibirica, C. cylindricornis, C. caucasica, C. nubiana, C. falconeri, C. aegagrus* actuels, diagramme de Simpson de l'onciforme mâle+femelle. Différence par rapport à *C. ibex* actuel (mâle+femelle).

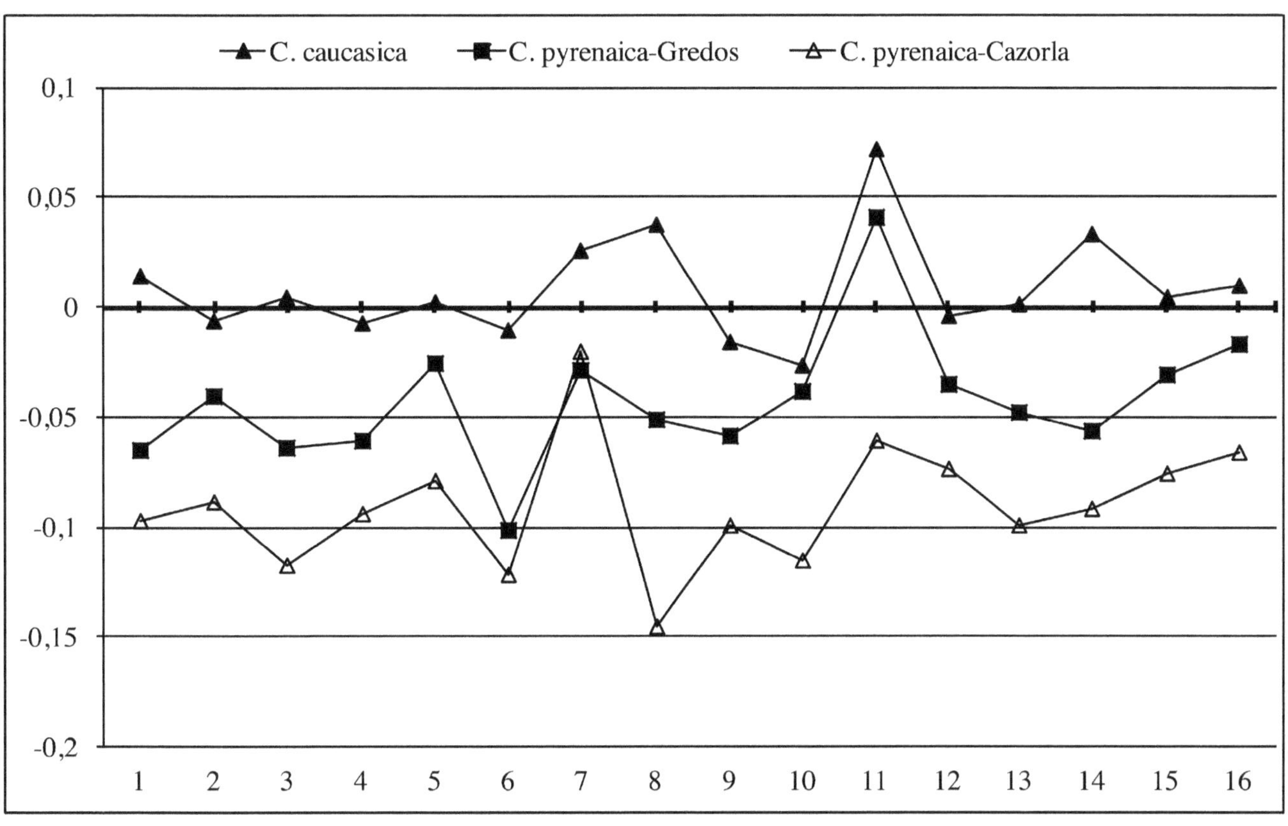

Figure 2.117. *Capra caucasica* et *C. pyrenaica* (populations de Cazorla et de Gredos) actuels, diagramme de Simpson de l'onciforme mâle+femelle. Différence par rapport à *C. ibex* actuel (mâle+femelle).

l'égagre et forte chez le markhor, et par le rétrécissement médian de la facette proximo-latérale, important chez l'égagre et moins accusé chez le markhor (mesure 9) (Figure 2.118). C'est *C. nubiana* qui est le moins différent de *C. ibex* (mesures 5 à 9). *C. caucasica* se groupe avec les populations de Gredos et de Cazorla (Figure 2.119).

Canon antérieur

Le canon antérieur de *C. sibirica* et *C. cylindricornis* ont quelques similitudes de proportions pour la gracilité diaphysaire et l'articulation distale (mesures 12 à 24) (Figure 2.120). En revanche le rapport des facettes pour les carpiens est inverse d'une espèce à l'autre (mesure 6 et 7). Le bouquetin de Sibérie a une articulation proximale qui est plus semblable à celle de *C. caucasica*. Les analogies entre *C. aegagrus* et *C. falconeri* sont réduites à quelques proportions de l'articulation proximale (mesures 4 à 7). Le métapode de l'égagre est aussi élancé que le bouquetin ibérique de Cazorla. L'épaisseur de la diaphyse au niveau du foramen nourricier est relativement importante chez *C. cylindricornis* et *C. sibirica*, elle l'est beaucoup moins chez *C. caucasica* et *C. pyrenaica* (mesures 16 et 17). Chez *C. aegagrus* et *C. falconeri* la diaphyse est particulièrement mince à ce niveau.

Les différences entre *C. caucasica* et *C. pyrenaica* sont minimes notamment dans la comparaison avec Gredos (Figure 2.121). La facette répondant à l'onciforme est cependant plus large chez *C. caucasica* (mesure 6), l'épaisseur de l'extrémité proximale est moindre (mesure 10) et l'épaisseur des quilles et condyles distaux plus importante (mesures 20 à 24). Les os canons des individus de Cazorla sont plus élancés et graciles que ceux de Gredos, pour une diaphyse aussi épaisse au milieu (mesure 13). La facette pour l'onciforme est relativement plus longue et celle pour le capitato-trapézoïde plus courte (mesures 8 et 9). L'articulation distale est plus étroite (mesure 14). La divergence des quilles est plus faible (mesures 18 à 20).

Os coxal

L'ischium de *C. caucasica* et *C. cylindricornis* a des ressemblances (mesures 1, 3 à 5) (Figure 2.122). La hauteur de l'aile est plus faible chez *C. cylindricornis* (mesure 2) ainsi que la longueur du foramen obturé (mesure 7). Il faut noter que le nombre de spécimens pour cette espèce est réduit (n=2 ; Tableau 2.84). Pour les autres espèces, les analogies sont moins nettes. On observe que les proportions de l'acétabulum et du foramen obturé de *C. sibirica* (mesures 5 à 8) sont les moins différentes de *C. ibex*.

L'os coxal de *C. pyrenaica* diffère peu entre les populations de Gredos et de Cazorla (Figure 2.123). Les divergences concernent uniquement la hauteur du foramen obturé qui est plus faible à Cazorla (mesure 8) et la longueur de l'ilium (mesure 16) qui est importante.

Il est intéressant de noter que, chez les populations méridionales, l'écartement des tubérosités ischiatiques (mesure 20) est relativement faible pour un écartement

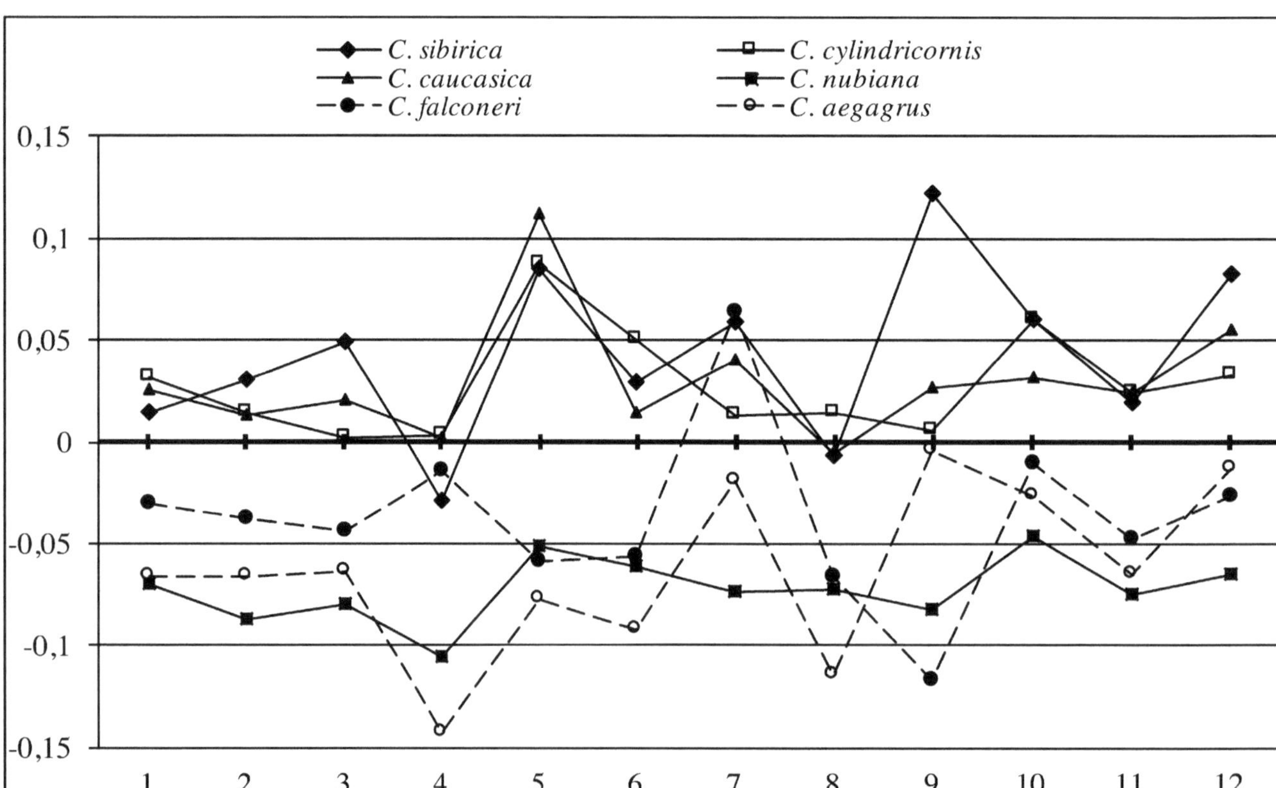

Figure 2.118. *Capra sibirica, C. cylindricornis, C. caucasica, C. nubiana, C. falconeri, C. aegagrus* actuels, diagramme de Simpson du capitato-trapézoïde mâle+femelle. Différence par rapport à *C. ibex* actuel (mâle+femelle).

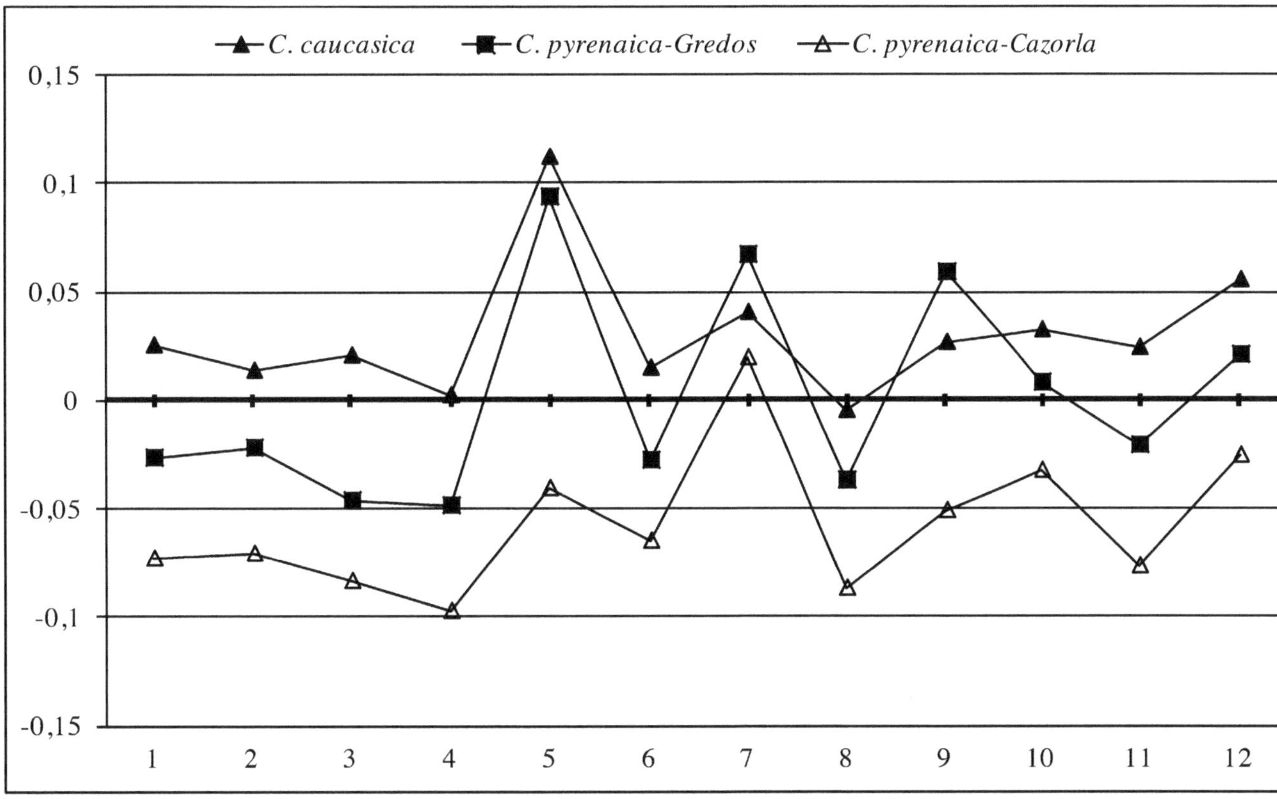

Figure 2.119. *Capra caucasica* et *C. pyrenaica* (populations de Cazorla et de Gredos) actuels, diagramme de Simpson du capitato-trapézoïde mâle+femelle. Différence par rapport à *C. ibex* actuel (mâle+femelle).

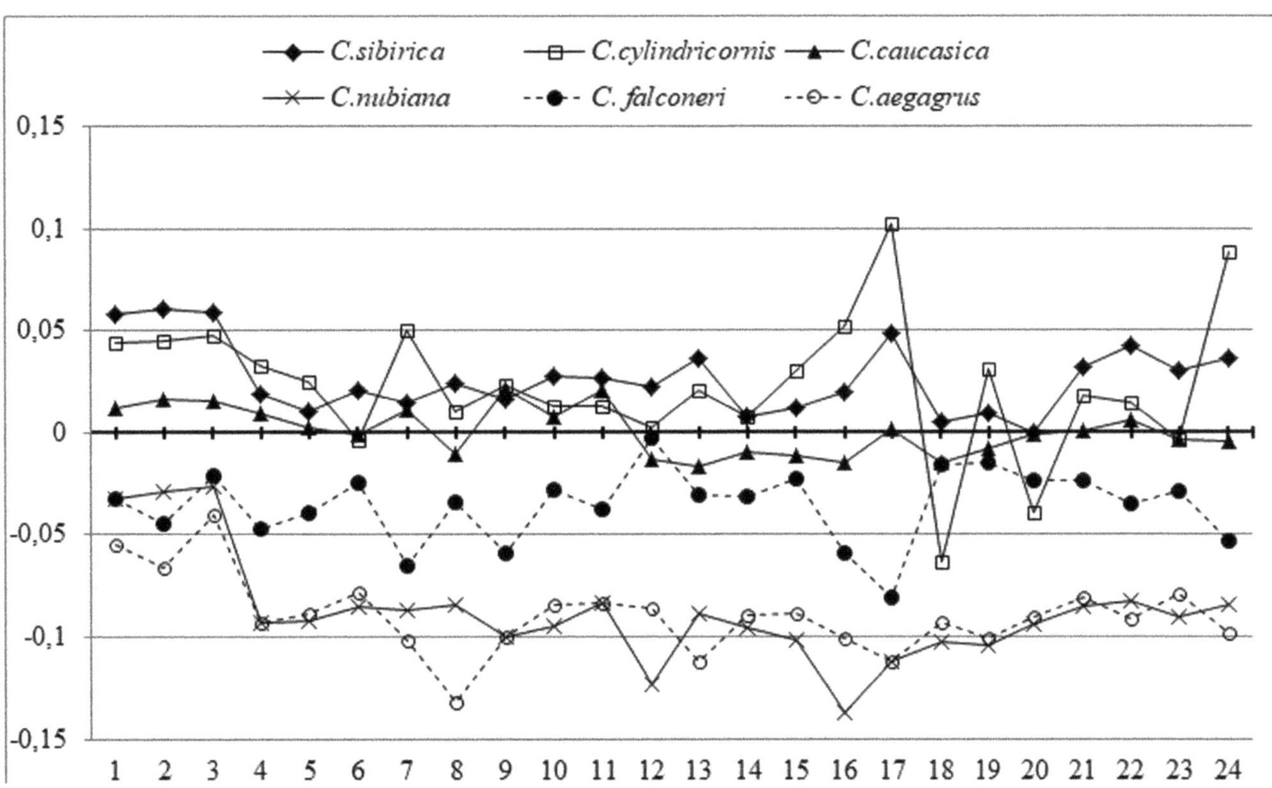

Figure 2.120. *Capra sibirica*, *C. cylindricornis*, *C. caucasica*, *C. nubiana*, *C. falconeri*, *C. aegagrus* actuels, diagramme de Simpson du canon antérieur mâle+femelle. Différence par rapport à *C. ibex* actuel (mâle+femelle).

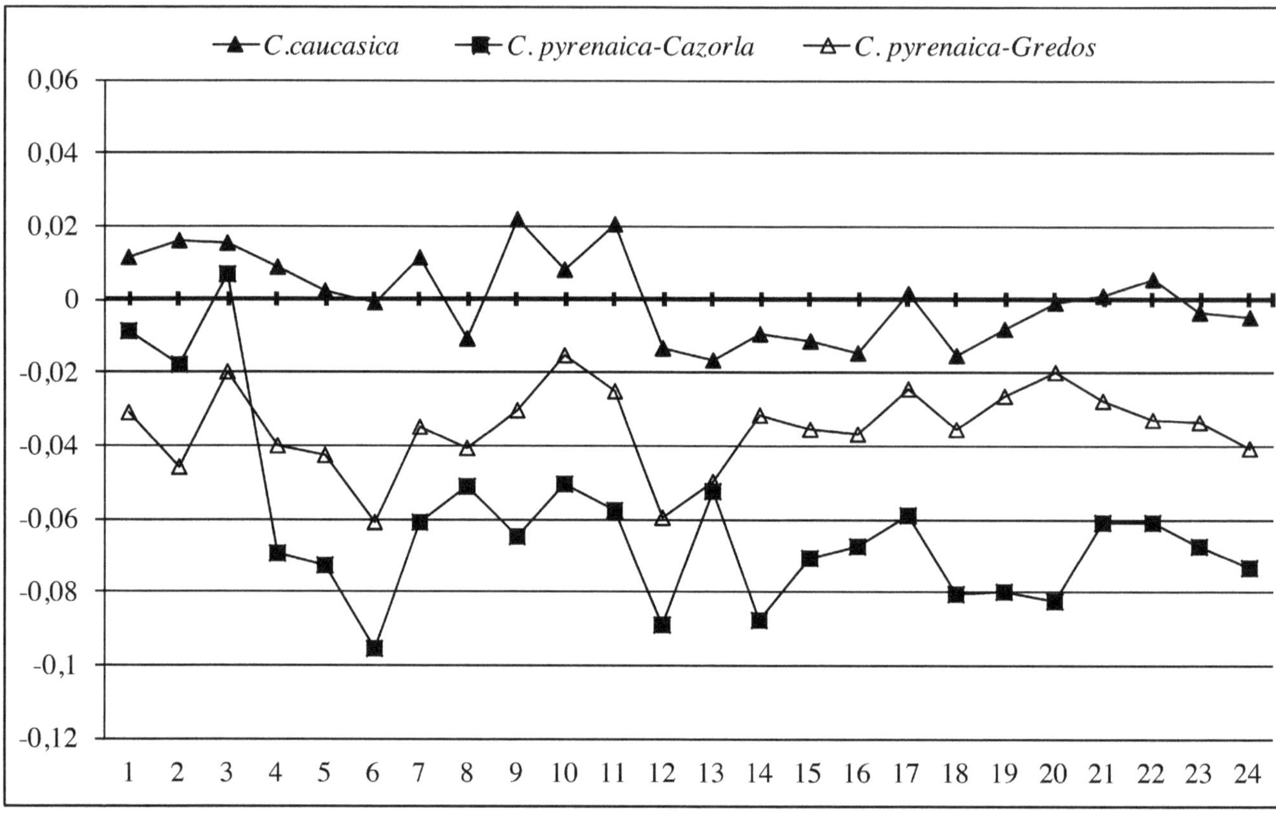

Figure 2.121. *Capra caucasica* et *C. pyrenaica* (populations de Cazorla et de Gredos) actuels, diagramme de Simpson du canon antérieur mâle+femelle. Différence par rapport à *C. ibex* actuel (mâle+femelle).

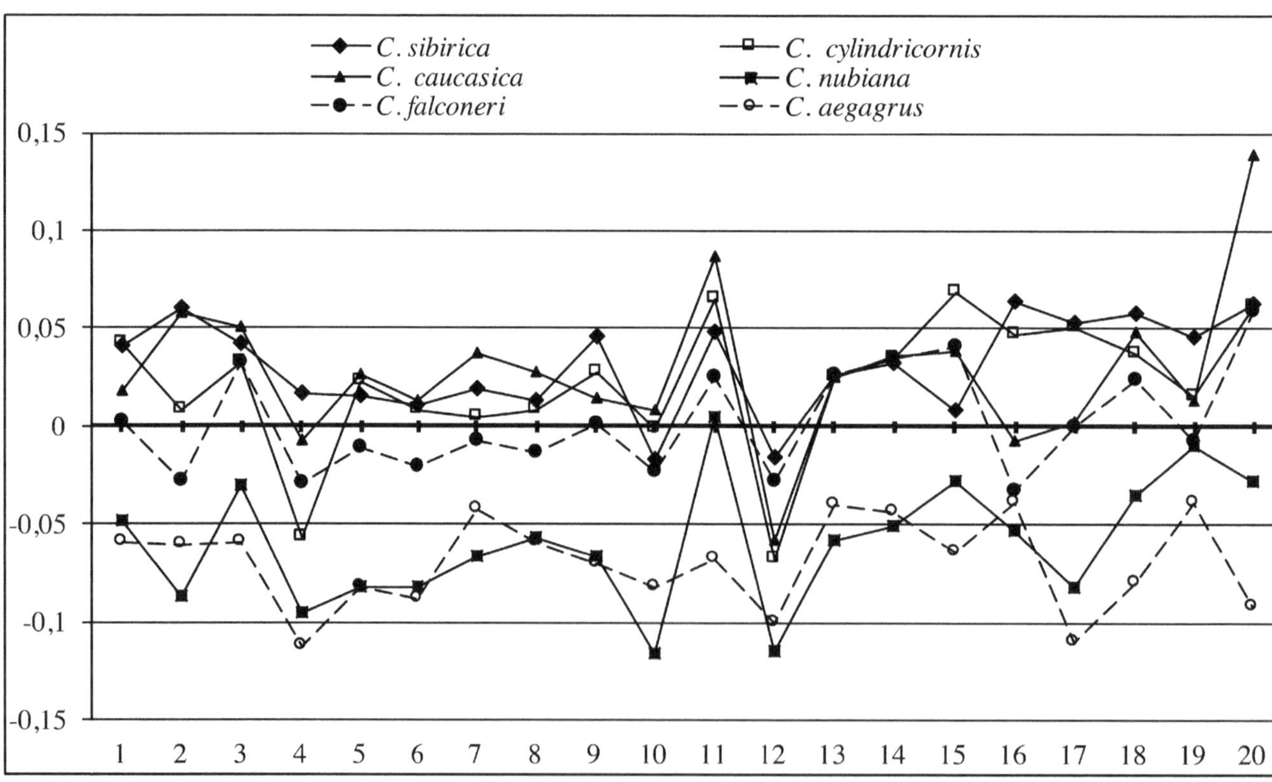

Figure 2.122. *Capra sibirica*, *C. cylindricornis*, *C. caucasica*, *C. nubiana*, *C. falconeri*, *C. aegagrus* actuels, diagramme de Simpson de l'os coxal mâle+femelle. Différence par rapport à *C. ibex* actuel (mâle+femelle).

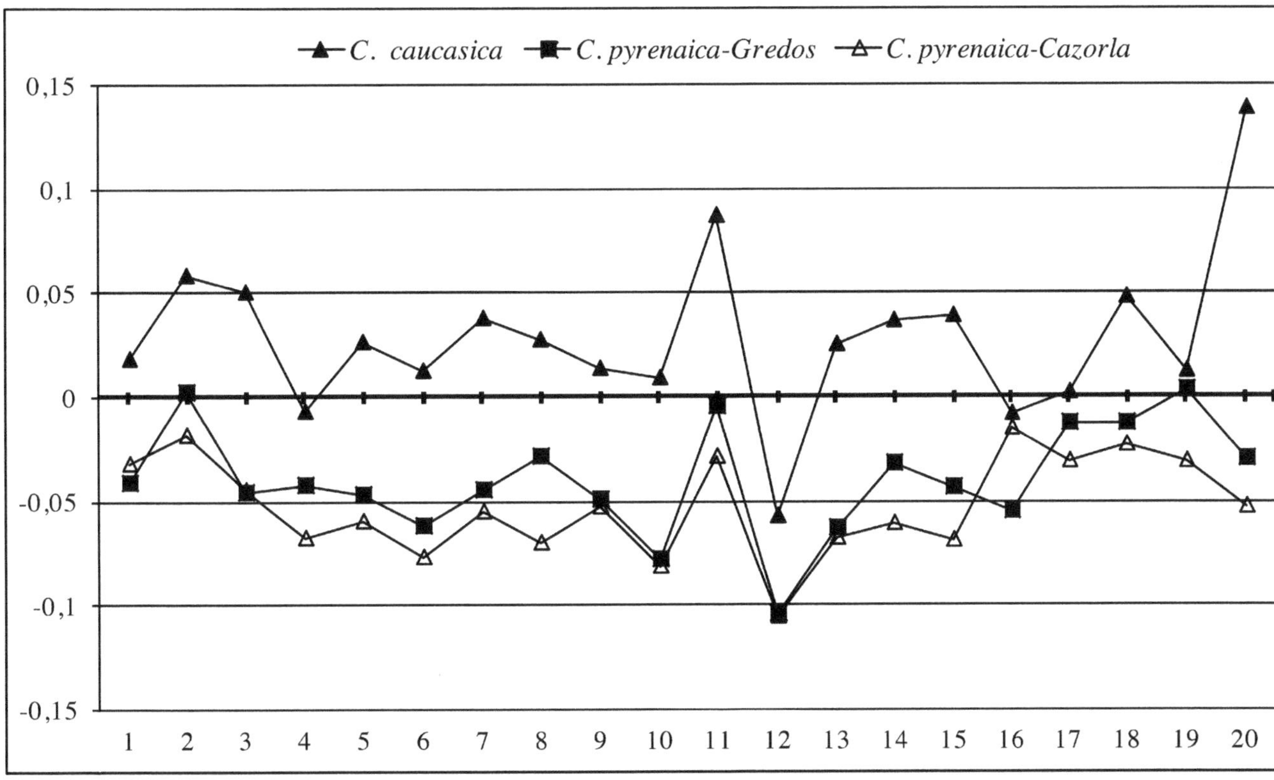

Figure 2.123. *Capra caucasica* et *C. pyrenaica* (populations de Cazorla et de Gredos) actuels, diagramme de Simpson de l'os coxal mâle+femelle. Différence par rapport à *C. ibex* actuel (mâle+femelle).

des épines iliaques relativement fort (mesure 19) tandis que les proportions s'inversent chez les populations plus continentales.

Fémur

Le rapport des longueurs de *C. nubiana* et *C. cylindricornis* est proche (mesures 1 et 2) et l'on peut aussi paralléliser celui de *C. aegagrus* et *C. falconeri* (Figure 2.124). Le fémur de l'égagre se révèle particulièrement gracile. Les proportions du fémur de *C. pyrenaica* des populations de Gredos et Cazorla sont similaires (Figure 2.125) ; toutefois, l'ossement est un peu plus long et gracile à Cazorla. *C. caucasica* se montre très différent.

Tibia

L'égagre et le markhor ont un tibia identique dans sa partie proximale (mesures 2 à 8) tandis que *C. sibirica* et *C. cylindricornis* se ressemblent dans leur partie distale (mesures 11 à 18) et que *C. caucasica* et *C. nubiana* se distinguent des autres taxons (Figure 2.126). La variation de la longueur des facettes malléolaires est la même pour tous les taxons (mesures 16 à 18). Le tibia de *C. pyrenaica* a des différences entre populations parmi lesquelles la plus grande gracilité des spécimens de Cazorla (Figure 2.127). On retiendra comme caractéristique de Gredos la faible épaisseur de l'extrémité distale (mesure 11) pour une longueur relativement forte (mesure 12).

Rotule et os malléolaire

Aucun résultat n'a été obtenu.

Tarse

Quelques proportions du talus de *C. pyrenaica* varient entre populations : la facette articulaire latéro-distale est plus haute à Gredos (mesure 11), la lèvre trochléenne proximo-latérale est plus courte à Cazorla (mesure 15) et la largeur minimale de l'articulation distale est plus forte à Gredos (mesure 19) (Figure 2.128). *C. caucasica* a des proportions générales proches de celles de *C. pyrenaica* (mesures 1 à 4) mais pour le reste se révèle différent. Il est difficile de trouver des analogies entre les autres espèces qui pour certains paramètres se ressemblent mais pour d'autres diffèrent (Figure 2.129).

Le calcaneus de *C. caucasica*, *C. cylindricornis* et *C. pyrenaica* varie en partie de la même manière (mesures 8 à 17) (Figure 2.130 ; Figure 2.131). Pour ces mêmes paramètres, *C. falconeri* et *C. aegagrus* sont relativement proches.

C. falconeri et *C. aegagrus* ont un cubonaviculaire semblable, les différences affectant la longueur de la petite facette plantaire qui se loge sous le ressaut de la trochlée plantaire du talus (mesure 9), plus courte chez l'égagre, et celle de la facette plantaire latérale du canon (mesure 16), plus longue chez le markhor (Figure 2.132). Le cubonaviculaire des populations ibériques est identique à l'exception de la facette distale pour le canon (mesure 14) qui est plus étroite à Cazorla et la hauteur latérale de la face dorsale (mesure 19) plus basse (Figure 2.133). Les autres bouquetins sont plus différents (Figure 2.132).

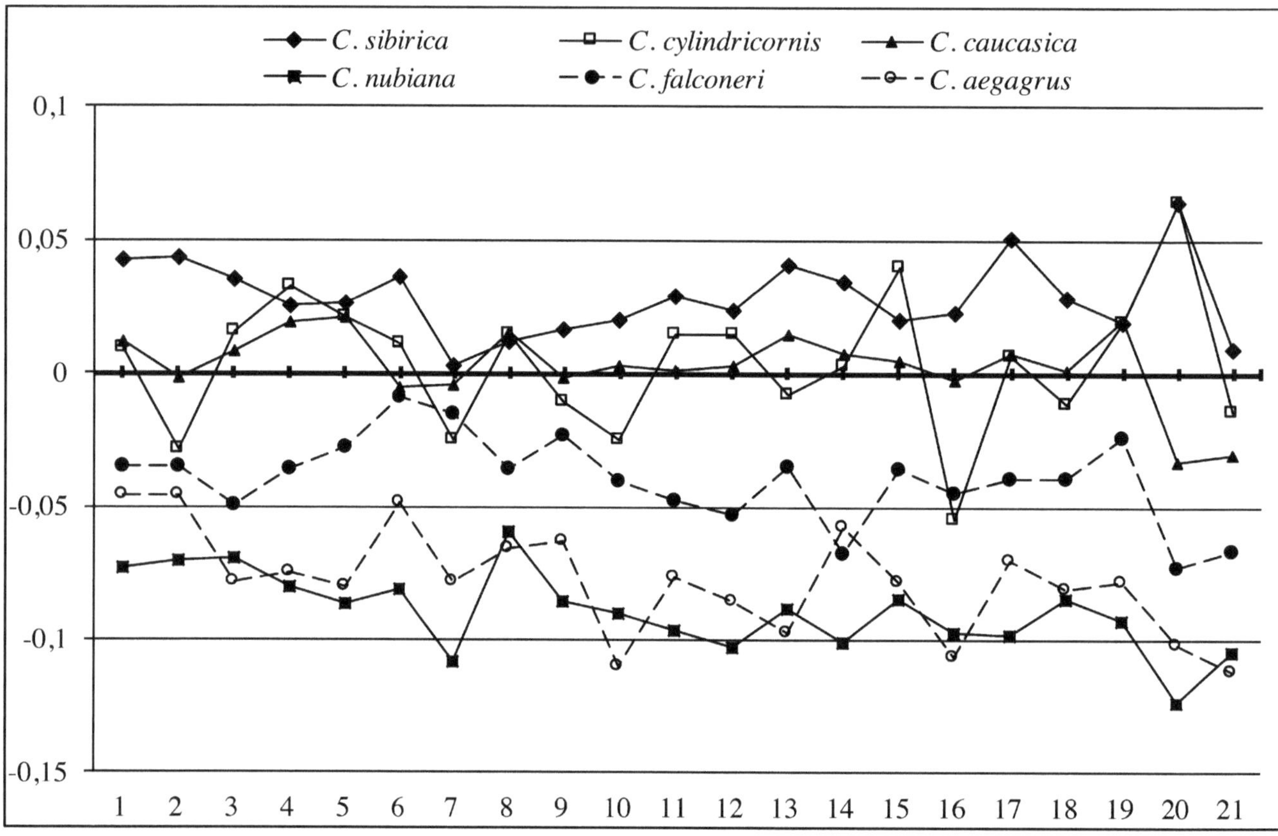

Figure 2.124. *Capra sibirica*, *C. cylindricornis*, *C. caucasica*, *C. nubiana*, *C. falconeri*, *C. aegagrus* actuels, diagramme de Simpson du fémur mâle+femelle. Différence par rapport à *C. ibex* actuel (mâle+femelle).

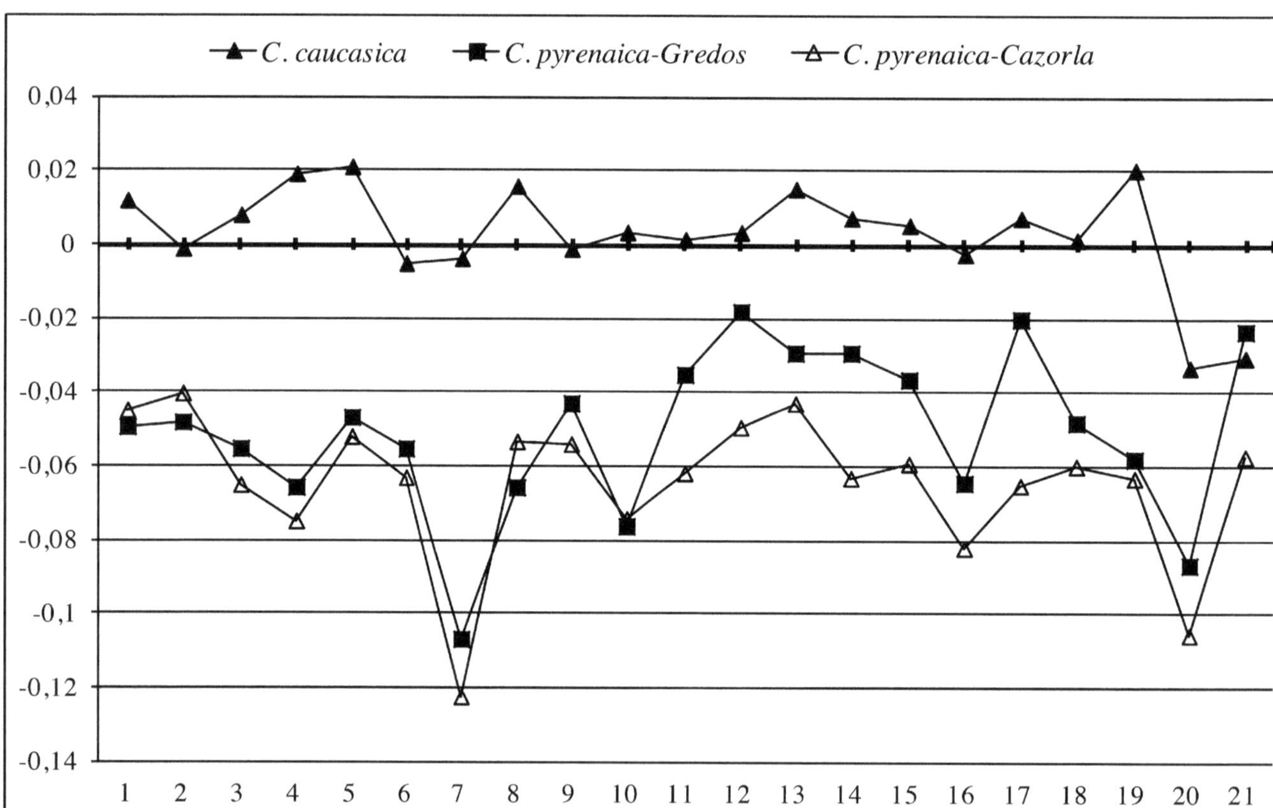

Figure 2.125. *Capra caucasica* et *C. pyrenaica* (populations de Cazorla et de Gredos) actuels, diagramme de Simpson du fémur mâle+femelle. Différence par rapport à *C. ibex* actuel (mâle+femelle).

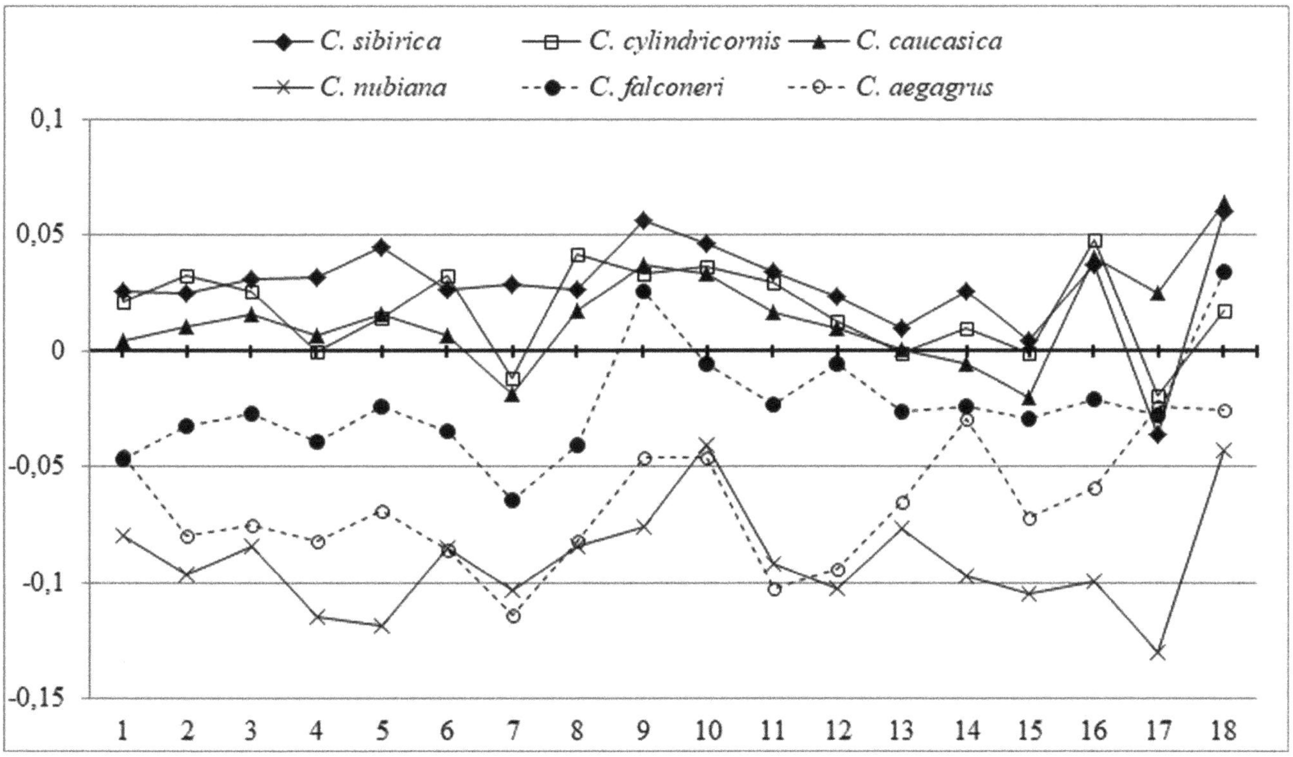

Figure 2.126. *Capra sibirica, C. cylindricornis, C. caucasica, C. nubiana, C. falconeri, C. aegagrus* actuels, diagramme de Simpson du tibia mâle+femelle. Différence par rapport à *C. ibex* actuel (mâle+femelle).

Canon postérieur

Les proportions des canons postérieurs varient d'une espèce à l'autre. Le canon de C. *sibirica, C. cylindricornis* et *C. caucasica* montrent des ressemblances (Figure 2.134). Chez *C. pyrenaica*, le métapode de la population de Cazorla est élancé et gracile. Si l'on excepte la facette

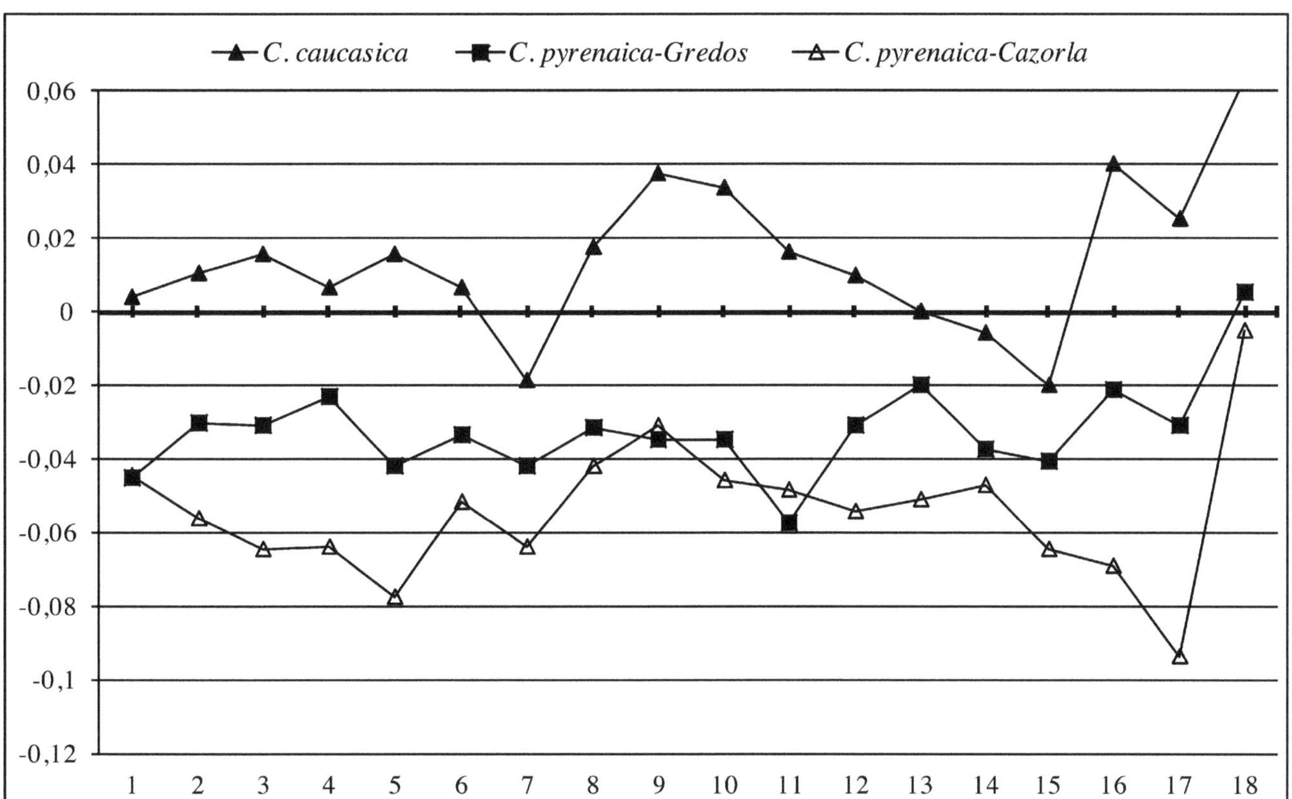

Figure 2.127. *Capra caucasica* et *C. pyrenaica* (populations de Cazorla et de Gredos) actuels, diagramme de Simpson du tibia mâle+femelle. Différence par rapport à *C. ibex* actuel (mâle+femelle).

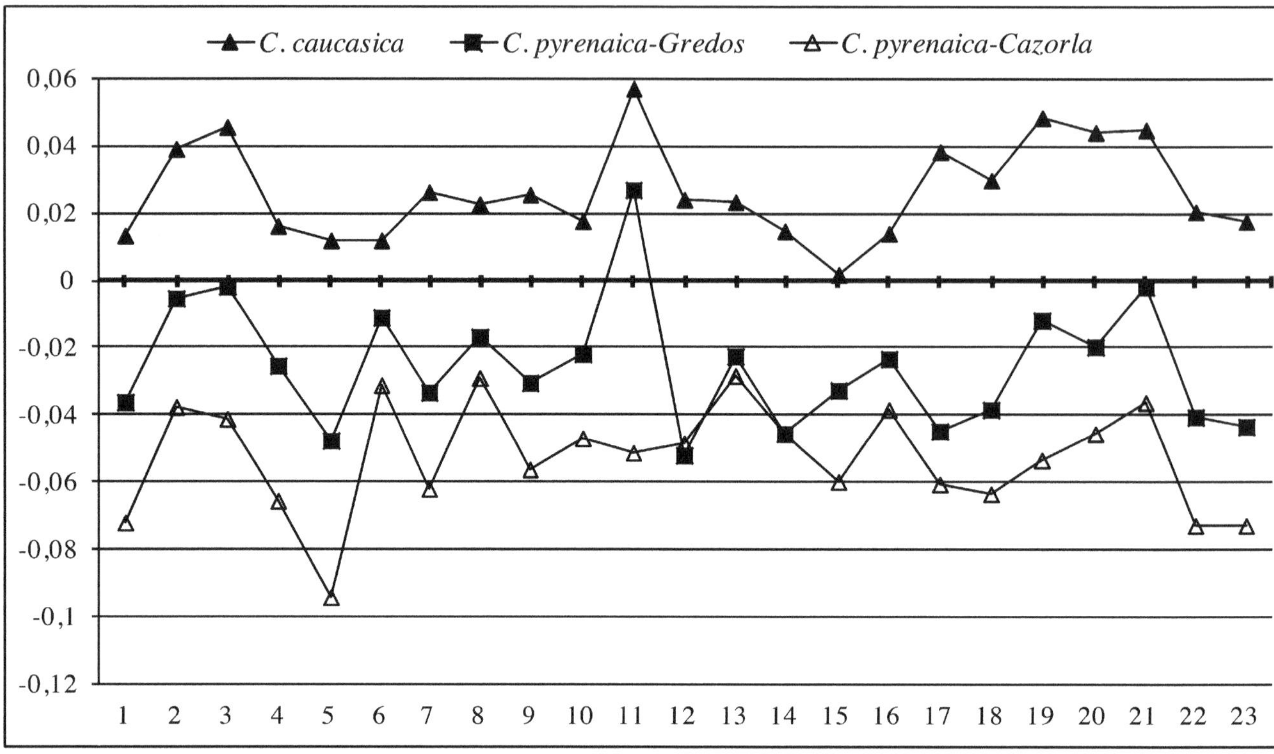

Figure 2.128. *Capra sibirica, C. cylindricornis, C. caucasica, C. nubiana, C. falconeri, C. aegagrus* actuels, diagramme de Simpson du talus mâle+femelle. Différence par rapport à *C. ibex* actuel (mâle+femelle).

pour le petit cunéiforme (mesures 8 et 9), l'articulation proximale des deux populations ibériques est similaire (Figure 2.135). L'articulation distale est plus différente. Les autres bouquetins sont moins semblables (Figure 2.134).

Phalanges

Pour les phalanges antérieures :

- Les premières phalanges des populations pyrénéennes ont des facettes articulaires proximales (mesures 8 à 13)

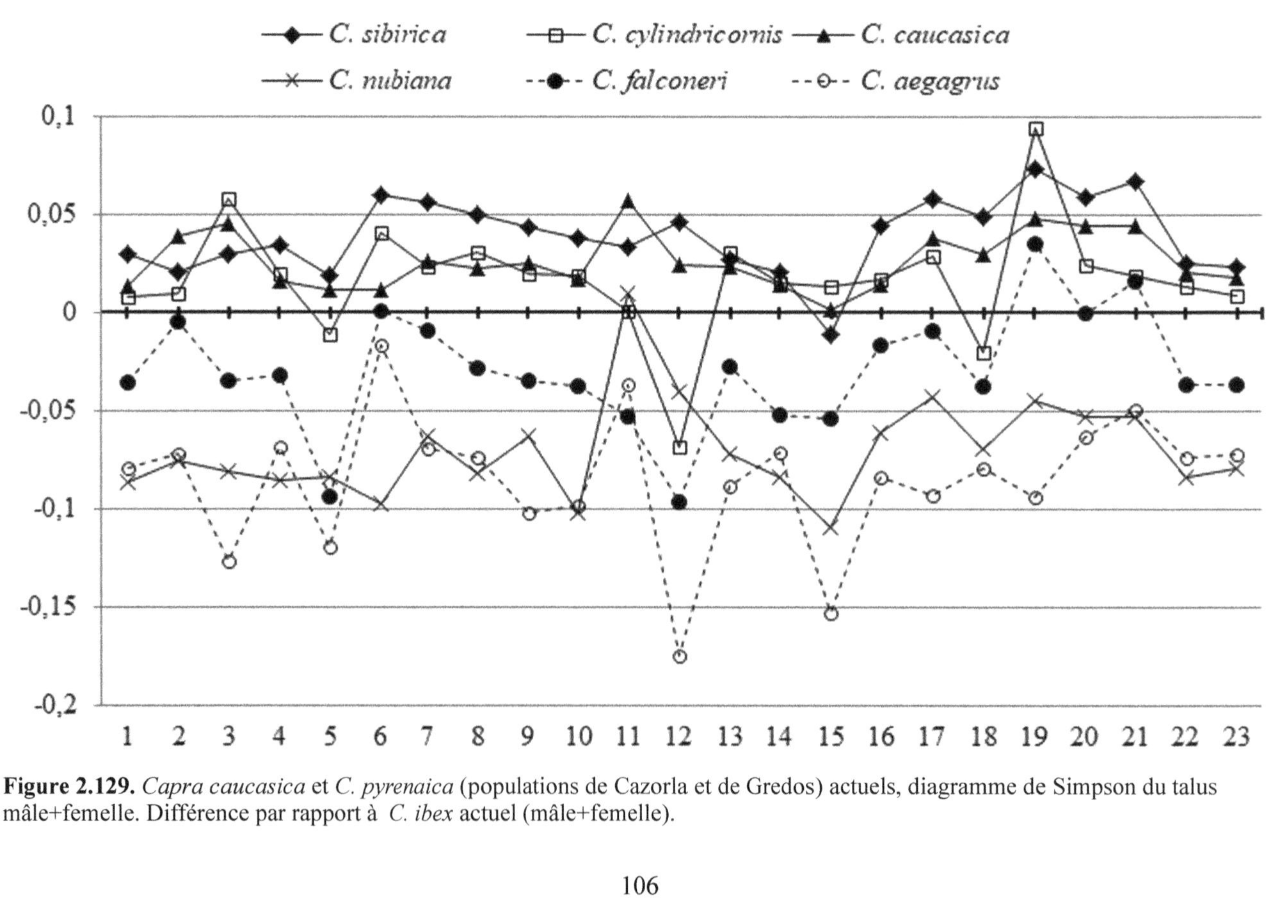

Figure 2.129. *Capra caucasica* et *C. pyrenaica* (populations de Cazorla et de Gredos) actuels, diagramme de Simpson du talus mâle+femelle. Différence par rapport à *C. ibex* actuel (mâle+femelle).

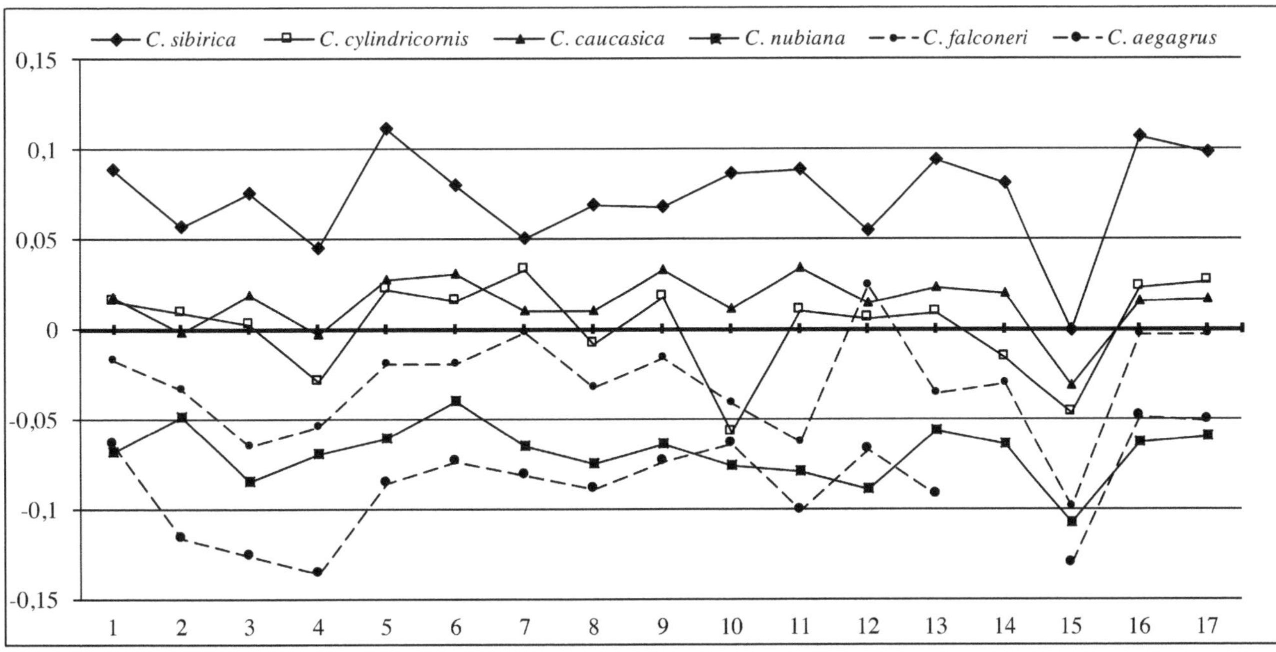

Figure 2.130. *Capra sibirica, C. cylindricornis, C. caucasica, C. nubiana, C. falconeri, C. aegagrus* actuels, diagramme de Simpson du calcaneus mâle+femelle. Différence par rapport à *C. ibex* actuel (mâle+femelle).

de mêmes proportions ainsi que leur diaphyse (mesures 14 et 15) et leur articulation distale (mesures 15 à 18) (Figure 2.137). *C. cylindricornis* et *C. sibirica* ont des longueurs (mesures 1 à 3 ; Figure 2.136), une articulation proximale (mesures 4 à 8) et une robustesse (mesures 12 et 13) très proches. Les parentés de proportions entre les autres populations sont pratiquement indiscernables (Figure 2.137).

- Les deuxièmes phalanges des populations espagnoles se ressemblent peu, alors que les proportions du milieu de la diaphyse et de l'articulation distale de la population de Gredos ont quelques analogies avec celles de *C. caucasica* (Figure 2.139). Les autres populations sont dissemblables (Figure 2.138).

Pour les phalanges postérieures :

- Les longueurs (mesures 1 à 3), les proportions de l'extrémité et de l'articulation proximale (mesures 4 à 13) ainsi que la robustesse du milieu de la diaphyse (mesures 14 et 15) de la première phalange postérieure de *C. caucasica* sont voisines de celles du bouquetin de

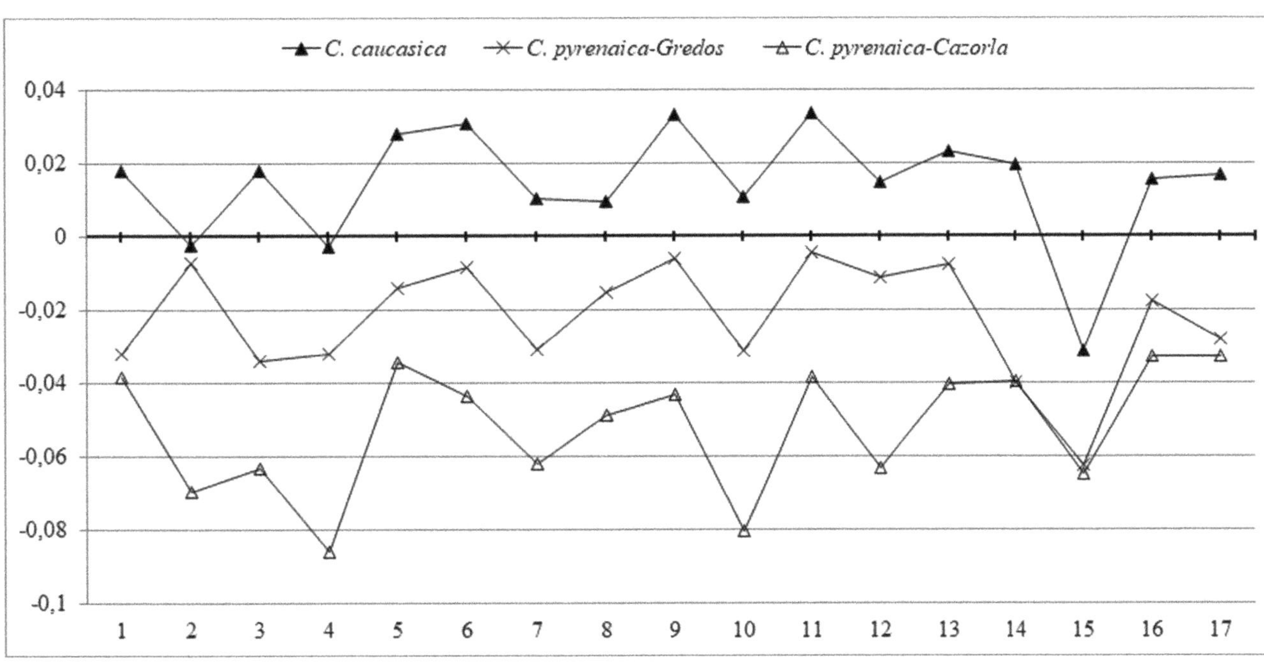

Figure 2.131. *Capra caucasica* et *C. pyrenaica* (populations de Cazorla et de Gredos) actuels, diagramme de Simpson du calcaneus mâle+femelle. Différence par rapport à *C. ibex* actuel (mâle+femelle).

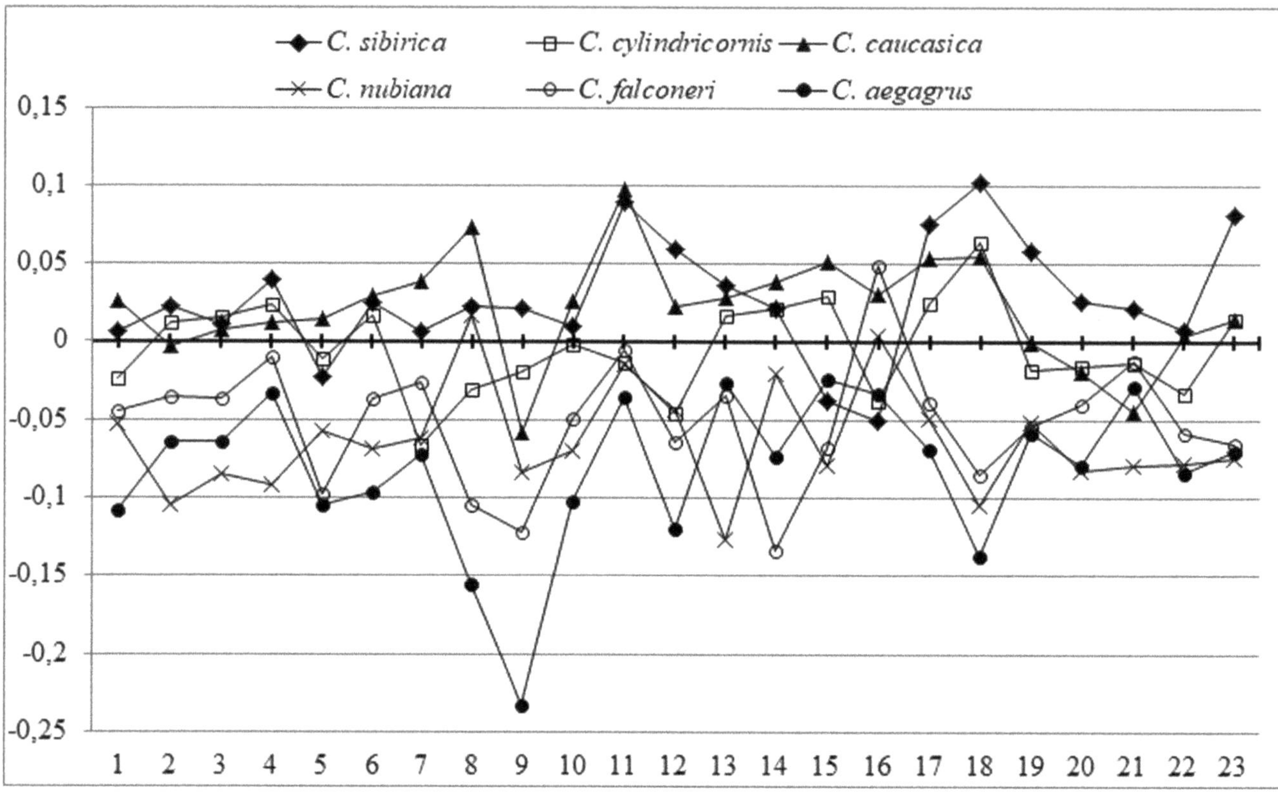

Figure 2.132. *Capra sibirica*, *C. cylindricornis*, *C. caucasica*, *C. nubiana*, *C. falconeri*, *C. aegagrus* actuels, diagramme de Simpson du cubonaviculaire mâle+femelle. Différence par rapport à *C. ibex* actuel (mâle+femelle).

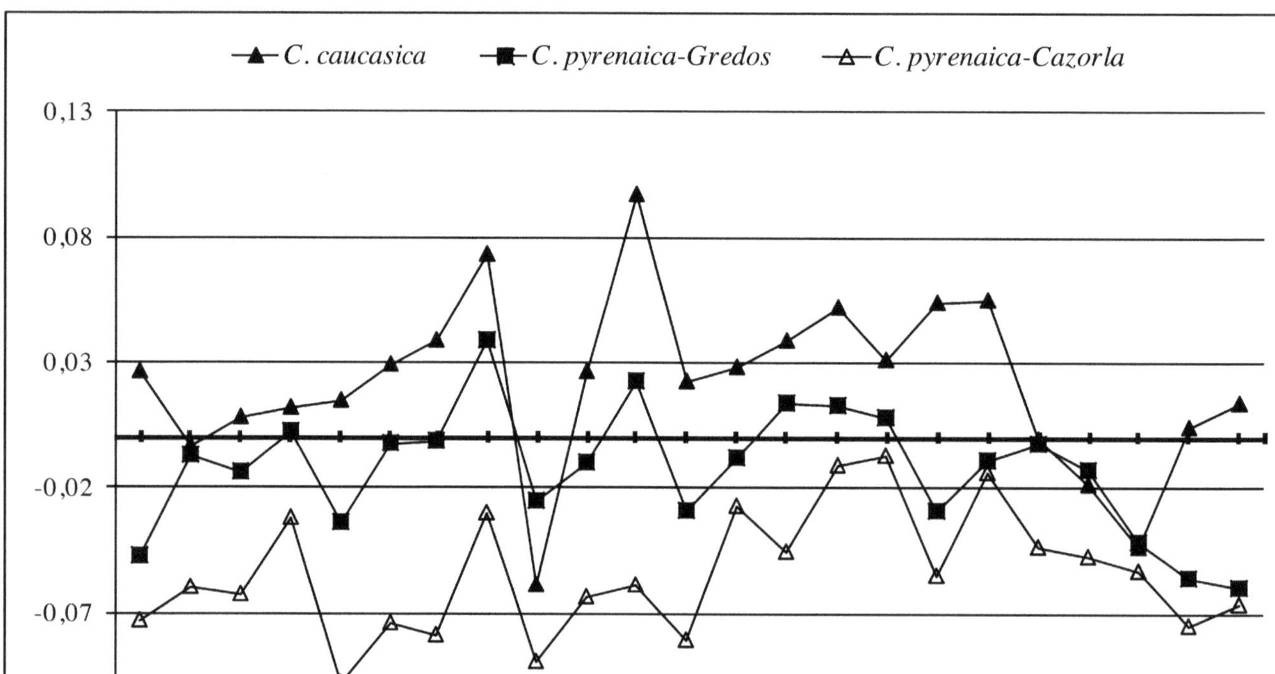

Figure 2.133. *Capra caucasica* et *C. pyrenaica* (populations de Cazorla et de Gredos) actuels, diagramme de Simpson du cubonaviculaire mâle+femelle. Différence par rapport à *C. ibex* actuel (mâle+femelle).

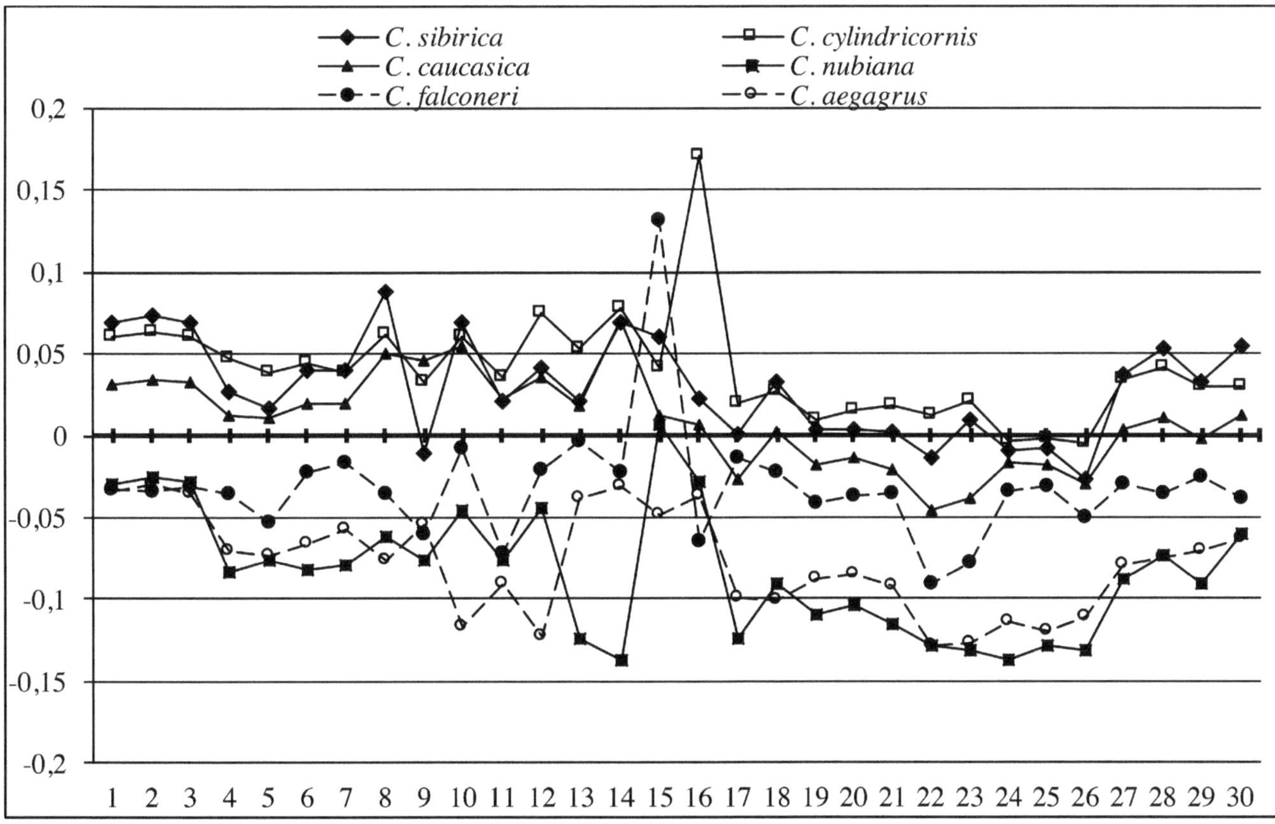

Figure 2.134. *Capra sibirica*, *C. cylindricornis*, *C. caucasica*, *C. nubiana*, *C. falconeri*, *C. aegagrus* actuels, diagramme de Simpson du canon postérieur mâle+femelle. Différence par rapport à *C. ibex* actuel (mâle+femelle).

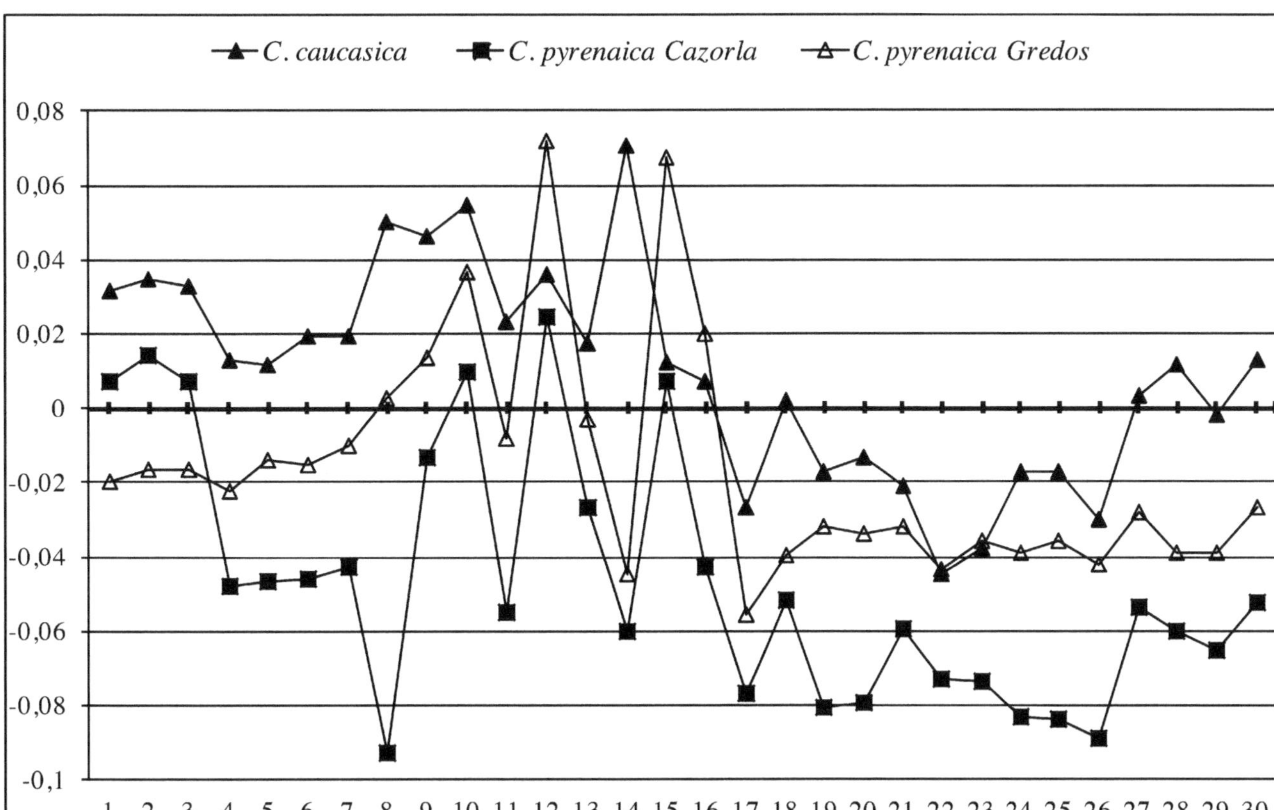

Figure 2.135. *Capra caucasica* et *C. pyrenaica* (populations de Cazorla et de Gredos) actuels, diagramme de Simpson du canon postérieur mâle+femelle. Différence par rapport à *C. ibex* actuel (mâle+femelle).

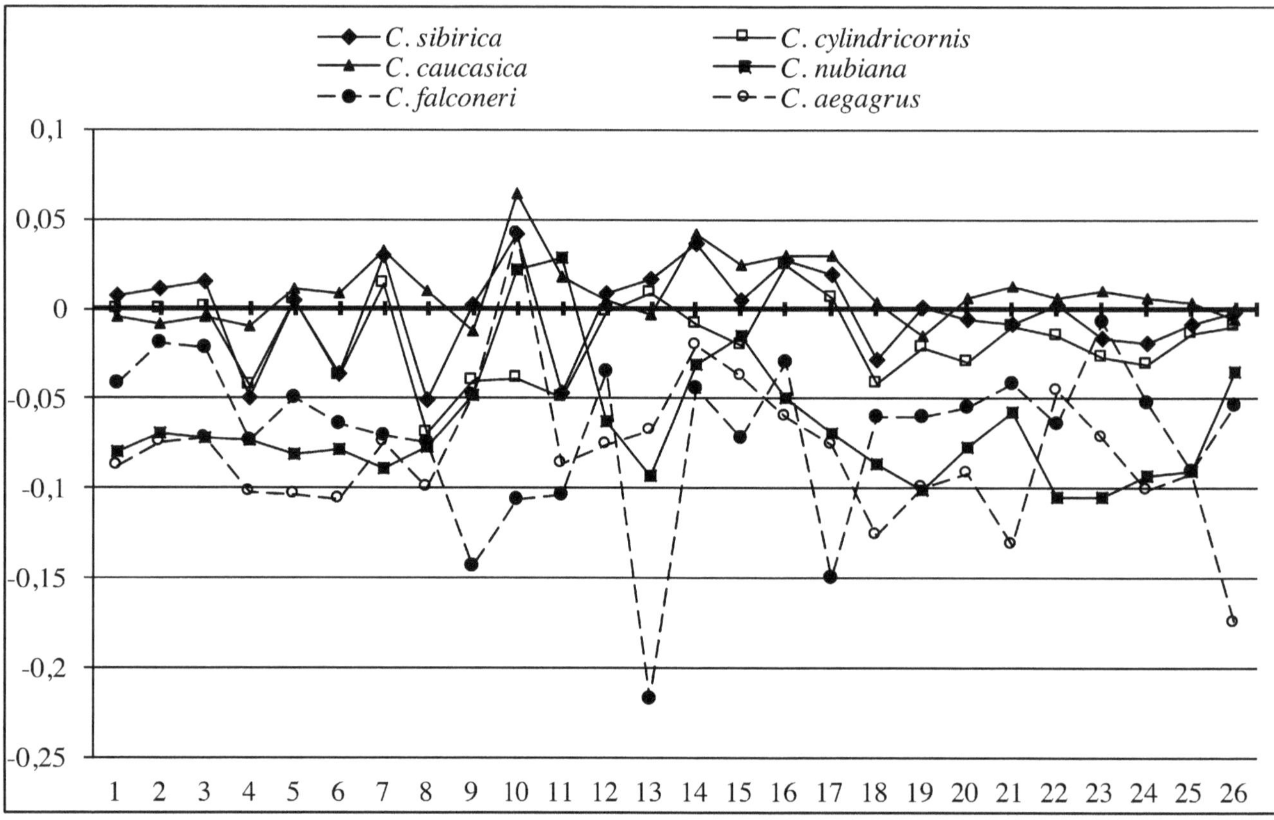

Figure 2.136. *Capra sibirica, C. cylindricornis, C. caucasica, C. nubiana, C. falconeri, C. aegagrus* actuels, diagramme de Simpson de la première phalange antérieure mâle+femelle. Différence par rapport à *C. ibex* actuel (mâle+femelle).

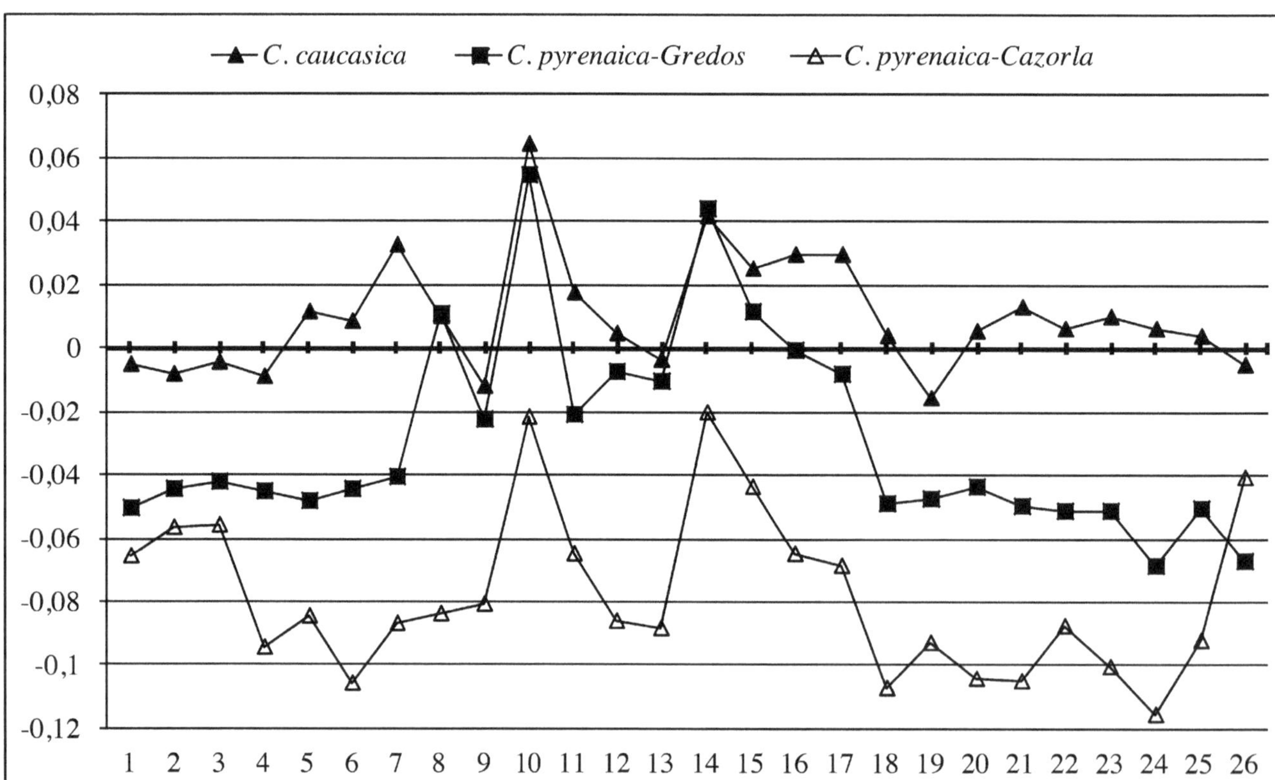

Figure 2.137. *Capra caucasica* et *C. pyrenaica* (populations de Cazorla et de Gredos) actuels, diagramme de Simpson de la première phalange antérieure mâle+femelle. Différence par rapport à *C. ibex* actuel (mâle+femelle).

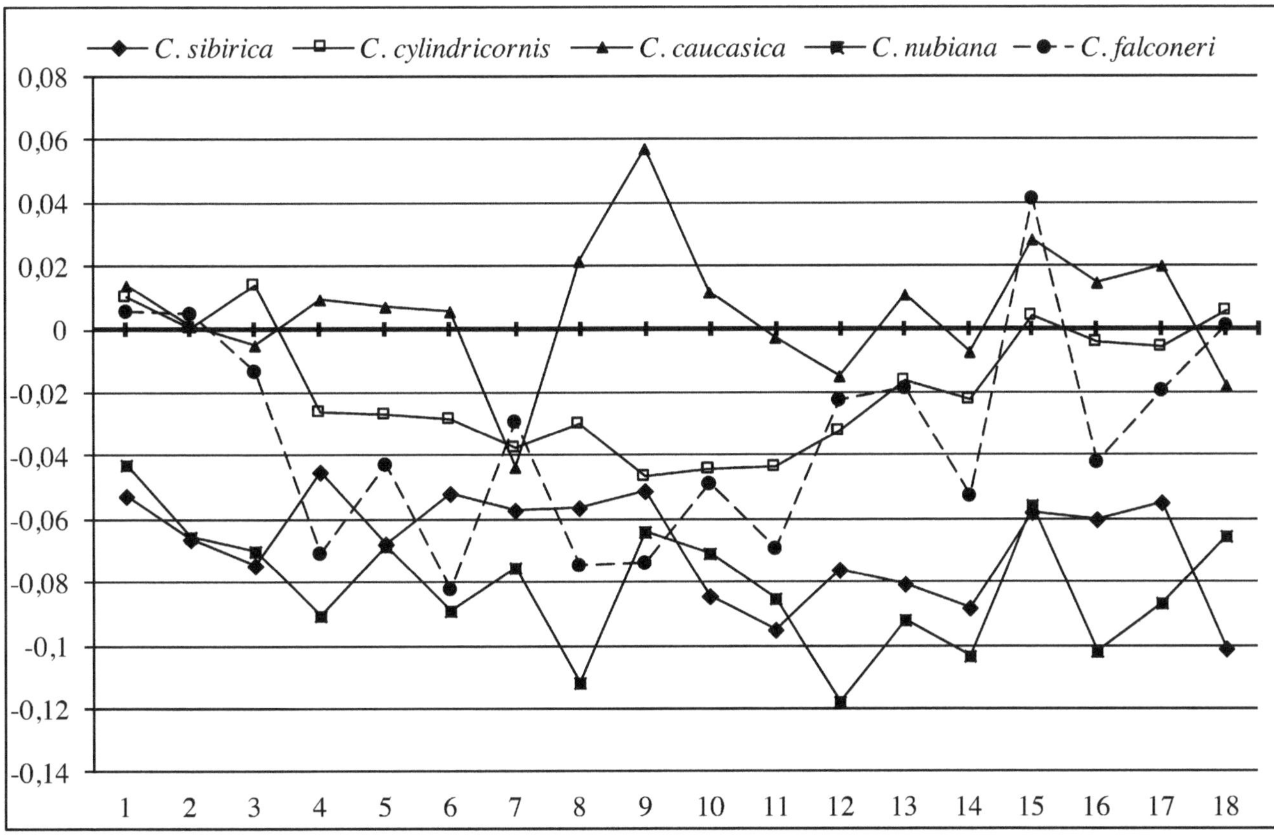

Figure 2.138. *Capra sibirica*, *C. cylindricornis*, *C. caucasica*, *C. nubiana*, *C. falconeri* actuels, diagramme de Simpson de la deuxième phalange antérieure mâle+femelle. Différence par rapport à *C. ibex* actuel (mâle+femelle).

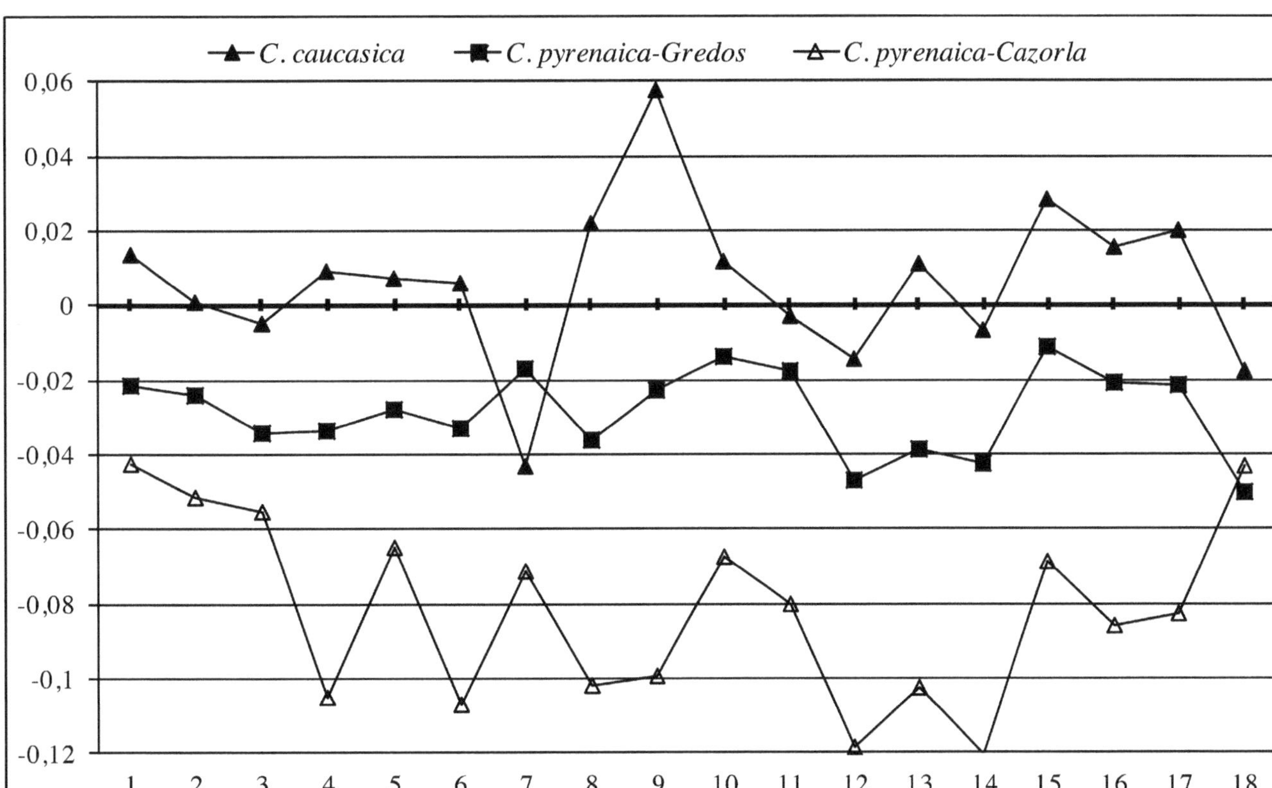

Figure 2.139. *Capra caucasica* et *C. pyrenaica* (populations de Cazorla et de Gredos) actuels, diagramme de Simpson de la deuxième phalange antérieure mâle+femelle. Différence par rapport à *C. ibex* actuel (mâle+femelle).

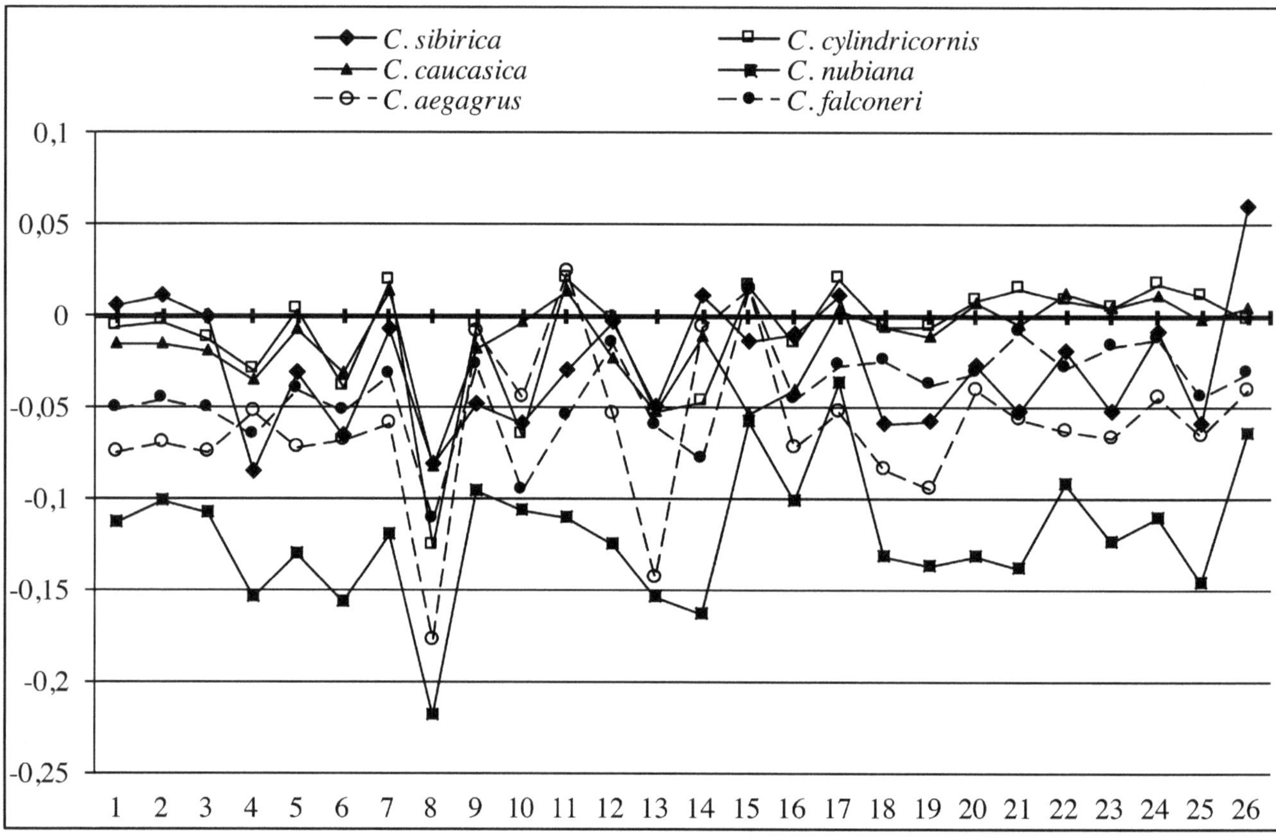

Figure 2.140. *Capra sibirica, C. cylindricornis, C. caucasica, C. nubiana, C. falconeri, C. aegagrus* actuels, diagramme de Simpson de la première phalange postérieure mâle+femelle. Différence par rapport à *C. ibex* actuel (mâle+femelle).

Cazorla mais les analogies sont plus marquées avec *C. cylindricornis* (Figure 2.140 ; Figure 2.141). Les autres bouquetins se révèlent différents.

- La deuxième phalange du bouquetin du Caucase se montre très proche de celle de *C. cylindricornis* mais aussi de la population de Gredos (Figure 2.142; Figure 2.143). Les autres populations diffèrent.

a.3. Résumé des données

Les diagrammes montrent qu'il y a des différences entre les divers taxons mais qui, le plus souvent, ne sont jamais très grandes.

L'importante proximité de *C. nubiana* et de *C. walie*, est mise en évidence. Celle des diverses populations ibériques de *C. pyrenaica* est visible, leurs différences aussi. *C. caucasica* semble avoir des proportions intermédiaires entre celles de *C. pyrenaica* et celles de *C. cylindricornis*. *C. sibirica* a souvent des points communs avec *C. cylindricornis* mais aussi avec *C. nubiana*. Des analogies entre *C. aegagrus* et *C. falconeri*, notamment au niveau de la mandibule et du carpe, sont décelables ; néanmoins, ces deux unités taxonomiques montrent beaucoup de différences. Enfin la position intermédiaire du bouquetin des Pyrénées entre *C. ibex* et les populations ibériques envisagée par R. Garcia-Gonzalez (1991) ne ressort pas des graphiques.

Il est clair que la tendance va vers une diminution de la longueur des crânes selon un gradient grossièrement est/ouest et nord/sud : l'espèce aux crânes les plus grands est le bouquetin du Caucase oriental, celle aux crânes les plus petits le bouquetin de Nubie. Un gradient nord-sud s'observe chez *C. pyrenaica*, les crânes les plus grands étant ceux des Pyrénées et les plus petits ceux de Cazorla. Cette observation est conforme à une variation selon la latitude et la continentalité. La répartition correspond grossièrement à l'opposition d'un « bloc » continental à celle d'un « bloc » arabo-méditerranéen. Ce phénomène est connu chez d'autres Bovidae tels *Ovis* (Pfeffer 1967) et *Hemitragus* fossile (Crégut-Bonnoure 1992 c).

Des graphiques ne prenant en compte que les paramètres permettant de visualiser les rapports de proportions entre face et arrière crâne ont été réalisés.

Les mâles du « bloc » arabo-méditerranéen ont une face relativement longue (mesure 49) et basse (mesure 56) et un arrière-crâne relativement court (mesure 48) et épais (mesure 55) (Figure 2.144). Néanmoins *C. aegagrus* fait exception, la face étant relativement courte et épaisse tandis que l'arrière crâne est long et bas.

Dans le « bloc » continental, les proportions sont plus variables :

- *C. sibirica* est seul taxon à présenter une face et un arrière crâne proportionnellement similaires à *C. ibex* ;

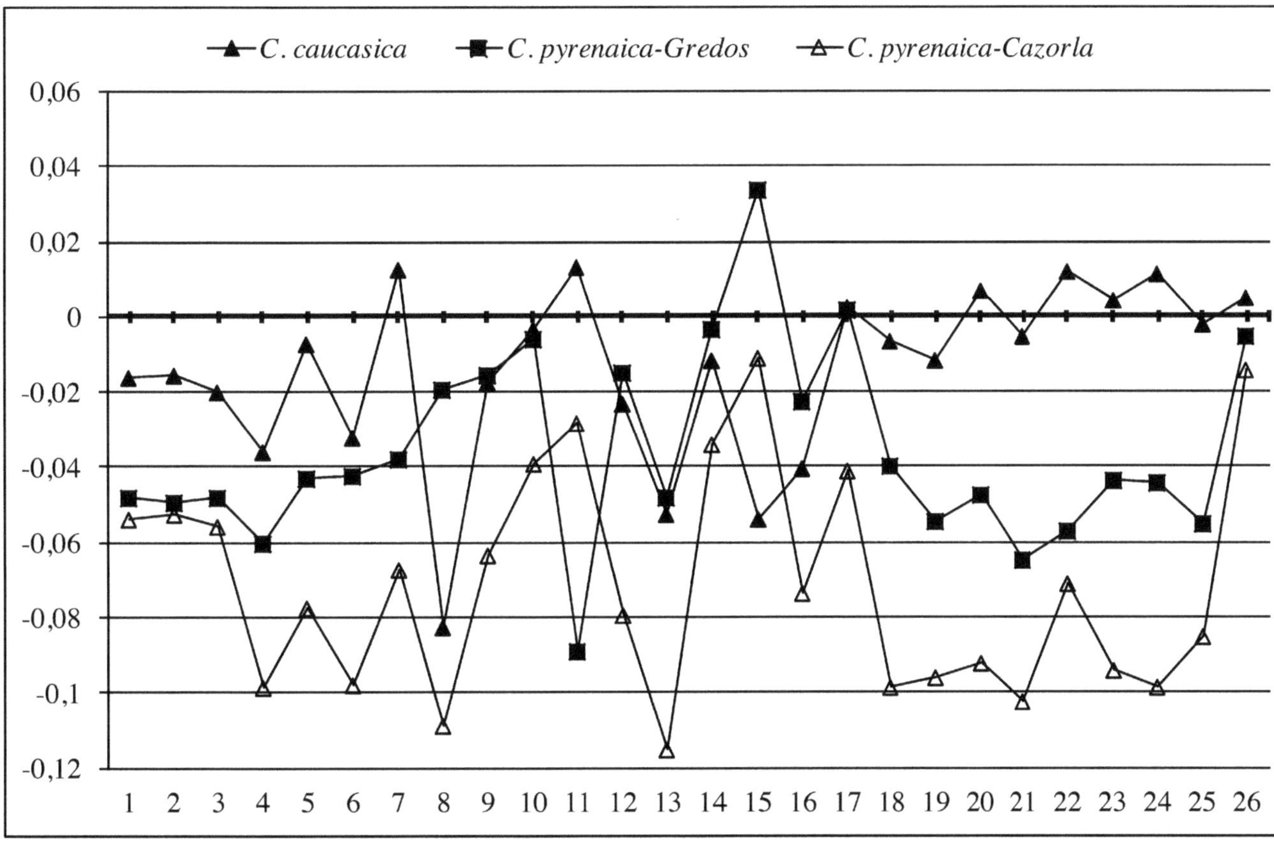

Figure 2.141. *Capra caucasica* et *C. pyrenaica* (populations de Cazorla et de Gredos) actuels, diagramme de Simpson de la première phalange postérieure mâle+femelle. Différence par rapport à *C. ibex* actuel (mâle+femelle).

- Les longueurs crâniennes de *C. pyrenaica* des Pyrénées sont semblables à celles de *C. ibex*, mais le museau est relativement bas et l'arrière crâne relativement épais, ce qui raccorde l'espèce au « bloc » arabo-méditerranéen.
- *C. cylindricornis*, *C. caucasica* et *C. falconeri* se caractérisent par une face relativement plus longue que dans le « bloc » arabo-méditerranéen mais aussi que celle de l'arrière crâne.

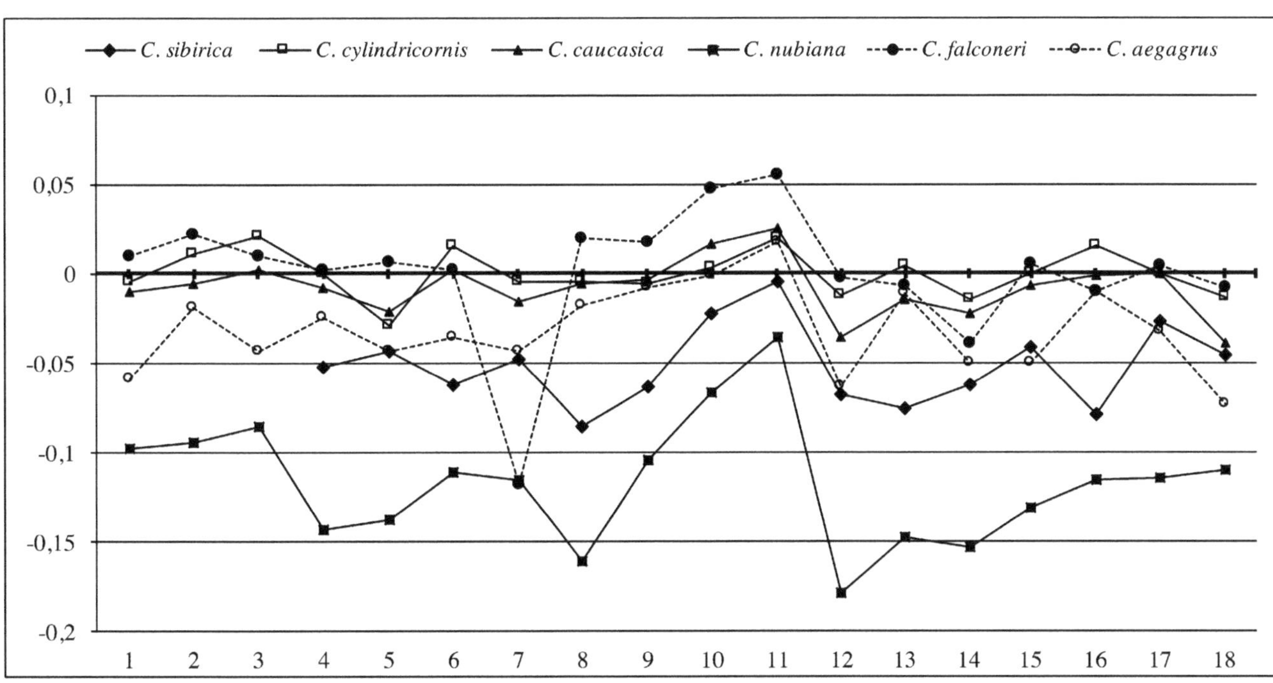

Figure 2.142. *Capra sibirica*, *C. cylindricornis*, *C. caucasica*, *C. nubiana*, *C. falconeri*, *C. aegagrus* actuels, diagramme de Simpson de la deuxième phalange postérieure mâle+femelle. Différence par rapport à *C. ibex* actuel (mâle+femelle).

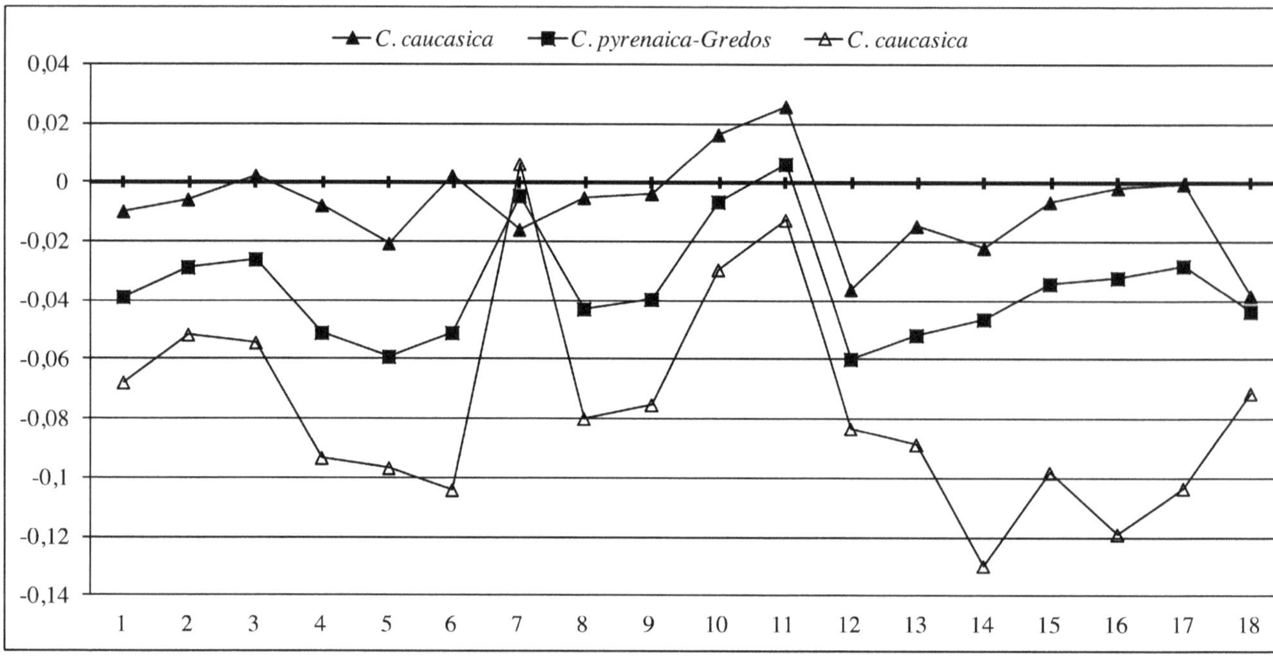

Figure 2.143. *Capra caucasica* et *C. pyrenaica* (populations de Cazorla et de Gredos) actuels, diagramme de Simpson de la deuxième phalange postérieure mâle+femelle. Différence par rapport à *C. ibex* actuel (mâle+femelle).

La position des orbites varie aussi selon le gradient géographique : dans les régions méridionales, les orbites sont en position plus antérieure (mesure 30) que dans les zones plus continentales, *C. cylindricornis* possédant les orbites les plus latérales. *C. caucasica* et *C. pyrenaica* de Cazorla font toutefois exception et constituent avec *C. ibex* un groupe intermédiaire.

Chez les femelles, deux sous-groupes sont discernables dans le « bloc » arabo-méditerranéen (Figure 2.145) :

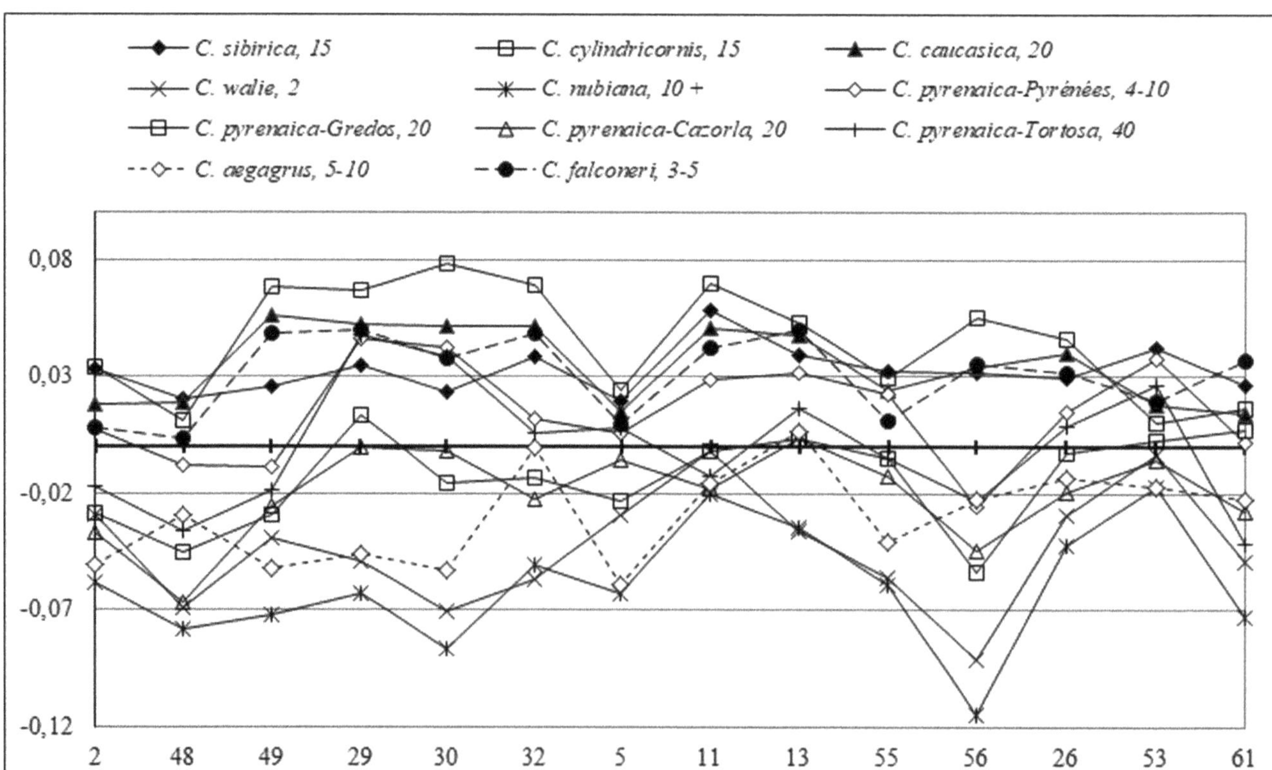

Figure 2.144. *Capra sibirica*, *C. cylindricornis*, *C. caucasica*, *C. nubiana*, *C. walie*, *C. falconeri*, *C. aegagrus*, *C. pyrenaica* (populations des Pyrénées, de Tortosa, de Cazorla et de Gredos) actuels, diagramme de Simpson du crâne mâle, synthèse. Différence par rapport à *C. ibex* mâle actuel. Les chiffres indiquent le nombre d'individus.

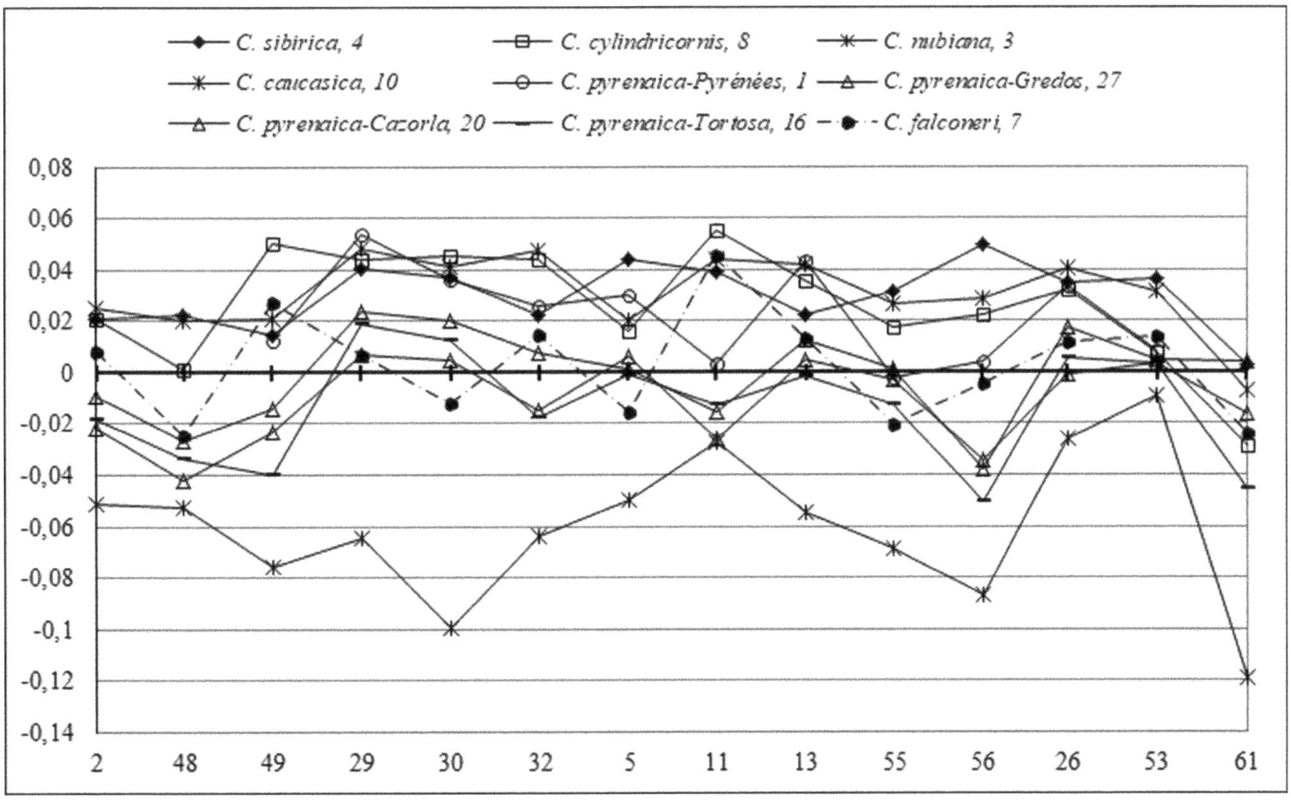

Figure 2.145. *Capra sibirica, C. cylindricornis, C. caucasica, C. nubiana, C. falconeri, C. pyrenaica* (populations des Pyrénées, de Tortosa, de Cazorla et de Gredos) actuels, diagramme de Simpson du crâne femelle, synthèse. Différence par rapport à *C. ibex* femelle actuel. Les chiffres indiquent le nombre d'individus.

- L'un concerne *C. nubiana* et *C. pyrenaica* de Tortosa qui ont une face relativement courte (mesure 49) ;
- L'autre rassemble *C. pyrenaica* de Gredos et de Cazorla qui ont une face relativement plus longue.

Dans tous les cas, comme pour les mâles, la face est relativement basse (mesure 56) en comparaison de l'arrière crâne (mesure 55).

Deux sous-groupes sont aussi visibles dans le « bloc » continental :

- Dans le premier, qui intéresse *C. cylindricornis* et de *C. falconeri,* la face est particulièrement longue ;
- Dans le second, qui concerne *C. sibirica* et *C. caucasica*, les différences de proportions entre face et neurocrâne sont similaires à celles de *C. ibex*.

La face est relativement épaisse pour tous.

En ce qui concerne C. *pyrenaica* des Pyrénées, qui malheureusement n'est représenté que par un spécimen incomplet, la longueur et l'épaisseur de la face sont analogues à celles du « bloc » continental, de même que l'épaisseur du neurocrâne.

Il est clair que le crâne de *C. aegagrus* est différent de tous les autres dans ses proportions face/arrière crâne, et que celui de *C. nubiana* ainsi que de la population ibérique de Tortosa n'ont pas le même type de proportions selon qu'il s'agit d'un mâle ou d'une femelle.

J'ai aussi réalisé un graphique permettant de se faire une idée sur les différences de proportions entre crâne mâle et crâne femelle (Figure 2.146). Il montre que toutes les femelles ont un arrière crâne relativement plus court (mesure 48), une face (mesure 56) ainsi que les condyles occipitaux (mesure 61) toujours plus aplatis et que les orbites sont plus longues (mesure 53). Celles-ci ont aussi une position plus antérieure (mesures 29 et 30). Quelques paramètres sont plus inconstants : c'est le cas du museau, qui est relativement plus large (mesure 32) à l'exception de *C. pyrenaica* de Cazorla et de Tortosa, et de la longueur du segment molaire (mesure 11).

On observe une diminution de la taille du squelette appendiculaire des populations du « bloc » continental qui s'accompagne d'une augmentation de la gracilité de la diaphyse de certains os longs.

Ainsi au membre thoracique, la gracilité s'accentue de l'autopode (humérus et radius) au métapode (canon antérieur) (Figure 2.147). Les espèces du « bloc » continental ont donc un membre relativement plus trapu que celles du « bloc » arabo-méditerranéen. Chez *C. pyrenaica*, la population ibérique de Gredos est celle qui a le radius et le canon antérieur les plus robustes, celle de Cazorla dispose d'un métapode aussi gracile que *C. nubiana.*

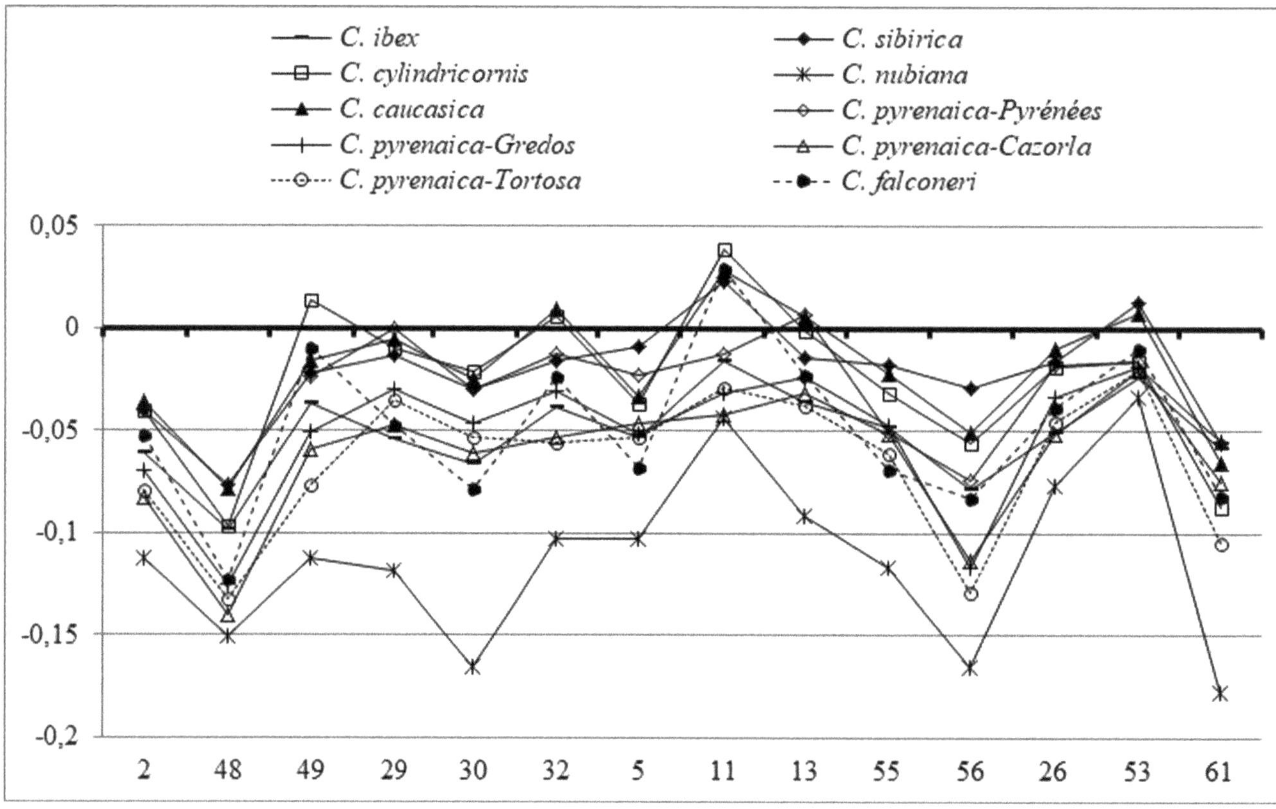

Figure 2.146. *Capra ibex*, *C. sibirica*, *C. cylindricornis*, *C. caucasica*, *C. nubiana*, *C. falconeri*, *C. pyrenaica* (populations des Pyrénées, de Tortosa, de Cazorla et de Gredos) actuels, diagramme de Simpson du crâne, synthèse sur le crâne femelle comparé au crâne mâle.

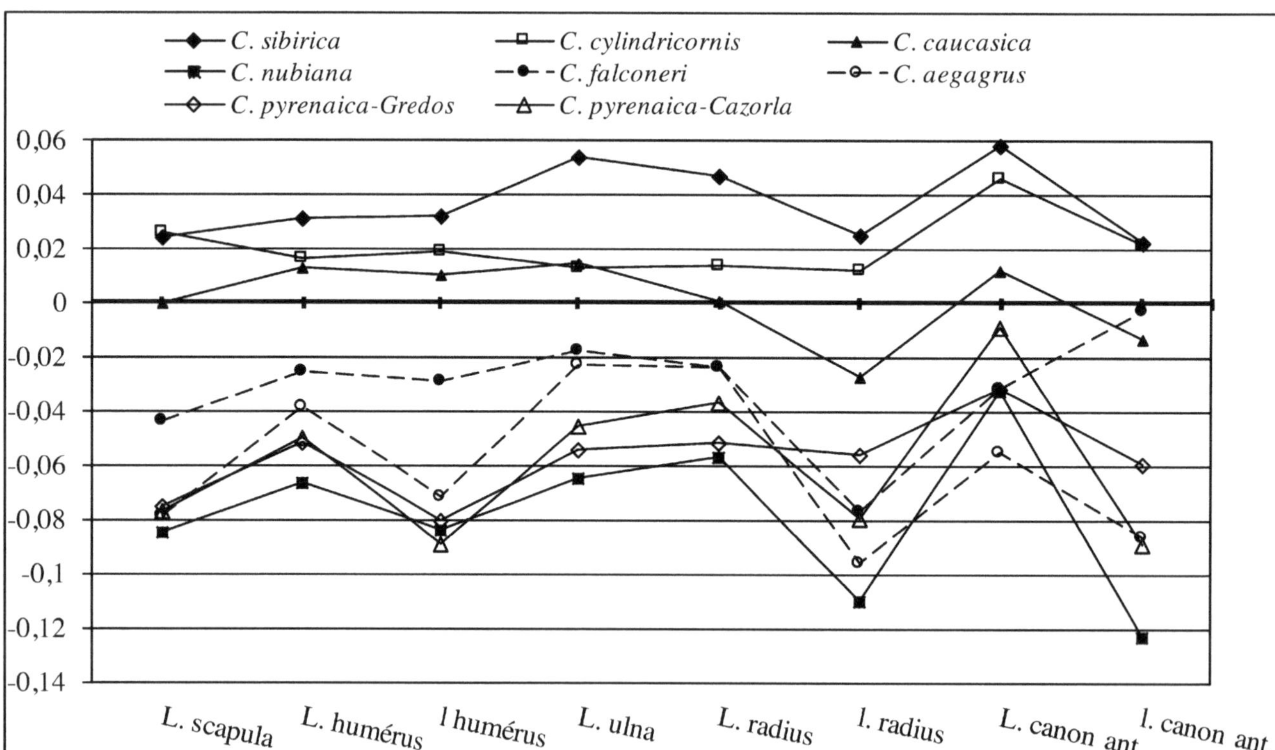

Figure 2.147. *Capra sibirica*, *C. cylindricornis*, *C. caucasica*, *C. nubiana*, *C. falconeri*, *C. aegagrus*, *C. pyrenaica* (populations de Cazorla et de Gredos) actuels, diagramme de Simpson du membre thoracique, synthèse. Différence par rapport à *C. ibex* actuel (mâle+femelle). Abréviations : L : longueur ; l : largeur.

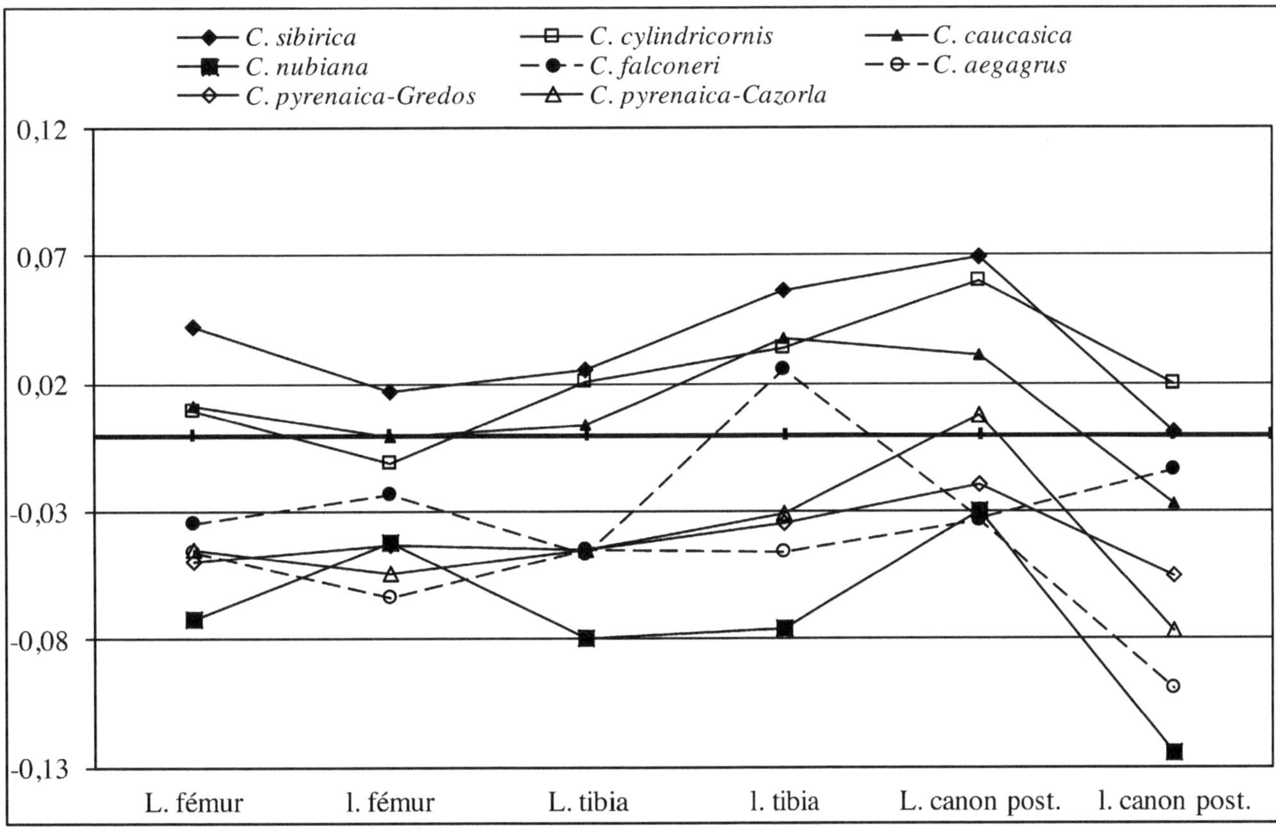

Figure 2.148. *Capra sibirica, C. cylindricornis, C. caucasica, C. nubiana, C. falconeri, C. aegagrus, C. pyrenaica* (populations de Cazorla et de Gredos) actuels, diagramme de Simpson du membre pelvien, synthèse. Différence par rapport à *C. ibex* actuel (mâle+femelle). Abréviations : L : longueur ; l : largeur.

Les différences sont moins nettes au membre pelvien (Figure 2.148). Dans le « bloc » continental, *C. sibirica* et *C. caucasica* possèdent un fémur relativement gracile, mais pas le tibia ; *C. cylindricornis* se singularise par la massivité de son fémur qui, en outre, est relativement plus court que le tibia. *C. falconeri* se distingue par la massivité de son tibia et la robustesse de son canon postérieur qui est court et large. Les populations du « bloc » arabo-méditerranéen ne sont pas homogènes : le fémur de *C. pyrenaica* est gracile, ce qui n'est pas le cas de *C. nubiana*.

b. Genre Hemitragus Hodgson, 1841

b.1. Analyse crânienne

Je rappellerai que les mesures dont le coefficient de variation est élevé (supérieur à 9) sont pointées avec un astérisque.

Crâne mâle

Mesures 1 à 17

H. jemlahicus et *H. hylocrius* ne diffèrent l'un de l'autre qu'au niveau du processus palatin de l'os incisif (mesure 8) qui est relativement plus long chez le tahr de l'Inde (Figure 2.149 ; Figure 2.150). Cet os est un peu moins allongé chez *H. jayakari*. Le segment prémolaire est relativement plus long que dans le groupe précédent (mesure 10) et le palais est plus rétréci à l'avant (mesure 15).

Mesures 18 à 36

H. jemlahicus et *H. jayakari* ont un pariétal particulièrement court (mesure 19*, 20 et 25) (Figure 2.151). Il est relativement plus étroit chez *H. jayakari* (mesure 26) pour une crête pariétale relativement large (mesure 27*). Chez cette même espèce, le museau est aussi plus étroit (mesure 32 et 33) et, comme l'on pouvait s'y attendre d'après la morphologie, le rétrécissement post-orbitaire est plus important (mesure 28). Le rapport du neurocrâne et de la face d'*H. jemlahicus* et d'*H. hylocrius* est voisin (mesures 21 et 24). Le pariétal d'*H. hylocrius* est aussi large que celui du tahr de l'Himalaya (mesure 26), mais la crête pariétale est plus large (mesure 27*). Le museau d'*H. jemlahicus* et d'*H. hylocrius* varie presque dans les mêmes proportions (mesures 29 à 33). Le nasal du tahr de l'Himalaya se distingue par une largeur rostrale bien plus forte que la caudale (mesures 35* et 36*).

Mesures 38 à 46

Le coefficient de variation est relativement élevé, à l'exception d'*H. jayakari* qui est réduit à deux spécimens. Malgré une forme et une implantation différente, les chevilles osseuses des trois espèces varient de la même manière (Figure 2.152). *H. hylocrius* est plus semblable à *H. jemlahicus* qu'à *H. jayakari*.

Mesures 47 à 68

Les crânes d'*H. jayakari* étant incomplets, les comparaisons avec les deux autres espèces sont limitées à quelques

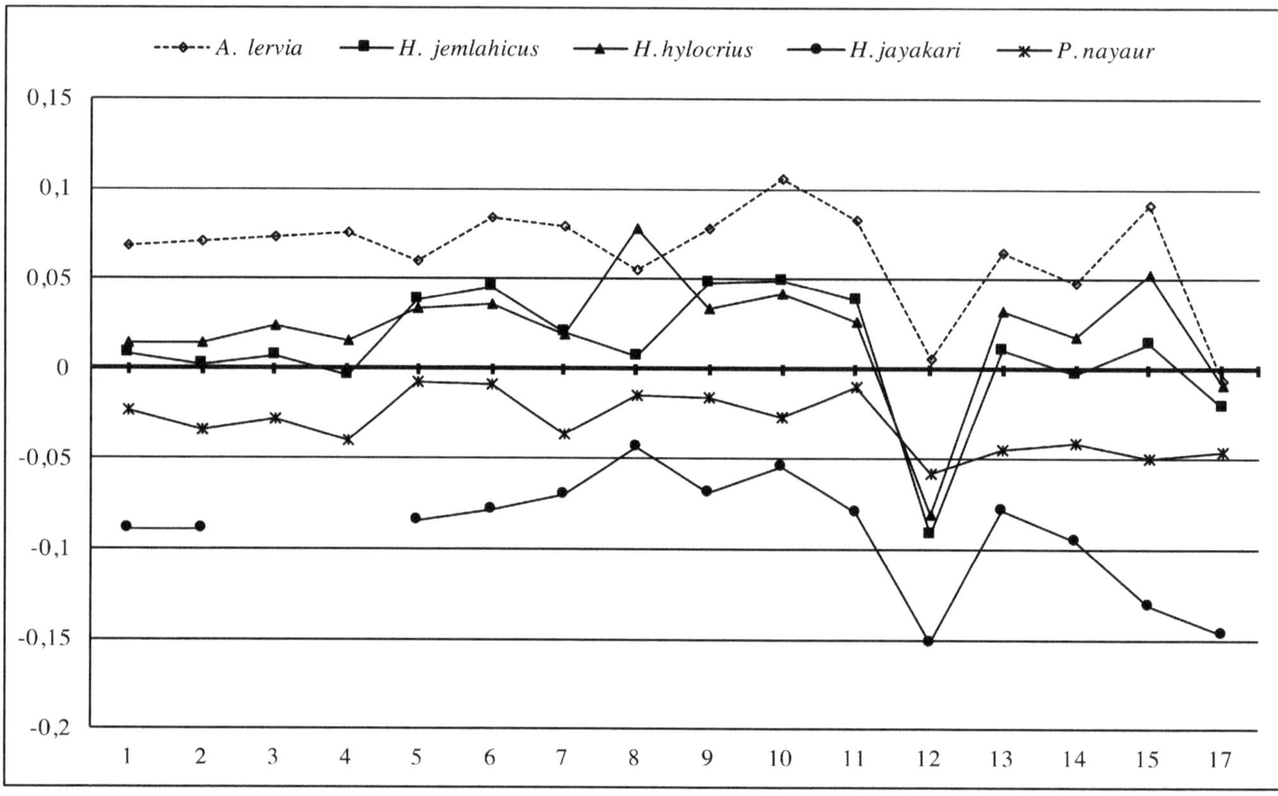

Figure 2.149. *Hemitragus jemlahicus*, *H. hylocrius*, *H. jayakari*, *Ammotragus lervia* et *Pseudois nayaur* actuels, diagramme de Simpson du crâne mâle (mesures 1 à 15, 17). Différence par rapport à *Capra ibex* mâle actuel.

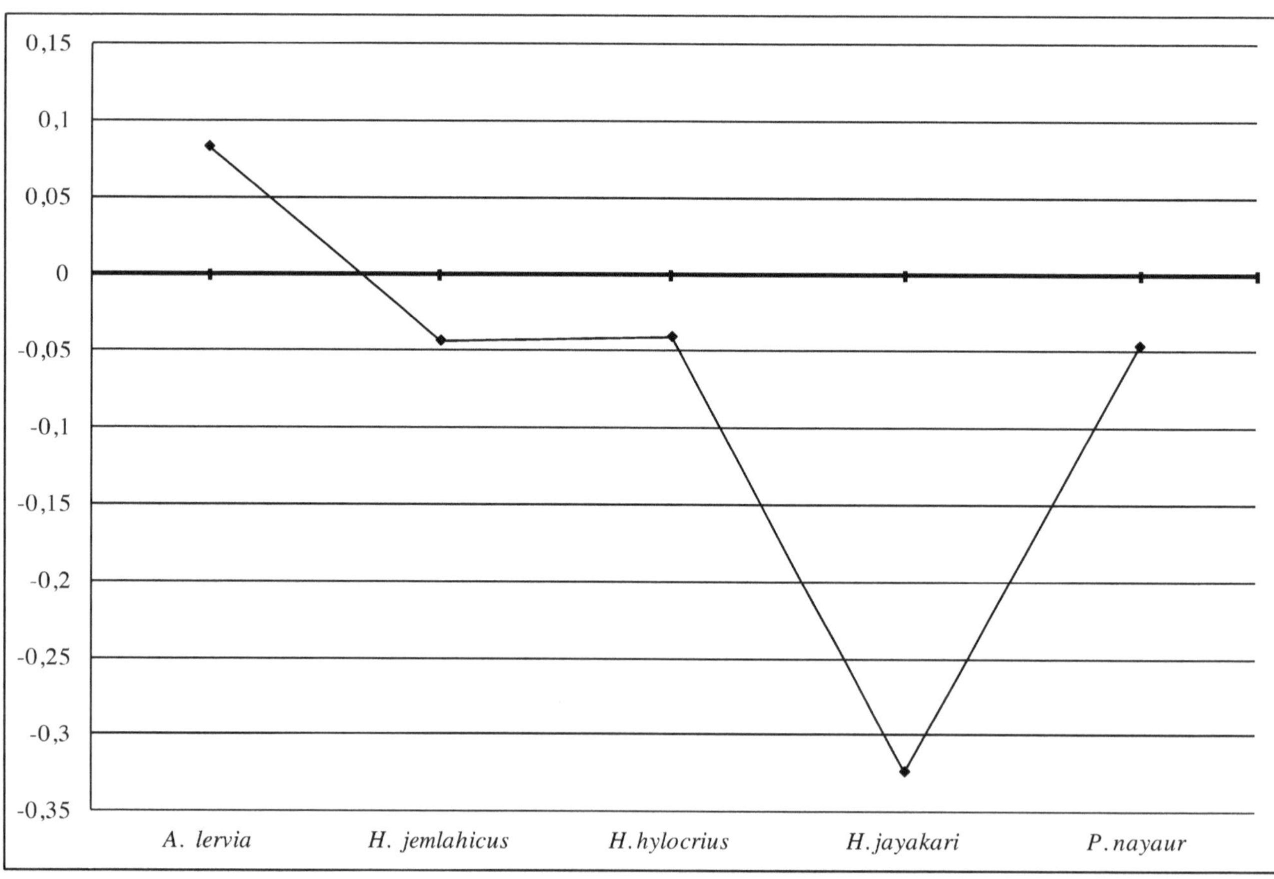

Figure 2.150. *Hemitragus jemlahicus*, *H. hylocrius*, *H. jayakari*, *Ammotragus lervia* et *Pseudois nayaur* actuels, diagramme de Simpson du crâne mâle (mesure 16). Différence par rapport à *Capra ibex* mâle actuel.

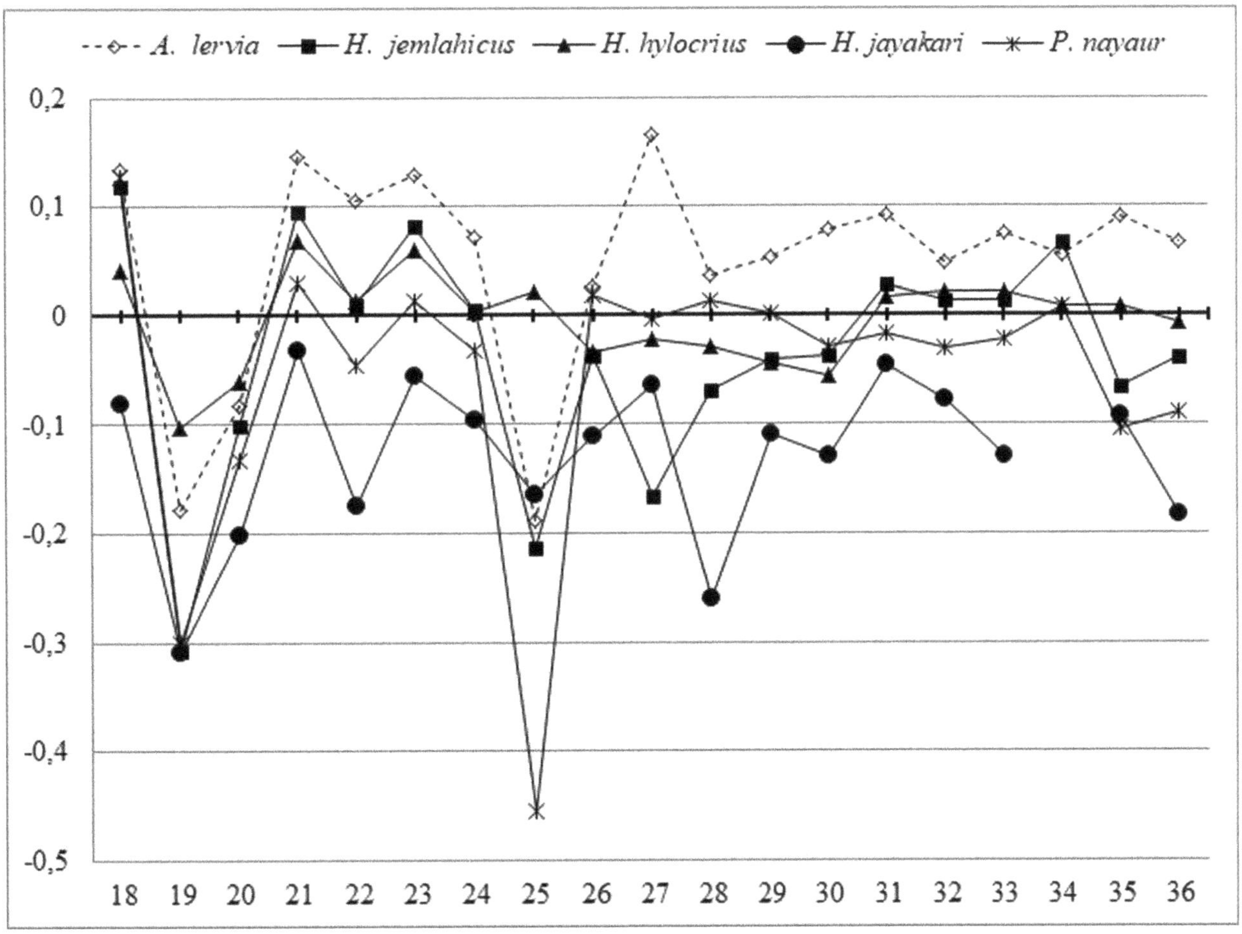

Figure 2.151. *Hemitragus jemlahicus*, *H. hylocrius*, *H. jayakari*, *Ammotragus lervia* et *Pseudois nayaur* actuels, diagramme de Simpson du crâne mâle (mesures 18 à 36). Différence par rapport à *Capra ibex* mâle actuel.

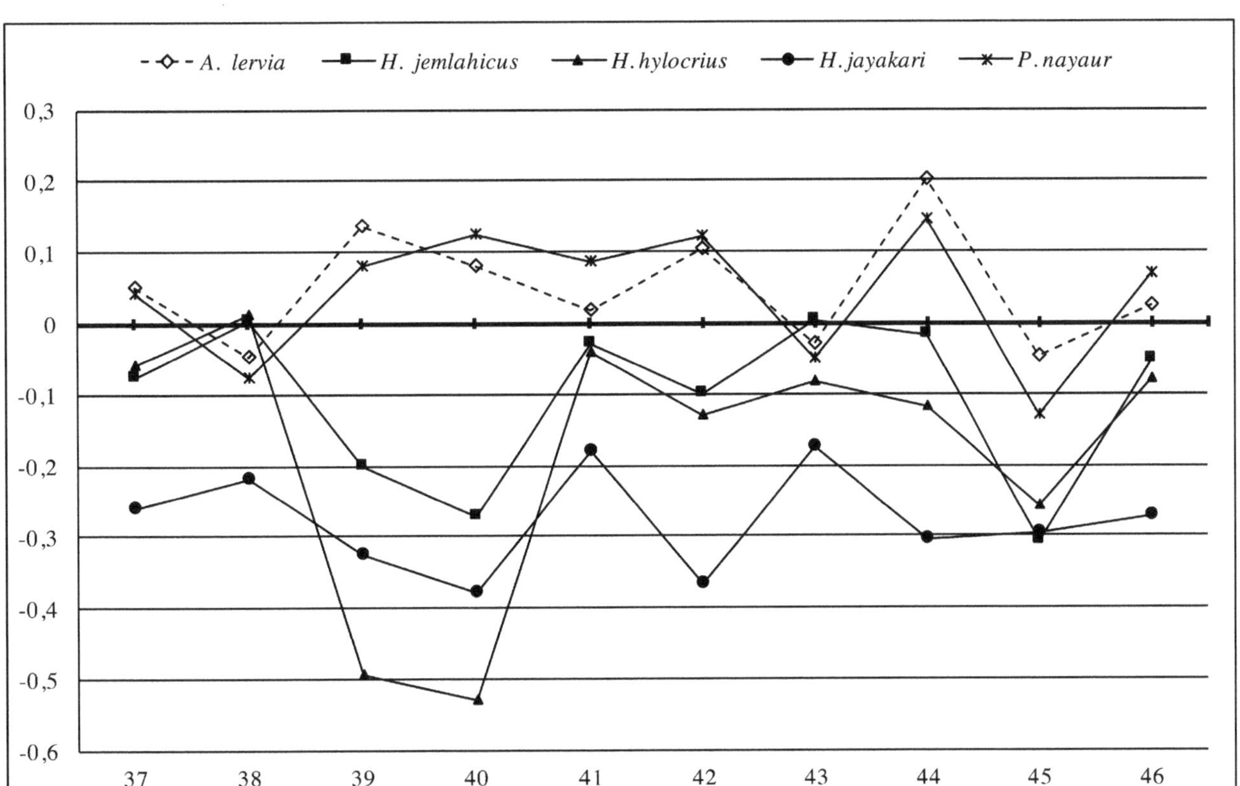

Figure 2.152. *Hemitragus jemlahicus*, *H. hylocrius*, *H. jayakari*, *Ammotragus lervia* et *Pseudois nayaur* actuels, diagramme de Simpson du crâne mâle (mesures 37 à 46). Différence par rapport à *Capra ibex* mâle actuel.

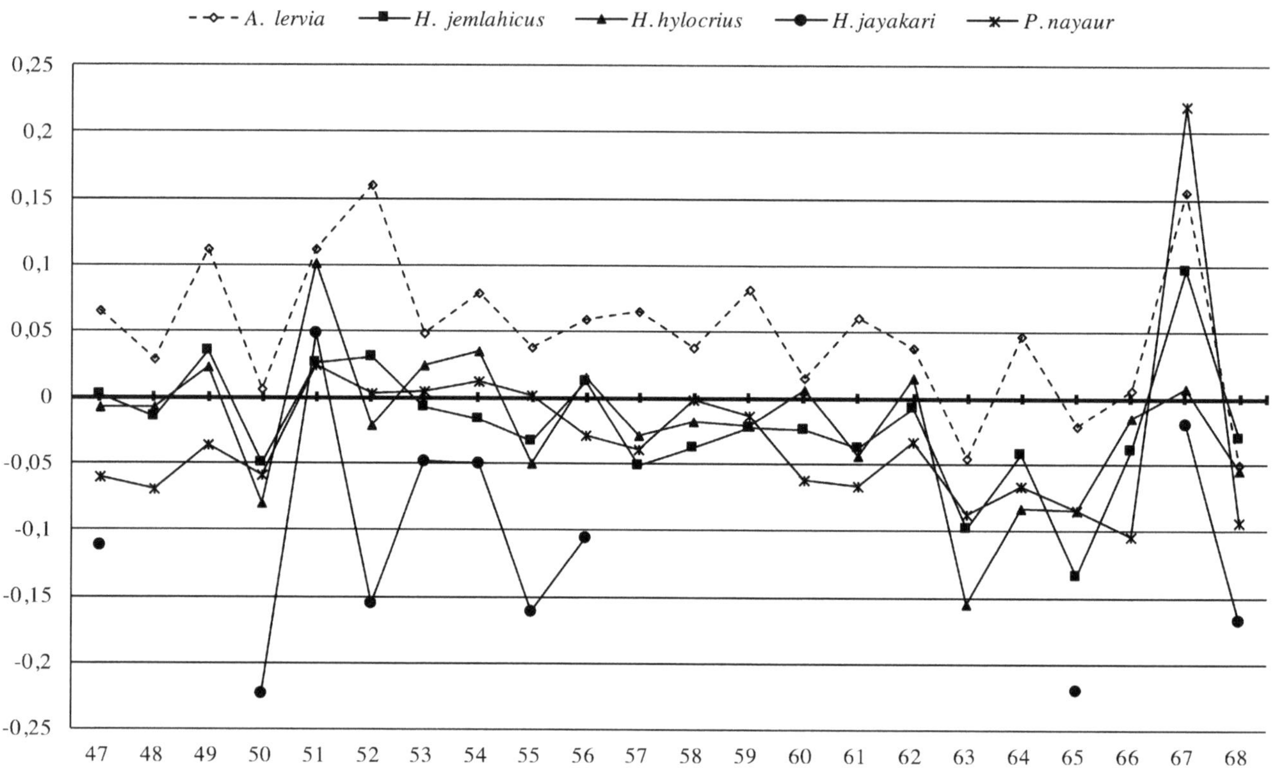

Figure 2.153. *Hemitragus jemlahicus*, *H. hylocrius*, *H. jayakari*, *Ammotragus lervia* et *Pseudois nayaur* actuels, diagramme de Simpson du crâne mâle (mesures 47 à 68). Différence par rapport à *Capra ibex* mâle actuel.

ossements de la face. Le prémaxillaire (mesures 50 et 51*) et le lacrymal (mesure 52) sont globalement plus petits mais leur variation est similaire à celle d'*H. hylocrius*, le tahr de l'Himalaya se distinguant par un lacrymal plus long (mesure 52*) (Figure 2.153). *H. jemlahicus* diffère d'*H. hylocrius* par l'étroitesse de son condyle (mesure 60*) et des tubercules rostraux du basioccipital (mesure 65*), ainsi que par la courbure plus importante du frontal (mesure 68), ce qui est le reflet de la morphologie.

Crâne femelle

Aucun crâne d'*H. hylocrius* n'a pu être intégré à cette analyse et les femelles d'*H. jayakari* sont dépourvues

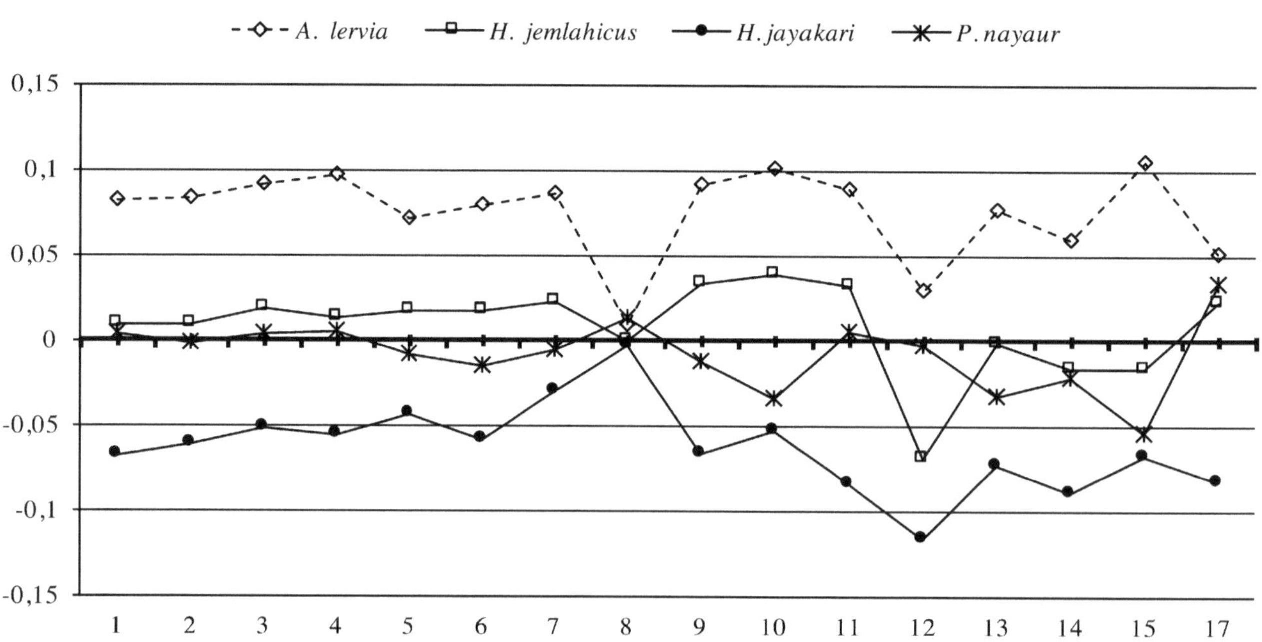

Figure 2.154. *Hemitragus jemlahicus*, *H. jayakari*, *Ammotragus lervia* et *Pseudois nayaur* actuels, diagramme de Simpson du crâne femelle (mesures 1 à 15, 17). Différence par rapport à *Capra ibex* femelle actuel.

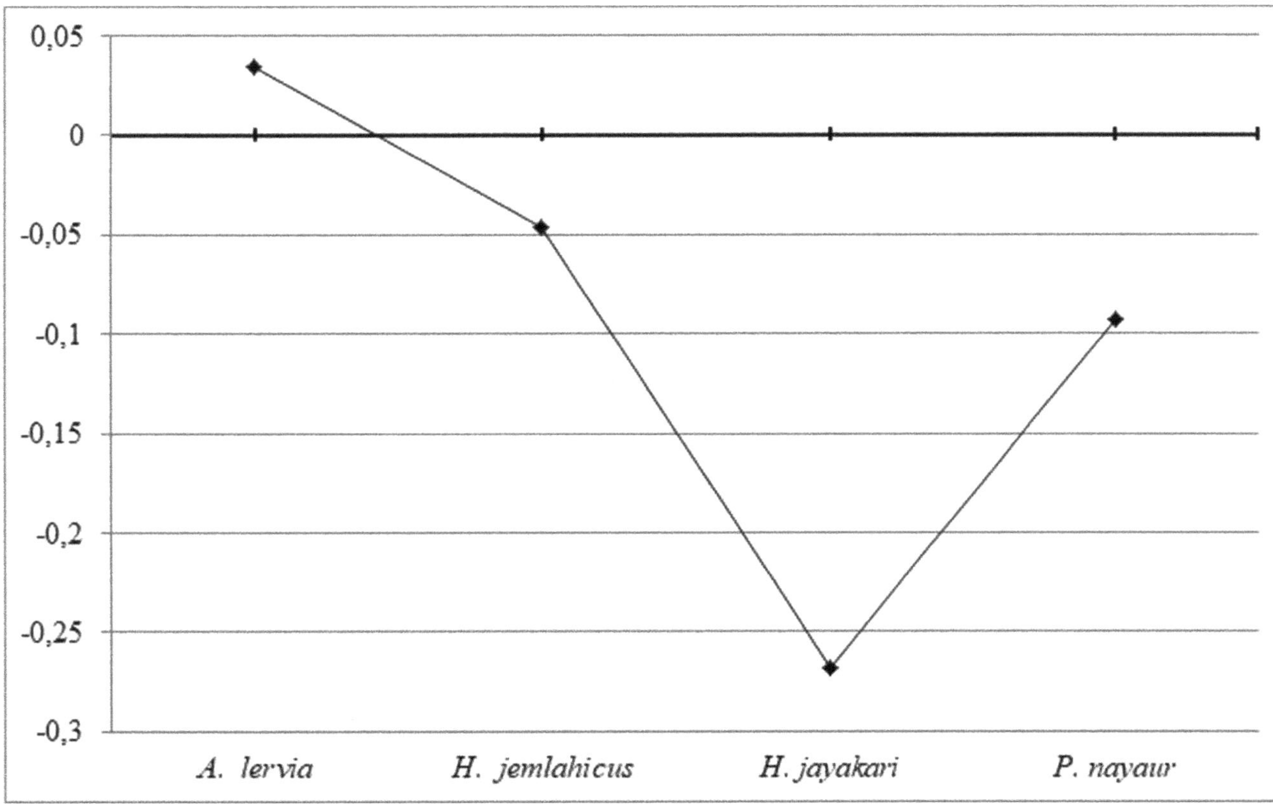

Figure 2.155. *Hemitragus jemlahicus*, *H. jayakari*, *Ammotragus lervia* et *Pseudois nayaur* actuels, diagramme de Simpson du crâne femelle (mesure 16). Différence par rapport à *Capra ibex* femelle actuel.

de leurs chevilles osseuses. Comme pour les mâles, les différences entre tahr de l'Himalaya et tahr d'Arabie sont nettes (Figure 2.154 à Figure 2.158). On retiendra le plus fort rétrécissement post-orbitaire du tahr d'Arabie (mesure 28 ; Figure 2.156), son prémaxillaire et son nasal très étroits à l'avant (mesures 34 et 35 ; Figure 2.156). Le prémaxillaire (mesure 50 ; Figure 2.158) et le lacrymal (mesure 52) sont courts comme chez le mâle.

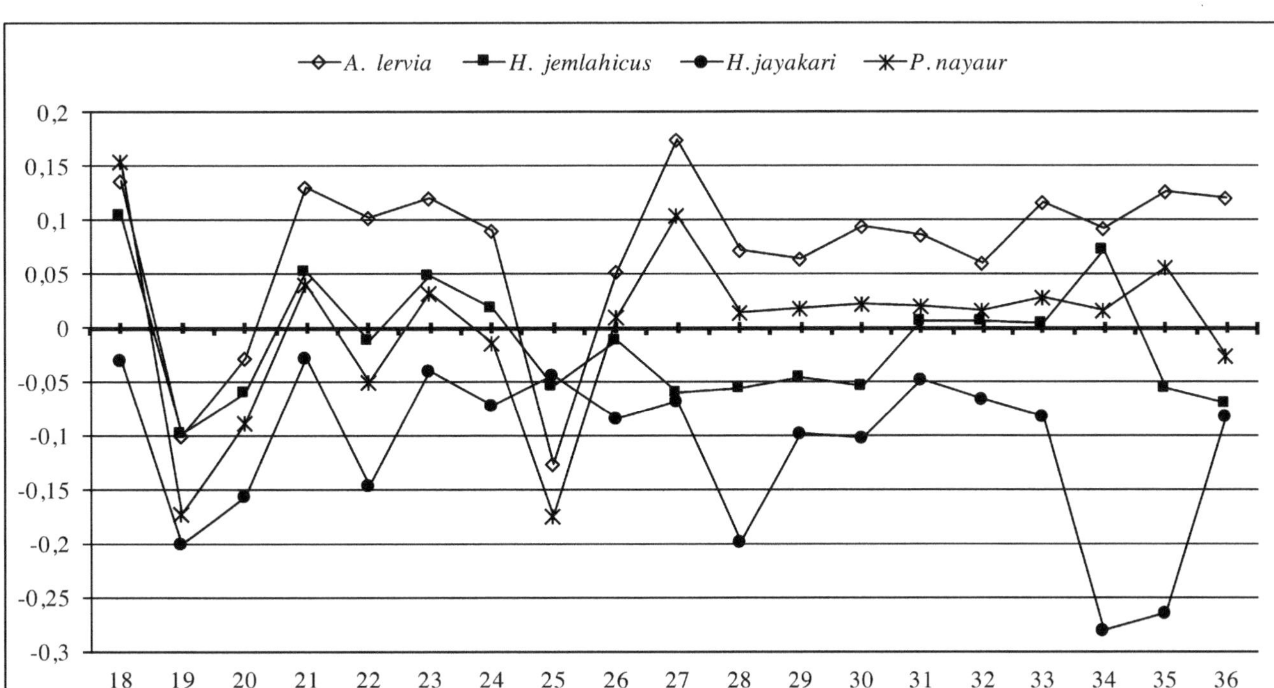

Figure 2.156. *Hemitragus jemlahicus*, *H. jayakari*, *Ammotragus lervia* et *Pseudois nayaur* actuels, diagramme de Simpson du crâne femelle (mesures 18 à 36). Différence par rapport à *Capra ibex* femelle actuel.

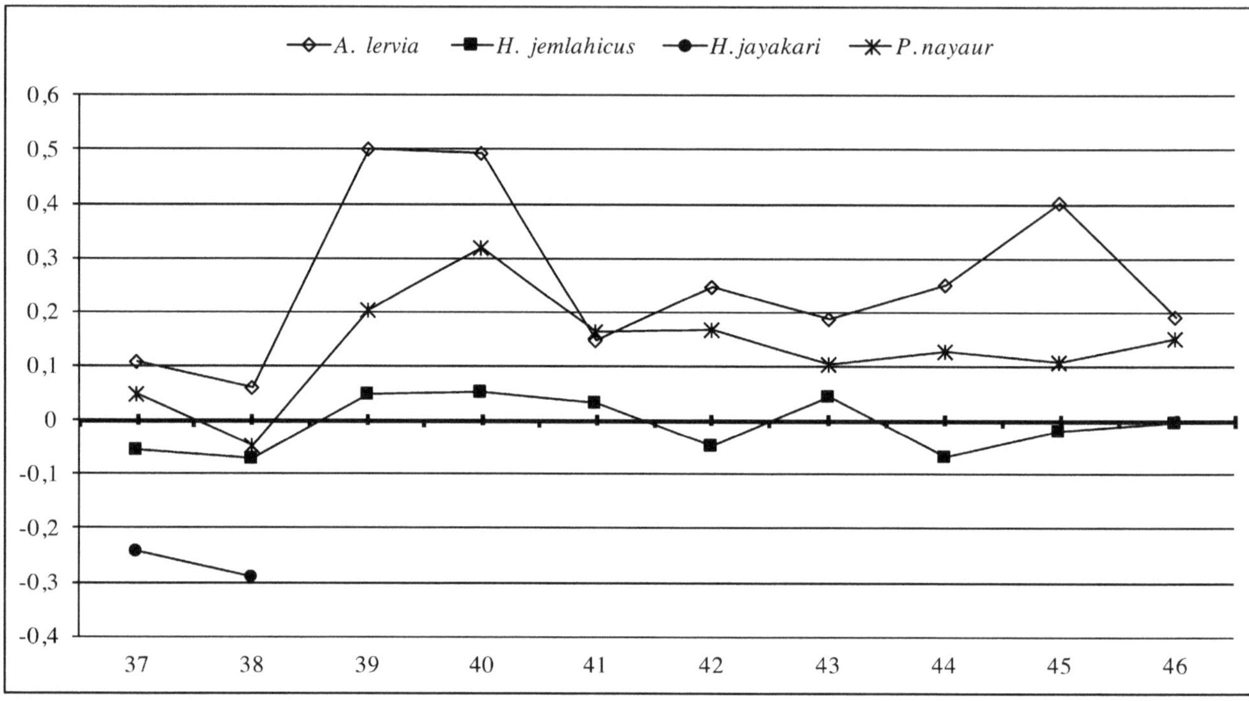

Figure 2.157. *Hemitragus jemlahicus*, *H. jayakari*, *Ammotragus lervia* et *Pseudois nayaur* actuels, diagramme de Simpson du crâne femelle (mesures 37 à 46). Différence par rapport à *Capra ibex* femelle actuel.

Mandibule mâle

H. jayakari est l'espèce dont le corps de la mandibule est le moins différent de *C. ibex* (mesures 1 à 11) mais les hauteurs sont en revanche similaires à celle du tahr de l'Himalaya (mesures 17 à 19) ainsi que la position du foramen mentonnier (mesure 20*) (Figure 2.159).

H. hylocrius diffère d'*H. jemlahicus* par la plus grande longueur mandibulaire en arrière de m3 (mesures 3* et 4*), la brièveté du segment prémolaire (mesure 9) et du processus condylaire (mesure 15 [coefficient de variation élevé chez *H. hylocrius* seul]). Le foramen mentonnier est aussi plus rapproché de p2 (mesure 20 [coefficient de variation élevé chez *H. jemlahicus*]).

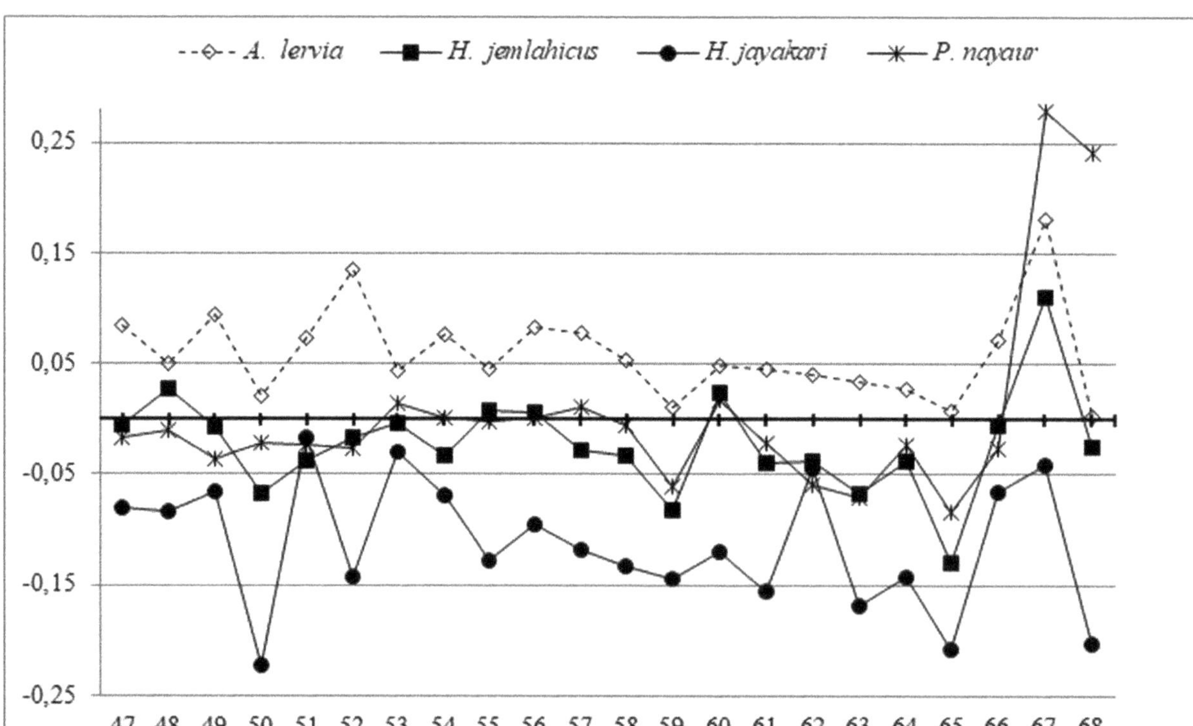

Figure 2.158. *Hemitragus jemlahicus*, *H. jayakari*, *Ammotragus lervia* et *Pseudois nayaur* actuels, diagramme de Simpson du crâne femelle (mesures 47 à 68). Différence par rapport à *Capra ibex* femelle actuel.

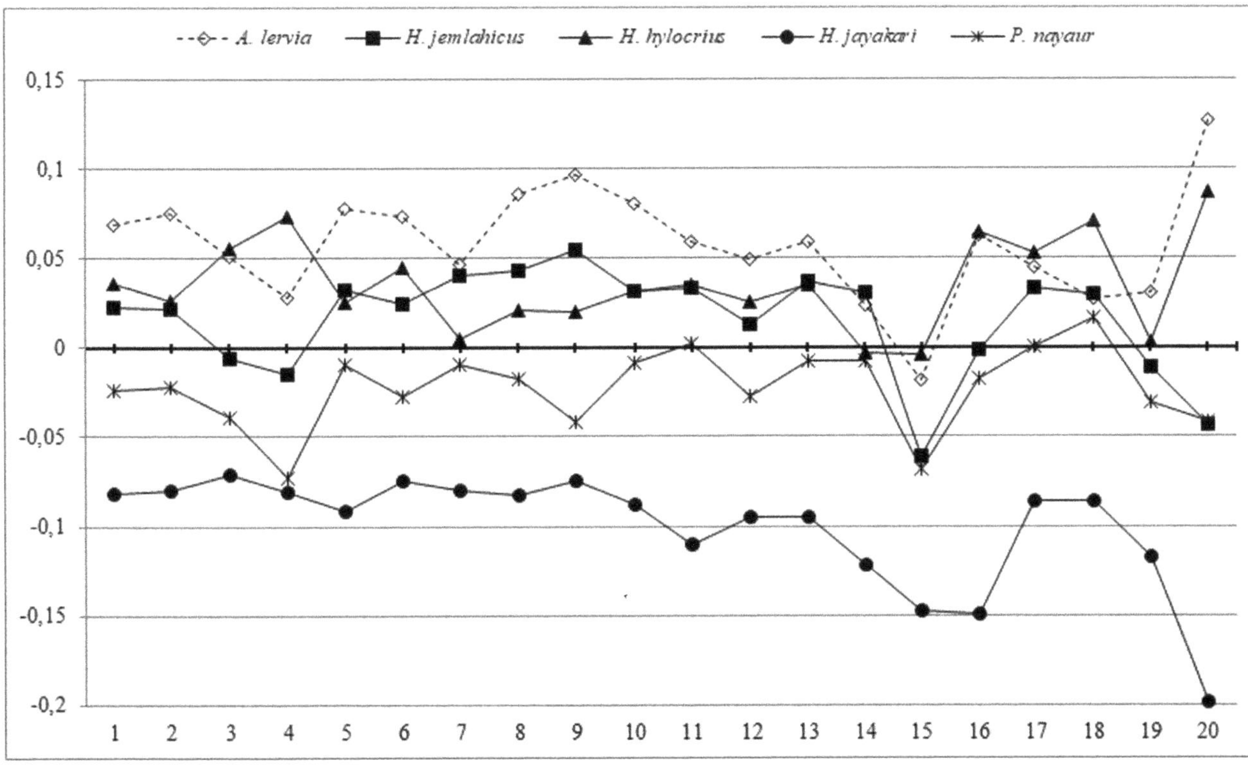

Figure 2.159. *Hemitragus jemlahicus, H. hylocrius, H. jayakari, Ammotragus lervia* et *Pseudois nayaur* actuels, diagramme de Simpson de la mandibule mâle. Différence par rapport à *Capra ibex* mâle actuel.

Mandibule femelle

Les proportions mandibulaires entre *H. jayakari* et *H. jemlahicus* diffèrent, notamment la longueur de la barre se révèle plus longue chez le tahr d'Arabie (mesure 11) et le foramen mentonnier est plus rapproché de p2 (mesure 20) (Figure 2.160)

b.2. Analyse du squelette post-crânien

J'ai pu disposer d'un assez grand nombre de squelettes d'*H. jemlahicus* mais d'un seul, incomplet, d'*H. hylocrius* et d'aucun d'*H. jayakari*. Il conviendra dans le futur de vérifier les observations qui suivent.

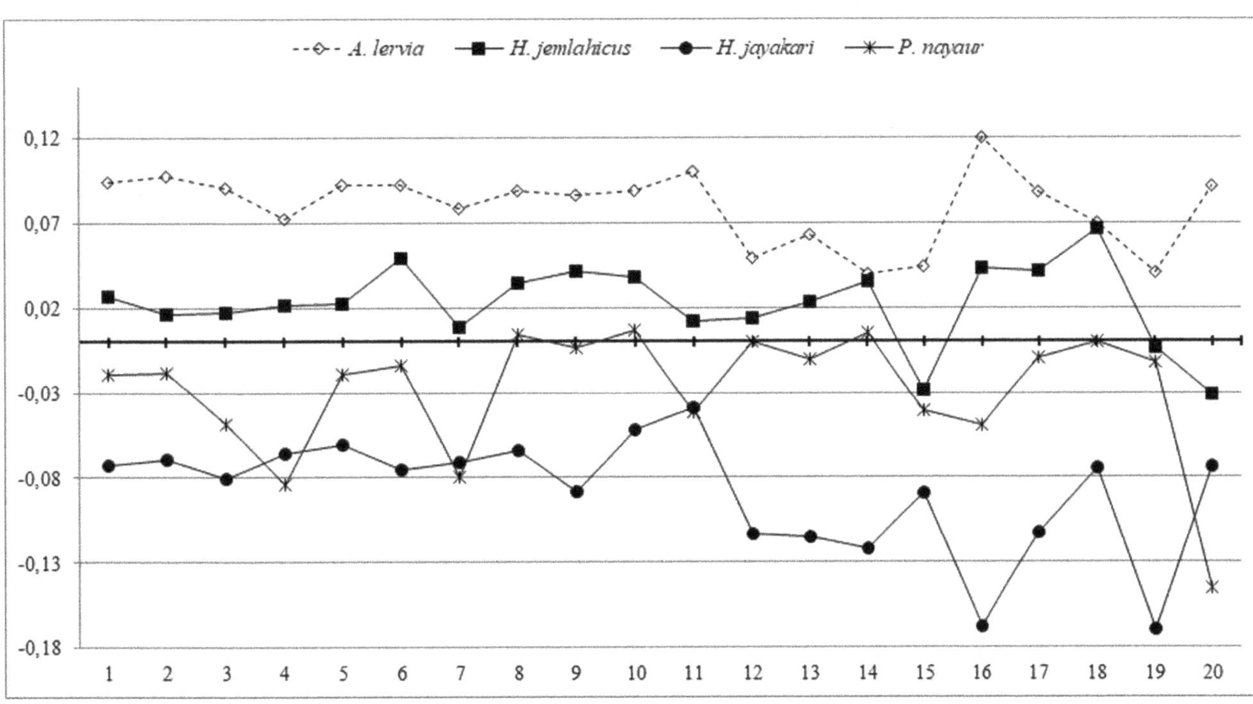

Figure 2.160. *Hemitragus jemlahicus, H. jayakari, Ammotragus lervia* et *Pseudois nayaur* actuels, diagramme de Simpson de la mandibule femelle. Différence par rapport à *Capra ibex* femelle actuel.

Humérus

L'humérus du tahr de l'Himalaya et celui de l'Inde se ressemblent dans leur partie distale (Figure 2.161). Les divergences concernent la largeur de la surface articulaire proximale (mesure 5) et le rétrécissement proximal au niveau du sillon intertuberculaire (mesure 7) qui, chez *H. jemlahicus*, sont plus faibles ainsi que la diaphyse qui est moins épaisse (mesure 10).

Radius

Le radius du tahr de l'Inde possède une extrémité proximale relativement plus grande que celle du tahr de l'Himalaya (mesures 3 et 4) pour une diaphyse plus courte (mesures 1 et 2) (Figure 2.162). Chez ce dernier, les proportions de l'articulation proximale sont proches de celles du bouquetin alpin (mesures 3 à 8), à l'exception de l'épaisseur de la surface articulaire pour le capitulum (mesure 9) qui est plus large.

Ulna

L'ulna d'*H. hylocrius* est plus courte que celui d'*H. jemlahicus* (mesure 1) (Figure 2.163). La tubérosité de l'olécrâne est plus grande (mesure 2 et 3), mais pas le reste de l'extrémité proximale.

Carpe

Le scaphoïde du tahr de l'Himalaya possède une articulation distale (mesure 5) et une facette dorso-distale (mesure 9) plus longue que celle du tahr de l'Inde (Figure 2.164).

L'articulation proximale du semi-lunaire d'*H. jemlahicus* est plus courte en position anatomique (mesure 4) ainsi que le bord articulaire dorso-distal (mesure 8) et les facettes correspondantes (mesure 10 et 12) (Figure 2.165). La facette latérale proximo-dorsale est plus haute (mesure 16) et la facette latérale proximo-palmaire est plus courte (mesure 18).

Le pyramidal des deux taxons est différent pour tous les paramètres (Figure 2.166).

Le pisiforme d'*H. hylocrius* se distingue d'*H. jemlahicus* par une facette pour le pyramidal plus haute (mesure 3) (Figure 2.167)

À l'onciforme, le rapport des facettes proximales diffère, la facette médiale étant plus courte dorsalement (mesure 6) et plus large palmairement (mesure 8) chez le tahr de l'Himalaya (Figure 2.168).

Le capitato-trapézoïde est plutôt similaire entre les deux espèces, à l'exception de la largeur médiane de la bande articulaire proximo-latérale (mesure 9) (Figure 2.169).

Canon antérieur

Entre le tahr de l'Himalaya et celui des Nilgiri, les différences les plus nettes concernent les proportions

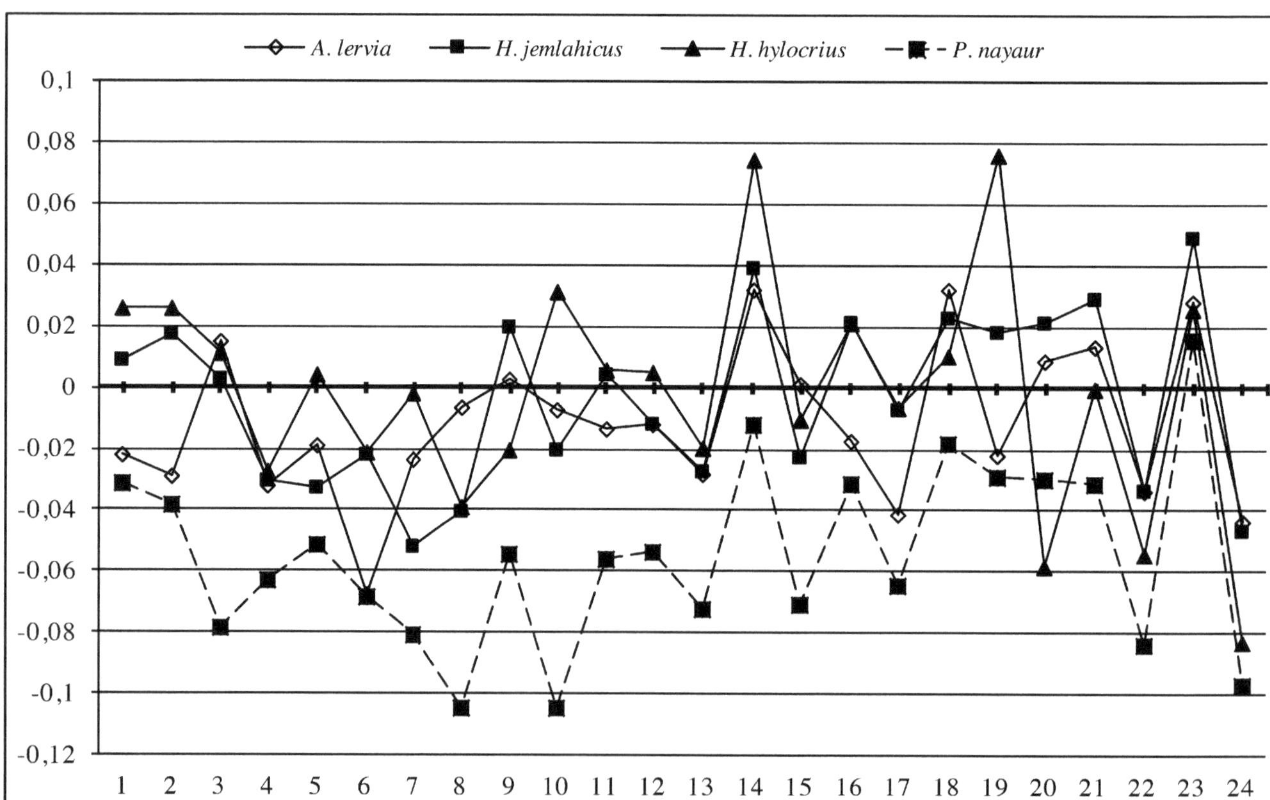

Figure 2.161. *Hemitragus jemlahicus*, *H. hylocrius*, *Ammotragus lervia* et *Pseudois nayaur* actuels, diagramme de Simpson de l'humérus (mâle+femelle). Différence par rapport à *Capra ibex* actuel (mâle+femelle).

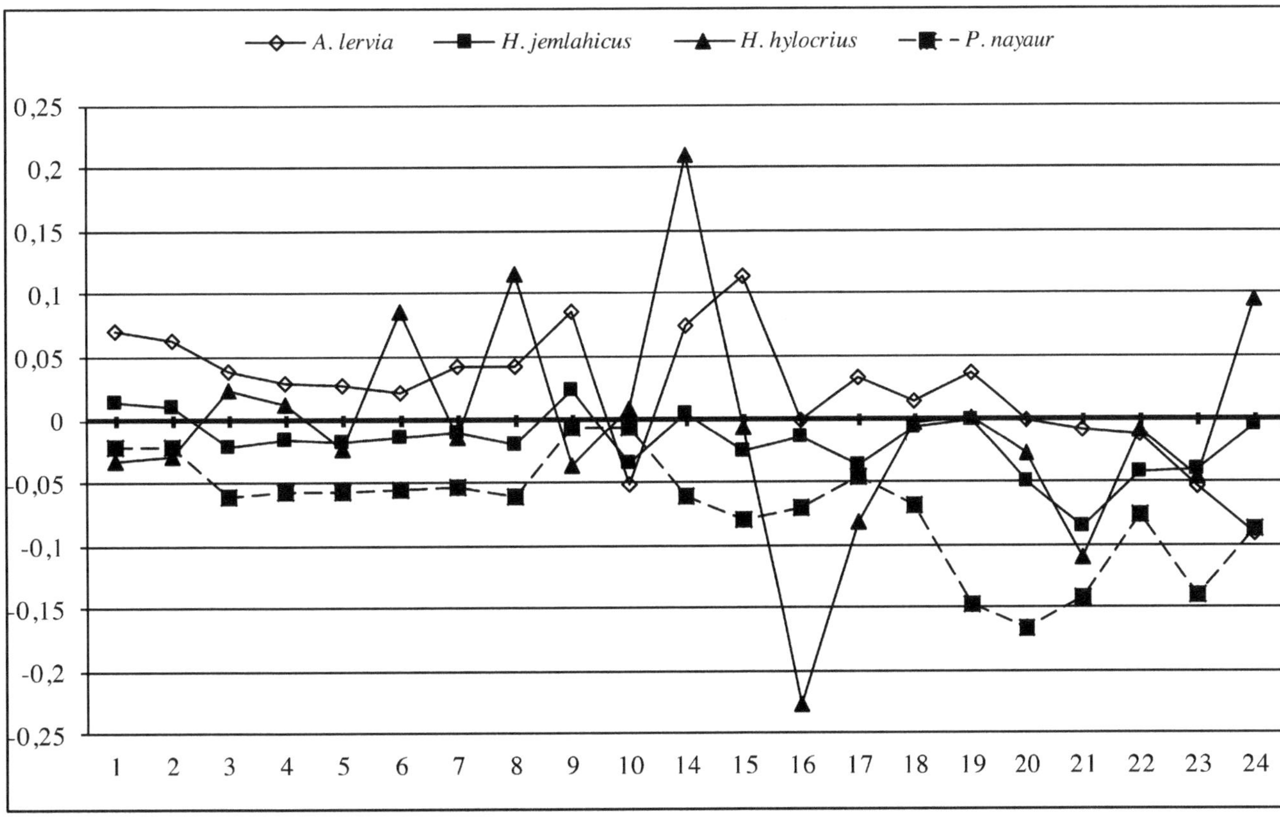

Figure 2.162. *Hemitragus jemlahicus*, *H. hylocrius*, *Ammotragus lervia* et *Pseudois nayaur* actuels, diagramme de Simpson du radius (mâle+femelle). Différence par rapport à *Capra ibex* actuel (mâle+femelle).

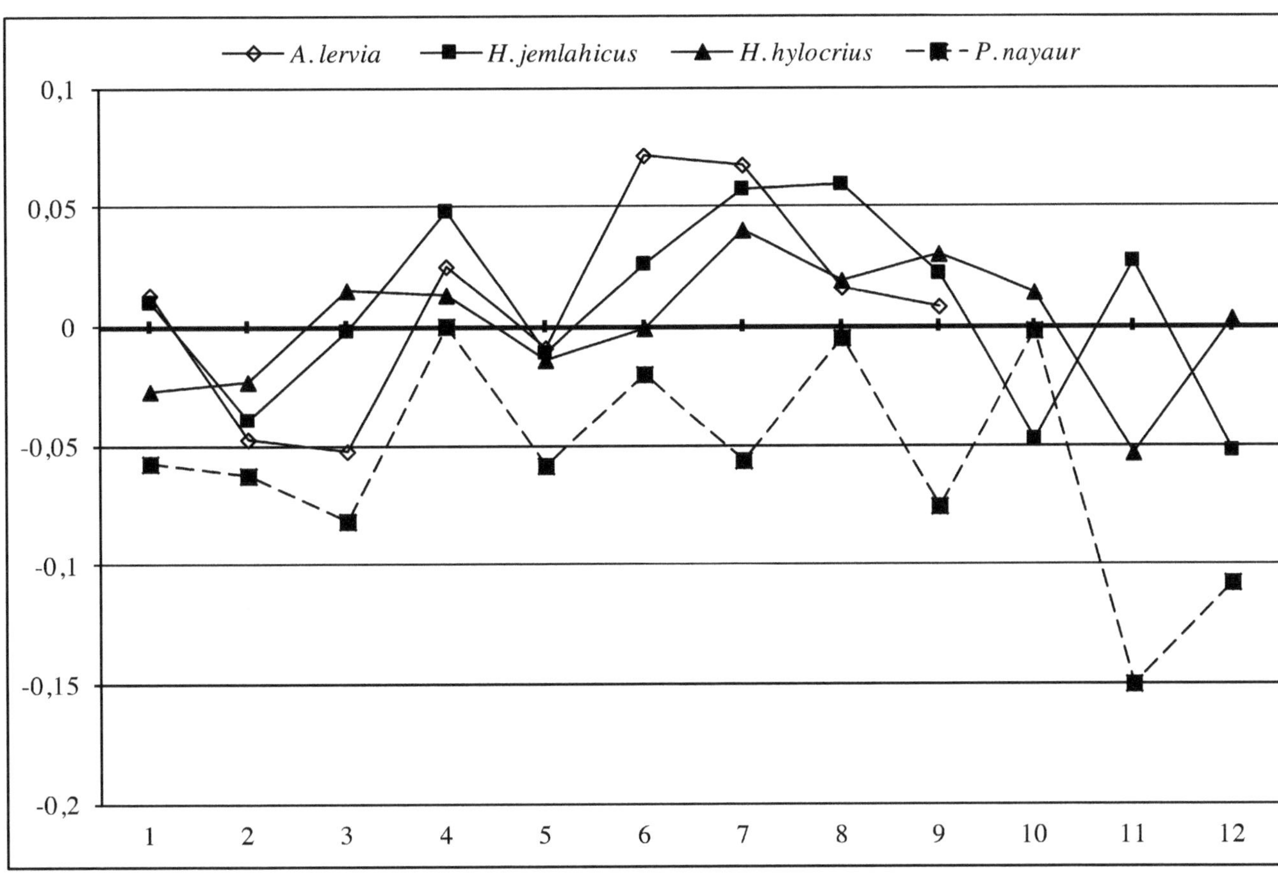

Figure 2.163. *Hemitragus jemlahicus*, *H. hylocrius*, *Ammotragus lervia* et *Pseudois nayaur* actuels, diagramme de Simpson de l'ulna (mâle+femelle). Différence par rapport à *Capra ibex* actuel (mâle+femelle).

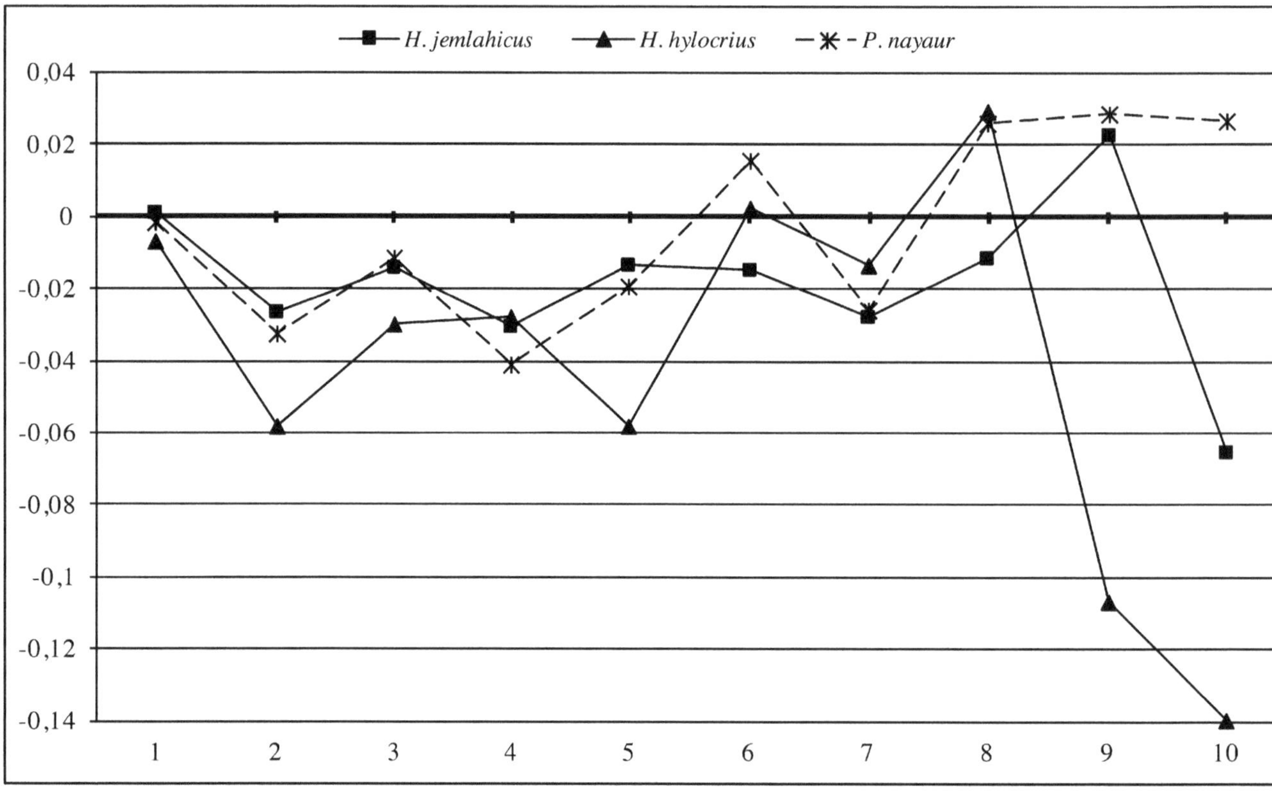

Figure 2.164. *Hemitragus jemlahicus*, *H. hylocrius* et *Pseudois nayaur* actuels, diagramme de Simpson du scaphoïde (mâle+femelle). Différence par rapport à *Capra ibex* actuel (mâle+femelle).

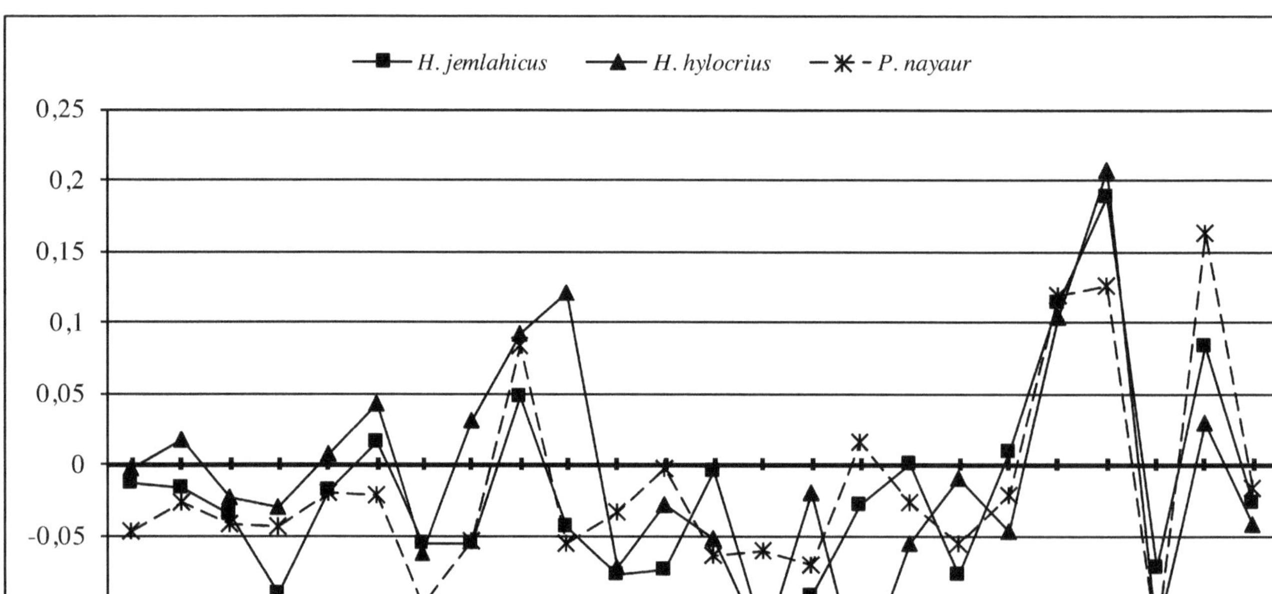

Figure 2.165. *Hemitragus jemlahicus*, *H. hylocrius* et *Pseudois nayaur* actuels, diagramme de Simpson du semi-lunaire (mâle+femelle). Différence par rapport à *Capra ibex* actuel (mâle+femelle).

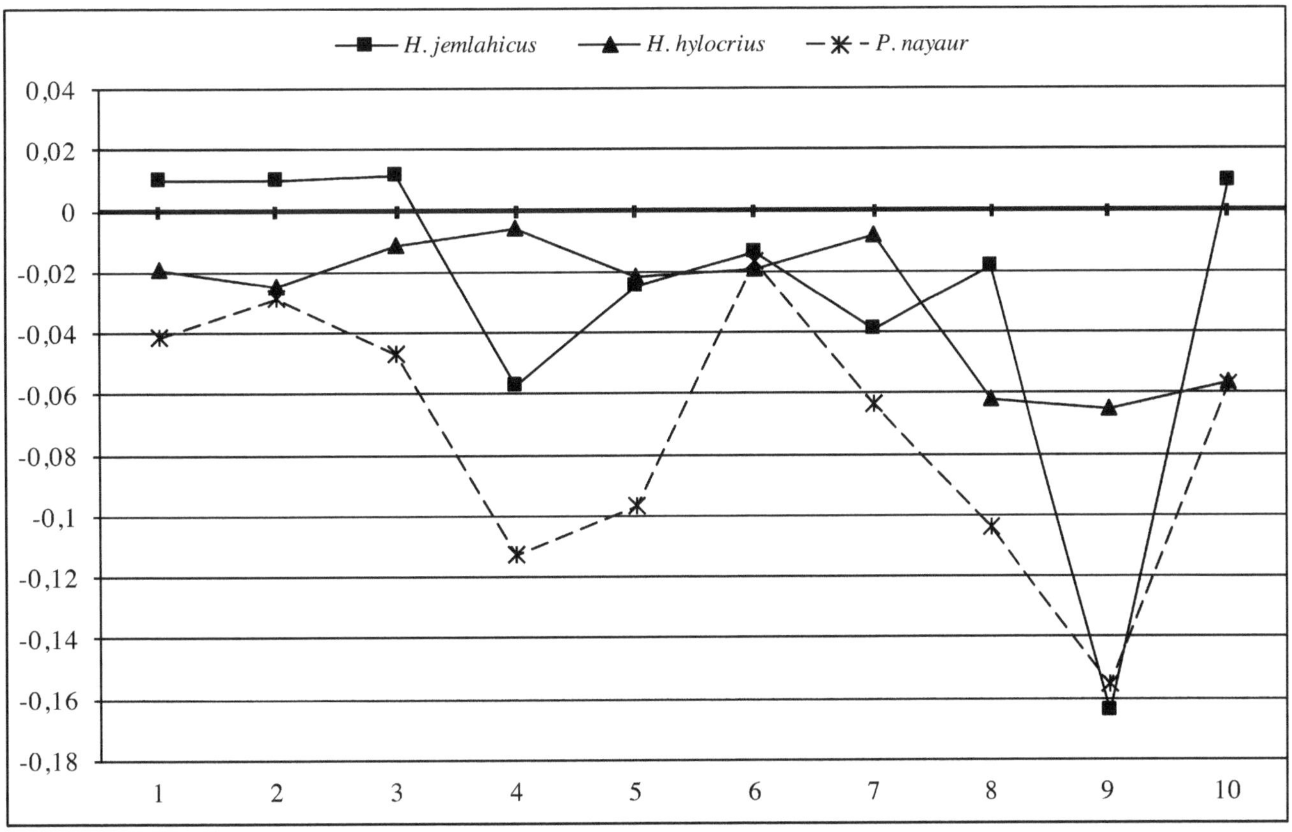

Figure 2.166 *Hemitragus jemlahicus*, *H. hylocrius* et *Pseudois nayaur* actuels, diagramme de Simpson du pyramidal (mâle+femelle). Différence par rapport à *Capra ibex* actuel (mâle+femelle).

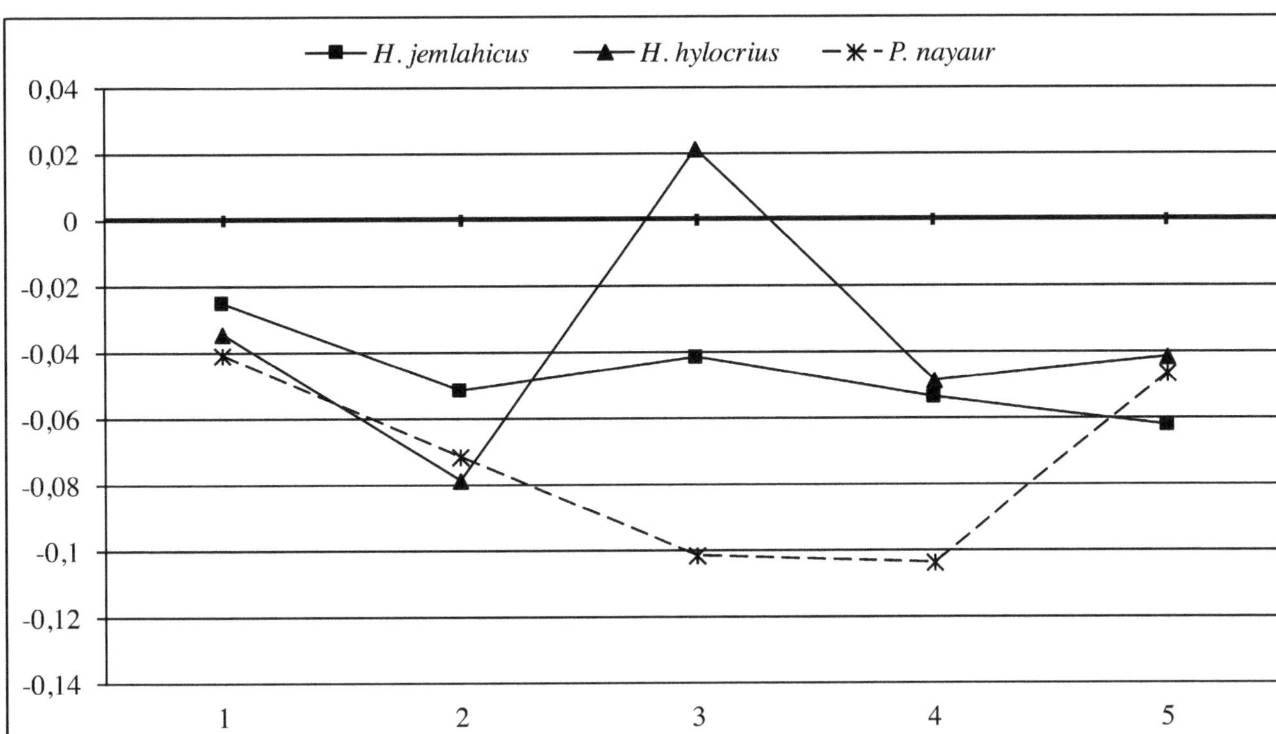

Figure 2.167. *Hemitragus jemlahicus*, *H. hylocrius* et *Pseudois nayaur* actuels, diagramme de Simpson du pisiforme (mâle+femelle). Différence par rapport à *Capra ibex* actuel (mâle+femelle).

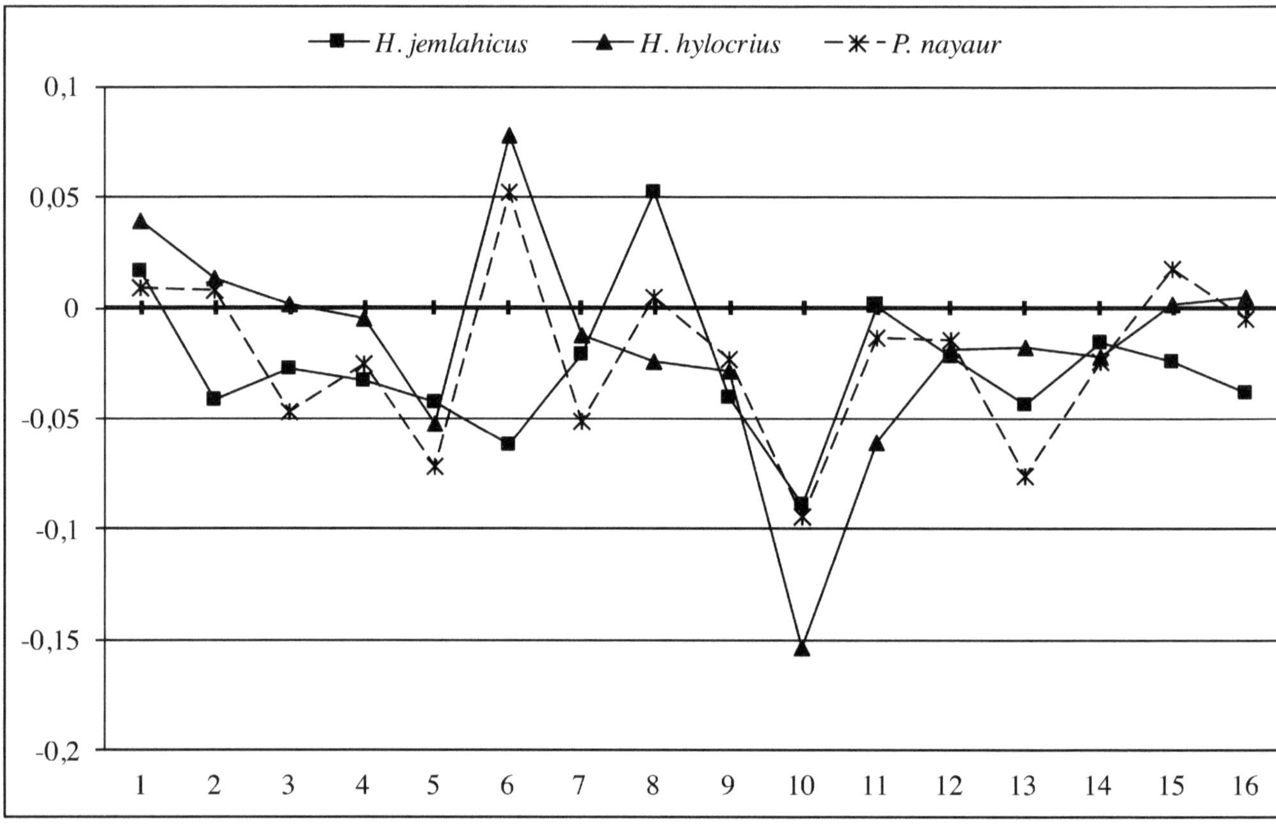

Figure 2.168. *Hemitragus jemlahicus*, *H. hylocrius* et *Pseudois nayaur* actuels, diagramme de Simpson de l'onciforme (mâle+femelle). Différence par rapport à *Capra ibex* actuel (mâle+femelle).

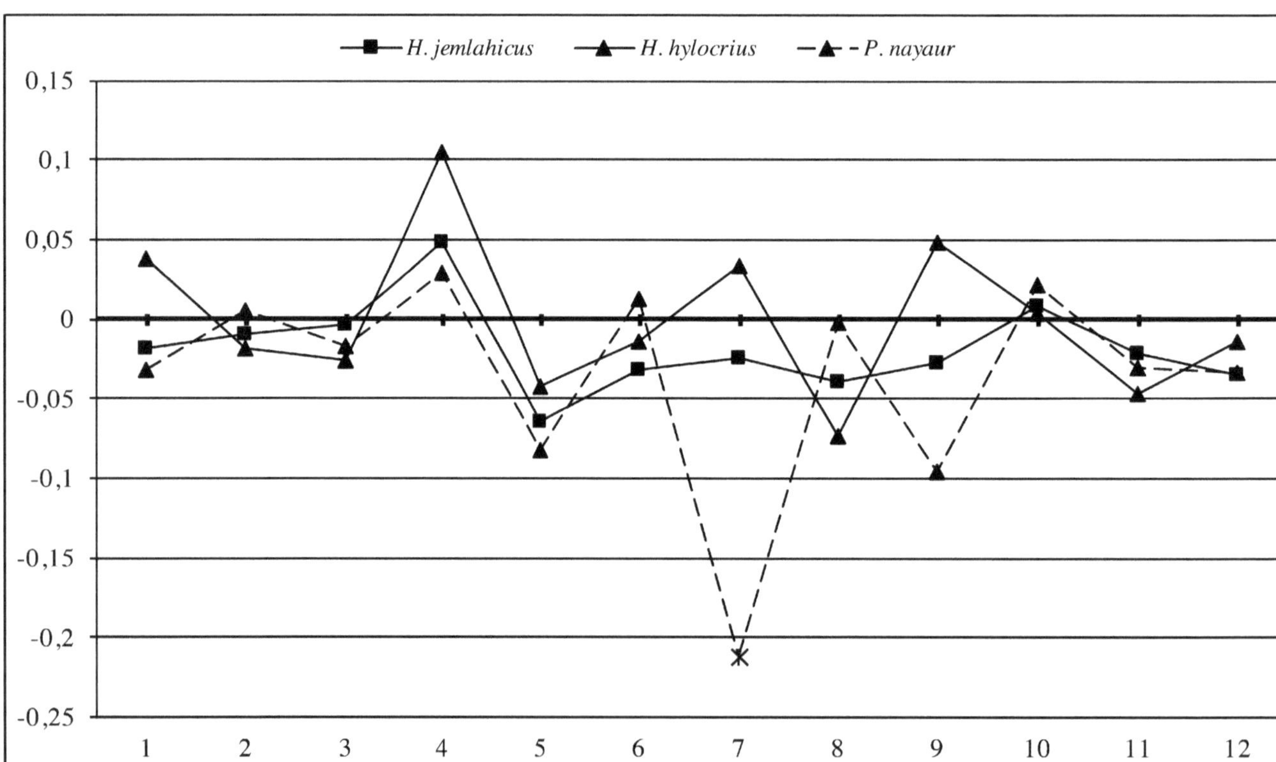

Figure 2.169. *Hemitragus jemlahicus*, *H. hylocrius* et *Pseudois nayaur* actuels, diagramme de Simpson du capitato-trapézoïde (mâle+femelle). Différence par rapport à *Capra ibex* actuel (mâle+femelle).

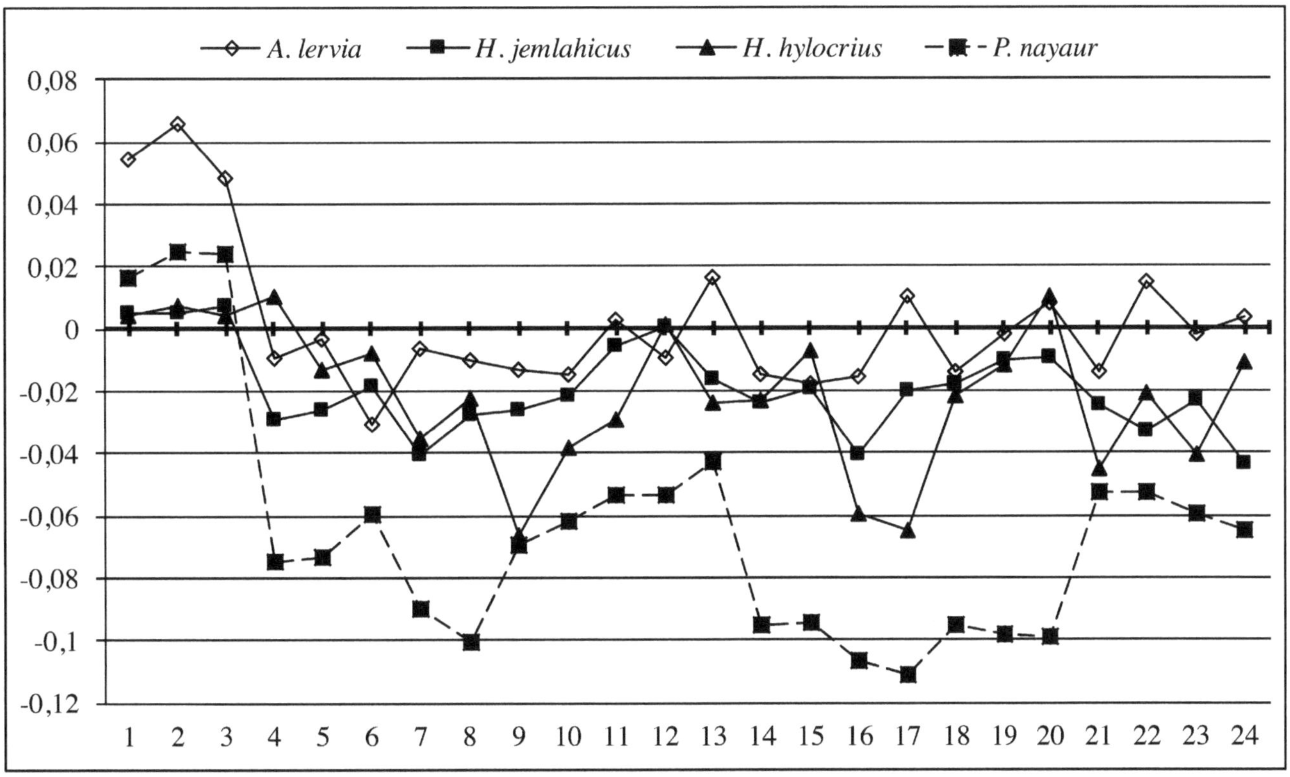

Figure 2.170. *Hemitragus jemlahicus*, *H. hylocrius*, *Ammotragus lervia* et *Pseudois nayaur* actuels, diagramme de Simpson du canon antérieur (mâle+femelle). Différence par rapport à *Capra ibex* actuel (mâle+femelle).

des quilles et condyles distaux (mesures 21 à 24) (Figure 2.170).

Fémur

Le tahr de l'Inde possède une articulation proximale (mesure 3) et distale (mesure 12) relativement larges. Le grand trochanter est développé (mesure 6) (Figure 2.171).

Tibia

Les tibias des tahrs de l'Himalaya et de l'Inde se ressemblent (Figure 2.172). Ce dernier présente une articulation proximale (mesure 3) et distale (mesure 11) plus larges.

Tarse

Le talus du tahr de l'Himalaya possède un bord médial (mesure 7) et un bord latéral (mesures 9 et 18) plus minces, une facette disto-latérale plus haute et plus courte (mesures 11 et 12) et une lèvre proximo-latérale plus courte (mesure 16) que chez le tahr de l'Inde (Figure 2.173). Ce dernier possède une trochlée plantaire à bords plus parallèles (mesures 20 et 21).

Le calcaneus d'*H. jemlahicus* comparativement à celui d'*H. hylocrius* est moins épais (mesure 6) (Figure 2.174). Le corps proximal est plus large (mesure 4) et la facette malléolaire est plus courte (mesures 11, 13 et 14) et plus étroite (mesure 12).

Pour le cubonaviculaire, les différences affectent les proportions générales de l'os qui est comparable à celui du bouquetin alpin dans le cas du tahr de l'Inde (mesures 1 et 2) (Figure 2.175). La facette plantaire qui se loge sous le ressaut de la trochlée plantaire du talus est plus large chez le tahr de l'Himalaya (mesure 8). À la face distale, la facette dorsale (mesure 14) et la facette plantaire pour l'os canon (mesure 16) sont plus étroites. La facette pour le petit cunéiforme est plus longue (mesure 17) et plus étroite (mesure 18). À la face dorsale, la hauteur médiane minimale (mesure 21) est relativement faible par rapport à la hauteur médiale (mesure 20), ce rapport étant inverse chez le tahr de l'Inde.

b.3. Résumé des données

Les diagrammes de Simpson mettent en avant la proximité d'*H. jemlahicus* et d'*H. hylocrius* et soulignent la position divergente d'*H. jayakari*. Le taxon le plus petit correspond à l'espèce vivant dans un milieu semi-désertique, à savoir *H. jayakari*. Les données comparées avec les genres *Pseudois* et *Ammotragus* sont fournies dans les paragraphes qui suivent.

c. Genre Pseudois Hodgson, 1843

c.1. Analyse crânienne

Comme précédemment, les coefficients de variation élevés sont indiqués à l'aide d'un astérisque.

Crâne mâle

La variation des proportions crâniennes du bharal se révèle très proche de celle d'*H. jemlahicus* (Figure 2.149 à Figure 2.153). Les points de divergence majeurs concernent la

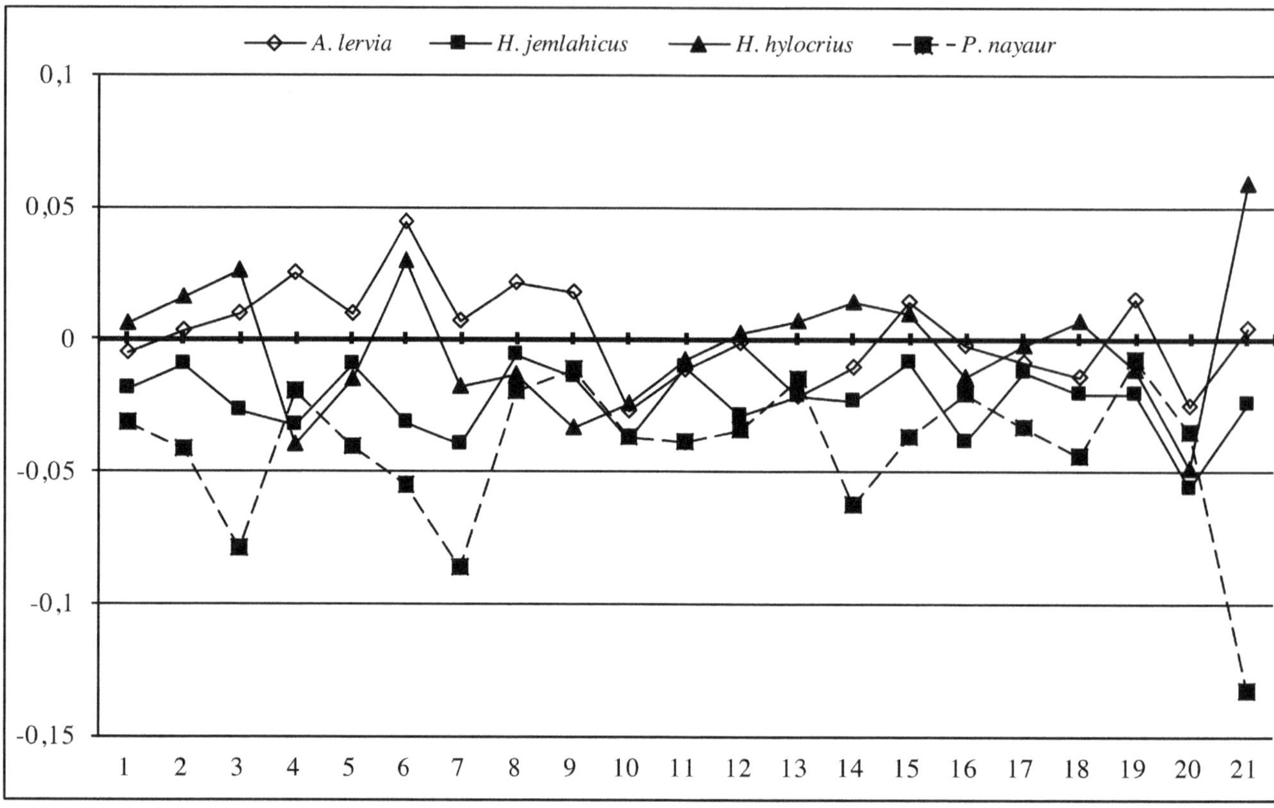

Figure 2.171. *Hemitragus jemlahicus*, *H. hylocrius*, *Ammotragus lervia* et *Pseudois nayaur* actuels, diagramme de Simpson du fémur (mâle+femelle). Différence par rapport à *Capra ibex* actuel (mâle+femelle).

plus forte longueur du processus palatin de l'os incisif (mesure 8), la réduction du segment prémolaire (mesure 10), les proportions du palais relativement plus ouvert à l'arrière (mesure 14) et plus rétréci à l'avant (mesure 15) (Figure 2.149) ainsi que la réduction importante du pariétal mais non de la crête pariétale (mesure 25* et 27), la plus

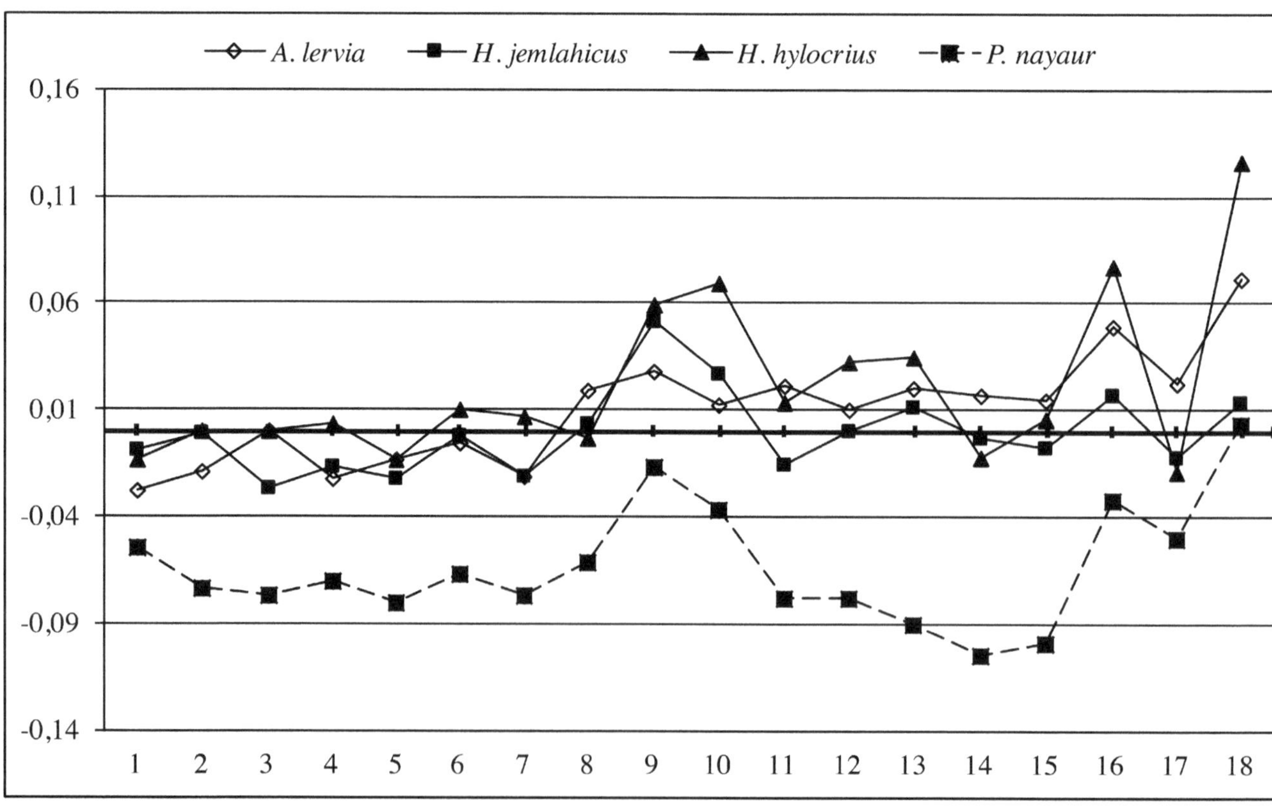

Figure 2.172. *Hemitragus jemlahicus*, *H. hylocrius*, *Ammotragus lervia* et *Pseudois nayaur* actuels, diagramme de Simpson du tibia mâle+femelle. Différence par rapport à *Capra ibex* actuel (mâle+femelle).

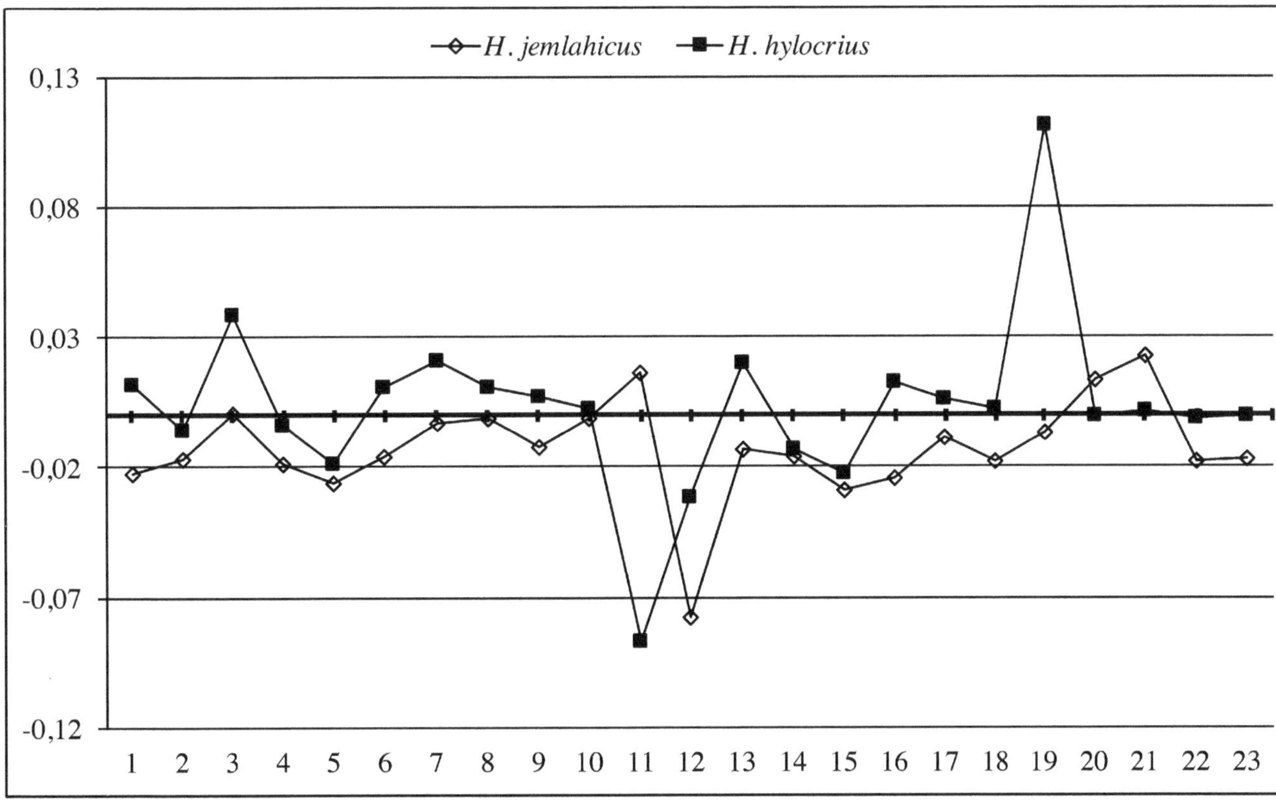

Figure 2.173. *Hemitragus jemlahicus* et *H. hylocrius* actuels, diagramme de Simpson du talus (mâle+femelle). Différence par rapport à *Capra ibex* actuel (mâle+femelle).

grande étroitesse du museau et du nasal (mesure 31 à 36 [coefficients de variation des mesures 35 et 36 élevés]) alors que le neurocrâne est relativement plus large (mesures 26 à 29 [27*]) (Figure 2.151). Il faut ajouter l'écartement et les proportions des chevilles (mesures 37 à 46 [coefficients de variation élevés sauf pour les mesures 37, 43]), qui sont plus rapprochées à la base (mesure 38) mais plus écartées ensuite (mesures 39 et 40) et qui sont plus larges (mesures 42 et 44) (Figure 2.152) ainsi que la hauteur du museau plus faible (mesure 56), la partie basilaire de l'occipital plus courte (mesure 66), plus large à l'avant (mesure 65) et plus étroite à l'arrière (mesure 64) (Figure 2.153).

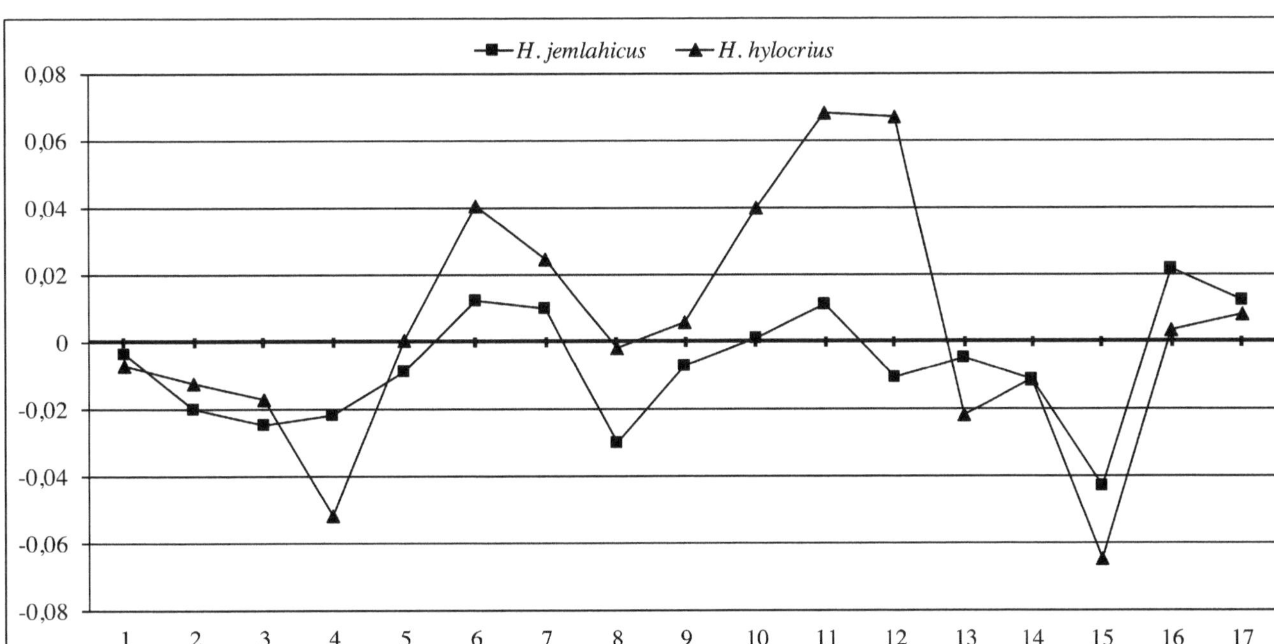

Figure 2.174. *Hemitragus jemlahicus* et *H. hylocrius* actuels, diagramme de Simpson du calcaneus (mâle+femelle). Différence par rapport à *Capra ibex* actuel (mâle+femelle).

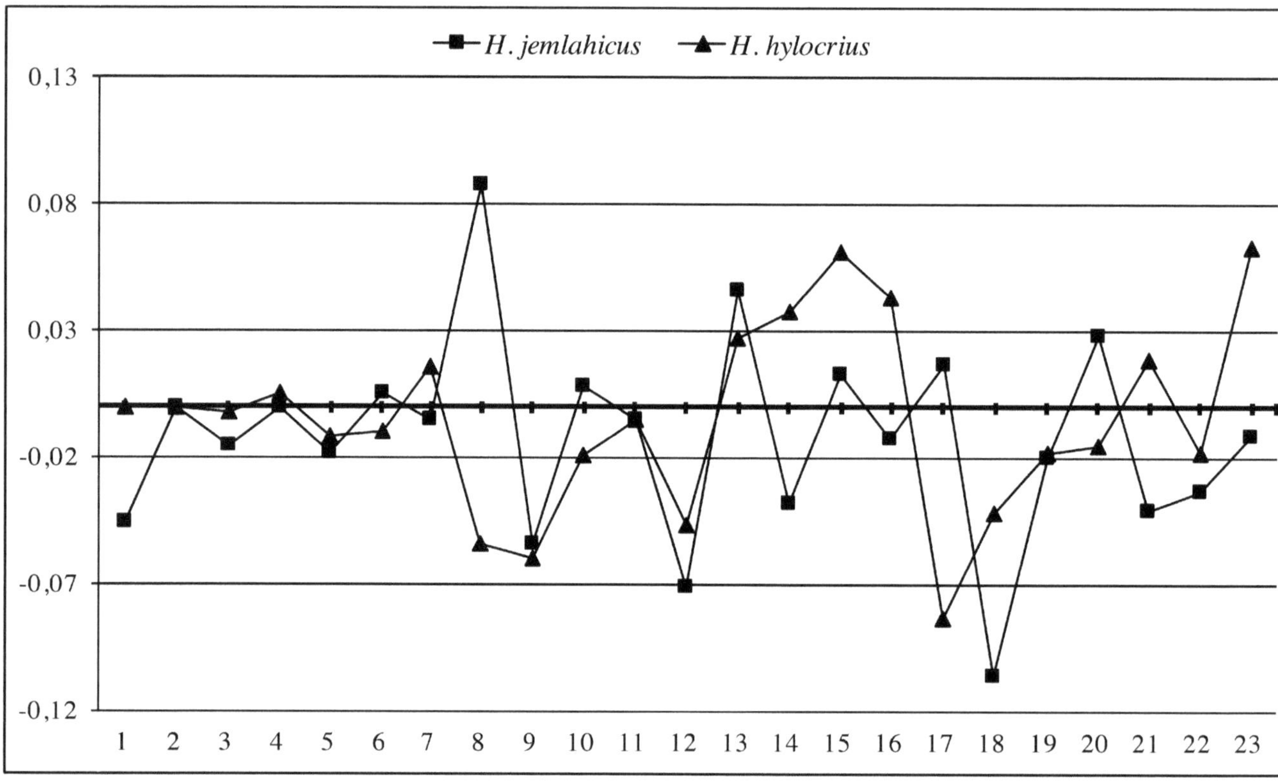

Figure 2.175. *Hemitragus jemlahicus* et *H. hylocrius* actuels, diagramme de Simpson du cubonaviculaire (mâle+femelle). Différence par rapport à *Capra ibex* actuel (mâle+femelle).

Crâne femelle

Dans l'ensemble les coefficients de variation sont élevés du fait du fait du nombre réduit de spécimens (trois) et de la présence d'un individu beaucoup plus gros que les deux autres (Figure 2.154 à Figure 2.158). Comme pour le mâle, la femelle du bharal a un crâne aux proportions voisines d'*H. jemlahicus* et l'on retrouve pratiquement le même type de différences à l'exception de la largeur du crâne de *Pseudois* (mesures 28 à 34 [coefficient de variation élevé pour les mesures 28, 30 et 33] (Figure 2.156) et des hauteurs crâniennes (mesures 55* et 56*) (Figure 2.158) qui varient dans des proportions identiques à celles de *C. ibex*.

Mandibule mâle

Le bharal ne se distingue du tahr de l'Himalaya que par son segment prémolaire qui est plus court (mesure 9) et l'angle mandibulaire plus important (mesure 4) (Figure 2.159).

Mandibule femelle

On retrouve les mêmes différences que pour la mandibule mâle (Figure 2.160). Il faut ajouter une branche verticale légèrement plus courte au niveau de l'incisure mandibulaire chez le bharal (mesure 13) et un corps de la mandibule moins haut en avant de p2 (mesure 16*) mais relativement plus haut au niveau du diastème (mesure 19*).

c.2. Analyse du squelette post-crânien

Pseudois a quelques proportions communes avec *H. jemlahicus* telles celles de la cavité glénoïde de la scapula (mesures 8 à 11) (Figure 2.176), à l'humérus, celles du capitulum, de la trochlée et des épicondyles (mesures 13 à 17) (Figure 2.161), au radius la longueur et l'articulation proximale du radius (mesures 1 à 9) (Figure 2.162). C'est aussi le cas des dimensions générales du scaphoïde (mesures 1 à 6 ; Figure 2.164) et du capitato-trapézoïde (mesures 1 à 5) (Figure 2.169). Au membre pelvien, le parallélisme se note au niveau de l'os coxal : robustesse du col de l'ilium (mesures 3 et 4) (Figure 2.177), celle du corps de l'ischium (mesures 10 et 11) et de la branche du pubis (mesures 12 et 13), proportions de l'acétabulum (mesures 5 et 6), écartement antérieur et postérieur du bassin (mesures 19 et 20). Il en est de même pour l'articulation proximale du fémur (mesures 5 à 8) (Figure 2.171) et du tibia (mesures 3 à 8) (Figure 2.172) et pour les facettes de l'articulation proximale du canon postérieur (mesures 8 et 9, 11 à 16) (Figure 2.178).

c.3. Résumé des données

Les diagrammes de Simpson montrent qu'il y a une relation entre *P. nayaur* et *H. jemlahicus*. Ils indiquent aussi que les métapodes du bharal sont plus élancés et graciles que ceux du tahr.

d. Genre *Ammotragus* Blyth, 1840

d.1. Analyse crânienne

Crâne mâle

Le profil des courbes obtenues montrent de grandes similitudes entre le mouflon à manchettes, le tahr de l'Himalaya et le bharal (Figure 2.149 à Figure 2.153). Les

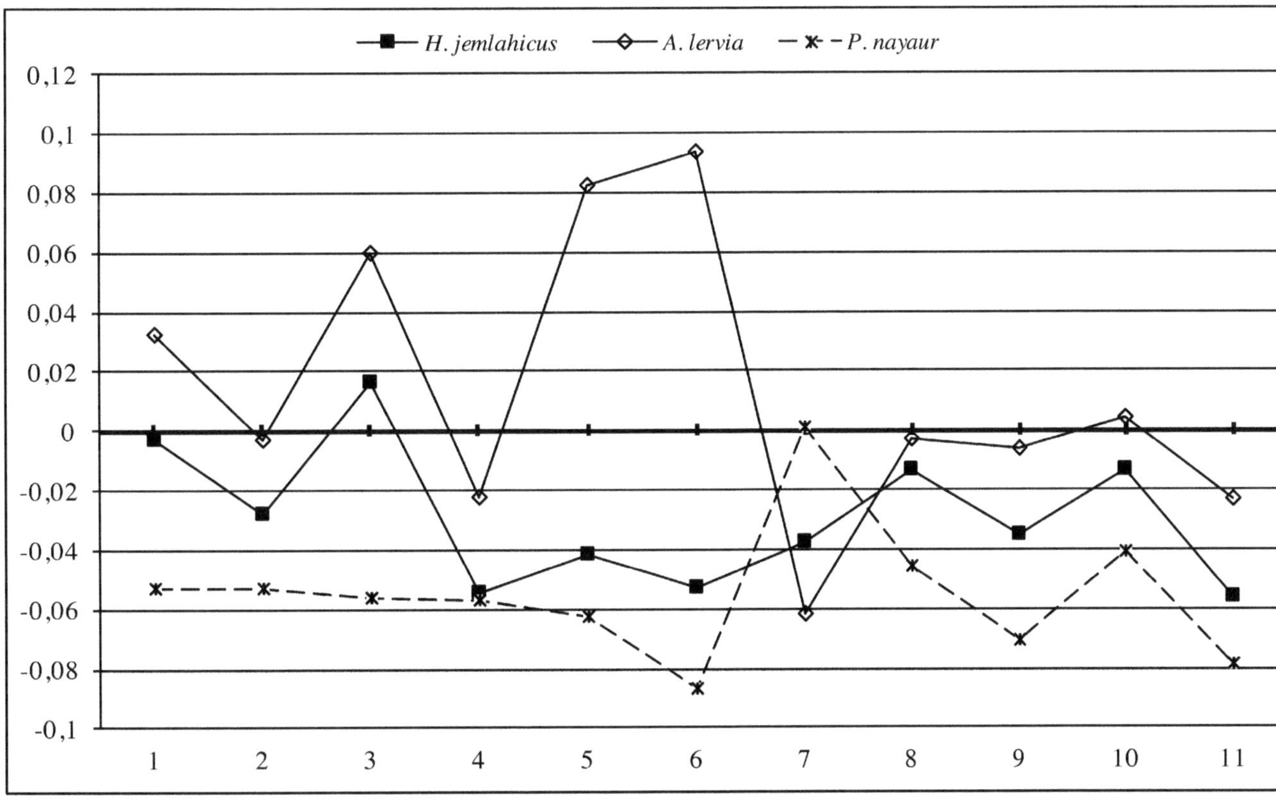

Figure 2.176. *Hemitragus jemlahicus*, *Ammotragus lervia* et *Pseudois nayaur* actuels, diagramme de Simpson de la scapula (mâle+femelle). Différence par rapport à *Capra ibex* actuel (mâle+femelle).

particularités du taxon par rapport à ces espèces sont les suivantes. Les longueurs totales varient dans des proportions identiques à celles de *C. ibex* (mesures 1 à 4) mais le museau en avant des prémolaires est relativement court (mesure 5*) et le segment prémolaire est relativement plus long (mesure 10) (Figure 2.149). Le nasal est lui aussi plus court (mesure

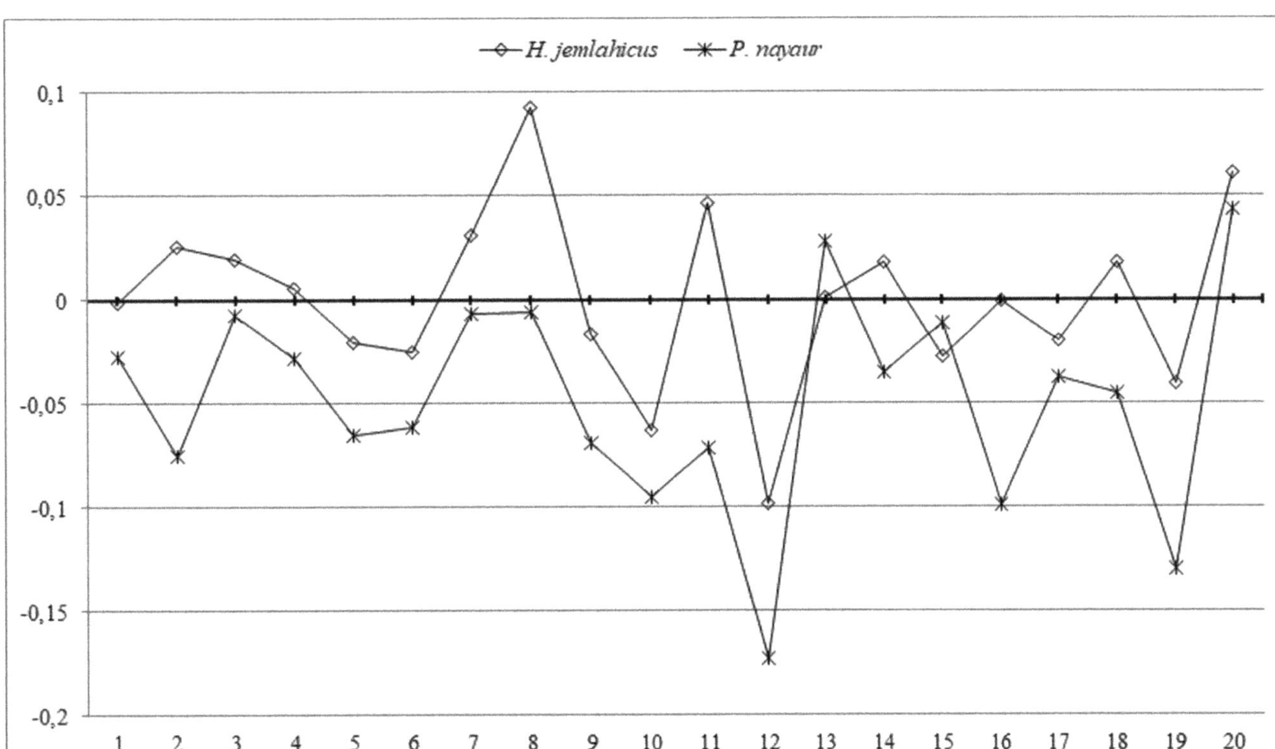

Figure 2.177. *Hemitragus jemlahicus* et *Pseudois nayaur* actuels, diagramme de Simpson de l'os coxal (mâle+femelle). Différence par rapport à *Capra ibex* actuel (mâle+femelle).

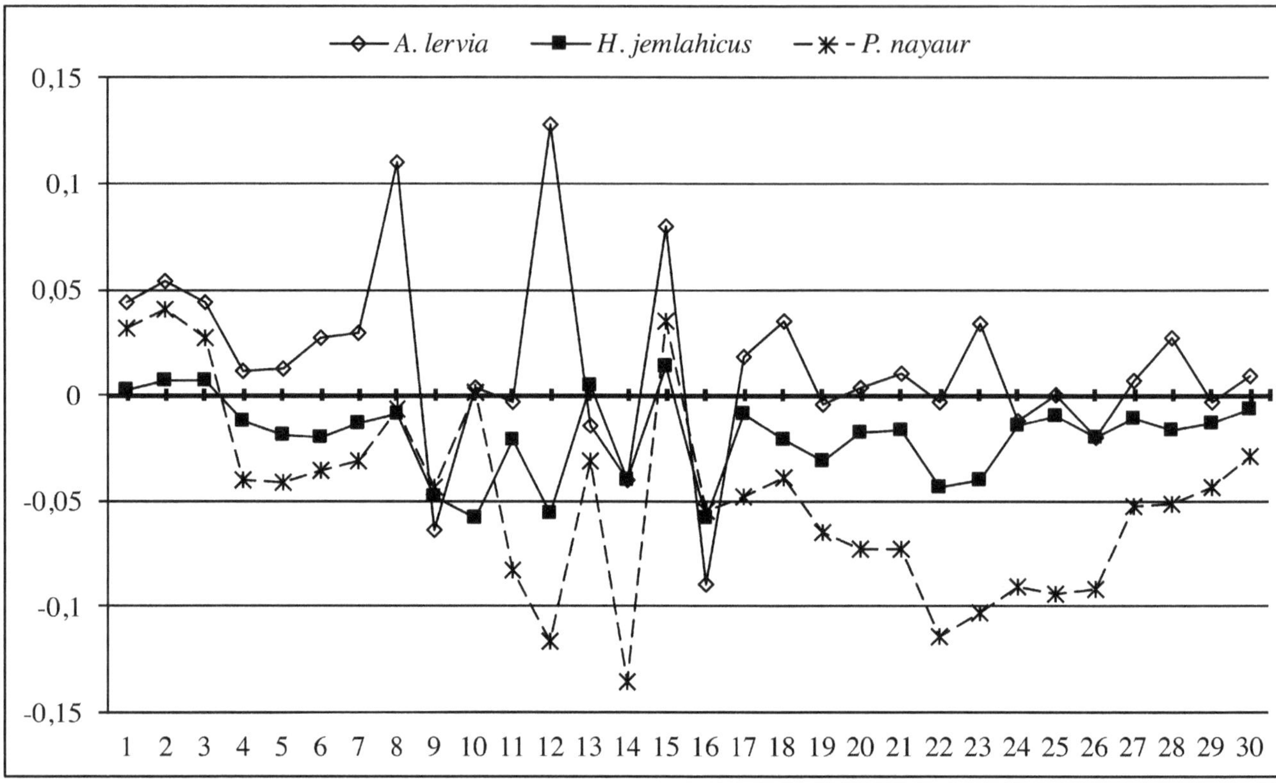

Figure 2.178. *Hemitragus jemlahicus*, *Ammotragus lervia* et *Pseudois nayaur* actuels, diagramme de Simpson du canon postérieur (mâle+femelle). Différence par rapport à *Capra ibex* actuel (mâle+femelle).

22) mais plus large ainsi que le museau (mesures 31 à 36) et l'écartement de la crête pariétale (mesure 27*) (Figure 2.151). Le lacrymal est très allongé (mesure 52*), l'orbite est haute (mesure 54), le foramen magnum est relativement plus large (mesure 59) mais moins haut (mesure 62*) et le condyle plutôt étroit (mesure 60*) et haut (mesure 61) (Figure 2.153). L'écartement et le développement des chevilles sont identiques à *Pseudois* (Figure 2.152).

Crâne femelle

Il se révèle proche de celui du bharal par la brièveté de son pariétal (mesure 25*), la largeur du neurocrâne (mesure 26), l'écartement de la crête pariétale (mesure 27), la largeur antérieure du museau (mesure 34) et postérieure du nasal (mesure 35*) (Figure 2.156). La flexure du frontal est en revanche similaire à celle d'*Hemitragus* (mesures 36 et 68) (Figure 2.156 ; Figure 2.158). Les largeurs de la face sont différentes de celles du bharal et d'*Hemitragus* (mesures 29 à 33) (Figure 2.156). Les orbites sont aussi positionnées plus latéralement (mesures 29 et 30). L'arrière crâne est plus court (mesure 48) (Figure 2.158). Les proportions du *foramen magnum* et des condyles (mesures 59 à 63 [60* et 62*]) sont plus semblables à celles de *C. ibex*.

Mandibule mâle

Les proportions sont relativement proches de celles d'*H. jemlahicus* à l'exception de l'arc dentaire qui est moins développé (mesure 7*), de la branche verticale qui est plus courte au niveau de l'incisure mandibulaire (mesure 13*) et de la hauteur du corps de la mandibule qui est plus importante au niveau de la barre (mesure 19*) et en avant de p2 (mesure 16*) (Figure 2.159). La position du foramen mandibulaire est identique à celle d'*H. hylocrius* (mesure 20*).

Mandibule femelle

Les différences avec *H. jemlahicus* sont plus accusées que pour la mandibule mâle, notamment l'angle mandibulaire est moins fort chez le mouflon à manchettes (mesure 4), la barre est beaucoup plus longue (mesure 11), la branche verticale plus courte (mesure 14), le processus condylaire plus large (mesure 15) (Figure 2.160).

d.2. Analyse du squelette post-crânien

Il ne m'a été possible d'étudier que quelques-uns des ossements d'une seule femelle (Figure 2.161 à Figure 2.163 ; Figure 2.170 à Figure 2.172 ; Figure 2.176 ; Figure 2.178). Les proportions osseuses se révèlent différentes des autres *Caprini*. Le radius et les os canons sont particulièrement longs, pas l'humérus.

d.3. Résumé des données

Les diagrammes des rapports pointent des analogies de proportions crâniennes entre *Ammotragus*, *Pseudois* et *H. jemlahicus* tout en montrant qu'elles sont limitées.

e. Résumé des données pour les genres *Hemitragus*, *Pseudois* et *Ammotragus*

Pour les mâles, les graphiques ne prenant en compte que les paramètres concernant les rapports de proportions entre face et arrière crâne visualisent très bien l'allongement de la face des genres *Hemitragus*, *Pseudois* et *Ammotragus* (mesure 49) et la relative brièveté de leur arrière crâne (mesure 48) (Figure 2.179). C'est *Ammotragus* qui possède la face la plus longue.

H. jemlahicus et *H. hylocrius* ne diffèrent que par l'épaisseur de l'arrière crâne qui est plus importante pour la première de ces espèces, ce qui est à mettre en relation avec sa coudure (mesure 55). Les orbites du tahr de l'Himalaya sont aussi un peu plus latérales (mesures 29 et 30).

P. nayaur ressemble à *H. jemlahicus* à l'exception des orbites, dont la position est plus antérieure (mesures 29 et 30) ; l'arrière crâne est aussi relativement plus large (mesure 26).

Les orbites d'*H. jayakari* sont plus antérieures que celles des tahrs de l'Himalaya et des Nilgiri, plus comparables à celles de *P. nayaur*. Le taxon partage avec *H. hylocrius* un arrière crâne relativement bas (mesure 55) mais qui est néanmoins plus large (mesure 53).

Quant à *Ammotragus*, il se caractérise par l'épaisseur très forte de son arrière crâne (mesure 55), par des orbites en position plus latérale (mesure 30) et par l'épaisseur importante de son condyle (mesure 61).

Pour les femelles, *H. jayakari* se distingue du tahr de l'Himalaya par le rapport inverse de sa face (mesure 49) et de son arrière crâne (mesure 48), la forte réduction de son segment molaire (mesure 11) et, comme chez le mâle, par la faible épaisseur de son arrière crâne (mesure 55) (Figure 2.180).

Comparativement aux mâles, les femelles d'*H. jemlahicus* et de *P. nayaur* ont un museau relativement plus court et un arrière crâne relativement plus long. La position latérale des orbites de *Pseudois* est aussi plus importante. Les proportions du crâne de la femelle d'*Ammotragus* sont similaires à celles du mâle.

En ce qui concerne le squelette, au membre thoracique (Figure 2.181), *H. jemlahicus* possède un humérus plus robuste que celui d'*H. hylocrius* et de *P. nayaur* ; le radius de ce dernier est relativement long. Parmi ces trois genres, c'est *P. nayaur* qui possède le canon antérieur le plus gracile. *Ammotragus* est clairement différent du fait de la massivité de son radius.

Au membre pelvien (Figure 2.182), *H. hylocrius* possède un fémur relativement plus long et gracile que le tibia. *P. nayaur* a un tibia particulièrement court et un canon postérieur très allongé et gracile. Le fémur d'*Ammotragus* est le plus massif.

Pour conclure, les crânes d'*H. jemlahicus* et d'*H. hylocrius* ont des proportions quasiment identiques et celui de *P. nayaur* n'en est pas très éloigné alors qu'*H. jayakari* a des rapports crâniens bien différents. Les proportions des

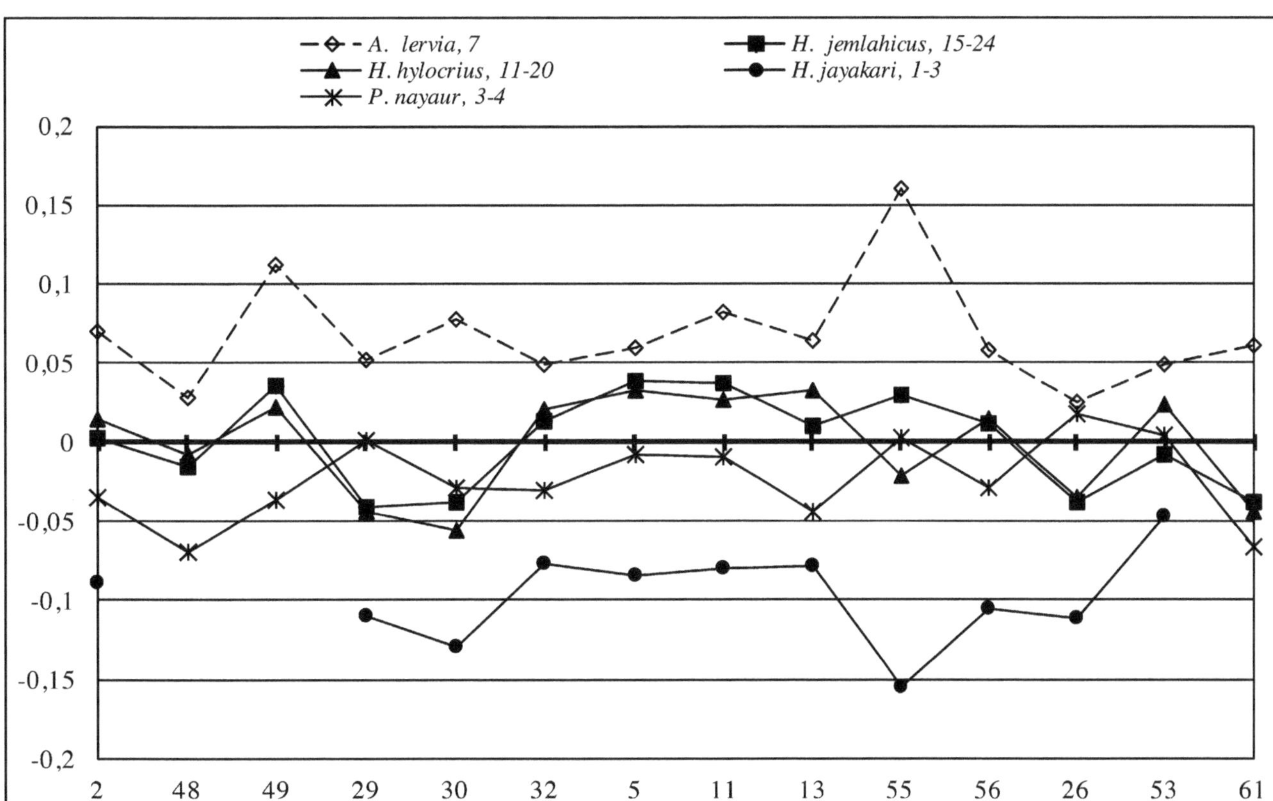

Figure 2.179. *Hemitragus jemlahicus*, *H. hylocrius*, *H. jayakari*, *Ammotragus lervia* et *Pseudois nayaur* actuels, diagramme de Simpson du crâne mâle, synthèse. Différence par rapport à *Capra ibex* mâle actuel. Les chiffres indiquent le nombre d'individus.

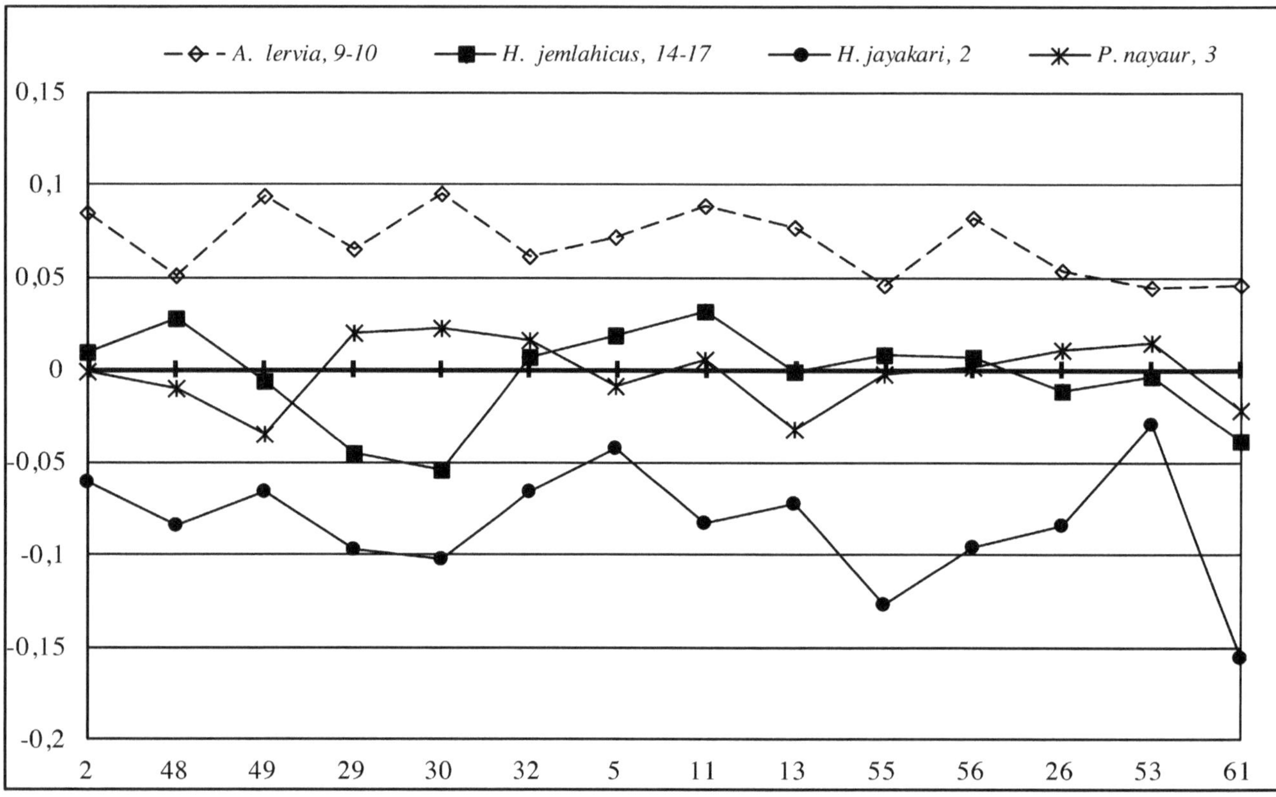

Figure 2.180. *Hemitragus jemlahicus*, *H. jayakari*, *Ammotragus lervia* et *Pseudois nayaur* actuels, diagramme de Simpson du crâne femelle, synthèse. Différence par rapport à *Capra ibex* femelle actuel. Les chiffres indiquent le nombre d'individus.

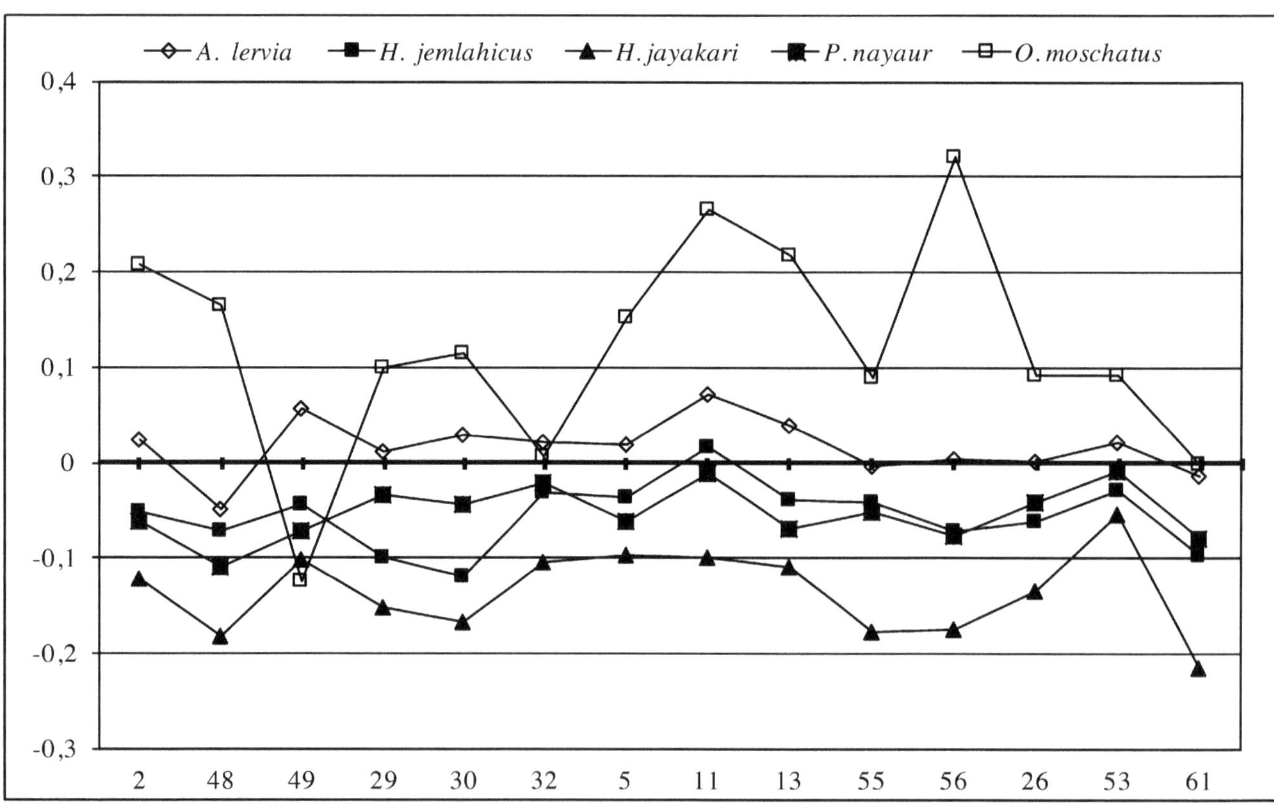

Figure 2.181. *Hemitragus jemlahicus*, *H. jayakari*, *Ammotragus lervia*, *Pseudois nayaur* et *Ovibos moschatus* actuels, diagramme de Simpson du crâne, synthèse sur le crâne femelle comparé au crâne mâle.

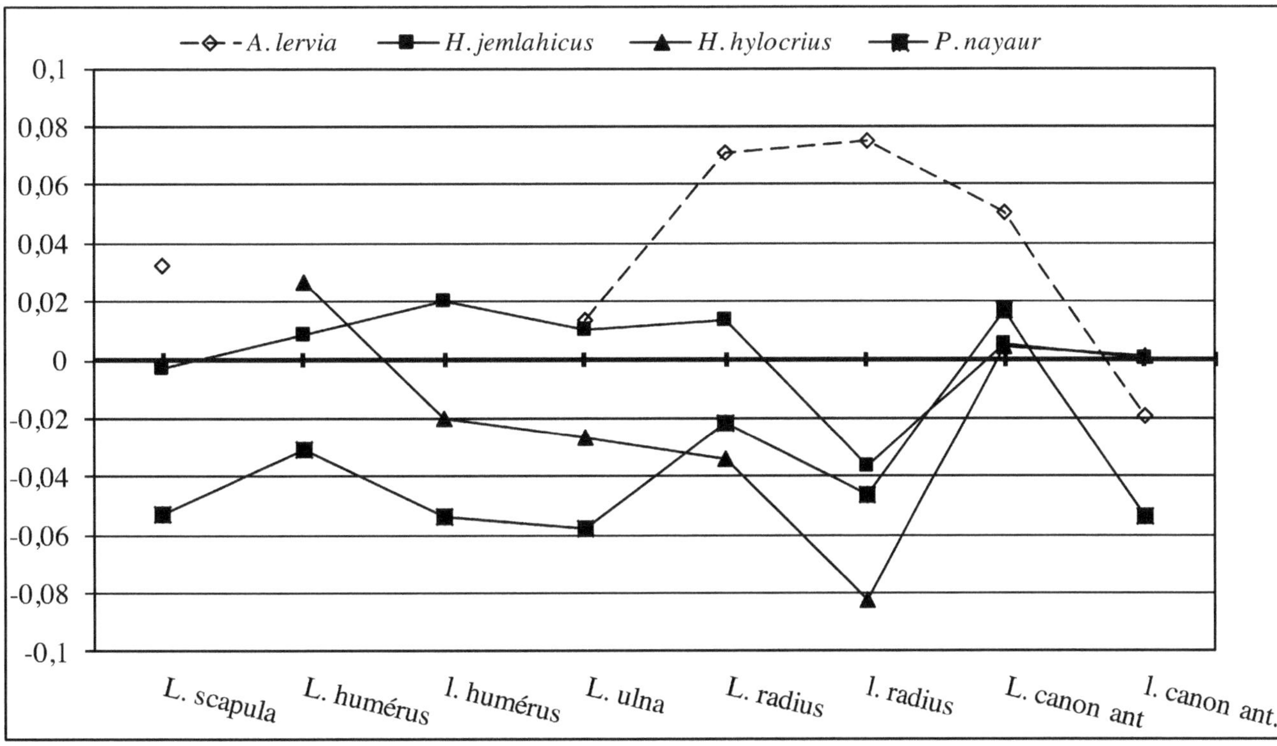

Figure 2.182. *Hemitragus jemlahicus*, *H. hylocrius*, *Ammotragus lervia* et *Pseudois nayaur* actuels, diagramme de Simpson du membre thoracique, synthèse. Différence par rapport à *Capra ibex* actuel (mâle+femelle). Abréviations : L : longueur ; l : largeur.

membres montrent l'importante massivité d'*H. jemlahicus* et la plus grande gracilité de l'extrémité de la patte arrière de *Pseudois*. Enfin, *Ammotragus* ne peut se comparer à aucun de ces quatre taxons.

IV.2. Genres Ovis, Ovibos et Budorcas

A. Analyse crânienne

En l'absence de crânes femelles de takin et de mouflon, la comparaison crânienne se limite aux mâles. Par ailleurs, la configuration particulière du frontal d'*Ovibos*, l'impossibilité d'enlever les étuis cornés, ne m'a pas permis de visualiser les différences pour ces paramètres.

Crâne mâle d'*Ovis*

O. a. poloi, O. a. ammon et *O. a. hodgsoni* montrent beaucoup de similitudes (Figure 2.184 à Figure 2.188). Les proportions qui les distinguent sont développées ci-après.

L'argali de Marco Polo comparativement à *O. a. ammon* possède un crâne plus court (mesure 1 à 3) (Figure 2.184). La réduction de longueur affecte la face (mesure 49) (Figure 2.188) ; elle se répercute sur la longueur du diastème (mesure 5) (Figure 2.184), du frontal (mesure 18) (Figure 2.186) mais pas du prémaxillaire (mesure 51) (Figure 2.188). Le pariétal est plus long (mesure 25) (Figure 2.186). Le crâne d'*O. a. poloi* est aussi moins large que celui de l'argali de l'Altaï (mesures 12 et 26) (Figure 2.184 ; Figure 2.186). Le *foramen magnum* est un peu plus large (mesure 59) (Figure 2.188) mais plus haut (mesure 62) et le condyle occipital moins épais (mesure 61). Les chevilles osseuses sont moins écartées (mesures 38 à 40) (Figure 2.187), plus graciles à leur base (mesures 41, 42 et 45) mais aussi épaisse qu'*O. a. ammon* au milieu (mesures 43 et 44).

L'argali du Tibet, *O. a. hodgsoni*, est un peu plus différent des deux formes précédentes. Tout d'abord, le crâne est relativement plus court supérieurement (mesure 1) (Figure 2.184) mais plus long à la base (mesures 2 et 3). La série des dents jugales est plus courte (mesure 6 et 9) avec un segment prémolaire relativement long (mesure 10). Le palais est plus élargi entre les prémolaires (mesure 15) et le rétrécissement des bords interalvéolaires est accusé (mesure 16) (Figure 2.185). L'arrière crâne est étroit (mesure 26) (Figure 2.186) et le frontal plus convexe (mesure 67) (Figure 2.188). Les orbites sont plus longues (mesure 53).

L'urial d'Afghanistan, *O. orientalis*, est nettement différent des trois taxons précédents. Pour un crâne plus court (mesures 1 à 4), la série des dents jugales supérieures est relativement grande avec un segment molaire court (mesures 9 et 11) (Figure 2.184). L'écartement entre les prémolaires est plus fermé (mesure 15). La suture maxillo-palatine est en position plus rostrale (mesure 7). Les orbites sont plus antérieures (mesures 29 et 30) (Figure 2.186). Le prémaxillaire est moins large (mesure 33). Enfin, les chevilles osseuses (Figure 2.187) et la région occipitale ont des proportions très proches de celles de *C. ibex* (mesures 57 à 61) (Figure 2.188).

Crâne mâle de *Budorcas*

Le takin diffère du bœuf musqué par la plus grande longueur du diastème (mesure 5), la position plus rostrale

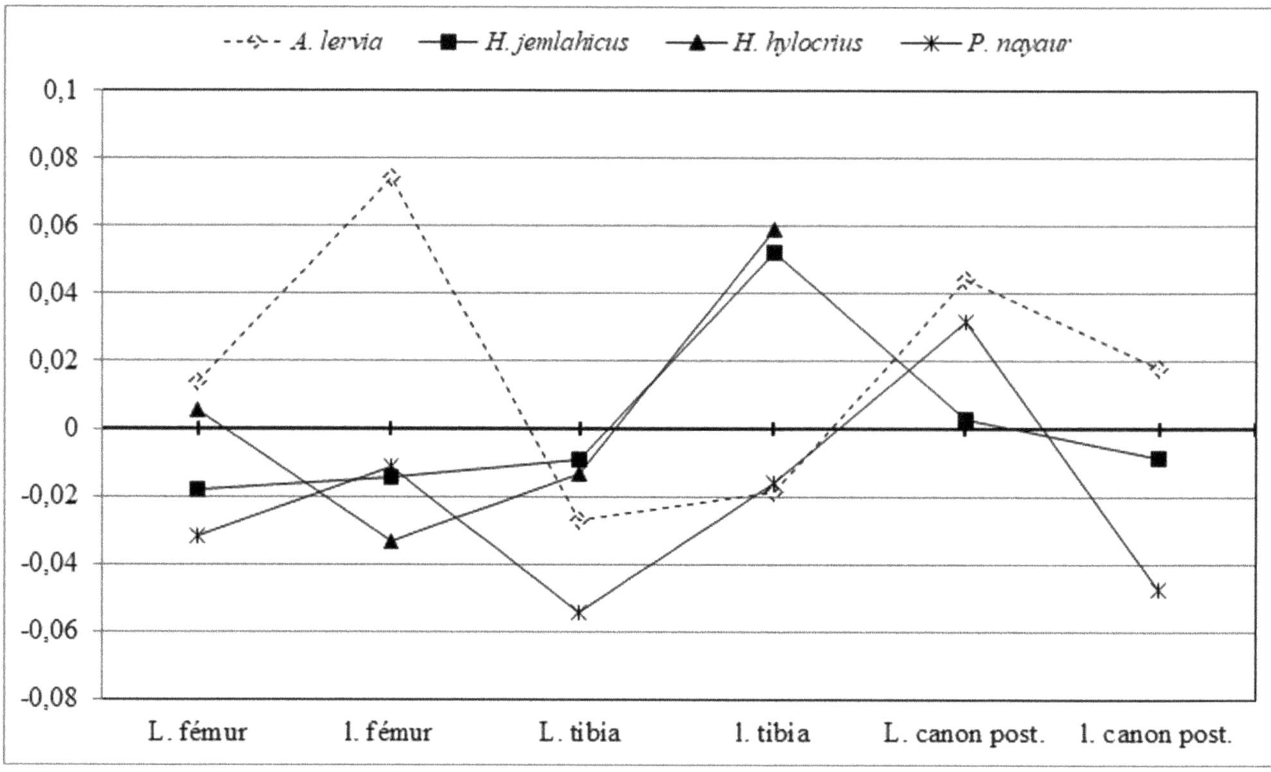

Figure 2.183. *Hemitragus jemlahicus*, *H. hylocrius*, *Ammotragus lervia* et *Pseudois nayaur* actuels, diagramme de Simpson du membre pelvien, synthèse. Différence par rapport à *Capra ibex* actuel (mâle+femelle). Abréviations : L : longueur ; l : largeur.

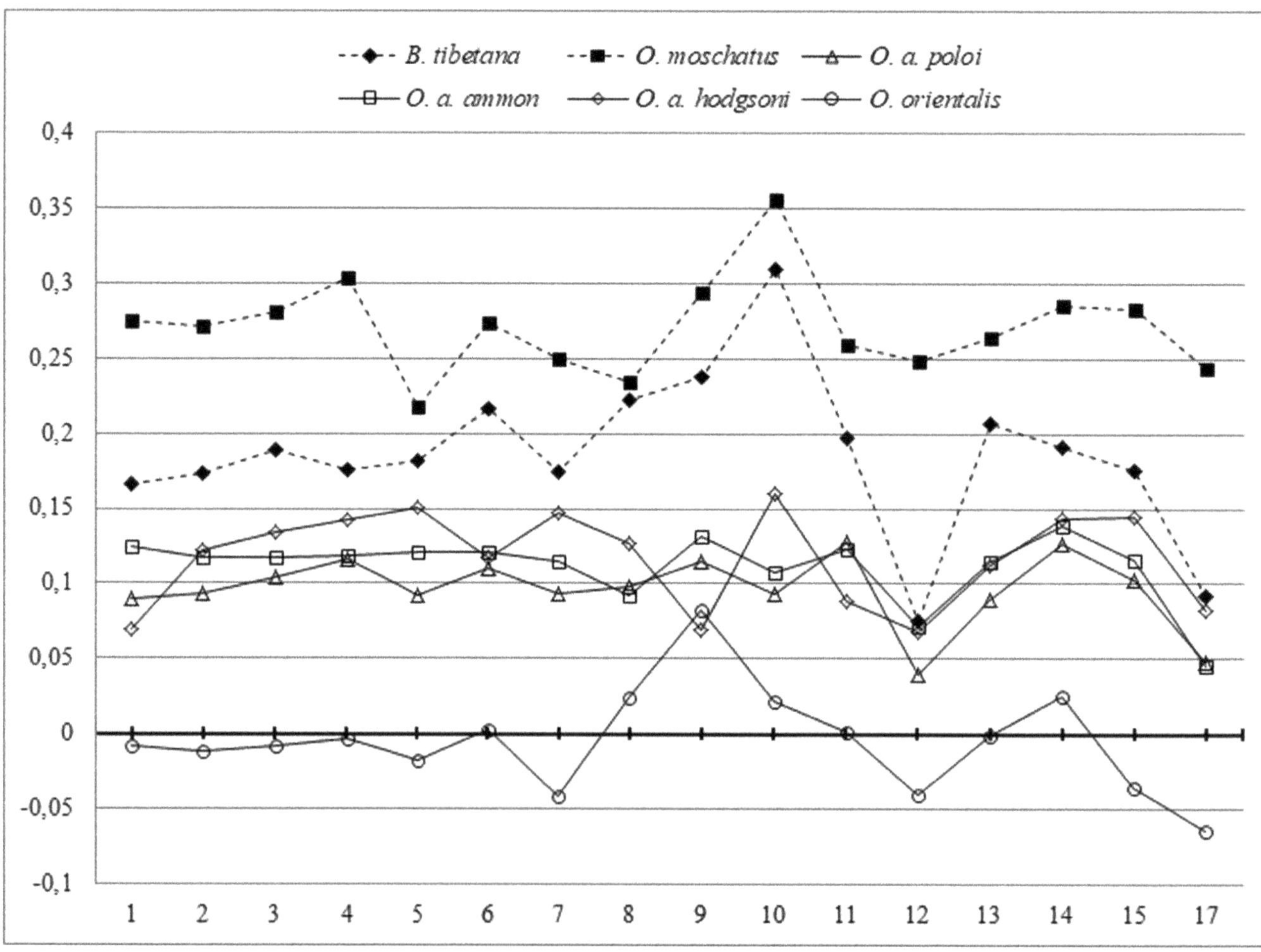

Figure 2.184. *Ovis ammon poloi*, *O. a. ammon*, *O. a. hodgsoni*, *O. orientalis*, *Budorcas tibetana* et *Ovibos moschatus* actuels, diagramme de Simpson du crâne mâle (mesures 1 à 15, 17). Différence par rapport à *Capra ibex* actuel mâle.

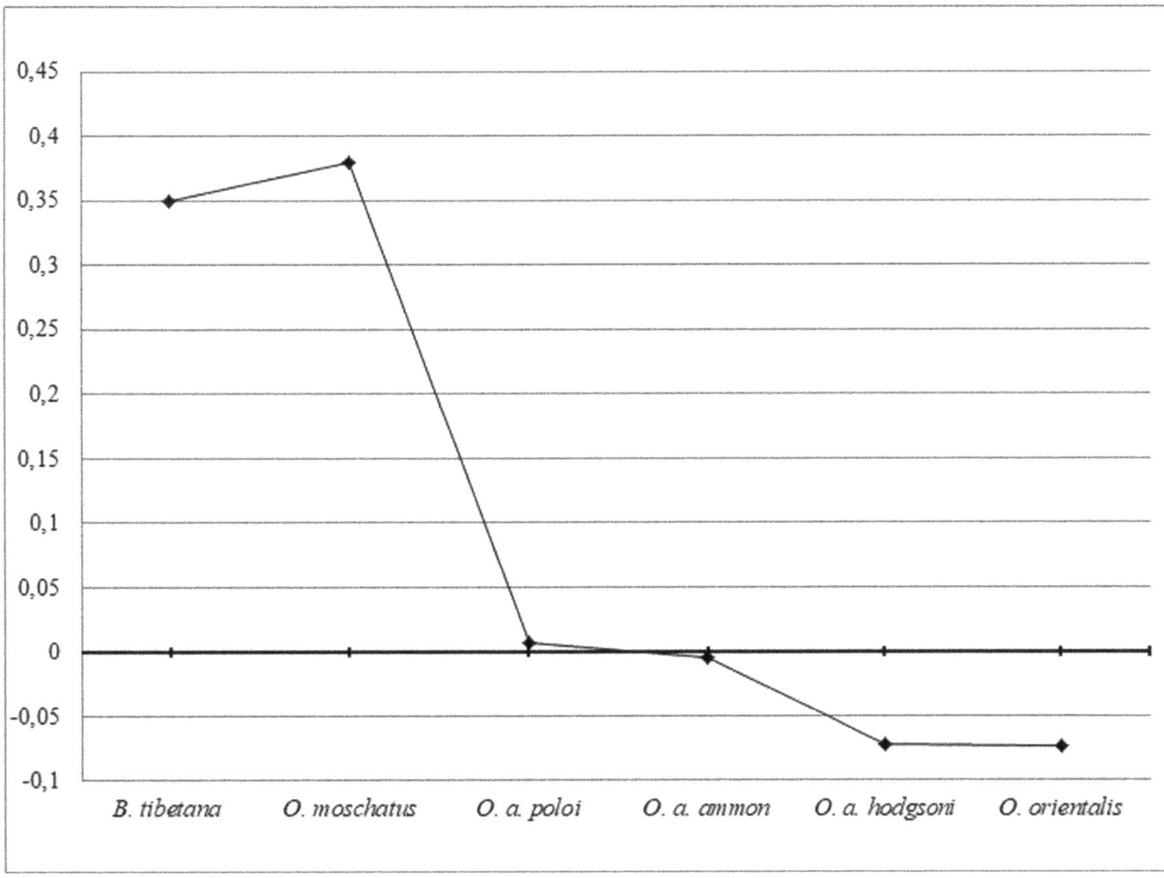

Figure 2.185. *Ovis ammon poloi, O. a. ammon, O. a. hodgsoni, O. orientalis, Budorcas tibetana* et *Ovibos moschatus* actuels, diagramme de Simpson du crâne mâle (mesure 16). Différence par rapport à *Capra ibex* mâle.

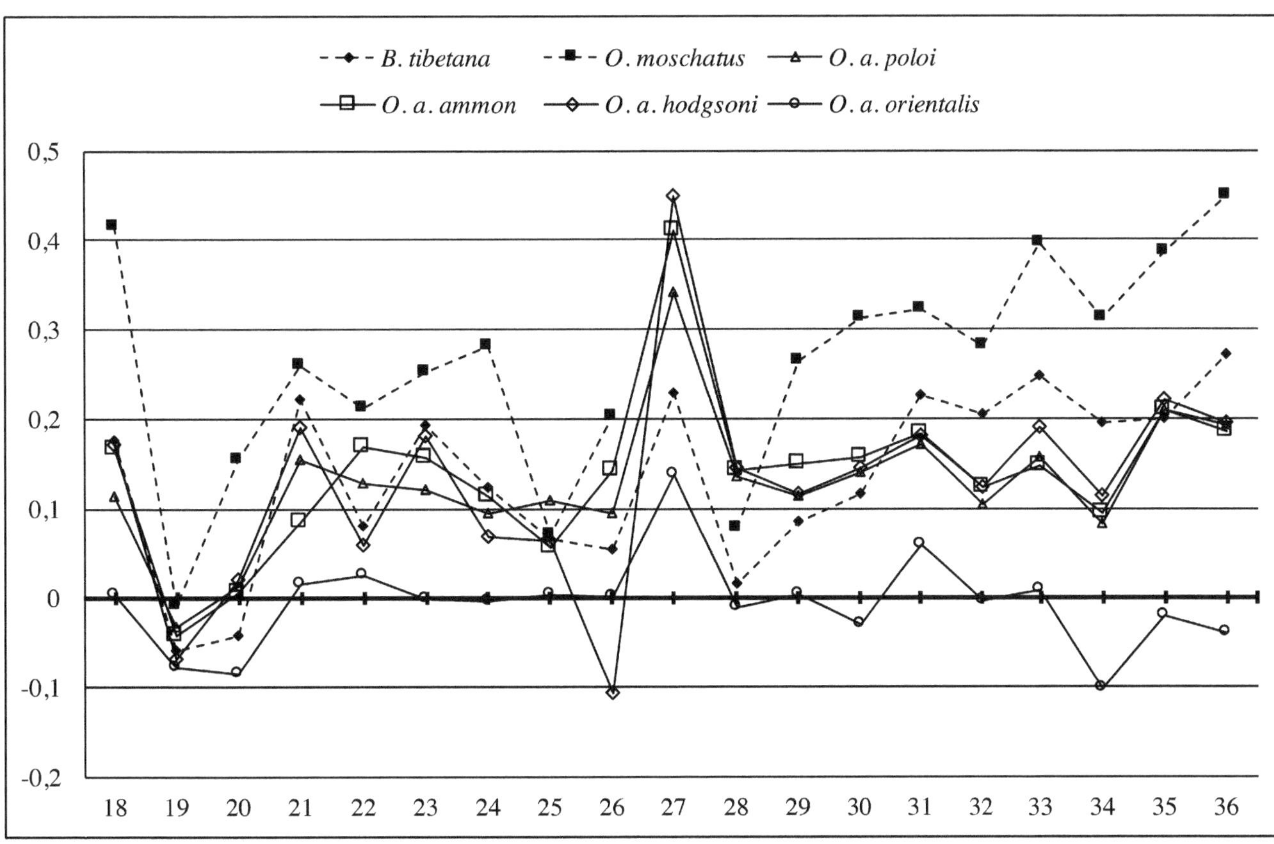

Figure 2.186. *Ovis ammon poloi, O. a. ammon, O. a. hodgsoni, O. orientalis, Budorcas tibetana* et *Ovibos moschatus* actuels, diagramme de Simpson du crâne mâle (mesures 18 à 36). Différence par rapport à *Capra ibex* mâle.

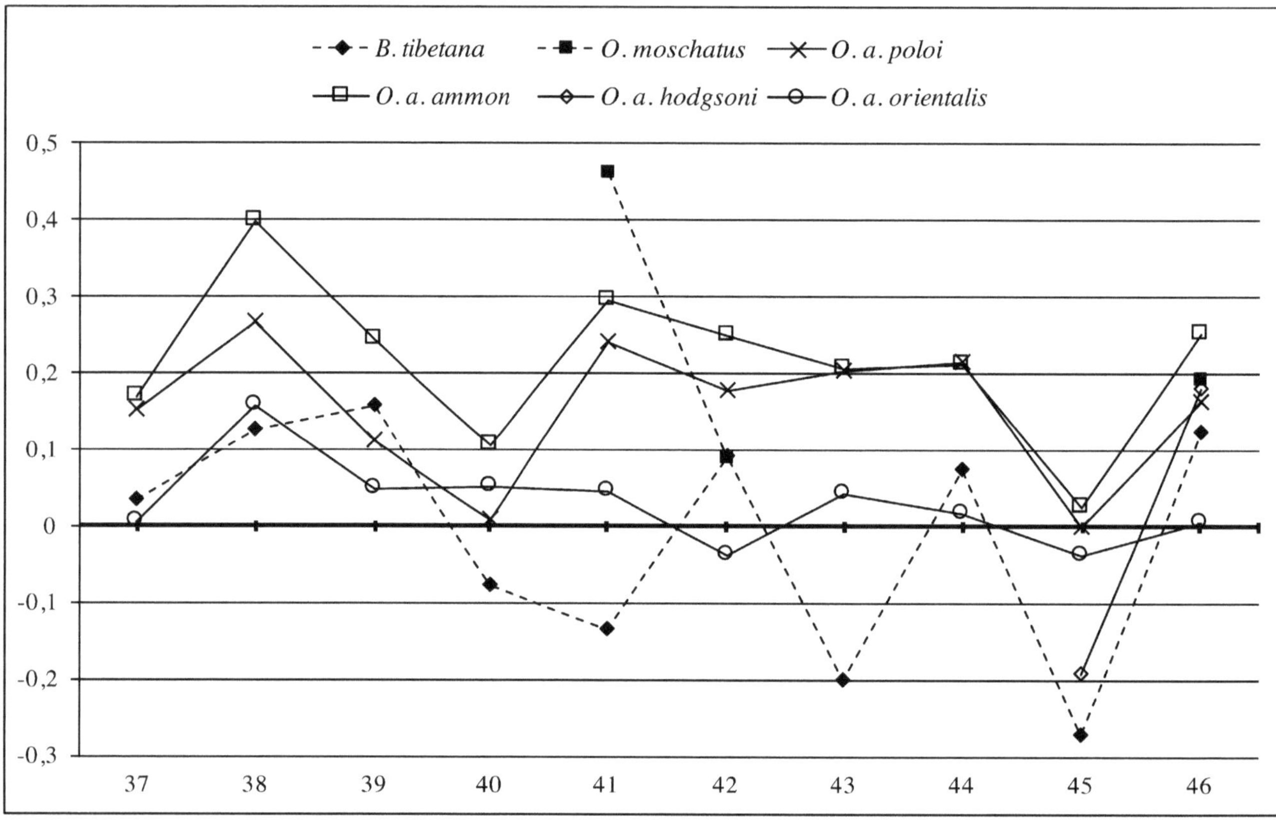

Figure 2.187. *Ovis ammon poloi*, *O. a. ammon*, *O. a. hodgsoni*, *O. orientalis*, *Budorcas tibetana* et *Ovibos moschatus* actuels, diagramme de Simpson du crâne mâle (mesures 37 à 46). Différence par rapport à *Capra ibex* mâle.

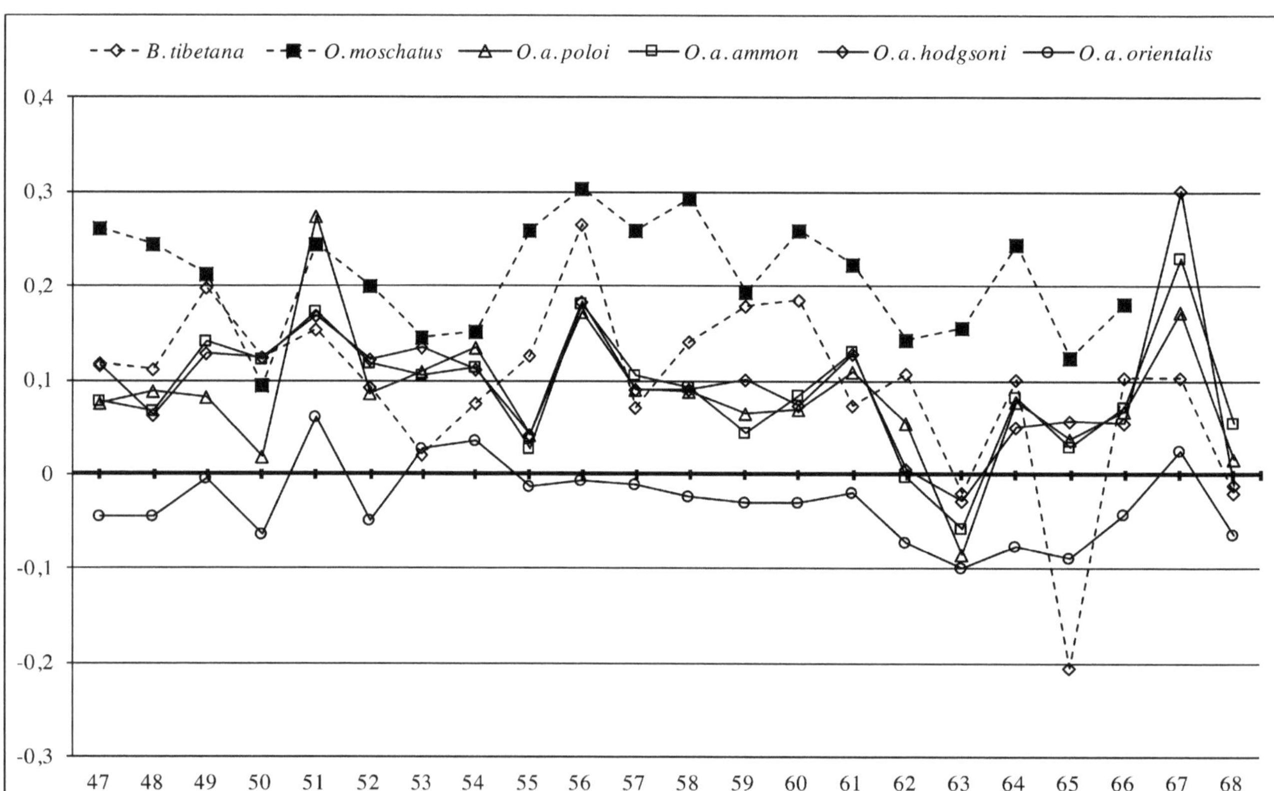

Figure 2.188. *Ovis ammon poloi*, *O. a. ammon*, *O. a. hodgsoni*, *O. orientalis*, *Budorcas tibetana* et *Ovibos moschatus* actuels, diagramme de Simpson du crâne mâle (mesures 47 à 68). Différence par rapport à *Capra ibex* mâle.

de la suture maxillo-palatine (mesure 7), la plus petite largeur du crâne au niveau des tubes auditifs (mesure 12) et la plus faible largeur du palais (mesures 14 et 15) (Figure 2.184). La longueur supérieure de l'arrière crâne (mesure 20*) et celle du nasal (mesure 22*) sont plus petites, la partie caudale de ce dernier (mesure 35) et le pariétal (mesure 26) sont moins larges et le rétrécissement post-orbitaire est plus accentué (mesure 28) (Figure 2.186). Le lacrymal est raccourci (mesure 52 *) ainsi que les orbites qui sont relativement plus hautes (mesures 53 et 54), l'arrière crâne est plus écrasé (mesure 55) et moins large (mesures 55 et 57), le supra-occipital est plus court (mesure 63), le foramen magnum est plus large (mesure 59), les condyles occipitaux sont moins épais (mesure 61) et les tubercules rostraux du basioccipital sont plus étroits (mesure 65)(Figure 2.188).

En comparaison du genre *Ovis*, malgré un crâne plus long, on observe un certain nombre de proportions communes qui sont néanmoins variables selon les espèces considérées :

- *Budorcas* et *O. a. ammon* ont un prémaxillaire (mesures 50 et 51) (Figure 2.188), un frontal (mesure 18), un pariétal (mesure 25) (Figure 2.186) et un lacrymal (mesure 52) (Figure 2.188) aussi longs. Le rapport entre face (mesure 49) et arrière crâne (mesure 48) est similaire. La largeur du museau est comparable (mesures 31 à 34) (Figure 2.186) ;
- La longueur du nasal de *Budorcas* et d'*O. a. hodgsoni* est identique (mesure 22) (Figure 2.186) ainsi que le rapport de la longueur dentaire et du segment prémolaire (mesures 9 et 10) (Figure 2.184) ;
- Dans la comparaison avec *O. a. poloi*, la longueur et la largeur du pariétal varient dans les mêmes proportions (mesures 25 et 26) (Figure 2.186).

Les différences entre takin et mouflon concernent la longueur des molaires (mesure 11) et celle du diastème qui sont relativement plus importantes chez *Budorcas* (mesure 6), la plus grande largeur de l'arc dentaire (mesure 13) et le rétrécissement des bords interalvéolaires moins accusé (mesure 16) (Figure 2.184). La face est plus longue (mesure 21 et 49) (Figure 2.186 ; Figure 2.188). Les condyles occipitaux sont aussi plus longs (mesures 58 et 60) mais moins épais (mesure 61) (Figure 2.188). Les chevilles osseuses, de morphologie totalement différente, ne montrent aucune analogie (Figure 2.187)

Mandibule mâle de *Budorcas* et *Ovibos*

La branche verticale des mandibules des deux taxons (mesures 12 à 15), les hauteurs du corps de la mandibule (mesures 16 à 19 [coefficient de variation élevé pour la mesure 17 des deux espèces, et la mesure 16 d'*O. moschatus*]) et la longueur dentaire (mesures 8 à 10) se ressemblent mais ne peuvent se confondre (Figure 2.189). Les différences concernent essentiellement la brièveté de la mandibule en arrière de m3 (mesure 3)

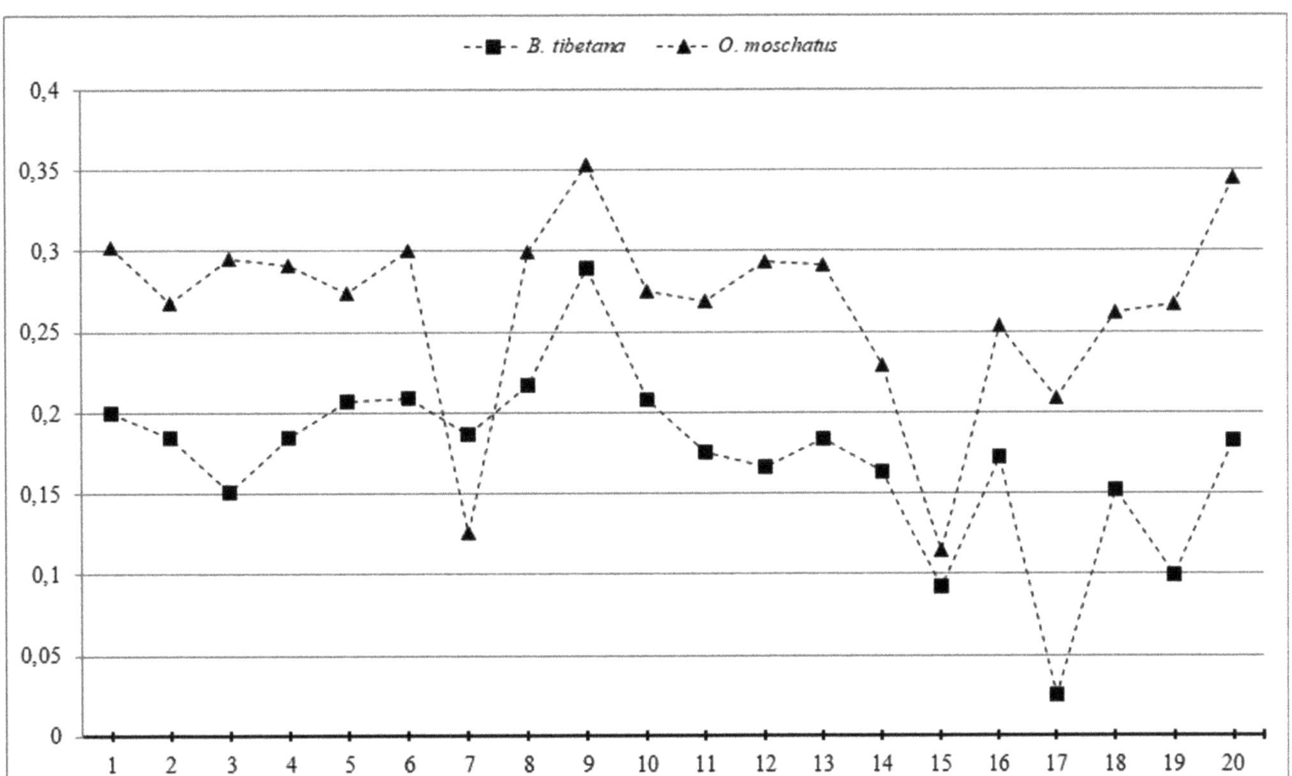

Figure 2.189. *Budorcas tibetana* et *Ovibos moschatus* actuels, diagramme de Simpson de la mandibule mâle. Différence par rapport à *Capra ibex* mâle.

du takin et la plus forte longueur de ses dents jugales (mesure 7).

B. Analyse du squelette post-crânien

Tout d'abord on constate que pour des métapodes relativement courts, l'humérus, le fémur, le radius et le tibia du takin sont relativement plus longs que ceux du bœuf musqué. Quelques similitudes sont observables. En ce qui concerne *Ovis*, pratiquement aucune analogie avec les deux taxons précédents ne ressort des graphiques. Cependant, il ne faut pas oublier que le corpus de données pour le takin et le mouflon n'est pas représentatif.

Humérus

Les proportions de l'humérus sont distinctes entre *Budorcas* et *Ovibos* à l'exception de la fosse olécrânienne (mesures 23 et 24) (Figure 2.190). Le takin et le mouflon ne se ressemblent que pour la longueur de la tête articulaire (mesure 6), la largeur du sillon intertuberculaire (mesure 7) et celle du tubercule majeur (mesure 8), les proportions de la diaphyse dans sa partie distale (mesures 21 et 22).

Radius

Les longueurs (mesures 1 et 2), les largeurs de l'épiphyse et de l'articulation proximales (mesures 3 et 4) ainsi que celle de l'articulation distale évoluent de la même manière (mesures 17 à 19) chez le takin et le bœuf musqué (Figure 2.191). La facette pour le pyramidal est cependant relativement plus large chez ce dernier (mesure 21). Aucune similitude claire n'apparaît dans la comparaison avec *Ovis* dont le radius est plus élancé.

Carpe

Le pyramidal (Figure 2.194), le pisiforme (Figure 2.195) et l'onciforme (Figure 2.196) de *Budorcas* et d'*Ovibos* sont très semblables. Malgré des différences, le scaphoïde (Figure 2.192) et le semi-lunaire (Figure 2.193) du takin et du mouflon montrent quelques analogies, pas le capitato-trapézoïde (Figure 2.197).

Canon antérieur

Chez le takin, pour une articulation proximale peu éloignée de celle d'*Ovibos* (mesures 4 et 5, 10 et 11), la facette pour l'onciforme est relativement plus large (mesure 6) que celle du bœuf musqué et que la facette pour le capitato-trapézoïde (mesure 7) (Figure 2.198). Elle est aussi moins épaisse (mesure 8). Pour une longueur plus petite que celle d'*Ovibos* (mesure 1 à 3), la robustesse au milieu de la diaphyse est presque identique (mesures 12 et 13), la largeur étant toutefois plus importante chez *Budorcas*. En revanche, l'articulation distale diffère entre les deux genres.

Ovis possède un métapode très différent puisque plus élancé (mesures 1 à 3) et gracile (mesures 12 et 13).

Fémur et tibia

Le fémur est assez distinct entre les trois taxons (Figure 2.199). Le tibia, que je n'ai pu observer que chez le takin

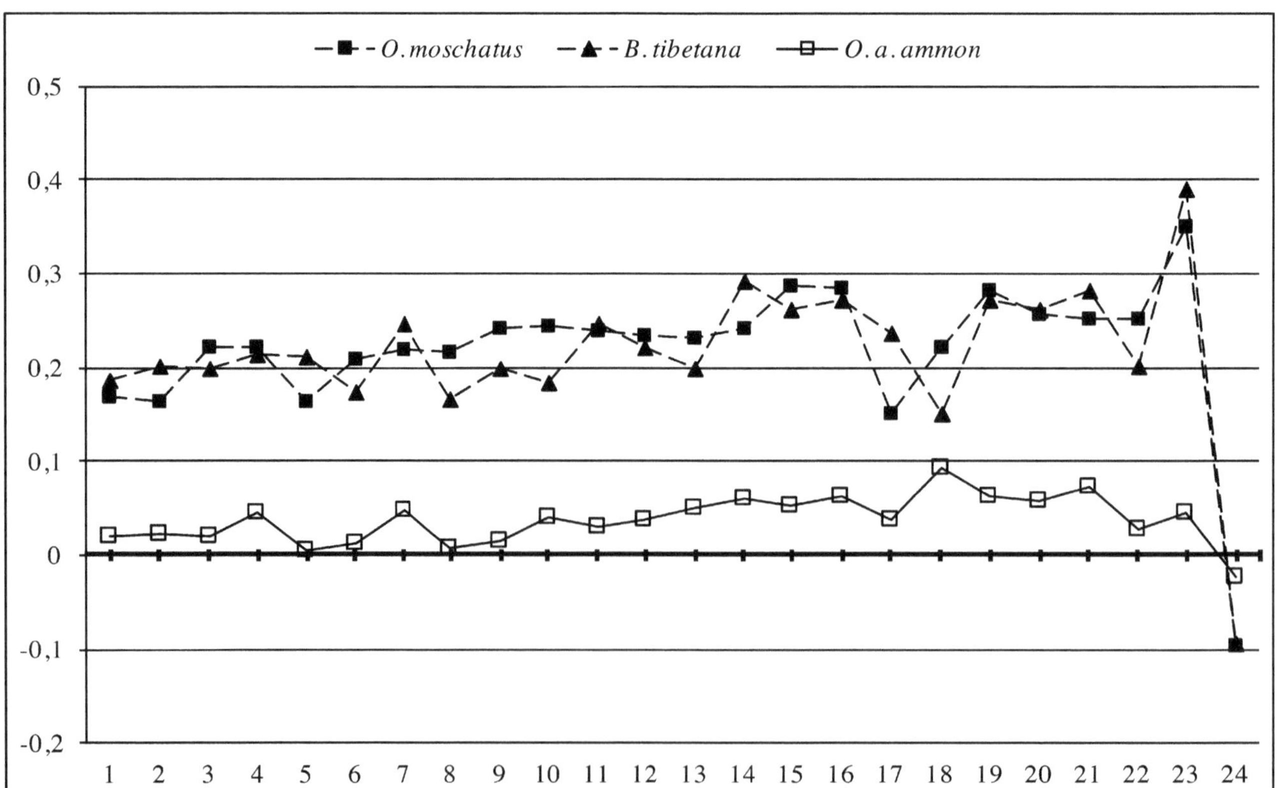

Figure 2.190. *Ovis ammon ammon*, *Budorcas tibetana* et *Ovibos moschatus* actuels, diagramme de Simpson de l'humérus. Différence par rapport à *Capra ibex* mâle+femelle.

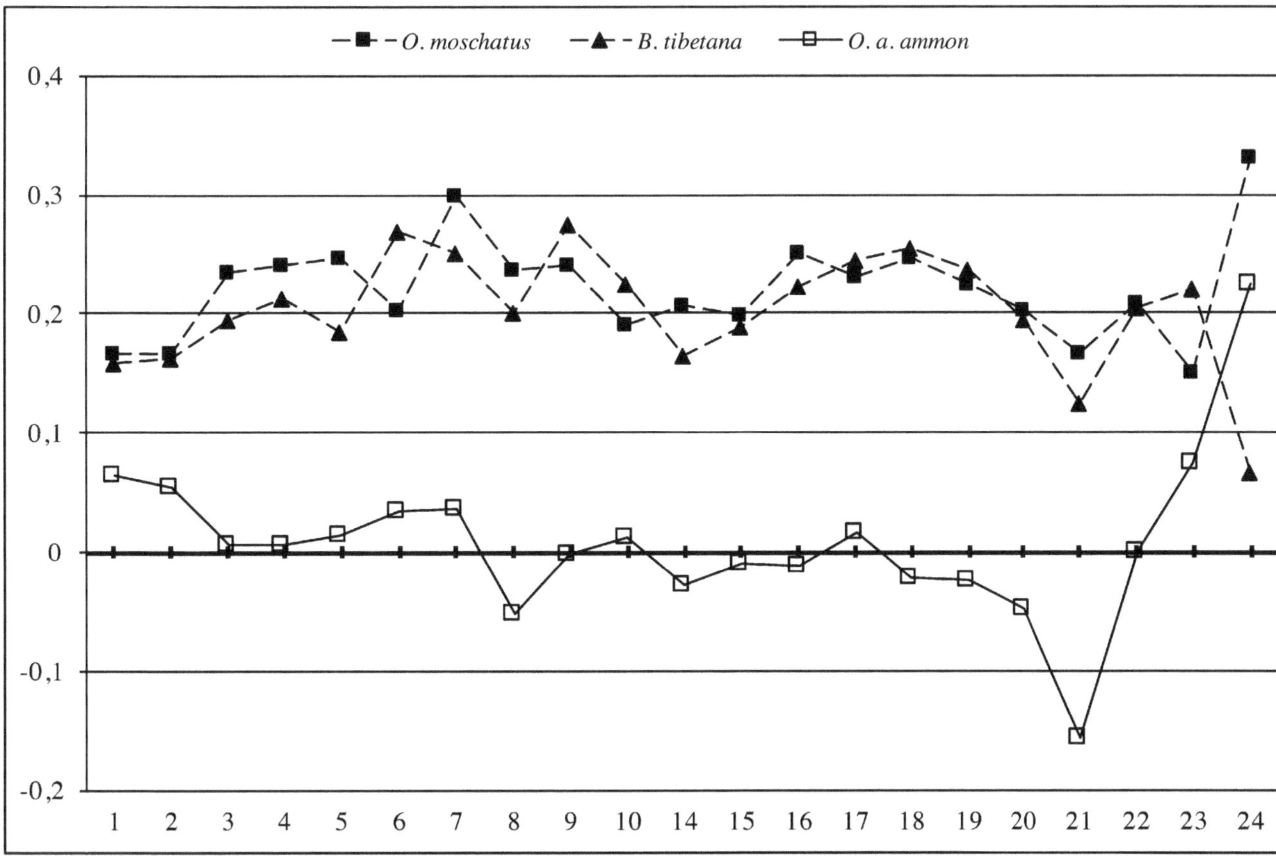

Figure 2.191. *Ovis ammon ammon*, *Budorcas tibetana* et *Ovibos moschatus* actuels, diagramme de Simpson du radius. Différence par rapport à *Capra ibex* mâle+femelle.

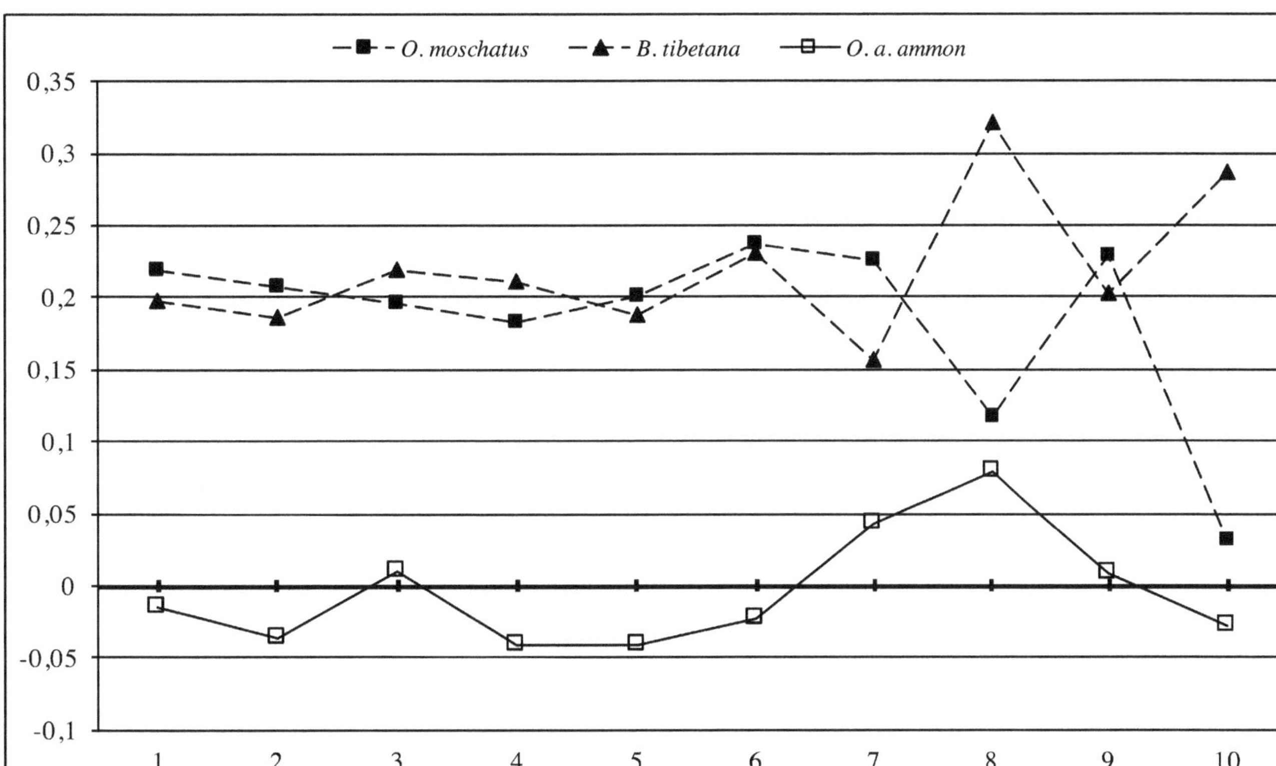

Figure 2.192. *Ovis ammon ammon*, *Budorcas tibetana* et *Ovibos moschatus* actuels, diagramme de Simpson du scaphoïde. Différence par rapport à *Capra ibex* mâle+femelle.

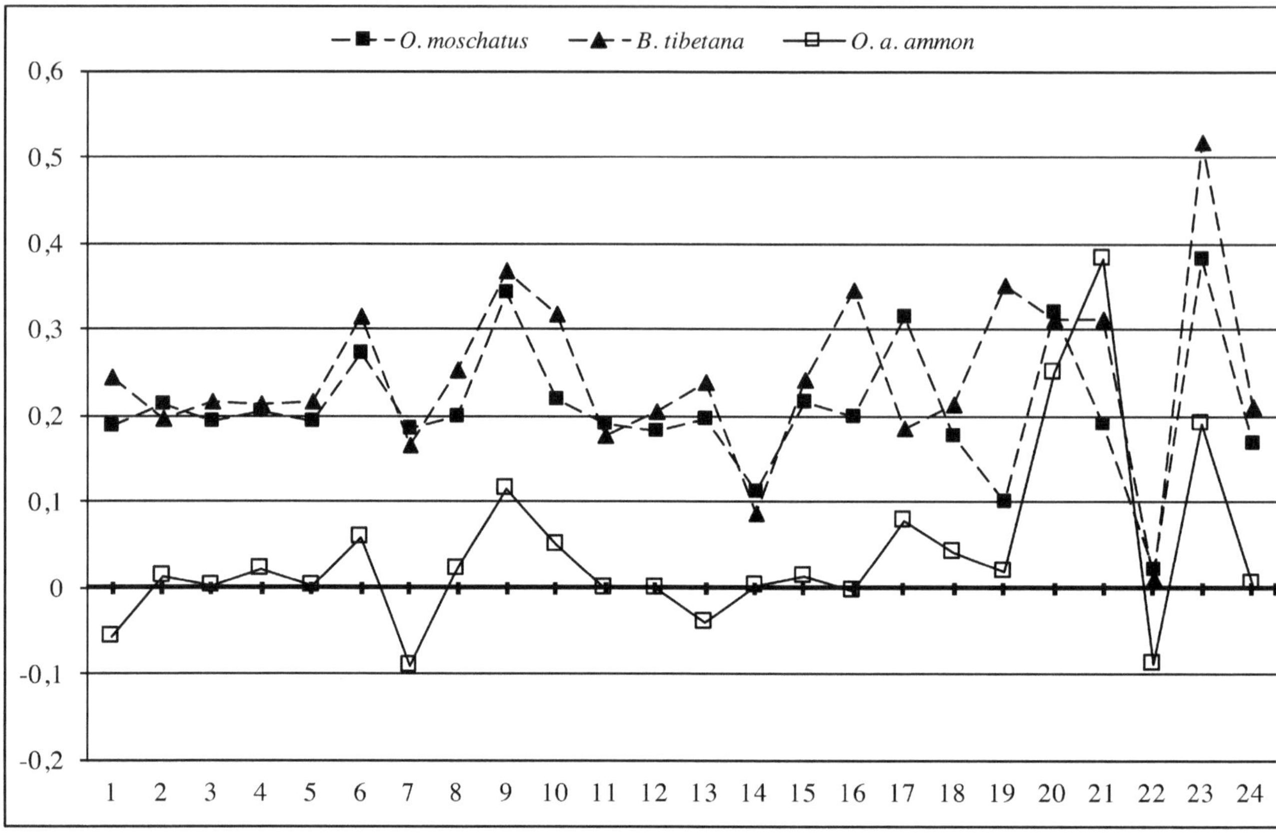

Figure 2.193. *Ovis ammon ammon*, *Budorcas tibetana* et *Ovibos moschatus* actuels, diagramme de Simpson du semi-lunaire. Différence par rapport à *Capra ibex* mâle+femelle.

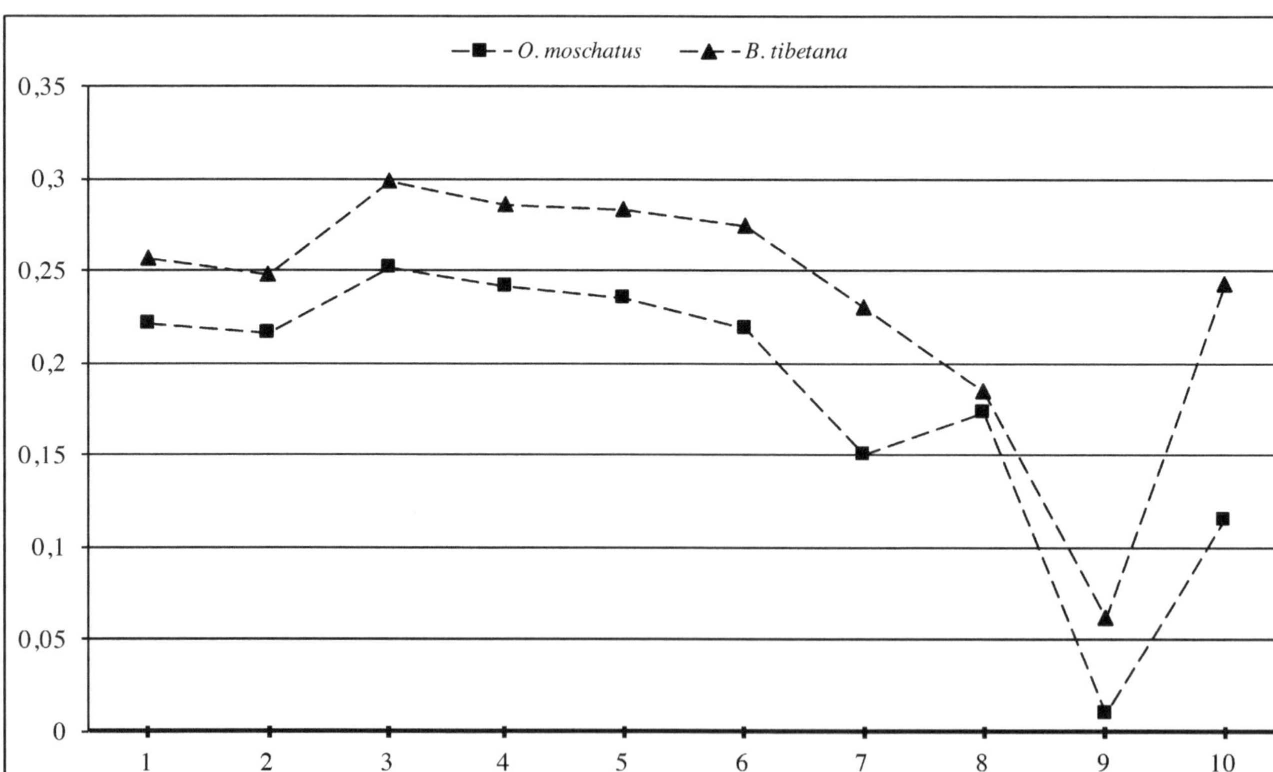

Figure 2.194. *Budorcas tibetana* et *Ovibos moschatus* actuels, diagramme de Simpson du pyramidal. Différence par rapport à *Capra ibex* actuel (mâle+femelle).

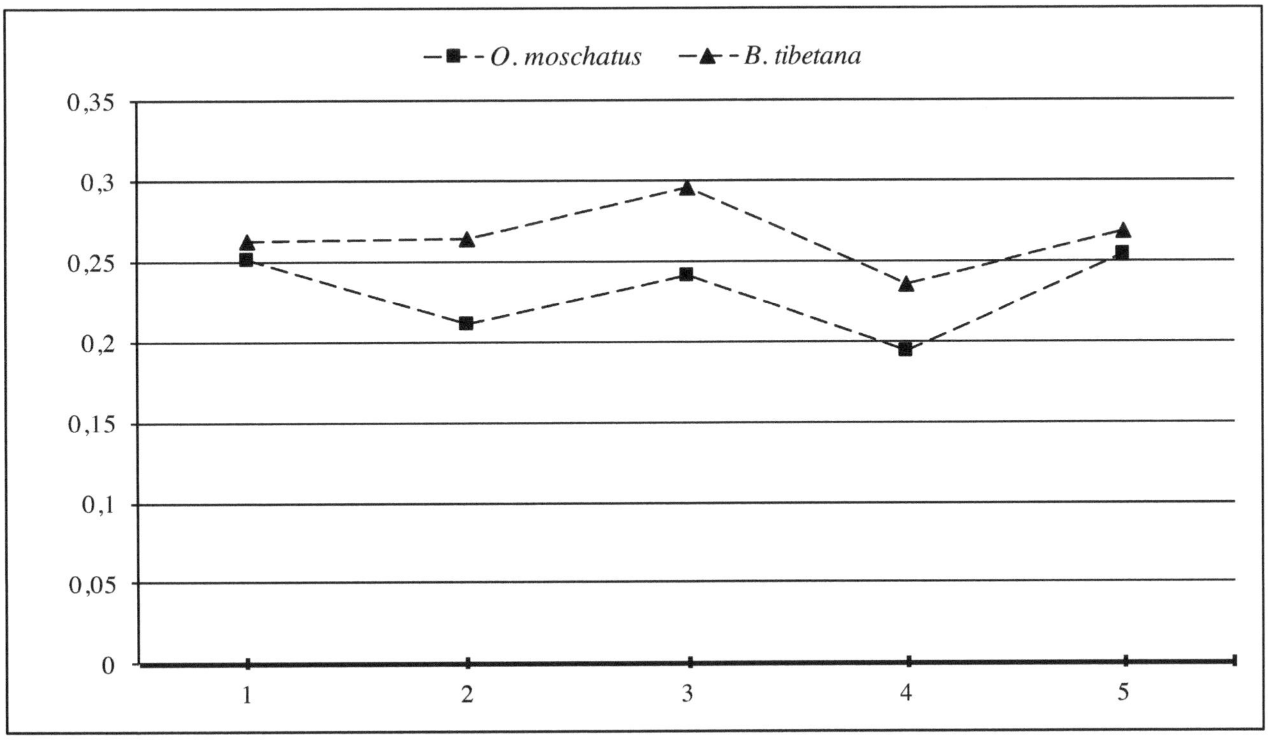

Figure 2.195. *Budorcas tibetana* et *Ovibos moschatus* actuels, diagramme de Simpson du pisiforme. Différence par rapport à *Capra ibex* actuel (mâle+femelle).

et le bœuf musqué, l'est moins : les points de divergence concernent la largeur du plateau tibial qui est plus faible chez *Budorcas* (mesure 3) et l'épaisseur de l'articulation distale qui est plus forte (mesures 13 à 15) (Figure 2.200).

Tarse

La trochlée distale du talus montre des analogies (mesures 4 à 6) entre takin et bœuf musqué, ainsi que le côté médial (mesures 6 et 7), la largeur de la surface pour le calcaneus

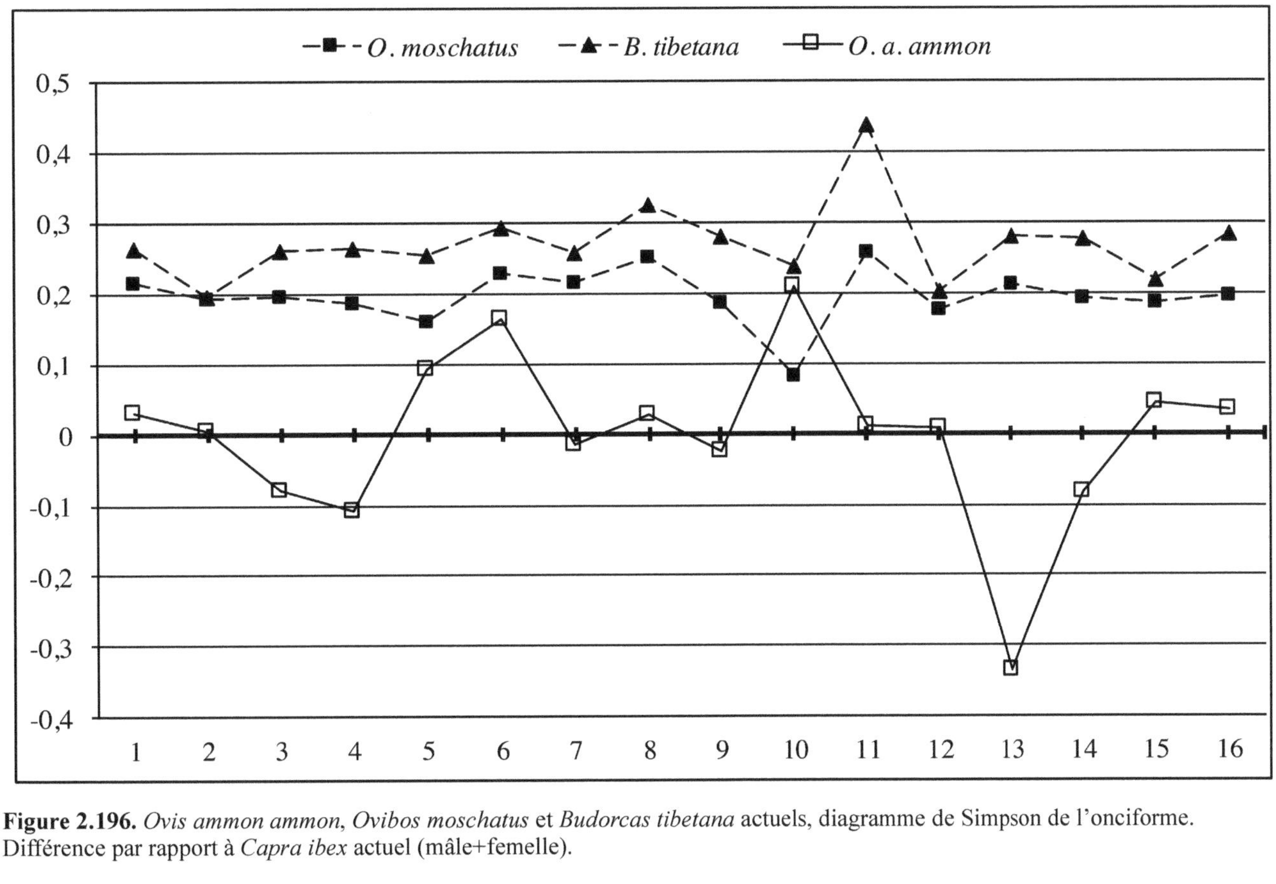

Figure 2.196. *Ovis ammon ammon*, *Ovibos moschatus* et *Budorcas tibetana* actuels, diagramme de Simpson de l'onciforme. Différence par rapport à *Capra ibex* actuel (mâle+femelle).

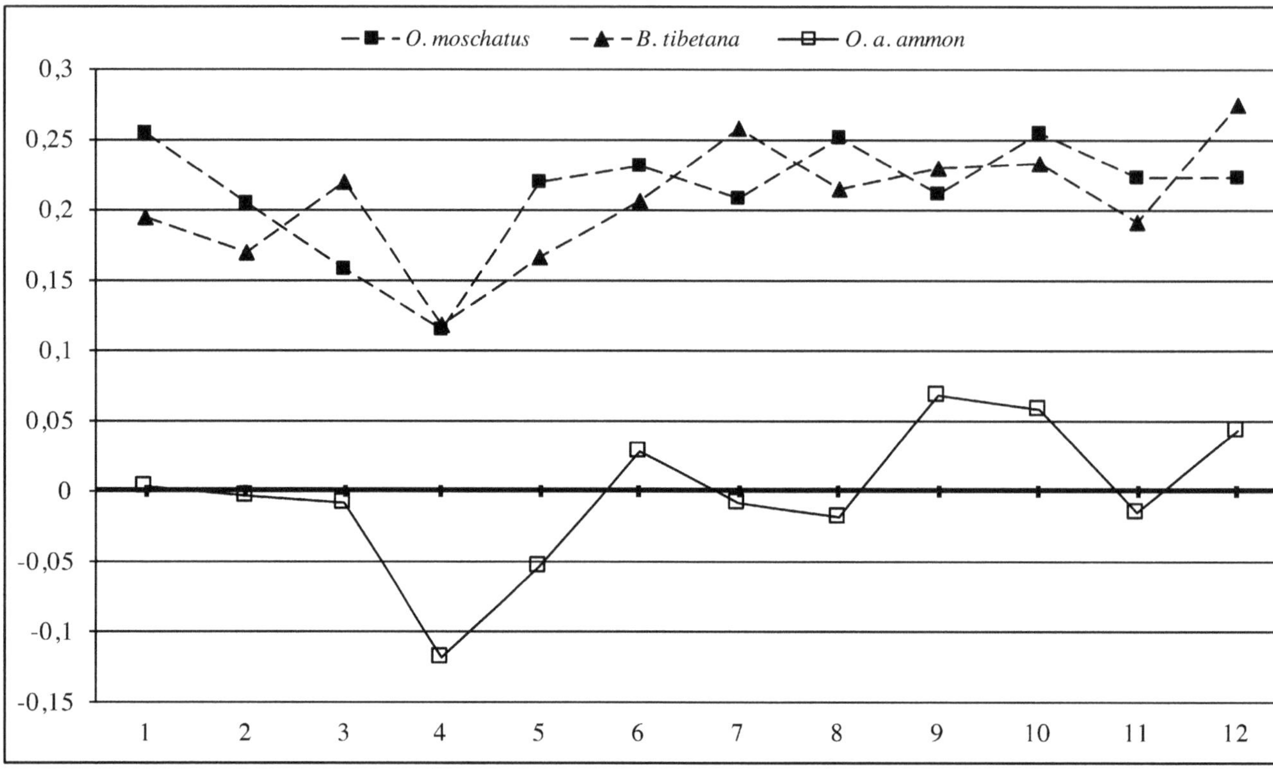

Figure 2.197. *Ovis ammon ammon*, *Budorcas tibetana* et *Ovibos moschatus* actuels, diagramme de Simpson du capitato-trapézoïde. Différence par rapport à *Capra ibex* actuel (mâle+femelle).

(mesures 20 et 21) et le développement des tubercules latéraux (mesures 22 et 23) (Figure 2.201). *Ovis* est plus différent à l'exception des proportions des côtés (mesures 7 à 9).

Le calcaneus d'*Ovis* est très différent de *Budorcas* et d'*Ovibos*. Ces derniers présentent le même type de proportions en ce qui concerne les longueurs du corps proximal et distal (mesures 14 à 17) (Figure 2.202).

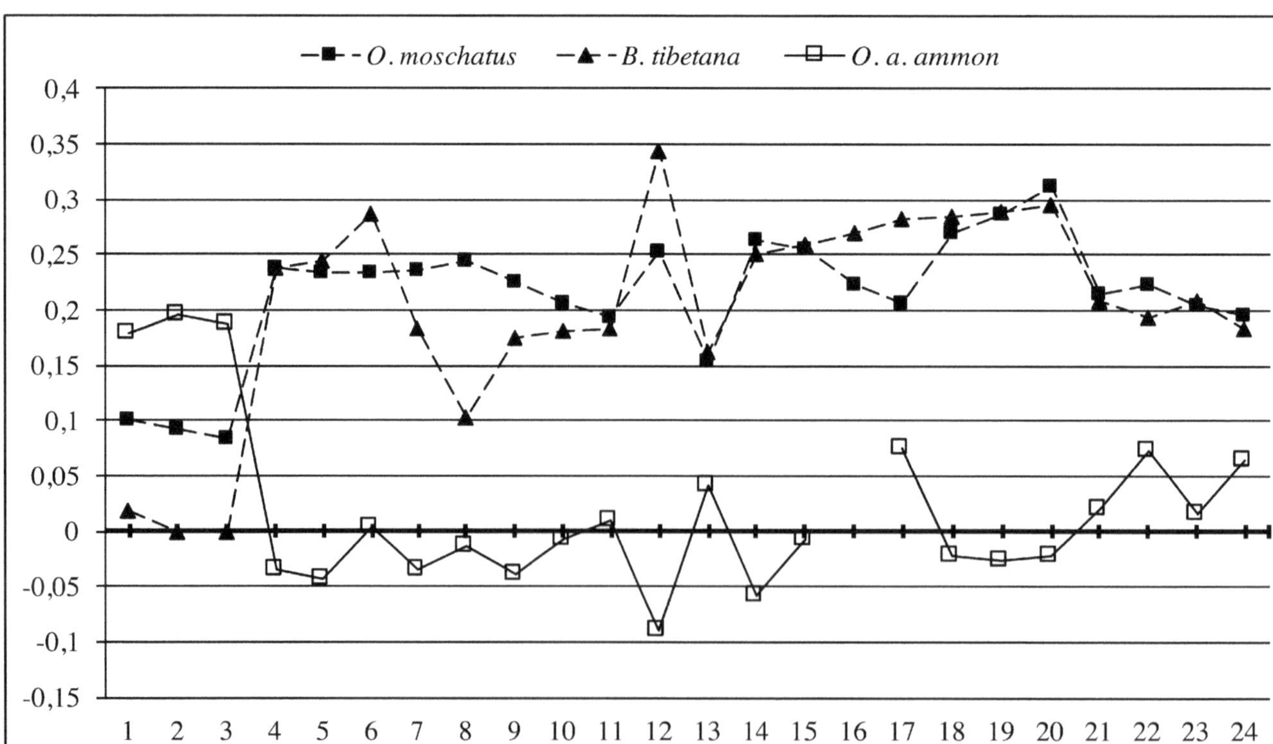

Figure 2.198. *Ovis ammon ammon*, *Budorcas tibetana* et *Ovibos moschatus* actuels, diagramme de Simpson du canon antérieur. Différence par rapport à *Capra ibex* actuel (mâle+femelle).

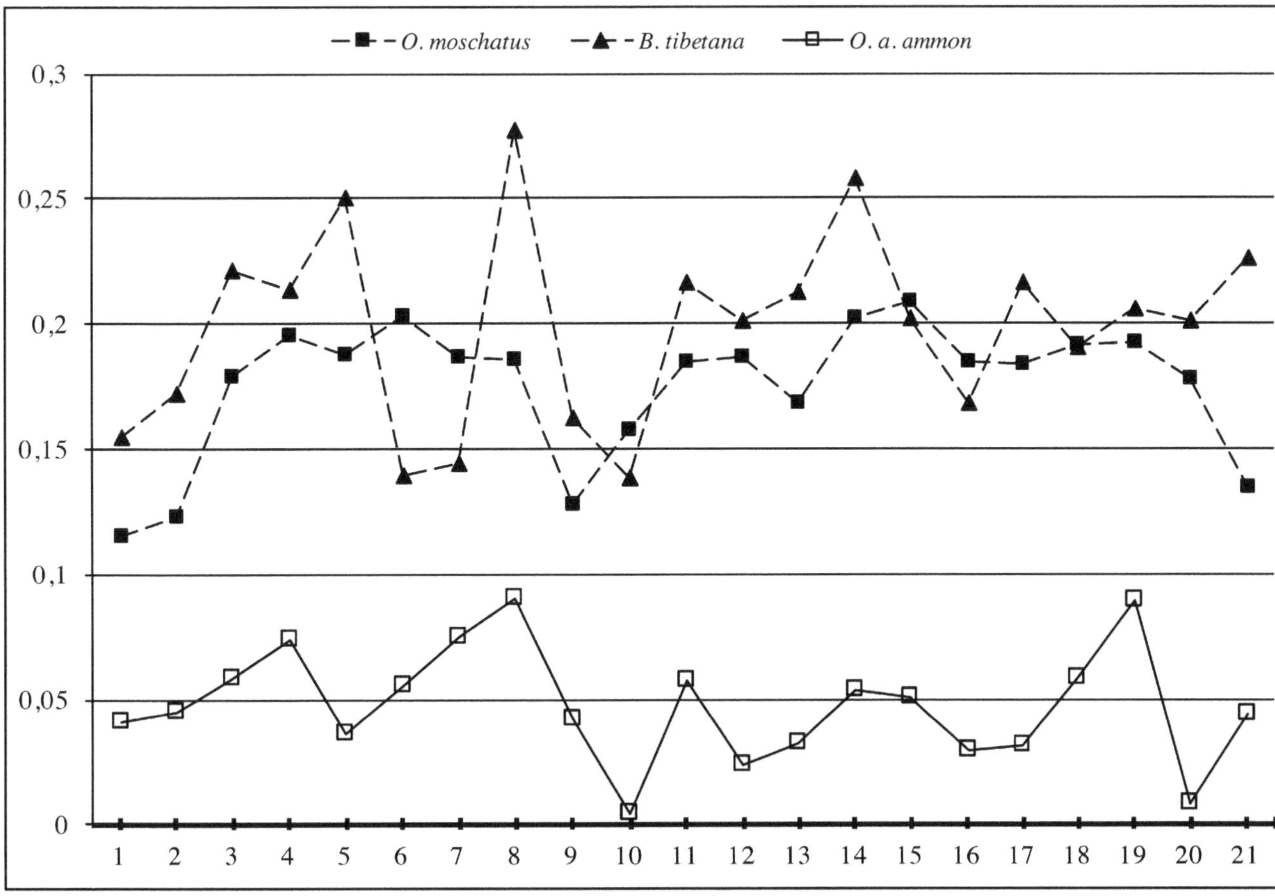

Figure 2.199. *Ovis ammon ammon*, *Budorcas tibetana* et *Ovibos moschatus* actuels, diagramme de Simpson du fémur. Différence par rapport à *Capra ibex* actuel (mâle+femelle).

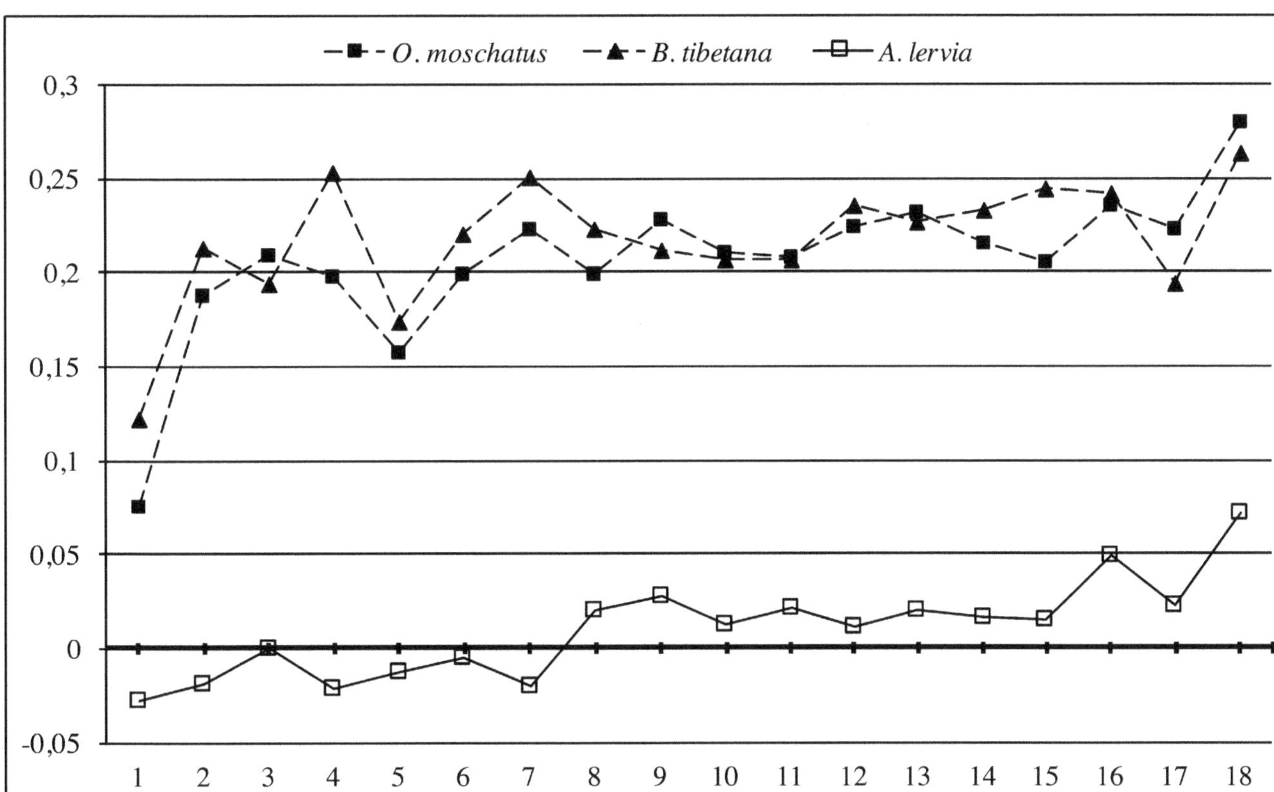

Figure 2.200. *Ovis ammon ammon*, *Budorcas tibetana* et *Ovibos moschatus* actuels, diagramme de Simpson du tibia. Différence par rapport à *Capra ibex* actuel (mâle+femelle).

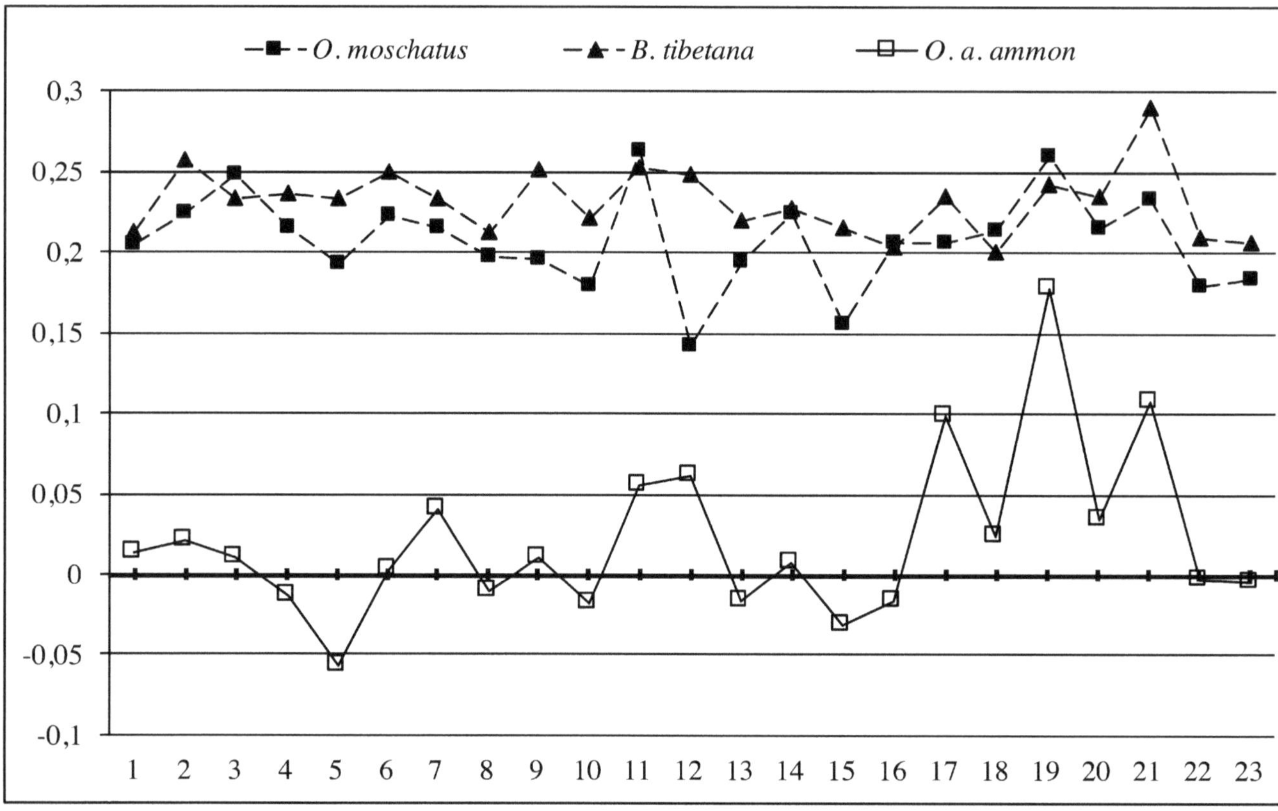

Figure 2.201. *Ovis ammon ammon*, *Budorcas tibetana* et *Ovibos moschatus* actuels, diagramme de Simpson du talus. Différence par rapport à *Capra ibex* actuel (mâle+femelle).

Pour le cubonaviculaire, comme l'on pouvait s'y attendre, l'articulation proximale recevant le talus est identique chez le takin et le bœuf musqué (mesures 3 à 5) (Figure 2.203). Les différences des facettes articulaires distales sont peu marquées (mesures 10 à 18). *Ovis* ressemble peu à ces espèces. Toutefois, la facette dorsale pour le canon postérieur (mesures 10 et 11), l'épaisseur de la partie dorso-latérale (mesures 12, 19 et 21) et celle de la face plantaire (mesures 22 et 23) sont en accord avec *Budorcas*.

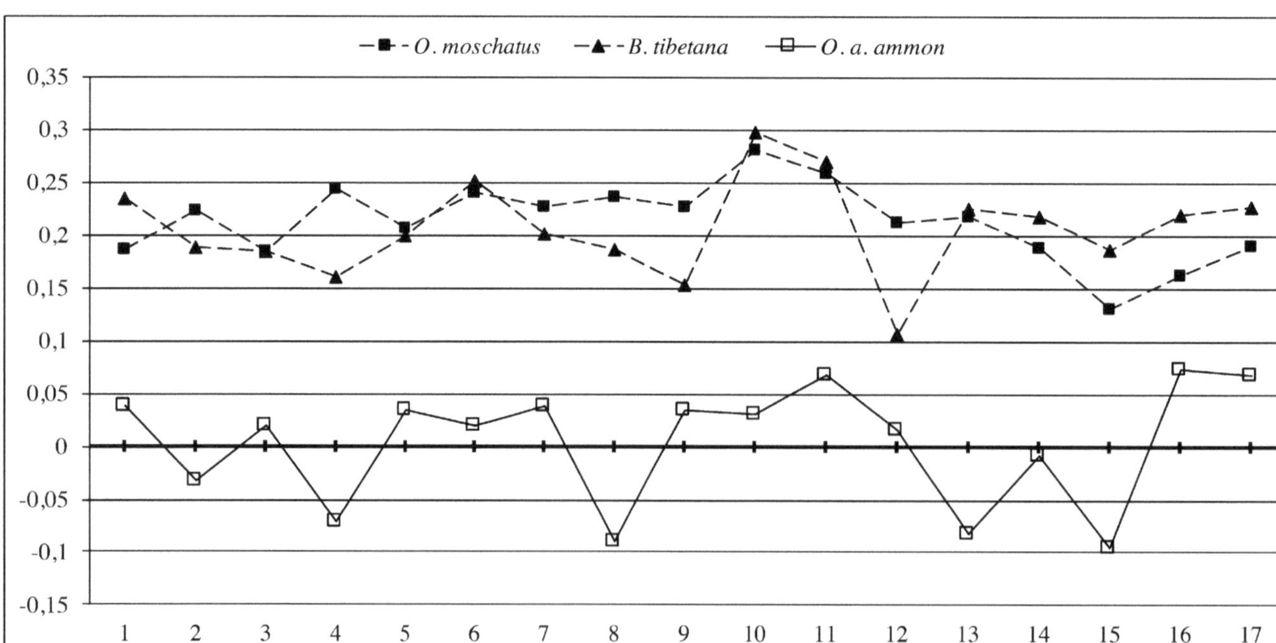

Figure 2.202. *Ovis ammon ammon*, *Budorcas tibetana* et *Ovibos moschatus* actuels, diagramme de Simpson du calcaneus. Différence par rapport à *Capra ibex* actuel (mâle+femelle).

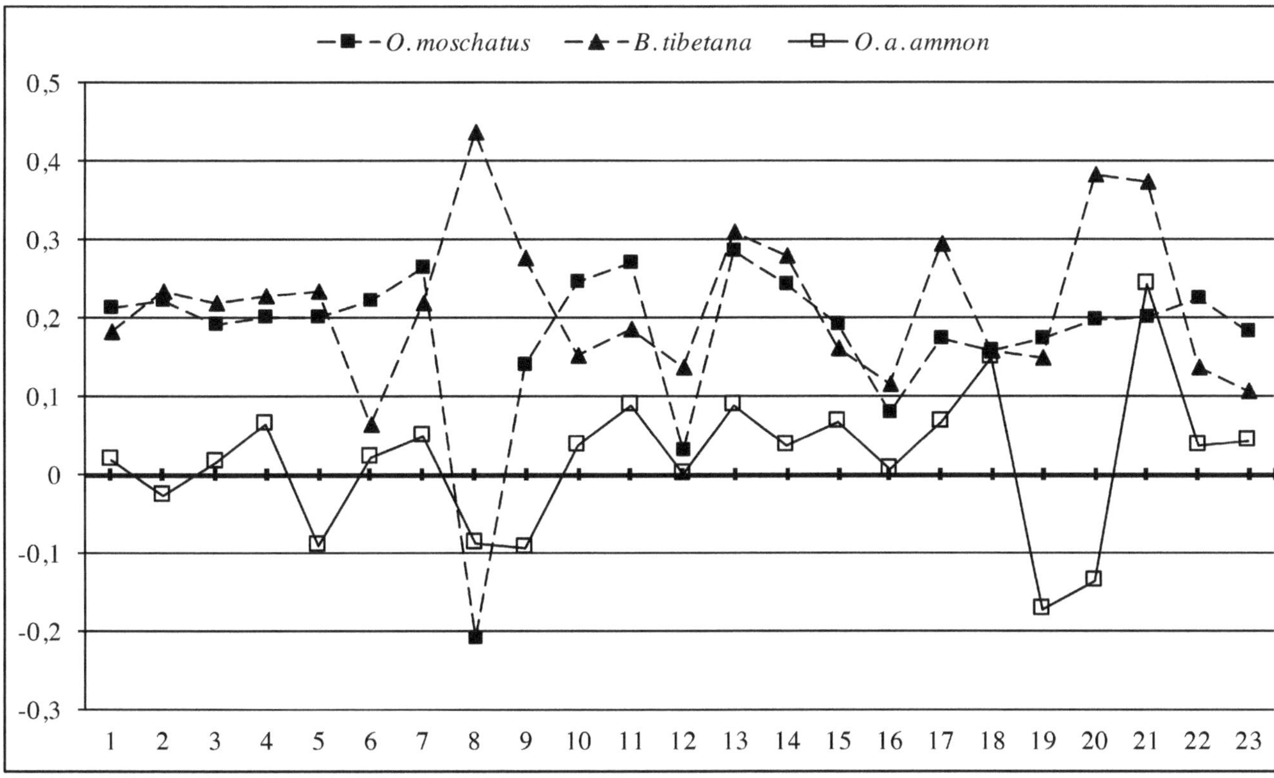

Figure 2.203. *Ovis ammon ammon*, *Budorcas tibetana* et *Ovibos moschatus* actuels, diagramme de Simpson du cubonaviculaire. Différence par rapport à *Capra ibex* actuel (mâle+femelle).

Canon postérieur

Malgré une taille plus faible, le canon postérieur de *Budorcas* possède une articulation proximale proche de celle d'*Ovibos* (mesures 4 à 7) (Figure 2.204). La robustesse de la diaphyse au milieu est plus forte chez le takin (mesures 17 et 18). À nouveau, le métapode d'*Ovis* est plus gracile.

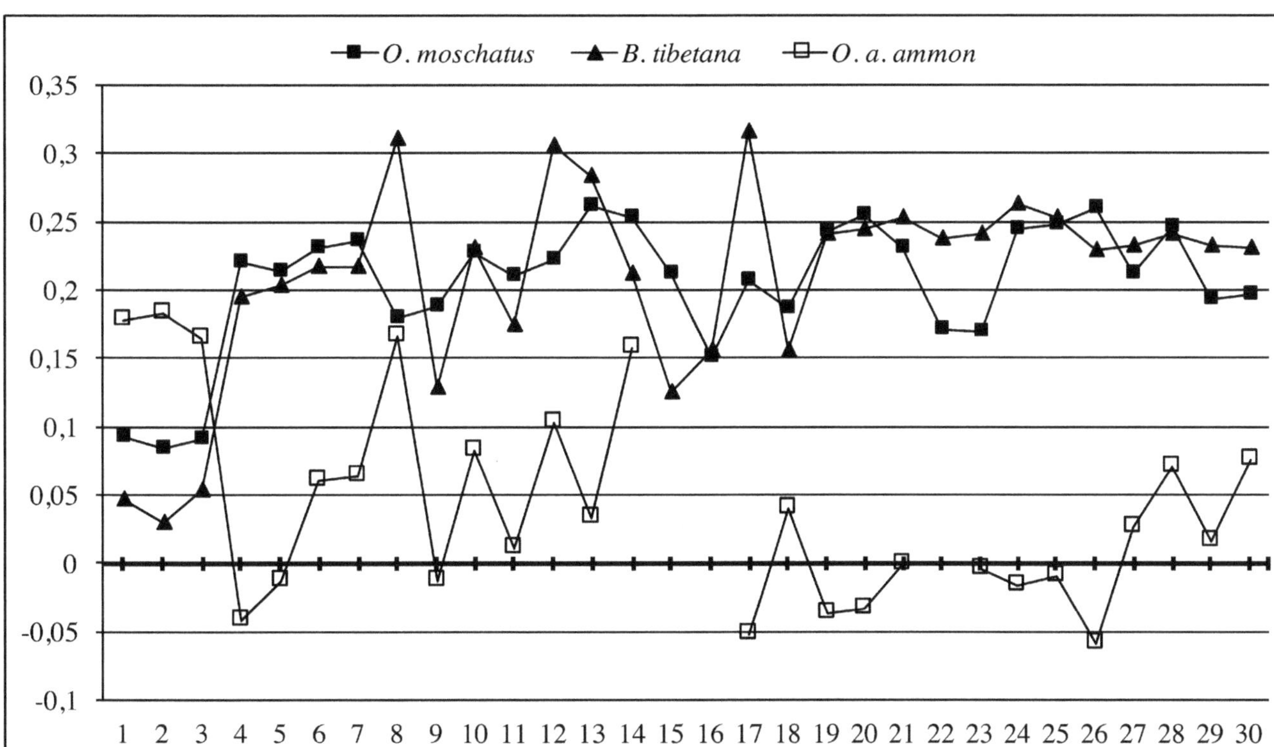

Figure 2.204. *Ovis ammon ammon*, *Budorcas tibetana* et *Ovibos moschatus* actuels, diagramme de Simpson du canon postérieur. Différence par rapport à *Capra ibex* actuel (mâle+femelle).

Première phalange

Comme pour les os canons, les premières phalanges du takin sont plus courtes que celles du bœuf musqué mais sont aussi robustes. Au membre thoracique (Figure 2.205) ainsi qu'au membre pelvien (Figure 2.206), l'articulation proximale a des proportions semblables (mesures 4 à 7). Les longueurs des facettes pour les sésamoïdes sont inverses entre *Budorcas* et *Ovibos* (mesures 10 et 11). En harmonie avec les métapodes, les phalanges du mouflon sont relativement élancées.

C. Résumé des données

Les diagrammes de Simpson montrent quelques similarités de proportions entre *Budorcas* et *Ovibos* mais surtout des différences importantes, notamment en ce qui concerne les proportions des os longs.

La Figure 2.207, qui synthétise les données du crâne mâle, indique que le bœuf musqué possède un crâne à face relativement courte et épaisse (mesure 49 et 56), et un arrière crâne long, épais et large (mesures 48, 55 et 26). Les orbites (qui sont tubulaires) sont bien écartées du crâne (mesure 29). Les proportions crâniennes du takin le parallélise avec *O. ammon*. Ces deux taxons disposent d'un crâne à face longue et épaisse (mesure 49 et 56). Pour une taille supérieure, *Budorcas* possède des orbites moins développées (mesures 29 et 30) mais un museau plus large (mesure 32). Quant aux mouflons, il est clair que *O. a. ammon*, *O. a. poloi* et *O. a. hodgsoni* diffèrent peu et qu'*O. orientalis* est divergent.

IV.3. Analyse de distance

Dans tous les cas, *Ovibos* et *Budorcas* sont indépendants des *Caprini* et présentent entre eux un taux de similarité d'environ 30 % à 50 %. *Ammotragus* garde une proximité importante avec les *Caprini*, se raccordant soit à *H. jemlahicus*, soit à *P. nayaur*, avec un taux de similarité d'environ 30 %. *Hemitragus* et *Pseudois* sont inclus parmi les *Capra*.

A. Analyse crânienne et dentaire

Cinq graphiques différents ont été réalisés par sexe : le crâne seul, les dents supérieures seules, la mandibule seule, les dents inférieures seules, la tête (crâne+mandibules+dents supérieures et inférieures).

Crâne de *Capra*

Chez les bouquetins mâles on constate que les différences entre taxons sont faibles, dépassant rarement un taux de 20 % (Figure 2.208).

C. caucasica, *C. cylindricornis*, *C. sibirica*, *C. ibex* et *C. pyrenaica* des Pyrénées sont groupés et distincts de l'ensemble constitué par les trois autres populations ibériques ainsi que par *C. nubiana*, *C. walie* et *C. aegagrus* : cette distinction est conforme à la loi de Bergmann et correspond tout à fait à ce qui a été conclu précédemment, à savoir présence d'un groupe continental aux individus dotés de gros crânes et d'un groupe plus méridional constitué par des animaux aux têtes plus petites.

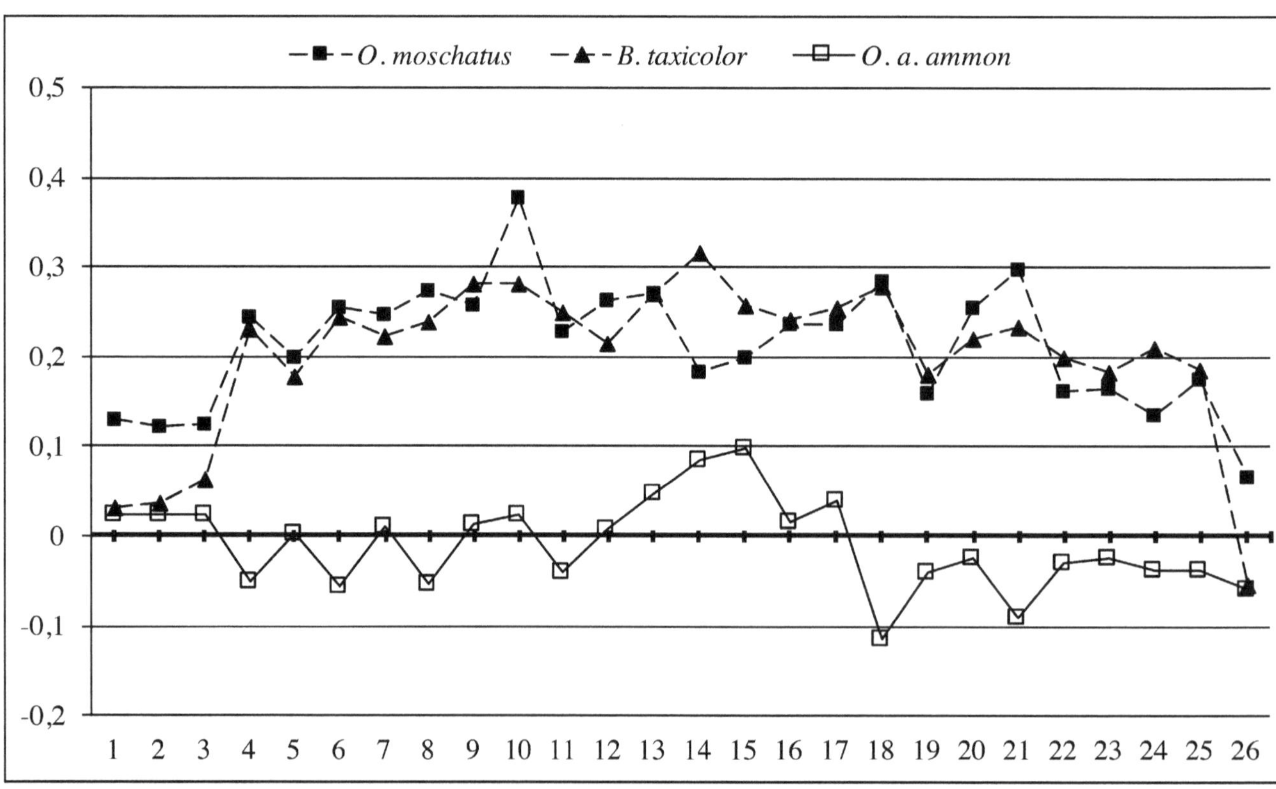

Figure 2.205. *Ovis ammon ammon*, *Budorcas tibetana* et *Ovibos moschatus* actuels, diagramme de Simpson de la première phalange antérieure. Différence par rapport à *Capra ibex* actuel (mâle+femelle).

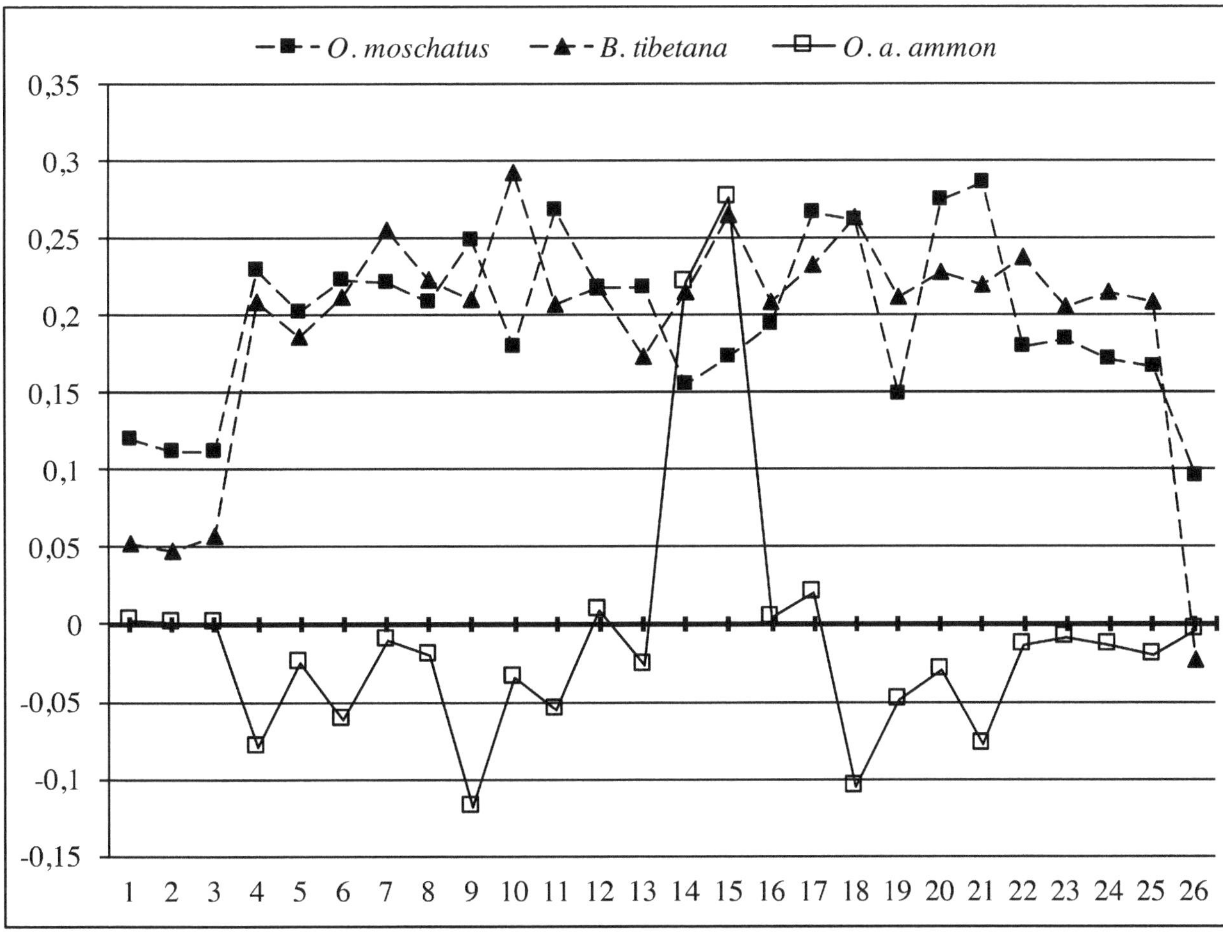

Figure 2.206. *Ovis ammon ammon*, *Budorcas tibetana* et *Ovibos moschatus* actuels, diagramme de Simpson de la première phalange postérieure. Différence par rapport à *Capra ibex* actuel (mâle+femelle).

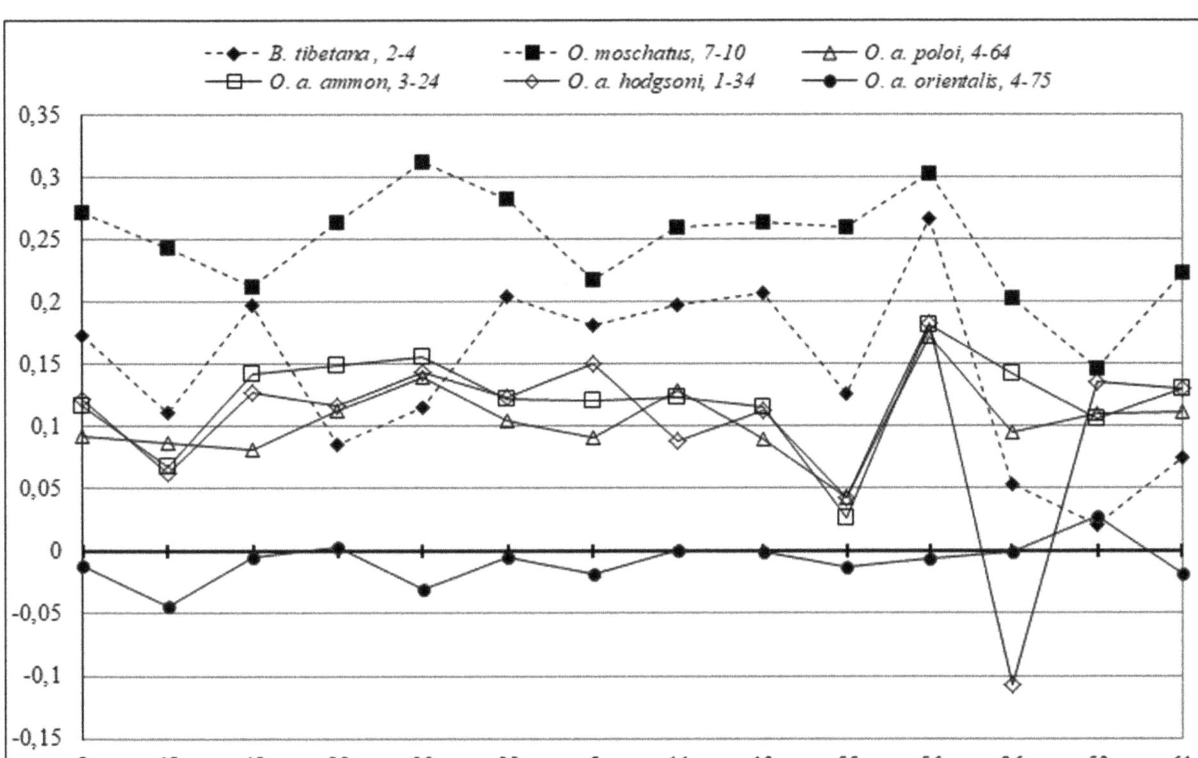

Figure 2.207. *Ovis ammon ammon*, *Budorcas tibetana* et *Ovibos moschatus*, diagramme de Simpson du crâne mâle, synthèse. Différence par rapport à *Capra ibex* mâle actuel. Les chiffres indiquent le nombre d'individus.

C. walie et *C. nubiana* d'une part et les populations ibériques de *C. pyrenaica* d'autre part ont un coefficient de similarité important (plus particulièrement Gredos et Cazorla).

Le taux de similarité entre *C. caucasica* et *C. sibirica* est plus important qu'avec *C. cylindricornis*.

C. pyrenaica des Pyrénées est éloigné des populations ibériques et se raccorde à *C. ibex* (taux de 20 %) mais sa proximité avec *C. sibirica* est plus grande (taux de 15 %).

Chez les bouquetins femelles, le taux de similarité est là aussi important entre taxons et la distinction de deux groupes est pareillement visible (Figure 2.209). La différence notable par rapport aux mâles est la plus grande proximité des crânes de *C. ibex* et *C. sibirica*. Quant à l'individu des Pyrénées, il se révèle plus semblable à *C. caucasica* et *C. cylindricornis*.

Mandibule de *Capra*

Dans le cas des mâles, la distinction des formes continentales et méridionales est à nouveau constatée mais *C. ibex* et *C. pyrenaica* des Pyrénées sont ici inclus dans le bloc arabo-méditerranéen, leur taux de similarité étant par ailleurs important (Figure 2.210). La proximité de *C. walie* et *C. nubiana*, plus accusée que pour les deux taxons précédents, et celle des bouquetins du Caucase et de Sibérie est aussi visible.

Pour les femelles, le bouquetin alpin et celui des Pyrénées sont placés parmi les populations de répartition méridionale, *C. ibex* ayant un important taux de similarité avec la population ibérique de Gredos et *C. pyrenaica* des Pyrénées avec *C. sibirica* (Figure 2.211). On voit la proximité de *C. caucasica* et de *C. cylindricornis*.

Dents jugales de *Capra*

Le schéma de séparation en deux blocs est visible pour les dents jugales supérieures des mâles (Figure 2.212). *C. ibex* et *C. pyrenaica* des Pyrénées sont rapprochés, *C. caucasica* et *C. sibirica* le sont aussi mais pas *C. nubiana* et *C. walie*. On note que le groupe arabo-méditerranéen se raccorde à *H. jayakari* tandis que les formes continentales sont rattachées à *H. hylocrius* et *H. jemlahicus*.

Les jugales supérieures des *C. ibex* femelles sont intégrées à proximité des *C. pyrenaica* ibériques, mais raccordées

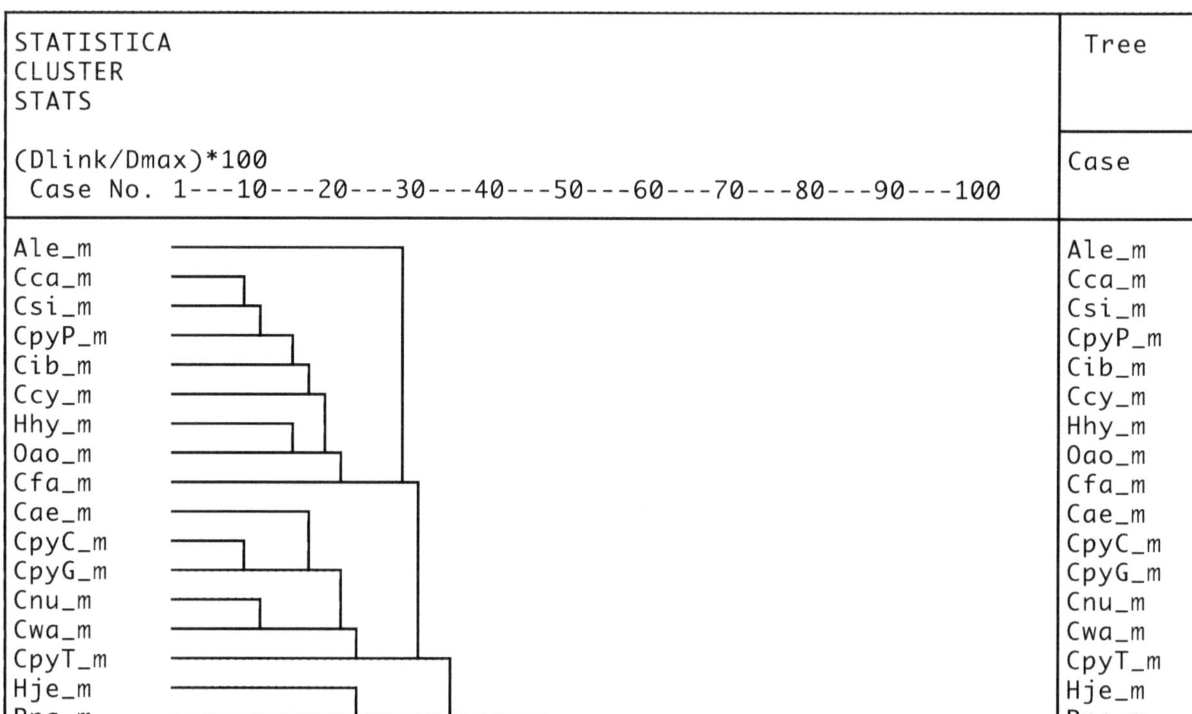

Figure 2.208. Analyse de distance des genres *Capra*, *Hemitragus*, *Pseudois*, *Ammotragus*, *Ovis*, *Budorcas* et *Ovibos*. Crâne mâle. Abréviations : Ale : *A. lervia*. Bta : *B. tibetana*. Cae : *C. aegagrus*. Cca : *C. caucasica*. Ccy : *C. cylindricornis*. Cfa : *C. falconeri*. Cib : *C. ibex*. Cnu : *C. nubiana*. Cpy : *C. pyrenaica* . C : Cazorla. G : Gredos. P : Pyrénées. T : Tortosa. Csi : *C. sibirica*. Cwa : *C. walie*. Hje : *H. jemlahicus*. Hhy : *H. hylocrius*. Hja : *H. jayakari*. Oa. : *O. ammon* : a : *ammon*, h : *hodgsoni*, o : *orientalis*, p : *poloi*. Omo : *O. moschatus*. Pna : *P. nayaur.*

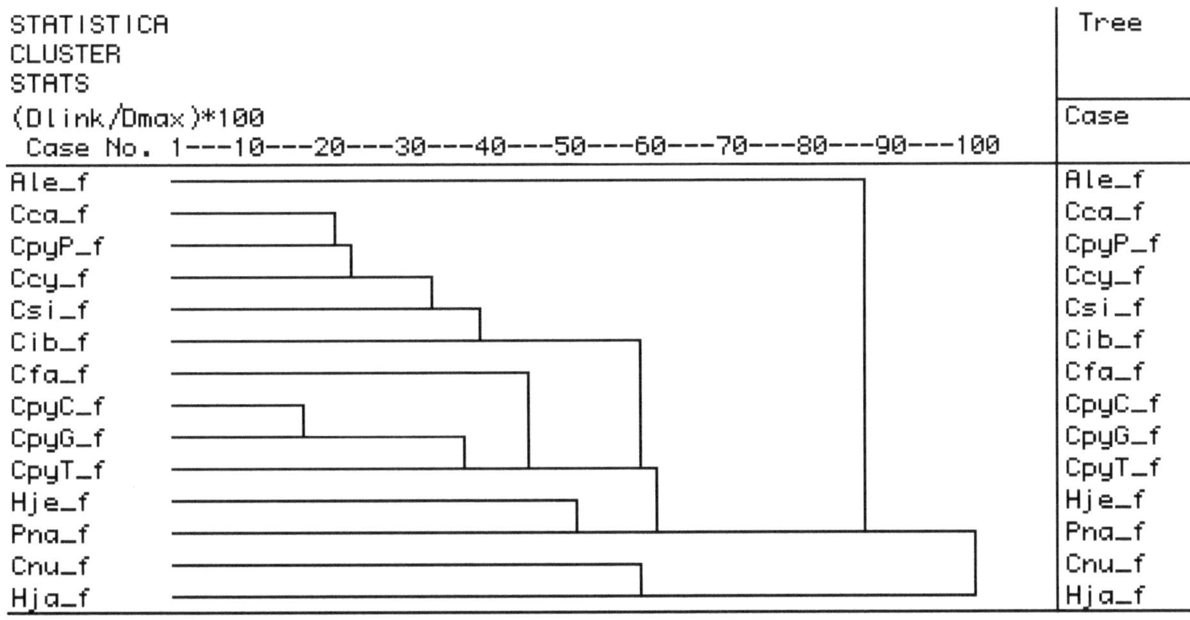

Figure 2.209. Analyse de distance des genres *Capra*, *Hemitragus*, *Pseudois*, *Ammotragus* et *Ovibos* actuels. Crâne femelle. Abréviations, même légende que la figure 2.208.

à *P. nayaur*, tandis que l'individu des Pyrénées se groupe avec les formes orientales (*C. sibirica*, ainsi que *C. caucasica* et *C. cylindricornis* dont le taux de similarité est important) (Figure 2.213). À nouveau l'ensemble « arabo-méditerranéen » s'enracine dans la branche du tahr d'Arabie et le groupe continental dans celle du tahr de l'Himalaya.

Pour les jugales inférieures, la distinction des blocs n'est pas aussi nette ; chez les mâles, *C. ibex*, tout en étant à proximité de la population des Pyrénées a plus d'affinité avec *C. aegagrus* et *H. jemlahicus* ; *C. caucasica, C. cylindricornis* ainsi que *C. sibirica* constituent une même unité (Figure 2.214). Parmi les bouquetins ibériques, ce sont les populations de Cazorla et de Tortosa qui sont les plus

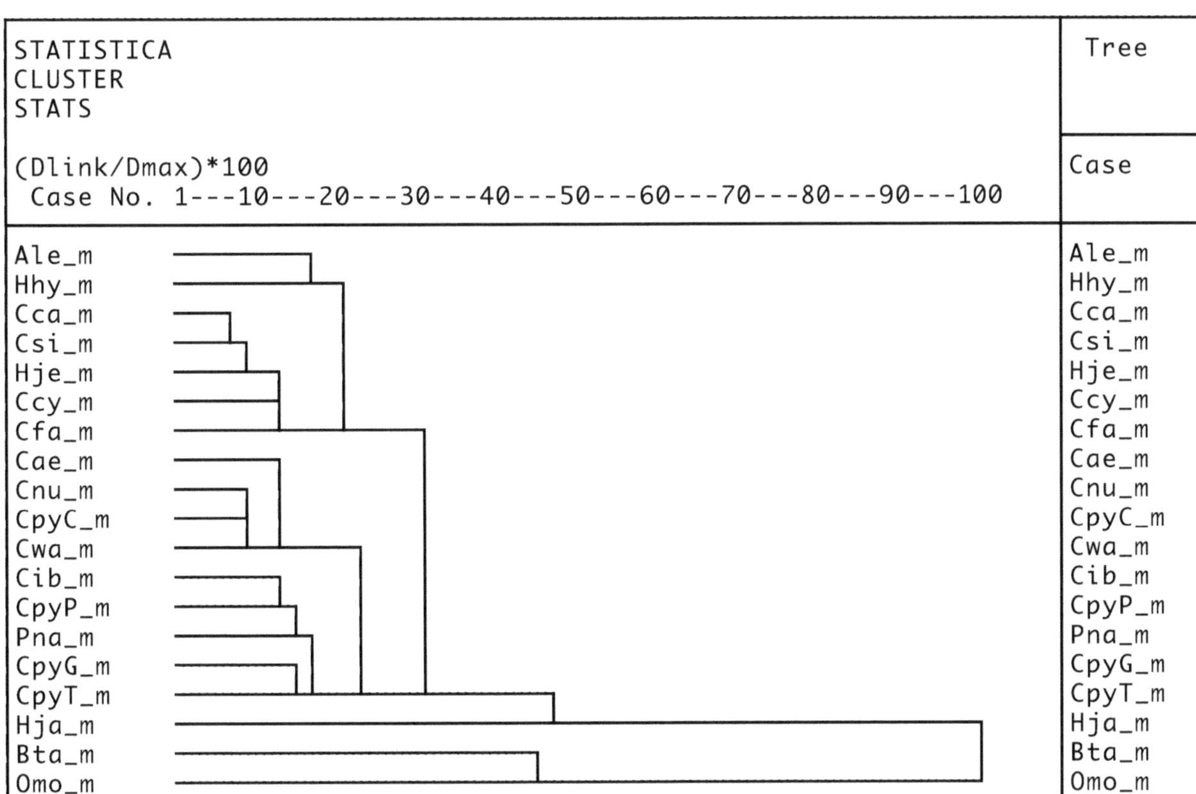

Figure 2.210. Analyse de distance des genres *Capra*, *Hemitragus*, *Pseudois*, *Ammotragus*, *Budorcas* et *Ovibos* actuels. Mandibule mâle. Abréviations, même légende que la figure 2.208.

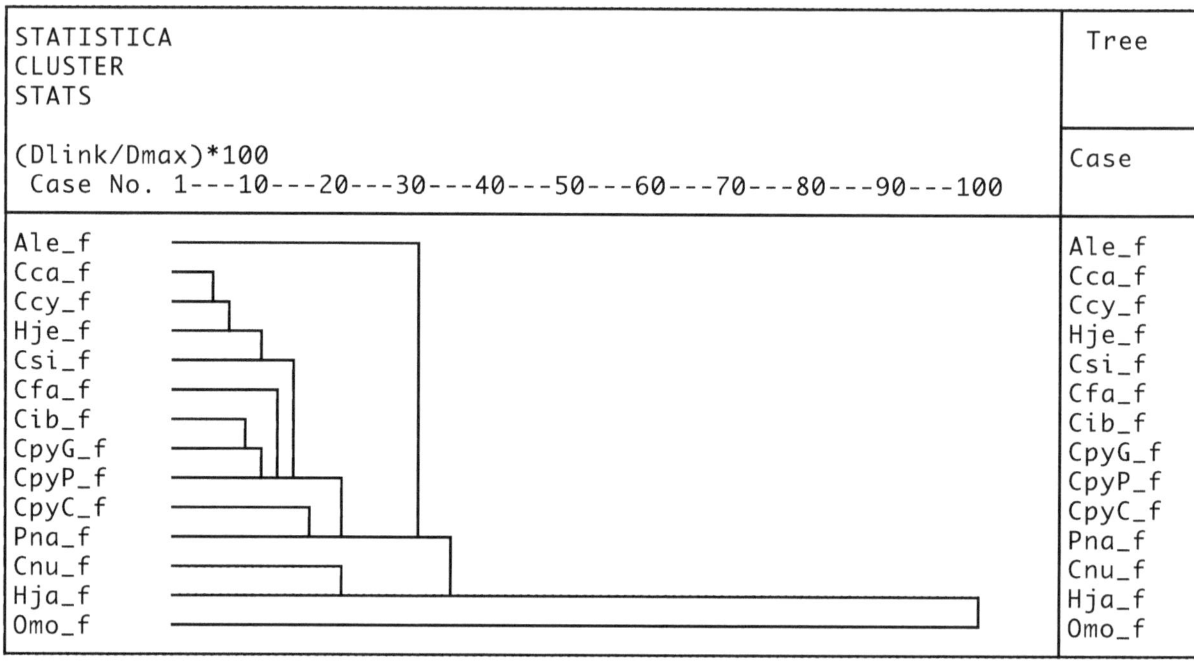

Figure 2.211. Analyse de distance des genres *Capra*, *Hemitragus*, *Pseudois*, *Ammotragus* et *Ovibos* actuels. Mandibule femelle. Abréviations, même légende que la figure 2.208.

semblables. En revanche la proximité de *C. nubiana* et *C. walie* n'est pas révélée. L'enracinement des deux ensembles est comparable aux observations des jugales supérieures.

Sur les graphes concernant les femelles, *C. caucasica* et *C. cylindricornis* d'une part, *C. ibex* et *C. pyrenaica* des Pyrénées d'autre part se montrent proches (Figure 2.215). Les populations ibériques sont distinctes de celle des Pyrénées et on retrouve la proximité de Cazorla et Tortosa. Ce groupe est rattaché à *Pseudois*, le continental l'est à *H. jemlahicus*.

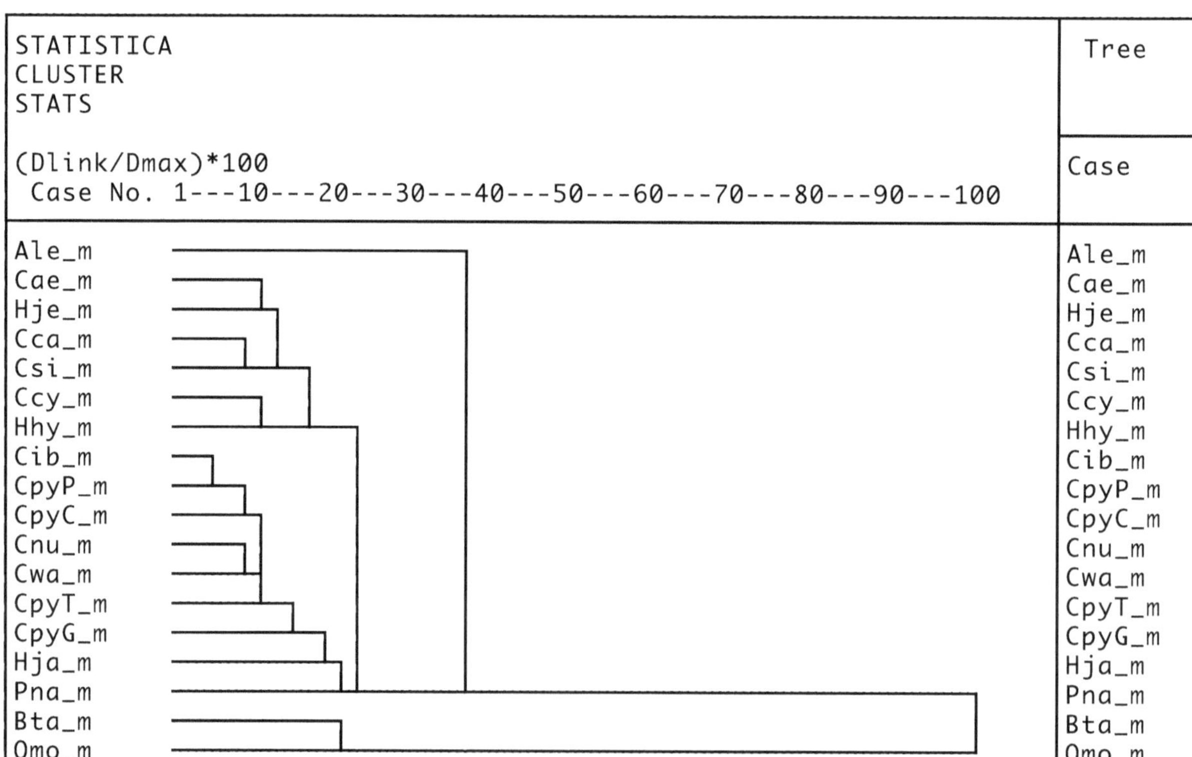

Figure 2.212. Analyse de distance des genres *Capra*, *Hemitragus*, *Pseudois*, *Ammotragus*, *Budorcas* et *Ovibos* actuels. Dents jugales supérieures mâles. Abréviations, même légende que la figure 2.208.

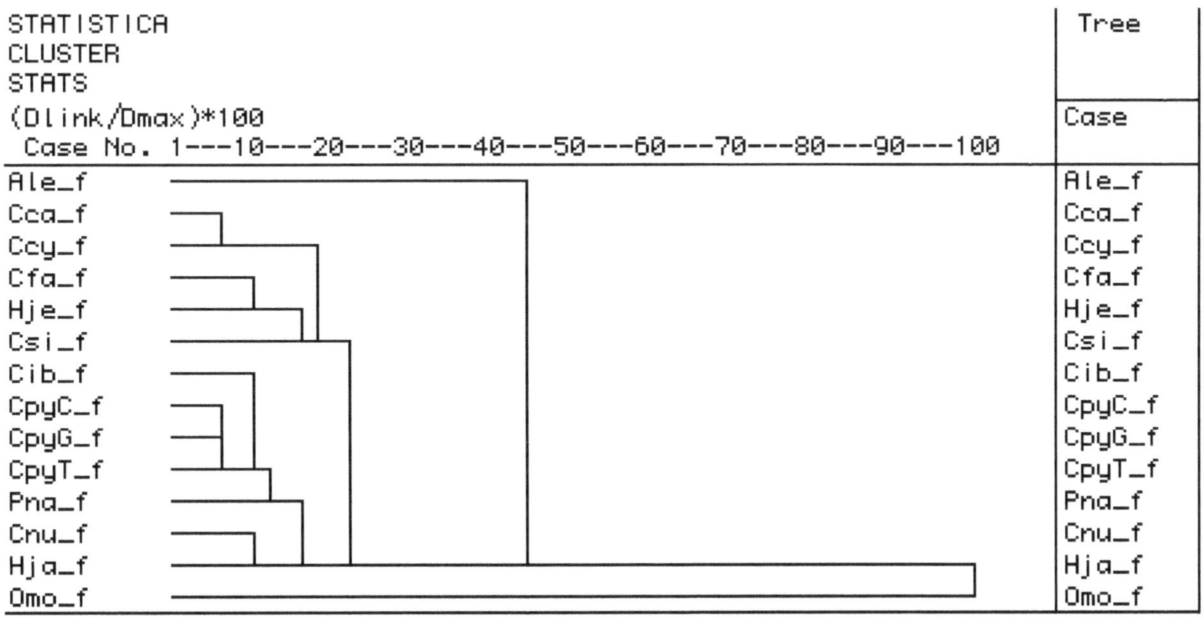

Figure 2.213. Analyse de distance des genres *Capra*, *Hemitragus*, *Pseudois*, *Ammotragus* et *Ovibos* actuels. Dents jugales supérieures femelles. Abréviations, même légende que la figure 2.208.

Tête entière de *Capra*

En groupant l'ensemble des données précédentes on observe clairement pour les deux sexes une distribution en fonction des dimensions (« bloc » continental/ « bloc » arabo-méditerranéen).

Pour les mâles (Figure 2.216) : *C. nubiana* et *C. walie* apparaissent bien groupés ainsi que *C. ibex* et *C. pyrenaica* des Pyrénées, tandis que *C. caucasica* se montre plus semblable à *C. sibirica* qu'à *C. cylindricornis*. Parmi les populations ibériques celles de Gredos et Cazorla sont associées, Tortosa étant plus excentré.

Pour les femelles (Figure 2.217) : les résultats sont assez semblables aux précédents, à l'exception de *C. caucasica* et *C. cylindricornis* qui ont ici un important taux de similarité.

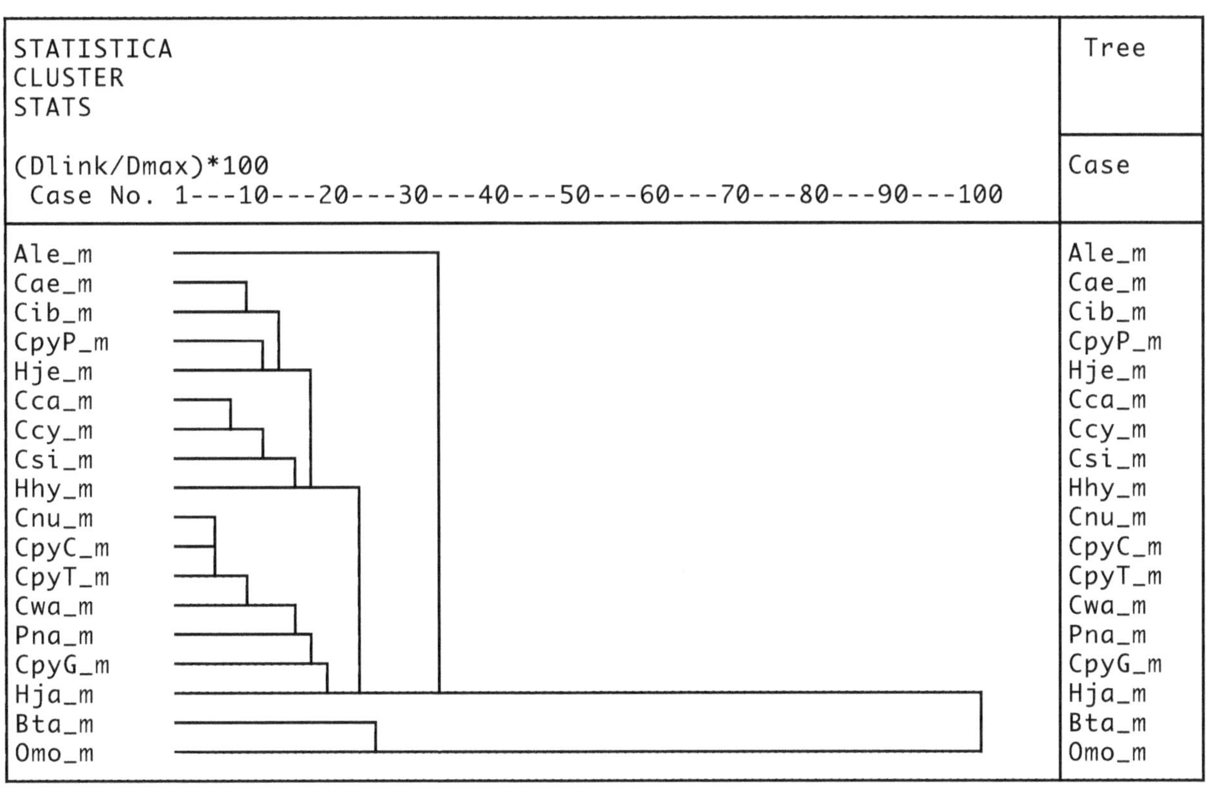

Figure 2.214. Analyse de distance des genres *Capra*, *Hemitragus*, *Pseudois*, *Ammotragus*, *Budorcas* et *Ovibos* actuels. Dents jugales inférieures mâles. Abréviations, même légende que la figure 2.208.

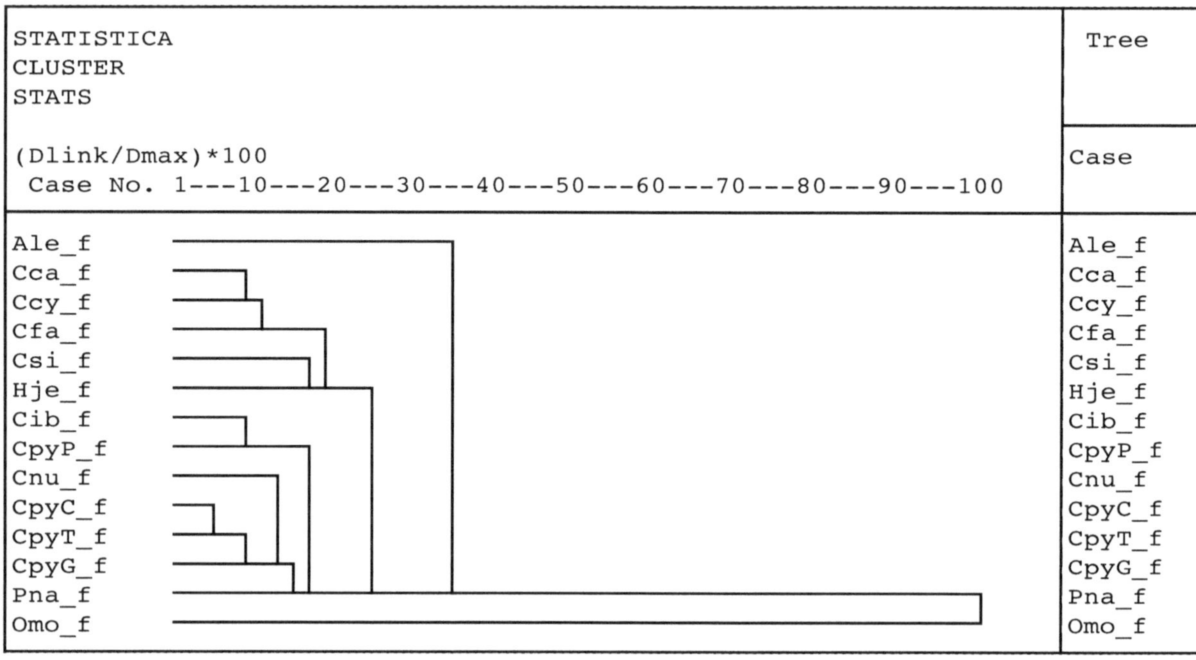

Figure 2.215. Analyse de distance des genres *Capra*, *Hemitragus*, *Pseudois*, *Ammotragus* et *Ovibos* actuels. Dents jugales inférieures femelles. Abréviations, même légende que la figure 2.208.

Genre *Hemitragus*

H. jayakari est éloigné des deux autres tahrs. *H. jemlahicus* présente un taux de similarité important avec *P. nayaur* en ce qui concerne le crâne mâle et femelle (Figure 2.208 ; Figure 2.109), mais pas la mandibule et les dents (Figure 2.210 à Figure 2.115). *H. hylocrius*, qui ne m'est connu que par des crânes mâles, occupe une position divergente par rapport aux deux autres espèces, son taux de similarité étant important avec les *Capra*.

Genre *Ovis*

Le crâne des trois argalis mâles (*O. a. ammon*, *O. a. poloi* et *O. a. hodgsoni*) sont groupés avec *Budorcas* tandis que l'urial, *O. orientalis*, se trouve rattaché à l'ensemble des

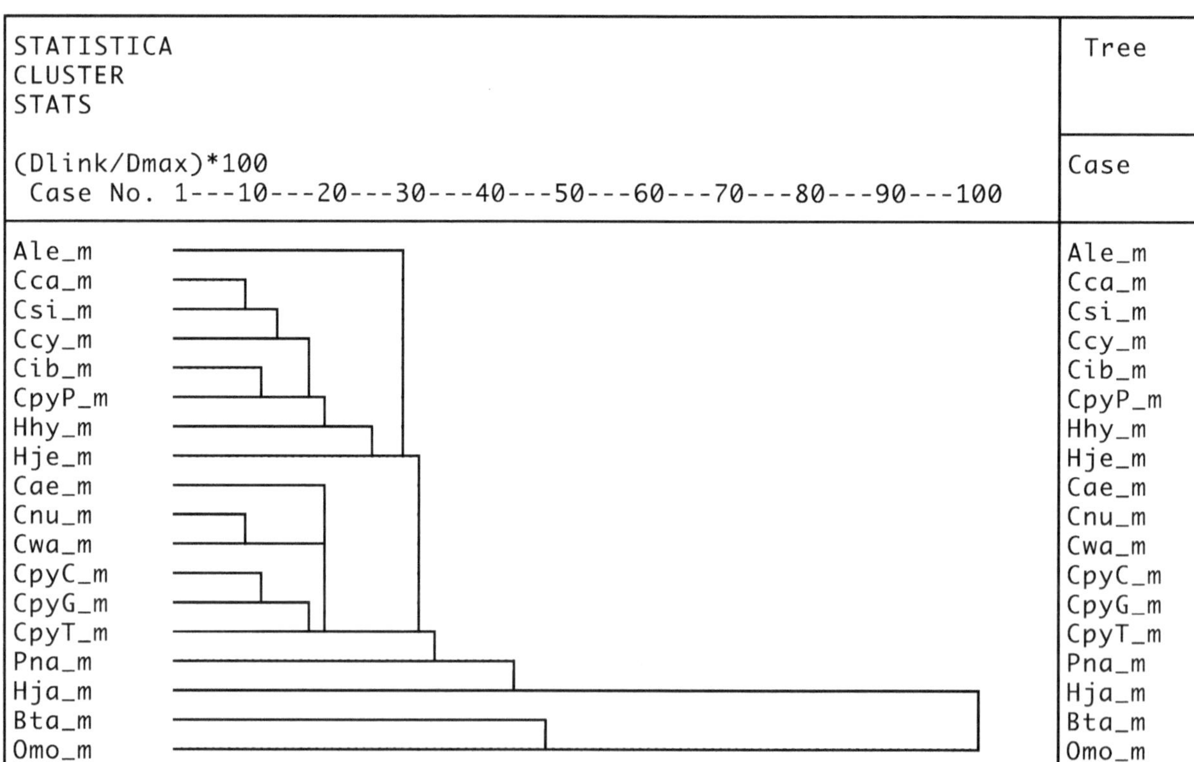

Figure 2.216. Analyse de distance des genres *Capra*, *Hemitragus*, *Pseudois*, *Ammotragus*, *Budorcas* et *Ovibos* actuels. Tête entière mâle. Abréviations, même légende que la figure 2.208.

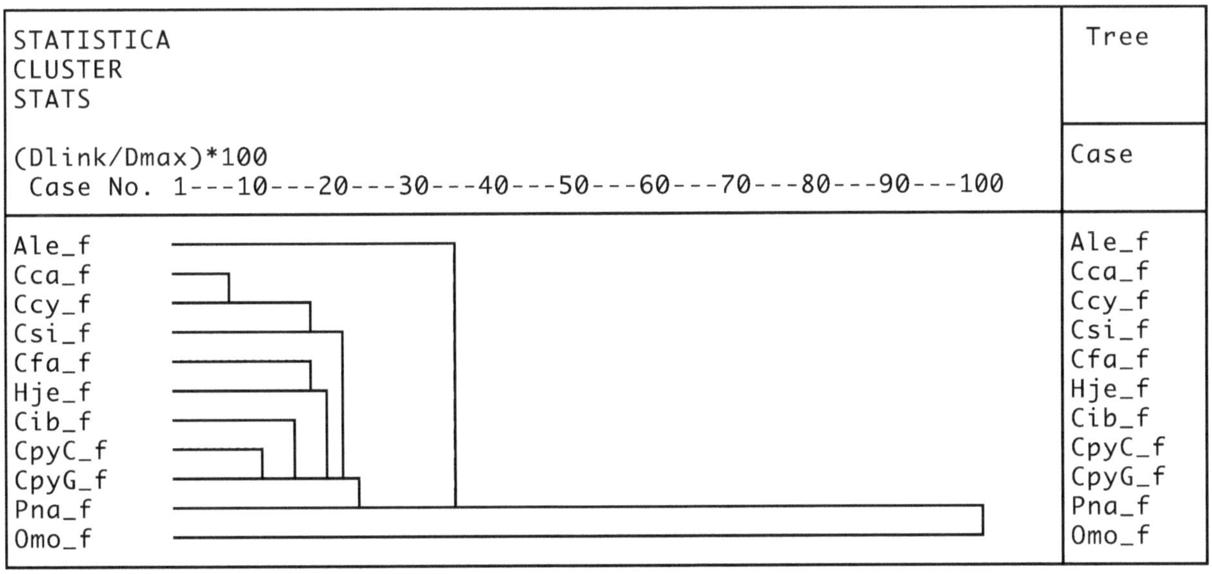

Figure 2.217. Analyse de distance des genres *Capra*, *Hemitragus*, *Pseudois*, *Ammotragus* et *Ovibos* actuels. Tête entière femelle. Abréviations, même légende que la figure 2.208.

bouquetins orientaux (Figure 2.208). La proximité d'*O. a. ammon* et d'*O. a. poloi* est importante.

B. Analyse du squelette post-crânien

Les résultats présentés ci-dessous concernent l'humérus, le radius, le semi-lunaire, le scaphoïde, l'onciforme, le capitato-trapézoïde, le canon antérieur, l'os coxal, le fémur, le tibia, le talus, le cubonaviculaire et le canon postérieur (Figure 2.218 à Figure 2.243).

Mâles

La distinction des deux blocs est moins nette. *C. ibex* dans la majorité des cas est proche d'*H. jemlahicus*, surtout au membre thoracique (humérus, radius, scaphoïde, onciforme, capitato-trapézoïde, canon antérieur, fémur, tibia, canon postérieur) ; il est proche du bouquetin ibérique de Gredos pour le cubonaviculaire. Les populations de Gredos et Cazorla sont distinctes pour le membre thoracique, la première ayant une proximité avec *C. cylindricornis* (humérus, radius, canon antérieur) et la seconde avec *C. nubiana* (humérus, radius, capitato-trapézoïde, canon antérieur). Ces mêmes populations ibériques ont un membre pelvien dont le taux de similarité est un peu plus important (os coxal, tibia). *C. caucasica* et *C. sibirica* ont une grande analogie pour les os longs du membre thoracique (humérus, radius, canon antérieur) et l'onciforme, pas *C.*

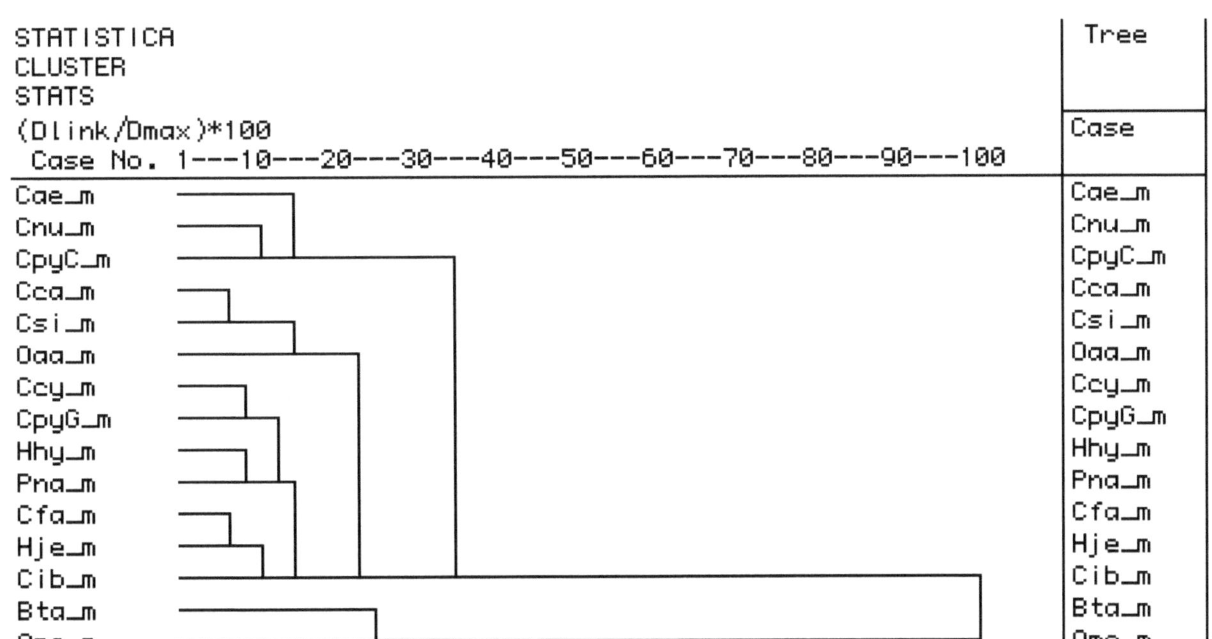

Figure 2.218. Analyse de distance des genres *Capra*, *Hemitragus*, *Pseudois*, *Ovis*, *Budorcas* et *Ovibos* actuels. Humérus mâle. Abréviations, même légende que la figure 2.208.

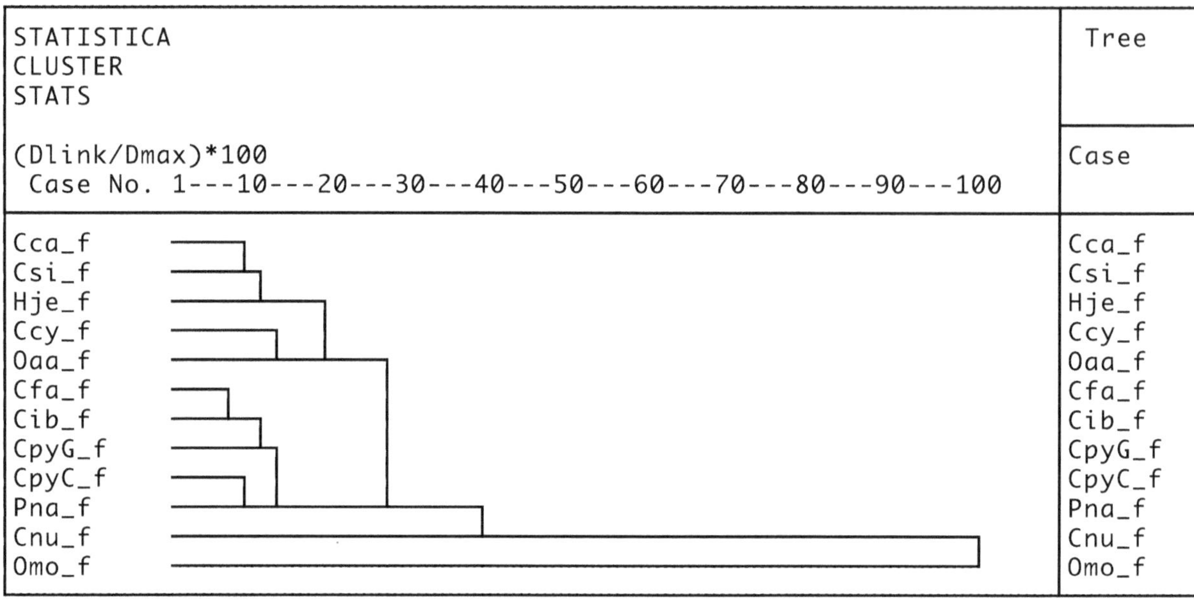

Figure 2.219. Analyse de distance des genres *Capra*, *Hemitragus*, *Pseudois*, *Ovis* et *Ovibos* actuels. Humérus femelle. Abréviations, même légende que la figure 2.208.

cylindricornis. Pour le carpe, la similarité entre *C. caucasica* et *C. cylindricornis* est plus forte (scaphoïde, semi-lunaire, capitato-trapézoïde). Un schéma très proche s'observe pour le membre pelvien : regroupement plus net de *C. caucasica* et *C. sibirica* pour l'os coxal, le fémur, le tibia, le talus et le canon postérieur ; seul le cubonaviculaire rapproche *C. caucasica* et *C. cylindricornis*.

H. jemlahicus, outre ses affinités avec *C. ibex*, se révèle proche de *P. nayaur* pour le scaphoïde. Il se groupe avec *H. hylocrius* pour l'humérus (mais le taux de similarité n'est pas très important), l'onciforme, le capitato-trapézoïde et le talus. Le reste du squelette diffère. Quant à *O. a. ammon*, analysé seulement par l'humérus, il se révèle proche de *C. caucasica*.

Femelles

La similarité de *C. ibex* et *H. jemlahicus* n'est observée que pour le capitato-trapézoïde, le fémur et le canon postérieur. Le bouquetin alpin montre une relative similarité avec les *C. pyrenaica*. Il y a une certaine proximité entre le bouquetin alpin et le bouquetin ibérique de Gredos au membre thoracique (scaphoïde, onciforme, canon antérieur) mais très peu au membre pelvien (talus) ; pour le cubonaviculaire le

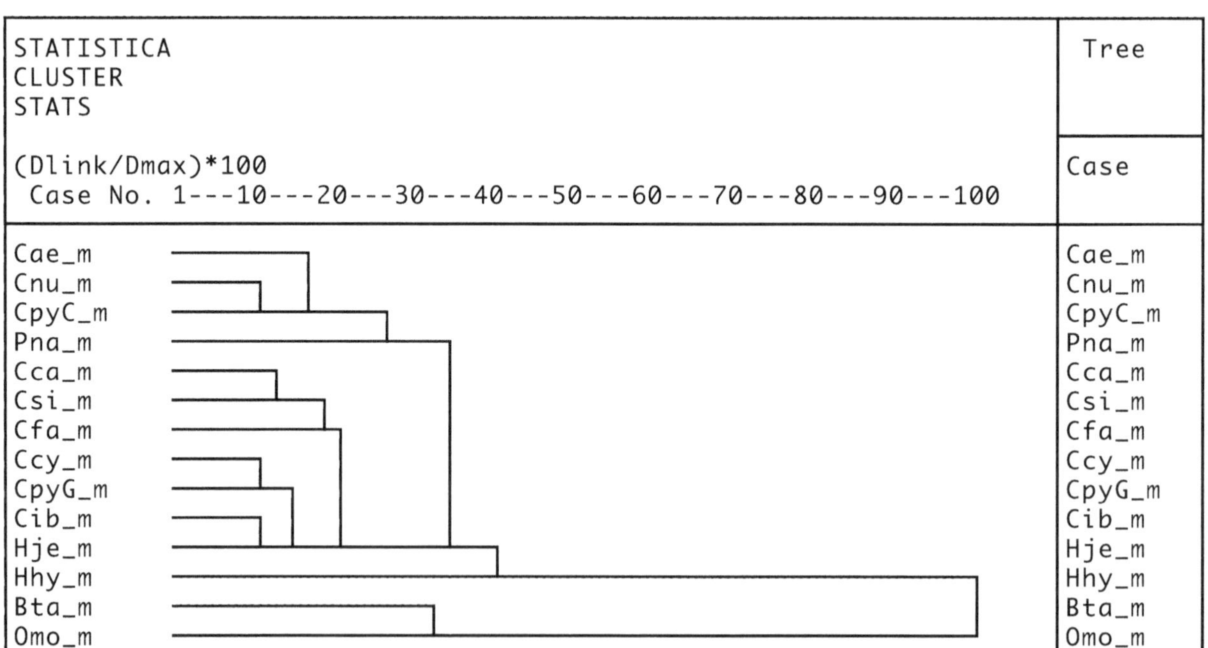

Figure 2.220. Analyse de distance des genres *Capra*, *Hemitragus*, *Pseudois*, *Budorcas* et *Ovibos* actuels. Radius mâle. Abréviations, même légende que la figure 2.208.

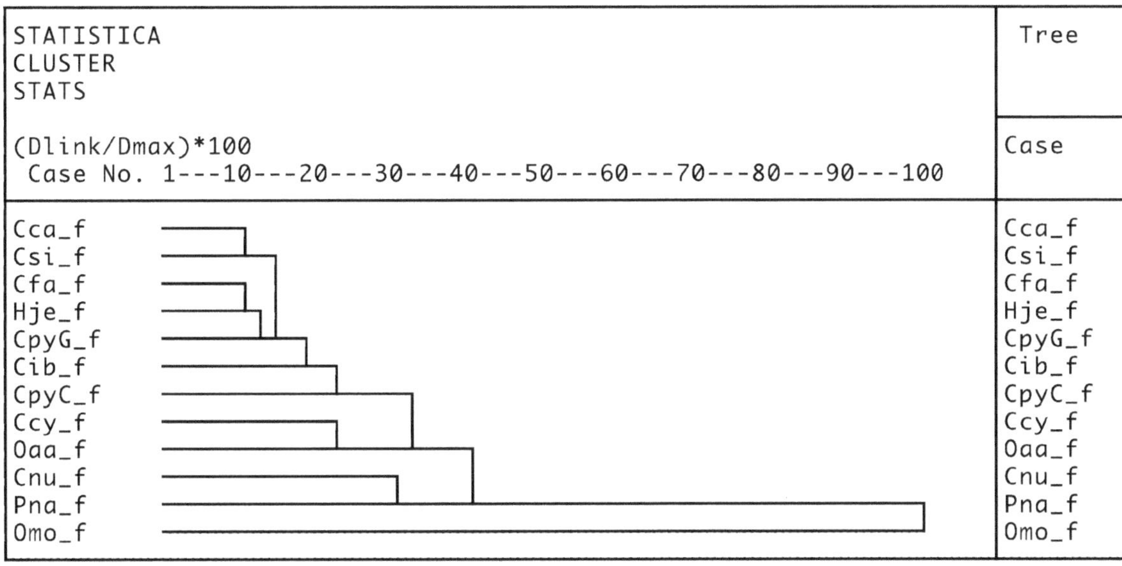

Figure 2.221. Analyse de distance des genres *Capra*, *Hemitragus*, *Pseudois*, *Ovis* et *Ovibos* actuels. Radius femelle. Abréviations, même légende que la figure 2.208.

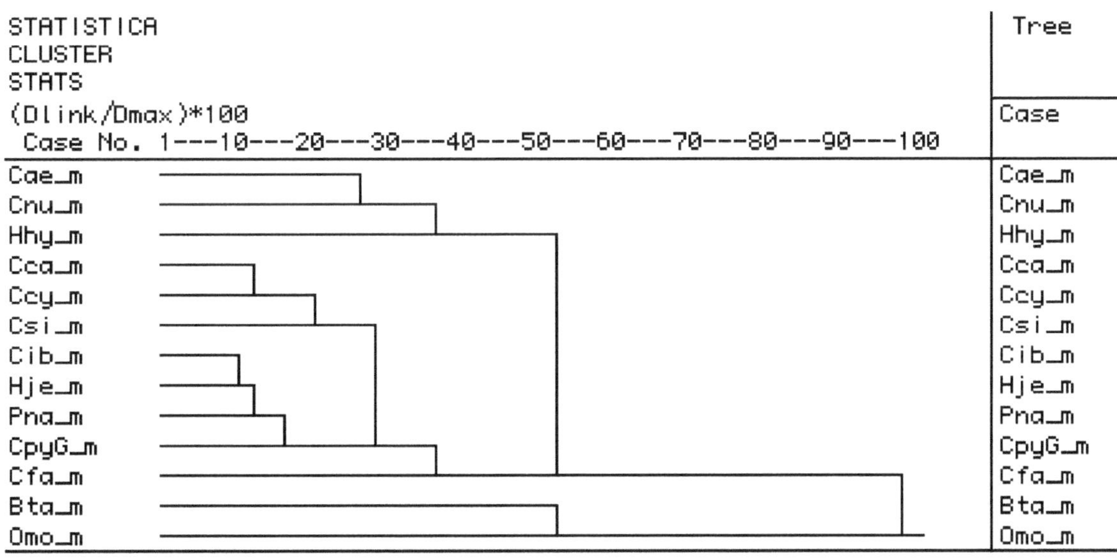

Figure 2.222. Analyse de distance des genres *Capra*, *Hemitragus*, *Pseudois*, *Budorcas* et *Ovibos* actuels. Scaphoïde mâle. Abréviations, même légende que la figure 2.208.

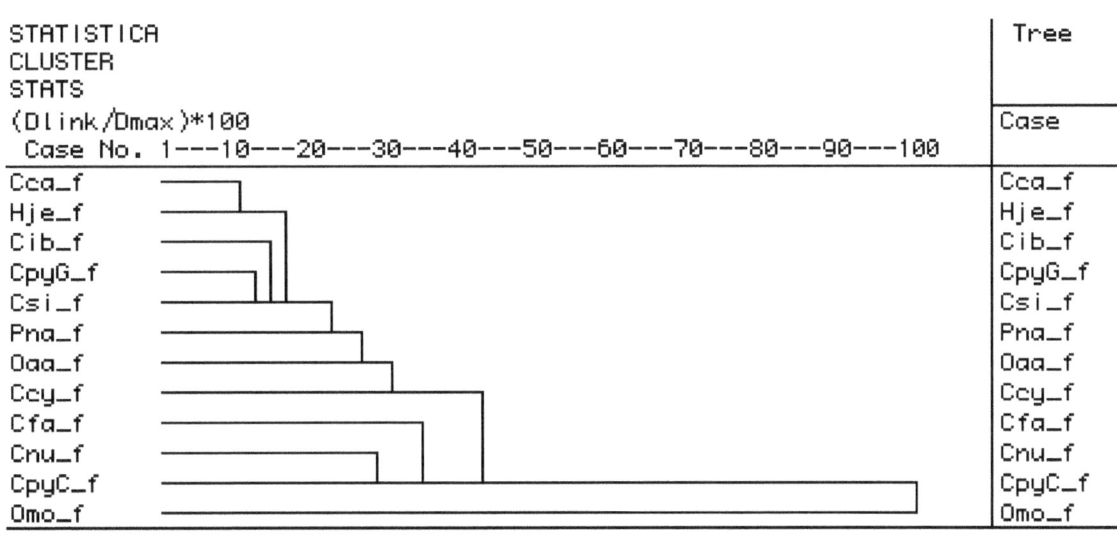

Figure 2.223. Analyse de distance des genres *Capra*, *Hemitragus*, *Pseudois, Ovis* et *Ovibos* actuels. Scaphoïde femelle. Abréviations, même légende que la figure 2.208.

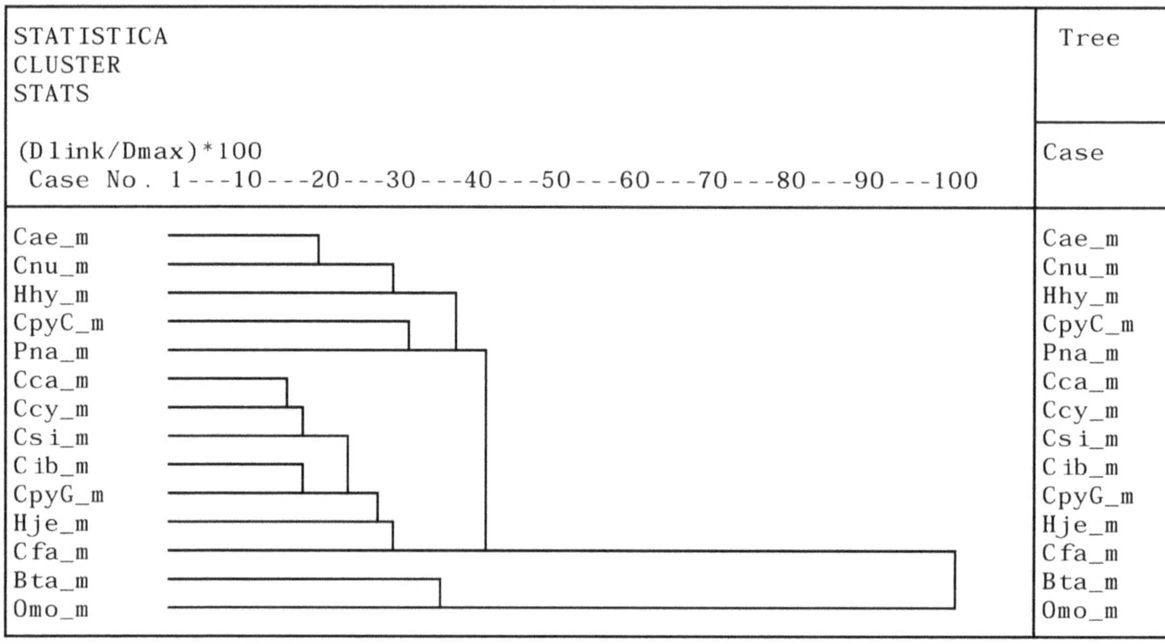

Figure 2.224. Analyse de distance des genres *Capra*, *Hemitragus*, *Pseudois*, *Budorcas* et *Ovibos* actuels. Semi-lunaire mâle. Abréviations, même légende que la figure 2.208.

bouquetin alpin se couple avec la forme de Cazorla. Comme pour le mâle, le bouquetin du Caucase occidental a un taux de similarité important avec *C. sibirica* (humérus, radius, canon antérieur, fémur, canon postérieur, talus) tandis que la forme orientale est un peu plus distincte sauf pour le semi-lunaire. La proximité des populations ibériques de Gredos et Cazorla est faible au membre thoracique (onciforme), plus nette au postérieur (os coxal, fémur, tibia, talus).

L'humérus, le semi-lunaire et l'os coxal permettent de rapprocher *H. jemlahicus* et *P. nayaur*. Pour les autres ossements, le taux de divergence est à nouveau important. *O. a. ammon* est groupé avec *C. cylindricornis* pour l'humérus, le radius, le scaphoïde. Pour les autres ossements, le groupement est variable : *P. nayaur* pour le semi-lunaire (le taux de similarité n'est toutefois pas très fort), *C. nubiana* pour le cubonaviculaire, *C. sibirica* pour le capitato-trapézoïde et *H. jemlahicus* pour le talus.

C. Résumé des données

La classification obtenue est perturbée par le poids de la variation de la taille selon la latitude (Loi de Bergmann). Les seuls regroupements clairs concernent *C. nubiana*-*C.*

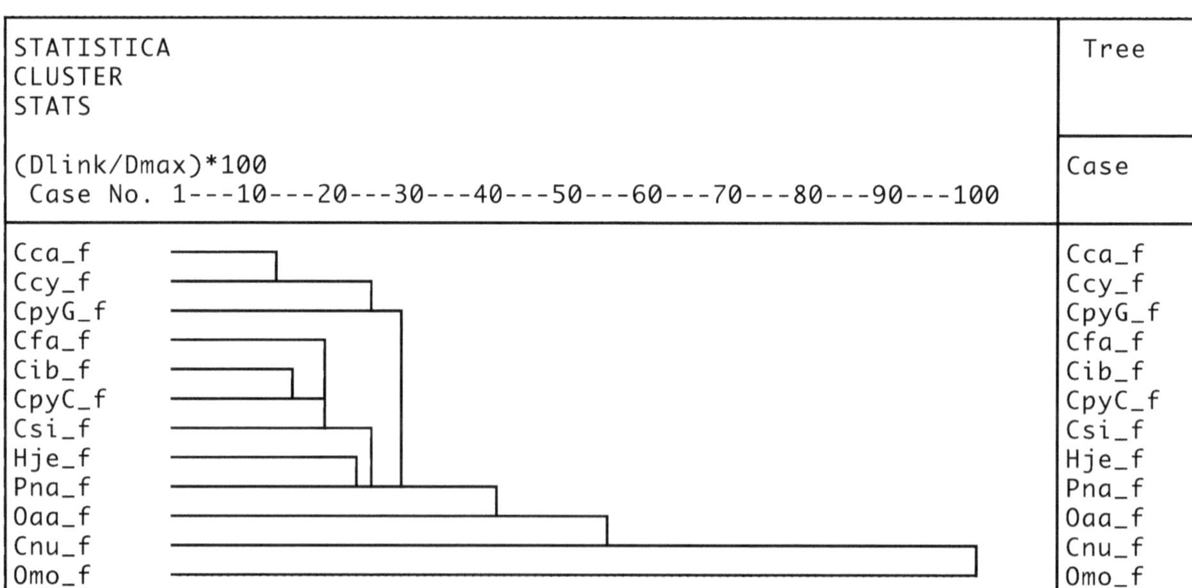

Figure 2.225. Analyse de distance des genres *Capra*, *Hemitragus*, *Pseudois*, *Ovis* et *Ovibos* actuels. Semi-lunaire femelle. Abréviations, même légende que la figure 2.208.

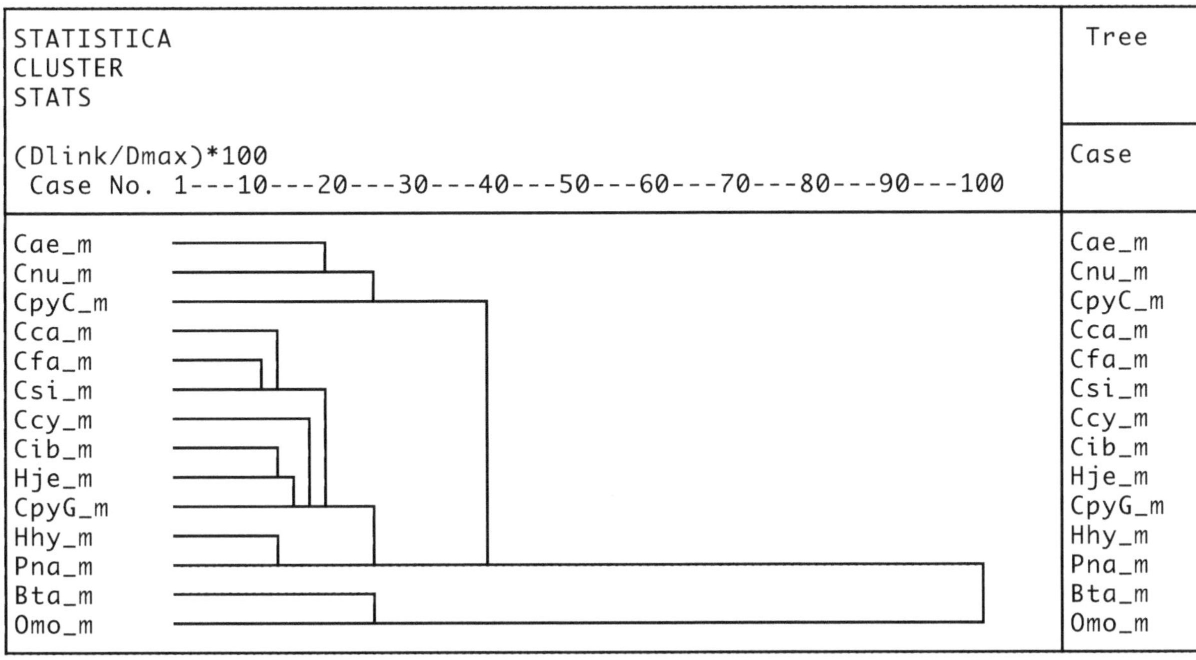

Figure 2.226. Analyse de distance des genres *Capra*, *Hemitragus*, *Pseudois*, *Budorcas* et *Ovibos* actuels. Onciforme mâle. Abréviations, même légende que la figure 2.208.

walie, *C. caucasica*-*C. sibirica*, *C. pyrenaica* de Gredos-*C. pyrenaica* de Cazorla. Le groupe des argalis se révèle distinct de l'urial ; il est relié à *B. tibetana*.

En ce qui concerne *C. ibex*, la situation est confuse : le crâne, qu'il s'agisse du mâle ou de la femelle, a une importante similarité avec *C. sibirica* mais pas la mandibule ni les dents jugales qui le raccordent à *C. pyrenaica* des Pyrénées ou de la péninsule ibérique ; le post-crânien des mâles est groupé avec *H. jemlahicus* et celui des femelles tantôt avec ce taxon, tantôt avec *C. pyrenaica*.

Si le statut des crânes de bouquetins ibériques de Gredos et de Cazorla est clair, ce n'est pas le cas du squelette qui pour les mâles de Gredos est relié avec *C. cylindricornis*, et pour ceux de Cazorla avec *C. nubiana* alors que pour les femelles la relation entre les deux populations est plus évidente.

Il est évident que la position relative des unités taxonomiques varie selon le sexe et la catégorie osseuse, ce qui complique les interprétations.

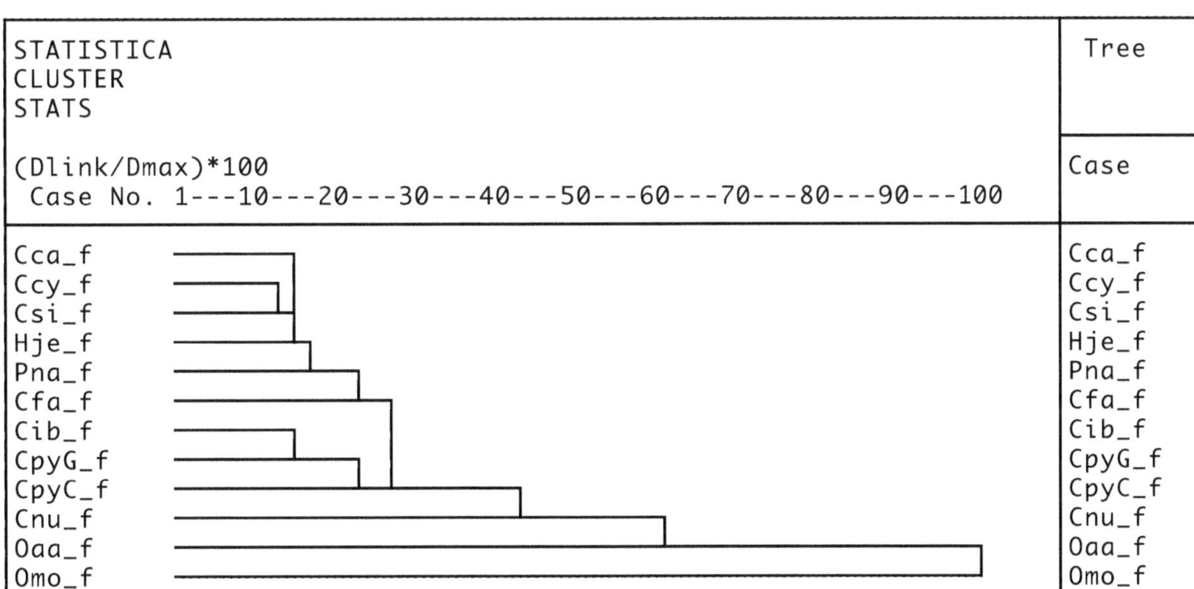

Figure 2.227. Analyse de distance des genres *Capra*, *Hemitragus*, *Pseudois*, *Ovis* et *Ovibos* actuels. Onciforme femelle. Abréviations, même légende que la figure 2.208.

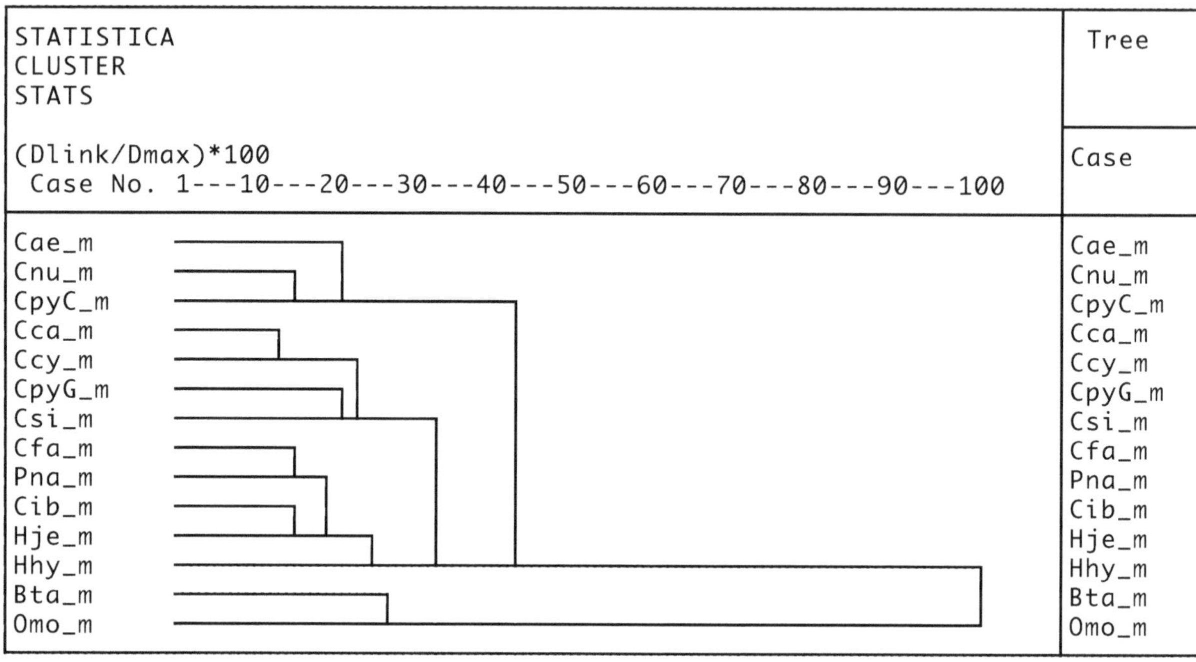

Figure 2.228. Analyse de distance des genres *Capra*, *Hemitragus*, *Pseudois*, *Budorcas* et *Ovibos* actuels. Capitato-trapézoïde mâle. Abréviations, même légende que la figure 2.208.

V. SYNTHÈSE DES DONNÉES MORPHOLOGIQUES ET MÉTRIQUES

V.1. Genre Capra Linné, 1758

On peut affirmer qu'il existe un cline de la taille selon un gradient grossièrement nord/est-sud/ouest. Il est en effet possible de repérer un groupe de taxons de taille grande à moyenne, qui comprend *C. sibirica*, *C. cylindricornis*, *C. caucasica*, *C. falconeri* dont l'aire de répartition est majoritairement asiatique, et *C. pyrenaica* des Pyrénées de répartition sud-occidentale. Le deuxième groupe concerne des taxons de taille plus petite : les populations ibériques de *C. pyrenaica*, *C. nubiana*, *C. walie* et *C. aegagrus*. On les rencontre sur le pourtour du bassin méditerranéen et sur ses îles ainsi qu'au Moyen-Orient et en Afrique orientale (« bloc » arabo-méditerranéen). Un deuxième cline s'observe chez *C. pyrenaica* qui connaît une diminution de taille du Nord au Sud. Ces clines relèvent de la Loi de Bergmann. On peut aussi voir clairement que les populations les plus méridionales sont celles qui possèdent les membres les plus graciles. Quant à *C. ibex*, ses proportions sont intermédiaires entre les deux « blocs ».

Outre la taille, la morphologie externe et celle du squelette crânien sont variables ; de plus, en fonction de la

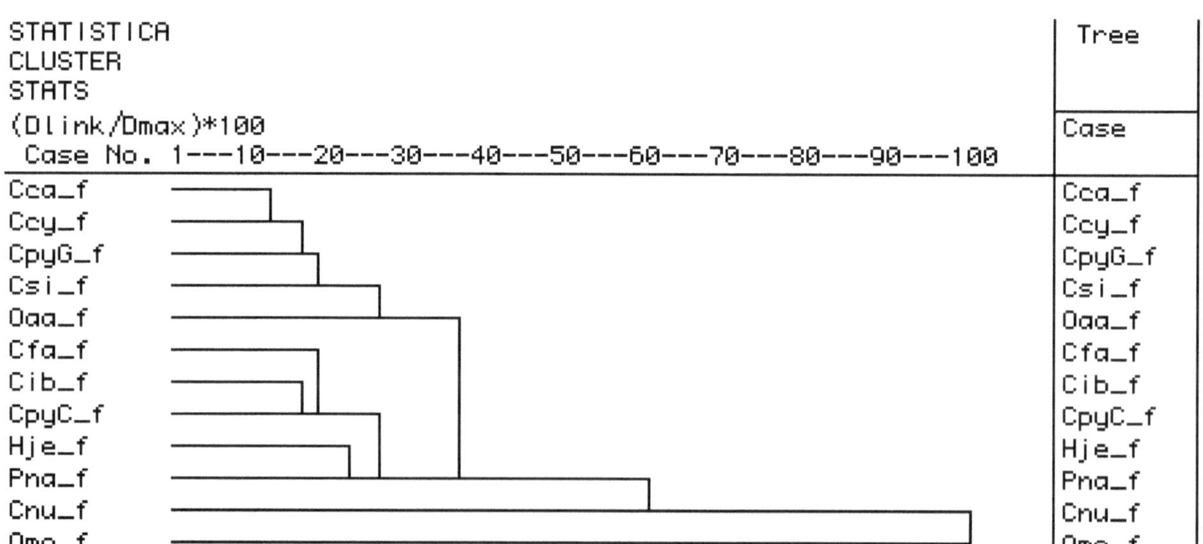

Figure 2.229. Analyse de distance des genres *Capra*, *Hemitragus*, *Pseudois*, *Ovis* et *Ovibos* actuels. Capitato-trapézoïde femelle. Abréviations, même légende que la figure 2.208.

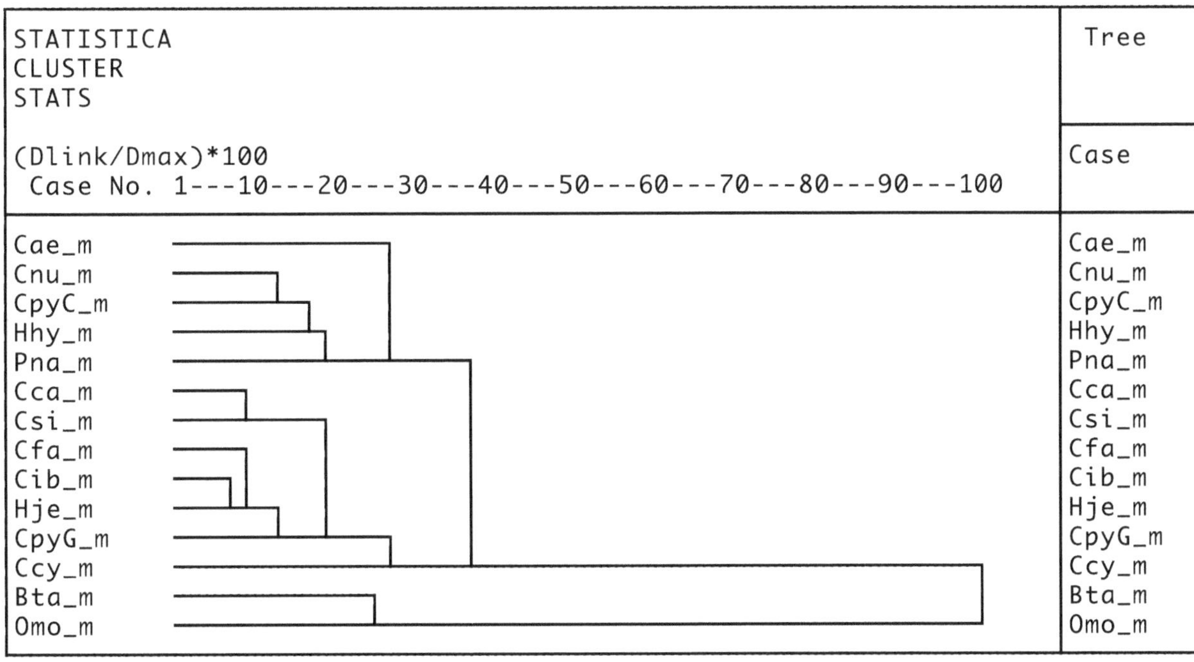

Figure 2.230. Analyse de distance des genres *Capra*, *Hemitragus*, *Pseudois*, *Budorcas* et *Ovibos* actuels. Canon antérieur mâle. Abréviations, même légende que la figure 2.208.

méthodologie utilisée pour exploiter les données métriques (diagramme de Simpson, arbre de distance), en fonction du sexe et selon la partie du squelette considérée, les résultats ne sont pas tout à fait les mêmes. Les commentaires que l'on peut faire sont développés ci-dessous.

Tout d'abord, indépendamment de la taille, la morphologie des crânes mâles permet une identification immédiate des « espèces » et le regroupement d'au moins trois unités.

Dans la première se trouvent *C. ibex*, *C. sibirica*, *C. nubiana* et *C. walie*. Les proportions de *C. ibex* sont différentes de celles de ces trois taxons comme d'ailleurs des autres bouquetins, ce qui tend à l'isoler spécifiquement. Ce résultat concorde avec ceux de la biochimie et de l'ADN (Hartl, Burger *et al.* 1990 ; Hartl, Willing *et al.* 1990 ; Hartl, Meneguez *et al.* 1992 ; Manceau 1997 ; Manceau, Després *et al.* 1999). Les diagrammes de Simpson montrent que les crânes et les mandibules des mâles de *C. nubiana* et *C. walie* sont quasiment identiques (les crânes femelles et le squelette post-crânien sont absents chez ce dernier). Leur taux de similarité est important et leur situation sur le graphique de l'analyse de distance en fait un groupe homogène. La morphologie externe est très semblable. Il

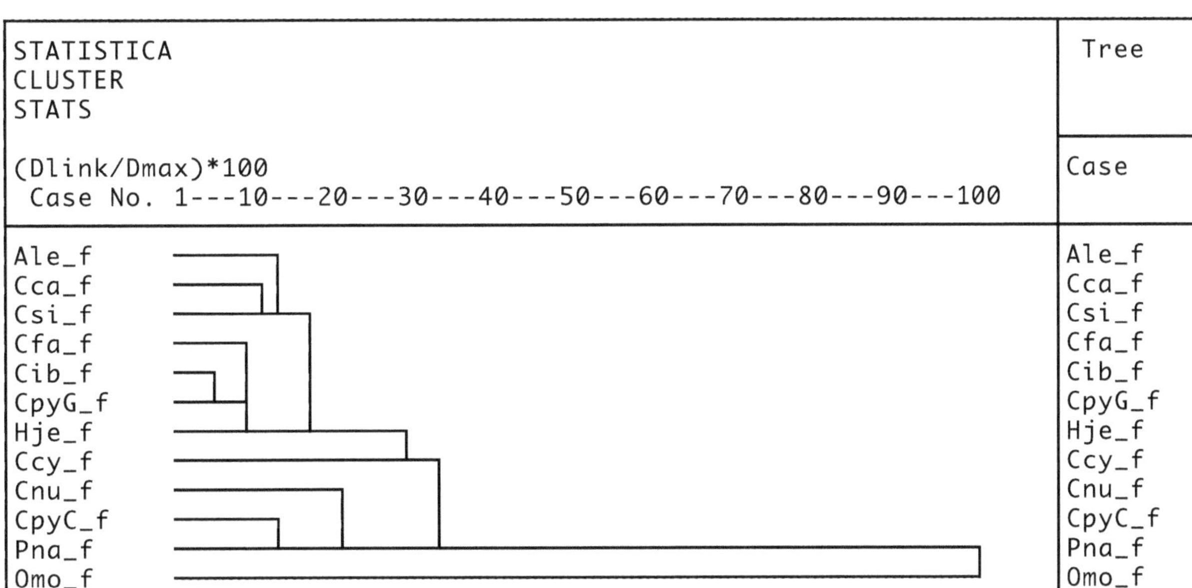

Figure 2.231. Analyse de distance des genres *Capra*, *Hemitragus*, *Pseudois*, *Ammotragus* et *Ovibos* actuels. Canon antérieur femelle. Abréviations, même légende que la figure 2.208.

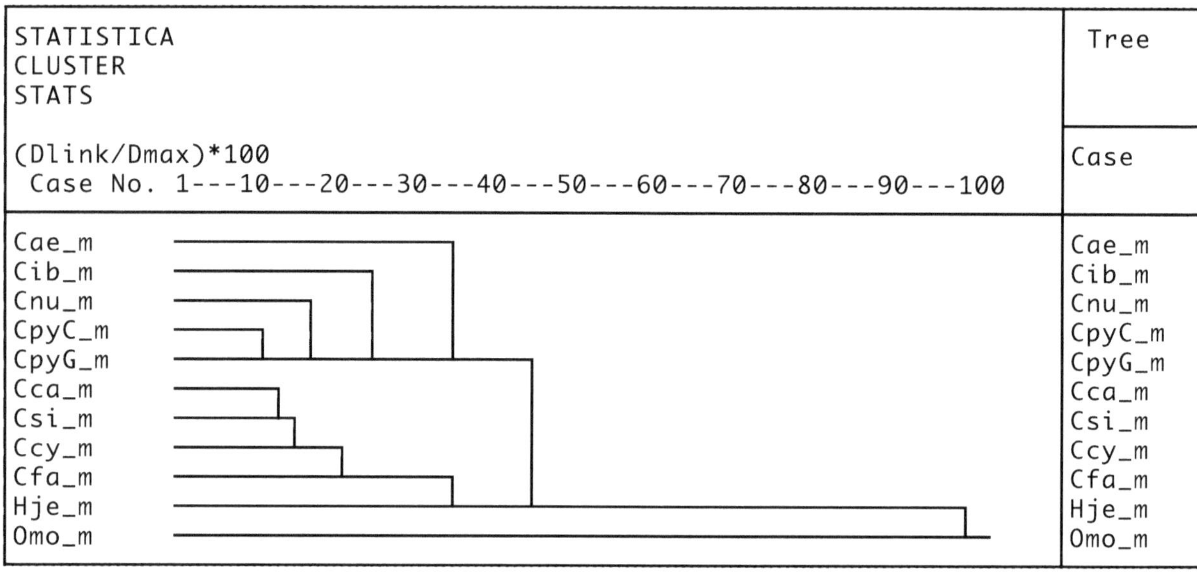

Figure 2.232. Analyse de distance des genres *Capra*, *Hemitragus* et *Ovibos* actuels. Os coxal mâle. Abréviations, même légende que la figure 2.208.

est donc clair qu'ils appartiennent à une même espèce ; en tenant compte de la répartition géographique et historique de *C. nubiana* (Couturier 1962), on peut affirmer que leurs différences résultent d'un mécanisme d'isolement géographique : on peut considérer *C. walie* comme un simple variant géographique de *C. nubiana*. *C. walie* n'ayant pu être étudié par les analyses moléculaires, aucun parallèle ne peut être fait avec cette approche méthodologique (Manceau 1997 ; Manceau, Després *et al.* 1999 ; Hassanin *et al.* 1998) ;

C. sibirica n'a aucune proportion commune avec le bouquetin alpin ; en revanche il en partage avec les bouquetins de Nubie et d'Abyssinie. Sur les arbres de distance, l'espèce n'est jamais proche de *C. nubiana* et de *C. walie* mais de *C. caucasica* et exceptionnellement de *C. ibex*. Les analyses moléculaires l'isolent de tous les bouquetins et suggèrent une différenciation précoce (Manceau 1997 ; Manceau *et al.* 1999 ; Hassanin *et al.* 1998). On peut donc supposer que la morphologie de *C. sibirica* est ancestrale et qu'elle a été gardée par *C. ibex* et par *C. nubiana*/*C. walie*.

Dans la deuxième groupe se trouvent *C. caucasica*, *C. cylindricornis* et *C. pyrenaica* (toutes populations confondues). *C. cylindricornis* se distingue par la morphologie particulière de son frontal et les proportions crâniennes qui en découlent. Les analyses moléculaires l'isolent de *C. caucasica* alors que les taxons sont sympatriques. Sur l'arbre de distance, les mâles sont distincts tout en gardant une certaine proximité ; c'est ce qui est aussi révélé par la méthodologie des diagrammes

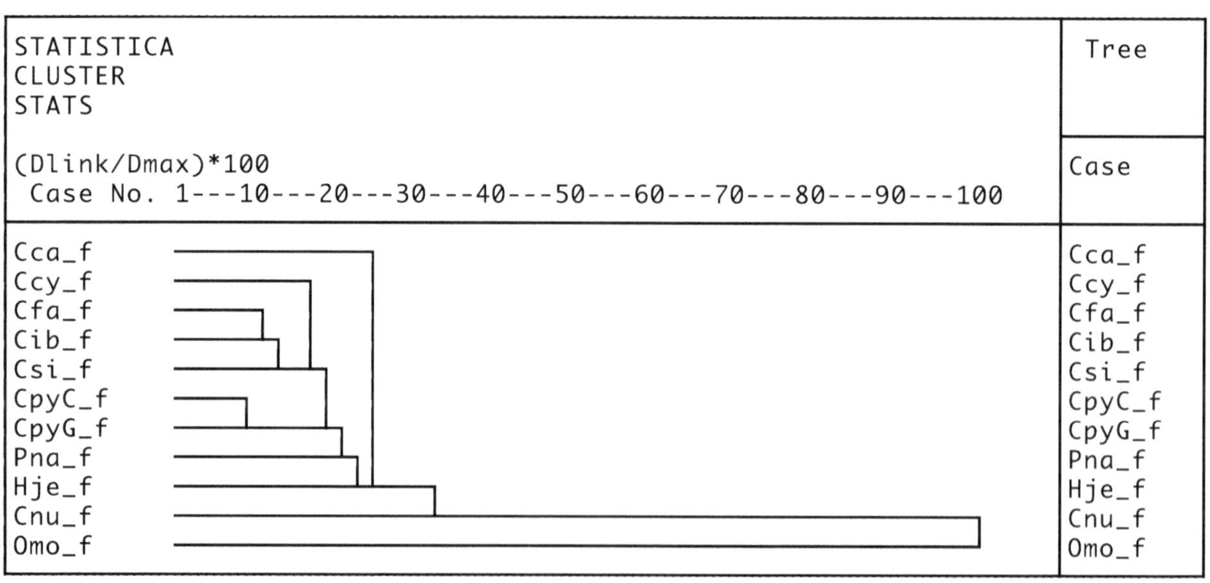

Figure 2.233. Analyse de distance des genres *Capra*, *Hemitragus*, *Pseudois* et *Ovibos* actuels. Os coxal femelle. Abréviations, même légende que la figure 2.208.

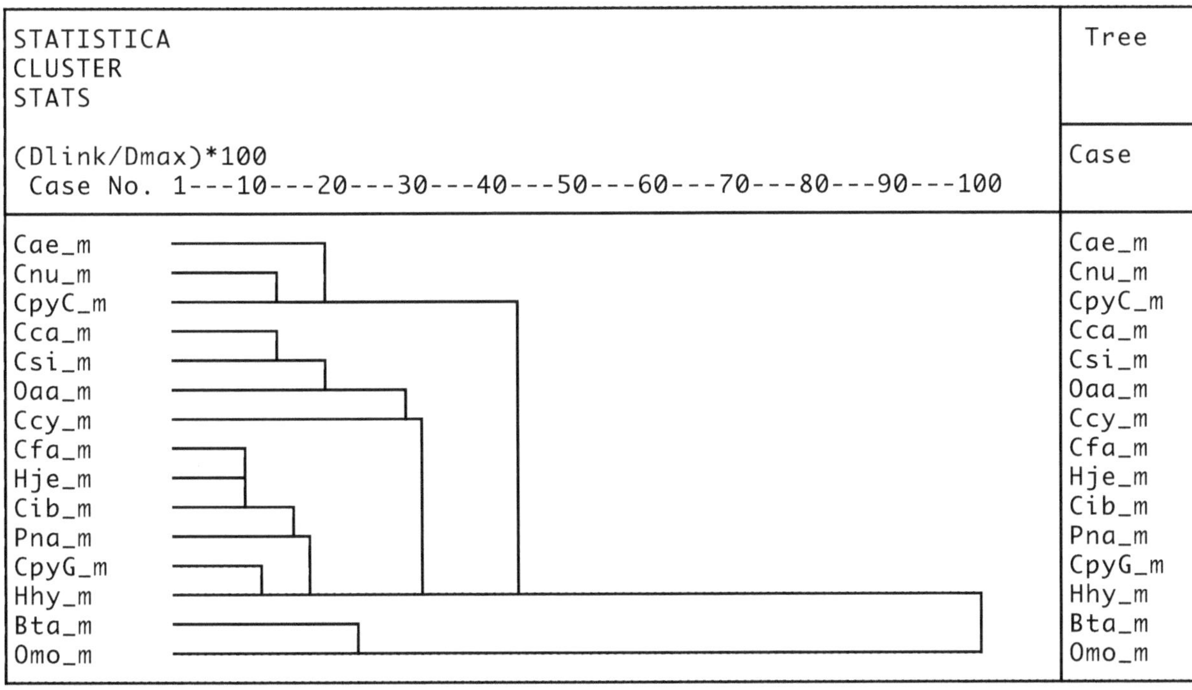

Figure 2.234. Analyse de distance des genres *Capra*, *Hemitragus*, *Pseudois*, *Ammotragus*, *Ovis*, *Budorcas* et *Ovibos* actuels. Fémur mâle. Abréviations, même légende que la figure 2.208.

de Simpson. Par contre l'arbre de distance rapproche les femelles des deux bouquetins du Caucase. La morphologie externe rapproche *C. pyrenaica* des Pyrénées et *C. caucasica*. Les diagrammes de Simpson distinguent *C. caucasica* et *C. pyrenaica* des Pyrénées tout en révélant des proximités. L'analyse de distance conclut à une similarité crânienne des mâles de *C. caucasica* et de *C. sibirica* entre eux mais groupe aussi *C. pyrenaica* avec *C. sibirica* ainsi qu'avec *C. ibex*. Cette dernière proximité ne se retrouve cependant pas pour l'unique crâne femelle de bouquetin des Pyrénées qui se révèle plus semblable à *C. sibirica*. Les analyses moléculaires ne mettent pas en évidence la proximité de *C. caucasica* ou de *C. sibirica* avec *C. pyrenaica*, ce dernier étant dit former un clade avec *C. ibex* (Manceau 1997 ; Manceau, Després *et al.* 1999 ; Hassanin *et al.* 1998). La possibilité d'un ancêtre commun aux bouquetins alpin, des Pyrénées et du Caucase est indiquée dans l'arbre de distance des analyses moléculaires réalisées par V. Manceau (« Dans l'analyse de distance, les bouquetins européens ont un ancêtre commun

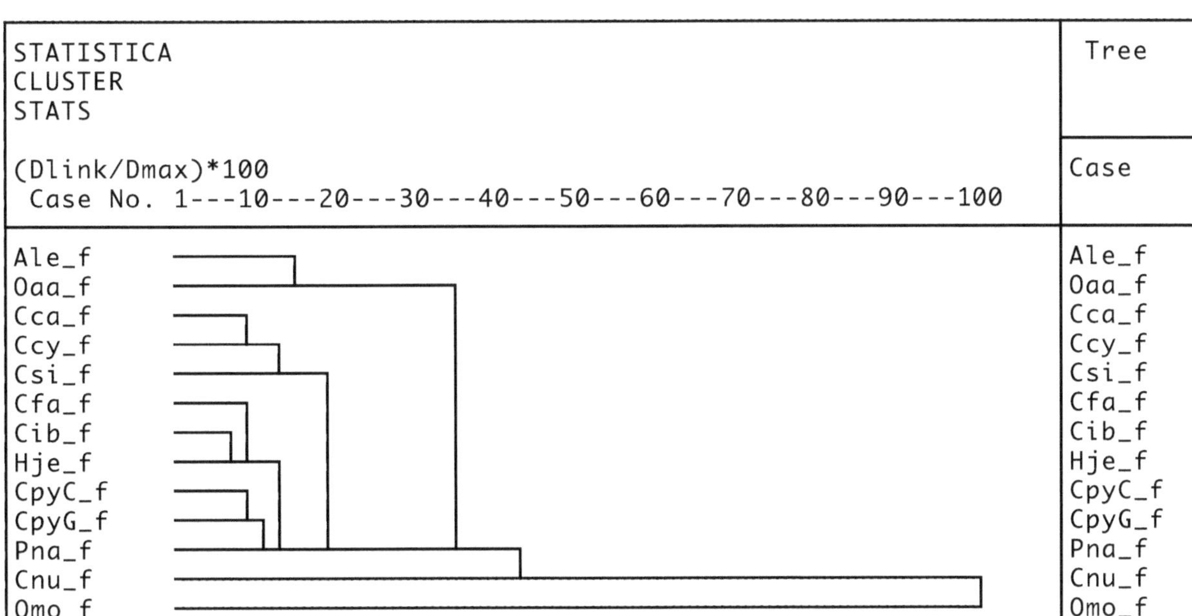

Figure 2.235. Analyse de distance des genres *Capra*, *Hemitragus*, *Pseudois*, *Ammotragus*, *Ovis* et *Ovibos* actuels. Fémur femelle. Abréviations, même légende que la figure 2.208.

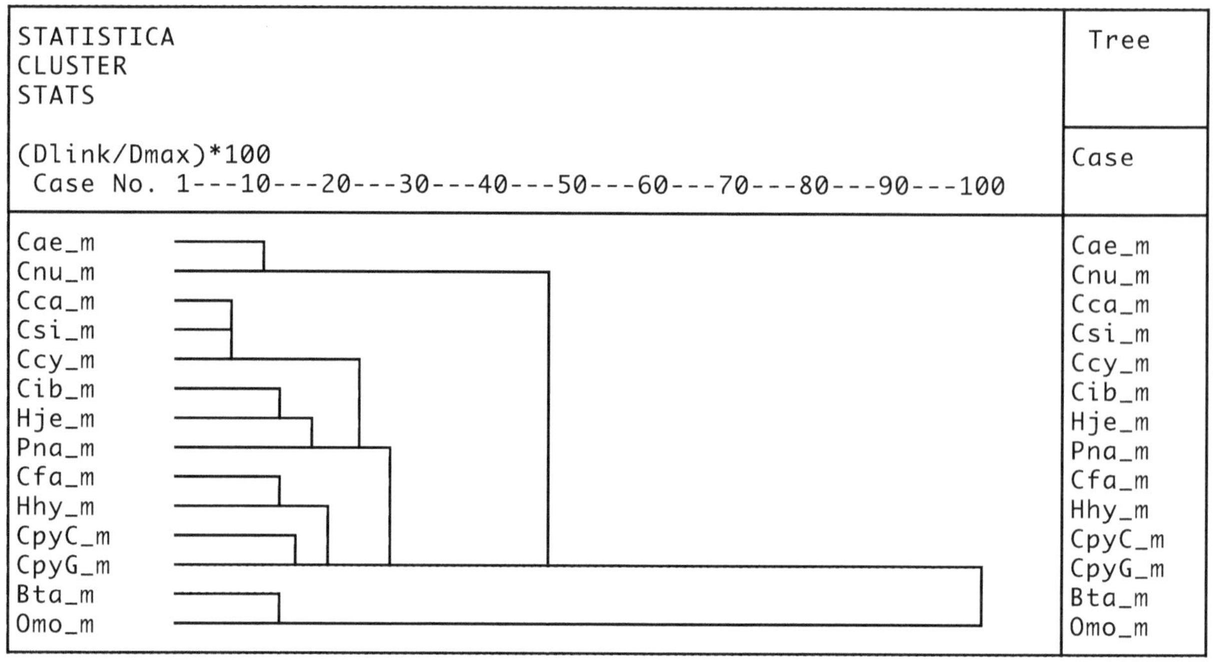

Figure 2.236. Analyse de distance des genres *Capra*, *Hemitragus*, *Pseudois*, *Budorcas* et *Ovibos* actuels. Tibia mâle. Abréviations, même légende que la figure 2.208.

avec les bouquetins de l'ouest du Caucase (la valeur de bootstrap est cependant faible : 42%) » 1997 : 57), mais ce résultat n'est par la suite plus retenu (Manceau, Després *et al.* 1999). Chez *C. pyrenaica* les crânes des mâles et des femelles de Gredos et de Cazorla se révèlent très proches par l'analyse de distance alors que la morphologie diffère. La méthodologie des diagrammes de Simpson met aussi en avant leurs analogies tout en montrant que Cazorla ressemble aussi à Tortosa. Les populations de Gredos et de Tortosa sont celles qui partagent le plus de proportions identiques avec celle des Pyrénées, la population de Cazorla, qui est la plus méridionale, est celle qui montre le plus de différences. On trouve donc dans chaque unité géographique des similitudes avec les autres. Les analyses moléculaires indiquent une différenciation ancienne de la forme des Pyrénées, et suggèrent des affinités des populations des sierras du Sud entre elles (Muela de Cortes, Ronda, Sierra Nevada et Cazorla) et de celles des sierras du Nord (Tortosa, Gredos) (Manceau 1997 ; Manceau, Crampe *et al.* 1999), ce qui ne correspond pas aux résultats biométriques.

La situation est donc confuse. Si l'on admet que la morphologie de la forme ancestrale devait être similaire

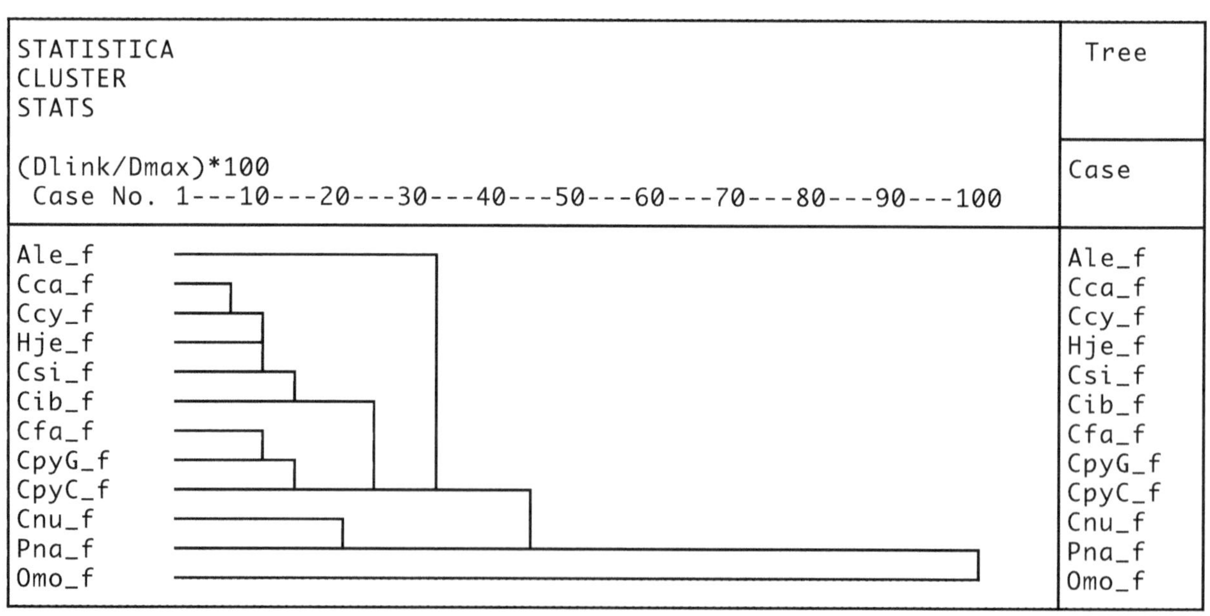

Figure 2.237. Analyse de distance des genres *Capra*, *Hemitragus*, *Pseudois*, *Ammotragus* et *Ovibos* actuels. Tibia femelle. Abréviations, même légende que la figure 2.208.

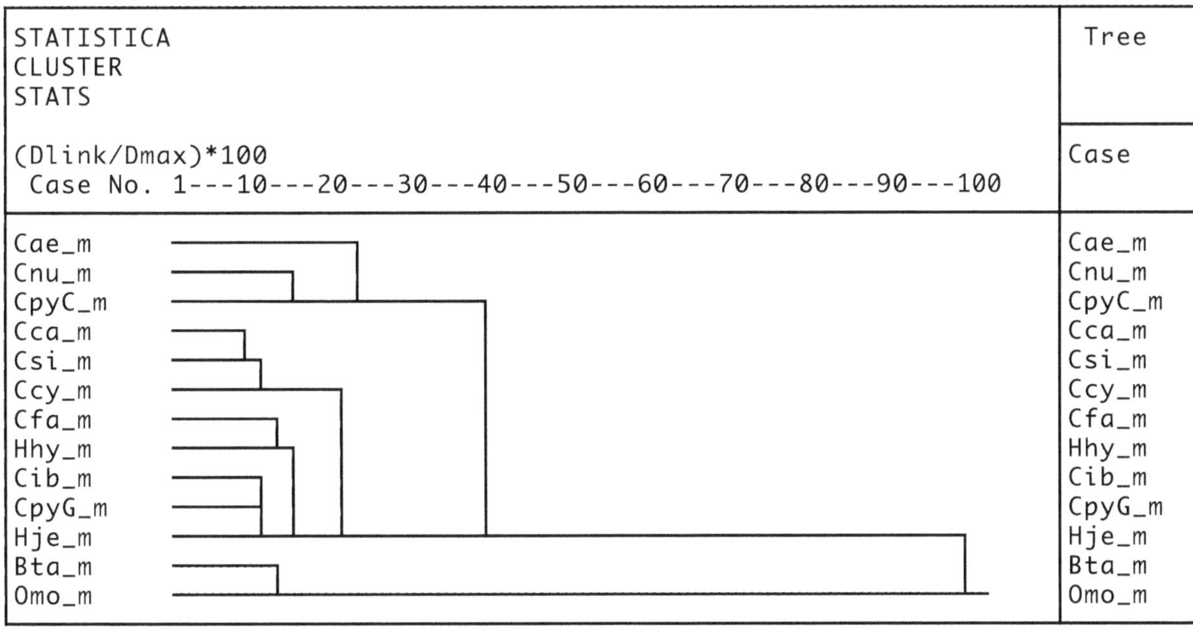

Figure 2.238. Analyse de distance des genres *Capra*, *Hemitragus*, *Budorcas* et *Ovibos* actuels. Talus mâle. Abréviations, même légende que la figure 2.208.

à celle de *C. sibirica*, on peut supposer que les caractères crâniens de *C. caucasica*, *C. cylindricornis* et *C. pyrenaica* représentent un stade plus évolué que celui du groupe précédent. La question est de savoir si les similitudes observées entre la population des Pyrénées et celle du Caucase occidental résultent d'un parallélisme ou d'un ancêtre commun. Les analyses moléculaires et l'arbre de distance du crâne mâle corroborent la première hypothèse tandis que la méthode des diagrammes de Simpson et la morphologie externe appuient le second scénario. La découverte du parasitisme du Diptère *Oestrus caucasicus* sur *C. pyrenaica* est un argument supplémentaire en faveur de cette dernière hypothèse, la larve de cet insecte étant l'hôte de *C. caucasica*, de *C. cylindricornis* et de *C. sibirica* et n'ayant jamais été trouvée chez *C. ibex* (Pérez *et al.* 1996 ; Couturier 1962) ; son aire de répartition est disjointe car reconnue de la Mongolie au Caucase d'une part et dans la péninsule ibérique d'autre part. Compte tenu de la biologie de ce groupe de Diptère, il est évident que sa présence sous-tend une origine orientale de *C. pyrenaica*. Quant aux populations ibériques, il est clair qu'elles dérivent de la population des Pyrénées. Ces mêmes populations présentent un taux d'oligodontie important. La prédominance de ce phénomène chez les *Ovis* sauvages est interprétée comme un caractère évolué (Hoefs 2001). La perte de la p2 est rare chez les autres

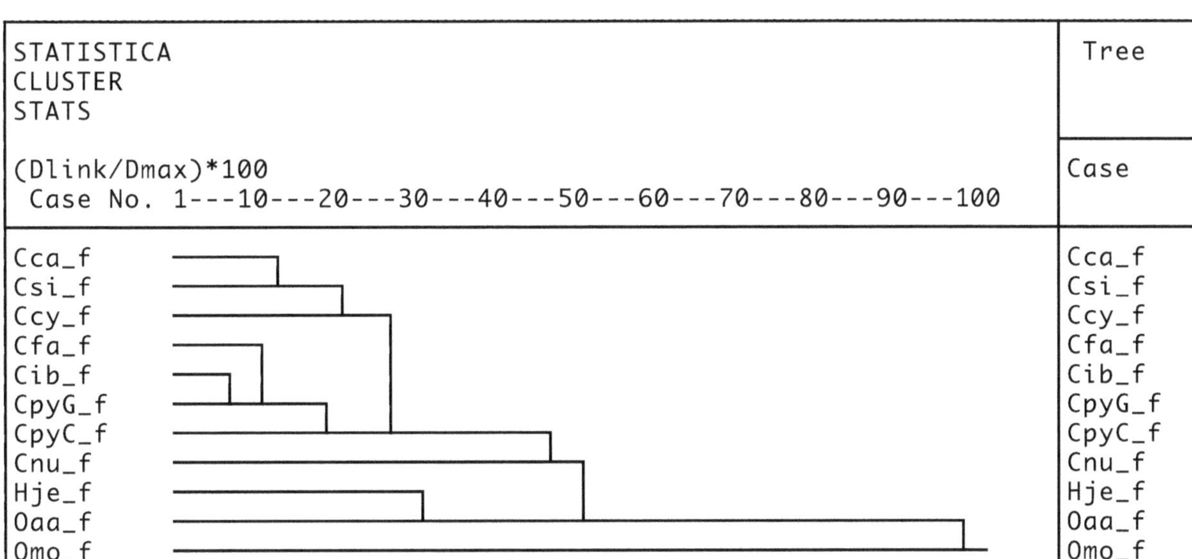

Figure 2.239. Analyse de distance des genres *Capra*, *Hemitragus*, *Ovis* et *Ovibos* actuels. Talus femelles Abréviations, même légende que la figure 2.208.

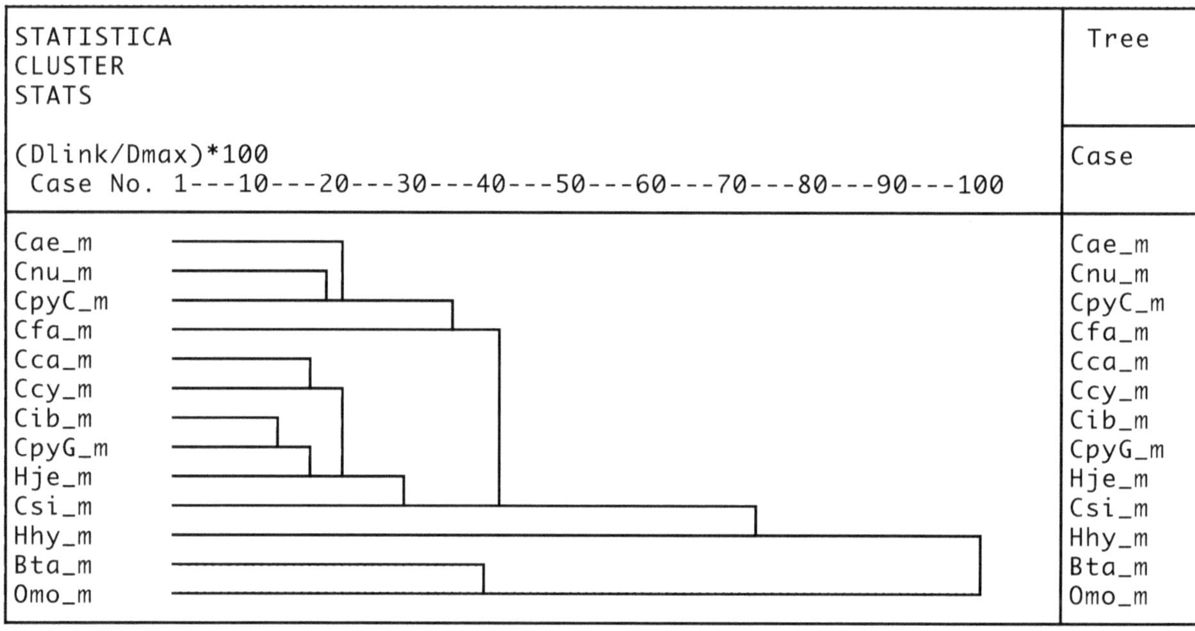

Figure 2.240. Analyse de distance des genres *Capra*, *Hemitragus*, *Budorcas* et *Ovibos* actuels. Cubonaviculaire mâle. Abréviations, même légende que la figure 2.208.

Capra examinés et cette anomalie me paraît découler du fort goulot d'étranglement connu par les populations ibériques.

Le troisième groupe morphologique ne concerne que *C. aegagrus* et *C. falconeri*. Les diagrammes de Simpson du crâne soulignent de nombreuses proportions communes mais les points de divergence sont importants. Les différences pour les mandibules sont minimes. Au niveau du squelette, les disparités sont fortes à l'exception des carpiens. La morphologie externe n'est pas tout à fait la même entre les deux taxons. L'analyse de distance ne rapproche en aucun cas chèvre égagre et markhor. *C. aegagrus* diffère de tous les autres bouquetins par son crâne à face courte mais à neurocrâne long. Le raccourcissement de la face s'accompagne d'une augmentation de son épaisseur et de sa largeur tandis que l'allongement de l'arrière crâne va de pair avec son aplatissement. *C. falconeri* se distingue par un arrière crâne relativement court mais particulièrement épais et des orbites courtes. L'interprétation est délicate. Les aires de répartition des deux taxons en Afghanistan se recouvrent ponctuellement, des hybridations entre les deux espèces sont possibles, certaines sous-espèces supposées de markhor seraient plutôt des chèvres égagres. Il est évident que ces données ne sont pas claires. Il est d'autant plus difficile de conclure

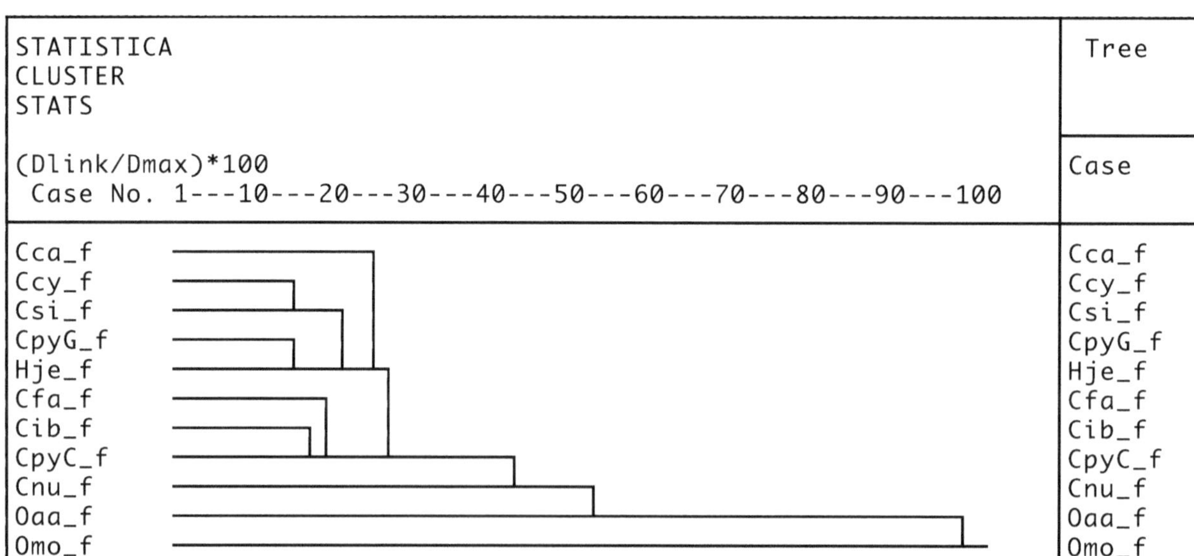

Figure 2.241. Analyse de distance des genres *Capra*, *Hemitragus*, *Ovis* et *Ovibos* actuels. Cubonaviculaire femelle. Abréviations, même légende que la figure 2.208.

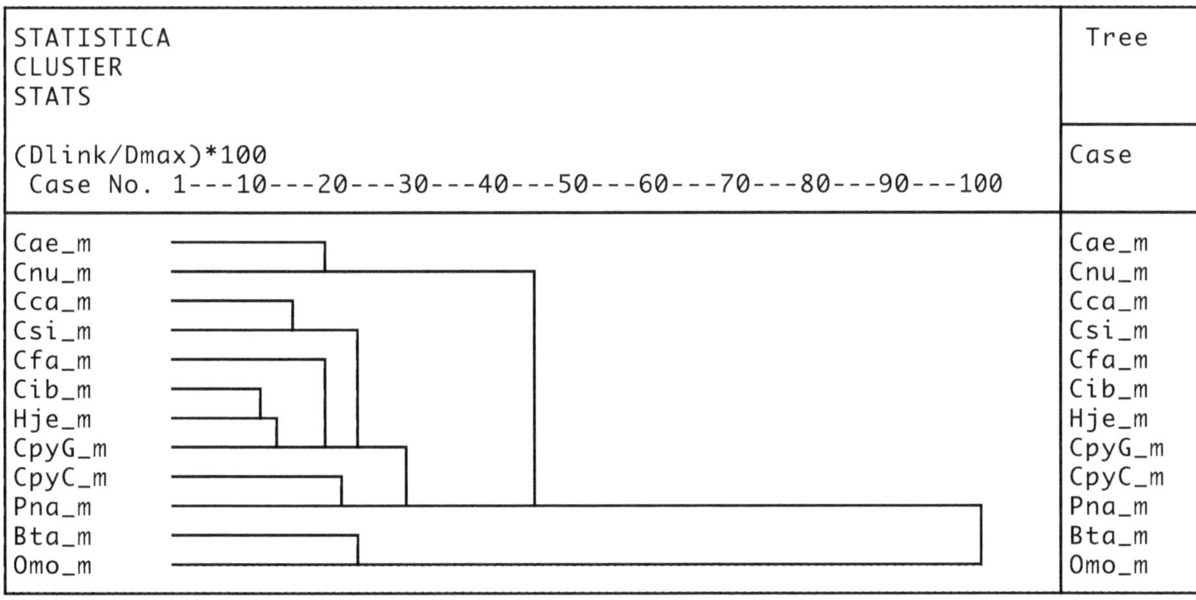

Figure 2.242. Analyse de distance des genres *Capra*, *Hemitragus*, *Pseudois*, *Budorcas* et *Ovibos* actuels. Canon postérieur mâle. Abréviations, même légende que la figure 2.208.

que l'échantillonnage est restreint. On peut simplement dire qu'il s'agit de formes ayant fortement divergé du stock ancestral.

Pour conclure, les résultats des analyses morphologiques et biométriques ne sont donc concordants que pour *C. nubiana* et *C. walie* d'une part et pour les populations des bouquetins ibériques d'autre part, c'est à dire pour les taxons dont la séparation géographique est récente. Pour tous les autres *Capra*, les résultats sont contradictoires. On constate que les isolats augmentent le taux de spéciation et que celui-ci est rapide : en quelques décennies des morphotypes différents se mettent en place (cas des bouquetins ibériques) et si l'aire de répartition entre les populations reste disjointe, en quelques siècles le morphotype paraît se stabiliser (bouquetin de Nubie et d'Abyssinie).

D'après les analyses moléculaires *C. sibirica* est le descendant de la forme ancestrale de l'ensemble des *Capra*. Dans cette hypothèse, mais aussi en fonction de sa répartition géographique et des commentaires précédents, il convient d'envisager une diffusion vers l'ouest et vers le sud avec mise en place de populations gardant la morphologie de base (bouquetin alpin et de Nubie), d'autres pas (bouquetins du Caucase oriental et

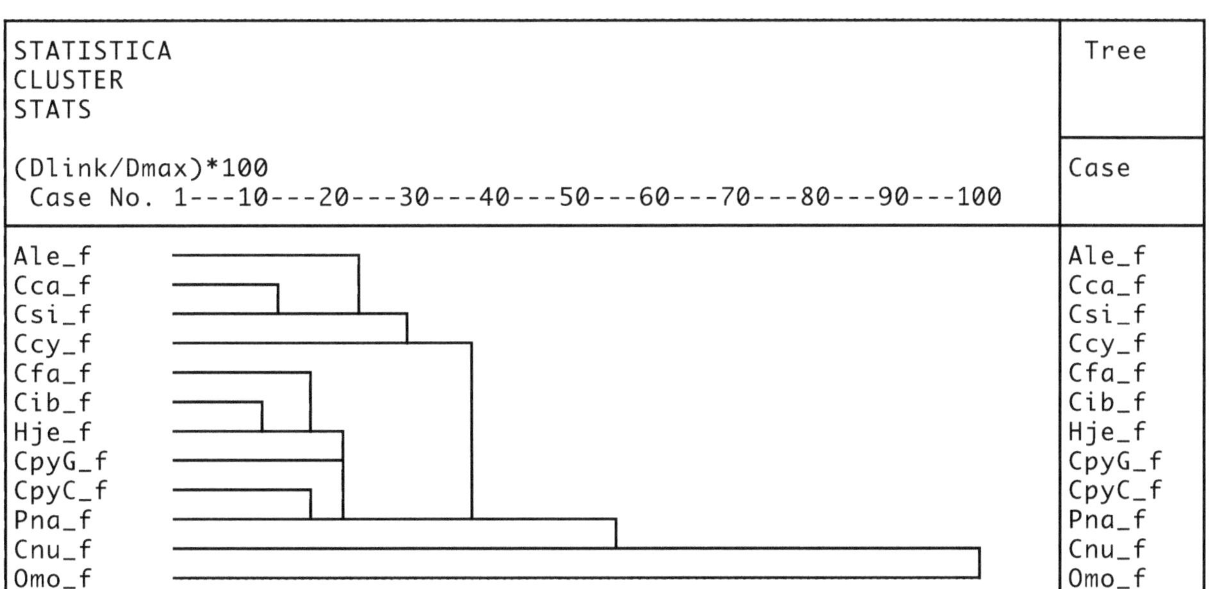

Figure 2.243. Analyse de distance des genres *Capra*, *Hemitragus*, *Pseudois*, *Ammotragus* et *Ovibos* actuels. Canon postérieur femelle. Abréviations, même légende que la figure 2.208.

occidental). Des phénomènes d'immigrations secondaires ont pu aussi se superposer (bouquetin du Caucase vers les Pyrénées).

Je n'ai pas traité la question de l'allométrie interspécifique. Néanmoins, si l'on excepte *C. aegagrus*, il semble bien que les proportions entre face et arrière crâne puissent être en relation avec la latitude puisque les bouquetins du « bloc » arabo-méditerranéen diffèrent des formes continentales par une face relativement longue et basse et un arrière crâne relativement court et épais, ainsi que par un membre thoracique plus gracile. On observe aussi que l'os coxal des populations méridionales possède des tubérosités ischiatiques rapprochées et des tubérosités iliaques écartées, l'inverse s'observant pour les populations continentales. Dès lors il conviendra d'être prudent dans les interprétations des relations phylétiques des bouquetins fossiles, les proportions pouvant être sous l'influence du milieu.

Les analyses ont en tout cas le mérite de montrer que la divergence des *Capra* actuels est grande. La création des isolats géographiques engendre des différences morphologiques très rapides qui dans un premier temps n'affecte que très peu les proportions générales du squelette. Il semble aussi que l'isolement des populations puisse être à l'origine d'une oligodontie ainsi que du fort développement du métaconide des p3 (populations ibériques). Si l'on applique les résultats au fossile, il devrait donc être possible de corréler entre elles des populations appartenant à une même espèce, sous réserve qu'elles ne soient pas trop éloignées dans le temps, et de reconnaître celles qui ont évolué en isolat.

V.2. Genre Hemitragus Hodgson, 1841

Comme pour *Capra*, il existe un cline de la taille, le tahr de l'Himalaya et des Nilgiri étant nettement plus grands que le tahr d'Arabie qui se trouve en milieu semi désertique.

Les caractères crâniens sont clairement distincts de ceux de *Capra*. En revanche des similitudes de morphologie s'observent aux membres, ce qui va dans le sens d'une origine commune. La proximité des deux genres est bien mise en évidence par le biais de l'analyse de distance. Ces résultats concordent avec celui des analyses moléculaires (Hassanin *et al.* 1998).

H. jemlahicus, *H. hylocrius* et *H. jayakari* ont une morphologie crânienne distincte, mais les différences sont moins accusées entre tahr de l'Himalaya et tahr de l'Inde qu'avec celui d'Arabie. L'identité de proportions entre *H. jemlahicus* et *H. hylocrius* est aussi décelable sur les diagrammes de Simpson, et les graphiques des arbres de distance confirment leur proximité (elle n'est cependant pas aussi nette que sur les diagrammes de Simpson). On peut conclure que ces deux taxons ont une origine commune. La structure crânienne d'*H. hylocrius*, dont le crâne est allongé en arrière des chevilles, peut être considérée comme plus primitive que celle d'*H. jemlahicus* dont l'arrière crâne est vertical (Schaffer et Reed 1972). Il a donc de fortes chances pour que la différenciation du tahr de l'Himalaya soit récente. Il convient de rappeler les aires de répartition de ces deux taxons sont disjointes, le tahr des Nilgiri se trouvant au sud de l'Inde, le tahr de l'Himalaya au nord.

H. jayakari, séparé des deux autres taxons par le golfe Persique, est morphologiquement très différent. Ses proportions le distinguent aussi très bien et sa position excentrée est bien visualisée sur l'arbre de distance. La question est de savoir si ces différences sont le reflet d'une origine commune lointaine ou bien si elles résultent d'une adaptation au milieu (en l'occurrence plus désertique), à moins que l'attribution du taxon au genre *Hemitragus* ne soit pas la bonne (A.W. Gentry 1999) ; la morphologie du crâne est en effet totalement différente. Le nombre restreint de spécimens étudiés et l'absence d'analyse du squelette appendiculaire ne me permettent pas de conclure.

V.3. Genre Pseudois Hodgson, 1846

Sa morphologie externe est distincte de celle des tahrs mais son squelette l'est beaucoup moins. La longueur du museau et de la face ainsi que leur relative étroitesse jointes à la verticalité de l'arrière crâne sont des caractéristiques partagées avec le tahr de l'Himalaya ; de même le squelette appendiculaire a d'importantes analogies entre les deux espèces. Les diagrammes de Simpson mettent aussi en avant une similitude de proportions et l'analyse de distance confirme ce résultat pour le crâne. Par conséquent, une filiation entre *Pseudois* et *Hemitragus* est possible, d'autant qu'ils sont géographiquement très proches. Néanmoins, les proportions du membre thoracique et les caractères propres à chacun d'entre eux sont révélateurs d'une origine commune lointaine. Il est intéressant de noter que les métacarpiens II et V persistent à l'état vestigial ainsi que la partie proximale de la fibula : le bharal est sur ce point moins évolué que le tahr. Les analyses moléculaires ne contredisent pas ces résultats puisqu'elles placent dans un même clade *Capra*, *H. jemlahicus* et *Pseudois* et suggèrent une différenciation plus ancienne de la lignée de ce dernier (Hassanin *et al.* 1998).

V.4. Genre Ammotragus Blyth, 1840

De par son aspect extérieur et sa répartition géographique, le mouflon à manchette n'a rien en commun avec les taxons précédents. Toutefois, la morphologie crânienne évoque celle du bharal et du tahr de l'Himalaya. Une filiation entre ces taxons est donc possible. Les diagrammes de Simpson mettent aussi en avant de nombreuses similitudes entre *Ammotragus* et *H. jemlahicus* mais aussi avec *P. nayaur* ce qui incite à inclure le mouflon à manchettes dans les *Caprini*.

L'analyse de distance montre aussi sa proximité avec *Hemitragus* et *Pseudois*, mais le distingue bien. Les analyses moléculaires le placent en position de groupe frère avec le clade *Pseudois-H. jemlahicus* (Hassanin *et al.* 1998).

En fait, l'absence de contact entre prémaxillaire et nasal, la forme du bord rostral des choanes, les caractéristiques dentaires et les proportions de la face et de l'arrière crâne ainsi que la morphologie des ossements écartent *Ammotragus* du tahr et du bharal.

Toutes les approches concordent donc pour exclure le mouflon à manchettes de la tribu des *Caprini* et le considérer comme un groupe frère du clade *Pseudois-H. jemlahicus*.

V.5. Genre Ovis Linné, 1758

La morphologie externe, celle du crâne et les proportions osseuses isolent le genre de *Capra*, d'*Hemitragus* et de *Pseudois*. C'est aussi le cas des analyses moléculaires (Hassanin *et al.* 1998).

Des quatre *Ovis* étudiés, *O. a. ammon* (argali de l'Altaï), *O. a. poloi* (argali de Marco Polo) et *O. a. hodgsoni* (argali du Tibet) ont la même morphologie crânienne et le même type de proportions, ce qui valide leur statut de sous-espèces. Ils sont d'ailleurs géographiquement voisins étant répartis de l'Himalaya aux montagnes de Saïan.

O. orientalis (urial d'Afghanistan), dont l'aire de distribution s'étend du nord au sud de la région située entre les mers Caspienne et d'Aral aux bords de la mer d'Oman, et d'est en ouest du Ladakh au Zagros, diffère des *O. ammon* non seulement par la morphologie mais aussi par les proportions de son crâne, ce qui m'incite à le considérer comme une espèce distincte.

V.6. Genre Ovibos de Blainville, 1816

Les caractères morphologiques crâniens et post-crâniens distinguent ce genre des précédents et en partie de *Budorcas* (cf. *infra*). Ce constat corrobore les observations d'E. Lönnberg (1900), en partie le résultat des analyses cladistiques d'A.W. Gentry (1992) et celui de la classification moléculaire (Hassanin *et al.* 1998).

V.7. Genre Budorcas Hodgson, 1850

L'absence de facette supplémentaire à la base du condyle occipital exclu *Budorcas* des *Ovibovini*. Cependant des analogies morphologiques s'observent entre takin et bœuf musqué au niveau du squelette appendiculaire. Les diagrammes de Simpson montrent que le crâne de *Budorcas* n'a que peu de proportions communes avec le bœuf musqué tandis que la mandibule est moins différente. Au niveau du squelette post-crânien, le tibia et les carpiens de ces deux genres sont très semblables et pour les autres ossements testés il y a autant de différences que d'analogies. Si l'on tient compte des données moléculaires (Groves et Shields 1996 ; Hassanin 1999 ; Gatesy et Arctander 2000) *Budorcas* et *Ovis* seraient apparentés. En effet, les diagrammes de Simpson et l'analyse de distance des crânes mettent en avant des similitudes entre le takin et *O. ammon*. Mais cette proximité est moins nette pour le squelette appendiculaire. J'ai déjà signalé que la parenté de *Budorcas* et d'*Ovis* a déjà été envisagée par E. Lönnberg (1900) d'après l'anatomie crânienne.

En conclusion tout corrobore pour exclure *Budorcas* de la tribu des *Ovibovini* et voir dans les similitudes avec *Ovibos* de simples convergences. Du fait de la parenté moléculaire de *Budorcas* avec le genre *Ovis*, il convient d'inclure les deux genres dans une nouvelle tribu, même si le particularisme anatomique des genres est symptomatique d'une histoire évolutive différente. Je propose la diagnose qui suit.

V.8. Diagnose de la tribu des Ovini

Famille Bovidae Gray, 1821

Sous-famille Caprinae Gill, 1872

Tribu *Ovini* nov.

Diagnose

Tribu incluant les genres *Ovis* et *Budorcas* de même parenté moléculaire mais ne constituant pas un groupe homogène sur le plan anatomique. Crâne à face longue, épaisse et large ; prémaxillaire, pariétal et lacrymal présentant le même type de proportions. Maxillaire et nasal sans contact. Nasal plan ou convexe. Frontal formant une protubérance de type « pain de sucre ». Absence de fontanelle naso-lacrymale. Tubercule facial peu proéminent.

V.9. Résumé

En résumé, les analyses morphologiques et biométriques permettent de grouper les sept genres actuels étudiés en deux unités :

- *Capra, Hemitragus* et *Pseudois* qui constituent la tribu des *Caprini* ;
- *Ovis* et *Budorcas* que l'on doit regrouper dans la nouvelle tribu des *Ovini*.

Et d'isoler :

- *Ammotragus* et *Ovibos*. Le statut du premier n'a pu être précisé. Le second est le seul représentant actuel de la tribu des *Ovibovini*.

Chapitre 3

Analyse morphométrique des Ovibovini, Caprini et Ovini fossiles

I. CADRE CHRONOLOGIQUE

Les matériaux examinés proviennent de sites de la fin du Mésozoïque (Pliocène terminal) et du Quaternaire (Pléistocène et Holocène). La limite entre ces ères ainsi que le découpage de ces périodes sont souvent sujettes à controverse. Par ailleurs, les problèmes de corrélation sont importants, les diverses échelles chronologiques proposées ne se fondant pas sur les mêmes critères (Azzaroli et Ambrosetti 1970 ; Azzaroli 1982, 1999 ; Azzaroli *et al.* 1982 ; Azzaroli *et al.* 1988 ; Ballesio *et al.* 1973 ; Bonifay 1980 a et b, 1982 a à c, 1983, 1992 ; Bonifay et Brugal 1996 ; Bruijn *et al.* 1992 ; Chaline 1976 ; Cordy 1982 ; Gliozzi *et al.* 1997 ; Guérin 1980, 1984, 1987, 1990 ; Guérin et Faure 1982 ; Heintz 1970 ; Heintz *et al.* 1974 ; Maul *et al.* 2000 ; Miskovsky 1983 ; Palombo *et al.* 2000–2002 ; Roebroeks et Kolfschoten 1995 ; Sardella *et al.* 1998 ; Tobien 1970 ; Torre *et al.* 1992, 1996, 1999, 2001 ; Zagwijn 1960). Les corrélations avec les stades isotopiques sont aussi contradictoires (Shackleton et Opdyke 1973, 1976 ; Shackleton et Hall 1984 ; Shackleton *et al.* 1990 ; Roebroeks et Kolfschoten 1995). Le point de vue adopté dans ce travail est présenté ci-dessous. Des équivalences approximatives entre les diverses échelles y sont indiquées.

I.1. Le Pliocène terminal

Il correspond à la majeure partie du Villafranchien.

A. Le Villafranchien inférieur

Équivalences, correspondances : MN16 ; biozone des Étouaires d'E. Heintz ; faune repère de Triversa ; Villanyen ; "*Leptobos* event" de A. Azzaroli = MN 16 a = partie basse du Villafranchien inférieur ; faune repère de Montopoli ; "Elephant-*Equus* event" de A. Azzaroli = MN 16 b = partie haute du Villafranchien inférieur.

B. Le Villafranchien moyen

Il peut se scinder en deux : le Villafranchien moyen ancien et le Villafranchien moyen supérieur.

Équivalences, correspondances du Villafranchien moyen ancien : MN 17 ; biozone de Saint Vallier d'E. Heintz ; complexe Mimomyen moyen ou Arondellien, climatozone de Schernfeld (J. Chaline) ; Villanyen.

Équivalences, correspondances du Villafranchien moyen supérieur : MN 18 ; biozone de Senèze d'E. Heintz ; complexe Mimomyen moyen ou Arondellien, climatozone de Montagny (J. Chaline).

I.2. Le Pléistocène inférieur

Sa limite inférieure correspond à la limite supérieure de l'épisode d'Olduvai = 1,757 Ma (nouveau calibrage de Shackleton et *al.* 1990 : 1,77 à 1,95 Ma).

Équivalences et correspondances approximatives : Villafranchien supérieur ; MNQ 19 et 20 (*p.p.*) de C. Guérin ; biozone de Peyrolles d'E. Heintz ; faune repère d'Olivola, du Tasso et de Farneta, "Wolf event" de A. Azzaroli ; complexe Mimomyen supérieur ou Briellien de J. Chaline ; Biharien ; Galérien inférieur ; stades isotopiques 26 à 21.

I.3. Le Pléistocène moyen

Pour le Pléistocène moyen j'ai adopté comme limite inférieure celle de la transition Brunhes-Matuyama (- 780.000 Ma = transgression marine du Sicilien) et comme limite supérieure celle du début de l'Éémien ou Riss-Würm (- 128.000 ans), ce qui correspond à la mise au point du Congrès de l'INQUA à Christchurch en 1973. Au sein du Pléistocène moyen, j'ai admis le découpage présenté ci-dessous.

A. Le début du Pléistocène moyen (- 780.000 ans à - 600.000 ans)

Équivalences et correspondances approximatives : MNQ 20 de C. Guérin (*p.p.*) ; biozones I à III de J.-M. Cordy ; Galérien ; Günz ; stades isotopiques 20 à 16.

Cette phase se caractérise par une nette dégradation climatique.

B. Le Cromérien (- 600.000 ans à - 472.000 ans)

Équivalences et correspondances approximatives : MNQ 21 de C. Guérin ; climatozone à rongeurs de Bourgade, de Grâce et de Sackdilling de J. Chaline ; Günz-Mindel ; Biharien I ; Galérien moyen ; stades isotopiques 15 à 13.

L'environnement est forestier et le milieu très tempéré.

Je signalerai qu'assez souvent le début du Pléistocène moyen est inclus dans le complexe du Cromérien.

C. Le Mindel (- 472.000 ans à - 350.000 ans)

Équivalences et correspondances approximatives : MNQ 22 de C. Guérin ; biozone IV de J.-M. Cordy ; complexe Estévien et Aldénien de J. Chaline (climatozone à rongeurs de Saint Estève Janson F et G, d'Orgnac 3 o-k) ; Elster ;

Galérien moyen et supérieur ; Biharien II ; Anglien ; stades isotopiques 12 à 10.

C'est une phase de dégradation climatique importante avec de nombreuses fluctuations plus tempérées.

D. Le Mindel-Riss (- 350.000 ans à - 300.000 ans)

Équivalences et correspondances approximatives : MNQ 23 de C. Guérin ; biozone V de J.-M. Cordy ; Holstein ; Galérien supérieur ; Hoxnien ; Gortien ; stade isotopique 9.

Cet épisode correspond à une importante amélioration climatique.

E. Le Riss ou avant-dernier glaciaire (- 300.000 ans à - 128.000 ans)

Il se caractérise par trois phases climatiques majeures soit de la plus ancienne à la plus récente : le troisième glaciaire avant notre ère, l'avant dernier interglaciaire et l'avant dernier glaciaire avant notre ère.

Équivalences et correspondances approximatives : MNQ 24 de C. Guérin ; biozone VI de J.-M. Cordy ; complexe Aldénien de J. Chaline (climatozone à rongeurs d'Orgnac 3 G, de la Fage et de Grimaldi) ; Riss I à III ; Saale 1 à 3 ; Galérien supérieur ; Gipping ; Wolstonien ; Munsterien ; Holdenburgien ; stades isotopiques 8 à 6.

I.4. Le Pléistocène supérieur

Pour le Pléistocène supérieur, comme indiqué ci-dessus, j'ai adopté comme limite basale celle de l'Éémien soit - 128.000 ans. Sa limite supérieure est placée à 11.800 BP Il correspond à une grande glaciation, le Würm, et un interglaciaire, le Riss-Würm. L'ensemble correspond au complexe Regourdien de J. Chaline.

A. Le Riss-Würm ou dernier interglaciaire (- 128.000 ans à - 80.000 ans)

Équivalences et correspondances approximatives : MNQ 25 de C. Guérin ; biozone VII de J.-M. Cordy ; climatozones à rongeurs de Fontéchevade et de Santenay (J. Chaline) ; Éémien ; Ipswichien ; stade isotopique 5 e.

B. Le Würm ou dernier glaciaire

Le Würm est séparé en Würm ancien (Würm I et II) et Würm récent (Würm III et Würm IV).

- Équivalences et correspondances approximatives : MNQ 26 de C. Guérin ; biozone VIII de J.-M. Cordy ; Weichselien ; Devensien ; Midlandien.

a. Le Würm ancien (- 80.000 à - 35.000 ans)

Équivalences et correspondances approximatives : stade isotopique 5 a à 5 d (Würm ancien inférieur) et 4 (Pléniglaciaire inférieur).

b. Le Würm récent

C'est une phase climatique froide et sèche à la base qui évolue vers un climat plus tempéré au sommet. Quatorze pulsations climatiques traduisant un fort déséquilibre climatique.

Équivalences et correspondances approximatives : stades isotopiques 3 (interpléniglaciaire) et 2 (Pléniglaciaire supérieur).

- Würm III = fin de la période glaciaire, de - 35.000 à - 19.700 BP. Industrie du Gravettien (=Périgordien supérieur).
- Würm III-IV = interstade de Laugerie, de - 19.700 à - 18.500 BP. Industrie du Solutréen.
- Würm IV = Tardiglaciaire, de - 18.500 à - 10.200 BP. Les subdivisions sont les suivantes :

Dryas I : - 18.500 à - 13.300 BP. Froid. Entrecoupé par l'épisode de Lascaux : - 17.800 à - 16.500 BP Cultures du Magdalénien et de l'Arénien (Sud-Est de la France).

Bølling : - 13.300 à - 12.300 BP. Réchauffement.

Dryas II : - 12.300 à - 11.800 BP. Culture du Magdalénien supérieur (V et VI), Bouvérien (Sud-Est de la France).

Allerød : - 11.800 à - 10.800 BP. Réchauffement humide. Cultures du Paléolithique supérieur terminal : Épipaléolithique : Azilien, Romanellien, Valorguien.

Dryas III : - 10.800 à - 10.200 BP. Rafraîchissement. Industrie : cf. Allerød.

Je signale que la chronologie du Dryas III est sujette à discussion un âge de 11.500 et 11.640 ans étant avancé pour le début de la période (forages des glaces du Groenland et comptage des couches annuelles).

I.5. L'Holocène

L'Holocène est la dernière période du Quaternaire. Les subdivisions du début de cette période et qui sont concernées par ce travail, sont les suivantes :

- Préboréal : - 10.200 à - 8.800 BP. Climat frais. Cultures de l'Épipaléolithique : Sauveterrien ancien.
- Boréal : - 7.800 à - 7.500 BP. Réchauffement humide. Culture du Mésolithique : Sauveterrien moyen et supérieur.
- Atlantique : - 7.500 à - 4.500 BP. Optimum climatique chaud-humide. Fin du Mésolithique : Castelnovien ; cultures du Néolithique ancien et moyen : Chasséen, Cardial.

II. CADRE GÉOGRAPHIQUE

Le cadre géographique concerne l'Europe occidentale et orientale avec une majorité de gisements français et

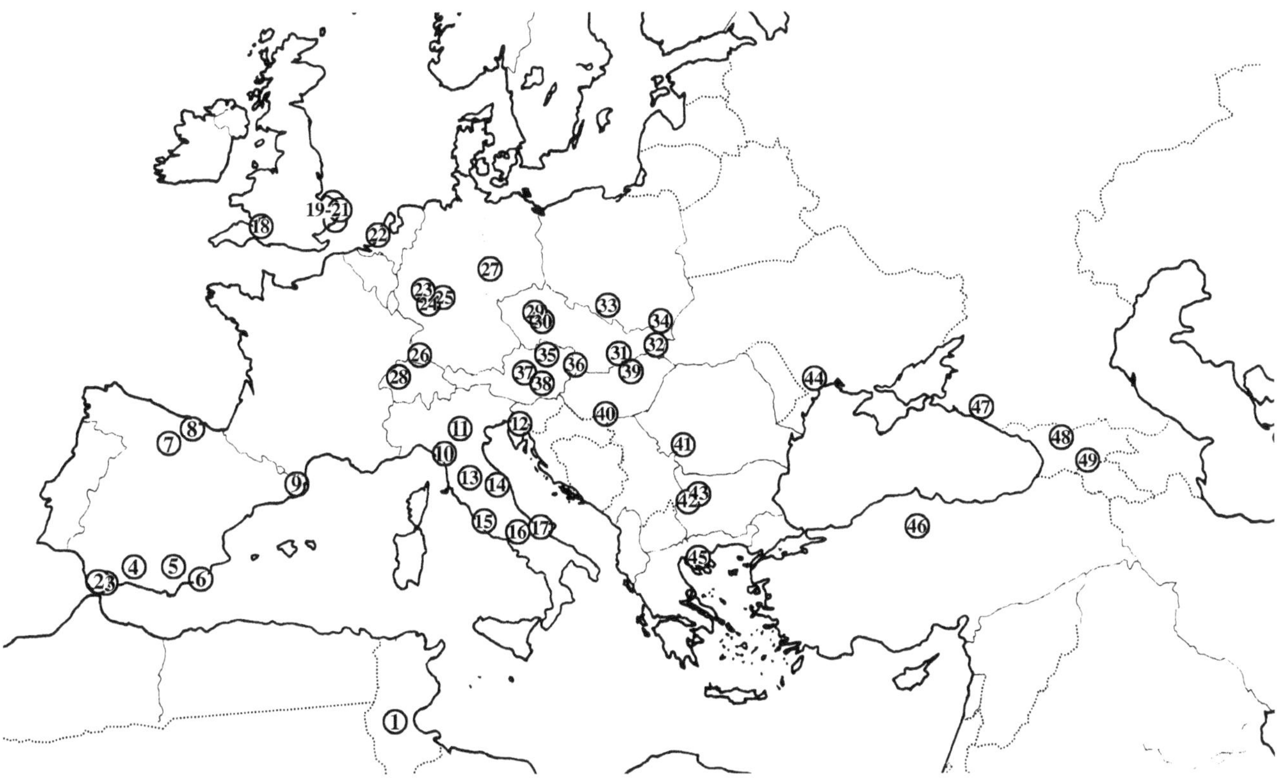

Figure 3.1. Carte des gisements d'Europe, de l'Asie occidentale et d'Afrique du Nord. **1**, Aïn Brimba. **2**, Devil's Tower et Windmill Hill. **3**, Genista Cave. **4**, Malaga. **5**, Venta Micena, Fuente Nueva 2 et 3, Barranco León, Barranco de los Conejos et Almenara 1-3. **6**, Cueva Victoria. **7**, Atapuerca. **8**, Cueva del Valle. **9**, Arbreda. **10**, Abisso dei Draghi Volanti. **11**, Levrange et Chiese. **12**, Visogliano. **13**, Il Tasso, Casa Frata. **14**, Monte Cucco et Ripa Grande. **15**, Magliana et Collepardo. **16**, Isernia. **17**, Pirro Nord. **18**, Westbury-sub-Mendip. **19-21** (du nord au sud), Trimingham, Walcot et Eccles. **22**, Maasvlakte 1. **23**, Kärlich. **24**, Mosbach. **25**, Mühleim-Ruhr. **26**, Erpfingen. **27**, Kapelenberg, Bad Frankenhausen, Süssenborn et Camburg. **28**, Schossfelsen, Vogelberg et Soleure. **29,** Zlatý Kůň. **30**, Radotin. **31**, Výpustek, Tuřany et Stránská Skála. **32**, Čertova Díra. **33**, Bielszowice [Bielschowitz]. **34**, Zoczów. **35**, Willendorf et Teufelsrast-Knochenfuge. **36**, Hundsheim. **37**, Gamssulzenhöhle et Nixloch. **38**, Tunnelhöhle. **39**, Uppony 1, Tarkö et Hór-völgy. **40**, Villány-Kalkberg et Csarnóta 2. **41**, Buguilesti et Fîntîna Lui Mitilan. **42**, Slivnitsa. **43**, Varshets. **44**, Odessa. **45,** Apollonia I et Petralona. **46**, Sinap Tepe. **47**, Mezmaiskaya. **48**, Ortvala-Klde, Tsutskuvati, Koudaro I et III, et Sakajia. **49**, Dmanisi.

pour une part moindre d'Italie, d'Espagne, de Suisse, d'Allemagne, d'Autriche, de Hongrie, de Grèce, de Bulgarie et de Russie (Figure 3.1 ; Figure 3.2).

Certains taxons sont indiqués dans des localités du Tertiaire ou bien hors du contexte géographique fixé : Afrique du Nord (Tunisie), Proche-Orient (Turquie), Asie (Géorgie (à noter : la partie occidentale de ce pays est incluse dans l'Europe), Inde, Chine). Leur révision s'est révélée nécessaire afin de clarifier l'origine de certaines espèces et la date d'apparition des Caprinae en Europe occidentale.

III. MÉTHODOLOGIE

Lorsque ce travail a été entrepris, j'ai pris en compte la nécessité d'avoir une connaissance parfaite des espèces par le biais d'une méthodologie appropriée, afin d'apporter la vision la plus réaliste possible des Caprinae pléistocènes et de leur dynamique évolutive. La littérature paléontologique montre des polémiques quant à l'attribution spécifique de certains matériaux souvent utilisés à des fins chronologiques. Ces opinions divergentes résultent le plus souvent d'une mauvaise appréciation des caractéristiques morphologiques des espèces actuelles d'une part et de certaines formes fossiles d'autre part. Outre l'étude morphologique et biométrique de la totalité des espèces des *Caprini* et *Ovibovini* actuels, partie du travail qui a été réalisée dans le chapitre précédent, j'ai entrepris, dans la mesure du possible, la révision de la totalité des types taxonomiques.

Le matériel fossile a été mesuré de la même manière que l'actuel. Pour comparer les populations entre elles, j'ai utilisé uniquement les diagrammes de Simpson. Je voudrais dire à propos du test de Student qu'il existe deux sources d'erreurs qui m'ont fait rejeter son utilisation pour les matériaux fossiles (Ducos 1991). La première concerne la différence de taille des individus, liée au dimorphisme sexuel, qui, dans le cas des *Caprini* et des *Ovibovini*, est aussi marquée que chez la plupart des Bovidae. Pour les populations en nombre d'individus suffisants, il est possible d'effectuer un tri entre mâles et femelles (Bosold 1968 ; Boessneck et Meyer-Lempennau 1966 ; Chaix et Desse 1983 ; Desse et Chaix 1985, 1991 ; Fandos et Vigal 1993). Malheureusement, les matériaux fossiles dont j'ai disposé n'ont pas tous répondu à ce critère d'abondance. La seconde concerne les variations de taille chronologiques liées "aux micro-variations climatiques

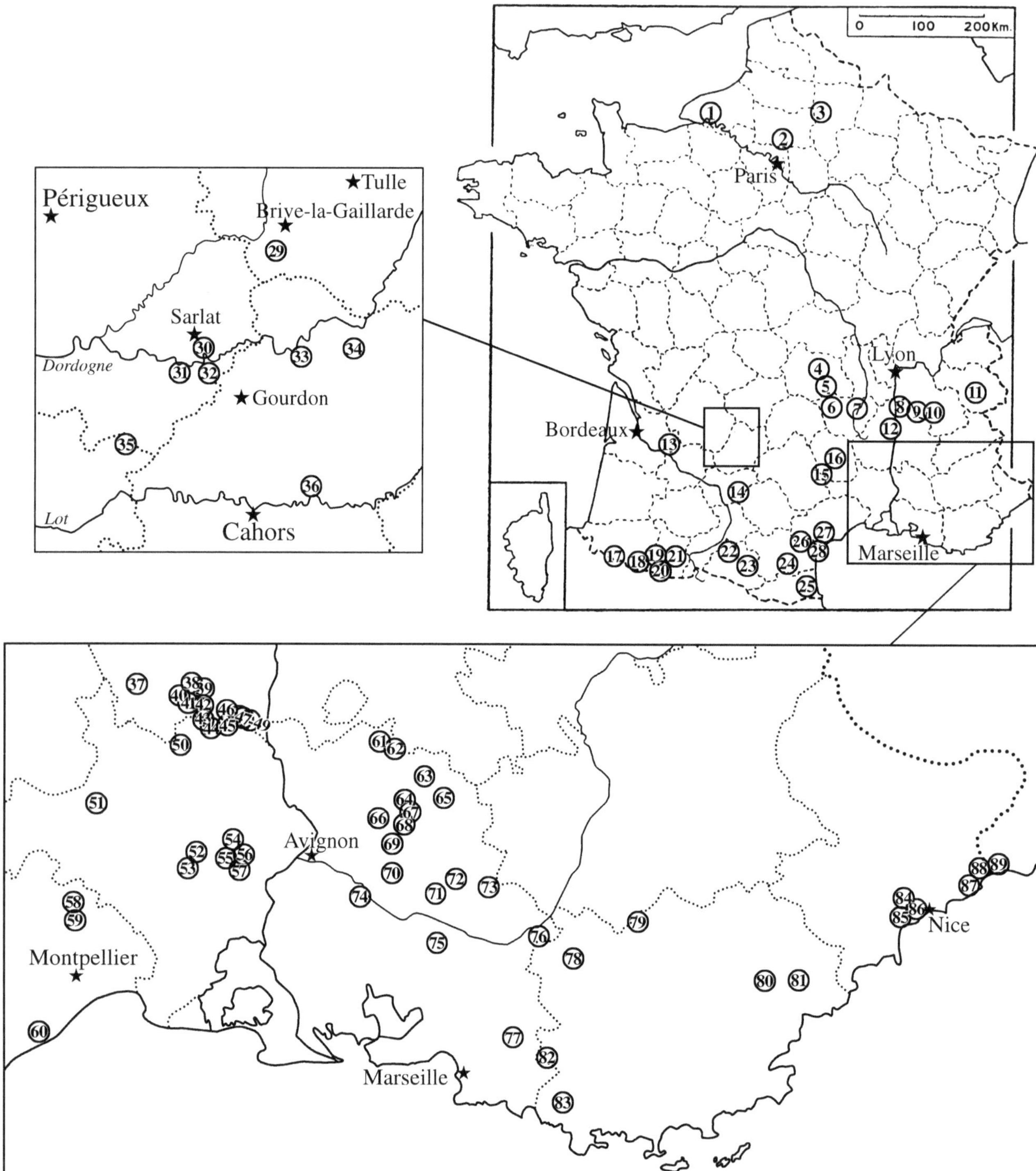

Figure 3.2. Carte des gisements de France et d'Italie. France : **1**, Graville-Sainte-Honorine. **2**, Précy-sur-Oise. **3**, Viry-Noureuil. **4**, Pont-du-Château et Malbattu. **5**, Perrier. **6**, Soleilhac et Senèze. **7**, grotte de Cottier. **8**, Saint-Vallier. **9**, grotte du Taï 2. **10**, Orcel-Vial et Saint-Roman-de-Beauvoir. **11**, Mont Granier. **12**, abri Moula et Payre II. **13**, Camp de Peyre. **14**, Igue des Rameaux et Bruniquel. **15**, Bouxès. **16**, Keraval et Vébron. **17**, gouffre PT 10 et gouffre des Bouquetins. **18**, les Maquisards, Permayou et Bois du Soudet. **19**, Barbat. **20**, Gèdre.**21**, Les Espélugues. **22**, Malarnaud, Soulabé et le Portel. **23**, L'Herm, la Vache, les Églises et Montségur. **24**, Belvis. **25**, Caune de l'Arago, grotte Noire, Padern et les Conques. **26**, Gazel. **27**, Aldène. **28**, la Crouzade. Région de Sarlat : **29**, La Fage et le Coustal. **30**, Pech de l'Azé II. **31**, abri Vaufrey, grotte Harlé, grotte de l'Eglise et grotte XIV. **32**, Combe Grenal. **33**, Igue de Saint-Sol-Belcastel. **34**, Padirac. **35**, Camp de Peyre. **36**, les Peyrugues et Coudoulous. Région du sud-est : **37**, les Pêcheurs. **38**, la Vacheresse. **39**, le Bouchon. **40**, Ebbou. **41**, abri du Colombier. **42**, Baume d'Oullins. **43**, Baume Flandin. **44**, Orgnac 3. **45**, Chabot. **46**, abri Dumas. **47-49** (d'ouest en est) le Figuier, le Grand Louret et Saint-Marcel d'Ardèche. **50**, aven de Coulon. **51**, Mialet. **52**, Baume Latrone. **53**, Baume Longue. **54**, la Balauzière. **55**, Bayol. **56**, la Salpêtrière. **57**, la Sartanette. **58**, l'Hortus. **59**, Montferrand. **60**, Balaruc VII. **61**, Grand abri des Puces. **62**, la Masque. **63**, aven Christian. **64**, les Auzières II. **65**, Bau de l'Aubesier. **66**, Unang. **67**, Gramari. **68**, Baume Troucade. **69**, Valescure. **70**, Chinchon 1. **71**, Soubeyras. **72**, les Peyrards. **73**, Roquefure. **74**, la Montagne. **75**, l'Escale. **76**, l'Adaouste. **77**, le Tonneau. **78**, Rigabe. **79**, Baume Bonne. **80**, Rainaudes 1. **81**, les Gras. **82**, les Cèdres. **83**, Cimay. **84**, Baume Périgaud. **85**, Terra Amata. **86**, le Lazaret. **87**, l'Observatoire. **88**, le Vallonnet. Italie : **89**, Grimaldi : Tour de Grimaldi, le Prince, les Enfants.

perpétuelles existant dans un même lieu" (Ducos 1991 : 163). On peut aussi ajouter celles qui sont liées aux stress alimentaires. Le poids de la loi de Bergmann et le fait que les populations immigrantes venant de latitudes plus élevées ou de zones continentales sont nécessairement plus grandes ne doivent pas être non plus négligés. Par ailleurs, ainsi que le souligne P. Ducos, sauf dans l'éventualité d'un site résultant d'une accumulation de type catastrophique, les individus constituant les "populations" de niveaux archéologiques ont le plus souvent vécu à des moments différents. Enfin, pour les dents jugales, chez les *Caprini* et *Ovibovini* analysés, la base de la couronne est toujours plus large que le sommet mais aussi plus courte : comparer une "population" à individus juvéniles prépondérants avec une autre constitué majoritairement d'adultes ne peut qu'induire des différences.

IV. OVIBOVINI

IV.1. Genre Megalovis Schaub, 1923

A. Néodiagnose du genre

Le taxon est connu par au moins trois espèces : *Megalovis latifrons* Schaub, 1923, *Megalovis wimani* Schaub, 1937 et *Megalovis piveteaui* Schaub, 1937. Leur étude, ainsi que celle de restes inédits, permet de dégager avec plus de précision les caractéristiques du genre.

Genre *Megalovis* Schaub, 1923

Synonymie

1923 *Megalovis latifrons* nov. gen. nov. sp., Schaub, p. 292–295, Figure 5.

Néodiagnose

Face allongée. Chevilles implantées bien en arrière des orbites. Fosse lacrymale allongée jusqu'au niveau de P4, large et profonde, et dans sa partie postéro-supérieure délimitée vers le haut par une arête du frontal. Partie lacrymale de l'orbite identique à celle d'un *Ovibos* femelle. Maxillaire enflé depuis le tubercule facial jusqu'à M3. Frontal très fortement pincé en arrière des orbites. Rétrécissement post-orbitaire faible. Suture fronto-pariétale en "V" à pointe rostrale, débutant immédiatement en arrière du bord caudal des chevilles osseuses. Pariétal oblique vers le bas formant un angle d'environ 120° avec le frontal. Foramen infra-orbitaire situé à l'aplomb du bord antérieur de P4. Mandibule à tubercule pour le masséter développé ; diastème relativement court en comparaison d'*Ovibos*, à bord supérieur muni d'une crête ; foramen de forme identique à celui d'*Ovibos*. Lobe antérieur des molaires supérieures pincés mais modérément en comparaison de *Pliotragus* et lobe postérieur arrondi. Colonnette interlobaire et épaississement cingulaire exceptionnels. Présence d'une médifossette moins grosse que celle d'*Ovibos* et de *Praeovibos*. p4 à lobes dissymétriques, l'antérieur étant le plus long et de contour labial arrondi, le postérieur étant le plus court, de contour plus aigu ; lobes bien distincts ; face linguale du deuxième lobe oblique vers le milieu de la couronne. Molaires inférieures sans colonnette interlobaire ni épaississement cingulaire, à lobes pincés lingualement ; présence d'un mésostylide. Articulation distale du radius similaire à celle d'*Ovibos*, à l'exception du creusement des sillons pour l'extenseur radial du carpe et de celui des doigts qui est plus faible. Métapodes à diaphyse élancée, très légèrement en sablier. Canon postérieur à diaphyse bien dissymétrique dans son tiers distal, le bord latéral étant plus convexe que le bord médial ; face médiale présentant le même tubercule qu'*Ovibos*, sous la facette du petit cunéiforme, mais plus allongé ; sur la face latérale en dessous de la facette du cubonaviculaire, présence d'un autre tubercule s'inscrivant dans un triangle à pointe distale. Tubérosité médiale de la face plantaire du cubonaviculaire excessivement courte, à pointe arrondie et large. Articulation distale du tibia, talus et première phalange de même morphologie qu'*Ovibos*.

B. Megalovis latifrons Schaub, 1923

Aucune révision du type n'a été effectuée depuis les analyses de S. Schaub (1923, 1943). Des compléments de description sont fournis par C. Guérin (1965) et des spécimens provenant d'autres sites ont été décrits (Radulesco et P. Samson 1962 ; Spassov et Crégut-Bonnoure 1999) mais aucune synthèse n'a encore été présentée. Les analyses que j'ai pu effectuer me permettent aujourd'hui de proposer une néodiagnose.

a. Néodiagnose

Synonymie simplifiée

1923 *Megalovis latifrons* nov. gen. nov. sp., Schaub, p. 292–295, Figure 5

1943 *Megalovis latifrons*, Schaub, p. 281-282, Figure 5 à 7

1936 *Megalovis*, Schaub, p. 304

1937 *Megalovis latifrons*, Schaub, p. 27, 30

1957 *Megalovis latifrons*, Lehmann, p. 74-75, Figure 15 à 18

1961 *Megalovis latifrons*, Viret, p. 1073, Figure 165

1961 *Megalovis latifrons*, Dechaseaux, p. 1102

1962 *Megalovis latifrons*, Radulesco et Samson, p. 262-269, Figure 1 et 2

1965 *Megalovis latifrons*, Guérin, p. 32, 46, 50, 71, 84, 89, 98, 108, 110, 113, 116, 123, 133, 134, 198, 216, 221, 237, à 238, 279, 321, 331, 332, Figure 4 p. 105 ; Figure 3 p. 119 ; Figure 4 p. 217 ; pl. LXX phot. a. p. 285

1970 *Megalovis latifrons*, Gentry, p. 63 à 67

1976 *Megalovis latifrons*, Delpech et Heintz, p. 388, Tableau I

1978 *Megalovis latifrons*, Gentry et Gentry, p. 445

1978 *Megalovis latifrons*, Gentry, p. 562

1979 *Megalovis latifrons*, Crégut, p. 188

1980 *Megalovis latifrons*, Gentry, p. 315, 319 et 320

1983 *Megalovis*, De Giuli et Masini, p. 271, 272 ; pl. 1 Figure 2 p. 277 ; Figure 1 p. 276

1984 *Megalovis latifrons*, Crégut-Bonnoure, p. 136

1986 *Megalovis*, Moyá-Solá et Menendez, p. 290

1989 *Megalovis latifrons*, Guérin *in* Guérin et Duvernois, p. 355

1991 *Megalovis*, McDonald, Ray et Harington, p. 308

1992 *Megalovis*, Sher, p. 131, Figure 2 p. 128

1996 *Megalovis latifrons*, Crégut-Bonnoure et Guérin, p. 77

199 *Megalovis latifrons*, Gentry, p. 573, 581

Holotype

Fragment crânien comprenant le frontal sans les chevilles osseuses, le pariétal, les maxillaires droit et gauche, collection du Muséum d'Histoire naturelle de Bâle, NMB Se 556 (Schaub 1923, Figure 5).

Paratypes

Prémaxillaire et maxillaire droit, NMB Se 1638 ; mandibule gauche NMB Se 401 (Schaub 1923, Figure 5).

Locus typicus et *stratum typicum*

Gisement de Senèze (Puy-de-Dôme, France), Pliocène terminal.

Néodiagnose

Morphologie du crâne correspondant à celle du genre. Frontal plan et bas. Chevilles largement séparées l'une de l'autre, portées par un pédicule très court, à couronne basale légèrement perlée, de section ovalaire. Mandibule à tubercule pour le masséter situé à l'aplomb du dernier lobe de la m3. Prémolaires supérieures à face linguale assez rectiligne et bilobée, la bilobation s'atténuant de P2 à P4. M3 sans aile métastylaire. Prémolaires inférieures bilobées. p2 à conide central bien dilaté, encadré par deux vallées ; entoconide formant une muraille oblique. p3 à molarisation variable : parastylide et paraconide soit distincts et séparés du métaconide par une vallée profonde, soit fusionnés et réunis au métaconide en une muraille linguale. Dans les deux cas, la muraille résulte de l'extension du métaconide vers l'arrière. p4 au lobe antérieur à molarisation variable ; lobe postérieur plus large que l'antérieur ; face linguale du deuxième lobe très oblique vers le milieu de la couronne. Vallée linguale des molaires inférieures large et profonde, en «U» ; parastylide étroit, réuni au pli du métaconide bien en dessus de la base de la couronne. Dernier lobe de m3 de section bien triangulaire.

b. Description

b.1. Crâne

Le crâne est connu par deux spécimens (Tableau 3.1). Le type a été reconstitué à partir de plusieurs fragments (Schaub 1923 : Figure 5 ; 1943 : Figure 5 et 6). Il comporte : le frontal avec le rebord supérieur de l'orbite gauche et celui, plus incomplet, de la droite, la base des chevilles osseuses et le pariétal (NMB Se 556) (Planche 7 :1). On peut attribuer à ce même crâne les maxillaires droit et gauche ainsi que la partie postérieure du palatin (Planche 7 : 1d). Il existe aussi un prémaxillaire et un maxillaire droits portant P2, P4 à M3, la base de l'orbite et de l'arcade zygomatique (NMB Se 1638) (Planche 7 : 3). Une cheville isolée, insérée sur le frontal (NMB Se 1483) (Planche 7 : 2), est aussi répertoriée. Ce dernier élément, comme nous allons le voir, ne correspond pas au genre.

Le crâne type Se 556

Il correspond à un individu adulte relativement jeune, les sutures n'étant pas oblitérées et l'usure des dents étant peu marquée (Planche 7 : 1).

Le pariétal est la seule partie conservée de l'arrière crâne. Les chevilles osseuses s'insèrent en arrière des orbites, leur bord antérieur se plaçant à environ 50 mm du bord postérieur de celles-ci. La base, qui possède un léger cercle de perlures, est seule présente. Le départ de la face interne est visible du côté droit et une profonde rainure entaille le milieu de la face rostrale.

Le frontal est plan de l'avant vers l'arrière et la construction post-orbitaire est modérée (133,9 mm). Transversalement, il est convexe en arrière des foramens supra-orbitaires et forme au niveau de la suture frontale un bourrelet longitudinal. De part et d'autre de cet axe, il est donc concave. Comme l'a noté C. Guérin (1965), il est bas. Les chevilles osseuses sont distantes d'environ 80 mm.

La suture fronto-pariétale est en "V" à pointe rostrale et débute immédiatement en arrière du bord postérieur des chevilles. La suture pariéto-occipitale est rectiligne. Le pariétal est oblique vers le bas, formant un angle d'environ 120 ° avec le frontal.

Les foramens supra-orbitaires sont bien développés (5 mm de diamètre longitudinal). Sur le frontal droit, un foramen supplémentaire semble avoir été présent.

Le lacrymal forme une fosse profonde, qui se prolonge jusqu'au niveau de P4 et dont la largeur est d'environ 40 mm. Dans sa partie postérieure, elle est délimitée par une arête du frontal. Plus en avant, l'os n'a pas été conservé. La partie postérieure du lacrymal, qui participe au bord antérieur de l'orbite, est identique à celui des *Ovibos* qui ont servi de terme de comparaison. La base des orbites est absente.

Le maxillaire est de contour convexe, étant enflé depuis le tubercule facial, qui se trouve à l'aplomb du milieu de la M1, jusqu'à la M3. Il forme un véritable bourrelet grossièrement triangulaire à pointe axée vers le tubercule, ce qui confère une allure particulière au profil transversal (Figure 3.3). Le tubercule facial est beaucoup plus développé que chez *Praeovibos* et *Ovibos*. L'écartement exact des séries dentaires ne peut être connu, le palais ayant été reconstitué. De même la lame horizontale du palatin est un élément isolé et sa position par rapport à la M3 ne peut être précisée. Les choanes sont larges et comparables à celles d'*Ovibos*.

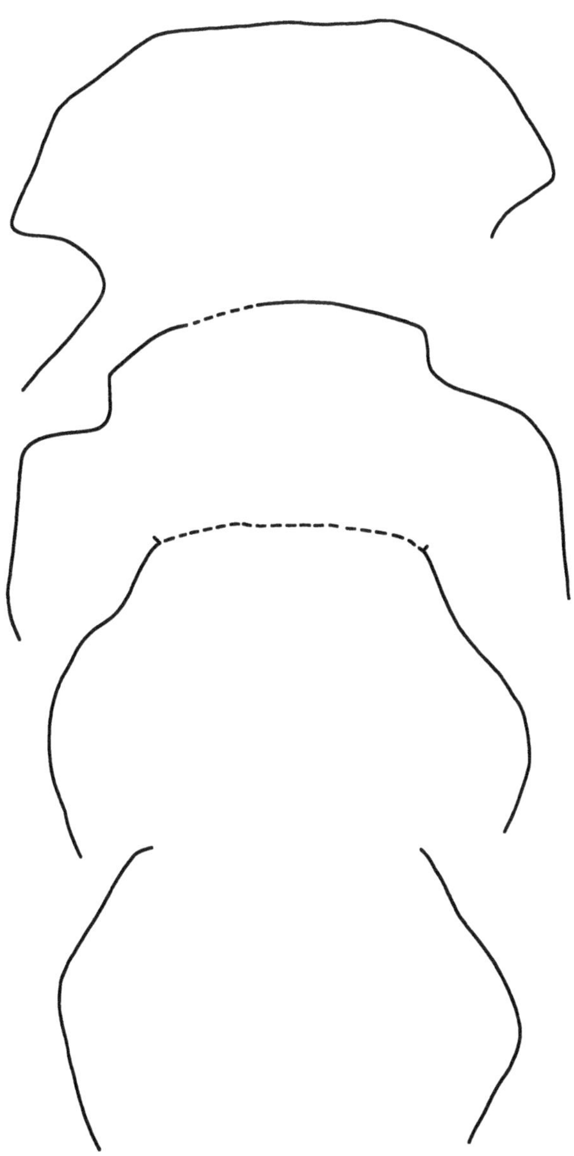

Figure 3.3. *Megalovis latifrons* Schaub, site de Senèze (France). Crâne type, NMB Se 156. Sections du massif facial. Réduction : 1/2. De bas en haut : au niveau du tubercule facial ; dans l'axe du mésostyle de M3 ; au niveau de la fosse lacrymale ; au niveau du rétrécissement post-orbitaire. Dessins de l'auteur ; mise au propre par M. Buisson-Catil.

Le foramen infra-orbitaire est prolongé jusqu'au niveau de P2 par une zone en creux.

Le fragment Se 1638

La partie antérieure du prémaxillaire a disparu. Le corps de l'os est épais et de contour convexe comme chez *Ovibos*. La morphologie du maxillaire est la même que sur le type. Le bord inférieur de l'orbite est peu saillant.

La cheville osseuse isolée Se 1483

Ce spécimen, bien que brisé à son apex, est relativement court (Planche 7 : 2). Il adhère encore à un fragment de frontal dont la suture médiane est épaisse d'environ 40 mm. La surface osseuse est rainurée longitudinalement. La section est circulaire à la base, puis se comprime latéralement. La face dorsale est régulièrement concave. La face rostrale, convexe, présente une profonde rainure sur son bord dorsal. Un sillon moins marqué s'observe sur la bordure ventrale. La divergence est d'environ 148°. Elle s'oriente vers le haut et l'extérieur.

C'est cet élément qui a servi de modèle pour la reconstitution finale du crâne type (Schaub 1943 : Figure 5 p. 280, Figure 6 p. 281 ; Viret 1961 : Figure 165 p. 1073). Or la morphologie de cette pièce est comparable aux autres chevilles de *Pliotragus* qui existent à Senèze (NMB Se 1725, Se 1755, crâne MN (HN) 1923-8) comme cela a été signalé en 1999 (Spassov et Crégut-Bonnoure). C'est donc à ce genre qu'elle doit désormais être attribuée.

b.2. Mandibule

La mandibule (NMB Se 401) est épaisse (Tableau 3.2) (Planche 7 : 4). C. Guérin (1965) note que les deux branches forment à l'arrière un angle obtus et que le talon de la branche montante est marqué. L'angle postérieur ayant été reconstitué (Schaub 1923 : Figure 5 ; Schaub 1943 : Figure 6 p. 281) il s'agit d'une extrapolation mais qui d'après la morphologie des parties conservées doit être proche de la réalité. À l'aplomb du dernier lobe de la m3 l'attache du masséter forme un tubercule marqué bien que les dents correspondent à un jeune adulte. Pour un allongement dentaire voisin de celui d'*Ovibos* actuel, la barre mandibulaire est excessivement courte. Le foramen mandibulaire est identique à celui du bœuf musqué : en "V" à pointe caudale, très large et prolongé vers l'avant par une gouttière. À la différence du bœuf musqué, la région incisivale n'est pas pincée en dessous des alvéoles et n'est donc pas saillante.

Cette pièce dont les deux premières prémolaires et les deux derniers lobes de la m3 ne sont pas usés ne correspond pas au crâne type aux dents limées.

Une autre mandibule (NMB Se 1732) (Planche 7 : 5), aux dents usées, ne comporte qu'une partie du corps. L'os est aussi épais que sur le spécimen précédent.

b.3. Dents jugales supérieures

Les dimensions sont fournies dans les tableaux 3.3 à 3.6. Représentées par la P4, la M2 et la M3 droites d'un individu âgé (NMB Se 1430), la P2, la P4, la M1, la M2 et la M3 du maxillaire droit (NMB Se 1638), les séries droite et gauche du crâne type (NMB Se 556) (Planche 7 : 1), une M1 peu usée (FSL 16897) (Planche 8 : 1), elles évoquent celles d'*Ovibos* mais en moins massives (la P3, P4, M1, M2 et M3 d'un autre individu (MN (HN) Paris) n'ont pu être retrouvées). Les styles sont plus étroits et il n'y a aucune colonnette interlobaire, ni épaississement cingulaire. Les prémolaires ont une section quadrangulaire, la face linguale étant rectiligne. P2 et P3 sont lingualement bilobées. La bilobation de p4 est plus faible et déportée vers l'arrière. La section de la couronne est donc dissymétrique, la partie la plus saillante se situant vers l'avant, le reste de la face paraissant oblique vers l'arrière et l'extérieur. Un îlot d'émail supplémentaire est présent dans la partie postéro-linguale de la surface occlusale de P3 de l'individu Se 556. Le parastyle de la P2 est faible. Le pli du paracône, très large, est en nette saillie et une profonde vallée le borde en arrière. Sur la P3, elle est moins creusée tandis qu'à l'avant du pli le creusement est plus fort.

Les molaires ont des lobes antérieurs plutôt aigus lingualement, mais non pincés en comparaison de *Pliotragus* (dont le lobe est aussi relativement plus court et la couronne moins hypsodonte), et des lobes postérieurs plus arrondis. Une médifossette est présente, moins développée que celle d'*Ovibos* et de *Praeovibos*. Le pli du paracône est net sur l'ensemble des molaires, celui du métacône l'est moins. Les surfaces interstylaires sont moins creusées que chez *Praeovibos* et *Ovibos*. Le bord labial est bien plus haut que le bord lingual. Le métastyle de M3 est rectiligne et ne forme aucune aile.

b.4. Dents jugales inférieures

Leurs dimensions sont fournies dans les tableaux 3.7 à 3.10. Outre les dents portées par les mandibules, il existe la m1 et la m2 isolées d'un même animal (FSL n° 16897) (Planche 8 : 2). Les jugales inférieures ont des lobes plus anguleux que ceux de *Praeovibos* et d'*Ovibos*. Les stylides sont en comparaison de ces deux genres plus saillants et les conides plus dilatés. La face labiale des prémolaires est bilobée, la bilobation s'accentuant de p2 à p4. La p2 (NMB Se 1732 et Se 401) présente un parastylide net, et un conide médian bien dilaté et encadré par deux vallées, la postérieure étant la plus profonde. Le métastylide est bien saillant. Les deux autres prémolaires ont une morphologie variable.

Sur Se 401 elles ne sont pas molarisées (Planche 7 : 4). La p3 présente un paraconide distinct mais collé au parastylide. En arrière du métaconide, faiblement dilaté, la couronne forme une paroi oblique vers le milieu du fait de l'extension vers l'arrière du métaconide. L'entoconide forme un éperon perpendiculaire à l'axe longitudinal de la dent qui ne rejoint la paroi du métaconide qu'à la base. Le métastylide est étroit. La p4, très peu usée, possède un parastylide développé. Une vallée étroite et profonde le sépare du paraconide. Ce denticule forme une colonne bien dilatée, large de 8 mm. L'ensemble constitue un lobe indépendant de la partie postérieure du fait de la présence d'une vallée linguale profonde et étroite, rejoignant la vallée labiale au niveau du bord externe des fossettes. Le deuxième lobe est formé par la réunion du métaconide et du métastylide. La paroi qu'ils forment est oblique vers le milieu de la couronne. Du côté labial, le dernier lobe est de contour aigu et plus saillant que le lobe antérieur au contour plus arrondi.

Sur Se 1732, aux dents plus usées, la face linguale est molarisée (Planche 7 : 5). Sur la p3 elle forme une muraille en arrière d'une vallée antérieure qui est à peine soulignée. Le paraconide de la p4 est réuni au parastylide et la vallée linguale est peu profonde. Le reste de la morphologie est identique à celle du spécimen Se 401.

Aux molaires inférieures le parastylide, étroit, forme un léger pli caprin dans la partie haute de la couronne. Le pli du métaconide le rejoint bien en dessus de la base de la couronne. Le métastylide est net dans sa partie supérieure mais s'atténue à la base. Les denticules linguaux sont bien dilatés mais la vallée linguale est relativement large. Le bord lingual est beaucoup plus haut que le bord labial (usure en escalier). Deux spécimens isolés (la m1 NMB Se 1726 et la m2 FSL 16897) montrent un fût à base élargie et de ce fait une limite cément-émail basse sur les faces latérales, celles de la m1 remontant toutefois plus haut sur la couronne que sur m2.

b.5. Squelette post-crânien

Comme le signale C. Guérin (*in* Duvernois et Guérin 1989), l'humérus et le radius rapportés par S. Schaub à l'espèce (1923 ; 1943) correspondent à *Leptobos furtivus*.

Canon antérieur

La diaphyse du canon antérieur est beaucoup plus élancée et gracile que celle d'*Ovibos* et de *Praeovibos* (Schaub 1943 : Figure 7 ; De Giuli et Masini 1983 : Figure 1) (Tableau 3.14). Les côtés sont régulièrement mais modérément divergents vers la base, ce qui est un caractère commun aux *Ovibovini* plio-pléistocènes. L'articulation proximale présente des surfaces articulaires légèrement anguleuses, le bord palmaire de la facette pour le capitato-trapézoïde étant oblique vers l'avant. Un décrochement est donc présent par rapport à la facette pour l'onciforme (Radulesco et Samson 1962 : Figure 2 ; De Giuli et Masini 1983 : pl.2, Figure 2d).

Tibia

Une articulation distale de tibia droit (NMB Se 1535) est rapportée à l'espèce (Schaub 1923). Il s'agit d'un fragment distal incluant les malléoles médiale et médiane

(Planche 8 : 3a). La morphologie est identique à celle d'*Ovibos* sauf pour la surface articulaire qui déborde sur la face crâniale de l'os de part et autre de la malléole médiane.

Talus

Les talus d'un même individu ont été attribués à l'espèce par S. Schaub (1923) (Planche 8 : 4) (Tableau 3.17). Or la morphologie, comme récemment indiqué (Spassov et Crégut-Bonnoure 1999) diffère de celle des *Ovibovini*, à savoir : lèvres trochléennes proximales peu décalées l'une par rapport à l'autre, espace intercochléen étroit, absence de fossette synoviale ellipsoïdale à la base de la trochlée plantaire recevant le calcaneus. Ces tarsiens se distinguent des spécimens bulgares attribuables à *Megalovis* comme de ceux d'*Ovibos*, de *Praeovibos* et de *Leptobos*. Par rapport aux *Ovibovini* précités, ils sont aussi relativement plus élancés. Un nouvel examen permet de les attribuer à un Cervidae. L'articulation distale est en effet typique de la famille : condyle latéral à surface plane se raccordant brutalement à la gorge médiane qui est décalée médialement, condyle médial plus court que le latéral (Heintz 1970 : Figure 31). On peut aussi ajouter la forme "en virgule" inversée du ressaut de la trochlée plantaire recevant la facette médio-plantaire du cubonaviculaire. Les deux spécimens sont identiques en forme et en proportion à *Eucladoceros ctenoides senezensis* (=*Cervus senezensis*=*Cervus senezensis senezensis*) (Heintz 1970 : Planche XL Figure 6) : c'est donc à ce taxon que je les attribue.

Canon postérieur

Le canon postérieur (FSL n° 1743 ; Guérin 1965 : pl. LXX phot. a) possède une diaphyse gracile et élancée, qui s'évase légèrement mais régulièrement du milieu vers la base (Tableau 3.18). En vue dorsale, la diaphyse est dissymétrique dans son tiers distal : le bord latéral est plus convexe que le bord médial. L'articulation proximale est en partie brisée (bord dorsal, bord latéral de la facette du petit cunéiforme et facette postéro-externe). Le bord plantaire est creusé par un court sillon longitudinal situé en bordure de la facette latérale du cubonaviculaire. Sur la face latérale et en dessous de cette même facette, se remarque un tubercule s'inscrivant dans un triangle à pointe distale d'environ 25 mm de long. Il est absent chez *Ovibos*. Chez ces deux Bovidae, la face latérale est plane. Un autre tubercule est visible sur la face médiale, beaucoup plus long que le précédent (37 mm) que l'on peut aussi observer chez *Ovibos*.

C. Megalovis wimani Schaub, 1937

Bien que sortant du cadre géographique fixé, il est toutefois intéressant de comparer ce taxon avec *M. latifrons*. S. Schaub en 1937 le décrit, propose de le distinguer du *Megalovis* de Senèze mais ne fournit aucune diagnose de l'espèce qu'il nomme. Des moulages du matériel type sont conservés au Muséum d'Histoire naturelle de Bâle (maxillaire NMB Ca 195a ; mandibule NMB Ca 197 ; canon antérieur NMB Ca 196). L'examen de ces pièces permet de proposer la diagnose suivante.

a. Néodiagnose

Espèce type

Megalovis wimani Schaub, 1937

Synonymie simplifiée

1937 *Megalovis ? Wimani* n. sp., Schaub, p. 25-31, Figure 1 et 2

1951 (?) *Megalovis wimani*, Schaub, p. 378

1962 *Megalovis wimani*, Radulesco et Samson, p. 269

1983 *Megalovis* … from Honan, De Giuli et Masini, p. 272, pl.1 Figure 5 p. 275, Figure 1 p. 276

Holotype

Maxillaire droit, original à l'Université d'Uppsala, moulage collection du Muséum d'Histoire naturelle de Bâle Ca 195 a (Schaub 1937, Figure 1).

Paratypes

Mandibule droite, original à l'Université d'Uppsala, moulage collection du Muséum d'Histoire naturelle de Bâle Ca 197, canon antérieur, original à l'Université d'Uppsala, moulage collection du Muséum d'Histoire naturelle de Bâle Ca 196.

Locus typicus et *stratum typicum*

Gisement de Yang-Shao-Tsun, localité A (Honan, Chine), Pliocène terminal.

Néodiagnose

Mandibule à tubercule pour le masséter situé en arrière du dernier lobe de la m3 et à barre aussi courte que chez *M. latifrons*. Jugales plus grosses que chez *M. latifrons* à l'exception de M1. Prémolaires supérieures à face linguale non bilobée, aussi hypsodontes que chez *Soergelia*. Morphologie comparable à *M. latifrons* à l'exception de la P2 à vallée postérieure peu profonde, de la P3 à paracône plus médian et à vallée antérieure large et peu creusée, de la dilatation plus importante du paracône des molaires supérieures et de la plus forte largeur de leur lobe antérieur. p3 et p4 molarisées. p3 à parastylide séparé du paraconide dans le tiers supérieur de la couronne, réunis à la base en une paroi perpendiculaire à l'axe longitudinal de la dent ; métaconide développant vers l'arrière une paroi oblique et réunie à l'entoconide ; vallée antérieure limitée dans le tiers supérieur de la couronne. p4 à lobe antérieur molarisé et à lobe postérieur aussi épais que l'antérieur ; paroi de l'entoconide moins oblique vers le milieu de la couronne que chez *M.*

latifrons et sillon lingual plus court. Molaires inférieures comparables à celles de *M. latifrons* mais à vallée linguale moins large et moins profonde ; parastylide étroit, réuni au pli du métaconide à la base de la couronne ; présence d'un mésostylide au sommet de la couronne. Dernier lobe de m3 étroit, à face linguale arrondie. Canon antérieur à diaphyse plus rectiligne que chez *M. latifrons*.

b. Description

b.1. Maxillaire et dents jugales supérieures

Les jugales se révèlent plus hypsodontes et moins massives que celles de *M. latifrons* (Tableau 3.3 à Tableau 3.6), l'individu étant plus jeune. Par rapport à cette espèce, la vallée postérieure de la P2 est peu marquée car moins profonde. Le paracône de la P3, plus dilaté, est en position presque centrale. En conséquence, la vallée antérieure est plus large que chez *M. latifrons* et la vallée postérieure est plus marquée. Nous avons là une morphologie proche de celle de *Soergelia*. À l'exception de la dilatation du paracône qui est plus accusée, la morphologie des molaires est identique à celle de *M. latifrons*. Cette analyse diffère de celle de S. Schaub (1951) qui indique que l'espèce évoque *Soergelia* par ses molaires mais correspond plus avec *Megalovis* en ce qui concerne la robustesse de la P2 et de la P4.

b.2. Mandibule et dents jugales inférieures

Le foramen mandibulaire est visible. Il est identique à celui de *M. latifrons*. Il est distant d'environ 34 mm de l'alvéole antérieur de la p2 (Tableau 3.2).

La p2 n'a pas été conservée. La p3 et la p4 sont molarisées comme sur le spécimen Se 1732 de Senèze (coll. NMB). Ainsi que l'indique S. Schaub (1951), la molarisation de la p4 est moins avancée à Honan, la réunion linguale des deux lobes n'étant pas réalisée à l'extrémité supérieure de la couronne contrairement au spécimen Se 1732. Par contre, elle est plus complète que sur le paratype Se 401 (coll. NMB). Les seules différences que l'on peut noter par rapport à *M. latifrons* concernent la position du métaconide, qui descend jusqu'à la base de la couronne où il rejoint le parastylide dont la dilatation est aussi plus diffuse, et la réduction du deuxième lobe. Le reste de la morphologie est semblable à l'espèce de Senèze. Les dimensions comparées sont fournies dans les Tableaux 3.7 à Tableau 3.10.

b.3. Squelette post-crânien

Le canon antérieur diffère de *M. latifrons* par les bords subparallèles de sa diaphyse, ce qui le rapproche de *Soergelia*. Le diagramme de dispersion établi par C. De Giuli et F. Masini (1983 : Figure 1) montre aussi sa proximité avec *S. elisabethae* de Süssenborn (Tableau 3.14).

D. Megalovis piveteaui Schaub, 1937

Sortant à nouveau du cadre géographique fixé, le matériel chinois de Nihowan mérite une attention particulière. Une cheville osseuse droite fragmentaire, un maxillaire droit, un fragment mandibulaire droit, un canon antérieur droit et un postérieur gauche ont été rapportés par P. Teilhard de Chardin et J. Piveteau (1930) à un Ovibovinae indéterminé. Le métapode antérieur a ensuite été attribué par S. Schaub à *Megalovis* ? *Piveteaui* (1937) mais il n'existe aucune diagnose de l'espèce. Je propose la suivante :

a. Diagnose

Espèce type

Megalovis piveteaui Schaub, 1937

Synonymie simplifiée

1930 Oviboviné, gen. indet., Teilhard de Chardin et Piveteau, p. 76-79, Figure 27 p.76, Figure 28 p. 77, pl. XIII Figure 2, 3 et 4

1937 *Megalovis* ? *Piveteaui* n. sp., Schaub, p. 20

1938 "Ovibovidae gen. indet." (*sic*), Teilhard de Chardin et Trassaert, p. 86

1962 *Megalovis piveteaui*, Radulesco et Samson, p. 269

1983 Ovibovinae indet. from Nihowan, De Giuli et Masini, p. 272, pl.1 Figure 4 p. 275, Figure 1 p. 276

Holotype

Maxillaire droit, Laboratoire de Paléontologie du Muséum national d'Histoire naturelle (Paris), MN (HN) 1927-13/NIH-150 (Teilhard de Chardin et Piveteau 1930 : pl. XIII Figure 2 a et b).

Paratypes

Canon antérieur droit, Laboratoire de Paléontologie du Muséum national d'Histoire naturelle (Paris), MN (HN) 1927-13/NIH-115 ; canon postérieur gauche, Laboratoire de Paléontologie du Muséum national d'Histoire naturelle (Paris), MN (HN) 1927-13/NIH-114.

Locus typicus et *stratum typicum*

Gisement de Sangkan-ho, Nihowan, Chine, Pliocène terminal.

Diagnose

Jugales plus robustes que celles de *M. wimani*. Prémolaires supérieures à styles très épais. P2 bilobée lingualement, pas P3 ni P4. Vallée antéro-labiale de P2 plus profonde que chez *M. wimani* et *M. latifrons* mais vallée postérieure de développement comparable à *M. wimani*. Morphologie de M1 et M2 semblables à *M. wimani* à l'exception de la présence de deux îlots occlusaux. Face distale de M3 creusée et métastyle en relief. Canon antérieur et postérieur morphologiquement proches de *M. latifrons*.

b. Description

b.1. Cheville osseuse

La cheville osseuse (Teilhard de Chardin et Piveteau 1930 : Figure 27 p. 76), sans sinus, est compressée transversalement. Dirigée latéralement, elle s'incline vers le bas à son départ puis se coude vers le haut. Une analogie avec *Budorcas* est indiquée par P. Teilhard de Chardin et J. Piveteau. En 1938, le premier de ces auteurs rapproche ce spécimen de celui du Pliocène terminal de Shanxi attribué initialement à ? *Budorcas* sp. (Teilhard de Chardin et Trassaert 1938 : p. 84-87, Figure 60-61) et plus tard à *Budorcas teilhardi* (Young 1948). Il n'a pas été possible de retrouver la pièce de Nihowan mais la morphologie est effectivement en accord avec *Budorcas*. Il faut noter que les spécimens trouvés à Sangkan-ho proviennent de lentilles fossilifères différentes.

b.2. Maxillaire et dents jugales supérieures

Le maxillaire (Teilhard de Chardin et Piveteau 1930 : pl. XIII Figure 2a et b), appartient à un individu un peu plus âgé qu'à Yang-Shao-Tsun. La morphologie générale est celle d'un *Megalovis* mais il s'agit d'une forme différente des espèces reconnues à Senèze et à Yang-Shao-Tsun.

Prémolaires

La P2 est triradiculée, à face mésiale plane et linguale bilobée ce qui rappelle la morphologie de *Budorcas*. Le parastyle est en forte saillie, la vallée qui le suit est profonde et le paracône est bien dilaté. En arrière de ce dernier, se remarque un métacône réduit. Le parastyle de P3 et P4 est très épais (respectivement 4 et 5 mm d'épaisseur), surtout à la base, beaucoup plus que sur les prémolaires de *M. wimani*. Cette différence pourrait être due au degré d'usure plus important à Nihowan. La face linguale de P3 est plane et deux cônes sont visibles sur la face labiale. Ce dédoublement est très net en vue occlusale. Un double pli protoconal est aussi visible lingualement. Le dédoublement du cône labial de P2 et P3 ne me paraît pas avoir de valeur taxonomique et doit correspondre à une anomalie individuelle. Sur P4 comme sur P3, le parastyle est en forte saillie. Il n'y a qu'un seul pli protoconal. Le cône labial est simple et décalé vers l'avant. La face linguale est convexe. La base de la couronne est beaucoup plus large à la base qu'au sommet (Tableau 3.3 et 3.4).

Molaires

Les molaires ont des lobes linguaux plus pincés que ceux de *M. wimani* et des styles plus épais. Les fossettes sont dépourvues de pli protoconal et de d'éperon postérieur à la post-fossette. Une médifossette est présente ainsi qu'une fossette linguale supplémentaire. La M3 permet d'apprécier le fort élargissement de la base de la couronne (Tableau 3.5 et 3.6). Le lobe antérieur est aussi plus large que le postérieur. La face distale possède une gouttière longitudinale qui met en relief le métastyle.

b.3. Mandibule et dents jugales inférieures

Le fragment mandibulaire (Chardin et Piveteau 1930 : Figure 28 p. 77) n'a pu être retrouvé. Sa figuration montre un aplatissement important des lobes des molaires ce qui exclut de fait les genres *Megalovis* et *Budorcas*, aux lobes aigus ; ce caractère permet un rapprochement avec *Praeovibos* et *Ovibos*.

b.4. Squelette post-crânien

S. Schaub (1937) rapporte le canon antérieur à *Megalovis* ? *Piveteaui*. Ses proportions ainsi que sa morphologie sont conformes au genre (Radulesco et Samson 1962 ; De Giuli et Masini 1983 : Figure 1) mais l'élargissement de la diaphyse vers le bas, plus nettement "en sablier" le distingue de *M. wimani*. Les analogies sont plus évidentes avec le spécimen roumain de Fîntîna lui Mitilan (Radulesco et Samson 1962) (Tableau 3.14).

Le canon postérieur est plus grand et robuste que celui de Senèze mais la morphologie est identique (Tableau 3.18). Le tubercule proximal de la face latérale et celui de la face médiale sont simplement plus longs (respectivement 33,5 mm et 40 mm).

E. Autre matériel attribué à Megalovis

a. Allemagne

U. Lehmann signale en 1957 *M. latifrons* à Erpfinger Höhle (ou Erpfingen). Quatre dents sont indiquées : une dp4 droite, une p4 gauche et deux m1 (une gauche, une droite). Les moulages des deux molaires sont conservés dans les collections du Muséum d'Histoire naturelle de Bâle (NMB D 558 et D 559). Il convient de rectifier leur détermination puisque ces dents ne sont pas des premières molaires mais une M2 gauche (D 559) et une M3 droite (D 558). En effet, la couronne n'est pas pincée à la base comme dans le cas de M1. Sur la M3 la dissymétrie des lobes est plus accusée que sur la M2 et une ébauche d'aile métastylaire est visible (Lehmann 1957 : Figure 16). Leur morphologie est identique à celle du *M. latifrons* de Senèze. Les seules différences que j'ai notées concernent l'épaisseur des styles, plus importante, et pour la M3 le plus fort développement du métastyle. La p4 n'a pu être révisée. Toutefois, on peut voir sur la figure 15 de l'étude d'U. Lehmann, la dissymétrie des lobes ainsi que l'obliquité linguale du deuxième lobe qui sont caractéristiques de l'espèce.

Un autre moulage (NMB D 461), étiqueté M2 de *Deperetia* (synonyme de *Pliotragus*), se caractérise par une couronne très courte à la base, des racines largement ouvertes et un paracône très dilaté. Il s'agit en fait d'une DP4 qui, d'après sa grosseur, conviendrait pour un *Megalovis*.

b. Italie

Le matériel provient du site de Pirro Nord. Il est conservé au Département des Sciences de la Terre de l'Université de

Florence. Il comprend la M2 (PA 577) et la M3 (PA 570) droites d'un même individu, un talus droit (G 41) et une cheville osseuse gauche fragmentaire (non référencée). Les dents ont été attribuées à un *Ovibovini* indéterminé (De Giuli *et al.* 1987, 1990) et généralement considérées comme telles (Alberdi *et al.* 1998). Par la suite, le matériel a été désigné sous le terme de « *Ovibos* » (Torre *et al.* 2001 : Figure 1, p. 304).

Cheville osseuse

La cheville osseuse est connue par une extrémité apicale. La surface est légèrement cannelée. L'os dessine un arc de cercle à très grand rayon. La face rostrale et la face caudale restent subparallèles sur toute la longueur. La pointe est plutôt arrondie. La section au niveau de la fracture dessine une ellipse qui tend à s'arrondir vers l'apex, l'épaisseur de la cheville diminuant moins rapidement que la largeur. La face caudale, étroite, forme une carène qui se prolonge jusqu'à la pointe. Le bord caudal de la face externe est plan.

Dents jugales supérieures

La morphologie des molaires (De Giuli *et al.* 1987 : pl. I, Figure 3 et 4) est la même que celle du *M. latifrons* de Senèze à l'exception du métastyle de la M3 qui forme ici une légère aile comme sur le spécimen d'Erpfinger Höhle. L'individu de Pirro Nord présente aussi un épaississement basal du métastyle qui n'a pas été observé sur les autres M3. Ce matériel est de petites dimensions (Tableau 3.6).

Squelette post-crânien

Le talus possède un côté latéral plus élevé que le médial. Le col trochléen proximal est très dissymétrique et son fond est large et plan. La gorge de la trochlée distale est peu marquée. La lèvre trochléenne médiale, à base dorsale très élargie, présente une crête saillante du côté interne. La fossette synoviale, située à la base de la trochlée plantaire recevant le calcaneus, est ellipsoïdale à grand axe oblique par rapport à l'axe longitudinal du tarsien. Cette morphologie est identique à celle d'*Ovibos* et de *Praeovibos*. Les dimensions sont faibles (Tableau 3.17).

Affinités du *Megalovis* de Pirro Nord

Des différences morphologiques sont notables par rapport à *M. latifrons*, mais il est difficile d'en apprécier la signification, le polymorphisme des dents étant important chez le *Megalovis* de Senèze et le matériel disponible trop réduit. Les modestes dimensions dentaires peuvent aussi bien être en relation avec le sexe de l'animal (femelle) qu'avec une adaptation géographique.

La cheville osseuse diffère de *Soergelia* et d'*Ovibos*. Une similarité existe avec *Budorcas teilhardi* des niveaux du Pliocène terminal de Shanxi (Teilhard de Chardin et Trassaert 1938 ; Young 1948). Une autre analogie existe avec *Praeovibos* qui a des faces subparallèles sur presque toute la longueur, une double courbure (vers l'avant et dorso-ventrale) ainsi qu'une face caudale aiguë. S'il y a de fortes présomptions pour que le fragment de Pirro Nord corresponde au même animal que celui auquel appartiennent les jugales supérieures, rien ne permet d'écarter l'hypothèse qu'il s'agisse d'une autre espèce apparentée à *Praeovibos*.

c. Bulgarie

Megalovis a été récemment reconnu en Bulgarie à Varshets et Slivnitsa (Spassov et Crégut-Bonnoure 1999). Ce matériel est conservé au Muséum national d'Histoire Naturelle de Sofia (Bulgarie). La description détaillée que l'on peut en faire est développée ci-après.

c.1. Varshets

Sont rapportées au genre deux m2 gauches (VR 1 et VR 4) et une M3 droite (VR3). Leur morphologie est semblable à celle de *M. latifrons* avec néanmoins un épaississement cingulaire à la base des lobes des molaires inférieures. Étant donné que les excroissances cingulaires peuvent apparaître occasionnellement chez des individus appartenant à des espèces qui en sont habituellement dépourvues et que le matériel de Varshets est trop restreint pour apprécier la fréquence de ce caractère, il paraît raisonnable d'attribuer ces restes à *M. latifrons* et de considérer ces excroissances comme une simple variabilité (Spassov et Crégut-Bonnoure 1999). Les dimensions sont comparables à l'espèce de Senèze (Tableau 3.6 ; Tableau 3.9).

c.2. Slivnitsa

Le genre est représenté par une p4 gauche (SL 32), un fragment de mandibule droite (SL1) portant les trois molaires, le dernier lobe de la m3 étant brisé, une mandibule gauche sans branche verticale et à corps sans base, portant m2 et m3, ainsi que la base des prémolaires et de la première molaire (SL 2), une articulation distale de radius droit (SL 4), une moitié distale d'os canon antérieur (SL3), une articulation distale de fémur gauche (SL5), une articulation distale de tibia gauche (SL 13), deux talus (un gauche SL 16, un droit SL 17), deux cubonaviculaires gauches (SL 18 et SL 19), une première phalange antérieure (SL 21), deux deuxièmes phalanges antérieures (SL 22 et SL 23), une deuxième phalange postérieure (SL 24), une extrémité proximale de deuxième phalange (SL 113).

- Mandibule et dents jugales inférieures

La morphologie du corps mandibulaire est identique à celle de *M. latifrons*. On retrouve les caractères dentaires de l'espèce tels qu'ils viennent d'être définis dans la néodiagnose, mais des différences sont visibles : stylides latéraux plus étroits, entostylide à peine discernable, vallées encadrant le métaconide peu marquées, vallée linguale plus large et plus profonde (en "U"), lobes labialement plus aigus et plus déjetés vers l'arrière. Elles ont été interprétées comme révélatrices d'une nouvelle espèce (Spassov et Crégut-Bonnoure 1999). On ne relève pas de différence métrique majeure en comparaison de *M. latifrons* (Tableau 3.2 ; Tableau 3.7 à Tableau 3.10).

- Squelette post-crânien

L'intérêt du gisement réside dans la présence d'éléments post-crâniens absents ou incomplets à Senèze.

Radius

Les dimensions sont fournies dans le Tableau 3.12. L'articulation distale du radius est semblable à celle d'*Ovibos*. On retiendra comme principaux caractères : une facette pour le scaphoïde élargie crânialement, un relief de séparation d'avec la facette pour le semi-lunaire aigu et saillant dans sa partie crâniale, une facette pour le semi-lunaire à face crâniale concave en bordure du relief pré cité puis convexe, une facette pour le pyramidal à partie caudale large. La zone de contact avec l'ulna est régulièrement convexe. Cette pièce diffère d'*Ovibos* par le faible creusement des sillons pour l'extenseur radial du carpe et de celui des doigts. En revanche, les deux genres ont en commun une crête médiale du sillon pour l'extenseur radial du carpe peu saillante et peu oblique par rapport à l'axe longitudinal de l'os.

Fémur et tibia

Les lèvres trochléennes du fémur encadrent une vallée beaucoup plus large que chez *Ovibos*. L'articulation distale du tibia est semblable à celle de *M. latifrons* sauf en ce qui concerne le débordement de l'articulation sur la face crâniale de l'os de part et autre de la malléole médiane dont la base n'a pas été conservée (Planche 8 : 3b) (Tableau 3.16).

Tarse

Les dimensions des talus sont fournies dans le Tableau 3.17. Ces tarsiens sont identiques à ceux de Pirro Nord, d'*Ovibos* et de *Praeovibos* (Figure 3.4). Sur SL 17 la fossette synoviale ne communique pas avec celle du bord latéral. Sur SL 16 il y a communication et elle est dominée par le ressaut de la base de la trochlée plantaire du calcaneus. Sur ces deux tarsiens, la facette médiale sur laquelle repose et se bloque la tubérosité médiale du cubonaviculaire est courte.

La face proximale des cubonaviculaires est polymorphe. Sur SL 18, il existe trois fossettes synoviales :

- Une latérale en position plantaire, très vaste, qui entaille la facette répondant à celle du bord distal du calcaneus ;
- Une médiane en position plantaire, pratiquement dans l'axe du bourrelet correspondant à la gorge de la trochlée distale du talus ;
- Une médiane en position centrale qui communique avec la face distale.

Seules les deux premières fossettes sont visibles sur SL19, la première étant moins développée, comme d'ailleurs chez *Ovibos* et *Praeovibos*.

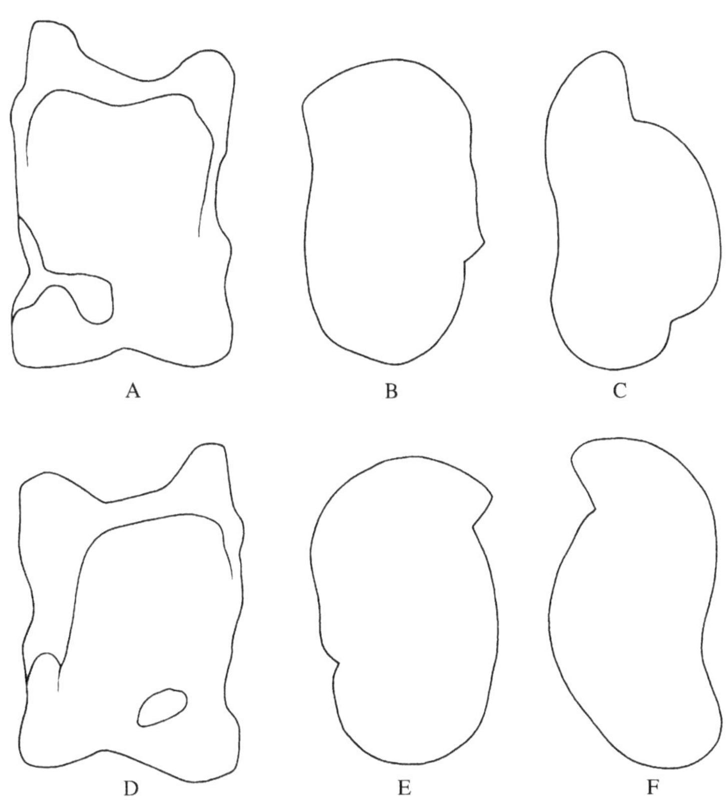

Figure 3.4. *Megalovis* cf. *latifrons* Schaub. Site de Slivnitsa (Bulgarie). Dessins de l'auteur ; mise au propre par M. Buisson-Catil. Réduction : 1/1,4. **A** à **C**, talus gauche SL 16. **D** à **F**, talus droit SL 17. Muséum national d'Histoire naturelle de Sofia. **A** et **D** : vues plantaires. **B** et **E** : vues médiales. **C** et **F** : vues latérales.

La facette antagoniste du ressaut de la base de trochlée plantaire du talus est allongée et relativement large, ce qui est en rapport avec la morphologie du talus SL 16. Sur le cubonaviculaire SL 19, elle est indiscernable, comme chez *Ovibos* et *Praeovibos* : elle peut être mise en relation avec la morphologie du talus SL 17. La tubérosité médiale de la face plantaire est excessivement courte en comparaison d'*Ovibos*. Sa pointe est arrondie, large. Elle correspond parfaitement à la morphologie de la facette médiale de la base de la face plantaire du talus. Comme cela a été signalé (Spassov et Crégut-Bonnoure 1999), ces caractères anatomiques confèrent une grande mobilité à la cheville. Les dimensions se trouvent dans le Tableau 3.17.

Phalanges

La première phalange antérieure a d'importantes facettes pour les sésamoïdes (Tableau 3.19). Elle est aussi caractérisée par un fort aplatissement de son articulation distale dont les condyles sont dissymétriques. La forme des fossettes sus condylaires est identique à celles d'*Ovibos* : fossette axiale ellipsoïdale, à grand axe longitudinal, et fossette abaxiale à grand axe transversal.

La diaphyse des deuxièmes phalanges est élancée, beaucoup plus que chez *Ovibos* et *Praeovibos* (Tableau 3.19). Comme chez ces derniers, l'articulation proximale est très dissymétrique.

- Affinités du *Megalovis* de Slivnitsa

Les différences morphologiques visibles au niveau dentaire suggèrent que l'on a un taxon différent du type de Senèze, ce qui n'est pas impossible compte tenu de la vaste extension géographique de l'espèce et de la grande distance entre les deux sites. Au niveau post-crânien, il n'y a aucun ossement commun entre ces gisements, exception faite du tibia. J'adopterai donc une position plus modérée qu'en 1999 préférant attribuer avec réserve les individus de Slivnitsa à l'espèce de Senèze (*Megalovis* cf. *latifrons*).

d. Roumanie

Un canon antérieur droit trouvé dans la localité de Fîntîna lui Mitilan a été décrit par C. Radulesco et P. Samson (1962). La morphologie d'après la figure qui en est donnée ainsi que les dimensions (complétées selon la méthodologie que j'ai définie, grâce à l'amabilité de C. Rădulescu ; Tableau 3.14) sont proches du matériel de Senèze, ce qui a déjà été noté par C. De Giuli et F. Masini (1983, Figure 1). Seul diffère l'évasement distal, ici plus accentué. La présence du genre a incité les auteurs à dater le site du Villafranchien. S'il s'avérait qu'il est contemporain de celui de Slivnitsa, dont il est géographiquement peu éloigné, nous aurions un argument pour dire que la variabilité observée dans un cas au niveau dentaire et dans l'autre au niveau du canon postérieur est d'ordre géographique. Il conviendrait alors d'attribuer les individus bulgares et roumains à *M. latifrons* ssp..

e. Montenegro

Megalovis sp. est signalé dans le site de Trlica situé à proximité de la ville de Pljevlja (Dimitrijević 1990 ; Codrea et Dimitrijević 1997). Plusieurs restes dentaires et osseux ont été récoltés (V. Dimitrijević communication orale). D'après la faune associée un âge Pléistocène inférieur terminal ou début du Pléistocène moyen est probable. En l'absence d'analyse, le statut de ce matériel ne peut être précisé.

f. Chine

Outre Yang-Shao-Tsun et Nihowan une autre localité a livré des restes attribuables au genre : Chao Chuang. C. De Giuli et F. Masini (1983) font état d'un canon antérieur des collections de l'American Museum of Natural History (Washington) en provenance du district de Yu She. L'élancement de sa diaphyse rappelle le spécimen de Senèze, mais sa diaphyse possède des bords plus parallèles. Je pense qu'il correspond à *M. wimani* mais ce matériel n'a pu être révisé.

F. Analyse biométrique de Megalovis

J'ai utilisé des diagrammes de Simpson afin de mettre en évidence d'éventuelles différences de proportions. En l'absence de dents isolées de bœuf musqué actuel, la base de référence retenue pour les jugales, après plusieurs essais, est la population azilienne de *C. ibex* du Taï 2 ou de l'Observatoire selon les cas. Pour le post-crânien, j'ai utilisé *Ovibos* actuel, mâles et femelles confondus.

a. Dents jugales supérieures

La M1 de *M. latifrons* se distingue de celle de *M. piveteaui* par sa longueur basale relativement plus faible (mesure 2) et la largeur médiane des lobes plus forte (mesures 4 et 6) (Figure 3.5). *M. wimani* est plus semblable à *M. latifrons* pour ces mêmes paramètres.

Pour la M2, les différences entre *M. latifrons* et *M. wimani* concernent aussi l'épaississement les lobes (mesures 4 et 6) (la longueur et l'épaisseur basale de *M. wimani* n'ont pu être prises, les dents étant enchâssées dans le maxillaire) (Figure 3.6). L'individu d'Erpfingen diffère de *M. latifrons* uniquement par l'épaisseur médiane de son lobe postérieur qui est relativement faible (mesure 6). L'individu de Pirro Nord se distingue de *M. latifrons* par sa longueur basale relativement plus faible (mesure 2) et son lobe antérieur aussi épais (mesure 3) pour des dimensions générales plus petites. *M. piveteaui* et *M. wimani* se caractérisent par une largeur médiane des lobes relativement faible (mesures 4 et 6).

Les M3 des individus de Varshets et de Erpfingen sont proches, les points de divergence concernant la longueur basale qui est plus faible à Varshets (mesure 2) l'épaisseur médiane des lobes moins importante (mesures 4 et 7) et la surface interstylaire antérieure beaucoup plus courte (mesure 10) (Figure 3.7). L'absence de M3 isolée à Senèze ne permet de préciser l'ensemble des caractères métriques de cette mâchelière. La largeur médiane du premier lobe

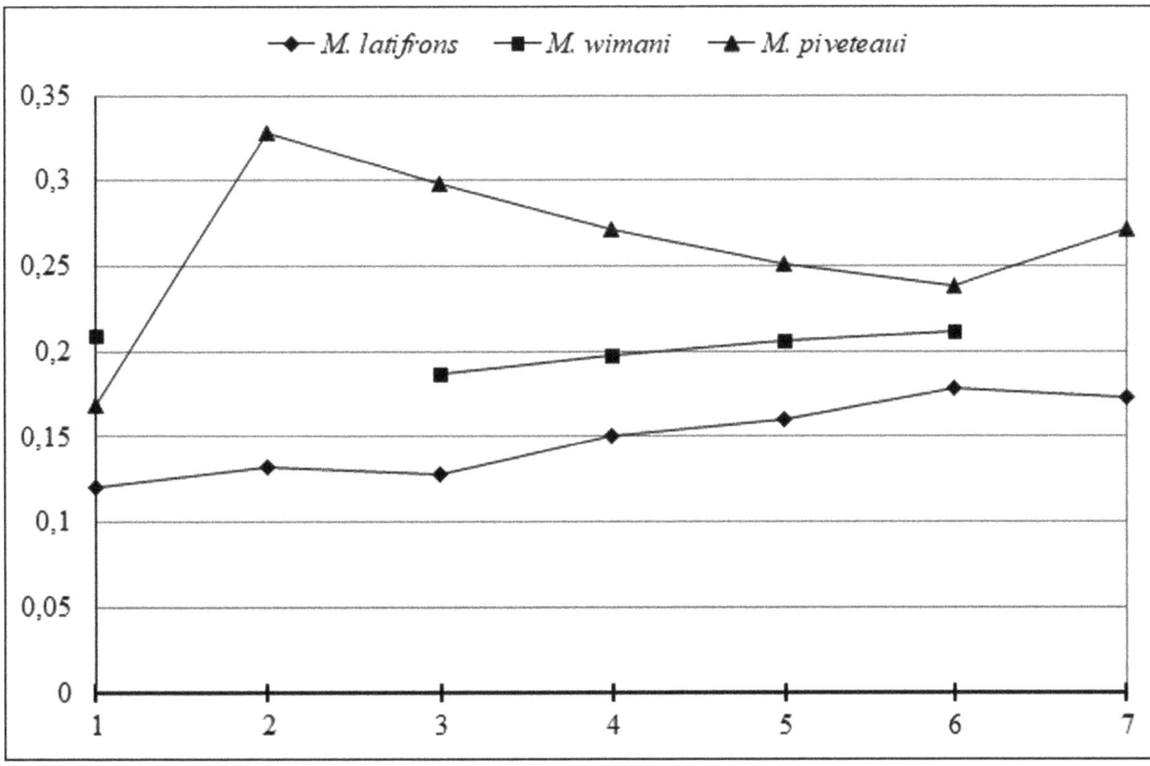

Figure 3.5. *Megalovis*, diagramme de Simpson de la M1 des populations du Pliocène de France et de Chine. Différence par rapport à *Capra ibex* (population du Taï).

(mesure 4) est plutôt grande ce qui est à corréler avec l'usure importante du spécimen. L'individu de Pirro Nord diffère de ceux de Varshets et d'Erpfingen par la largeur basale de ses lobes relativement moins forte (mesure 5 et 8). Les lobes sont aussi plus courts à la base (mesure 12). *M. piveteaui* se distingue par le faible écart des longueurs occlusale et basale de ses lobes (mesures 11 et 12).

Il est difficile d'évaluer la variation des longueurs occlusales et basales de l'ensemble des jugales supérieures, les séries complètes étant absentes (Figure 3.8). On peut toutefois indiquer que *M. wimani* possède une P3 et une M1 relativement plus longues au niveau occlusal que celle de *M. latifrons*. Si l'on excepte la M1, c'est *M. piveteaui* qui a les dents les plus grosses,

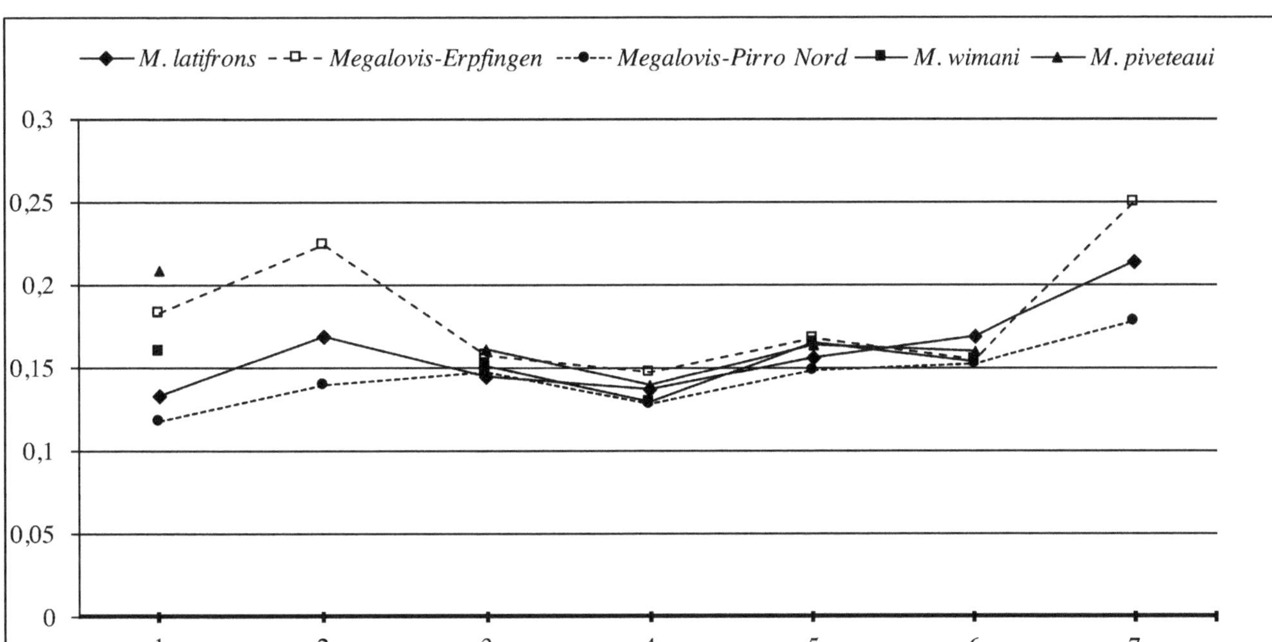

Figure 3.6. *Megalovis*, diagramme de Simpson de la M2 des populations du Pliocène d'Italie, d'Allemagne, de France et de Chine. Différence par rapport à *Capra ibex* (population du Taï).

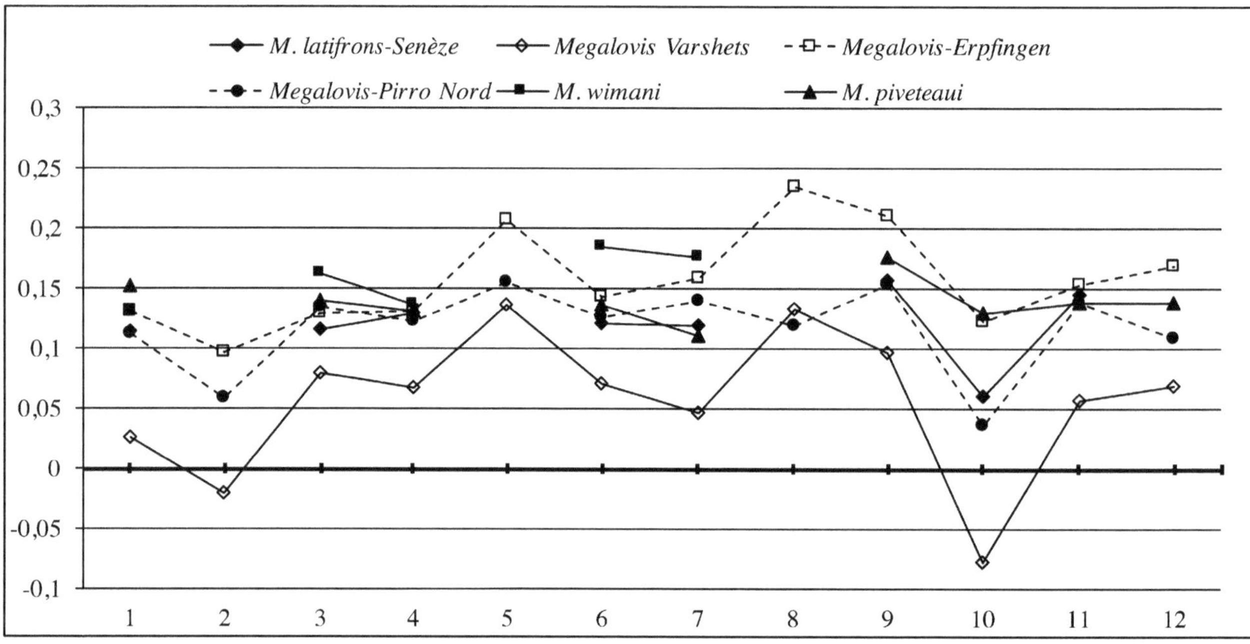

Figure 3.7. *Megalovis*, diagramme de Simpson de la M3 des populations du Pliocène de Bulgarie, d'Italie, d'Allemagne, de France et de Chine. Différence par rapport à *Capra ibex* (population du Taï).

notamment la P3. L'individu d'Erpfingen est proche de celui de Senèze, celui de Pirro Nord étant un peu différent.

b. Dents jugales inférieures

La m1 de *M. latifrons* et de *M. wimani* sont pratiquement identiques (mesure 3) (Figure 3.9). Pour la m2, *M. wimani* et l'individu de Slivnitsa qui sont les plus semblables pour les épaisseurs (mesures 3 et 4) (Figure 3.10). On peut indiquer que les proportions de cette molaire à Varshets sont proches de *S. elisabethae* tandis que *M. latifrons* est plus semblable à *S. minor*.

L'épaisseur des trois lobes de la m3 du *Megalovis* de Slivnitsa est similaire à celle du *M. latifrons* de Senèze (mesure 3 à 5) (Figure 3.11).

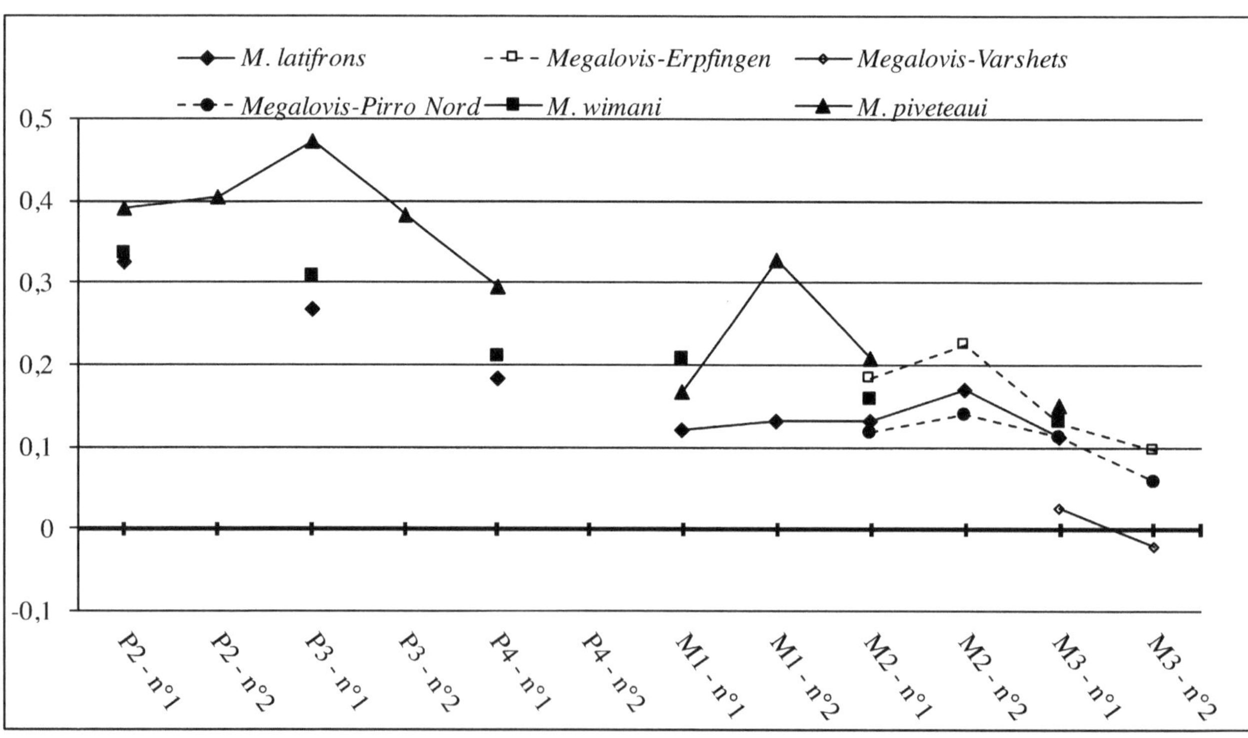

Figure 3.8. *Megalovis*, diagramme de Simpson de la série dentaire supérieure des populations du Pliocène de Bulgarie, d'Italie, d'Allemagne, de France et de Chine. Différence par rapport à *Capra ibex* (population du Taï). Abréviations : n°1 : longueur occlusale ; n° 2: longueur basale.

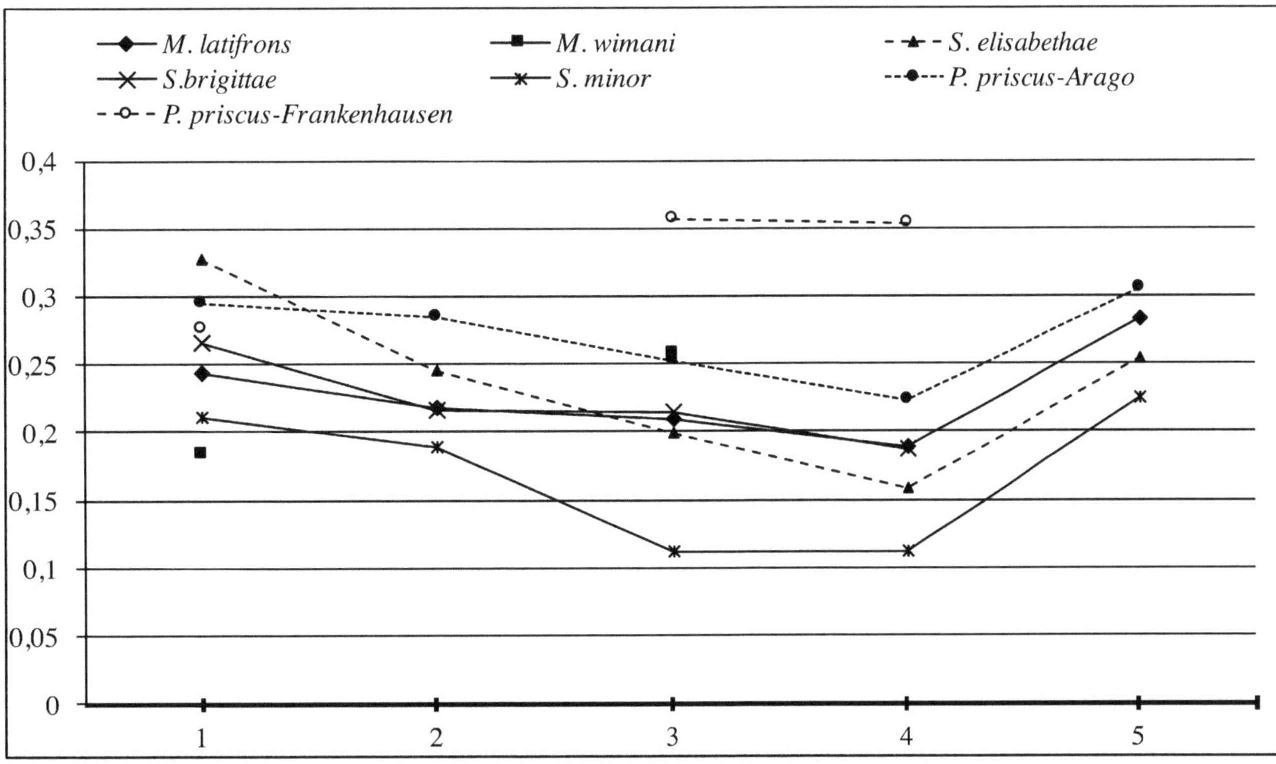

Figure 3.9. *Megalovis*, *Soergelia* et *Praeovibos*, diagramme de Simpson de la m1 des populations du Pliocène de Bulgarie, de France et de Chine, du Pléistocène inférieur d'Espagne et de Grèce et du Pléistocène moyen de France et d'Allemagne. Différence par rapport à *Capra ibex* (population de la grotte de l'Observatoire).

La variation de la longueur occlusale et basale des jugales inférieures entre taxons est impossible à évaluer compte tenu du peu d'éléments disponibles (Figure 3.12).

J'indiquerai que la base des prémolaires de *M. wimani* est relativement épaisse ce qui est peut être lié au fait que les mesures ont été prises sur moulage.

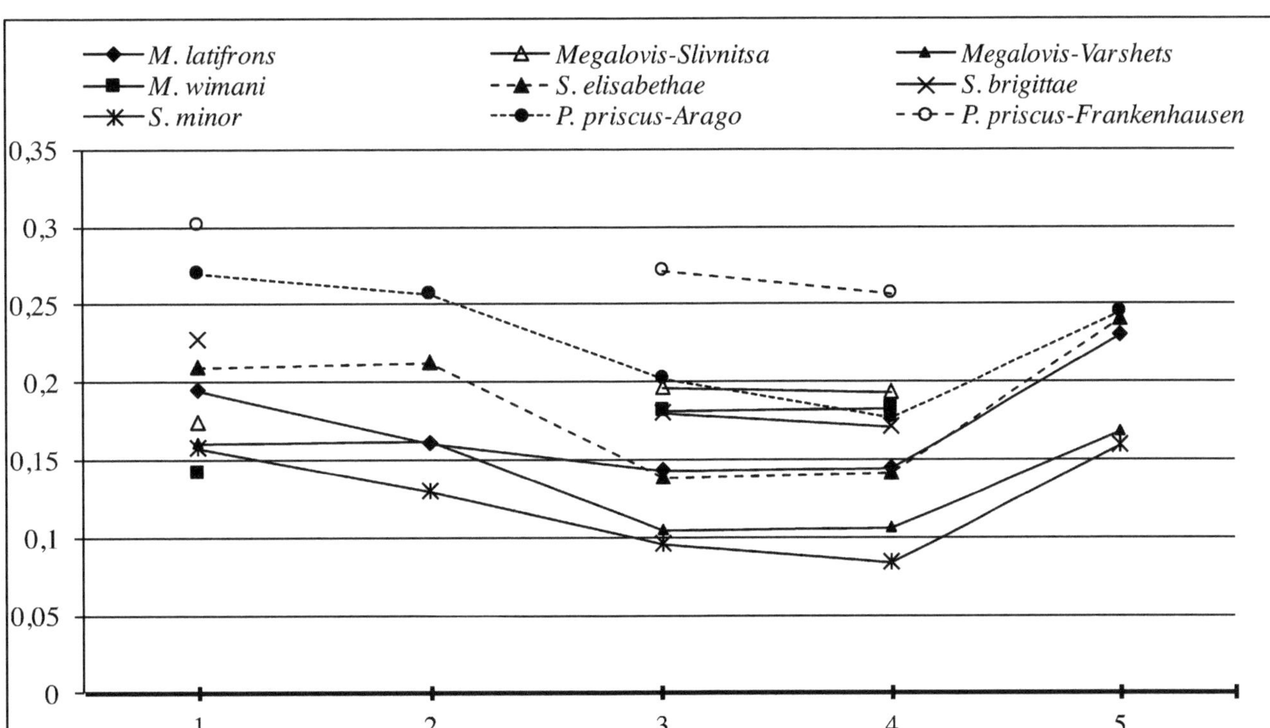

Figure 3.10. *Megalovis*, *Soergelia* et *Praeovibos*, diagramme de Simpson de la m2 des populations du Pliocène de Bulgarie, de France et de Chine, du Pléistocène inférieur d'Espagne et de Grèce et du Pléistocène moyen de France et d'Allemagne. Différence par rapport à *Capra ibex* (population de la grotte de l'Observatoire).

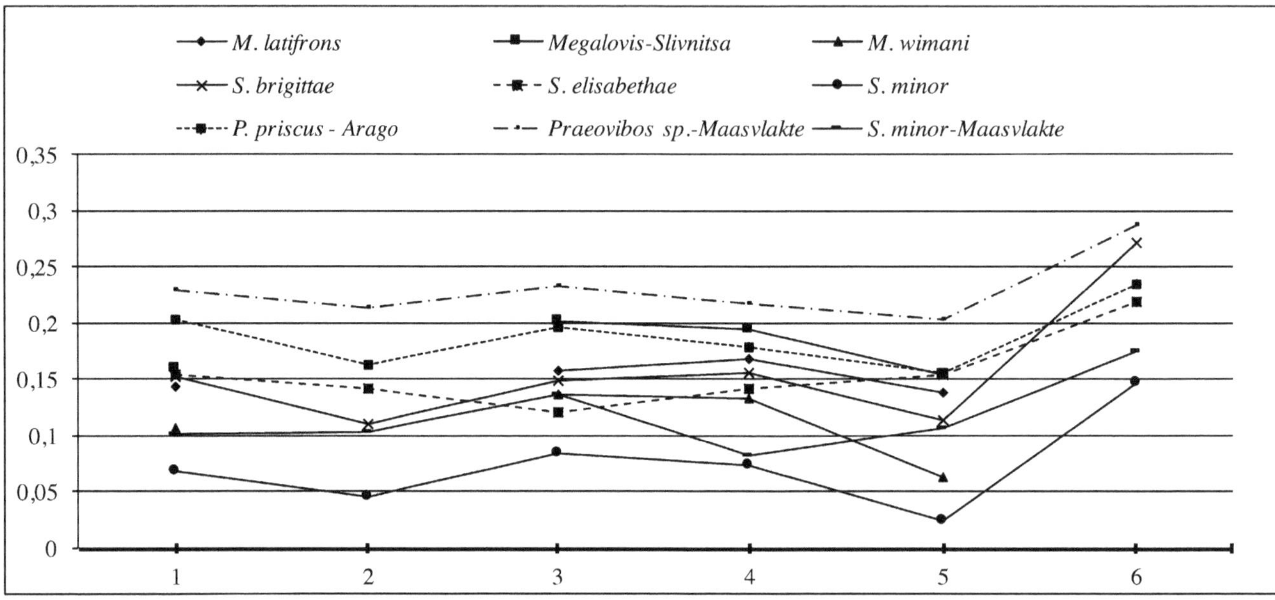

Figure 3.11. *Megalovis*, *Soergelia* et *Praeovibos*, diagramme de Simpson de la m3 des populations du Pliocène de Bulgarie, de France et de Chine, du Pléistocène inférieur d'Espagne, de Hollande et de Grèce et du Pléistocène moyen de France et d'Allemagne. Différence par rapport à *Capra ibex* (population de la grotte de l'Observatoire).

c. Mandibule

Le seul spécimen complet actuellement connu est celui de Senèze. Comparativement à *O. moschatus* actuel, on constate la faible longueur de la branche verticale dans l'axe de la m3 (mesure 3), l'importance du segment prémolaire (mesure 9) et la réduction du segment molaire (mesure 10), la forte hauteur du corps de la mandibule au niveau de la p4-m1 (mesure 17) et de la barre (mesure 19), son amincissement en arrière de m3 (mesure 18) et la brièveté de la barre (mesures 11 et 20) (Figure 3.13). On notera que *S. brigittae* et *S. minor*, dont je discuterai le statut plus loin, ont des proportions mandibulaires proches de *M. latifrons*.

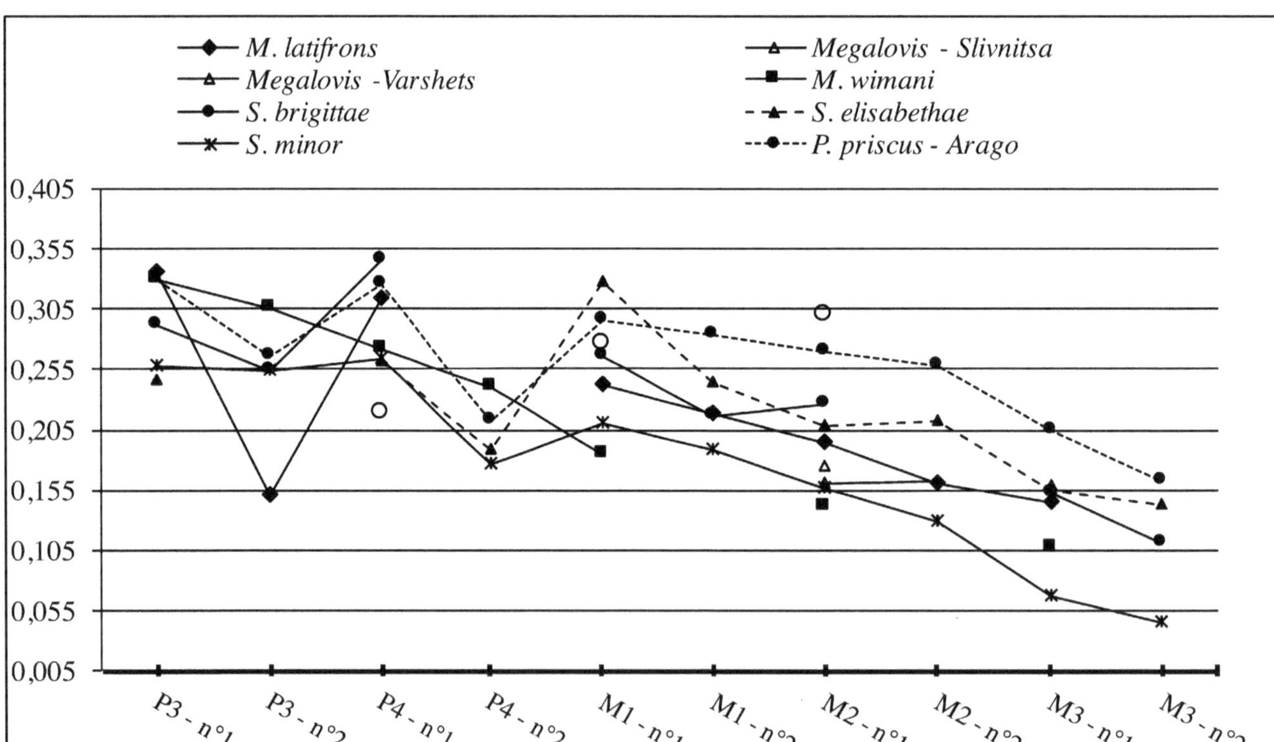

Figure 3.12. *Megalovis*, *Soergelia* et *Praeovibos*, diagramme de Simpson de la série dentaire inférieure des populations du Pliocène de Bulgarie, de France et de Chine, du Pléistocène inférieur d'Espagne, de Grèce et du Pléistocène moyen de France et d'Allemagne. Différence par rapport à *Capra ibex* (population de la grotte de l'Observatoire). Abréviations : n°1 : longueur occlusale ; n° 2 : longueur basale.

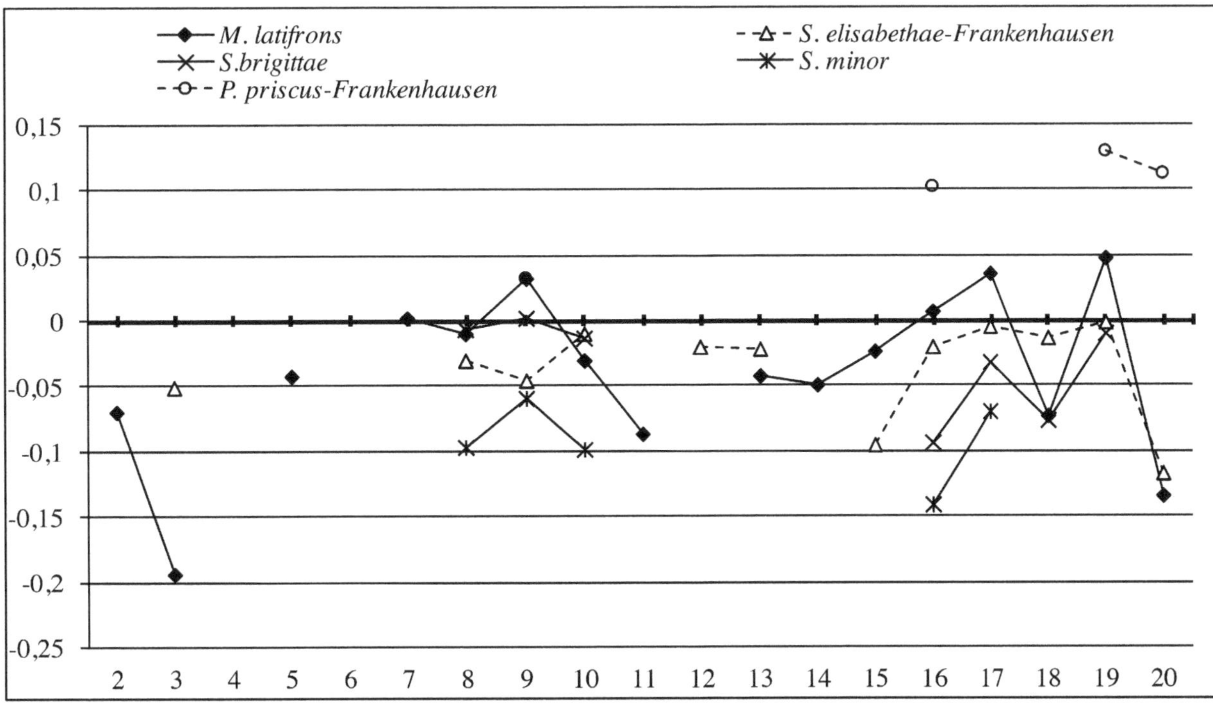

Figure 3.13. *Megalovis*, *Soergelia* et *Praeovibos*, diagramme de Simpson de la mandibule des populations du Pliocène de France et de Chine, du Pléistocène inférieur d'Espagne et de Grèce et du Pléistocène moyen d'Allemagne. Différence par rapport à *Ovibos moschatus* actuel.

d. Squelette post-crânien

Radius

Il n'est connu qu'à Slivnitsa par une articulation distale dont les facettes pour les carpiens ont des proportions similaires à celles de *Soergelia* (Figure 3.14).

Canon antérieur

Le canon antérieur de tous les spécimens est plus long que celui d'*Ovibos* (mesures 1 à 3) (Figure 3.15). La diaphyse est plus étroite (mesure 12) mais plus épaisse (mesure 13). À l'exception du *M. latifrons* de Senèze, les articulations

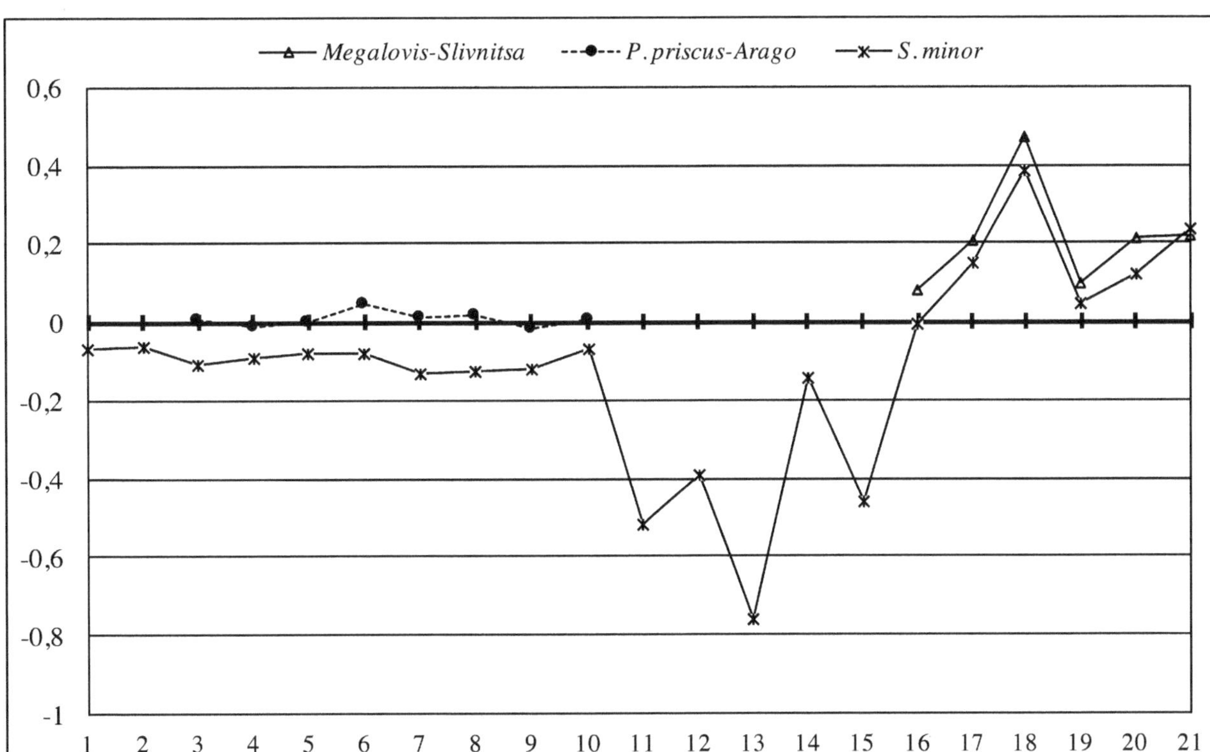

Figure 3.14. *Megalovis*, *Soergelia* et *Praeovibos*, diagramme de Simpson du radius des populations du Pliocène de Bulgarie, du Pléistocène inférieur d'Espagne et du Pléistocène moyen de France. Différence par rapport à *Ovibos moschatus* actuel.

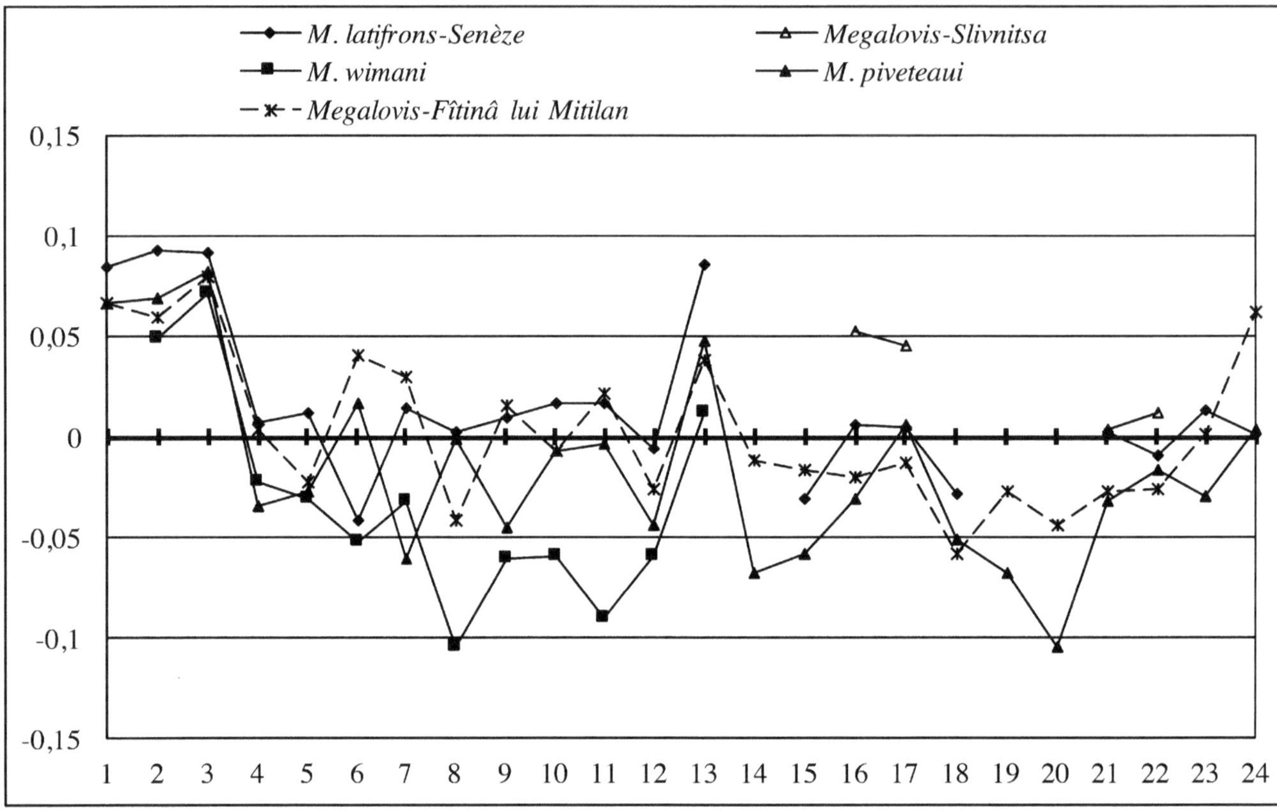

Figure 3.15. *Megalovis*, diagramme de Simpson du canon antérieur des populations du Pliocène de Bulgarie, de Roumanie, de France et de Chine. Différence par rapport à *Ovibos moschatus* actuel.

sont aussi plus petites (mesures 4 à 10 et mesures 14 à 24). Celui-ci se singularise par une longueur médiane relativement importante (mesure 2). Il partage avec *M. wimani* une facette pour l'onciforme qui est relativement étroite (mesure 6) tandis que la facette pour le capitato-trapézoïde est relativement large (mesure 7). C'est l'inverse pour *M. piveteaui* et l'individu de Fîntîna lui Mitilan. *M. piveteaui* se distingue des autres spécimens par la largeur de ces mêmes facettes, la première étant relativement plus large (mesure 8) que la seconde (mesure 9). Quant aux proportions de l'articulation distale, elles sont variables d'un taxon à l'autre. *M. latifrons* et *M. piveteaui* ont en commun une largeur sus-articulaire relativement faible (mesure 15) pour une épaisseur relativement grande (mesure 16).

Phalanges antérieures

La première phalange antérieure, connue uniquement à Slivnitsa, comparativement au bœuf musqué possède une articulation proximale plus étroite (mesure 4) ce qui se répercute au niveau des facettes articulaires axiales (mesures 8 et 10) (Figure 3.16). La partie articulaire axiale est relativement courte (mesure 16) du fait de la brièveté de la facette articulaire dorsale (mesure 12).

La deuxième phalange antérieure pour une diaphyse plus longue que celle d'*Ovibos* (mesure 1 à 3 et 18) possède des articulations moins massives (mesures 4 à 6 et 14) (Figure 3.17). L'étroitesse de l'articulation proximale se répercute sur la facette abaxiale (mesure 9). La diaphyse est plus étranglée au milieu (mesure 12).

Tarse

Le talus de l'individu de Slivnitsa se différencie de celui de Pirro Nord par l'épaisseur moindre de l'espace intertrochléen (mesure 3), la plus forte épaisseur de son côté médial (mesure 9) et en conséquence de l'allongement plus important de la facette qui en occupe la base (mesure 12), la largeur de la trochlée plantaire plus faible (mesures 20 et 21) (Figure 3.18). L'individu de Senèze, qui je le rappelle est un Cervidé, a bien évidemment des proportions différentes.

Le cubonaviculaire est connu uniquement par les spécimens de Slivnitsa. Comparativement à *Ovibos*, on observe une plus forte largeur de la facette articulaire plantaire à la face proximale (mesure 8) (Figure 3.19). Les proportions ne sont pas très différentes de celles de *Praeovibos priscus* à l'exception de la tubérosité médiale qui, ainsi qu'indiqué précédemment, est très courte (mesure 22).

Canon postérieur

Le canon postérieur de *M. latifrons* est malheureusement incomplet. Plus petit que celui de *M. piveteaui*, dont il est morphologiquement proche, il possède une diaphyse moins épaisse au milieu (mesure 18) (Figure 3.20). Les

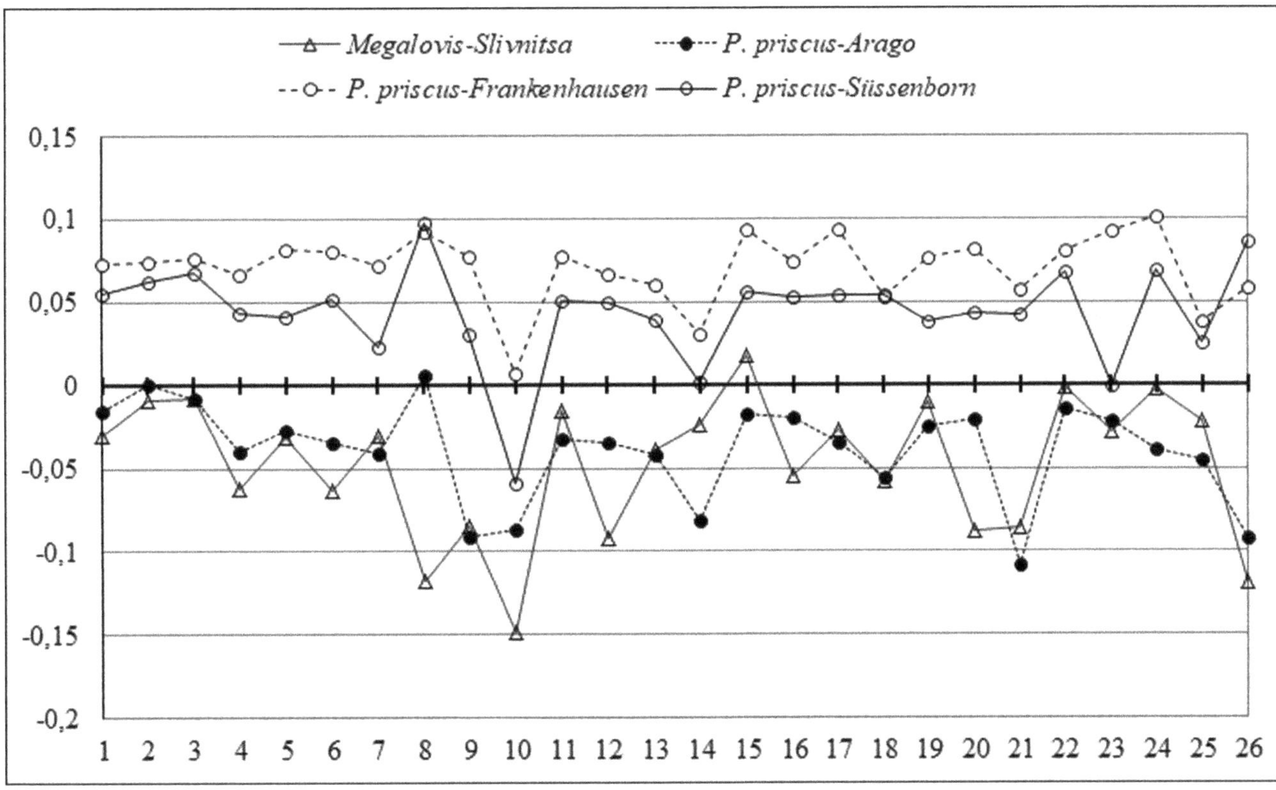

Figure 3.16. *Megalovis* et *Praeovibos*, diagramme de Simpson de la première phalange antérieure des populations du Pliocène de Bulgarie et du Pléistocène moyen de France et d'Allemagne. Différence par rapport à *Ovibos moschatus* actuel.

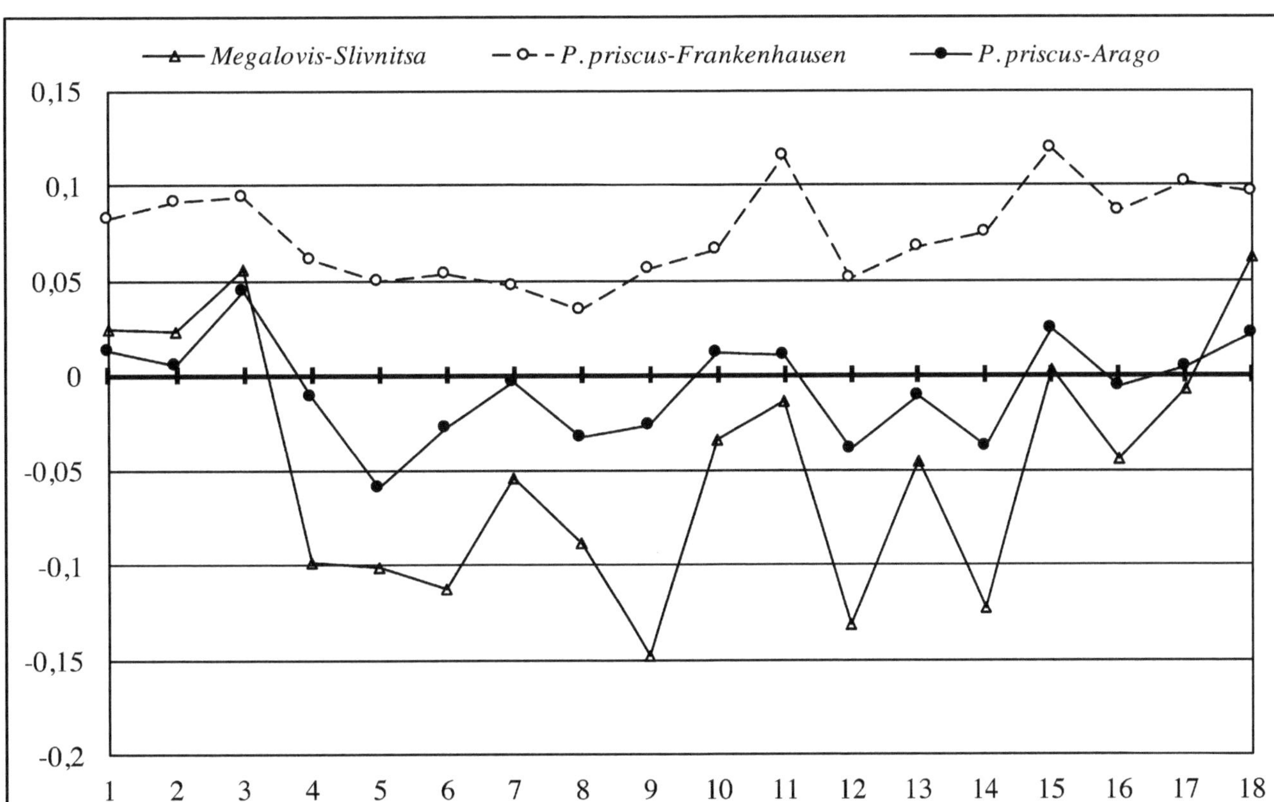

Figure 3.17. *Megalovis* et *Praeovibos*, diagramme de Simpson de la deuxième phalange antérieure des populations du Pliocène de Bulgarie et du Pléistocène moyen de France et d'Allemagne. Différence par rapport à *Ovibos moschatus* actuel.

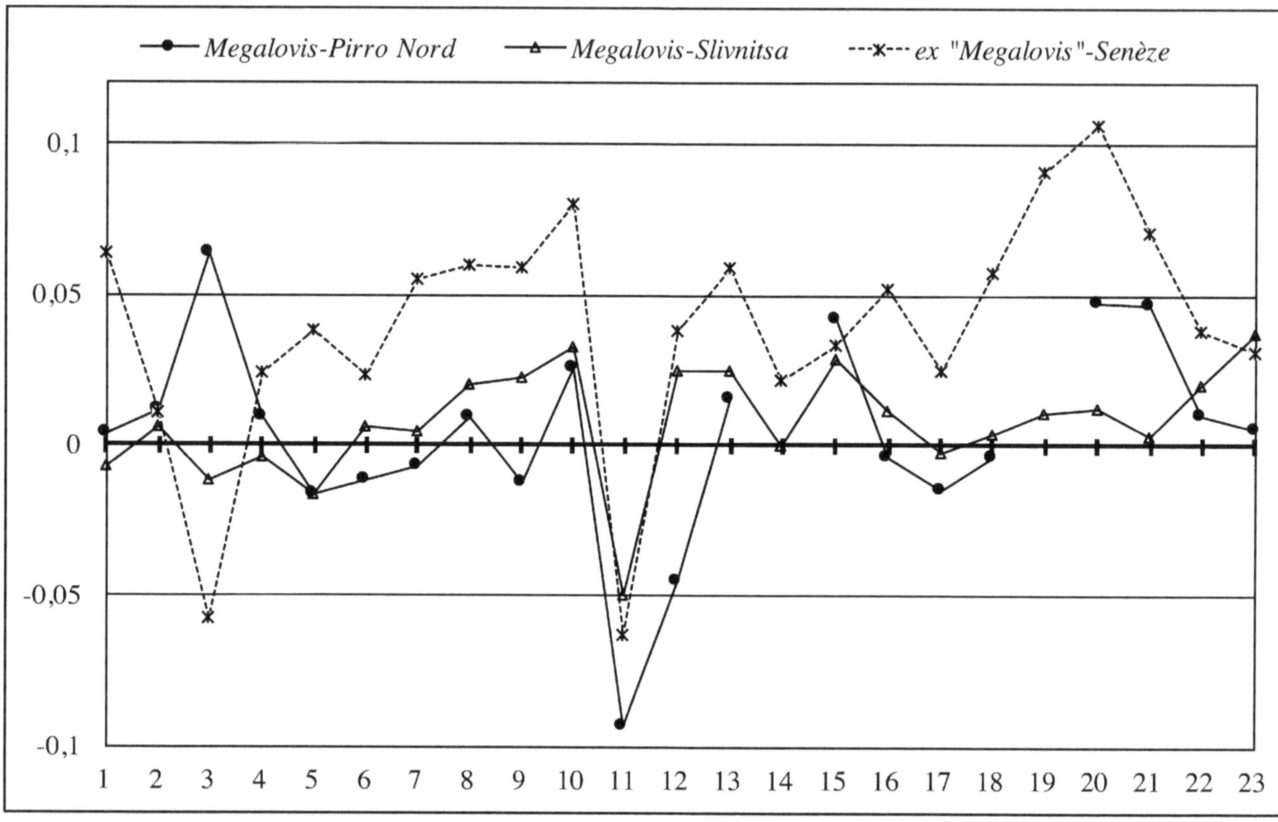

Figure 3.18. *Megalovis* et *Eucladoceros* diagramme de Simpson du talus des populations du Pliocène de Bulgarie, d'Italie et de France. Différence par rapport à *Ovibos moschatus* actuel.

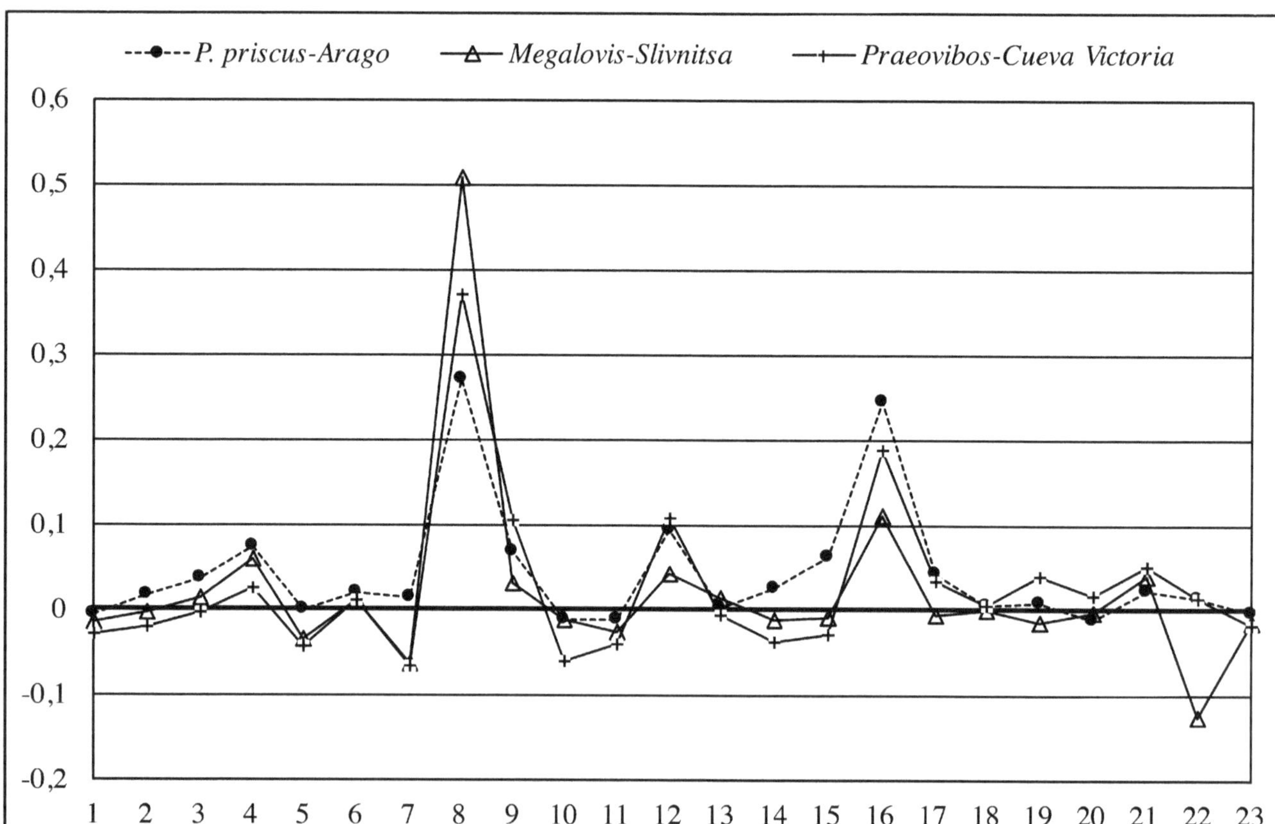

Figure 3.19. *Megalovis* et *Praeovibos*, diagramme de Simpson du cubonaviculaire des populations du Pliocène de Bulgarie et du Pléistocène moyen d'Espagne et de France. Différence par rapport à *Ovibos moschatus* actuel.

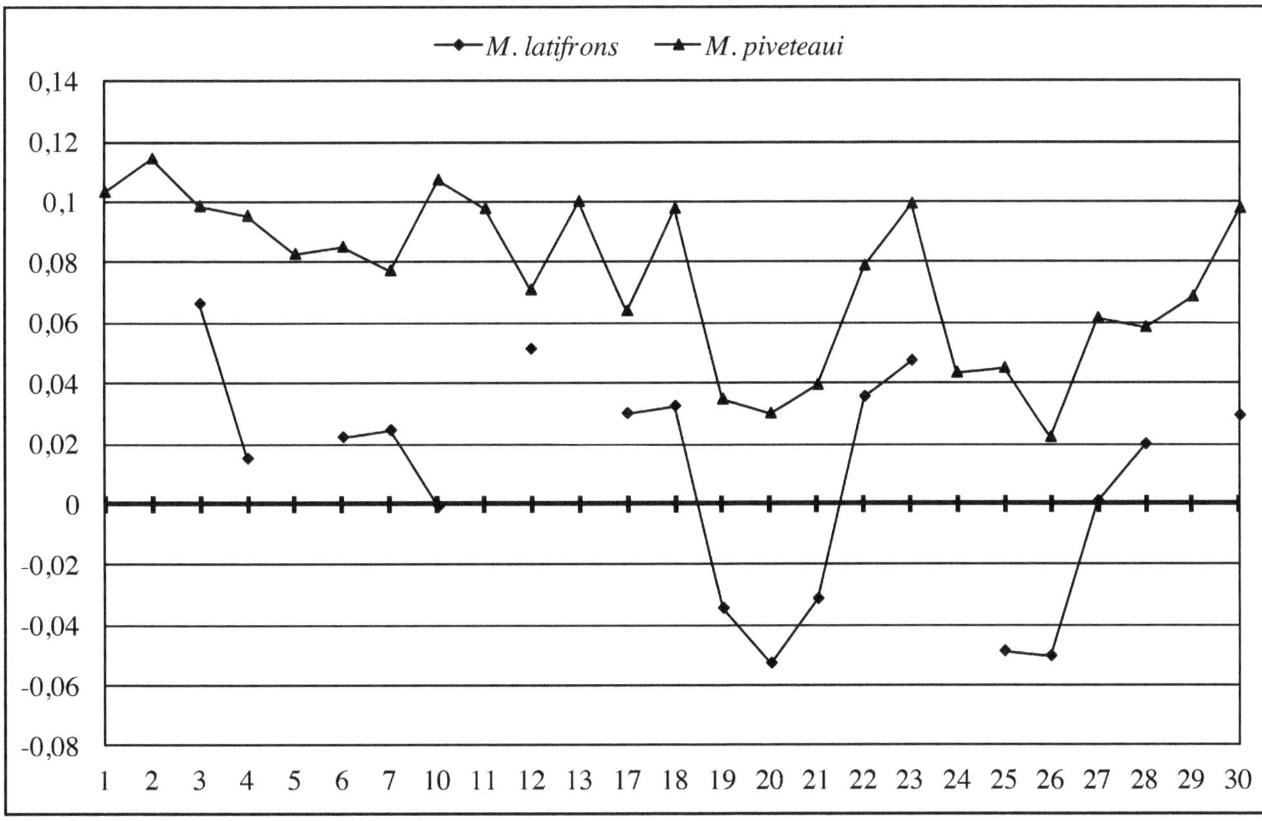

Figure 3.20. *Megalovis*, diagramme de Simpson du canon postérieur des populations du Pliocène de France et de Chine. Différence par rapport à *Ovibos moschatus* actuel.

proportions de l'articulation distale sont similaires pour les deux taxons (mesures 20 à 30).

G. Affinités de M. latifrons

Les analogies morphologiques des canons antérieurs de *M. latifrons* et *M. piveteaui* suggèrent une filiation, point de vue déjà avancé par C. Radulesco et P. Samson (1962). Cependant, les proportions osseuses et dentaires ne sont pas tout à fait les mêmes. S'il est difficile de conclure vu le peu d'éléments à notre disposition, il me paraît toutefois raisonnable de privilégier pour l'instant l'hypothèse de l'émergence de *M. latifrons* à partir d'une forme proche de celle de Nihowan.

Les individus de Varshets et d'Erpfingen ont des proportions métriques similaires qui les rapprochent de *M. latifrons*. Il est logique de les inclure dans la même espèce, ce que confirme en partie l'analyse morphologique. L'individu de Pirro Nord, aux dents relativement petites, ne peut être confondu avec ceux-ci. Pour l'instant on ne peut conclure sur la signification des différences : elles peuvent refléter l'évolution de *M. latifrons* en Europe occidentale ou bien caractériser une nouvelle espèce.

L'inclusion de *M. latifrons* au sein de la tribu des *Ovibovini* a été débattue par plusieurs auteurs. Il a été placé au sein tantôt des Rupicaprinae (c'est à dire un *Rupicaprini*) (Guérin 1965) tantôt des *Caprini* (Viret 1961). S. Schaub en 1937 l'écarte des *Ovibovini* et lui garde une place incertaine. C. Dechaseaux (1961) lui trouve un cerveau différent de celui des Ovibovinés (*sic*) et qui se rapprocherait plutôt des Ovinés (*sic*) tout en étant éloigné de ces deux groupes. Du fait de l'attribution erronée de la cheville osseuse Se 1483 de *Pliotragus* à *Megalovis*, les deux genres ont été mis en synonymie (Schaub 1937, 1951 ; Gentry 1970, 1978, 1980, 2001 ; McKenna et Bell 1997). On ne connaît pas l'arrière crâne de *Megalovis* mais celui de *Pliotragus*. A.W. Gentry, qui initialement intégrait *Megalovis* au sein des *Ovibovini* (1992), du fait de la synonymie *Megalovis-Pliotragus*, l'a récemment exclu de cette tribu en se basant sur l'anatomie de la partie basilaire de l'occipital du *Pliotragus* du site de Perrier (1996) qui n'a pas de facettes supplémentaires en bordure des condyles. Or, comme l'a démontré C. Guérin (*in* Duvernois et Guérin 1989), *Pliotragus* est un *Rupicaprini*.

Pour A.W. Gentry le Caprinae africain *Makapania broomi* Wells et Cooke, 1956, dont la partie basilaire de l'occipital est comparable à celle d'*Ovibos* (1970, 1978, 2001) serait proche de *M. latifrons*.

Pour résumer, la morphologie générale de la mandibule, des dents jugales et du post-crânien présentant les caractères anatomiques que l'on retrouve chez *Ovibos* et *Praeovibos*, j'inclus le genre *Megalovis* dans la même tribu.

H. Extension chronologique et géographique de Megalovis

Megalovis est connu au Pliocène supérieur et au Pléistocène inférieur, de l'Asie à l'Europe Occidentale. En

Europe, il est représenté par *M. latifrons* identifié dans au moins trois localités du Pliocène terminal : en Bulgarie à Varshets (Biozone de Saint Vallier = MN17), en France à Senèze et en Allemagne à Erpfinger Höhle (Biozone de Senèze). C'est une forme aux caractères dentaires et au canon antérieur un peu différents que l'on trouve dans des gisements contemporains : en Bulgarie à Slivnitsa (Spassov et Crégut-Bonnoure 1999) et peut-être en Roumanie à Fîntîna lui Mitilan (Radulesco et Samson 1962 ; Rădulescu et Samson 1995). Au Pléistocène inférieur, *Megalovis* existe au moins en Italie à Pirro Nord où il est représenté par un individu différent du *M. latifrons* de Senèze, ainsi qu'au Montenegro à Trlica.

Dans le Villafranchien d'Asie, le genre est connu par deux espèces : *M. piveteaui* et *M. wimani*, les dents jugales et le métapode antérieur de ce dernier présentant en mélange les caractères du genre et ceux de *Soergelia*.

IV.2. Genre Soergelia Schaub, 1951

A. Néodiagnose du genre

Plusieurs espèces de *Soergelia* sont signalées en littérature : *Soergelia elisabethae* Schaub, 1951, *Soergelia minor* Moyá-Solá, 1987 et *Soergelia brigittae* Kostopoulos, 1997. La synthèse des caractères morphologiques de ces taxons et de restes inédits permet de proposer une diagnose du genre, celle-ci étant confondue dans l'analyse de S. Schaub avec celle de l'espèce *elisabethae*.

Genre *Soergelia* Schaub, 1951

Synonymie

1939 Ovicaprine n.g., n.sp., Soergel, p. 829

1951 *Soergelia* n. gen., Schaub, p. 375-381, Figure 1, pl. XI et XII

Néodiagnose

Chevilles osseuses à surface cannelée, implantées bien en arrière des orbites, portées par des pédicules plus ou moins longs, largement écartées à leur base ; dirigées latéralement et vers le haut ainsi que vers l'avant ; section ovalaire à elliptique. Frontal latéralement pincé en arrière des orbites. Fosse temporale creusée dans sa partie rostrale et plus haute dans sa partie caudale, la rupture de pente se situant au niveau d'un gros orifice accédant au méat temporal. Présence d'une apophyse supplémentaire au condyle occipital. Mandibule à barre courte, relativement plus que chez *Ovibos*, sans tubercule d'attache pour le masséter. Molaires supérieures à styles étroits (exceptionnellement larges) ; lobes antérieurs très pincés lingualement, le pincement étant variable selon les espèces ; présence d'une médifossette plus petite que celle de *Megalovis*. M3 sans éperon postérieur à la post-fossette. Molaires inférieures à lobes très pincés labialement et à pli caprin atténué à la base. Métapodes allongés, à diaphyse en sablier, à condyles distaux ramassés (type *Rangifer*).

B. Soergelia elisabethae Schaub, 1951

Le bœuf musqué (ou antilope) de Soergel a été décrit par S. Schaub (1951) à partir des spécimens récoltés par W. Soergel à Süssenborn. Par la suite, un matériel complémentaire a été recueilli et d'autres découvertes ont été faites (Kahlke 1969 a ; Sher 1971). Des confusions ayant été faites avec *Ovibos* et *Praeovibos*, je propose une néodiagnose.

a. Néodiagnose

Synonymie simplifiée

1939 Ovicaprine n.g., n.sp., Soergel, p. 829

1951 *Soergelia elisabethae*, Schaub, p. 375-381, Figure 1, pl. XI et XII

1960 *Soergelia elisabethae*, Kahlke, p. 84, Figure 15

1961 *Soergelia elisabethae*, Kahlke, p. 495, p. 498, phot. 2 pl. II p. 527

1963 *Ovibos moschatus süssenbornensis* (*pro parte*), Kahlke, p. 944-945, Figure p. 947, pl. IV p. 959, pl. V p. 960, pl. VI p. 961, pl. VII p. 962, pl. VIII p. 963

1963 *Praeovibos priscus* (*pro parte*), Kahlke, p. 951, pl. XVI p. 971, pl. XVII p. 972

1963 *Soergelia elisabethae*, Kahlke, p. 945-946

1964 *Ovibos moschatus süssenbornensis* (*pro parte*), Kahlke, Figure 2 p. 8, Figure 3 p. 9, Figure 4 p. 10

1965 *Soergelia elisabethae*, Radulesco et Samson, p. 1107-1110, Figure 1 p. 1108

1969 *Soergelia elisabethae*, Kahlke, p. 531-544, Figure 1 p. 532, Figure 3 p. 536, Figure 4 p. 537, Figure 6 p. 540, Figure 7 p. 541, Figure 8 p. 543, pl. XXIII à XXVI (1969 a)

1969 *Ovibos moschatus süssenbornensis* (*pro parte*), Kahlke, p. 523-526, Figure 1 p. 524, Figure 2 p. 525, pl. XXII (1969 b)

1971 *Soergelia*, Sher, p. 258 à 262, Figure 40 à 43

1983 *Soergelia* de Süssenborn, De Giuli et Masini, p. 272, pl.1 Figure 15 p. 275, Figure 1 p. 276

1984 *S. elisabethae*, Crégut-Bonnoure, p. 136

1986 *Soergelia* aff. *elisabethae*, Sher, p. 100, pl. 6

1987 *Soergelia elisabethae*, Moyá-Solá, 1987, p. 198 à 201, p. 207

1991 *Soergelia elisabethae*, Kerkhoff et Moll, p. 67

1991 *Soergelia*, McDonald, Ray et Harington, p. 308

1992 *Soergelia elisabethae*, Sala, Masini, Ficcarelli, Rook et Torre, p. 60

1992 *Soergelia*, Crégut-Bonnoure, p. 181 (1992 a)

1992 *Soergelia*, Sher, p. 125, p. 130, p. 132, Figure 2 p. 128

1996 *Soergelia elisabethae*, Crégut-Bonnoure et Guérin, p.76

1997 *Soergelia elisabethae*, Kostopoulos, p. 859, p. 862 et 863, Figure 10 p. 863, Figure 11 et 12 p. 865

1997 *Ovibos moschatus sussenbornensis* (*sic*), Kostopoulos, Figure 13 C p. 867

Holotype

Frontal avec les deux chevilles osseuses, partie basilaire de l'occipital et maxillaire gauche, collection du Muséum d'Histoire naturelle de Bâle, NMB D 376 (Schaub 1951, Figure 1 pl. XI, Figure 4 à 6 pl. XII).

Paratypes

Partie postérieure de crâne avec la cheville droite et un fragment de la gauche (NMB D 439), fragment de mandibule droite en deux parties portant la base de p2, p3, p4 et la m3 (NMB D 438), canons postérieurs droits entiers (NMB D 373 et NMB D 367), canon postérieur droit sans articulation distale (NMB D 443), cervicales (NMB D 378, NMB D 440, NMB D 441).

Locus typicus et *stratum typicum*

Gisement de Süssenborn, Allemagne, Pléistocène moyen ancien.

Néodiagnose

Chevilles osseuses courtes, épaisses à la base et se rétrécissant dans le tiers final, portées par un pédicule relativement long. À la base dirigées latéralement et vers le haut selon un angle de divergence à la base de 120° chez le mâle et de 130° à 140 ° environ chez la femelle, puis inclinées à mi-parcours vers le bas et l'avant ; face dorsale convexe et face ventrale concave ; surface très profondément cannelée à l'avant. Section arrondie chez le mâle, elliptique chez la femelle ; présence de deux boursouflures : une à la base, l'autre à mi-parcours, révélant des nodosités sur les étuis cornés. Frontal convexe entre les chevilles, en continuité avec le pariétal et le supra-occipital dans la partie caudale. Sinus frontal développé. Suture fronto-pariétale située bien en arrière du bord caudal des chevilles. Partie basilaire de l'occipital étroite à l'avant, large à l'arrière. Mandibule à diastème sans crête ; foramen mandibulaire étroit en comparaison de *Megalovis* et d'*Ovibos*, relativement rapproché de p2. Médifossette des molaires supérieures pouvant être précédée d'une fossette linguale ; surfaces interstylaires plan-concaves. Présence d'un éperon postérieur à la post-fossette sur M1 et M2. M3 à métastyle rectiligne différencié en crochet à la base ; surface linguale du deuxième lobe régulièrement convexe. p4 à face linguale plus ou moins plane ; lobe postérieur beaucoup plus court que le lobe antérieur et que chez *Megalovis*, mais aussi plus étroit que l'antérieur. Conides des molaires inférieures nets et étroits, vallée linguale large mais peu profonde. Dernier lobe de m3 faiblement divergent à la base mais long, à face linguale pincée au sommet puis arrondie à mi-parcours jusqu'à la base. Humérus à diaphyse verticale ; épicondyle médial à base plane, caudalement épais et de section arrondie.

b. Description

Les principaux caractères morphologiques sont résumés dans les Tableaux 3.137 à 3.140.

b.1. Crâne

Il est connu par le type et quatre autres spécimens plus ou moins fragmentaires découverts à Süssenborn ainsi que par le crâne lui aussi incomplet de Kapellenberg (Tableau 3.1). La suture sagittale du frontal peut être boursouflée en avant des chevilles. À la différence de *Megalovis* la suture fronto-pariétale débute bien en arrière des chevilles osseuses. L'angle entre le frontal et le pariétal est de l'ordre de grandeur du crâne type du *M. latifrons* de Senèze (130° sur le spécimen de Süssenborn W. Süss.1965-2563 et 110° sur celui de Kapellenberg W. Kapel.1967-8991[=6910]). À l'instar de *Megalovis*, le frontal en arrière des orbites est latéralement pincé et le foramen infra-orbitaire se situe à l'aplomb du milieu de la P4 étant prolongé vers l'avant par une zone en gouttière abritant un foramen supplémentaire (entre P2 et P3). Le point d'inflexion du frontal se situe environ au tiers antérieur des chevilles. La partie basilaire de l'occipital est plus étroite à l'avant qu'à l'arrière et les quatre tubercules latéraux peuvent former des reliefs transversaux saillants (individu de Kapellenberg). Les tubercules caudaux, en virgule, sont dirigés perpendiculairement au plan longitudinal du crâne. Les tubercules rostraux sont plus obliques et forment une masse creusée au milieu en une fosse peu profonde.

La surface des chevilles est légèrement renflée à la base et au milieu, un peu comme chez les jeunes mâles de *Capra*. Ces gonflements me semblent correspondre à des nodosités sur la corne. La section des chevilles est arrondie sur les spécimens de Süssenborn W. Süss.1965-2563, W. Süss.1965-2565[=7635], W. Süss.1965-2566 qui sont les plus gros, plus aplatie dorso-ventralement sur le spécimen W. Süss.1965-2564 [=7996] de Süssenborn et sur celui de Kapellenberg (W. Kapel.1967-8991[=6910]) qui sont plus petits que les précédents (Tableau 3.1) (Figure 3.21). J'attribue ces différences au dimorphisme sexuel. L'angle de divergence des chevilles des individus mâles W. Süss.1965-2563 et W. Süss.1965-2565[=7635] est

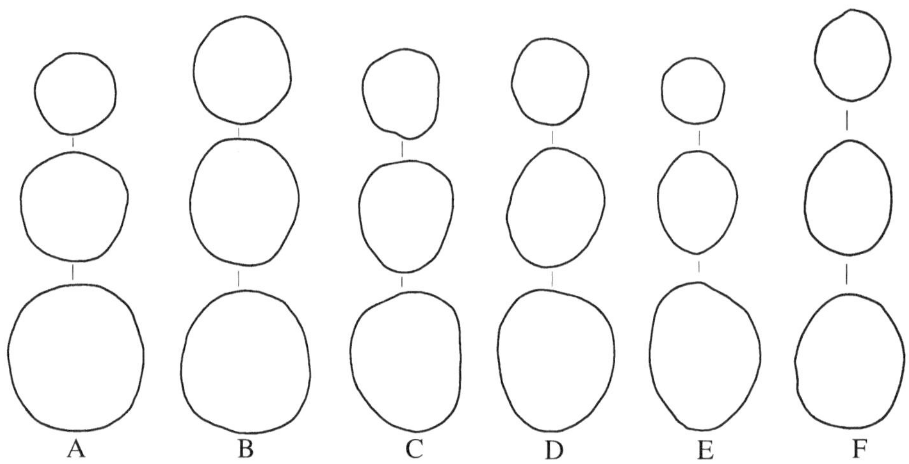

Figure 3.21. *Soergelia elisabethae* Schaub (**A** à **D**), chevilles osseuses droites de mâles (**A** et **B**), droite (**C**) et gauche (**D**) de femelles ; *Soergelia* sp. (**E**), cheville osseuse gauche ; et *Soergelia minor* Moyá-Solá (**F**), cheville osseuse droite. Sections de 5 en 5 cm ; face rostrale vers le haut, base au bas des colonnes. Réduction : 1/4. Relevés et dessins de l'auteur ; mise au propre par M. Buisson-Catil. **A**, n° 1965-2563 (Süssenborn, Allemagne). **B**, n° 1965-2565 (Süssenborn, Allemagne). **C**, n° 1965-2564 (Süssenborn, Allemagne). **D**, n° 1967-8991 (Kapelenberg, Allemagne). **E**, moulage sans numéro (Tchoukotchya, Russie). Centre de recherches de Paléontologie du Quaternaire (Weimar). **F**, type n° VM 2252 (Venta Micena, Espagne), Institut Miguel Crusafont (Sabadell).

respectivement de 123° et 122°. Il est de 130° et 138 ° chez la femelle : on peut en déduire que les cornes devaient être plus redressées chez les mâles.

b.2. Mandibule

Elle est connue par le paratype (NMB D 438 ; Schaub 1951 : Figure 1 à 3 planche XII) (Planche 9 : 4) et par le spécimen de Bad Frankenhausen (W. Frankenhaus. 1642) attribué initialement à une jeune femelle de *P. priscus* (Kahlke 1963 : 951 ; Planche XVI p. 971 ; Planche XVII p. 972) (Planche 9 : 7). Ces mandibules ont en commun des dents hypsodontes aux lobes aigus et des proportions dentaires identiques (Tableau 3.2). L'anatomie peut être appréciée grâce à la mandibule de Bad Frankenhausen : le diastème est plus court que chez *Praeovibos* et *Ovibos* et il n'est pas pincé en une crête aiguë. Le foramen mandibulaire est beaucoup plus proche de p2 ; il est aussi plus étroit et la pointe est plus aiguë. Le tubercule d'attache pour le masséter n'est pas développé.

b.3. Dents jugales supérieures

Les dents jugales sont moins massives que celles de *Megalovis*, d'*Ovibos* et de *Praeovibos* (Tableaux 3.3 à 3.6).

Les prémolaires n'ont été conservées que sur le maxillaire NMB D 376. Le parastyle de P2 est étroit, peu net, jouxtant le pli du paracône. La vallée postérieure est moins marquée que chez *M. latifrons*. La base de P3 et P4 n'est pas visible.

Les styles des molaires sont nets et saillants, surtout le mésostyle, et les cônes sont bien dilatés. Le lobe antérieur de la M1 et de la M2 est plus court, plus épais et plus anguleux que le lobe postérieur mais aussi en comparaison de *Megalovis*. Une médifossette est présente. Une deuxième fossette en position plus linguale existe parfois (M2 W. Süss.1965-2727, M3 W. Süss.1965-2723, M3 W. Süss.1965-2725). De M1 à M3, la différence d'épaisseur entre le lobe antérieur et le lobe postérieur s'atténue. Il existe un éperon postérieur à la post-fossette sur M1 et M2 mais pas sur M3. Les surfaces interstylaires sont peu concaves, ce qui les distingue d'*Ovibos* et de *Praeovibos* chez qui le creusement est important. Le métastyle de M3 est rectiligne (Planche 9 : 1, 2, 3). À mi-parcours, il s'élargit et forme à la base un crochet. La surface linguale du deuxième lobe est régulièrement convexe, étant nettement oblique vers l'extérieur chez *Ovibos*.

b.4. Dents jugales inférieures

Elles ont des dimensions plus faibles que celles de *Megalovis*, d'*Ovibos* et de *Praeovibos* (Tableau 3.7 à 3.10).

Sur le paratype NMB D377, la p3 est brisée en partie (sur le spécimen W. Frankenhaus.1642 elle n'a pas été conservée). La base subsistante du paraconide dévoile son fort développement. La p4 est molarisée. Le lobe postérieur se révèle beaucoup plus court mais surtout moins large que celui de *M. latifrons*. C'est le lobe antérieur qui est le plus saillant. À la différence de *Megalovis*, la paroi linguale du deuxième lobe est à peine oblique vers le milieu de la couronne. L'hypoconide est aussi moins développé et la vallée labiale est de ce fait moins profonde, presque réduite à un sillon. Le deuxième lobe est plus court (NMB D 438 = 3 mm ; W. Frankenhaus.1642 = 2,8 mm ; W. Süss.1694-1428 = 4,4 mm) comparativement à *P. priscus* (5,3 mm sur W. Fankenhaus.1643 de Bad Frankenhausen ; Kahlke 1963 : pl. XIV). De ce fait, l'indice centésimal de la longueur du deuxième lobe par rapport à la longueur totale de la dent est d'environ 20 % chez *Soergelia* (respectivement 19,6 %, 21,4 % et 29,72 %) et de 35 % chez *Praeovibos* (35,33 %). Le parastylide de la p4 de Frankenh.1642 est brisé à l'avant. Le métaconide forme une amorce de colonnette à l'extrémité supérieure de la couronne. L'entoconide est séparé du métaconide par un sillon qui reste ouvert jusqu'à mi-hauteur de la couronne.

Les conides des molaires sont étroits et les lobes sont beaucoup plus pincés que ceux de *Praeovibos* et d'*Ovibos*. Le métastylide est visible dans la partie supérieure de la couronne de m2 et m3 puis s'atténue à la base, ce qui s'observe aussi chez *Megalovis*. La vallée linguale médiane est large, en «U», mais peu profonde quand on la compare à *Megalovis*. La jonction entre le métaconide et le parastylide s'effectue vers la base de la couronne et la vallée qu'ils ménagent est nette. Un léger pli caprin est visible dans le tiers supérieur de la couronne. Sur les spécimens peu usés (NMB D377, W. Süss.1642, W. Süss.1965-2589[=5828], W. Süss.1965-2798[=97447], W. Süss.1965-2589[=9664]) le dernier lobe de m3 est pincé lingualement. Ce pincement s'atténue vers la base et la section s'arrondit.

b.5. Squelette post-crânien

Le post-crânien est connu essentiellement par les os canons de Süssenborn. On peut ajouter aujourd'hui un humérus, la moitié inférieure d'une première phalange et la deuxième phalange correspondante du site de l'Igue de Saint Sol Belcastel.

Humérus

L'humérus est aussi allongé que celui des *Ovibos* femelles actuels (Tableau 3.11) (Planche 10). La quille séparant capitulum et trochlée est oblique comme chez *Ovibos* et *Praeovibos*. Mais des différences majeures existent par rapport à ces deux genres. La tête articulaire proximale est plus large et plus aplatie que celle d'*Ovibos* (cet élément n'est pas conservé chez *Praeovibos*). Posé sur l'articulation distale, l'humérus reste vertical alors que la diaphyse est inclinée vers l'avant chez *Praeovibos* et *Ovibos*. La base de l'épicondyle médial est plane alors qu'elle est anguleuse chez les bœufs musqués précédents. Le relief caudal est faiblement développé et le relief central, jouxtant la fosse arrondie de petites dimensions qui se trouve à la limite de la trochlée et de l'épicondyle, est volumineux ; chez *Ovibos* le relief caudal forme une crête étroite et nette, y compris sur les spécimens non épiphysés ; la crête centrale est moins nette et la fosse plus grande et plus profonde. La morphologie de l'humérus de *Praeovibos* est similaire à celle du bœuf musqué. L'os étant posé sur la face crâniale, la surface caudale de l'épicondyle médial est quasiment verticale ; chez *Ovibos* et *Praeovibos* elle est déjetée vers le milieu de l'os. L'épicondyle médial est caudalement épais et de section arrondie ; chez *Ovibos* et *Praeovibos*, il est étroit et aigu. Le foramen nourricier caudal est situé plus latéralement que chez *Ovibos* et *Praeovibos*. L'épicondyle latéral est malheureusement endommagé ainsi que la base du capitulum. L'os conservé est aussi anguleux que chez le bœuf musqué et de *Praeovibos*. La partie proximale de la crête correspondant à l'attache du muscle extenseur du doigt latéral est ; chez *Ovibos* et *Praeovibos* son contour est arrondi. La fosse coronoïdienne est allongée jusqu'au niveau du rebord de la trochlée ; elle est beaucoup plus courte chez les deux genres précédents.

Canon antérieur

La diaphyse du canon antérieur (W. Süss.1965-2568) est mince (Tableau 3.14). Elle diverge dans le tiers inférieur. Le tubercule proximo-dorsal est saillant. Les bords palmaires des deux facettes articulaires proximales forment un angle très largement ouvert (Kahlke 1969 a : Figure 6 p. 540). La gouttière dorsale est bien dessinée, notamment au niveau du foramen nourricier. Les condyles sont relativement ramassés.

Canon postérieur

Aux observations de S. Schaub (1951) et de C. Radulesco et P. Samson (1965), on peut ajouter la forte saillie du bord axial des articulations proximales et l'élargissement dorsal des facettes pour le cubonaviculaire et pour le grand-cunéiforme. La diaphyse, élancée, a des côtés latéraux sub-parallèles qui s'élargissent brutalement à la base (Tableau 3.18).

Phalanges postérieures

La diaphyse de la première phalange postérieure ne montre pas l'aplatissement dorso-plantaire accusé d'*Ovibos* et de *Praeovibos*. Il en est de même pour les condyles articulaires distaux qui se révèlent dissymétriques, le condyle axial étant plus étroit que l'abaxial (Tableau 3.19). Cette dissymétrie est moins nette chez le bœuf musqué et *Praeovibos*. La fosse sus-condylaire axiale est arrondie et profonde ce qui n'est pas le cas chez *Ovibos* et *Praeovibos* chez qui elle est longitudinale et peu marquée.

La deuxième phalange possède des extrémités articulaires plus étroites comparativement à *Ovibos*, se rapprochant en cela de *Praeovibos* mais l'allure est plus élancée que chez le *P. priscus* de l'Arago (Tableau 3.19).

C. Soergelia minor Moyá-Solá, 1987

L'examen du matériel permet de dégager de nombreux caractères anatomiques qui font défaut dans la diagnose originelle. Je propose une redéfinition de l'espèce.

a. Néodiagnose

Synonymie simplifiée

1981 *Praeovibos* sp. (*pro parte*), Moyá-Solá, Agusti, Gibert et Pons-Moyá, p. 44

1981 *Ovis* sp. (*pro parte*), Moyá-Solá, Agusti, Gibert et Pons- Moyá, p. 45

1981 Bovidae indet. sp. 3, Moyá-Solá, Agusti, Gibert et Pons- Moyá, p. 46

1985 *Soergelia* sp., Agusti, Anadon, Gibert, Julia, Martin-Suarez, Menedez, Moyá-Solá, Pons- Moyá, Rivas et Toro, p. 34

1986 *Soergelia minor*, Moyá-Solá, p. 290-291

1987 *Soergelia minor*, MOYÁ-SOLÁ, p. 192-207, Figure 8 à 12, Figure 14, 17 et 21, pl. 3 à 5

1990 *Soergelia minor*, Churcher, p. 127

1992 *Soergelia minor*, Martinez Navarro, p. 39-41, pl. 18 a, 19a et b, 20 a et b

1992 *Soergelia*, Crégut-Bonnoure, p. 181 (1992 a)

1992 *Soergelia minor*, Sher, p. 130, p. 131, Figure 2 p. 128

1996 *Soergelia minor*, Crégut-Bonnoure et Guérin, p.76-77

1997 *Soergelia minor*, Kostopoulos, p. 859, 862 et 863, Figure 10 p. 863, Figure 11 et 12 p. 865

1998 *Soergelia minor*, Agusti et Moyá-Solá, p.514, p. 517

1998 *Soergelia minor*, Alberdi, Caloi et Palombo, p. 527

1999 *Soergelia minor*, van Kolfschoten et Vervoort-Kerkhoff, p. 376-378, Figure 4 p. 377

Holotype

Crâne incomplet (VM-85 SI N24-39), collection de l'Institut Miguel-Crusafont, Sabadell, Espagne (S. Moyá-Solá 1987, Figure 8).

Locus typicus et *stratum typicum*

Gisement de Venta Micena (Orce, Andalousie, Espagne), Pléistocène inférieur.

Néodiagnose

Espèce de taille un peu inférieure à *S. elisabethae*. Position des chevilles, frontal et pariétal identiques à *M. latifrons*. Chevilles osseuses relativement élancées en comparaison de *S. elisabethae*, finement cannelées, de section elliptique, portées par un pédicule court, inclinées vers l'avant, l'extérieur et le haut dès leur départ ; face dorsale et ventrale rectilignes. Sinus frontal peu développé. Partie basilaire de l'occipital plus quadrangulaire à l'arrière que chez *S. elisabethae*. Prémolaires supérieures sans sillon lingual. P2 identique à celle de *S. elisabethae*. Face linguale de P3 et P4 plane dans la partie supérieure de la couronne mais à base renflée. Molaires supérieures à base large, à lobes bien pincés lingualement, sans colonnette et presque toujours sans épaississement cingulaire. Face labiale de M1 et M2 identique à *S. elisabethae*. M3 sans aile métastylaire, à face linguale du dernier lobe oblique vers l'extérieur et l'arrière. p2 non bilobée labialement, à vallée linguale postérieure peu marquée, aussi longue que celle de *P. priscus* mais plus large. p3 à parastylide distinct et séparé du paraconide dans le tiers supérieur de la couronne, bloc parastylide-paraconide perpendiculaire à l'axe longitudinal de la dent, à métaconide développant vers l'arrière une paroi oblique comme chez *Megalovis* ; entoconide n'atteignant pas la paroi du métaconide à l'extrémité supérieure de la couronne, faible hypoconide ; vallée antérieure d'extension variable, pouvant atteindre la base de la couronne ou bien se fermer presque totalement ; bord postérieur du paraconide d'allure variable. p4 molarisée, identique à celle de *M. latifrons*, mais plus petite ; troisième vallée étroite et profonde dans le tiers supérieur, diffuse à la base. Molaires à conides bien dilatés et lobes très pincés labialement. Vallée antérieure de m1 et m2 large mais peu profonde. Métastylide de m1 développé sur toute la hauteur de la couronne, réduit au tiers supérieur pour m2 et m3. Radius à surface pour le capitulum plus élevé que la surface pour la trochlée. Canon antérieur à articulation proximale à bord palmaire rectiligne. Canon postérieur identique à celui de *S. elisabethae* sauf pour l'élargissement basal plus important.

b. Description

Je fournis les caractères morphologiques de cette *Soergelia* dans les Tableaux 3.137 à 3.140.

b.1. Crâne

Le massif facial étant déformé, il est difficile d'en apprécier la morphologie. Les chevilles, divergentes latéralement, se dirigent vers l'avant et le haut, comme leurs homologues chez *Bos primigenius*. Une quille rostro-dorsale pourrait avoir existé (Moyá-Solá 1987) (Figure 3.21 : F) mais l'état du spécimen ne permet pas de l'affirmer. Le frontal est légèrement concave dans le sens sagittal. Le pariétal est incliné vers le bas formant un angle d'environ 140° avec le frontal. La suture fronto-pariétale débute immédiatement en arrière des chevilles. Toute la zone située entre les chevilles osseuses et le pariétal est identique à celle de *M. latifrons*. La partie basilaire de l'occipital montre deux tubercules caudaux larges, à crête transversale se prolongeant vers l'avant et le milieu de l'os dessinant un "V" à pointe rostrale comme chez *S. elisabethae*. Le tubercule rostral droit, seul conservé, est brisé à l'avant. Il dessine un bourrelet en virgule dont l'axe est parallèle au plan sagittal du crâne. Les quatre tubercules s'inscrivent grossièrement dans un rectangle. La partie avant du basioccipital n'est pas conservée.

b.2. Dents jugales supérieures

Les prémolaires sont légèrement plus petites que celles de *S. elisabethae* (Tableau 3.3 ; Tableau 3.4), les molaires beaucoup plus, notamment la M3 (Tableau 3.5 ; Tableau 3.6).

Les prémolaires supérieures sont triradiculées et sans sillon lingual (Moyá-Solá 1987 : pl. 3 p. 228). Le pli du paracône est modérément dilaté. Deux à trois îlots linguaux s'observent en arrière de la fossette principale (Figure 3.22 : C, G et K). Le parastyle de P2 est peu net, accolé au pli du paracône et la vallée postérieure est peu

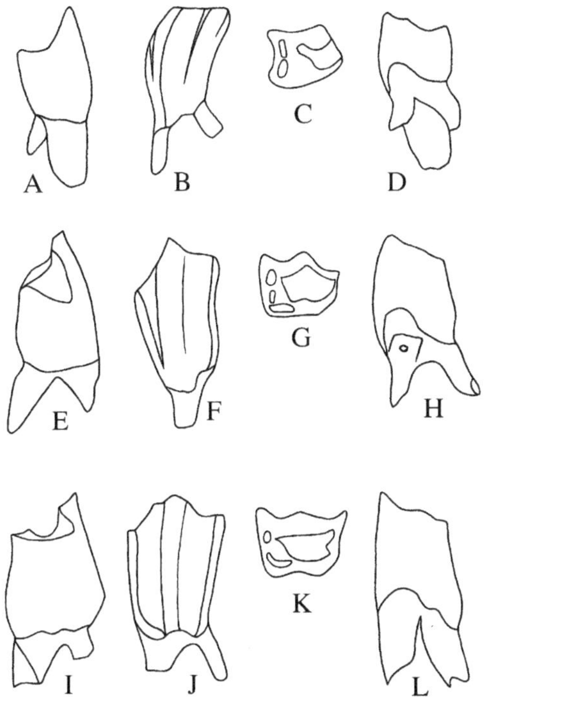

Figure 3.22. *Soergelia minor* Moyá-Solá. Site de Venta Micena (Espagne). Dessins de l'auteur ; mise au propre par M. Buisson-Catil. Réduction : 1/1,5. **A** à **D** : P2 droite. **E** à **H** : P3 droite. **I** à **L** : P4 droite. Institut paléontologique Miguel Crusafont (Sabadell). **A**, **E** et **I** : vues antérieures. **B**, **F** et **J** : vues labiales. **C**, **G** et **K** : vues occlusales. **D**, **H** et L : vues postérieures.

marquée à l'instar de *S. elisabethae* (Figure 3.22 : B). P3 et P4 ont un sommet étroit mais une base épaisse du fait d'une boursouflure importante. Sur P3, le parastyle est suivi d'une vallée étroite et profonde. Elle l'est moins sur P4 (Figure 3.22 : F et J).

Les molaires sont très épaisses à leur base, un peu comme chez *Pliotragus* mais en moins accentué (Figure 3.23 : A, D, E, H et I), et la face linguale est concave de profil. Les styles sont étroits et bien saillants. Le pli du paracône, plus gonflé que celui du métacône, est précédé par une vallée courte et profonde. Le pincement lingual des lobes est plus accentué que chez *S. elisabethae* (Figure 3.23 : C, G, K). Il y a presque toujours une médifossette. La M3 a un parastyle épais surtout à la base ; le mésostyle a tendance à disparaître sur plusieurs spécimens et le métastyle est subrectiligne (Figure 3.23 : L). Le plus souvent la surface linguale du deuxième lobe est fuyante vers l'arrière et l'extérieur, un peu comme chez *Hemitragus* (Figure 3.23 : M).

b.3. Dents jugales inférieures

Ce sont à nouveau les molaires qui sont plus petites que celles de *S. elisabethae* (Tableau 3.9 ; Tableau 3.10). La p2 est particulièrement développée, ayant une longueur aussi importante que celle de *P. priscus* pour une plus grande épaisseur (Tableau 3.7). Elle n'est pas bilobée (Figure 3.24 : A). Le paraconide est en position centrale, bordé à

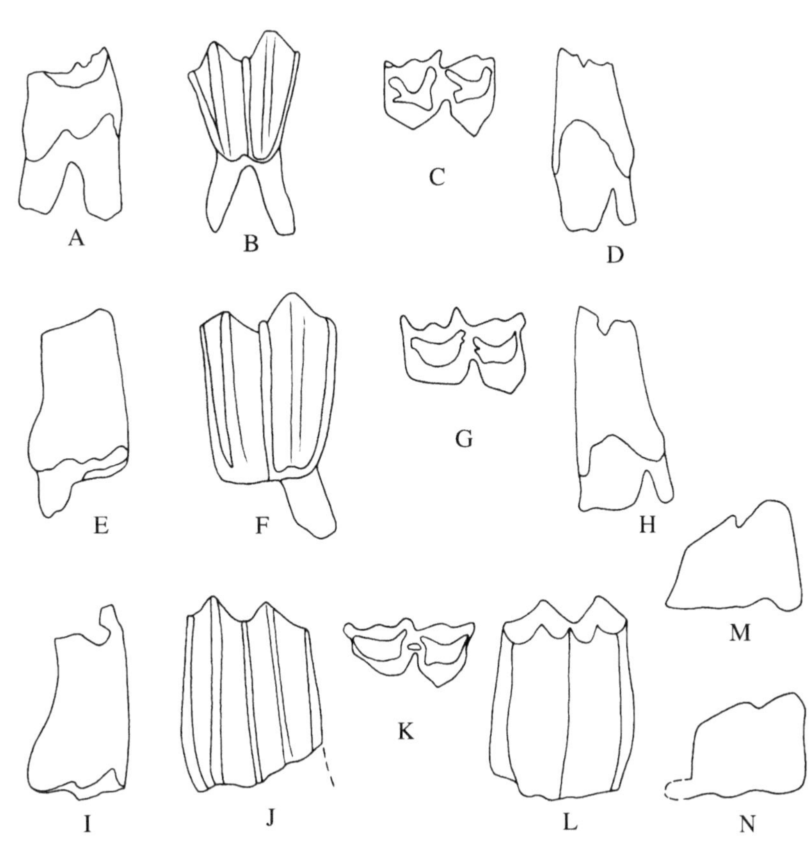

Figure 3.23. *Soergelia minor* Moyá-Solá. Site de Venta Micena (Espagne). Dessins de l'auteur ; mise au propre par M. Buisson-Catil. Réduction : 1/1,5. **A** à **D**, M1 droite. **E** à **H**, M2 droite. **I** à **N**, M3 droite. Institut paléontologique Miguel Crusafont (Sabadell). **A**, **E** et **I** : vues antérieures. **B**, **F** et **J** : vues labiales. **C**, **G** et **K** : vues occlusales. **D** et **H** : vues postérieures. **L** : vue linguale. **M** et **N** : vues inférieures.

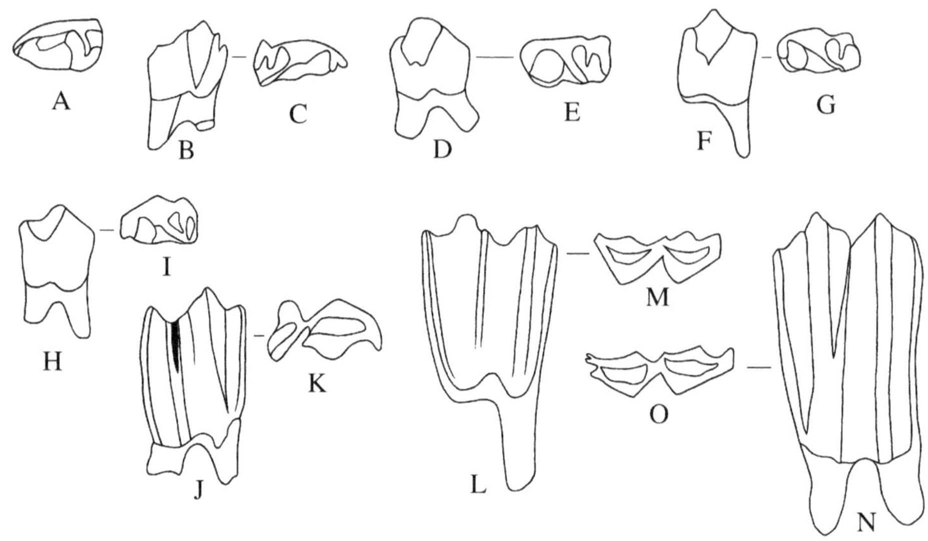

Figure 3.24. *Soergelia minor* Moyá-Solá. Site de Venta Micena (Espagne). Dessins de l'auteur ; mise au propre par M. Buisson-Catil. Réduction : 1/1,5. **A**, p2 droite. **B** à **I**, p3 gauche (**B** et **C** : VM 84 CIII K8) et droites (**D** et **E** : VM 84 C1 v7 4 ; **F** et **G** : VM 84 CIII 61030 ; **H** et **I** : VM 84). **J** et **K**, p4 gauche (VM 84 CIII 8 35). **L** et **M**, m1 gauche. **N** et **O**, m2 gauche. Institut paléontologique Miguel Crusafont (Sabadell). **A**, **C**, **E**, **G**, **I**, **K**, **M** et **O** : vues occlusales. **B**, **D**, **F**, **H**, **J**, **L** et **N** : vues linguales.

l'arrière par une vallée très profonde mais courte qui est délimitée par une paroi isolant en arrière deux fossettes. Si l'on excepte la bilobation, il n'y a pas de différence majeure comparativement à *Megalovis*.

La p3 et la p4 sont bilobées (Figure 3.24 : D à K) (Tableau 3.8 ; Tableau 3.9). Sur p3, le parastylide et le paraconide sont séparés à l'extrémité supérieure de la couronne et dans la majorité des cas sont perpendiculaires à l'axe antéro-postérieur. Le métaconide se développe vers l'arrière en une paroi oblique. Sur les spécimens peu usés, en vue occlusale, l'entoconide forme un éperon perpendiculaire à l'axe longitudinal de la dent, qui n'atteint pas la paroi du métaconide, tout du moins dans le tiers supérieur de la couronne. L'hypoconide est présent mais peu dilaté. La morphologie de la vallée antérieure est variable. Ainsi, sur 20 spécimens :

- Quatre (soit 20 %) ont une vallée profonde et longue dont le fond est distant de la limite cément-émail d'environ 4,5 mm. En « V », elle présente une branche antérieure rectiligne (Figure 3.24 : B). Cette morphologie est très proche du *M. latifrons* de Senèze (spécimen NMB Se 441) ;
- Huit (soit 40 %) ont une vallée plus courte, le fond étant à 7 mm en moyenne de la limite cément-émail. Le paraconide est plus ou moins vertical dans la partie haute puis se coude brusquement avant de se raccorder au métaconide (Figure 3.24 : D et F) ;
- Huit (soit 40 %) ont une vallée pratiquement fermée, à fond large et arrondi, distant de quelque 10 mm de la limite cément-émail (Figure 3.24 : H).

La p4 est molarisée (Figure 3.24 : K). Le parastylide, étroit, est bien dégagé et plutôt curviligne. La vallée qui l'isole du métaconide est nette, assez profonde, et s'étend jusqu'à la base. L'entoconide est séparé du métaconide par un véritable sillon. Il est étroit et profond dans le tiers supérieur, s'atténuant vers la base en une vallée moins large que l'antérieure (Figure 3.24 : J). La paroi de l'entoconide est oblique vers le milieu de la couronne. En vue occlusale, le lobe antérieur est aigu labialement et un peu moins large que le lobe postérieur. La face distale, à la base renflée labialement, est creusée par un sillon longitudinal qui se prolonge sur la racine. Cette prémolaire présente donc des caractères de *Megalovis* : obliquité linguale de la paroi du deuxième lobe et importante profondeur du sillon, lobe postérieur plus élargi que l'antérieur.

Les molaires ont des stylides étroits et saillants, des conides bien dilatés et des lobes plus aigus que ceux de *S. elisabethae* (Figure 3.24 : M et O) (Tableau 3.9 ; Tableau 3.10). La vallée antérieure de m1 et m2 est large mais peu profonde. Un léger pli caprin se note dans le tiers supérieur de la couronne. Sur m1, le métastylide est dilaté sur presque toute sa hauteur, il est réduit au tiers supérieur de la couronne de m2 et m3. Sur quelques spécimens, il existe un épaississement cingulaire qui sur une m3 forme une colonnette. Cinq des 19 spécimens examinés, soit 9,5 %, présentent à la base linguale du dernier lobe de m3 une excroissance en forme de colonnette. Le dernier lobe est court, légèrement pincé au sommet de la couronne des spécimens peu usés, plus ou moins arrondi vers la base.

b.4. Squelette post-crânien

Humérus

S. Moyá-Solá (1987) inventorie sept articulations distales d'humérus. Je n'ai pu les retrouver. Il existe deux autres articulations dont les références ne correspondent pas à celles qui sont indiquées par l'auteur. Je n'ai pas observé de différence majeure comparativement à *S. elisabethae*. Leurs dimensions sont de l'ordre de grandeur des spécimens signalés par S. Moyá-Solá et des radius (Tableau 3.11 ; Tableau 3.12). Cependant, d'après la morphologie particulière du radius (voir paragraphe suivant), la base du capitulum devrait être en net retrait par rapport à celle de la trochlée : le décalage ne m'a pas paru aussi important que sur le radius.

Radius

Le contour de la diaphyse du radius est identique à celui d'*Ovibos* sauf à l'extrémité proximale dont le bord interne est moins saillant. Le tubercule latéral d'insertion du muscle extenseur propre du doigt latéral est plus bas que la surface articulaire antagoniste du capitulum huméral. Cette surface est aussi plus élevée que celle qui reçoit la trochlée et elle est aussi beaucoup plus étroite (Figure 3.25 : A et B). L'articulation distale est semblable à celle d'*Ovibos* et de *Megalovis*. Les dimensions sont fournies dans le Tableau 3.12.

Canon antérieur

La diaphyse du canon antérieur est étroite, mince (Tableau 3.14). Elle s'élargit plus ou moins brutalement au niveau de l'articulation distale, un peu comme chez *Rangifer* (Moyá-Solá 1987 : pl. 4 p. 229). L'articulation proximale possède une facette pour le capitato-trapézoïde de contour plutôt rectangulaire et une facette pour l'onciforme assez triangulaire, à bord externe curviligne. Les bords palmaires se trouvent dans un même plan et ne forment aucun angle entre eux. La gouttière de la face dorsale est aussi nette que chez *S. elisabethae*. L'incisure inter-condylaire est large. Condyles et quilles sont ramassés.

Tibia

Ses dimensions figurent dans le Tableau 3.16. Il se caractérise par une facette malléolaire crâniale plutôt plane et une facette caudale à concavité modérée.

Talus

Si la morphologie du talus est la même que celle d'*Ovibos* et de *Praeovibos* et du *Megalovis* de Slivnitsa et de Pirro Nord (Figure 3.25 : C à E), ses dimensions sont plus faibles (Tableau 3.17).

Canon postérieur

L'articulation proximale du canon postérieur est caractérisée par des facettes articulaires larges dorsalement et, comme chez *S. elisabethae*, par l'importante saillie du tubercule portant la facette pour le petit cunéiforme (Moyá-Solá 1987 : Figure 5 p. 230). Sur la face plantaire, ce tubercule constitue un véritable bourrelet longitudinal. La diaphyse a des bords sub-parallèles comme chez *S. elisabethae* mais l'évasement de l'articulation distale est plus important. Elle est aussi plus courte (Tableau 3.18).

Phalanges

Les premières phalanges ont une surface articulaire proximale large, des facettes pour les sésamoïdes courtes,

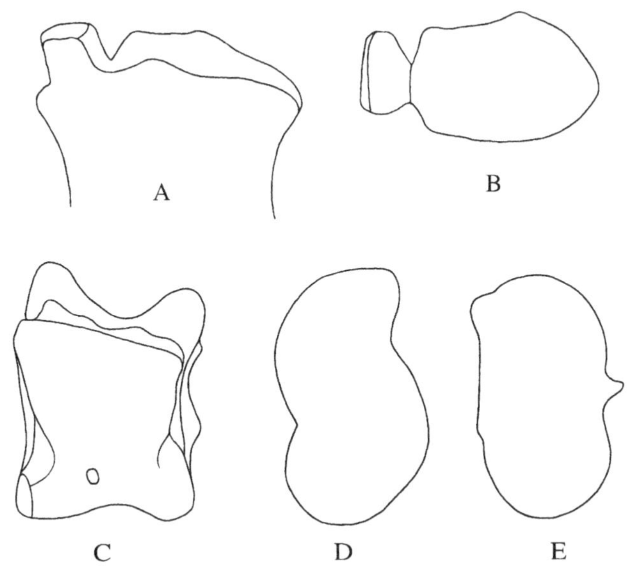

Figure 3.25. *Soergelia minor* Moyá-Solá. Site de Venta Micena (Espagne). Dessins de l'auteur ; mise au propre par M. Buisson-Catil. Réduction : 1/1,5. **A** et **B**, radius droit (VM 967+972). **C** à **E**, talus gauche (VM 83 CIII D 1022-1002). Institut paléontologique Miguel Crusafont (Sabadell). **A** : vue crâniale. **B** : vue proximale. **C**: vue plantaire. **D** : vue latérale. **E** : vue médiale.

et une surface articulaire distale aplatie : c'est la même morphologie que l'on observe chez *Ovibos* et *Praeovibos*. C'est aussi le cas pour les deuxièmes phalanges. On note à nouveau leur relative petitesse (Tableau 3.15 ; Tableau 3.19).

D. Soergelia brigittae Kostopoulos, 1997

Le site grec d'Appolonia I situé dans le bassin de Mygdonia a livré quelques restes d'une forme de taille comparable à *S. elisabethae* mais aux caractères morphologiques distincts (Kostopoulos 1996 : planche XXV 1 à 8 ; 1997 : Figure 99 p. 861, Figure 10 p. 863 ; Kostopoulos et Koufos 1994 ; Koufos et Kostopoulos 1997). Le matériel est conservé au Département de Géologie et de Géographie physique de la Faculté des Sciences de l'Université de Salonique (Grèce).

a. Description

a.1. Dents jugales inférieures

Les dimensions sont présentées dans les Tableaux 3.7 à 3.10. D. Kostopoulos (1997) énumère un certain nombre de différences par rapport à *S. minor* dont chez cette dernière espèce : la verticalité moindre du bloc parastylide-paraconide de p3, la troisième vallée de p4 fermée et le dernier lobe de m3 plus arrondi (1997 : 863). Je n'ai personnellement pas relevé de différence entre les deux populations pour la disposition du paraconide et du parastylide (Figure 3.26). Par ailleurs, comme cela a été précisé dans le paragraphe précédent, à Venta Micena la troisième vallée des p4 est ouverte jusqu'à la base de la couronne (Figure 3.24). Quant au contour du dernier lobe de m3, il varie en fonction de l'âge, étant pincé dans la moitié supérieure de la couronne et arrondi à la base.

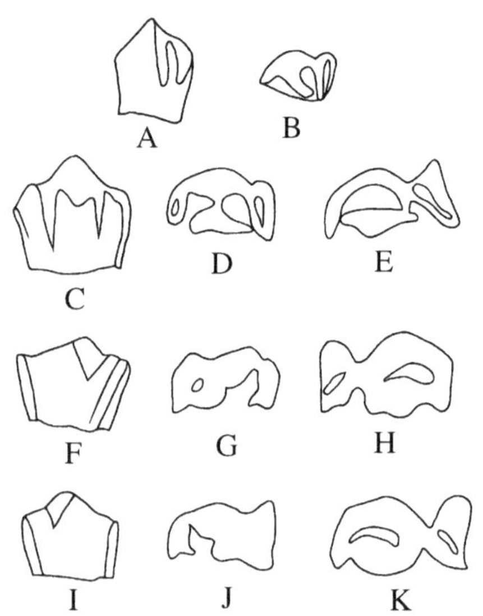

Figure 3.26. *Soergelia brigittae* Kostopoulos. Site d'Appolonia I (Grèce). Dessins de l'auteur ; mise au propre par M. Buisson-Catil. Réduction : 1/1,3. **A** et **B**, p2 droite (APL 383). **C** et **D**, p3 droite (APL 383). **E**, p4 droite (APL 383). **F** et **G**, p3 gauche (APL 244). **H**, p4 gauche (APL 244). **I** et **J**, p3 droite (APL 25). **K**, p4 droite (APL 25). Département de Géologie et de Géographie physique (Salonique). **A**, **C**, **F** et **I** : vues linguales. **B**, **D**, **E**, **G**, **H**, **J** et **K** : vues occlusales.

En fonction de mes analyses, je ne formulerai donc pas de la même manière les différences de morphologie dentaire entre les deux taxons. J'indiquerai :

- Pour p3 : la disposition du métaconide (oblique à Venta Micena, parallèle à l'axe antéro-postérieur de la couronne à Appolonia) et, ainsi que l'écrit D. Kostopoulos, le développement de l'hypoconide (faiblement dilaté à Venta Micena, plus développé à Appolonia) ;
- Pour p4 : l'ouverture de la troisième vallée (étroite et présente uniquement dans le tiers supérieur de la couronne à Venta Micena, largement ouverte jusqu'à la base de la couronne à Appolonia). On peut aussi indiquer que la p4 de *S. brigittae* montre une grande similitude avec celle de *M. latifrons* et que, par rapport à *S. elisabethae,* le deuxième lobe de p4 est de contour plus arrondi et qu'il est aussi relativement plus long (APL 244 = 6,3 mm ; APL 25 = 7 mm ; APL 383 = 8,9 mm) : l'indice centésimal de la longueur du deuxième lobe par rapport à la longueur totale (Tableau 3.8) est plus fort que chez *S. elisabethae* soit environ 30 % (respectivement 28,46 %, 31,61 %, 38,61 %).

a.2. Squelette post-crânien

Canon antérieur

L'allure générale du canon antérieur est identique à *S. elisabethae* et *S. minor* (fort élargissement basal, important écartement inter-condylaire, développement de la gouttière sur la face dorsale, gracilité de la diaphyse ; Kostopoulos 1997 : Figure 12). En revanche, les bords palmaires proximaux des facettes antagonistes pour l'onciforme et le capitato-trapézoïde forment entre eux un angle très ouvert comme chez *S. elisabethae*. La facette du capitato-trapézoïde est concave dorsalement et convexe dans son angle palmo-médial. La crête de séparation entre les deux facettes est très dégagée, aiguë, et la facette pour l'onciforme est plus basse que celle du capitato-trapézoïde : chez *S. elisabethae* et *S. minor* les facettes sont au même niveau. Cet ossement est plus grand que l'unique spécimen de *S. elisabethae* examiné (Tableau 3.14).

Canon postérieur

Je n'ai relevé aucune différence en comparaison de *S. elisabethae* et *S. minor* (Figure 3.27). À la différence du canon antérieur, les deux exemplaires connus sont plus courts que les deux spécimens de *S. elisabethae* (Tableau 3.18). Ces différences de taille sont difficilement interprétables du fait de la faiblesse de l'effectif et de l'importance du dimorphisme sexuel chez les Bovidae.

E. Autre matériel attribué à Soergelia

a. France

a.1. Le Vallonnet

J'ai déjà indiqué que le matériel du Vallonnet rapporté par P. E. Moullé à *Ovis* (1992, 1999, 1997-98) appartenait à *Soergelia* (Crégut-Bonnoure 1999 ; Spassov et Crégut-Bonnoure 1999). En 1988, ce matériel avait été attribué à un Bovidae indéterminé évoquant *Gallogoral* Guérin, 1965 et à un *Ovibovini* (Lumley *et al.* 1988). Outre les dimensions, la morphologie des spécimens figurés n'est pas en accord avec *Ovis* et plus particulièrement avec *O. a. antiqua*. En effet, la M2 et la M3, à couronne plus massive que chez *Ovis*, ont une médifossette importante qui est toujours absente chez *Ovis* mais qui est une constante chez les *Ovibovini* (Moullé 1992 : Figure 5 p. 295). La mandibule (Moullé 1992 : Figure 10 p. 305) est caractérisée principalement par une p3 à parastylide

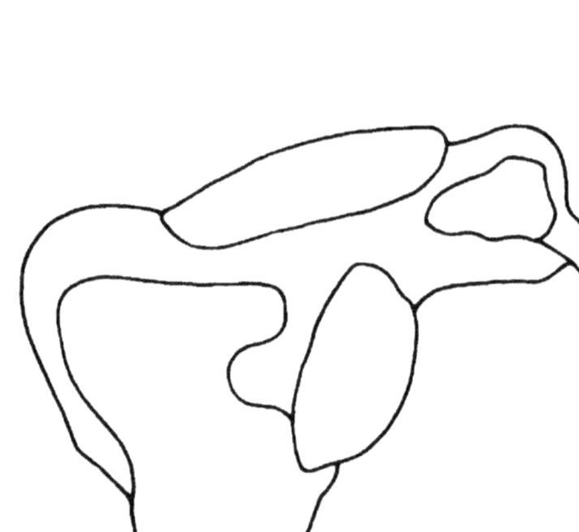

Figure 3.27. *Soergelia brigittae* Kostopoulos. Site d'Appolonia I (Grèce). Dessins de l'auteur ; mise au propre par M. Buisson-Catil. Agrandissement : 1/1,17. Os canon postérieur droit (APL 346), vue proximale. Département de Géologie et de Géographie physique (Salonique).

et métastylide distincts, une aile du métaconide étendue vers l'arrière, des molaires sans pli caprin à la base de la couronne (ce qui n'est pas le cas chez *Ovis*). Le dernier lobe de m3 est arrondi et oblique par rapport à l'axe antéro-postérieur de la couronne comme cela s'observe sur les m3 usées de *S. elisabethae* alors que chez *Ovis* le bord distal est pincé jusqu'à la base de la couronne et le dernier lobe est situé dans l'axe de la couronne. Il est aussi moins épais, y compris à la base (Crégut 1979). Je ne trouve aucune différence avec *Soergelia* et la morphologie de la p4 est, me semble-t-il, identique à celle de *S. brigittae*.

Par ailleurs, la M3 (Moullé 1992 : Figure 7 p. 296), à couronne plus petite et plus étroite que chez *Ovis*, à aile métastylaire non quadrangulaire, a tous les caractères d'*Hemitragus* (Crégut-Bonnoure 1995). C'est le cas aussi de la deuxième phalange (Moullé 1992 : Figure 12 p. 309), du canon postérieur (Moullé 1992 : Figure 13 et 14 p. 312) et de l'articulation distale isolée (Moullé 1992 : Figure 15 p. 313).

Enfin, trois des P2 (Moullé 1992 : Figure 1 p. 286) à couronne brachyodonte et à face mésiale rectiligne sont difficilement attribuables à un Bovidae.

Faute d'examen direct et d'analyse biométrique (le matériel n'est pas accessible pour étude), il n'est pas possible de préciser l'attribution spécifique de ce matériel. On peut simplement indiquer qu'il existe un éperon postérieur à la post-fossette sur la M3 qui fait défaut chez *S. elisabethae* et que l'allongement du deuxième lobe est plus important : environ 5 mm pour une longueur totale d'environ 16 mm (d'après la figure 10 de la p. 305 de l'analyse de P.E. Moullé) ; l'indice centésimal de la longueur de ce lobe par rapport à la longueur totale est donc d'environ de 31,25 %, ordre de grandeur de *S. brigittae*. Je pense qu'il s'agit de la même espèce, mais cette détermination doit être considérée comme provisoire.

a.2. Malbattu

- Synonymie simplifiée

1844	*Capra Rozeti*, POMEL, p. 225-228
1859	*Capra Rozeti*, Gervais, p. 136
1877	*Capra roseti* (*sic*), Busk, p. 118
1918	*Capra Rozeti*, Portis, p. 276
1923	*Capra Rozeti* Pomel, Mayet et Roman, p.71
1932-1933	*Capra Rozeti* Pomel, Dubois et Stehlin, p. 138
1951	*Capra Rozeti*, Schaub, p. 878
1957	*Capra Rozeti*, Koby, p. 34
1965	*Capra rozeti*, Radulesco et Samson, p. 1109
1996	*Soergelia elisabethae*, Crégut-Bonnoure et Guérin, p.76

- Description

Le type est un maxillaire droit des graviers fossilifères de Malbattu (Puy-de-Dôme). L'original est conservé au Muséum national d'Histoire naturelle de Paris (sans numéro ; collection P. Bravard ; Planche 8 : 5) et un plastotype est visible au Muséum d'Histoire naturelle de Londres (BM (NH) n° 27626). S. Schaub (1951 : 378) note que par ses dimensions, l'espèce pourrait être une *Soergelia*. N'ayant eu à sa disposition que des clichés de la pièce, il indique que les molaires semblent plus robustes et la P4 plus hypsodonte. D'après A.W. Gentry, les taxons pourraient être synonymes (com. orale et sur étiquette "? synonym : *Soergelia elisabethae*"). Le spécimen a appartenu à un jeune adulte et l'état d'usure des dents jugales est comparable à celui du maxillaire type de *S. elisabethae*. Il comprend la P4 et les trois molaires. Par rapport à *S. elisabethae*, la dilatation des cônes est légèrement plus faible et la M3 présente une ébauche d'aile métastylaire. Leurs dimensions sont globalement du même ordre de grandeur (Tableau 3.4 à Tableau 3.6).

L'attribution de ce maxillaire à *Soergelia* ne pose donc pas de problème mais celle de son attribution spécifique est plus délicate. *C. rozeti* a été mis en synonymie avec *S. elisabethae* (Crégut-Bonnoure et Guérin 1996). Ainsi que nous le verrons plus loin, les proportions dentaires ne le confirment pas. Il pourrait s'agir de *S. brigittae* qui a à peu près la même taille que *S. elisabethae*. Malheureusement, la denture supérieure du taxon grec n'est pas connue et il est donc impossible de conclure.

a.3. Igue de Saint Sol Belcastel

Un humérus pratiquement entier (Planche 10) ainsi qu'une moitié inférieure de première phalange postérieure et la deuxième phalange correspondante ont été recueillis dans des niveaux du Pléistocène moyen d'une galerie de l'Igue de Saint Sol Belcastel à Lacave (Lot). Ce matériel, conservé au Muséum d'Histoire naturelle de Lyon, jamais décrit, a été attribué à *P. priscus* (Philippe *et al.* 1980) et dès lors considéré comme tel (Crégut-Bonnoure 1984, 1992a).

Ces ossements présentent des caractères d'*Ovibovini* mais diffèrent d'*Ovibos* et de *Praeovibos* ; jusqu'à preuve du contraire, les dimensions me semblent en accord avec *Soergelia*. Les seuls éléments de comparaison disponibles sont les deux articulations distales d'humérus de Venta Micena. L'unique différence morphologique que j'ai pu noter entre les deux formes concerne la fosse olécrânienne qui est beaucoup plus profonde chez *S. minor* (27 mm environ pour 13,0 mm chez *S. elisabethae*). Je n'ai pas noté de différence pour les deux phalanges postérieures. D'un point de vue métrique, ces trois ossements égalent les plus petites dimensions enregistrées chez *Praeovibos* (Tableau 3.11 et 3.19).

b. Italie

Ovis est signalé à la Tour de Grimaldi (Moullé 1997-1998). Une M2 est décrite comme "identique en forme et en taille aux dents de même type du mouflon du Vallonnet" (p. 32). Il est donc hautement probable que cet élément correspond à *Soergelia*. La m3 gauche, attribuée par E. Rivière (1879 : Figure 6) à *C. primigenia*, est elle aussi considérée comme "identique aux dents de même type du mouflon du Vallonnet" (Moullé 1997-1998 : 32). Le pli caprin est très faible, ce qui exclut *Ovis* chez qui il est puissant (Crégut 1979). La base de la couronne n'est pas rétrécie comme chez le mouflon et le pincement labial du troisième lobe s'atténue vers la base ce qui n'est pas le cas d'*Ovis*. En revanche, l'ensemble des caractères énumérés permet de reconnaître *Soergelia* (cf. *supra*). La M2, toujours identifiée comme *C. primigenia* par E. Rivière (1879 : Figure 7) et qui vient d'être attribuée à *Praeovibos* sp. (Moullé 1997-1998), se caractérise par un lobe antérieur très pincé lingualement, caractère non pas de *Praeovibos* mais à nouveau de *Soergelia*. On ne peut malheureusement pas vérifier l'existence de médifossette, le spécimen étant un jeune adulte aux lobes en cours d'usure. J'attribue donc le matériel publié par E. Rivière à *Soergelia*.

c. Espagne

Une M1 des niveaux lacustres du Barranco Léon (bassin de Guadiz-Baza, Andalousie) est attribuée à *S. minor* (Agusti, Moyá-Solá *et al.* 1987). Aucune figuration n'est fournie. D'après les dimensions, le contexte géographique et l'âge (Le Barranco Léon est dans la même zone que Venta Micena) l'attribution proposée me paraît valide.

d. Allemagne

d.1. Süssenborn

On peut inventorier la partie supérieure d'un crâne, l'arrière crâne plus altéré d'un autre individu, le maxillaire, la mandibule (Planche 9 : 4) (Tableau 3.1) et les trois canons postérieurs (un entier, deux fragmentaires ; Tableau 3.18) qui ont servis à S. Schaub pour définir *S. elisabethae* (collection NMB). Il existe trois autres crânes plus complets (Kahlke 1969 a) ainsi qu'un quatrième plus abîmé, une M1, quatre M2, les deux M2 et les deux M3 d'un même animal, une M3, une p4, les m1, m2 et m3 d'un deuxième individu, les m2 et m3 d'un troisième, quatre m3 (Planche 9 : 5, 6), un canon antérieur et un canon postérieur incomplet (Tableau 3.14 ; Tableau 3.18). Il y a aussi des vertèbres mais que je n'ai pas étudiées.

Certaines dents ont été attribuées à *O. moschatus suessenbornensis*. Il s'agit des M2 et M3 gauches W. Süss.1965-2726 [=5886] et W Süss.1965-2724 [=5884], des M2 et M3 droites W. Süss.1965-2727 [=5887] et W. Süss.1965-2725 [=5885], de la M3 droite W. Süss.1965-2723 [=5713], de la m3 droite W. Süss.1965-2722 [=9074] (Kahlke 1963 : 944-945 ; pl. IV p. 959, pl. V p. 960, pl. VI p. 961, pl. VII p. 962, pl. VIII p. 963 ; Kahlke 1969 b : 521-529, Figure 1 p. 524 et pl. XXII (*pro parte*), Figure 2 p. 525) (Planche 9 : 1 à 3). Comparées aux molaires d'*Ovibos* actuel et fossile, on ne trouve aucun des caractères du genre : les molaires supérieures ont des lobes antérieurs beaucoup plus pincés lingualement et les surfaces interstylaires ne sont pas creusées, la médifossette est beaucoup plus petite. Sur M3, le dernier lobe est arrondi tandis qu'il est fuyant vers l'arrière et l'extérieur chez le bœuf musqué, et il n'y a pas d'éperon postérieur à la post-fossette qui est constant chez *Ovibos* (Rakovec 1938 : pl. I Figure 12 ; pl. II Figure 15 ; Ryziewicz 1955 : Figure 6 et 23 ; Raufuss et von Koenigswald 1999 : Figure 2a p. 384). Les molaires inférieures ont des lobes beaucoup plus pincés.

Cette morphologie est celle de *Soergelia*. J'ajouterai qu'en vue inférieure, les M3 ont toutes un métastyle en crochet comme sur le maxillaire type de la *S. elisabethae* de ce même gisement (Planche 9 : 1C, 2C, 3C). C'est donc à cette espèce qu'il faut attribuer ces dents qui métriquement sont plus petites que celles de *Praeovibos* (Tableau 3.3 à Tableau 3.10).

d.2. Kapellenberg

Un arrière crâne pourvu des deux chevilles provient de Kapellenberg (Rastenberg, Thuringe ; Schaub 1951 ; Kahlke 1969 a) (Tableau 3.1). L'original se trouve au Centre de Recherche de Paléontologie du Quaternaire de Weimar (W. Kapel.1967-8991) et un moulage existe au Muséum d'Histoire naturelle de Bâle (NMB D 367). Je n'ai noté aucune différence majeure entre ce spécimen et ceux de Süssenborn.

d.3. Bad Frankenhausen

Le matériel provient de la localité "Grube Rose". J'attribue à *S. elisabethae* la mandibule gauche des collections du Centre de Recherche de Paléontologie du Quaternaire de Weimar (W. Frankenhaus. 1642 ; Planche 9 : 7) initialement rapportée à une jeune femelle de *P. priscus* (Kahlke 1963 : 951 ; Planche XVI p. 971 ; Planche XVII p. 972). Comparativement à ce taxon, le foramen mandibulaire est moins large et plus anguleux dans sa partie caudale. Le diastème est beaucoup plus court (Tableau 3.2 : mesure 20), le bord supérieur de l'os n'est pas pincé et n'a pas de crête. Il n'y a pas de tubercule d'attache pour le masséter. Les lobes des molaires sont pincés labialement. Le lobe distal de la p4 est court ; ainsi que je l'ai indiqué dans le paragraphe sur les dents inférieures de *S. elisabethae*, l'indice centésimal de sa longueur par rapport à la longueur totale est de 21,4 % contre 35,3 % pour la p4 de l'autre mandibule du gisement qui est indiscutablement attribuable à *P. priscus*, ainsi que nous le verrons plus loin. Enfin, il n'y a pas de différences de dimensions et de proportions par rapport à *S. elisabethae* (Tableau 3.2).

e. Pays-Bas

S. minor est signalée à partir d'une m3 droite à Maasvlake I (van Kolfschoten et Vervoort-Kerkhoff 1999 : Figure 4 p. 377). La morphologie est conforme à celle du genre et la taille est inférieure à celle de *S. brigittae* et *S. elisabethae* (Tableau 3.10).

f. Roumanie

Un métapode incomplet du site de Buguilesti (Olténie) a été décrit et figuré par C. Radulesco et P. Samson (1965 : Figure 1 p. 108). Sa morphologie est similaire à celle de *S. elisabethae*.

g. Hongrie

La première et la deuxième phalange postérieures d'un même individu provenant du site de Villány-Kalkberg-Nord ou Villány 3 sont conservées au Muséum d'Histoire naturelle de Bâle (NMB UP 495 et UP 496). S. Schaub en 1932 les attribue à un Bovidé de petite taille (Kleiner Bovide (?) : 325)

La première phalange possède des articulations étroites et épaisses, des tubercules proximo-plantaires très allongés vers le bas, l'axial étant distant du bord proximal de l'articulation distale de 14,4 mm et l'abaxial de 6,8 mm. On peut donc exclure *Megalovis* mais aussi *Praeovibos*. L'articulation distale a la même morphologie que l'individu de l'Igue de Saint Sol Belcastel. C'est aussi le cas de la deuxième phalange. C'est donc à *Soergelia* que j'attribue ces pièces. La particularité de la première phalange est d'avoir des tubercules plantaires excessivement développés, ce qui ne correspond ni à *S. minor* ni à *S. elisabethae* (mesure 26) (Tableau 3.19). Les phalanges de *S. brigittae* ne sont pas connues. Je ne saurai donc dire à quelle espèce de *Soergelia* ces restes appartiennent.

h. République Tchèque

Soergelia est signalé à Zlatý Kůň (Fejfar 1961 ; Kahlke 1969 a). Aucune figuration ni mensuration ne sont fournies. Il est donc impossible de se faire une opinion sur ce matériel.

i. Bulgarie

L'existence de *Soergelia* a été envisagée lors des premières analyses paléontologiques de Slivnitsa (Communication de N. Spassov *in* Kostopoulos 1997 : 862). Le spécimen concerné est une articulation distale de canon postérieur. Sa morphologie est différente de *Soergelia* chez qui l'élargissement diaphysaire distal peut être comparé au morphotype observé chez *Bison* tandis qu'à Slivnitsa il est comparable à celui de *Bos*. Par ailleurs, la gouttière dorsale est plus profonde et plus étroite, les reliefs qui la délimitent sont aussi plus aigus. Aussi son attribution est-elle aujourd'hui incertaine (Spassov 1997 ; Spassov et Crégut-Bonnoure 1999).

j. Géorgie

Plusieurs ossements de *Soergelia* ont été découverts dans le site de Dmanisi (Vekua 1995). L'analyse de la publication amène les commentaires suivants.

La cheville osseuse (Vekua 1995 : Planche 49) est incomplète. La courbure antérieure ainsi que les proportions générales me paraissent conformes au genre. La surface est cannelée mais moins profondément que chez *S. elisabethae*.

Les dents jugales supérieures de l'adulte ressemblent à celles de *S. elisabethae* (Vekua 1995 : Planche 48). Cependant, l'aile métastylaire de la M3 n'est pas développée. L'individu est donc plus proche de *S. minor* que de *S. elisabethae* et que de la *Soergelia* de Malbattu.

La photographie de la mandibule est une vue labiale (Vekua 1995 : Planche 49). Il est toutefois possible d'apercevoir l'obliquité de la face linguale du deuxième lobe de p4. Ce même lobe est plus long et de contour moins aigu que celui de *S. elisabethae*. Il me semble plus proche de la morphologie notée chez *S. brigittae*. Les lobes des molaires paraissent aussi plus arrondis. La présence d'une colonnette interlobaire sur m1 (Vekua 1995 : 130 ; Planche 49) me paraît relever d'une variabilité individuelle et non pas d'archaïsme comme le suggère A. Vekua (1995 : 132).

Les bords de la diaphyse du canon antérieur sont, comme à Süssenborn (Schaub 1951: Figure 1) plutôt parallèles (Vekua 1995 : Planche 50, Figure 1) alors que chez la *Soergelia* d'Appolonia I la diaphyse a une allure en sablier plus nette (Kostopoulos 1996 : Planche XXV, Figure 5). Inversement, la diaphyse du canon postérieur a une allure en sablier comme à Appolonia (Vekua 1995 : Planche 50, Figure ; Kostopoulos 1996 : Planche XXV, Figure 6) tandis qu'à Süssenborn les bords de la diaphyse sont plus parallèles (Schaub 1951 : Figure 2 et 3 ; Kahlke 1969 : Figure 6). J'ai pu analyser le moulage d'un canon antérieur (coll. CERPT) (Tableau 3.14). La morphologie de l'articulation proximale est similaire à celle de *S. brigittae*. La crête de séparation des facettes pour l'onciforme et pour le capitato-trapézoïde est toutefois plus saillante.

Le contour de l'articulation distale du tibia est similaire à celui du *Megalovis* de Slivnitsa (Vekua 1995 : Planche 51, Figure 1).

Le talus ne peut être comparé qu'à celui de *S. minor*. Il en diffère par le plus faible creusement de la trochlée proximale ainsi que par la présence d'un ressaut à la base de la trochlée plantaire recevant le calcaneus (Vekua 1995 : Planche 41, Figure 4).

Le cubonaviculaire, trouvé avec le talus, ne se prête à aucun examen morphologique du fait de son altération (Vekua 1995 : planche 41, Figure 5). Le calcaneus, présenté en vue latérale, est caractérisé par une facette malléolaire très dégagé (Vekua 1995 : Planche 41, Figure 2). Son attribution à *Soergelia*, ainsi que l'indique A. Vekua, est incertaine.

La première phalange antérieure possède la même articulation distale écrasée que l'on trouve chez *Megalovis*, *Ovibos*, *Praeovibos* et *S. minor*.

Dans l'état actuel des connaissances, on peut donc affirmer que *S. elisabethae* est exclue ; aucune autre interprétation ne peut être avancée pour le matériel de Dmanisi.

k. Russie

J'ai pu étudier le moulage du crâne de Tchoukotchya (Sher 1987 : Planche 6), attribué à *Soergelia* aff. *elisabethae* (collection du Centre de Recherche de Paléontologie du Quaternaire de Weimar) (Tableau 3.1). Les chevilles osseuses sont plus fortement rétrécies que celles des crânes allemands, plus comprimées latéralement (Figure 3.21 : E) et les deux renflements sont aussi plus importants. L'angle de divergence est de 123°, ce qui est de l'ordre de grandeur des individus mâles de *S. elisabethae*. La rupture de pente de la fosse temporale est moins forte que chez cette espèce. La morphologie n'est donc pas analogue mais elle n'est cependant pas très éloignée. Compte tenu de la vaste répartition géographique de l'espèce, l'hypothèse qui me semble la plus plausible à ce jour est qu'il s'agit d'une sous-espèce géographique.

F. Analyse biométrique

L'analyse se fonde sur des diagrammes de Simpson ayant comme référence le bouquetin actuel mâle pour les crânes, le bouquetin azilien du Taï 2 ou de l'Observatoire selon les cas pour les jugales et *Ovibos* actuel pour le post-crânien (mâles et femelles confondus).

a. Crâne

Le diagramme visualise la différence de massivité des chevilles des individus mâles et femelles chez *S. elisabethae* ainsi que la gracilité de l'individu russe et de *S. minor* (mesures 41 à 44) (Figure 3.28). Cette dernière espèce se singularise par des chevilles plus écartées à la base (mesure 38) mais moins au milieu (mesure 39). Toutes ces espèces diffèrent de *M. latifrons* par un écartement externe des chevilles relativement faible (mesure 37) mais interne fort (mesure 38).

b. Dents jugales supérieures

Seules les M1, M2 et M3 ont pu être traitées en détail. *S. minor* est le taxon le plus petit.

Pour la M1, "*C.*" *rozeti*, *S. minor* et *S. elisabethae* diffèrent par leur deuxième lobe : il est relativement plus gros que le premier chez *S. minor* (mesures 5 et 6), tandis qu'il est plus petit chez "*C.*" *rozeti* (Figure 3.29). Chez *S. elisabethae* les lobes sont subégaux. La petitesse du deuxième lobe de "*C.*" *rozeti* me paraît être la conséquence de sa faible usure, l'individu étant un jeune adulte.

La M2 de "*C.*" *rozeti* est relativement courte à la base comparativement à *S. minor* (mesure 2) (Figure 3.30). Chez cette dernière espèce le premier lobe est relativement plus petit que le deuxième lobe qui est aussi développé que celui de "*C.*" *rozeti*. *S. elisabethae* diffère par la forte épaisseur de son deuxième lobe (mesures 5 et 6).

La M3 de "*C.*" *rozeti* et celle de *S. minor* se ressemblent mais la longueur basale est relativement plus faible à Venta Micena (mesure 2) pour des lobes aussi longs (mesure 12) (Figure 3.31). Le deuxième lobe est aussi moins large au sommet de la couronne (mesure 6) et la surface interstylaire antérieure est plus longue (mesure 9). *S. elisabethae*, malgré des longueurs proportionnellement identiques à *S. minor*

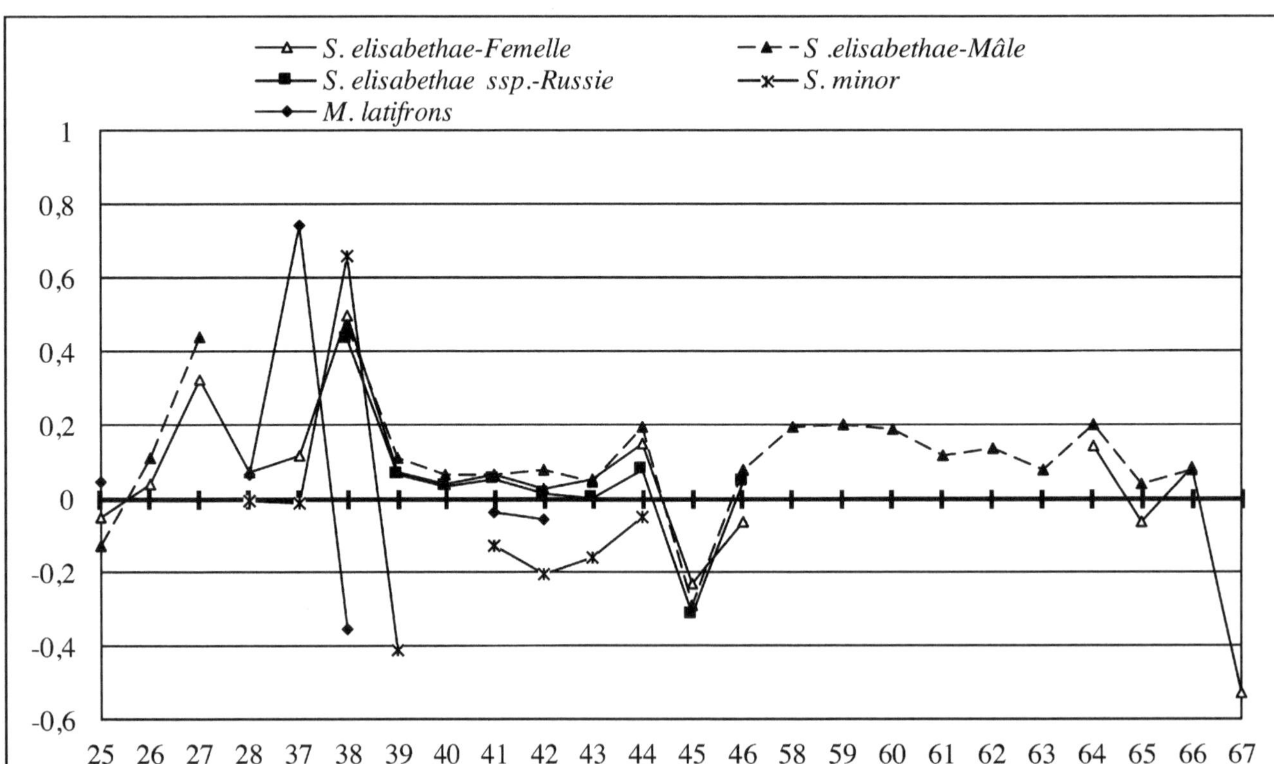

Figure 3.28. *Megalovis* et *Soergelia*, diagramme de Simpson du crâne des populations du Pliocène de France, du Pléistocène inférieur d'Espagne et du Pléistocène moyen d'Allemagne et de Russie. Différence par rapport à *Capra ibex* mâle actuel.

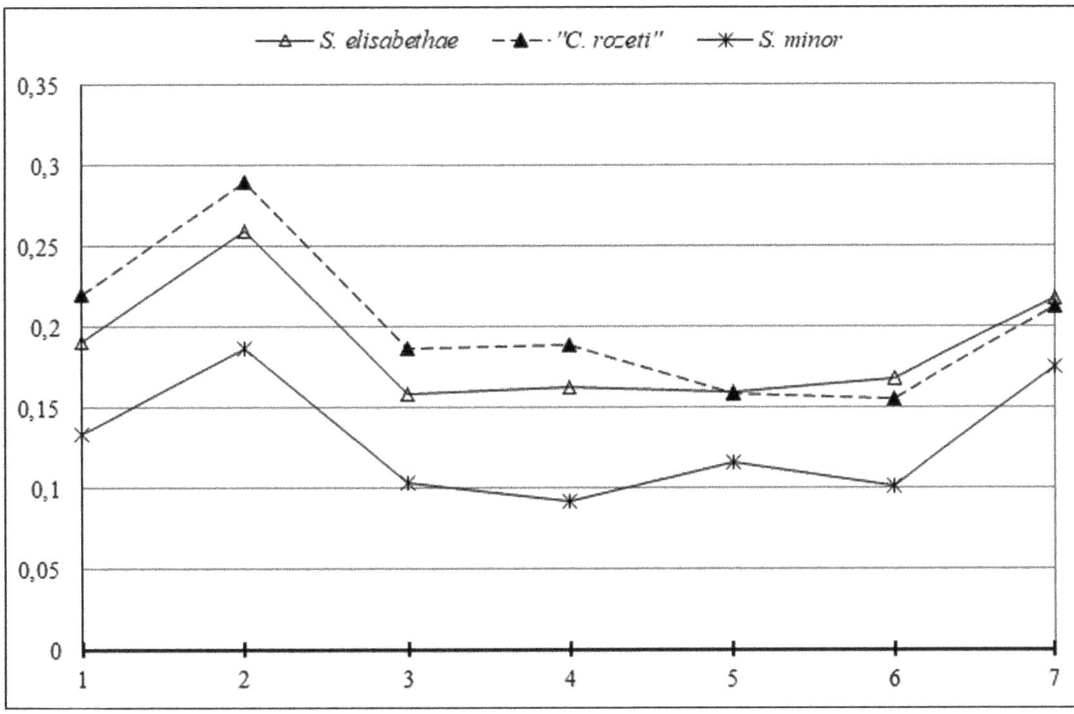

Figure 3.29. *Soergelia*, diagramme de Simpson de la M1 des populations du Pliocène de France, du Pléistocène inférieur d'Espagne et du Pléistocène moyen d'Allemagne. Différence par rapport à *Capra ibex* (population du Taï).

(mesures 1 et 2), diffère de ce taxon mais aussi de "*C.*" *rozeti* : on remarque notamment l'importante longueur de la surface interstylaire postérieure (mesure 10).

La variation de la longueur des dents jugales supérieures des diverses *Soergelia* montre que "*C.*" *rozeti* et *S. minor* se distinguent surtout par la longueur de la M1 (relativement plus longue chez "*C.*" *rozeti*) et celle de la M3 à la base là aussi plus longue (Figure 3.32). Les longueurs des molaires de *S. elisabethae* sont proches de celles de *S. minor* mais plus grandes.

c. Dents jugales inférieures

La m1 de *S. brigittae* a des lobes plus épais que ceux de *S. elisabethae* (mesures 3 et 4) pour une longueur plus faible (mesures 1 et 2), ce qui la rapproche de *M. latifrons*. *S.*

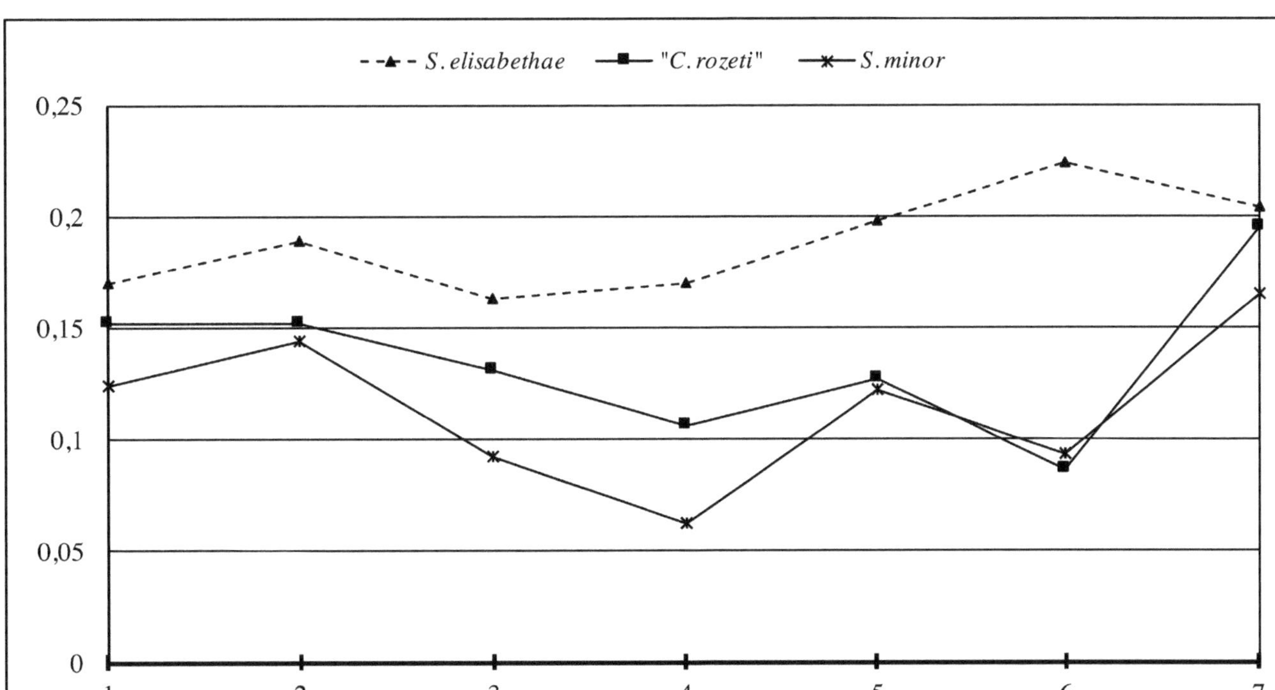

Figure 3.30. *Soergelia*, diagramme de Simpson de la M2 des populations du Pliocène de France, du Pléistocène inférieur d'Espagne et du Pléistocène moyen d'Allemagne. Différence par rapport à *Capra ibex* (population du Taï).

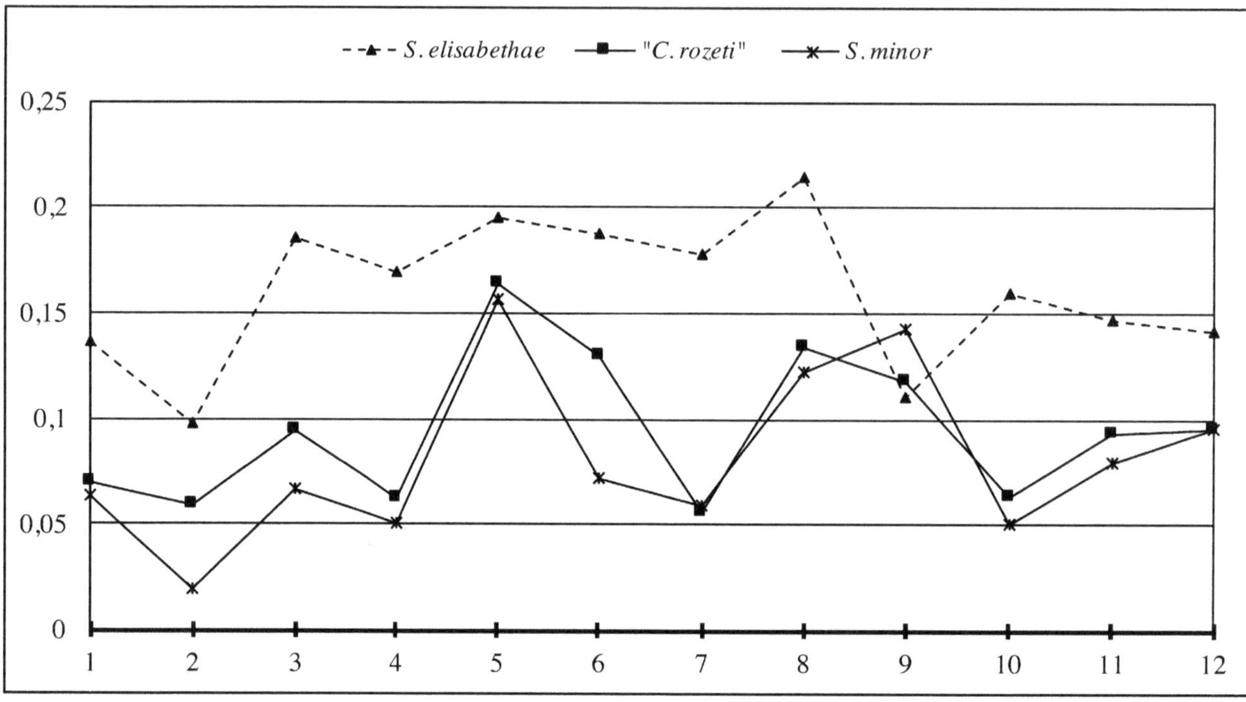

Figure 3.31. *Soergelia*, diagramme de Simpson de la M3 des populations du Pliocène de France, du Pléistocène inférieur d'Espagne et du Pléistocène moyen d'Allemagne. Différence par rapport à *Capra ibex* (population du Taï).

minor dispose d'une molaire aux lobes plus étroits vers l'apex (Figure 3.9).

La m2 de *S. elisabethae* présente le même type de proportions que celles du *Megalovis* de Varshets tout en étant plus grande (Figure 3.10). *S. minor* se distingue par une couronne plus courte à la base, ce qui la rapproche de *M. latifrons*.

Les m3 de *S. brigittae* et de *S. minor* n'ont pas la même longueur basale : elle est un peu plus courte chez *S. brigittae* (mesure 2) (Figure 3.11). *S. elisabethae* est en

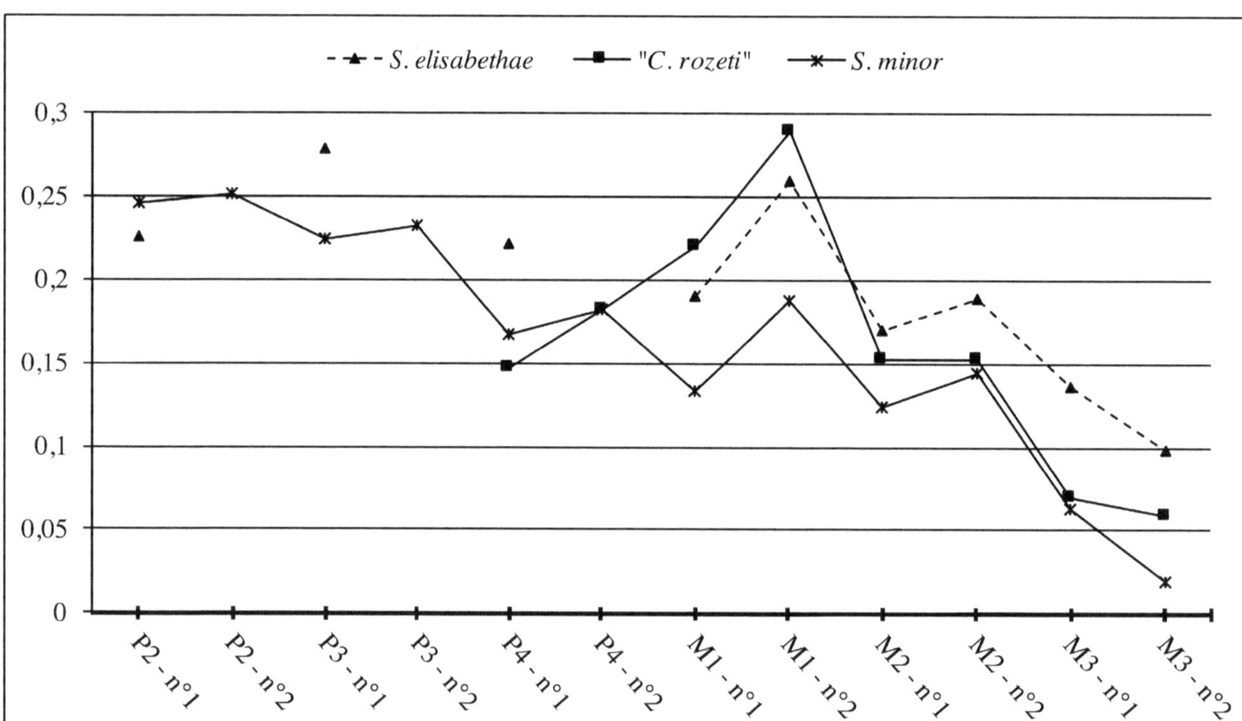

Figure 3.32. *Soergelia*, diagramme de Simpson de la rangée dentaire supérieure des populations du Pliocène de France, du Pléistocène inférieur d'Espagne et du Pléistocène moyen d'Allemagne. Différence par rapport à *Capra ibex* (population du Taï). Abréviations : n°1 : longueur occlusale ; n° 2 : longueur basale.

cela proche de *S. minor* mais le reste des proportions dentaires diffèrent y compris dans la comparaison avec *S. brigittae*. Ainsi, le troisième lobe de l'antilope de Soergel est relativement plus large (mesures 3 à 5). L'individu de Maasvlake I, dont les dimensions m'ont été fournies par T. van Kolfschoten, est plus semblable à *S. minor* le troisième lobe étant seulement plus étroit (mesure 5).

La variation de la longueur des dents jugales inférieures de *S. brigittae* et *S. minor* est différente, p3, m1 et m2 étant plus rétrécies à la base chez la première de ces espèces (Figure 3.12). Toutefois, à Appolonia I les dents jugales sont enchâssées sur des mandibules tandis qu'elles sont presque toutes isolées à Venta Micena. Il est donc possible que cette différence résulte de la technique de prise de mesure.

d. Mandibule

S. minor et *S. brigittae* possèdent un segment prémolaire relativement long (mesure 9) pour un segment molaire court (mesure 10) (Figure 3.13). Ce caractère archaïque les oppose à *S. elisabethae* chez qui on observe l'inverse. Par ailleurs, la hauteur du corps de la mandibule de cette dernière espèce est importante (mesures 16 à 18), notamment en arrière de m3 (mesure 18).

e. Squelette post-crânien

L'humérus de *S. minor* ne peut être comparé qu'avec celui de la *S. elisabethae* de l'Igue de Saint Sol Belcastel (Figure 3.33). Le capitulum de la première de ces espèces se révèle plus court (mesure 14). La lèvre latérale de la trochlée est aussi moins épaisse (mesure 19) et la largeur distale de la diaphyse est plus grande (mesure 21). On notera que l'humérus de l'Igue de Saint Sol Belcastel a une extrémité distale médialement moins épaisse que celle de *P. priscus*, ce qui est aussi le cas chez *S. minor* (mesure 15) : ce caractère semble donc être générique.

La longueur et l'articulation proximale du radius de *S. minor* diffèrent peu de celles d'*Ovibos* (Figure 3.14). La différence se fait avec l'articulation distale. Comparativement à l'unique spécimen de *Megalovis* actuellement recensé (Slivnitsa), celle-ci est beaucoup plus grande. Elle l'est aussi comparativement à l'articulation proximale. Le fort allongement de l'ensemble des facettes articulaires distales (mesure 15) et l'étirement crânio-caudal de la facette répondant au scaphoïde (mesure 19) sont visibles.

À l'instar de *Megalovis*, le canon antérieur de *Soergelia* est plus long que celui d'*Ovibos* (mesures 1 à 3), la diaphyse est plus étroite (mesure 12) et plus épaisse (mesure 13) (Figure 3.34). Les articulations sont cependant plus petites (mesures 4 à 11 et 14 à 24), notamment chez *S. minor*. Le canon antérieur de *S. brigittae* et celui de l'individu de Dmanisi se caractérisent par un milieu de diaphyse relativement court (mesure 2) en comparaison de *S. minor* et *S. elisabethae*. Ils ont aussi une articulation distale assez semblable (mesures 14 à 20). Les proportions de l'articulation proximale de *S. minor* et de *S. brigittae* se ressemblent, mais pas l'articulation distale. Ces deux espèces ainsi que la *Soergelia* de Dmanisi ont une facette

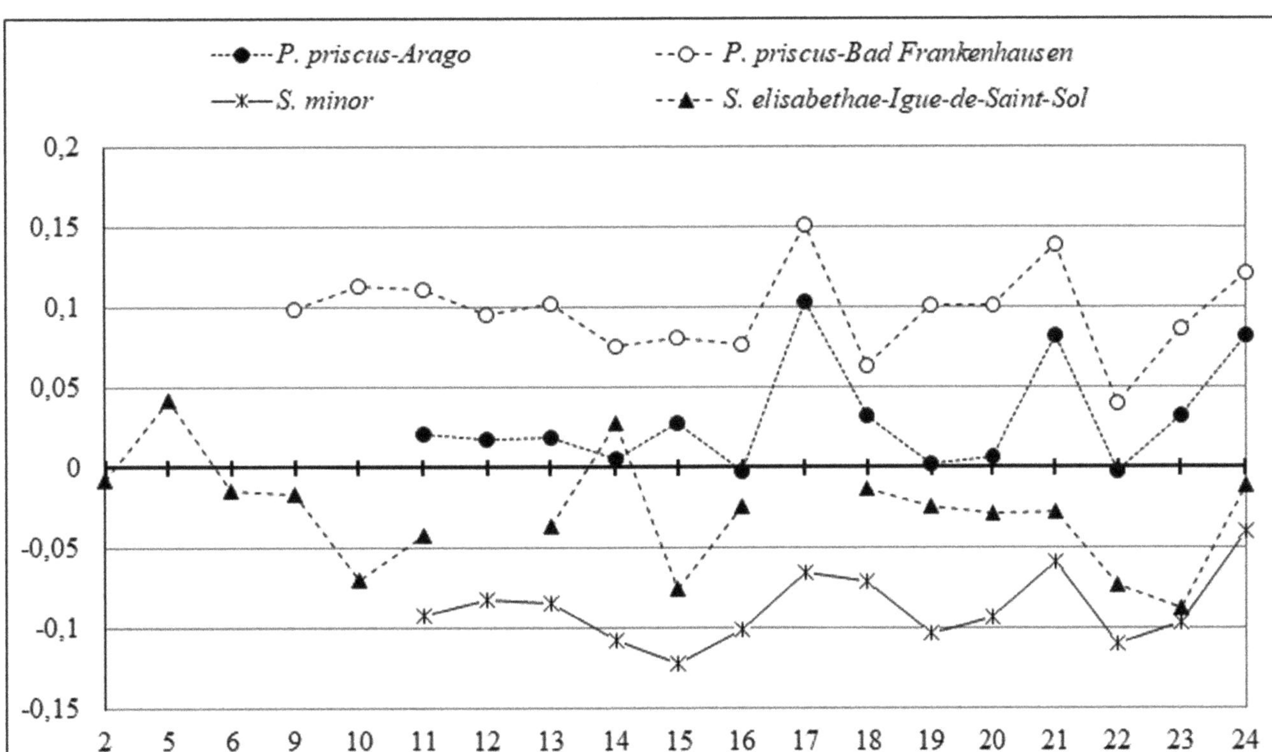

Figure 3.33. *Soergelia* et *Praeovibos*, diagramme de Simpson de l'humérus des populations du Pléistocène inférieur d'Espagne et du Pléistocène moyen de France et d'Allemagne. Différence par rapport à *Ovibos moschatus* actuel.

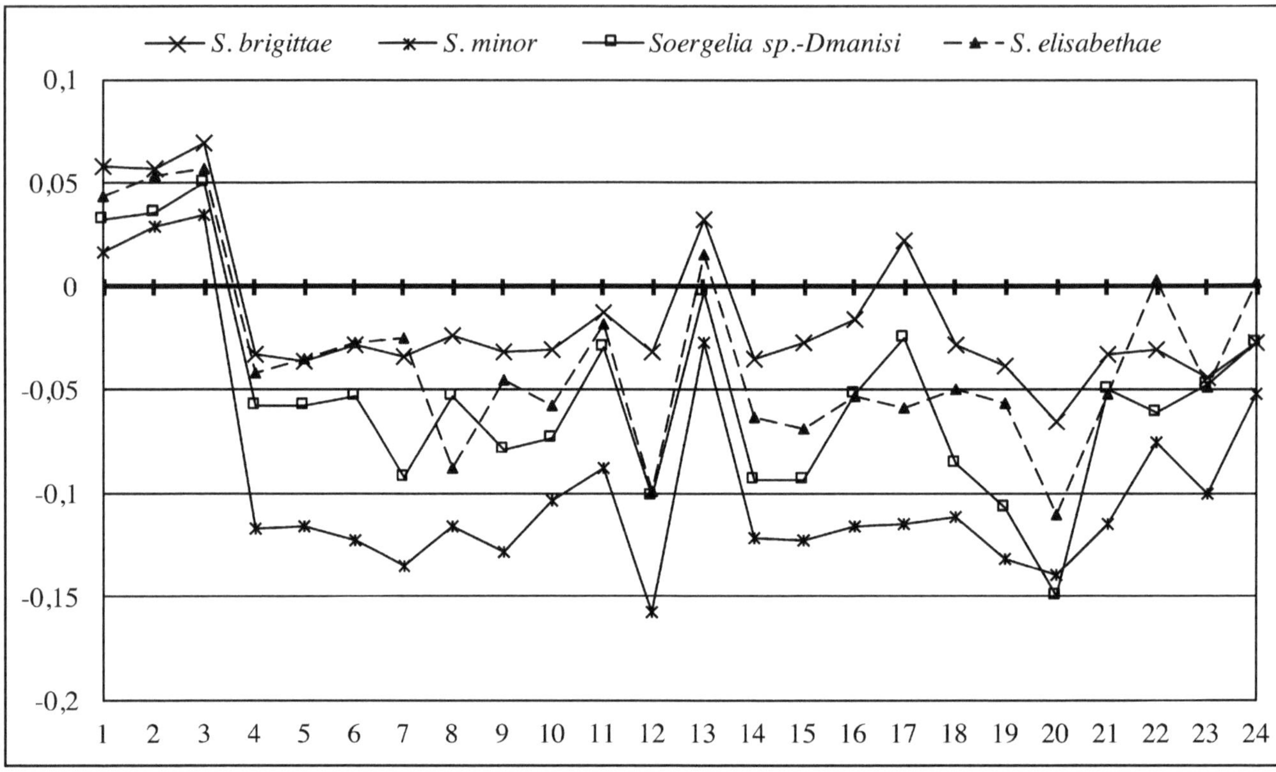

Figure 3.34. *Soergelia*, diagramme de Simpson du canon antérieur des populations du Pléistocène inférieur de Grèce, d'Espagne et de Géorgie, et du Pléistocène moyen d'Allemagne. Différence par rapport à *Ovibos moschatus* actuel.

pour de capitato-trapézoïde qui est relativement étroite (mesure 7), ce qui les distingue de *S. elisabethae* chez qui la facette est plus large, notamment par rapport à Dmanisi et à Venta Micena. Le bœuf musqué de Soergel se singularise par la faible épaisseur de la facette pour l'onciforme (mesure 8). Ce taxon et *S. minor* ont en commun une articulation distale dont la largeur et l'épaisseur est plus semblable à celles d'*Ovibos* actuel (mesures 14 à 17). Elles possèdent aussi un tenon médial relativement épais (mesure 22) ; il l'est beaucoup moins chez *S. brigittae* et à Dmanisi.

Le tibia de *S. minor* est difficilement comparable à celui de *S. brigittae* qui est moins complet (Figure 3.35).

Le talus de *S. minor*, seul disponible, a les mêmes proportions que le *Megalovis* de Slivnitsa à l'exception de l'épaississement de l'espace intertrochléen proximal (mesure 3), qui est plus étroit, et de la largeur de la trochlée plantaire qui ressemble plus au *Megalovis* de Pirro Nord (mesures 20 et 21) (Figure 3.36).

Au canon postérieur, la facette latéro-plantaire pour le cubonaviculaire ainsi que celle pour le petit cunéiforme ont été supprimées du graphique car trop variables entre individus (Figure 3.37). La différence de taille entre *S. minor* et *S. brigittae* est aussi accusée que pour le canon antérieur. C'est *S. brigittae* qui a l'os le plus massif. Les proportions de l'articulation proximale de *S. minor* sont plus proches de *S. elisabethae* que de l'espèce d'Appolonia (mesures 4 à 7) : l'épaisseur est relativement forte (mesures 6 et 7) en comparaison de la largeur (mesures 4 et 5) alors que ces proportions sont inverses chez *S. brigittae*. *S. elisabethae* se singularise par la brièveté de la facette du grand cunéiforme (mesure 11). L'extrémité distale montre une grande ressemblance entre les trois taxons (mesures 20 à 24), les différences portant sur l'écartement distal des quilles ainsi que sur leur épaisseur et celle des tenons (mesures 25 à 30).

La première phalange postérieure de *S. minor*, celle de l'individu de l'Igue de Saint Sol Belcastel et de celui de Villány-Kalkberg ont les mêmes proportions (Figure 3.38). Chez ce dernier, les surfaces articulaires proximales pour le canon ont des similitudes avec le bœuf musqué actuel (mesures 12 et 13). La longueur importante du bord axial de la diaphyse en comparaison d'*Ovibos* et de *Praeovibos* est visible.

La deuxième phalange postérieure diffère peu entre les diverses *Soergelia* (Figure 3.39). Celle de Venta Micena est toutefois la plus différente, notamment pour la largeur et l'épaisseur de son extrémité proximale qui ressemblent à *Ovibos* (mesures 4 à 6). L'individu de Villány-Kalkberg est plus proche de *S. minor* que de *S. elisabethae*. Notamment la hauteur abaxiale (mesure 3) est relativement importante comparativement aux autres hauteurs.

G. Affinités de Soergelia et tendance évolutive

On trouve chez *Soergelia* plusieurs caractères anatomiques de *Megalovis* :

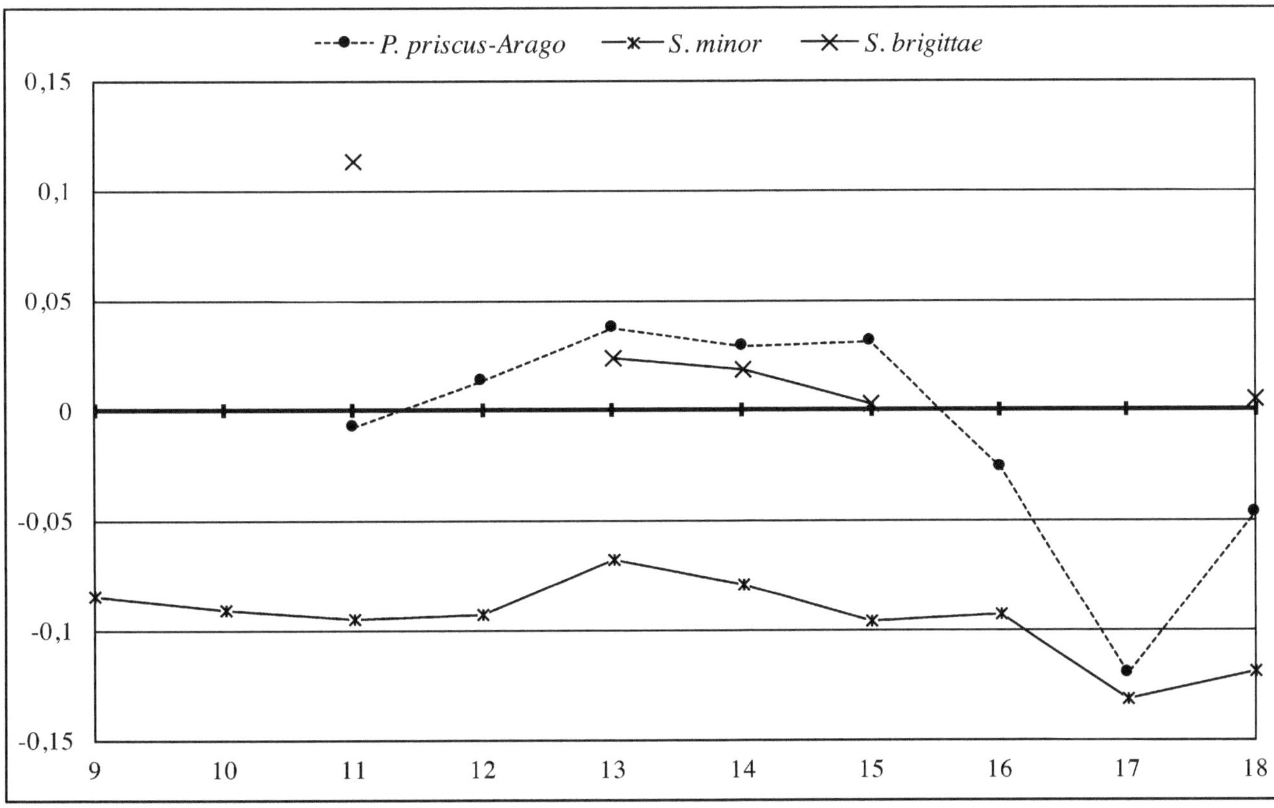

Figure 3.35. *Soergelia* et *Praeovibos*, diagramme de Simpson du tibia des populations du Pléistocène inférieur de Grèce et d'Espagne, et du Pléistocène moyen de France. Différence par rapport à *Ovibos moschatus* actuel.

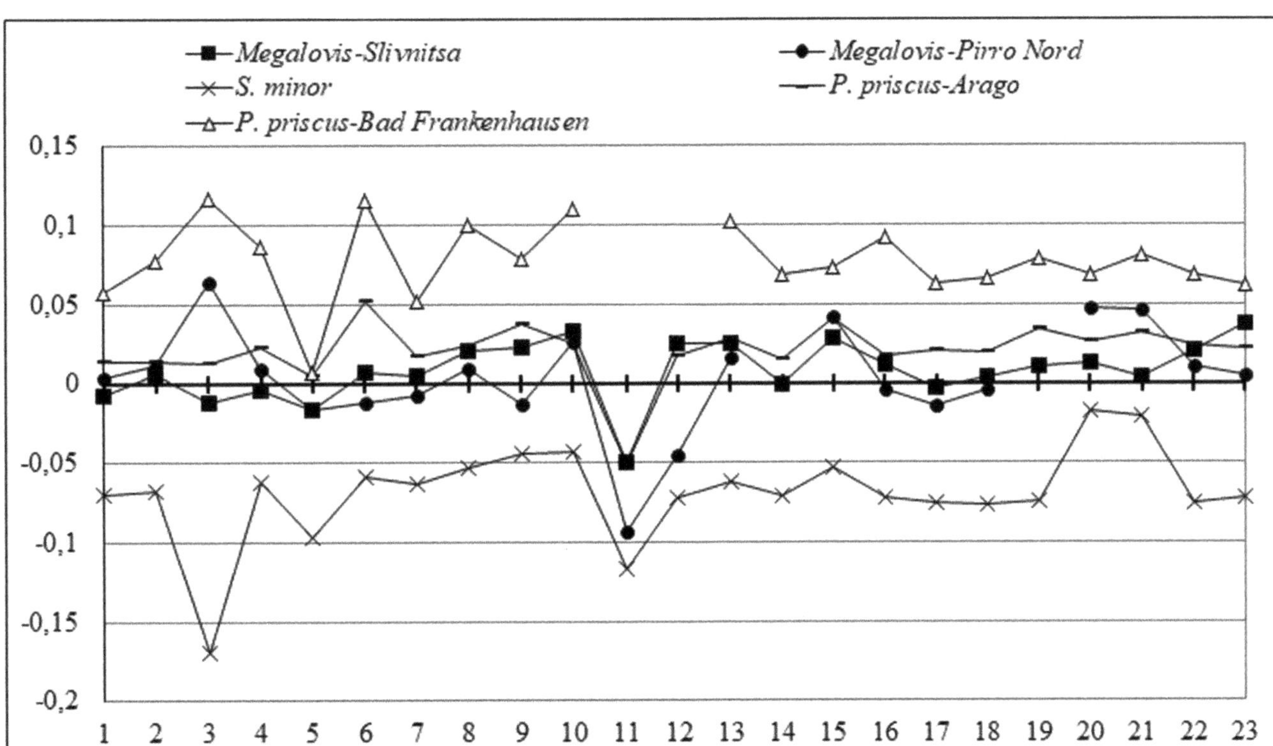

Figure 3.36. *Megalovis*, *Soergelia* et *Praeovibos*, diagramme de Simpson du talus des populations du Pliocène de Bulgarie, du Pléistocène inférieur d'Italie et d'Espagne et du Pléistocène moyen de France et d'Allemagne. Différence par rapport à *Ovibos moschatus* actuel.

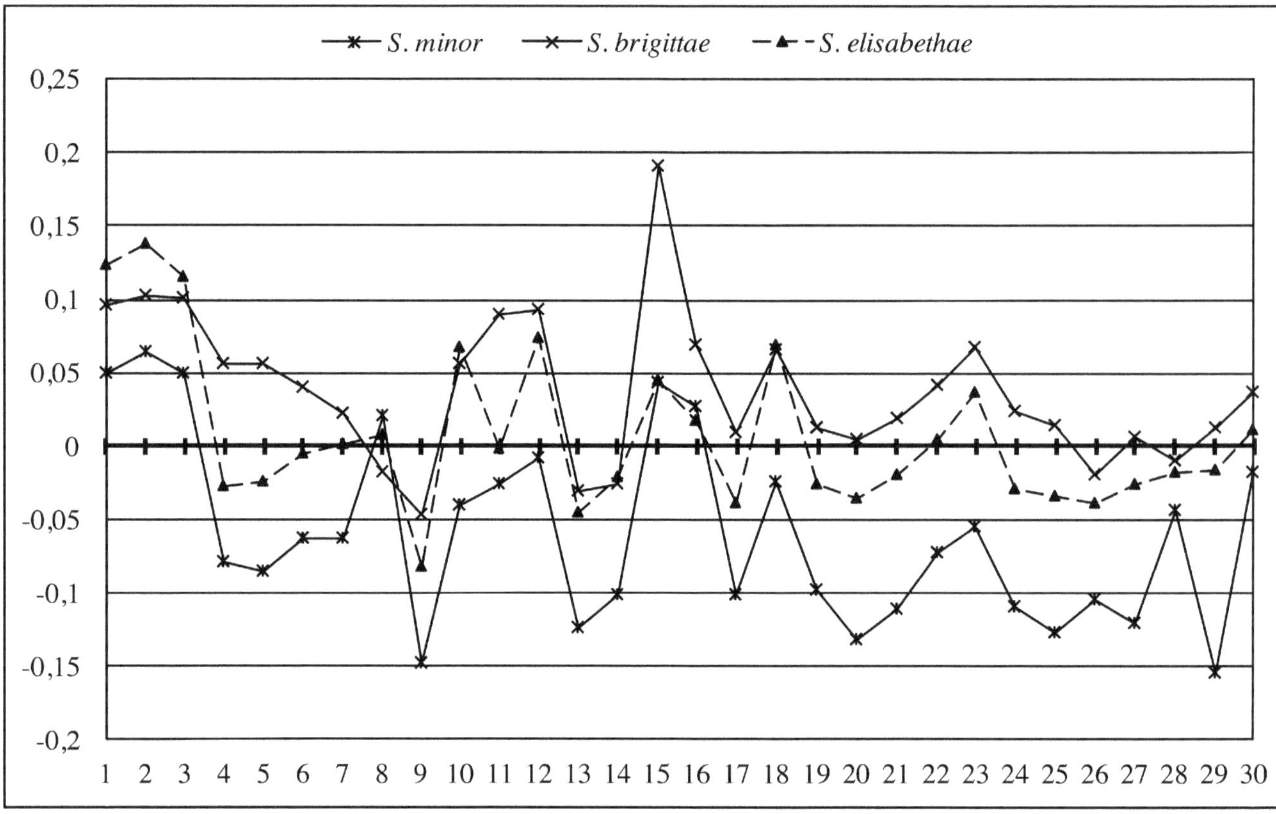

Figure 3.37. *Soergelia*, diagramme de Simpson du canon postérieur des populations du Pléistocène inférieur de Grèce et d'Espagne, et du Pléistocène moyen de France. Différence par rapport à *Ovibos moschatus* actuel.

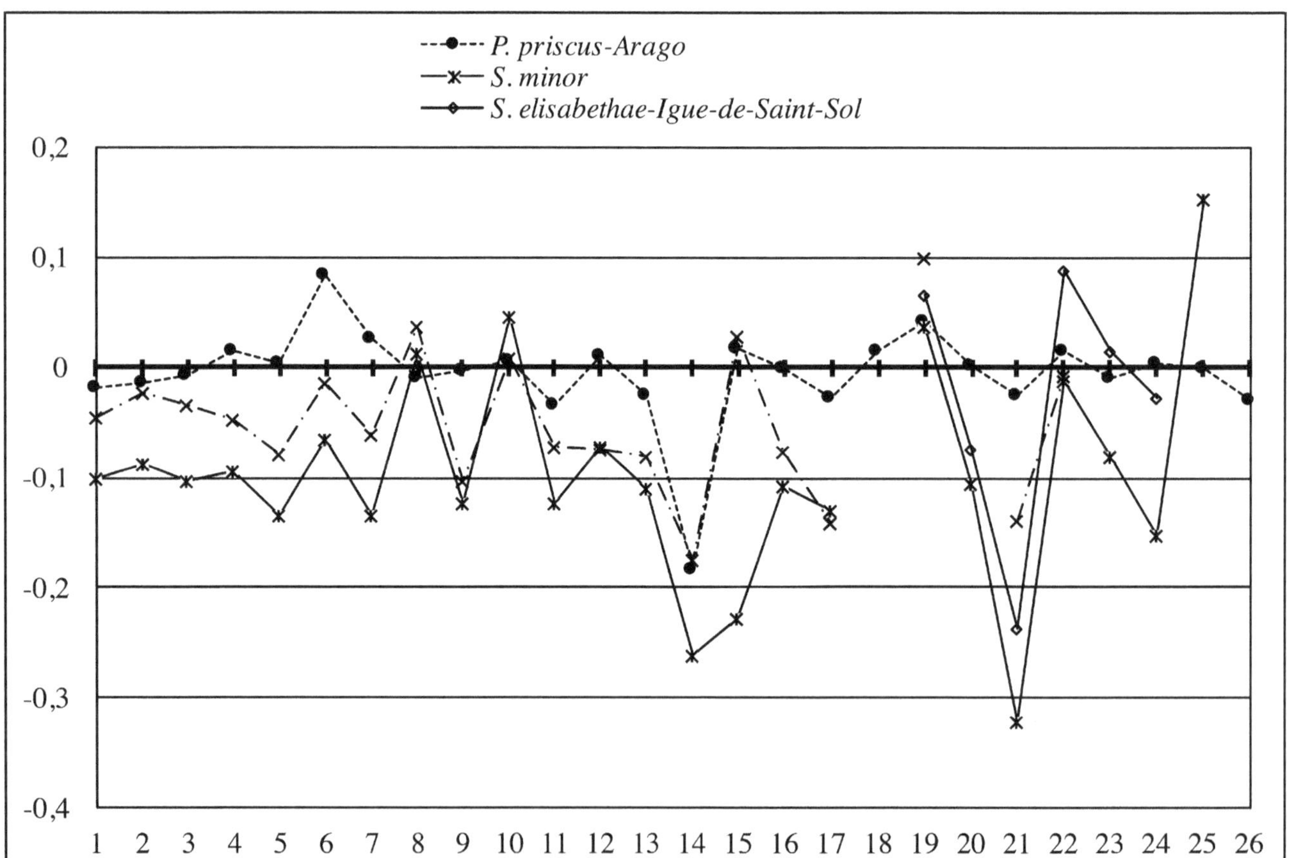

Figure 3.38. *Soergelia* et *Praeovibos*, diagramme de Simpson de la première phalange postérieure du Pliocène de Hongrie, du Pléistocène inférieur d'Espagne et du Pléistocène moyen de France. Différence par rapport à *Ovibos moschatus* actuel.

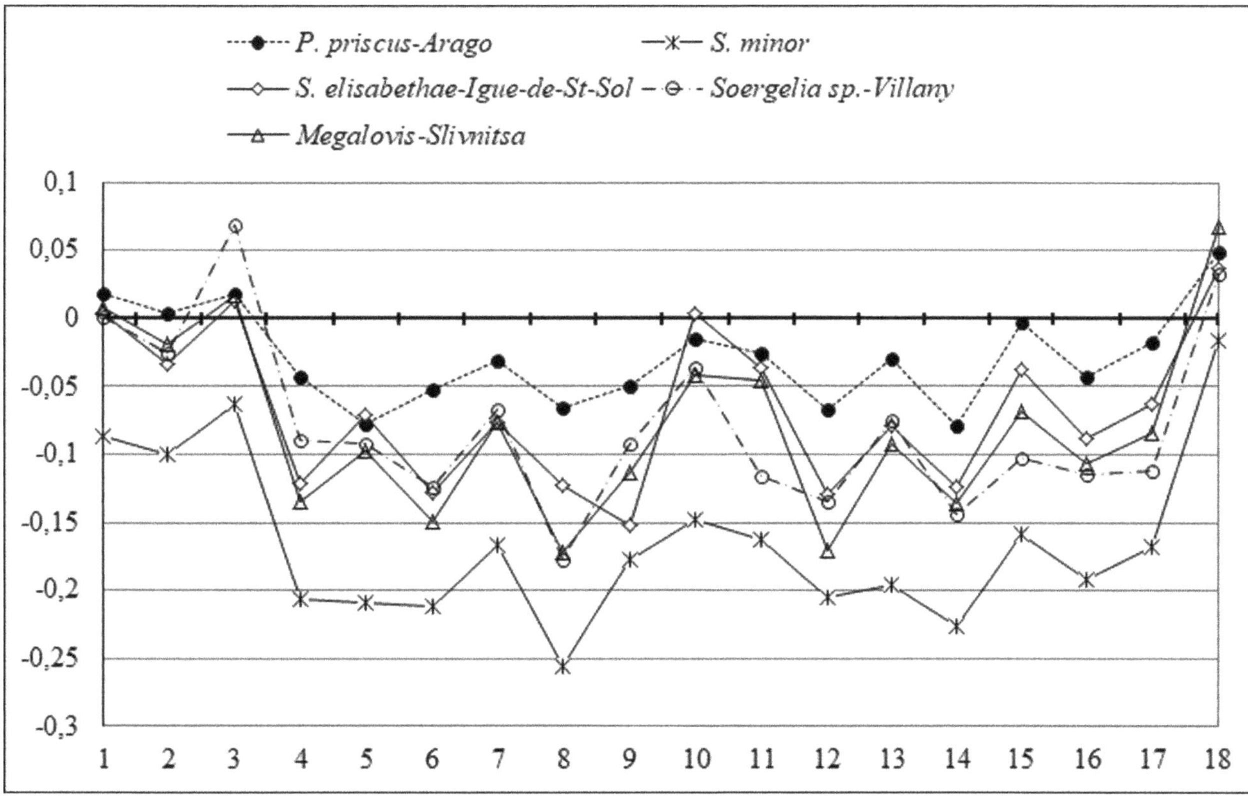

Figure 3.39. *Megalovis*, *Soergelia* et *Praeovibos*, diagramme de Simpson de la deuxième phalange postérieure du Pliocène de Hongrie et de Bulgarie, du Pléistocène inférieur d'Espagne et du Pléistocène moyen de France. Différence par rapport à *Ovibos moschatus* actuel.

- Fort écartement basal des chevilles et implantation bien en arrière des orbites ;
- Pincement du frontal en arrière de celles-ci ;
- Foramen infra-orbitaire situé à l'aplomb du bord mésial de P4 ;
- Même morphologie du frontal et du pariétal ;
- Même pincement des lobes des molaires ;
- Paroi linguale du deuxième lobe de p4 oblique vers le milieu de la couronne (chez *S. minor* et *S. brigittae*) ;
- Présence d'un pli caprin dans le tiers supérieur de la couronne ;
- Développement du métastylide aux molaires inférieures.

En fonction de ces analogies, une filiation entre *Megalovis* et *Soergelia* me paraît tout à fait envisageable, ce qui est aussi de point de vue de A.W. Gentry (1970) et S. Moyá-Solá (1987), mais sans exclure toutefois l'éventualité d'un ancêtre commun. Le diagramme des rapports de l'ensemble des dents et des ossements disponibles (plus particulièrement de la M3, de la mandibule et du canon antérieur) va dans le sens de cette filiation. Dans cette hypothèse, *M. wimani* se révèle intéressant puisqu'il allie des caractères dentaires communs aux deux genres. Il y a donc une forte présomption pour que l'émergence de *Soergelia* se soit réalisée en Asie à partir d'un *Megalovis*, qui, en tout état de cause pourrait être apparenté à *M. wimani*.

Chez *S. minor* les caractères de type *Megalovis* sont nombreux. On peut inventorier : la position de la suture fronto-pariétale située immédiatement en arrière des chevilles osseuses, le polymorphisme de la p3, l'extension vers l'arrière de son métaconide, la p4 au lobe postérieur large et à paroi linguale oblique vers le milieu et l'extérieur de la couronne. On peut se demander si *S. minor* n'est pas plutôt un *Megalovis* évolué et ne représenterait pas la fin du phylum en Europe Occidentale. Cette hypothèse doit être réfutée : d'après les proportions générales des dents et du squelette mais surtout en fonction de la morphologie des métapodes, l'espèce de Venta Micena est indiscutablement une *Soergelia*. Dès lors les caractères partagés entre les deux taxons me semblent confirmer l'émergence de *Soergelia* à partir de *Megalovis*.

Les diagrammes des rapports établissent une séparation des diverses *Soergelia*. "*C.*" *rozeti* n'a rien à voir avec les bouquetins et peut être définitivement attribuée à ce genre. Par ses proportions, le taxon de Malbattu est proche de *S. minor* mais les différences observées permettent d'affirmer que nous sommes en présence de deux espèces distinctes. Ses rapports avec *S. brigittae* sont actuellement impossibles à établir, les deux taxons n'ayant pas de restes anatomiques en commun : seuls de nouveaux spécimens pourront aider à résoudre ce problème. La question de la parenté entre *S. minor* et *S. brigittae* est aussi posée : malgré des ressemblances, plusieurs caractères anatomiques et les proportions les distinguent.

L'attribution spécifique des phalanges de Villány-Kalkberg est malaisée. On peut simplement dire qu'une identité de proportions avec *S. minor* se décèle mais l'anatomie les différencie.

Pour l'instant, en tenant compte de la chronologie relative des gisements, deux interprétations s'offrent à nous :

- L'individu de Villány-Kalkberg, qui est le plus ancien, pourrait correspondre à *S. brigittae* et *S. minor* en dériverait ;
- La *Soergelia* de Villány-Kalkberg représente l'espèce souche des deux autres.

Dans l'état actuel des données, il est difficile de choisir entre ces deux hypothèses.

La position spécifique de la *Soergelia* de Dmanisi est imprécise. Son canon antérieur ne peut être confondu avec celui de *S. brigittae* et de *S. minor*, mais des analogies avec la première de ces espèces sont perceptibles. Si l'on considère l'âge de Dmanisi, qui est actuellement placé à la base du Pléistocène inférieur, il est possible que l'on soit en présence d'une espèce proche de celle de Villány-Kalkberg.

Quant à *S. elisabethae*, elle est morphométriquement très différente des autres *Soergelia*. Son origine doit être recherchée dans des formes plus orientales.

Du Pléistocène inférieur (*S. minor*, *S. brigittae*) au Pléistocène moyen (*S. elisabethae*) on observe une migration de la suture fronto-pariétale vers l'arrière, un amincissement et un raccourcissement du deuxième lobe de la p4 ; sur cette prémolaire, la vallée linguale perd de son importance et la surface linguale du deuxième lobe se redresse selon le plan longitudinal. Le segment prémolaire inférieur se raccourcit et la mandibule s'épaissit. Au canon antérieur, la facette pour le capitato-trapézoïde s'élargit tandis qu'au canon postérieur la facette pour le grand cunéiforme se réduit. Il y a donc une spécialisation différente de la dentition et des métapodes. Elle me semble pouvoir être corrélée avec une adaptation à des milieux différents. En effet les deux premières espèces ont été découvertes dans des environnements tempérés, la troisième dans des contextes climatiques plus rigoureux. Étant donné qu'il n'y a pas de filiation directe entre les espèces les plus anciennes et *S. elisabethae*, il me paraît difficile de parler de tendance évolutive.

H. Extension chronologique et géographique de Soergelia

Soergelia est connue en Europe occidentale du Pliocène final au Pléistocène moyen. Le genre est aussi présent en Europe orientale (Russie ; Sher 1971), en Asie (Géorgie ; Vekua 1995) ainsi qu'en Amérique du Nord (Harington 1978, 1989 ; Kurtén et Anderson 1981). Au moins trois espèces sont identifiables.

En France le gisement de Malbattu a été placé par P. Bout (1976) dans le Villafranchien supérieur (avant Blassac-la-Girondie) et par C. Guérin (1980) dans le Pléistocène moyen ancien (biozone MNQ 20). L'association faunique situe Blassac après le site de Peyrolles, dans la même biozone (Heintz *et al.* 1974 ; Boeuf *et al.* 1992), c'est à dire dans la partie finale du Pléistocène inférieur ; les données géologiques le placeraient plus ou moins dans l'épisode d'Olduvai, donc à la fin du Pliocène (Fouris 1989 ; Boeuf 1997). La coulée de basalte couvrant les sables fossilifères a en effet été datée de 2,0 ± 0,1 Ma et 2,14 ± 0,06 Ma. J'accorde personnellement plus de crédit à l'association faunique. Ainsi que le suggère M. Fouris "cet âge ancien pourrait être lié à un problème analytique : présence de petites enclaves de socle non fondues qui "vieillissent" l'âge" (p. 114). Par conséquent, Malbattu, sous réserve de son antériorité par rapport à Blassac et de l'existence d'un seul niveau fossilifère, daterait du Pléistocène inférieur.

En Hongrie, Villány-Kalkberg est la localité type du Villanyen qui se place dans la MN 17 (Jánossy 1986 ; Reumer 1984). Elle représenterait donc le gisement à *Soergelia* le plus ancien d'Europe occidentale. Cependant la liste des grands mammifères fait état de taxons récents : la présence de niveaux d'âge Pléistocène inférieur est probable. Plus à l'ouest, les données géologiques situent Dmanisi après l'épisode d'Olduvai et un âge de 1,77 à 1,07 millions d'années est aujourd'hui avancé (Gabunia *et al.* 2000).

S. minor provient du site espagnol de Venta Micena dont l'âge a été sujet à polémique (Agusti et Moyá-Solá 1992 ; Martinez-Navarro 1992). Il est désormais admis qu'il date du Pléistocène inférieur (Crégut-Bonnoure 1999 ; Eisenmann 1999 ; Ruiz Bustos 1999 ; Marchetti et Sala 2001) et d'une période postérieure à l'unité faunique de Tasso. Je le considère personnellement comme contemporain de l'unité faunique de Farneta ce qui n'est pas le point de vue de M. Marchetti et B. Sala (2001) qui le situent dans celle de Pirro Nord. La plus petite taille des individus pourrait être en relation avec la Loi de Bergmann, ce site étant le plus méridional du genre. On retrouve l'espèce aux Pays-Bas dans la faune I de Maasvlakte qui est placé dans un interglaciaire, peut-être à la transition du Pléistocène inférieur et moyen (van Kolfschoten et Vervoot-Kerhrkoff 1999). L'espèce pourrait donc caractériser en Europe occidentale une phase tempérée du Pléistocène inférieur.

L'âge de *S. brigittae* est imprécis puisque rapporté soit au Pléistocène inférieur (unité de Farneta) soit Pléistocène moyen ancien (biozone MNQ 20 de C. Guérin) (Kostopoulos 1997). En fonction de l'association faunique, je place volontiers le gisement d'Appolonia I bien après Venta Micena, très probablement à la fin du Pléistocène inférieur.

Le genre existe au Vallonnet à la fin de cette même période. Il me semble que l'espèce est proche de *S. brigittae*, si ce n'est identique, la p4 paraissant avoir la même morphologie.

S. elisabethae est présente en Allemagne à Süssenborn, à Bad Frankenhausen et à Kapellenberg, en Hongrie à Zlatý Kůň et en Roumanie à Buguilesti. Tous ces sites datent du Pléistocène moyen. Les trois localités allemandes ont été rapportées au Mindel, Süssenborn étant le site le plus ancien (début du Mindel ; Kahlke 1975). D'après la microfaune, il conviendrait de le vieillir et de le dater du début du Pléistocène moyen (R.D. Kahlke, communication orale). Bad Frankenhausen a été placé dans le Riss (Guérin 1980 ; Crégut et Guérin 1979) mais le contexte géologique ne permet pas de retenir cette hypothèse (Kahlke 1995). Il convient de le dater du milieu ou de la fin du Mindel. L'Igue de Saint Sol Belcastel d'après l'ensemble de la faune, est attribuable au Mindel (Philippe *et al.* 1980). Il est possible que ce soit cette espèce que l'on trouve en Italie à La Tour de Grimaldi. D'après les figurations des espèces reconnues dans le site par E. Rivière (1879 ; annexe 1), un âge Pléistocène moyen ancien doit être retenu. Dans l'état actuel des données, *S. elisabethae* peut donc être considérée comme une espèce guide de la partie inférieure et moyenne du Pléistocène moyen.

IV.3. Genre Praeovibos Staudinger, 1908

A. Néodiagnose du genre

La diagnose du genre est diffuse dans l'étude initiale de W. Staudinger (1908). J.N. McDonald, C.E. Ray et C.R. Harington (1991) fournissent une définition mais qui concerne exclusivement le crâne mâle. Je propose une néodiagnose qui tient compte des éléments fournis par les auteurs précédents mais élargie au crâne femelle ainsi qu'aux dents jugales et au squelette post-crânien.

Genre *Praeovibos* Staudinger, 1908

Synonymie

1883 « A fragment of large skull belonging to an adult female », Dawkins, p. 576

1908 *Praeovibos priscus* nov. gen., STAUDINGER, p. 483-487, Figure 1 p. 482, Figure 2 p. 483, Figure 3 p. 484, Figure 4 p. 485

1908 *Ovibos fossilis*, Kowarzik, p. 859

1912 *Ovibos fossilis*, Kowarzik, p. 558

1942 *Parovibos*, Kretzoi, p. 362 (1942 a)

1991 *Praeovibos*, McDonald, Ray et Harington, p. 290

Néodiagnose

Crâne mâle aux bosses sus-orbitaires proéminentes, plus élevées que le plan du frontal, à surface supérieure bosselée ; frontal présentant une rupture de pente au niveau des bosses orbitaires, étant plus élevé à l'arrière ; chevilles osseuses portées par un court pédicule, à base fortement convexe et sans résorption osseuse ni exostoses, longues (dépassant le plan basal du crâne), étroites (moins d'un quart de la surface du frontal), de largeur constante, compressées dorso-ventralement, inclinées dès la base vers le bas et l'extérieur, faiblement incurvées vers l'avant ; éloignement des chevilles à la base plus important que celui d'*Ovibos*. Sinus frontaux peu profonds. Constriction post-orbitaire pratiquement de même largeur que celle du pariétal. Fosse temporale large à l'arrière, à surface oblique vers le bas et l'extérieur. Crâne femelle aux chevilles plus écartées à la base et à surface moins élevée au-dessus du crâne. Dents jugales inférieures et supérieures de morphologie voisine de celles d'*O. moschatus* mais distinctes, les différences étant variables selon les espèces et sous-espèces. Squelette de morphologie similaire à celui d'*Ovibos* mais de proportions différentes. Métapodes plus graciles que ceux d'*Ovibos* à évasement de la diaphyse variable selon les espèces, néanmoins allure en sablier moins accentuée.

B. Praeovibos mediterraneus nov. sp.

a. Diagnose

Synonymie simplifiée

1980 cf. *Megalovis,* Borseli, De Giuli, Ficcarelli et Masini, p. 257

1981 *Praeovibos* sp., Moyá-Solá, Agusti, Gibert et Pons-Moyá, p. 40, p. 44

1983 cf. *Praeovibos*, De Giuli et Masini, p. 271-280, Figure 1 p. 276, pl. 1 Figure 8 p. 275, pl. 2 Figure 1 p. 277

1984 *Praeovibos* sp., Crégut-Bonnoure, p.137, p. 139, p. 141

1986 *Praeovibos* sp., Moyá-Solá et Menendez, p. 290-291

1987 cf. *Praeovibos*, De Giuli et Masini, p. 3, p. 6

1987 *Praeovibos* sp., Moyá-Solá, p. 208-212, Figure 22 p. 208, Figure 24 p. 210, Figure 25 et 26 p. 211, Figure 27 p. 212, pl. 6

1991 *Praeovibos priscus*, McDonald, Ray et Harington, p. 292, p. 293, p. 306, Figure 11 et 12 p. 307, Tableau 2 p. 291

1992 *Praeovibos* sp., Martinez-Navarro, p. 38-40, 50, pl. 18b p. 79, pl. 20 p. 80

1992 *Praeovibos*, Crégut-Bonnoure, p.181 (1992 a)

1992 *Praeovibos* de Venta Micena, Sher, p. 130, Figure 2 p. 128

1996 *Praeovibos* sp., Kostopoulos, p. 358-360, Figure 1 p. 359, Figure 9 pl. XXV

1997 *Praeovibos* sp., Kostopoulos, p. 865-866, Figure 13 A p. 867

1998 *Praeovibos* n.sp., Agusti et Moyá-Solá, p.514

1998 *Praeovibos* sp., Agusti et Moyá-Solá, p.517

1998 *Praeovibos* sp., Alberdi, Caloi et Palombo, p. 524-525

1999 *Praeovibos* cf. *priscus*, van Kolfschoten et Vervoort-Kerkhoff, p. 378-379, Figure 6 p. 379

2001 *Praeovibos*, Torre, Abbazzi, Bertini, Fanfani, Ficcarelli, Masini, Mazza et Rook, Figure 1 p. 304

Holotype

Cheville osseuse droite VM 2255, Institut de Paléontologie Miguel-Crusafont, Sabadell (Espagne) (Moyá-Solá 1987, Figure 22 p. 208 et pl. 6 p. 231).

Paratypes

Canon antérieur VM 8551/N4 47/1742, Institut de Paléontologie Miguel-Crusafont, Sabadell (Espagne) (Moyá-Solá 1987, Figure 26 p. 211) ; canon postérieur VM 82 (Moyá-Solá 1987, pl. 7 p. 232)

Locus typicus et stratum typicum

Gisement de Venta Micena, Orce, Andalousie, Espagne, Pléistocène inférieur.

Derivatio nominis

Du latin "*mediterraneus*", en relation avec la position géographique des découvertes localisées à ce jour sur le pourtour septentrional de la Méditerranée.

Diagnose

Cheville osseuse d'allure générale proche de *P. priscus* mais sans carène postérieure, à base moins élevée au-dessus du crâne, à face dorsale et ventrale convergeant plus rapidement. Métapodes élancés. Canon antérieur à diaphyse à bords rectilignes, plus trapu que chez *Soergelia* mais moins que chez *P. priscus* ; quilles articulaires dorsalement parallèles et palmairement divergentes vers le haut, symétrie des condyles articulaires ; facette pour l'onciforme relativement large et facette pour le capitato-trapézoïde relativement étroite en comparaison de *P. priscus*. Canon postérieur à diaphyse en sablier.

b. Description

La cheville osseuse et les canons ayant déjà fait l'objet d'une description détaillée, je renvoie le lecteur aux

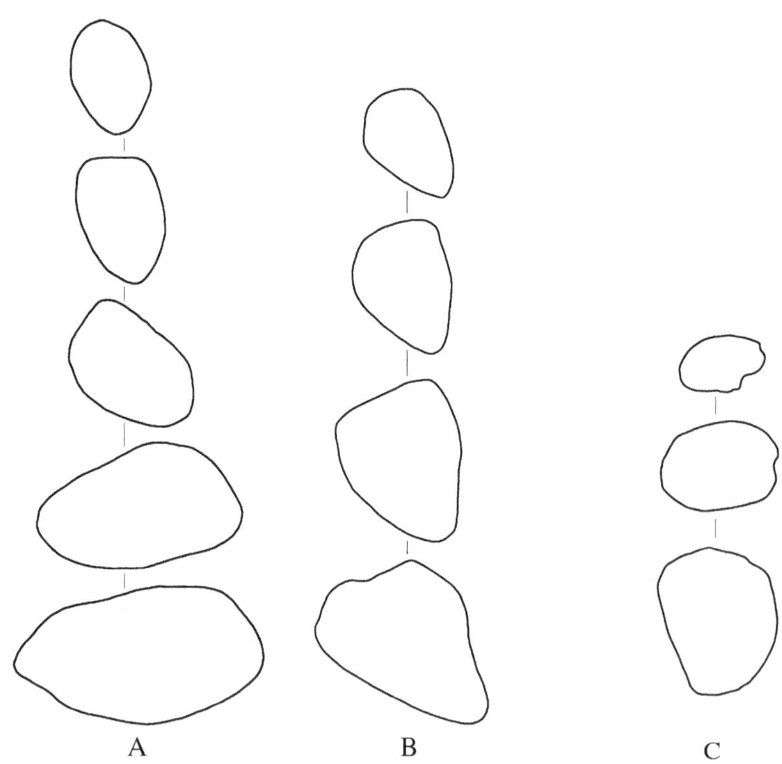

Figure 3.40. *Praeovibos priscus* Staudinger. Sites de Bad Frankenhausen (Allemagne) (**A**) et de la Caune de l'Arago (France) (**B**). *Praeovibos mediterraneus* nov. sp. (**C**), site de Venta Micena (Espagne). Chevilles osseuses gauches, mâles. Sections de 5 en 5 cm ; face rostrale vers le haut, base au bas des colonnes. Réduction : 1/4,5. Relevés et dessins de l'auteur ; mise au propre par M. Buisson-Catil. **A**, type, n° 1968-10108, ex F 622. Centre de Recherches de Paléontologie du Quaternaire (Weimar). **B**, type I17 IRT2b 1182, Centre européen de Recherches préhistoriques (Tautavel). **C**, n° VM 2255, Institut paléontologique Miguel Crusafont (Sabadell).

analyses de C. De Giuli et F. Masini (1983) et de S. Moyá-Solá (1987) (Figure 3.40 : C). J'indiquerai en complément que la face palmaire du canon antérieur se révèle plus plane que celle de *Soergelia*. Les quilles articulaires sont légèrement divergentes sur la face palmaire, en "V", mais restent parallèles sur la face dorsale ce qui distingue clairement l'espèce de *P. priscus* dont la morphologie est inverse. Par ailleurs, les condyles sont hauts, symétriques, et leur surface articulaire est plane, ce qui n'est pas le cas chez *P. priscus* ainsi que nous le verrons plus loin. Comme l'a souligné A.V. Sher (1992 : Figure 2 ; 1999), les métapodes du *Praeovibos* de Venta Micena sont beaucoup plus élancés que ceux de *P. priscus* et de *P. beringiensis* Sher, 1971 (Tableau 3.14 ; Tableau 3.18).

S. Moyá-Solá (1987) signale une articulation distale d'humérus que je n'ai pas pu localiser dans la collection.

Les caractères morphologiques comparés de ce matériel sont donnés dans le Tableau 3.121.

c. Matériel attribué à P. mediterraneus

c.1. Espagne

Barranco de los Conejos

Une cheville osseuse provient du Barranco de los Conejos (Bassin de Guadiz-Baza), situé dans la même aire géographique que Venta Micena mais chronologiquement plus ancien (Gibert *et al.* 1999 ; Turcq *et al.* 1996). Ce spécimen est très altéré et mal conservé (Martinez-Navarro 1992 : planche 18). Si l'allure générale est conforme à *Praeovibos* aucune observation morphologique ne peut être effectuée. La position géographique et chronologique de la découverte me semblent des arguments suffisants pour attribuer ce fragment à *P. mediterraneus*.

Almenara-1-3

Le gisement, situé dans la province de Castellon, a livré quelques restes dentaires dont la morphologie a été définie comme étant plus primitive que celle de *P. priscus* (Moyá-Solá et Menendez 1986 : p. 290). Je n'ai pu réviser ce matériel qui pourrait peut-être correspondre à *P. mediterraneus*.

Atapuerca

Les ossements des deux pattes arrières d'un même animal sont rapportés à *Praeovibos*/*Ovibos* (Made 1998, 2001). Ils proviennent de la couche TD7 du remplissage de Gran Dolina, datée de la limite Pléistocène inférieur-Pléistocène moyen (Parés et Pérez-Gonzalez 1999 ; Falguères *et al.* 2001). D'après J. Van der Made, les dimensions du canon sont plus en accord avec *O. suessenbornensis* (1998 : 277) qui appartient en fait à *P. priscus*. L'absence de description, de mesure et de figuration ne permet pas de tirer de conclusion. Si l'on tient compte du contexte chronologique, il est possible qu'il s'agisse de *P. mediterraneus*.

c.2. Italie

Casa frata

Le genre est représenté par un canon antérieur du gisement de Casa Frata qui a déjà fait l'objet d'une analyse poussée (De Giuli et Masini 1983). Sa morphologie est similaire à celle du spécimen de Venta Micena. Son aspect est plus gracile que celui de *P. priscus* (Tableau 3.14). Les analyses métriques de A.V. Sher (1992 : Figure 2) confirment cette gracilité par rapport au *P. priscus* de Bad Frankenhausen et du nord-est sibérien. La robustesse du spécimen italien est comparable à celle de *P. beringiensis* et donc plus importante que celle de Venta Micena. A.V. Sher indique que les proportions articulaires sont différentes de celles du taxon sibérien.

Tour de Grimaldi

J'ai déjà discuté dans le chapitre précédent de l'éventuelle présence du genre à la Tour de Grimaldi (Moullé 1997-98) et précisé que la M2 figurée par E. Rivière (1879 : Figure 7) correspond à *Soergelia*. Deux P4 sont aussi attribuées à *Praeovibos* mais non figurées. La forte largeur à la base (17,8 mm et 18 mm bien au-dessus de la limite cément émail ; Moullé 1997-98, Tableau X p. 33) ainsi que la mention d'un bourrelet lingual au collet constituent des indices incompatibles avec les genres *Megalovis*, *Soergelia* et *Praeovibos* (Tableau 3.4 ; Tableau 3.139).

c.3. Grèce

Une M3 isolée du site d'Appolonia I est attribuée à *Praeovibos* sp. (Kostopoulos 1997 : Figure 13 A) (Figure 3.41). L'îlot labial se révèle plus petit que celui de *P. priscus* pour une couronne globalement plus grande (Tableau 3.6). Un très léger cingulum lingual est présent sur le lobe antérieur ce qui distingue cet élément de *P. priscus* chez qui il est plus fortement développé entre les

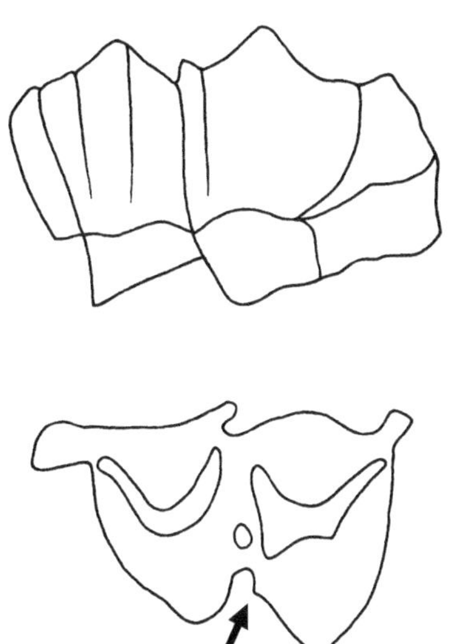

Figure 3.41. *Praeovibos* cf. *mediterraneus*. Site d'Appolonia I (Grèce). M3 droite (APL 271). Département de Géologie et Géographie physique, Salonique. Dessins de l'auteur ; mise au propre par M. Buisson-Catil. Réduction : 1/1,1. **A** : vue labiale. **B** : vue occlusale.

lobes (Kahlke 1963 : planche VI p. 961, planche XII p. 967 ; Kahlke 1964 : Figure 3 p. 97 ; Crégut 1979 : Figure p. 210). J'ai pu déceler sur le bord postéro-lingual du lobe antérieur une légère ébauche de colonnette (Figure 3.41 : B). Elle est plus importante chez *P. priscus*. Les lobes sont plus pincés lingualement que chez *P. priscus*. La surface linguale du dernier lobe est aussi moins fuyante vers l'arrière et l'extérieur. La surface interstylaire antérieure est moins concave du fait de la dilatation importante du paracône. On peut donc affirmer que son appartenance à *P. priscus* est exclue. L'absence de métapode et de cheville osseuse interdit toute comparaison avec *P. mediterraneus*. Deux hypothèses peuvent être avancées : soit il s'agit d'une nouvelle espèce ou bien cette molaire appartient à *P. mediterraneus*. La deuxième possibilité me semble être la plus plausible compte tenu du contexte géographique (Europe méridionale) et chronologique : c'est donc celle que je retiens.

c.4. France

Un canon antérieur du gisement du Vallonnet est attribué à *Praeovibos* sp. (Moullé 1997-1998 : Figure 1). Il s'agit d'une articulation distale à diaphyse peu évasée en vue dorsale et qui parait de ce fait différente des spécimens de Venta Micena, de Casa Frata et de *P. priscus*. Les condyles semblent relativement hauts et les surfaces articulaires plutôt planes. La vue palmaire permet de noter une dissymétrie nette des bords latéraux, le médial étant plus divergent que le latéral (ce qui permet aussi de dire que le spécimen correspond à une patte gauche et non droite comme indiqué) ; l'échancrure intercondylaire est large et les quilles articulaires sont légèrement divergentes. Cette morphologie semble compatible avec *P. mediterraneus*. Les dimensions sont de l'ordre de grandeur de la population de Venta Micena (Moullé 1997-98, *in* § 3 p. 33 ; Tableau 3.14).

c.5. Pays-Bas

Une m3 trouvée dans la faune 1 de Maasvlakte vient d'être attribuée à *Praeovibos* cf. *priscus* (van Kolfschoten et Vervoort-Kerkhoff 1999 : Figure 6 p. 379). D'une taille identique aux spécimens les plus gros de *P. priscus* (Tableau 3.10), elle s'en distingue morphologiquement par l'absence d'épaississement cingulaire entre les lobes. Du fait de la présence dans la faune de *S. minor*, il serait logique de l'attribuer à *P. mediterraneus*. Cependant l'arrondissement des lobes ne correspond pas à la morphologie de la M3 d'Appolonia I.

d. Analyse métrique

d.1. Dents jugales

Les proportions de la M3 d'Appolonia I sont intermédiaires entre celles du *P. priscus* de l'Arago et de Bad Frankenhausen : la longueur occlusale et la longueur basale rapprochent le spécimen des individus de l'Arago (mesures 1 et 2), tandis que le deuxième lobe est semblable à celui de l'individu de Bad Frankenhausen (mesures 6 à 8) (Figure 3.42). Cependant, si la couronne est plus longue à Appolonia I qu'à l'Arago (mesures 1 et 2), les lobes sont relativement courts (mesures 11 et 12). De même

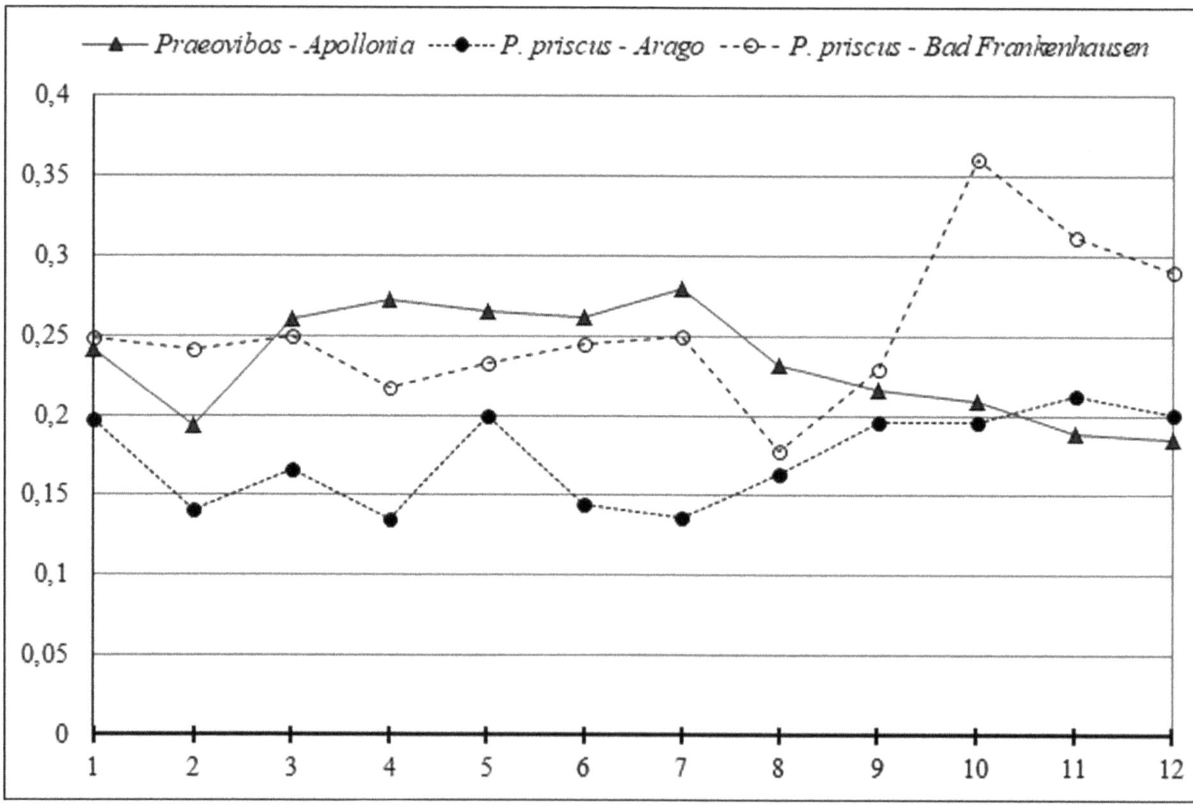

Figure 3.42. *Praeovibos mediterraneus* et *P. priscus*, diagramme de Simpson de la M3 des populations du Pléistocène inférieur de Grèce et du Pléistocène moyen de France et d'Allemagne. Différence par rapport à *Capra ibex* (population du Taï).

pour une longueur occlusale comparable entre l'individu d'Appolonia I et celui de Bad Frankenhausen, les lobes sont à nouveau relativement courts à Appolonia.

La m3 de Maasvlake est similaire à celle du *P. priscus* mais plus grande (Figure 3.11).

d.2. Squelette post-crânien

À la différence de *Megalovis* et de *Soergelia*, le canon antérieur de *P. mediterraneus*, tout en étant plus grand que celui d'*Ovibos* actuel, possède des articulations relativement grandes (Figure 3.43). Toutefois, comme chez *Megalovis* et *Soergelia*, la diaphyse du spécimen de Casa Frata est épaisse en son milieu (mesure 13) ainsi qu'au niveau du foramen nourricier distal (mesure 17), ce dernier paramètre étant plus faible à Venta Micena. Le taxon se caractérise par une facette pour l'onciforme relativement large (mesure 6) et une facette pour le capitato-trapézoïde relativement étroite (mesure 7) comparativement à *P. priscus*. Toujours en comparaison de ce taxon, l'épaisseur du tenon médial est faible (mesure 22).

Le canon postérieur possède une articulation distale relativement moins large que celle de *P. priscus* (mesure 20) et des quilles articulaires plus divergentes vers le haut (mesure 25) (Figure 3.44).

d.3. Affinités de P. mediterraneus

La morphologie et la biométrie de l'espèce sont assez différentes de celles de *P. priscus* de même que le biotope (Crégut-Bonnoure 1984 ; Sher 1992, 1999).

L'individu de Casa Frata est plus ancien que celui de Venta Micena et possède un canon antérieur plus robuste. Il est logique de penser que le premier est représentatif ou proche de la souche ancestrale et que par la suite les populations du sud de l'Espagne ont subi une diminution de taille.

Les quelques analogies de proportions du canon antérieur de *P. mediterraneus* et de *P. priscus* ainsi que la morphologie de la cheville osseuse permettent d'avancer l'hypothèse d'une filiation entre les deux espèces. A.V. Sher (1992) envisage la différenciation de *P. priscus* à partir d'une population orientale qui se serait adaptée aux importantes dégradations climatiques du Pléistocène moyen et je partage tout à fait ce point de vue. On peut raisonnablement penser que ce taxon ne devait pas être très différent de *P. mediterraneus*. L'existence de *Praeovibos* en Asie au Villafranchien n'est pas improbable si l'on tient compte du fragment mandibulaire de Nihowan dont les dents ont une morphologie de type *Praeovibos-Ovibos* (Teilhard de Chardin et Piveteau 1930 : Figure 28 p. 77).

d.4. Répartition chronologique et géographique

P. mediterraneus apparaît au début du Pléistocène inférieur à Casa Frata (unité du Tasso). On le retrouve dans la localité type de Venta Micena et au Barranco de los Conejos d'âge Pléistocène inférieur (unité de Farneta) (Turcq *et al.* 1996 ; Gibert *et al.* 1999). Appolonia I, ainsi qu'indiqué dans le paragraphe sur *Soergelia*, est plus récent que Venta Micena (fin du Pléistocène inférieur) ; c'est aussi le cas du Vallonnet qui est contemporain de la fin du Pléistocène inférieur. Maasvlakte 1 pourrait être

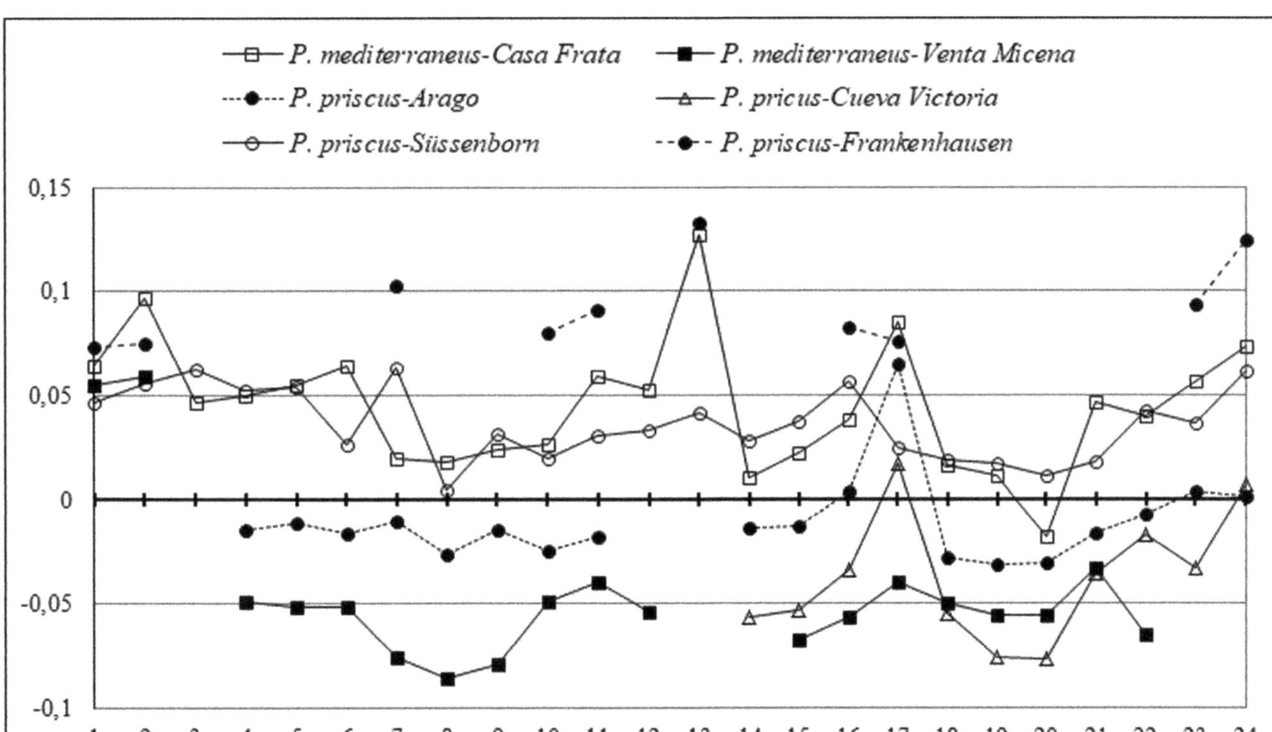

Figure 3.43. *Praeovibos mediterraneus* et *P. priscus*, diagramme de Simpson du canon antérieur des populations du Pléistocène inférieur de Grèce, d'Italie et du Pléistocène moyen de France, d'Espagne et d'Allemagne. Différence par rapport à *Ovibos moschatus* actuel.

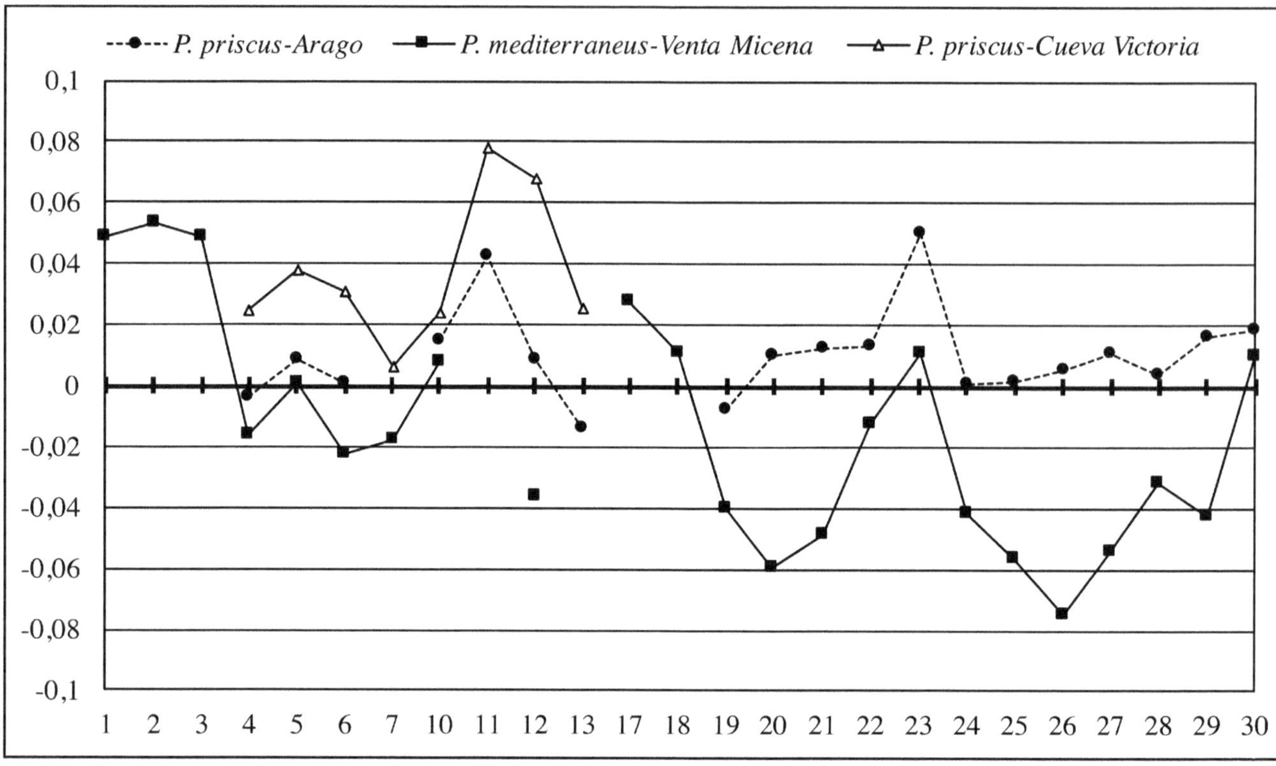

Figure 3.44. *Praeovibos mediterraneus* et *P. priscus*, diagramme de Simpson du canon postérieur des populations du Pléistocène inférieur d'Espagne et du Pléistocène moyen de France et d'Espagne. Différence par rapport à *Ovibos moschatus* actuel.

contemporain d'Appolonia. L'espèce semble donc être caractéristique de phases et d'environnements tempérés du Pléistocène inférieur.

C. Praeovibos priscus Staudinger, 1908

La morphologie de l'espèce est parfaitement connue (Staudinger 1908 ; Kahlke 1964 ; Sher 1971 ; Crégut 1979 ; Crégut et Guérin 1979 ; McDonald *et al.* 1991 ; Crégut-Bonnoure et Guérin 1996). Deux définitions, reposant sur les caractères crâniens, ont été proposées (Sher 1971 ; McDonald *et al.* 1991). L'analyse de l'abondant matériel de la Caune de l'Arago, jointe aux observations de A.V. Sher, permet de mieux caractériser le post-crânien et donc de compléter la néodiagnose.

a. Néodiagnose

Synonymie simplifiée

1883 *Ovibos moschatus*, Dawkins, p. 575-581, Figure p. 575

1902 *Ovibos fossilis*, Michael, p. 12 et13

1908 *Praeovibos priscus* nov. sp., STAUDINGER, p. 487-490, Figure 1 p. 482, Figure 2 p. 483, Figure 3 p. 484, Figure 4 p. 485

1908 *Ovibos fossilis*, Kowarzik, p. 859 et 860

1912 *Ovibos fossilis*, Kowarzik, p. 532-534, p. 558, Figure 2-2 p. 555

1912 *Ovibos pallantis*, Allen, p. 172

1912 "Forrest Bed" (sic), Allen, p. 179

1926 *Ovibos fossilis* Kow.=*Praeovibos priscus* Staud., Schirmeifen, p. 39, pl. II Figure 5

1933 *Ovibos*, Jacobi, p. 195-196

1933 *Praeovibos priscus*, Andree, p. 7, p. 8, p. 14, p. 20, p. 21, p. 23, p. 25, p.26

1933 Bielschowitz, Andree, p. 13

1934 *Ovibos fossilis* (= *Praeovibos priscus*), Ryziewicz, p. 76-83, p. 87, pl. 5 Figure 3

1934 *Ovibos moschatus*, Reynolds, p. 4, p. 8, p. 9, p. 10, Figure 1 p. 2, pl. II Figure 1 à 3

1937 *Praeovibos schmidtgeni* nov. sp., Schertz, p. 79-87, Figure 1 p. 80, Figure 2 p. 81, Figure 3 et 4 p. 82, Figure 5 p. 84, Figure 6 p. 85, Figure 7 p. 86

1941 *Ovibos moschatus* ssp., Soergel, p. 138-149, Figure 1 p. 142, Figure 2 p. 145, pl. VI

1941 *Ovibos recticornis* n.sp., Soergel, p. 146, Figure 3 p. 146

1942 *Praeovibos*, Dietrich, p. 134

1955 *Praeovibos schmidtgeni*, Ryziewicz, p. 9, p. 34, p. 35, p. 37

1955 *Praeovibos priscus*, Ryziewicz, p. 35, p. 37, Figure 37 et 38 p. 67, Figure 39 à 71 p. 68, Figure 44 et 45 p. 69, Figure 46 p. 70

1959 *Praeovibos priscus*, Fejfar, p. 32 et 33

1960 *Ovibos* cf. *moschatus*, Kahlke, p. 84

1961 *Ovibos* cf. *moschatus*, Kahlke, p. 495, p. 498

1961 *Praeovibos schmidtgeni*, Kahlke, p. 502, p. 510-511

1961 *Praeovibos priscus*, Fejfar, p. 115

1963 *Praeovibos priscus*, Kahlke, p. 949-953, Figure p. 947, pl. XI p. 966, pl. XII p. 967, pl. XIII p. 968, pl. XIV p. 969, pl. XV p. 970

1963 *Ovibos moschatus süssenbornensis* (*pro parte*), Kahlke, p. 945-948, pl. IX p. 964, pl. X p. 965

1964 *Praeovibos priscus*, Kahlke, p. 4-14, Figure 1 p. 7, Figure 2 p. 8, Figure 3 p. 9, Figure 4 p. 10, Figure 5 p. 11, Figure 7 p. 13

1964 *Ovibos moschatus süssenbornensis* (*pro parte*), Kahlke, p. 5, Figure 6 p. 12, Figure 8 p. 14

1969 *Ovibos moschatus süssenbornensis* (*pro parte*), Kahlke, p. 523, p. 526-527, Figure 3 p. 526, pl. XXII (1969 b)

1971 *Praeovibos priscus*, Sher, p. 216-233, Figure 32 p. 217, Figure 33 p. 218, Figure 34 p. 232, pl. XVI p. 279, pl. XVII p. 280, pl. XVIII p. 281, pl. XIX p. 282

1978 *Praeovibos priscus*, Estevez Escalera, p. 59-60, Figure 1 p. 59

1979 *Praeovibos priscus*, Vanlerberghe, p. 70, p. 72-74

1979 *Praeovibos schmidtgeni*, Vanlerberghe, p. 72-74

1979 *Praeovibos priscus*, Crégut, p. 189-259, Figure 31 p. 206, Figure 32 p. 207, Figure 33 p. 210, Figure 36 p. 215, Figure 35 p. 216, Figure 36 p. 223, Figure 37 (I, II et III) p. 227, Figure 38 (I et II) p. 229, Figure 39 p. 232, Figure 40 p. 236, Figure 41 p. 243, Figure 42 p. 244, Figure 43 p. 247, Figure 44 p. 248, Figure 45 (I et II) p. 252, Figure 46 p. 253, phot. 29 à 33

1979 *Praeovibos priscus*, Crégut et Guérin, p. 459-465, pl. 1

1980 *Praeovibos priscus*, Crégut, p. 751-753

1981 *Praeovibos priscus*, Crégut-Bonnoure, p. 226, p. 228, p. 231, p. 232, p. 234

1981 *Ovibovini* indet., Carbonell, Moyá-Solá, Pons-Moyá, Agusti, de Villalta., p. 50

1982 Caprinae cf. *Soergelia elizabethae* (*sic*), Bishop, p. 72

1983 *Praeovibos* de Bad Frankenhausen, De Giuli et Masini, Figure 1 p. 276, pl. I Figure 7 p. 275

1984 *P. priscus*, Crégut-Bonnoure, p. 137, p. 140, p. 141

1984 *Praeovibos schmidtgeni*, Crégut-Bonnoure, p. 137

1986 *Praeovibos* cf. *priscus*, Sher, p. 100, pl. 4 Figure 3

1990 *Praeovibos priscus*, Clot et Duranthon, p. 49, Figure 31 p. 47

1991 *Praeovibos*, Kerkhoff et Moll, p. 66-67

1991 *Praeovibos priscus*, McDonald, Ray et Harington, p. 288-290, p. 292-296, p. 299-302, p. 304-309, Figure 11 et 12 p. 307, Tableau2 p. 291, Figure 1 p. 294, Figure 2 p. 295, Figure 5 p. 299, Figure 7 p. 301, Figure 10 p. 303

1991 *Praeovibos schmidtgeni*, McDonald, Ray et Harington, p. 288

1992 *Praeovibos* et *P. priscus*, Sher, p. 125-134, Figure 2 p. 128

1995 *Praeovibos*, Sher, p. 539-540

1999 *Praeovibos priscus*, Mol, de Vos et Reumer, p. 223-232, Figure 1 p. 224, Figure 2 p. 226, Figure 3 p.228, Figure 4 p. 229

1999 cf. *Soergelia elisabethae*, Gentry, p. 166

Holotype

Crâne de mâle, 1968-10108, ex F-622, Centre de Recherche de Paléontologie du Quaternaire, Weimar (Allemagne) (Staudinger 1908, Figure 1 p. 482, Figure 2 p. 483, Figure 3 p. 484, Figure 4 p. 485) (Planche 12 : 2).

Paratype

Mandibule gauche portant p3 à m2 (W Frankenhaus. 1643 ; Kahlke 1961 : pl. XIV et XV ; Kahlke 1963 : pl. XIV p. 969, pl. XV p. 970) ; canon antérieur gauche (Kahlke 1963 : pl. XI p. 966 ; 1964 : Figure 5 p. 11) ; première phalange antérieure du doigt II (W. Franknhaus. sans référence).

Centre de Recherche de Paléontologie du Quaternaire, Weimar (Allemagne)

Locus typicus et *stratum typicum*

Gisement de Bad Frankenhausen, Thuringe, Allemagne, Pléistocène moyen.

Néodiagnose

Diagnose du crâne identique à celle du genre. Présence d'un cercle de perlures à la base des chevilles et d'une arête sur la face caudale. Dents jugales supérieures de même morphologie que celles d'*O. moschatus* à l'exception de la fréquence plus élevée des îlots accessoires sur la face occlusale des prémolaires, d'un îlot labial accessoire sur celle des molaires, d'un épaississement cingulaire et d'une colonnette linguale en arrière du lobe antérieur de ces dernières. M3 à surface interstylaire antérieure très concave et non alignée avec la postérieure qui est donc en position plus labiale. Molaires inférieures identiques à celles d'*O. moschatus* ; pli caprin d'importance variable. Présence d'un épaississement cingulaire labial entre les lobes.

Métapodes à diaphyse s'élargissant uniquement dans le tiers distal. Première rangée du carpe relativement plus basse que chez *O. moschatus*, et deuxième rangée sensiblement plus haute ; semi-lunaire plus long, facette articulaire du pisiforme et son antagoniste du pyramidal plus larges, onciforme à facette proximo-latérale large et médiale courte, capitato-trapézoïde à surface articulaire proximo-latérale large. Bord caudal de la diaphyse de l'humérus sinueux, épicondyle médial arrondi, bord caudal du capitulum peu saillant, fosse coronoïdienne très allongée. Canon antérieur à quilles articulaires dorsalement divergentes et palmairement parallèles. Cubonaviculaire à tubercule plantaire axial réduit. Articulation distale du talus à condyle médial relativement plus allongé que chez *Ovibos* et condyle latéral relativement plus court ; surfaces antagonistes du cubonaviculaire présentant le même type de proportions.

b. Description

J.N. McDonald, C.E. Ray et C.R. Harington doutent des déterminations de *Praeovibos* basées sur les dents jugales et le squelette post-crânien, considérant qu'aucun squelette n'a été trouvé en connexion anatomique et que des confusions peuvent être faites avec *Bootherium*, *Soergelia* et *Megalovis* (1991 : 308). Ils reconnaissent toutefois qu'à la Caune de l'Arago le matériel a été découvert dans un même contexte stratigraphique et qu'aucun autre *Ovibovini* n'est présent dans le site.

Je ne suivrai pas ces auteurs dans leurs réserves pour les raisons suivantes. Tout d'abord, aucune confusion ne peut exister entre les dents des genres *Praeovibos*, *Soergelia*, *Megalovis* dont l'anatomie et les dimensions sont différentes ainsi qu'il est démontré dans ce mémoire (Tableau 3.123 et 3.124). Il existe des ressemblances dentaires entre *Praeovibos* et *Ovibos*. Cependant, comme nous allons le voir, plusieurs caractères morphologiques et la biométrie permettent leur distinction. Contrairement à ce que ces auteurs indiquent, les dents de *B. bombifrons*, si l'on en juge d'après les photographies publiées (McDonald et Ray 1989 : Figure 22 p. 18 et Figure 24 p. 19), sont différentes de celles de *Praeovibos* : absence d'épaississement cingulaire, de colonnette linguale en arrière du lobe lingual des molaires supérieures, section ovalaire du dernier lobe de m3. En outre, le squelette post-crânien de *Praeovibos*, *Ovibos*, *Soergelia* et *Megalovis* est bien différent dans sa morphologie et dans ses proportions (cf. *supra* et *infra*). C'est à nouveau *Ovibos* et *Praeovibos* qui se ressemblent le plus mais des critères morphologiques et biométriques existent ainsi que je vais le démontrer.

b.1. Crâne

Le crâne est connu en Europe occidentale par neuf spécimens plus ou moins complets dont sept attribuables à des mâles et deux à des femelles. Leur morphologie est remarquablement homogène (voir néodiagnose ; Figure 3.40 : A et B ; Tableau 3.1 ; Tableau 3.137 ; Planche 12).

b.2. Mandibule

Elle est connue uniquement par le spécimen de Bad Frankenhausen (Kahlke 1961 : Planches XIV et XV ; Kahlke 1963 : Planche XIV p. 969, Planche XV p. 970) (Planche 11 : 1) (Tableau 3.2). La partie incisivale est absente ainsi que l'os sous la série dentaire et la branche verticale. Le bord postérieur du foramen mandibulaire est arrondi et le diastème est pincé comme chez *O. moschatus*.

b.3. Dents jugales supérieures

Le matériel examiné comprend 20 P2, 20 P3, 24 P4, 29 M1, 30 M2 et 28 M3 du site de la Caune de l'Arago ainsi que la série dentaire supérieure de Bad Frankenhausen. Leurs dimensions figurent dans les Tableaux 3.3 à 3.6.

Les prémolaires supérieures sont identiques à celles d'*O. moschatus* sauf pour la plus grande fréquence d'îlots accessoires à l'arrière de la fossette principale (de trois à quatre ; Figure 3.45 : G et Q).

Aux molaires supérieures, plus de la moitié des spécimens présentent un important épaississement du cingulum lingual entre les lobes : 50 % des M1 (Figure 3.45 : V), 72,2 % des M2 (Figure 3.46 : B, E) et 66,7 % des M3 (Figure 3.46 : H) de l'Arago et les trois molaires de l'individu de Bad Frankenhausen ; sur la M1 de ce site (W.Frankenhaus.1973-13834), il forme une véritable colonnette de 7,4 mm de haut. Dans la majorité des cas, une colonnette linguale de quelques millimètres de diamètre est présente en arrière du lobe antérieur (Figure 3.45 : W et Z) : 79,2 % des M1, 79,1 % des M2 et 70 % des M3 de l'Arago ainsi que la série de Bad Frankenhausen. Comme chez *O. moschatus*, il existe un îlot labial de grande taille (Figure 3.45 : W et Z ; Figure 3.46 : C, F et I). Il est parfois accompagné à l'Arago d'un deuxième îlot, plus petit et en position plus centrale, mais

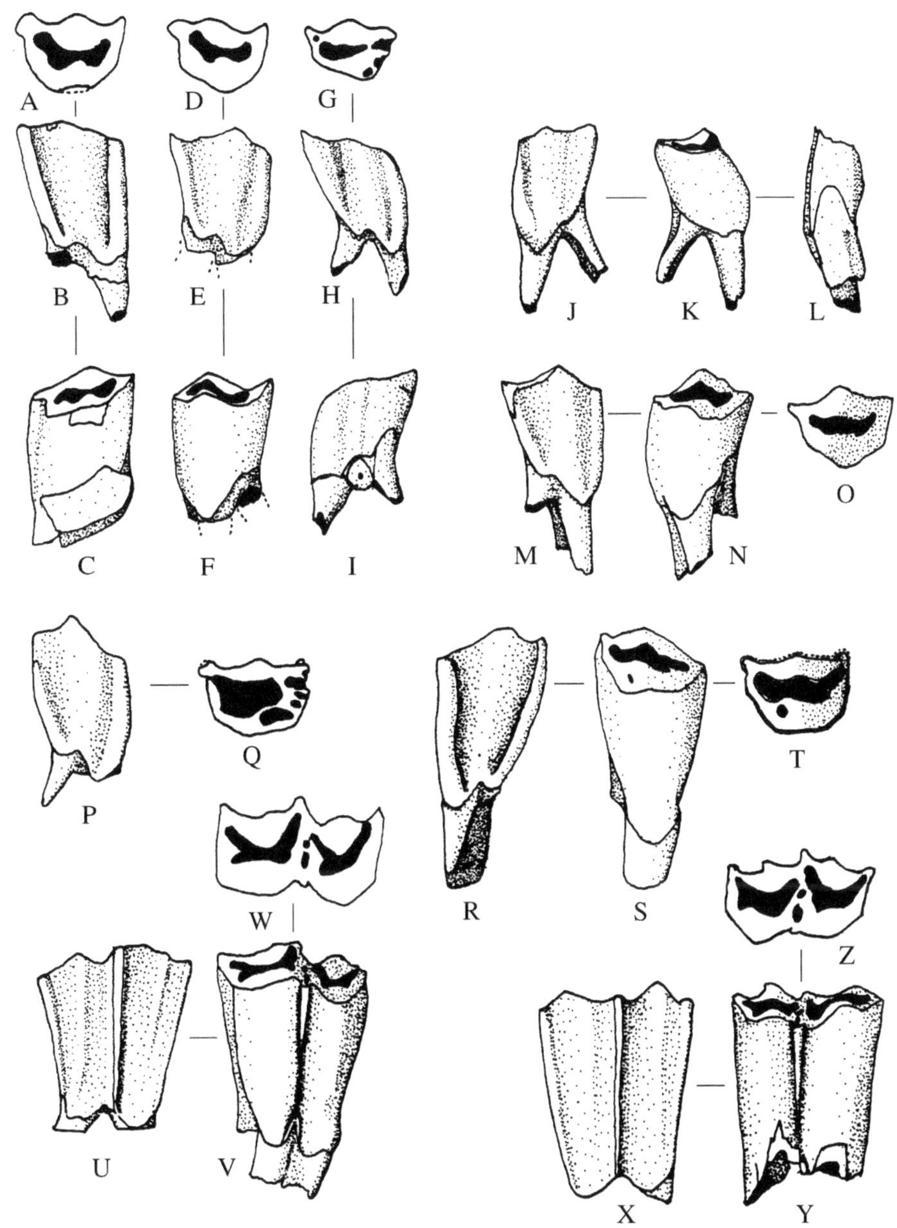

Figure 3.45. *Praeovibos priscus* Staudinger. Site de la Caune de l'Arago (France). D'après E. Crégut, 1979. Réduction : 1/1,5. **A** à **C** : P4, **D** à **F** : P3, **G** à **I** : P2, série gauche (E15 EA1 1795). **J** à **L**, P2 droite (G16 GT2 2864). **M** à **O**, P3 gauche (G16 GDZ4 2297). **P** et **Q**, P3 gauche (G16 GDZ4 2297). **R** à **T**, P4 droite (H14 HA3 2061). **U** à **W**, M1 droite (E15 EA1 2083). **X** à **Z**, M1gauche (E16 ESY2 858). Centre européen de Recherches préhistoriques (Tautavel). **B**, **E**, **H**, **J**, **M**, **P**, **R**, **U** et **X** : vues labiales. **C**, **F**, **I**, **K**, **N**, **S**, **V** et **Y** : vues linguales. **A**, **D**, **G**, **O**, **Q**, **T**, **W** et **Z** : vues occlusales. **L** : vue postérieure.

uniquement sur M1 (12 % ; Figure 3.45 : W et Z) et M2 (13 %).

La M3 se caractérise par un parastyle très épais (de 4 à 5 mm), surtout à la base (Figure 3.46 : G). Le dernier lobe est dépourvu d'aile métastylaire et sa surface linguale est fortement oblique vers l'arrière et l'extérieur (Figure 3.46 : I). La surface interstylaire antérieure est beaucoup plus concave que la surface postérieure qui reste plane : le fond des surfaces interstylaires n'est donc pas aligné, celui de la postérieure étant plus externe que l'antérieur (Figure 3.46 : I). Chez *O. moschatus*, la concavité antérieure est faible et en conséquence la surface interstylaire se trouve au niveau de la surface postérieure.

b.4. Dents jugales inférieures

Le matériel étudié se compose de 33 p2, 28 p3, 28 p4, 22 m1, 28 m2 et 28 m3 du site de la Caune de l'Arago, et des p3, p4, m1 et m2 de la mandibule de Bad Frankenhausen. Leurs dimensions figurent dans les Tableaux 3.7 à 3.10.

Les prémolaires ont une face labiale bilobée.

Sur p2, au parastylide épais, le sillon labial peut disparaître.

À l'Arago, sur les p3, le paraconide, distinct du parastylide dans le tiers supérieur de la couronne, forme une petite colonnette (Figure 3.47 : A et D). Le bloc paraconide-

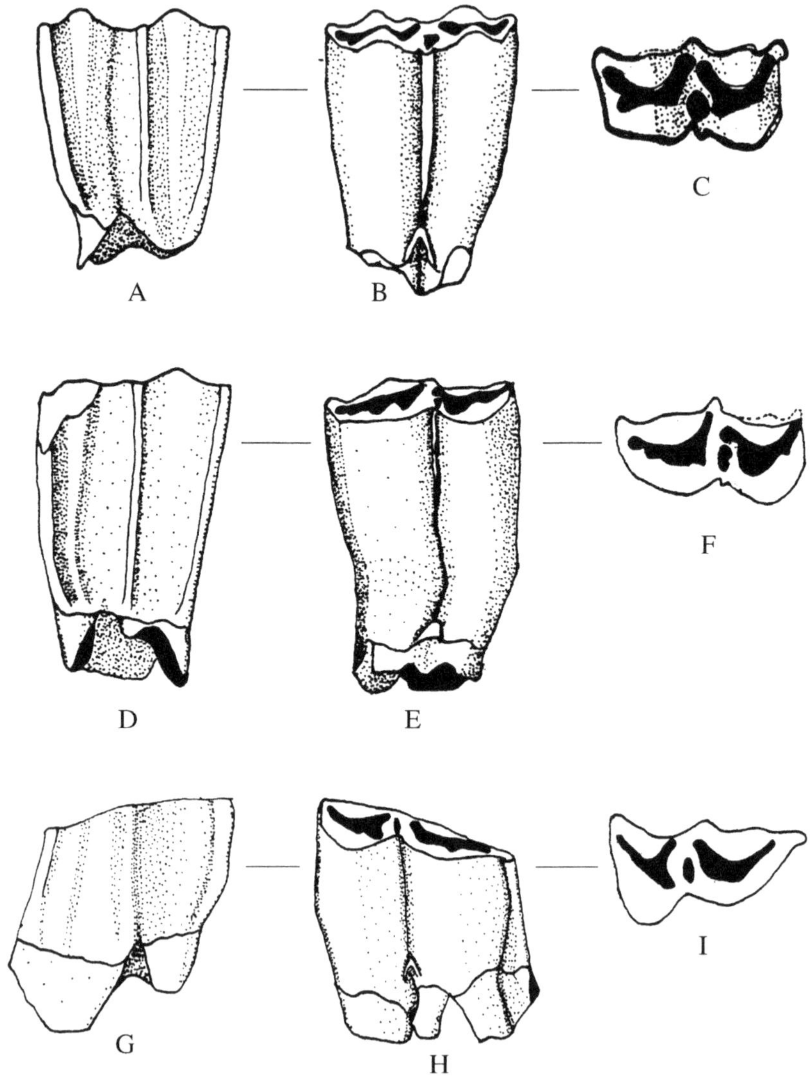

Figure 3.46. *Praeovibos priscus* Staudinger. Site de la Caune de l'Arago (France). D'après E. Crégut, 1979. Réduction : 1/1,5. **A** à **C**, M2 droite (J17 JPZ3 915). **D** à **F**, M2 droite (G15 GT2 246). **G** à **I**, M3 gauche (D17 DLY4 911). Centre européen de Recherches préhistoriques (Tautavel). **A**, **D** et **G** : vues labiales. **B**, **E** et **H** : vues linguales. **C**, **F** et **I** : vues occlusales.

parastylide est ouvert vers l'avant. La vallée linguale est en "V", profonde à la base. La dilatation du métaconide est visible au sommet de la couronne (Figure 3.47 : A et C). Ce denticule est ensuite réuni à l'entoconide et à l'entostylide en une surface plus ou moins plane et verticale (Figure 3.47 : A et D). L'hypoconide est net.

À Bad Frankenhausen, le parastylide est très épais (3 mm environ) et plus saillant que le reste de la couronne. La dilatation du paraconide s'étend jusqu'à la base. Le métaconide forme une colonne isolée du denticule précédent par une vallée étroite, profonde, dont le fond se situe à 9 mm du point de divergence des racines. Un sillon borde l'arrière du métaconide. Son fond se trouve au même niveau que celui la vallée précédente. L'entoconide n'est pas visible et la paroi linguale du deuxième lobe est oblique vers le milieu de la couronne (Planche 11 : 1A et 1B).

À l'Arago et à Bad Frankenhausen, la p4 est incomplètement molarisée (Figure 3.47 : F à K). Le parastylide, épais, est séparé du métaconide par une vallée assez profonde qui se rétrécit rapidement vers la base. Lorsque les dents sont peu ou pas usées, ce denticule présente à mi-hauteur une excroissance (Figure 3.47 : H). Il est bordé par un sillon qui l'isole de l'entoconide dont la dilatation est limitée à l'extrémité de la couronne des dents peu usées.

Il existe un pli caprin aux molaires qui peut être à peine esquissé ou fort (Figure 3.48 : B, C, E et F). La dilatation des conides est modérée et le métastylide est présent uniquement dans la partie haute du fût. La vallée linguale est peu profonde, large (Figure 3.48 : A et D). Les lobes labiaux sont peu épais et de contour arrondi comme ceux d'*Ovibos* (Figure 3.48 : C, F et I). Il existe un épaississement cingulaire à leur base. Le dernier lobe de m3 est toujours pincé labialement, sauf sur certains spécimens usés où il présente une section plus ou moins quadrangulaire (Figure 3.48 : I).

b.5. Squelette post-crânien

Le squelette de *P. priscus*, dont on trouvera les dimensions dans les Tableaux 3.11 à 3.19, est morphologiquement voisin de celui d'*O. moschatus* notamment la cavité

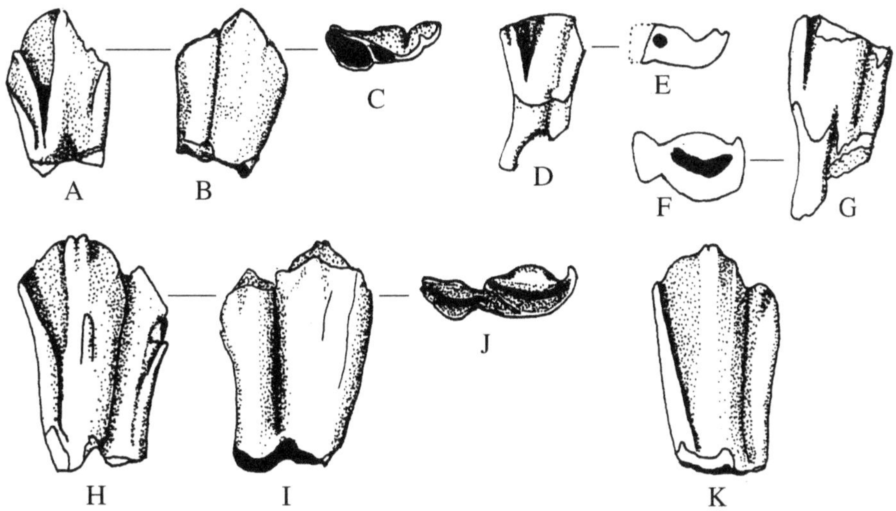

Figure 3.47. *Praeovibos priscus* Staudinger. Site de la Caune de l'Arago (France). D'après E. Crégut, 1979. Réduction : 1/1,5. **A** à **C**, p3 droite (G14 GA2 2130). **D** et **E**, p3 droite (C17 CK8 321). **F** et **G**, p4 droite (E15 ER 864). **H** à **J**, p4 droite (G14 GA4 1049). **K**, p4 droite (G16 GDT2 2350). Centre européen de Recherches préhistoriques (Tautavel). **A**, **D**, **G**, **H** et **K** : vues linguales. **B** et **I** : vues labiales. **C**, **E**, **F** et **J** : vues occlusales.

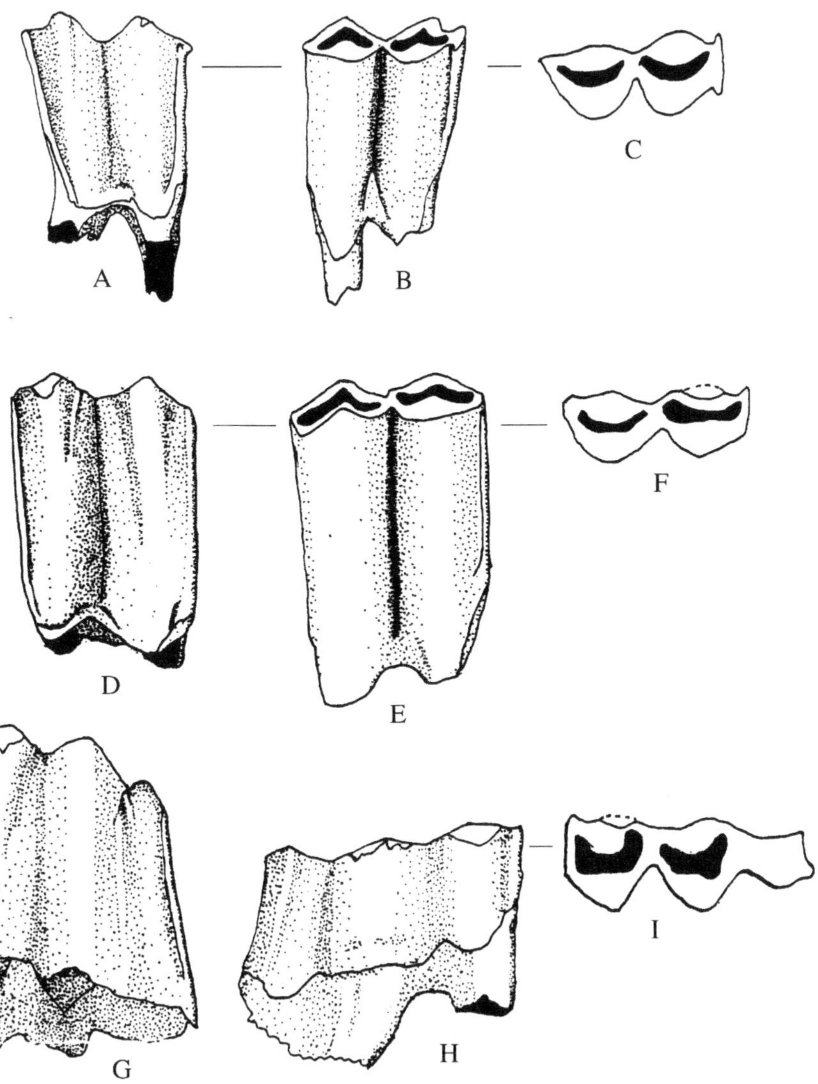

Figure 3.48. *Praeovibos priscus* Staudinger. Site de la Caune de l'Arago (France). D'après E. Crégut, 1979. Réduction : 1/1,5. **A** à **C**, m1 droite (G15 GZ2 856). **D** à **F**, m2 droite (H14 HA1 2234). **G**, m3 droite (H14 HAY1 3140). **H** et **I**, m3 gauche (D17 DLY2 855). Centre européen de Recherches préhistoriques (Tautavel). **A**, **D**, **G** et **H** : vues linguales. **B** et **E** : vues labiales. **C**, **F** et **I** : vues occlusales.

glénoïdale de la scapula (seule partie connue à ce jour ; Figure 3.49), le pyramidal, le pisiforme (Figure 3.50), la fibula, le talus, le calcaneus et les phalanges (Figure 3.51 ; Figure 3.52 ; Figure 3.53) (Crégut 1979 ; Crégut et Guérin 1979). Les caractères morphologiques distinguant les deux taxons sont les suivants.

Humérus, radius et ulna

Le matériel étudié comprend 25 humérus, 8 radius et 7 ulna, tous fragmentaires, du gisement de la Caune de l'Arago auquel s'ajoute l'extrémité distale de l'humérus de Bad Frankenhausen.

Posé verticalement, l'humérus est incliné vers l'avant comme celui d'*Ovibos*. Il s'en distingue par un bord caudal de la diaphyse sinueux. À l'épiphyse distale, le bord caudal de l'épicondyle médial est relativement arrondi tandis qu'il est anguleux chez *Ovibos*. Le bord caudal du capitulum des spécimens de l'Arago est peu saillant par rapport au bœuf musqué actuel, cette dernière observation étant conforme à celle d'A.V. Sher (1971). En revanche sur le spécimen de Bad Frankenhausen, l'angle me paraît aussi fort que celui du bœuf musqué. La fosse coronoïdienne, moyennement à fortement profonde, s'étend jusqu'au bord médial de la diaphyse tandis que chez *Ovibos* elle s'arrête plus tôt.

Les échancrures dorsale et palmaire de l'épiphyse proximale du radius ne sont pas dans l'axe, mais moins que chez *Ovibos* (Figure 3.49 : D et E).

La tubérosité de l'olécrâne de l'ulna est de contour régulièrement arrondi et se révèle moins saillante et plus large que celle d'*Ovibos* (Figure 3.49 : G).

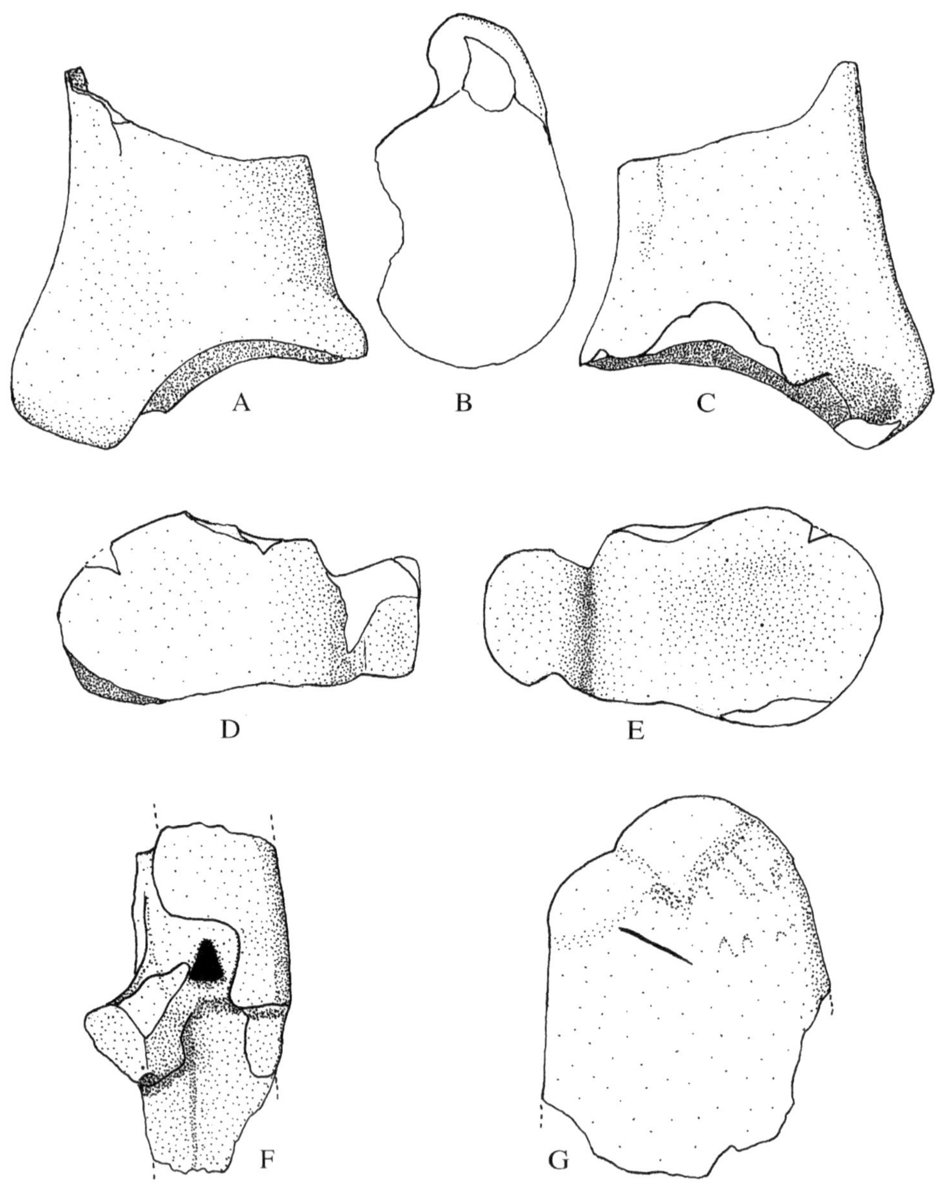

Figure 3.49. *Praeovibos priscus* Staudinger. Site de la Caune de l'Arago (France). D'après E. Crégut, 1979. Réduction : 1/1,5. **A** à **C**, scapula gauche (C17 CKY2 528). **D**, radius gauche (G17 GJZ 6 1662). **E**, radius droite (F17 FM41 1841). **F**, ulna droit (D17 DLY2 803). **G**, ulna gauche (C16 CHY2 786). **A** : vue latérale. **B** : vue ventrale. **C** : vue médiale. **D** et **E** : vues proximales. **F** : vue dorsale. **G** : vue latérale. Centre européen de Recherches préhistoriques (Tautavel).

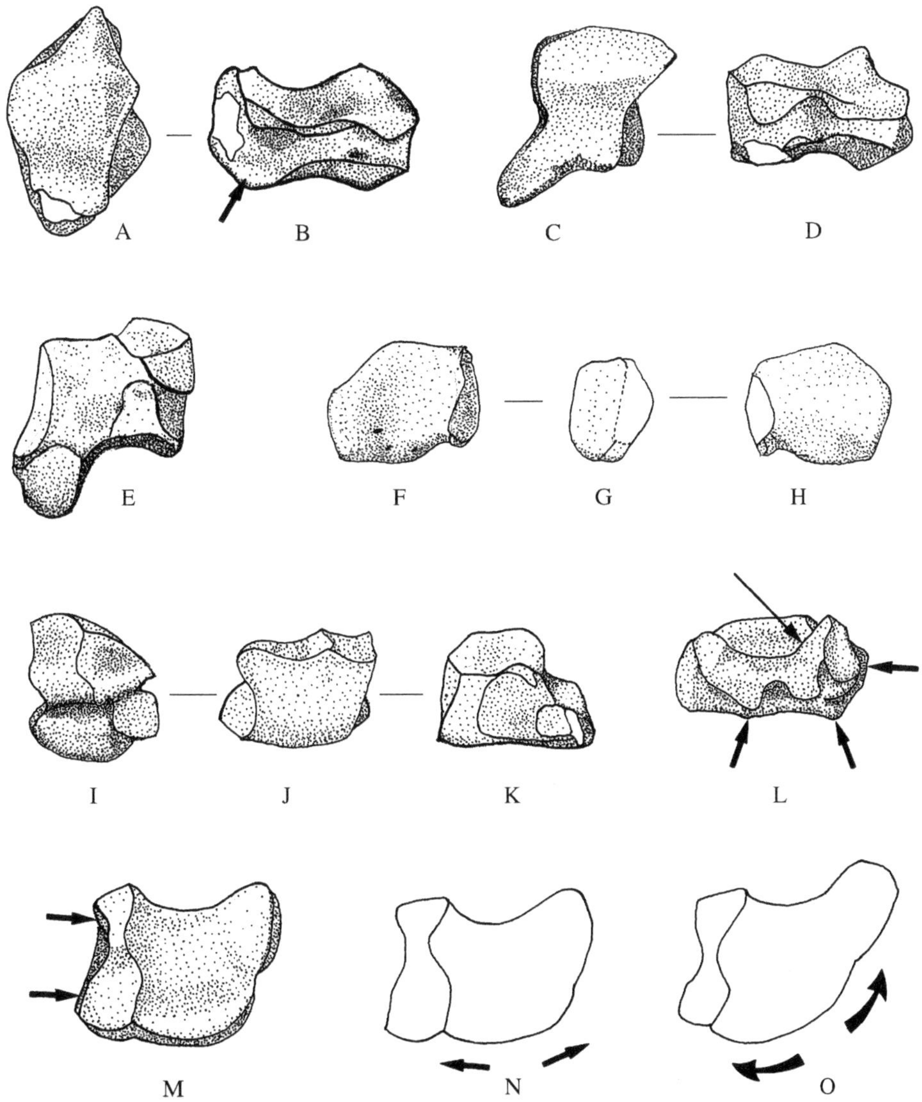

Figure 3.50. *Praeovibos priscus* Staudinger, site de la Caune de l'Arago (France), et *Ovibos moschatus* Zimmermann, actuel (**O**). D'après E. Crégut, 1979. Réduction : 1/1,5. **A** et **B**, scaphoïde droit (C15 C7e 475). **C** et **D**, semi-lunaire droit (C15 C7e 576). **E,** pyramidal gauche (C16 CHY2 78). **F** à **H**, pisiforme droit (F15 FI 1424). **I** à **K**, onciforme droit (C15 C7e 573). **L** à **N**, capitato-trapézoïde droit (F17 FMT2 1410). **O**, capitato-trapézoïde droit. Centre européen de Recherches préhistoriques (Tautavel). **A**, **C**, **I**, **M** et **O** : vues proximales. **B**, **D**, **E**, **F** et **K** : vues médiales. **H** : vue latérale. **G** et **I** : vues dorsales. **L** : vue palmaire.

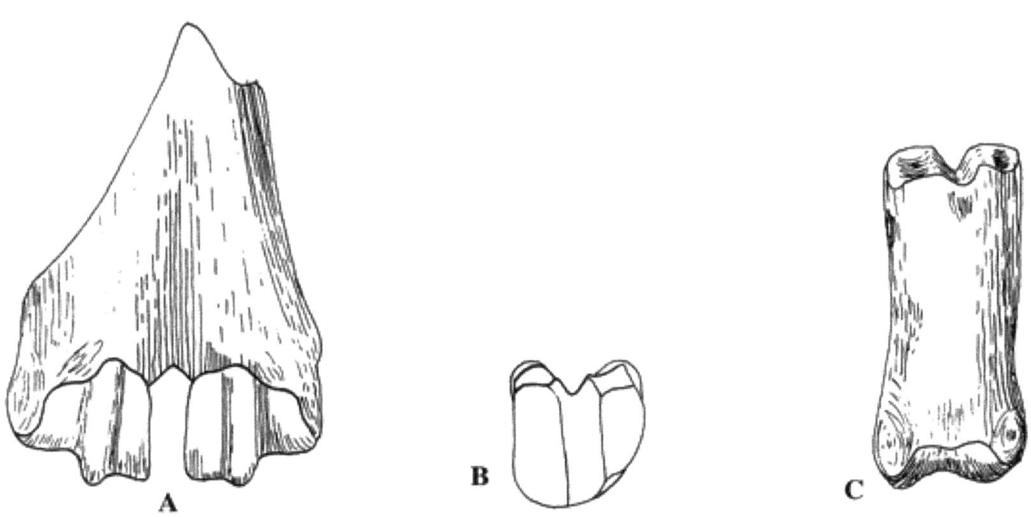

Figure 3.51. *Praeovibos priscus* Staudinger. Site de la Caune de l'Arago (France). D'après E. Crégut, 1979. Réduction : 1/1,5. **A**, os canon postérieur (H17 HQY2 2876). **B** et **C**, première phalange (I18 Ic 2237). Centre européen de Recherches préhistoriques (Tautavel). **A** et **C** : vues dorsales. **B** : vue proximale.

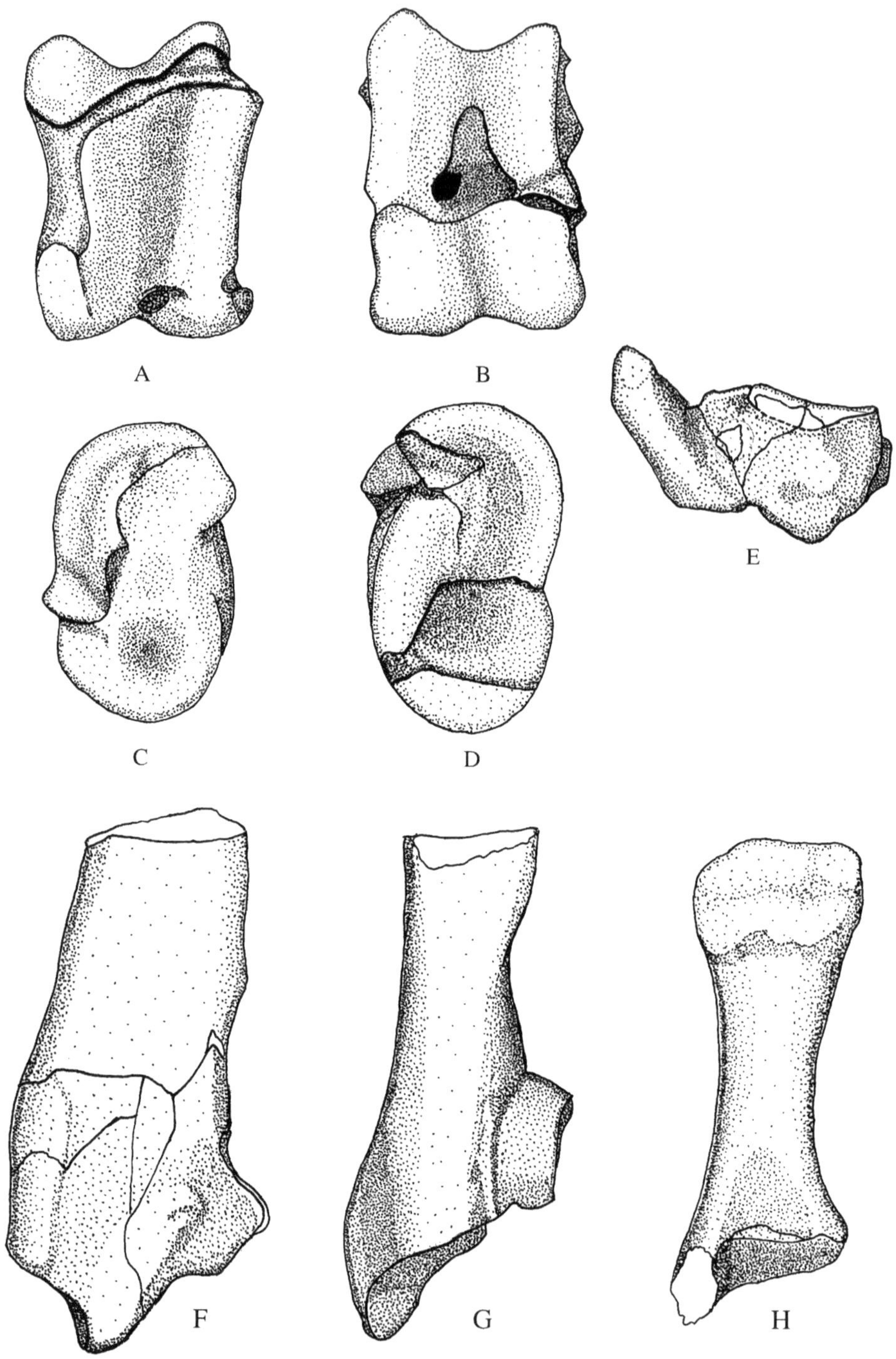

Figure 3.52. *Praeovibos priscus* Staudinger. Site de la Caune de l'Arago (France). D'après E. Crégut, 1979. Réduction : 1/1,4. **A** à **D**, talus droit (E15 EAY2 2937). **E**, cubonaviculaire droit (D17 DLY2 845). **F**, calcaneus droit (C16 CHY1 636). **G**, calcaneus gauche (D17 DLY2 821). **H**, calcaneus droit (C17 CK9 639). Centre européen de Recherches préhistoriques (Tautavel). **A**, **E** et **G** : vues plantaires. **B** et **H** : vues dorsales. **C** : vue médiale. **D** et **F** : vue latérale.

Carpe

Ont été examinés 16 scaphoïdes, 11 semi-lunaires, neuf pyramidaux, sept pisiformes, 11 onciformes et 14 capitato-trapézoïdes du site de la Caune de l'Arago ainsi que le semi-lunaire de Bad Frankenhausen.

Leur morphologie générale est similaire à celle d'*Ovibos* à l'exception de quelques détails du scaphoïde et du semi-lunaire, mais uniquement dans la population de l'Arago. En effet, à la différence du bœuf musqué actuel, la face interne du scaphoïde ne présente aucune facette palmaire (exception faite d'un spécimen) et la facette antagoniste du semi-lunaire fait elle aussi défaut (Figure 3.50 : B).

Canon antérieur

Il est connu par le spécimen de Bad Frankenhausen, les deux métapodes de Süssenborn (Planche 11 : 2 et 3) ainsi que par les extrémités distales de l'Arago et de Cueva Victoria (Planche 11 : 7A et 7B ; Figure 3.51 : A). L'évasement de la diaphyse débute dans le tiers distal tandis que chez *Ovibos*

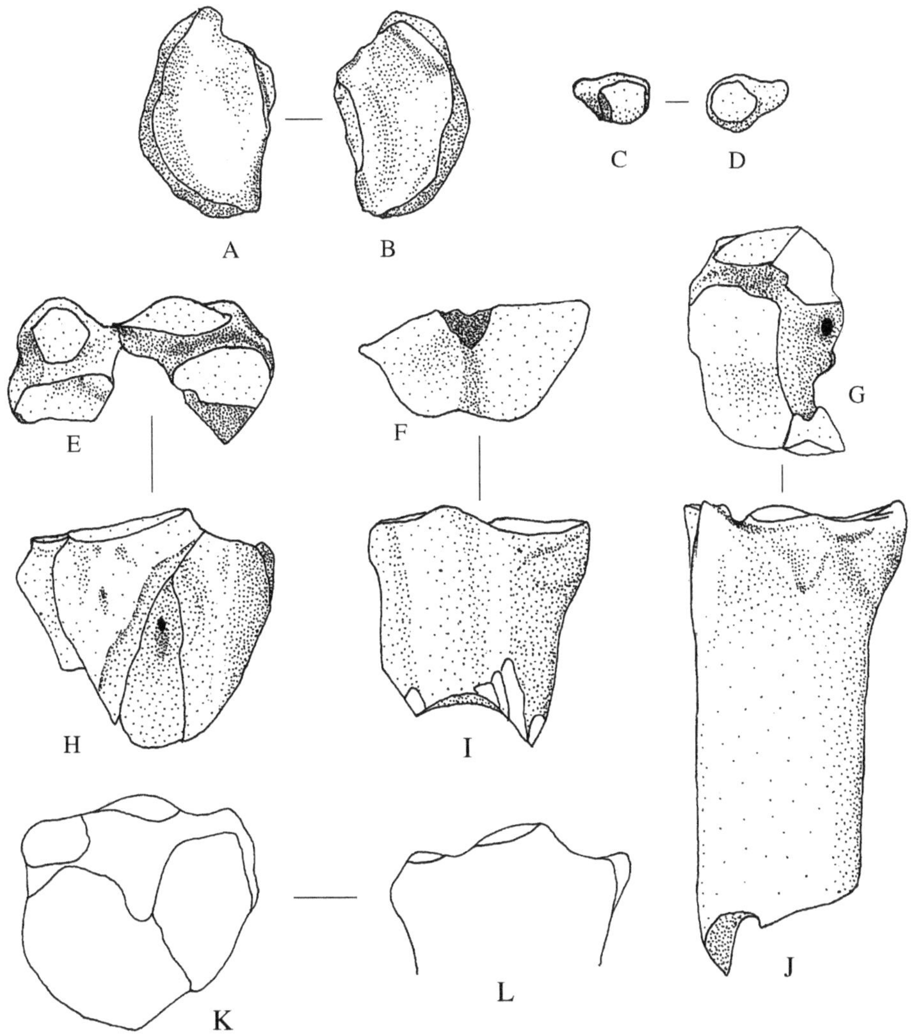

Figure 3.53. *Praeovibos priscus* Staudinger (**A** à **J**), site de la Caune de l'Arago (France) et *Ovibos moschatus* Zimmermann (**K** et **L**), actuel. D'après E. Crégut, 1979. Réduction : 1/1,4. **A** et **B**, grand cunéiforme gauche (E15 EAY3 3036). **C** et **D**, petit cunéiforme gauche (E15 EAY3 3037). **E** et **H**, os canon postérieur gauche (E15 EAY3 3038). **F** et **I**, os canon postérieur droit (I17 IRZ2 511). **G** et **J**, os canon postérieur droit (E17 EKY1 1718). Centre européen de Recherches préhistoriques (Tautavel). **K** et **L**, os canon postérieur gauche. **A**, **C**, **E**, **F**, **G** et **K** : vues proximales. **B** et **D** : vues distales. **H** et **L** : vues plantaires. **I** : vue dorsale. **J** : vue latérale.

il est régulier depuis le haut. Les extrémités proximale et distale ont pratiquement la même largeur tandis que chez *O. moschatus* l'articulation proximale est la moins large. La tubérosité dorso-médiale est plus développée que chez *P. mediterraneus*. L'articulation proximale ne montre aucune différence majeure par rapport à l'individu de Casa Frata. Comme chez *O. moschatus*, les quilles dorsales sont divergentes tandis qu'à la face palmaire elles sont parallèles. Le condyle médial est plus allongé que le latéral mais tous deux sont bas et leur surface articulaire est convexe. À l'Arago, l'échancrure intercondylaire est large aussi bien dorsalement que palmairement et la divergence dorsale des tenons est importante. À Bad Frankenhausen et à Süssenborn, l'échancrure intercondylaire dorsale est plus étroite et la divergence des tenons est plus modérée.

Tibia et os malléolaire

Les neuf articulations distales du tibia, qui proviennent toutes de l'Arago, se caractérisent par un sillon intermalléolaire peu profond. En effet, l'épine centrale de l'os malléolaire est peu développée, pouvant même manquer. Chez *Ovibos* la profondeur du sillon et la saillie de l'épine est plus variable.

Cubonaviculaire

Ce tarsien, représenté par 12 spécimens complets et 8 incomplets de la Caune de l'Arago ainsi que par un spécimen de Cueva Victoria, se distingue de son homologue chez *Ovibos* par le faible développement du tubercule axial de la face plantaire (Figure 3.52 : E). Il n'est bien développé que sur un seul os, sa largeur étant de 7,5 mm environ (CERPT R 11850). Sur près de la moitié des exemplaires, la fossette synoviale latérale traverse l'os de part en part.

Canon postérieur

Dix-neuf métapodes incomplets ont pu être examinés (17 de la Caune de l'Arago, un de Süssenborn, un de Cueva Victoria). L'articulation proximale diffère de celle d'*Ovibos* par le faible dénivelé existant entre les facettes dorsales pour le cubonaviculaire et le grand cunéiforme (Figure 3.53 : F et I). La facette latéro-plantaire pour le cubonaviculaire est allongée jusqu'au bord latéral (Figure 3.53 : E, G et H), étant le plus souvent courte chez *Ovibos* et bordée par un sillon (Figure 3.53 : L). Les caractères généraux de l'articulation distale sont identiques à ceux du canon antérieur.

c. Matériel attribué à *P. priscus*

c.1. France

Caune de l'Arago

C'est indéniablement le site de la Caune de l'Arago à Tautavel (Pyrénées-Orientales) qui a fourni le matériel le plus riche et le plus diversifié (Crégut 1979 ; Moigne 1983). Le dernier inventaire fait état de 878 restes, correspondant à 28 individus, parmi lesquels un reste crânien (Bellai 1997, 1998) (Planche 12 : a). C'est ce matériel, conservé au Centre européen de Recherches préhistoriques de Tautavel, qui a permis de mettre en évidence les caractères morphologiques du squelette post-crânien (Crégut 1979 ; Crégut et Guérin 1979). J'ai remarqué que le bord labial des dents jugales supérieures et le bord lingual des inférieures étaient anormalement usés. La surface est plane et l'émail est écaillé ce qui suggère la présence de nombreuses particules abrasives dans l'alimentation.

"Auvert"

L'espèce est aussi indiquée à "Auvert" (McDonald *et al.* 1991), site que je n'ai toujours pas pu localiser. Il s'agit de quatre jugales des collections du Musée de Zoologie comparative de Harvard (États Unis d'Amérique). Aucune figuration n'existe et il n'a pas été possible d'obtenir un moulage de ces pièces.

c.2. Espagne

Cueva Victoria

Quelques restes appartiennent à un *Ovibovini*. Le matériel dentaire est réduit à une p3 gauche très usée (CV 85). Ses dimensions la classe parmi les *Ovibovini* mais l'importance de l'usure ne permet aucune analyse de la morphologie (Tableau 3.7).

Le squelette post-crânien est représenté par une articulation distale de canon antérieur (Planche 11 : 7a, 7b), une articulation proximale de canon postérieur et deux cubonaviculaires. Je n'ai observé aucune différence comparativement au *P. priscus* de l'Arago.

c.3. Allemagne

Bad Frankenhausen

La localité a fourni le crâne type conservé au Centre de Recherche de Paléontologie du Quaternaire de Weimar (W. Frankenh.622), qui a été parfaitement décrit par W. Staudinger (1908) (Planche 12 : 2) (Tableau 3.1). Il en existe un moulage au Fort de la Drete à la Turbie. Il existe aussi une mandibule (Kahlke 1961 : Planche XIV et XV ; Kahlke 1963 : Planche XIV p. 969, Planche. XV p. 970), une série dentaire supérieure, plusieurs vertèbres, une extrémité distale d'humérus, un semi-lunaire gauche, un canon antérieur gauche qui est malheureusement endommagé (Kahlke 1963 : Planche XI p. 966 ; 1964 : Figure 5 p. 11), ainsi que ses deux premières phalanges (Planche 11 : 4) et la deuxième phalange du doigt IV. Je pense qu'il s'agit des restes d'un même individu, en l'occurrence un mâle âgé. Tous ces éléments ont des dimensions beaucoup plus fortes que celles du *P. priscus* de l'Arago (Tableau 3.2 à 3.15).

L'articulation proximale du canon antérieur est épaisse. La fusion des doigts III et IV est palmairement incomplète : la fossette synoviale de la facette pour le capitato-trapézoïde se prolonge sur la diaphyse par un sillon. Il s'agit d'une anomalie individuelle qui n'a aucune valeur taxonomique. Le côté médial de la diaphyse, seul conservé, ne s'élargit que dans le tiers distal. L'incisure inter-trochléaire est moins large que sur les spécimens de la Caune de l'Arago.

Süssenborn

J'attribue à l'espèce le crâne femelle réduit au frontal et au départ des chevilles (W. Süss. 1965-2686 [=5031]) attribué à *O. moschatus* (Soergel 1939 ; 1941 : Figure 2 p. 145 ; Kahlke 1963 : 942 ; 1969 : 523) puis à *O. recticornis* (Ryziewicz 1934, 1955) et enfin à *O. moschatus suessenbornensis* (Kahlke 1969 b : Planche XXII). J.N. McDonald, C.E. Ray et C.R. Harington lui trouvent une analogie avec *P. beringiensis* (1991 : 294 ; Figure 11 p. 307) tout en précisant qu'il pourrait s'agir de *P. priscus*.

La suture frontale n'est pas synostosée et le frontal entre les chevilles est concave. Celles-ci sont très écartées (Tableau 3.1). En *norma frontalis* elles sont dirigées latéralement un peu comme sur le crâne de Radotín (République Tchèque) attribué à *O. recticornis* mais la divergence est plus faible. La face ventrale dessine une concavité plus accentuée que celle du bœuf musqué aux chevilles plus verticales. La cheville gauche est la mieux conservée. En *norma verticalis* sa face rostrale est rectiligne à la différence d'*Ovibos* chez qui elle est concave vers l'avant. En *norma basalis*, on voit que les bords rostral et caudal de la cheville sont parallèles tandis qu'ils convergent chez *O. moschatus*. L'os est corrodé en surface. Les parties subsistant permettent de voir que le plan supérieur des chevilles à leur base était situé bien au-dessus du plan du frontal. Je rappellerai que la base de la cheville du bœuf musqué femelle est aplatie et donc dépasse peu le plan du frontal. Dès lors l'attribution de ce crâne à *Praeovibos* s'impose. A.V. Sher attribue à une femelle de *P. priscus* un crâne provenant de la rivière Krestovka (1971 : Planche XIX 3a et 3b). L'écartement des chevilles à la base et la concavité de leur face ventrale sont identiques au spécimen de Süssenborn. La différence entre les deux fossiles concerne la plus forte élévation de la base des chevilles du crâne russe. Cependant, ainsi que je viens de le dire, le spécimen de Süssenborn est très altéré. Il ne faut pas non plus négliger l'influence de l'âge de l'animal sur la configuration des chevilles : en effet leur forme varie au cours de la vie de l'individu chez *Ovibos* (Allen 1912). Il est à ce jour difficile d'affirmer qu'il en était de même chez *Praeovibos*, le nombre de restes étant limité, mais cette possibilité ne doit pas être pour autant rejetée. Il n'y a donc aucun argument pour ne pas attribuer le fragment crânien de Süssenborn à un *P. priscus* femelle. Cette attribution est évoquée par I. Raufuss (1998).

Les deux canons antérieurs attribués à *O. moschatus* ssp. par W. Soergel (1941 : Figure 1 p. 142) puis à *O. moschatus suessenbornensis* (Kahlke 1964 : Figure 6 p. 12 ; 1969 b : Figure 3 p. 526) ont fait l'objet d'une discussion par A.V. Sher (1971, 1992) puis par C. De Giuli et F. Masini (1983). D'après ces auteurs, la faible divergence de la diaphyse par rapport à *Ovibos* de même que les proportions sont conformes à *Praeovibos* (Tableau 3.14). C'est le point de vue suivi par J.N. McDonald, C.E. Ray et C.R. Harington (1991). Le spécimen W. Süss.1965-2531[=5651] est incomplet (Kahlke 1969 b : Figure 3 b p. 566) (Planche 11 : 2). La face caudale a disparu et l'articulation proximale ainsi que la distale sont rongées. La morphologie de la diaphyse est identique à celle du deuxième spécimen, qui est complet (W. Süss. 1965-2598 [2598]; Kahlke 1969 b : Figure 3b p. 526) (Planche 11 : 3), mais plus petit (Tableau 3.14). La seule différence que l'on puisse noter par rapport à l'os canon de Bad Frankenhausen concerne la fusion des métapodes III et IV qui est ici complète. La facette pour l'onciforme est moins triangulaire que celle d'*O. moschatus*, l'angle postéro-latéral étant tronqué. Par ailleurs, sur la face palmaire, le côté médial est plus plat que le côté latéral ce que l'on observe à Bad Frankenhausen mais aussi chez *P. mediterraneus*. Chez *Ovibos* les côtés sont symétriques. Je me range donc aux côtés d'A.V. Sher, C. De Giuli et F. Masini en les attribuant à *Praeovibos*. En revanche, je ne suivrai pas J.N. McDonald, C.E. Ray et C.R. Harington dans leur interprétation sur leur éventuelle appartenance à *P. beringiensis* : la morphologie et, ainsi que nous le verrons plus loin, les proportions sont comparables à celles du *P. priscus* de Bad Frankenhausen. C'est donc à cette espèce que je les rapporte. Le spécimen le plus petit convient à un *P. priscus* femelle et le plus gros à un mâle.

Il existe aussi une première phalange antérieure (W. Süss.1965-2340[=6564]) qui est en tous points similaire aux spécimens associés au canon antérieur du *P. priscus* de Bad Frankenhausen (Planche 11 : 5) (Tableau 3.15).

Une articulation distale incomplète de canon postérieur (W. Süss.1965-2335 [=9159]) est aussi attribuable à l'espèce (Planche 11 : 6). La gouttière dorsale est large, encadrée par des bords peu aigus. Le foramen nourricier est gros (5,4 mm de haut pour 6,4 mm de large). Le côté de la diaphyse qui est conservé est rectiligne, l'évasement débutant à peu près au niveau du foramen, ce qui est typique de l'espèce.

Mosbach

Il s'agit d'un crâne incomplet (NMM 139/87) décrit par S. Schertz en 1937 sous le nom de *P. schmidtgeni* et trouvé à Mosbach II (« Mosbacher sande »). Ce spécimen a été mis en synonymie avec *P. priscus*, les différences entre ce taxon et celui de Bad Frankenhausen étant minimes. Bien que n'ayant pas pu réviser cet élément, j'accepte la synonymie.

Kärlich

T. Van Kolfschoten (1990) signale cf. *Praeovibos priscus* dans ce gisement des environs de Coblence, dans l'unité stratigraphique Bb antérieure au Biharien. Aucune figuration n'est fournie ce qui ne permet pas de se faire une idée sur l'espèce.

c.4. Pologne

C'est à nouveau un fragment crânien, découvert à Bielschowitz (ou Bielzowice), qui est attribué à l'espèce. Le spécimen, figuré par R. Kowarzik (1912 : Planche I Figure 1 et 3) puis par Z. Ryziewicz (1955 : Figures 44 et 45), n'a pu être révisé. La *norma verticalis* permet de noter l'étroitesse des chevilles, leur important écartement à la base ainsi que le rétrécissement du frontal en arrière des orbites. La vue antérieure met en évidence un relatif aplatissement des chevilles comparativement aux crânes des mâles de *P. priscus* : il est possible que ce spécimen soit un individu femelle.

c.5. Grande Bretagne

Trimingham

Découvert à Trimingham (Norfolk), le crâne figuré par A.W. Dawkins (1883 : Figure p. 575) puis par S.A. Reynold (1934 : Figure 1B p.2), a été attribué d'abord à *O. moschatus* puis à *P. priscus* (Kahlke 1964 ; Sher 1971 ; Crégut 1979 ; Crégut-Bonnoure 1984). L'allongement des chevilles, leur convexité et leur étroitesse sont tout à fait conformes à ce taxon.

Walcot

L'arrière crâne découvert à Walcot (Norfolk) est en tout point identique au spécimen précédent et son attribution ne pose aucun problème (Reynolds 1934 : Planche 22 ; Ryziewicz 1955 : Figure 41 ; Sher 1971 : Planche XVIII).

Eccles

Le fragment crânien trouvé à Eccles (Norfolk) est très altéré et très roulé (Reynolds 1934 : Planche I ; Ryziewicz 1955 : Figure 46 p. 70) ; il est conservé au Muséum d'Histoire naturelle de Londres (BM (NH) n° 14667). Malgré le mauvais état de conservation de l'os, on peut noter que le plan supérieur des chevilles est plus haut que celui du frontal. L'écartement à leur base est important, leurs bords sont plutôt parallèles et elles sont étroites. Tous ces caractères permettent d'identifier *Praeovibos*.

Westbury-sub-Mendip

Il existe dans les collections du Muséum d'Histoire naturelle de Londres une M2 provenant de cette localité du Somerset (BM (NH) n° M33783). Elle a été attribuée à Caprinae cf. *S. elizabethae* (*sic*) par M.J. Bishop (1982) puis à cf. *Soergelia elisabethae* par A.W. Gentry (1999). Ce dernier auteur note toutefois que la morphologie est proche du *P. priscus* de l'Arago. En effet, entre les lobes se trouve un bourrelet cingulaire et en arrière du lobe antérieur une fine colonnette ce qui est caractéristique de *P. priscus*. Je n'ai jamais observé ces deux éléments chez *Soergelia* dont les lobes sont aussi plus aigus, ce qui n'est pas le cas à Westbury. J'attribue donc cette molaire à *P. priscus* dont elle est métriquement proche (Tableau 3.5).

c.6. Pays-Bas

J'ai discuté de la morphologie de la M3 trouvée dans la faune 1 de Maasvlakte qui a été attribuée à *Praeovibos* cf. *priscus* (van Kolfschoten et Vervoort-Kerkhoff 1999 : Figure 6 p. 379). Incompatible avec la morphologie de *P. mediterraneus*, elle ne correspond pas non plus à celle de *P. priscus*. Je n'ai pour l'instant aucune opinion précise sur la position systématique de ce spécimen.

c7. République Tchèque

Stránská Skála

K. Schirmeifen attribue à l'espèce une M2 (1927 : 39, Figure 5 pl. II). On observe un îlot central sur la face occlusale, un éperon postérieur à la post-fossette, une fine colonnette linguale en arrière du lobe antérieur et un épaississement cingulaire entre les lobes. Ces caractères sont ceux de *P. priscus*. La base de la couronne est fortement rétrécie et je pense qu'il s'agit plutôt d'une M1.

Zlatý Kůň

Cette localité des environs de Koněprusy a fourni deux chevilles osseuses fragmentaires, plusieurs dents ainsi que des os des pattes (Fejfar *in litteris* ; Fejfar 1961 ; McDonald *et al.* 1991). Aucune figuration ni mensuration ne sont fournies. Il est donc impossible de se faire une opinion sur ce matériel.

d. Analyse métrique

d.1. Dents jugales supérieures

La M1 du *Praeovibos* de l'Arago a pratiquement les mêmes proportions que celle de l'individu mâle de Bad Frankenhausen, mais est en moyenne plus petite (Figure 3.54).

Le diagramme de Simpson permet de paralléliser la M2 de l'individu de Westbury avec celui de l'Arago et de confirmer ainsi son appartenance à *P. priscus*. L'individu mâle de Bad Frankenhausen n'est pas très éloigné (Figure 3.55). Il se distingue par une molaire plus volumineuse, à base plus longue (mesure 2).

La M3 de la population de l'Arago se caractérise par un deuxième lobe épais à la base (mesure 8) et des surfaces interstylaires de longueur voisine (mesures 9 et 10 ; Figure 3.42). L'individu de Bad Frankenhausen possède un deuxième lobe à base plus aplatie (mesure 8) en comparaison de l'antérieur (mesure 5) et une surface interstylaire postérieure plus longue (mesure 10).

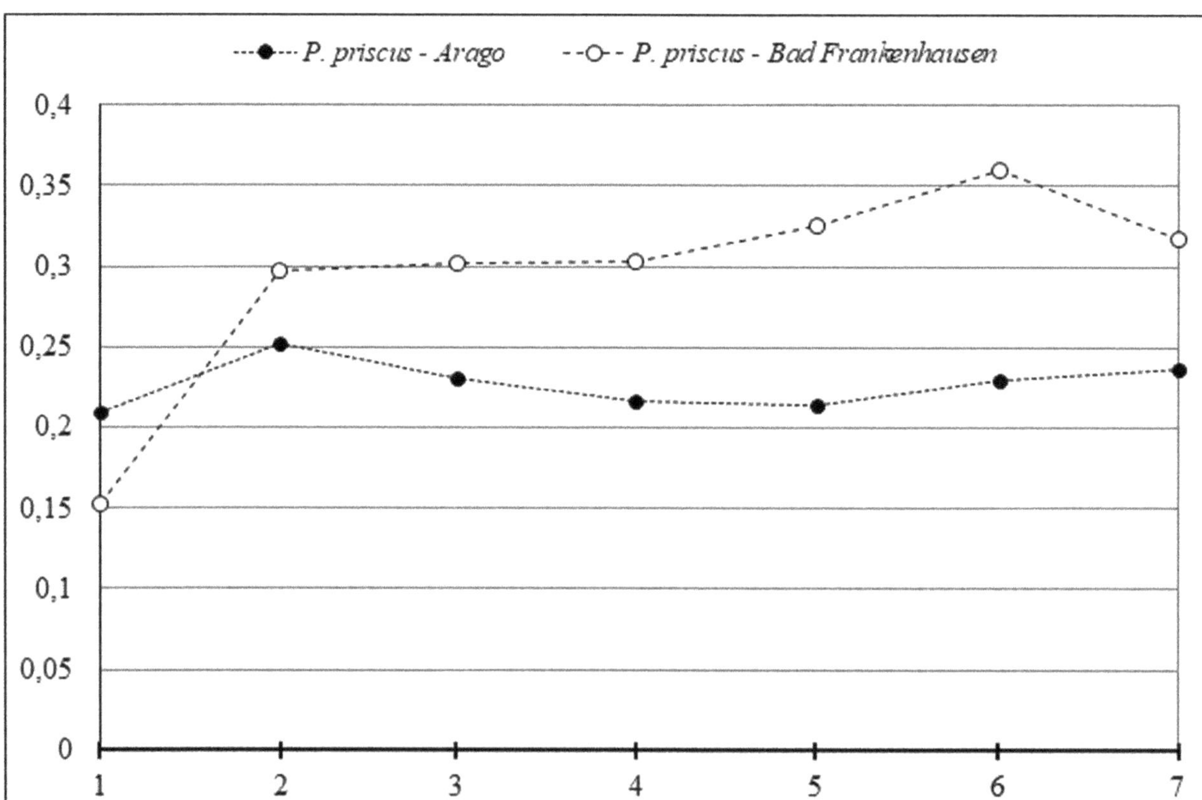

Figure 3.54. *Praeovibos priscus*, diagramme de Simpson de la M1 des populations du Pléistocène moyen de France et d'Allemagne. Différence par rapport à *Capra ibex* (population du Taï). Abréviations : n° 1: longueur occlusale; n° 2: longueur basale.

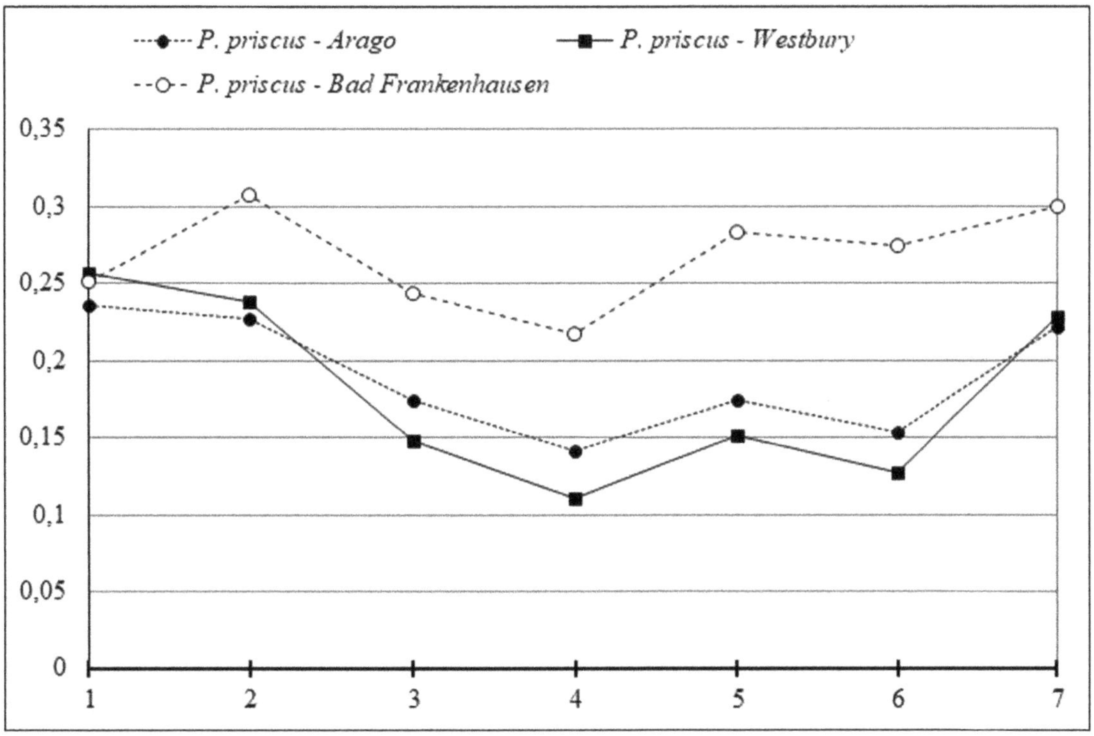

Figure 3.55. *Praeovibos priscus*, diagramme de Simpson de la M2 des populations du Pléistocène moyen de France, d'Angleterre et d'Allemagne. Différence par rapport à *Capra ibex* (population du Taï).

En ce qui concerne la longueur des jugales supérieures, l'individu allemand de Bad Frankenhausen possède des dents relativement plus longues à la base comparativement à la population de l'Arago (Figure 3.56).

d.2. Dents jugales inférieures

Les molaires inférieures ne présentent pas de différence majeure comparativement à *Megalovis* et *Soergelia*, si ce n'est une taille plus forte (Figure 3.9 à Figure 3.11).

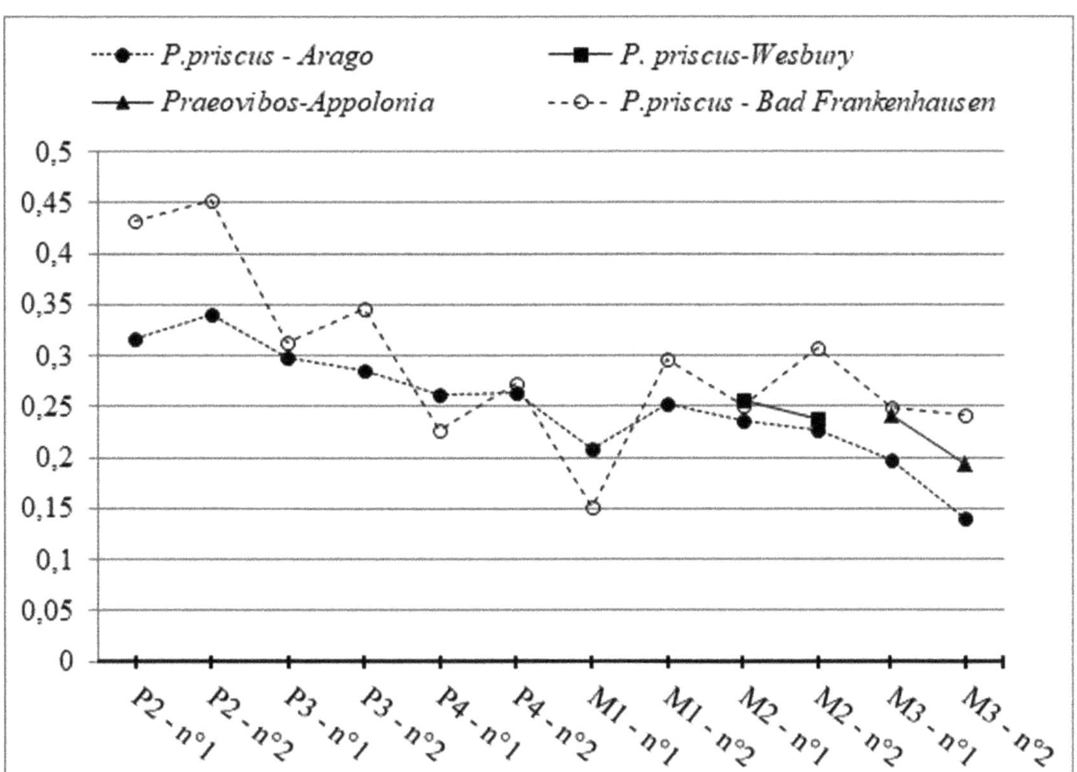

Figure 3.56. *Praeovibos mediterraneus* et *P. priscus*, diagramme de Simpson de la rangée dentaire supérieure des populations du Pléistocène inférieur de Grèce et du Pléistocène moyen de France, d'Angleterre et d'Allemagne. Différence par rapport à *Capra ibex* (population du Taï). Abréviations : n° 1: longueur occlusale; n° 2: longueur basale.

L'évolution de la longueur de l'ensemble des dents souligne la parenté de proportions existant entre *P. priscus*, *S. minor* et *M. latifrons* (Figure 3.12).

d.3. Comparaison avec Megalovis et Soergelia

J'ai réalisé des diagrammes de dispersion de la longueur et de la largeur occlusale des dents jugales et de la longueur des surfaces interstylaires pour la M3 (Figure 3.63 à Figure 3.74).

L'épaisseur de la p2 distingue *Megalovis* et *S. minor* du *P. priscus* de l'Arago (Figure 3.69). En effet, chez le premier de ces taxons, elle est plus épaisse pour une couronne à peine plus longue que celle du bœuf musqué. Elle est particulièrement épaisse chez *S. minor*, pour une longueur de l'ordre de grandeur de celle de *P. priscus*. Quant aux prémolaires supérieures, *S. minor* est presque toujours bien distingué de *Megalovis* et de *Praeovibos* (Figure 3.63 à Figure 3.65).

Pour les molaires supérieures, la proximité de *Megalovis* au sein de l'aire de distribution de la forme espagnole est nette tandis que les molaires inférieures sont un peu plus différentes (Figure 3.66 à Figure 3.68 ; Figure 3.72 à Figure 3.74). *Megalovis* et *S. elisabethae* occupent le plus souvent une position intermédiaire entre *S. minor* et *P. priscus*. Pour la M3, la longueur de la surface interstylaire postérieure permet de séparer les taxons du Pliocène et du Pléistocène inférieur (*Megalovis*, *S. minor*) de ceux du Pléistocène moyen (*S. elisabethae*, *P. priscus*) (Figure 3.68).

d.4. Squelette post-crânien

Dans une comparaison avec *Ovibos* actuel, l'humérus de *P. priscus* se caractérise par la brièveté du capitulum (mesures 14), l'importante épaisseur du bord latéral de l'extrémité distale (mesure 17) et, ainsi que chez *Soergelia*, par une diaphyse particulièrement large en dessus de l'extrémité distale (mesure 21) (Figure 3.33). L'articulation proximale du radius ressemble à celle du bœuf musqué (Figure 3.14).

Les carpiens ne sont pas très différents de ceux d'*Ovibos* et les écarts notés sont minimes. L'articulation distale du scaphoïde est plus courte (mesure 5), la facette proximo-palmaire est plus longue (mesure 7) et la facette disto-dorsale est plus haute (mesure 10) (Figure 3.57). Au semi-lunaire l'articulation proximale a un bord dorsal plus large (mesure 5) et un bord palmaire plus étroit (mesure 6) (Figure 3.58). À la face distale, la facette dorso-latérale est plus étroite tandis que la facette dorso-médiale est plus large (mesures 10 et 11), ces rapports étant inversés dans la partie palmaire (mesures 12 et 13). À l'Arago, la facette médiale dorso-proximale est plus courte (mesure 17) et la dorso-distale, présente sur un seul spécimen, est plus courte mais plus haute (mesures 20 et 21). Le bord dorso-médial du pyramidal est relativement bas (mesure 3) comparativement au reste de l'os (mesures 1 et 2) (Figure 3.59). La facette distale (mesure 7) et le bord proximo-latéral (mesure 8) sont plutôt larges. La facette articulaire médiale est courte (mesure 9), ce qui est aussi le cas de la facette antagoniste du semi-lunaire (mesure 22). Pour une hauteur plus importante (mesure 1), l'onciforme de

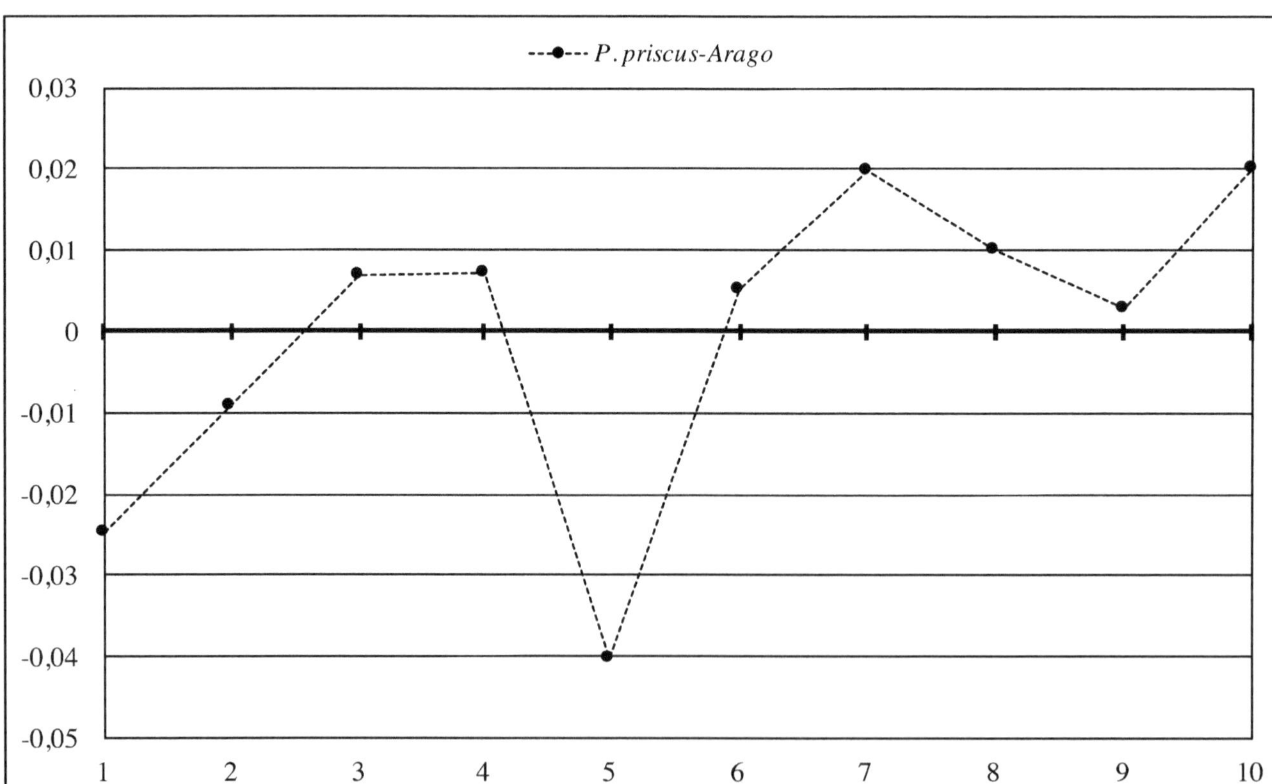

Figure 3.57. *Praeovibos priscus*, diagramme de Simpson du scaphoïde des populations du Pléistocène moyen de France. Différence par rapport à *Ovibos moschatus* actuel.

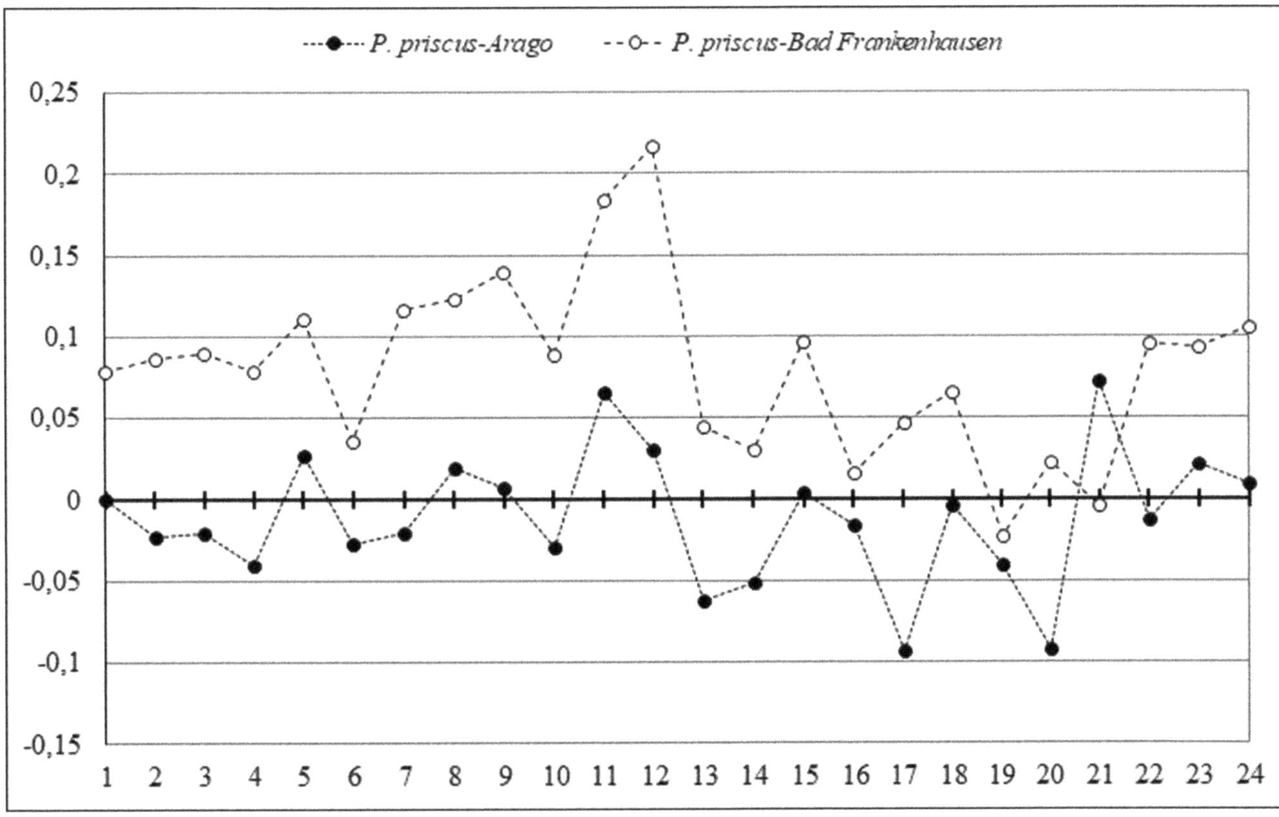

Figure 3.58. *Praeovibos priscus*, diagramme de Simpson du semi-lunaire des populations du Pléistocène moyen de France et d'Allemagne. Différence par rapport à *Ovibos moschatus* actuel.

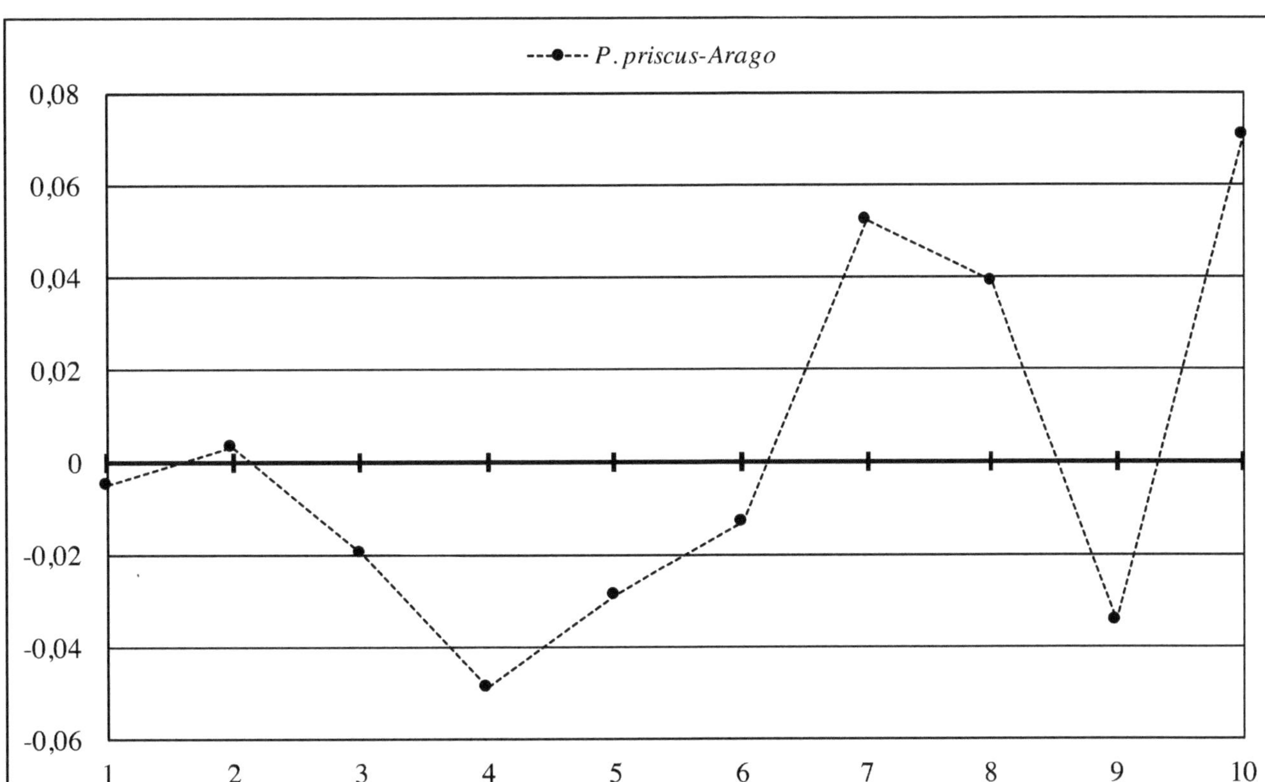

Figure 3.59. *Praeovibos priscus*, diagramme de Simpson du pyramidal des populations du Pléistocène moyen de France. Différence par rapport à *Ovibos moschatus* actuel.

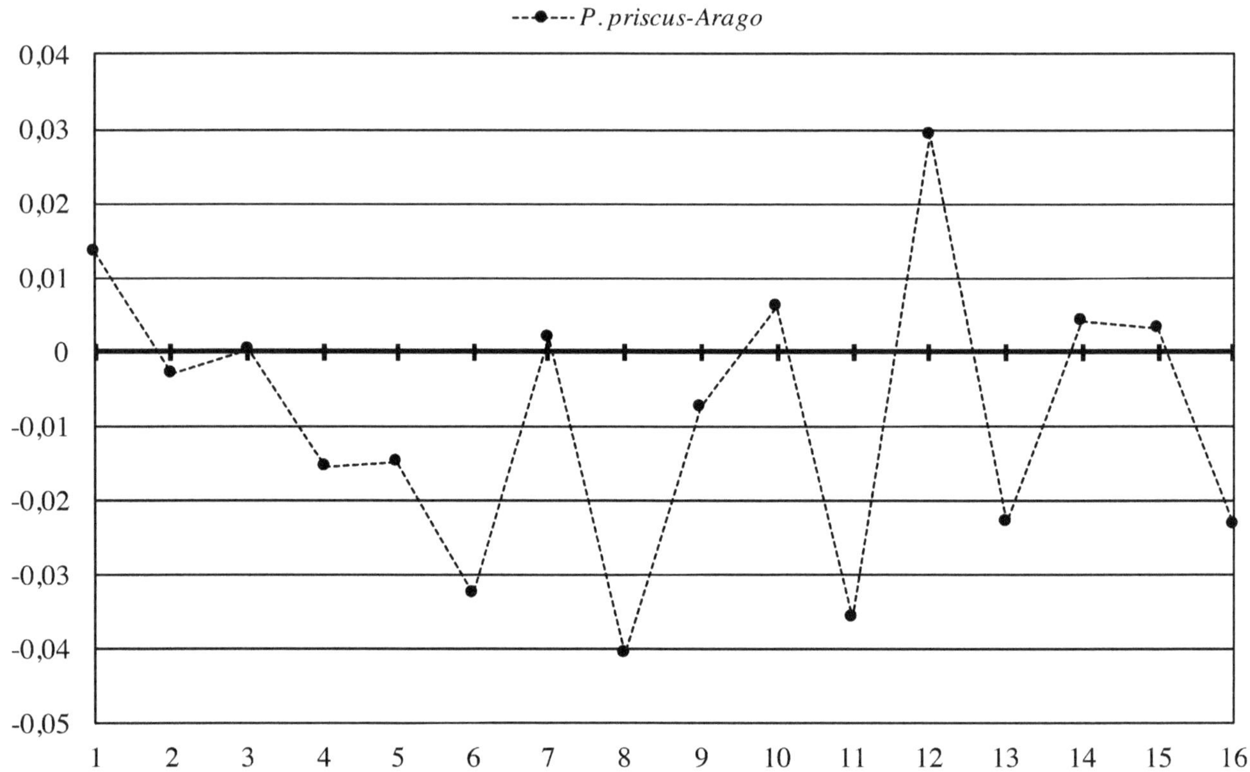

Figure 3.60. *Praeovibos priscus*, diagramme de Simpson de l'onciforme des populations du Pléistocène moyen de France. Différence par rapport à *Ovibos moschatus* actuel.

Praeovibos est un plus court que celui d'*Ovibos* (mesure 2) (Figure 3.60). La surface proximale est relativement large dans sa partie palmaire (mesures 5 et 7) et plus étroite dans sa partie latérale (mesures 6 et 8). L'articulation distale est relativement plus longue mais plus étroite (mesures 12 et 13). Le capitato-trapézoïde est lui aussi plus haut (mesure 3 et 4) (Figure 3.61). La surface proximale est plus étroite dans sa partie médiale (mesures 6 et 8), la bande articulaire

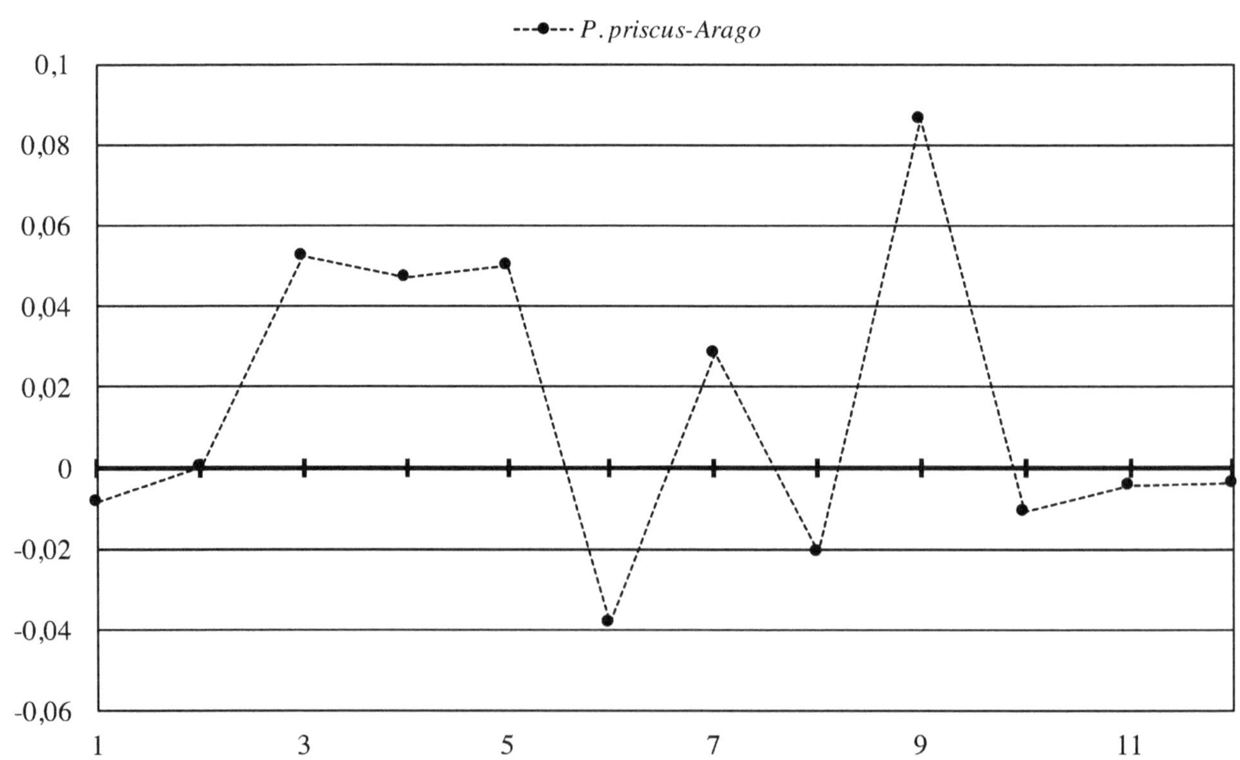

Figure 3.61. *Praeovibos priscus*, diagramme de Simpson du capitato-trapézoïde des populations du Pléistocène moyen de France. Différence par rapport à *Ovibos moschatus* actuel.

latérale est plus large (mesures 5 et 7) et moins rétrécie en son centre (mesure 9).

La diaphyse du canon antérieur de *P. priscus* est relativement plus massive que celle de *Megalovis*, *Soergelia*, et *P. mediterraneus* et de ce fait elle est moins différente de celle d'*O. moschatus* actuel (Figure 3.43). La taille est forte chez les populations continentales de Süssenborn et Bad Frankenhausen ; la diaphyse dans sa partie distale est épaisse au niveau sus-articulaire (mesure 16) et relativement mince au niveau du foramen nourricier (mesure 17). On observe l'inverse pour les deux populations méditerranéennes de l'Arago et de Cueva Victoria.

La première phalange antérieure du *P. priscus* de Süssenborn, de Bad Frankenhausen et de l'Arago, pour une articulation proximale à peine plus large que celle d'*Ovibos* (mesure 6), a une facette articulaire dorso-axiale plus élargie (mesure 8) mais une facette palmo-axiale plus étroite (mesure 10) (Figure 3.16). Si l'on excepte l'individu de Süssenborn, la partie articulaire axiale est plus courte chez *Praeovibos* (mesure 16), la brièveté étant due à la réduction de la facette palmo-axiale (mesure 14). La population de l'Arago se distingue par le développement plus important du tubercule proximo-axial de la face palmaire (mesure 26). Comparativement à *Megalovis*, les proportions des facettes dorsales (mesures 8 et 9) et palmaires (mesures 14 et 15) de l'articulation proximale sont inverses.

La deuxième phalange antérieure du *P. priscus* de Bad Frankenhausen diffère des spécimens actuels essentiellement par la plus forte épaisseur de la facette proximo-abaxiale (mesure 11) et de celle du condyle disto-axial (mesure 15) (Figure 3.17). La population de l'Arago se montre plus semblable à *Megalovis* mais la diaphyse est plus massive.

L'extrémité distale du tibia a un bord médial relativement aplati (mesure 11) par rapport au bœuf musqué actuel alors qu'en son centre et latéralement l'os est épais (mesure 14 et 15) (Figure 3.35). Elle est plutôt large ainsi que la surface recevant le talus (mesures 12 et 13). Les facettes pour l'os malléolaire sont courtes (mesures 16 à 18), surtout la dorsale (mesure 17).

Au niveau des tarsiens, le talus possède, en comparaison d'*Ovibos*, une articulation distale au condyle médial relativement court (mesure 5) et latéral long (mesure 6) (Figure 3.36). La facette articulaire distale de la face latérale est basse (mesure 11) et la longueur de la lèvre latéro-proximale relativement haute (mesure 15). Les différences entre la population de l'Arago et l'individu de Bad Frankenhausen sont minimes : l'épaisseur médiane de la trochlée proximale est plus faible à l'Arago (mesure 3), les faces latérales sont plus courtes (mesures 8 et 10) ainsi que la lèvre médio-proximale (mesure 16). Le calcaneus est connu par des spécimens incomplets. Dans la comparaison avec *Ovibos* aucune proportion commune n'existe (Figure 3.62). Le *tuber calcanei*, le corps proximal

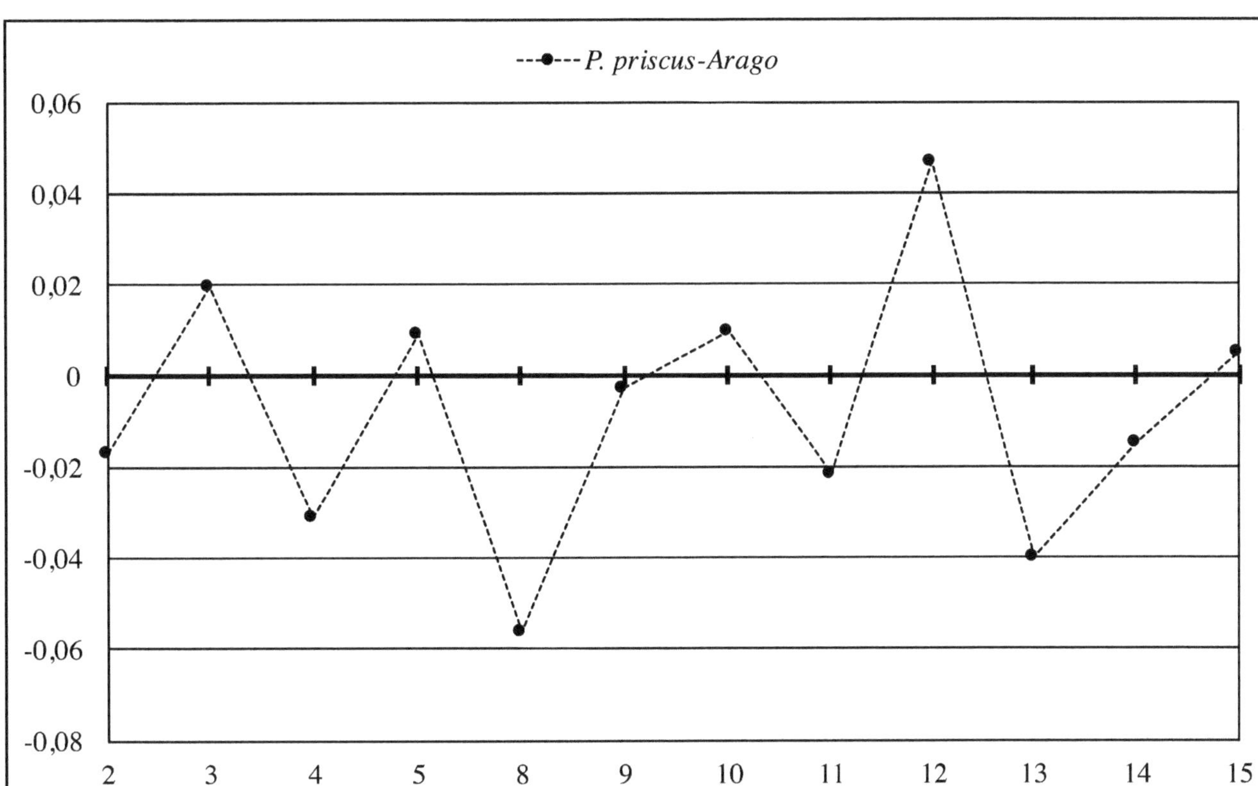

Figure 3.62. *Praeovibos priscus*, diagramme de Simpson du calcaneus des populations du Pléistocène moyen de France. Différence par rapport à *Ovibos moschatus* actuel.

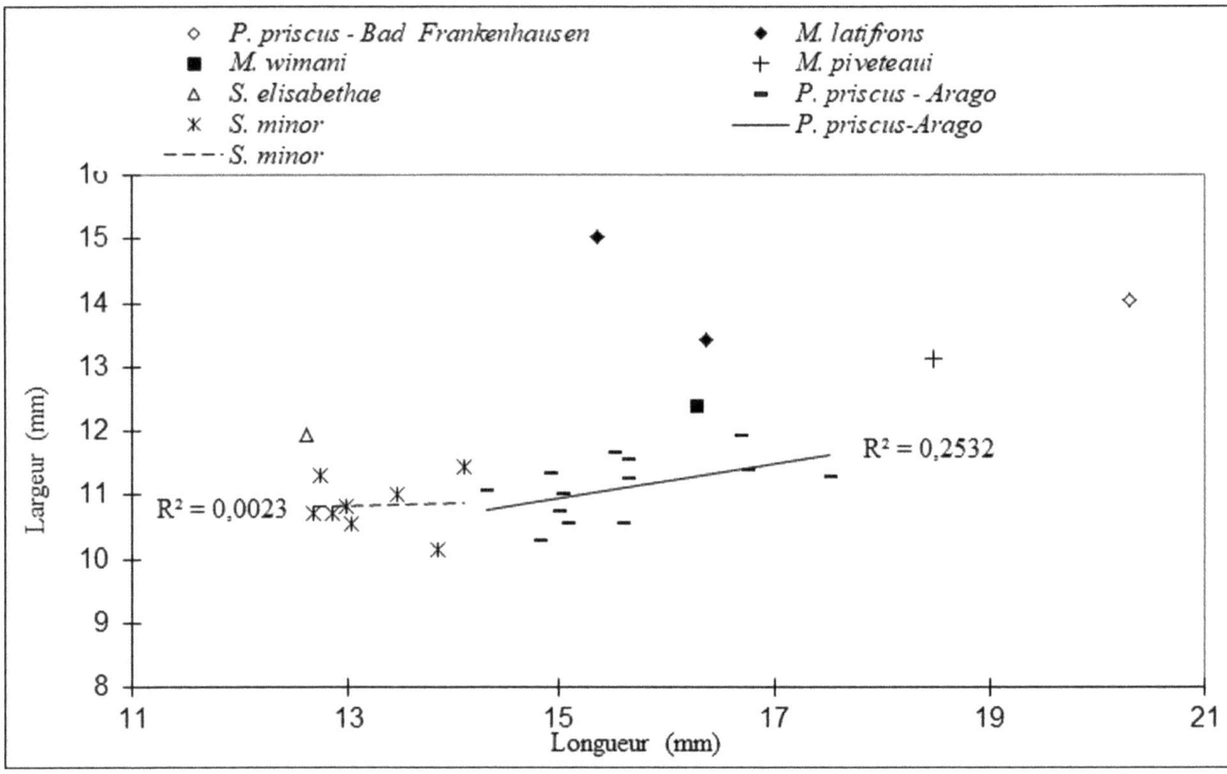

Figure 3.63. *Megalovis*, *Soergelia* et *Praeovibos*, diagramme de dispersion de la P2 des populations du Pliocène de France et de Chine, du Pléistocène inférieur d'Espagne et du Pléistocène moyen de France et d'Allemagne.

et le *sustentaculum tali* sont moins larges chez *Praeovibos* (mesures 2, 4 et 8) mais plus épais (mesures 3 et 5). La facette pour le cubonaviculaire et celle pour l'os malléolaire sont plus larges (mesures 10 et 12), cette dernière étant aussi plus courte (mesure 11). La longueur distale est faible (mesure 13). Le cubonaviculaire est très proche du *Megalovis* de Slivnitsa. Comme l'on pouvait s'y attendre, la surface articulaire proximale pour le talus possède un bord

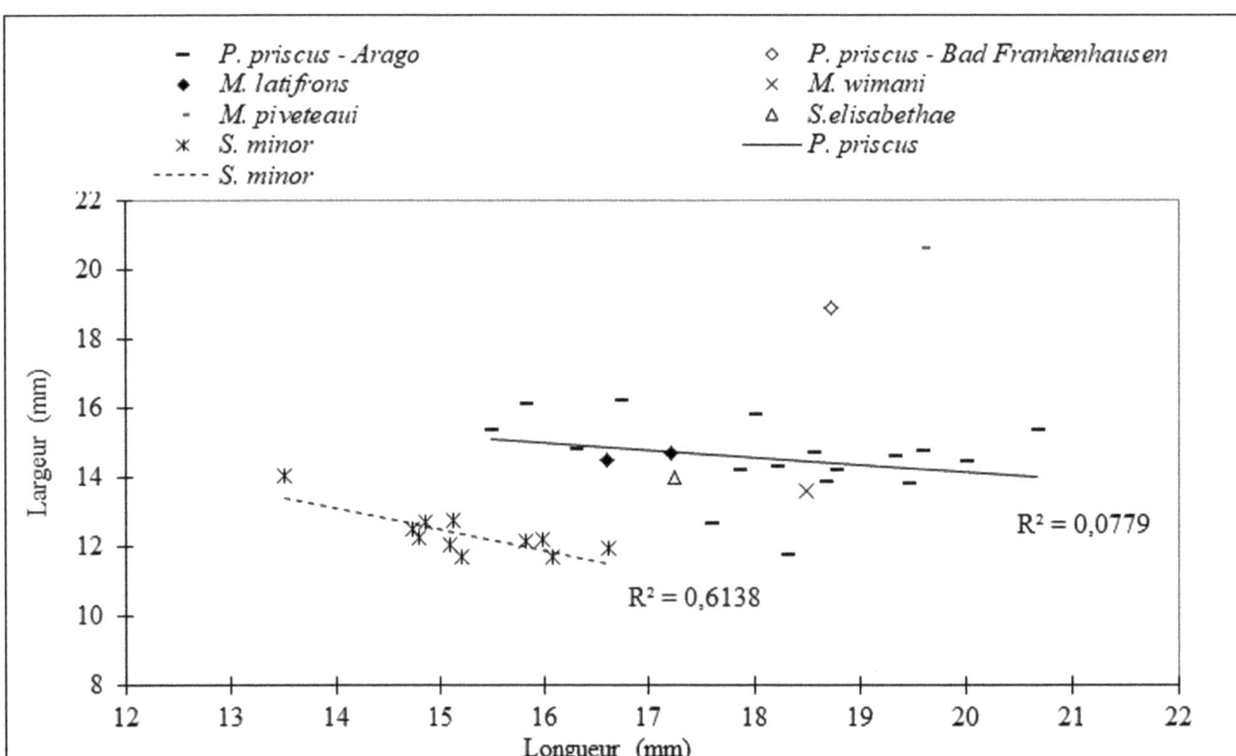

Figure 3.64. *Megalovis*, *Soergelia* et *Praeovibos*, diagramme de dispersion de la P3 des populations du Pliocène de France et de Chine, du Pléistocène inférieur d'Espagne et du Pléistocène moyen de France et d'Allemagne.

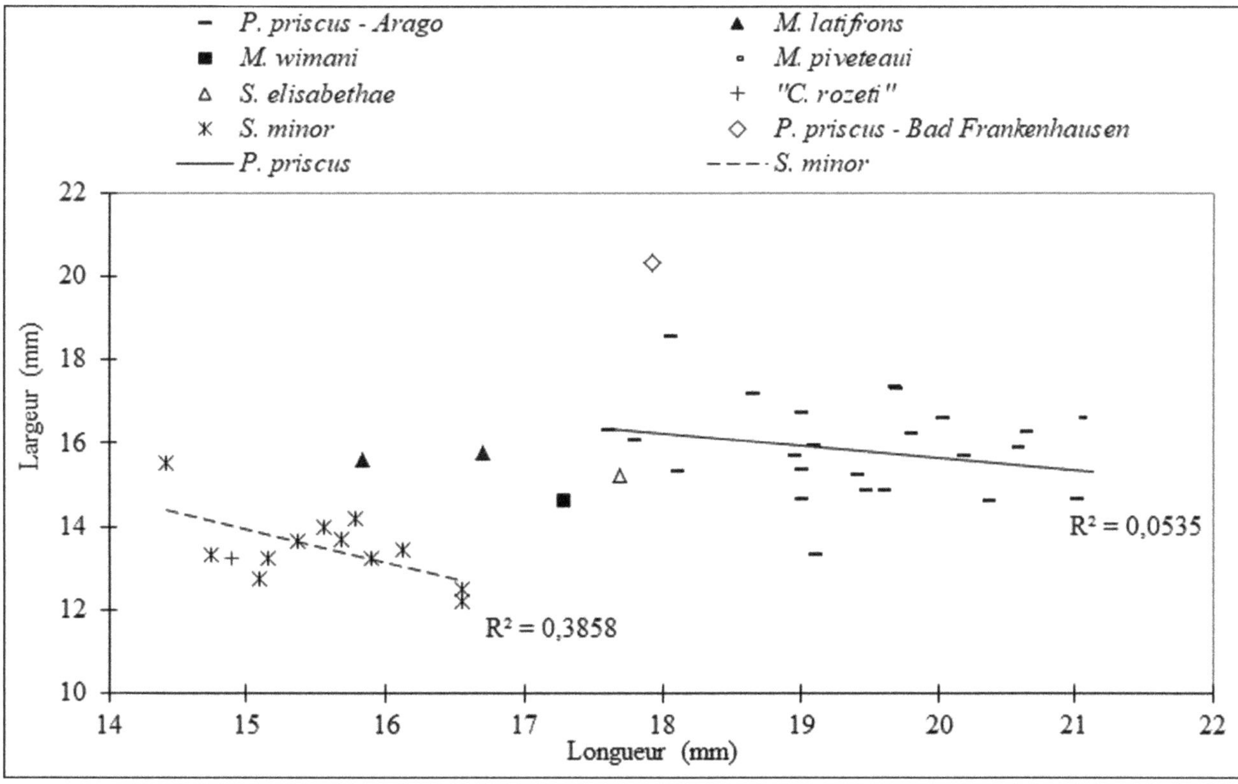

Figure 3.65. *Megalovis*, *Soergelia* et *Praeovibos*, diagramme de dispersion de la P4 des populations du Pliocène de France et de Chine, du Pléistocène inférieur d'Espagne et du Pléistocène moyen de France et d'Allemagne.

médial court (mesure 5) et un bord latéral long (mesure 4) (Figure 3.19). La facette plantaire répondant au ressaut basal de la trochlée plantaire du talus est étroite (mesure 8). Sur la face dorsale, le ressaut médian recevant le grand cunéiforme est développé (mesure 12). À la face distale, la petite facette latéro-plantaire pour l'os canon est allongée (mesure 16). Comparativement à *Megalovis*, la tubérosité médiale de la face plantaire est haute (mesure 22).

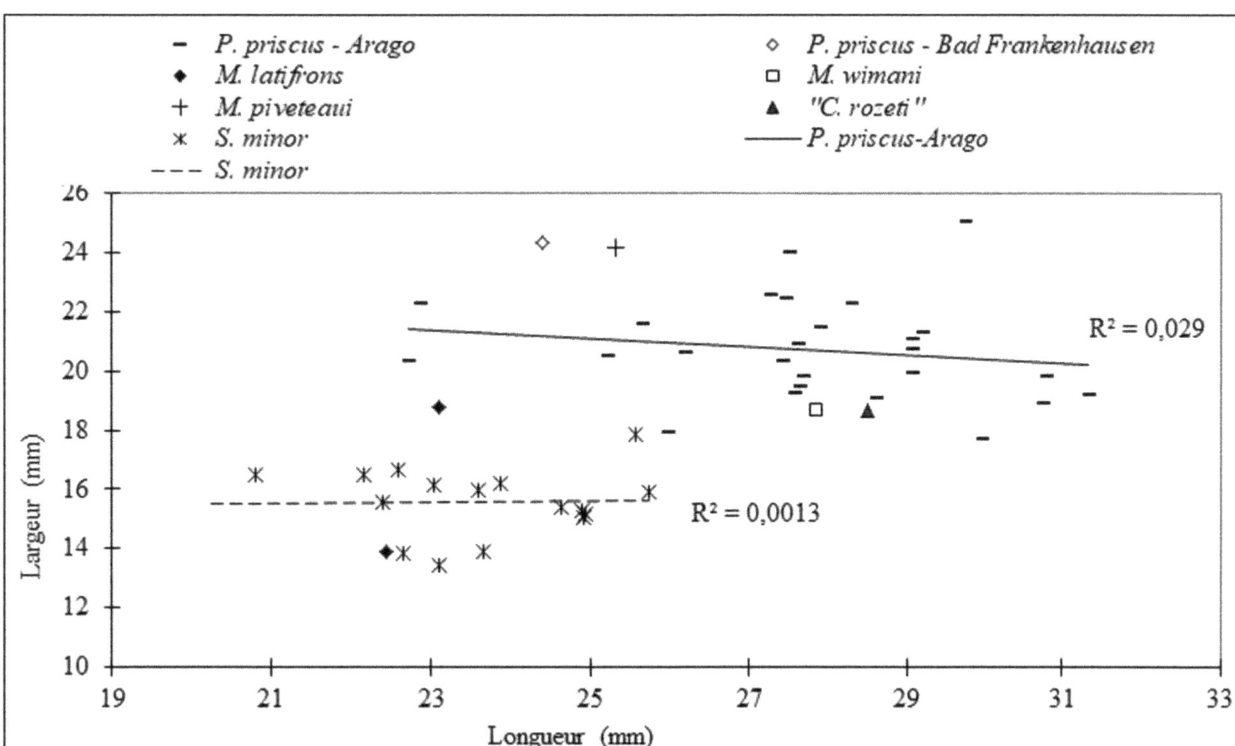

Figure 3.66. *Megalovis*, *Soergelia* et *Praeovibos*, diagramme de dispersion de la M1 des populations du Pliocène de France et de Chine, du Pléistocène inférieur d'Espagne et du Pléistocène moyen de France et d'Allemagne.

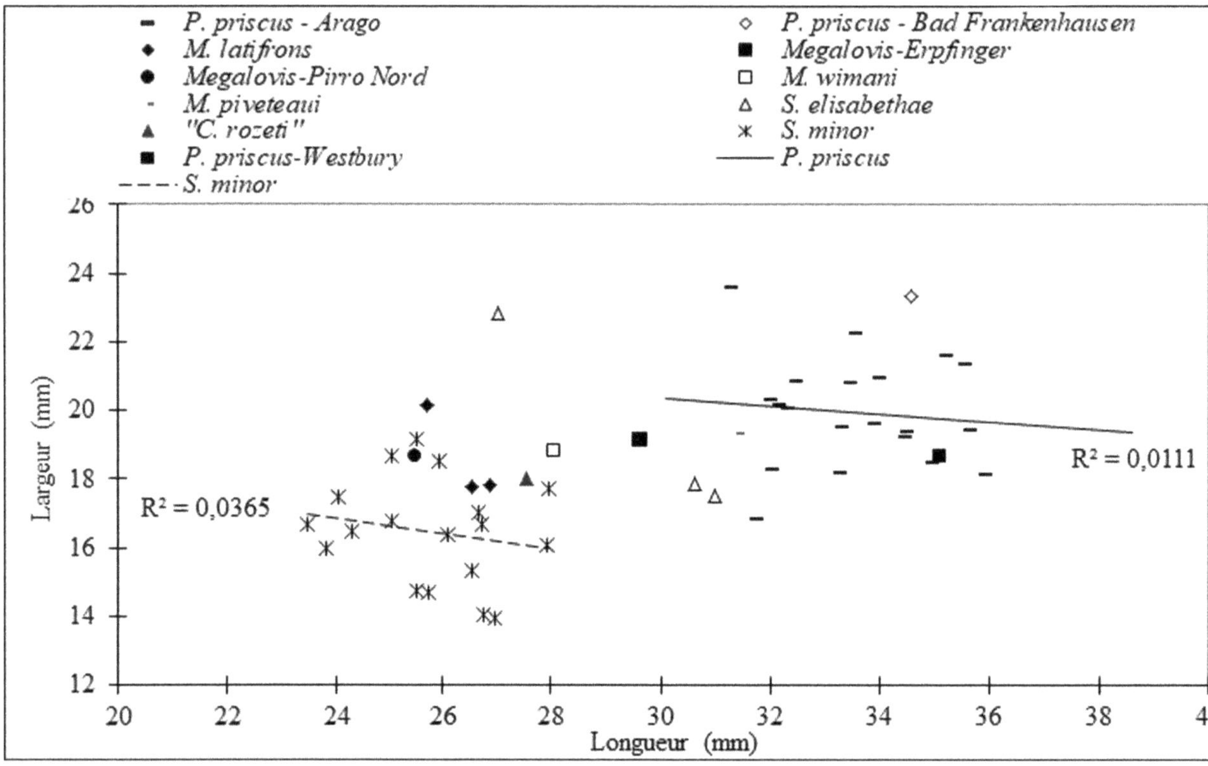

Figure 3.67. *Megalovis*, *Soergelia* et *Praeovibos*, diagramme de dispersion de la M2 des populations du Pliocène d'Italie, de France et de Chine, du Pléistocène inférieur d'Espagne et du Pléistocène moyen de France, d'Angleterre et d'Allemagne.

Au canon postérieur la facette plantaire pour le cubonaviculaire et celle pour le petit-cunéiforme se sont encore révélées hautement variables entre individus. Je les ai donc supprimées des graphiques. La facette pour le grand cunéiforme est plus longue que celle du bœuf musqué (mesure 11) tandis que celle pour le cubonaviculaire est plus courte (mesure 13) (Figure 3.44).

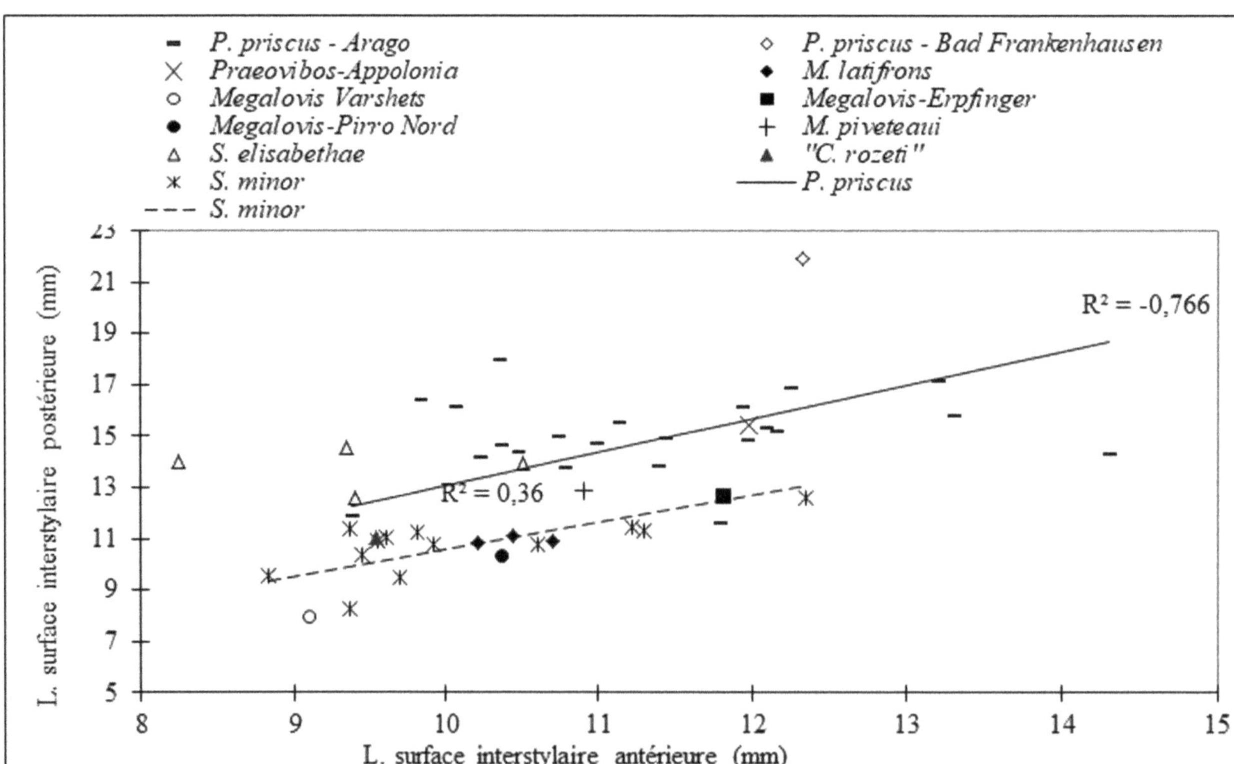

Figure 3.68. *Megalovis*, *Soergelia* et *Praeovibos*, diagramme de dispersion de la M3 des populations du Pliocène de Bulgarie, d'Italie, de France et de Chine, du Pléistocène inférieur d'Espagne et de Grèce, et du Pléistocène moyen de France et d'Allemagne.

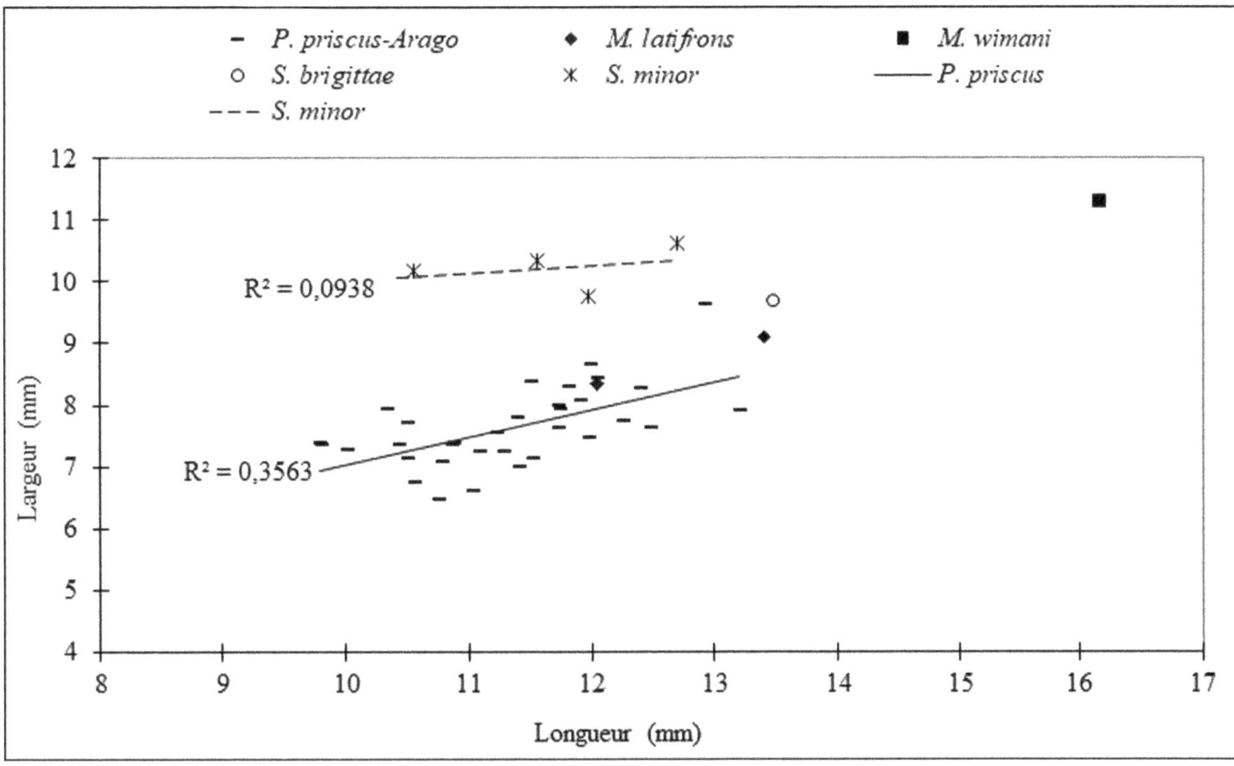

Figure 3.69. *Soergelia* et *Praeovibos*, diagramme de dispersion de la p2 des populations du Pliocène de France et de Chine, du Pléistocène inférieur d'Espagne et de Grèce, et du Pléistocène moyen de France.

L'articulation proximale des premières phalanges postérieures ressemble à celle de *Soergelia* (mesures 5 à 7 et 11 à 13) (Figure 3.38). Comparativement à *Ovibos*, la principale différence concerne le bord abaxial (mesures 11, 13 et 17) et la facette axiale pour le petit sésamoïde (mesure 14) qui sont beaucoup plus courts. La diaphyse en son centre est plus épaisse (mesure 19). L'articulation distale est moins large au niveau sus-articulaire (mesure 21).

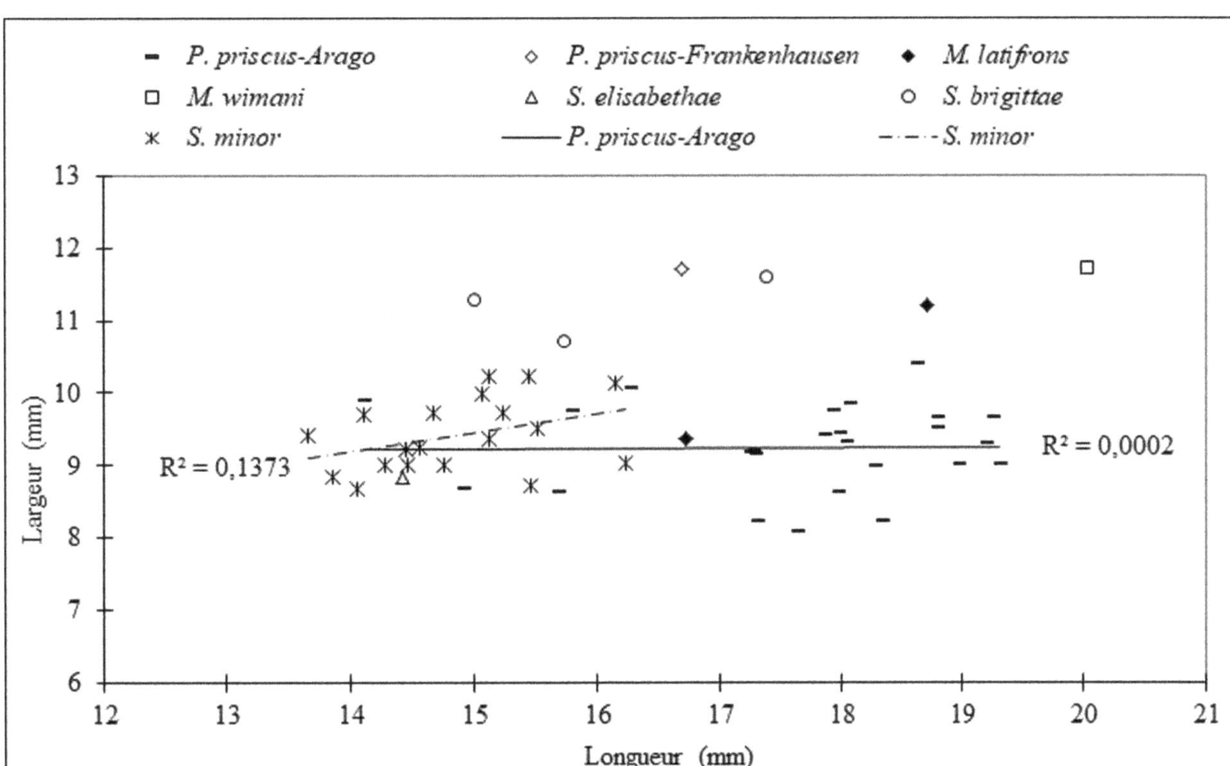

Figure 3.70. *Megalovis*, *Soergelia* et *Praeovibos*, diagramme de dispersion de la p3 des populations du Pliocène de France et de Chine, du Pléistocène inférieur d'Espagne et de Grèce, et du Pléistocène moyen de France et d'Allemagne.

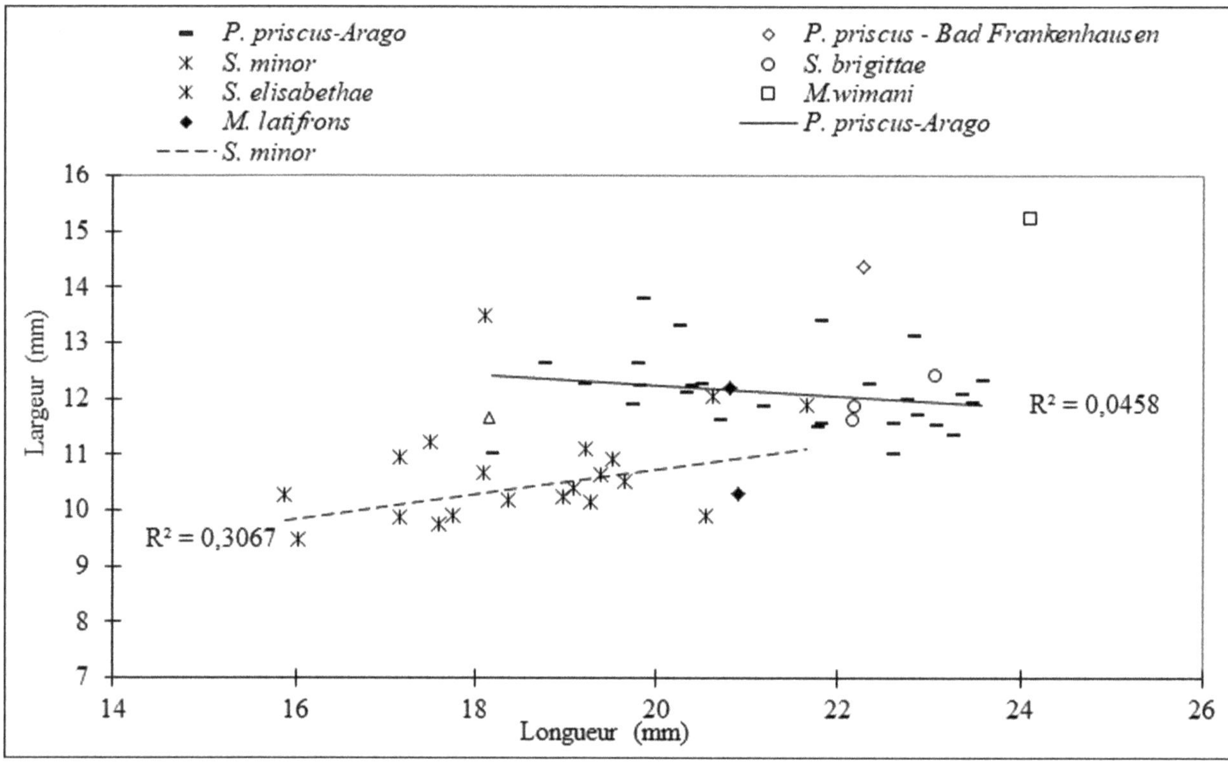

Figure 3.71. *Megalovis*, *Soergelia* et *Praeovibos*, diagramme de dispersion de la p4 des populations du Pliocène de France et de Chine, du Pléistocène inférieur d'Espagne et de Grèce, et du Pléistocène moyen de France et d'Allemagne.

La deuxième phalange postérieure est plus trapue que celle de *Megalovis* et de *Soergelia*. Elle diffère aussi par la largeur de l'articulation proximale (mesures 6, 8 et 9) (Figure 3.39).

d.5. Origine et évolution de P. priscus

L'origine de *P. priscus* doit être recherchée dans le Villafranchien d'Asie (Sher 1992).

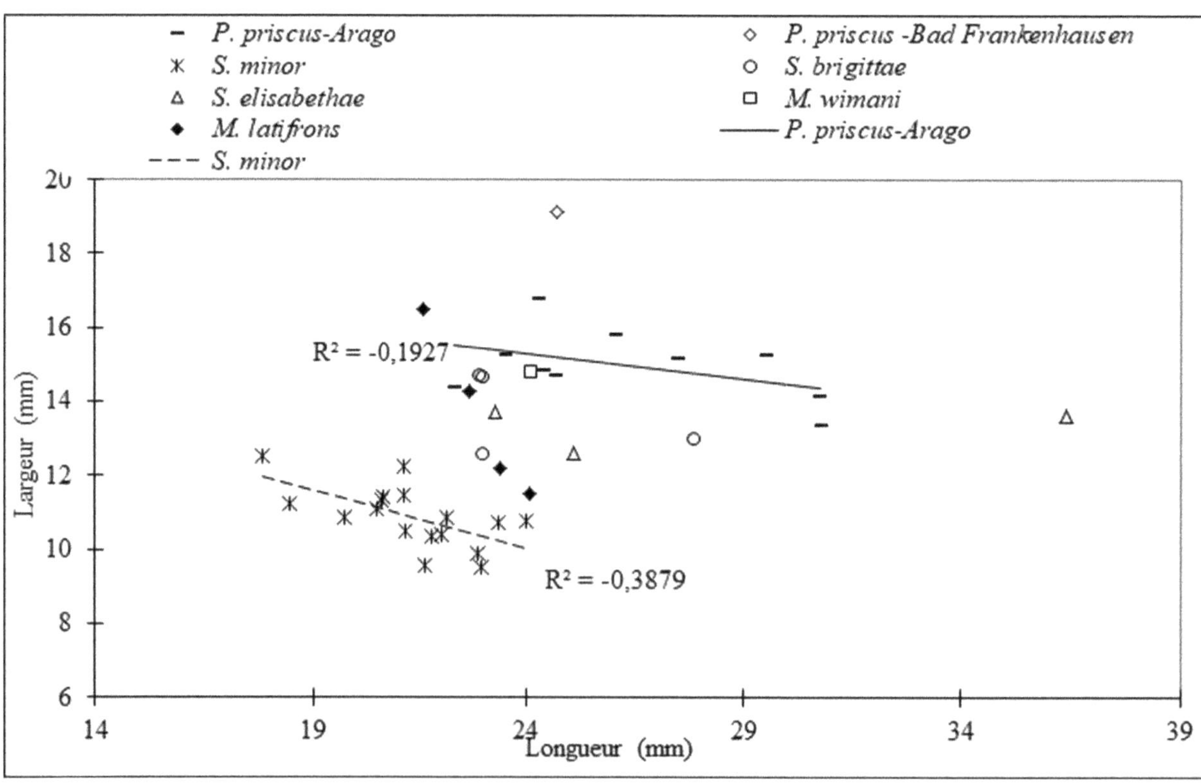

Figure 3.72. *Megalovis*, *Soergelia* et *Praeovibos*, diagramme de dispersion de la m1 des populations du Pliocène de France et de Chine, du Pléistocène inférieur d'Espagne et de Grèce, et du Pléistocène moyen de France et d'Allemagne.

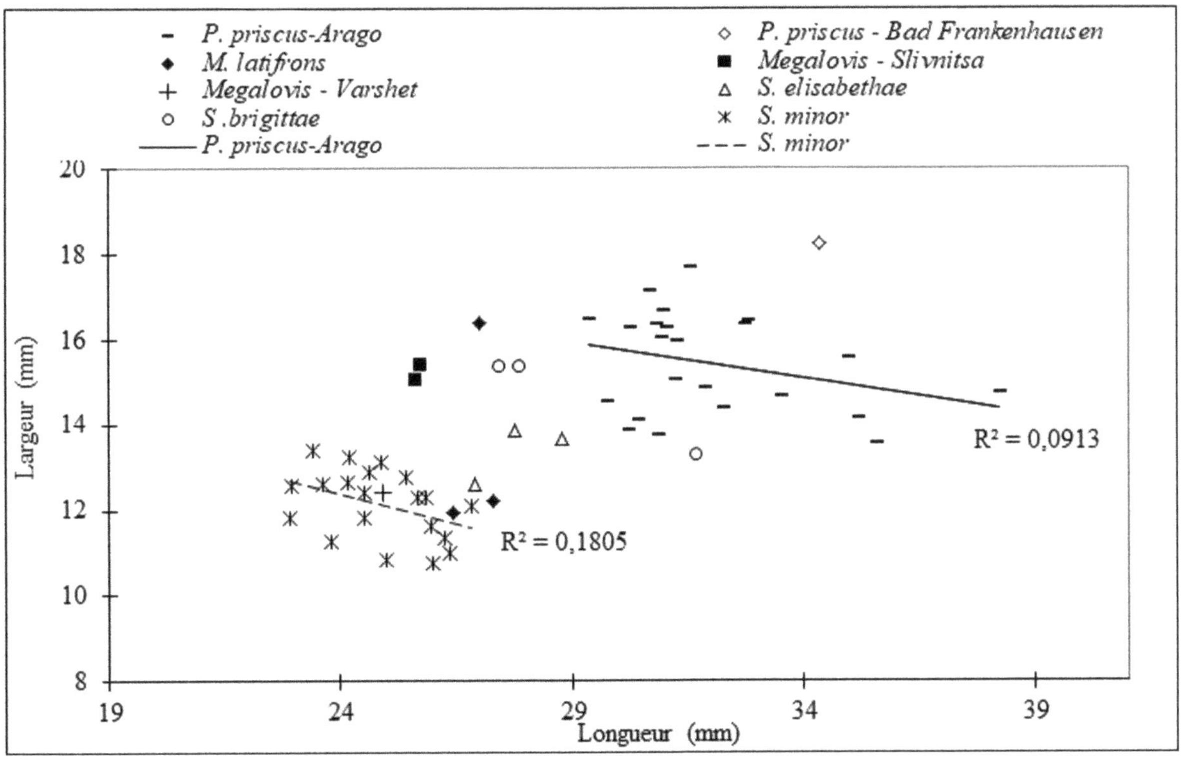

Figure 3.73. *Megalovis*, *Soergelia* et *Praeovibos*, diagramme de dispersion de la m2 des populations du Pliocène de France et de Bulgarie, du Pléistocène inférieur d'Espagne et de Grèce, et du Pléistocène moyen de France et d'Allemagne.

L'analyse comparée du matériel permet de discerner deux groupes que l'on peut définir grâce à la morphologie et à la biométrie. Ils correspondent grosso modo à l'opposition d'un "bloc" continental sous climat froid (Mosbach 2, Süssenborn, Bad Frankenhausen) et d'un "bloc" méditerranéen sous climat moins rigoureux (Caune de l'Arago) voire très tempéré (Westbury-sub-Mendip, Cueva Victoria). Je propose de reconnaître deux sous-espèces dont la diagnose est développée ci-dessous.

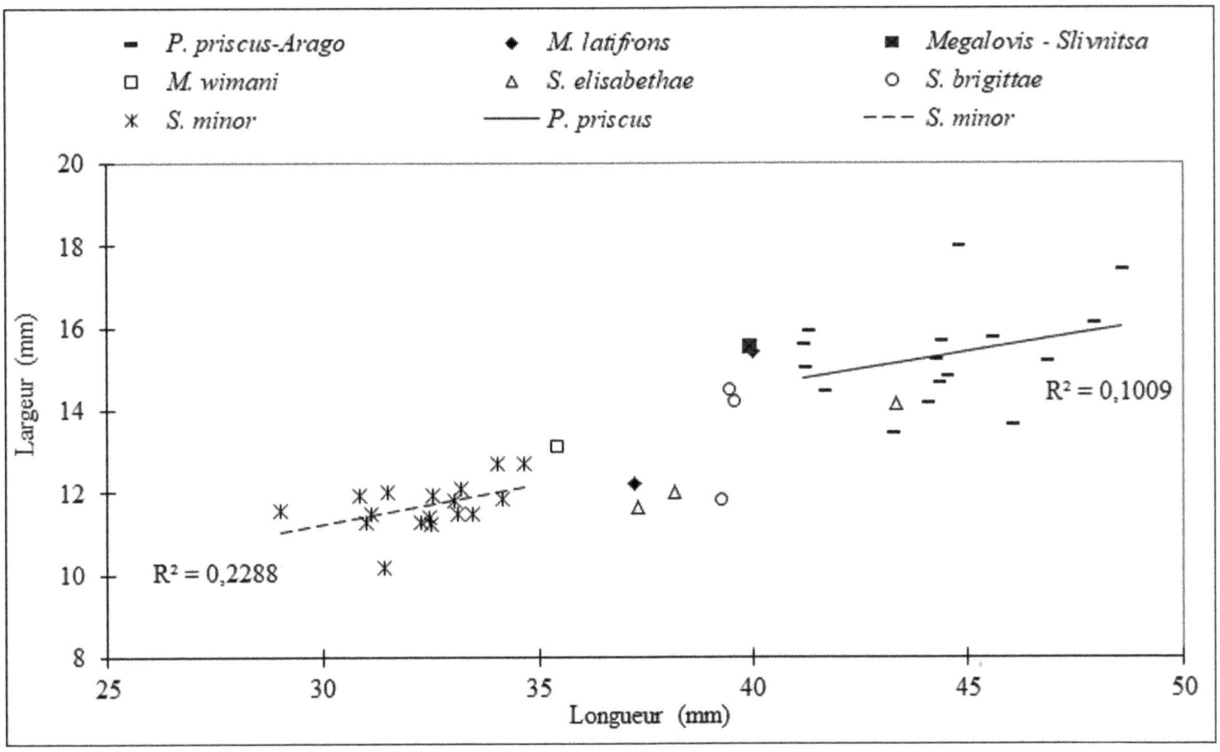

Figure 3.74. *Megalovis*, *Soergelia* et *Praeovibos*, diagramme de dispersion de la m3 des populations du Pliocène de France, de Bulgarie et de Chine, du Pléistocène inférieur d'Espagne et de Grèce, et du Pléistocène moyen de France et d'Allemagne.

1. Diagnose de *Praeovibos priscus priscus* (Staudinger, 1908)

Espèce *Praeovibos priscus* Staudinger, 1908

Sous-espèce *Praeovibos priscus priscus* (Staudinger, 1908)

Holotype

Crâne mâle, 1968-10108 F-622, Centre de Recherche de Paléontologie du Quaternaire, Weimar (Allemagne) (Staudinger 1908, Figure 1 p. 482, Figure 2 p. 483, Figure 3 p. 484, Figure 4 p. 485) (Planche 12 : b).

Paratypes

Mandibule gauche portant p3 à m2, W. Frankenhaus. 1643, (Kahlke 1961, pl. XIV et XV ; Kahlke 1963, pl. XIV p. 969, pl. XV p. 970) ; canon antérieur gauche (Kahlke 1963 : pl. XI p. 966 ; 1964 : Figure 5 p. 11) ; première phalange antérieure du doigt II (W. Franknhaus.). Centre de Recherche de Paléontologie du Quaternaire, Weimar (Allemagne)

Locus typicus

Gisement de Bad Frankenhausen, Thuringe (Allemagne).

Stratum typicum

Pléistocène moyen ancien et moyen.

Néodiagnose

Sous-espèce de grande taille. Crâne mâle à cheville osseuse très fortement développée au-dessus du frontal, très allongée, épaisse, à crête caudale faible. Dents jugales supérieures allongées à la base. M3 à surface interstylaire postérieure relativement longue. p3 à métaconide isolé en une forte colonnette. Canon antérieur à échancrure intercondylaire étroite sur la face dorsale, prolongée sagittalement vers le haut par un sillon ; diaphyse épaisse au niveau sus-articulaire et relativement mince au niveau du foramen nourricier. Semi-lunaire comparable en morphologie à celui d'*Ovibos*. Première phalange antérieure à tubercule proximo-axial de la face palmaire court.

2. Diagnose de *Praeovibos priscus delumleyi* nov. ssp.

Espèce *Praeovibos priscus* Staudinger, 1908

Sous-espèce *Praeovibos priscus delumleyi* nov. ssp.

Type

Crâne mâle, I17 IRT2b 1182 (Sol archéologique F2), collection du Centre européen de Recherches préhistoriques de Tautavel (Crégut 1979 phot. 31 ; Crégut et Guérin 1979 pl. I Figure 1 à 4) (Planche 12 : a).

Paratypes

p3 droite G14 GA2 2130 (Crégut 1979 Figure 34 p. 215) ; p3 gauche C17 CK8 321 (Crégut 1979 Figure 34 p. 215) ; extrémité distale du canon antérieur gauche E17 EKY4 2047.

Locus typicus

Caune de l'Arago à Tautavel (Pyrénées-Orientales, France) ; sols archéologiques F et G.

Stratum typicum

Pléistocène moyen ancien et Pléistocène moyen moyen.

Derivatio nominis

En hommage au professeur Henry de Lumley pour ses travaux sur le site de l'Arago.

Diagnose

Sous-espèce de taille inférieure à *P. priscus priscus*. Cheville osseuse modérément développée au-dessus du crâne, plus courte et plus mince que celle de *P. priscus priscus*, à crête caudale marquée. M3 à surfaces interstylaires antérieure et postérieure symétriques. p3 molarisée. Canon antérieur à échancrure intercondylaire large sur la face dorsale ; diaphyse mince au niveau sus-articulaire et relativement épaisse au niveau du foramen nourricier. Face interne du scaphoïde sans facette palmaire et en conséquence absence de la facette antagoniste au semi-lunaire. Premières phalanges à tubercule proximo-axial des faces palmaire et plantaire longs.

d.6. Répartition chronologique et géographique

P. priscus a été reconnu de la Sibérie (Sher 1971) à l'Europe occidentale (Allemagne, Pologne, Angleterre, France, Espagne et semble-t-il République Tchèque) ainsi qu'en Amérique du Nord (Kurtén et Anderson 1981 ; McDonald *et al.* 1991).

En Europe occidentale, la découverte la plus ancienne est celle de Süssenborn : extrême début du Pléistocène moyen ancien. En Angleterre, les sites de Trimingham, Walcot et Eccles correspondent aux séries du Forest Bed d'âge Pléistocène moyen ancien. Cependant, l'origine précise des crânes concernés n'est pas connue avec certitude (Stuart 1982). *P. priscus* est aussi présent en Angleterre à Westbury-sub-Mendip. Il proviendrait des brèches jaunes, correspondant à l'unité 19 du "Calcareous Member" (Gentry 1999; Andrews et Cook 1999), datées du Cromérien (Schreve *et al.* 1999). La localité de Mosbach II serait contemporaine (Maul *et al.* 2000). Les localités de la Caune de l'Arago, de Bad Frankenhausen et en Europe centrale celles de Zlatý Kůň, de Stránská Skála et de Bielschowitz datent de la partie médiane du Pléistocène moyen, plus précisément du Mindel (Crégut 1979, 1980 ; Kahlke 1964 ; Fejfar 1961).

L'âge de Cueva Victoria est sujet à controverse puisque variant du Pléistocène inférieur (Pons-Moyá 1981, 1982, 1985 ; Moyá-Solá 1987 ; Agusti et Moyá-Solá 1992) au Pléistocène moyen : Cromérien (Carbonell *et al.* 1981) ou Mindel (Pons-Moyá et Moyá-Solá 1979). La reconnaissance d'*H. bonali* et d'*O. a. antiqua* et leur stade évolutif respectif m'a permis récemment de signaler l'existence d'un horizon stratigraphique datant du Pléistocène moyen. Je l'ai situé chronologiquement entre les sites de l'Escale et de l'Arago (Crégut-Bonnoure 1999). Les proportions des ossements du *Praeovibos* montrent une grande ressemblance avec la population de l'Arago : l'hypothèse d'un niveau pléistocène moyen à Cueva Victoria me semble tout à fait validée.

P. priscus est donc une espèce caractéristique du Pléistocène moyen ancien et moyen. On peut distinguer deux groupements de populations de répartition géographique différente :

- *P. priscus priscus* est présent en Allemagne à Süssenborn, à Mosbach II et à Bad Frankenhausen c'est à dire au début et au milieu du Pléistocène moyen, dans une aire continentale ;

- *P. priscus delumleyi* est reconnu à Westbury-sub-Mendip lors de la phase interglaciaire du Cromérien, à la Caune de l'Arago dans des niveaux datés de la fin du Mindel (Lumley *et al.* 1984 ; Bouchez *et al.* 1984) ainsi qu'à Cueva Victoria, dans une aire méridionale.

Le premier de ces taxons me semblant caractériser une province zoogéographique continentale et froide, le second des conditions climatiques plus tempérées et une province méditerranéenne, j'attribue leur différence de taille à la loi de Bergmann.

d.7. Paléoécologie de P. priscus

De nombreux auteurs considèrent que l'espèce était adaptée au climat froid à l'instar d'*Ovibos* actuel qui supporte des températures de - 50°C. Ce point de vue est aujourd'hui contesté (Mol *et al.* 1999). Il convient de moduler ces deux opinions.

Tout d'abord, si la mention de *Praeovibos* dans le Pléistocène inférieur de l'Europe méridionale est l'indice d'une plus grande valence écologique du genre (Crégut-Bonnoure 1984), il y a en fait confusion entre *P. mediterraneus* et *P. priscus* : le premier taxon est caractéristique du Pléistocène inférieur et d'un milieu relativement tempéré, l'espèce étant pour l'instant reconnue dans la zone nord méditerranéenne (Espagne, Italie, sud de la France) ou bien dans un contexte tempéré (Pays-Bas).

L'aire de répartition de *P. priscus* est plus vaste que celle de *P. mediterraneus* et comparable à celle d'*Ovibos* (Sher 1971 ; Crégut-Bonnoure 1984 ; McDonald *et al.* 1991 ; Raufuss et von Koenigswald 1999). À la Caune de l'Arago, il est associé entre autres à *Rangifer tarandus* et *Dicrostonyx torquatus*, taxons d'environnement froid (Crégut 1979, 1980 ; Crégut-Bonnoure 1981). Toutefois, le spectre faunique montre que le froid n'était pas excessif (Desclaux 1992 a et b ; Montuire et Desclaux 1997 a et b), ce qui ressort aussi des analyses palynologiques (Renault-Miskovsky 1980). Ce résultat est une conséquence de la latitude très méridionale du site (Crégut-Bonnoure 1984) et ne constitue pas une preuve de la non adaptation de *P. priscus* aux milieux froids. À l'appui de cette interprétation, je rappellerai que *O. pallantis* a été retrouvé dans le sud de la France (Dordogne ; Harlé 1901) dans un contexte tempéré (Crégut-Bonnoure 1984) ainsi que dans le nord-est de l'Espagne (Catalogne ; Estévez-Escalera 1978).

Néanmoins, on constate que les populations continentales du nord de l'Europe étaient bien adaptées aux rigueurs climatiques des phases glaciaires du Pléistocène moyen (*P. priscus priscus*) mais qu'à partir du Cromérien, des populations de *P. priscus* se sont accommodées à des climats et des environnements moins rigoureux et plus ou moins tempérés (*P. priscus delumleyi*).

D. Praeovibos recticornis Ryziewicz, 1934

En 1934, Z. Ryziewicz attribue à *O. recticornis* un crâne très abîmé découvert à Radotín (République Tchèque). Ce taxon a par la suite été rapporté à une femelle d'*O. pallantis* (Soergel 1943) ou bien d'*O. moschatus* (Crégut-Bonnoure 1984). Le nouveau genre *Parovibos* a été créé pour lui (Kretzoi 1942 a). Récemment l'espèce a été inclue dans le genre *Praeovibos* (*P. recticornis* ; McDonald *et al.* 1991).

Les caractères que l'on peut relever sur les représentations fournies par Z. Ryziewicz (1934 : pl. 5 Figure 1a et 1b ; 1955 : Figure 47 et 48 p. 70 ; McDonald *et al.* 1991: Figure 3 p. 296) mais aussi d'après les descriptions et mesures sont les suivants. La suture frontale est synostosée ainsi que la suture fronto-occipitale, pas la suture pariéto-occipitale, ni les sutures occipitales. Les chevilles osseuses sont bien écartées à la base et dirigées latéralement, leur saillie au-dessus du crâne est faible, leur surface est plan-concave. Elles sont bien étalées de l'avant vers l'arrière mais ne débordent pas sur le pariétal et en *norma verticalis*, les bords de la cheville droite, qui est la mieux conservée, paraissent converger.

En se référant aux travaux de J. A. Allen (1912) on a donc à la fois des caractères d'un *Ovibos* mâle âgé (surface plan-concave des chevilles), d'un *Ovibos* mâle plutôt jeune (faible étalement des chevilles, sutures pariétales et occipitales encore ouvertes), d'un *Ovibos* femelle âgé (écartement basal important, relatif développement en hauteur des bases) et d'un *Ovibos* plutôt jeune (écartement latéral des chevilles)!

Aucun des caractères énumérés ne permet de dire que ce crâne a appartenu à un représentant du genre *Praeovibos* mais au contraire à *Ovibos*. Ce point de vue est provisoire puisque je n'ai pas révisé cet élément. Il faut aussi noter que ce spécimen est très altéré.

Un autre fragment crânien qui provient du site de Wettin en Allemagne a été déterminé initialement comme un *O. moschatus* femelle (Andree 1933 : 11, Figure 17 pl. 8, Figure 18 et 19 pl. 9). Z. Ryziewicz l'inclut dans *O. recticornis* (1955 : 36, Figure 49 et 50) et J.N. McDonald, C.E. Ray et C.R. Harington (1991) l'attribuent à un *P. recticornis* mâle. Il s'agit d'une calotte comprenant la partie caudale des deux orbites et les deux chevilles osseuses. Les arguments avancés pour l'attribuer à *O. recticornis* ou *P. recticornis* concernent l'écartement basal des chevilles plus important qu'*O. moschatus*, le grand étalement rostro-caudal à la base (les chevilles débordant sur le pariétal), leur divergence latérale plus importante que chez *Ovibos*, leur surface convexe et la saillie supérieure des orbites.

Je n'ai pas pu réviser cette pièce. D'après ses représentations, je dirais que la saillie des orbites est difficile à apprécier car pouvant résulter de l'angle de la prise de vue. La divergence latérale des chevilles est accentuée du fait de l'absence d'ossements sur les bords du crâne. Ainsi, la divergence des chevilles de l'*O. moschatus* femelle de Murek (Pologne) présentée par J. Andree (1933 : Figure 22 pl. 10) est identique à celle du spécimen de Wettin.

J.N. McDonald, C.E. Ray et C.R. Harington figurent deux crânes qu'ils attribuent à des *P. recticornis* mâles (1991 : Figure 6 p. 300, Figure 9 p. 301) : ils diffèrent du crâne de Wettin par le très fort développement en hauteur de la base des chevilles et par l'absence de débordement de la cheville sur le pariétal. Le mâle de Cripple Creek (Alaska, États Unis d'Amérique) présente par ailleurs une rupture de pente du frontal (Figure 6 A et C p. 300). Or, à Wettin, grâce à la vue latérale (Andree 1933 : Figure 19 pl. 9) on peut voir que la partie avant du frontal est peu décalée par rapport à l'arrière. Je ne trouve personnellement aucune analogie entre le spécimen allemand et ceux d'Amérique du Nord qui ont des caractéristiques de *Praeovibos*.

Dans l'état actuel de mes connaissances, je conclus que le crâne de Wettin n'est comparable à aucun autre. Pour l'instant, je n'irai pas plus avant dans l'analyse.

IV.4. Genre Ovibos de Blainville, 1816

Je n'ai pu étudier que quelques-uns des matériaux recensés (Crégut-Bonnoure 1984 ; Raufuss et von Koenigswald 1999). Il faut signaler que beaucoup de spécimens européens, plus particulièrement allemands, ont été détruits lors des bombardements de la seconde guerre mondiale : c'est le cas pour une partie des collections de Dresde, Munich, Lübeck et Hanovre.

Je rappellerai que les spécimens européens sont attribués soit à *O. pallantis* H.-Smith, 1827 (Ryziewicz 1934, 1955 ; Sher 1971 ; Neas 1991 ; Tikhonov 1998 ; Raufuss et von Koenigswald 1999), soit à *O. moschatus* Zimmermann, 1780 soit à *O. moschatus pallantis*.

A. Crânes

Les crânes femelles que j'ai étudiés sont au nombre de quatre :

- Celui de Précy-sur-Oise (Lartet 1864) ; l'étude a été réalisée à partir d'un moulage des collections du Musée d'Anthropologie Préhistorique de Monaco, l'original étant semble-t-il égaré ;
- Celui de Graville-Sainte Honorine (Seine-Maritime ; collection du Muséum d'Histoire naturelle de Rouen n° 23.02.003 ; Régnier 1940) ;
- Celui de Mühleim Ruhr (Andree 1933 : Figure 20 et 21 pl. 10) qui est conservé au Musée d'Essen (Geol. 89 : 1878 A) ;
- Un crâne d'Europe du Nord non daté mais peu fossilisé des collections du Centre de Recherche de Paléontologie du Quaternaire de Weimar (W. n° 3) (Tableau 3.1).

Les sutures ne sont pas synostosées ce qui est un caractère que l'on trouve chez les femelles d'*O. moschatus* actuel. Une fosse arrondie se trouve au milieu du pariétal (Lartet 1864 : Figure 1 ; Denmard 1984 : Figure 3 et 12) ; elle est absente sur l'actuel.

J'ai aussi examiné trois crânes de mâles :

- L'arrière crâne de Höchst-am-Main (Kowarzik 1912 ; Andree 1933) qui est conservé au Musée de Wiesbaden (D 309) ;
- L'arrière crâne d'*O. moschatus suessenbornensis* de Süssenborn qui est conservé au Centre de Recherche de Paléontologie du Quaternaire de Weimar (W. Süss.1965-2685 ; Kahlke 1969 b) ;
- Un crâne incomplet d'Europe du Nord, peu fossilisé (Centre de Recherche de Paléontologie du Quaternaire de Weimar : W. n° 5) (Tableau 3.1).

Leur état de conservation n'est pas excellent. Par rapport à *O. moschatus* actuel l'occipital a un contour semble-t-il plus trapézoïdal.

Les diagrammes de Simpson montrent que les proportions crâniennes diffèrent d'*O. moschatus* actuel (Figure 3.75 ; Figure 3.76).

B. Squelette post-crânien

Je n'ai pu étudier que trois canons antérieurs des collections du Centre de Recherche de Paléontologie du Quaternaire de Weimar : deux peu fossilisés et dont l'origine ne m'est pas connue, le moulage d'un spécimen de Sibérie (n° 26231). La morphologie est identique à celle du bœuf musqué actuel à l'exception de l'allure “en sablier” qui est ici plus marquée. L'individu russe est par ailleurs beaucoup plus grand (Tableau 3.14).

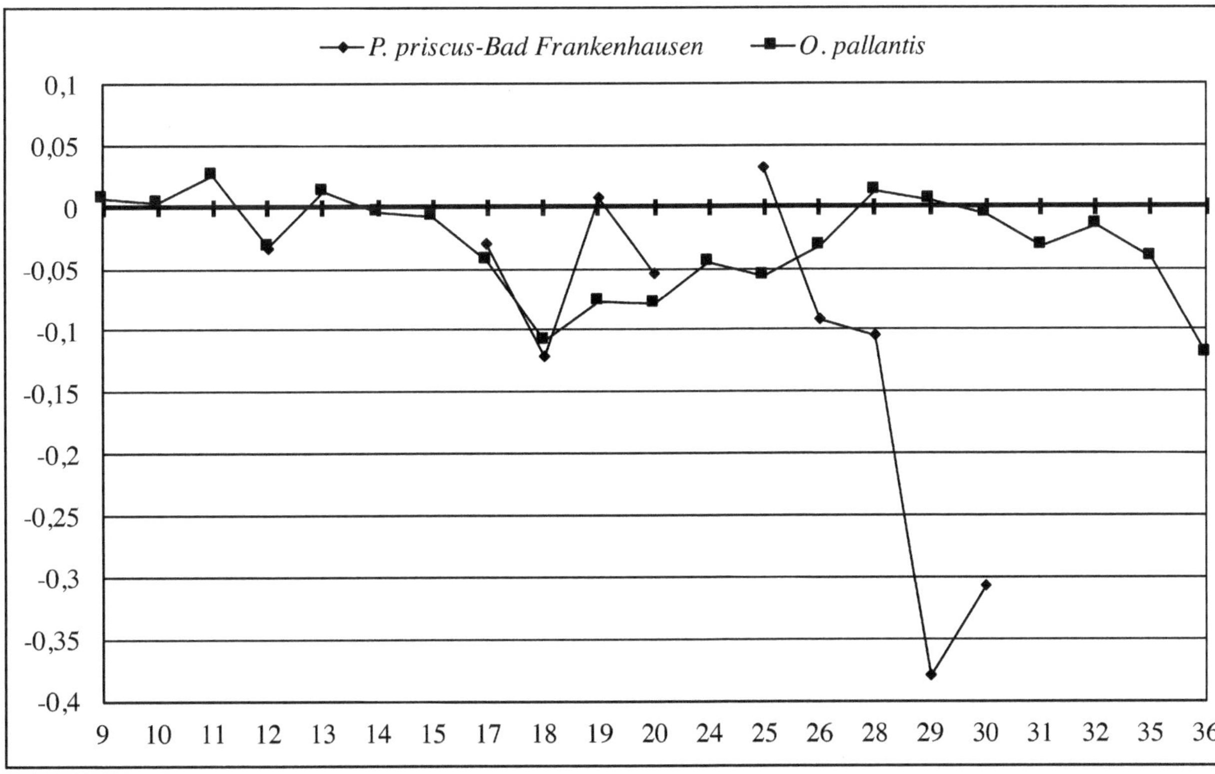

Figure 3.75. *Praeovibos priscus* et *Ovibos pallantis*, diagramme de Simpson du crâne, mesures 9 à 15, 17 à 20, 24 à 26, 28 à 32, 35 et 36. Différence par rapport à *Ovibos moschatus* actuel.

Le diagramme de la Figure 3.77 montre que ces métapodes sont distincts l'un de l'autre mais aussi d'*O. moschatus* actuel. Il est élancé chez l'individu de Sibérie (mesures 1 à 3, 12, 13), les autres pièces étant légèrement plus petites.

C. Conclusion préliminaire

Les éléments dont j'ai disposé sont restreints et ne permettent pas de définir tous les caractères diagnosiques. C'est donc un résultat provisoire que je présente : la

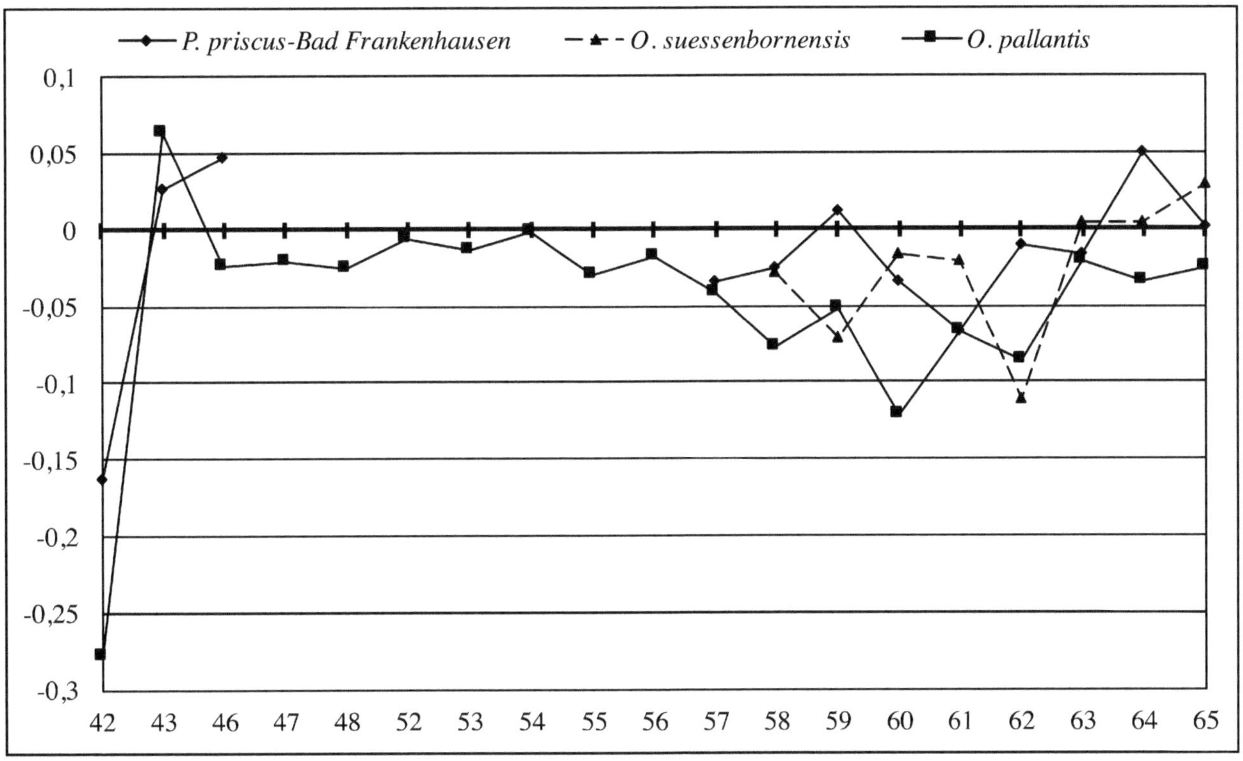

Figure 3.76. *Praeovibos priscus* et *Ovibos pallantis*, diagramme de Simpson du crâne mesures 42, 43, 46 à 48, 52 à 65. Différence par rapport à *Ovibos moschatus* actuel.

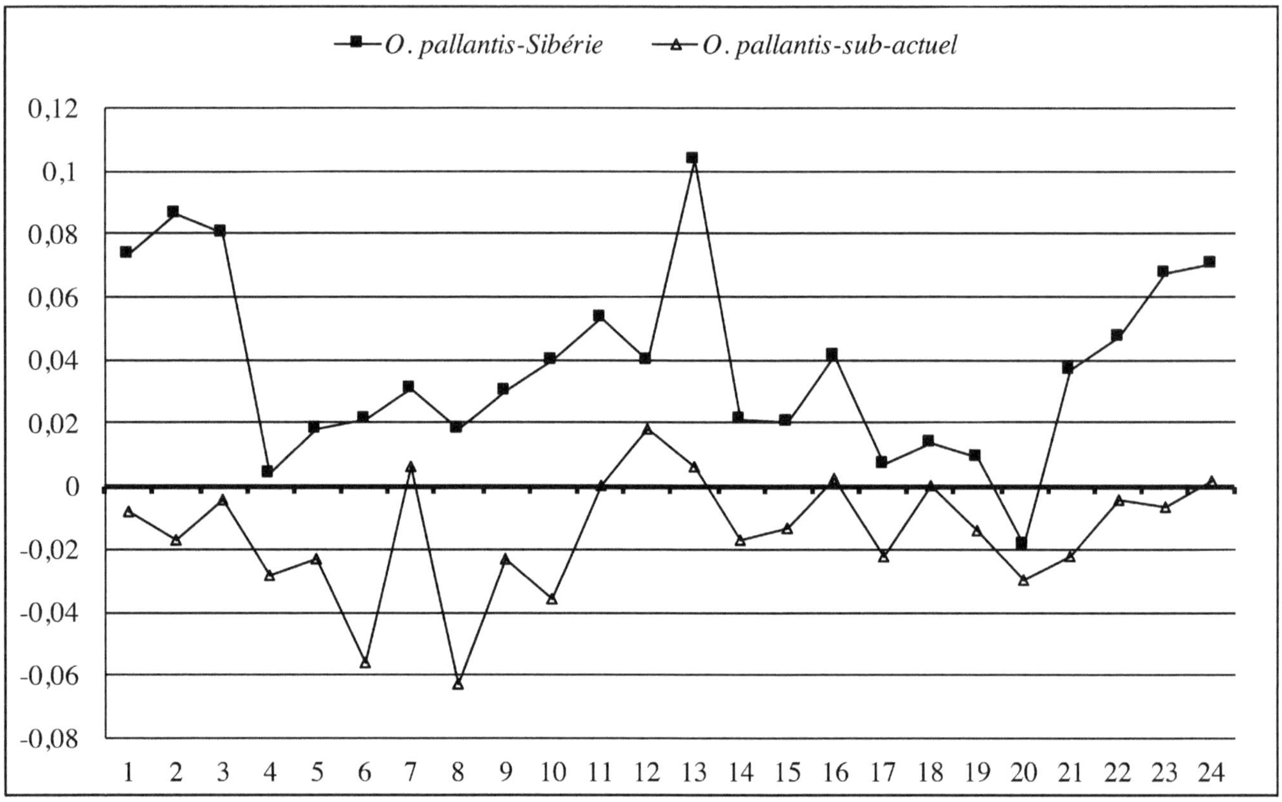

Figure 3.77. *Ovibos pallantis*, diagramme de Simpson du canon antérieur des populations du Pléistocène supérieur et de l'Holocène de Sibérie. Différence par rapport à *Ovibos moschatus* actuel.

morphologie particulière des crânes, les proportions des crânes mâles et celles des canons antérieurs ne permettent pas de paralléliser le bœuf musqué fossile d'Europe avec *O. moschatus* actuel. J'opte pour une espèce différente et *O. pallantis* me semble pour l'instant le terme le mieux adapté, ce qui est aussi le point de vue de Z. Ryziewicz (1955), A.V. Sher (1971) et A. N. Tikhonov (1998).

En ce qui concerne l'*Ovibos* de Süssenborn, je rappellerai que les métapodes qui lui sont attribués correspondent à *P. priscus*. Dès lors la validation de la sous-espèce *suessenbornensis* envisagée par I. Raufuss et W. von Koenigswald à partir des métapodes (1999) est caduque.

V. CAPRINI

V.1. Genre Hemitragus

A. Diagnose du genre

En une vingtaine d'années, quatre espèces différentes de tahr ont été reconnues dans le Pléistocène d'Europe. Les caractéristiques qu'elles partagent avec *H. jemlahicus* me permettent de proposer la diagnose du genre suivante.

Genre *Hemitragus* Hodgson, 1841

Diagnose

Crâne à face très allongée et étroite, sans enfoncement glabellaire. Chevilles osseuses courtes, implantées en arrière des orbites, transversalement compressées et très rapprochées à la base. Frontal pincé en arrière des orbites, convexe entre les chevilles, et dont le point d'inflexion se situe en avant de celles-ci. Dents jugales supérieures à couronne convexe et à mésostyle plus saillant à la base que les styles latéraux ; P2 à racine linguale développée ; M3 à aile métastylaire verticale et peu saillante. Faible renflement de la base labiale du lobe postérieur des p3 et p4 ; face linguale de la m1 présentant un enfoncement "en coup de pouce" vers la base ; dernier lobe de la m3 peu divergent. Humérus à tubérosité deltoïdienne peu étendue sur la diaphyse. Radius à diaphyse peu sinueuse et à tubérosité du ligament latéral de l'articulation huméro-radiale en position basse. Métapodes à incisure inter-condylaire plus élargie vers le haut que chez *Capra*. À l'os canon antérieur, bord dorsal de la facette pour l'onciforme de contour curviligne (très exceptionnellement trapézoïdal), celui de la facette pour le capitato-trapézoïde trapézoïdal ; partie supérieure de la face palmaire à tubérosités jointives uniquement vers le haut, plus largement séparées vers le bas, délimitant une zone relativement large et profonde. À l'os canon postérieur, bord dorsal de l'articulation proximale large, facette pour le petit cunéiforme en position plutôt externe et facette dorsale pour le cubonaviculaire de contour quadrangulaire ; canal interosseux rarement profond et crêtes qui le limitent généralement peu marquées. Premières phalanges à facettes pour les sésamoïdes développées ; diaphyse relativement courte et étroite au milieu ; tubercule palmo-plantaire axial des phalanges antérieures étroit, pincé en lame.

B. Principaux caractères morphologiques

La distinction d'un crâne de tahr et de bouquetin fossiles ne présente aucune difficulté, mais l'exercice est plus délicat lorsqu'il s'agit de dents et du squelette. Des éléments diagnosiques ont été développés dans plusieurs publications (Daxner 1968 ; Prat *in* Laville *et al.* 1972 ; Bonifay 1974-1975 ; Delpech 1988 a ; Crégut-Bonnoure 1987, 1995 ; Crégut-Bonnoure et Guérin 1996) auxquels s'ajoutent d'autres observations. Des similitudes existent par rapport à *H. jemlahicus* actuel mais des différences aussi. La synthèse des données pour le matériel fossile est la suivante.

a. Dents jugales supérieures et inférieures

Pour les jugales supérieures, on retiendra une forte racine linguale sur P2 (Planche 13 : 1i, 1j), un développement important de la racine postéro-linguale des M1 et M2, l'obliquité importante de la surface du lobe postérieur de M3, la présence d'un renflement à la base postérieure de ce même lobe, sa surface oblique vers l'arrière et l'extérieur (Crégut-Bonnoure 1995 : Figure 65 p. 72) et la rectitude du métastyle (Planche 14 : 1i, 1j). Chez *Capra*, la racine linguale de P2 est rare mais dans ce cas petite, la racine postéro-linguale des deux premières molaires est réduite (Planche 13 : 4f, 4g ; Crégut-Bonnoure 1995 : Figure 62 p. 71) et il n'y a pas de renflement basal au dernier lobe de M3 (Planche 14 : 1g, 1h). Les molaires étant posées sur la face antérieure, le mésostyle est bien visible à la base en comparaison de *Capra* : la couronne du tahr est relativement courbe et donc le bord labial de la face distale ne cache pas le mésostyle alors que chez le bouquetin, la couronne étant droite, ce style est caché.

Pour les jugales inférieures, on remarque chez *Hemitragus* le faible renflement de la base labiale du lobe postérieur des p3 et des p4 (Crégut-Bonnoure 1995 : Figure 68 p. 75) ; il est puissant chez le bouquetin, à l'exception toutefois des p4 des populations de la fin du Pléistocène moyen. Le parastylide de p3 est ouvert vers l'avant et la face linguale, en arrière de la vallée, est oblique vers le milieu de la couronne (Planche 14 : 2c, 2d) ; chez *Capra*, le parastylide est moins ouvert et la paroi linguale est rarement oblique. Le métaconide de p4 est étroit, la dilatation de l'entoconide est importante et la face distale peu creusée chez le tahr (Planche 14 : 3c, 3d) ; le métaconide du bouquetin est plus largement dilaté, l'entoconide ne l'est pas et il existe un sillon longitudinal au milieu de la face distale (Planche 14 : 3a, 3b ; (Crégut-Bonnoure 1995 : Figure 68 p. 75)). Le pli caprin des molaires est puissant et la dilatation des conides est plus nette que celle du bouquetin. La face linguale de m1 présente un enfoncement "en coup de pouce" vers la base (Planche 14 : 5c, 5d, 5e) ; il est absent chez le bouquetin. Le lobe postérieur de m3 est relativement moins divergent à la base que chez *Capra* (Planche 14 : 7a, 7b).

b. Squelette post-crânien

À la scapula, le lobe externe de la cavité glénoïdale est plus développé chez le tahr que chez le bouquetin ; il est anguleux dans l'axe de l'épine scapulaire (Prat *in* Laville *et al.* 1972). Le tubercule sus-glénoïdal est relativement développé.

La tubérosité du petit rond de l'humérus est plus globuleuse chez *Hemitragus* et le tubercule majeur est plus bas et large. La tubérosité deltoïdienne est moins étendue sur la diaphyse. L'épicondyle médial est court en comparaison du latéral (Bonifay 1974-1975 ; Crégut-Bonnoure 1995 : Figure 74 p. 79), ce qui n'est pas le cas chez le bouquetin. Il est aussi moins incliné vers le centre de l'os. Le capitulum est aussi relativement plus allongé.

La diaphyse du radius d'*Hemitragus* est subrectiligne alors que celle du bouquetin est nettement sinueuse. À l'articulation proximale, le bord caudal est plus haut que le bord crânial tandis que c'est l'inverse chez *Capra*. L'incisure cubitale est plus large ainsi que la surface articulaire pour le capitulum.

La tubérosité du ligament latéral de l'articulation huméro-radiale est en position basse étant plus haute chez le bouquetin (Crégut-Bonnoure 1995 : Figure 78 p. 81).

Au niveau du carpe, le scaphoïde du tahr possède une articulation proximale à saillie médio-latérale large (Figure 3.78 : 1 B), une face distale non coudée (Figure 3.78 : 4 H) et latéralement plane (Figure 3.78 : 3 I), une face palmaire aiguë proximalement (Figure 3.78 : 2 E). À la face latérale, la facette proximo-palmaire est développée (Figure 3.78 : 3 F) ainsi que la facette distale (Figure 3.78 : 3 G). Chez le bouquetin, la saillie de l'articulation proximale constitue un pic, la coudure distale est importante, la base de l'os est concave, l'angle proximo-plantaire est arrondi et les facettes de la face latérale sont moins étendues.

La crête dorsale de l'articulation proximale du semi-lunaire du tahr est perpendiculaire à l'axe dorso-palmaire (Figure 3.79 : 1 A) ainsi que la crête palmaire (Figure 3.79 : 1 B). Le bord dorso-latéral de cette même face est peu creusé (Figure 3.79 : 1 C) et du côté médial l'échancrure synoviale est rare (Figure 3.79 : 1 E). La face distale est fortement concave en son centre (Figure 3.79 : 3 et 4 G), la crête de séparation des facettes dorsales est nette (Figure 3.79 : 5 H) et il existe une facette supplémentaire sur le bord palmaire (Figure 3.79 : 5 J). La facette latérale est moins saillante que celle du bouquetin (Figure 3.79 : 5 I). Chez le bouquetin, à la face proximale les crêtes sont obliques vers le centre de l'os, le bord latéral est creusé en deux concavités, la fossette synoviale médiale est marquée. La face distale est modérément concave du côté médial et plane latéralement ; la crête de séparation des facettes dorsales est écrasée, et il n'y a pas de facette supplémentaire.

La surface proximale du pyramidal est très concave (Figure 3.80 : 1 A) ainsi que la facette pour le pisiforme (Figure 3.80 : 1 B) et le contour du bord disto-palmaire est arrondi (Figure 3.80 : 1 C). Les concavités d'un pyramidal de bouquetin sont faibles et le contour du bord disto-palmaire est tronqué.

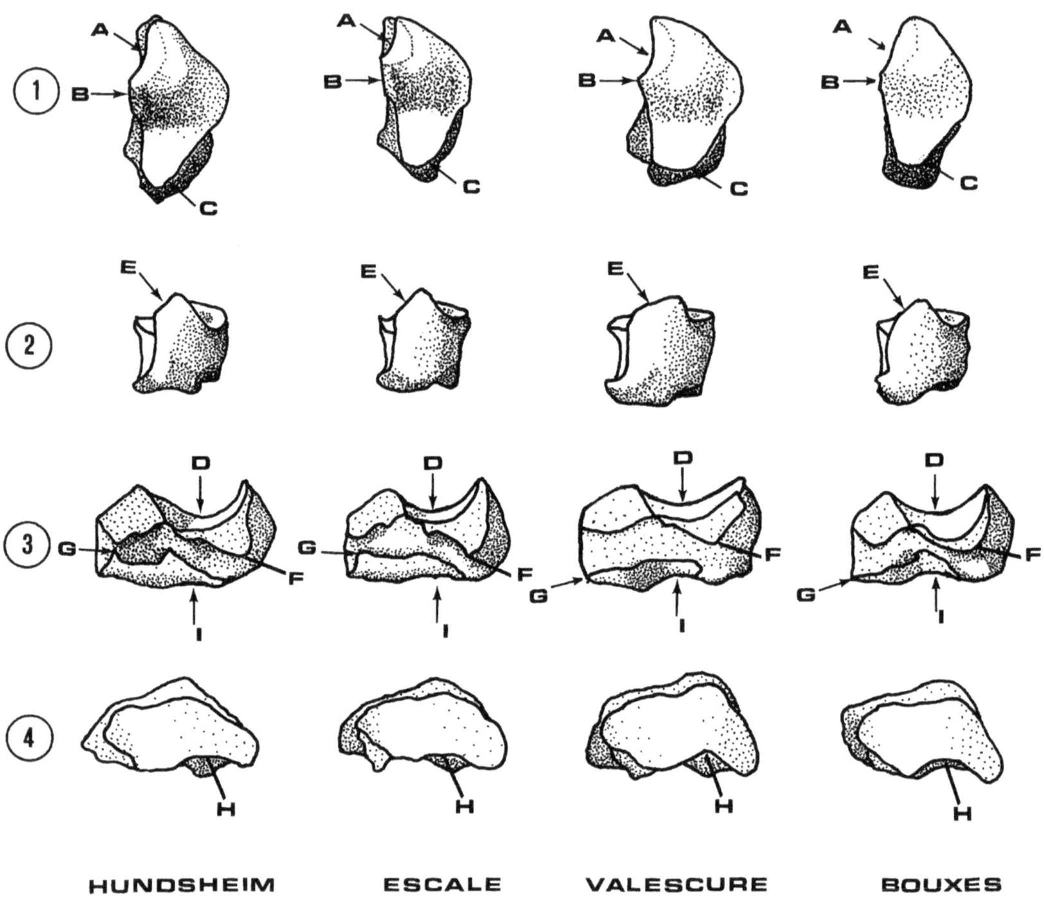

Figure 3.78. *Hemitragus* (Hundsheim et Escale) et *Capra* (Valescure et Bouxès). Morphologie comparée du scaphoïde gauche. D'après E. Crégut-Bonnoure 1987. Réduction : 1/1,3. 1 : vues proximales. 2 : vues palmaires. 3 : vues latérales. 4 : vues distales.

Chez le tahr, le bord palmaire du pisiforme est en "virgule" (Figure 3.81 : 1 A), la facette pour le pyramidal très convexe ainsi que la face latérale (Figure 3.81 : 1 B, 1 C). Le bord palmaire du pisiforme d'un bouquetin se termine par un angle obtus, la facette pour le pyramidal est allongée et sa surface plutôt plane. La face latérale est aussi moins convexe.

Le bord latéral du capitato-trapézoïde du tahr est rectiligne (Figure 3.82 : 1 D et E), la surface dorso-proximale est peu creusée médialement (Figure 3.82 : 1 A), l'éminence palmo-latérale de la surface articulaire proximale est bien saillante et convexe (Figure 3.82 : 2 B) et sa base est concave (Figure 3.82 : 2 C), la facette palmaire de la face latérale est verticale (Figure 3.82 : 2 F). Le bouquetin dispose d'un os au bord latéral anguleux, une éminence palmo-latérale relativement écrasée, un creusement médio-proximal net, une facette palmaire oblique vers le bord dorsal.

Les reliefs de la surface articulaire proximale de l'onciforme du tahr sont accusés (Figure 3.83 : 1 A, B et C) et les surfaces concaves (Figure 3.83 : 2 D). L'angle dorso-médial proximal est tronqué (Figure 3.83 : 1 E). Le bord médial en rapport avec le capitato-trapézoïde est rectiligne (Figure 3.83 : 1 F). La facette palmaire de la face médiale est oblique vers le bas et l'extérieur (Figure 3.83 : 2 H). Chez le bouquetin, les reliefs proximaux et les creusements sont peu marqués, l'angle dorso-médial est exceptionnellement tronqué, le bord médial est anguleux, la facette palmaire est verticale.

Au canon antérieur, l'articulation proximale est relativement épaisse chez le tahr. Le bord dorsal de la facette pour l'onciforme a un contour curviligne, celui de la facette pour le capitato-trapézoïde est trapézoïdal (Prat *in* Laville *et al.* 1972) (Planche 15 : 3a, 3b). Le bord palmaire de l'articulation pour l'onciforme est curviligne et l'articulation empiète sur la face palmaire. Ce bord est rectiligne chez *Capra* et l'articulation se prolonge rarement sur la face palmaire. Le plus souvent, une seule fossette synoviale est présente sur la facette pour le capitato-trapézoïde alors qu'elle est toujours double chez *Capra* (Planche 15 : 3c). Sur la face palmaire, la tubérosité proximale du métacarpien III est plus marquée, plus saillante et plus développée que celle du métacarpien IV alors que chez *Capra* les deux tubérosités proximales sont symétriques. Les tubérosités sont jointives vers le haut puis délimitent une zone large et profonde chez *Hemitragus* (parfois "en coup de pouce" sur certains exemplaires) (Planche 15 : 2a, 2b). Chez le bouquetin, les tubérosités restent jointives plus bas et sont séparées par une zone plus étroite, réduite dans la quasi-majorité des cas à un simple sillon (Planche 15 : 2c). Le canal interosseux

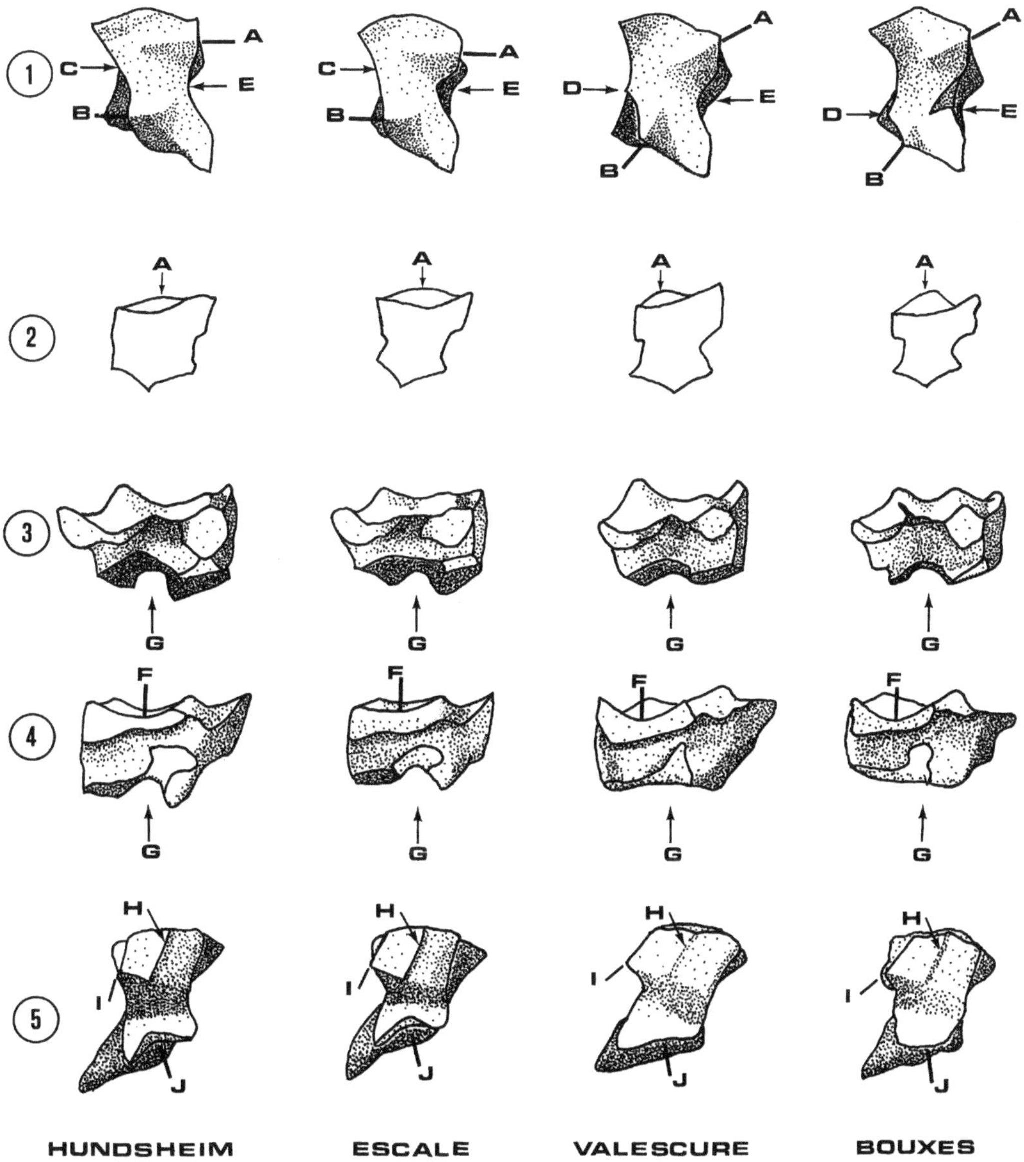

Figure 3.79. *Hemitragus* (Hundsheim et Escale) et *Capra* (Valescure et Bouxès). Morphologie comparée du semi-lunaire gauche. D'après E. Crégut-Bonnoure 1987. Réduction : 1/1,3. 1 : vues proximales. 2 : vues dorsales. 3 : vues médiales. 4 : vues latérales. 5 : vues distales.

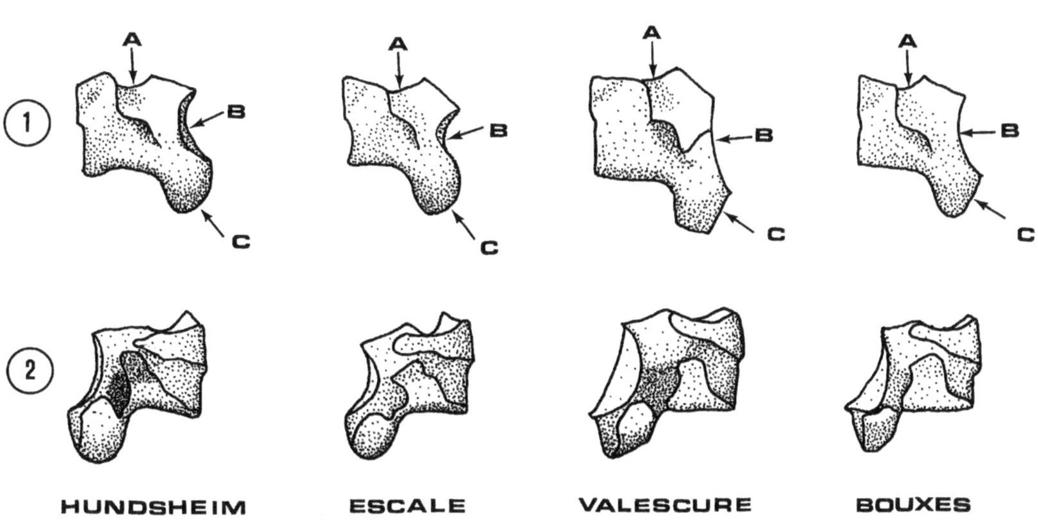

Figure 3.80. *Hemitragus* (Hundsheim et Escale) et *Capra* (Valescure et Bouxès). Morphologie comparée du pyramidal gauche. D'après E. Crégut-Bonnoure 1987. Réduction : 1/1,3. 1 : vues latérales. 2 : vues médiales.

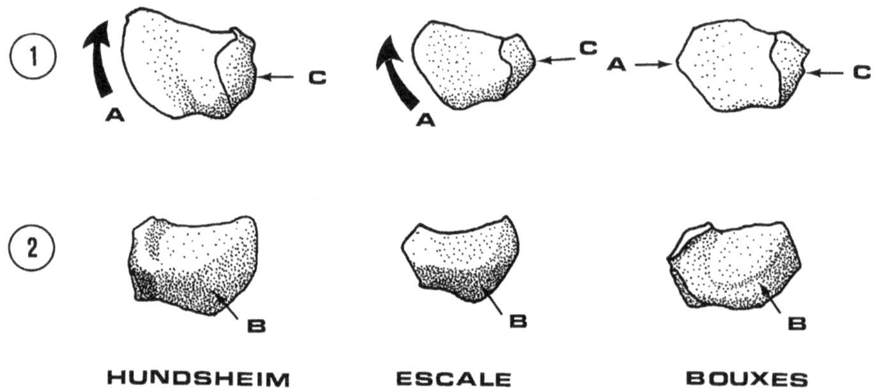

Figure 3.81. *Hemitragus* (Hundsheim et Escale) et *Capra* (Bouxès). Morphologie comparée du pisiforme gauche. D'après E. Crégut-Bonnoure 1987. Réduction : 1/1,3. 1 : vues médiales. 2 : vues latérales.

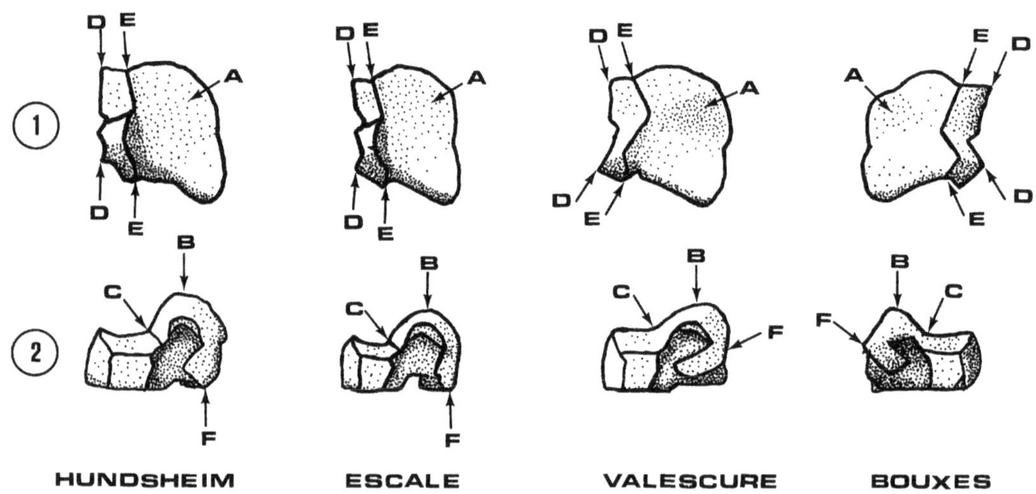

Figure 3.82. *Hemitragus* (Hundsheim et Escale) et *Capra* (Valescure et Bouxès). Morphologie comparée du capitato-trapézoïde gauche (sauf Bouxès). D'après E. Crégut-Bonnoure 1987. Réduction : 1/1,44. 1 : vues proximales. 2 : vues latérales.

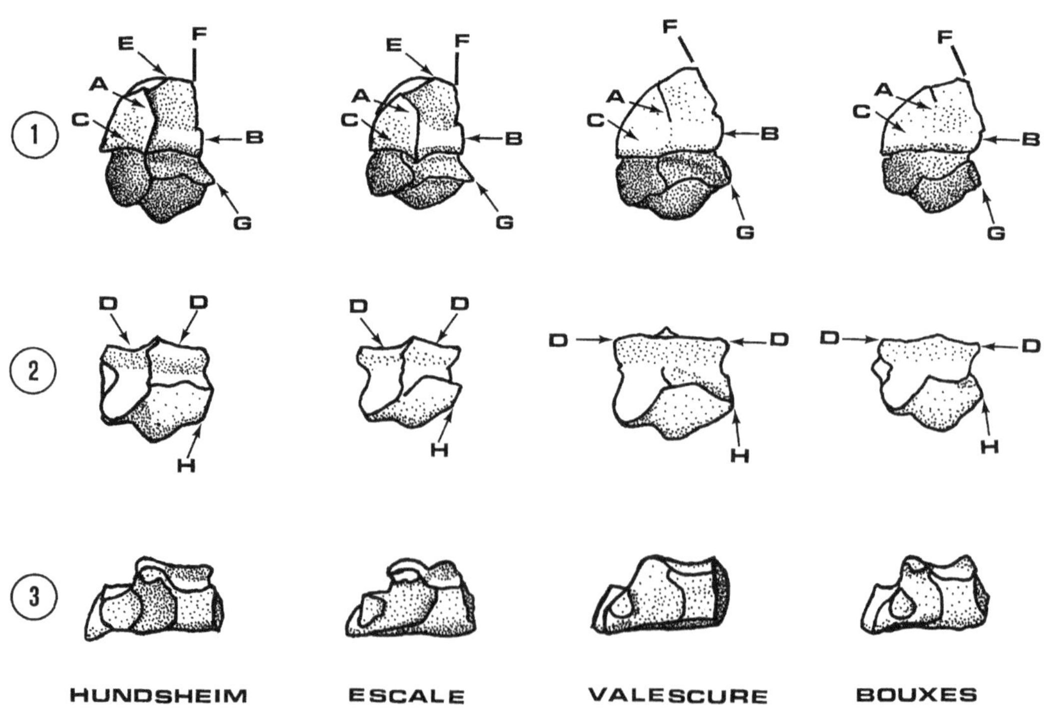

Figure 3.83. *Hemitragus* (Hundsheim et Escale) et *Capra* (Valescure et Bouxès). Morphologie comparée de l'onciforme gauche. D'après E. Crégut-Bonnoure 1987. Réduction : 1/1,3. 1 : vues proximales. 2 : vues palmaires. 3 : vues médiales.

dorsal est relativement marqué au niveau du foramen nourricier tandis qu'il est moins net chez *Capra* (Planche 15 : 1a à 1c). La divergence des quilles articulaires est inverse d'un genre à l'autre (Planche 15 : 1, 2, 3). En effet, chez *Hemitragus*, surtout dans les populations les plus anciennes, les quilles divergent (en "V") sur la face dorsale mais restent parallèles sur la face palmaire. Chez *Capra* ce sont les quilles palmaires qui divergent et non les dorsales. Les bords médians des condyles sont aussi plus évasés chez *Hemitragus* : l'incisure inter-condylaire dorsale est donc plus ouverte vers le haut (forme ogivale). La divergence des quilles dorsales est pratiquement inexistante dans les populations de tahr les plus récentes mais l'élargissement inter-condylaire demeure bien plus important que chez *Capra*. Sur les deux faces, le bord proximal des quilles ne remonte pratiquement pas sur la diaphyse tandis que chez le bouquetin il dépasse les bords articulaires des condyles et forme comme une pointe surtout à la face palmaire. Enfin, sous le foramen nourricier le tubercule palmaire médian est peu apparent, ce qui n'est pas le cas pour le bouquetin chez qui il est développé en « bouton ».

À l'os coxal, la rainure d'insertion du muscle droit de la cuisse est courte et les branches du point d'attache de ce muscle sont à angle droit chez *Hemitragus*, étant plus ouvertes chez *Capra* (Crégut-Bonnoure 1995 : Figure 85 p. 85)

Au niveau du tarse, le talus du tahr présente une trochlée proximale à lèvres très décalées en hauteur (Figure 3.84 : 1 A) et sans tubercule médian (Figure 3.84 : 1 B). Le décrochement à la base de la trochlée plantaire est peu saillant (Figure 3.84 : 1 C). Le bord médial de cette même

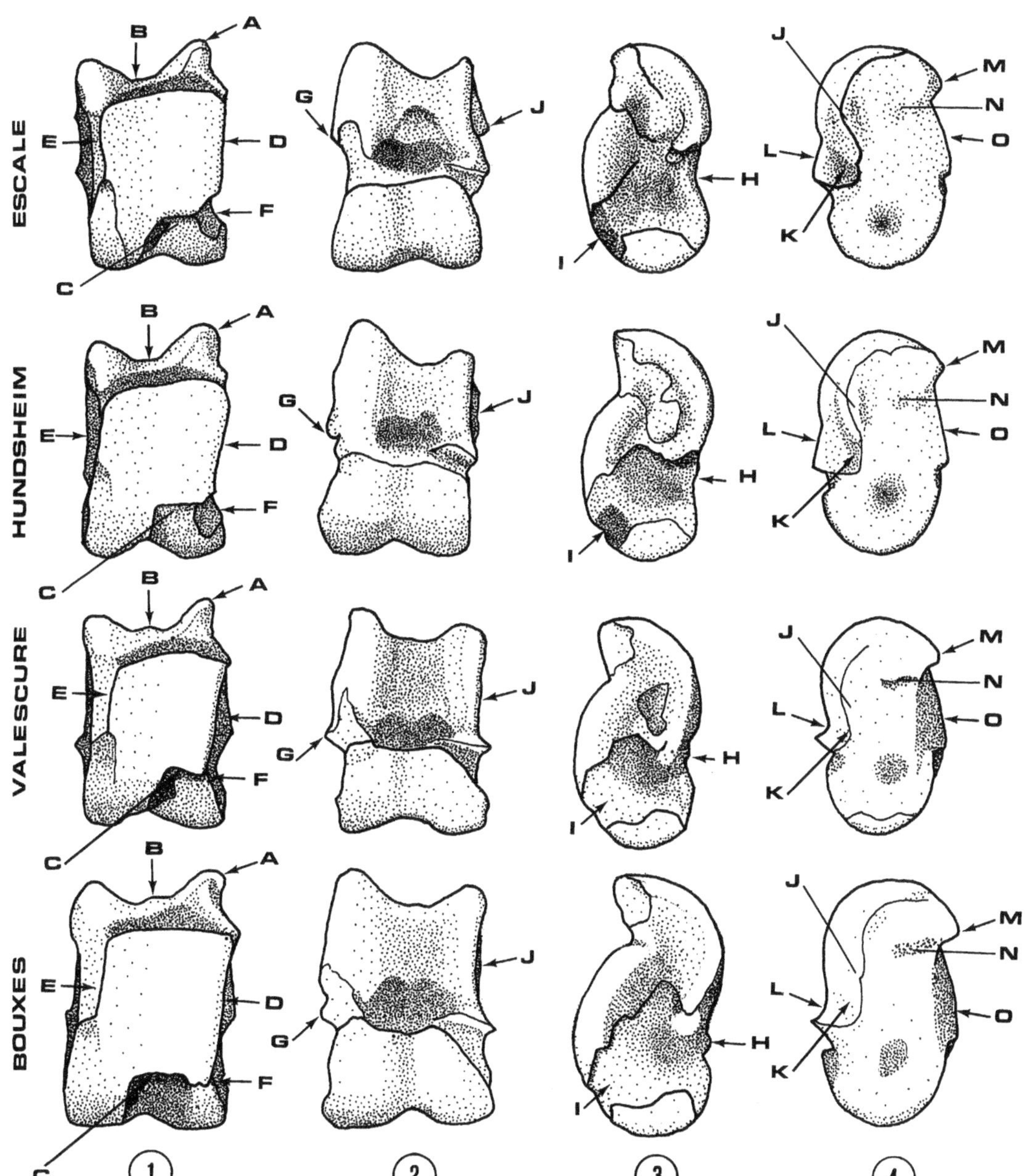

Figure 3.84. *Hemitragus* (Hundsheim et Escale) et *Capra* (Valescure et Bouxès). Morphologie comparée du talus droit. D'après E. Crégut-Bonnoure 1987. Réduction : 1/1,3. 1 : vues plantaires. 2 : vues dorsales. 3 : vues latérales. 4 : vues médiales.

surface est dans l'alignement de la lèvre trochléenne proximo-médiale (Figure 3.84 : 1 E et 4 O) et le bord latéral est déjeté vers l'extérieur (Figure 3.84 : 1 D). Il existe une importante fossette synoviale latérale à la base de la trochlée plantaire (Figure 3.84 : 1 F). La surface articulaire de la lèvre trochléenne proximo-médiale est oblique vers le bas (Figure 3.84 : 4 L) ; sa base est saillante plantairement (Figure 3.84 : 4 J et K) : cette saillie est donc visible en vue dorsale (Figure 3.84 : 2 J). La tubérosité proximo-plantaire est peu développée (Figure 3.84 : 4 M) et il n'y a pas d'encoche à sa base (Figure 3.84 : 4 N). Les lèvres trochléennes proximales sont peu décalées en hauteur chez un bouquetin ; il existe un tubercule médian ; le décrochement à la base de la trochlée plantaire est bien marqué, le bord médial est en position interne et le bord latéral est peu déjeté vers l'extérieur. Il n'y a pas de fossette synoviale latérale sous la trochlée plantaire. La surface articulaire de la lèvre trochléenne proximo-médiale se termine par un bec ; sa base est plane et n'est pas visible en vue dorsale. La tubérosité proximo-plantaire est développée et présente une encoche à sa base.

Le calcaneus du tahr a un *tuber calcanei* traversé de part en part par une rainure transversale (Figure 3.85 : 1 A) et le *sustentaculum tali* est doublement rainuré à sa base qui est de contour aigu (Figure 3.85 : 1 B). La trochlée fibulaire est étroite, creusée dans sa partie dorsale, et le tubercule médian est saillant (Figure 3.85 : 1 D). Elle présente médialement deux facettes (Figure 3.85 : 2 E). En vue médiale, le *sustentaculum tali* dessine un arc de cercle (Figure 3.85 : 2 G). La coulisse tendineuse est peu creusée (Figure 3.85 : 3 F). La rainure transversale du *tuber calcanei* est décalée médialement chez le bouquetin. La base dorsale du *sustentaculum tali* ne présente aucune strie et sa surface est plane. La trochlée fibulaire est large, son tubercule est écrasé et médialement il n'y a qu'une facette. En vue médiale, le *sustentaculum tali* est tronqué plantairement. La coulisse tendineuse est profonde.

Sur le cubonaviculaire du tahr, à la jonction du cuboïde et du naviculaire, s'observe une fossette synoviale qui traverse l'os de part en part (Figure 3.86 : 1 A). Une deuxième fossette très vaste occupe la partie latéro-plantaire et entaille la facette répondant à celle du bord distal du calcaneus (Figure 3.86 : 1 B). La facette plantaire répondant au décrochement de la base de la trochlée plantaire du talus est inclinée vers le milieu de l'os (Figure 3.86 : 1 C). Sur la face distale, la facette articulaire dorsale pour le canon est allongée et étroite (Figure 3.86 : 2 E). En vue plantaire, l'éminence médiale est verticale (Figure 3.85 : 3 I), la gorge qui la suit est étroite (Figure 3.86 : 3 J) et la facette latéro-proximale pour le calcaneus empiète peu sur la face plantaire (Figure 3.86 : 3 H). Chez le bouquetin la fossette synoviale médiane est petite, tout comme la latérale, et peut même manquer. La facette plantaire répondant au décrochement de la base de la trochlée plantaire du talus est horizontale ou inclinée vers la face plantaire. La facette articulaire dorsale pour le canon est triangulaire. L'éminence médiale est oblique, la gorge qui la suit est large et la facette latéro-proximale pour le calcaneus déborde sur la face plantaire. Le bourrelet plantaire est étiré en "W" (Figure 3.86 : 3 F) chez le tahr, alors qu'un sillon externe l'entame chez *Capra*. Toutefois, sept spécimens (six fossiles et un actuel) montrent qu'occasionnellement la face plantaire peut avoir les caractéristiques de l'autre genre : il peut arriver qu'un sillon externe coupe le bourrelet de la face plantaire du cubonaviculaire du tahr. C'est le cas du spécimen Al. 83-7-422 de l'*H. bonali* de la grotte d'Aldène (coll. MAPM) et du spécimen VM 1484 (coll. IMCS) de l'*H. albus* de Venta Micena (Crégut-Bonnoure 1999 : Figure p. 208) qui pour le reste de leur morphologie sont conformes à *Hemitragus*. Ce sillon peut aussi être réduit chez le bouquetin et ne pas interrompre le bourrelet : c'est le cas du cubonaviculaire d'une femelle actuelle de *C. cylindricornis* (n° 26960 coll. IZSP), de trois spécimens de *C. caucasica* de Koudaro I (KI couche 5 niveau 5 n° 765 et n° 812 ; KI couche 5 niveau 3 n° 564) et d'un individu de *C. ibex macedonica* de Petralona (Pec 480 ; coll. DGP). Ce caractère est donc aléatoire et ne peut suffire à lui seul pour distinguer les deux genres.

Pour le canon postérieur, chez le tahr, le bord dorsal de l'articulation proximale est large, étant étroit chez le bouquetin (Planche 16 : 3a, 3b). La facette pour le petit cunéiforme est en position plutôt externe et la facette dorsale pour le cubonaviculaire a un contour quadrangulaire (Crégut-Bonnoure 1995 : Figure 89 p. 86). Chez *Capra*, la première facette est en position plutôt interne et la seconde a un contour triangulaire. Le canal interosseux dorsal débute à peu près au niveau du foramen nourricier chez le tahr (Planche 16 : 1a, 1b). Il est rarement profond et les crêtes qui le limitent sont la plupart du temps peu marquées. Chez le bouquetin, le canal débute bien au-dessus du foramen nourricier (Planche 16 : 1c, 1d, 1e). Il est toujours profond et bordé de crêtes nettes. À la face plantaire, les quilles sont parallèles chez le tahr et l'incisure médiane est étroite (Planche 16 : 2a, 2b). Le bouquetin est caractérisé par des quilles divergentes et une incisure large (Planche 16 : 2c, 2d, 2e). La configuration du bord proximal des quilles et celle du tubercule palmaire médian sont les mêmes qu'au membre antérieur.

Les premières phalanges ont des facettes pour les sésamoïdes développées chez le tahr, celles du bouquetin étant plus réduites. La diaphyse, relativement courte, est étroite au milieu chez le tahr, épaisse chez le bouquetin. Le bord proximo-palmaire des condyles de la phalange du tahr est dégagé du corps de l'os, l'étant beaucoup moins dans le cas d'un bouquetin. Le tubercule palmo-plantaire axial des phalanges antérieures est étroit, pincé en lame (Crégut-Bonnoure 1995 : Figure 109 p. 97), étant ramassé chez le bouquetin.

Le côté axial de la diaphyse des deuxièmes phalanges du tahr est pincé, celui du bouquetin ne l'étant pas. Sur la face palmo-plantaire, le tubercule proximo-axial est développé

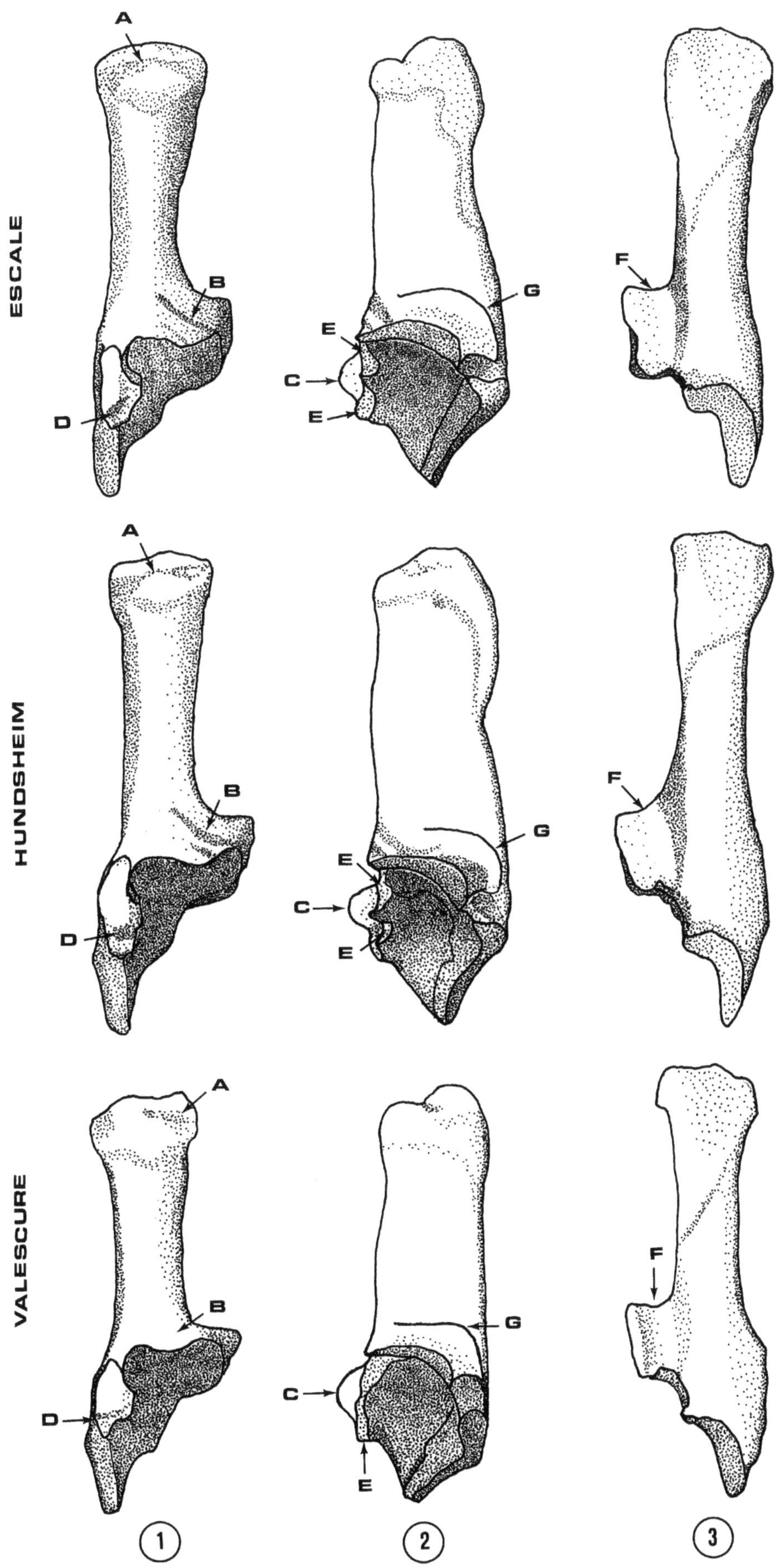

Figure 3.85. *Hemitragus* (Hundsheim et Escale) et *Capra* (Valescure). Morphologie comparée du calcaneus droit. D'après E. Crégut-Bonnoure 1987. Réduction : 1/1,1. 1 : vues dorsales. 2 : vues médiales. 3 : vues plantaires.

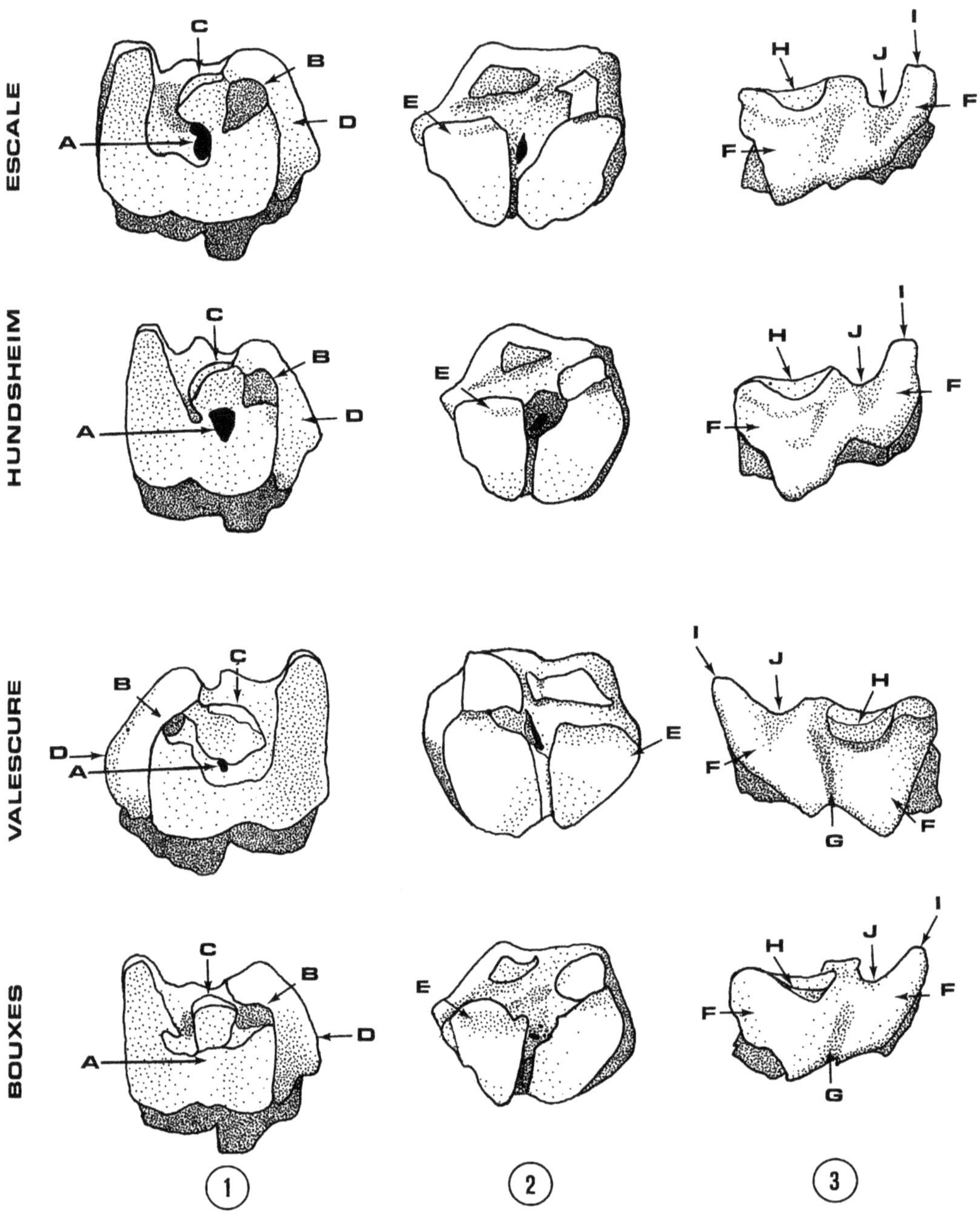

Figure 3.86. *Hemitragus (*Hundsheim et Escale) et *Capra* (Valescure et Bouxès). Morphologie comparée du cubonaviculaire gauche. D'après E. Crégut-Bonnoure 1987. Réduction : 1/1,3. 1 : vues proximales. 2 : vues distales. 3 : vues plantaires.

tandis que l'abaxial est faible (Crégut-Bonnoure 1995 : Figure 111 p. 99).

La sole des troisièmes phalanges du tahr est bien concave et le corps de l'os très aminci (en lame). La partie médiane de la face axiale est légèrement creusée ; le tubercule proximal est très proéminent ; les bords latéraux de l'articulation sont peu évasés. Chez *Capra*, il se dégage une impression de robustesse, le corps de l'os étant très épais. Par ailleurs, la concavité de la sole est plus faible et l'évasement des bords latéraux de l'articulation est important. F. Prat (*in* Laville *et al.* 1972) indique une extrémité antérieure moins aiguë que celle du bouquetin et un bord supérieur plus régulièrement convexe. La série de l'Escale montre que cette morphologie est exceptionnelle et qu'en général la partie antérieure est similaire à celle de *Capra*.

C. Hemitragus orientalis Crégut-Bonnoure et Spassov, 2002

L'analyse récente des éléments fossiles des sites de Slivnitsa et Villány-Kalkberg a permis de distinguer ce nouveau taxon dont la diagnose est présentée ci-dessous.

a. Diagnose

Synonymie

1932 *Hemitragus* cf. *bonali*, Schaub, p. 323-325

1956 *Hemitragus* cf. *bonali*, Kretzoi, p. 169, p. 185

1963 *Nemorhaedus philisi*, Lumley, Gagnière, Barral et Pascal, p. 10

1969 *Nemorhaedus philisi*, Lumley-Woodyear, p. 102

1986 *Hemitragus* cf. *bonali*, Jánossy, p. 19, p. 34

1988 *Hemitragus bonali*, Lumley, Kahlke, Moigne et Moullé, p. 486

1992 *Hemitragus bonali*, Moullé, p. 320-335 ; Figure 1 et 2 p. 321 ; Figure 3 et 4 p. 323 ; Figure 5 et 6 p.325

1995 *Ovis* sp. (*pro parte*), Moullé, p. 283-319 ; Figure 6 et 7 p. 296 ; Figure 11 et 12 p. 309 ; Figure 13 et 14 p. 312

1997 *Hemitragus* sp. nov., Spassov, p. 672

1998 *Hemitragus* sp. nov., Spassov, p. 102

1999 *Hemitragus* nov. sp., Spassov et Crégut-Bonnoure, p. 553-573 ; pl. I p. 573

2002 *Hemitragus orientalis* CRÉGUT-BONNOURE et SPASSOV, p. 553-573 ; Pl. 1 Figures 1, 2, 3

Holotype

M3 gauche FM 1781/SL 67, collection du Muséum National d'Histoire naturelle de Sofia (Bulgarie) (Crégut-Bonnoure et Spassov, Planche 1: Figure 1).

Paratypes

M2 droite FM 1775/SL 69 ; m2 gauche FM 1656/SL 73 ; m3 gauche FM 1782/SL 63 ; extrémité inférieure de canon antérieur gauche FM 1784/SL 58 ; première phalange antérieure FM 1519/SL 109; deuxième phalange antérieure FM 1783/SL 57 ; collection du Muséum National d'Histoire naturelle de Sofia (Bulgarie) (Crégut-Bonnoure et Spassov 2002, Planche 1: Figure 2, Figure 3).

Locus typicus

Remplissage karstique de Slivnitsa, Bulgarie.

Stratum typicum

Pliocène final : Villafranchien moyen.

Derivatio nominis

De la situation orientale de la découverte.

Diagnose

Dents jugales plus brachyodontes mais plus longues et plus épaisses que celles d'*H. bonali*, surtout à la base. Couronne des molaires plus convexe et mésostyle saillant dans sa moitié basale. Racine linguo-postérieure de M1 et M2 largement étendue. M3 à lobe postérieur à renflement baso-postérieur plus ou moins fort et à métastyle étroit; face distale plane, sans gouttière et à arête linguale nette. Conides des molaires étroits, vallée proximo-linguale courte. Métastylide des molaires très long. Dernier lobe de m3 le plus généralement divergent à la base et à entostylide en colonnette. Canon antérieur à facette pour l'onciforme relativement étroite et à facette pour le capitato-trapézoïde relativement large comme chez *H. albus*. Première phalange postérieure à tubérosité proximo-axiale plantaire plus courte que celle d'*H. bonali.* Facette proximo-axiale de la deuxième phalange antérieure étroite.

b. Description

On peut recenser 38 restes à Slivnitsa : 20 jugales supérieures (DP3 : SL 91-FM 1683 et 92-FM 1682; DP4 : SL 88-FM 1668, SL 90-FM 1681; M1 : SL 73-FM 1656 et 77-FM 1671, SL 85-FM 1674 à 87-FM 1669 ; M2 : SL 69-FM 1675 à 71, SL 74-FM 1678; SL 80-FM 1667 et 81-FM 1679, SL 83-FM1672 et 84-FM 1676, M3 : SL 67 et 68), 11 jugales inférieures (m1 : SL 95-FM 1661, m2 : SL 73-FM 1656, SL 75-FM 1663, SL 78-FM 1660, SL 82-FM 1662, ; m3 : SL 62-FM 1665 à 66, SL 72-FM 1664, SL 93-FM 1658), une articulation distale de radius droit (SL 110), un scaphoïde droit (SL 112), deux articulations distales de canon antérieur (gauche : SL 58 et droit : SL 59), une première phalange antérieure (SL 109-FM 1519), deux deuxièmes phalanges (antérieure : SL 57 et postérieure : SL 108-FM 1653), un scaphoïde droit (SL 112-FM 1666). Les dimensions sont fournies dans les Tableaux 3.21 à 3.25 pour les jugales supérieures, dans les Tableaux 3.28 à 3.31 pour les jugales inférieures et dans les Tableaux 3.34, 3.35, 3.40 à 3.42 et 3.50 pour les ossements.

Aucune prémolaire supérieure n'est parvenue jusqu'à nous. Les molaires présentent tous les caractères du genre : important développement de la racine distale de M1 qui est bien visible en vue distale, dernier lobe de M3 écrasé à la base, à surface oblique et à renflement basal (Figure 3.87 : D à F). Les prémolaires inférieures n'ont pas été conservées. L'enfoncement « en coup de pouce » à la base linguale de la m1 permet aussi de reconnaître *Hemitragus* (Figure 3.88 : A). L'important développement des facettes répondant aux sésamoïdes et le tubercule palmo-palmaire axial en lame des premières phalanges antérieures confirment l'attribution du matériel.

Comparativement à *H. bonali* du Pléistocène moyen, la racine postérieure de la M1 et de la M2 est plus largement étendue (Figure 3.87 : C) et la limite cément-émail de la face distale remonte plus haut. Pour la M3, l'écrasement basal du dernier lobe est moins fort tandis que le renflement baso-distal est plus accusé. Ce lobe est aussi plus épais. Le métastyle est étroit à la base. Les conides de la m1 sont plus étroits, la vallée linguale située entre le parastylide et le paraconide est plus courte. Le métastylide de m2 sur l'unique spécimen non usé (SL 73) est bien distinct et allongé. L'entostylide de m3 forme une colonnette importante (Figure 3.88 : E et H). Le bord antérieur de cette dent est convexe alors qu'il demeure rectiligne chez *H. bonali* (Figure 3.87 : E à H).

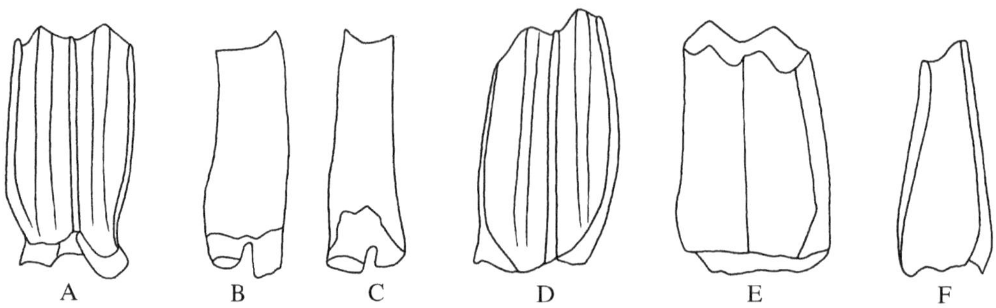

Figure 3.87. *Hemitragus orientalis* Crégut-Bonnoure et Spassov. Site de Slivnitsa (Bulgarie). Dessins de l'auteur ; mise au propre par M. Buisson-Catil. Réduction : 1/1,3. **A**, **B** et **C**, M2 droite (SL 70). **D**, **E** et **F**, M3 gauche (SL 75). Muséum national d'Histoire naturelle de Sofia. **A** et **D** : vues labiales. **B** : vue antérieure. **C** et **F** : vues postérieures. **E** : vue linguale.

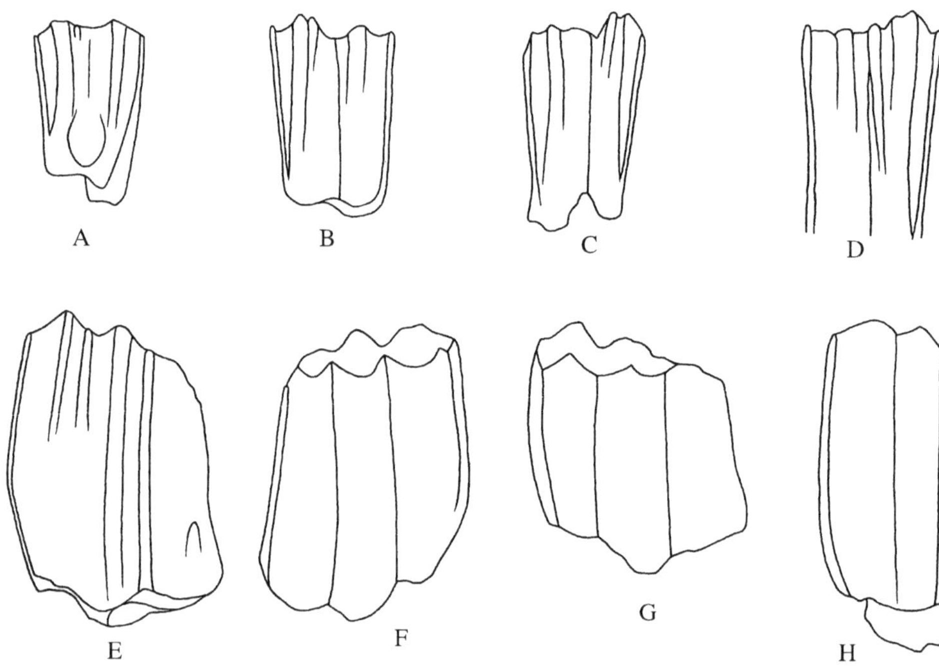

Figure 3.88. *Hemitragus orientalis* Crégut-Bonnoure et Spassov. Site de Slivnitsa (Bulgarie ; **A** à **C** et **E** à **H**) et de Villány (Hongrie ; **D**). Dessins de l'auteur ; mise au propre par M. Buisson-Catil. Réduction : 1/1,3. **A**, m1 droite (SL 95). **B**, m2 droite (SL 78). **C**, m2 gauche (SL 82). **D**, m2 gauche (UP 503). **E** et **F**, m3 gauche (SL 63). **G**, m3 droite (SL 65). **H**, m3 droite (SL 60). Muséum national d'Histoire naturelle de Sofia (pour Slivnitsa) et du Musée d'Histoire naturelle de Bâle (pour Villány). **A** à **E** et **H** : vues labiales. **F** et **G** : vues linguales.

c. Matériel attribué à *H. orientalis*

c.1. Hongrie

- Villány-Kalkberg

S. Schaub signale en 1932 l'existence d'*Hemitragus* cf. *bonali* dans cette cavité karstique. Les dents jugales, conservées au Musée d'Histoire naturelle de Bâle, sont au nombre de 15 : une M1 (UP 509), deux M2 (UP 505 et UP 507), une DP4 (UP 498), les DP3, DP4 et M1 d'un même animal (UP 497), une m1 (UP 477), trois m2 (UP 479, UP 500 et 503), deux m3 (UP 499, UP 506), une dp3 (UP 494), une dp4 (UP 498). Leur morphologie est similaire au matériel de Slivnitsa (Figure 3.84 : D) ainsi que les dimensions (Tableau 3.23 ; Tableau 3.24 ; Tableau 3.30 ; Tableau 3.31).

Le squelette post-crânien est représenté par une première phalange antérieure (UP 491) et une postérieure (UP 490), une deuxième phalange postérieure (UP 510), deux extrémités distales de deuxième phalange (UP 492 et 493). La morphologie générale est identique à celle d'*H. bonali* et les dimensions coïncident avec les maxima de ce taxon (Tableau 3.41 ; Tableau 3.50 ; Tableau 3.51).

- Csarnóta 2

Plusieurs restes osseux ont été attribués par S. Schaub en 1932 à *Hemitragus* cf. *bonali*. Je ne connais du matériel de Csarnóta 2 que le moulage du canon antérieur (UP 797 et 798) des collections du Muséum d'Histoire naturelle de Bâle (Tableau 3.40). Aucune différence morphologique n'a été notée entre ce spécimen et *H. bonali*. Par contre les proportions diffèrent comme nous le verrons ultérieurement.

c.2. Grèce

- Appolonia I

Le site d'Appolonia I a livré une mandibule droite (APL 187) tout d'abord laissée en nomenclature ouverte (Kostopoulos et Koufos 1994, 1997 ; Kostopoulos 1996 : Caprinae indét. pl. XXVII Figure 1 et 2) puis attribuée à *Hemitragus* (Kostopoulos *et al.* 2002) (Tableau 3.27).

La vallée labiale des prémolaires est nette et les lobes sont distincts (Figure 3.89 : B). Le paraconide de p3 est ouvert vers l'avant. Le métaconide est à peine dilaté et en arrière la surface est oblique vers le milieu de la couronne. La p4 est molarisée. Le métaconide est en nette saillie, l'entoconide l'est beaucoup moins. Ils sont séparés par un sillon. La base de la couronne, enchâssée dans l'os, n'est pas visible. Il en est de même pour la m1. La face linguale de la m2 et de la m3 est dégagée. Cette dernière a perdu son dernier lobe. Le métastylide est bien net et allongé, comme sur les spécimens SL 73 de Slivnitsa et UP 503 de Villány-Kalkberg (Figure 3.88 : D ; Figure 3.89 : A). Le métastylide est spécialement développé sur la m3 où il occupe presque toute la hauteur de la couronne, ce qui distingue cette dent de celles de Slivnitsa et Villány-Kalkberg. En revanche, les dimensions sont du même ordre de grandeur (Tableau 3.28 à Tableau 3.31).

Il est pour l'instant difficile de classer sûrement cette mandibule, aucune prémolaire inférieure n'ayant été conservée à Slivnitsa ni à Villány-Kalkberg, et la m3 d'Appolonia ne possédant pas de lobe postérieur. La morphologie est en tout cas différente de celle d'*H. bonali* et le développement du métastylide est plus en rapport avec *H. orientalis*. C'est donc à ce taxon que je le rapporte.

Il existe aussi un radius gauche (APL 62 ; Kostopoulos 1996 : Figure 4 pl. XXVII) dont la morphologie est conforme au genre (Figure 3.90). Ses dimensions sont fournies dans le Tableau 3.34.

- Vólos

Hemitragus cf. *bonali* est indiqué dans cette localité du Pléistocène inférieur (Meulen et Kolfschoten 1988 ; Kostopoulos *et al.* 2002 ; Athanassiou 2002). Je n'ai pas révisé ce matériel qui compte tenu de l'âge de cette localité conviendrait plutôt à *H. orientalis*.

c.3. France

- Soleilhac

Un canon postérieur droit étiqueté "petit Bovidé", découvert lors des premières fouilles réalisées par P. Bout, est exposé au Musée Crozatier du Puy-en-Velay. La facette proximo-dorsale pour le cubonaviculaire est longue et étroite, le bord dorsal de l'articulation proximale est large

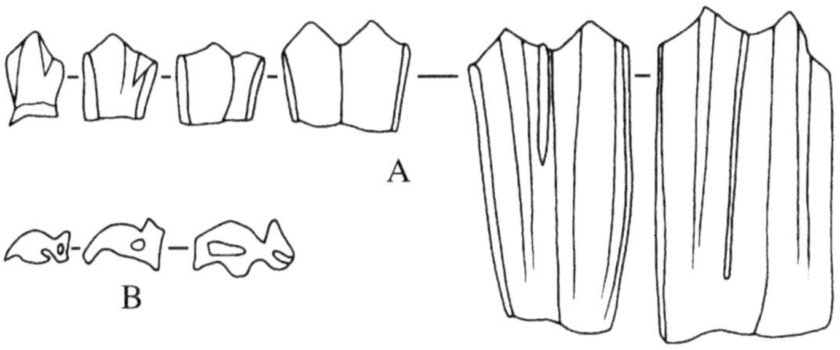

Figure 3.89. *Hemitragus* cf. *orientalis*. Site d'Appolonia I (Grèce). Dessins de l'auteur ; mise au propre par M. Buisson-Catil. Réduction : 1/1,5. **A**, rangée dentaire inférieure droite (APL 187), vue linguale. **B**, prémolaires inférieures droites (APL 187), vue occlusale. Département de Géologie et de Géographie physique (Salonique).

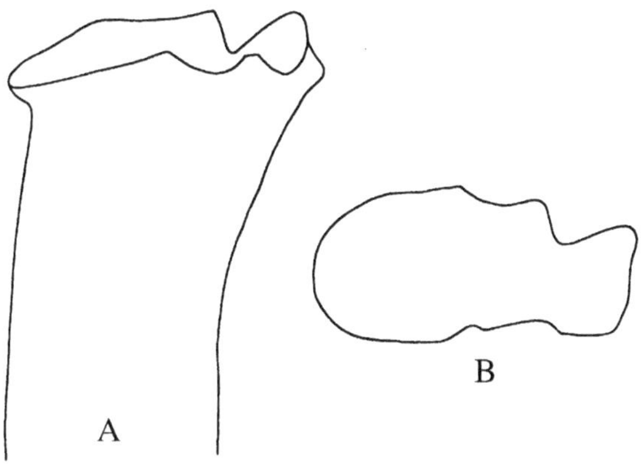

Figure 3.90. *Hemitragus* cf. *orientalis*. Site d'Appolonia I (Grèce). Dessins de l'auteur ; mise au propre par M. Buisson-Catil. Réduction : 1/1,4. **A** et **B**, radius gauche (APL 277). Département de Géologie et de Géographie physique (Salonique). **A** : vue crâniale. **B** : vue proximale.

ainsi que l'espace intercondylaire de l'articulation distale. L'ensemble de ces caractères permet de reconnaître le genre *Hemitragus*. Les dimensions coïncident avec les valeurs moyennes d'*H. bonali* (Tableau 3.49), mais les proportions le sont moins ainsi que je le développerai plus loin.

- Le Vallonnet

Plusieurs restes de tahr ont été découverts dans le site du Vallonnet et attribués à *H. bonali* (Moullé 1992, 1999). Comme je l'ai précisé dans la partie consacrée à *Soergelia*, la M3 attribuée à *Ovis* sp. (Moullé 1992 : Figure 6 et 7 p. 296) correspond en fait au tahr. En effet, on peut voir la rectitude du bord postérieur du deuxième lobe ce qui est contraire à *Ovis* chez qui il est plus convexe en vue linguale. La deuxième phalange (1992 : Figure 11 et 12 p. 309) a un tubercule axial fortement développé et le condyle disto-axial est relativement saillant vers le bas ce qui est caractéristique d'*Hemitragus* : chez *Ovis* le tubercule est moins net et la saillie distale des condyles est faible. Le canon postérieur (1992 : Figure 13 et 14 p. 312) est beaucoup plus court que celui d'*Ovis* : environ 156 mm au Vallonnet (d'après la photographie) pour 235 mm chez *O. a. antiqua* de l'Arago et 196 mm chez *O. argaloides* de Čertova Díra (Tableau 3.113). À l'articulation proximale, contrairement à *Ovis*, la différence d'épaisseur entre bord médial et bord latéral est faible, la facette pour le petit cunéiforme n'est pas saillante ni proximalement, ni plantairement. La morphologie des jugales de la série dentaire supérieure attribuée à *H. bonali* (1992 ; Figure 1 et 2 p. 321) ainsi que la M3 (1992 : Figure 3 et 4 p. 323) est conforme au genre. J'ai pu examiner et mesurer le moulage de la M2 de la série dentaire (LAPM. n° R. 11589, moulage F 21) (Tableau 3.24). Le mésostyle est saillant à la base et convexe ce qui distingue cette pièce d'*H. bonali* chez qui le fût est plus rectiligne.

Dans l'état actuel des connaissances, la population du Vallonnet ne peut être intégrée dans l'espèce *bonali*. Elle pourrait correspondre à un stade évolué d'*H. orientalis* (Spassov et Crégut-Bonnoure 1999).

c.4. Italie

Un "*Hemitragus* cf. *H. stehlini*" est signalé dans la faune villafranchienne de Collepardo (Latium ; *in* Gliozzi *et al.* 1997). En l'absence de description et de figuration, il est impossible de confirmer cette attribution. *H. stehlini* étant synonyme d'*H. bonali*, il est peu probable qu'il s'agit de ce taxon qui, nous le verrons plus loin, est plus récent.

La même mention figure pour le site de Colegordo (Alberdi *et al.* 1998 : 524-525).

d. Répartition chronologique et géographique

H. orientalis existe à Csarnóta 2 d'âge Pliocène terminal (Jánossy 1986), à Villány-Kalkberg-Nord qui est la localité type du Villanyen (Pliocène terminal, Villafranchien moyen) et dans celle de Slivnitsa qui est datée du Villafranchien moyen (Biozone de Senèze ; Spassov et Crégut-Bonnoure 1999).

C'est sûrement le même taxon que l'on retrouve à la fin du Pléistocène inférieur, peut-être sous une forme évoluée, à Appolonia I, au Vallonnet ainsi qu'à Soleilhac (Bout 1976 ; Bonifay et Bonifay 1983).

D. Hemitragus albus (Moyá-Solá, 1987)

Dans son étude de 1987 sur la faune de Venta Micena (Orce, Espagne), S. Moyá-Solá attribue les restes d'un petit *Caprini* à *Capra alba*. Sa révision m'a permis de l'attribuer à *Hemitragus* et de proposer une néodiagnose (Crégut-Bonnoure 1999) que je livre ci-après avec quelques modifications.

a. Néodiagnose

Synonymie simplifiée

1981 *Hemitragus* sp., Moyá-Solá, Agusti, Gibert et Pons-Moyá, p. 40, p. 44 et p. 45

1985 *Hemitragus* sp., Agusti, Anadon, Gibert, Julia, Martin-Suarez, Menendez, Moyá-Solá, Pons-Moyá, Rivas et Toro, p. 34

1986 *C. alba*, Moyá-Solá et Menendez, p. 291

1987 *Capra alba*, MOYÁ-SOLÁ, p. 212-220 ; Figure 28 p. 213 ; Figure 29 et 30 p. 214 ; Figure 31 et 32 p. 215 ; Figure 33 et 34 p. 216

1992 *Capra alba*, Martinez-Navarro, p. 44-45, pl. 26 p. 82

1992 *Capra alba*, Agusti et Moyá-Solá, p. 72, Tableau p. 70

1992 *C. alba*, Crégut-Bonnoure, p. 178-179 (1992 a)

1996 "*Capra*" *alba*, Crégut-Bonnoure et Guérin, p. 82-83

1998 *Capra alba*, Agusti et Moyá-Solá, p. 514, p. 517

1998 *Capra alba*, Alberdi, Caloi et Palombo, p. 527

1999 *Hemitragus albus*, Crégut-Bonnoure, p. 191-198 ; Figure 1 et 2 p. 202 ; Figure 4 et 5 p. 203 ; Figure 6 et p. 204 ; Figure 10 et 11 p. 206 ; Figure 12 et 13 p. 207 ; Figure 14 et 16 p. 208 ; Figure 17 à 20 p. 209, pl. I p. 210

1999 *H. albus*, Spassov et Crégut-Bonnoure, p. 496

Holotype

Fragment crânien comprenant une partie du frontal, le pariétal, l'occipital et la partie basilaire de l'occipital, l'ensemble de ces ossements ne pouvant être recollés entre eux, VM 82-C1 2283, collection de l'Institut Miguel Crusafont, Sabadell (Espagne) (Moyá-Solá 1987, pl.8, p. 233 ; Figure 1 et 2).

Paratype

Fragment crânien comprenant le frontal droit, la base de la cheville osseuse et une partie interne du frontal gauche, cheville osseuse gauche incomplète et isolée, VM 82-C3-1459 a et b, collection de l'Institut Miguel Crusafont, Sabadell (Espagne) (Crégut-Bonnoure 1999, Figure 2).

Locus typicus

Site espagnol de Venta Micena, Andalousie, près du village d'Orce.

Stratum typicum

Horizon lacustre d'âge Pléistocène inférieur.

Néodiagnose

Hemitragus aux dents de taille moyenne et au squelette post-crânien gracile. Arrière crâne semblable à celui d'*H. bonali* à l'exception de la partie basilaire de l'occipital à tubercules rostraux plus écartés que les caudaux comme chez *H. hylocrius*. Chevilles osseuses de section elliptique ; face antérieure étroite pourvue d'une arête. Dents jugales morphologiquement identiques à celles d'*H. bonali* du Pléistocène moyen sauf pour la M3, la p3 et la p4 : face distale de la M3 à gouttière profonde bordée lingualement par un pli vertical accusé ; p3 à métaconide subrectiligne, faiblement dilaté, et à vallée antérieure profonde et à base élargie ; p4 à paraconide et métaconide séparés par une courte vallée apicale ; base linguale de la couronne plane à l'avant. Longueur des prémolaires supérieures du même ordre de grandeur que celles d'*H. bonali* mais P3 relativement courte à la base et extrémité apicale de P4 plus étroite. Longueur des molaires supérieures de l'ordre de grandeur d'*H. bonali* de l'Arago à l'exception de la M1 qui est relativement plus longue à Venta Micena. M1 et M2 à extrémité apicale étroite, proportionnellement similaires à *H. orientalis*. Longueur de la surface interstylaire antérieure de la M3 intermédiaire entre les populations de l'Escale et de l'Arago. Longueur des prémolaires et molaires inférieures et épaisseur de p4 et m1 de l'ordre de grandeur du tahr de l'Arago. p3, m2 et m3 étroites au sommet. Proportions de la m1 semblables à celles d'*H. orientalis*. Morphologie du post-crânien identique à celle d'*H. bonali* du Pléistocène moyen à l'exception de l'articulation proximale du canon antérieur, dont la facette pour l'onciforme est de contour trapézoïdal, de la face plantaire du cubonaviculaire interrompue par un sillon longitudinal et du canon postérieur dont la diaphyse est dorsalement parcourue de trois forts reliefs longitudinaux et dont le bord plantaire de l'articulation proximale est doté d'un fort tubercule médial. Radius aussi long que celui d'*H. bonali* de l'Escale mais os canons plus allongés en moyenne. Articulation distale de l'humérus et proximale du radius plus courtes, surtout au niveau du capitulum, et moins épaisses. Articulation proximale du canon antérieur plus petite que celle d'*H. bonali* de l'Escale, notamment au niveau de la facette pour l'onciforme, mais articulation distale plus élargie au niveau sus articulaire, à quilles plus ramassées et moins épaisses. Articulation proximale du canon postérieur plus aplatie que celle d'*H. bonali* de l'Escale mais proportions des facettes articulaires semblables, diaphyse moins large, articulation distale plus étroite.

b. Description

La description détaillée du matériel de Venta Micena figure dans É. Crégut-Bonnoure (1999). Le résumé que l'on peut en faire est présenté ci-après. Les dimensions sont groupées dans les Tableaux 3.21 à 3.31 pour les dents jugales, dans les Tableaux 3.33 à 3.42 pour le membre thoracique et dans les tableaux 3.44 à 3.49 pour le membre pelvien.

b.1. Crâne

Il est représenté par trois spécimens incomplets. L'holotype a été reconstitué sans tenir compte des cassures. Ainsi, une partie de l'os a disparu entre la base et l'apex des chevilles osseuses. La face rostrale de la cheville osseuse droite est absente et a été reconstituée en totalité. C'est le cas aussi de la zone située entre le supra occipital et sa partie basilaire. Enfin le raccordement du pariétal et de l'occipital gauches n'est pas naturel. Le profil crânien, l'angulosité occipito-pariétale, la saillie des condyles occipitaux et l'allure des chevilles osseuses, tels qu'on peut les voir sur la planche 8 du travail de S. Moyá-Solá (1987), ne correspondent donc pas forcément à la réalité. La suture fronto-pariétale n'est pas synostosée ce qui est l'indice d'un individu relativement juvénile. En *norma lateralis*, la face caudale de la cheville osseuse droite est modérément concave et très comparable au spécimen isolé VM 1459 a (Crégut-Bonnoure 1999 : Figure 1 a et 2 c). Le profil transversal du pariétal est convexe (Crégut-Bonnoure 1999 : Figure 1 b). Une gouttière longitudinale est visible entre les tubercules rostraux de la partie basilaire de l'occipital. Ceux-ci sont plus larges que les tubercules caudaux, comme chez *H. hylocrius* (l'inverse s'observe chez *H. jemlahicus*).

Le fragment VM 82-C3 1459b (Moyá-Solá 1987 : pl. 9, phot. e et f ; Crégut-Bonnoure 1999 : pl. I, phot. 2; Figure 2 a et b), qui comporte le frontal droit, la base de la cheville osseuse, la suture frontale et une partie interne du frontal gauche permet d'apprécier le faible écartement des chevilles à la base (14 mm) ainsi que le contour caudal qui est régulièrement convexe. La cheville osseuse gauche existe (VM 82 C3 1459 a ; Crégut-Bonnoure 1999 : pl. I, phot. 2 ; Figure 2 c) mais ne peut être raccordée. Le foramen supra-orbitaire, situé à environ 40 mm de la base de la cheville, est important. En *norma lateralis*, le profil frontal est plan dans sa partie rostrale. Il s'infléchit caudalement entre les chevilles dessinant une forte convexité.

b.2. Dents jugales supérieures

Les prémolaires, plus particulièrement P2 et P3, possèdent un parastyle et un métastyle étroits en comparaison du pli du métacône qui est bien dégagé.

Les molaires ont des styles plus étroits que ceux d'*H. bonali*. Le métastyle de la M3 est subrectiligne. Le lobe postérieur présente sur sa face distale une gouttière longitudinale délimitée lingualement par pli vertical accusé. Sur quelques spécimens, on trouve un épaississement cingulaire vestibulo-basal.

b.3. Dents jugales inférieures

Le conide de la p2, à base élargie, est en position centrale et encadré par deux vallées. La vallée linguale de la p3 est profonde et sa base à un contour plutôt arrondi (Crégut-Bonnoure 1999 : pl. I, phot. 3). La dilatation du métaconide, qui est subrectiligne, est faible ; le sillon labial est peu profond. En vue occlusale, le parastylide est plus ou moins ouvert vers l'avant selon les spécimens.

Parmi les p4 il y a un spécimen peu usé (VM 84 K 6); le parastylide est peu marqué et la dilatation du paraconide, très faible, est limitée à l'extrémité supérieure de la couronne. Ce dernier denticule est à ce niveau séparé du métaconide par une étroite vallée en "V". La dilatation du métaconide est limitée à l'apex. La base de la couronne est ainsi plane en dessous de ce denticule et du paraconide. L'entoconide est différencié en une fine colonnette séparée du métaconide par un sillon étroit et profond que l'on suit jusqu'à la base de la couronne. Le repli du métastylide est net.

Les molaires inférieures ont un pli caprin net à très accentué. Les conides linguaux des deux premières molaires sont bien dilatés. Le bord postérieur de la m3 est étroit et ne s'épaissit qu'à la base de la dent. Le bord distal est rectiligne à très légèrement convexe.

b.4. Squelette post-crânien

Le squelette présente les caractères morphologiques relevés chez *H. bonali* à l'exception du canon antérieur, du cubonaviculaire et du canon postérieur. En effet, la facette pour l'onciforme du canon antérieur a un contour trapézoïdal, ce qui s'observe habituellement chez *Capra*. Le tubercule de la face plantaire du cubonaviculaire est interrompu par un sillon longitudinal (Crégut-Bonnoure 1999 ; Figure 15 a), là aussi comme chez *Capra*. Sur le canon postérieur (Moyá-Solá 1987 : pl. 9, phot. a à d ; Crégut-Bonnoure 1999 : pl. I, phot. 4 et 5) trois reliefs longitudinaux ornent la face proximo-dorsale : deux latéraux et un médian qui descend le plus bas (Crégut-Bonnoure 1999 : pl. I, phot. 4) ; ils sont moins nets chez les *Hemitragus* du Pléistocène moyen et actuels. La gouttière médiane de la face dorsale est assez profonde et bordée distalement par des bords plus aigus que ceux d'*H. bonali*.

c. Matériel attribué à *H. albus*

L'espèce est signalée dans plusieurs localités du bassin d'Orce : Barranco Léon (Agusti *et al.* 1987), Fuente Nueva 2 (Moyá-Solá et Menendez 1986), Fuente Nueva 3 (Turcq *et al.* 1996) ainsi que dans le bassin de Guadiz-Baza (Moyá-Solá et Menendez 1986). À ma connaissance, aucune description de ce matériel n'existe.

d. Répartition chronologique et géographique

H. albus n'est connu pour l'instant que du sud de l'Espagne, dans le bassin de Guadiz-Baza. Les localités datent toutes du Pléistocène inférieur (unité faunique de Farneta).

E. Hemitragus bonali Harlé et Stehlin, 1913

Longtemps confondue avec *Capra*, l'espèce se révèle très abondante en Europe occidentale notamment en France. Le nombre important de pièces en excellent état de conservation permet aujourd'hui de proposer une diagnose plus complète que celle qui a été publiée en 1913 par E. Harlé et H.G. Stehlin et dont on trouvera un résumé dans les Tableaux 3.125 à 3.127.

a. Néodiagnose

Synonymie simplifiée

1902 Wieldziegen (der *Capra jemlaica* nahestehend), Toula, p. 5

1907 *Ovis* cf. *ammon*, Toula, p. 307

1907 *Capra* cf. *aegagrus*, Toula, p. 307

1907 *Capra* cf. *jemlaica*, Toula, p. 307

1908 *Capra jemlahica*, Freudenberg, p. 218

1908 *Ovis* cf. *ammon*, Freudenberg, p. 215

1908 *Capra aegagrus*, Freudenberg, p. 217

1913 *Hemitragus bonali*, HARLÉ et STEHLIN, p. 422-431 ; Figure 1 p. 424 ; Figure 2 à 4 p. 425

1913 *Hemitragus* de Hundsheim, Harlé et Stehlin, p. 430

1914 *Capra* (*Hemitragus*) *Stehlini* n. sp., Freudenberg, p. 35 ; Figure 3, 9 à 11, 22, 23, 26 et 27, pl. V Figure 6 à 8, pl. VI 1 b à 1 f, pl. 7 Figure 5, 5 a et 5 b

1914 *Ovis* (*Ammotragus*) *Toulai* n. sp., Freudenberg, p. 35 ; Figure 4, 6 à 8, pl. V Figure 9, 9, 14 et 15, pl. VI Figure 1 a, 3a, 3b, 6 et 7, pl. VII Figure 6 a et 6 b

1914 *Capra Künssbergi* n. sp., Freudenberg, p. 71 ; Figure 5, 12, 14, 20, 21 et 34, pl. VI Figure 2 a et 2 b, pl. VII Figure 3

1914 *Ibex* cf. *priscus*, Freudenberg, p. 42 ; Figure 13 et 28

1932 *Hemitragus Bonali*, Schaub, p. 324

1932 *Ammotragus toulai*, Schaub, p. 324

1932 *Hemitragus stehlini*, Schaub, p. 325

1933 *Hemitragus*, Sickenberg, p. 47

1934 *Capra künsbergi* (*sic*), Toepfer, p. 280

1938 *Capra künssbergi*, Mottl, p. 97

1948 *Hemitragus*, Zapfe, p. 157

1948 *Hemitragus stehlini*, Thenius, p. 198

1953 *Hemitragus*, Thenius, p. 237

1954 *Hemitragus*, Zapfe, p. 35

1954 *Hemitragus*, Thenius, p. 281

1954 „*Ammotragus*" *toulai*, Thenius, p. 281

1956 *Hemitragus stehlini*, Koby, p. 106

1957 *Hemitragus stehlini*, Charles, p. 140

1962 *Hemitragus stehlini*, Thenius, p. 76, pl. 2 (1962 a)

1962 *Hemitragus stehlini*, Thenius, p. 72, pl. IX Figure 36 (1962 b)

1962 *Hemitragus stehlini*, Thenius, p. 72, pl. VII Figure 36 (1962 c)

1962 *Capra Künssbergi*, Couturier, p. 559

1963 *Hemitragus stehlini*, Toepfer, p. 156

1963 *Ammotragus toulai*, Toepfer, p. 156

1965 *Hemitragus jemlahicus bonali*, Daxner et Thenius, p.6

1965 *Hemitragus stehlini*, Daxner et Thenius, p. 2, 4 et 6

1965 *Capra künssbergi*, Daxner et Thenius, p. 2, 3, 4 et 6

1965 *Ammotragus toulai*, Daxner et Thenius, p. 2, 3, 4 et 6

1965 *Ibex priscus*, Daxner et Thenius, p. 2, 3, 4 et 6

1968 *Hemitragus bonali*, Daxner, p. 312, 327, 328, 329

1968 *Hemitragus jemlahicus bonali*, Daxner, p. 312, 330 ; Figure 2 p. 312 ; Figure 3 p. 314 ; Figure 4 p. 315 ; Figure 6 p. 317 ; Figure 7 p. 319 ; Figure 8 p. 320 ; Figure 9 p. 321 ; Figure 10 p. 322 ; Figure 11 p. 323 ; Figure 12 p. 324

1968 *Capra Künssbergi* n. sp., Daxner, p. 310

1968 *Capra künssbergi*, Daxner, p. 330

1968 „*Capra künssbergi*", Daxner, p. 311, 313, 318

1968 *Ovis* (*Ammotragus*) *Toulai* n. sp., Daxner, p. 310

1968 *Ovis* (*Ammotragus*) *toulai*, Daxner, p. 311

1968 "*Ovis* (*Ammotragus*) *toulai* ", Daxner, p. 318

1968 "*Ammotragus toulai*", Daxner, p. 313

1968 *Ammotragus toulai*, Daxner, p. 330

1968 *Capra* (*Hemitragus*) *Stehlini* n. sp., Daxner, p. 310

1968 „*Hemitragus stehlini*", Daxner, p. 313, 318

1968 *Hemitragus stehlini*, Daxner, p. 330

1968 "*Ibex priscus*", Daxner, p. 318

1969 bouquetin, Lumley-Woodyear, p. 143

1969 *Capra* sp., Lumley-Woodyear, p. 223

1969 *Capra ibex*, Lumley-Woodyear, p. 296

1972 *Hemitragus* cf. *bonali*, Laville, Prat et Thibault, p. 101-109, pl. 4 p. 100, pl. 5 p. 102, pl. 6 p. 106 ; Figure A p. 108

1973 *Capra ibex*, Bouchud, p. 53

1974-1975 "*Hemitragus bonali*", Bonifay, p. 215-302 ; Figure 2 p. 217 ; Figure 3 p. 220 ; Figure 4 p. 222 ; Figure 5 p. 225 ; Figure 6 p. 226 ; Figure 7 p. 228 ; Figure 8 p. 233 ; Figure 9 p. 236 ; Figure 10 et 11 p. 237 ; Figure 12 p. 238 ; Figure 13 p. 241 ; Figure 14 p. 242 ; Figure 15 p. 243 ; Figure 16 et 17 p. 244 ; Figure 18 p. 245 ; Figure 19 p. 248 ; Figure 20 p. 251 ; Figure 21 p. 252 ; Figure 22 p. 253 ; Figure 23 p. 254 ; Figure 24 p. 256 ; Figure 25 p. 257 ; Figure 26 p. 258 ; Figure 27 et 28 p. 259 ; Figure 29 p. 260 ; Figure 30 p. 263 ; Figure 31 et 32 p. 264 ; Figure 33 p. 265 ; Figure 34 p. 266, Figure 35 p. 267 ; Figure 36 p. 270 ; Figure 37 p. 271 ; Figure 38 p. 272 ; Figure 39 p. 274

1976 *Hemitragus bonali*, Delpech et Heintz, p. 389

1976 *Hemitragus* cf. *bonali*, Delpech et Heintz, Tableau III p. 392

1976 *Capra ibex*, Lumley, Lumley, Miskovsky, Renault-Miskovsky, Boudin et Peneaud, p. 327

1979 cf. *Hemitragus bonali*, Crégut, p. 260-274 ; Figure 26 p. 177, phot. 34 A et B

1980 cf. *Hemitragus bonali*, Crégut, p. 751-752

1980 *Hemitragus* sp., Mourer-Chauviré et Renault-Miskovsky, p. 285-286

1980 *Hemitragus bonali*, Delpech et Prat, p. 276

1981 *Capra ibex*, Brugal, p.101, p. 115 et 116 ; Figure 12 p. 116 (1981 a)

1981 cf. *Hemitragus*, Carbonell, Estevez, Moyá-Solá, Pons- Moyá, Agusti et Villalta, p. 50, p. 52 et 53

1981 cf. *Hemitragus bonali*, Crégut-Bonnoure, p. 226

1981 *Hemitragus bonali*, Crégut-Bonnoure, p. 231

1983 *Hemitragus bonali*, Delpech, Prat et Rigaud, p. 25-28 ; Figure 1 p. 26 ; Figure 2 p. 27

1984 *Hemitragus bonali*, Martini-Jacquin, p. 382 (1984 a)

1985 Thar (sic), Delpech et Prat, p. 43

1986 *C. alba* (*pro parte*), Moyá-Solá et Menendez, p. 291

1987 *Hemitragus* d'Hundsheim, Crégut-Bonnoure ; Figure 3 p. 50 ; Figure 4 p. 53 ; Figure 5 p. 55 ; Figure 6 p. 57 ; Figure 7 p. 58 ; Figure 8 p. 61 ; Figure 9 p. 63 ; Figure 10 p. 67 ; Figure 11 p. 69 ; Figure 12 p. 71

1987 *Hemitragus* de l'Escale, Crégut-Bonnoure ; Figure 3 p. 50 ; Figure 4 p. 53 ; Figure 5 p. 55 ; Figure 6 p. 57 ; Figure 7 p. 58 ; Figure 8 p. 61 ; Figure 9 p. 63 ; Figure 10 p. 67 ; Figure 11 p. 69 ; Figure 12 p. 71

1988 *Hemitragus*, Crégut-Bonnoure, p. 255-258, phot. A et B p. 256 ; Figure 1 et 2 p. 257 ; Figure 3 et 4 p. 258 (1988 a)

1988 *Hemitragus bonali*, Delpech, p. 242-246 ; Figure 34 p. 243 ; Figure 35 et 36 p. 244 ; Figure 27 et 38 p. 245 ; Figure 39 et 40 p. 246

1989 Capridé, Bonifay, p. 6 et 9

1989 Caprinae indet., et *Hemitragus* sp., Bonifay et Bussière, p. 18

1989 Capridae indet., Bonifay ; Figure 1 p. 10

1989 *Hemitragus bonali*, Crégut-Bonnoure, p. 653-661, pl. 1 Figure 7, 8 et 11

1990 *Hemitragus*, Rouzaud, Soulier, Brugal et Jaubert, p. 98

1992 *Hemitragus bonali*, Crégut-Bonnoure, p. 178 (1992 a)

1992 *Hemitragus bonali*, Crégut-Bonnoure, p. 50 (1992 b)

1992 *Hemitragus bonali*, Crégut-Bonnoure, p. 86, p. 88 ; Figure 1 p. 86 Figure 2 et 3 p. 87 (1992 c)

1992 *Hemitragus bonali*, Aouraghe, p. 360-377 ; Figure 172 p.364 ; Figure 173 p. 365 ; Figure 174 p. 366 ; Figure 175 p. 369 ; Figure 176 p. 370 ; Figure 177 p. 371 ; Figure 178 et 179 p. 374 ; Figure 182 p. 396 ; Figure 184 p. 379

1995 Le thar (sic), genre *Hemitragus*, Delpech et Prat, p. 128-130 ; Figure 3 p.129

1995 *Hemitragus bonali*, Crégut-Bonnoure, p. 71, p. 75, p. 77, p. 79, p. 80, p. 82, p. 83, p. 86, p. 87, p. 98, p. 102 et 103 ; Figure 61 n° 5 p. 70 ; Figure 63 p. 72 ; Figure 65 n° 2 p. 72 ; Figure 64 n° 2, 6 et 7 p. 73 ; Figure 66 et 67 p. 74 ; Figure 75 n° 2, 4, 7, 8, 10, 14, 15, 18, 19, 22 ; Figure 69 n° 1d, 2 c et d, 3 c et d, 5 b, 7 d ; Figure 70 n° 3, 4 et 6 p. 77 ; Figure 72 n° 5 et 6 p. 78 ; Figure 73 p. 78 ; Figure 75 n° 2b p. 80 ; Figure 77 p. 81 ; Figure 80 et 81 p. 82 ; Figure 83 p. 83 ; Figure 86 à 88 p. 85 ; Figure 91 p. 87 ; Figure 95 p. 90 ; Figure 97 p. 91 ; Figure 99 p. 92 ; Figure 100 p. 93 ; Figure 103 p. 94 ; Figure 105 p. 95 ; Figure 107 p. 96 ; Figure 108 et 109 p. 97 ; Figure 110 et 111 p. 99 ; Figure 112 n° 4 à 6 p. 100 ; Figure 113 n° 5 à 8 p. 101 ; Figure 114 n° 1 à 3 et 8 à 11 p. 102 (1995 a)

1996 *Hemitragus bonali*, Crégut-Bonnoure et Guérin, p. 84-85

1996 *Hemitragus* sp., Crégut-Bonnoure, p. 98

1996 *Hemitragus bonali*, Monchot, p. 211-259 ; Figure 58 p. 211 ; Figure 59 p. 224 ; Figure 60 p. 230 ; Figure 61 p. 245 ; Figure 62 p. 253 ; Figure 63 p. 255 ; Figure 64 p. 256

1996 *Capra ibex*, Monchot, p. 265-267

1998 *Hemitragus bonali*, Monchot p. 372

1998 *Capra* sp., Monchot, p. 372

1998 *Capra* sp., Agusti et Moyá-Solá, p.516

1999 *Hemitragus bonali*, Aouraghe, p. 567

1999 *Hemitragus bonali*, Crégut-Bonnoure, p. 193-200 ; Figure 3 p. 202 ; Figure 4 et 5 p. 203 ; Figure 6 et 7 p. 204 ; Figure 8 et 9 p. 205 ; Figure 10 et 11 p. 206 ; Figure 12 et 13 p. 207 ; Figure 16 p. 208 ; Figure17 et 18 p. 209, pl. II phot. 1 et 2 p. 211

Holotype

Frontal pourvu de la base des deux chevilles, n° G 58, collection du Muséum d'Histoire naturelle de Bâle, Harlé et Stehlin, 1913 ; Figure 1 p. 424 ; Figure 2 à 4 p. 425.

Locus typicus et *stratum typicum*

Grottes de Céou ou grotte Harlé ou encore grotte III de l'inventaire de J. Lachastre, Castelnaud (Dordogne). Pléistocène moyen.

Néodiagnose

Arrière crâne plus développé que celui d'*H. jemlahicus*. Frontal long, légèrement convexe de part et d'autre de la suture sagittale puis concave dans l'axe des foramens supra-orbitaires, légèrement gonflé dans l'axe de la face rostrale des chevilles. Bord supérieur des orbites plus élevé que le plan du frontal et situé dans le prolongement du bord rostral des chevilles. Bords latéraux du frontal en arrière des orbites plan et vertical. Foramen supra-orbitaire simple, de grosses dimensions, prolongé dans sa partie rostrale par une gouttière s'interrompant au niveau du lacrymal. Chevilles osseuses creusées de sinus dans leur intégralité, courtes, dans le même plan que le frontal en *norma lateralis*. Elles sont rapprochées à la base et divergentes vers l'extérieur et vers l'arrière, la courbure s'accentuant à mi-hauteur ; section ovalaire ; face rostrale étroite pourvue d'une arête ; épaisseur constante et apex large. Pariétal à surface supérieure plan-convexe et latéralement convexe et gonflé (bourrelet). Occipital pincé de part et d'autre du prolongement de la protubérance occipitale externe. Partie basilaire de l'occipital comparable à celle d'*H. jemlahicus*. Paracône des prémolaires supérieures développé. Parastyle des molaires supérieures généralement épais à la base. Présence d'une carène à l'angle disto-lingual du deuxième lobe de la M3. Hypoconide de p3 et p4 étroit et sillon labial faible. Métaconide de p3 coudé, à dilatation variable dans le temps. Dilatation du métaconide et de l'entoconide de p4 variable dans le temps (jusqu'à la base ou jusqu'au milieu de la couronne) ; vallée post-métaconide profonde et sillon post-entoconide net. Pli caprin des m3 accusé et dernier lobe le plus souvent légèrement divergent à la base.

b. Matériel attribué à *H. bonali*

b.1. France

- <u>Bouches-du-Rhône</u>

Le site de la grotte de l'Escale à Saint Estève Janson est le plus riche d'Europe occidentale en nombre d'individus (Bonifay 1974-1975). Son intérêt réside dans la présence d'éléments entiers. La collection est désormais conservée au Musée national de Préhistoire des Eyzies de Tayac. Les dimensions sont les plus fortes relevées à ce jour en France (Tableau 3.20 à 3.51).

Le crâne de l'individu B 70 (Bonifay 1974-1975 : Figure 3) (Tableau 3.20), bien que déformé, permet de constater que la forme du lacrymal est conforme au genre actuel. La projection latérale des orbites est plus importante que chez *H. jemlahicus* mais moins que chez *H. jayakari*. L'arrière crâne est moins vertical que celui d'*H. jemlahicus*, ressemblant plus à celui d'*H. hylocrius* (Figure 2.72 ; Figure 2.73 ; Figure 3.91 : A).

Parmi les caractères propres à la population j'indiquerai pour le canon antérieur la forte divergence des quilles (en "V" à pointe distale) sur la face dorsale et la position haute de la base de la lèvre trochléenne proximo-dorsale du talus.

- <u>Vaucluse</u>

Trois éléments osseux proviennent de l'une des cavités de la barre de Bérigoule à Murs (Le Fahler 1995), peut-être la Baume Troucade (Crégut-Bonnoure 1996). Il s'agit d'un onciforme, d'un talus et d'une moitié inférieure de première phalange conservés au Muséum d'Histoire naturelle d'Avignon (Tableau 3.38 ; Tableau 3.46). Les caractères morphologiques correspondent à ceux du tahr.

- <u>Alpes-Maritimes</u>

Le matériel de la plage fossile de Terra Amata à Nice, conservé au Musée de Préhistoire de Terra Amata à Nice, comprend quelques restes fragmentaires attribués à *Hemitragus* (Mourer-Chauviré et Renault-Miskovsky 1980).

Les dents jugales sont représentées par neuf débris et une p2 gauche (I16 DM 2436) de même morphologie que celle des individus de l'Escale. Les fragments de lobes des molaires supérieures sont tous caractérisés par des styles étroits.

Il existe une scapula gauche incomplète (K20 PV 2147). Je n'ai pas observé de différence entre la cavité glénoïdale de ce spécimen et ceux de l'Escale (Crégut-Bonnoure 1995 : Figure 75 2 b). Elle est d'assez petite taille (Tableau 3.32). Du radius ne subsiste qu'une moitié proximo-latérale. Le processus coronoïde médian en saillie, le bord crânial de la surface articulaire pour le capitulum plus élevé que celui répondant à la trochlée ainsi que la position basse de la tubérosité externe du ligament latéral de l'articulation huméro-radiale permettent de déterminer le genre *Hemitragus*. Les dimensions sont proches des minima notés chez *H. bonali* de l'Escale (Tableau 3.34).

- <u>Alpes-de-Haute-Provence</u>

H. bonali est présent dans les niveaux inférieurs de la grotte de la Baume Bonne, parallélisés avec le stade isotopique 8 (Psathi 1996 ; Valensi *et al.* 2001). J'ai pu examiner une M3, provenant de déblais, qui présente tous les caractères morphologiques et biométriques de l'espèce (Tableau 3.25).

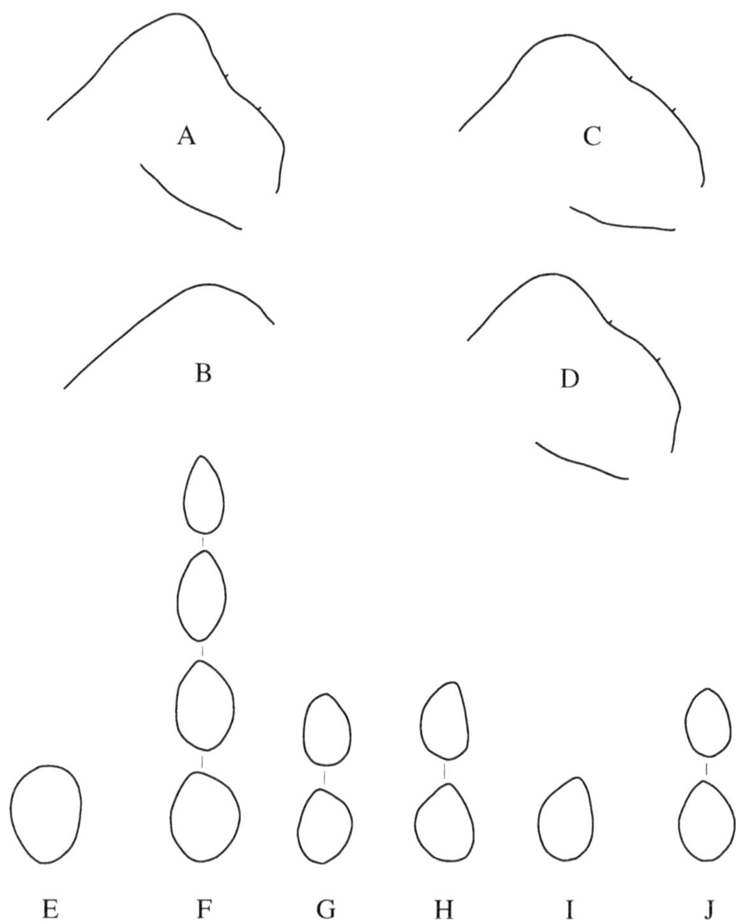

Figure 3.91. *Hemitragus bonali* Harlé & Stehlin (**A**, **B**, **E**, **F** et **J**) et *Hemitragus cedrensis* Crégut-Bonnoure (**C**, **D**, **G**, **H** et **I**). Site de l'Escale (France ; **A**, **B** et **F**), de la Grotte Harlé (France ; **E**), de Hundsheim (Autriche ; **J**) et de Cimay (France ; **C**, **D**, **G**, **H** et **I**). Réduction : 1/4. Relevés et dessins de l'auteur ; mise au propre par M. Buisson-Catil. **A** à **D** : crâne, sections sagittales du nasal à la partie basilaire de l'occipital. **E** à **J** : chevilles osseuses gauches (sauf F et G), sections de 5 en 5 cm ; face rostrale vers le haut, base au bas des colonnes. **A**, n° 92 950 (Musée national de Préhistoire, Les Eyzies). **B**, n° B 70 (Musée national de Préhistoire, Les Eyzies). **C** : n° 244 (Musée national de Préhistoire, Les Eyzies). **D** : n° 120 (Musée national de Préhistoire, Les Eyzies). **E** : type d'*Hemitragus bonali*, n° 58 (Musée d'Histoire naturelle de Bâle). **F** : n° 10 248 (Musée national de Préhistoire, Les Eyzies). **G** : n° 120 (Musée national de Préhistoire, Les Eyzies). **H** : n° 244 (Musée national de Préhistoire, Les Eyzies). **I** : n° 109 (Musée national de Préhistoire, Les Eyzies). **J** : n° 1889/1/3 (Institut de Paléontologie, Vienne).

- <u>Ardèche</u>

Orgnac 3

Le nombre de spécimens trouvés à Orgnac 3 (Orgnac l'Aven) est faible (18) (Aouraghe 1992). Ce matériel est conservé au Centre européen de Recherches préhistoriques de Tautavel et a été attribué à *H. bonali.* On dénombre une P2 (couche 7), une P3 (couche 3), trois P4 (couche 4, 5 et 6), deux M1 (couches 2 et 5), deux M2 (couches 4 et 5), quatre m1 (couches 2, 3 et 5), deux m2 (couches 2 et 4) et trois m3 (couches 3,4 et 5) qui sont datées du Pléistocène moyen. Les prémolaires inférieures figurant dans l'inventaire de 1992 n'ont pu être retrouvées. Le matériel post-crânien est fragmentaire. Le fragment d'os coxal C15 6 461 ainsi que la deuxième phalange D13-7-12698 ont été attribuées à tort à ce *Caprini.*

Les dimensions (Tableau 3.21 à Tableau 3.24 ; Tableau 3.30 ; Tableau 3.31) ainsi que la morphologie générale sont celles d'*Hemitragus*. L'absence de p3, de p4 et de M3 interdit toute comparaison avec *H. bonali* de l'Escale et *H. cedrensis*.

Payre II

L'abri effondré de Payre II (Rompon) a livré plusieurs restes de *Caprini* qui ont été attribués initialement à *C. ibex* (Moncel *et al.* 1993). F. Lamarque (1996) dans son analyse faunique de la couche F attribue à *H. bonali* une deuxième prémolaire supérieure et un fragment de radius. Ces pièces n'étant ni figurées, ni décrites, il est impossible de se faire une idée précise de ce matériel.

- <u>Hérault</u>

Aldène

La cavité d'Aldène à Cesseras a fourni 19 dents jugales isolées (deux P3, deux P4, deux M1, deux M2, trois M3, une p3, une p4, une m2, cinq m3) ainsi qu'un cubonaviculaire, une première phalange antérieure, deux deuxièmes phalanges (une antérieure, une postérieure) et une troisième phalange antérieure) qui ont été rapprochées d'*H. bonali* (Bonifay, 1989). Ce matériel est conservé au Musée d'Anthropologie Préhistorique de Monaco. Il provient des couches G et I de la galerie nord ainsi que des couches X3, I et K de la galerie sud, d'âge Pléistocène moyen.

La M3 (Ald. 73 X3 1537) est celle d'un individu âgé dont la morphologie est de type *bonali* : en vue labiale fort épaississement basal du mésostyle et importante incurvation antérieure, carène du lobe postérieur. C'est aussi le cas des spécimens de la couche I (Ald. 72 I 378, Ald. 82 I 3550, Ald. 78 I 2431). La p3 (Ald. I 4189) a un métaconide coudé mais non dilaté et se révèle donc identique aux spécimens de l'Escale. La p4 (Ald. 83 I 4119) est peu usée. Le métaconide et l'entoconide sont dilatés dans la moitié supérieure de la couronne, ce qui distingue cette dent de son homologue de l'Escale chez qui la dilatation s'étend jusqu'à la base. Les m3 ont un pli caprin modéré et le dernier lobe est très peu divergent à la base.

La cubonaviculaire de la couche G montre une association de caractères d'*Hemitragus* et de *Capra*. Comme indiqué précédemment, le bourrelet de la face dorsale est interrompu par un sillon, alors que le reste de la morphologie est conforme au tahr.

Les individus de la couche I, contemporains du Mindel-Riss, sont petits. L'individu de la couche G, d'âge rissien, a des dimensions plus fortes (Tableau 3.22 à Tableau 3.25 ; Tableau 3.28 à Tableau 3.31 ; Tableau 3.41 ; Tableau 3.42 ; Tableau 3.48 ; Tableau 3.50 ; Tableau 3.51).

Balaruc VII

Sept restes osseux proviennent de cette fissure karstique des environs de Sète et leur attribution a déjà été discutée (Crégut-Bonnoure 1988 a). Les proportions s'intègrent dans les valeurs moyennes d'*H. bonali* (Crégut-Bonnoure 1988 a : Figure 1 à 4) (Tableau 3.38 ; Tableau 3.39 ; Tableau 3.46 ; Tableau 3.47 ; Tableau 3.51).

- <u>Tarn-et-Garonne</u>

Le réseau karstique de l'Igue-des-Rameaux (Saint Antonin Noble Val) a livré une cinquantaine d'ossements de tahrs accumulés dans la zone aval du site (Crégut-Bonnoure *in* Rouzaud *et al.* 1990). Le gisement daterait de la fin du Mindel-Riss ou de l'extrême début du Riss. La moitié des éléments correspond à des individus aux articulations non synostosées. Les pièces d'adultes ont une taille inférieure à celle d'*H. bonali* de l'Escale et de l'Arago, proches des valeurs d'*H. cedrensis* (Tableau 3.21 à Tableau 3.25 ; Tableau 3.28 à Tableau 3.31 ; Tableau 3.33 à Tableau 3.51). L'unique M3 en cours d'usure a un lobe postérieur caréné (Rx 90 G1N C62 178). La p3 de la série dentaire d'un jeune adulte (Rx 87 C1M 102) est caractérisée par un métaconide coudé et dilaté dans sa partie apicale, tout comme l'entoconide. Sur la face labiale, le sillon interlobaire est profond et l'hypoconide bien exprimé. La dilatation du métaconide et de l'entoconide de la p4 du même individu est aussi accentuée que chez *H. bonali*. Le pli caprin de la m3 est prononcé et la couronne divergente à la base. Le talus par la position haute de la base de sa lèvre trochléenne proximo-dorsale reste proche de la morphologie du tahr de l'Escale.

- <u>Corrèze</u>

J. Bouchud (1973) signale *C. ibex* aux Abîmes de la Fage à Noailles à partir d'une molaire supérieure (M1), de trois jugales inférieures (p3 à m1), de deux phalanges antérieures (la deuxième et la troisième d'un même individu). Neuf débris sont aussi dénombrés. Le matériel est conservé au Muséum d'Histoire naturelle de Lyon. Il convient de rectifier cette détermination, la morphologie étant caractéristique d'*Hemitragus*.

Une M3 droite (sans n° d'inventaire), non signalée dans l'inventaire de J. Bouchud, se caractérise par un métastyle vertical, un lobe postérieur écrasé et caréné (Planche 17 : 1A). La rectitude de la couronne du spécimen attribué à une M1 (n° 20041177) incite à la considérer comme une M2 (je rappellerai que la couronne des M1 est toujours pincée à la base). La p4 de la série inférieure (n° 20041176), qui comprend p4 à m2 et non p3 à m1, présente un lobe postérieur sans renflement basal. L'usure des molaires est importante et la morphologie n'est pas analysable. Les dimensions s'intègrent dans l'intervalle de variation d'*H. bonali* (Tableau 3.24 ; Tableau 3.25 ; Tableau 3.29 à Tableau 3.31).

Le tubercule d'insertion proximo-axial de la deuxième phalange antérieure (n° 2041178) est gros. Le corps de la troisième phalange correspondante (n° 2041179) est mince, et les bords latéraux de l'articulation sont sub-parallèles. Ainsi que me l'a indiqué A. Valli (communication orale), il convient d'ajouter à cet inventaire la p2 gauche (n° 20041183) attribuée à l'origine à *Rupicapra* (Tableau 3.28). Enfin, un fémur gauche (n° 20041150 et 20041151) ainsi que l'articulation distale de deux tibias (sans n° d'inventaire) peuvent être aussi rapportés au tahr. Les dimensions correspondent aux valeurs moyennes d'*H. bonali* (Tableau 3.42 à 3.44)

- <u>Lot</u>

Le genre *Hemitragus* est signalé dans l'ensemble 7 de la grotte-aven des Coudoulous I (Tour-de-Faure) d'âge Pléistocène moyen probablement rissien (Brugal *et al.* 1998 ; Jaubert *et al.* 1999). J'ai pu examiner quelques éléments mais en l'absence d'analyse détaillée, il est impossible de déterminer l'espèce. Cependant, d'après le contexte chronologique, il est hautement probable qu'il s'agit d'*H. bonali*.

- Pyrénées-Orientales

La Caune de l'Arago a fourni 853 restes osseux et dentaires le plus souvent fragmentaires, correspondant à une cinquantaine d'individus répartis essentiellement dans le complexe moyen, plus précisément les couches G et F (Crégut 1979, 1980 ; Crégut-Bonnoure 1981 ; Moigne 1983 ; Monchot 1996 ; Rivals 1999). Aucune différence statistique n'a été relevée par niveau stratigraphique, ce qui permet de considérer la population comme homogène. Ce matériel est conservé au Centre européen de Recherches préhistoriques de Tautavel. Les dimensions sont fournies dans les Tableaux 3.21 à 3.31 pour les dents jugales, dans les Tableaux 3.32 à 3.42 pour le membre thoracique et dans les tableaux 3.43 à 3.51 pour le membre pelvien.

Les chevilles osseuses, exposées au Musée de Préhistoire de Tautavel, sont conformes à l'espèce. Les dents jugales de la population de l'Arago ont une morphologie différente de celle de l'Escale. En effet, les p3 ont bien un métaconide coudé mais dilaté : sur cinq des 14 spécimens examinés la dilatation est apicale, relativement faible (n° H14 HA3 10554, H14 HAI 2886, H15 HAZ2 796, J17 JPZ5 1186, I20 IFL6 1111) ; elle est plus importante sur cinq autres dont la base de la branche verticale du métaconide est écrasée (H16 HD13 1594, G14 GA2 10553, G16 GDZ3 862, E15 EQ 10820, I21 IMD4 689). La p3 J17 JPZ 417 se distingue des précédentes par la rectitude de son métaconide dilaté jusqu'au collet. Enfin, trois spécimens ont un métaconide dilaté en une véritable colonnette (F15 FG1 10252, H10 HBL2 10419, J18 JJBF 4829). En vue labiale, le sillon interlobaire est plus net qu'à l'Escale mais moins profond que celui d'*H. cedrensis* (Crégut-Bonnoure 1995). Les p4 non usées montrent un métaconide dilaté jusqu'à la base de la couronne. La dilatation de l'entoconide est variable, pouvant se limiter à l'extrémité apicale ou bien s'étendre jusqu'au collet. Le dernier lobe des m3 est vertical. Les analyses métriques réalisées ont montré que les molaires supérieures et inférieures de l'Arago sont plus raccourcies que celles de l'Escale (Crégut-Bonnoure 1995) (Tableau 3.21 à 3.31). Pour le squelette post-crânien, je signalerai que la divergence des quilles sur la face dorsale est moins importante qu'à l'Escale.

Trois métapodes postérieurs de la couche D (séquence supérieure) ont été récemment attribués à *Capra* (Monchot 1996, 1998) mais aucune figuration n'est fournie. Ces spécimens sont exposés au Musée de Préhistoire de Tautavel. Comme on peut le voir sur la Figure 3.92, l'articulation proximale présente une face dorsale large, une facette pour le petit cunéiforme en position externe et une facette dorsale pour le cubonaviculaire allongée, ce qui correspond à *Hemitragus* et non à *Capra* (Crégut-Bonnoure 1995 : Figure 89 p. 86). L'indice des facettes pour le cubonaviculaire (mesure 16/mesure 13) avec une valeur de 0,24 s'intègre parfaitement dans le groupe *Hemitragus* dont l'indice moyen varie de 0,24 à 0,27 tandis qu'il atteint des valeurs moyennes de 0,30 chez *Capra* (Crégut-Bonnoure 1995 : 86). Les quilles dorsales sont divergentes et l'espace intercondylaire dorsal est large. Il convient donc de rectifier cette détermination et d'attribuer ces éléments à un *H. bonali* de petite taille (Tableau 3.49).

- Dordogne

Grotte Harlé

Il s'agit de la fissure karstique de Castelnaud qui a fourni le matériel type de l'espèce conservé au Muséum d'Histoire naturelle de Bâle (Harlé et Stehlin 1913). Outre le crâne, ont été découverts une P4 et une M3 droites, une p4, une m1 et une m3 gauches, l'articulation distale d'un humérus droit, une articulation distale de première phalange. Un fragment de canon est signalé qui n'a pu être retrouvé.

La morphologie des dents jugales est conforme à l'espèce : absence de renflement basal du lobe distal de p4, enfoncement "en coup de pouce" de la face linguale de m1, verticalité du métastyle et obliquité de la surface du lobe postérieur de M3. Les dimensions se rapprochent des maxima notés chez *H. bonali* (Tableau 3.22 ; Tableau 3.25 ; Tableau 3.29 ; Tableau 3.30 ; Tableau 3.31).

Grotte de l'Église

Le matériel de cette cavité, voisine de la précédente mais située sur la commune de Cénac et Saint Julien, a été décrit en détail par F. Prat (*in* Laville *et al.* 1972). La figuration de la M3 (Laville *et al.* 1972 : pl. 5 Figure 2 et 3) permet de reconnaître sans problème *H. bonali.*

Abri Vaufrey

L'existence de l'espèce dans des niveaux du Pléistocène moyen antérieurs au troisième stade rissien de cette cavité (Cénac et Saint Julien) est attestée par plusieurs restes

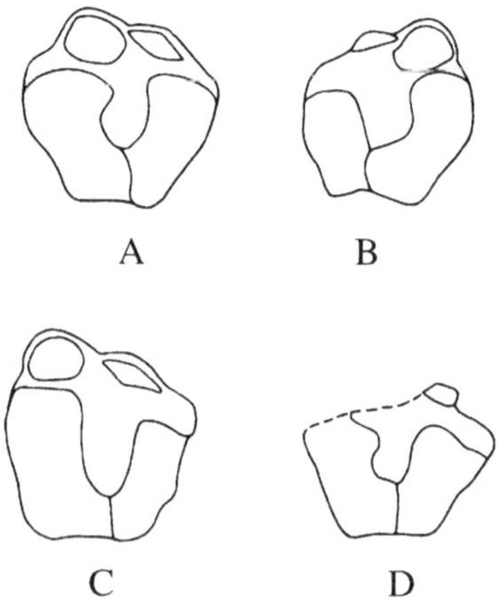

Figure 3.92. *Hemitragus bonali* Harlé & Stehlin. Site de la Caune de l'Arago (France). Os canons postérieurs, vues proximales. Relevés et dessins de l'auteur ; mise au propre par M. Buisson-Catil. Réduction : 1/1,5. **A**, gauche (I 14 IPC 10 1673). **B**, droit (J 19 JKD 1 29). **C**, gauche (H 19 HKC 13). **D**, gauche (I 24 IPB4 801). Centre européen de Recherches préhistoriques (Tautavel).

dentaires (15 jugales) et osseux (sept éléments) ainsi que par une cheville osseuse isolée (Delpech, Prat et Rigaud 1983 ; Delpech 1988 a). Grâce à F. Delpech, j'ai pu disposer du moulage des M3 H8 CXI 6 (Delpech 1988 a : Figure 35-1 p. 244) et K3 CVIII 224 (Delpech 1988 a : Figure 35-3 p. 244). Ainsi que je l'ai déjà signalé, leur morphologie est celle d'*H. bonali* (Crégut-Bonnoure 1989 : 659-660). Leurs dimensions s'intègrent dans les minima de l'espèce (Tableau 3.25).

Grotte XIV de l'inventaire de J. Lachastre

Hemitragus sp. est signalé dans la faune des niveaux de l'ensemble moyen de ce gisement qui est proche des précédents (Guadelli 1997). À ma connaissance aucune description du matériel n'existe. En fonction du contexte chronologique (Mindel) et géographique (plateau du Conte comme les sites précédents), il s'agit probablement d'*H. bonali*.

Pech de l'Azé II

H. bonali figure dans la liste faunique des couches 9 à 6 du Pech de l'Azé II (Carsac ; Martini-Jacquin 1984). Je ne connais pas de description du matériel correspondant. La présence de l'espèce est plausible compte tenu de l'âge des couches (Riss I et II).

Combe Grenal

Les niveaux rissiens de ce site archéologique (Domme) ont fourni plusieurs restes osseux et dentaires caractéristiques du genre (Delpech et Prat 1995). D'après les figurations et les mensurations fournies, il s'agit d'*H. bonali*.

b.2. Espagne

- Cueva Victoria

Le matériel de Cueva Victoria, attribué à l'origine à cf. *Hemitragus* (Carbonell *et al.* 1981) puis à *Capra* (Moyá-Solá et Menendez 1986) et enfin à *H. bonali* (Crégut-Bonnoure 1999), est composé de cinq jugales supérieures et de trois jugales inférieures. J'ai déjà fourni leur description détaillée et précisé que les proportions de ce matériel ainsi que la morphologie de la M3 permettent d'identifier *H. bonali* (Crégut-Bonnoure 1999 : planche II phot. 1 et 2) (Tableau 3.22 ; Tableau 3.24 ; Tableau 3.25 ; Tableau 3.31).

- Atapuerca

Capra sp. est indiqué dans les couches TG10 et TG11 du remplissage de Trinchera Galería, qui semblent dater du milieu du Pléistocène moyen (Sánchez Chillón 1997 ; Falguères *et al.* 2001). Il s'agit de restes dentaires de jeunes individus identifiés par la suite comme Caprinés indéterminés puis inclus dans *Capra* sp./*Hemitragus bonali* (Made 1998, 2001). N'ayant pas révisé ce matériel, il ne m'est pas possible de me prononcer sur son statut spécifique. Toutefois, la m2 de la figure 1-2 du travail de B. Sánchez Chillón (1997) montre un planum labial en arrière du pli caprin, ce qui est compatible avec *Hemitragus*. Je précise que le spécimen est attribué à une m1 mais la rectitude de la couronne plaide en faveur d'une m2.

b.3. Italie

Hemitragus est indiqué à La Pineta (Peretto *et al.*, 1983 ; Sala 1996). Trois dents dont deux incomplètes sont signalées mais ne sont ni décrites ni figurées. Il est par conséquent impossible de positionner ces restes par rapport à *H. bonali*.

b.4. Grande Bretagne

Quelques restes dentaires du gisement de Westbury-sub-Mendip sont en nomenclature ouverte : *Ovis* ou *Capra* (Bishop 1982 ; Gentry 1999). Parmi ceux-ci se trouve une M3 (Gentry 1999 : Figure 7-25 b p. 164). La vue occlusale montre une différence d'épaisseur importante des lobes, la surface fuyante du lobe postérieur et la faible importance du métastyle. Ces caractéristiques sont celles d'*Hemitragus*.

b.5. Autriche

Le site de Hundsheim est historiquement le plus ancien gisement européen à avoir livré des restes de tahr (Toula 1902). Leur étude détaillée a été réalisée par G. Daxner (1968). La morphologie des M3 et des p3 est identique à celle du tahr de l'Escale (Crégut-Bonnoure 1989, 1995). Les dimensions sont comparables à celles de cette même population (Tableau 3.21 à Tableau 3.51).

b.6. Géorgie

Parmi les restes de *Caprini* présents dans le site de Koudaro I cinq ossements sont attribuables au tahr (Crégut-Bonnoure et Barychnikov 2005) : une extrémité proximale (IZSP KI 58 couche 5 niveau 1 n° 5318) et une extrémité distale de canon antérieur (IZSP KI 58 couche 5 niveau 2 n° 1592), une troisième phalange antérieure (KI 57 couche 5 niveau 5 n° H23 141-810) des niveaux à industrie acheuléenne ainsi qu'une moitié proximale de canon antérieur de la couche 4 (KI 58 n° 293) et une première phalange antérieure de la couche 3 à industrie moustérienne (KI 57 couche 3f niveau 4 n° 961). Leurs dimensions figurent dans le Tableau 3.40 et le Tableau 3.41.

Au canon antérieur, la facette articulaire pour l'onciforme a un contour curviligne et le bord palmaire n'est pas rectiligne. Les quilles guides de l'articulation distale sont obliques et le tubercule sus-articulaire peu développé. La première phalange possède une diaphyse étroite au milieu, un tubercule proximo-axial différencié en lame, un bord proximo-palmaire des condyles distaux dégagé du corps diaphysaire, des facettes pour les sésamoïdes bien développées, l'axiale étant déjetée vers la face palmaire. L'ensemble de ces caractères est habituel à *H. bonali* (Crégut-Bonnoure 1995). La troisième phalange présente une articulation à bords latéraux très peu évasés, un tubercule proéminent et une sole en creux, ce qui est caractéristique du genre.

b.7. Iraq

H.P. Uerpmann (1987) fait état de l'existence d'un Caprinae plus petit que la chèvre égagre dans les niveaux moustériens de la grotte de Shanidar et précise qu'une ressemblance existe avec le tahr. À ma connaissance, ce matériel n'a jamais été décrit ni figuré.

F. Analyse métrique d'H. orientalis, H. albus et H. bonali

Deux questions émergent :

- *H. orientalis*, *H. albus* et *H. bonali* appartiennent-il à une même lignée ?

- Peut-on déceler une évolution chez *H. bonali* qui est le taxon le plus largement représenté ?

Pour y répondre, j'ai utilisé des diagrammes de Simpson ayant comme référence de base *H. cedrensis* et selon les cas *C. ibex* (grotte du Taï 2, Azilien) pour les dents et *C. ibex* actuel pour le squelette.

a. Dents jugales supérieures et inférieures

Les prémolaires n'ont donné aucun résultat marquant. Ce n'est pas le cas des proportions des molaires qui permettent de distinguer les espèces et de regrouper certaines populations.

- Dents jugales supérieures

Dans la comparaison avec *H. cedrensis*, les M1 des individus de Slivnitsa, Villány-Kalkberg et Venta Micena forment une même unité caractérisée par une couronne très longue (mesure 2 ; Figure 3.93) et épaisse (mesure 7) à la base pour des lobes étroits au sommet (mesures 3 à 6). *H. bonali* de l'Escale est proche de ce groupe mais s'en détache par ses lobes relativement plus épais au sommet (Figure 3.94). La population de Hundsheim est intermédiaire entre ces deux ensembles. *H. bonali* de l'Arago et celui de la couche I d'Aldène sont analogues du fait de la brièveté de leur couronne, surtout au collet (mesure 2), de l'épaisseur relativement importante des lobes mais pas de leur base (Figure 3.95). Les populations d'Orgnac 3 et de l'Igue des Rameaux se ressemblent, la longueur de leur couronne les associant à *H. cedrensis* (Figure 3.95). Le lobe postérieur est relativement épais à Orgnac ce qui rapproche la population de celle de Cimay. Cette dernière se singularise par la longueur importante de la couronne à la base. Le tahr de la couche G d'Aldène se rapproche nettement de celle-ci.

Les M2 des populations de Villány-Kalkberg, Slivnitsa et Venta Micena diffèrent les unes des autres (Figure 3.96). Le dernier lobe de l'individu du Vallonnet ainsi que la base de la couronne sont assez semblables à *H. albus* (mesures 5 à 7). Une importante variabilité inter populationnelle se note chez *H. bonali*. On peut indiquer que les populations de l'Arago, de la Fage et des Rameaux sont celles qui ont la couronne la plus courte et que leurs lobes, comme ceux des individus d'Aldène, ont des proportions assez semblables (Figure 3.97 ; Figure 3.98). À Aldène, les différences entre les couches I et K sont minimes. Cependant l'individu de la couche K est plus semblable à la population de l'Arago. Les spécimens de la couche I se caractérisent par un deuxième lobe aminci (mesures 5 et 6) mais une base

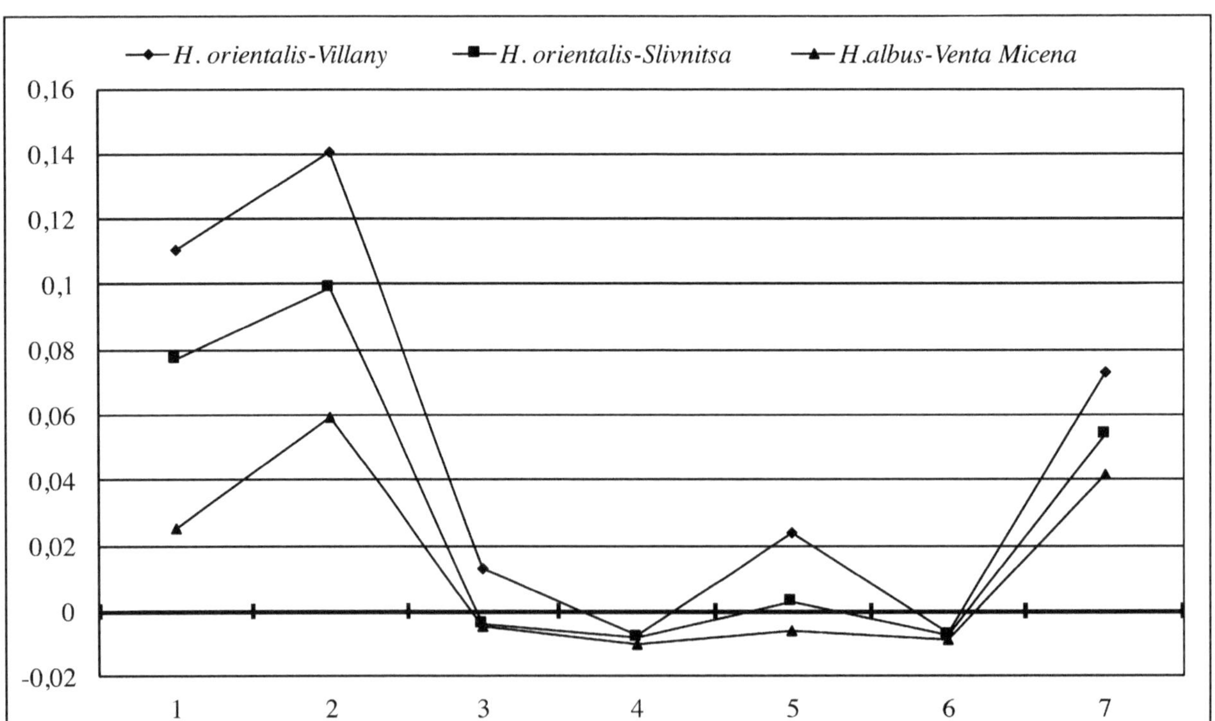

Figure 3.93. *Hemitragus orientalis* et *H. albus*, diagramme de Simpson de la M1 des populations du Pliocène final de Hongrie et de Bulgarie, et du Pléistocène inférieur d'Espagne. Différence par rapport à *H. cedrensis* (population des Cèdres).

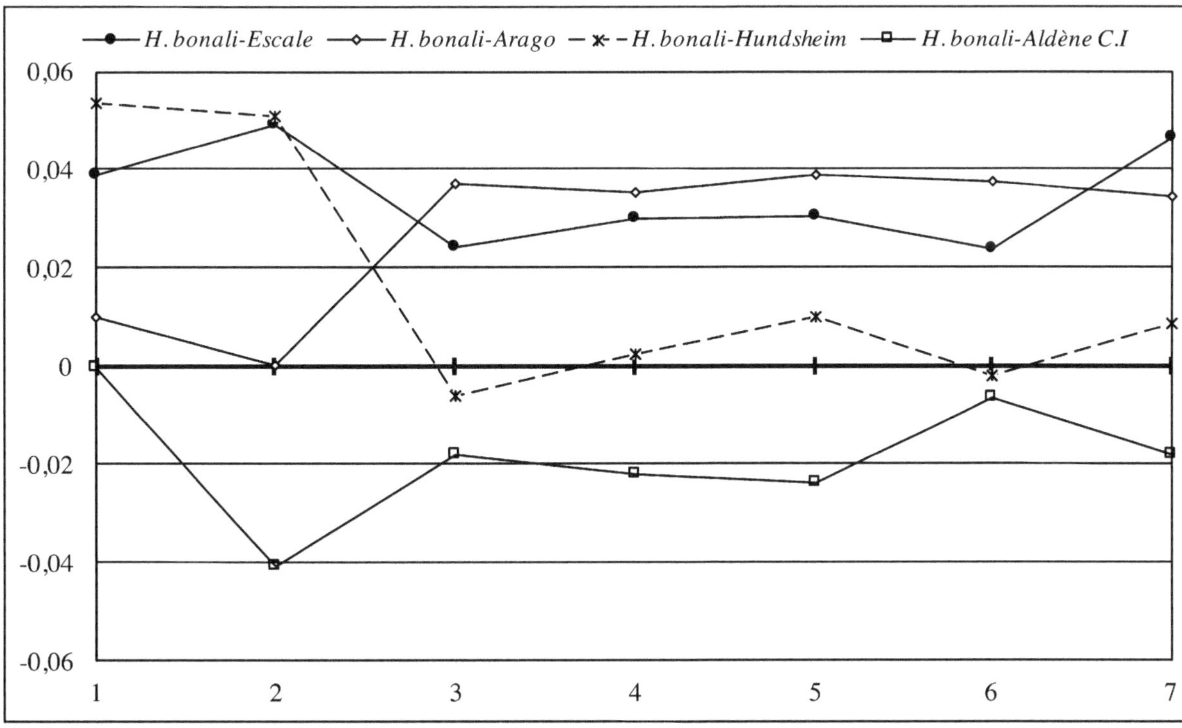

Figure 3.94. *Hemitragus bonali*, diagramme de Simpson de la M1 des populations du Pléistocène moyen d'Autriche et de France. Différence par rapport à *H. cedrensis* (population des Cèdres).

épaisse (mesure 7), ce qui les rapproche du tahr espagnol de Cueva Victoria.

Les M3 de Slivnitsa et de Venta Micena, tout en étant distinctes, ont une certaine parenté : la couronne est pratiquement aussi longue à la base et au sommet (mesures 1 et 2 ; Figure 3.99), et les lobes sont relativement longs à ce niveau (mesure 12). *H. albus* se singularise par la surface interstylaire postérieure particulièrement longue (mesure 10). *H. bonali* de l'Escale a des proportions

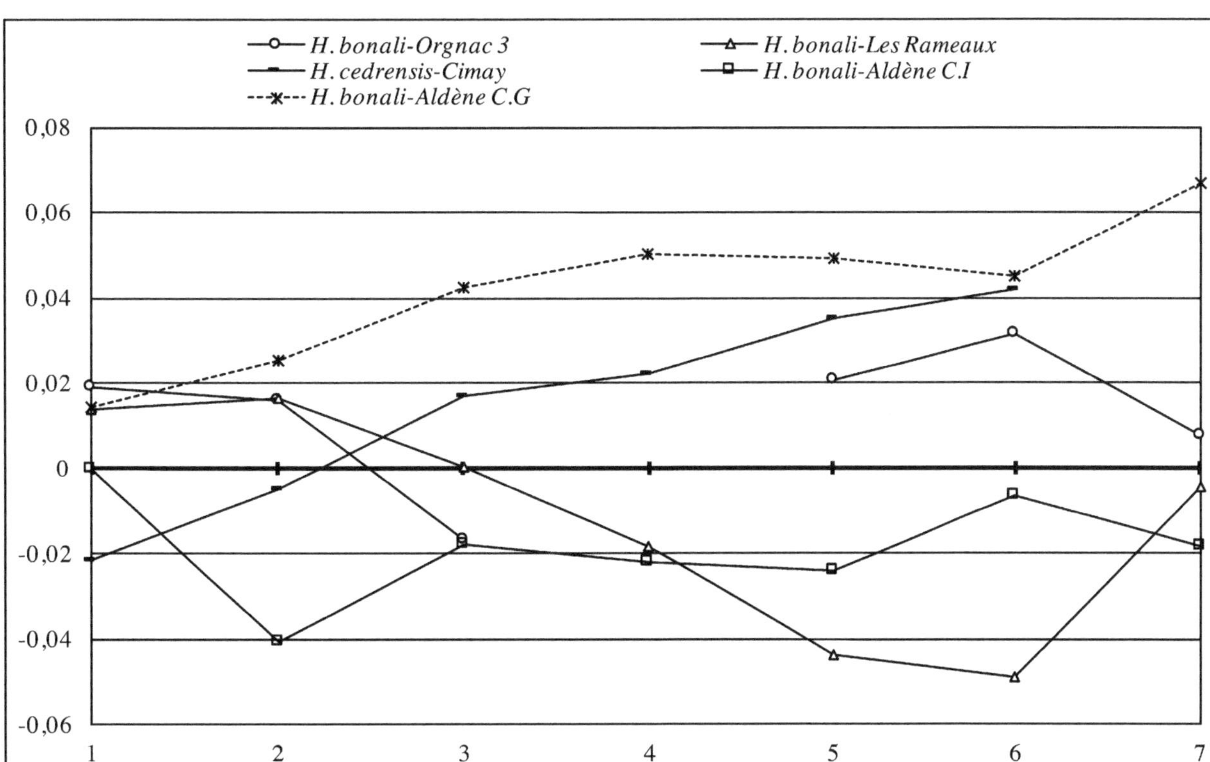

Figure 3.95. *Hemitragus bonali*, diagramme de Simpson de la M1 du Pléistocène moyen de France. Différence par rapport à *Hemitragus cedrensis* (population des Cèdres).

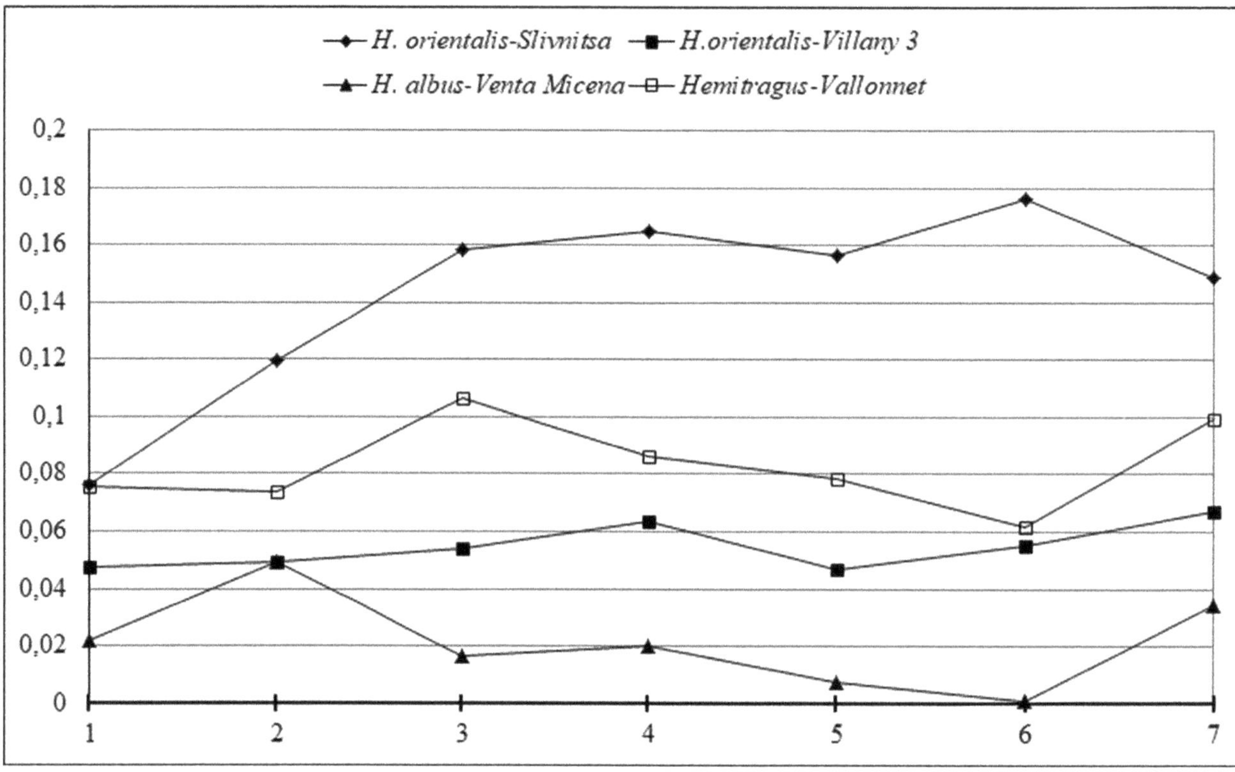

Figure 3.96. *Hemitragus orientalis* et *H. albus*, diagramme de Simpson de la M2 des populations du Pliocène final de Hongrie et de Bulgarie, et du Pléistocène inférieur d'Espagne et de France. Différence par rapport à *H. cedrensis* (population des Cèdres).

intermédiaires entre ces deux populations. Ce même tahr se distingue des *Hemitragus* de Hundsheim, de l'Arago et d'Aldène par sa couronne relativement longue au collet (mesure 2 ; Figure 3.100). L'Escale et Hundsheim ont en commun des lobes relativement longs à la base, ce qui les oppose aux populations de l'Arago et de la couche I d'Aldène (mesure 12). Le tahr de l'Arago diffère des précédents par une surface interstylaire antérieure

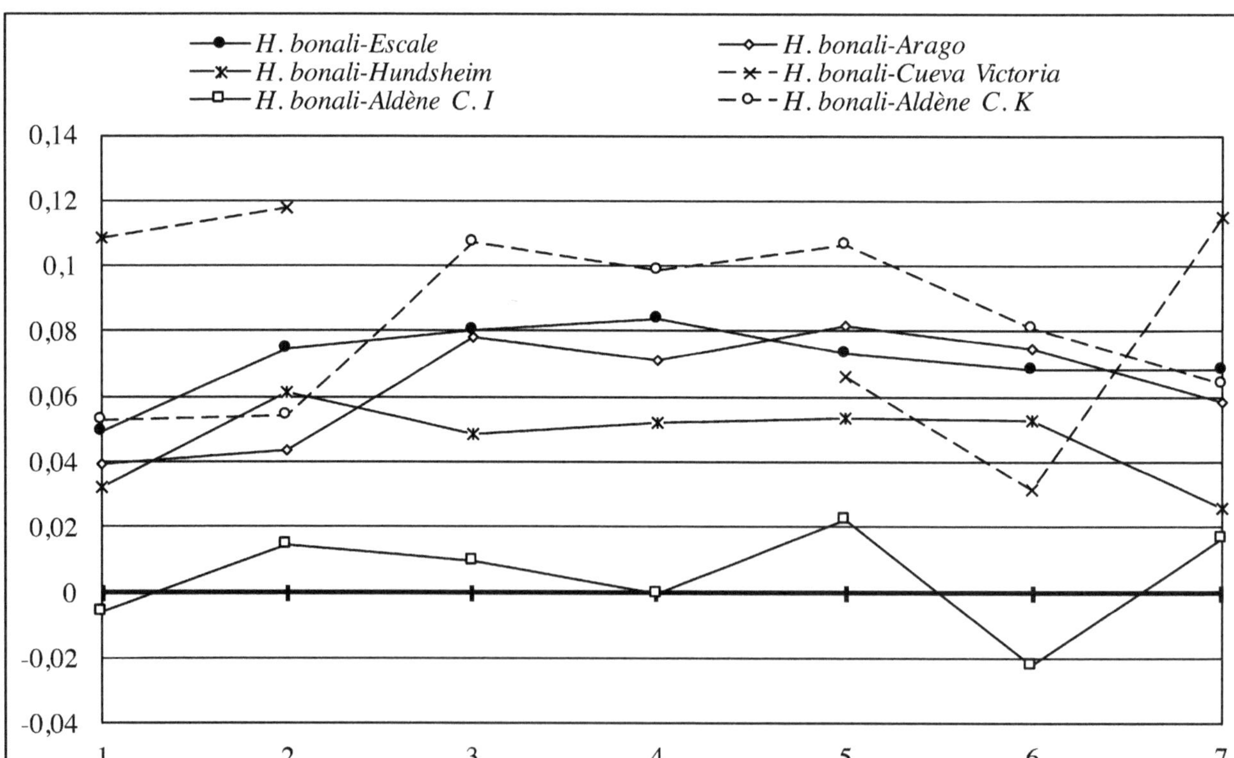

Figure 3.97. *Hemitragus bonali*, diagramme de Simpson de la M2 des populations du Pléistocène moyen d'Autriche, de France (Provence, Languedoc) et d'Espagne. Différence par rapport à *H. cedrensis* (population des Cèdres).

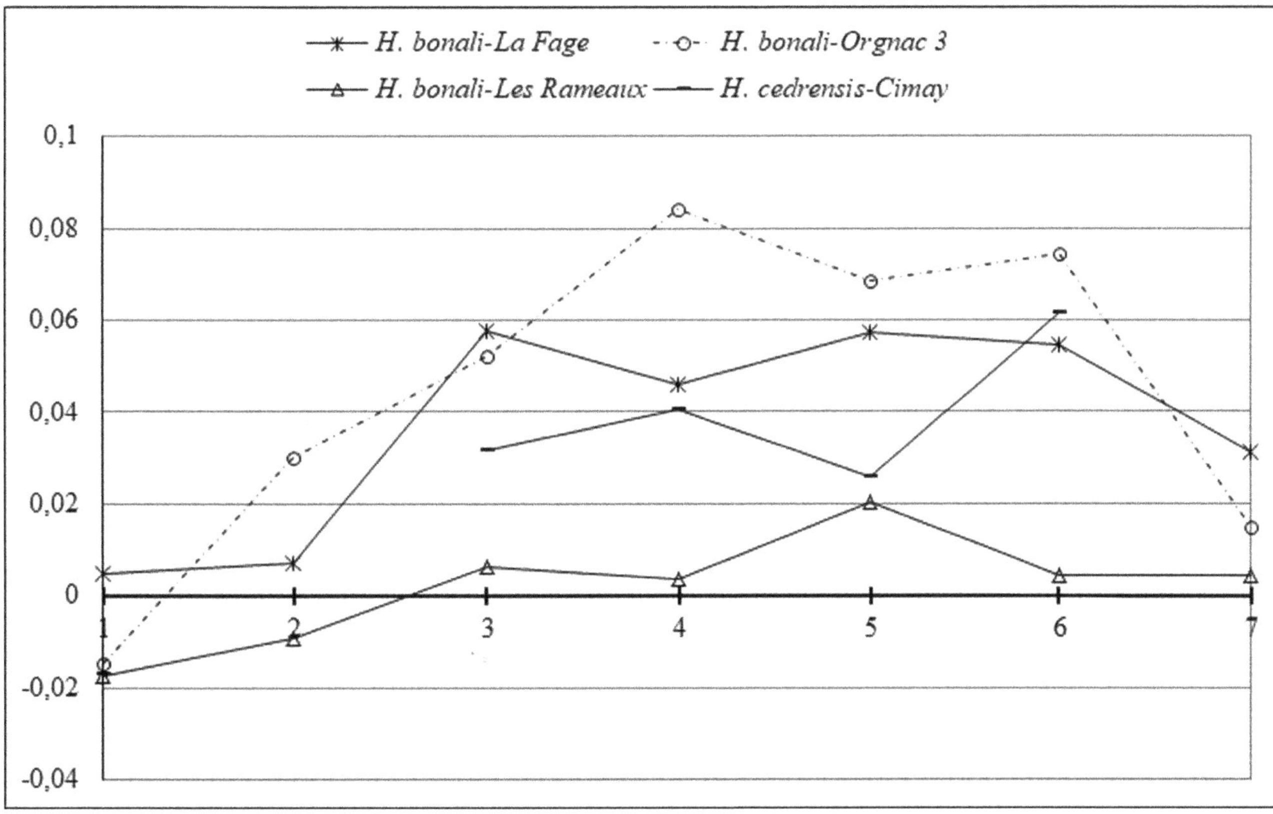

Figure 3.98. *Hemitragus bonali* et *H. cedrensis*, diagramme de Simpson de la M2 des populations du Pléistocène moyen de France. Différence par rapport à *H. cedrensis* (population des Cèdres).

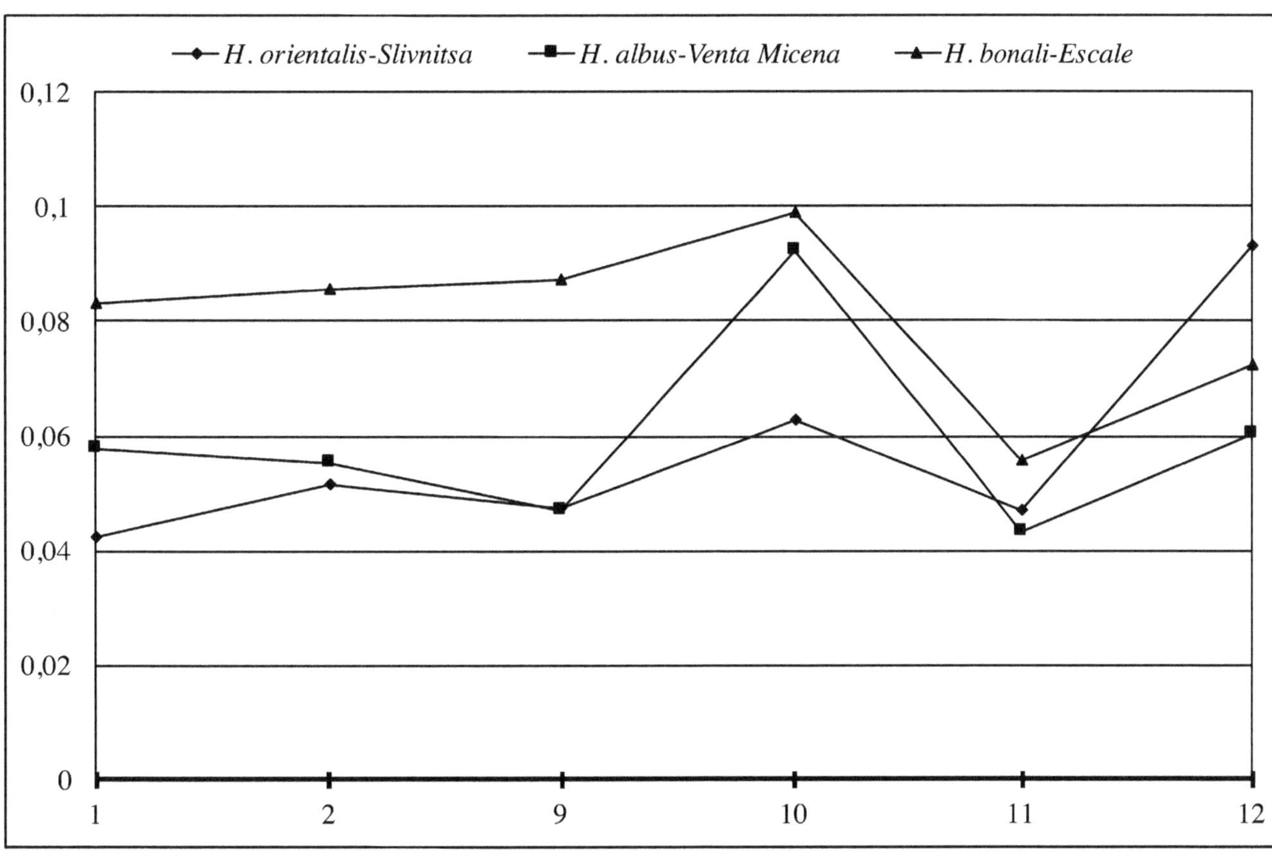

Figure 3.99. *Hemitragus orientalis*, *H. albus* et *H. bonali*, diagramme de Simpson de la M3 des populations du Pliocène final de Bulgarie, du Pléistocène inférieur d'Espagne et du Pléistocène moyen de France. Différence par rapport à *H. cedrensis* (population des Cèdres).

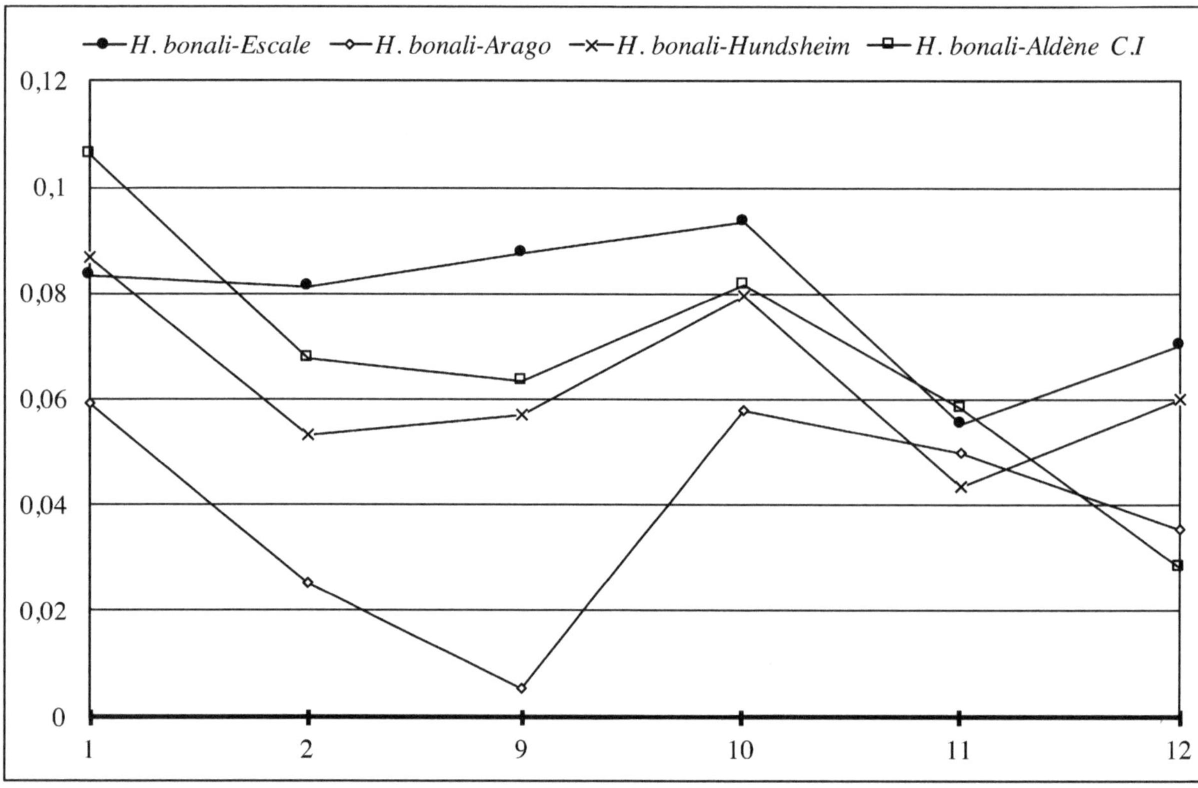

Figure 3.100. *Hemitragus bonali*, diagramme de Simpson de la M3 des populations du Pléistocène moyen d'Autriche et de France. Différence par rapport à *H. cedrensis* (population des Cèdres).

relativement courte, ce qui le raccorde aux individus de Cueva Victoria, des Rameaux, de l'abri Vaufrey et de La Fage (mesure 9 ; Figure 3.101). La dent isolée de la Baume Bonne, trouvée hors contexte stratigraphique, se rattache à cet ensemble. En fonction de la longueur des lobes (mesures 11 et 12), les tahrs de l'abri Vaufrey, des Rameaux et de Cueva Victoria sont proches d'*H. cedrensis* et se dissocient du spécimen de La Fage dont

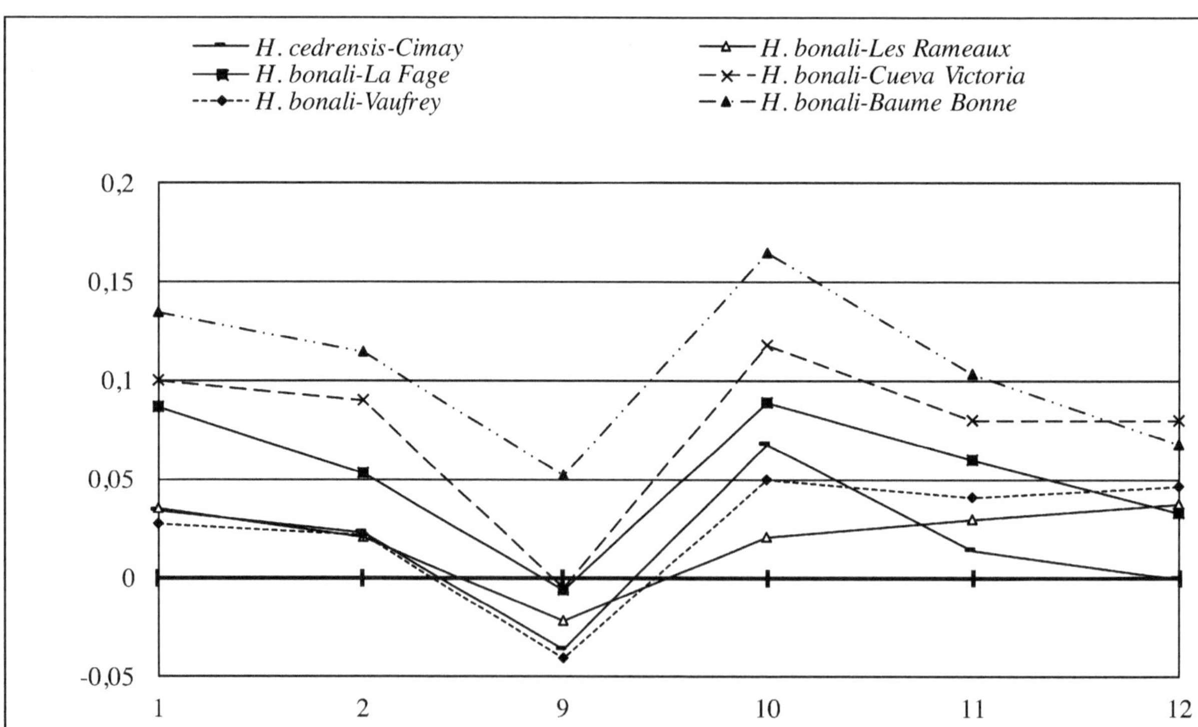

Figure 3.101. *Hemitragus bonali* et *H. cedrensis*, diagramme de Simpson de la M3 des populations du Pléistocène moyen de France et d'Espagne. Différence par rapport à *H. cedrensis* (population des Cèdres).

les lobes à la base sont courts. Une autre comparaison a été faite avec comme plan référentiel la population du bouquetin azilien du Taï 2. Les regroupements de populations observés précédemment se retrouvent mais en plus évidents (Figure 3.102 à 3.105), à savoir : Slivnitsa/ Venta Micena, Hundsheim/l'Escale, l'Igue-des-Rameaux/ Les Cèdres. Les individus de l'abri Vaufrey sont proches de cette dernière association tandis que l'Arago et Aldène (couche I) se rapprochent de l'Escale et de Hundsheim sans pouvoir être mis totalement en parallèle.

La variation de la longueur occlusale et basale de l'ensemble des jugales supérieures met en avant l'analogie des populations de Venta Micena, de Villány-Kalkberg et de Slivnitsa pour la M1 (Figure 3.106). Le diagramme montre que les proportions de la M2 du Vallonnet et de Slivnitsa sont identiques tandis que Venta Micena s'associe à Villány-Kalkberg. Si l'on fait abstraction de la P2 (dont les dimensions sont très variables d'une population à l'autre), les individus de l'Escale, de l'Arago et de Hundsheim montrent des similitudes (Figure 3.107). Le diagramme des rapports traduit fidèlement le rétrécissement basal des molaires du tahr de l'Arago mis en évidence par le biais d'un test de Student (Crégut-Bonnoure 1999). À Aldène, les molaires ont aussi une base courte. Cependant la population de la couche I se distingue de celle de l'Arago par une P4 plus longue à la base et une M3 plus grande (Figure 3.108). Le rapport de longueur entre la M2 et la M3 l'associe à la Fage. Le profil des populations des Rameaux et d'Orgnac 3 est similaire pour le rapport de la longueur de la base de P4, de M1 et de la longueur occlusale de la M2. Les longueurs de la M3 permettent de paralléliser les tahrs des Rameaux et de l'abri Vaufrey (Figure 3.109).

- Dents jugales inférieures

Les m1 des populations de Villány-Kalkberg, de Slivnitsa et de Venta Micena se ressemblent sans se confondre, les différences concernant le rapport des longueurs (mesures 1 et 2) (Figure 3.110). Les populations de l'Escale et de l'Arago sont assez semblables, mais la seconde, pour une base aussi épaisse qu'à l'Escale (mesure 5) a une couronne un peu plus courte (mesures 1 et 2) (Figure 3.111). La largeur moindre des lobes (mesures 3 à 5) du tahr de Hundsheim lui confère une place à part. Les populations des Rameaux et d'Orgnac 3 ont une couronne spécialement courte à la base (mesures 1 et 2) tandis que pour les tahrs de La Fage et d'Aldène c'est le sommet qui est court (mesure 2) (Figure 3.112). En revanche l'épaississement des lobes rapproche Orgnac 3 et La Fage d'une part, Les Rameaux et Aldène d'autre part. Pour ce dernier gisement, il n'y a pas de différence majeure entre les individus des couches I et G.

Les individus de Slivnitsa et de Venta Micena ont des m2 aux proportions presque identiques (Figure 3.113). Appolonia I est voisin de ce groupe, mais la longueur occlusale est plus importante (mesure 1). Villány-Kalkberg diffère par la largeur relativement forte des lobes au niveau

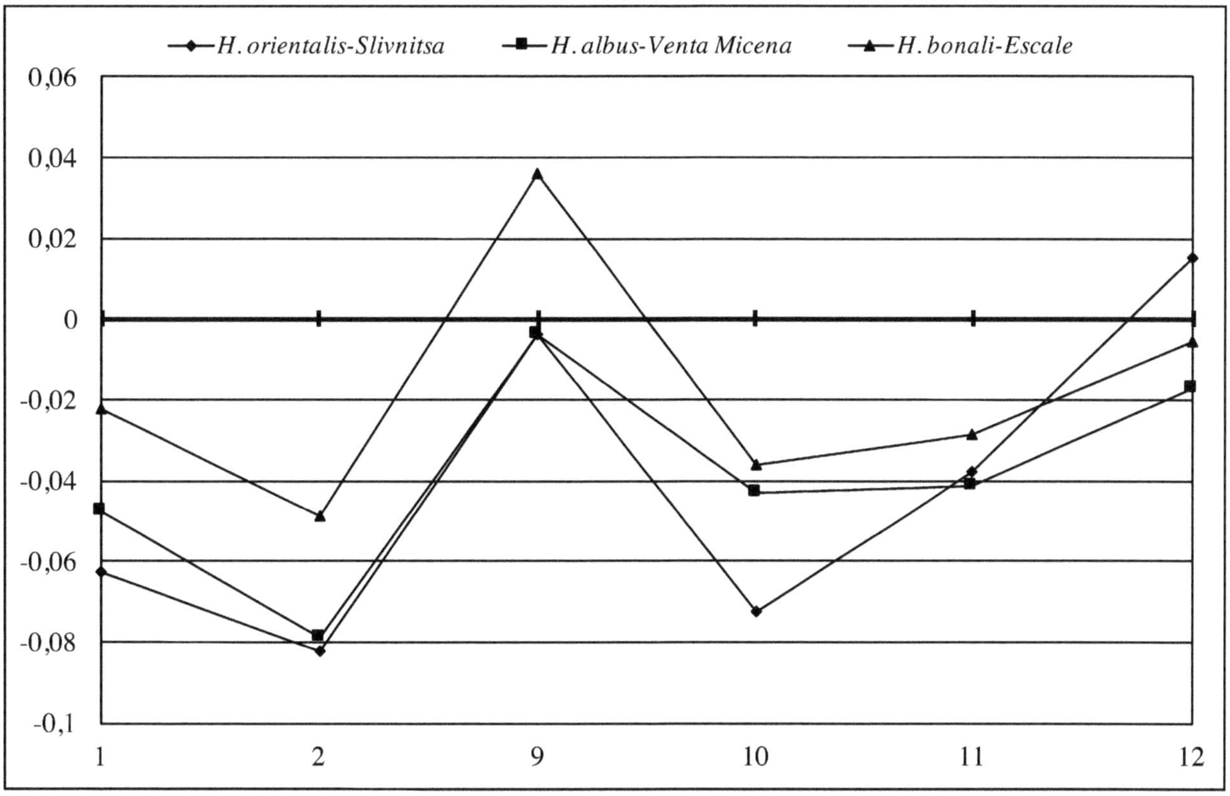

Figure 3.102. *Hemitragus orientalis*, *H. albus* et *H. bonali*, diagramme de Simpson de la M3 des populations du Pliocène final de Bulgarie, du Pléistocène inférieur d'Espagne et du Pléistocène moyen de France. Différence par rapport à *Capra ibex* (population du Taï).

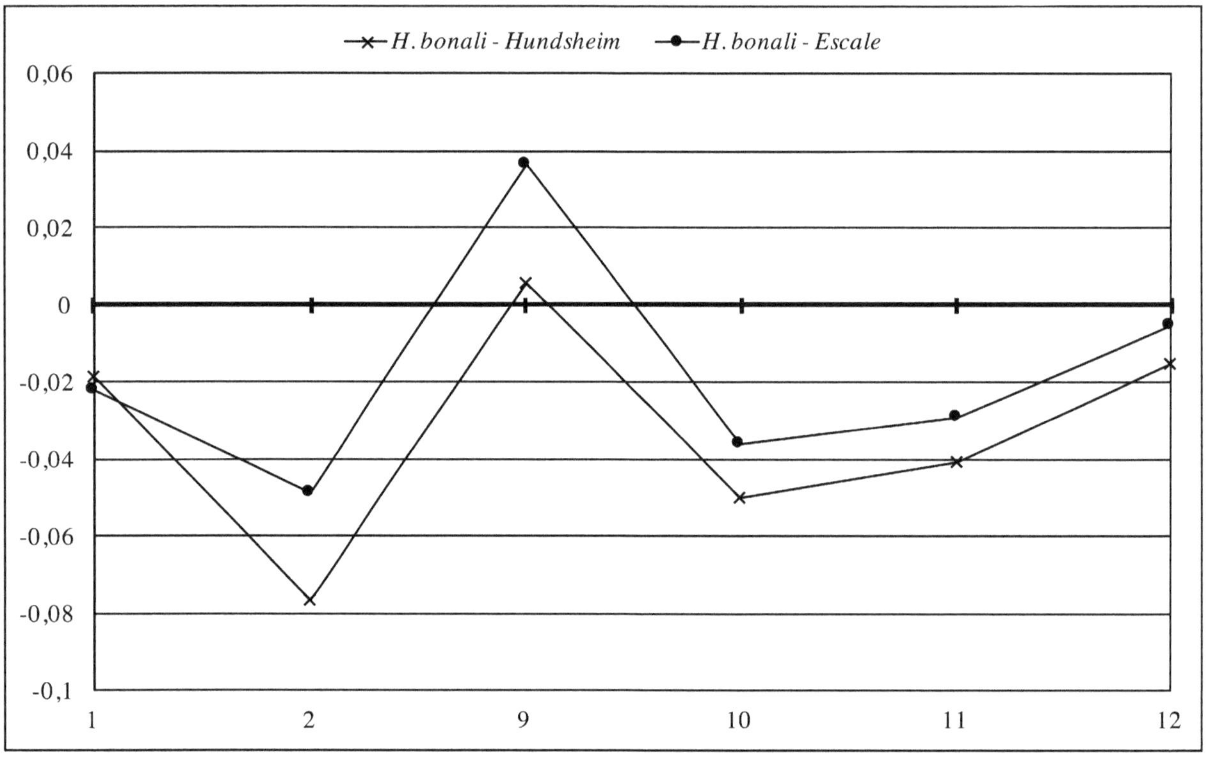

Figure 3.103. *Hemitragus bonali*, diagramme de Simpson de la M3 des populations du Pléistocène moyen d'Autriche et de France. Différence par rapport à *Capra ibex* (population du Taï).

occlusal (mesures 3 et 4). Les populations de l'Escale et de Hundsheim sont identiques et la m2 des Rameaux, bien que plus petite, n'est pas très différente (Figure 3.114). Le rétrécissement basal de la couronne (mesure 2) et la largeur relativement importante des lobes isolent la population de l'Arago. La faible longueur basale de la couronne du tahr d'Aldène le raccorde à l'ensemble Escale/Hundsheim/Les Rameaux (mesure 2) (Figure 3.115). C'est aussi le cas

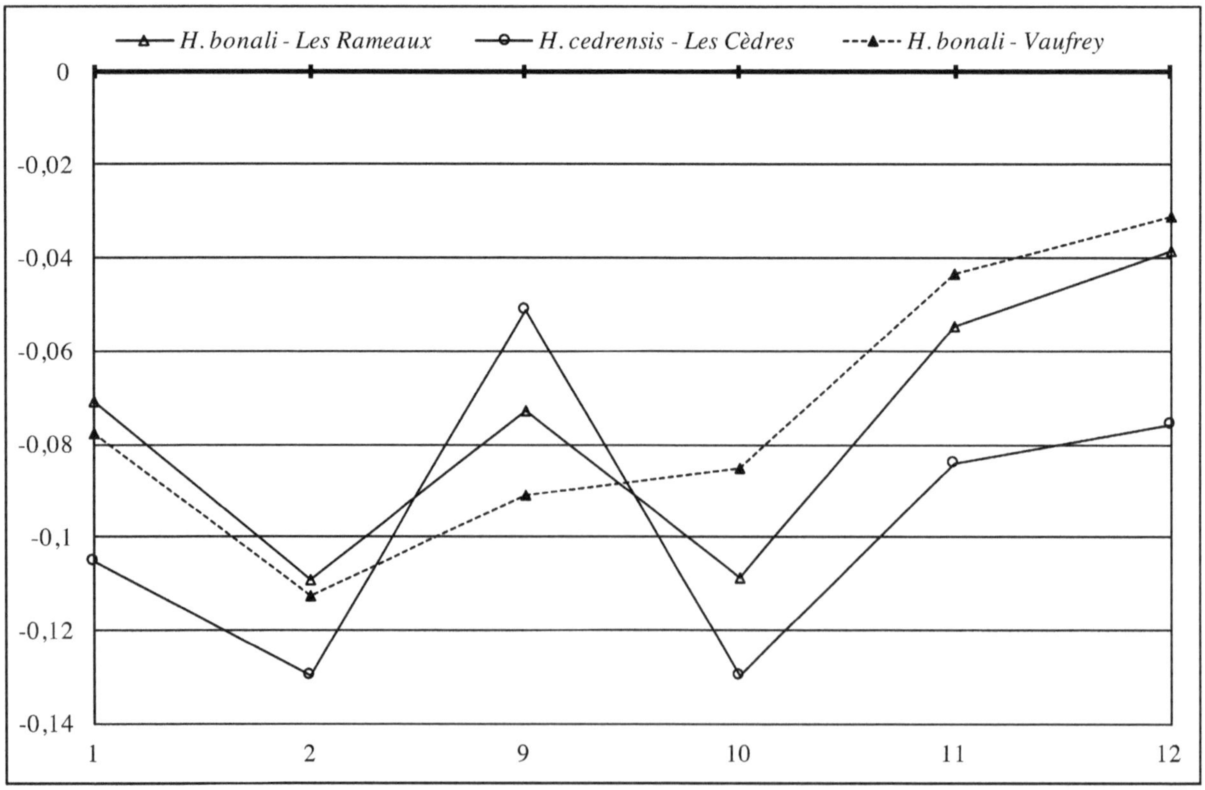

Figure 3.104. *Hemitragus bonali* et *H. cedrensis*, diagramme de Simpson de la M3 des populations du Pléistocène moyen de France. Différence par rapport à *Capra ibex* (population du Taï).

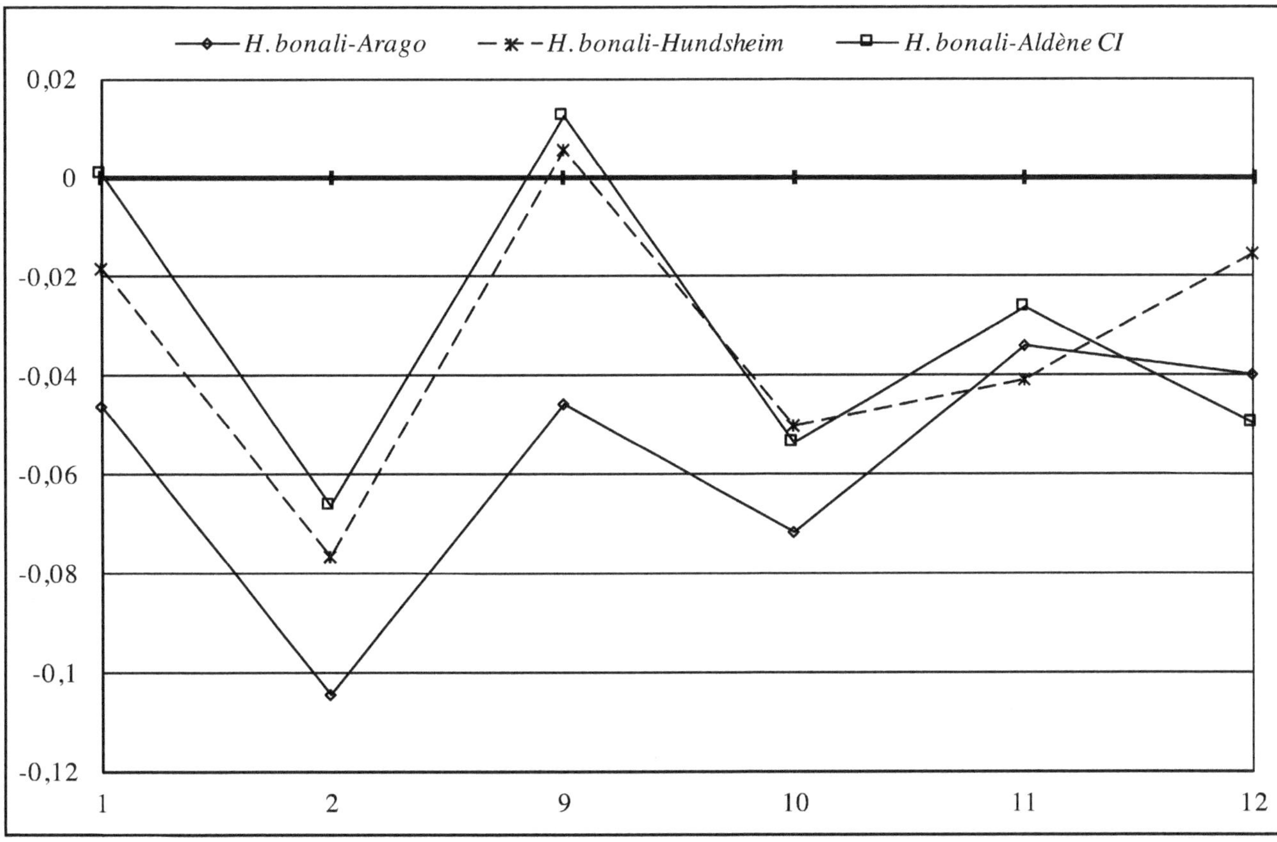

Figure 3.105. *Hemitragus bonali*, diagramme de Simpson de la M3 des populations du Pléistocène moyen d'Autriche et de France. Différence par rapport à *Capra ibex* (population du Taï).

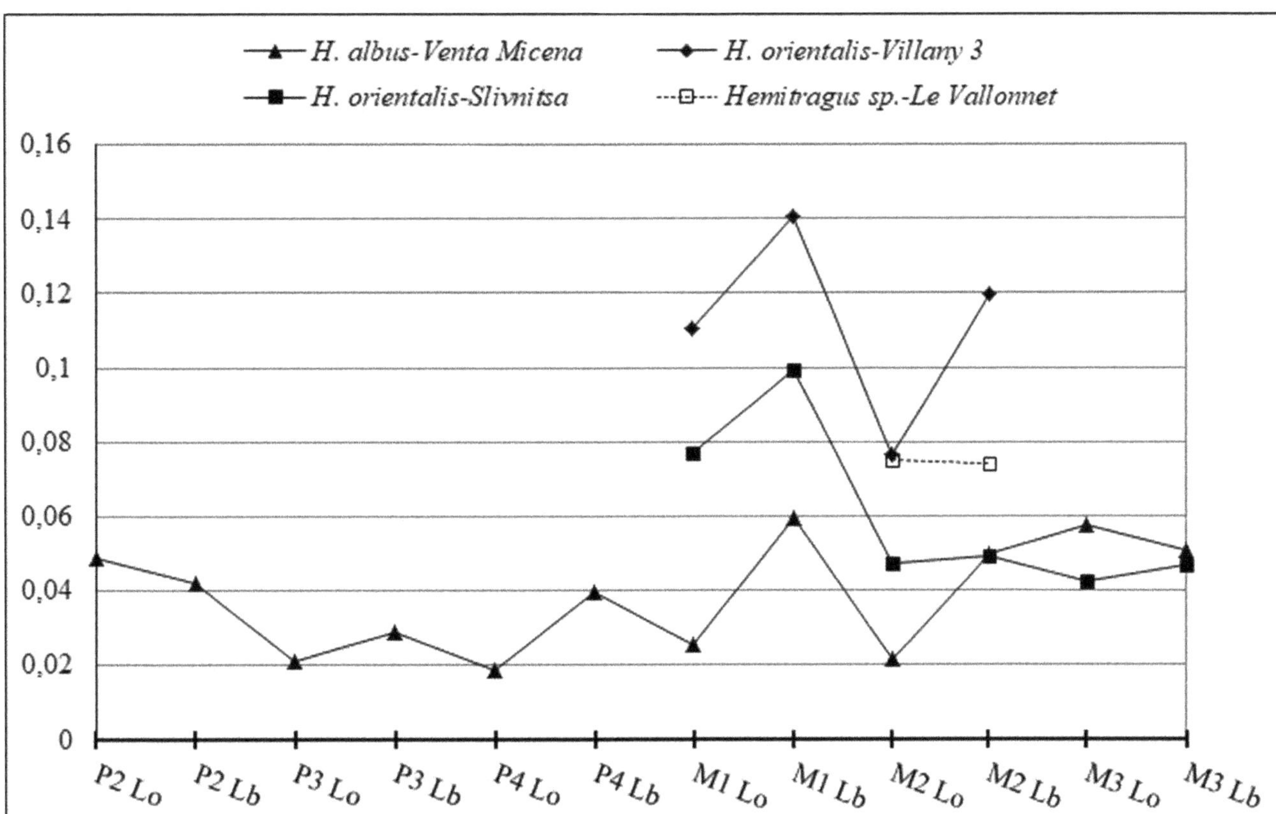

Figure 3.106. *Hemitragus orientalis* et *H. albus*, diagramme de Simpson de la rangée dentaire supérieure des populations du Pliocène final de Hongrie et de Bulgarie, et du Pléistocène inférieur d'Espagne et de France. Différence par rapport à *Hemitragus cedrensis* (population des Cèdres). Abréviations : L : longueur ; o : occlusal ; b : basal.

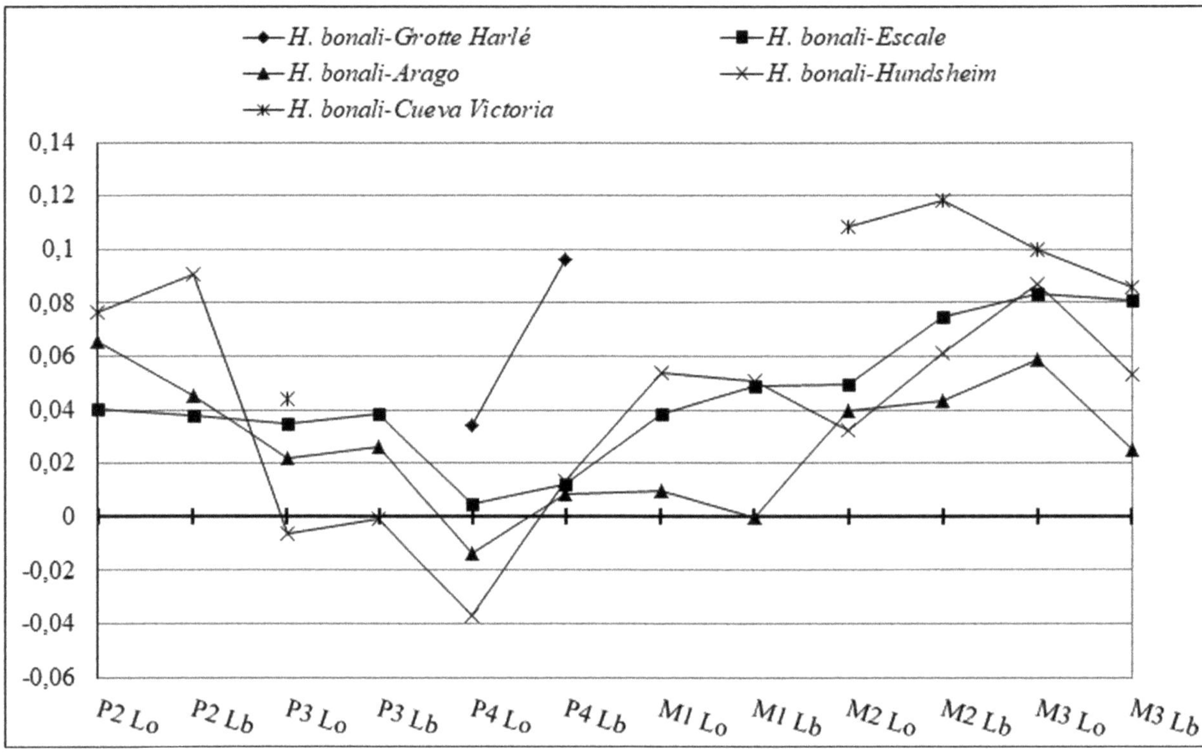

Figure 3.107. *Hemitragus bonali*, diagramme de Simpson de la rangée dentaire supérieure des populations du Pléistocène moyen d'Autriche et de France. Différence par rapport à *H. cedrensis* (population des Cèdres). Abréviations : L : longueur ; o : occlusal ; b : basal.

pour le tahr de La Fage. Les longueurs de la molaire du tahr d'Orgnac 3 ressemblent à celles de l'Arago tandis que la largeur des lobes le rapproche de La Fage. Les tahrs d'Orgnac 3, de La Fage et d'Aldène diffèrent du groupe Escale/Hundsheim/Arago/Rameaux par la largeur basale qui est moindre (mesure 5). À nouveau on ne décèle aucune différence entre les spécimens des couches I et G d'Aldène.

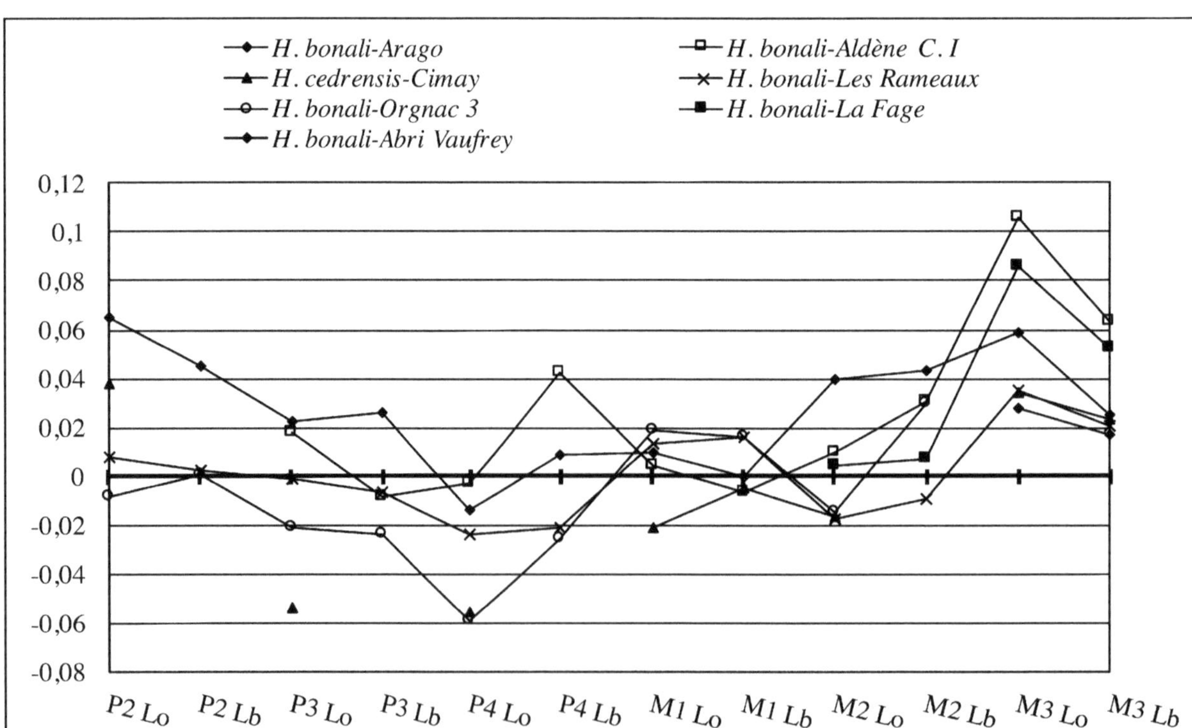

Figure 3.108. *Hemitragus bonali*, diagramme de Simpson de la rangée dentaire supérieure des populations du Pléistocène moyen de France. Différence par rapport à *H. cedrensis* (population des Cèdres). Abréviations : L : longueur ; o : occlusal ; b : basal.

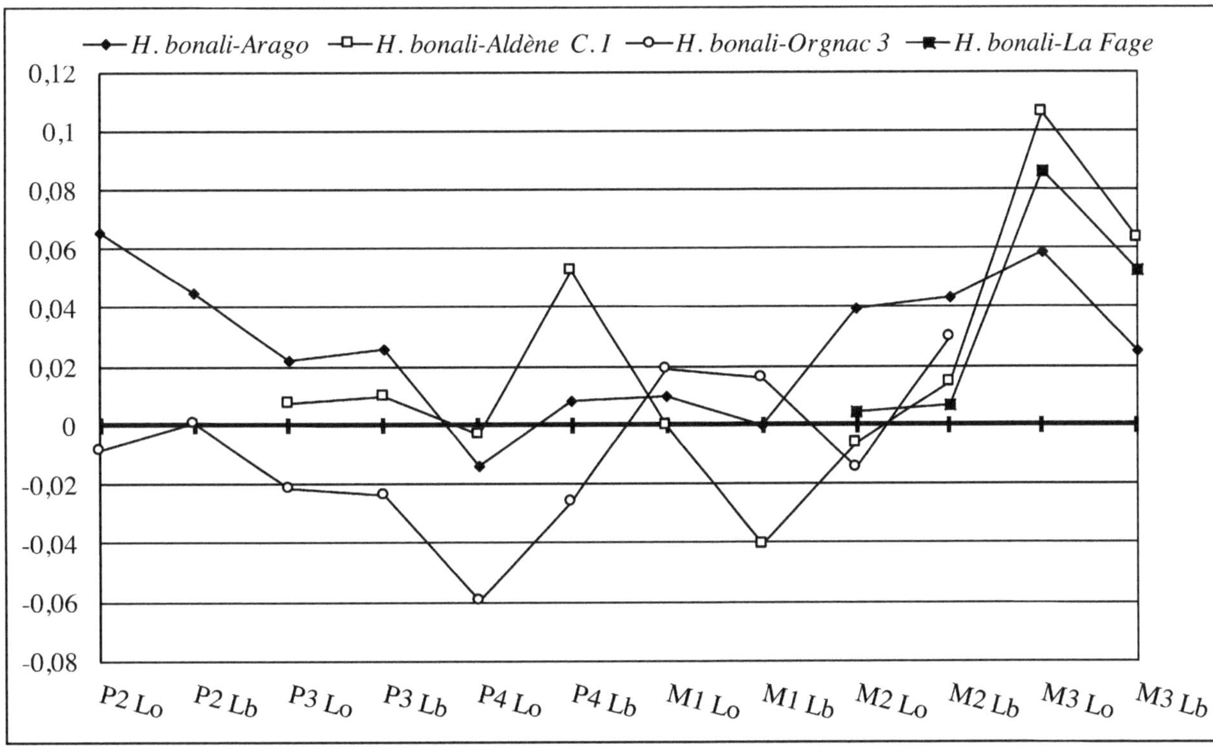

Figure 3.109. *Hemitragus bonali* et *H. cedrensis*, diagramme de Simpson de la rangée dentaire supérieure des populations du Pléistocène moyen de France. Différence par rapport à *H. cedrensis* (population des Cèdres). Abréviations : L : longueur ; o : occlusal ; b : basal.

Les m3 de Slivnitsa et de Villány-Kalkberg sont pratiquement les mêmes et caractérisées par un lobe postérieur épais (mesure 5) (Figure 3.116). Les populations de Hundsheim et de l'Escale sont voisines sauf pour le dernier lobe qui est plus large à l'Escale ce qui l'associe au groupe précédent (Figure 3.117). L'Arago ne diffère de la couche I d'Aldène que par la largeur plus importante des lobes. Le tahr de Cueva Victoria montre une assez grande similitude avec celui des Rameaux (Figure 3.118).

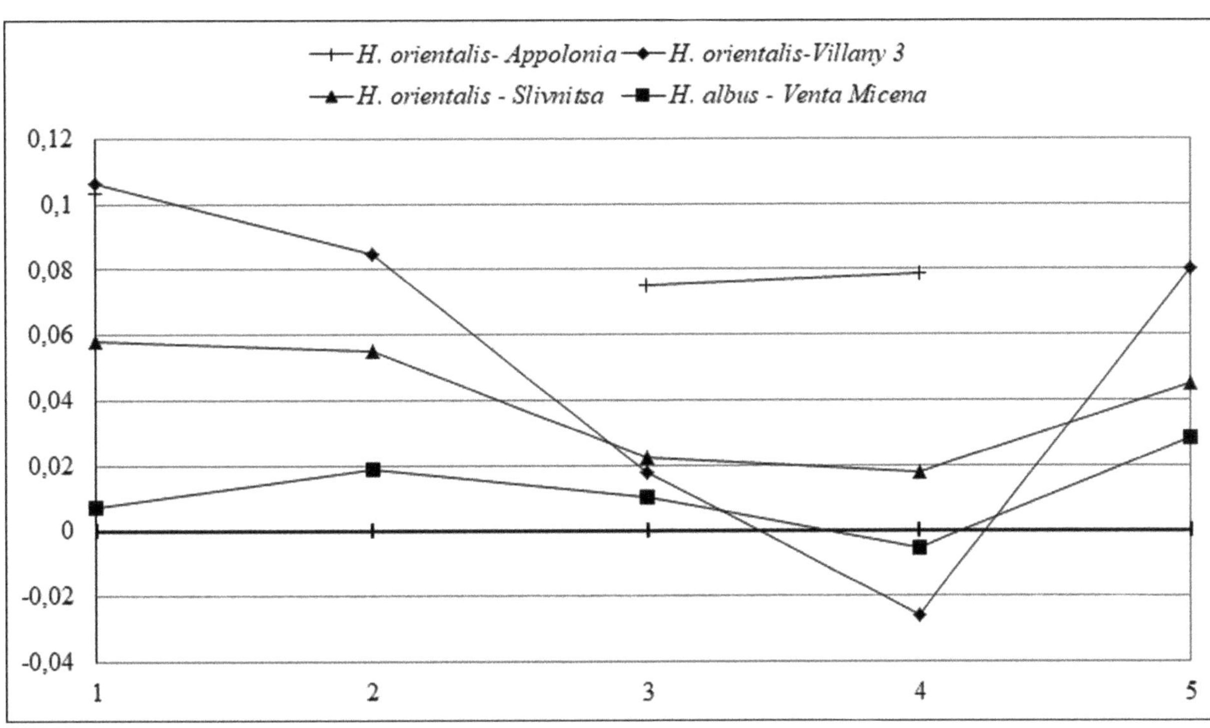

Figure 3.110. *Hemitragus orientalis* et *H. albus*, diagramme de Simpson de la m1 des populations du Pliocène final de Hongrie et de Bulgarie, et du Pléistocène inférieur de Grèce et d'Espagne. Différence par rapport à *H. cedrensis* (population des Cèdres).

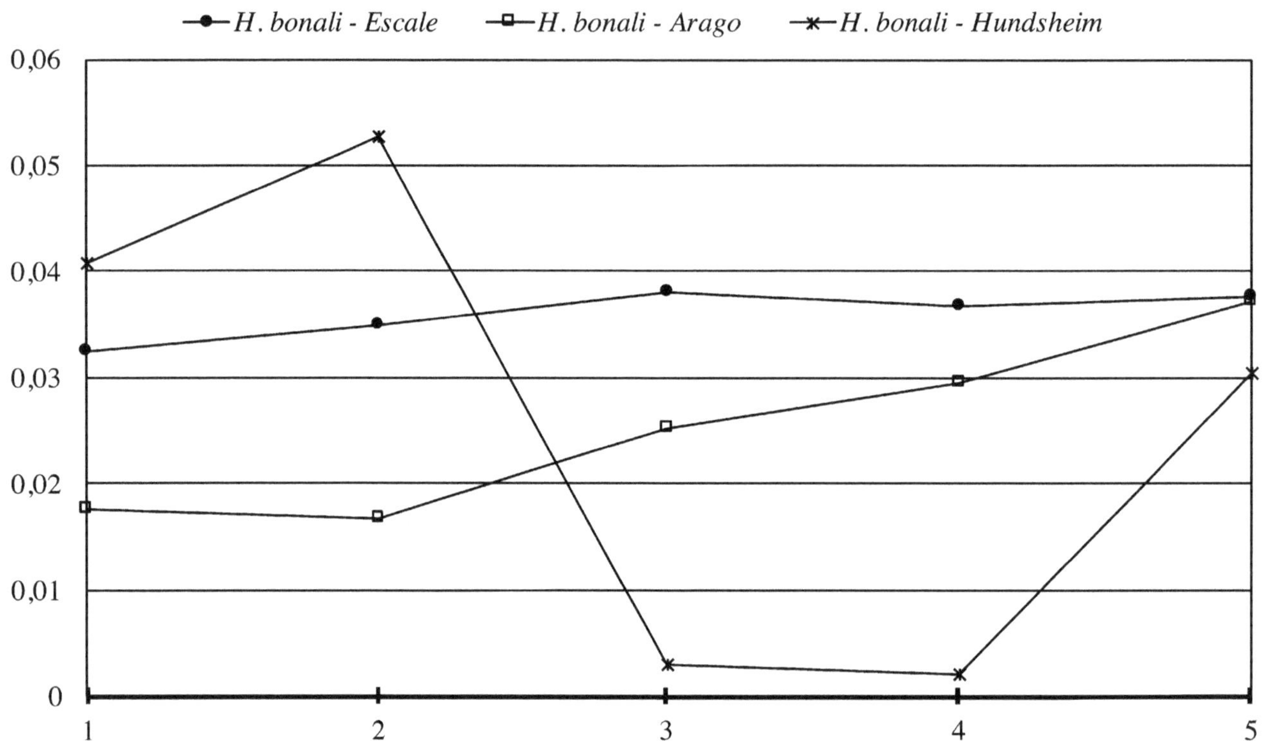

Figure 3.111. *Hemitragus bonali*, diagramme de Simpson de la m1 des populations du Pléistocène moyen d'Autriche et de France. Différence par rapport à *H. cedrensis* (population des Cèdres).

La variation de la longueur occlusale et basale de l'ensemble des jugales inférieures montre que l'augmentation des longueurs par catégorie dentaire est plus modérée dans le groupe le plus ancien (Villány-Kalkberg, Slivnitsa, Venta Micena) que pour *H. bonali* du Mindel (Figure 3.119 ; Figure 3.120). L'Arago est analogue à l'Escale sauf pour m2 et m3. Hundsheim se rapproche de l'Escale pour ces deux dernières molaires (Figure 3.120). Les

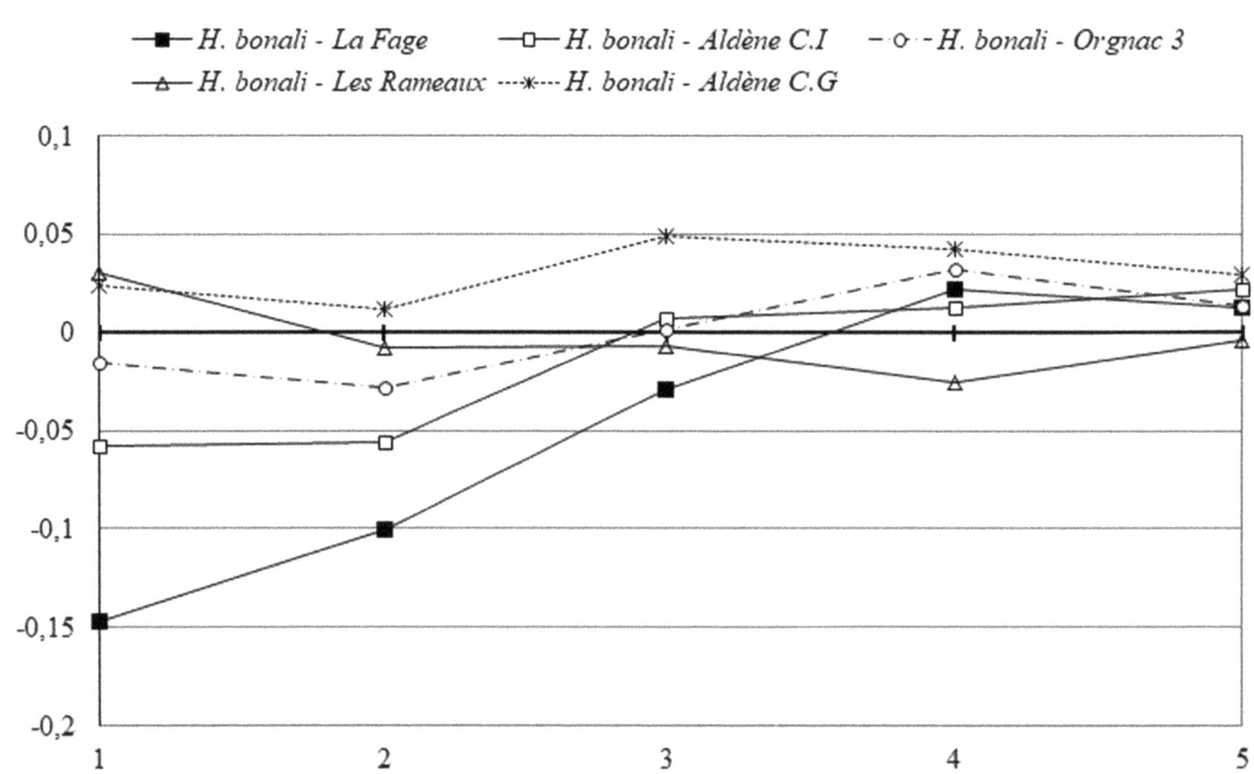

Figure 3.112. *Hemitragus bonali*, diagramme de Simpson de la m1 des populations du Pléistocène moyen de France. Différence par rapport à *H. cedrensis* (population des Cèdres).

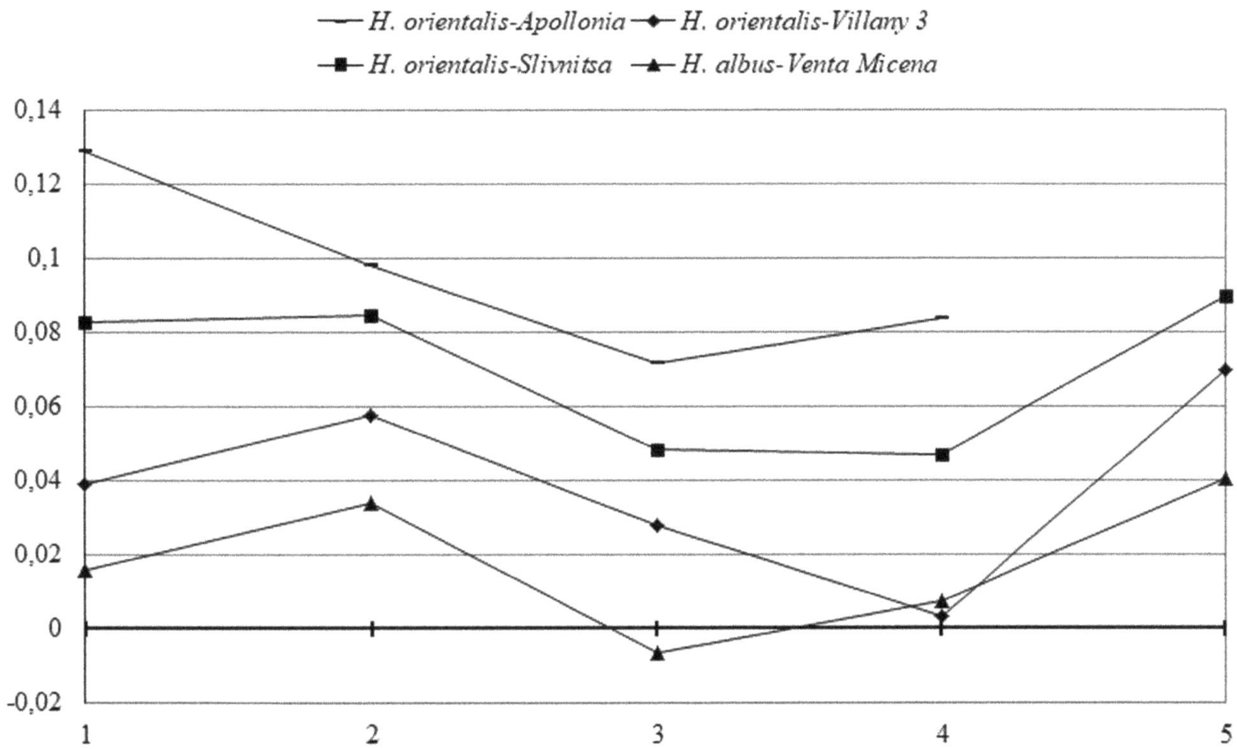

Figure 3.113. *Hemitragus orientalis* et *H. albus*, diagramme de Simpson de la m2 des populations du Pliocène final de Hongrie et de Bulgarie, et du Pléistocène inférieur de Grèce et d'Espagne. Différence par rapport à *H. cedrensis* (population des Cèdres).

tahrs d'Aldène, des Rameaux, de la Fage et d'Orgnac 3 sont caractérisés par des prémolaires à peine plus longues que celles du groupe précédent alors que les molaires sont fortement raccourcies (Figure 3.121).

b. Mandibule

Dans une comparaison avec *H. jayakari*, toutes les populations se ressemblent à l'exception de la hauteur de la barre (mesure 18) plus faible à l'Escale comparativement à Hundsheim (Figure 3.122).

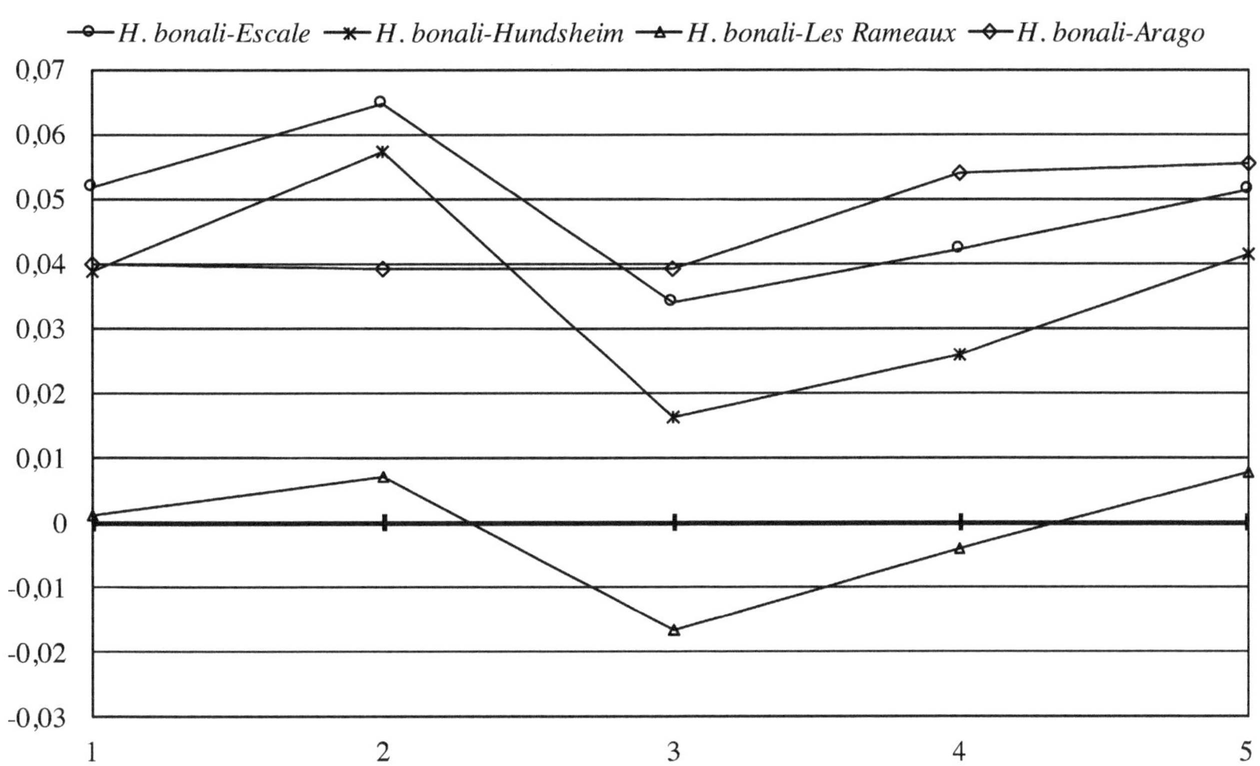

Figure 3.114. *Hemitragus bonali*, diagramme de Simpson de la m2 des populations du Pléistocène moyen d'Autriche et de France. Différence par rapport à *Hemitragus cedrensis* (population des Cèdres). Différence par rapport à *H. cedrensis* (population des Cèdres).

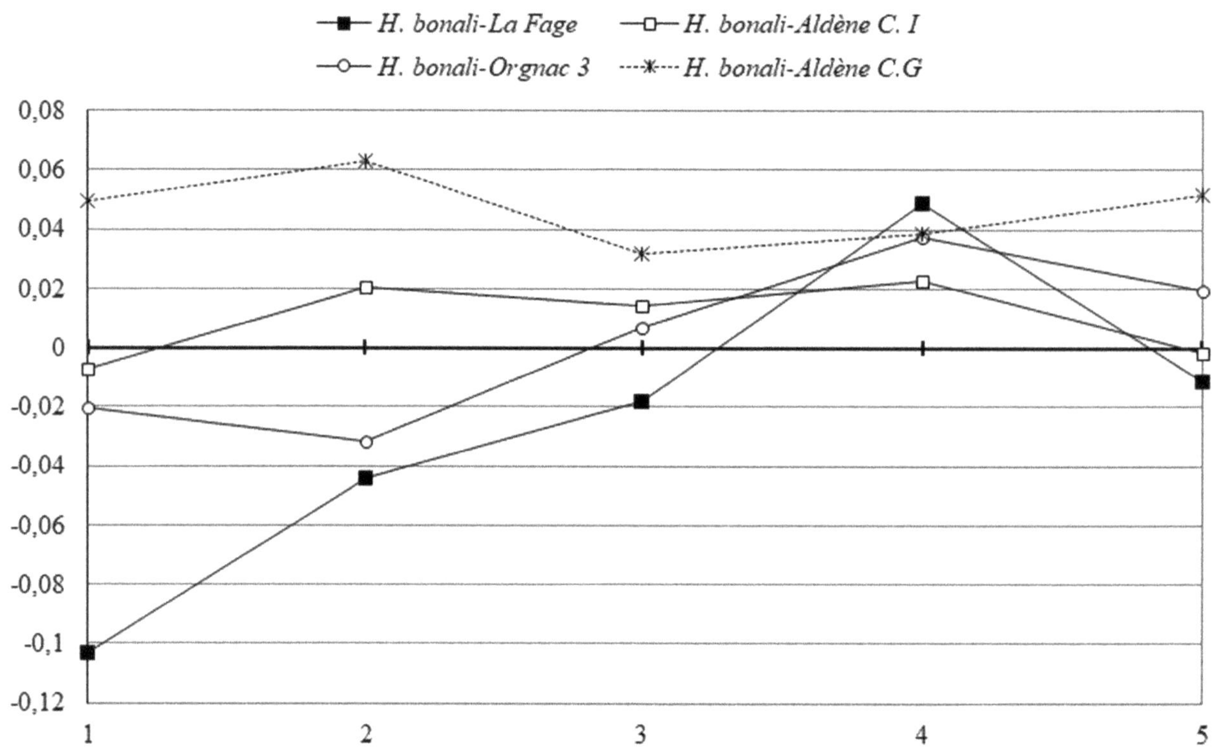

Figure 3.115. *Hemitragus bonali*, diagramme de Simpson de la m2 du Pléistocène moyen de France. Différence par rapport à *H. cedrensis* (population des Cèdres).

c. Squelette post-crânien

Les os des membres étant très incomplets chez *H. cedrensis*, la comparaison a été effectuée avec *C. ibex* actuel (mâles et femelles confondus).

L'articulation distale de la scapula du tahr de l'Escale se distingue des autres populations du fait d'une cavité glénoïdale aux bords articulaires proportionnellement similaires à ceux du bouquetin (Figure 3.123).

L'humérus d'*H. albus* se sépare d'*H. bonali* essentiellement par la longueur du capitulum qui est particulièrement court (mesure 14) (Figure 3.124). Le tahr de l'Escale et celui de Hundsheim ont une articulation distale identique (mesures

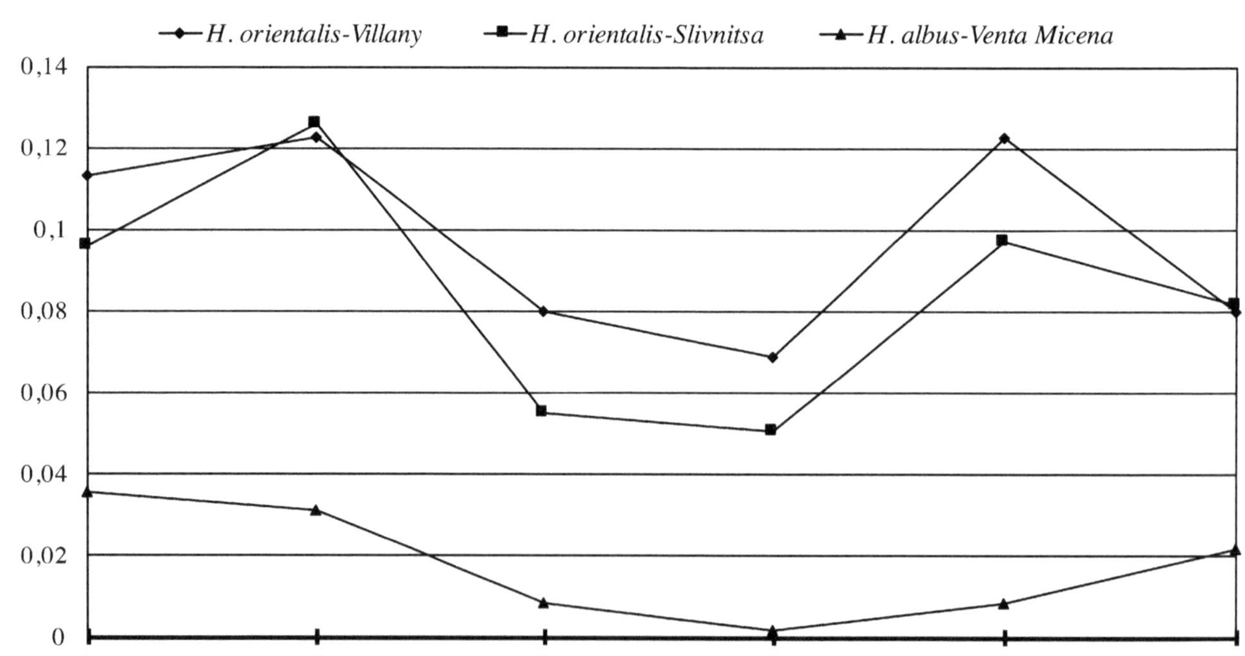

Figure 3.116. *Hemitragus orientalis* et *H. albus*, diagramme de Simpson de la m3 des populations du Pliocène final de Hongrie et de Bulgarie, et du Pléistocène inférieur d'Espagne. Différence par rapport à *Hemitragus cedrensis* (population des Cèdres).

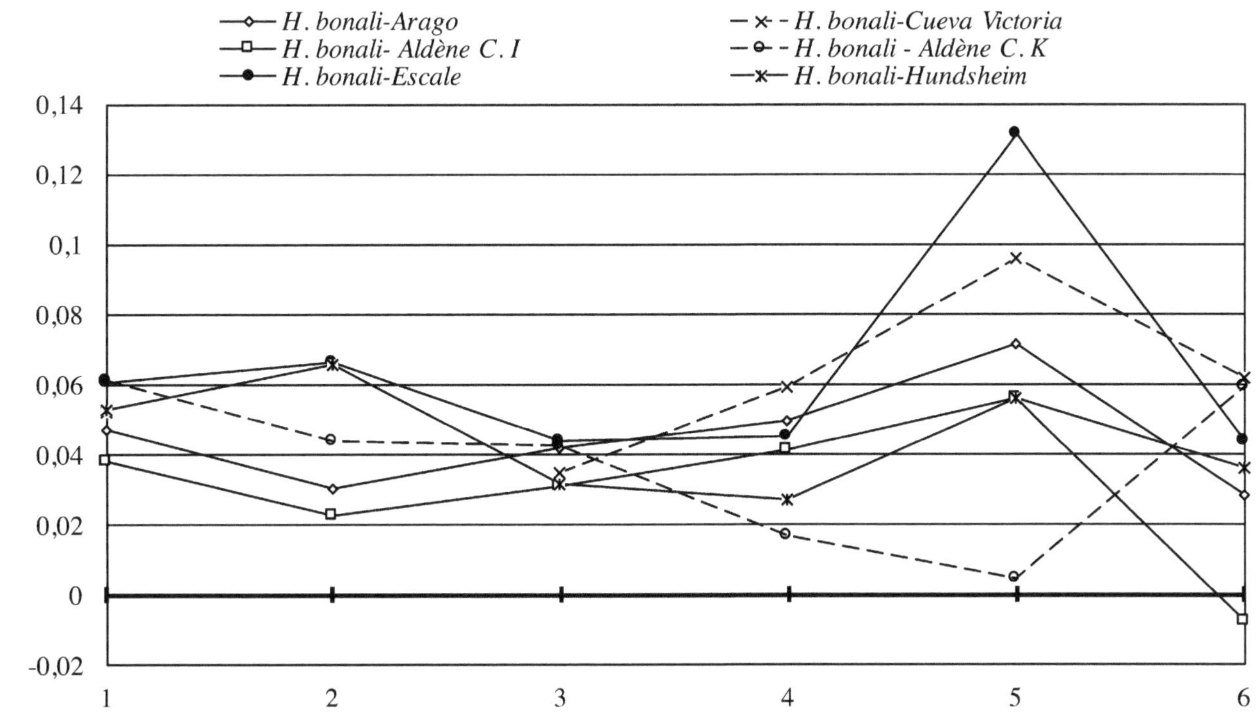

Figure 3.117. *Hemitragus bonali*, diagramme de Simpson de la m3 des populations du Pléistocène moyen d'Autriche, d'Espagne et de France. Différence par rapport à *H. cedrensis* (population des Cèdres).

11 à 20). La longueur minimale de la diaphyse de ce dernier est plus importante (mesure 2) et les proportions de la tête articulaire proximale (mesures 5 et 6) sont plus semblables à *C. ibex*. À l'Escale, la diaphyse est large en dessus de l'articulation distale (mesure 21). Le tahr de l'Arago, connu uniquement par des articulations distales, est proche de ces deux populations.

Le radius d'*H. albus* est bien distinct de celui d'*H. bonali* (Figure 3.125). On peut notamment indiquer que l'articulation pour le capitulum est épaisse (mesure 7) tandis que celle pour la trochlée l'est peu (mesure 9) de même que l'épiphyse distale (mesure 17). L'individu d'Appolonia I présente le même type de proportions tandis que les épaisseurs proximales sont inverses chez *H. bonali*. La facette pour le

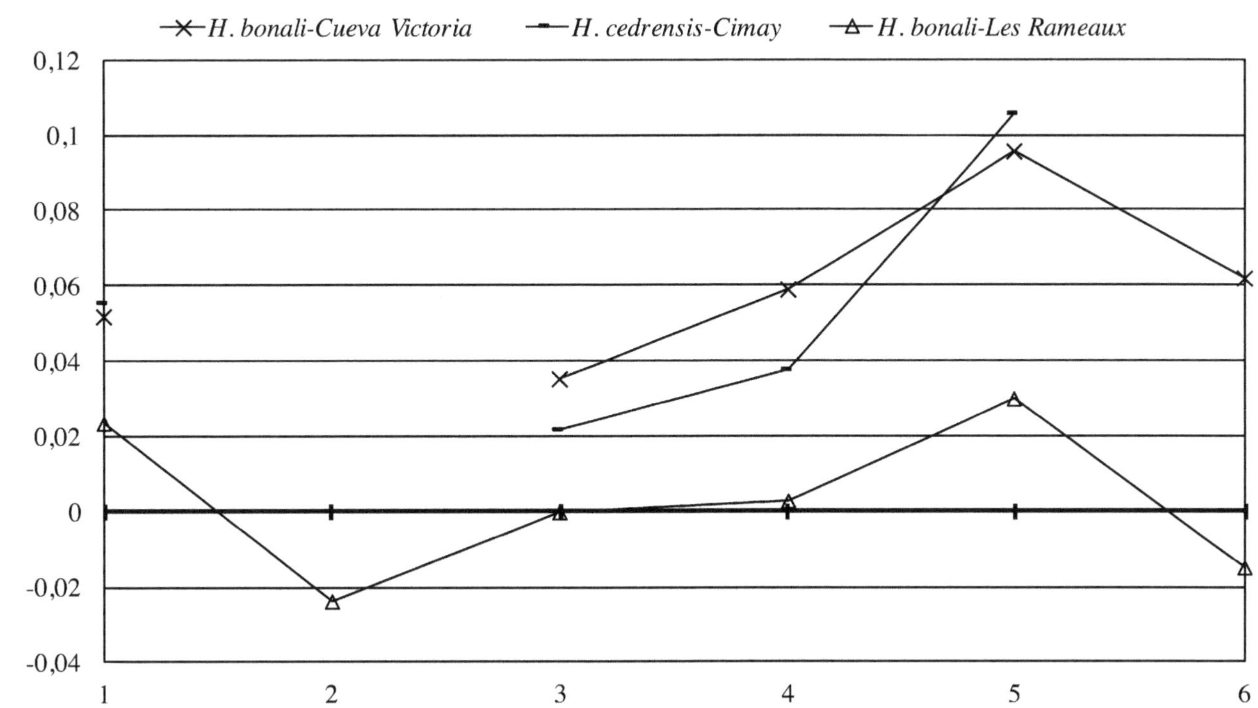

Figure 3.118. *Hemitragus bonali* et *H. cedrensis*, diagramme de Simpson de la m3 des populations du Pléistocène moyen d'Espagne et de France. Différence par rapport à *H. cedrensis* (population des Cèdres).

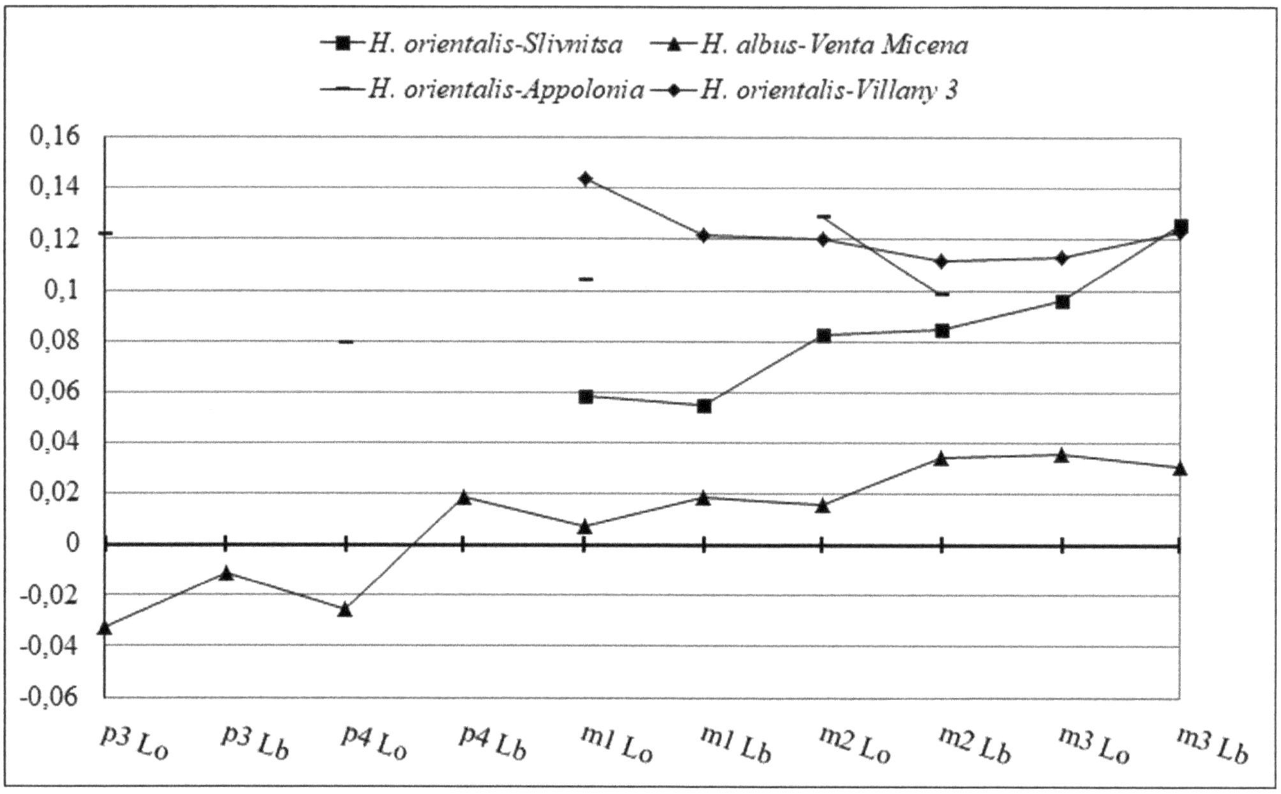

Figure 3.119. *Hemitragus orientalis* et *H. albus*, diagramme de Simpson de la rangée dentaire inférieure des populations du Pliocène final de Hongrie et de Bulgarie, et du Pléistocène inférieur de Grèce et d'Espagne. Variation des longueurs dentaires. Différence par rapport à *H. cedrensis* (population des Cèdres). Abréviations : L : longueur ; o : occlusal ; b : basal.

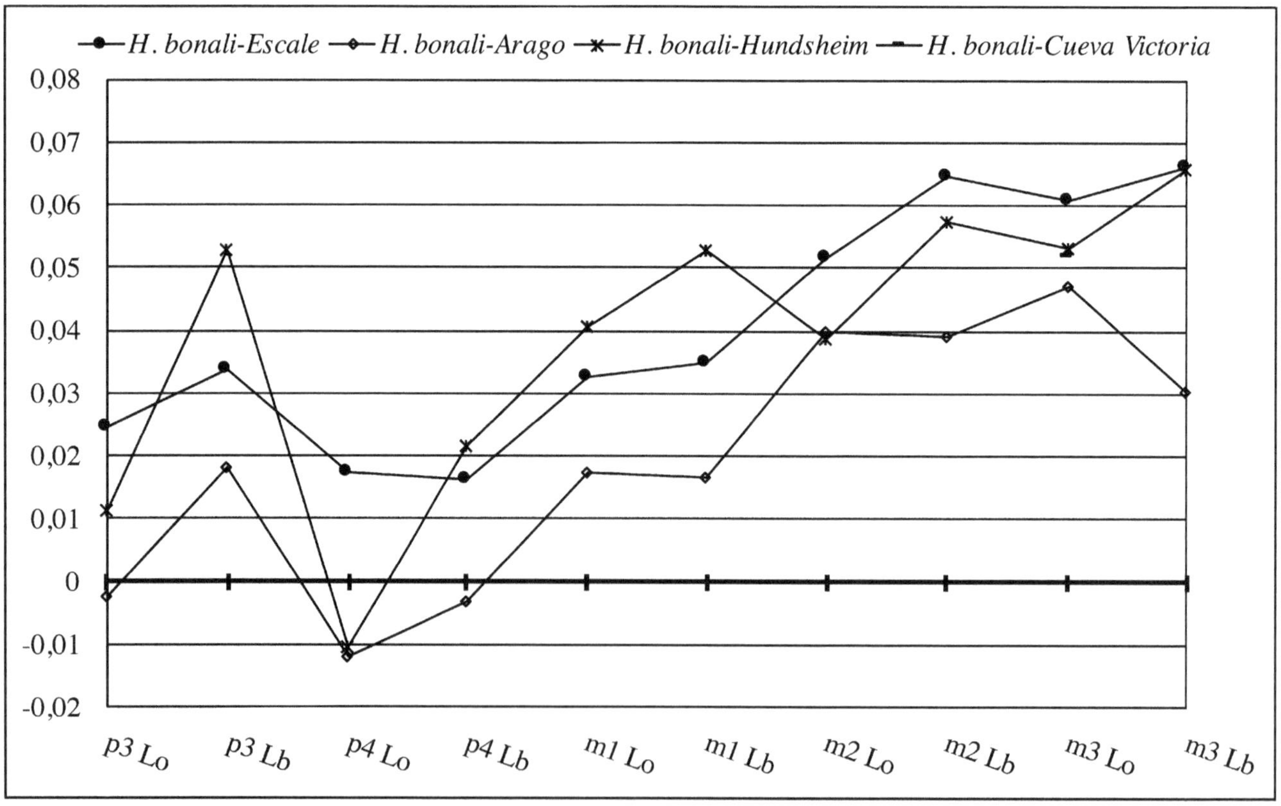

Figure 3.120. *Hemitragus bonali*, diagramme de Simpson de la rangée dentaire inférieure du Pléistocène moyen d'Autriche, d'Espagne et de France. Variation des longueurs dentaires. Différence par rapport à *H. cedrensis* (population des Cèdres). Abréviations : L : longueur ; o : occlusal ; b : basal.

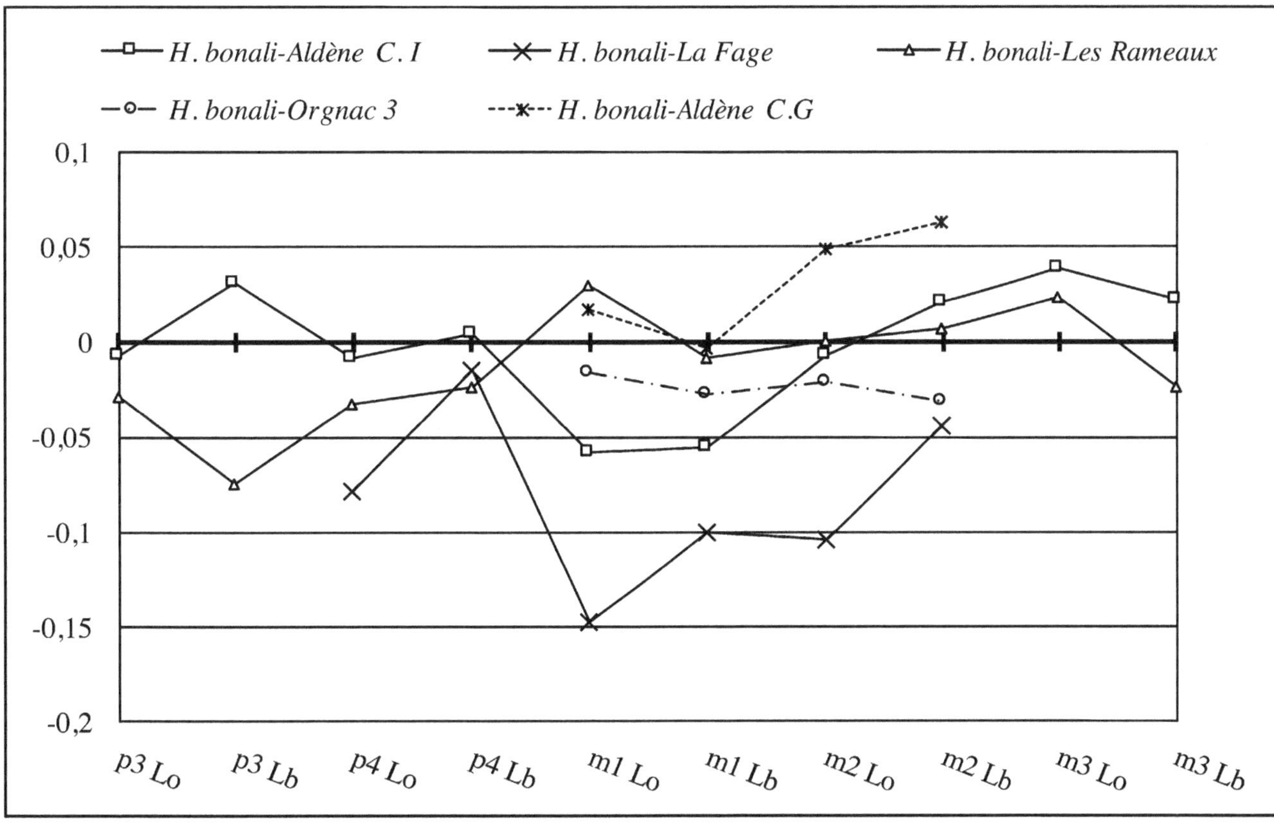

Figure 3.121. *Hemitragus bonali*, diagramme de Simpson de la rangée dentaire inférieure du Pléistocène moyen de France. Variation des longueurs dentaires. Différence par rapport à *H. cedrensis* (population des Cèdres). Abréviations : L : longueur ; o : occlusal ; b : basal.

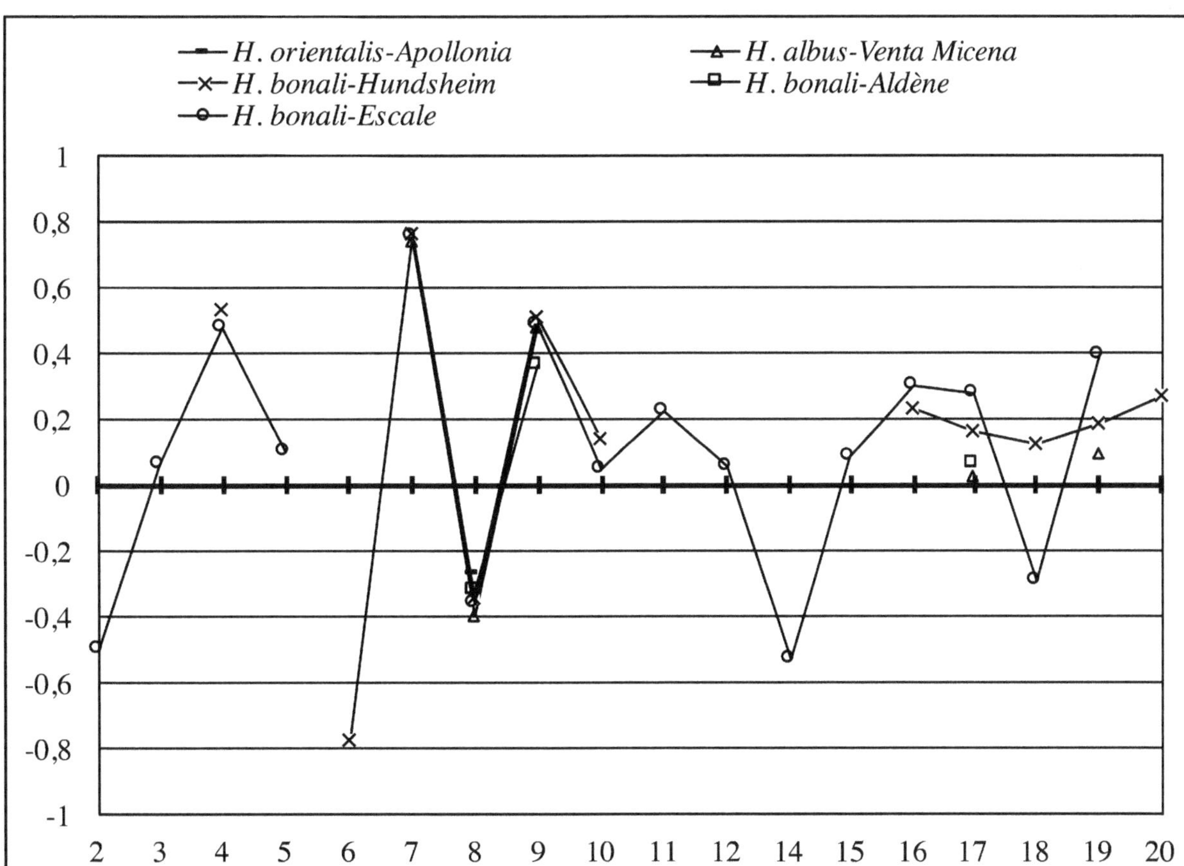

Figure 3.122. *Hemitragus orientalis*, *H. albus* et *H. bonali*, diagramme de Simpson de la mandibule des populations du Pléistocène inférieur de Grèce et d'Espagne et du Pléistocène moyen d'Autriche et de France. Différence par rapport à *H. jayakari* actuel.

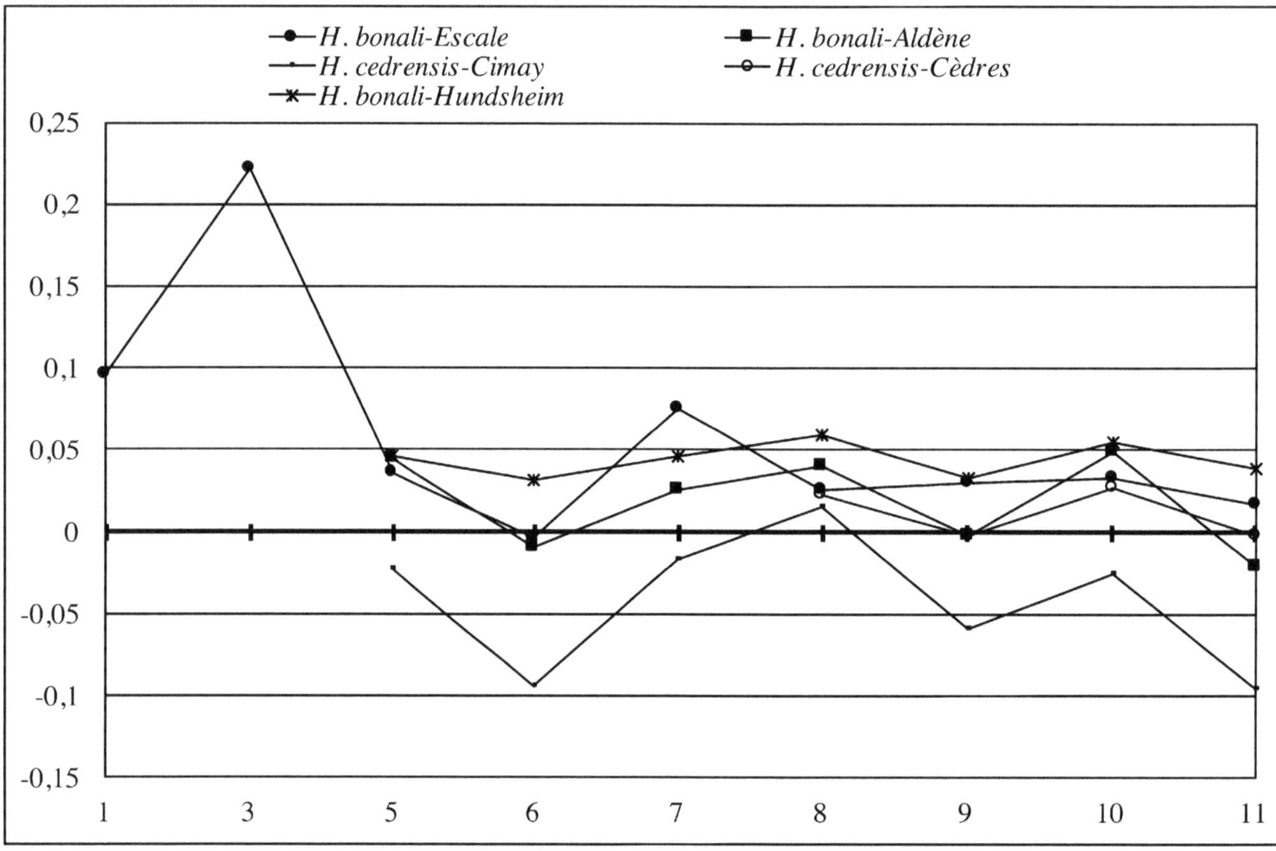

Figure 3.123. *Hemitragus bonali* et *H. cedrensis*, diagramme de Simpson de la scapula des populations du Pléistocène moyen d'Autriche et de France. Différence par rapport à *Capra ibex* actuel (mâle+femelle).

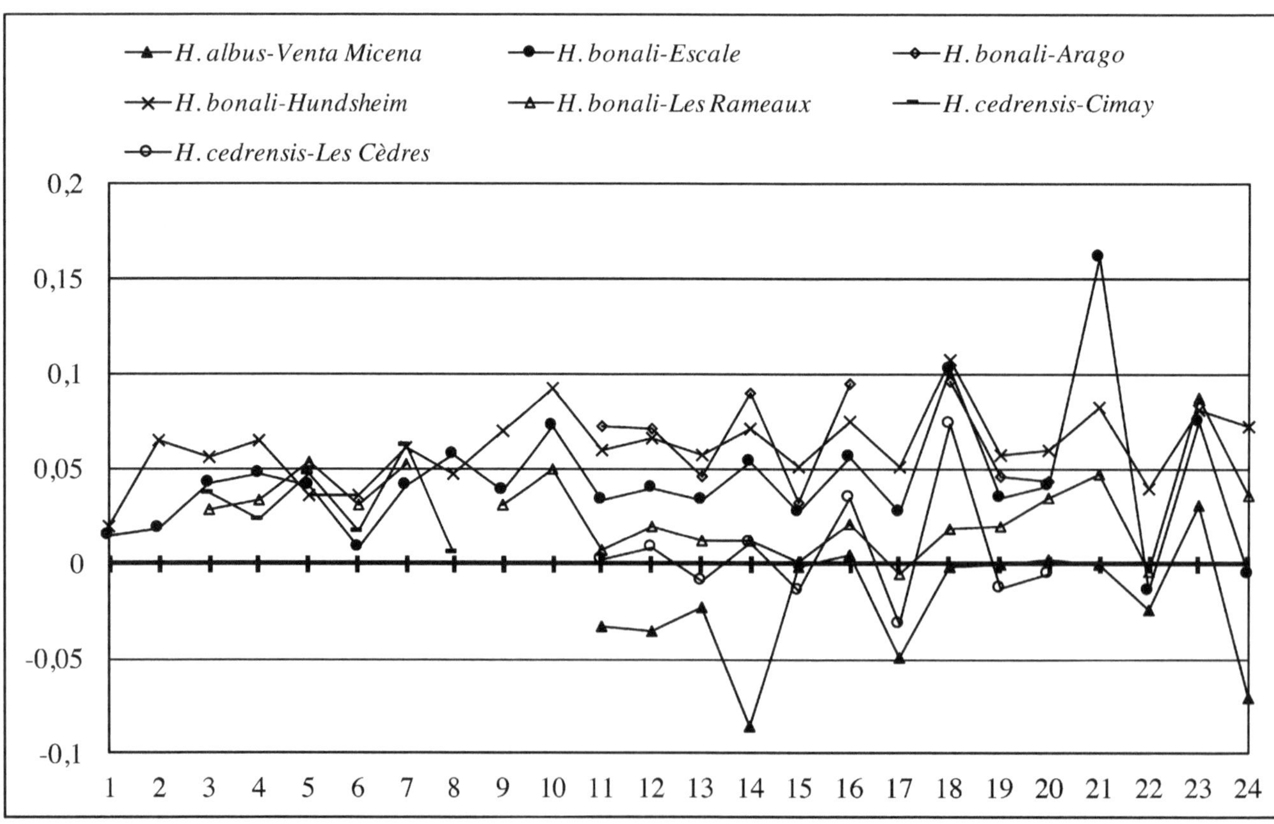

Figure 3.124. *Hemitragus albus* et *H. bonali*, diagramme de Simpson de l'humérus des populations du Pléistocène inférieur d'Espagne et du Pléistocène moyen d'Autriche et de France. Différence par rapport à *Capra ibex* actuel (mâle+femelle).

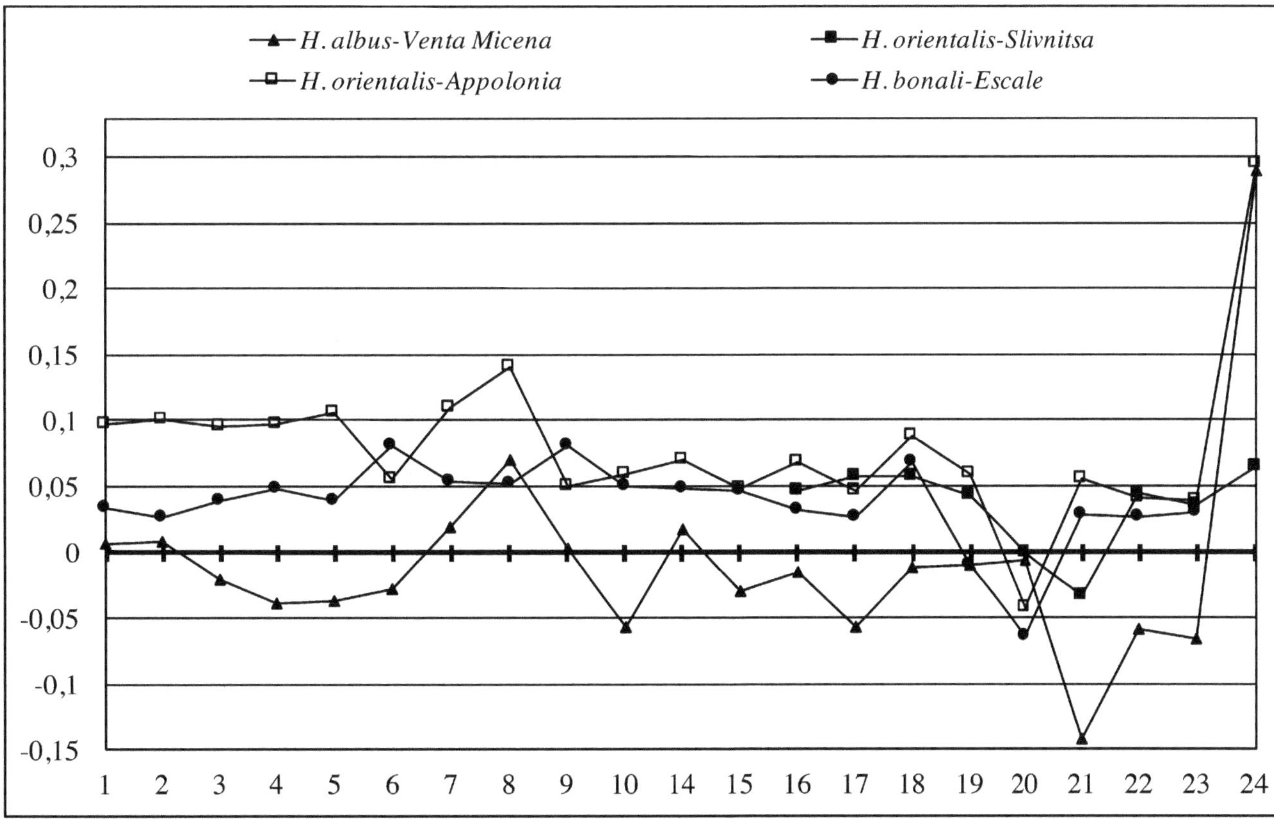

Figure 3.125. *Hemitragus orientalis*, *H. albus* et *H. bonali*, diagramme de Simpson du radius des populations du Pliocène final de Bulgarie, du Pléistocène inférieur de Grèce et d'Espagne et du Pléistocène moyen d'Autriche et de France. Différence par rapport à *Capra ibex* actuel (mâle+femelle).

pyramidal est particulièrement large chez *H. albus* ainsi qu'à Appolonia. Les tahrs de l'Escale et de Hundsheim ont presque les mêmes proportions, à l'exception du diamètre crânio-caudal minimum de l'articulation proximale qui est plus faible à l'Escale (mesure 8) et de la facette distale pour le semi-lunaire qui est plus courte (mesure 23) tandis que celle du pyramidal est plus large (mesure 24) (Figure 3.126). L'Arago, testé uniquement pour l'articulation proximale, est semblable à ces deux populations (mesures 3 à 6). Le tahr des Rameaux est distinct de cet ensemble.

Au niveau du carpe, l'articulation proximale du scaphoïde d'*H. orientalis* et d'*H. albus* est étroite (mesure 4), surtout en comparaison de la longueur (mesure 3), et la facette palmo-latérale est relativement longue (mesure 7) (Figure 3.127). Ces caractéristiques distinguent ces taxons du groupe des *H. bonali*. Chez cette espèce, les populations de l'Escale, de Hundsheim et de l'Arago sont très proches les unes des autres, mais le tahr de Hundsheim montre des différences : articulation distale plus étroite (mesure 6), facette articulaire latéro-palmaire proximale moins haute (mesure 8), facette latéro-dorsale distale plus longue (mesure 9) (Figure 3.128). Le tahr des Rameaux, métriquement aussi petit qu'*H. albus*, ressemble à celui de Hundsheim mais s'en dissocie par les proportions de la facette latéro-dorsale distale (mesures 9 et 10).

Le semi-lunaire n'est pas connu chez *H. orientalis* et l'unique spécimen d'*H. albus* est incomplet. Ses proportions sont différentes de celles d'*H. bonali*. Pour cette espèce, les populations de l'Escale, de Hundsheim et de l'Arago montrent une parenté, les ressemblances entre les deux premières étant plus nettes qu'avec la dernière (Figure 3.129). Le semi-lunaire du tahr des Rameaux diffère de tous les autres.

Le pyramidal n'a pas été retrouvé chez *H. orientalis* et *H. albus*. Chez *H. bonali*, l'Arago est très semblable à Hundsheim (Figure 3.130). L'Escale diffère par ses hauteurs (mesures 1 à 3). À nouveau, le tahr des Rameaux ne ressemble à aucun autre.

Les pisiformes d'*H. albus* et ceux d'*H. bonali* sont pratiquement similaires (Figure 3.131).

L'onciforme n'est pas connu chez *H. orientalis*. *H. albus* diffère d'*H. bonali* par sa plus petite taille, l'étroitesse de son articulation proximale (mesure 3) en relation avec celle de la facette latérale (mesure 5) et de l'étroitesse distale (mesure 13) (Figure 3.132). Les populations de l'Escale, de Hundsheim et de l'Arago sont à la fois semblables et différentes. En effet, le tahr de l'Escale ressemble à celui de l'Arago pour les six premières mesures (hauteur, longueurs, bord palmo-proximal) et pour certaines proportions générales de l'articulation proximale (mesures 14 à 16) (Figure 3.132). Les tahrs de l'Arago et de Hundsheim sont identiques pour les dimensions des facettes articulaires proximales (mesures

Figure 3.126. *Hemitragus bonali*, diagramme de Simpson du radius des populations du Pléistocène moyen de France. Différence par rapport à *Capra ibex* actuel (mâle+femelle).

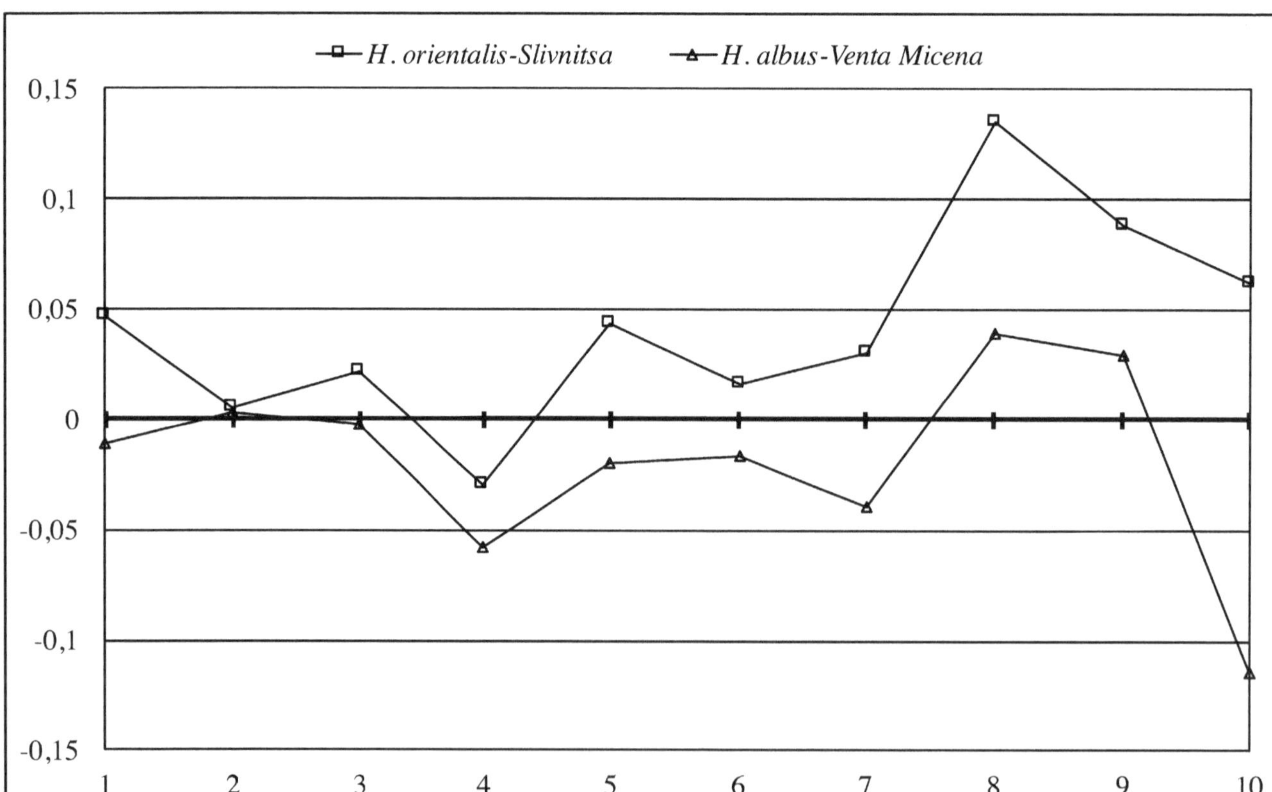

Figure 3.127. *Hemitragus orientalis* et *H. albus*, diagramme de Simpson du scaphoïde des populations du Pliocène final de Bulgarie et du Pléistocène inférieur d'Espagne. Différence par rapport à *Capra ibex* actuel (mâle+femelle).

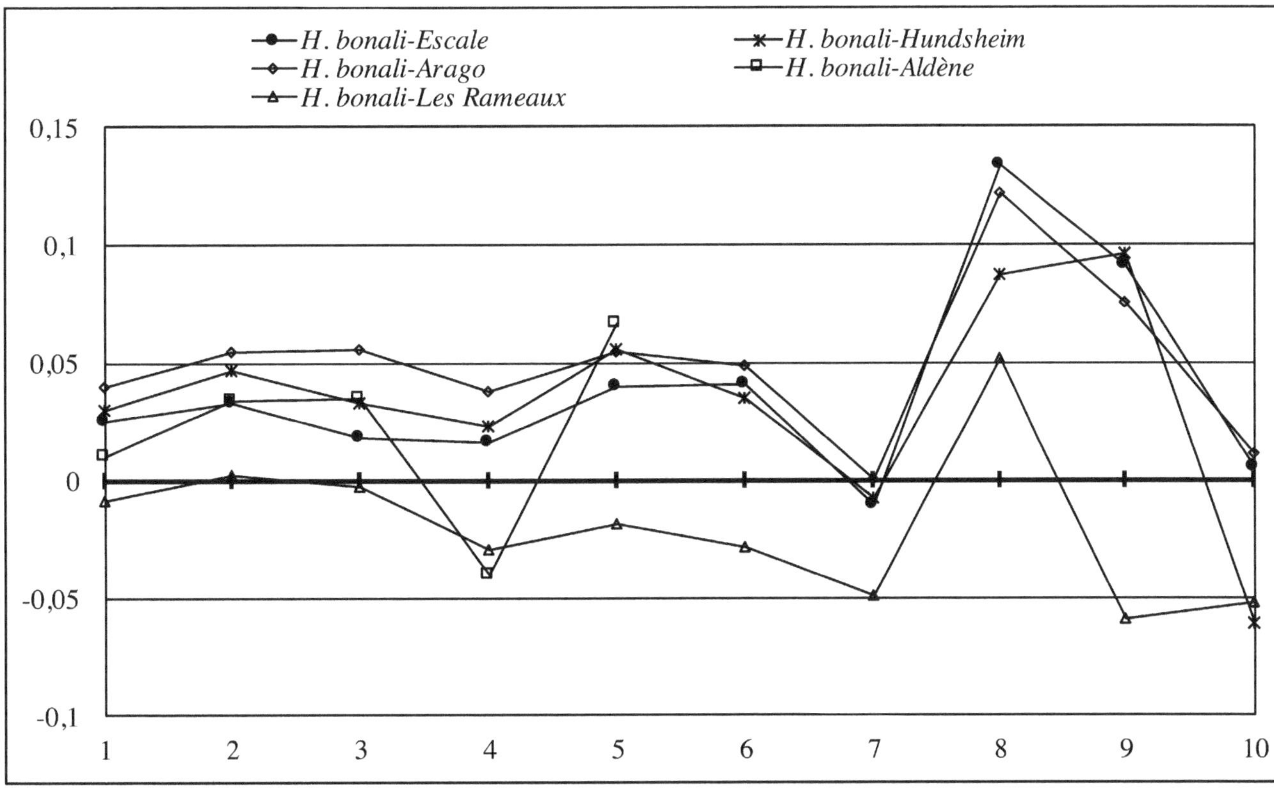

Figure 3.128. *Hemitragus bonali*, diagramme de Simpson du scaphoïde des populations du Pléistocène moyen d'Autriche et de France. Différence par rapport à *Capra ibex* actuel (mâle+femelle).

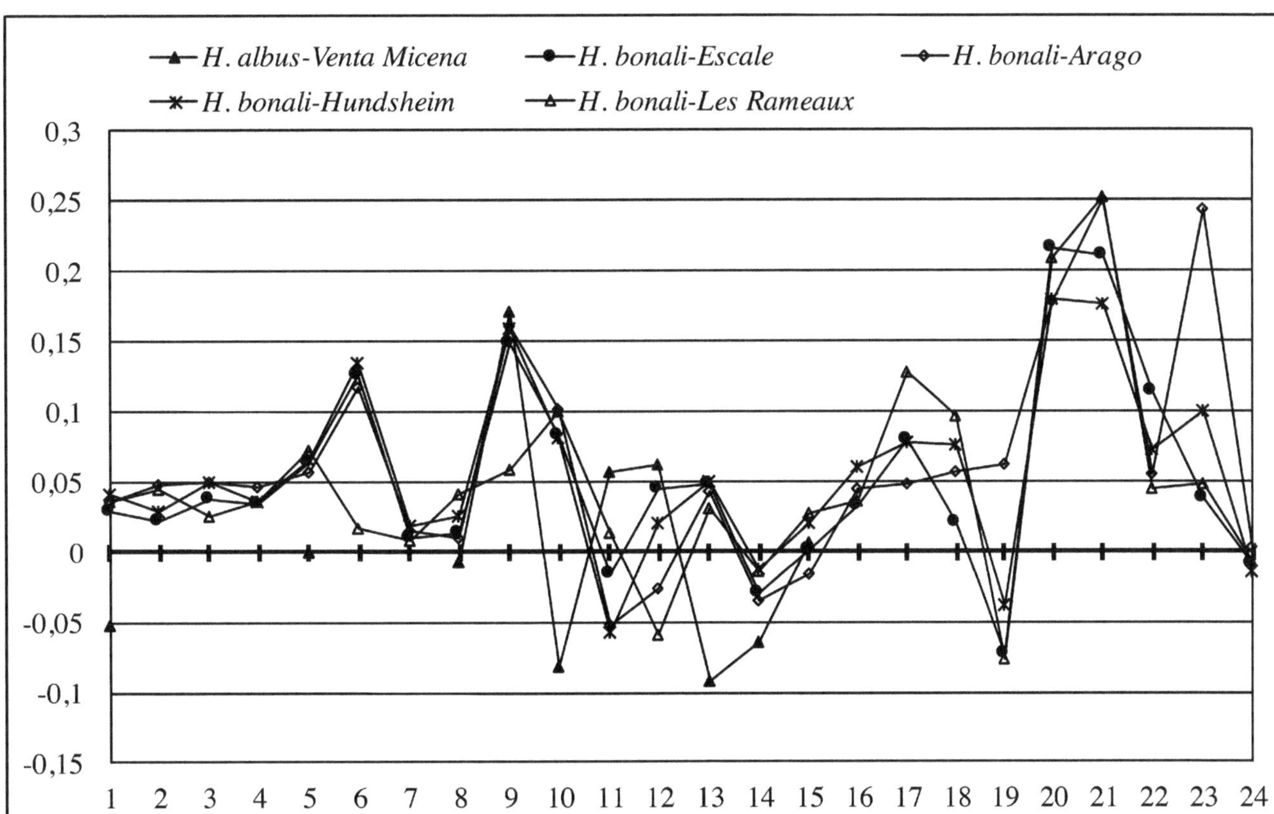

Figure 3.129. *Hemitragus albus* et *H. bonali*, diagramme de Simpson du semi-lunaire des populations du Pléistocène inférieur d'Espagne, et du Pléistocène moyen d'Autriche et de France. Différence par rapport à *Capra ibex* actuel (mâle+femelle).

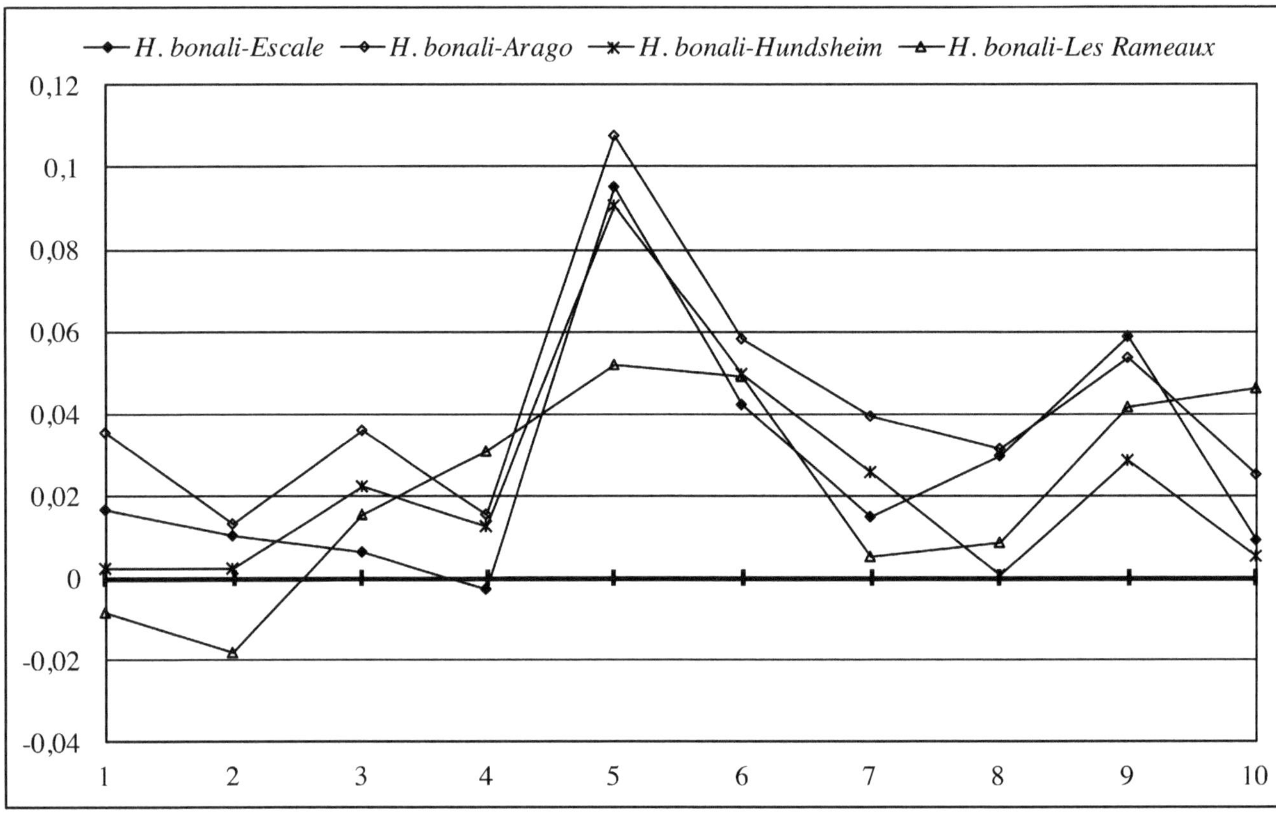

Figure 3.130. *Hemitragus bonali*, diagramme de Simpson du pyramidal des populations du Pléistocène moyen d'Autriche et de France. Différence par rapport à *Capra ibex* actuel (mâle+femelle).

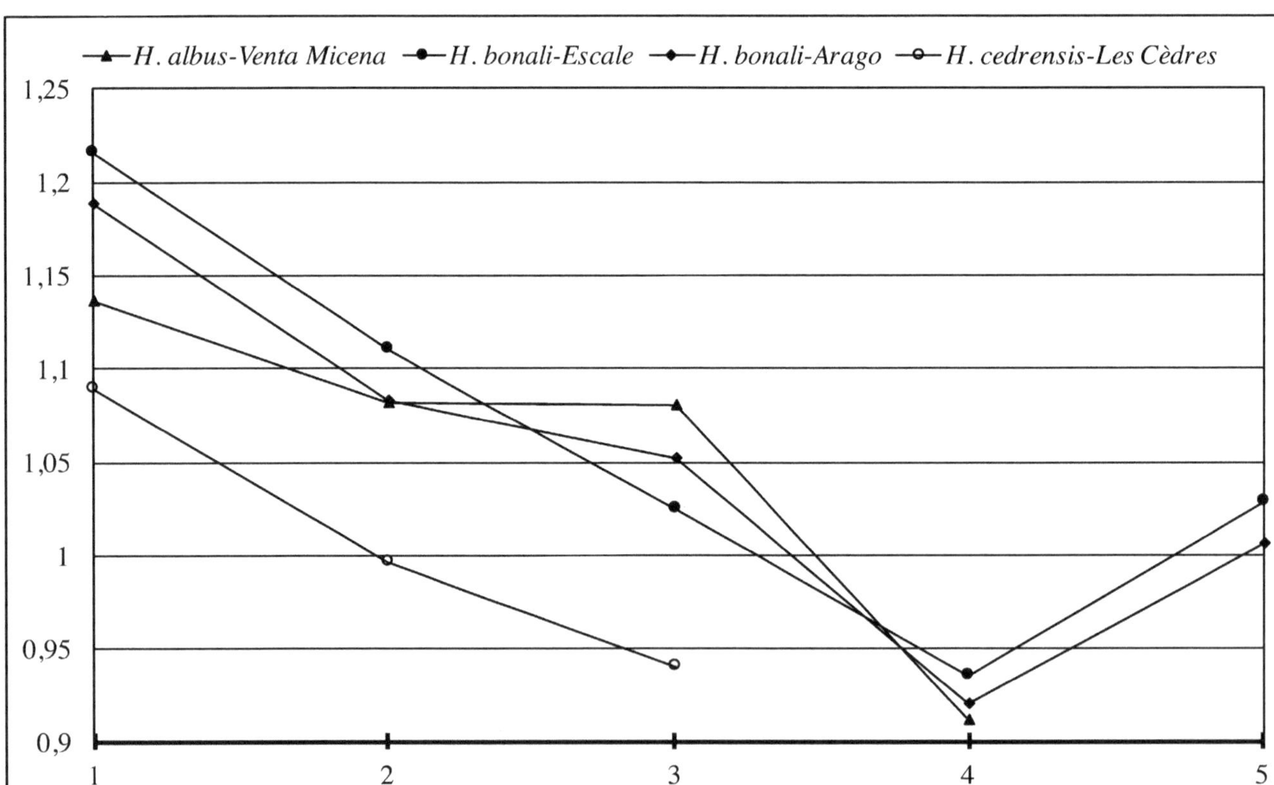

Figure 3.131. *Hemitragus albus*, *H. bonali* et *H. cedrensis*, diagramme de Simpson du pisiforme des populations du Pléistocène inférieur d'Espagne et du Pléistocène moyen de France. Différence par rapport à *Capra ibex* actuel (mâle+femelle).

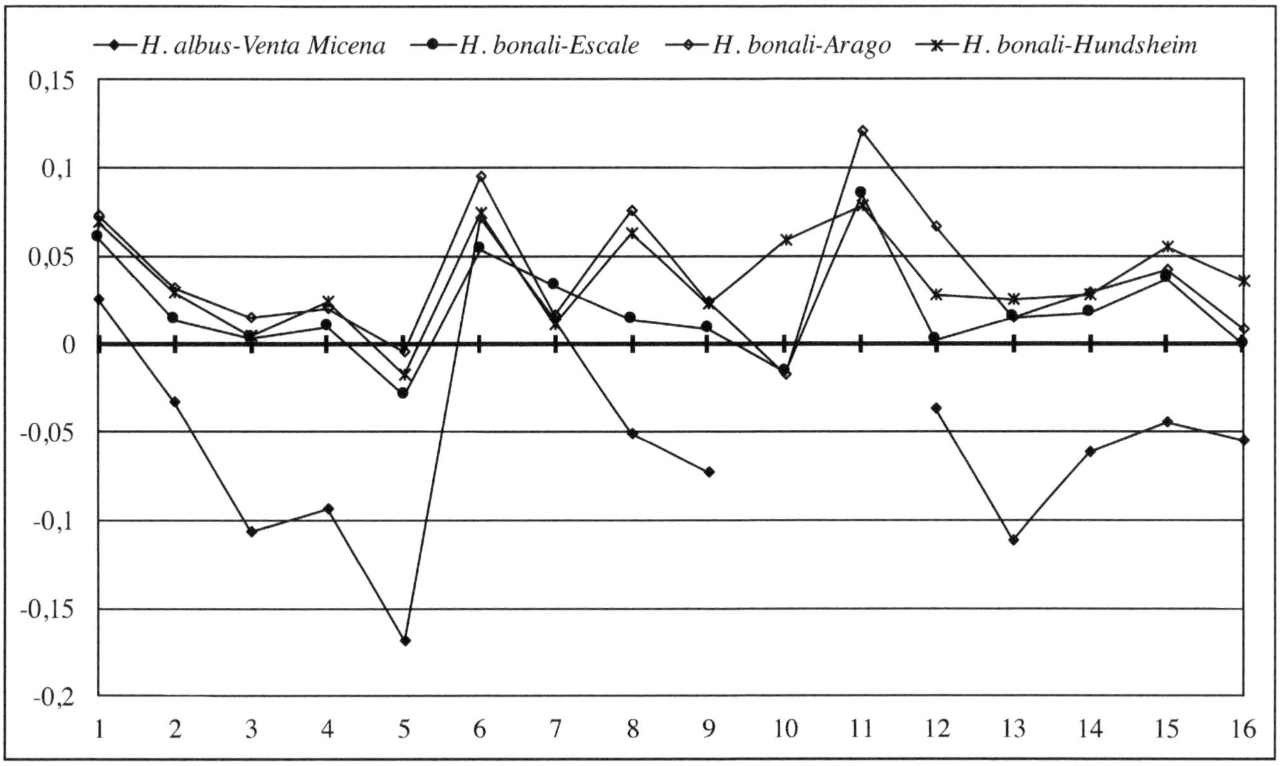

Figure 3.132. *Hemitragus albus* et *H. bonali*, diagramme de Simpson de l'onciforme des populations du Pléistocène inférieur d'Espagne et du Pléistocène moyen de France. Différence par rapport à *Capra ibex* actuel (mâle+femelle).

5 à 8) et l'étroitesse de la face dorsale (mesure 9). Le tahr des Rameaux n'est pas très éloigné de celui de l'Arago tandis que celui de Balaruc VII est le plus différent (Figure 3.133).

Le capitato-trapézoïde d'*H. albus* est plus aplati que celui d'*H. bonali* (mesure 3) (Figure 3.134). Les populations de l'Escale, de Hundsheim et de l'Arago ne sont pas très éloignées, surtout l'Escale et Hundsheim. Le point de divergence concerne la largeur palmaire de la bande articulaire latéro-proximale (mesure 7), plus ou moins large. L'Arago s'éloigne des deux autres tahrs par la longueur palmo-médiale de l'articulation proximale (mesure 8) qui est relativement forte. Par ce trait, la population des Rameaux se rapproche de l'Arago.

H. orientalis de Csarnóta 2 et *H. albus* de Venta Micena s'opposent à *H. bonali* par les proportions des facettes de l'articulation proximale de leur canon antérieur : la facette pour l'onciforme est relativement étroite (mesure 6) et la facette pour le capitato-trapézoïde est relativement plus large (mesure 7) tandis que l'inverse s'observe sur les spécimens de tahr de Bonal (Figure 3.135). L'épiphyse proximale est notablement plus épaisse (mesure 10) que chez les *H. bonali* les plus anciens (Figure 3.136). Le tahr de Venta Micena diffère de celui de Csarnóta 2 par une épaisseur moindre à ce niveau (mesure 10) et une extrémité distale proportionnellement plus semblable au bouquetin (mesures 15 à 20). Les spécimens de Slivnitsa sont proches de l'individu de Csarnóta 2, l'épaisseur de la diaphyse au niveau du foramen nourricier étant plus forte chez ce dernier (mesure 17). Pour *H. bonali*, les populations de Hundsheim et de l'Escale sont similaires (Figure 3.136). L'articulation distale du tahr de l'Arago est plus large et plus épaisse que chez ces derniers (mesures 14 à 17) mais l'écartement proximo-palmaire des quilles est plus faible (mesure 18). Le tahr des Rameaux a un canon principalement élancé et gracile dont les proportions sont plus ou moins intermédiaires entre celles des tahrs du Mindel et du Riss (Figure 3.137).

Les facettes de l'articulation proximale des premières phalanges antérieures sont hautement variables entre populations et ont donc été supprimées des graphiques. Les proportions de la première phalange d'*H. orientalis* de Slivnitsa sont assez proches de celles d'*H. albus* de Venta Micena (Figure 3.138). À la différence d'*H. bonali*, la tubérosité proximo-axiale de la face palmaire est plus courte (mesure 26). Chez *H. bonali*, les populations de l'Escale et de Hundsheim sont quasiment identiques (Figure 3.139). Le tahr de l'Arago a des phalanges plus grandes aux proportions articulaires distinctes du groupe précédent qui coïncident avec celles de l'individu de Koudaro 1. Le tahr des Rameaux a de nombreuses similitudes avec celui de l'Arago.

La deuxième phalange du tahr d'Appolonia I ressemble à celle d'*H. orientalis* de Slivnitsa (Figure 3.140). *H. albus* est différent. Quant aux phalanges d'*H. bonali*, elles sont assez variables entre populations (Figure 3.141).

Le fémur n'est pas connu chez *H. orientalis* et *H. albus*. Chez *H. bonali*, à nouveau les populations de l'Escale et de Hundsheim ont des proportions quasiment identiques

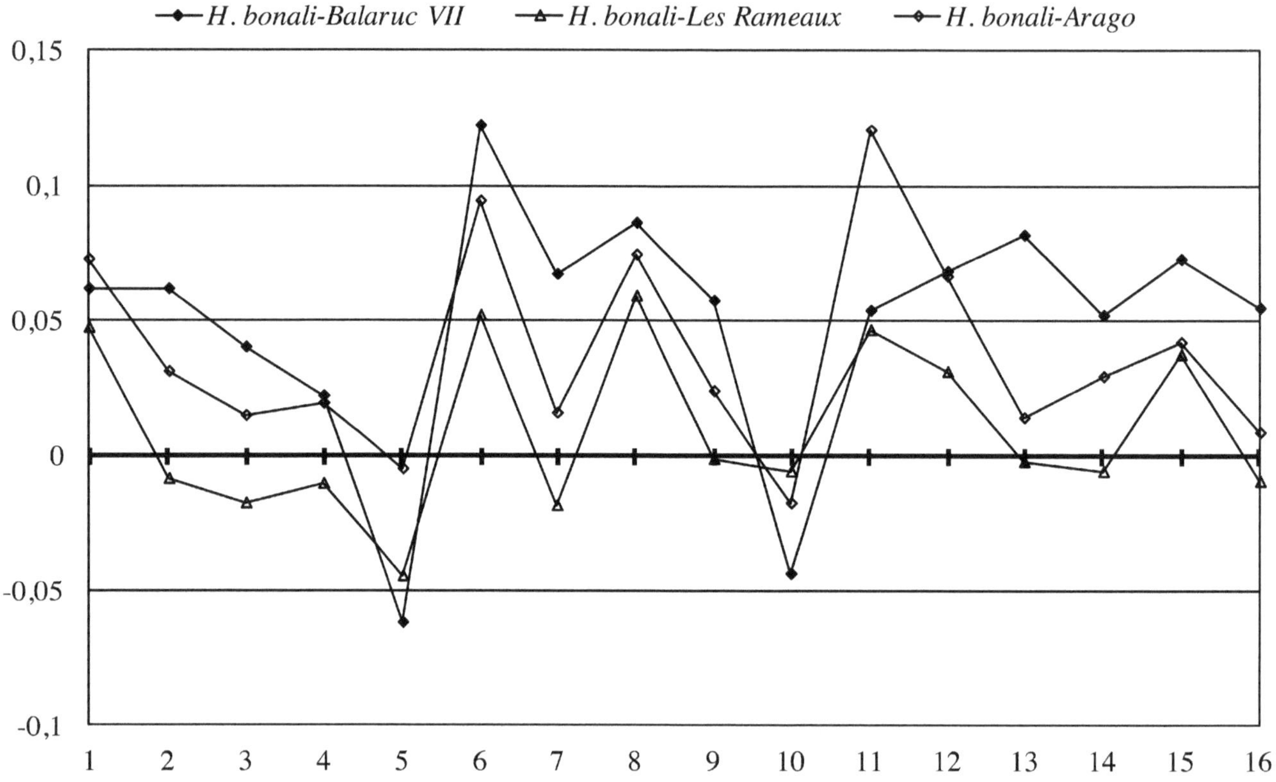

Figure 3.133. *Hemitragus bonali*, diagramme de Simpson de l'onciforme des populations du Pléistocène moyen de France. Différence par rapport à *Capra ibex* actuel (mâle+femelle).

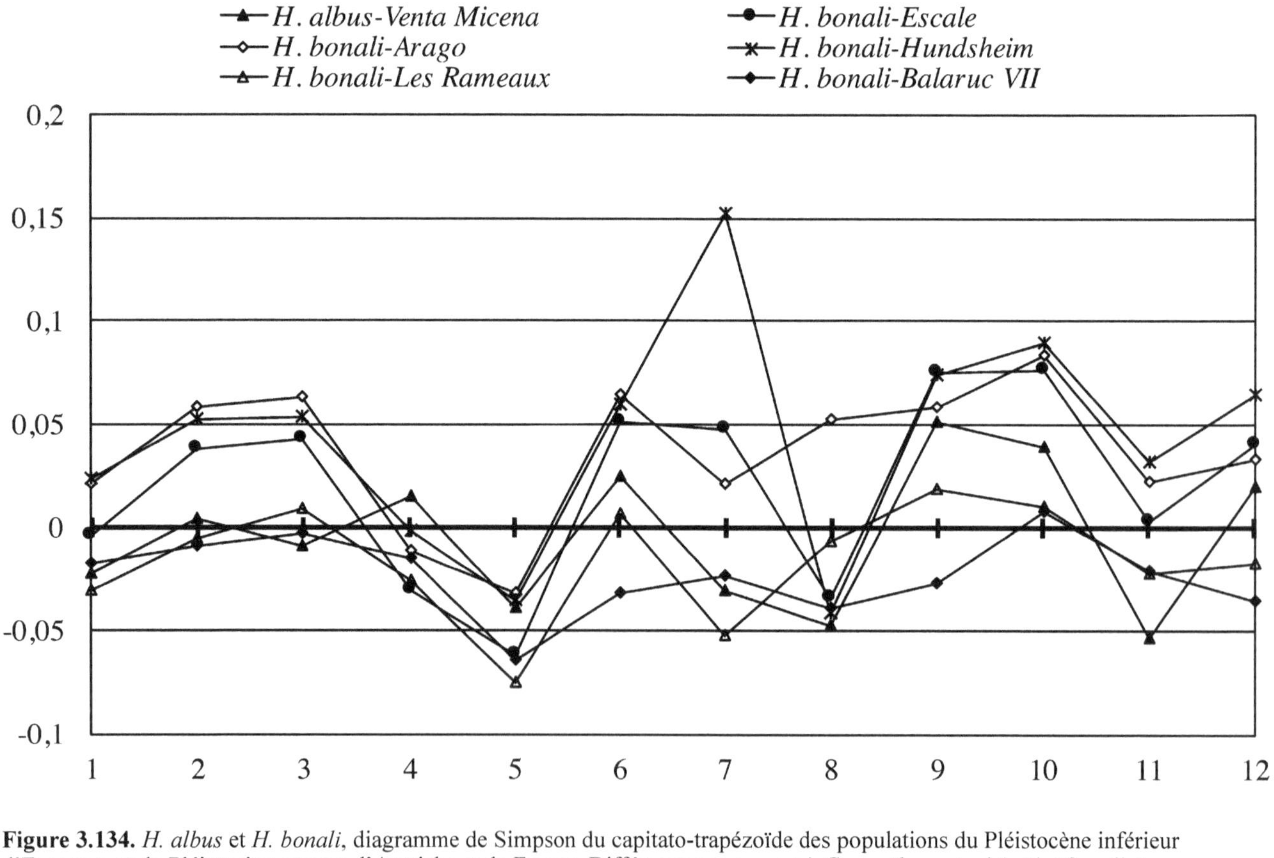

Figure 3.134. *H. albus* et *H. bonali*, diagramme de Simpson du capitato-trapézoïde des populations du Pléistocène inférieur d'Espagne, et du Pléistocène moyen d'Autriche et de France. Différence par rapport à *Capra ibex* actuel (mâle+femelle).

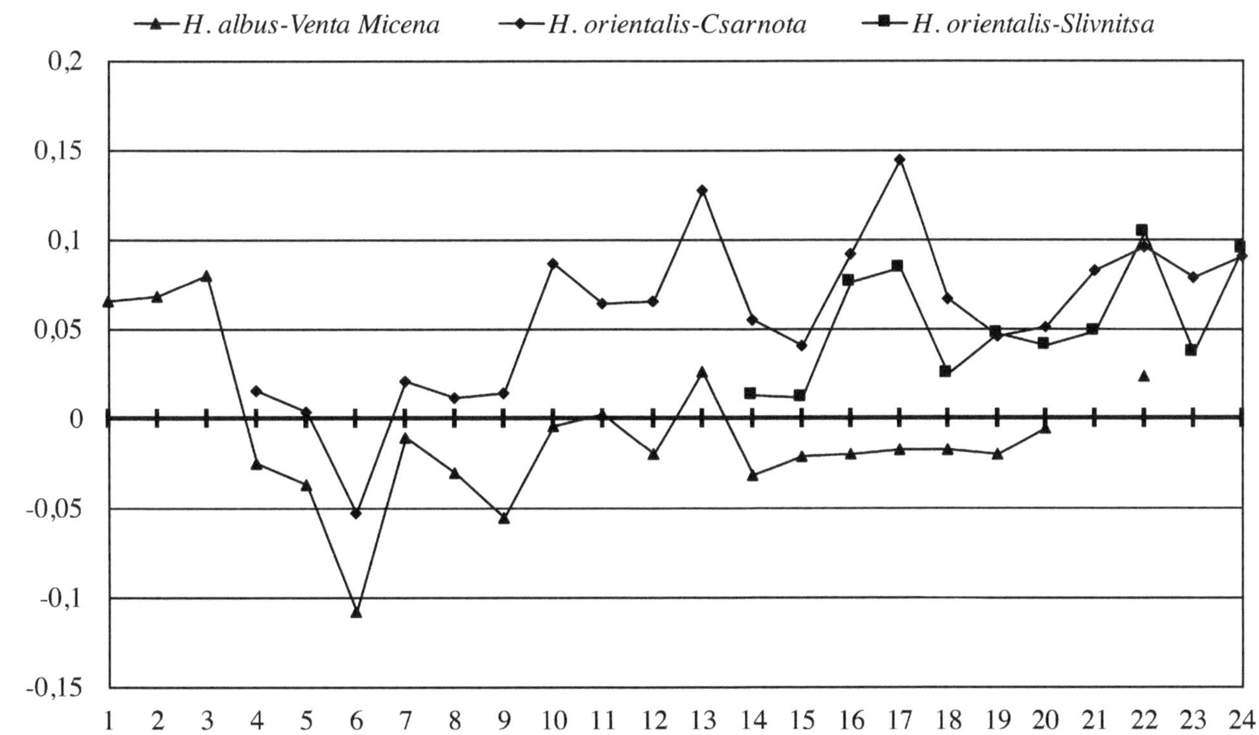

Figure 3.135. *Hemitragus orientalis* et *H. albus*, diagramme de Simpson du canon antérieur des populations du Pliocène final de Hongrie et de Bulgarie, et du Pléistocène inférieur d'Espagne. Différence par rapport à *Capra ibex* actuel (mâle+femelle).

(Figure 3.142). Les différences concernent la largeur totale de l'extrémité proximale qui est faible à l'Escale (mesure 3) et la lèvre latérale de la trochlée qui est plus longue (mesure 16). L'individu de la Fage possède un petit trochanter positionné plus haut (mesure 8) et une diaphyse plus épaisse au milieu (mesure 10). La lèvre latérale de la trochlée (mesure 16) et la lèvre médiale (mesure 19) sont aussi plus courtes.

Les proportions de l'extrémité distale du tibia d'*H. albus* ne sont pas très différentes de celles d'*H. bonali* à l'exception de la facette crâniale pour l'os malléolaire

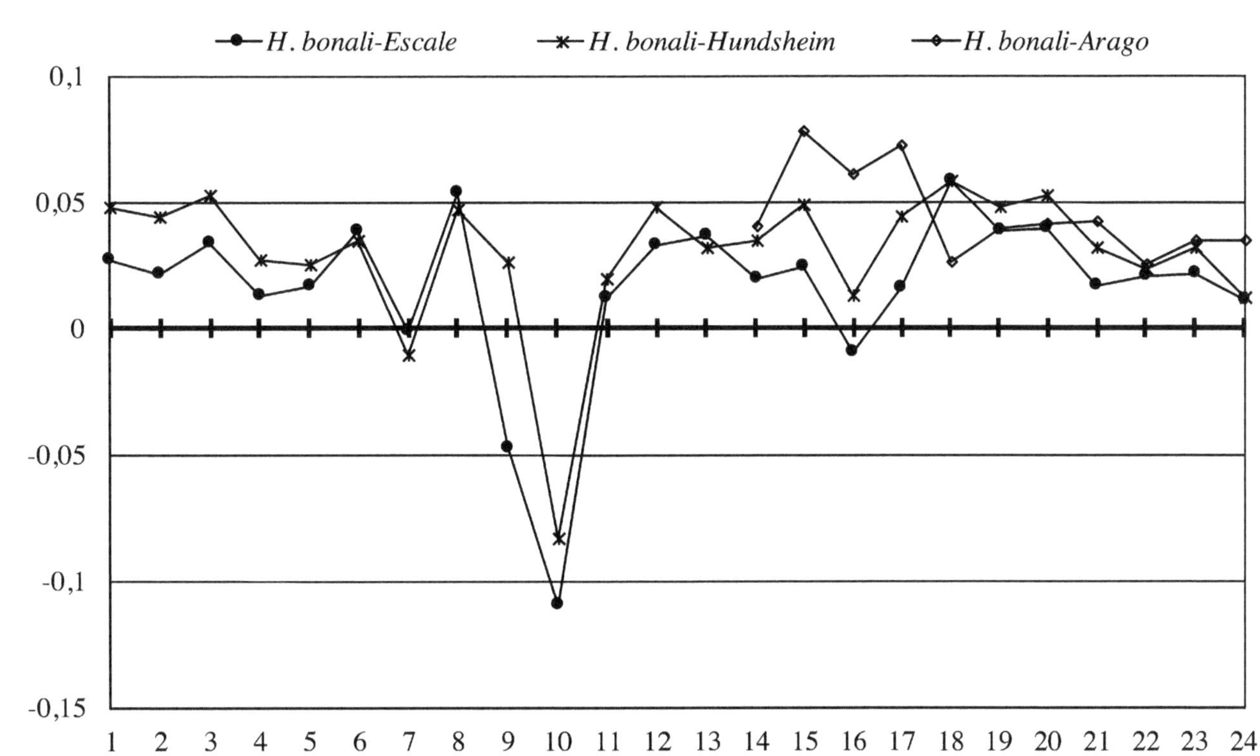

Figure 3.136. *Hemitragus bonali*, diagramme de Simpson du canon antérieur des populations du Pléistocène moyen d'Autriche et de France. Différence par rapport à *Capra ibex* actuel (mâle+femelle).

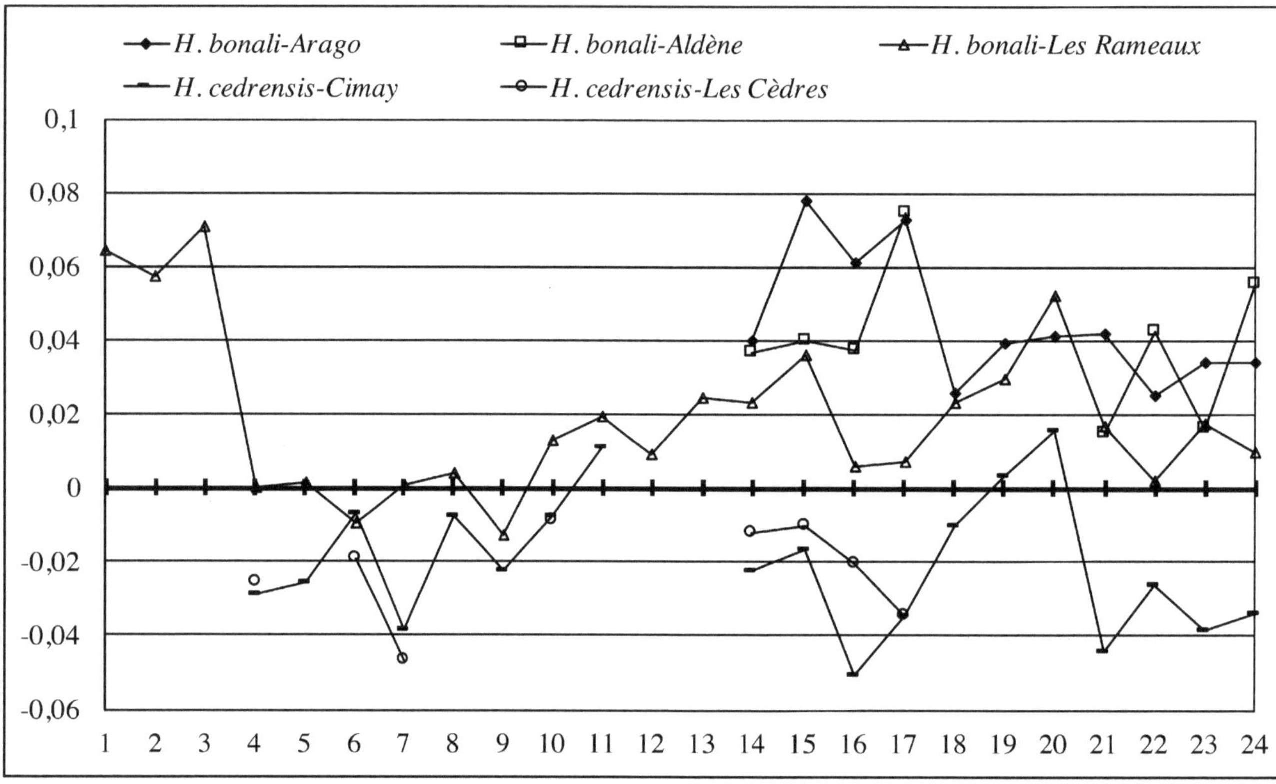

Figure 3.137. *Hemitragus bonali* et *H. cedrensis*, diagramme de Simpson du canon antérieur des populations du Pléistocène moyen de France. Différence par rapport à *Capra ibex* actuel (mâle+femelle).

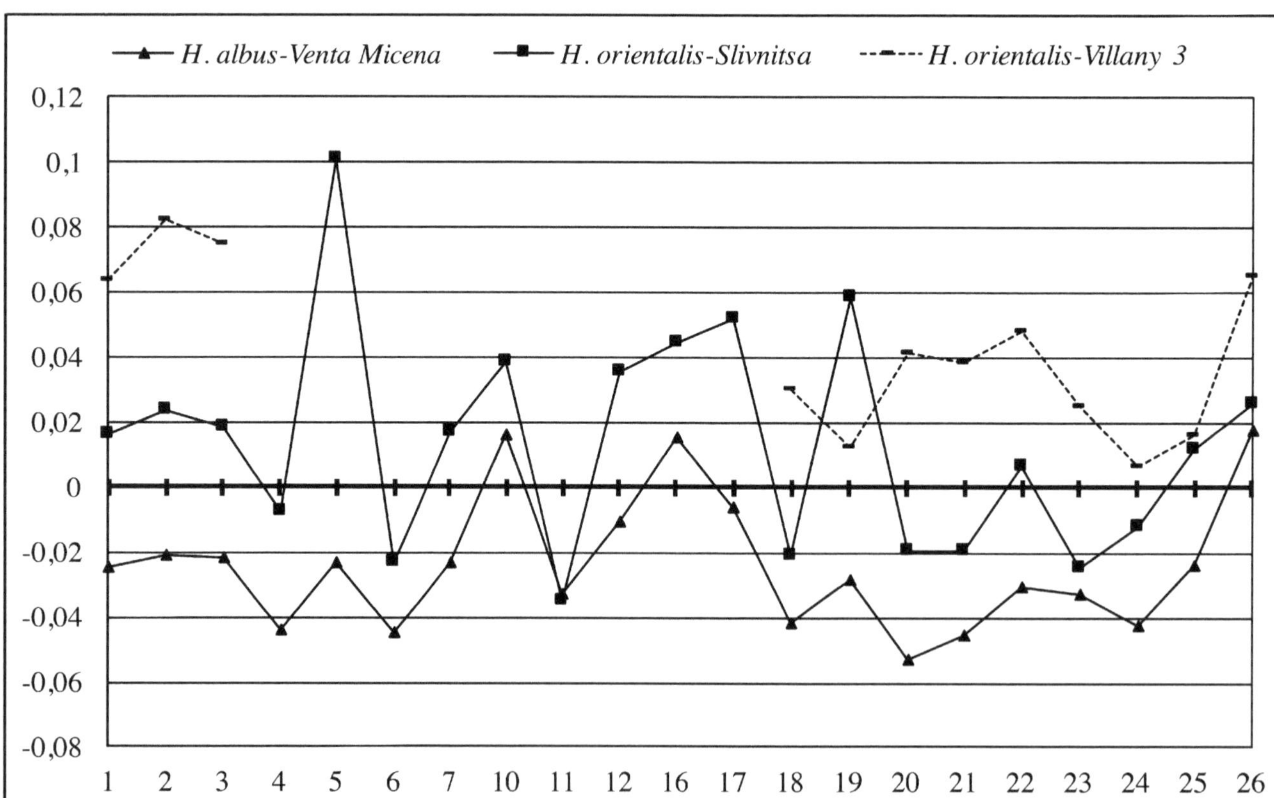

Figure 3.138. *Hemitragus orientalis* et *H. albus*, diagramme de Simpson de la première phalange antérieure des populations du Pliocène final de Hongrie et de Bulgarie, et du Pléistocène inférieur d'Espagne. Différence par rapport à *Capra ibex* actuel (mâle+femelle).

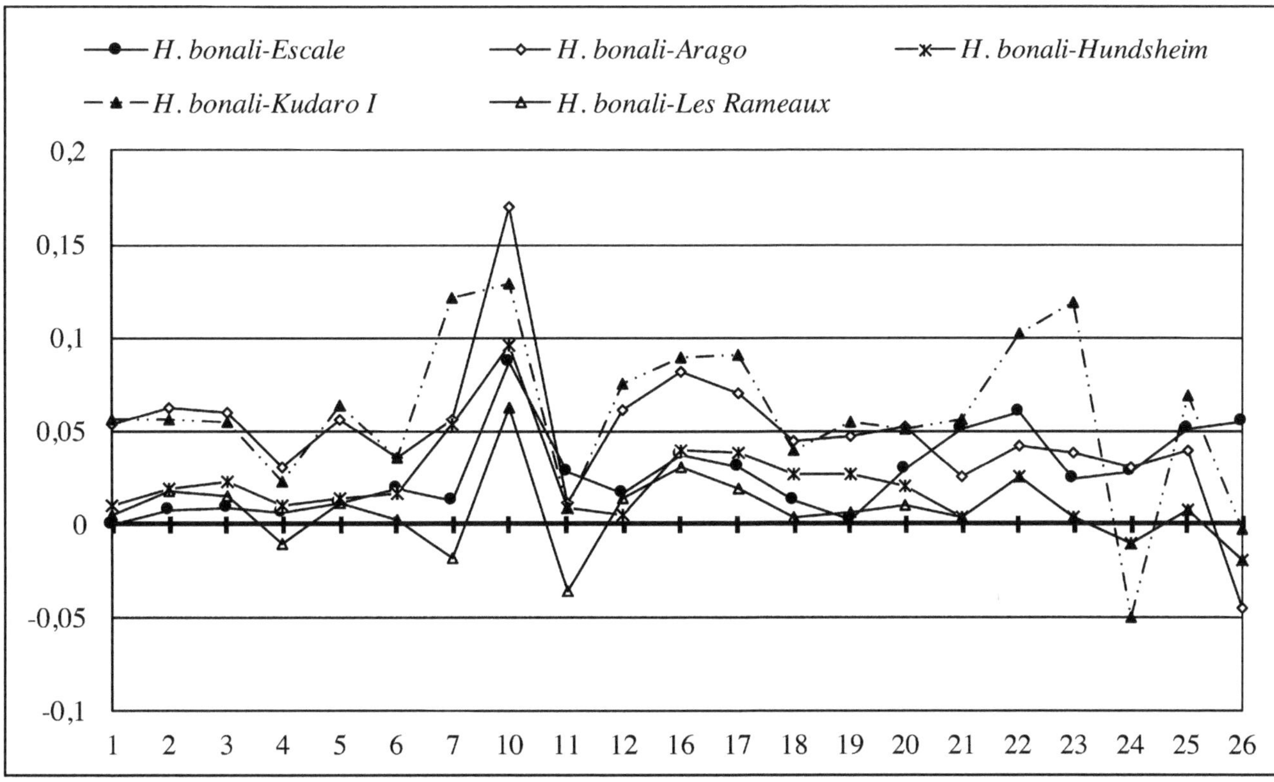

Figure 3.139. *Hemitragus bonali*, diagramme de Simpson de la première phalange antérieure des populations du Pléistocène moyen de Géorgie, d'Autriche et de France. Différence par rapport à *Capra ibex* actuel (mâle+femelle).

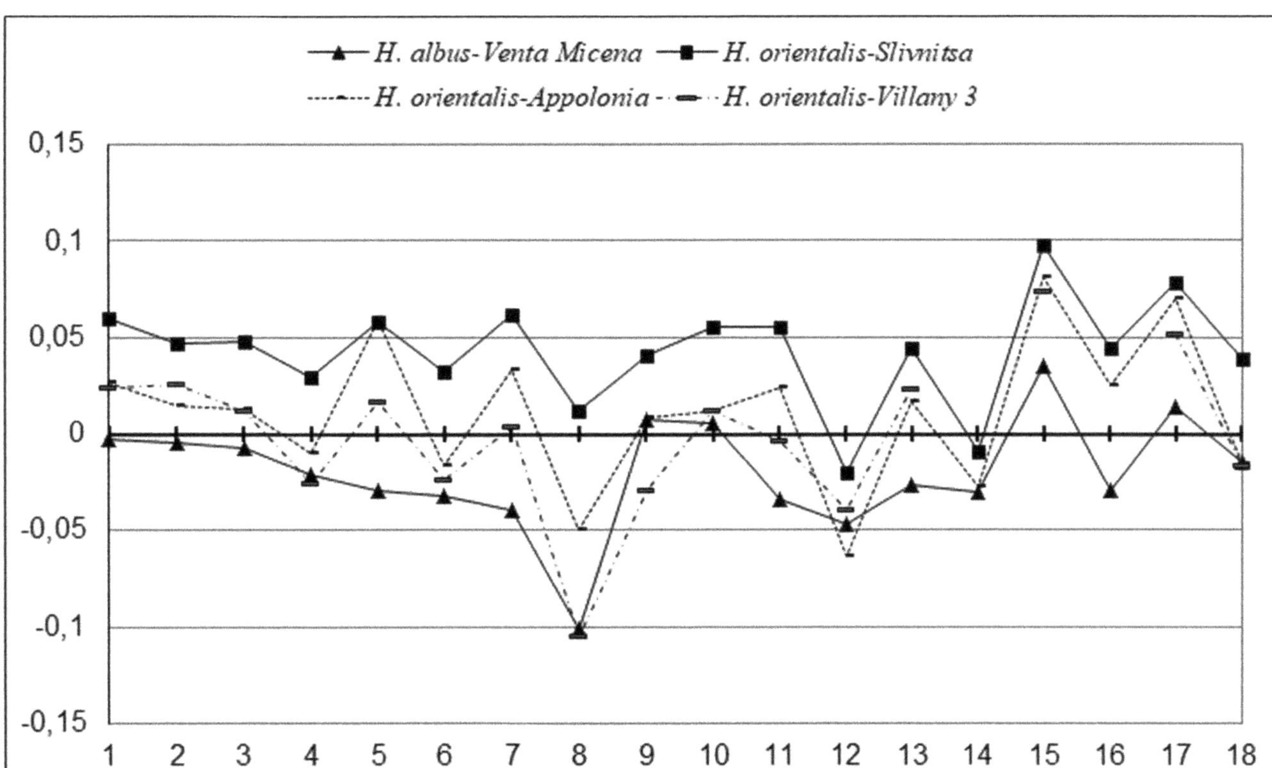

Figure 3.140. *Hemitragus orientalis* et *H. albus*, diagramme de Simpson de la deuxième phalange antérieure des populations du Pliocène final de Hongrie et de Bulgarie, et du Pléistocène inférieur d'Espagne et de Grèce. Différence par rapport à *Capra ibex* actuel (mâle+femelle).

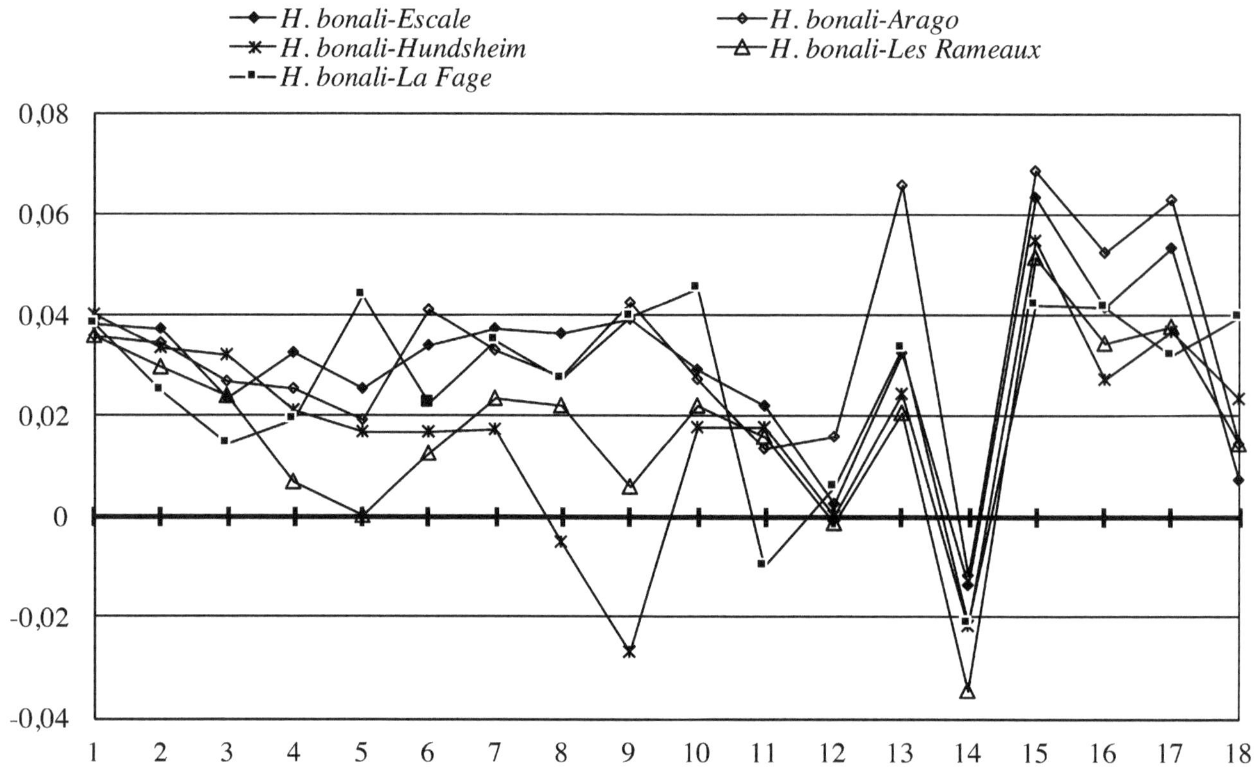

Figure 3.141. *Hemitragus bonali*, diagramme de Simpson de la deuxième phalange antérieure des populations du Pléistocène moyen d'Autriche et de France. Différence par rapport à *Capra ibex* actuel (mâle+femelle).

qui est plus courte (mesure 17) (Figure 3.143). Chez *H. bonali*, la population de l'Escale se caractérise par une extrémité proximale moins épaisse dans l'ensemble (mesure 4) mais pas médialement (mesure 5). Par ailleurs l'articulation distale possède une surface articulaire pour l'os malléolaire plus longue (mesure 16) mais dont la facette dorsale est relativement courte (mesure 18). Le tahr des Rameaux a des proportions plus proches du tahr de Hundsheim que de celui de l'Escale et l'individu de La Fage n'en est pas très éloigné.

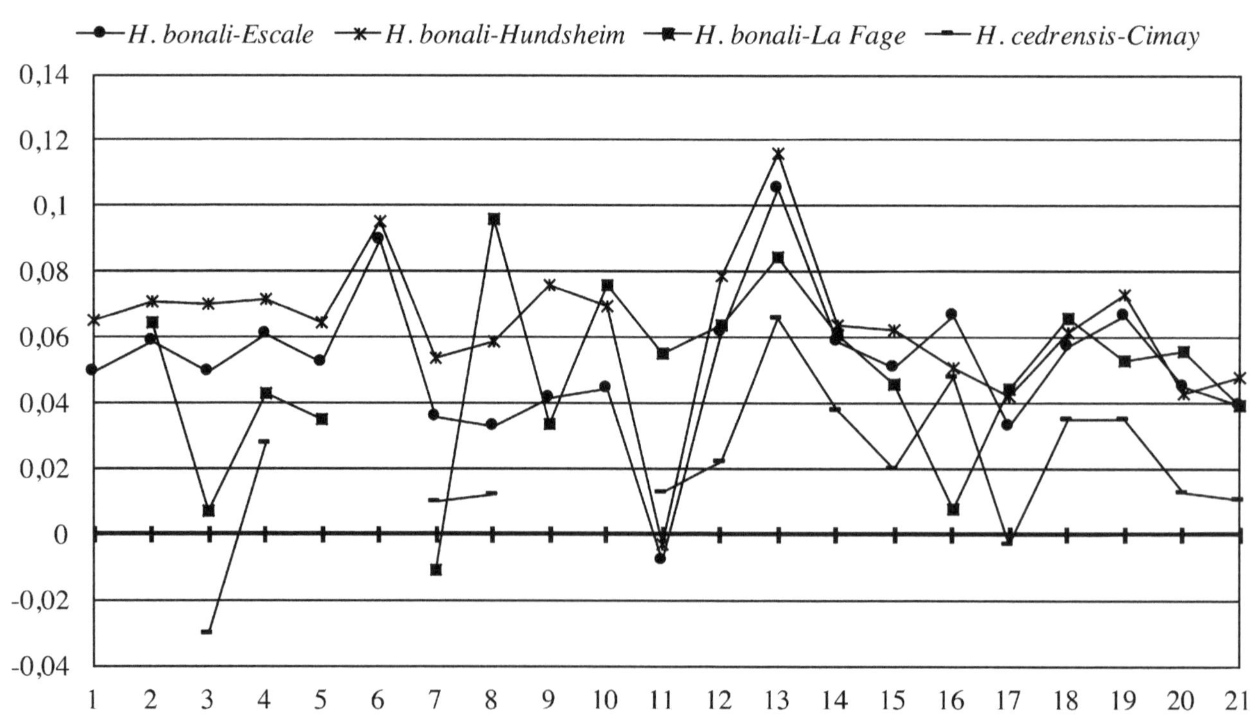

Figure 3.142. *Hemitragus bonali* et *H. cedrensis*, diagramme de Simpson du fémur des populations du Pléistocène moyen d'Autriche et de France. Différence par rapport à *Capra ibex* actuel (mâle+femelle).

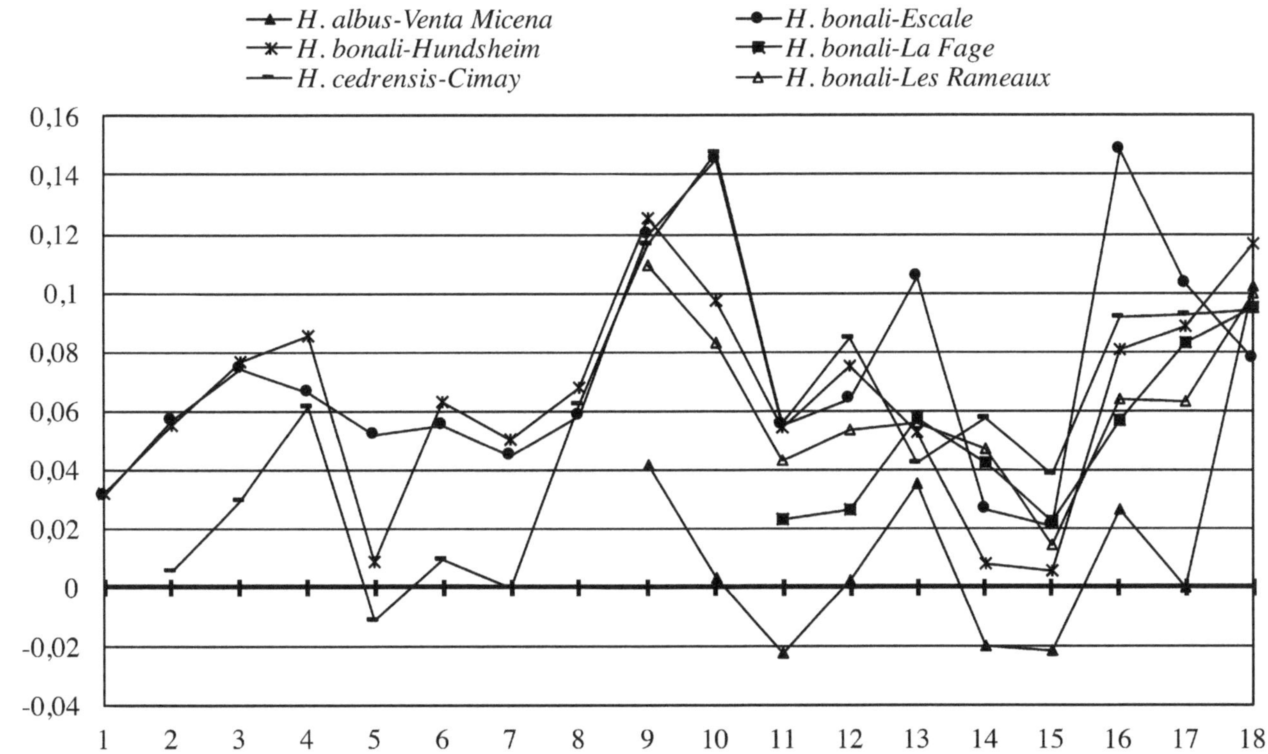

Figure 3.143. *Hemitragus albus*, *H. bonali* et *H. cedrensis*, diagramme de Simpson du tibia des populations du Pléistocène inférieur d'Espagne et du Pléistocène moyen d'Autriche et de France. Différence par rapport à *Capra ibex* actuel (mâle+femelle).

Au niveau du tarse, le talus d'*H. albus* se caractérise par une articulation distale au condyle médial relativement court en comparaison d'*H. bonali* (mesure 5), une facette articulaire disto-latérale aussi développée (mesures 10 et 11) pour un os dans son ensemble plus petit (Figure 3.144). Chez *H. bonali,* les tahrs de l'Escale, de Hundsheim et de l'Arago sont très proches. Hundsheim est toutefois un peu différent du fait de la faible épaisseur

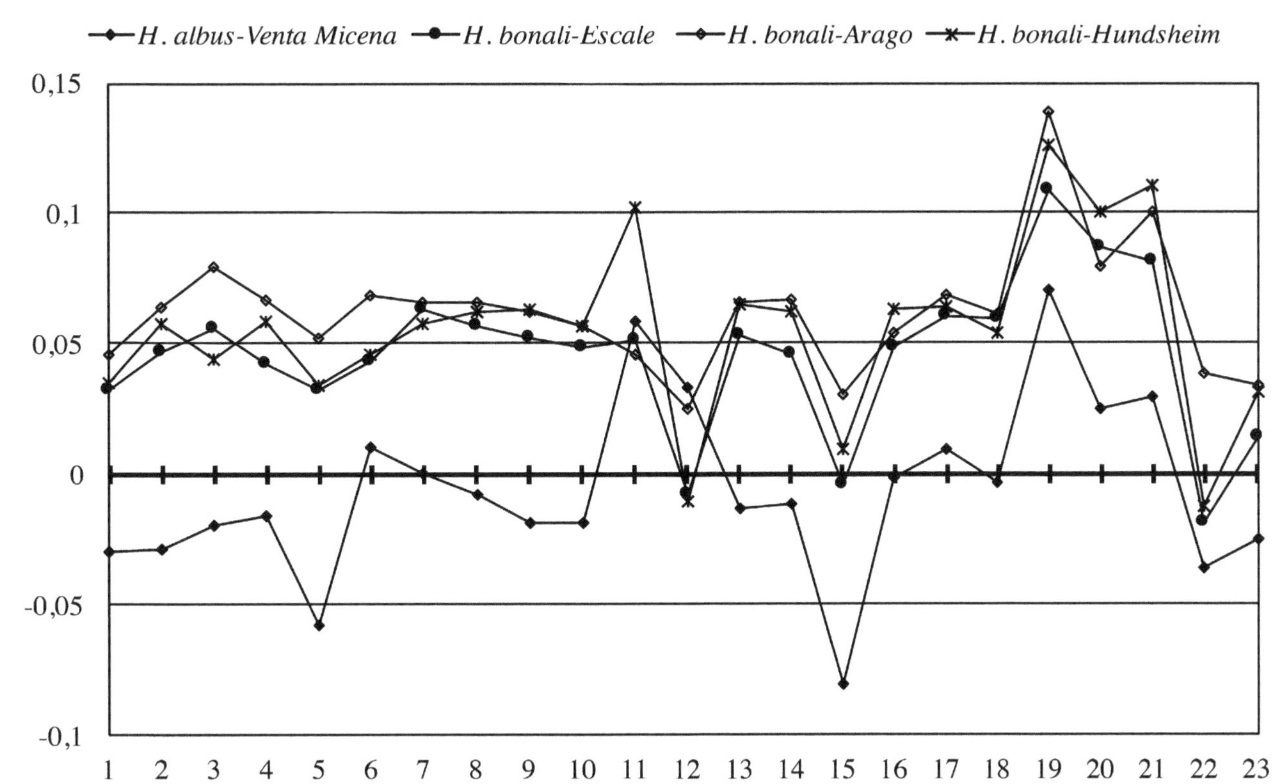

Figure 3.144. *Hemitragus albus* et *H. bonali*, diagramme de Simpson du talus des populations du Pléistocène inférieur d'Espagne et du Pléistocène moyen d'Autriche et de France. Différence par rapport à *Capra ibex* actuel (mâle+femelle).

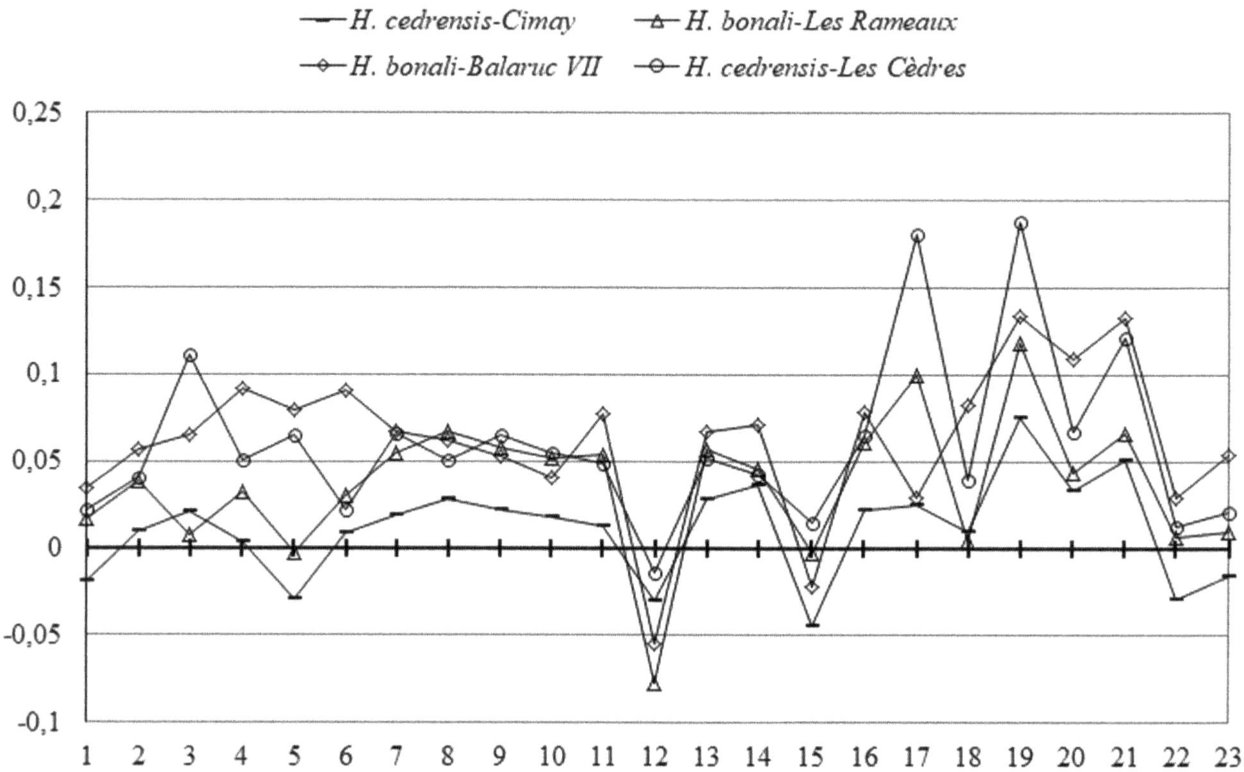

Figure 3.145. *Hemitragus bonali* et *H. cedrensis*, diagramme de Simpson du talus des populations du Pléistocène moyen de France. Différence par rapport à *Capra ibex* actuel (mâle+femelle).

de la gorge proximale (mesure 3) et de la plus forte hauteur de la facette articulaire disto-latérale (mesure 11) (Figure 3.145). L'Escale est la population dont la lèvre trochléenne proximo-latérale est la plus courte (mesures 15 et 23) en comparaison de la hauteur latérale (mesure 10), celle de l'Arago étant la plus longue. L'individu de Balaruc VII sur ce point est plus semblable à l'Escale (Figure 3.145).

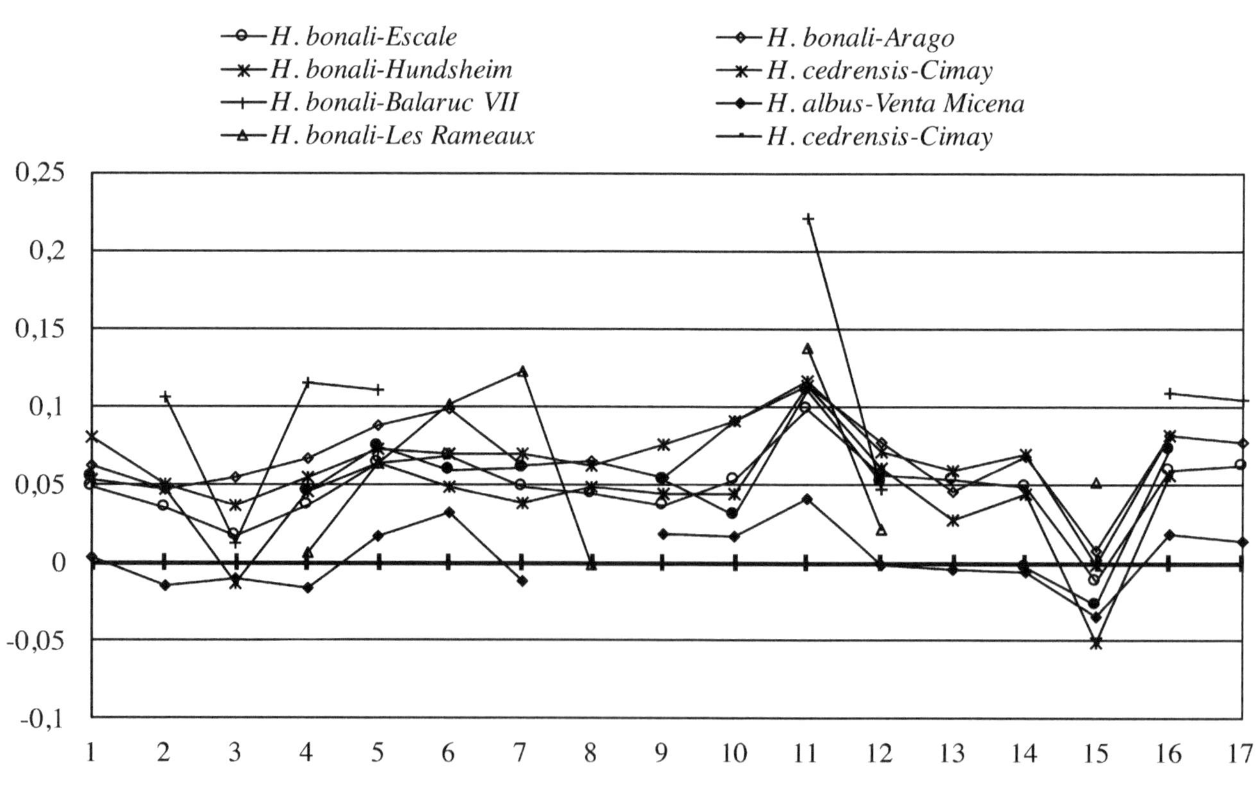

Figure 3.146. *Hemitragus albus*, *H. bonali* et *H. cedrensis*, diagramme de Simpson du calcaneus des populations du Pléistocène inférieur d'Espagne et du Pléistocène moyen d'Autriche et de France. Différence par rapport à *Capra ibex* actuel (mâle+femelle).

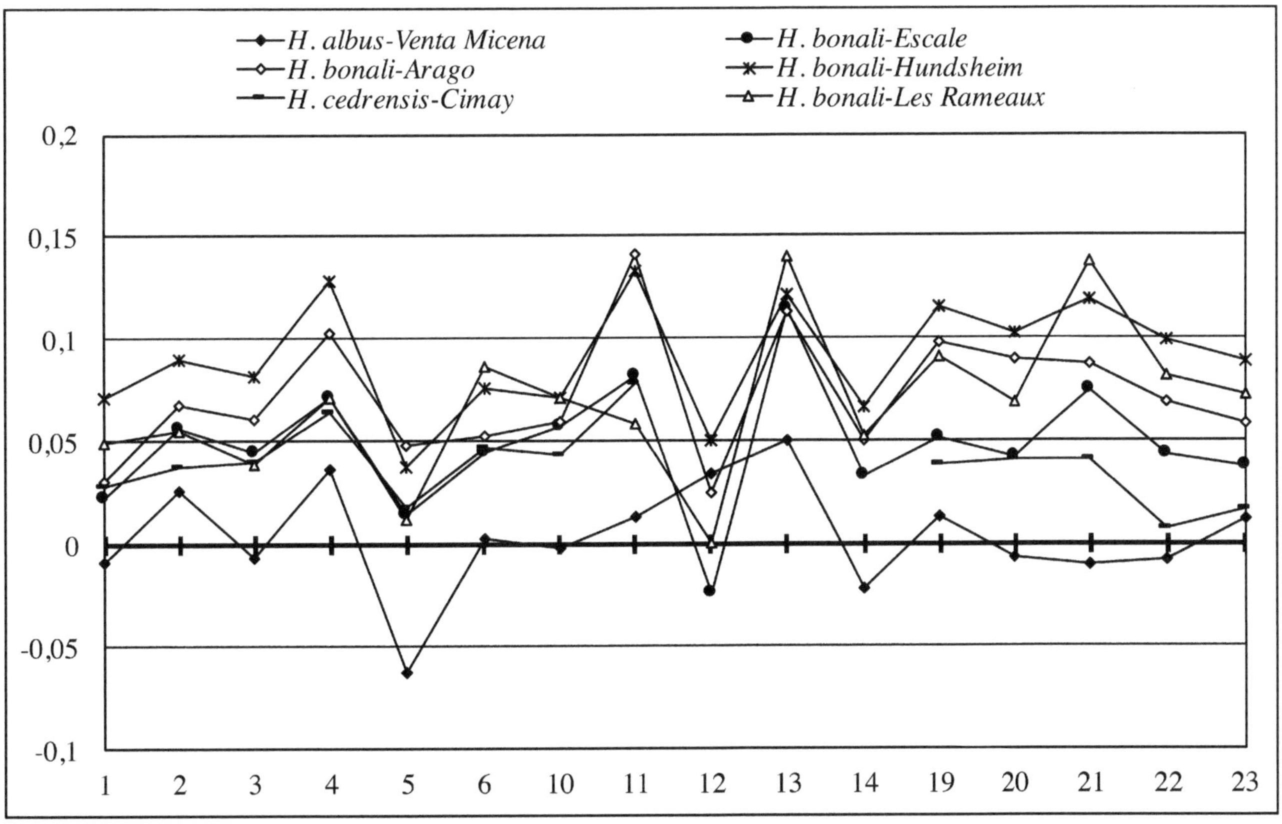

Figure 3.147. *Hemitragus albus*, *H. bonali* et *H. cedrensis*, diagramme de Simpson du cubonaviculaire des populations du Pléistocène inférieur d'Espagne et du Pléistocène moyen d'Autriche et de France. Différence par rapport à *Capra ibex* actuel (mâle+femelle).

H. albus a un calcaneus au *tuber calcanei* plutôt épais (mesure 3) comme le tahr de l'Escale. Ces deux populations se différencient par la facette pour l'os malléolaire qui est beaucoup plus courte (mesure 11) chez *H. albus* (Figure 3.146). En conséquence, la distance entre le bord proximal de l'articulation et la pointe basale (mesure 14) l'est aussi. Il en est de même pour la distance entre le bord proximal du tubercule et la pointe basale (mesure 13). Chez *H. bonali* de Hundsheim et de l'Arago, la facette pour l'os malléolaire est plus longue, notamment dans sa partie proximale (mesure 11) : en effet la distance entre le bord proximal du tubercule et la pointe basale est relativement courte, mais pas la distance entre le bord proximal de l'articulation et la pointe basale.

Pour le cubonaviculaire, la facette se logeant sous le ressaut de la trochlée plantaire du talus et les facettes distales pour le canon sont variables entre populations et ont été supprimées des graphes (Figure 3.147). *H. albus* se caractérise par un ressaut médian important à la face dorsale (mesure 12) et un bord latéro-plantaire épais (mesure 23). Chez *H. bonali*, les analogies entre populations sont très variables.

H. albus possède un canon postérieur particulièrement long, la hauteur médiane étant relativement plus grande que chez *H. bonali* (mesure 2) et la hauteur maximale étant relativement plus faible (mesure 3) (Figure 3.148). L'épaisseur de l'extrémité et de l'articulation proximales est faible (mesure 5 et 7). Le canon du tahr de Soleilhac, pour une longueur voisine de celle d'*H. albus*, possède une articulation proximale plus grosse. La diaphyse est aussi étroite (mesure 17) et épaisse (mesure 18) alors que chez *H. bonali* on observe l'inverse. Enfin, l'extrémité distale est beaucoup moins épaisse que celle du tahr de Bonal (mesure 22). Pour toutes les populations, les proportions des facettes articulaires proximales sont très variables (Figure 3.149). L'articulation distale permet de paralléliser les populations de l'Escale, de l'Arago et de Hundsheim. Comme pour le canon antérieur, la largeur articulaire et sus-articulaire de l'extrémité distale est importante à l'Arago. L'épiphyse distale du tahr des Rameaux est identique à celle des Cèdres (Figure 3.150). Ces deux populations possèdent une diaphyse particulièrement mince au niveau du foramen nourricier (mesure 23).

Les premières phalanges postérieures d'*H. albus* et d'*H. bonali* ont peu de points communs (Figure 3.151). Les premières phalanges de l'Escale et de l'Arago sont proches, les points de divergence ne concernant que la largeur de la facette articulaire axiale pour le grand sésamoïde, plus grande à l'Arago (mesure 10), et la largeur de l'articulation distale, plus petite (mesure 20).

Les deuxièmes phalanges postérieures des populations de Hundsheim, de l'Escale et de l'Arago sont assez semblables (Figure 3.153). L'Escale se caractérise par une facette articulaire proximo-axiale relativement large

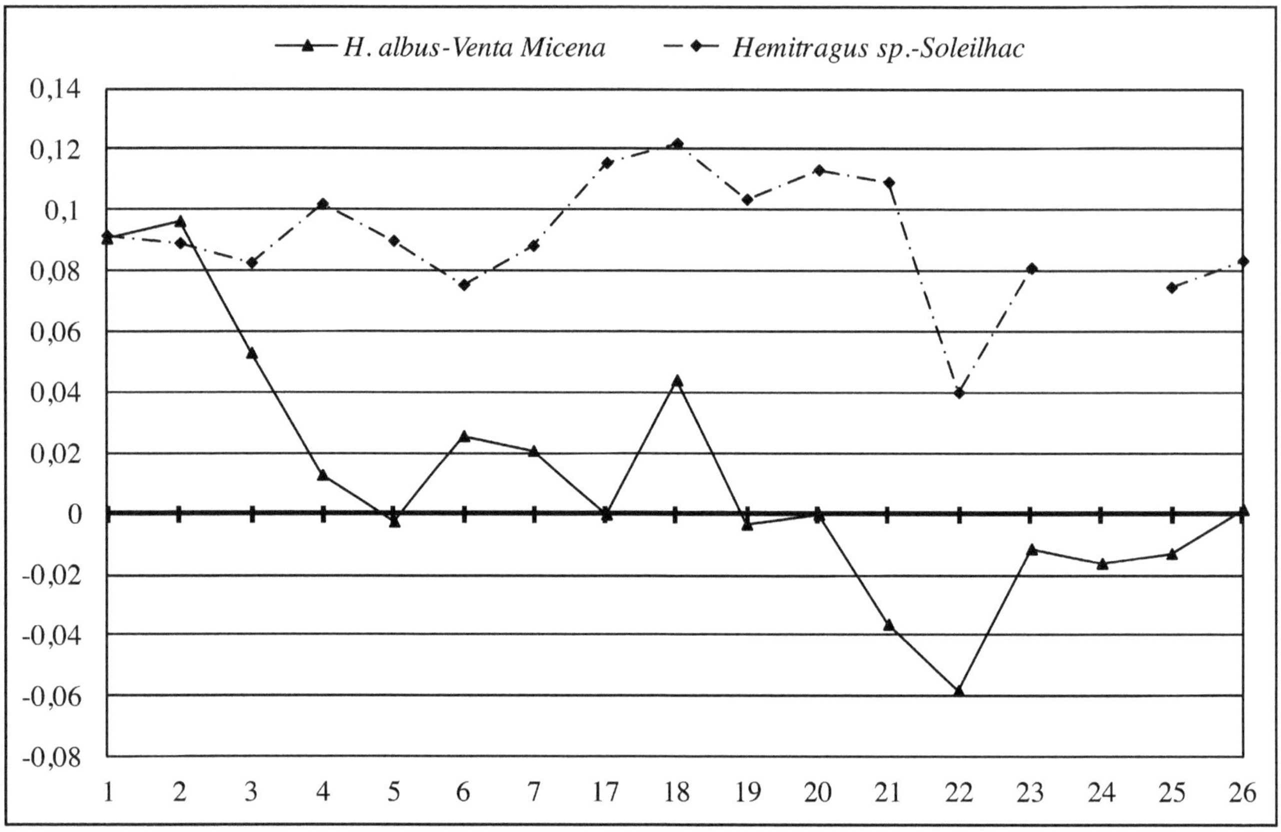

Figure 3.148. *Hemitragus albus* et *H.* cf. *orientalis*, diagramme de Simpson du canon postérieur des populations du Pléistocène inférieur d'Espagne et de France. Différence par rapport à *Capra ibex* actuel (mâle+femelle).

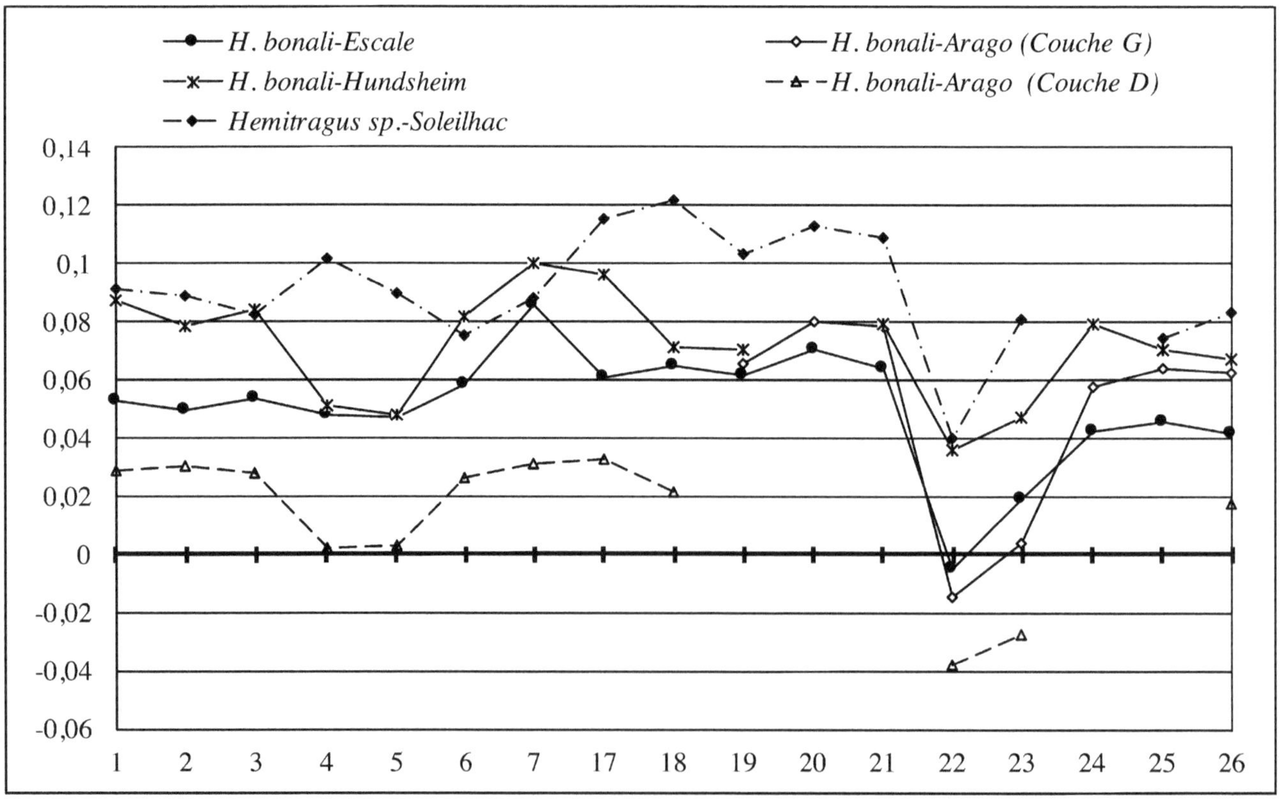

Figure 3.149. *Hemitragus* cf. *orientalis* et *H. bonali*, diagramme de Simpson du canon postérieur des populations du Pléistocène inférieur de France et du Pléistocène moyen d'Autriche et de France. Différence par rapport à *Capra ibex* actuel (mâle+femelle).

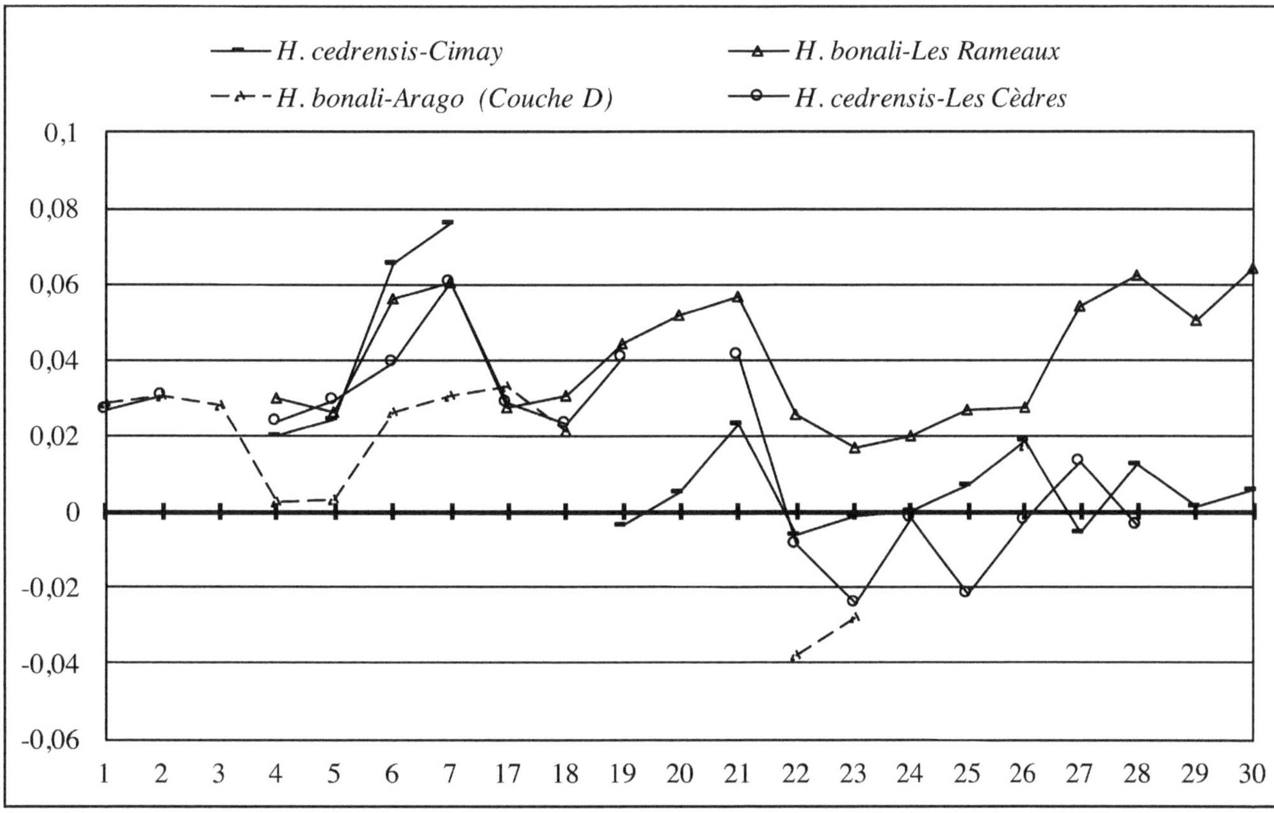

Figure 3.150. *Hemitragus bonali* et *H. cedrensis*, diagramme de Simpson du canon postérieur des populations du Pléistocène moyen de France. Différence par rapport à *Capra ibex* actuel (mâle+femelle).

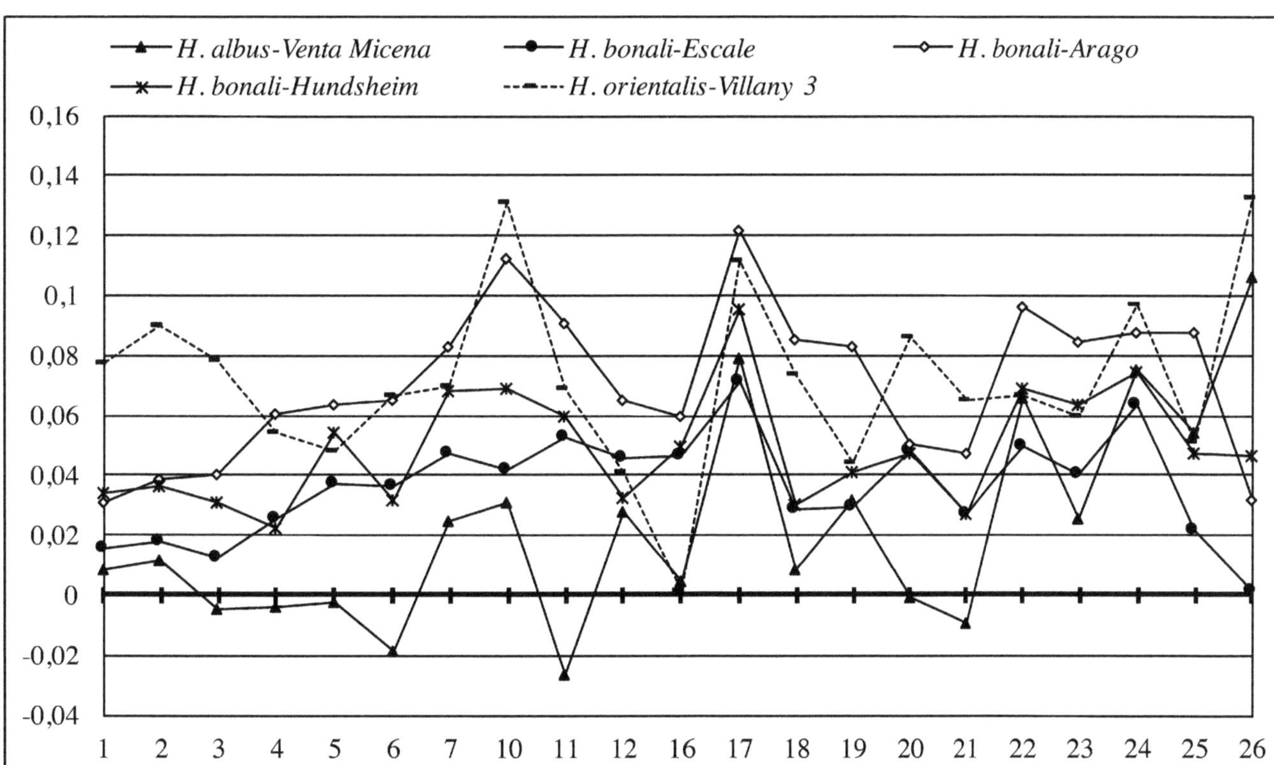

Figure 3.151. *Hemitragus orientalis*, *H. albus* et *H. bonali*, diagramme de Simpson de la première phalange postérieure des populations du Pliocène final de Hongrie, du Pléistocène inférieur d'Espagne et du Pléistocène moyen d'Autriche et de France. Différence par rapport à *Capra ibex* actuel (mâle+femelle).

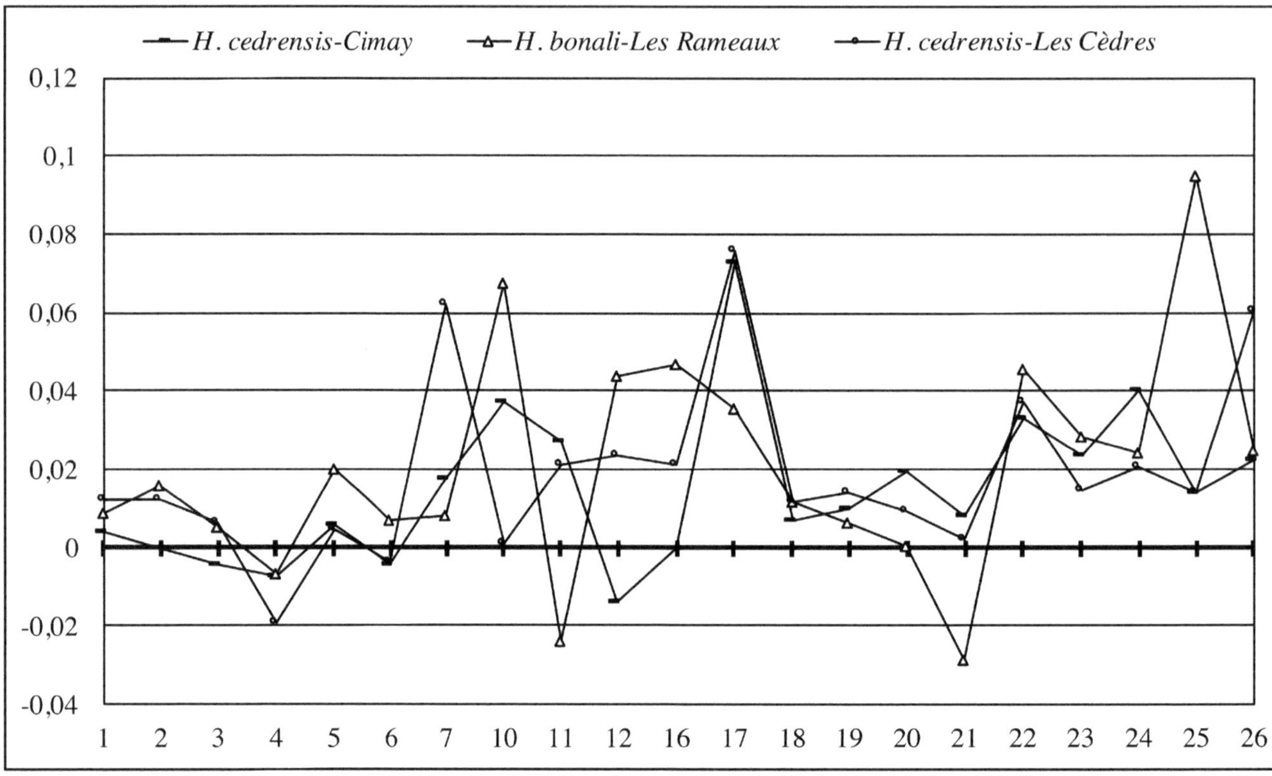

Figure 3.152. *Hemitragus bonali* et *H. cedrensis*, diagramme de Simpson de la première phalange postérieure des populations du Pléistocène moyen de France. Différence par rapport à *Capra ibex* actuel (mâle+femelle).

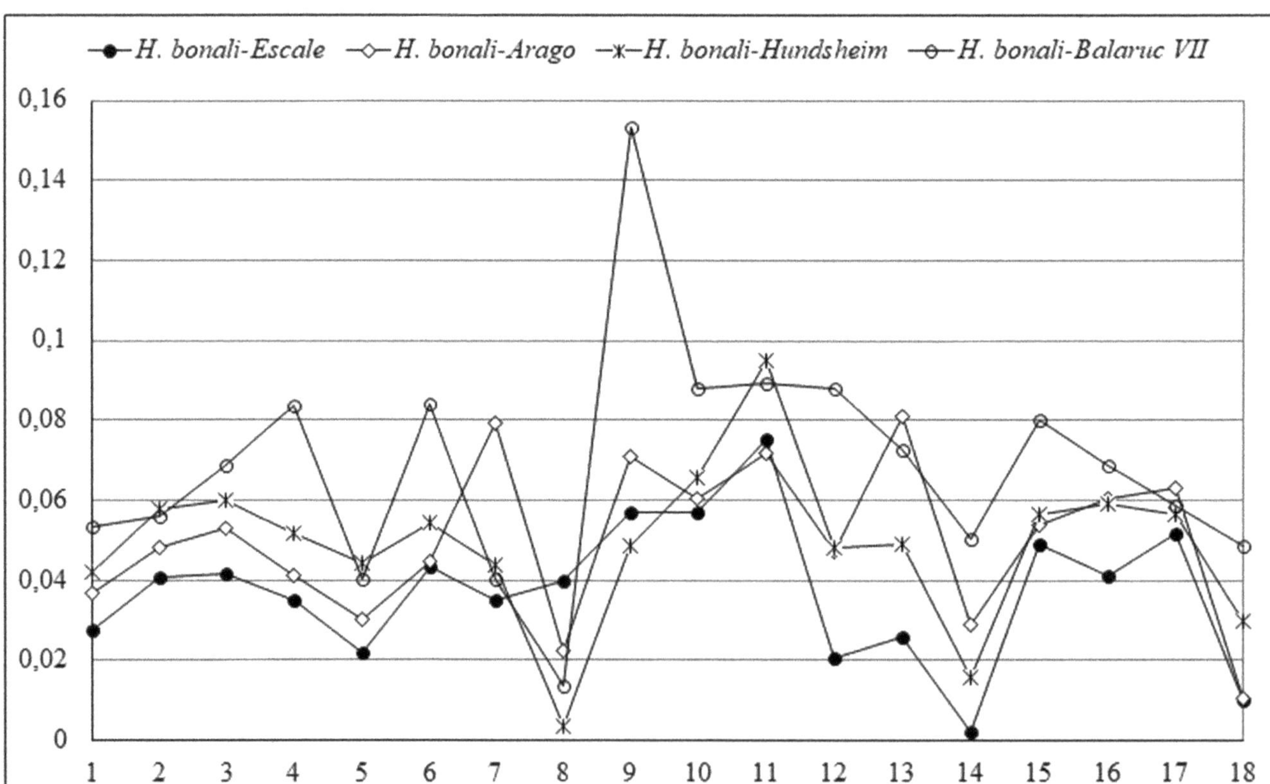

Figure 3.153. *Hemitragus bonali*, diagramme de Simpson de la deuxième phalange postérieure des populations du Pléistocène moyen d'Autriche et de France. Différence par rapport à *Capra ibex* actuel (mâle+femelle).

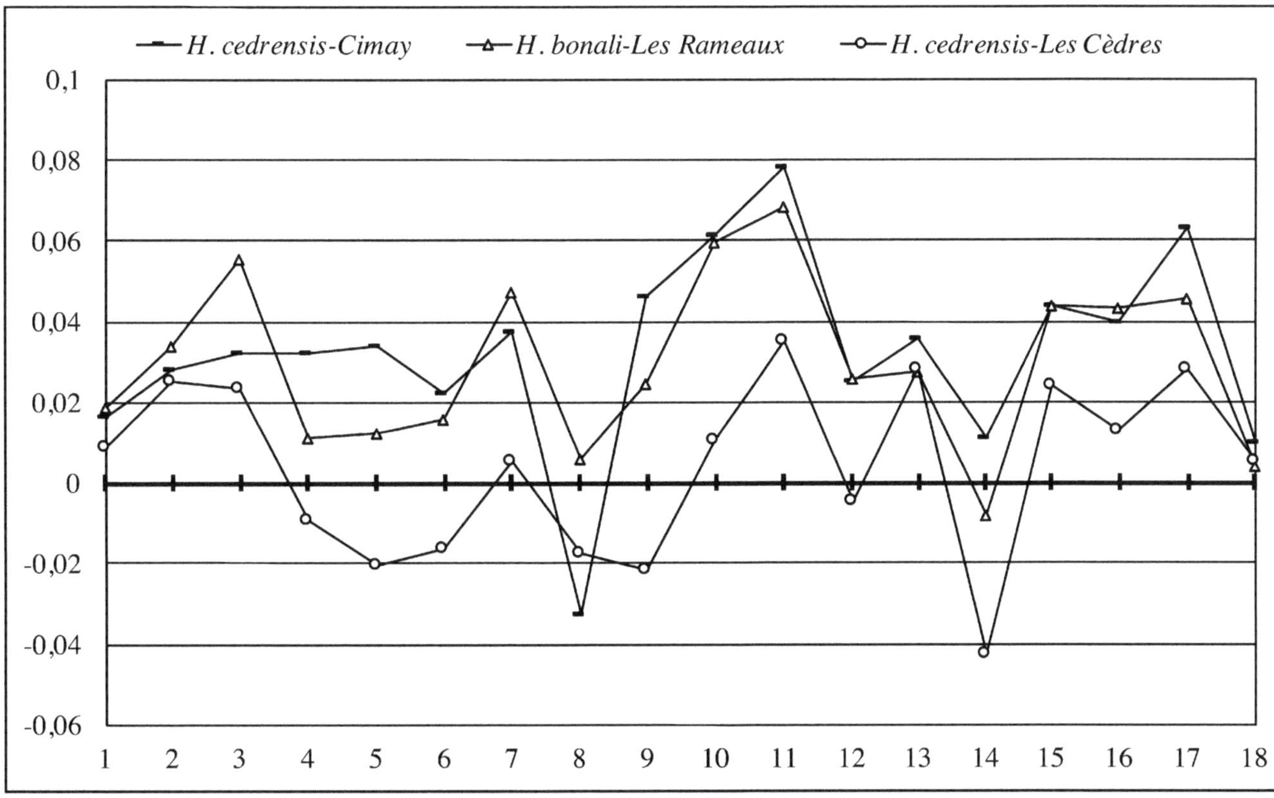

Figure 3.154. *H. bonali* et *H. cedrensis*, diagramme de Simpson de la deuxième phalange postérieure des populations du Pléistocène moyen de France. Différence par rapport à *Capra ibex* actuel (mâle+femelle).

(mesure 10). Elle l'est encore plus à Hundsheim. À l'Arago la crête médio-proximale est allongée (mesure 7) et la diaphyse épaisse en son centre (mesure 13).

G. *Parentés, tendances évolutives et intérêt chronologique d'H. orientalis, H. albus, H. bonali*

Les différences morphologiques notées entre *H. orientalis*, *H. albus* et *H. bonali* s'accompagnent de différences de proportions significatives ce qui valide leur distinction spécifique.

On peut constater qu'*H. orientalis*, le plus ancien et le plus continental, est l'espèce aux individus les plus grands, tandis qu'*H. albus*, plus récent que le précédent et plus méridional, est l'espèce aux individus les plus petits et aux extrémités de membres parmi les plus élancées et graciles. *H. bonali* a une taille intermédiaire mais ses paramètres métriques sont variables dans le temps ; en effet, dans les populations les plus anciennes (Escale) et les plus continentales (Hundsheim) les individus sont à nouveau de grande taille, tandis que ceux des périodes les plus récentes (fin du Pléistocène moyen) et surtout de l'interglaciaire du Mindel-Riss sont les plus petits (Igue-des-Rameaux, couche I d'Aldène). On est en droit de penser que la continentalité, la latitude et la température ont influé sur la taille. Cette variation relève donc de la Loi de Bergmann. Cette fluctuation de taille dans le temps et dans l'espace ainsi que durant les phases climatiques concorde avec l'observation d'E. Tchernov (1981) et V. Geist (1985).

L'examen des diagrammes montre qu'*H. orientalis* et *H. albus*, tout en étant différents, ont des proportions communes. Leur canon antérieur est à ce propos intéressant puisque le rapport des facettes proximales est inverse d'*H. bonali*. Il semble donc qu'il y ait un lien phylétique entre ces deux espèces mais pas avec le tahr de Bonal. D'un point de vue anatomique, la configuration de la partie basilaire de l'occipital d'*H. albus*, qui est identique à celle d'*H. hylocrius*, est en accord avec un certain archaïsme de l'espèce en comparaison d'*H. bonali*. Les rares caractères morphologiques de type *Capra* ne constituent pas une preuve de l'appartenance de l'espèce à ce genre : le sillon interrompant le bourrelet plantaire du cubonaviculaire est aussi occasionnel chez *H. bonali* et si le contour trapézoïdal de la facette pour l'onciforme du canon antérieur est une caractéristique du bouquetin, on sait que chez *H. jemlahicus* plusieurs ossements ont une convergence morphologique avec *Capra*. Pour terminer, en tenant compte des observations réalisées sur les *Caprini* actuels, il est hautement probable que la gracilité des métapodes du tahr de Venta Micena soit une réponse adaptative à un milieu méditerranéen.

H. orientalis étant chronologiquement plus ancien qu'*H. albus*, on peut supposer que ce dernier en dérive. Les individus de Soleilhac et d'Appolonia I sont différents par la taille et les proportions d'*H. bonali* et, pour autant que j'en ai pu juger, ont plus d'affinités avec *H. orientalis*.

En ce qui concerne *H. bonali*, les diagrammes des rapports couplés avec les observations morphologiques font apparaître des groupements de populations.

Les individus de l'Escale et de Hundsheim, datés du Mindel, sont caractérisés par une p3 à métaconide coudé et non dilaté et une p4 à métaconide et entoconide dilatés jusqu'à la base. Les proportions du squelette post-crânien varient presque toujours de la même manière. Ces observations confirment la contemporanéité des deux populations.

Le tahr de l'Arago est métriquement et proportionnellement intermédiaire entre le groupe Escale/Hundsheim et le tahr de la couche I d'Aldène. Cette constatation corrobore la position chronologique supposée des sites, l'Arago étant plus ancien qu'Aldène mais plus récent que l'Escale et Hundsheim. Avec l'Arago, on assiste à la dilatation du métaconide de p3 et à son redressement tandis que celle de l'entoconide de p4 devient variable car pouvant disparaître à la base. À Aldène, la présence d'un seul spécimen pour ces prémolaires ne permet pas d'apprécier la tendance de la population. La p3 a la morphologie du premier groupe, la p4 celle de l'Arago.

Le tahr de Koudaro I montre des similitudes avec celui de l'Arago : un âge Pléistocène moyen pour le niveau à industrie moustérienne peut donc être envisagé (Crégut-Bonnoure et Barychnikov 2005).

Le tahr de Balaruc VII par sa taille et ses proportions est plus proche des populations de l'Escale, de Hundsheim et de l'Arago que de celle de la couche I d'Aldène. Or ces deux populations, d'après la faune associée, sont supposées être contemporaines (Brugal 1981 ; Bonifay 1989). L'hypothèse la plus plausible est que le tahr de Balaruc VII est un peu plus ancien qu'Aldène et daterait de l'extrême début du Mindel-Riss. Il faut cependant préciser qu'il n'y a qu'un seul individu à Balaruc et que la variabilité au sein de la population nous est donc inconnue.

Les affinités du tahr des Rameaux sont problématiques à dégager : il a des proportions dentaires différentes de celles des populations précédentes, à l'exception de la m1 qui est affine avec celle d'Aldène. Le métaconide de l'unique p3 connue est dilaté. La dilatation de l'entoconide de la p4 du même animal s'étend jusqu'à la base de la couronne ce qui montre des affinités à la fois avec l'Arago et l'Escale. La M3 a des proportions de type *H. cedrensis* mais la morphologie correspond à *H. bonali*. Les proportions du post-crânien mettent en avant un lien avec l'Escale et Hundsheim mais aussi avec *H. cedrensis*. C'est donc indéniablement un *H. bonali* mais qui n'a aucune parenté avec le tahr des niveaux mindel-rissiens d'Aldène dont il est supposé être contemporain, toujours d'après la faune associée (Bonifay 1989 ; Rouzaud *et al.* 1990). La population pourrait se placer entre les niveaux de Balaruc VII et d'Aldène. On peut supposer que les quelques proportions partagées avec *H. cedrensis* sont dues à la taille relativement faible des individus.

Pour les tahrs de La Fage, de l'abri Vaufrey et d'Orgnac 3 soit la p3 et la p4 ne sont pas parvenues jusqu'à nous, soit ces dents sont trop usées, soit n'ont pu être étudiées. Les proportions dentaires les distinguent des tahrs précédents mais il est difficile de déceler des ressemblances entre ces trois populations et donc de les hiérarchiser.

En fonction des commentaires précédents, on peut dire que dans la lignée d'*H. bonali* le métaconide de p3 se dilate et se redresse au cours du temps tandis que la dilatation de l'entoconide de p4 s'amoindrit. Par ailleurs d'après les diagrammes, le segment molaire se raccourcit, la base des molaires se rétrécit, la largeur sus-articulaire de l'extrémité distale du canon antérieur diminue et la divergence des quilles dorsales s'atténue. Enfin la lèvre trochléenne proximo-latérale du talus s'allonge. En ce qui concerne ces deux ossements, il y a donc une convergence avec *Capra* ce qui révèle une mobilité différente du bas de la patte des populations les plus anciennes aux plus récentes. On est en droit de penser qu'il s'agit d'une réponse adaptative à un milieu plus escarpé. Il apparaît aussi qu'au Mindel l'évolution d'*H. bonali* a été faible et il est possible de trouver des parentés entre des populations géographiquement éloignées. Par la suite, au Mindel-Riss et au Riss une importante variabilité morphologique paraît s'instaurer et la mise en évidence des liens inter populationnels devient plus difficile. Cette observation corrobore en partie le point de vue de V. Geist qui considère qu'il existe une grande variabilité des individus durant et après les phases de colonisation (1985).

H. Origine d'H. orientalis, H. albus et H. bonalii

Sivacapra sivalensis, des séries du Pinjor dans les Siwaliks (Inde, Pakistan), est souvent indiqué comme l'ancêtre possible du genre (Lydekker 1898 ; Pilgrim 1939 ; Bonifay 1974-1975). Le type est conservé au Muséum d'Histoire naturelle de Londres (BM (HN) n° 39794). L'implantation des chevilles osseuses ainsi que leur section évoquent celles d'*H. hylocrius* ainsi que l'indique G. Pilgrim. La saillie latérale des orbites et le neurocrâne à pariétaux convexes s'observent chez *H. bonali* mais la suture fronto-pariétale est placée ici beaucoup plus en arrière des chevilles osseuses. La partie basilaire de l'occipital est totalement différente d'*Hemitragus* comme de *Capra* (Pilgrim 1939 : Figure 4b p. 51) : les tubercules rostraux sont allongés en deux masses compactes et la largeur à leur niveau est beaucoup plus faible qu'au niveau des tubercules caudaux qui sont transversaux par rapport à l'axe longitudinal. Ces quatre éminences sont séparées par un sillon large et très profond. Malgré les quelques analogies relevées entre les deux genres, j'adhère à l'opinion de G. Pilgrim qui exclut *Sivacapra* de la lignée d'*Hemitragus* (1939 : 53-54). Pour l'instant, à ma connaissance aucune forme connue du continent asiatique ne semble se placer dans la lignée menant au tahr.

H. orientalis est à ce jour le taxon le plus ancien et l'ancêtre probable d'*H. albus*. Les différences de morphologie dentaire entre *H. bonali* et *H. orientalis* ainsi que les différences de proportions du squelette et l'apparition apparemment brutale du tahr de Bonal au Pléistocène moyen incitent à favoriser l'hypothèse de l'émergence du taxon hors du continent européen. Toutefois, les diagrammes de Simpson concernant les dents pointent un certain nombre de similitudes entre *H. orientalis* et le tahr de l'Escale. Bien que les similitudes observables par le biais de ce type de graphe ne constituent pas une preuve de parenté, ainsi que précisé dans le paragraphe introductif sur les analyses biométriques, on ne peut écarter la possibilité de l'émergence d'*H. bonali* à partir d'une population européenne d'*H. orientalis*.

I. Répartition chronologique et géographique d'H. bonali

H. bonali n'était reconnu jusqu'à présent qu'en Europe occidentale (Autriche, France et Espagne). Sa découverte en Angleterre et dans le Caucase (Géorgie) étend son aire de répartition dans le nord de l'Europe occidentale et dans le nord-est de l'Asie. Sa présence en Iraq est possible (Shanidar ; Uerpmann 1987).

En Autriche, l'espèce n'est connue qu'à Hundsheim, site daté du Pléistocène moyen ancien (Frank et Rabeder 1997 c).

C'est la France qui a fourni le plus de restes. Tous sont d'âge Pléistocène moyen. Les gisements les plus anciens datent du Mindel : Escale (Bonifay 1974-1975, 1977), la Caune de l'Arago (Crégut 1979, 1980 ; Guérin 1980), grottes Harlé et de l'Église (Laville *et al.* 1972), couche K d'Aldène (Bonifay 1989 ; Falguères *et al.* 1991). On retrouve l'espèce au Mindel-Riss : Balaruc VII, Igue-des-Rameaux, couches X et I d'Aldène (Bonifay 1989 ; Falguères *et al.* 1991) ainsi qu'au Riss I et II : couches G et H d'Aldène, Abri Vaufrey (Delpech 1988 a), Abîmes de La Fage (Mourer-Chauviré 1975 b), Pech-de-l'Azé II (Martini-Jacquin 1984 a).

Ainsi qu'indiqué à propos de *Praeovibos*, la zone fossilifère de Westbury-sub-Mendip, d'où proviennent les restes présumés de tahr, est d'âge Pléistocène moyen, très probablement Cromérien. La phalange isolée de Koudaro I provient de la couche 3 f, niveau 4 datée initialement du Würm ancien (Liubin 1993 ; Liubin *et al.* 1985 ; Barychnikov 1999) et aujourd'hui de la fin du Pléistocène moyen (Crégut-Bonnoure et Barychnikov 2005).

L'apparition et la disparition d'*H. bonali* sont donc déplacées dans le temps et dans l'espace.

J. Hemitragus cedrensis Crégut-Bonnoure, 1989

J'ai défini en 1989 ce taxon à partir de l'abondant matériel de la grotte des Cèdres. En 1995, une approche plus approfondie de l'espèce a été réalisée.

a. Diagnose

Synonymie

1952 *Hemitragus jemlaicus*, Charles, p. 295 (1952 a)

1952 *Capra aegagrus*, Charles, p. 295 (1952 a)

1952 *Ovis aries*, Charles, p. 295 (1952 a)

1952 *Capra ibex*, Charles, p. 295 (1952 a)

1965 *Capra ibex*, Bonifay, p. 77

1969 *Ovis aries*, *Capra aegagrus*, *Capra ibex*...une chèvre semblable au tahr, Lumley-Woodyear, p. 198

1989 *Hemitragus cedrensis* nov. sp., CRÉGUT-BONNOURE, p. 653-663 ; Figure 1 et 2 p. 657, pl. I

1992 *H. cedrensis*, Crégut-Bonnoure, p. 178 (1992 a)

1995 *Hemitragus cedrensis*, Crégut-Bonnoure, p. 68-103 ; Figure 60 p. 69 ; Figure 61-1 à 4 et 6 p. 70 ; Figure 62 p. 71 ; Figure 63- 1 à 7 et Figure 65-1 p. 72 ; Figure 64- 1, 3 à 5 p. 73 ; Figure 66 et 67 p. 74 ; Figure 68- 1, 2, 5, 6, 9, 10, 12, 13, 16, 17 et 21 p. 75 ; Figure 69- 1 à 7 p. 76 ; Figure 70- 1, 2, 5 p. 77 ; Figure 72- 1 à 4 et Figure 73 p. 78 ; Figure 75 p. 80 ; Figure 77 p. 81 ; Figure 80 et 81 p. 82 ; Figure 83 p. 83 ; Figure 84 p. 84 ; Figure 86 à 88 p. 85 ; Figure 91 p. 87 ; Figure 112 - 1 à 3 p. 100 ; Figure 113 - 1 à 4 p. 101 ; Figure 114 - 1b à 3 b, 4 à 7 p. 102

1996 espèce *cedrensis*, Monchot, p. 257

1998 *Hemitragus cedrensis*, Fernandez, Faure, Guérin et Lebel, p. 310

2001 *Hemitragus cedrensis*, Fernandez, p. 33-73, Figure 5 à 57, Tableau 1 à 55, pl. à 5

Holotype

Série dentaire inférieure gauche comportant p3, p4, m1, m2 et m3, condyle mandibulaire isolé. N° CII 101, en dépôt au Muséum Requien (Avignon) (Crégut-Bonnoure 1989, pl. I Figure 9 ; Crégut-Bonnoure 1995 Figure 64-4 p. 73).

Paratypes

- Les Cèdres :

Série dentaire inférieure droite comportant p3 à m3, n° CII 49, Muséum Requien.

Fragment de maxillaire droit portant P2 à M2, n° CIII 338+CIII 198, Muséum Requien.

M3 droite n° CIII 299, Muséum Requien.

Extrémité ventrale de scapula gauche, n° C6-SII, Muséum Requien.

Première phalange antérieure CII-69, Muséum Requien.

- Cimay (Saint Anne d'Évenos, Var) :

Crâne sans face mais pourvu de ses chevilles, n° 244, Musée national de Préhistoire des Eyzies de Tayac (Dordogne) (pl. XX : 3 ; pl. XXI).

Locus typicus

Grotte des Cèdres, ou Baume du Couloir Ovale, située dans le massif mésozoïque de la Sainte Baume, en Basse Provence, commune de Plan d'Aups, Var.

Stratum typicum

Couches archéologiques II, III et IV des fouilles de A. Defleur et 5, 6 des fouilles de M. Escalon de Fonton, séquence du Riss final à industrie moustérienne.

Néodiagnose

Hemitragus de taille inférieure à celle d'*H. bonali* du Pléistocène moyen et voisine de celle d'*H. jemlahicus* actuel. Crâne semblable à celui d'*H. bonali* mais à rétrécissement post-orbitaire plus important, à gonflement des frontaux dans l'axe des chevilles plus fort et à orbites latéralement très saillantes. Jugales à couronne plus courtes et moins épaisses que chez *H. bonali*, à l'exception des p4 qui sont aussi allongées. Molaires supérieures à styles étroits, modérément saillants et à cônes peu dilatés. M3 à parastyle et à métastyle subrectilignes, à lobe postérieur non caréné et à boursouflure basale faible, à limite cément-émail étroite sur la racine. p3 et p4 à sillon labial accentué et à hypoconide développé. p3 à métaconide rectiligne et non coudé, pouvant être saillant comme chez *H. bonali* ou écrasé comme chez *H. jemlahicus*. p4 à métaconide et à entoconide très faiblement dilatés vers la base de la couronne et à sillon lingual peu marqué. m1 à face linguale sans creusement basal et à limite cément-émail de la face distale courte et en "V" à pointe inversée. m3 à pli caprin faiblement marqué et à lobe postérieur peu divergent vers la base de la couronne. Extrémité ventrale de la scapula à bord latéral fortement anguleux. Première phalange antérieure à tubercule d'insertion proximo-axial massif et peu étendu vers le bas. Première phalange postérieure à diaphyse à bords subrectilignes.

b. Description

Une description détaillée est fournie dans l'article sur la grotte des Cèdres (Crégut-Bonnoure 1995) ; son résumé figure dans les Tableaux 3.141 à 3.146 et les dimensions se trouvent dans les Tableaux 3.20 à 3.31, les Tableaux 3.32 à 3.34, le Tableau 3.37, les Tableaux 3.39 à 3.44, les Tableaux 3.46 à 3.51.

c. Matériel attribué à *H. cedrensis*

c.1. Var

- Les Cèdres

Il s'agit du gisement éponyme qui est situé sur le flanc nord du massif de la Sainte Baume (Le Plan d'Aups). La description précise du matériel est disponible dans la monographie du gisement (Crégut-Bonnoure 1995). Deux cent vingt-quatre restes correspondant à un nombre minimum de 16 individus ont été dénombrés.

- Rigabe

J'ai déjà signalé en provenance de ce site de la commune d'Artigues deux M3 dont une incomplète (Rig. 823 et Rig. al. Eb.), une m1 (Rig. Gal. Eb. alt. 186), deux m3 (Rig. Gal. Eb. 61 et Rig. CJ 04 181), une première phalange postérieure (Niv. 1 820) et une deuxième phalange postérieure (I 299). Leur description et leur figuration sont fournies dans la monographie du site des Cèdres (Crégut-Bonnoure 1995 : Figure 61-6b p. 70 ; Figure 69-4 p. 76 ; Figure 69-6 p. 76 (à noter : la légende de cette figure a été inversée avec celle de la Figure 69-7) ; Figure 63-6 p. 72 ; Figure 64-3b p. 73). La révision de faune entreprise par C. Dessart (2001) permet d'ajouter une dizaine d'autres restes.

- Cimay

La carrière de Cimay à Saint Anne d'Évenos a livré deux crânes incomplets et sept fragments, deux maxillaires (Planche 17 : 2), une m3 et deux molaires inférieures isolées, ainsi que plusieurs ossements incomplets : une scapula, un humérus, un radius, six canons antérieurs et huit postérieurs, quatre fémurs, quatre tibias, tous fragmentaires. Il faut ajouter cinq talus, un calcaneus, un cubonaviculaire, huit premières phalanges (deux antérieures, six postérieures) et trois deuxièmes phalanges (deux antérieures, une postérieure) (Tableau 3.20 à Tableau 3.26 ; Tableau 3.30 à Tableau 3.34 ; Tableau 40 à Tableau 42 ; Tableau 3.46 à Tableau 3.51).

Le crâne le plus complet et le mieux conservé est le paratype (Cimay 244). Il comprend le frontal jusqu'au début des occipitaux, plus de la moitié des deux chevilles et les orbites (Planche 17 : 3). Entre ces dernières le frontal est convexe de part et autre de la suture, qui forme un sillon comme chez *H. jemlahicus*, puis se creuse dans l'axe des foramens supra-orbitaires pour se redresser au niveau des bosses orbitaires. En arrière des orbites, le frontal est transversalement plan. Il se boursoufle vers les chevilles, dessinant un "V" à pointe rostrale comme chez *H. jayakari*. Le rétrécissement post-orbitaire est beaucoup plus accusé que chez *H. jemlahicus* mais cependant moins que chez *H. jayakari*. La suture fronto-lacrymale est conservée ce qui permet de noter que le bord rostral de l'orbite est en position beaucoup plus latérale que le bord ventral de la cheville (environ 25 mm). En ligne droite, ces mêmes éléments sont distants de 70 mm environ. Le foramen supra-orbitaire, situé dans l'axe du bord externe des chevilles, est prolongé vers l'avant par une gouttière. Latéralement, le bord caudal des orbites s'inscrit dans un rectangle, le bord supérieur étant matérialisé par une nette rupture de pente. Chez *H. jemlahicus* cette zone est latéralement fuyante. La direction et la divergence des chevilles osseuses sont similaires à celle d'*H. jemlahicus*. Les pivots s'en distinguent par leur plus fort aplatissement dorso-ventral et leur carène rostrale. Le pariétal est transversalement convexe comme celui d'*H. jayakari*. Il est aussi gonflé en bordure de la suture temporale. Le pariétal forme un angle obtus avec l'occipital (Figure 3.91 : C). La partie basilaire de l'occipital est quadrangulaire à tubercules largement distincts. Vers l'arrière, ils sont plus ou moins perpendiculaires à l'axe longitudinal du crâne. Vers l'avant, ils sont allongés, obliques vers le museau et l'axe médian.

Le spécimen Cimay 120, qui comprend la partie droite du frontal sans les orbites, la cheville et tout l'arrière du crâne, est similaire au précédent (Figure 3.91 : D, G). Il permet d'apprécier la forme du foramen magnum : bas et large. Le basioccipital est ici plus massif, avec des crêtes plus nettes, ce qui est en rapport avec le sexe de l'animal (mâle).

Les dimensions générales sont assez proches de celles d'*H. cedrensis* et la morphologie de la M3 est similaire à ce taxon. L'articulation distale du canon antérieur a des quilles moins divergentes que celles de l'*H. bonali* de l'Escale.

c.2. Vaucluse

L'espèce vient d'être découverte au Bau de l'Aubesier à Monieux (Fernandez *et al.* 1998 ; Fernandez *in* Lebel *et al.* 2002). La description de ce matériel, qui provient des niveaux de base du remplissage (couches H, I et J ; Lebel 1994 b), est intégrée dans le travail de thèse de Ph. Fernandez (2001). Les chevilles osseuses sont plus petites qu'à Cimay. Sur l'unique fragment crânien connu, elles sont aussi moins divergentes.

c.3. Ardèche

Les fouilles du porche d'entrée du réseau karstique de Saint Marcel d'Ardèche (Bidon) ont livré cinq jugales récoltées à la base de la couche U (les P2, P3, P4, M2 et M3 d'un même individu ; SM U F2 565). L'étude de ces éléments, conservés à la Cité de Préhistoire d'Orgnac l'Aven, figure dans le travail initial de description de l'espèce ainsi que dans la monographie des Cèdres (Crégut-Bonnoure 1989 ; Crégut-Bonnoure 1995 : Figure 61-6a p. 70 ; Figure 63-7 p. 72 ; Figure 64-13 p. 73).

c.4. Pyrénées-Orientales

Dans son analyse des petits Bovidae de l'Arago, H. Monchot (1996) signale deux P2, sept P4, cinq M1, sept M3, trois p3, deux p4, cinq m1, une m3, quatre talus et un cubonaviculaire qu'il attribue à "un petit capriné apparenté au genre *Hemitragus*" pouvant "se rapprocher de l'espèce *cedrensis*" (p. 257). Aucune figuration, ni description, ni mesure détaillée ne sont fournies. La position stratigraphique est imprécise, le matériel provenant d'une formation nommée "couches brunes" qui correspondrait à "un niveau se trouvant au sommet du remplissage et qui a été injecté dans les couches sous-jacentes" (Monchot 1996 : 23) et dont l'âge serait compris entre 92.000 et 10.000 ans (c'est à dire le Pléistocène supérieur). Dans l'état actuel des choses, la détermination me semble douteuse.

d. Analyse métrique

d.1. Dents jugales

Peu de dents sont mesurables à Cimay. Leurs proportions se révèlent différentes de celles des Cèdres. En effet, les proportions des lobes de la M2 du tahr de Cimay ne sont pas très différents de ceux de l'*H. bonali* d'Orgnac 3 (Figure 3.98). De même, la M3 a des similitudes avec l'*H. bonali* de la Fage et de l'abri Vaufrey (Figure 3.101).

d.2. Squelette post-crânien

Au membre thoracique, les proportions de la scapula du tahr de Cimay et de celui des Cèdres sont similaires à celle d'*H. bonali* (Figure 3.123). Il en est de même pour l'humérus (Figure 3.124). Le radius du tahr de Cimay se distingue de celui des Cèdres par la longueur de la surface articulaire pour le capitulum qui est un peu plus courte (mesure 6 ; Figure 3.155) et par l'épaisseur minimale de l'articulation proximale qui est plus forte (mesure 8). Les rares paramètres du canon antérieur de Cimay permettent de rapprocher l'articulation proximale de celle du tahr des Cèdres (Figure 3.137). La première phalange antérieure du tahr de Cimay ressemble plus à celle de l'*H. bonali* des Rameaux qu'à celle du tahr des Cèdres (Fig. 3.156).

Au membre pelvien, le fémur, connu seulement à Cimay, est identique à celui d'*H. bonali* (Figure 3.142). C'est aussi valable pour le tibia. Toutefois l'extrémité distale est relativement moins épaisse au milieu (mesure 13) (Figure 3.143).

Au niveau du tarse, les individus de Cimay et des Cèdres se caractérisent par un talus à trochlée proximale épaisse en son centre (mesure 3) mais ont peu d'analogies pour le reste de leurs proportions (Figure 3.145). Cette observation s'applique aussi au calcaneus (Figure 3.146).

Le canon postérieur du tahr de Cimay et celui des Cèdres s'isolent du tahr de Bonal par l'épaisseur plus grande de leur extrémité supérieure (Figure 3.150).

Enfin, si l'on excepte l'articulation proximale (mesures 7, 10 à 12), les premières phalanges postérieures des populations de Cimay et des Cèdres se ressemblent (Figure 3.152). Il en est de même pour la deuxième phalange (Figure 3.154).

e. Origine et tendance évolutive d'*H. cedrensis*

En 1989, j'envisageais deux hypothèses quant à l'origine de l'espèce : soit une évolution sur place à partir d'*H. bonali* soit une immigration. Le premier scénario a été repris en 1995.

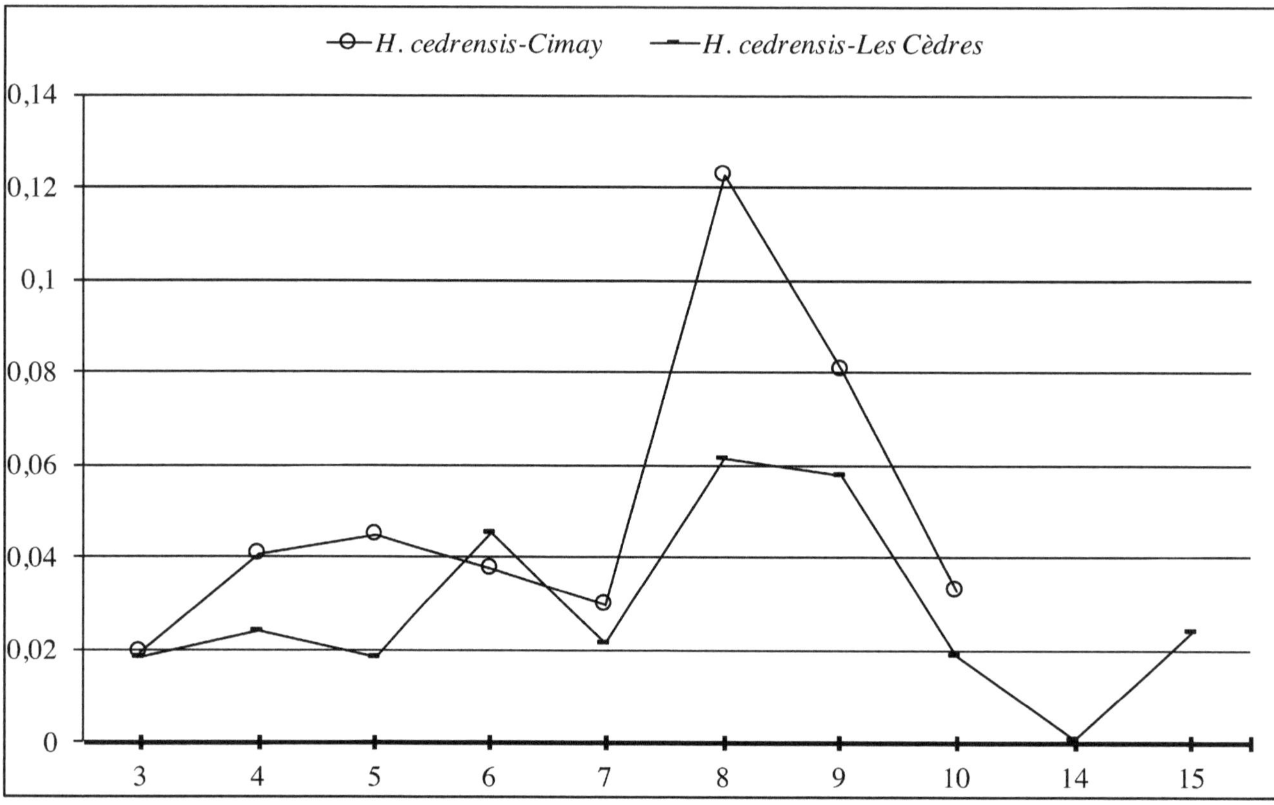

Figure 3.155. *Hemitragus bonali* et *H. cedrensis*, diagramme de Simpson du radius des populations du Pléistocène moyen de France. Différence par rapport à *Capra ibex* actuel (mâle+femelle).

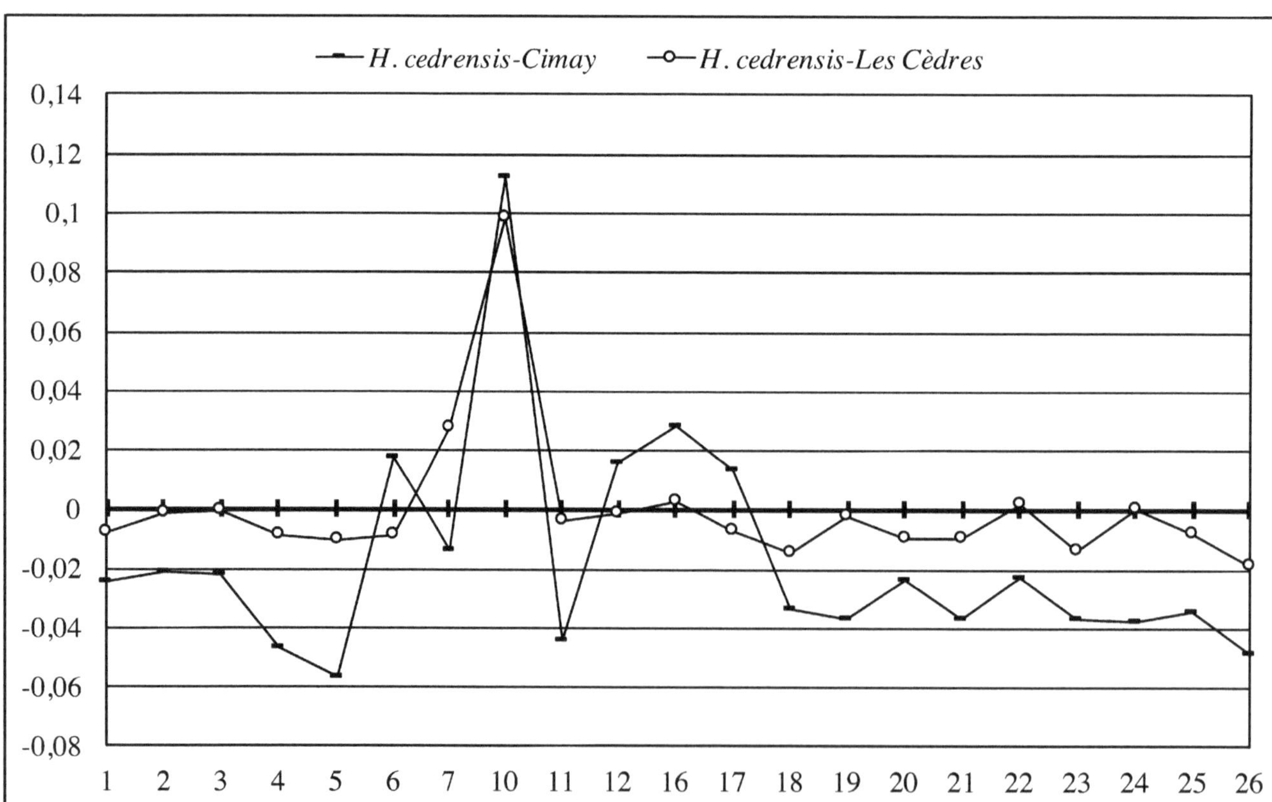

Figure 3.156. *Hemitragus cedrensis*, diagramme de Simpson de la première phalange antérieure des populations du Pléistocène moyen de France. Différence par rapport à *Capra ibex* actuel (mâle+femelle).

Dans l'analyse graphique, non seulement plusieurs diagrammes mettent en avant des similitudes de proportions entre *H. bonali* et *H. cedrensis*, mais montrent aussi que la population de Cimay, malgré une morphologie dentaire de type *cedrensis* garde encore des proportions de type *bonali*, ce qui corrobore tout à fait la filiation de ces deux taxons.

H. cedrensis est une forme de taille plus petite qu'*H. bonali* des phases glaciaires mais aussi du Mindel-Riss. J'ai attribué cette caractéristique à la Loi de Bergmann (Crégut-Bonnoure 1989).

La morphologie crânienne d'*H. bonali* et d'*H. cedrensis* est clairement distincte de celle d'*H. jemlahicus* et d'*H. hylocrius*. Chez *H. cedrensis*, les chevilles osseuses se redressent des populations les plus anciennes (Cimay) aux plus récentes (Bau de l'Aubesier). Le rétrécissement post-orbitaire s'accentue d'*H. bonali* à *H. cedrensis*, la saillie des orbites augmente ainsi que le gonflement du frontal en avant des chevilles. La morphologie évoque celle d'*H. jayakari*. Le genre n'a pas encore été signalé à l'état fossile au Moyen-Orient (Tchernov 1988, 1992) mais cette absence n'est peut-être qu'apparente. La seule trace fossile connue date du Néolithique final (Ras al-Hamra, Oman ; Uerpmann 1987). Il est donc impossible de dire si les analogies crâniennes relèvent d'une convergence morphologique ou bien si le tahr d'Oman tire son origine d'une population méridionale d'*H. bonali*. En tout état de cause, l'hypothèse d'une population relicte, déjà envisagée par H.P. Uerpmann (1987), me paraît vraisemblable. Des analyses complémentaires concernant *H. jayakari* sont toutefois souhaitables, l'inclusion de l'espèce au sein des tahrs étant loin d'être clarifiée (Gentry 1999).

L'évolution d'*H. bonali* à *H. cedrensis* se traduit au niveau dentaire par une nette molarisation de la p3 (distinction de deux lobes en vue labiale) et de la p4 (allongement du lobe distal), une atténuation de la dilatation des conides de cette dernière dent, la disparition de l'enfoncement « en coup de pouce » de la base de la m1 et une diminution de l'élargissement basal de la m3.

f. Répartition chronologique et géographique

L'espèce est limitée au Sud-Est de la France (Basse Provence et extrême Est du Languedoc). Les sites des Cèdres, de Rigabe et du Bau de l'Aubesier datent de la fin du Pléistocène moyen. En effet, le remplissage du site éponyme est contemporain du Riss final (Crégut-Bonnoure et Defleur 1995). À Rigabe, le matériel provient du niveau 1 de la couche J de la galerie qui est daté du Riss final et de la couche I datée de la base de l'Éémien (Bonifay 1960, 1965). Au Bau de l'Aubesier, le matériel provient des couches H, I et J. La première couche a été datée par thermoluminescence d'environ 199.000 BP (Trinkaus *et al.* 2000), ce qui situe la séquence dans le Riss final ; un âge éémien est cependant plus probable d'après la faune (Fernandez 2001). Les couches I et J, plus anciennes, sont bien synchrones du Riss final. La couche U de Saint Marcel est incluse à la base de la séquence paléoclimatique 3 de Saint Marcel définie par É. Debard (1988) et a été datée à l'origine de l'"Eowürm". La comparaison des associations fauniques de ce site et de l'abri Moula permet aujourd'hui de dater ce niveau de l'Éémien (Crégut-Bonnoure *in* Defleur *et al.* 2001). D'après É. Debard (communication orale), la couche sous-jacente, fortement concrétionnée, marque clairement le début de cet épisode climatique.

Cimay été attribué au Mindel et le tahr rapporté à *H. bonali*. Comme cela vient d'être discuté, le tahr est un *H. cedrensis*. La population a de nombreuses analogies avec le tahr de Bonal et paraît donc plus "primitive" que celle des Cèdres. Cette observation s'accorde avec un âge plus ancien de Cimay, très probablement Riss moyen.

H. cedrensis, du fait de la nouvelle proposition de datation de la couche U de Saint Marcel, est donc une espèce guide de la fin du Pléistocène moyen et du début du Pléistocène supérieur du Sud-Est de la France. Quant aux individus de Saint Marcel d'Ardèche et de la couche H du Bau de l'Aubesier, ils représentent pour l'instant les derniers tahrs de France.

www.ingramcontent.com/pod-product-compliance
Lightning Source LLC
LaVergne TN
LVHW070045021026
849160LV00027B/1617
* 9 7 8 1 4 0 7 3 5 7 0 8 9 *